国家科学技术学术著作出版基金资助出版

光刻机像质检测技术(下册)

王向朝　戴凤钊 等　著

科学出版社

北京

内 容 简 介

光刻机像质检测技术是支撑光刻机整机与分系统满足光刻机分辨率、套刻精度等性能指标要求的关键技术。本书系统地介绍了光刻机像质检测技术。介绍了国际主流的光刻机像质检测技术，详细介绍了本团队提出的系列新技术，涵盖了光刻胶曝光法、空间像测量法、干涉测量法等检测技术，包括初级像质参数、波像差、偏振像差、动态像差、热像差等像质检测技术。本书介绍了这些技术的理论基础、原理、模型、算法、仿真与实验验证等内容。以光刻机原位与在线像质检测技术为主，也介绍了投影物镜的离线像质检测技术，涵盖了深紫外干式、浸液光刻机以及极紫外光刻机像质检测技术。

本书适用于从事光刻机研究与应用的科研与工程技术人员，可作为高等院校、科研院所相关领域的科研人员、教师、研究生与本科生的参考书。同时，可为现代光学精密检测、光学成像等领域的科技人员、研究生和高等院校的本科生提供参考。

图书在版编目（CIP）数据

光刻机像质检测技术. 下册 / 王向朝等著. —北京：科学出版社，2021.3

ISBN 978-7-03-067355-8

Ⅰ. ①光… Ⅱ. ①王… Ⅲ. ① 光刻设备-影像质量-质量检验 Ⅳ. ①TN305.7

中国版本图书馆 CIP 数据核字（2020）第 255229 号

责任编辑：钱 俊 崔慧娴 / 责任校对：彭珍珍
责任印制：吴兆东 / 封面设计：无极书装

科 学 出 版 社 出版
北京东黄城根北街 16 号
邮政编码：100717
http://www.sciencep.com

北京建宏印刷有限公司印刷

科学出版社发行 各地新华书店经销

*

2021 年 3 月第 一 版 开本：787 × 1092 1/16
2024 年 8 月第四次印刷 印张：31 1/4
字数：713 000

定价：228.00 元

（如有印装质量问题，我社负责调换）

本书全体作者

（按姓氏笔画排序）

王向朝　李思坤　段立峰

施伟杰　唐　锋　戴凤钊

序　言

王向朝研究员是国家科技重大专项“极大规模集成电路制造装备及成套工艺”（以下简称 02 专项）的总体专家组成员。我和他都出身于中国科学院光学研究所，是多年的老同行、老战友。看到他和团队成员近 20 年研发工作总结的著作得以付梓，祝贺之余，也很高兴为这本凝结着多年辛苦与汗水的著作作序。

光波是人类获取信息的主要载体。在研究光的产生、传播、控制与应用的光学学科与技术发展体系中，光学检测一直占有重要地位，而在代表人类加工制造水平的精密、超精密光学（其实不只是光学，也包括机械）发展进程中，检测的作用就更加重要。光学研究机构里经常有这样的争议，高精度是加工出来的还是检测出来的？在什么样的条件下达到什么样的检测精度和效率才能满足需求？等等。毫无疑问，检测是实现精密、超精密的前提和保障。走进任何一个光学实验室，检测仪器经常是全部装备中最重要的组成部分，其精度和效率指标也是该实验室水平与能力的主要标志。

作为一个发展中国家，光学检测手段和装备的欠缺曾是我国光学相关技术、工程和产业能力落后于发达国家的重要原因，也严重制约了我国精密机械、精密仪器仪表等相关技术和产业的发展。记得本人 20 世纪 80 年代初在中科院长春光机所（中国装备最好的光学研究所之一）读研究生时，用于指导加工制造的光学检测能力也就是 10nm 量级（可见光波长的 1/10 左右），检测精度达到纳米量级的数字干涉仪还是难以企及的梦想。后来我到国外去读博士，看到实验室里大量精度比国内高几个数量级的测量仪器可以任由学生们使用，其喜悦兴奋和激动至今历历在目。相信有同样经历的向朝同志也一定会有同样的记忆。

进入新世纪之后，我国光学检测的综合能力（包括研发和产业应用）普遍有了大幅度提高。一方面是中国经济水平提高和加大研发投入的结果，以数字干涉技术为主的手段和仪器迅速普及；另一方面，中国的制造业也在迅速升级换代，以精密、超精密加工制造为代表的先进制造对检测技术装备及其发展提出了强烈需求。其中最有代表性（也是最难啃的硬骨头），代表着当今世界人类超精密加工水平和能力的装备正是用于超大规模集成电路前道制造中的光刻机。也正因为此，从 02 专项开始讨论立项时起，光刻机研发就被确认为是02专项,也是我国集成电路总体发展进程中最需要集中攻关的重中之重。

光刻机在集成电路制造中的作用是将掩模（mask）上的电路图形转移到基片（wafer）上。图形通过光刻机上的投影物镜以成像的方式实现转移，成像质量决定着光刻机的分辨率、套刻精度等一系列最重要的性能指标。随着集成电路对集成度的要求不断提高，对光刻机成像质量的要求也越来越高。目前业界公认光刻机投影物镜的成像质量要求是所有成像光学系统中最高的，也是最苛刻的。仅就投影物镜的光学系统而言，其波像差要在短工作波长、高数值孔径和大视场条件下达到亚纳米量级的近零像差，要将这种近零像差检测出来实属不易(目前通常高质量光学系统的波像差是纳米量级或 10nm 量级)。如果没有这种检测能力，研制和生产光刻机镜头就是一句空话。更为困难的是，光刻机成像质量要求的是工作过程中的整机成像质量，它不仅包括投影物镜的成像质量，还与光刻机的其他分系统密切相关。例如，工作时照明系统和镜头持续受热导致的热像差；工件台/掩模台同步相对运动导致的动态像差；像面平移、旋转、倾斜及焦面偏移等初级像质参数变化；投影物镜的畸变、偏振像差等等。因此，必须对这些影响整机成像质量的因素进行仔细研究，还必须有能力把它们检测出来。只有这样，才能实现对整机成像质量的高精度控制和补偿。

因此，光刻机像质检测是一项内容庞杂、工作量巨大、充满难关险阻的艰苦工作。正如本书后记中所提到的，自 21 世纪初起，先后有 27 名博士在向朝同志指导下，以光刻机像质检测为大框架完成了博士论文；团队共发表了 60 篇 SCI 论文，69 篇国内期刊论文，34 篇国际会议论文；申请并获授权国内外发明专利 100 余项。这些研究工作是该书的主要内容。据我了解，这也是国内第一本全面、系统且密切结合高水平研发工作的光学检测专著。由于光刻机本身的高指标、高难度和先进性，我相信该书对所有涉及光学精密、超精密测量检测的相关工作都具有重要参考价值。

作为中国光刻机研发大团队中的一员，我还想就该书的特点谈几点体会。

(1) 该书是中国光刻机研发攻坚克难历史进程的一个缩影。我国的光刻机研发始于 20 世纪 60 年代，从时间上看并不晚。问题在于，当发达国家认识到集成电路支撑的微电子产业将成为推动整个社会由工业化向信息化过渡的基础时，他们有能力将集成电路的发展推入快车道，有能力集中财力和相关技术来支持集成电路高速发展(包括材料、装备和制造工艺)。所谓摩尔定律，描述的就是这种集中全社会(甚至全球)之力所能达到的结果。遗憾的是，当时的中国，包括 20 世纪 70 年代、80 年代甚至 90 年代，都还不具备上述条件，而且由于发达国家的封锁，我们无法参与集成电路发展的主流。在集成电路制造装备方面，我们在技术基础上(主要是精密光学、精密机械和高精度测量与控制)本来就有不小差距，加上研发投入不够(比发达国家差几个数量级)，我们和发达国家的差距越来越大。一个基本事实是，2006 年《国家中长期科学和技术发展规划纲要(2006～2020 年)》公布之时，中国的集成电路制造装备产业可以说还是一张白纸。

真正开始改变这种状态的是 2008 年国家科技重大专项的启动。光刻机成了 02 专项的重中之重，国家意志开始落实为基本资源保证，于是才有了接下来的队伍组织和研发攻关。有了这些基础条件，科技人员才能确立比较远大的奋斗目标(在这里，具体体现为现代化大规模集成电路生产制造用的光刻机，而不是实验室或单项技术突破用的实验模型)，才能下决心吃透和掌握每一项关键技术及其在产业规模应用条件下的相互关系。这是一条漫长艰苦的发展道路，又是一条绕不开、省不了的道路。这类关键技术还有很多，光刻机像质检测技术只是其中的一个代表。

(2) 该书的内容是中国科技队伍在一个集中最新研发成果并应用于发展最快的高技术产业装备研发中如何学习、应用、改进、创新的典型。的确，关于光刻机的研发、生产和在生产线上的使用，我们都是后来者，我们也不是相关的关键技术的发明者，但中国科技队伍善于学习，这是我们最大的优势之一。光刻机的研发过程证明，我们不仅善于学习基础理论，还敢于在实践中应用，敢于在条件比国外同行差的条件下应用，同时在学习和应用中改进、创新。宋代大诗人陆游有两句很有名的诗：“纸上得来终觉浅，绝知此事要躬行。”我们应该牢记这条古训。正反两个方面的历史经验都告诉我们，不能总是坐而论道，掌握新技术、创造新技术的必要条件是干，是实践。新中国的科学技术，特别是其中的技术科学和工程科学，基本都是用任务带学科（老一辈科学家的总结）发展起来的，这一光荣传统值得我们继承和发扬。

（3）中国光刻机的研发还在路上，相关的像质检测技术研究也在不断发展之中。相信在下一步的研发与攻关进程中，中国的光刻机像质检测技术还会有“第二版”、“第三版”……今天的“第一版”可以告诉世人，在光刻机的关键技术方面，中国的科技队伍是一步一个脚印走过来的，并且在不断地与世界的同行交流、切磋（60 篇英文 SCI 文章和 34 篇国际会议论文就是明证）。今后，我们会继续这样做。从本质上讲，科学技术不分种族，也没有国界，理应为全人类的福祉和进步贡献力量。

（4）和当年 02 专项启动，也是该书涉及的主要工作之奋斗目标确定之时相比，我们的进步是巨大的，其影响对国内相关领域的推动与促进作用也开始明显地体现出来。但我们也清醒地懂得，下一步的任务会更艰巨，挑战会更多，压力会更大，尤其是我们所面临的外部环境，比起当年可能要更加复杂和不确定。我们的内部环境也会有些变化，例如，当年的争论可能主要是能不能干，该不该干；今天更多的或许是如何干，如何尽早出成果，解决“卡脖子”问题。对于中国科技队伍来说，最重要的还是坚定信心，坚持成功的经验，克服曾经影响发展的体制机制障碍，继续一步一个脚印地走下去。我愿意用毛主席的诗句与该书作者及整个光刻机研发团队共勉：世上无难事，只要肯登攀！

是为序。

国家科技部原副部长
中国光学学会原副理事长
集成电路产业技术创新战略联盟理事长
02 专项光刻机工程指挥部总指挥/研究员

2020 年 10 月

前　言

1958 年，世界上第一块集成电路诞生。60 多年来集成电路一直按照摩尔定律快速发展，集成度越来越高，单个芯片上的晶体管数量已经由最初的数十个发展到现在的数十亿个。伴随着集成电路的发展，其应用领域不断扩大。从身份证、手机到可穿戴设备，从计算机到移动通信，从汽车电子到高铁、飞机，集成电路的应用已经渗透到国民经济的各个领域以及人们生活的方方面面。随着 5G、物联网、人工智能、云计算、大数据等新一代信息技术的快速发展，其重要性日益凸显。

光刻机是集成电路制造的核心装备，其技术水平决定了集成电路的集成度，关乎摩尔定律的生命力。光刻机的分辨率、套刻精度等性能指标决定了集成电路的集成度，而光刻机的产率直接影响集成电路的制造成本，是集成电路实现量产的关键因素。为支撑集成电路按照摩尔定律不断向更高集成度发展，光刻机技术持续进步，分辨率、套刻精度与产率等性能指标持续提升。

为实现更高的分辨率，光刻机曝光波长持续缩短，由可见光到紫外、深紫外，再到极紫外。投影物镜数值孔径持续增大，曝光波长为 193nm 的深紫外光刻机的数值孔径从 0.6 增大到 0.75、0.93，浸液技术的引入使得数值孔径最大达到 1.35。采用光源掩模联合优化等分辨率增强技术，193nm 浸液光刻机的分辨率达到了 38nm。38nm 分辨率已经逼近其理论极限值 35.7nm，很难再进一步提升。为了实现集成电路的更高集成度，光刻机的套刻精度和产率持续提升，分别达到了 1.4nm 和 275wph（硅片数/小时），结合多重图形技术，38nm 分辨率的浸液光刻机已经应用于 14nm、10nm 乃至 7nm 技术节点集成电路的量产。曝光波长 13.5nm、数值孔径 0.33 的极紫外光刻机分辨率达到了 13nm，已经应用于 7nm 技术节点集成电路的制造。随着数值孔径的增大，极紫外光刻机的分辨率将进一步提升。

光刻机在集成电路制造中的作用是将掩模图形高质量地转移到硅片面。图形转移是通过投影物镜以成像的方式实现的，成像质量决定了光刻机的分辨率，直接影响套刻精度。随着集成电路按照摩尔定律持续向更高集成度发展，光刻机的分辨率、套刻精度等性能指标持续提升，对光刻机成像质量的要求越来越高。满足光刻机成像质量要求的投影物镜被誉为成像光学的最高境界，其波像差要在大视场、高数值孔径、短波长条件下控制到亚纳米量级，接近零像差，而且这个零像差是在光刻机曝光过程中，投影物镜持续受热的情况下实现的。光刻机成像以掩模台与工件台动态同步扫描的方式实现。二者的同步运动误差会产生动态像差，降低成像质量。为实现高成像质量，工件台与掩模台在高速运动过程中的同步运动误差需要控制到几纳米（相当于人类头发丝直径的几万分之一），被誉为超精密机械技术的最高峰。为确保成像质量，光刻机在高速扫描曝光过程中，硅片面需要始终保持在投影物镜~100nm 的焦深范围之内，需要对硅片面的轴向位置进行高精度控制。

光刻机的成像质量是整机的成像质量，与光刻机的多个分系统密切相关。影响成像质量的像质参数不仅有投影物镜的波像差、投影物镜持续受热导致的热像差，工件台/掩模台同步运动误差导致的动态像差，还有像面平移、像面旋转、像面倾斜、最佳焦面偏移等初级像质参数以及投影物镜的畸变、偏振像差等。

为了实现高的成像质量，满足分辨率、套刻精度等光刻机性能指标要求，需要进行高精度的成像质量控制（像质控制）。像质控制是通过控制具体的像质参数实现的。实现高精度的像质控制，不仅需要控制初级像质参数，投影物镜的畸变、波像差、偏振像差，还需要控制热像差、动态像差等像质参数。光刻机分辨率、套刻精度等性能指标的不断提升，对光刻机成像质量的要求越来越高，需要控制的像质参数越来越多，控制精度要求越来越高。随着像质控制水平的提高，光刻机成像质量不断提升，使得性能指标得以不断提升，支撑着集成电路按照摩尔定律不断向更高集成度发展。

像质检测是像质控制的前提。为了实现各种像质参数的控制，光刻机需要初级像质参数、波像差、偏振像差、热像差、动态像差等不同类型像质参数检测技术。同样的像质参数在离线、原位、在线等不同场合需要不同的检测技术。以波像差检测为例，投影物镜制造过程中需要离线检测技术，光刻机集成测校与周期性维修维护时需要原位检测技术，而光刻机曝光过程中还需要在线检测技术。为满足不同类型像质参数在不同场合的检测需求，光刻机需要光刻胶曝光法、空间像测量法、干涉测量法等多种类型像质检测技术。这些技术构成了一个完整的光刻机像质检测技术体系。

这个像质检测技术体系支撑着像质控制的实现，使得光刻机的成像质量能够满足分辨率、套刻精度等性能指标的要求。随着集成电路不断向更小技术节点发展，光刻机性能指标持续提升，对成像质量提出了更高的要求，要求像质控制水平不断提升。不仅要求像质参数控制的精度、速度随之提升，而且要求控制的像质参数越来越多。在技术节点达到 250nm 以前，只需要控制初级像质参数；技术节点达到 130nm 时，需要控制球差、彗差等波像差；当技术节点延伸至 90nm 时，需要控制更高阶的 Zernike 像差；技术节点达到 65nm 及以下时，需要对 Z_5 到 Z_{37} 甚至到 Z_{64} 的波像差以及偏振像差进行精确控制。像质控制水平的不断提升对像质检测提出了更高的要求，要求检测精度更高、速度更快、可测的像质参数更多。为满足不断提升的像质检测要求，新的像质检测技术不断出现，光刻机像质检测技术体系的内涵不断丰富，检测技术水平不断取得突破。这个不断发展的像质检测技术体系支撑着高精度像质控制的实现，使得成像质量满足了不断提升的分辨率、套刻精度等光刻机性能指标要求，促进了光刻机整机与分系统技术的进步。

本研究团队多年来面向光刻机成像质量不断提升的需求，在国际主流的光刻机像质检测技术基础上，以提升检测精度与速度、扩展可测像质参数为目标，提出了一系列新的像质检测技术。这些技术中，一部分是现有检测手段的改进性技术，一部分是以现有技术为背景技术的新原理检测技术，一部分是本团队提出的全新的检测技术。这些检测技术丰富了光刻机像质检测技术体系，成为这个体系的重要组成部分。

本书系统地介绍了光刻机像质检测技术。介绍了国际主流的光刻机像质检测技术，详细介绍了本团队提出的系列新技术。涵盖了光刻胶曝光法、空间像测量法、干涉测量法等检测技术类型。包括初级像质参数、波像差、偏振像差、动态像差、热像差等像质检测技术。本书介绍了这些技术的理论基础、原理、模型、算法、仿真与实验验证等内容。以光刻机原位与在线像质检测技术为主，也介绍了投影物镜的离线像质检测技术。涵盖了深紫外干式、浸液光刻机以及极紫外光刻机像质检测技术。

本书是光刻机像质检测技术的系统性论著。希望读者通过本书能够了解像质控制与光刻机性能指标提升、像质控制水平与光刻机整机与分系统技术进步的关系，了解光刻机的像质检测技术体系及其对像质控制的重要作用。能够在理论基础、检测原理、关键技术等方面深入理解体系中的系列像质检测技术，对光刻机像质检测技术的基础研究、应用技术研究以及工程技术研发有所帮助。作为超精密光学检测技术，光刻机像质检测技术可应用于离线、原位、在线等多种场合，检测的参数丰富、技术类型多，具有超高的检测精度，对天文观测、机器视觉、生物医学成像等光学成像以及光学精密检测等领域具有重要的借鉴意义。作者希望本书对相关领域的发展有所助益。

由于作者水平有限，书中不妥之处在所难免，恳请读者批评指正。

作　者

2020 年 8 月 8 日于中国科学院上海光学精密机械研究所

目　录

(下　册)

(上 册)

第 7 章　基于原位 PMI 的波像差检测

PMI(phase measurement interferometer)是精度最高的波像差检测技术，通常可以达到 mλ①量级甚至更高。在投影物镜装配阶段，一般采用 PMI 检测其波像差，代表技术有 Twyman-Green 干涉仪、移相点衍射干涉仪和 Hartmann 波前传感器等。早期，PMI 由于装置体积较大，难以集成到光刻机内，仅能用于投影物镜波像差的离线检测。2000 年前后，ASML、Nikon 和 Canon 公司均开发了能够集成于光刻机内的原位 PMI(InLine-PMI)，用于实现投影物镜波像差的快速、高精度检测。

光刻机原位 PMI 技术主要包括 Shack-Hartmann 检测技术、线衍射干涉检测技术和 Ronchi 剪切干涉检测技术三种，代表性技术分别为 Nikon 公司开发的 P-PMI(portable phase measurement interferometer)技术、Canon 公司开发的 iPMI(in-situ phase measurement interferometer)技术和 ASML 公司开发的 ILIAS(integrated lens interferometer at scanner)技术。本章首先简要介绍基于 Shack-Hartmann 检测技术的 P-PMI 技术和基于线衍射干涉检测技术的 iPMI 技术；然后重点探讨 Ronchi 剪切干涉技术，包括 Ronchi 剪切干涉的基本理论、检测系统设计、相位提取与波前重建技术等；最后探讨基于 Ronchi 剪切干涉技术实现多通道波像差的并行检测方法。

7.1　Shack-Hartmann 检测技术

Hartmann 波前传感技术是德国天体物理学家 Hartmann 于 1900 年提出的一种波前测试方法[1]，其原理如图 7-1 所示[2]。用由小孔阵列组成的 Hartmann 屏分割待测波前，在

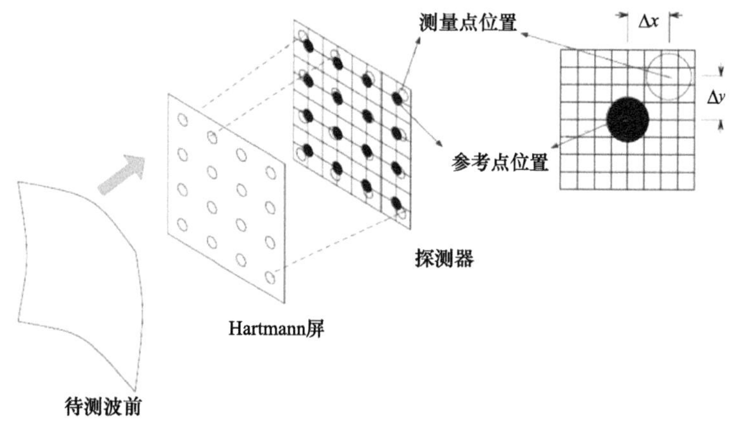

图 7-1　Hartmann 波前传感技术原理示意图[2]

---

① mλ表示 0.001λ

Hartmann 屏后用探测器采集被分割的光束阵列，在水平和垂直方向上测量这些子光束阵列的位置相对参考位置的偏离量，计算出待测波前在水平和垂直方向的斜率，然后通过斜率信息重建待测波前[3]。

Hartmann 测试法的明显缺点是光能利用率低，因为小孔只占整个 Hartmann 屏很少的一部分，大部分光都被 Hartmann 屏的不透光部分阻挡[4]。1971 年，美国亚利桑那大学的 Shack 和 Platt 为响应美国空军提高地面观察人造卫星像质的需求，提出一种改进的 Hartmann 波前传感技术[5]，后被称为 Shack-Hartmann 波前传感技术，其原理如图 7-2 所示[6]，利用透镜阵列代替小孔阵列分割待测光束，分割的子光束分别聚焦于探测器，测量每束光的聚焦位置在 x 和 y 方向相对参考位置的偏离量 Δx 和 Δy，计算出待测波前在两个方向的斜率，然后通过斜率重建待测波前。由于每束光在探测器上单独聚焦，所以每束光的能量密度高于 Hartmann 屏测试方法，显著提高了光能利用率[7]。除光能利用率高外，Shack-Hartmann 波前测试技术还具有动态范围大、灵敏度高、可使用白光光源等优点，而且在大的动态范围内具有较高的测量精度[3]。

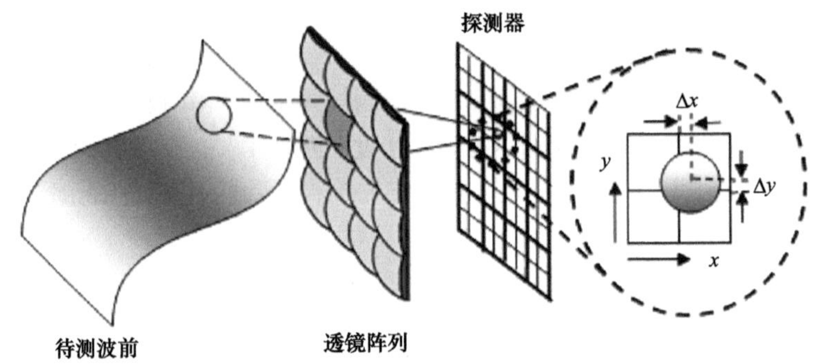

图 7-2 Shack-Hartmann 波前传感技术原理示意图[6]

2003 年，Nikon 公司基于 Shack-Hartmann 波前传感技术开发了用于光刻机投影物镜波像差检测的 P-PMI 技术[8]，其测量原理如图 7-3 所示。

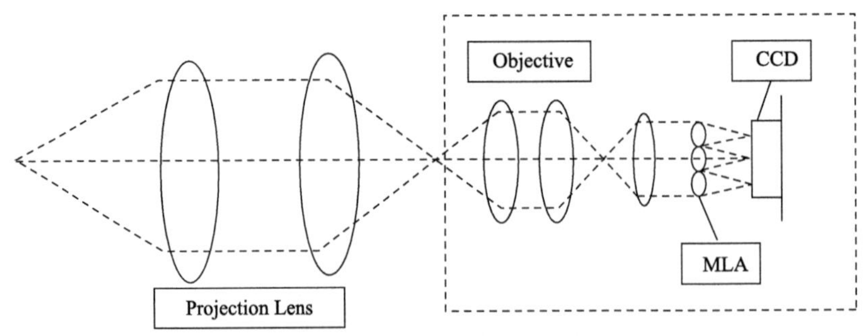

图 7-3 P-PMI 系统结构示意图[8]

在投影物镜的物面上有一个满足衍射极限的针孔，经过投影物镜成像后，带有像差信息的波前进入测量系统，微透镜阵列将待测波前划分为若干个小单元区域，如图 7-4 所示，其孔径大小决定了波前探测的空间分辨率。由于投影物镜波像差的影响，通过微

透镜阵列的各个子波前在 CCD 上的成像位置发生偏移，波前斜率可以表示为

$$\nabla\varphi=\frac{\Delta x}{L}\hat{\boldsymbol{i}}+\frac{\Delta y}{L}\hat{\boldsymbol{j}} \tag{7.1}$$

式中，$\nabla\varphi$ 为波前斜率；Δx 、Δy 分别为光斑在 x 和 y 方向的偏移量；$\hat{\boldsymbol{i}}$，$\hat{\boldsymbol{j}}$ 分别为 x，y 两个方向的单位向量；L 为微透镜的焦距。基于式(7.1)可以重构整个波前，从而反演出投影物镜波像差[9]。

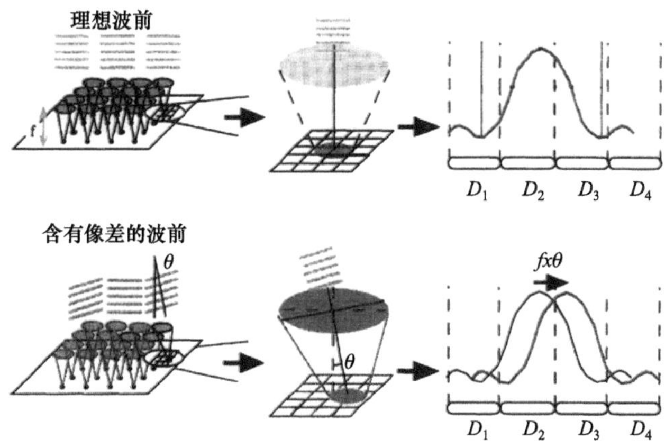

图 7-4　Shack-Hartmann 方法波前测量原理[8]

检测系统中物镜、微透镜阵列及 CCD 会对测量结果产生影响，造成测量误差。为了消除其影响，需要对检测系统进行标定。如图 7-5 所示，在检测系统中有一个用于标定的针孔，其直径比投影物镜的物面上的针孔直径稍大。当进行系统误差标定时，投影物镜物方采用大尺寸的图形，其成像大于该标定针孔，此时 CCD 获得的成像信息只包括检测系统带来的误差，不包含光刻机投影物镜像差。在进行波像差检测时，投影物镜物方采用小尺寸的测试针孔，该针孔的像可以不被遮拦地透过标定针孔，此时 CCD 获得的成

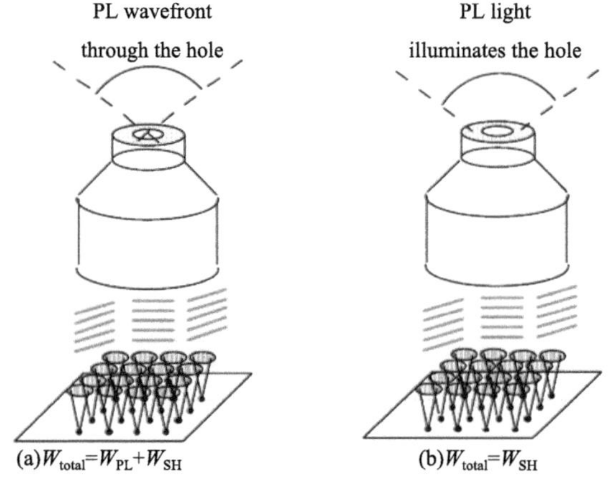

图 7-5　P-PMI 系统标定原理示意图[8]

像信息包含光刻机投物镜波像差和检测系统的误差，在反演投影物镜波像差时，将标定的系统误差去除即可。

采用 P-PMI 系统对 KrF 曝光系统进行测量，5 小时内进行两次测量，测量重复性为 0.1mλ(RMS)；采用不同的传感器进行测量，测量结果差距为 0.6mλ(RMS)。将 iPot 传感器与离线 PMI 进行比对，二者的 Zernike 系数平均绝对值之间的偏差小于 0.0022λ(0.42nm，λ=193nm)[8]。

2014 年，Nikon 公司在 P-PMI 的基础上开发了多点高速 PMI(multi-point high speed PMI)技术，可以同时测量 5 个场点的波像差。P-PMI 测量一个场点需要 30s，测量 5 个场点时间超过 2min。多点高速 PMI 可以在 5s 内完成 5 个场点的测量，测量速度提高了 24 倍[10,11]。

7.2 线衍射干涉检测技术

2006 年，日本 Canon 公司基于线衍射干涉技术(line diffraction interferometer，LDI)开发了一种投影物镜波像差原位检测干涉仪(in-situ phase measurement interferometer，iPMI)。iPMI 的检测原理如图 7-6 所示，像差检测标记位于测试掩模上，并被照明系统照明。像差检测标记由一个宽度小于投影物镜衍射极限的狭缝和一个尺寸远大于投影物镜衍射极限的通光窗口组成。照明光通过狭缝，产生一个与狭缝方向垂直的理想波前。同时，在工件台上也放置一个狭缝小于衍射极限、通光窗口大于衍射极限的检测标记。掩模上狭缝的像成在工件台的通光窗口处，掩模上的通光窗口的像成在工件台的狭缝上。通过掩模上狭缝的无像差的照明光通过投影物镜后，携带了投影物镜的像差信息，成像在工件台通光窗口下的 CCD 上，与此同时，通过掩模上通光窗口的光经投影物镜后通过工件台上的狭缝，最终进入 CCD。这意味着通过工件台上的通光窗口的光携带着投影物镜的波像差信息，作为测量光束，通过工件台上狭缝的光为理想波前，因此作为参考光束。

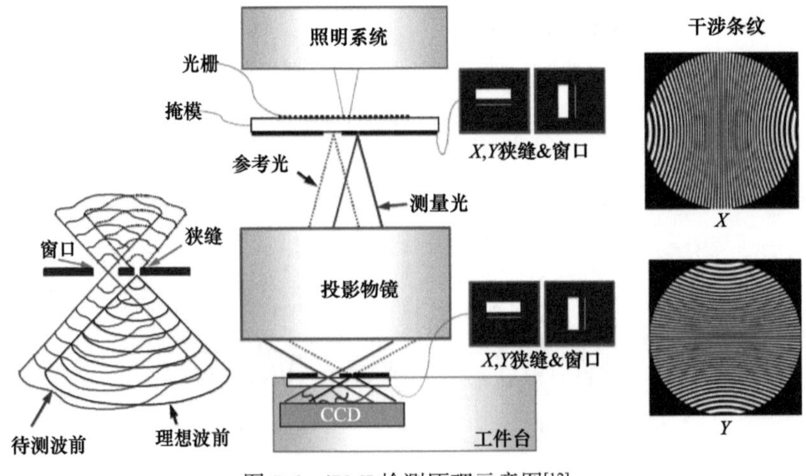

图 7-6 iPMI 检测原理示意图[12]

测量光和参考光的干涉图样可以计算与狭缝垂直方向的波像差[9]，因此使用一组垂直的测量标记即可实现投影物镜波像差的检测[12]。

采用 LDI 这种干涉仪形式时，在垂直于狭缝方向需要有较高的空间相干性，因此，在垂直于狭缝方向的照明部分相干因子需要接近于 0，而在平行狭缝方向，照明系统必须实现全光瞳照明，照明部分相干因子需要为 1。因此，这种检测方法在进行原位测量时需要对照明系统进行相应的改造。为了提高空间相干性，iPMI 系统在物面狭缝标记的背面制作衍射光栅，照明光通过光栅衍射后照明物面，如图 7-7 所示。通过采用上述措施，干涉对比度从 0.015 提高至>0.4。

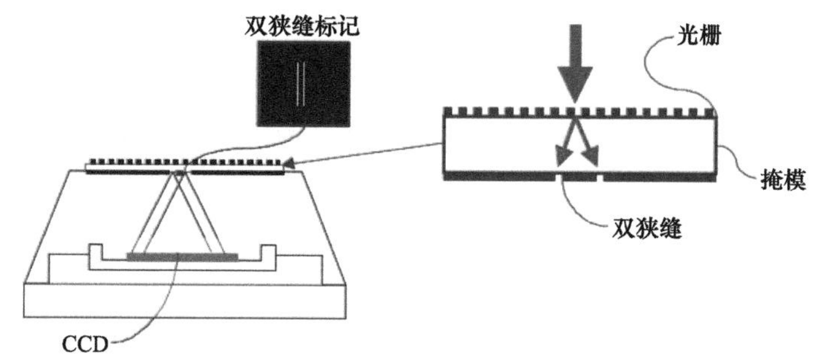

图 7-7　iPMI 系统的物面掩模示意图[12]

iPMI 检测系统在测量原理上采用了衍射干涉技术，是一种可直接测量波前相位分布的共光路型干涉仪。该系统采用了狭缝照明的方式，而传统的点衍射干涉仪(point diffraction interferometer，PDI)采用针孔作为测试标记，其尺寸小于衍射极限，光能利用率很低，有可能难以达到后面 CCD 探测所需的光强。由于 LDI 采用的是狭缝照明方式，因此较好地克服了 PDI 的这一缺点。但由于需要 X 向和 Y 向两个方向的狭缝，因此测量流程复杂度增大。

7.3　Ronchi 剪切干涉检测技术

本节首先简要介绍 ASML 公司基于 Ronchi 剪切干涉技术开发的用于高端光刻机投影物镜波像差检测的 ILIAS 技术及进行多视场点波像差并行检测的 PARIS 技术，然后对 Ronchi 剪切干涉技术进行系统的理论分析与计算，并介绍 Ronchi 剪切干涉关键的数据处理技术，即从干涉图中提取差分波前的相位提取技术和由差分波前重建波像差的波前重建技术，之后进行了原理实验验证。

7.3.1　在光刻机中的应用

Ronchi 检测起源于 20 世纪 20 年代，是最简单常用的光学系统评价和测量方法之一，是最早的剪切干涉技术，具有共光路、无载波、结构简单、成本低等优点，用于光刻机波像差原位检测时，不明显增加额外硬件，检测速度快、精度高。2000 年前后，ASML 公司基于 Ronchi 剪切干涉技术开发了光刻机投影物镜波像差原位检测干涉仪 ILIAS，实现了投影物镜波像差的高精度检测[13,14]。

如图 7-8 所示，ILIAS 技术基于 Ronchi 剪切干涉原理，照明光束通过由漫射元件制造的掩模标记形成均匀的衍射光进入投影物镜光瞳，光束被硅片面上的剪切光栅分裂成多个相互错位的波前，这两个波前相互错开一定距离并在远场相干得到衍射图样。通过测量干涉图样，并利用相位恢复算法可以提取出投影物镜的波像差。ILIAS 可以实现对全视场点的波像差原位检测，测量精度达到 0.1nm 以下。该技术具有较好的延展性，可以用于 EUV 光刻机投影物镜的波像差检测[9]。

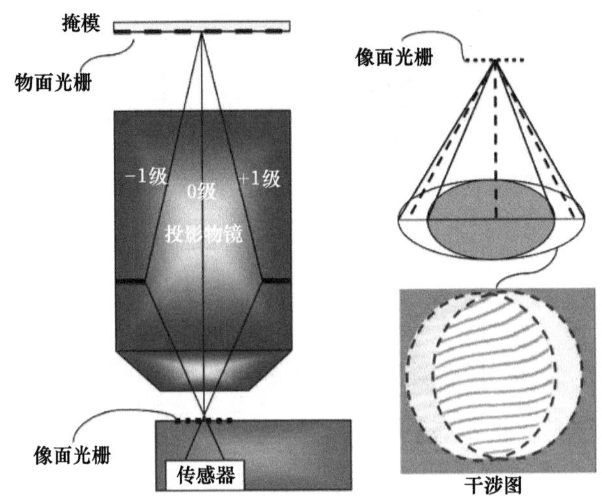

图 7-8　ILIAS 检测原理示意图

2013 年，ASML 公司在 ILIAS 的基础上开发了多功能原位像质检测干涉仪 PARIS(parallel ILIAS)，具备了原有的 TIS 同轴对准及畸变、场曲等初级像质参数检测功能，能够实现投影物镜 7 个视场点波像差的并行检测。掩模台和掩模上均制作了配合 PARIS 工作的像质检测标记，为了实现高精度、实时的掩模热效应和投影物镜热效应控制，成像质量测量由批间测量调整为片间测量，配合 FlexWave 波前补偿技术实现了 64 项 Zernike 多项式拟合波前的补偿控制，响应速度快，能够实现物镜热像差补偿。ASML 结合 PARIS 和 FlexWave 的像质检测与控制技术，使光刻套刻精度提高 3nm，投影物镜的热像差稳定性和特征尺寸稳定性提高超过 2 倍，最佳焦面偏移优化 50%，视场点波像差测量的重复精度小于 0.5nm(3σ)，满足 1×nm 节点光刻产率大于 200wph 时特征尺寸均匀性和套刻精度的技术要求[15]。

7.3.2　干涉场的理论分析[16,17]

1. 条纹对比度与空间相干性

在讨论光的干涉、衍射以及成像过程中，光波常常被假设为完全相干或者完全非相干的，而实际的光波总是部分相干的。根据光波产生干涉的条件，干涉条纹可见度反映了光场的空间、时间相关性，而这种相关性是由光源决定的，属于光的基本属性，称之为光的相干性。根据描述光场相关特性的不同，光的相干性分为时间相干性和空间相干性。时间相干性是表征空间中的某一点在不同时刻所产生光场的相关性；空间相干性是表征同一时刻空间上不同点所产生光场的相干性。

如图 7-9 所示，观察针孔 P_1 和 P_2 发出的两束光波在观察屏上 Q 点处的叠加结果。设 P_1 和 P_2 到 Q 点的距离分别为 r_1 和 r_2。t 时刻两光源点 P_1 和 P_2 的光振动分别表示为 $\boldsymbol{u}(P_1,t)$ 和 $\boldsymbol{u}(P_2,t)$，则该时刻 Q 点光振动为两光波叠加的结果，即

$$\boldsymbol{u}(Q,t)=\boldsymbol{K}_1\boldsymbol{u}(P_1,t-t_1)+\boldsymbol{K}_2\boldsymbol{u}(P_2,t-t_2) \tag{7.2}$$

式中，$t_1=r_1/c$，$t_2=r_2/c$，c 为真空中的光速；$\boldsymbol{K}_1$ 和 $\boldsymbol{K}_2$ 为分别与 r_1 和 r_2 成反比的传播因子。

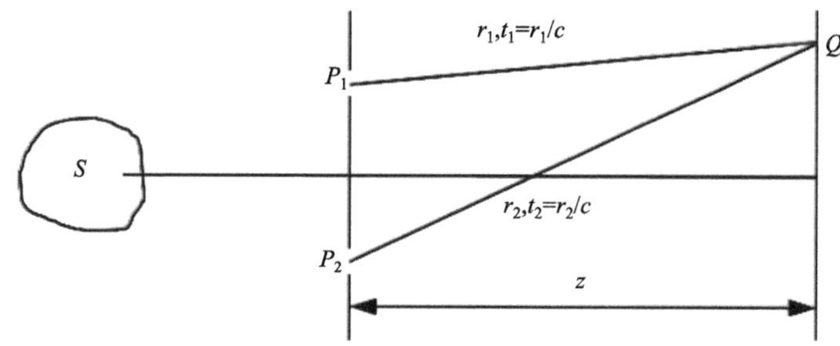

图 7-9　扩展光源的杨氏干涉实验

在 Q 点探测器探测到的光强 $I(Q)$，正比于 $\boldsymbol{u}^2(Q,t)$ 的时间平均值：

$$I(Q)=\left\langle\boldsymbol{u}(Q,t)\boldsymbol{u}^*(Q,t)\right\rangle \tag{7.3}$$

式中，$\langle\cdot\rangle$ 表示时间平均。将(7.2)式代入(7.3)式中，可得

$$\begin{aligned}I(Q)=&\boldsymbol{K}_1^2\left\langle\boldsymbol{u}(P_1,t-t_1)\boldsymbol{u}^*(P_1,t-t_1)\right\rangle+\boldsymbol{K}_2^2\left\langle\boldsymbol{u}(P_2,t-t_2)\boldsymbol{u}^*(P_2,t-t_2)\right\rangle\\&+\boldsymbol{K}_1\boldsymbol{K}_2\left\langle\boldsymbol{u}(P_1,t-t_1)\boldsymbol{u}^*(P_2,t-t_2)\right\rangle+\boldsymbol{K}_1\boldsymbol{K}_2\left\langle\boldsymbol{u}^*(P_1,t-t_1)\boldsymbol{u}(P_2,t-t_2)\right\rangle\end{aligned} \tag{7.4}$$

假定光场平稳且统计性质不随时间改变，互相关函数只与时间差 $\tau=(r_2-r_1)/c$ 有关。若光场各态历经，时间互相关函数等于统计互相关函数，则

$$\left\langle\boldsymbol{u}(P_1,t-t_1)\boldsymbol{u}^*(P_2,t-t_2)\right\rangle=\left\langle\boldsymbol{u}(P_1,t+\tau)\boldsymbol{u}^*(P_2,t)\right\rangle=\boldsymbol{\Gamma}_{12}(\tau) \tag{7.5}$$

式中，$\boldsymbol{\Gamma}_{12}(\tau)$ 为光场的互相关函数，因此

$$\left\langle\boldsymbol{u}^*(P_1,t-t_1)\boldsymbol{u}(P_2,t-t_2)\right\rangle=\left\langle\boldsymbol{u}(P_1,t+\tau)\boldsymbol{u}^*(P_2,t)\right\rangle^*=\boldsymbol{\Gamma}_{12}^*(\tau) \tag{7.6}$$

当 P_1 和 P_2 点重合时，该点光振动的自相干函数为

$$\left\langle\boldsymbol{u}(P_1,t+\tau)\boldsymbol{u}^*(P_1,t)\right\rangle=\boldsymbol{\Gamma}_{11}(\tau) \tag{7.7}$$

或

$$\left\langle\boldsymbol{u}(P_2,t+\tau)\boldsymbol{u}^*(P_2,t)\right\rangle=\boldsymbol{\Gamma}_{22}(\tau) \tag{7.8}$$

式中，$\boldsymbol{\Gamma}_{11}(\tau)$ 和 $\boldsymbol{\Gamma}_{22}(\tau)$ 称为光场的自相干函数。当不同光束时间差 $\tau = 0$ 时，有

$$\begin{cases} \left\langle \boldsymbol{u}(P_1,t-t_1)\boldsymbol{u}^*(P_1,t-t_1)\right\rangle = \left\langle \boldsymbol{u}(P_1,t)\boldsymbol{u}^*(P_1,t)\right\rangle = \Gamma_{11}(0) \\ \left\langle \boldsymbol{u}(P_2,t-t_2)\boldsymbol{u}^*(P_2,t-t_2)\right\rangle = \left\langle \boldsymbol{u}(P_2,t)\boldsymbol{u}^*(P_2,t)\right\rangle = \Gamma_{22}(0) \end{cases} \tag{7.9}$$

$\Gamma_{11}(0)=I_1$ 和 $\Gamma_{22}(0)=I_2$ 分别表示 P_1 和 P_2 点的光强。针孔 P_1 和 P_2 点在 Q 点的光强分别为

$$\begin{cases} I_1(Q) = \boldsymbol{K}_1^2\Gamma_{11}(0) = \boldsymbol{K}_1^2 I_1 \\ I_2(Q) = \boldsymbol{K}_2^2\Gamma_{22}(0) = \boldsymbol{K}_2^2 I_2 \end{cases} \tag{7.10}$$

因此，式(7.4)可简化为

$$\begin{aligned} I(Q) &= I_1(Q) + I_2(Q) + \boldsymbol{K}_1\boldsymbol{K}_2\left[\boldsymbol{\Gamma}_{12}(\tau) + \boldsymbol{\Gamma}_{12}^*(\tau)\right] \\ &= I_1(Q) + I_2(Q) + 2\boldsymbol{K}_1\boldsymbol{K}_2\,\mathrm{Re}\{\boldsymbol{\Gamma}_{12}(\tau)\} \end{aligned} \tag{7.11}$$

若将互相干函数 $\boldsymbol{\Gamma}_{12}(\tau)$ 归一化，则有

$$\gamma_{12}(\tau) = \frac{\boldsymbol{\Gamma}_{12}(\tau)}{\sqrt{\boldsymbol{\Gamma}_{11}(0)\boldsymbol{\Gamma}_{22}(0)}} = \frac{\boldsymbol{\Gamma}_{12}(\tau)}{\sqrt{I_1 I_2}} \tag{7.12}$$

通常称 $\gamma_{12}(\tau)$ 为复相干度(complex degree of coherence)，且 $0 \leqslant |\gamma_{12}(\tau)| \leqslant 1$。复相干度满足三种情形：$|\gamma_{12}(\tau)|=0$，表示光场不相干；$0<|\gamma_{12}(\tau)|<1$，表示光场部分相干；$|\gamma_{12}(\tau)|=1$，表示光场完全相干。利用复相干度，$Q$ 点的光强可表示为

$$I(Q) = I_1(Q) + I_2(Q) + 2\sqrt{I_1(Q)I_2(Q)}\,\mathrm{Re}\{\gamma_{12}(\tau)\} \tag{7.13}$$

干涉条纹可见度可定义为

$$V = \frac{2\sqrt{I_1(Q)I_2(Q)}}{I_1(Q)+I_2(Q)}|\gamma_{12}(\tau)| \tag{7.14}$$

当 $I_1(Q)=I_2(Q)$ 时，干涉条纹可见度等于复相干度的模

$$V = |\gamma_{12}(\tau)| \tag{7.15}$$

$\gamma_{12}(\tau)$ 的物理意义为 Q 点附近干涉条纹可见度。当 P_1 和 P_2 点光强相等时，复相干度的模等于干涉条纹的可见度。

2. 互相干传播

光波在空间传播时，其互相干函数也会发生变化，即互相干函数也在传播。如图 7-10 所示，当一单色光入射到 Σ 面时，根据惠更斯-菲涅耳原理可得 Q 点复振幅为

$$
\boldsymbol{u}(Q)=\frac{1}{\mathrm{j}\lambda}\iint_{\Sigma}\boldsymbol{u}(P)\boldsymbol{K}(\theta)\frac{\exp(\mathrm{j}2\pi r/\lambda)}{r}\mathrm{d}S \tag{7.16}
$$

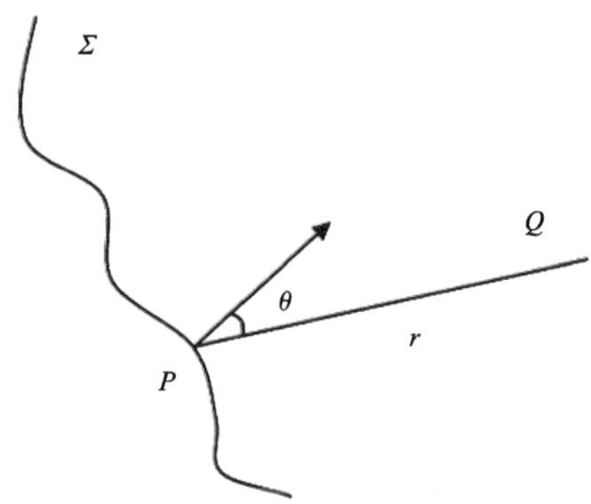

图 7-10　传播的空间关系

对于窄带光，中心波长为$\bar{\lambda}$，则有

$$
\boldsymbol{u}(Q,t)=\iint_{\Sigma}\frac{1}{\mathrm{j}\bar{\lambda}r}\boldsymbol{u}\left(P,t-\frac{r}{c}\right)\boldsymbol{K}(\theta)\mathrm{d}S \tag{7.17}
$$

如图 7-11 所示的窄带光模型，已知 Σ_1 面上的互相干函数为$\boldsymbol{\Gamma}(P_1,P_2;\tau)$，则 Σ_2 面上互相干函数$\boldsymbol{\Gamma}(Q_1,Q_2;\tau)$可定义为

$$
\boldsymbol{\Gamma}(Q_1,Q_2;\tau)=\left\langle\boldsymbol{u}(Q_1,t+\tau)\boldsymbol{u}^*(Q_2,t)\right\rangle \tag{7.18}
$$

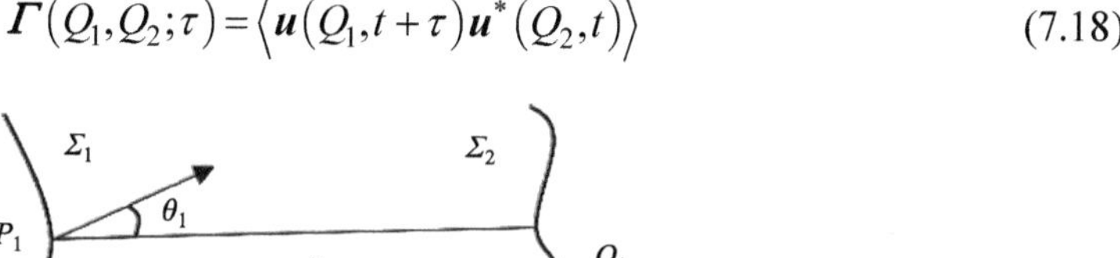

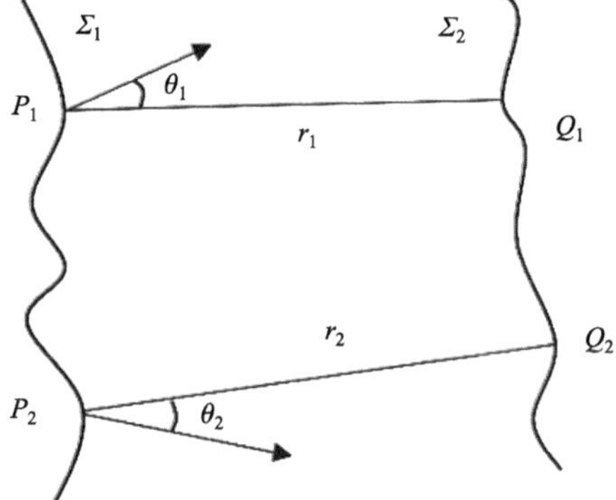

图 7-11　互相干传播的几何关系

由式(7.17)可得

$$
\begin{cases}
\boldsymbol{u}(Q_1,t+\tau)=\displaystyle\iint_{\Sigma}\frac{1}{\mathrm{j}\bar{\lambda}r}\boldsymbol{u}\left(P_1,t+\tau-\frac{r_1}{c}\right)\boldsymbol{K}(\theta_1)\mathrm{d}S_1\\
\boldsymbol{u}^*(Q_2,t)=\displaystyle\iint_{\Sigma}-\frac{1}{\mathrm{j}\bar{\lambda}r}\boldsymbol{u}\left(P_2,t-\frac{r_2}{c}\right)\boldsymbol{K}(\theta_2)\mathrm{d}S_2
\end{cases} \tag{7.19}
$$

将式(7.19)代入式(7.18)，并用 Σ_1 面上的互相干函数表达被积函数的时间平均，可求得

$$\boldsymbol{\Gamma}(Q_1,Q_2;\tau)=\iint\limits_{\Sigma_1}\iint\limits_{\Sigma_2}\frac{\left\langle \boldsymbol{u}\left(P_1,t+\tau-\frac{r_1}{c}\right)\boldsymbol{u}^*\left(P_2,t-\frac{r_2}{c}\right)\right\rangle}{\bar{\lambda}^2 r_1 r_2}K(\theta_1)K(\theta_2)\mathrm{d}S_1\mathrm{d}S_2 \tag{7.20}$$

从而得到窄带假设下的互相干传播的基本定律为

$$\boldsymbol{\Gamma}(Q_1,Q_2;\tau)=\iint\limits_{\Sigma_1}\iint\limits_{\Sigma_2}\boldsymbol{\Gamma}\left(P_1,P_2;\tau+\frac{r_2-r_1}{c}\right)\frac{K(\theta_1)}{\bar{\lambda}r_1}\frac{K(\theta_2)}{\bar{\lambda}r_2}\mathrm{d}S_1\mathrm{d}S_2 \tag{7.21}$$

假定满足准单色光条件，即最大光程差远小于相干长度时，Σ_2 面上的互强度可为 $\boldsymbol{J}(Q_1,Q_2)=\boldsymbol{\Gamma}(Q_1,Q_2;0)$，并令 $\tau=0$，可得准单色光近似下互强度的传播规律：

$$\boldsymbol{J}(Q_1,Q_2)=\iint\limits_{\Sigma_1}\iint\limits_{\Sigma_2}\boldsymbol{J}(P_1,P_2)\exp\left[\mathrm{j}\frac{2\pi}{\bar{\lambda}}(r_2-r_1)\right]\frac{K(\theta_1)}{\bar{\lambda}r_1}\frac{K(\theta_2)}{\bar{\lambda}r_2}\mathrm{d}S_1\mathrm{d}S_2 \tag{7.22}$$

当 $Q_1\to Q_2$ 时，可得 Σ_2 面上的强度分布，即

$$I(Q)=\iint\limits_{\Sigma_1}\iint\limits_{\Sigma_2}\boldsymbol{J}(P_1,P_2)\exp\left[\mathrm{j}\frac{2\pi}{\bar{\lambda}}(r_2-r_1)\right]\frac{K(\theta_1)}{\bar{\lambda}r_1}\frac{K(\theta_2)}{\bar{\lambda}r_2}\mathrm{d}S_1\mathrm{d}S_2 \tag{7.23}$$

3. 范西特-泽尼克定理

如图 7-12 所示，当一个扩展不相干的准单色光源由 Σ_1 面传播到 Σ_2 面时，Σ_2 面上任何一点 Q_1 或 Q_2 的光扰动都是由 Σ_1 面上各点贡献叠加而成的。因此，即使 Σ_2 面上的光场是非相干的，在 Σ_1 面上的各点对(Q_1, Q_2)的光扰动之间都存在一定的联系，也就是有一定的相干性。作为近代光学中最重要的定理之一的范西特-泽尼克(van Cittert-Zernike)定理，就是讨论一种由准单色非相干光源照明而产生的光场的互强度。

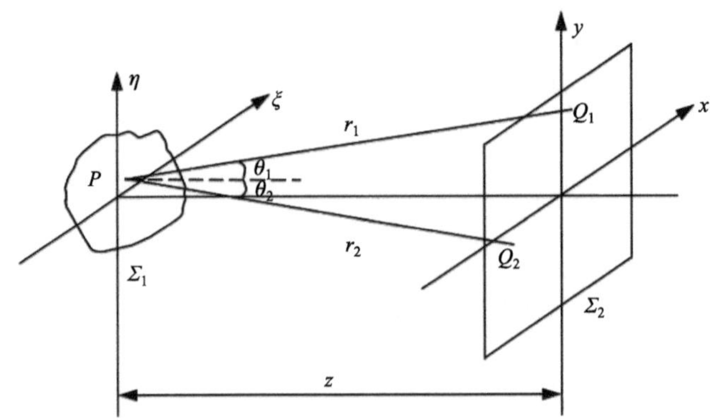

图 7-12　范西特-泽尼克定理的几何关系

扩展光源 Σ_1 上的互强度 $\boldsymbol{J}(P_1,P_2)$ 和 Σ_2 上的互强度 $\boldsymbol{J}(Q_1,Q_2)$ 满足如下定律：

$$\boldsymbol{J}(Q_1,Q_2)=\iint\limits_{\Sigma_1}\iint\limits_{\Sigma_2}\boldsymbol{J}(P_1,P_2)\exp\left[j\frac{2\pi}{\bar{\lambda}}(r_2-r_1)\right]\frac{K(\theta_1)}{\bar{\lambda}r_1}\frac{K(\theta_2)}{\bar{\lambda}r_2}\mathrm{d}S_1\mathrm{d}S_2 \tag{7.24}$$

对于空间非相干光源，两个不同点的光振动统计无关，则有

$$\boldsymbol{J}\left(P_1,P_2\right)=I\left(P_1\right)\delta\left(P_1-P_2\right) \tag{7.25}$$

式中，$I\left(P_1\right)$为光源强度；$\delta\left(P_1-P_2\right)$为$\delta$函数。利用$\delta$函数的筛选性质，计算可得观察屏上的互强度

$$\boldsymbol{J}(Q_1,Q_2)=\frac{1}{(\bar{\lambda})^2}\iint\limits_{\Sigma_1}\iint\limits_{\Sigma_2}I\left(P_1\right)\exp\left[\mathrm{j}\frac{2\pi}{\bar{\lambda}}\left(r_2-r_1\right)\right]\frac{K\left(\theta_1\right)}{r_1}\frac{K\left(\theta_2\right)}{r_2}\mathrm{d}S_1\mathrm{d}S_2 \tag{7.26}$$

为了进一步简化(7.26)式，可以作如下假设和近似。

(1)光源和观察屏的线度和两者间距 z 要小得多，即

$$\frac{1}{r_1}\cdot\frac{1}{r_2}\approx\frac{1}{z^2} \tag{7.27}$$

(2)只讨论小角度情况，则

$$K\left(\theta_1\right)\approx K\left(\theta_2\right)\approx 1 \tag{7.28}$$

则观察屏上的互强度的形式为

$$\boldsymbol{J}(Q_1,Q_2)=\frac{1}{(\bar{\lambda}z)^2}\iint\limits_{\Sigma_1}I\left(P_1\right)\exp\left[\mathrm{j}\frac{2\pi}{\bar{\lambda}}\left(r_2-r_1\right)\right]\mathrm{d}S \tag{7.29}$$

再对指数函数中的r_1和r_2引入傍轴近似，假设$\left(x_1,y_1\right)$和$\left(x_2,y_2\right)$分别为Q_1和Q_2的坐标，则

$$\begin{cases} r_2\approx z+\dfrac{\left(x_2-\xi\right)^2+\left(y_2-\eta\right)^2}{2z} \\ r_1\approx z+\dfrac{\left(x_1-\xi\right)^2+\left(y_1-\eta\right)^2}{2z} \end{cases} \tag{7.30}$$

令$\Delta x=x_2-x_1$，$\Delta y=y_2-y_1$，并假设$\left(\xi,\eta\right)$位于有限的光源Σ_1范围外时光强为零，于是范西特-泽尼克定理的形式改为

$$\boldsymbol{J}(x_1,y_1;x_2,y_2)=\frac{\exp(\mathrm{j}\psi)}{(\bar{\lambda}z)^2}\iint I\left(\xi,\eta\right)\exp\left[-\mathrm{j}\frac{2\pi}{\bar{\lambda}z}\left(\Delta x\xi+\Delta y\eta\right)\right]\mathrm{d}\xi\mathrm{d}\eta \tag{7.31}$$

式中，相位因子ψ的表达式为

$$\psi=\frac{\pi}{\bar{\lambda}z}\left[\left(x_2^2+y_2^2\right)-\left(x_1^2+y_1^2\right)\right]=\frac{\pi}{\bar{\lambda}z}\left(\rho_2^2-\rho_1^2\right) \tag{7.32}$$

式中，ρ_1和ρ_2分别是点(x_1,y_1)和点(x_2,y_2)离光轴的距离。

将式(7.31)改写成归一化形式，则Q_1和Q_2两点的相干度可以表示为

$$\mu(x_1,y_1;x_2,y_2)=\frac{\exp(-\mathrm{j}\psi)\iint I\left(\xi,\eta\right)\exp\left[\mathrm{j}\dfrac{2\pi}{\bar{\lambda}z}\left(\Delta x\xi+\Delta y\eta\right)\right]\mathrm{d}\xi\mathrm{d}\eta}{\iint I\left(\xi,\eta\right)\mathrm{d}\xi\mathrm{d}\eta} \tag{7.33}$$

因此，如果光源的线性尺度和P_1、P_2的间距比P_1和P_2到光源的距离小得多，则相干度

$|\boldsymbol{\mu}(x_1,y_1;x_2,y_2)|$ 等于光源强度函数的归一化傅里叶变换的绝对值。

4. 干涉场的形成

相干成像原理如图 7-13(a)所示，L_C 为会聚透镜，透镜 L_1 和 L_2 分别对入射光波起傅里叶变换的作用。根据科勒照明，光轴上的相干光源照射物平面，由于透镜 L_1 的作用，物镜光瞳面的复振幅就是物面光栅的傅里叶变换，即

$$E(x_p,y_p)=\mathscr{F}\{t(x_o,y_o)\}=T(f_p,g_p)_{f_p=\frac{x_p}{\lambda R_0},g_p=\frac{y_p}{\lambda R_0}} \tag{7.34}$$

式中，λ 为光波长；$t(x_o,y_o)$ 为物面光栅的复振幅透过率；(f_p,g_p) 为物面光栅在光瞳面上的频谱坐标；$\mathscr{F}\{\cdot\}$ 表示傅里叶变换。

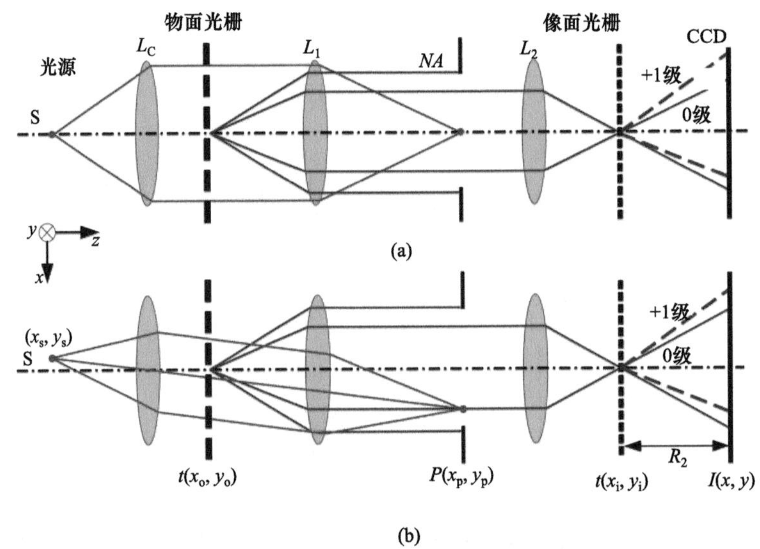

图 7-13 Ronchi 剪切干涉波前测量原理示意图

部分相干成像原理如图 7-13(b)所示，假设成像系统为线性不变系统，光轴外坐标为 (x_s,y_s) 的点光源 S 在光瞳面成像位置位于 (f_s,g_s)，受该点光源照射的物面光栅的频谱发生相对位移，即

$$E(x_p,y_p;x_s,y_s)=\mathscr{F}\{t(x_o,y_o;x_s,y_s)\}=T(f_p-f_s,g_p-g_s) \tag{7.35}$$

部分相干照明时，照明光源由点光源扩展为具有一定尺寸的光源，可以将光源面的各点看作相互独立、非相干的点光源，则光瞳面上的光强等于各点光源以不同入射角入射到物面光栅后引起的光强分布的线性叠加。

对于孔径函数为 $P(x_p,y_p)$、波前分布函数为 $W(x_p,y_p)$ 的投影物镜，光瞳面的复振幅为

$$E'(x_p,y_p)=E(x_p,y_p)P(x_p,y_p)\exp\left[\mathrm{j}\frac{2\pi}{\lambda}W(x_p,y_p)\right] \tag{7.36}$$

在 L_2 的焦平面，投影物镜的出射光入射到周期为 p_i 的像面 Ronchi 光栅上，其复振幅透过率为

$$t(x_i-\Delta x_i,y_i)=\sum_{n=-\infty}^{\infty}A_n\exp\left[\mathrm{j}\frac{2n\pi}{p_i}(x_i-\Delta x_i)\right] \tag{7.37}$$

式中，A_n 为傅里叶系数，数值上 $A_n=\mathrm{sinc}(n/2)$；Δx_i 为像面光栅沿剪切方向的横向移动量，则像面光栅透射场复振幅为

$$E'(x_i,y_i)=E(x_i,y_i)t(x_i-\Delta x_i,y_i) \tag{7.38}$$

式中，$E(x_i,y_i)$ 为像面光栅上的复振幅，数值上等于出瞳面复振幅 $E'(x_\mathrm{p},y_\mathrm{p})$ 的傅里叶变换。在距离像平面 R_2 的远场探测平面上，形成带有投影物镜像差的光瞳的像，其复振幅分布等于像面光栅透射场的傅里叶变换，即

$$\begin{aligned}E(x,y;\Delta x_i)=&\sum_{n=-\infty}^{\infty}A_nP\left(x-\frac{n\lambda R_2}{p_i},y\right)E'\left(x-\frac{n\lambda R_2}{p_i},y\right)\\&\times\exp\left\{\mathrm{j}\frac{2\pi}{\lambda}\left[W\left(x-\frac{n\lambda R_2}{p_i},y\right)\right]\right\}\exp\left(-\mathrm{j}2n\pi\frac{\Delta x_i}{p_i}\right)\end{aligned} \tag{7.39}$$

式中，$E'(x,y)$ 表示投影物镜光瞳在探测平面的形式，受到像面光栅的作用，不同的光瞳像以 $n\lambda R_2/p_i$ 发生错位，n 为对应的衍射级次，说明被衍射的、彼此重叠的光束将产生多重干涉条纹。

由于照明光束通过由物面光栅形成均匀衍射光进入投影物镜光瞳，数值孔径内光强均匀，设剪切量 $S=\lambda R_2/p_i$，则探测平面上的光强分布为

$$\begin{aligned}I(x,y;\Delta x_i)=&\sum_{n=-\infty}^{\infty}|A_n|^2+\sum_{\substack{n=-\infty\\m\neq n}}^{\infty}\sum_{m=-\infty}^{\infty}|A_n||A_m^*|\gamma(n-m)\\&\times\cos\left\{\frac{2\pi}{\lambda}\left[W(x-nS,y)-W(x-mS,y)\right]+(m-n)\frac{2\pi\Delta x_i}{p_i}+\alpha_{nm}\right\}\end{aligned} \tag{7.40}$$

式中，$\gamma(n-m)$ 为像面光栅的 n 级和 m 级衍射光的干涉条纹对比度，数值等于这两级衍射光的空间相干度绝对值，且数值化归一，即 $\gamma(0)=1$；α_{nm} 表示像面光栅的 n 级和 m 级衍射光的相位差。像面光栅的横向位移量 Δx_i，在干涉条纹中表现为产生 $2\pi|n-m|\Delta x_i/p_i$ 的相移，从而可以采用相移法对条纹进行分析，提高检测精度。由于像面上剪切光栅的作用，光瞳面上不同位置的点在探测平面上重合发生干涉(图 7-14)，因此干涉条纹可以理解为光瞳面上各相应点衍射光在探测平面的干涉结果。在 Ronchi 剪切干涉仪中，干涉条纹主要是由像面光栅的 0 级光和其他奇数级次光干涉产生的，为了进一步了解干涉条纹的相关性质，需要对光场的空间相干性进行分析。

像面光栅使光瞳面上不同位置的点在探测平面上重合发生干涉，光瞳面的空间相干性直接决定着像面光栅各衍射级次间能否干涉。根据范西特-泽尼克定理可知，光场的空间相干性等于光源强度分布的归一化傅里叶变换，由于物面放置的是 Ronchi 光栅，光场

的空间相干度与剪切量的关系如图 7-15 所示，剪切量表现为不同衍射级次的差值。

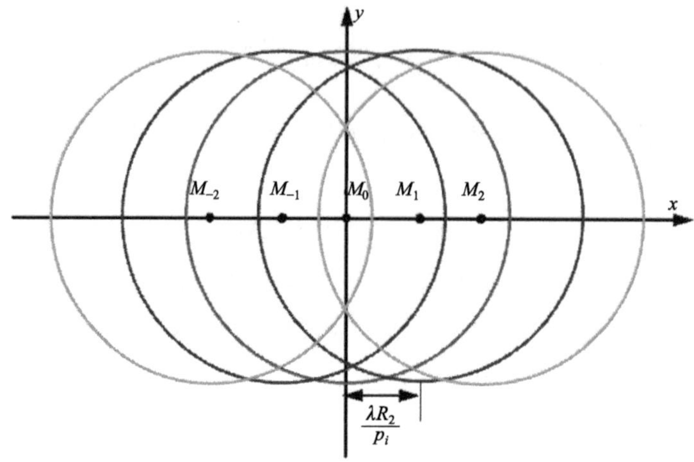

图 7-14　光栅多级衍射光在探测平面上的重合

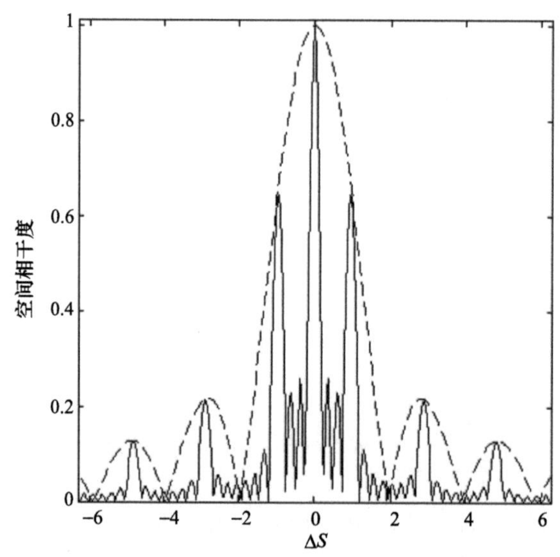

图 7-15　光场空间相干度与剪切量的关系

由图 7-15 可以看出，Ronchi 光栅衍射的偶级次全部缺级，且各衍射级次的差值等于除 0 外的偶数值时，空间相干度为零。0 与−1(或+1)级的相干度为$2/\pi$，衍射级次越高对干涉条纹的影响越小，原因是随着衍射级次的增大，衍射光强度逐渐减弱，且空间相干度进一步减小。探测平面上只有各奇数衍射级与 0 级发生干涉，其他级次之间互不干涉，光强表达式可写成

$$I(x,y)=\sum_{n=-2k-1}^{2k+1}A_n^2+2\sum_{n=-2k-1}^{2k+1}A_nA_0\gamma(n)\times\cos\left\{\frac{2\pi}{\lambda}\left[W(x,y)-W(x-nS,y)\right]+n\frac{2\pi\Delta x_i}{p_i}-a_n\right\} \tag{7.41}$$

式中，k 为任意整数；$\gamma(n)$ 表示像面光栅 n 级与 0 级衍射在探测面上的干涉条纹对比度；a_n 为像面光栅 n 级与 0 级衍射的相位差。设系数满足

$$\begin{cases}A=|A_0|^2+\sum_{n=-2k-1}^{2k+1}|A_n|^2\\ a_n=A_0A_n\gamma(n)=(2/n\pi)^2\end{cases} \tag{7.42}$$

则上述系数归一化值如表 7-1 所示，高于±19 级的衍射项归一化强度低于 0.001，基本不影响测量结果，因此需要计算±19 级以内衍射寄生干涉的影响。设干涉条纹相位为 φ，当不考虑相移且处于小剪切量情况下时：

$$\begin{cases}\dfrac{2\pi}{\lambda}\left[W(x,y)-W(x-S,y)\right]\approx\dfrac{2\pi}{\lambda}\dfrac{\partial W(x,y)}{\partial x}\cdot S=\mathrm{d}\varphi\cdot S\\ \dfrac{2\pi}{\lambda}\left[W(x,y)-W(x+S,y)\right]\approx-\dfrac{2\pi}{\lambda}\dfrac{\partial W(x,y)}{\partial x}\cdot S=-\mathrm{d}\varphi\cdot S\end{cases} \tag{7.43}$$

则干涉场表达式可写为

$$I(x,y)=A+4a_1\cos(\mathrm{d}\varphi\cdot S)+2\sum_{n=3}^{2k+1}a_n\left(\cos\varphi_{+n}+\cos\varphi_{-n}\right) \tag{7.44}$$

表 7-1　Ronchi 剪切干涉场归一化系数

i	A_n	$\gamma(n)$	a_n
0	1	1	1
1	0.6366	0.6366	0.4053
3	0.2122	0.2122	0.0450
5	0.1273	0.1273	0.0162
7	0.0909	0.0909	0.0083
9	0.0707	0.0707	0.0050
11	0.0579	0.0579	0.0033
13	0.0490	0.0490	0.0024
15	0.0424	0.0424	0.0018
17	0.0374	0.0374	0.0014
19	0.0335	0.0335	0.0011

结合表 7-1 中的系数，考虑前 $\pm k$ 项干涉时，则

$$I(x,y)\approx 1.9798+1.6212\times\cos(\mathrm{d}\varphi\cdot S)+0.09\times\left[\cos(\varphi_{-3})+\cos(\varphi_{+3})\right]$$
$$+0.0324\times\left[\cos(\varphi_{-5})+\cos(\varphi_{+5})\right]+\cdots+2a_k\left[\cos(\varphi_{-k})+\cos(\varphi_{+k})\right] \quad (7.45)$$

式中，认为±1 级与 0 级之间为小剪切量，可近似为波面梯度，其他级次与 0 级干涉不是小剪切量，分别用 $\varphi_{\pm 3}$，$\varphi_{\pm 5},\cdots,\varphi_{\pm k}$ 表示。当只考虑 0 级与±1 级的干涉时，上述干涉场表达式可简化为

$$I(x,y)=1.8106+1.6212\times\cos(\mathrm{d}\varphi\cdot S) \quad (7.46)$$

光刻机投影物镜系统具有极小的波像差，可以认为小剪切情况下干涉条纹反映的是沿剪切方向的梯度信息，所以同时存在 0 级与+1 级，0 级与−1 级衍射之间的干涉对测量结果没有影响。在两个正交剪切方向进行差分波前相位提取，进行波前重建后，可以获得被测波像差。

比较式(7.45)和式(7.46)可以看出，实际采集的干涉图中存在着多级衍射光寄生干涉，影响剪切干涉相位提取精度。消除多级衍射光寄生干涉对相位提取精度的影响，是 Ronchi 剪切干涉仪实现高精度波像差检测的前提。

7.3.3 相位提取技术[16,18]

为了获得原始波前，需要对干涉图进行相位提取，相位提取精度直接影响最终的检测精度。Ronchi 剪切干涉仪采用相移干涉技术进行相位提取，计算简单、速度快、精度高，但影响测量精度的误差因素较多。不同的相位提取算法对误差的敏感度不同。对于 Ronchi 剪切干涉仪，当剪切率较小时，剪切光栅除了±1 级与 0 级发生干涉获得需要的干涉条纹之外，更高级次的衍射项也会与 0 级光发生干涉，严重影响相位提取的精度。Ronchi 剪切干涉仪对相移器的要求不高，在保证较好的测量环境的情况下，光栅多级衍射光的相互影响可以看作是 Ronchi 剪切干涉仪的主要误差源，因此设计合适的相位提取算法消除各种误差因素，是 Ronchi 剪切干涉仪应用于高精度光学系统波像差检测的前提。

本小节主要介绍 Ronchi 剪切干涉技术的相位提取算法。首先，对相移干涉技术的基本原理及经典的相位提取算法进行介绍；然后，针对 Ronchi 剪切干涉仪多级衍射光寄生干涉对相位提取精度的影响，介绍了两种新的相移算法，即八步相移算法和十步相移算法，这两种算法有效提高了 Ronchi 剪切干涉仪的测量精度，其中八步相移算法可以消除±3 级和±5 级衍射寄生干涉的影响，十步相移算法可以消除±9 级以内衍射寄生干涉的影响；最后，对该干涉仪进行实验验证，其结果与理论结果一致，很好地验证了所提出的相位提取算法的有效性。

7.3.3.1 相移算法设计

相位提取是干涉测量的重要步骤，相位提取精度的高低直接影响最终的检测精度。相移干涉仪中各误差源的干扰导致测量结果与真实相位间存在一定的偏差，而不同相位提取算法对各种误差的敏感度不同，因此要实现高精度的光学检测需要选择对相应误差

敏感度最低的相位提取算法。Ronchi 剪切干涉是一种相移干涉方法，通过像面光栅的移动，可以在相邻衍射级次间引入相位差，产生相移。但由于 Ronchi 剪切干涉中除了所需要的 0 级与±1 级的干涉，同时存在多级衍射光寄生干涉影响相位提取精度，因此，无法采用经典的四步、五步、十三步等相移算法[19]。

当引入相移时，式(7.44)可改写为

$$
\begin{aligned}
I_i(x,y) &= A + 4a_1\cos\left(\mathrm{d}\varphi\cdot S+\delta_i\right) + 2\sum_{n=3}^{2k+1} a_n\left[\cos\left(\varphi_{+n}+n\delta_i\right)+\cos\left(\varphi_{-n}-n\delta_i\right)\right] \\
&= A + 2\sum_{n=-2k-1}^{2k+1} a_n\cos\left[\varphi_n+n\delta_i\right]
\end{aligned}
\tag{7.47}
$$

式中，A 为背景光强；δ_i 为像面光栅沿剪切方向的相移量。目前，主流的 193nm 光刻机以高数值孔径为主，以数值孔径为 0.93 的投影物镜为例，若像面光栅周期为 10μm，则剪切率为 1%。由于高于 ±19 级的衍射项归一化强度低于 0.001，基本不影响测量结果，因此需要考虑 ±19 级以内衍射寄生干涉的影响。光栅多级衍射寄生干涉对相位提取精度影响的级次越高，相移算法的复杂度越高，对相移器的要求越高。

1. 八步相移算法设计

本小节介绍的八步相移算法可消除前 ±5 级衍射对相位提取精度的影响。由式(7.47)可知，考虑前±5 级衍射光寄生干涉，干涉信号为

$$
\begin{aligned}
I_i(x,y) = A &+ 4a_1\cos\left(\mathrm{d}\varphi\cdot S-\delta_i\right) + 2a_3\left[\cos\left(\varphi_{+3}+3\delta_i\right)+\cos\left(\varphi_{-3}-3\delta_i\right)\right] \\
&+ 2a_5\left[\cos\left(\varphi_{+5}+5\delta_i\right)+\cos\left(\varphi_{-5}-5\delta_i\right)\right]
\end{aligned}
\tag{7.48}
$$

八步相移算法采集相移间隔 π / 4 的干涉图，即每一步相移量分别为 $\delta_i = j\pi/4$ 的 8 幅干涉图，其中 $j=0,1,2,\cdots,7$，探测器采集到的干涉图光强分别用 $I_0 \sim I_{7\pi/4}$ 表示，即

$$
I_0 = A + 4a_1\cos(\mathrm{d}\varphi\cdot S) + 2a_3\left(\cos\varphi_{+3}+\cos\varphi_{-3}\right) + 2a_5\left(\cos\varphi_{+5}+\cos\varphi_{-5}\right) \tag{7.49}
$$

$$
\begin{aligned}
I_{\pi/4} = A &+ 4a_1\cos\left(\mathrm{d}\varphi\cdot S+\frac{\pi}{4}\right) - 2a_3\left[\cos\left(\varphi_{+3}-\frac{\pi}{4}\right)+\cos\left(\varphi_{-3}+\frac{\pi}{4}\right)\right] \\
&- 2a_5\left[\cos\left(\varphi_{+5}+\frac{\pi}{4}\right)+\cos\left(\varphi_{-5}-\frac{\pi}{4}\right)\right]
\end{aligned}
\tag{7.50}
$$

$$
I_{\pi/2} = A - 4a_1\sin(\mathrm{d}\varphi\cdot S) + 2a_3(\sin\varphi_{+3}-\sin\varphi_{-3}) - 2a_5(\sin\varphi_{+5}-\sin\varphi_{-5}) \tag{7.51}
$$

$$
\begin{aligned}
I_{3\pi/4} = A &- 4a_1\cos\left(\mathrm{d}\varphi\cdot S-\frac{\pi}{4}\right) + 2a_3\left[\cos\left(\varphi_{+3}+\frac{\pi}{4}\right)+\cos\left(\varphi_{-3}-\frac{\pi}{4}\right)\right] \\
&+ 2a_5\left[\cos\left(\varphi_{+5}-\frac{\pi}{4}\right)+\cos\left(\varphi_{-5}+\frac{\pi}{4}\right)\right]
\end{aligned}
\tag{7.52}
$$

$$
I_\pi = A - 4a_1\cos(\mathrm{d}\varphi\cdot S) - 2a_3(\cos\varphi_{+3}+\cos\varphi_{-3}) - 2a_5(\cos\varphi_{+5}+\cos\varphi_{-5}) \tag{7.53}
$$

$$I_{5\pi/4} = A - 4a_1\cos\left(\mathrm{d}\varphi\cdot S + \frac{\pi}{4}\right) + 2a_3\left[\cos\left(\varphi_{+3} - \frac{\pi}{4}\right) + \cos\left(\varphi_{-3} + \frac{\pi}{4}\right)\right] + 2a_5\left[\cos\left(\varphi_{+5} + \frac{\pi}{4}\right) + \cos\left(\varphi_{-5} - \frac{\pi}{4}\right)\right] \tag{7.54}$$

$$I_{3\pi/2} = A + 4a_1\sin\mathrm{d}\varphi\cdot S - 2a_3(\sin\varphi_{+3} - \sin\varphi_{-3}) + 2a_5(\sin\varphi_{+5} - \sin\varphi_{-5}) \tag{7.55}$$

$$I_{7\pi/4} = A + 4a_1\cos\left(\mathrm{d}\varphi\cdot S - \frac{\pi}{4}\right) - 2a_3\left[\cos\left(\varphi_{+3} + \frac{\pi}{4}\right) + \cos\left(\varphi_{-3} - \frac{\pi}{4}\right)\right] - 2a_5\left[\cos\left(\varphi_{+5} - \frac{\pi}{4}\right) + \cos\left(\varphi_{-5} + \frac{\pi}{4}\right)\right] \tag{7.56}$$

式(7.49)～式(7.56)进行严格的数学推导，可以获得

$$\begin{cases} I_{\pi/4} - I_{5\pi/4} + I_{3\pi/4} - I_{7\pi/4} + \sqrt{2}(I_{\pi/2} - I_{3\pi/2}) = 16\sqrt{2}a_1\sin(\mathrm{d}\varphi\cdot S) \\ I_{\pi/4} - I_{5\pi/4} + I_{7\pi/4} - I_{3\pi/4} + \sqrt{2}(I_0 - I_\pi) = 16\sqrt{2}a_1\cos(\mathrm{d}\varphi\cdot S) \end{cases} \tag{7.57}$$

则被测投影物镜沿剪切方向的相位为

$$\varphi \approx \mathrm{d}\varphi\cdot S = \arctan\frac{I_{\pi/4} - I_{5\pi/4} + I_{3\pi/4} - I_{7\pi/4} + \sqrt{2}(I_{\pi/2} - I_{3\pi/2})}{I_{\pi/4} - I_{5\pi/4} + I_{7\pi/4} - I_{3\pi/4} + \sqrt{2}(I_0 - I_\pi)} \tag{7.58}$$

图 7-16 给出了采用八步相移算法进行相位提取的仿真结果，理论相位提取误差峰谷值(PV)为 0.0110λ，计算可得均方根值(RMS)为 0.0044λ，说明该算法具有较高的相位提取精度。

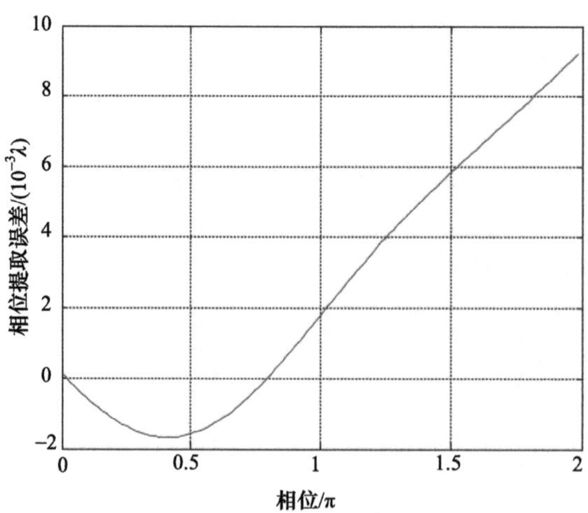

图 7-16　八步相移算法相位提取误差仿真结果

对波像差如 7-17 所示的投影物镜进行仿真，设剪切率为 7.36%时，沿 x 方向依次引入 0、π/4、π/2、3π/4、π、5π/4、3π/2、7π/4 的相移，根据式(7.58)仿真得到的干涉图分别如图 7-18 所示，干涉条纹的光强变化显著。

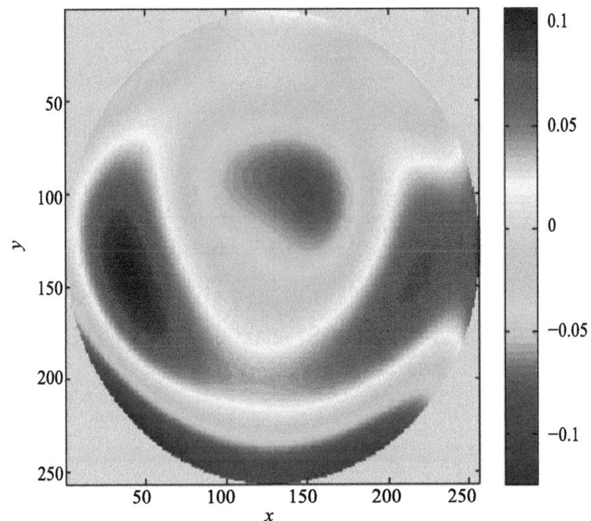

图 7-17　被测投影物镜波像差仿真图

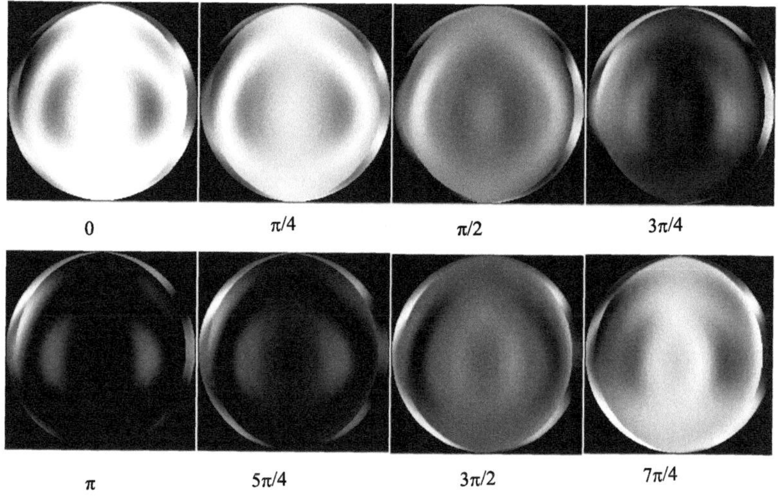

图 7-18　采用八步相移法获得的沿 x 方向的剪切干涉仿真图

2. 十步相移算法设计

本小节介绍的十步相移算法可消除 ±9 级以内多级衍射的影响。由式(7.47)可知，考虑前±9 级衍射光寄生干涉，干涉信号为

$$\begin{aligned}I_i(x,y)=&a_0+4a_1\cos(\mathrm{d}\varphi\cdot S-\delta_i)+2a_3\left[\cos(\varphi_{+3}+3\delta_i)+\cos(\varphi_{-3}-3\delta_i)\right]\\&+2a_5\left[\cos(\varphi_{+5}+5\delta_i)+\cos(\varphi_{-5}-5\delta_i)\right]+2a_7\left[\cos(\varphi_{+7}+7\delta_i)+\cos(\varphi_{-7}-7\delta_i)\right]\\&+2a_9\left[\cos(\varphi_{+9}+9\delta_i)+\cos(\varphi_{-9}-9\delta_i)\right]\end{aligned}\tag{7.59}$$

相移量分别取 0、π/6、π/3、π/2、2π/3、5π/6、π、3π/2、5π/3、11π/6，代入式(7.59)中，探测器采集的干涉图光强分别为 $I_0\sim I_{11\pi/6}$，计算可得

$$
\begin{cases}
I_{3\pi/2} - I_{\pi/2} + I_{11\pi/6} - I_{\pi/6} + \sqrt{3}(I_{5\pi/3} - I_{\pi/3}) = 12a_1 \sin(d\varphi \cdot S) \\
I_0 - I_\pi + I_{\pi/3} - I_{2\pi/3} + \sqrt{3}(I_{\pi/6} - I_{5\pi/6}) = 12a_1 \cos(d\varphi \cdot S)
\end{cases}
\tag{7.60}
$$

则被测投影物镜沿剪切方向的相位为

$$
\varphi \approx \mathrm{d}\varphi \cdot S = \arctan \frac{I_{3\pi/2} - I_{\pi/2} + I_{11\pi/6} - I_{\pi/6} + \sqrt{3}(I_{5\pi/3} - I_{\pi/3})}{I_0 - I_\pi + I_{\pi/3} - I_{2\pi/3} + \sqrt{3}(I_{\pi/6} - I_{5\pi/6})}
\tag{7.61}
$$

图 7-19 给出了采用十步相移算法进行相位提取的仿真结果，理论相位提取误差峰谷值(PV)为 0.0046λ，计算可得均方根值(RMS)为 0.0019λ，说明该算法可以实现高精度的相位提取。

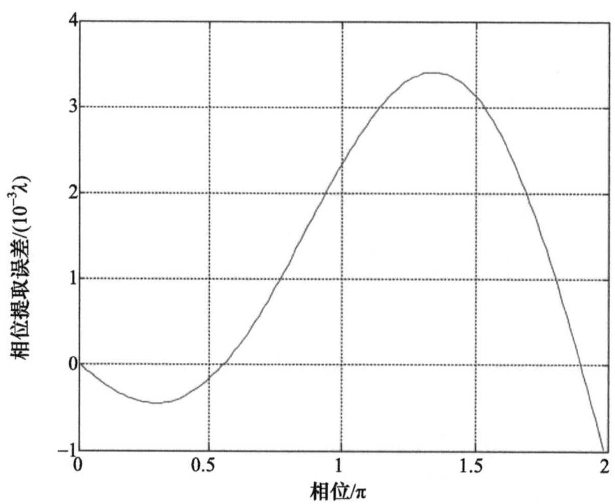

图 7-19　十步相移算法相位提取误差仿真结果

对波像差如图 7-20 所示的投影物镜进行仿真，设剪切率为 7.36% 时，沿 x 方向依次引入相移 0、π/6、π/3、π/2、2π/3、5π/6、π、3π/2、5π/3、11π/6，根据式(7.47)仿真得到的干涉图分别如图 7-20 所示，可明显看出沿剪切方向引入相移时干涉图案的相移效果。

针对所设计的十步相移算法开展实验验证，实验装置如图 7-21 所示，光源为 432nm 的 LED 光源，被测投影物镜是成像放大倍数为 10：1、数值孔径为 0.25 的标准显微物镜，物面光栅是周期为 117.4μm 的 Ronchi 光栅，像面光栅是周期为 11.74μm 的棋盘光栅，剪切率为 7.36%。实验中在物面光栅上放置一块毛玻璃，使光束在被测投影物镜数值孔径内均匀照明。

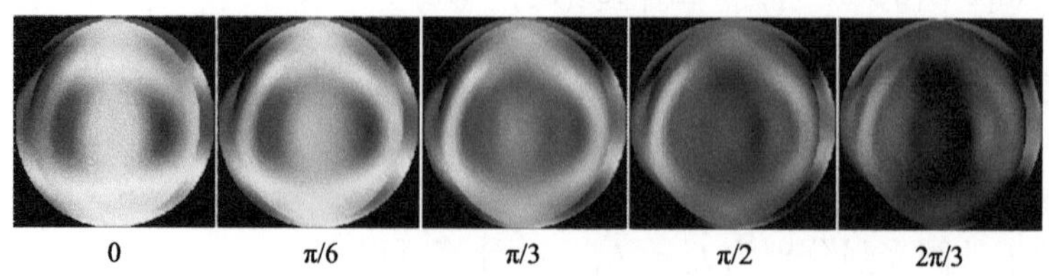

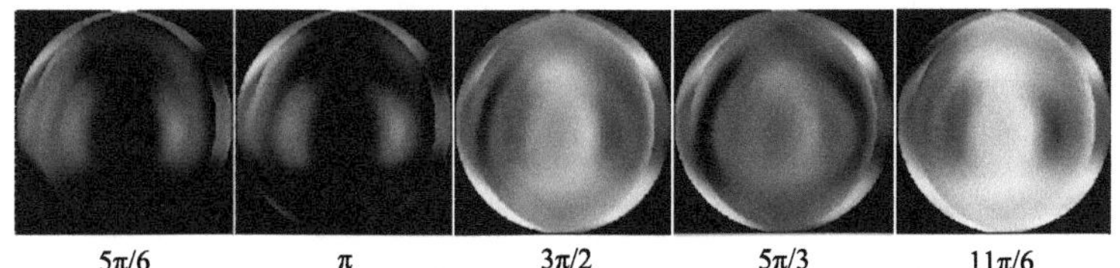

图 7-20　采用十步相移算法获得的沿 x 方向的剪切干涉仿真图

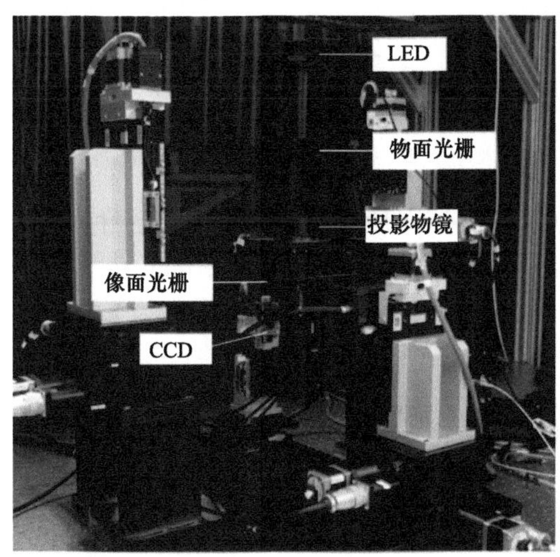

图 7-21　基于 Ronchi 剪切干涉的波像差检测系统实验装置图

将物面光栅和像面棋盘光栅分别置于被测投影物镜的物面和像面，使棋盘光栅透光单元和遮光单元的对角线方向垂直于物面光栅的栅线方向，假定为 x 方向，沿 x 方向依次将像面光栅位移 π/6、π/3、π/2、2π/3、5π/6、π、3π/2、5π/3、11π/6，所采集的剪切干涉图分别如图 7-22 所示。将物面光栅旋转 90°，沿 y 方向依次将像面光栅位移 π/6、π/3、π/2、2π/3、5π/6、π、3π/2、5π/3、11π/6，所采集的剪切干涉图分别如图 7-23 所示。由图 7-22 和图 7-23 可以看出，实验系统得到了清晰的 Ronchi 剪切相移干涉图，相移效果与图 7-20 所示的仿真干涉图相似，验证了理论推导的正确性。

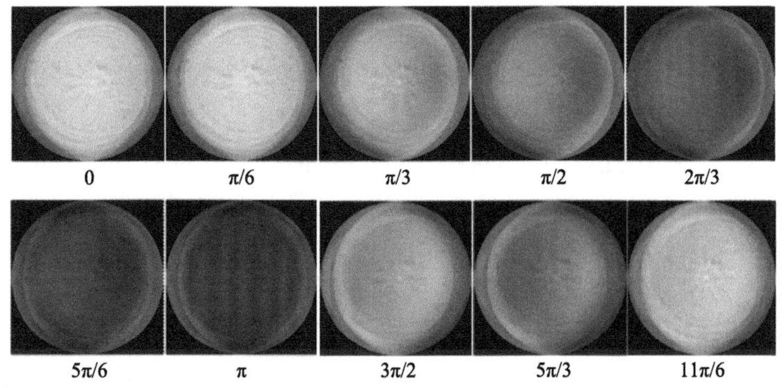

图 7-22　采用十步相移算法获得的沿 x 方向的剪切干涉图

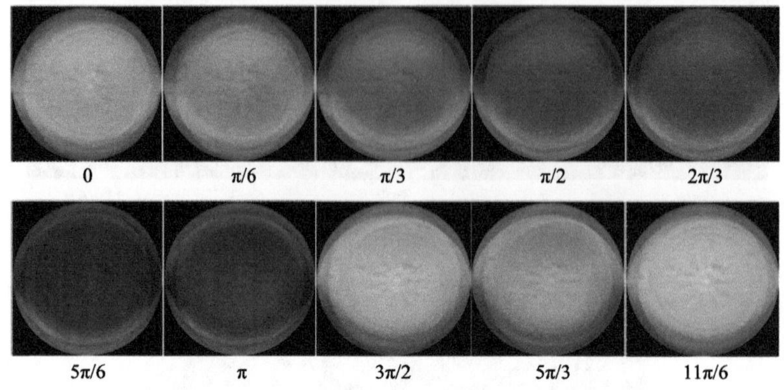

图 7-23　采用十步相移算法获得的沿 y 方向的剪切干涉图

采用式(7.61)的十步相移算法对所采集的干涉图进行计算，求出 x 方向和 y 方向的相位结果，分别如图 7-24(a)、(b)所示。采用差分 Zernike 波前重建算法，可以获得被测投影物镜的波像差，如图 7-25(a)所示，经拟合计算得到的 Zernike 系数如图 7-25(b)所示，可以看出该被测投影物镜的波像差主要是低阶像差。

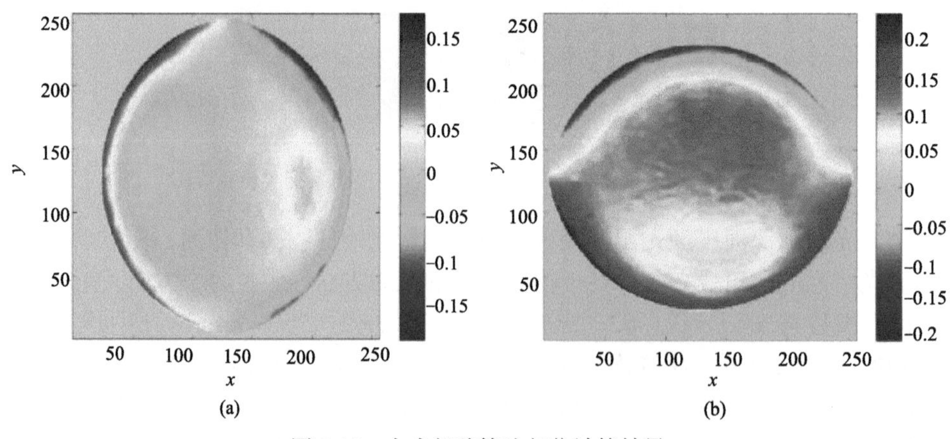

图 7-24　十步相移算法相位计算结果

(a) x 方向；(b) y 方向

7.3.3.2　误差分析

本小节主要研究基于 Ronchi 相移剪切的相位提取误差，因此以相移法提取的相位与波前真实相位的差的 RMS 值和 PV 值作为 Ronchi 相移剪切干涉的相位提取误差的主要评价参数，消除影响相位提取精度的各类误差。目前，主流的 193nm 浸液式光刻机以高数值孔径为主，采用波长为 193nm 的光源，数值孔径为 0.93 的被测投影物镜，剪切率为 1%，对主要相位提取误差源进行仿真分析。

1. 算法误差

对于 Ronchi 相移剪切干涉仪，要消除的光栅衍射寄生干涉对相位提取精度影响的级数越高，相位提取的精度越高。相位提取算法误差为真实相位与相移算法求出的理论相

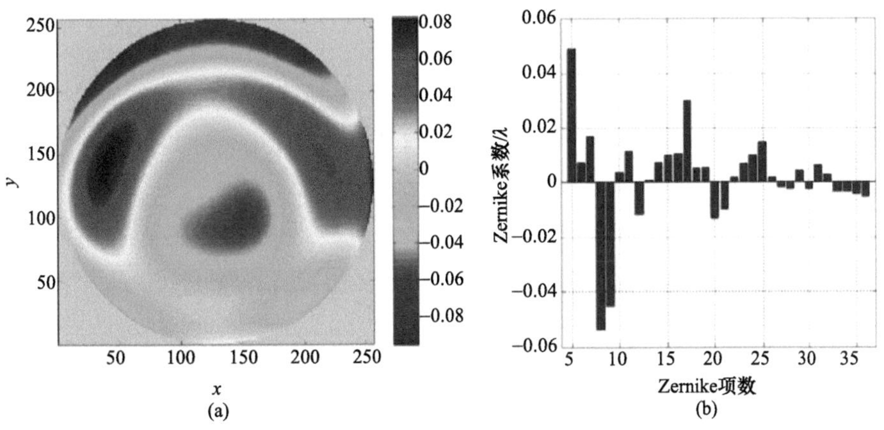

图 7-25 波前重建结果

(a) 重建波前；(b) Zernike 多项式系数

位的差，通过仿真可以计算出不同相移算法下的理论相位提取算法误差，如表 7-2 所示，消除 ±9 级以内衍射寄生干涉的十步相移算法，与消除 ±3 级和 ±5 级衍射寄生干涉的八步相移算法相比，相位提取精度更高。而对于传统的五步相移算法，由于无法消除多级衍射寄生干涉而产生非常明显的相位提取误差，无法用于 Ronchi 相移剪切干涉仪相位提取。

表 7-2 不同相移算法的理论相位提取误差表

算法	RMS 值/mλ	PV 值/mλ
五步相移算法	443.6	787.4
八步相移算法	4.4	11.0
十步相移算法	1.9	11.1

2. 相移误差

相移误差主要包括线性相移误差和非线性相移误差，实际相移量表达式为

$$\delta' = \delta\left(1 + \varepsilon_1 + \delta\varepsilon_2\right) \tag{7.62}$$

式中，δ' 为实际相移量；δ 为理想相移量；ε_1 为归一化线性相移误差；ε_2 为归一化非线性相移误差。干涉场的光强分布可以改写为

$$I_i'(x,y) = A + 2\sum_{n=-2k-1}^{2k+1} A_n A_0 \gamma(n) \cos\left[\varphi_n + n\delta_i\left(1 + \varepsilon_1 + \delta_i\varepsilon_2\right)\right] \tag{7.63}$$

由图 7-26(a)可以看出，与十步相移算法相比，八步相移算法在线性误差小于 2% 时产生的相位误差 RMS 值小于 1mλ。由图 7-26(b)可以看出，当二阶非线性相移误差为 4% 时，产生的相位误差 RMS 值优于 5mλ。为了满足 Ronchi 相移剪切干涉仪测量精度的要求，要求相移器的线性相移误差和非线性相移误差小于 2%，说明 Ronchi 相移剪切干涉仪对相移器的精度要求严格。

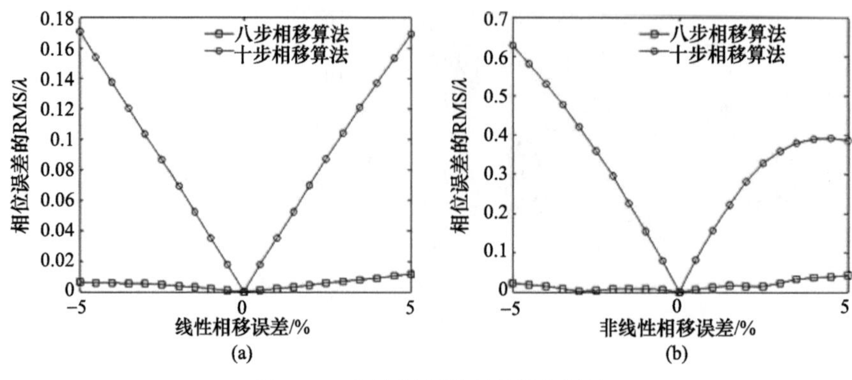

图 7-26　相移误差引起的相位误差

3. 探测器误差

探测器误差也是导致相位测量误差的一个重要误差源。探测器误差主要包括探测器的非线性误差和探测器的量化误差。通常探测器的非线性误差指的是二阶误差，其表达式为

$$I' = I + I^2\varepsilon_3 \tag{7.64}$$

式中，I' 为实际探测光强；I 为输入光强；ε_3 为归一化探测器二阶非线性误差。将式(7.64)代入式(7.47)中，得到

$$\begin{aligned}I'(x,y) = A+\varepsilon A^2 + 2(1+2\varepsilon_3 A)\sum_{n=-2k-1}^{2k+1} A_n A_0 \gamma(n)\cos(\varphi_n + n\delta_i) \\ + 2\varepsilon_3 \sum_{n=-2k-1}^{2k+1} A_n^2 A_0^2 \gamma^2(n)\left[1+\cos(2\varphi_n + 2n\delta_i)\right]\end{aligned} \tag{7.65}$$

由图 7-27 的仿真结果可以看出，所提出的八步相移算法对探测器非线性误差完全不敏感，说明可以通过该算法来消除该误差；而十步相移算法则比较敏感，当探测器非线性误差小于 2%时，相位提取误差小于 1mλ，也可以消除该误差。

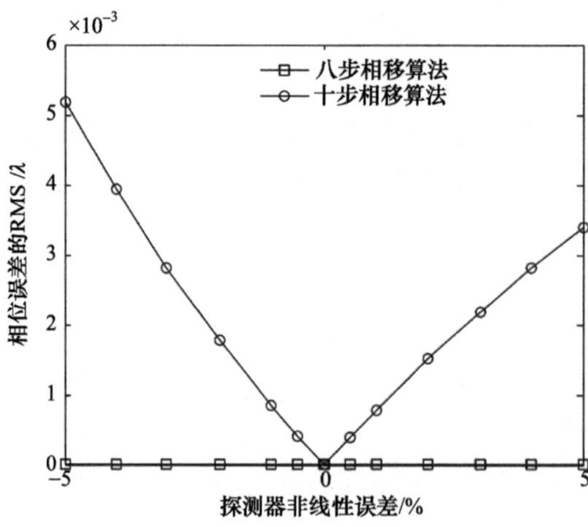

图 7-27　探测器非线性误差引起的相位误差

探测器量化误差是指探测器在 A/D 转化过程中产生的误差，由探测器的量化误差引起的相位测量误差的表达式为

$$\sigma_{\phi}=\frac{1}{\sqrt{3n}\gamma Q} \tag{7.66}$$

式中，n 为相移步数；γ 为条纹对比度；Q 为探测器采集的图片灰度级数。

由图 7-28 可以看出，十步相移算法对探测器的量化误差的抑制能力最好，八步相移算法次之，并且随着探测器位数及条纹对比度的增加，由探测器量化误差引起的相位误差逐渐减小。当探测器位数大于 10 时，两种算法因量化误差引起的相位误差都小于 1mλ，基本不影响测量结果。

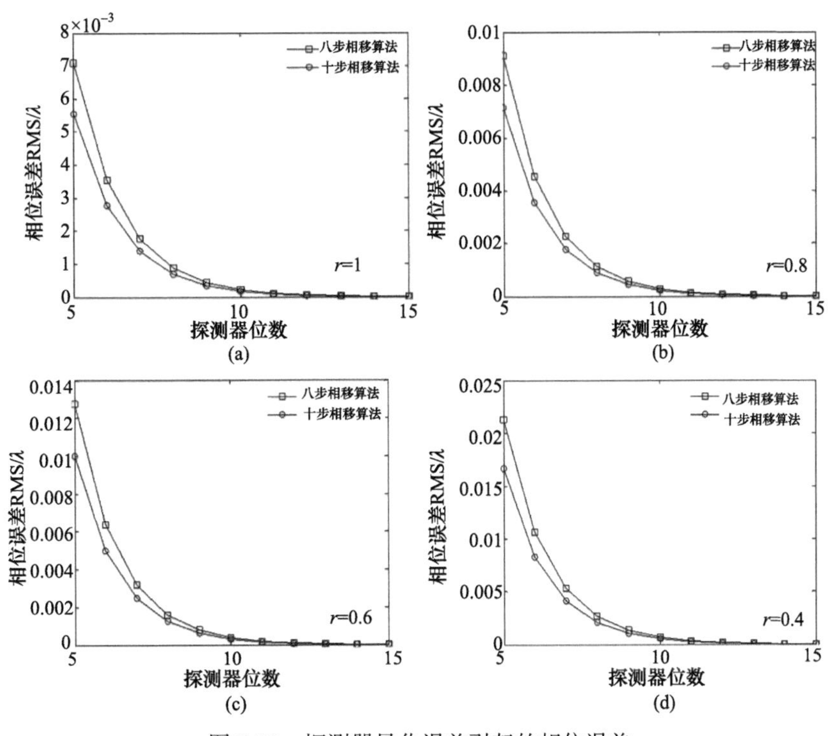

图 7-28　探测器量化误差引起的相位误差

4. 振动误差

机械振动产生的误差是相移干涉检测中不可避免的一个重要问题，振动误差的影响通常表现为在相干的波面之间引入随机的相位变化，导致相位测量误差增大；振动频率与系统固有频率接近时引起共振，产生剧烈振动而无法测量；对于振幅为 E、归一化频率(振动频率与相机帧频的比值)为 ν、相位偏差为 β 的机械振动，在干涉场中的影响可以表示为

$$I_i'(x,y)=A+2\sum_{n=-2k-1}^{2k+1}A_nA_0\gamma(n)\cos\left[\varphi_n+n\delta_i-E\cos(2\pi\nu t+\beta)\right] \tag{7.67}$$

对于常见的相移干涉仪，相关研究指出低频振动误差是影响测量结果的重要因素。由图 7-29(a)可以看出，振动幅度越大，其引起的相位误差越大。图 7-29(b)为振幅为 0.02rad 时不同相移算法对振动频率的响应，可以看出对于所提出的八步和十步相移算法，振动频率与实验平台机械结构固有频率的比值越大，相位误差越小。为了克服振动误差的影响，可以调大相移器 PZT 振动频率与实验平台机械结构固有频率的差值，并提高防振措施。

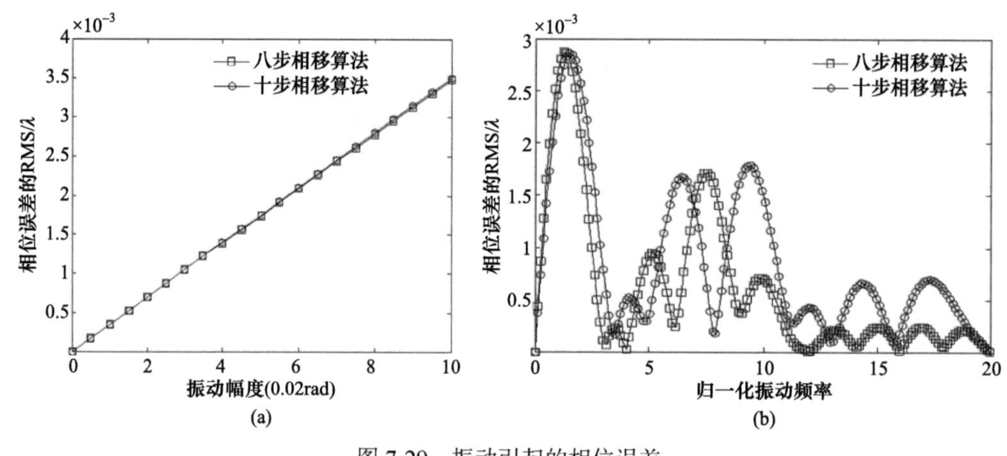

图 7-29　振动引起的相位误差

5. 光栅制造工艺误差

Ronchi 相移剪切干涉仪在原理上偶数级次是缺级的，是进行空间相干性分析和相位提取算法研发时的一个重要依据，但实际上存在光栅制造工艺误差，主要体现在光栅周期不准确和占空比不是严格的 50%。假设实际光栅每条缝隙的宽度为 a，周期为 $d(d>a)$，则光栅的复振幅透过率函数可以表示为

$$t(x,y)=\frac{1}{d}\mathrm{rect}\left(\frac{x}{a}\right)*\sum_{n=-\infty}^{\infty}\delta(x-nd) \tag{7.68}$$

将光栅实际占空比 r 与理想占空比 r_0 的差定义为占空比误差 ε_4，则 $r=r_0(1+\varepsilon_4)$。由图 7-30(a)可以看出，Ronchi 相移剪切干涉仪对占空比误差非常敏感，主要体现在以±1 级为主的奇数级次，占空比误差小于 1%时，偶数级次衍射归一化光强误差小于 0.001，其影响可以忽略，说明 Ronchi 相移剪切干涉仪对光栅的精度要求严格。分别对光栅占空比误差为 2%、1%、0.5%和 0.1%的光栅进行仿真，采用八步相移算法计算相位误差，如图 7-30(b)所示，占空比误差小于 1% 时测量精度优于 0.1807mλ(RMS)。

由于光栅线宽加工误差一般仅能达到 100nm，对于短波长系统，光栅加工误差成为限制相位提取精度的重要因素。实际光栅周期 d 与理想周期 d_0 的差定义为光栅周期误差 ε_5，则 $d=d_0(1+\varepsilon_5)$。像面光栅横向位移 Δx，在干涉场产生的相移量为 $\delta_0=2\pi\Delta x/d_0$，因光栅周期误差引入的相移量偏差为

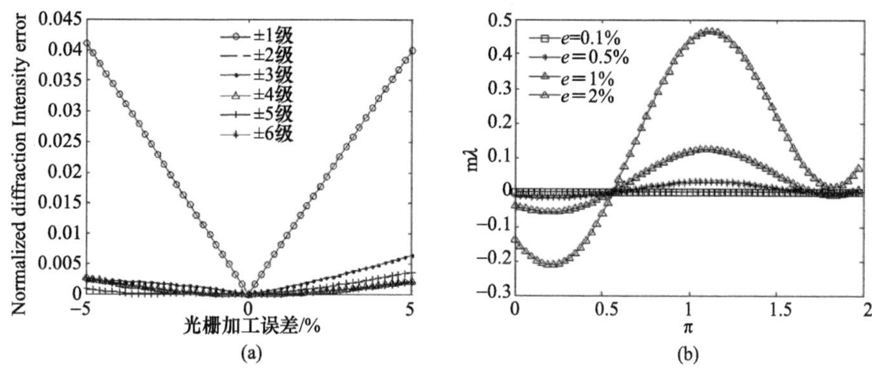

图 7-30　光栅占空比误差及其引起的相位误差

$$\Delta\delta=\frac{2\pi\Delta x}{d_0}-\frac{2\pi\Delta x}{d}=\delta_0\cdot\frac{\varepsilon_5}{1+\varepsilon_5} \tag{7.69}$$

并且，对于 Ronchi 相移剪切干涉仪，物面光栅周期等于像面光栅周期与被测投影物镜成像放大比的乘积，因此，光栅周期误差还表现为物面光栅与像面光栅周期不匹配，像面光栅各衍射级次的相干性发生变化，导致相位提取误差。由图 7-31 可以看出，Ronchi 相移剪切干涉仪对光栅周期误差非常灵敏，当周期误差小于 1% 时，理论相位测量精度优于 2mλ(RMS)，说明 Ronchi 相移剪切干涉仪对光栅周期的准确度要求严格。

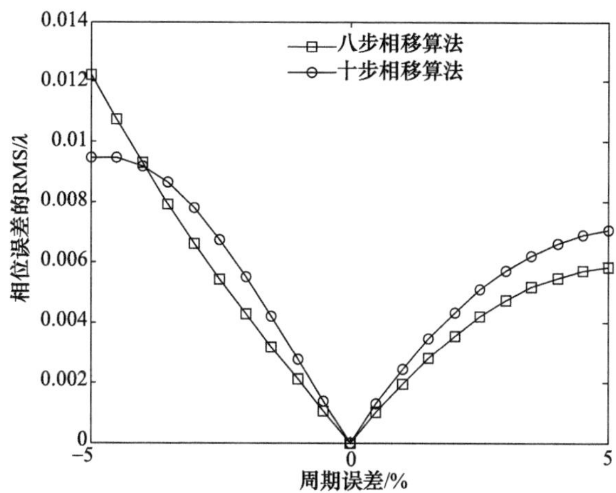

图 7-31　光栅周期误差引起的相位误差

6. 光源空间相干性误差

Ronchi 相移剪切干涉仪采用非相干光源，受到物面 Ronchi 光栅对光场空间相干性的调制作用，像面光栅只有与物面 Ronchi 光栅线垂直的方向(x 方向)上的衍射级次才能发生干涉，且各衍射级次的差值为零外的偶数值时不发生干涉。当采用的光源为部分相干光时，受到物面光栅对光场空间相干性的调制作用，垂直于光栅线的 x 轴方向上受到同样的调制作用，而平行于光栅线的方向(y 方向)上还会有各干扰衍射项的寄生干涉。

当光源的空间相干度 γ_0 不为零时，考虑 Ronchi 剪切光栅衍射偶数级次消光，y 轴方向除偶数级外各衍射项相互干涉，x 轴方向各奇数级也会与这些级次发生干涉。考虑这些干扰衍射项的寄生干涉时，干涉场表达式可以改写为

$$\begin{aligned}I_i''(x,y) &= A+2\sum_{n=-2k-1}^{2k+1} A_n A_0 \gamma(n)\cos(\varphi_n)+2\gamma_0\left[\sum_{m=-2l-1}^{2l+1} A_0 A_m \gamma(m)\cos(\varphi_m)\right. \\ &\quad \left. +\sum_{m=-2k-1}^{2k+1}\sum_{m=-2k-1}^{2k+1} A_n A_m \gamma(n,m)\cos(\varphi_{nm})+\sum_{m=-2k-1}^{2k+1}\sum_{m'=-2k'-1}^{2k'+1} A_m A_{m'}\gamma(m,m')\cos(\varphi_{mm'})\right] \\ &= I_0+2\sum_{n=-2k-1}^{2k+1} A_n A_0 \gamma(n)\cos(\varphi_n)+n(\gamma_0)\end{aligned} \tag{7.70}$$

式中，$\varphi_{i,j}$ 为光栅在 x 轴方向上第 i 级衍射与 y 轴方向上第 j 级衍射的相位差；i 为沿 x 轴方向上的第 0、m 或 m' 衍射级，j 为沿 y 轴方向上的第 0、n 或 n' 衍射级，k、l、l' 都是非零整数。可以将这些干扰衍射项的寄生干涉看成是噪声项 $n(\gamma_0)$，且 $n(\gamma_0)$ 与光源的空间相干度有关。图 7-32 给出了光源不同空间相干度条件下八步相移算法的理论测量精度。

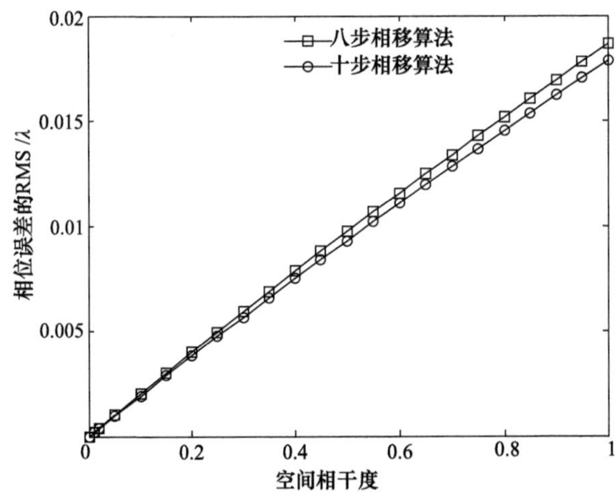

图 7-32 空间相干性误差引起的相位误差

由仿真结果可以看出，Ronchi 相移剪切干涉仪对光源的空间相干性的反应灵敏，随着空间相干度的增大，测量误差急剧增大。当空间相干度小于 0.1 时，测量误差 RMS 值优于 1mλ，可见 Ronchi 相移剪切干涉对光源的空间相干性要求严格。

7.3.4 波前重建技术

Ronchi 剪切干涉是横向剪切干涉，直接测量的是待测波前在剪切方向的斜率或差分信息，需要进行波前重建才能获取待测波前自身，而且对于非旋转对称波前，一般至少需要在正交方向上分别进行一次测量，获取两个相互垂直方向上的差分信息才能完整地重建待测波前。横向剪切干涉的波前重建是一种较为复杂的数据分析问题，波前重建技术一直是剪切干涉仪区别于 Fizeau、泰曼-格林等经典干涉仪的重要技术环节。波前重建方法主要分为两类，一类是模式法，另一类是区域法。

7.3.4.1　模式法重建技术[3]

模式法假设待测波前可以用一组基函数的线性组合表示，然后由差分数据求解出待测波前的基函数系数。一般光学系统的光瞳形状为圆形，而 Zernike 多项式是在单位圆上的正交多项式，因此 Zernike 多项式成为应用最广泛的光学波前表达基函数。同样，Zernike 多项式也是横向剪切干涉模式法重建技术中应用最多的波前表达基函数。现有基于 Zernike 多项式的模式法主要包括 Rimmer-Wyant 方法(R-W 方法)[20,21]、椭圆正交变换法(eliptical orthogonal transformation method, EOT 方法)[22]、数值正交变换法(numerical orthogonal transformation method, NOT 方法)[23]以及差分 Zernike 多项式拟合法(differential Zernike polynomials fitting method, DZF 方法)[24]。这几种方法的共同特点是待测波前基函数为 Zernike 多项式，而主要区别在于差分波前基函数不同，如表 7-3 所示。

表 7-3　基于 Zernike 多项式的模式法重建技术类型

基于 Zernike 多项式的模式法重建技术		待测波前基函数	差分波前基函数
剪切矩阵法	Rimmer-Wyant 法(R-W 方法)	Zernike 多项式	Zernike 多项式
	椭圆正交变换法(EOT 方法)	Zernike 多项式	椭圆 Zernike 多项式
	数值正交变换法(NOT 方法)	Zernike 多项式	数值正交多项式
直接拟合法	差分 Zernike 多项式拟合法(DZF 方法)	Zernike 多项式	差分 Zernike 多项式

R-W 方法、EOT 方法和 NOT 方法都是通过剪切矩阵建立待测波前 Zernike 系数和差分波前基函数系数之间的关系，而其实现过程也有很多相似之处，因此将这三种方法统一归类为剪切矩阵法。DZF 法不需要通过剪切矩阵建立差分波前基函数系数与待测波前 Zernike 系数之间的关系，直接将差分波前拟合到差分 Zernike 多项式，拟合得到的差分 Zernike 系数即为待测波前的 Zernike 系数，因此将这种方法称为直接拟合法。

Rimmer-Wyant 方法是最早出现的基于 Zernike 多项式的模式法[20]。该方法使用与待测波前相同的基函数(Zernike 多项式)展开差分波前，使用剪切矩阵建立正交方向差分波前的 Zernike 系数与待测波前 Zernike 系数之间的关系，通过在离散域进行矩阵运算直接获取数值形式的剪切矩阵，与剪切矩阵的解析解几乎可以达到同等精度[21]。

Zernike 多项式是单位圆上的正交多项式，但是在两圆重叠区域内(图 7-33 中的区域 Σ_x 和 Σ_y)不正交，将差分波前拟合到在相应区域内不正交的 Zernike 多项式会引入重建误差[22]。椭圆正交变换法的基本思想是首先在 Σ_x 和 Σ_y 内分别选择一个最大的椭圆区域，即图 7-34 所示的区域 Σ_x^E 和 Σ_y^E，然后通过坐标变换将在单位圆内正交的 Zernike 多项式分别变换为在椭圆域 Σ_x^E 和 Σ_y^E 内正交的椭圆 Zernike 多项式，再将椭圆域内的差分波前分别拟合到相应的椭圆 Zernike 多项式，通过剪切矩阵建立正交方向差分波前的椭圆 Zernike 系数和待测波前的 Zernike 系数之间的关系。图 7-33 中 s 表示剪切率。需要注意的是，椭圆正交变换法的剪切矩阵和 Rimmer-Wyant 方法不同。

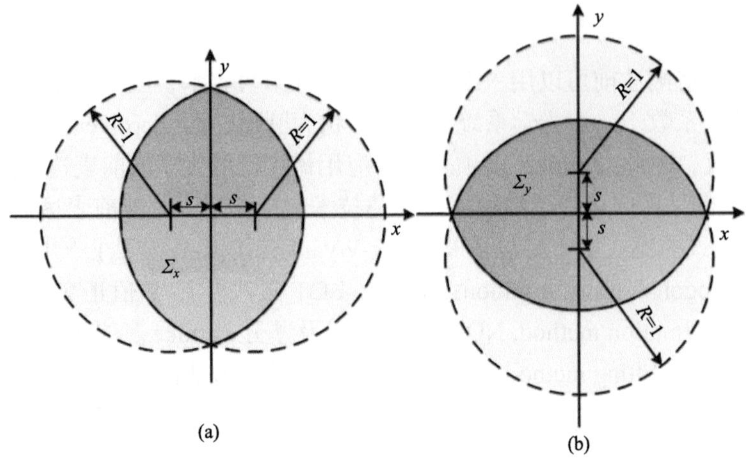

图 7-33　圆形波前 x 方向(a)和 y 方向(b)的横向剪切干涉图示

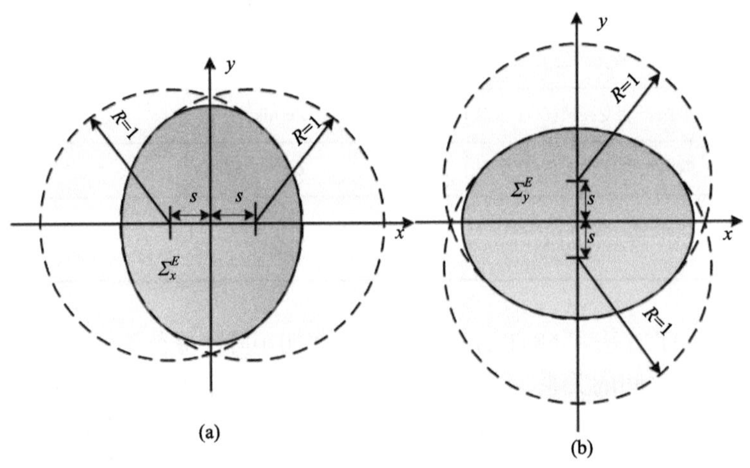

图 7-34　x 方向(a)和 y 方向(b)差分波前的椭圆区域图示

椭圆正交变换法采用在差分波前区域内正交的椭圆 Zernike 多项式代替不正交的 Zernike 多项式拟合差分波前，提高了波前重建精度。但是椭圆正交变换法使用的椭圆 Zernike 多项式在连续的椭圆域内正交，实际测量的差分波前分布在离散域，椭圆 Zernike 多项式在离散的椭圆域内近似正交，而非严格正交。数值正交变换法通过对 Zernike 多项式在离散的差分波前测量点上进行正交变换，获取在离散域正交的数值多项式，并通过对 Rimmer-Wyant 方法的剪切矩阵做变换获取数值正交变换法的剪切矩阵，将差分波前拟合到数值正交多项式，获取正交的差分波前系数，并通过剪切矩阵将其转换为待测波前的 Zernike 系数。该方法相对 Rimmer-Wyant 方法进一步提高了波前重建精度[23]。

与 Rimmer-Wyant 方法、椭圆正交变换法和数值正交变换法等基于剪切矩阵的方法不同，差分 Zernike 多项式拟合法不需要剪切矩阵，其基本思想是直接将差分波前拟合到差分 Zernike 多项式，从原理上认为差分波前的差分 Zernike 系数即为待测波前的 Zernike 系数[24]。这种方法不需要用剪切矩阵关联待测波前的 Zernike 系数与差分波前的基函数系数，避免了复杂的剪切矩阵推导工作，易于实现，而且与 Rimmer-Wyant 方法相比具有更高的重建精度。

通过理论分析和仿真实验，对 Rimmer-Wyant 方法、椭圆正交变换法、差分 Zernike 多项式拟合法以及数值正交变换法等四种方法从重建精度、噪声性能、耦合误差等方面进行综合性能的量化比较，结果表明四种方法的噪声性能相近，Rimmer-Wyant 方法的耦合误差最高，椭圆正交变换法次之，差分 Zernike 多项式拟合法和数值正交变换法耦合误差相同，且低于其他两种方法，特别是差分 Zernike 多项式拟合法和数值正交变换法的重建精度、耦合误差、噪声性能等几乎完全相同[25,26]。差分 Zernike 多项式拟合法是最优的基于 Zernike 多项式模式法的波前重建方法，下面对该方法进行介绍。

假设待测波前 $W(x,y)$ 的光瞳形状为圆形，x 方向和 y 方向剪切波前的横向平移量相同，则 x 方向和 y 方向的剪切率 s 相同。将待测波前的光瞳归一化为单位圆，x 方向剪切时，两束剪切波前在两圆重叠区域 Σ_x 内产生干涉，形成 x 方向的横向剪切干涉图，如图 7-33(a)所示。同样，y 方向剪切时，两束剪切波前在两圆重叠区域 Σ_y 内产生干涉，形成 y 方向的横向剪切干涉图，如图 7-33(b)所示。

通过相位提取技术可以从 Σ_x 和 Σ_y 区域内的干涉图中分别得到 x 方向和 y 方向的差分波前 $\Delta W_x(x,y;s)$ 和 $\Delta W_y(x,y;s)$。因为实际的差分波前测量和波前重建都只能在离散域进行，假设待测波前用以坐标原点为中心的 $N\times N$ 的方形网格抽样，如图 7-35(a)所示，设 x 方向和 y 方向的剪切距离对应的网格格点数为 S，分别将 x 方向和 y 方向测量的差分数据置于如图 7-35(b)和(c)所示的 $N\times(N-S)$ 和 $(N-S)\times N$ 的矩形网格内，因为 x 方向和 y 方向的剪切率相同，所以 Σ_x 和 Σ_y 内的格点数也相同，表示为 N_S。Σ_x 和 Σ_y 内的 N_S 个格点上的值为差分波前测量值，其他格点上的值为零。

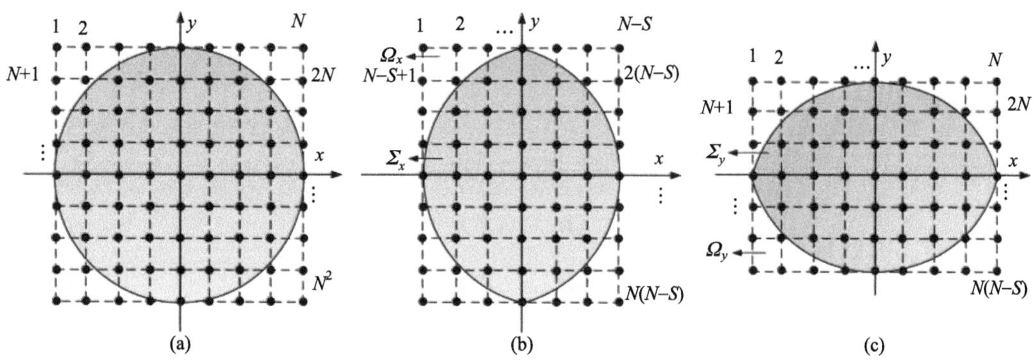

图 7-35　(a) 离散的待测波前；(b) x 方向离散的差分波前；(c) y 方向离散的差分波前

一般情况下，需要无穷多项 Zernike 多项式才能精确地表达一个真实的波前，而在实际应用中，不可能使用无穷多项 Zernike 多项式进行波前重建。将待测波前 $W(x,y)$在笛卡儿坐标系内展开为前 J 项条纹 Zernike 多项式，可以得到如下表达式

$$W(x,y)=\sum_{j=2}^{J}a_jZ_j(x,y) \tag{7.71}$$

式中，(x,y)表示归一化的笛卡儿坐标；$Z_j(x,y)$表示第j项条纹 Zernike 多项式；a_j表示待测波前第j项 Zernike 系数；求和从第二项开始，因为第一项表示常数项，由于横向剪切干涉测量的是波前在剪切方向的差分，因此常数项不能通过剪切干涉进行测量。由式 (7.71)可知，x方向和y方向的差分波前$\Delta W_x(x,y;s)$和$\Delta W_y(x,y;s)$可以分别表示为

$$\begin{aligned}\Delta W_x(x,y;s)&=W(x+s,y)-W(x-s,y)\\&=\sum_{j=2}^{J}a_j\left[Z_j(x+s,y)-Z_j(x-s,y)\right]\end{aligned} \tag{7.72}$$

$$\begin{aligned}\Delta W_y(x,y;s)&=W(x,y+s)-W(x,y-s)\\&=\sum_{j=2}^{J}a_j\left[Z_j(x,y+s)-Z_j(x,y-s)\right]\end{aligned} \tag{7.73}$$

Zernike多项式模式法的共同目标是根据差分波前获取待测波前的前J项Zernike系数a_j，各种方法之间的主要区别在于获取a_j的途径不同。分别将式(7.72)和式(7.73)表示为差分 Zernike 多项式形式

$$\Delta W_x(x,y)=\sum_{j=2}^{J}a_j\Delta Z_{x,j}(x,y;s) \tag{7.74}$$

$$\Delta W_y(x,y)=\sum_{j=2}^{J}a_j\Delta Z_{y,j}(x,y;s) \tag{7.75}$$

差分 Zernike 多项式拟合法不需要通过剪切矩阵建立待测波前 Zernike 系数和差分波前基函数系数之间的关系，直接将拟合得到的差分波前基函数的系数作为待测波前的 Zernike 系数。由式(7.71)、式(7.74)和式(7.75)可知，x方向和y方向差分波前的差分 Zernike 系数即表示待测波前的 Zernike 系数a_j，即差分 Zernike 多项式拟合法的差分波前基函数为差分 Zernike 多项式。在离散情况下，式(7.74)和式(7.75)可以分别表示为如下矩阵形式

$$\Delta\boldsymbol{W}_x=\Delta\boldsymbol{Z}_x\boldsymbol{a} \tag{7.76}$$

$$\Delta\boldsymbol{W}_y=\Delta\boldsymbol{Z}_y\boldsymbol{a} \tag{7.77}$$

其中，$\Delta\boldsymbol{Z}_x$和$\Delta\boldsymbol{Z}_y$为$N(N-S)\times(J-1)$矩阵，分别表示x方向和y方向前J项差分 Zernike 多项式在离散点上的值，且$\varSigma_x$和$\varSigma_y$区域外的值为零，将式(7.76)和式(7.77)合并为一个方程，可得

$$\Delta\boldsymbol{W}=\Delta\boldsymbol{Z}\boldsymbol{a} \tag{7.78}$$

其中，$\Delta\boldsymbol{W}$为$2N(N-S)\times1$列向量；$\Delta\boldsymbol{Z}$为$2N(N-S)\times(J-1)$矩阵。$\Delta\boldsymbol{W}$和$\Delta\boldsymbol{Z}$分别由以下两式给出

$$\Delta \boldsymbol{W} = \begin{pmatrix} \Delta \boldsymbol{W}_x \\ \Delta \boldsymbol{W}_y \end{pmatrix} \tag{7.79}$$

$$\Delta \boldsymbol{Z} = \begin{pmatrix} \Delta \boldsymbol{Z}_x \\ \Delta \boldsymbol{Z}_y \end{pmatrix} \tag{7.80}$$

式(7.78)为超定线性方程组，因为方程数 $2N(N-S)$ 远大于待求波前的前 J 项 Zernike 系数 a_j ($j=2,3,\cdots,J$)的个数，用标准最小二乘法求解方程(7.78)可得

$$\hat{\boldsymbol{a}} = \Delta \boldsymbol{Z}^{\dagger} \Delta \boldsymbol{W} \tag{7.81}$$

其中，$\Delta \boldsymbol{Z}^{\dagger}$ 表示 $\Delta \boldsymbol{Z}$ 的广义逆，$\Delta \boldsymbol{Z}^{\dagger}$ 由下式给出：

$$\Delta \boldsymbol{Z}^{\dagger} = \left(\Delta \boldsymbol{Z}^{\mathrm{T}} \Delta \boldsymbol{Z} \right)^{-1} \Delta \boldsymbol{Z}^{\mathrm{T}} \tag{7.82}$$

因为差分 Zernike 多项式拟合法不需要推导剪切矩阵，只需要通过式(7.82)进行简单的拟合即可求解出待测波前的前 J 项 Zernike 系数，因此易于实现。

将基于 Zernike 多项式的差分多项式拟合法推广到一般基函数，数值计算和实验结果表明，基于一般基函数的差分多项式拟合法的重建精度与待测波前的光瞳形状、基函数的正交性无关，而是由用于重建待测波前的基函数项数决定[27]。

7.3.4.2　区域法重建技术[3]

所有模式法都假设待测波前可以展开到平滑的二维函数，对于任何实际的波前，这种假设只有在使用无穷多项基函数时才成立，而实际的重建中只能使用有限项的基函数展开待测波前，因此模式法存在原理性重建误差。与模式法不同，区域法基于离散的差分波前和离散的待测波前之间点对点的映射关系，通过求解差分波前和待测波前之间关系的线性方程组重建待测波前。

Saunders 方法是最早提出的区域法波前重建算法[28]。该方法是一维方法，其指导思想是先判定沿剪切方向直径上各等间隔点所处的干涉级次，然后计算出待测波面形状。一维 Saunders 方法的数学原理如图 7-36 所示，一维波前 W_i ($i=1,2,\cdots,N$)在水平方向上产生横向剪切，剪切波前与待测波前发生干涉，从干涉图中提取差分数据 ΔW_i ($i=1,2,\cdots,N-1$)，待测波前 W_i 、剪切波前 W_{i+1} 与差分波前 ΔW_i 之间的关系可以表示为

$$\Delta W_i = W_{i+1} - W_i \tag{7.83}$$

由于待测波前有 N 个未知数，而通过差分数据建立的待测波前与剪切波前之间的关系方程数为 $N-1$ ，因此需要给待测波前设定一个初始值。由于横向剪切干涉测量的是待测波前的差分，所以待测波前的常数项不能通过横向剪切干涉测量，而实际中一般也不关心波前常数项的大小，因此可以任意设置待测波前的零点。如设置 $W_1=0$ ，则待测波前在其余点上的值可以通过下式求出：

$$
\begin{cases}
W_1 = 0 \\
W_2 = \Delta W_1 + W_1 \\
W_3 = \Delta W_2 + W_2 \\
\quad\vdots \\
W_i = \Delta W_{i-1} + W_{i-1} \\
\quad\vdots \\
W_N = \Delta W_{N-1} + W_{N-1}
\end{cases}
\tag{7.84}
$$

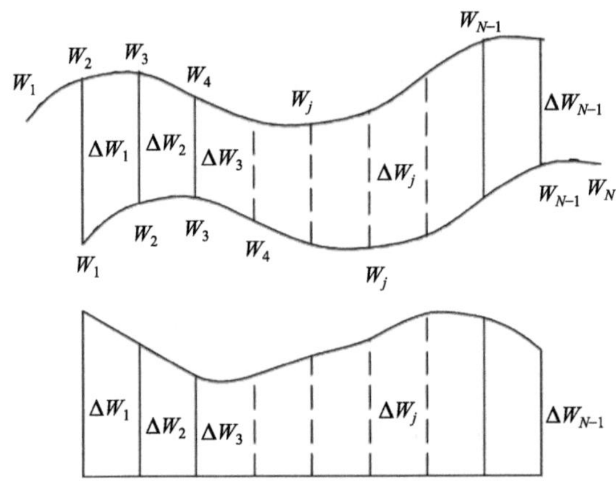

图 7-36　一维 Saunders 方法的数学原理

Saunders 方法的主要问题是抽样间隔受剪切量的限制，即重建波前上任意两相邻点之间的距离等于剪切距离，因此剪切量较大时，重建波前的抽样间隔较大，能够恢复的抽样点数较少，从而造成待测波前的高阶像差不能分辨。举例来说，如果剪切距离为待测光瞳直径的 1/100，则在一维剪切方向上能够恢复待测波前在 100 个点上的值；如果剪切距离为光瞳直径的 1/10，则在一维剪切方向上仅能恢复 10 个点的值。显然，10 个点的空间分辨能力远低于 100 个点。

Rimmer 方法将一维区域法拓展到二维空间[29]，其原理如图 7-37 所示，假设待测波前$W(x,y)$用3×3的网格离散化为$W_{i,j}$，$W_{i,j}$按如图 7-37 所示的编号方式表示为一维列向量W_i（$i=1,2,\cdots,9$），同样将 x 方向和 y 方向的差分波前分别离散化为ΔW_i^x和ΔW_i^y（$i=1,2,\cdots,6$），根据差分波前和待测波前之间的关系，可将 x 方向的差分数据ΔW_i^x与待测波前的W_i之间的关系表示为如下方程组：

$$
\begin{cases}
\Delta W_1^x = W_2 - W_1 \\
\Delta W_2^x = W_3 - W_2 \\
\Delta W_3^x = W_5 - W_4 \\
\Delta W_4^x = W_6 - W_5 \\
\Delta W_5^x = W_8 - W_7 \\
\Delta W_6^x = W_9 - W_8
\end{cases}
\tag{7.85}
$$

同样，可将 y 方向的差分数据 ΔW_i^y 与待测波前 W_i 之间的关系表示为如下方程组：

$$
\begin{cases}
\Delta W_1^y = W_4 - W_1 \\
\Delta W_2^y = W_5 - W_2 \\
\Delta W_3^y = W_6 - W_3 \\
\Delta W_4^y = W_7 - W_4 \\
\Delta W_5^y = W_8 - W_5 \\
\Delta W_6^y = W_9 - W_6
\end{cases}
\tag{7.86}
$$

待测波前 W_i 在如图 7-37(a)所示的 9 个点上的值可以通过最小二乘法从式(7.85)和式 (7.86)表示的 12 个方程组成的线性方程组中求解。需要注意的是，二维 Rimmer 方法也需要给待测波前设定一个初始值。

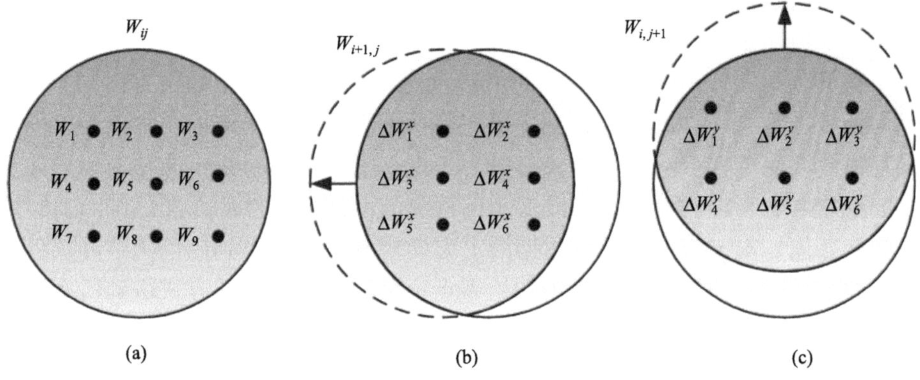

图 7-37　Rimmer 法原理

(a)待测波前；(b) x 方向差分波前；(c) y 方向差分波前

同 Saunders 方法一样，二维 Rimmer 方法抽样间隔也受剪切量的限制，重建波前的抽样间隔等于剪切距离，当剪切量较大时，重建空间分辨率较低。图 7-38(a)给出了一个抽样点数为 300×300 的波前，图 7-38 (b)～(f)分别为剪切率等于 1%、2%、5%、8%和 10%时 Rimmer 方法的重建结果。从图 7-38 可以看出，剪切率较小时，重建波前的空间分辨率较高，而随着剪切率的增加，重建波前的空间分辨率逐渐降低，在剪切率达到 10%时，Rimmer 方法重建波前的抽样点数仅为10×10 ，原始波前的高阶像差在这种情况下不能分辨。

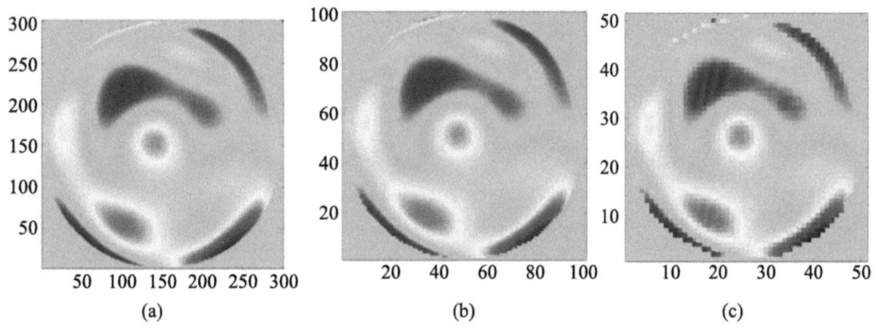

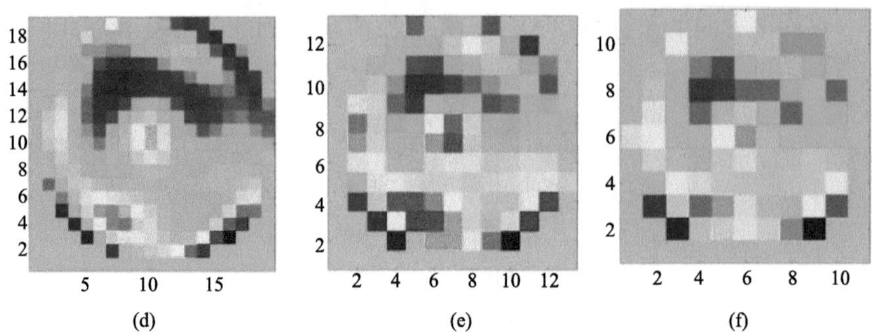

图 7-38　(a)原始波前；(b)～(f)剪切率分别为 1%、2%、5%、8%和 10%时 Rimmer 方法的重建波前

对横向剪切干涉技术而言，以上区域法重建技术有一个共同特点，即重建波前的抽样间隔受剪切量限制，抽样间隔只能等于剪切量，而不能小于剪切量。要实现高空间分辨率的区域法重建，必须突破重建波前的抽样间隔等于剪切量的限制，使得重建波前的抽样间隔小于剪切量。

如图 7-39 所示[30]，用一个网格对待测波前进行离散化抽样，设 x 方向和 y 方向的剪切距离均为 5 个像素。如前所述，由于横向剪切干涉不能测量波前的常数项，因此可以任意设置待测波前的零点。如果将 A 点设为零点，用一维 Saunders 方法对 x 方向差分数据沿 x 方向求和，可以得到黑色圆圈表示的待测波前的值，然后以黑色圆圈上待测波前的值作为初始值，对 y 方向的差分数据沿 y 方向求和，可以得到白色圆圈和灰色圆圈表示的待测波前的值。如果将 B 点设为初始零点，可以按照同样的方式得到所有黑色三角形表示的待测波前的值，然而圆圈表示的波前的值和三角形表示的波前的值在两个方向的剪切过程中都没有发生任何联系，因此重建波前的抽样间隔只能等于剪切距离，而不能小于剪切距离。因此，要获得高空间分辨率的区域法重建，需通过一定的技术手段建立待测波前相邻像素点之间的关系。

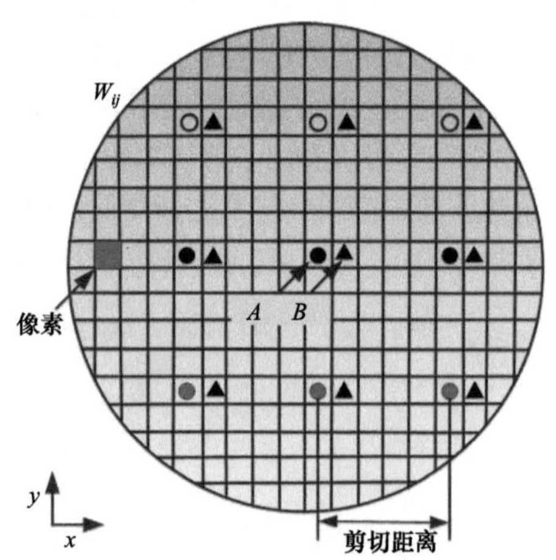

图 7-39　待测波前的离散化抽样

高空间分辨率的区域法重建有三种实现方式，即多方向测量法、四次测量法和初始值法。三种方法都是以一维 Saunders 方法为基础，本质上都是通过一定的手段建立待测

波前相邻像素之间的关系，然后实现高空间分辨率的区域法重建。三种方法的区别在于建立待测波前相邻像素点之间关系的手段不同。多方向测量法通过在 0°～90°和−90°～0°多个剪切方向上进行多次测量，由 0°～90°方向的差分数据获取多组相互独立的待测波前的值，然后通过−90°～0°方向的差分数据建立 0°～90°方向测量得到的多组相互独立的值之间的关系，从而求出这些组相互独立的值之间的高度差，最终实现高空间分辨率的波前重建[30]。四次测量法在正交方向上分别进行两次测量，两次测量所用的剪切量没有公约数，从第一次测量中可以得到多组相互独立的待测波前的值，然后以第二次测量的结果建立第一次测量得到的多组相互独立的值之间的关系，从而求出各组值之间的高度差，最终唯一地确定待测波前在所有像素点的值[31]。

多方向测量法和四次测量法都可以实现高精度、高空间分辨率的波前重建，但共同的缺点是需要进行多次测量(至少四次)，测量过程都较为复杂。初始值法通过与剪切量相关的系数矩阵建立离散的差分波前和待测波前之间的关系，将系数矩阵拓展为列满秩矩阵，然后通过最小二乘法直接求解待测波前在离散点上的值[32]。该方法重建波前的抽样间隔不受剪切量的限制，而且只需要在正交方向上分别进行一次测量，因此该方法在实现高空间分辨率波前重建的同时简化了测量过程。当正交方向上的剪切量分别为 S_x 和 S_y 时，这种方法需要待测波前在 $S_y \times S_x$ 的子矩形网格内的 $S_x \times S_y$ 个初始值。这些未知初始值需要从差分数据中计算，而初始值的计算精度直接决定了待测波前的重建精度。该方法通过线性插值计算初始值，假设待测波前在初始值网格内 x 方向和 y 方向均线性变化，从而通过对差分数据进行线性插值计算初始值。但是在一般情况下，待测波前的线性假设只有在剪切量较小时才近似成立，随着剪切量的增大，其整体的线性度降低，波前重建精度也随之降低。

模式拟合法是对基于线性插值的初始值方法进行的改进[33]，首先使用基于 Zernike 多项式的模式法重建待测波前，然后将模式法的重建结果在一个 $S_y \times S_x$ 的子矩形网格内的值作为初始值进行区域法重建，以这种方式提高区域法重建的初始值精度，从而提高波前重建精度。通过仿真实验对混合法、区域法和模式法的性能进行了综合比较，结果表明，虽然混合法的计算时间略长于区域法和模式法，但是其兼具了区域法和模式法的主要优点。混合法重建不损失待测波前的高频分量，而且重建对剪切率的变化更稳定。

无论是线性插值法还是模式拟合法都是近似方法，初始值是不精确的，因此这两种方法都不能满足高精度的测量要求。前述的四次测量法虽然是高精度、高空间分辨率的重建方法，但是这种方法的一个限制是剪切量不能自由选择，要求每个方向上的两次测量采用的剪切量必须是该方向上测量点数的约数。为实现剪切量不受限的高精度、高空间分辨率的区域法，2016 年，Dai 等基于初始值法提出一种剪切量可以自由选择的方法[34]。该方法采用测量的方法确定初始值，x 方向的两次测量的剪切量相差 1，即如果第一次测量剪切量为 S_x，则第二次测量剪切量为 S_x+1，y 方向采用同样的测量设置，通过这种方式既可以实现高精度的初始值测量，也可以使得剪切量 S_x 和 S_y 任意设置，不受 x 方向和 y 方向的离散点数限制，以实现剪切量可自由选择的高精度、高空间分辨率波前重建。

7.3.5 实验系统参数设计与实验结果[3,35]

根据 7.3.3.2 节对相位提取误差的分析可知，高精度 Ronchi 干涉仪系统应满足相移误差优于 2%，探测器位数大于 10 位，光栅周期误差小于 1%，光源空间相干性低于 0.1。基于上述结论，面向 1x nm 节点的光刻投影物镜原位检测需求，开展了用于 193nm 光刻机投影物镜波像差检测的 Ronchi 剪切干涉系统参数设计，并开展了实验研究。

7.3.5.1 系统参数设计

如图 7-40 所示，Ronchi 剪切干涉仪的系统参数主要包括光源波长 λ，物面光栅周期 p_o，像面光栅周期 p_i，被测投影物镜的数值孔径 NA，探测器直径 D，像面光栅和探测器的距离 R_2，像面光栅上光线入射角 θ_i，像面光栅 +1 级衍射角 θ_d，剪切率 s。假设参与干涉的光为 0 级与+1 级衍射光，干涉区域充满探测器光敏区域。

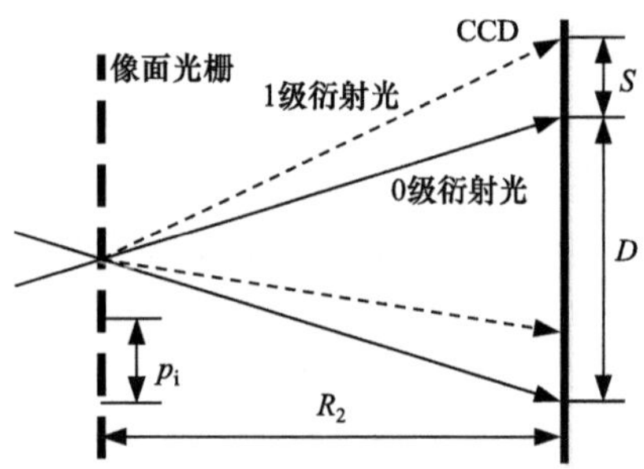

图 7-40 Ronchi 剪切干涉仪的系统参数

根据光栅衍射公式，像面光栅+1 级衍射角 θ_d 与入射角 θ_i 的关系为

$$p_i \sin\theta_d = p_i \sin\theta_i + \lambda \tag{7.87}$$

由图 7-40 可获得如下几何关系：

$$\begin{cases} R_2 = \dfrac{D}{2\tan[\arcsin(NA)]} \approx \dfrac{D}{2NA} \\ S = R_2(\tan\theta_d - \tan\theta_i) \approx \dfrac{\lambda R_2}{p_i} \end{cases} \tag{7.88}$$

因此，剪切率 s 与光源波长 λ、数值孔径 NA、像面光栅周期 p_i 的关系为

$$s = \frac{S}{D} \approx \frac{\lambda}{2p_i \cdot NA} \tag{7.89}$$

通常对于相移干涉仪，剪切率一般控制在 1%～5%，改变像面光栅周期可以对剪切率进行调节。对于 Ronchi 剪切干涉仪，物面光栅周期 p_o 与像面光栅周期 p_i 满足如下关系：

$$p_o = p_i \cdot M \tag{7.90}$$

式中，M 为被测投影物镜成像放大倍数。

目前，主流的 193nm 光刻机以高数值孔径为主，投影光刻机的数值孔径变化如表 7-4 所示。干式光刻技术的投影物镜与硅片之间的介质为空气，数值孔径最高可达 0.93。与干式光刻相比，由于浸液式光刻是在投影物镜最后一个透镜与硅片间填充高折射率液体，数值孔径达到了 1.35，但光线的实际入射角度没有变大。因此，干涉仪设计时主要考虑光栅与探测器之间不能存在空气间隙，由融石英介质填充，以免不能实现高 *NA* 检测。用于 193nm 光刻机投影物镜波像差检测的 Ronchi 剪切干涉仪，为了使剪切率满足 1%～5%的要求，像面光栅的周期为 10.4～2.1μm。由于投影物镜的成像放大倍率通常为 4：1，因此物面光栅的周期为 41.6～8.4μm。Ronchi 剪切干涉仪对各项参数的要求严格，为了使用于 193nm 光刻机投影物镜波像差检测的 Ronchi 剪切干涉仪实现较高测量精度，需要满足：相移器的线性相移误差和非线性相移误差都优于 2%；探测器位数大于 10；除了满足选择高性能指标的实验组件和特殊实验环境要求外，相移器 PZT 振动频率与实验平台机械结构固有频率的差值大；光栅占空比误差小于 1%、周期误差小于 1%；空间相干度小于 0.1。

表 7-4　部分 193nm 投影光刻机数值孔径参数表

	公司	型号	数值孔径
干式	Nikon	NSR-S308F	0.55～0.92
	Nikon	NSR-S310F	0.55～0.92
	ASML	TWINSCAN XT:1250F	0.60～0.85
	ASML	TWINSCAN XT:1450G	0.65～0.93
浸液式	Nikon	NSR-S609B	0.73～1.07
	Nikon	NSR-S610C	0.80～1.30
	ASML	TWINSCAN XT:1950Hi	0.70～1.20
	ASML	TWINSCAN XT:1700Fi	0.85～1.35

由上文可知，典型的 Ronchi 剪切干涉技术要求光源的空间相干度小于 0.1。由于 193nm 浸液式光刻机光源采用的是 ArF 准分子激光器，经过光刻机照明系统后形成部分相干照明，空间相干性差，有利于 Ronchi 干涉仪工作。但是在非光刻机原位检测时并没有光刻机照明系统，例如离线波像差检测装置中，需要首先通过较为简单的结构有效降低光源的空间相干性，以实现 Ronchi 剪切干涉仪中物面光栅对光场的空间相干性进行调制。图 7-41 中框内所示为一种空间相干性调制装置，采用了旋转散射器和光纤阵列，

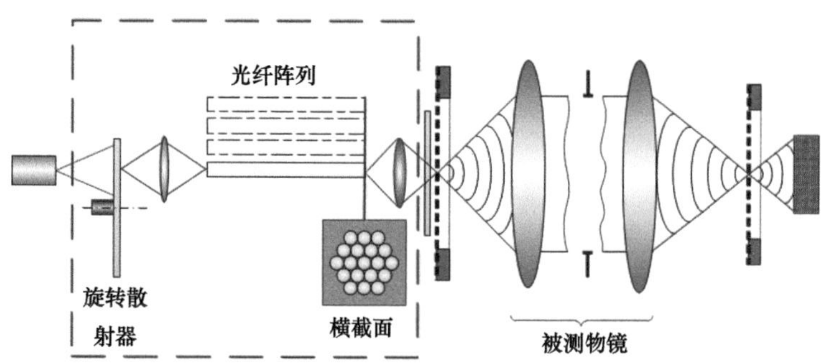

图 7-41　采用空间相干性调制装置的 Ronchi 剪切干涉光路结构

降低了光源空间相干性，改善了物面光栅对光场空间相干性的调制效果，提高了光学系统波像差检测精度[35]。

7.3.5.2 实验研究

实验装置如图 7-42 所示，利用所搭建的 Ronchi 相移剪切干涉仪对数值孔径为 0.3，成像放大比为 5∶1，波像差优于 20nm (RMS)的投影物镜，分别采用不同实验条件进行测量。实验条件如下：相移器为 PI 公司的 E-712 型纳米位移台；探测器采用 CCD，位数为 10 位，非线性误差优于 2%；精密隔振实验平台采用气浮隔振，固有频率<5Hz；光栅刻线精度优于 100nm，周期、占空比精度都优于 1%。

图 7-42 Ronchi 相移剪切干涉仪的实验装置

1. 相移算法对比实验

采用波长为 432nm 的 LED 面光源，周期分别为 90μm 和 16μm 的物面光栅和像面光栅(剪切率为 4%)进行实验。分别采用八步和十步相移算法进行检测，采用差分 Zernike 波前重建算法获得被测投影物镜波像差，分别如图 7-43(a)、(c)所示，拟合的 Zernike 多项式系数分别如图 7-43(b)、(d)所示，可以看出两种算法的结果相近。计算可得，采用十

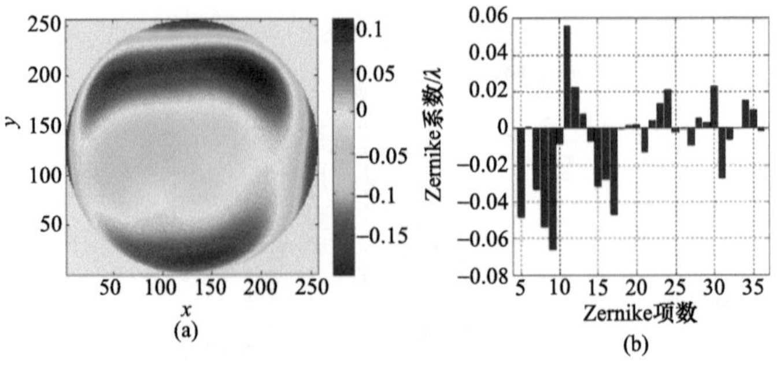

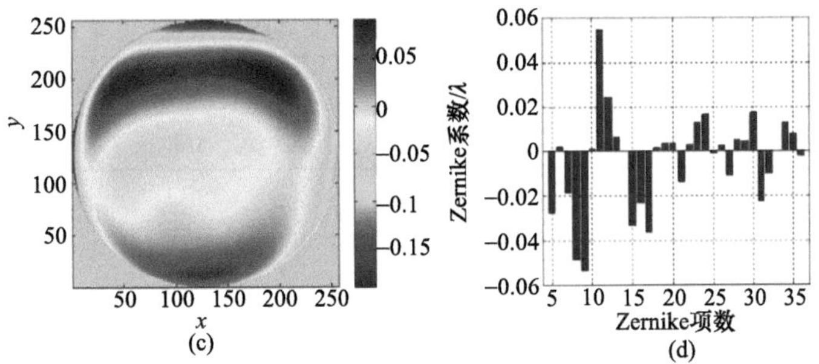

图 7-43　波前重建结果

(a) 八步相移算法重建波前；(b) 八步相移算法 Zernike 多项式系数；(c) 十步相移算法重建波前；(d) 十步相移算法 Zernike 多项式系数

步相移算法得到被测投影物镜波像差的 RMS 值和 PV 值分别为 21.2nm 和 130.8nm，采用八步相移算法得到被测投影物镜波像差的 RMS 值和 PV 值分别为 19.1nm 和 121.3nm。

2. 剪切率对比实验

采用波长为 432nm 的 LED 面光源，周期分别为 18μm、24μm 和 48μm(剪切率分别为 4.0%、3.0%和 1.5%)像面光栅进行实验，采用八步相移算法提取相位，经差分 Zernike 波前重建后可得被测投影物镜的波像差，分别如图 7-44(a)～(c)所示，拟合的 Zernike 多项式系数如图 7-44(d)所示，计算得到不同剪切率时被测投影物镜波像差的 RMS 值和 PV 值如表 7-5 所示。

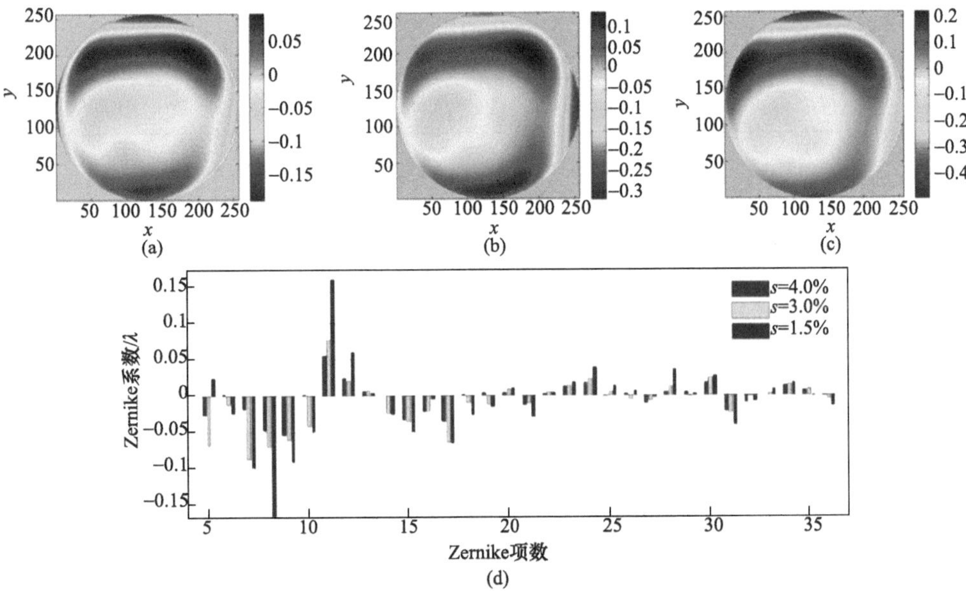

图 7-44　不同剪切率波前重建结果

(a) s=4.0%的重建波前；(b) s=3.0%的重建波前；(c) s=1.5%的重建波前；(d) 不同剪切率时的 Zernike 多项式系数

表 7-5 不同剪切率下测得的实验结果表

周期/μm		剪切率 s/%	重建波前/nm	
像面	物面		RMS	PV
18	90	4.0	19.1	121.3
24	120	3.0	30.6	195.9
48	240	1.5	46.8	305.2

由图 7-44 可以看出，不同剪切率下重建波前的形状相似，Zernike 系数分布形式相似，验证了八步相移算法的正确性。由表 7-5 可以看出，剪切率越小，重建的波前 RMS 值和 PV 值越大。造成这种现象的原因主要是，实验中采用显微物镜作为被测投影物镜，显微物镜的有效视场较小，而光栅剪切率变小时，光栅周期变大，光栅有效面积变大，从而使被测视场区域变大，Ronchi 剪切干涉仪测得的波像差实际为物面光栅有效面积内的平均波像差，显微物镜的等晕区即波像差相等的区域较小，对物面光栅的大小比较敏感，因此当剪切率变化时，测得的波像差会发生一定变化，光栅越大，测得的波像差越大，这与显微物镜实际成像是相符的。

3. 光源空间相干性对比实验

分别采用 LED 面光源、LED 点光源和多模光纤光源进行曝光，各光源的空间相干度如表 7-6 所示。实验中剪切率为 4%，采用八步相移算法提取相位，经差分 Zernike 波前重建后可得被测投影物镜的波像差，如图 7-45 所示。

表 7-6 采用不同光源测得的实验结果表

光源	重建波前 RMS 值/nm	重建波前 PV 值/nm
LED 面光源	19.1	121.3
LED 点光源	18.4	104.5
多模光纤光源	25.7	163.3

采用空间相干性为零的光源时，只有剪切方向的相移才会产生光强变化。光源采用空间相干性较高的 532nm 激光时，当像面光栅产生与剪切方向垂直的相移时，干涉图也产生如图 7-46 所示的光强变化。如表 7-6 所示，采用空间相干性都接近零的 LED 点光源和 LED 面光源时，重建波前的形式和 RMS 值都非常接近，而采用空间相干性较高的多模光纤光源时，重建结果有明显偏差。造成这现象的原因是，采用多模光纤光源时，物面光栅对光场空间相干性的调制效果变差，与剪切方向垂直的方向上相应的衍射项也出现干涉现象，导致重建波前的结果发生了明显偏差。不同空间相干性光源时重建波前 RMS 值的差值也符合如图 7-32 所示的相位误差分布，进一步验证了光源空间相干性对 Ronchi 相移剪切干涉仪及其相位提取精度的影响。

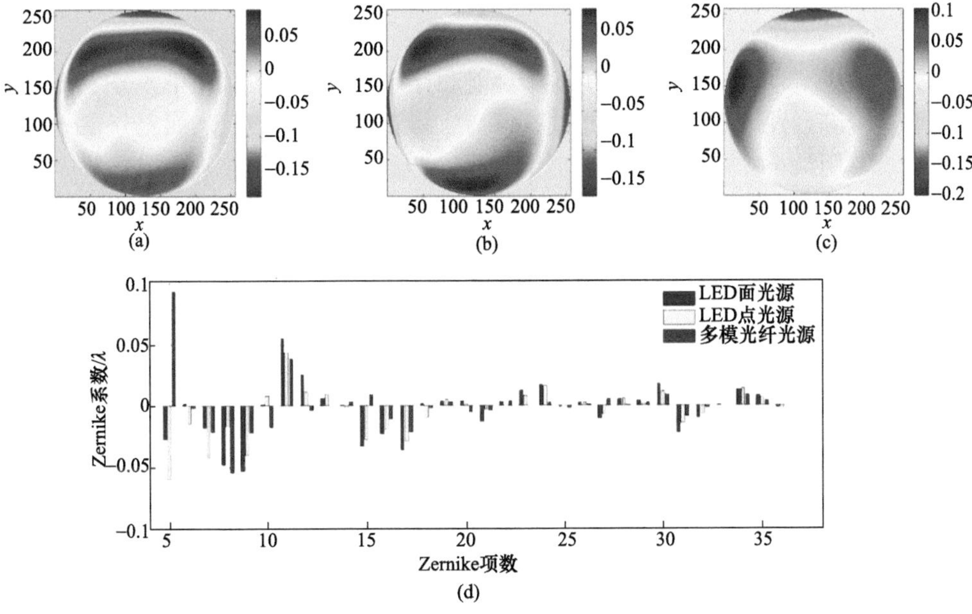

图 7-45　不同空间相干性波前重建结果

(a) LED 面光源的重建波前；(b) LED 点光源的重建波前；(c) 多模光纤光源的重建波前；(d) 不同空间相干性时的 Zernike 多项式系数

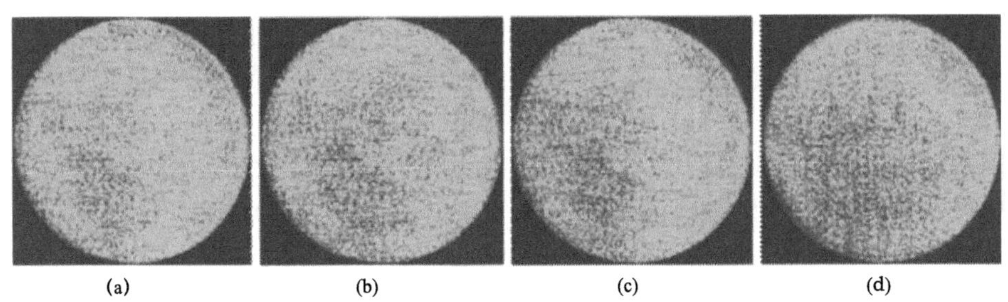

图 7-46　像面光栅垂直于剪切方向相移时的光强变化

(a)和(b)为 x 方向剪切时像面光栅沿 y 的相移；(c)和(d)为 y 方向剪切时像面光栅沿 x 的相移

7.4　多通道 Ronchi 剪切干涉检测技术

二极照明、环形照明以及 SMO 等分辨率增强技术的应用使得曝光过程中投影物镜持续受到局部不均匀加热，产生热像差。热像差会降低成像质量，影响套刻精度、可用焦深及 CD。特别是随着光源功率的增大，投影物镜的热像差越来越明显。因此，需要对投影物镜的热像差进行原位快速检测。多个视场点并行检测是实现投影物镜波像差快速检测的有效手段。Nikon 公司和 ASML 公司均在光刻机原位 PMI 技术的基础上开发了多视场点波像差并行检测技术，即多点高速 PMI 技术和 PARIS 技术。本节首先介绍基于差分波前稀疏采样的波前重建方法，然后在此基础上设计基于小孔阵列稀疏采样的多通道检测系统，最后进行仿真分析。

7.4.1 稀疏采样法波前重建[36,37]

模式法波前重建算法具有较好的抗噪性能和计算效率。在模式法中差分 Zernike 多项式拟合法的综合性能最好，具有重建精度高、易于实现等优点，然而差分 Zernike 多项式拟合法使用最小二乘法从差分数据中获取 Zernike 系数，其计算时间与差分波前的数据量成正比。在实际应用中，高分辨率的探测器有利于提高差分数据的测量精度，然而大量的测量数据增加了波前重建的计算时间，从而影响测量效率。使用分辨率较低的探测器虽然可以减少测量数据，但是难以满足测量精度的要求，特别是在投影光刻机波像差检测领域。

1. 重建方法

基于差分波前稀疏采样的模式法波前重建技术，首先将正交方向的差分波前进行采样，再使用差分 Zernike 多项式拟合法从采样数据中恢复待测波前。通过数值计算和实验研究差分波前的采样点数与用于描述待测波前的基函数项数之间的关系。结果表明，在适当的噪声水平和剪切率下，且差分波前的采样点数大于四倍差分 Zernike 多项式的径向阶数时，采样数据的重建精度可以满足测量要求，同时减少波前重建的计算时间，从而提高波前测量效率。

光学波前测量领域一般使用 Zernike 多项式作为基函数展开待测波前，将其作为差分多项式拟合法的基函数，便于分析该方法的原理及性能。在以坐标原点为中心的 $M\times M$ 的方形网格内离散的待测波前 $W(x, y)$如图 7-47(a)所示；将 x 方向的剪切量对应的网格点数设为 S_x，则剪切率 $s_x = S_x/M$，离散的差分波前如图 7-47(b)所示；将 y 方向的剪切量对应的网格点数设为 S_y，则剪切率 $s_y = S_y/M$，离散的差分波前如图 7-47(c)所示，在重叠区域，格点上的值为差分波前测量值，其他格点上的值为 0。使用符号(r, c)表示待测波前和差分波前的网格坐标，其中 $1\leqslant r\leqslant M, 1\leqslant c\leqslant M$。

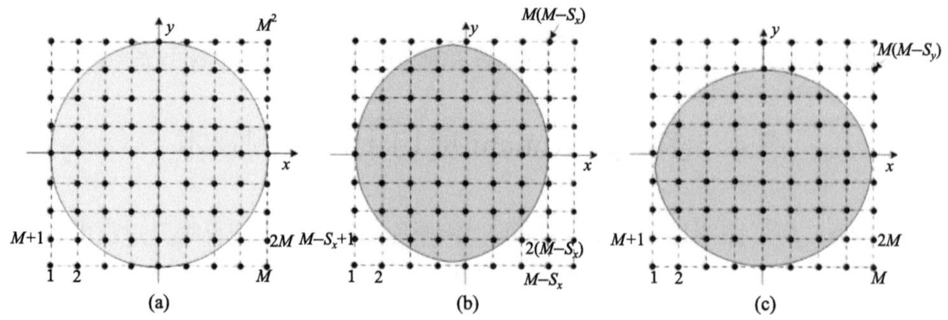

图 7-47 (a) 离散待测波前；(b) x 方向的离散差分波前；(c) y 方向的离散差分波前

使用前 J 项条纹 Zernike 多项式展开待测波前 $W(x, y)$，可以表示为

$$W(x,y)=\sum_{j=2}^{J}a_jZ_j(x,y) \tag{7.91}$$

其中，$Z_j(x, y)$为第 j 项 Zernike 多项式；a_j 表示第 j 项 Zernike 多项式的系数。由于横向剪

切干涉技术不能测量直流量，因此将 Zernike 多项式的第一项直流量省略。由式(7.91)可以得到 x 和 y 方向的差分波前 $\Delta W_x(x, y; s_x)$、$\Delta W_y(x, y; s_y)$分别为

$$
\begin{aligned}
\Delta W_x(x,y;s_x) &= W(x+2s_x,y)-W(x,y)\\
&=\sum_{j=2}^{J} a_j\left[Z_j(x+2s_x,y)-Z_j(x,y)\right]\\
&=\sum_{j=2}^{J} a_j \Delta Z_{x,j}(x,y;s_x)
\end{aligned}
\tag{7.92}
$$

$$
\begin{aligned}
\Delta W_y(x,y;s_y) &= W(x,y+2s_y)-W(x,y)\\
&=\sum_{j=2}^{J} a_j\left[Z_j(x,y+2s_y)-Z_j(x,y)\right]\\
&=\sum_{j=2}^{J} a_j \Delta Z_{y,j}(x,y;s_y)
\end{aligned}
\tag{7.93}
$$

s_x 和 s_y 表示 x 方向和 y 方向的剪切率。将式(7.92)和式(7.93)分别表示为矩阵形式：

$$
\boldsymbol{\Delta W}_x = \boldsymbol{\Delta Z}_x \boldsymbol{a},\quad \boldsymbol{\Delta W}_y = \boldsymbol{\Delta Z}_y \boldsymbol{a}
\tag{7.94}
$$

其中，$\boldsymbol{\Delta W}_x$ 为 $M(M-S_x)\times 1$ 列向量；$\boldsymbol{\Delta W}_y$ 为 $M(M-S_y)\times 1$ 列向量；$\boldsymbol{\Delta Z}_x$ 为 $M(M-S_x)\times(J-1)$矩阵；$\boldsymbol{\Delta Z}_y$ 为 $M(M-S_y)\times(J-1)$矩阵；$\boldsymbol{a}$ 为$(J-1)\times 1$ 列向量。将式(7.94)合并为一个方程可得

$$
\boldsymbol{\Delta W} = \boldsymbol{\Delta Z a}
\tag{7.95}
$$

其中，$\boldsymbol{\Delta W}$ 和 $\boldsymbol{\Delta Z}$ 分别由下列公式得到：

$$
\boldsymbol{\Delta W} = \begin{pmatrix} \boldsymbol{\Delta W}_x \\ \boldsymbol{\Delta W}_y \end{pmatrix},\quad \boldsymbol{\Delta Z} = \begin{pmatrix} \boldsymbol{\Delta Z}_x \\ \boldsymbol{\Delta Z}_y \end{pmatrix}
\tag{7.96}
$$

采用最小二乘法求解式(7.95)，得到待测波前的 Zernike 系数：

$$
\boldsymbol{a}_r = \left(\boldsymbol{\Delta Z}^{\mathrm{T}}\boldsymbol{\Delta Z}\right)^{-1}\boldsymbol{\Delta Z}^{\mathrm{T}}\boldsymbol{\Delta W}
\tag{7.97}
$$

其中，$\boldsymbol{\Delta Z}^{\mathrm{T}}$ 为 $\boldsymbol{\Delta Z}$ 的转置矩阵。使用 Zernike 系数 $\boldsymbol{a}_r$ 与相应的多项式矩阵 $\boldsymbol{Z}$ 描述重建波前

$$
\boldsymbol{W}_r = \boldsymbol{Z a}_r
\tag{7.98}
$$

其中，$\boldsymbol{Z}$ 为 $M^2\times(J-1)$矩阵。

根据差分波前 $\Delta W_x(x, y; s_x)$、$\Delta W_y(x, y; s_y)$的坐标位置，使用 $\Delta W_x(r, c)$、$\Delta W_y(r, c)$描述差分波前的测量值。将 x 和 y 方向的差分波前使用相同的采样周期 q 进行处理，其中 $\Delta W_x(1,1)$、$\Delta W_y(1,1)$分别作为第一个采样点，则 x 和 y 方向上差分波前的采样结果 $\Delta W_{x,s}(m, n)$、$\Delta W_{y,s}(m, n)$可以表示为

$$
\Delta W_{x,s}(m,n) = \Delta W_x\left[1+q(m-1),1+q(n-1)\right]
\tag{7.99}
$$

$$
\Delta W_{y,s}(m,n) = \Delta W_y\left[1+q(m-1),1+q(n-1)\right]
\tag{7.100}
$$

其中，$m = 1, \cdots, \mathrm{floor}(M/q)$，$n = 1, \cdots, \mathrm{floor}(M/q)$，$\mathrm{floor}(x)$表示取整数运算。根据差分 Zernike 多项式 $\Delta Z_{x,j}(x, y; s_x)$、$\Delta Z_{y,j}(x, y; s_y)$的坐标位置，将其表示为 $\Delta Z_{x,j}(r, c)$、$\Delta Z_{y,j}(r, c)$，

采样结果 $\Delta Z_{x,j,s}(m,n)$、$\Delta Z_{y,j,s}(m,n)$可以表示为

$$\Delta Z_{x,j,s}(m,n)=\Delta Z_{x,j}\left[1+q(m-1),1+q(n-1)\right] \tag{7.101}$$

$$\Delta Z_{y,j,s}(m,n)=\Delta Z_{y,j}\left[1+q(m-1),1+q(n-1)\right] \tag{7.102}$$

将 $\Delta W_{x,s}(m,n)$、$\Delta W_{y,s}(m,n)$分别表示为$[\text{floor}(M/q)]^2\times 1$ 的列向量 $\boldsymbol{\Delta W}_{x,s}$、$\boldsymbol{\Delta W}_{y,s}$，同理将 $J-1$ 项 $\Delta Z_{x,j,s}(m,n)$、$\Delta Z_{y,j,s}(m,n)$分别表示为$[\text{floor}(M/q)]^2\times(J-1)$的矩阵 $\boldsymbol{\Delta Z}_{x,s}$、$\boldsymbol{\Delta Z}_{y,s}$。分别将差分数据的采样结果 $\boldsymbol{\Delta W}_{x,s}$ 和 $\boldsymbol{\Delta W}_{y,s}$ 和差分 Zernike 多项式的采样结果 $\boldsymbol{\Delta Z}_{x,s}$ 和 $\boldsymbol{\Delta Z}_{y,s}$ 组合，得到差分波前的矩阵形式 $\boldsymbol{\Delta W}_s$ 和差分 Zernike 多项式的矩阵形式 $\boldsymbol{\Delta Z}_s$，

$$\boldsymbol{\Delta W}_s=\begin{pmatrix}\boldsymbol{\Delta W}_{x,s}\\ \boldsymbol{\Delta W}_{y,s}\end{pmatrix},\quad \boldsymbol{\Delta Z}_s=\begin{pmatrix}\boldsymbol{\Delta Z}_{x,s}\\ \boldsymbol{\Delta Z}_{y,s}\end{pmatrix} \tag{7.103}$$

使用 $\boldsymbol{\Delta W}_s$ 和 $\boldsymbol{\Delta Z}_s$ 得到待测波前的 Zernike 系数 $\boldsymbol{a}_{r,s}$，

$$\boldsymbol{a}_{r,s}=\left(\boldsymbol{\Delta Z}_s^{\mathrm{T}}\boldsymbol{\Delta Z}_s\right)^{-1}\boldsymbol{\Delta Z}_s^{\mathrm{T}}\boldsymbol{\Delta Z}_s \tag{7.104}$$

采样得到的差分波前 $\boldsymbol{\Delta W}_s$ 数据量远小于测量得到的差分数据 $\boldsymbol{\Delta W}$，因此使用最小二乘法得到最优的 Zernike 系数时，理论式(7.104)的计算时间小于式(7.97)。将 $\boldsymbol{a}_{r,s}$ 与相应的 Zernike 多项式矩阵 $\boldsymbol{Z}$ 描述重建波前的矩阵形式，

$$\boldsymbol{W}_{r,s}=\boldsymbol{Z}\boldsymbol{a}_{r,s} \tag{7.105}$$

将式(7.105)得到的 $\boldsymbol{W}_{r,s}$ 表示为 $M\times M$ 网格形式 $W_{r,s}(x,y)$。数值计算中使用 $W(x,y)$与 $W_{r,s}(x,y)$的差值评价了该方法的重建精度。

2. 仿真分析

下面通过数值计算验证差分波前离散采样重建精度和计算效率。使用前 64 项条纹 Zernike 多项式构造圆形光瞳的待测波前 $W(x,y)$，并用 256 像素 × 256 像素($M=256$)的方形网格离散化待测波前，如图 7-48(a)所示，其中待测波前的 Zernike 系数如图 7-48(b)所示，其中前四项(常数项 Z_1、x 方向倾斜 Z_2、y 方向倾斜 Z_3 及离焦 Z_4)的系数设为 0，待测波前 RMS 值为 0.9923。

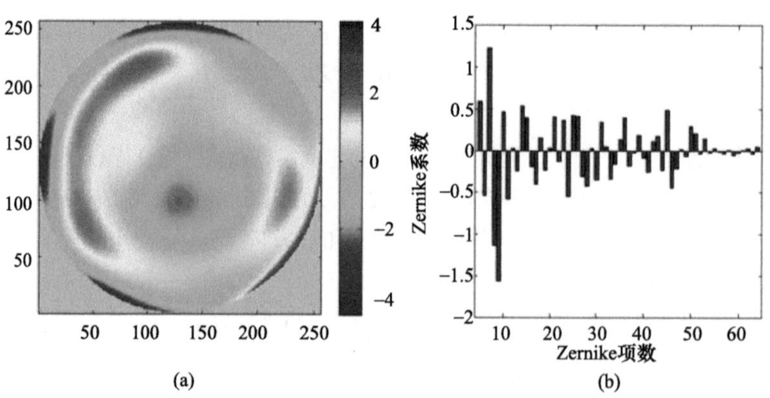

图 7-48　待测波前及其 Zernike 系数

(a) 待测波前；(b) Zernike 系数

在差分波前离散采样重建技术中，使用差分 Zernike 多项式拟合法重建待测波前，由于有限的 Zernike 多项式不足以描述实际的待测波前，所以重建精度与省略的高阶项相关。分析不同的基函数项数用于波前重建时差分波前的数据量与波前重建精度的关系。考虑到实际中待测波前未知，使用差分波前误差评价重建精度[27]。

分别将前 48 项、56 项及 64 项 Zernike 多项式用于差分 Zernike 多项式拟合法重建待测波前，x 和 y 方向的剪切率为 5%。采样后差分波前的数据量变化时，重建误差 RMS 值以及 x 和 y 方向的差分波前误差 RMS 值如图 7-49 所示，其中数据维度 N 表示差分波前在 $N \times N$ 方形网格的采样数据。图 7-49(b)和(c)中的差分波前误差 RMS 值与图 7-49(a)中的重建误差 RMS 值随采样数据量变化的趋势一致，而且数值大小相近，因此在实际应用中，也可以使用差分波前误差评价采样数据的重建精度。

定义相对重建误差为去除常数项后的波前重建误差 RMS 值相对待测波前 RMS 值之比。在图 7-49(a)中差分波前的采样数据维度为 256 时，与待测波前的采样数据维度相等，前 48 项、56 项及 64 项 Zernike 多项式的相对重建误差分别为 10%、2%、0%。由于差分 Zernike 多项式拟合法中使用的项数不足以描述待测波前，省略的高阶项越多，重建误差越大，因此前 48 项 Zernike 多项式的重建误差最大。差分波前的采样数据维度在 256～16 之间变化时，重建误差主要来源于省略的高阶项，例如数据维度为 16 时，相对重建误差只增加了 1%，说明合理的采样数据维度对波前重建精度的影响较小。

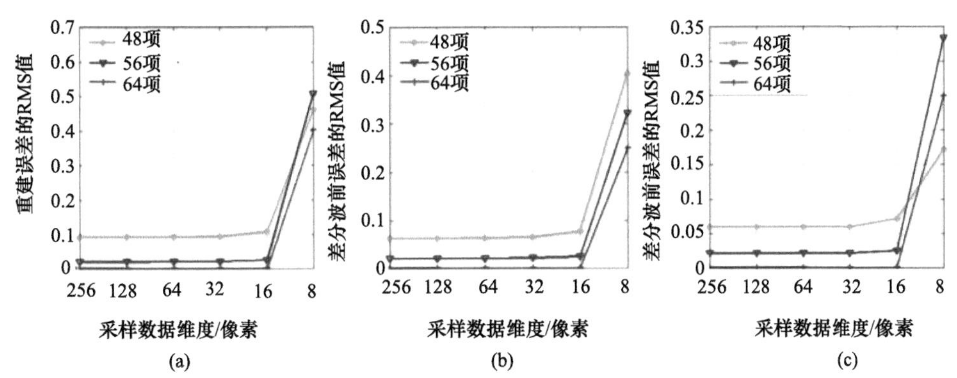

图 7-49　将前 48 项、56 项、64 项 Zernike 多项式用于差分多项式拟合法进行波前重建，重建误差的 RMS 值(a)，x 方向(b)和 y 方向(c)差分波前误差的 RMS 值随采样数据维度变化的关系

在图 7-49(a)中差分波前的采样数据维度为 8 时，由于较少的采样数据不足以描述差分波前，即使基函数项数足以描述待测波前，重建误差也较大，例如前 64 项的相对重建误差也远大于 20%。待测波前的频率特征决定差分波前的采样数据维度，采样数据维度应该满足 Nyquist 采样定理。由前 64 项 Zernike 多项式描述的待测波前及其差分波前的径向阶数分别为 7 和 6，理论上差分波前的采样数据维度应该大于 12。例如，采样数据维度大于 16 时，前 56 项 Zernike 多项式的相对重建误差小于 5%。

波前重建计算时间随采样数据维度变化的关系如图 7-50 所示，同时在表 7-7 里列出数据维度分别为 256 和 32 的计算时间。波前重建的计算时间与采样数据维度、基函数的项数成正比，因此降低采样数据维度有利于提高波前重建的计算效率。相比采样数据维度为 256 时，采样数据维度为 32 的计算效率提高了约 40 倍。用于波前重建的基函数项数足以描述待测波前时，采样数据维度为 32 的相对重建误差小于 5%，可以满足测量精度的要求。然而继续降低采样数据维度，并不能进一步提高计算效率，反而会引入较大的重建误差(图 7-49(a))。

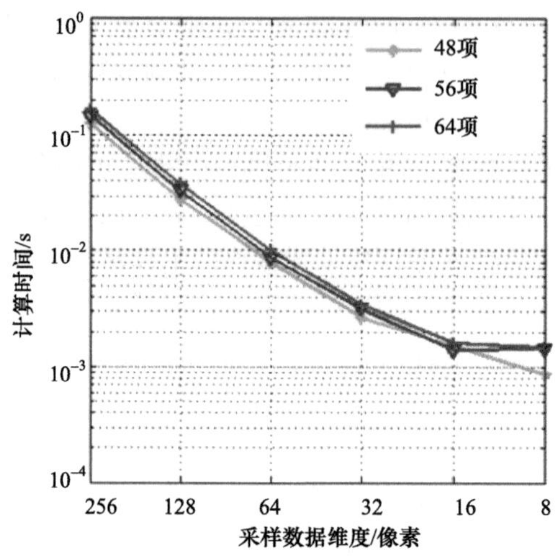

图 7-50 将前 48 项、56 项、64 项 Zernike 多项式用于差分多项式拟合法进行波前重建，重建计算时间随采样数据维度变化的关系

表 7-7 波前重建计算时间 (单位：s)

项数	256 像素	32 像素
48	0.1231	2.65×10^{-3}
56	0.1429	3.18×10^{-3}
64	0.1627	3.37×10^{-3}

上文中使用采样数据维度为 256 的待测波前产生相应维度的差分波前数据，在实际测量中差分波前的数据维度依赖于探测器的分辨率，一般测量得到的差分数据多于 256 × 256。因此，本小节中使用数据维度分别为 512 和 1024 的待测波前进行数值计算，其中待测波前的 Zernike 系数不变。采样处理其差分波前得到不同维度的采样数据，将前 56 项 Zernike 多项式用于差分 Zernike 多项式拟合法进行波前重建，其重建误差及计算时间如图 7-51 所示，剪切率为 5%。

在图 7-51(a)中，随着差分波前的采样数据维度降低，相对重建误差只增加 1%左右。测量得到的差分数据维度越大，使用采样方式提高波前重建计算效率的作用越明显，如图 7-51(b)所示，其中差分数据维度为 1024 的波前重建计算时间为 2.65s，采样数据维度为 32 的计算时间仅为 2.2×10^{-3}s，通过差分数据采样将波前重建计算效率提高了 1000 多倍，而相对重建误差仅增加了 2% 左右。

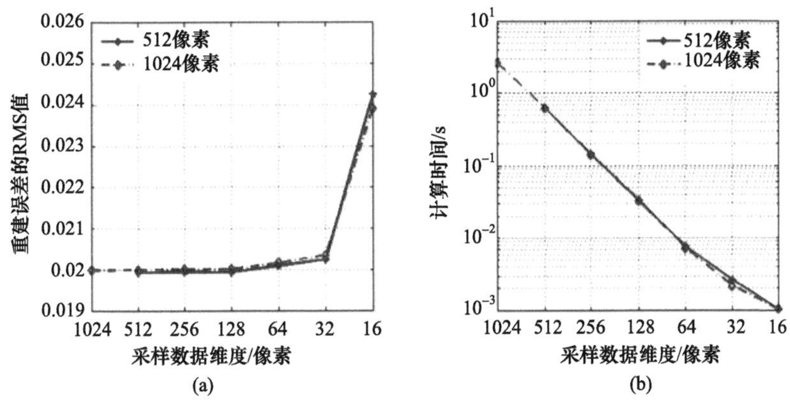

图 7-51　差分波前数据维度为 512、1024 的(a)重建误差 RMS 值和(b)计算时间随采样数据维度变化的关系

数值计算结果表明，波前重建精度取决于采样数据的维度，而不是待测波前或者测量得到的差分波前的数据维度。因此，在测量过程中，使用高分辨率的探测器测量差分波前提高测量精度；在波前重建过程中，离散采样测量得到的差分数据并用于波前重建，减少计算时间，从而提高横向剪切干涉技术的波前测量效率。

在上述数值计算中，剪切率设为 5%，由于剪切率较大时测量灵敏度高，剪切率较小时测量范围大，但是信噪比低，因此在不同应用领域中剪切率有所不同。例如，测量高分辨率光学系统波像差时剪切率一般为 1%～5%，测量光学元件表面面形时剪切率一般为 10%～20%。将前 56 项 Zernike 多项式用于差分多项式拟合法进行波前重建，不同的剪切率下差分数据采样对波前重建精度的影响如图 7-52 所示。由于波前重建效率与剪切率无关，计算时间与图 7-50 相同。

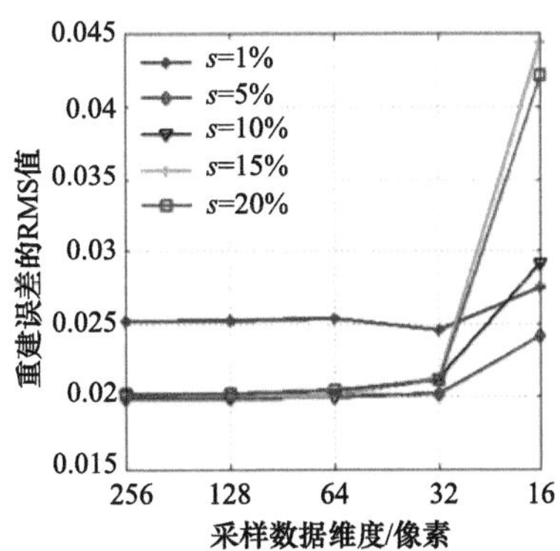

图 7-52　不同剪切率下重建误差 RMS 值随采样数据维度变化的关系

采样数据维度大于 32 时，采样数据的重建精度近似相同，几乎不受剪切率的影响。即使采样数据维度为 16，相对重建误差也小于 5%，而且误差主要来源于省略的高阶项，而不是差分波前采样。因此，可以认为剪切率几乎不影响采样数据的重建精度，在不同剪切率下可以使用差分波前采样提高重建效率。

在实际测量中，差分波前的测量数据不可避免地受到噪声的影响，噪声通过重建过程传播到最终的重建波前，进而影响波前测量精度。来自光电探测器的随机噪声直接存在于干涉图中，在相位提取过程中进入差分波前。

此处使用零均值、正态分布的高斯噪声模拟测量的随机噪声。将噪声 RMS 值与相应的差分波前 RMS 值定义为相对噪声水平。将前 56 项 Zernike 多项式用于差分 Zernike 多项式拟合法进行波前重建，不同噪声水平下重建误差 RMS 值随采样数据维度变化的关系如图 7-53 所示。由于波前重建效率与噪声无关，计算时间与图 7-50 相同。

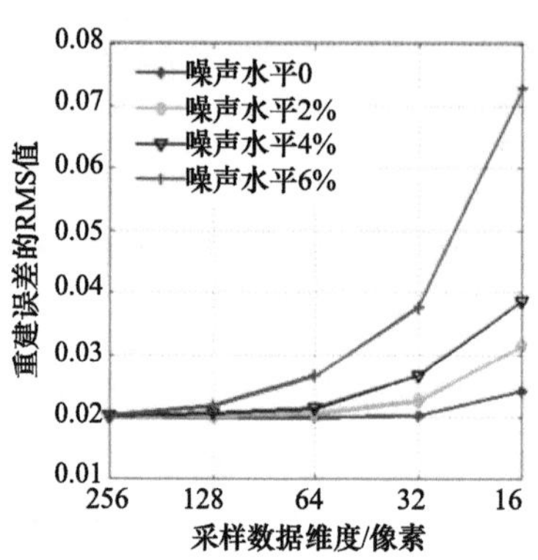

图 7-53　不同噪声水平下重建误差 RMS 值随采样数据维度变化的关系

在相同的噪声水平下，由于在波前重建过程中不能通过冗余数据得到优化结果，因此差分波前的采样数据量较少时，波前重建误差较大。在相对噪声水平不高于 6% 时，由差分波前采样引入的重建误差只增加了 5%。在实际测量中随机噪声水平一般不超过 5%，因此，差分波前的采样数据维度大于 4 倍的差分 Zernike 多项式的径向阶数时，差分数据采样不影响波前重建精度。

本小节使用蒙特卡罗法分析一般情况下差分波前采样数据的重建精度及其计算时间。使用前 64 项 Zernike 多项式及相应的系数表示待测波前，其中 Zernike 系数来自随机产生的 100 组系数，x 和 y 方向的剪切率为 5%，分别将前 48 项、56 项、64 项 Zernike 多项式用于差分 Zernike 多项式拟合法进行波前重建。采样数据的重建误差和计算时间的$(E+3\sigma)$值随采样数据维度变化的关系如图 7-54 所示。

由于待测波前使用随机产生的 Zernike 系数及其相应的多项式描述，高阶项的系数可能远大于低阶项。当用于波前重建的 Zernike 项数较少时，相对重建误差较大，如图 7-54(a)所示。当采样数据维度不小于 32 时，相同项数的重建误差几乎不变化，说明差分波前采样几乎不影响重建精度，重建误差主要来源于省略的高阶项数。图 7-54(b)表明，差分数据采样可以有效地提高波前重建的计算效率，与待测波前本身无关。

数值计算结果表明，通过差分波前采样可以提高波前重建效率。将测量得到的差分数据进行采样后重建可以得到待测波前的前 64 项 Zernike 系数，采样数据维度 32 导致的相对重建误差小于 5%。采样数据的重建精度与用于波前重建的基函数项数是否精确描述待测波前无关，即使差分波前不进行采样处理，基函数项数不足以描述待测波前时，波前重建误差依然较大。因此，在横向剪切干涉波前测量技术中进行差分波前离散采样，可减少波前重建计算时间，提高测量效率，而且不影响测量精度。

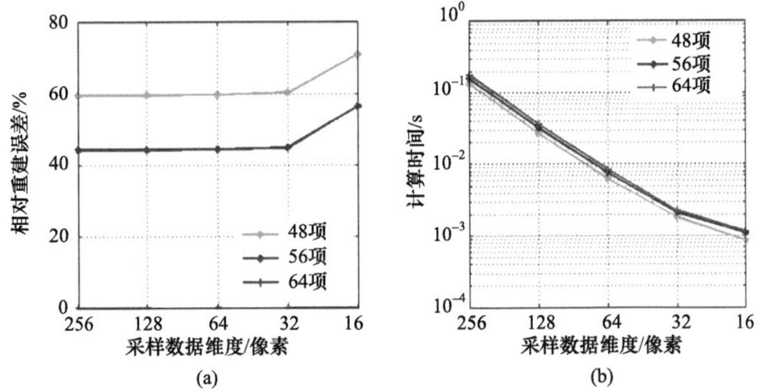

图 7-54　100 组随机待测波前的重建误差 RMS 值(a)及计算时间(b)的统计结果

3．实验验证

将可见光($\lambda = 532$ nm)的光栅剪切干涉仪用于测量数值孔径为 0.28 的投影物镜，交叉光栅的周期为 36μm，光栅与焦平面之间的距离为 2.45mm，满足 Talbot 自成像条件，剪切率为 0.051。光栅剪切干涉仪及测量得到的二维干涉图如图 7-55(a)和(b)所示。将二维干涉图进行傅里叶变换得到频谱图，在 x、y 方向上分别使用滤波器滤出 1 级频谱，将 1 级频谱进行平移、逆傅里叶变换、相位解包裹得到差分波前，如图 7-55(c)和(d)所示，差分波前 RMS 值分别为 0.4171λ、0.1262λ。

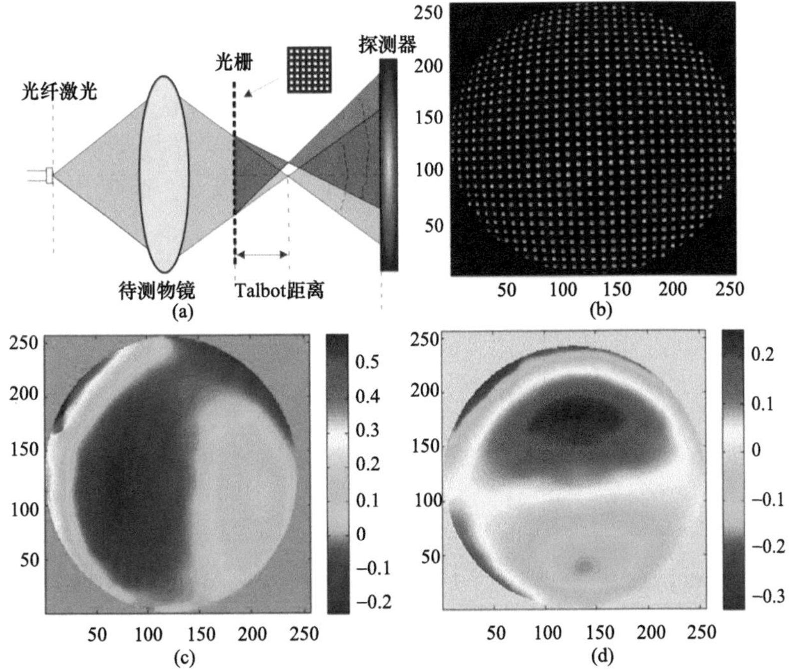

图 7-55　(a)光栅剪切干涉仪示意图；(b)干涉图；(c)x 方向的差分波前；(d)y 方向的差分波前

首先，将前 36 项 Zernike 多项式用于差分 Zernike 多项式拟合法，从图 7-55(c)和(d)的差分波前恢复待测波前。图 7-56(a)和(b)给出了重建结果及其 Zernike 系数，省略了前四项(常数项 Z_1、x 方向倾斜 Z_2、y 方向倾斜 Z_3 及离焦 Z_4)后重建波前 RMS 值为 0.2124λ，x 和 y 方向的差分波前误差 RMS 值分别为 0.0149λ、0.0112λ。差分波前误差 RMS 值小于差分波前 RMS 值的 10%，可以将重建结果作为参考，结合差分波前误差评价采样数据的重建精度。

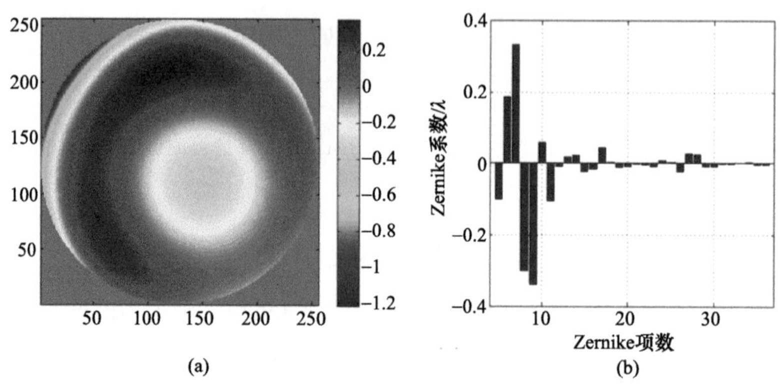

图 7-56　重建结果(a)及其 Zernike 系数(b)

前 36 项 Zernike 多项式及其相应的差分 Zernike 多项式的径向阶数分别为 5、4，理论上采样数据维度应该大于 8。然而，由于噪声等因素的影响，采样数据维度 8 的相对重建误差为 9%，如图 7-57(a)所示，其中 mλ 表示 0.001λ。采样数据维度 32 是差分 Zernike 多项式径向阶数的 4 倍，其相对重建误差小于 5%，而且图 7-57(b)表明采样数据维度为 256～32 时，差分波前误差 RMS 值近似相等，可以认为重建精度为同一数量级。采样数据的波前重建计算时间如图 7-57(c)所示，其中采样数据维度 256 和 32 的计算时间分别为 0.0826s、1×10^{-3}s，计算效率提高了 80 倍以上，而两者的重建结果差值仅为 0.002λ。

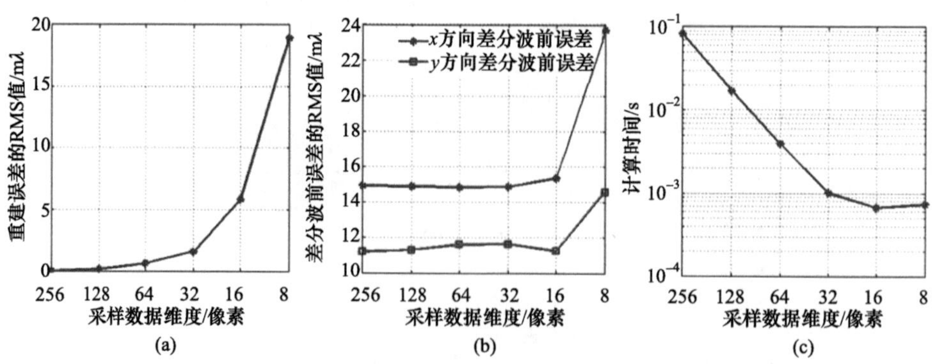

图 7-57　(a)采样数据与测量数据的重建结果差值；(b)差分波前误差 RMS 值；(c)不同维度采样数据的波前重建计算时间

实验结果表明，基于差分波前离散采样的重建方法可以减少波前重建计算时间，从而提高横向剪切干涉技术的波前测量效率。根据待测波前的基函数项数，选择合适的采样数据维度可以实现高精度重建。

7.4.2　多通道检测系统设计[37,38]

基于上述稀疏采样法波前重建方法和 Ronchi 剪切干涉仪结构设计了多通道 Ronchi 剪切干涉检测系统，其结构如图 7-58 所示。基本原理是，利用非相干光源均匀照明物面光栅，物面光栅调制光场空间相干性，并使投影物镜的光瞳被均匀照明，像面光栅作为分光元件使各衍射级次相互平移错位，0 级衍射光与奇数级次衍射光干涉，其他衍射级次之间不发生干涉，使用小孔阵列在探测器平面上对零条纹干涉图进行采样，提高检测空间分辨率和减少探测器像素个数，从而增加了并行检测通道数。通过移动像面光栅引入相移，使用相移算法从正交方向的干涉图中得到差分波前，将其进行波前重建得到投影物镜的波像差。

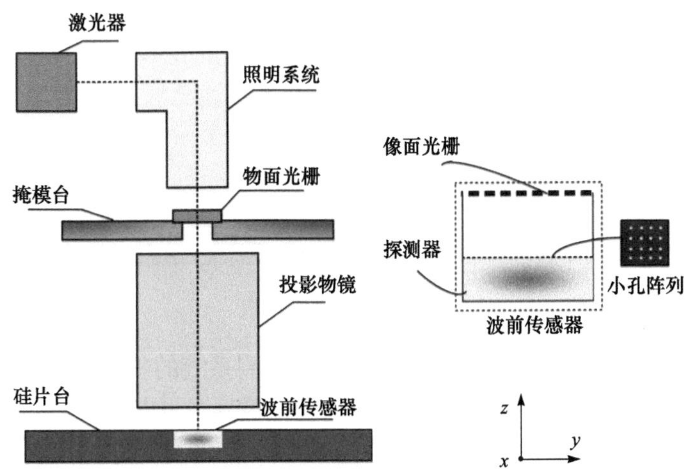

图 7-58　光刻机原位多通道像质检测系统示意图

在投影物镜物方放置的物面光栅板如图 7-59 所示，由 n 组占空比为 1/2 的一维光栅组成，其中每组物面光栅包括光栅线沿 x 方向的第一光栅 Nx 和光栅线沿 y 方向的第二光栅 Ny，光栅周期都为 P_{oN}。波前传感器由像面光栅板、小孔阵列和探测器组成。像面光栅板如图 7-60 所示，由 n 组占空比为 1/2 的棋盘光栅组成，光栅周期都为 P_{iN}，物面光栅的组数与像面光栅的数目相等。

将投影物镜的成像放大倍数设为 β，则物面光栅与像面光栅的周期应该满足下列关系：

$$P_{oN} = P_{iN} \cdot \beta \tag{7.106}$$

物面光栅板上每组物面光栅中第一光栅 Nx 与第二光栅 Ny 之间的间距相等，物面光栅组之间的距离 d_o 与像面光栅板上像面光栅组之间的距离 d_i 满足如下关系：

$$d_o = d_i \cdot \beta \tag{7.107}$$

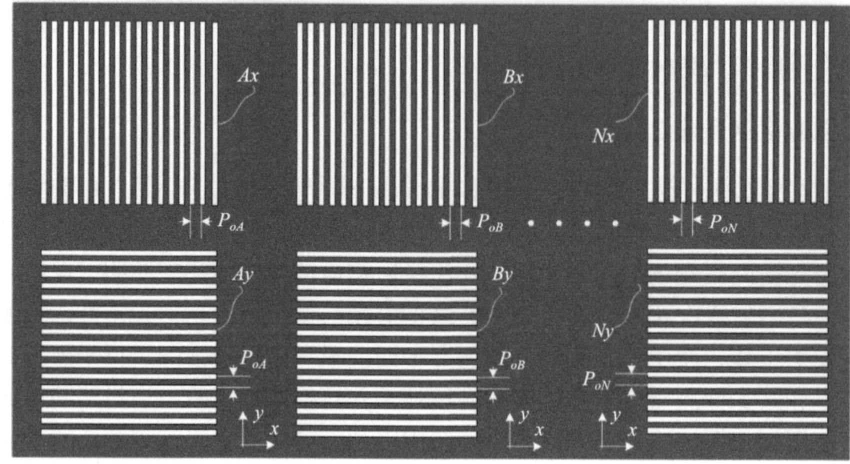

图 7-59　物面光栅板

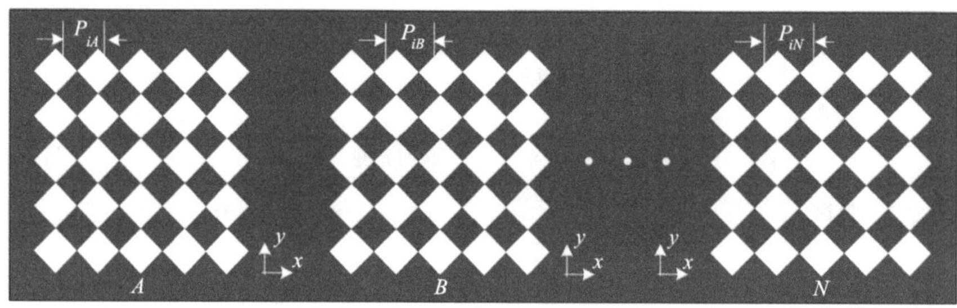

图 7-60　像面光栅板

小孔阵列是本小节介绍的多通道波像差并行检测系统的核心，其周期与探测器像素的周期相等，并且小孔位置与像素位置一一对应，像素尺寸与小孔直径的比值设为 R。使用小孔阵列对干涉图采样，将成像质量原位检测的空间分辨率提高 R^2 倍，从而有效地减少了每个通道内探测器的像素数目，提高了成像质量并行检测通道数，并行检测通道数最大可以提高 R^2 倍。通过多通道并行检测，波像差传感器具有同时检测畸变与场曲等像质参数的能力，并行通道数目的增加有利于提高畸变、场曲等像质参数的检测精度和速度。

参 考 文 献

[1] Hartmann J. Bemerkungen uber den Bau und die Justirung von Spektrographen. Zt. Instrumentenkd,1900, 20: 47.

[2] Xiao X, Zhang Y, Liu X. Single exposure compressed imaging system with Hartmann-Shack wavefront sensor. Opt. Eng., 2014, 53: 53101.

[3] 戴凤钊. 横向剪切干涉二维波前重建技术研究. 中国科学院上海光学精密机械研究所博士学位论文, 2013.

[4] Schwiegerling J, Neal D R. Historical development of the Shack-Hartmann wavefront sensor//Ed. J. E. Harvey and R. B. Hooker, Legends in Applied Optics. Bellingham, WA: SPIE, 2005: 132-139.

[5] Platt B C, Shack R V. Lenticular Hartmann screen. Opt. Sci. Newsl., 1971,5:15-16.

[6] Campbell H I, Greenaway A H. Wavefront sensing: From historical roots to the state of the art.Astronomy

with High Contrast Imaging III, 2006, 22: 165-185.

[7] Platt B C, Shack R. History and principles of Shack-Hartmann wavefront sensing. J. Refractive Surgery, 2001, 17: 573-577.

[8] Fujii T, Kougo J, Mizuno Y, et al. Portable phase measuring interferometer using Shack-Hartmann method. Proc. SPIE, 2003, 5038: 726-732.

[9] 段立峰. 基于空间像主成分分析的光刻机投影物镜波像差检测技术. 中国科学院上海光学精密机械研究所博士学位论文, 2012.

[10] Nishinaga H, Hirayama T, Fujii D, et al. Imaging control functions of optical scanners. Proc. SPIE, 2014, 9052: 90520B.

[11] Egashira H, Uehara Y, Shirata Y, et al. Immersion scanners enabling 10nm half-pitch production and beyond. Proc. SPIE, 2014, 9052: 90521F.

[12] Ohsaki Y, Mori T, Koga S, et al. A new on-machine measurement system to measure wavefront aberrations of projection optics with hyper-NA. Proc. of SPIE, 2006, 6154z: 615424.

[13] Flagello D G, Socha R J, Shi X, et al. Optimizing and enhancing optical systems to meet the low k1 challenge. Proc. SPIE, 2003, 5040: 139-150.

[14] Lai K, Gallatin G M, van de Kerkhof M A, et al. New paradigm in lens metrology for lithographic scanner: Evalution and exploration. Proc. SPIE, 2004, 5377: 160.

[15] de Boeij W P, Pieternella R, Bouchoms I, et al. Extending immersion lithography down to 1x nm production nodes. Proc. SPIE, 2013, 8683: 86831L.

[16] 吴飞斌. 光刻投影物镜波像差原位干涉检测技术研究. 中国科学院上海光学精密机械研究所硕士学位论文, 2015.

[17] 吴飞斌, 唐锋, 王向朝, 等. Ronchi 剪切干涉的光刻投影物镜波像差检测技术研究. 中国激光, 2015, 42(03): 291-298.

[18] 吴飞斌, 唐锋, 王向朝, 等. Ronchi 相移剪切干涉仪及其相位提取误差分析. 光学学报, 2015, 35(06): 142-152.

[19] Malacara D. Optical Shop Testing, 3rd ed. Canada: John Wiley & Sons, Inc., 2007.

[20] Rimmer M P, Wyant J C. Evaluation of large aberrations using a lateral-shear interferometer having variable shear. Appl. Opt., 1975, 14: 142-150.

[21] Dai F Z, Zheng Y Z, Bu Y,et al. Zernike polynomials as a basis for modal fitting in lateral shearing interferometry: a discrete domain matrix transformation method. Appl. Opt., 2016, 55: 5884-5891.

[22] Harbers G, Kunst P J, Leibbrandt G W R.Analysis of lateral shearing interferograms by use of Zernike polynomials. Appl. Opt., 1996, 35: 6162-6172.

[23] Dai F Z, Tang F, Wang X Z, et al. Use of numerical orthogonal transformation for the Zernike analysis of lateral shearing interferograms. Opt. Express, 2012, 20: 1530-1544.

[24] Liu X. A polarized lateral shearing interferometer and application for on-machine form error measurement of engineering surfaces. PH. D. Thesis, Hong Kong University of Science and Technology, 2003.

[25] Dai F Z, Tang F, Wang X Z, et al. Modal wavefront reconstruction based on Zernike polynomials for lateral shearing interferometry: comparisons of existing algorithms. Appl. Opt., 2012, 51: 5028-5037.

[26] Dai F Z, Zheng Y Z, Bu Y, et al. Modal wavefront reconstruction based on Zernike polynomials for lateral shearing interferometry. Appl. Opt. 2017, 56: 61-68.

[27] Li J, Tang F, Wang X Z, et al. Wavefront reconstruction for lateral shearing interferometry based on difference polynomial fitting. J Optics-UK, 2015, 17(6): 065401.

[28] Saunders J B. Measurement of wave fronts without a reference standard. Part 1. The wave-front shearing interferometer. J. Res. Natl. Bur. Stand. Sect. B, 1961, 65: 239-244.

[29] Rimmer M P. Method for evaluating lateral shearing interferograms. Appl. Opt., 1974, 13: 623-629.

[30] Nomura T, Okuda S, Kamiya K, et al. Improved Saunders method for the analysis of lateral shearing interferograms. Appl. Opt., 2002, 41: 1954-1961.

[31] Yin Z. Exact wavefront recovery with tilt from lateral shear interferograms. Appl. Opt., 2009, 48: 2760-2766.

[32] Dai F Z, Tang F, Wang X Z, et al. Generalized zonal wavefront reconstruction for high spatial resolution in lateral shearing interferometry. J. Opt. Soc. Am. A, 2012, 29: 2038-2047.

[33] Dai F Z, Tang F, Wang X Z, et al. High spatial resolution zonal wavefront reconstruction with improved initial value determination scheme for lateral shearing interferometry. Appl. Opt., 2013, 52: 3946-3956.

[34] Dai F Z, Wang X Z, Bu Y. Exact two-dimensional zonal wavefront reconstruction with high spatial resolution in lateral shearing interferometry. Optics Communications, 2016, 367: 264-273.

[35] 吴飞斌, 唐锋, 王向朝, 等. 投影物镜波像差在线检测装置和检测方法. 发明专利, 专利号: 201410421815.7, 2016-11-30.

[36] Li J, Tang F, Wang X Z, et al. Method for improving measurement efficiency of lateral shearing interferometry. Optical Engineering, 2017, 56(2): 024107.

[37] 李杰. 光栅剪切干涉波前测量技术研究. 中国科学院上海光学精密机械研究所博士学位论文, 2016.

[38] 李杰, 唐锋, 王向朝, 等. 光刻机原位快速高空间分辨率波像差检测装置及方法. 发明专利, 专利号: ZL201510237227.2, 2017-12-12.

第 8 章　偏振像差检测

在大数值孔径光刻成像过程中，投影物镜偏振像差会引起图形位置偏移、最佳焦面偏移和焦深减小等问题，降低光刻成像质量，影响光刻分辨率和套刻精度。在采用偏振光照明的大数值孔径光刻成像系统中，偏振像差对光刻成像质量的影响愈加突出，不容忽视。高分辨率光刻要求对偏振像差进行快速、高精度检测。偏振像差检测技术可以分为基于光刻胶曝光、基于椭偏测量以及基于空间像测量的检测技术等三类。本章首先分析偏振像差对光刻成像质量的影响，然后介绍作为偏振像差检测基础的偏振像差表征方法，之后系统介绍三类偏振像差检测技术。

8.1　偏振像差对光刻成像质量的影响

偏振像差是与偏振相关的波前畸变，不仅描述光瞳面振幅和相位的变化，而且描述复杂的复数电场分量间的耦合作用。偏振像差的主要来源是系统内各光学元件材料的非均匀性、固有双折射、应力双折射，光学元件与介质界面上的散射、反射和透射，以及光学元件的非理想镀膜等[1]。当光线通过光学系统时，偏振元件把入射光分为相互正交的两个分量，并以不同的振幅和相位传递这两个分量。其中，这两个正交偏振分量被称为偏振元件的本征矢量或本征偏振态，振幅变化称为偏振衰减，相位变化称为相位延迟[2]。

光学元件的材料性质和元件与介质界面的性质决定本征偏振态的取向和电场在此取向方向上的传播方式。引起偏振的主要材料性质是介电张量 $\boldsymbol{\varepsilon}$。它是时间和位置(或频率和动量)的函数，表示的是材料中电场 $\boldsymbol{E}$ 和电位移 $\boldsymbol{D}$ 间的关系，即 $\boldsymbol{D}=\boldsymbol{\varepsilon}\boldsymbol{E}$。如果介电张量 $\boldsymbol{\varepsilon}$ 是常数，则元件材料是各向同性的，光线通过此光学元件不会产生偏振变化。如果 $\boldsymbol{\varepsilon}$ 不是常数，则元件材料是各向异性的，光线通过此元件会导致与介电张量相关的偏振变化。例如，如果光学元件材料对光的吸收性质与偏振相关，则认为其具有二向色性。如果光学元件材料对光的相变性质与偏振相关，则认为具有双折射性质。另外，光线通过光学界面和薄膜的传播过程会引起与入射角相关的偏振变化。因为沿不同方向传播的入射光在光学系统内的每个元件界面上具有不同的反射和透射系数，所以大多数透镜元件的弯曲界面可以等效为随空间位置变化且作用微小的线性起偏器和波片[3]。

偏振像差对光刻成像的影响源于进入成像系统光瞳的光场间复杂相互作用和投影物镜偏振像差的特殊性质。对光刻成像的影响主要表现在以下几个方面[2]：①偏振像差引起图像对比度损失、扭曲形变、远心误差等。M. Totzeck 等通过琼斯-泽尼克系数表示琼斯光瞳，推导获得了复数对比度系数与光刻图像对比度损失、畸变、远心度、归一化图像对数斜率的关系式，并计算了二极照明和圆形照明条件下偏振像差的奇像差项和偶像差项引起的光刻图像对比度损失、畸变和远心误差[4]。②偏振像差引起关键尺寸(CD)误差和图像偏移误差。Jongwook Kye 等利用偏振像差的泡利光瞳表征方法，按照像差的分布特点分类研究了其对光刻成像的影响，结果表明各个偏振像差分量引起不同的成像问题，不均匀像差引起横场 CD 变化；与方位角相关的偏振变化引起与方向相关的 CD 变化；不对称的偏振引起不对称的 CD 或图像偏移；与径向相关的偏振变化引起与周期相关的 CD 变化[5]。同样采用泡利光瞳表征方法，Norihiro Yamamoto 等研究了表示泡利光瞳的泡利-泽尼克系数对光刻成像的影响，结果表明偏振像差对成像的影响类似于标量波像差，各泡利光瞳的偶数项泡利-泽尼克像差引起 CD 误差，奇数项泡利-泽尼克像差引起图像偏移误差，且泡利系数 a_0 和 a_1 对成像的影响明显大于 a_2 和 a_3 的影响[1]；Johannes Ruoff 等利用偏振像差的物理光瞳表征方法，通过取向 Zernike 多项式(OZP)表示偏振延迟和偏振衰减光瞳，研究了其对光刻成像的影响。结果表明，偏振延迟光瞳中，偶数项 OZP 引起方向相反的焦面偏移，奇数项 OZP 引起方向相反的横向图像偏移。偏振衰减光瞳中，与衰减的影响相似，偶数项 OZP 主要影响剂量效应，奇数项 OZP 引起远心误差，最终导致离焦面上的图像偏移[6,7]。③偏振像差影响光刻中的光学邻近效应，但影响很小。Bernd Geh 等利用偏振像差的物理光瞳表征方法，比较了衰减、偏振衰减、旋转和双折射光瞳单独引起的光学邻近效应修正(OPC)误差大小。结果表明，OPC 误差的主要影响因素是衰减光瞳，偏振衰减光瞳的影响大约是衰减光瞳影响的 1/3，而来自旋转光瞳和双折射光瞳的影响几乎可以忽略。因此，可以说投影物镜衰减光瞳对 OPC 的影响几乎完全等效于偏振像差的影响[8]。

下面通过光刻仿真分析偏振像差对成像质量的影响[9]。光刻仿真采用 x/y 偏振的四极照明光源和 x、y 方向上的密集孔图形，如图 8-1 所示。具体的仿真参数为 λ=193nm，x/y 偏振的四极照明光源的σ_{in}和σ_{out}分别为 0.7 和 0.9，开口角度α为 20°，NA=1.35，密集孔图形线宽为 45nm，周期为 90nm。根据密集孔图形在 x 和 y 轴上的光强得到 x 和 y 方向上的 CD，其中 x 和 y 轴上的光强 Cross_x 和 Cross_y，x 和 y 方向上的 CD_x 和 CD_y 的测量位置如图 8-2 所示。受偏振衰减的影响，密集孔图形在 x 和 y 方向上出现明显的线宽差异，它在 xz 与 yz 像面上的光强分布以及 xy 方向上的 CD 如图 8-3 所示。由图 8-3 可知，与不存在偏振衰减的成像结果相比，偏振像差中的偏振衰减严重影响密集孔图形成像的 CD 均一性。

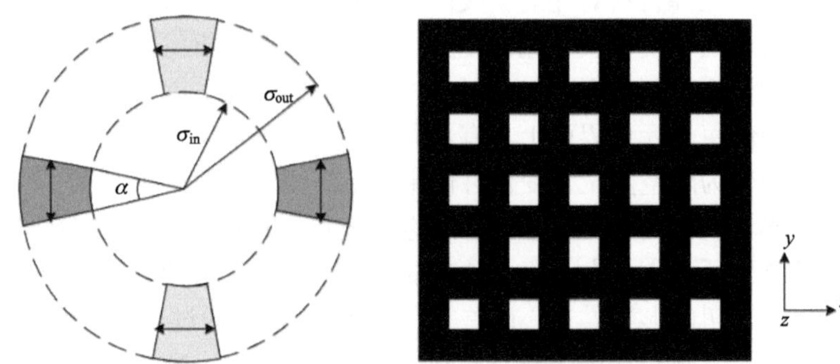

图 8-1　四极照明光源与 xy 方向上的密集孔图形

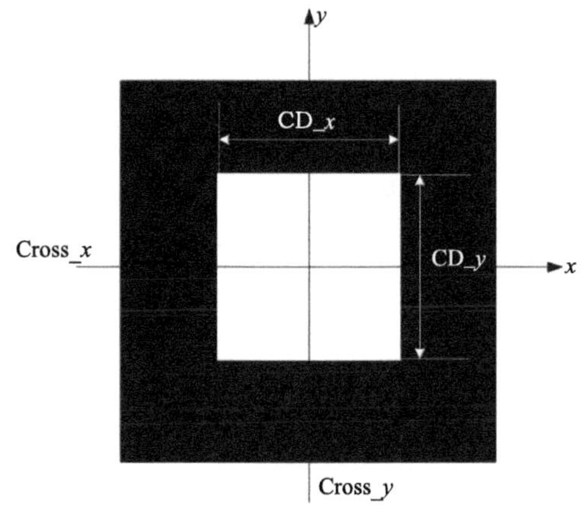

图 8-2　CD 与轴上光强的测量位置

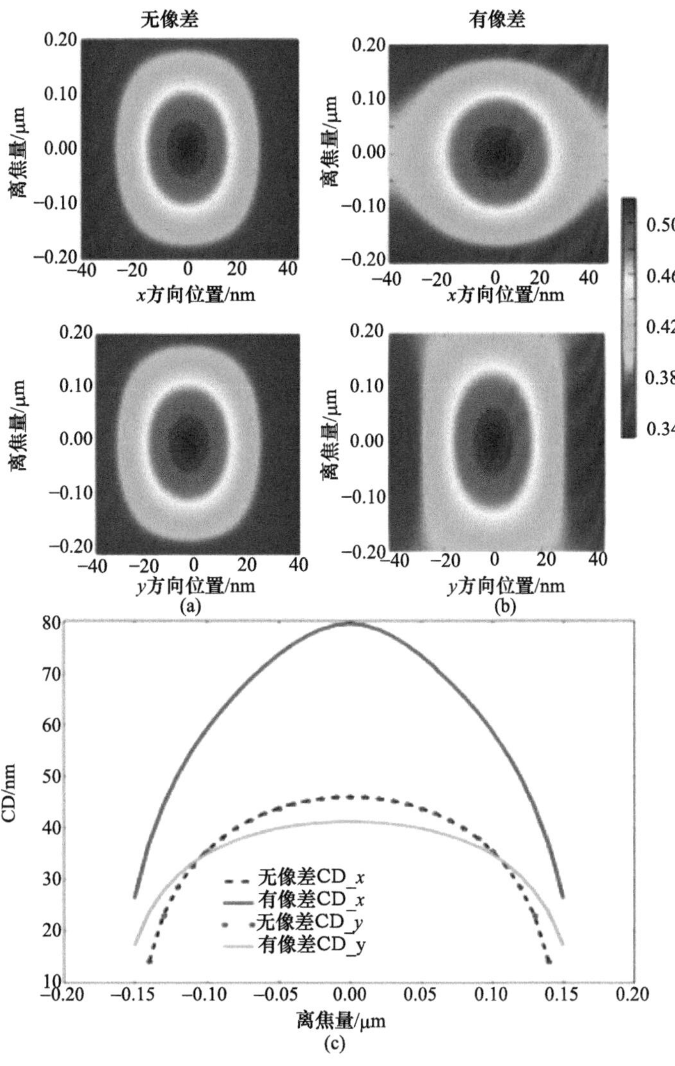

图 8-3　偏振衰减对密集孔图形成像质量的影响

为了更具体地分析偏振像差对光刻成像质量的影响，采用泡利-泽尼克系数表征偏振像差，表征方法见 8.2.3.2 节。光刻仿真过程使用密集孔图形，因而可以分析偏振像差对 x 和 y 两个方向上成像质量的影响。以单个泡利-泽尼克系数作为偏振像差输入并对密集孔图形成像，同样采用图 8-1 所示的照明光源与密集孔图形，此时密集孔图形的线宽为 90nm，周期为 180nm。每次在光刻成像过程中加入单个泡利-泽尼克系数后，均画出密集孔图形在 x 和 y 轴上的光强以及 CD、对比度和成像位置偏移(IPE)随离焦量(defocus)的变化曲线。

以泡利矩阵系数 a_0 相位具有 Z_{10} 分布以及 a_1 虚部具有 Z_4 分布为例，所需要分析的数据如图 8-4 和图 8-5 所示。由图 8-4 可知，a_0 相位具有 Z_{10} 分布所表示的偏振像差对密集孔图形成像最明显的影响是引起 x 方向上的 IPE。因为 a_0 相位代表标量波像差，当它具有 Z_{10} 分布时也就是指投影物镜存在标量波像差中的三波差 Z_{10}。三波差 Z_{10} 是 x 方向上的奇像差，它引起周期性的密集孔图形沿 x 方向出现位置偏移。由于 CD_x 和 CD_y 都是在 x 和 y 轴上测量的，因此 x 方向上的 IPE 对 CD_x 的影响很小，但会减小 CD_y，使得 x 和 y 方向上出现明显的 CD 差异。由图 8-5 可知，当 a_1 虚部具有 Z_4 分布时，其表示的偏振像差对密集孔图形成像最明显的影响是 x 和 y 方向上具有不同的最佳焦面偏移，将减小密集孔图形的光刻成像工艺窗口。标量波像差中 Z_4 则引起 x 和 y 方向上周期图形出现相同的最佳焦面偏移，这也是偏振像差与标量波像差的重要区别。

将单个泡利-泽尼克系数表示的偏振像差引起的光刻成像质量劣化分为 CD 误差、关键尺寸均匀性(CDU)和成像焦深(depth of focus，DOF)影响、成像位置偏移(IPE)以及最佳焦面偏移(BFS)，其中 IPE 又分为 x 方向上的 IPE_x 和 y 方向上的 IPE_y，BFS 和 BFS_xy 则分别表示 x、y 方向上发生相同的和不同的最佳焦面偏移。表 8-1 定性总结了泡利-泽尼

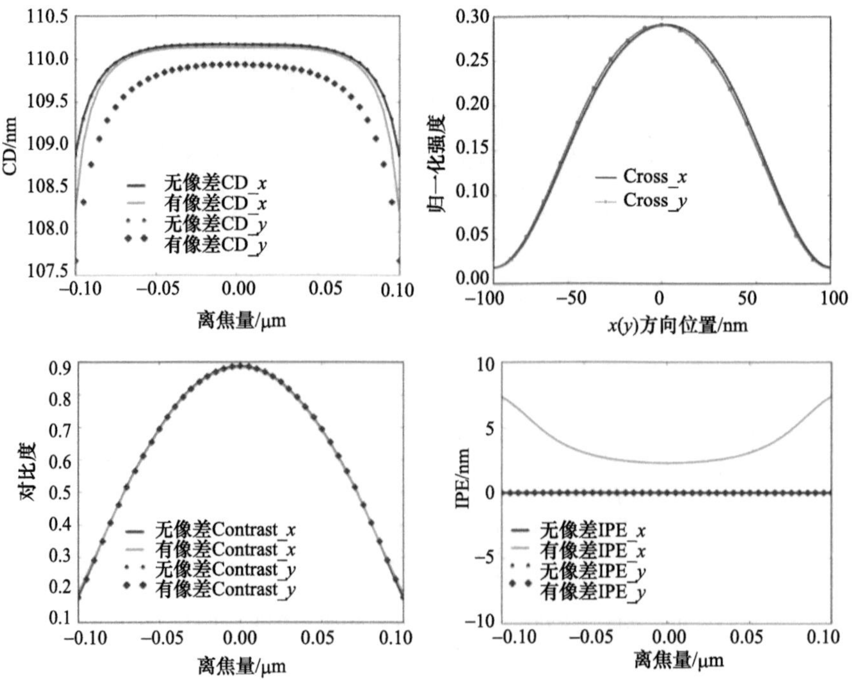

图 8-4　泡利矩阵系数 a_0 相位具有 Z_{10} 分布时对密集孔图形成像的影响

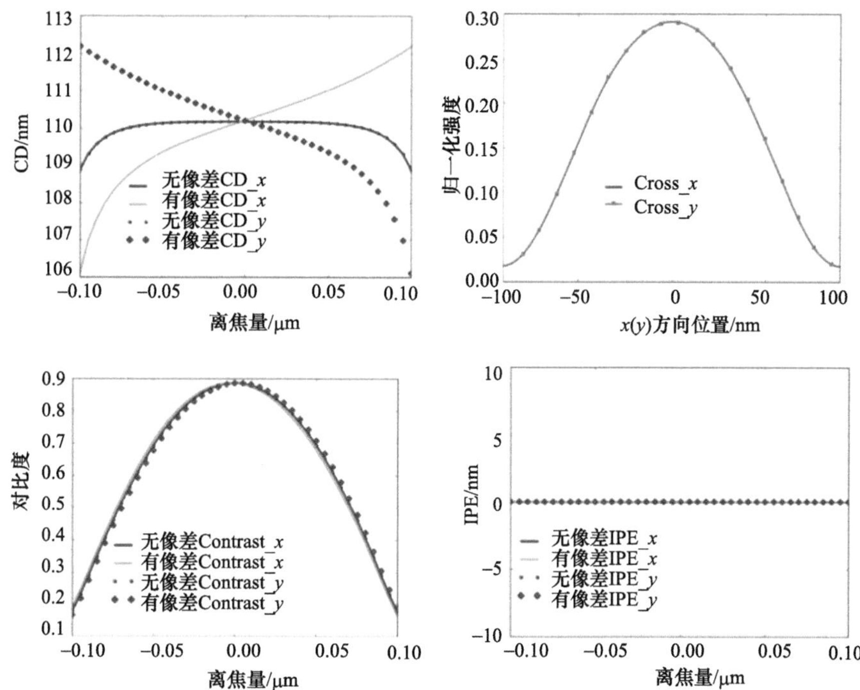

图 8-5　泡利矩阵系数 a_1 虚部具有 Z_4 分布时对密集孔图形成像的影响

克系数中的前 11 阶 Zernike 多项式按照上述成像质量劣化类型进行分类的结果。由表 8-1 可知，偏振像差对光刻成像质量的影响与标量波像差具有明显的区别与联系。例如，a_1 虚部的彗差项同样能引起 x 方向上的 IPE，然而 a_1 虚部的球差项却使得 x、y 方向上发生不同的 BFS，反而类似标量像散的影响。

表 8-1　偏振像差对光刻成像质量的影响类型

	Amp(a_0)	Pha(a_0)	Re(a_1)	Im(a_1)	Re(a_2)	Im(a_2)	Re(a_3)	Im(a_3)
Z_1	CD DOF		CDU DOF	CDU BFS_xy	CD	CD	CD	CD
Z_2	IPE_x	IPE_x	IPE_x	IPE_x	IPE_y	IPE_y	IPE_y	IPE_y
Z_3	IPE_y	IPE_y	IPE_y	IPE_y	IPE_x	IPE_x	IPE_x	IPE_x
Z_4	CD DOF	BFS	CDU DOF	CDU BFS_xy	CD	CD	CD	CD
Z_5	CDU DOF	CDU BFS_xy	CD DOF	BFS	CD	CD	CD	
Z_6		CD			CD DOF	BFS	CDU BFS_xy	CDU DOF
Z_7	IPE_x	IPE_x	IPE_x	IPE_x	IPE_y	IPE_y	IPE_y	IPE_y
Z_8	IPE_y	IPE_y	IPE_y	IPE_y	IPE_x	IPE_x	IPE_x	IPE_x
Z_9	CD DOF	BFS	CDU DOF	CDU BFS_xy				
Z_{10}	IPE_x	IPE_x	IPE_x	IPE_x	IPE_y	IPE_y	IPE_y	IPE_y
Z_{11}	IPE_y	IPE_y	IPE_y	IPE_y	IPE_x	IPE_x	IPE_x	IPE_x

综上所述，偏振像差也同波像差一样，会引起图像偏移、对比度损失、焦深损失、曝光剂量退化、远心误差等问题，成为降低光刻成像质量的重要因素。为了提高光刻成像质量，需要对偏振像差进行精确的检测。

8.2 偏振像差表征方法

偏振像差表征方法是研究偏振像差检测技术的理论基础。以斯托克斯矢量和琼斯矢量两种常用的光波偏振态描述方式为基础，分别形成了偏振像差的穆勒矩阵表征法和琼斯矩阵表征法。对琼斯矩阵表征法进行扩展，形成了三阶琼斯矩阵表征法。该方法用于表征大数值孔径投影物镜偏振像差时，无须像琼斯矩阵表征法一样定义每条主光线的局部坐标，降低了表征复杂度。

8.2.1 偏振态及其变换的表征方法[2]

光是横电磁波，其电场和磁场的振动方向与传播方向垂直。假设光的传播方向为 z 方向，电场矢量在 xy 平面内振动，可用一个二元复数列矢量 $\boldsymbol{E}$ 来描述电场矢量 x 和 y 分量的振幅和相位，

$$\boldsymbol{E}=\begin{bmatrix} E_x\mathrm{e}^{\mathrm{i}\varphi_x} \\ E_y\mathrm{e}^{\mathrm{i}\varphi_y} \end{bmatrix} \tag{8.1}$$

式中，E_x、E_y 分别为电场矢量 x 和 y 分量的振幅；φ_x 和 φ_y 分别为两分量的相位。一般将这一描述偏振态的矢量 $\boldsymbol{E}$ 称为琼斯矢量(Jones vector)。对于完全偏振光，根据两分量的振幅比和相位差，偏振态光可分为线偏振光、圆偏振光和椭圆偏振光，其中前两者可认为是第三者的特例。若只考虑两分量振幅和相位的相对关系，偏振态也可采用椭圆表示方法，即通过椭圆长短轴之比和长轴方位角来表示。当该偏振光通过一个偏振元件后，其偏振态的改变可以用一个 2×2 的复数矩阵 $\boldsymbol{J}$ 来表示，即

$$\boldsymbol{J}=\begin{bmatrix} J_{xx} & J_{xy} \\ J_{yx} & J_{yy} \end{bmatrix} \tag{8.2}$$

式中，J_{xx}、J_{xy}、J_{yx} 和 J_{yy} 分别是入射琼斯矢量的 x 和 y 分量耦合至出射 x 和 y 分量的系数。这一描述偏振态变换的矩阵 $\boldsymbol{J}$ 称为琼斯矩阵(Jones matrix)。通过琼斯矩阵，出射琼斯矢量 $\boldsymbol{E}_{\text{out}}$ 与入射琼斯矢量 $\boldsymbol{E}_{\text{in}}$ 的关系可表示为

$$\boldsymbol{E}_{\text{out}}=\begin{bmatrix} E_x^{\text{out}}\exp\left(\mathrm{i}\varphi_x^{\text{out}}\right) \\ E_y^{\text{out}}\exp\left(\mathrm{i}\varphi_y^{\text{out}}\right) \end{bmatrix}=\boldsymbol{J}\boldsymbol{E}_{\text{in}}=\begin{bmatrix} J_{xx} & J_{xy} \\ J_{yx} & J_{yy} \end{bmatrix}\begin{bmatrix} E_x^{\text{in}}\exp\left(\mathrm{i}\varphi_x^{\text{in}}\right) \\ E_y^{\text{in}}\exp\left(\mathrm{i}\varphi_y^{\text{in}}\right) \end{bmatrix} \tag{8.3}$$

琼斯矢量的分量为复数，同时包含了电场的振幅和绝对相位信息。对于偏振态随机变化的非完全偏振光，琼斯矢量只能描述瞬时的偏振态。复数和瞬时特性一般使得光的琼斯矢量无法直接测量，因此对于实际测量，一般采用基于时间平均的四个光强量来表示偏振态，即斯托克斯矢量(Stokes vector)$\boldsymbol{S}$，其定义为

$$\boldsymbol{S}=\begin{bmatrix}S_0\\S_1\\S_2\\S_3\end{bmatrix}=\begin{bmatrix}I_x+I_y\\I_x-I_y\\I_{45^\circ}-I_{135^\circ}\\I_{\text{right}}-I_{\text{left}}\end{bmatrix}=\begin{bmatrix}\left\langle E_x^2+E_y^2\right\rangle\\\left\langle E_x^2-E_y^2\right\rangle\\\left\langle 2E_xE_y\cos\delta\right\rangle\\\left\langle 2E_xE_y\sin\delta\right\rangle\end{bmatrix}\tag{8.4}$$

式中，I_x、I_y、I_{45°、I_{135°、I_{right}和I_{left}分别表示偏振光中0°、90°、45°、135°线偏振分量的光强和右旋、左旋圆偏振分量的光强。任何一种偏振态均可按两个正交的本征偏振态分解，而以上六个量对应三对不同的本征偏振态。无论采用哪种分解方式，所得的两个分量的光强之和均等于S_0即总光强，而每一种分解方式所得的两个分量的光强之差分别为S_1、S_2和S_3。三者的和方根与S_0的比值等于非完全偏振光的偏振度DoP：

$$\text{DoP}=\frac{I_{\text{pol}}}{I_{\text{total}}}=\frac{\sqrt{S_1^2+S_2^2+S_3^2}}{S_0}\tag{8.5}$$

此外，斯托克斯矢量也可由电场分量的振幅和相位求得，如式(8.4)所示，式中$\langle\cdots\rangle$是按时间求平均运算，δ是两分量的相位φ_y和φ_x之差。斯托克斯矢量基于光强测量，故不包含两个电场分量的绝对相位信息。当一束部分偏振光通过一个偏振元件后，基于斯托克斯矢量的偏振态改变可用一个4×4实数矩阵$\boldsymbol{M}$表示

$$\boldsymbol{M}=\begin{bmatrix}m_{11}&m_{12}&m_{13}&m_{14}\\m_{21}&m_{22}&m_{23}&m_{24}\\m_{31}&m_{32}&m_{33}&m_{34}\\m_{41}&m_{42}&m_{43}&m_{44}\end{bmatrix}\tag{8.6}$$

式中，m_{11}～m_{44}分别为入射斯托克斯矢量的四个分量耦合至出射四个分量的系数。这一描述偏振态变换的矩阵$\boldsymbol{M}$称为穆勒矩阵(Mueller matrix)。通过穆勒矩阵，出射斯托克斯矢量$\boldsymbol{S}_{\text{out}}$与入射斯托克斯矢量$\boldsymbol{S}_{\text{in}}$的关系可表示为

$$\boldsymbol{S}_{\text{out}}=\begin{bmatrix}S_0^{\text{out}}\\S_1^{\text{out}}\\S_2^{\text{out}}\\S_3^{\text{out}}\end{bmatrix}=\boldsymbol{MS}_{\text{in}}=\begin{bmatrix}m_{11}&m_{12}&m_{13}&m_{14}\\m_{21}&m_{22}&m_{23}&m_{24}\\m_{31}&m_{32}&m_{33}&m_{34}\\m_{41}&m_{42}&m_{43}&m_{44}\end{bmatrix}\begin{bmatrix}S_0^{\text{in}}\\S_1^{\text{in}}\\S_2^{\text{in}}\\S_3^{\text{in}}\end{bmatrix}\tag{8.7}$$

琼斯矩阵和穆勒矩阵是表示偏振态变换的两种基本方式，分别基于两种不同的偏振态表示，即琼斯矢量和斯托克斯矢量，两者的区别如表8-2所示。

表 8-2　琼斯矩阵与穆勒矩阵的特性对比

琼斯矩阵	穆勒矩阵
4个复数分量，表达式简单	16个实数分量，表达式复杂
包含绝对相位变化	不包含绝对相位变化
不包含起偏和退偏特性	包含起偏和退偏特性

续表

琼斯矩阵	穆勒矩阵
各分量相互独立， 任意组合均有物理意义	各分量相互制约， 有些组合物理不可实现
基于电场复振幅，不能直接测量	基于光强量，易于测量
是光刻成像领域的“通用语言”	是偏振检测领域的“通用语言”

琼斯矩阵包含 8 个实数变量，而穆勒矩阵有 16 个实数元素。当表示一个物理可实现的元件时，这 16 个元素存在相互约束关系，且包含了元件的退偏特性。非退偏元件将入射的完全偏振光变换为出射的完全偏振光，因此任意非退偏穆勒矩阵均对应一个等效的不含绝对相位信息的琼斯矩阵，而退偏元件会将入射的完全偏振光转换为非完全偏振光，无法对应到一个等效的琼斯矩阵。对于一个物理可实现的非退偏元件，其琼斯矩阵 $\boldsymbol{J}$ 和穆勒矩阵 $\boldsymbol{M}$ 可以相互转换。由 $\boldsymbol{J}$ 转换到 $\boldsymbol{M}$ 的表达式为

$$\boldsymbol{M}=\begin{bmatrix} \frac{1}{2}(E_1+E_2+E_3+E_4) & \frac{1}{2}(E_1-E_2-E_3+E_4) & F_{13}+F_{42} & -G_{13}-G_{42} \\ \frac{1}{2}(E_1-E_2+E_3-E_4) & \frac{1}{2}(E_1+E_2-E_3-E_4) & F_{13}-F_{42} & -G_{13}+G_{42} \\ F_{14}+F_{32} & F_{14}-F_{32} & F_{12}+F_{34} & -G_{12}+G_{34} \\ G_{14}+G_{32} & G_{14}-G_{32} & G_{12}+G_{34} & F_{12}-F_{34} \end{bmatrix} \tag{8.8}$$

式中，E、F、G 分量分别为琼斯矩阵元素的模的平方、不同元素共轭乘积的实部和虚部，其定义为

$$\begin{cases} E_i=J_iJ_i^*, \quad i=1,2,3,4 \\ F_{ij}=F_{ji}=\mathrm{Re}\left(J_i^*J_j\right)=\mathrm{Re}\left(J_iJ_j^*\right), \quad i,j=1,2,3,4 \\ G_{ij}=-G_{ji}=\mathrm{Im}\left(J_i^*J_j\right)=-\mathrm{Im}\left(J_iJ_j^*\right), \quad i,j=1,2,3,4 \end{cases} \tag{8.9}$$

这里为方便表示，将琼斯矩阵的四个分量设为

$$\boldsymbol{J}=\begin{bmatrix} J_1 & J_3 \\ J_4 & J_2 \end{bmatrix} \tag{8.10}$$

由这一转换关系可以看出，穆勒矩阵可分为左上、左下、右上、右下四个 2×2 子块，其中左上子块反映了 J_1～J_4 的幅值，剩下三个子块分别包含了 J_1 和 J_2、J_3、J_4 的共轭乘积，反映了 J_1 和 J_2、J_3、J_4 的幅值乘积和相位差。非退偏元件对入射光相位的改变分为两部分，一部分是随入射偏振态变化的偏振相位延迟，另一部分是与入射偏振态无关的波像差。穆勒矩阵不包含 J_1 的绝对相位，也就是波像差信息，但包含标量变迹和完整的偏振像差信息。根据 J_1 和 J_2、J_3、J_4 的振幅和相对相位关系，将 J_1 的相位认为是 0，则由 $\boldsymbol{M}$ 转换到 $\boldsymbol{J}$ 的表达式为

$$\begin{cases} J_1 = \dfrac{1}{\sqrt{2}}\sqrt{M_{11}+M_{12}+M_{21}+M_{22}} \\ J_2 = \dfrac{1}{\sqrt{2}}\sqrt{\dfrac{M_{11}-M_{12}-M_{21}+M_{22}}{(M_{33}+M_{44})^2+(M_{43}-M_{34})^2}}\left[(M_{33}+M_{44})+\mathrm{i}(M_{43}-M_{34})\right] \\ J_3 = \dfrac{1}{\sqrt{2}}\sqrt{\dfrac{M_{11}-M_{12}+M_{21}-M_{22}}{(M_{13}+M_{23})^2+(M_{14}+M_{24})^2}}\left[(M_{13}+M_{23})-\mathrm{i}(M_{14}+M_{24})\right] \\ J_4 = \dfrac{1}{\sqrt{2}}\sqrt{\dfrac{M_{11}+M_{12}-M_{21}-M_{22}}{(M_{31}+M_{32})^2+(M_{41}+M_{42})^2}}\left[(M_{31}+M_{32})+\mathrm{i}(M_{41}+M_{42})\right] \end{cases} \tag{8.11}$$

对于用琼斯矩阵 $\boldsymbol{J}$ 表示的非退偏元件，可将其分解为一个只改变入射偏振光振幅的偏振衰减(diattenuation)元件和一个只改变相位的偏振相位延迟(retardance)元件。根据矩阵的极分解理论，任意琼斯矩阵 $\boldsymbol{J}$ 可表示为一个厄米矩阵(Hermitian matrix)$\boldsymbol{H}$ 和一个酉矩阵(unitary matrix)$\boldsymbol{U}$ 的乘积：

$$\boldsymbol{J} = \boldsymbol{HU} \tag{8.12}$$

其中，$\boldsymbol{H}$ 的特征值为实数，$\boldsymbol{U}$ 的特征值模为 1，分别对应振幅和相位的改变。$\boldsymbol{H}$ 和 $\boldsymbol{U}$ 的特征向量分别对应偏振衰减和偏振相位延迟的本征偏振态。当入射偏振态为本征偏振态时，出射光的偏振态不变，仅发生振幅和相位的变化。偏振片和波片是这两类元件的代表，只不过其本征偏振态均为线偏振态。暂不考虑物理实现方式，一个抽象的偏振衰减元件或偏振相位延迟元件，其本征态可以是圆偏振或椭圆偏振态。

对于一个偏振衰减元件，假设其存在两个正交的本征偏振态，对应的光强透射率分别为 $T_{\max}$ 和 $T_{\min}$，则偏振衰减量可定义为

$$D = \frac{T_{\max}-T_{\min}}{T_{\max}+T_{\min}} = \frac{t_{\max}^2-t_{\min}^2}{t_{\max}^2+t_{\min}^2} \tag{8.13}$$

式中，$t_{\max}$ 和 $t_{\min}$ 分别是两本征偏振态出射和入射电场的振幅比，也是对应琼斯矩阵的两个实特征值。同理，对于一个偏振相位延迟元件，假设其存在两个正交的本征偏振态，对应的相位变化量分别为 $\varphi_{\max}$ 和 $\varphi_{\min}$，则偏振相位延迟量可定义为

$$R = \varphi_{\max} - \varphi_{\min} \tag{8.14}$$

除了以上形式的定义外，还可将 $T_{\max}$ 和 $T_{\min}$ 表示为与入射偏振态相关的振幅改变 d 和与入射偏振态无关的振幅改变 t 两部分，其表达式为

$$\begin{cases} t_{\max} = t(1+d) \\ t_{\min} = t(1-d) \end{cases} \tag{8.15}$$

同理，可将 $\varphi_{\max}$ 和 $\varphi_{\min}$ 表示为与入射偏振态相关的相位变化 Φ 和与入射偏振态无关的相位变化 ϕ 两部分，其表达式为

$$\begin{cases} \varphi_{\max} = \Phi + \phi \\ \varphi_{\min} = \Phi - \phi \end{cases} \tag{8.16}$$

从物理意义上看，一个非退偏光学系统的琼斯光瞳同时包含标量像差和偏振像差信息。标量像差包括变迹和波像差，通过 t 和 Φ 在光瞳面上的分布来表示；而偏振像差包括偏振衰减和偏振相位延迟，不仅需要标量的 D 和 R 或 d 和 ϕ 表示其大小，还需要对应的本征偏振态来表示其"方向"。一个椭圆偏振态可用两个参数来表示，因此严格描述一个非退偏系统的矢量成像特性需要 8 个相互独立的参数分布，每一种参数对应特定的物理意义。

将穆勒光瞳或琼斯光瞳分解为物理意义明确的参数分布组合有多种方式，以下介绍几种常见的偏振像差表征方法。

8.2.2　穆勒矩阵表征法[2]

穆勒矩阵包含 16 个实数元素，原始的基于穆勒矩阵的偏振像差表示方法是将这 16 个元素的光瞳分布逐一给出，即穆勒光瞳。穆勒光瞳是穆勒矩阵成像椭偏仪可直接测量的结果，但这一表示方法物理意义不清晰，很难从中看出偏振像差对光刻成像质量的影响。本小节介绍的穆勒矩阵极分解方法可将任意穆勒矩阵 $\boldsymbol{M}$ 分解为三个具有特定物理意义的穆勒矩阵之积，分别对应表示起偏和退偏效应的 $\boldsymbol{M}_\Delta$、表示偏振相位延迟的 $\boldsymbol{M}_\mathrm{R}$ 以及表示偏振衰减的 $\boldsymbol{M}_\mathrm{D}$：

$$\boldsymbol{M}=\boldsymbol{M}_\Delta\boldsymbol{M}_\mathrm{R}\boldsymbol{M}_\mathrm{D} \tag{8.17}$$

除了奇异的穆勒矩阵之外，这种分解是唯一的。用偏振元件表示的穆勒矩阵极分解如图 8-6 所示，其中 $\boldsymbol{M}_\mathrm{R}$ 和 $\boldsymbol{M}_\mathrm{D}$ 的本征偏振态是任意椭圆偏振光，代表抽象的偏振片或波片，而非本征偏振态只能是线偏振态的实际偏振片或波片。

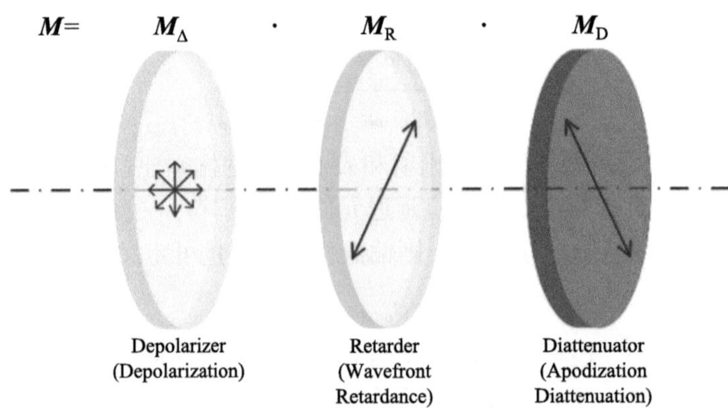

图 8-6　穆勒矩阵极分解示意图

根据 8.2.1 节对非退偏元件表示方法的讨论，$\boldsymbol{M}_\mathrm{R}$ 和 $\boldsymbol{M}_\mathrm{D}$ 应包含偏振衰减或偏振相位延迟的幅度，以及对应本征偏振态的"方向"信息。这种穆勒矩阵极分解法通过矢量来表示上述幅度和方向信息。对于 $\boldsymbol{M}_\mathrm{D}$，假设具有最大透射率的本征偏振态的归一化斯托克斯矢量为$(1, d_1, d_2, d_3)^\mathrm{T}$，则偏振衰减的"方向"可以用矢量$(d_1, d_2, d_3)^\mathrm{T}$表示。定义偏振衰减矢量 $\boldsymbol{D}$ 为偏振衰减幅度 D 和方向矢量$(d_1, d_2, d_3)^\mathrm{T}$的乘积，则任意穆勒矩阵 $\boldsymbol{M}$ 包含的偏振衰减元件对应的 $\boldsymbol{D}$ 矢量可从 $\boldsymbol{M}$ 第一行元素提取，其表达式为

$$\boldsymbol{D} = D\widehat{\boldsymbol{D}} = \begin{bmatrix} D_{x/y} \\ D_{45^\circ/135^\circ} \\ D_{\text{right/left}} \end{bmatrix} = \frac{1}{m_{11}}\begin{bmatrix} m_{12} \\ m_{13} \\ m_{14} \end{bmatrix} \tag{8.18}$$

这种表示方法基于斯托克斯矢量，故三个分量分别表示 x/y 线偏振态、45°/135°线偏振态以及右旋/左旋圆偏振态之间透射率的差异。同理，可定义一个起偏矢量 $\boldsymbol{P}$，表示穆勒矩阵中抽象的“起偏效应”。$\boldsymbol{P}$ 从 $\boldsymbol{M}$ 的第一列元素提取，其表达式为

$$\boldsymbol{P} = P\widehat{\boldsymbol{P}} = \begin{bmatrix} P_{x/y} \\ P_{45^\circ/135^\circ} \\ P_{\text{right/left}} \end{bmatrix} = \frac{1}{m_{11}}\begin{bmatrix} m_{21} \\ m_{31} \\ m_{41} \end{bmatrix} \tag{8.19}$$

偏振衰减矢量 $\boldsymbol{D}$ 和穆勒矩阵 $\boldsymbol{M}_\text{D}$ 尽管形式不同，但由于包含相同的信息，因此可相互转化。同理，对于 $\boldsymbol{M}_\text{R}$，假设具有最大相位延迟的本征偏振态的归一化斯托克斯矢量为$(1, r_1, r_2, r_3)^\text{T}$，定义偏振相位延迟矢量 $\boldsymbol{R}$ 为偏振相位延迟幅度 R 和方向矢量$(r_1, r_2, r_3)^\text{T}$ 的乘积。不过这一矢量无法从 $\boldsymbol{M}$ 中直接提取，需要通过后续的极分解首先得出 $\boldsymbol{M}_\text{R}$ 再转换到 $\boldsymbol{R}$。穆勒矩阵 $\boldsymbol{M}$ 的初步分解可表示为

$$\boldsymbol{M} = m_{11}\begin{bmatrix} 1 & \boldsymbol{D}^\text{T} \\ \boldsymbol{P} & \boldsymbol{m} \end{bmatrix} \tag{8.20}$$

式中，$\boldsymbol{m}$ 为 $\boldsymbol{M}$ 右下 3×3 个元素构成的子矩阵。$\boldsymbol{M}_\text{D}$ 是一个实对称矩阵，可通过表示非偏振光透射率的 m_{11} 和 $\boldsymbol{D}$ 矢量构成，其表达式为

$$\boldsymbol{M}_\text{D} = m_{11}\begin{bmatrix} 1 & \boldsymbol{D}^\text{T} \\ \boldsymbol{D} & \boldsymbol{m}_\text{D} \end{bmatrix} \tag{8.21}$$

式中，$\boldsymbol{m}_\text{D}$ 由偏振衰减的幅度 D 和偏振衰减矢量 $\boldsymbol{D}$ 的方向矢量构成，其表达式为

$$\boldsymbol{m}_\text{D} = \sqrt{1-D^2}\,\boldsymbol{I} + \left(1-\sqrt{1-D^2}\right)\widehat{\boldsymbol{D}}\widehat{\boldsymbol{D}}^\text{T} \tag{8.22}$$

根据式(8.17)，将所得的 $\boldsymbol{M}_\text{D}$ 从 $\boldsymbol{M}$ 中右除，得到 $\boldsymbol{M}_\Delta$ 和 $\boldsymbol{M}_\text{R}$ 的乘积 $\boldsymbol{M}'$：

$$\boldsymbol{M}' = \boldsymbol{M}\boldsymbol{M}_\text{D}^{-1} = \boldsymbol{M}_\Delta \boldsymbol{M}_R \tag{8.23}$$

$\boldsymbol{M}_\Delta$ 包含退偏和起偏效应，其中起偏效应可由一个类似起偏矢量 $\boldsymbol{P}$ 的矢量 $\boldsymbol{P}_\Delta$ 描述，而代表退偏效应的穆勒矩阵，其偏振衰减和偏振相位延迟均为 0，可通过一个 3×3 子矩阵 $\boldsymbol{m}_\Delta$ 描述。$\boldsymbol{m}_\Delta$ 表示相互正交的三个主轴的方向信息和沿三个主轴的退偏幅度，故具有六个自由度。由 $\boldsymbol{P}_\Delta$ 和 $\boldsymbol{m}_\Delta$ 表示 $\boldsymbol{M}_\Delta$ 的表达式为

$$\boldsymbol{M}_\Delta = \begin{bmatrix} 1 & \boldsymbol{0}^\text{T} \\ \boldsymbol{P}_\Delta & \boldsymbol{m}_\Delta \end{bmatrix} \tag{8.24}$$

根据 $\boldsymbol{M}'$ 与 $\boldsymbol{M}$ 的关系，$\boldsymbol{P}_\Delta$ 可通过 $\boldsymbol{P}$、$\boldsymbol{m}$ 和 $\boldsymbol{D}$ 求解，其表达式为

$$\boldsymbol{P}_\Delta = \frac{\boldsymbol{P} - \boldsymbol{m}\boldsymbol{D}}{1-D^2} \tag{8.25}$$

设 $\boldsymbol{M}'$右下 3×3 个元素构成的子矩阵为 $\boldsymbol{m}'$，并且矩阵 $\boldsymbol{m}'(\boldsymbol{m}')^{\mathrm{T}}$ 的特征值分别为 λ_1、λ_2 和 λ_3，则 λ_1、λ_2 和 λ_3 分别为 $\boldsymbol{m}_\Delta$ 的三个特征值。求解 $\boldsymbol{m}_\Delta$ 的表达式为

$$\begin{aligned}\boldsymbol{m}_\Delta = \ & \pm\left[\boldsymbol{m}'(\boldsymbol{m}')^{\mathrm{T}} + \left(\sqrt{\lambda_1\lambda_2} + \sqrt{\lambda_2\lambda_3} + \sqrt{\lambda_3\lambda_1}\right)\boldsymbol{I}\right]^{-1} \\ & \times\left[\left(\sqrt{\lambda_1} + \sqrt{\lambda_2} + \sqrt{\lambda_3}\right)\boldsymbol{m}'(\boldsymbol{m}')^{\mathrm{T}} + \sqrt{\lambda_1\lambda_2\lambda_3}\boldsymbol{I}\right]\end{aligned} \tag{8.26}$$

$\boldsymbol{m}_\Delta$ 给出了沿三个主轴的退偏幅度，其主对角线之和的绝对值的平均可反映综合的退偏幅度。综合退偏幅度 Δ 的定义为

$$\Delta = 1 - \frac{\left|\operatorname{tr}(\boldsymbol{m}_\Delta)\right|}{3} \tag{8.27}$$

在依次求出 $\boldsymbol{M}_{\mathrm{D}}$ 和 $\boldsymbol{M}_\Delta$ 后，通过矩阵的逆运算可求解出 $\boldsymbol{M}_{\mathrm{R}}$。假设入射偏振态的斯托克斯矢量用邦加球上的点表示，$\boldsymbol{M}_{\mathrm{R}}$ 不改变入射偏振态的振幅，其作用是对不同位置的点进行不同的三维旋转。因此，$\boldsymbol{M}_{\mathrm{R}}$ 的形式是三维旋转矩阵，其表达式为

$$\boldsymbol{M}_{\mathrm{R}} = \begin{bmatrix} 1 & \boldsymbol{0}^{\mathrm{T}} \\ \boldsymbol{0} & \boldsymbol{m}_{\mathrm{R}} \end{bmatrix} \tag{8.28}$$

式中，$\boldsymbol{m}_{\mathrm{R}}$ 为 $\boldsymbol{M}_{\mathrm{R}}$ 右下 3×3 个元素构成的子矩阵。需要说明的是，在求解 $\boldsymbol{P}_\Delta$ 和 $\boldsymbol{m}_\Delta$ 时已利用了 $\boldsymbol{M}_{\mathrm{R}}$ 的这一形式。这一形式使得 $\boldsymbol{M}'$左下 3×1 个元素构成的向量为 $\boldsymbol{P}_\Delta$，右上 1×3 个元素为 0，右下 3×3 个元素构成的子矩阵 $\boldsymbol{m}'$是 $\boldsymbol{m}_\Delta$ 与 $\boldsymbol{m}_{\mathrm{R}}$ 的乘积，因此求解 $\boldsymbol{M}_{\mathrm{R}}$ 可通过这一关系直接求解其子矩阵 $\boldsymbol{m}_{\mathrm{R}}$

$$\boldsymbol{m}_{\mathrm{R}} = \boldsymbol{m}_\Delta^{-1}\boldsymbol{m}' \tag{8.29}$$

由子矩阵 $\boldsymbol{m}_{\mathrm{R}}$ 可求解偏振相位延迟矢量 $\boldsymbol{R}$。$\boldsymbol{R}$ 的幅度和方向矢量的表达式分别为

$$\begin{cases} R = \arccos\left[\dfrac{\operatorname{tr}(\boldsymbol{m}_{\mathrm{R}}) - 1}{2}\right] \\ \widehat{\boldsymbol{R}} = \dfrac{1}{2\sin R}\displaystyle\sum_{j,k=1}^{3}\begin{bmatrix}\varepsilon_{1jk} \\ \varepsilon_{2jk} \\ \varepsilon_{3jk}\end{bmatrix}(\boldsymbol{m}_{\mathrm{R}})_{jk} \end{cases} \tag{8.30}$$

式中，ε_{ijk} 为 Levi-Civita 符号，其表达式为

$$\varepsilon_{ijk} = \begin{cases} +1, & (i,j,k)\text{为}(1,2,3),(2,3,1)\text{或}(3,1,2) \\ -1, & (i,j,k)\text{为}(3,2,1),(1,3,2)\text{或}(2,1,3) \\ 0, & i=j, j=k\text{或}k=i \end{cases} \tag{8.31}$$

8.2.1 节分析了非退偏元件的物理意义，而这种穆勒矩阵极分解方法可将任意偏振元件分解为纯起偏和退偏元件($\boldsymbol{M}_\Delta$ 表示)和非退偏元件($\boldsymbol{M}_{\mathrm{R}}$ 和 $\boldsymbol{M}_{\mathrm{D}}$ 的乘积)。$\boldsymbol{M}_{\mathrm{R}}$ 和 $\boldsymbol{M}_{\mathrm{D}}$ 分别表示偏振衰减元件和偏振相位延迟元件，可与偏振衰减和偏振相位延迟矢量 $\boldsymbol{R}$ 和 $\boldsymbol{D}$ 相互转换，并可进一步转换为等价的琼斯矩阵 $\boldsymbol{J}_{\mathrm{R}}$ 和 $\boldsymbol{J}_{\mathrm{D}}$。这种表示方法首先从物理意义上解释了穆勒矩阵 16 个自由度的构成，其中非偏振光的透射率(m_{11})占 1 个自由度，偏振衰减和

偏振相位延迟(**R** 和 **D**)各占 3 个自由度，起偏效应($\boldsymbol{P}_{\Delta}$)占 3 个自由度，退偏效应($\boldsymbol{m}_{\Delta}$)占 6 个自由度。在分析偏振像差对光刻成像的影响时，一般认为起偏效应和退偏效应是冗余的。该方法可在部分退偏的情况下从穆勒矩阵中提取出非退偏部分，简化了偏振像差的表示。同时，该方法可通过穆勒矩阵的形式将非退偏元件按偏振衰减和偏振相位延迟分解，所得分解结果具有清晰的物理意义。

8.2.3　琼斯矩阵表征法[2]

琼斯矩阵包含 4 个复数元素，原始的基于琼斯矩阵的偏振像差表征方法是将这 4 个元素实部和虚部的光瞳分布逐一给出，即琼斯光瞳。相比穆勒矩阵，琼斯矩阵可以直接反映电场复振幅的变化，且变量较少、形式简洁，因此在光刻成像仿真和投影物镜偏振特性的评价中需采用基于琼斯矩阵的偏振像差表示方法。与穆勒矩阵类似，从琼斯矩阵中同样无法直接看出偏振衰减和偏振相位延迟的大小和方向信息。为得到这种物理意义明确的参数分布组合，可将琼斯光瞳进行和分解进一步表示为泡利光瞳，或进行极分解进一步表示为物理光瞳。与波像差的泽尼克系数描述方法类似，可将泡利光瞳或物理光瞳进一步分解为泡利-泽尼克系数组或方向泽尼克系数组。

8.2.3.1　泡利光瞳

由 8.2.1 节知，任意琼斯矩阵可分解为一个只表示偏振衰减的琼斯矩阵 $\boldsymbol{H}$ 和一个只表示偏振相位延迟的琼斯矩阵 $\boldsymbol{U}$ 的乘积，其中 $\boldsymbol{H}$ 和 $\boldsymbol{U}$ 的特征值分别为纯振幅和纯相位因子，对应不同的本征偏振态；而基于泡利矩阵的表示方法将任意琼斯矩阵分解为四个具有特定物理意义的琼斯矩阵之和，其中每个琼斯矩阵的特征值为复数，即同时包含了偏振衰减和偏振相位延迟，并且两者对应相同的本征偏振态。与斯托克斯矢量四个分量的物理意义相同，这四个琼斯矩阵的本征偏振态分别为任意偏振态、0°/90°线偏振态、45°/135°线偏振态以及右旋/左旋圆偏振态。

单位矩阵 $\boldsymbol{\sigma}_0$ 和泡利矩阵(Pauli spin matrices) $\boldsymbol{\sigma}_1$、$\boldsymbol{\sigma}_2$、$\boldsymbol{\sigma}_3$ 给出了上述和分解的四个基矩阵。任意琼斯矩阵 $\boldsymbol{J}$ 可按 $\boldsymbol{\sigma}_0$、$\boldsymbol{\sigma}_1$、$\boldsymbol{\sigma}_2$、$\boldsymbol{\sigma}_3$ 组成的基矩阵分解，对应的系数 a_0、a_1、a_2、a_3 称为泡利系数，即

$$\boldsymbol{J} = \sum_{i=0}^{3} a_i \boldsymbol{\sigma}_i = \begin{bmatrix} a_0 + a_1 & a_2 - \mathrm{i}a_3 \\ a_2 + \mathrm{i}a_3 & a_0 - a_1 \end{bmatrix} \tag{8.32}$$

式中，$\boldsymbol{\sigma}_0$、$\boldsymbol{\sigma}_1$、$\boldsymbol{\sigma}_2$、$\boldsymbol{\sigma}_3$ 的表达式及其对应的本征偏振态如表 8-3 所示。

表 8-3　泡利光瞳的基矩阵及其本征偏振态

琼斯基矩阵	特征向量	本征偏振态
$\boldsymbol{\sigma}_0 = \begin{bmatrix} 1 & 0 \\ 0 & 1 \end{bmatrix}$	任意 2×1 向量	非偏振
$\boldsymbol{\sigma}_1 = \begin{bmatrix} 1 & 0 \\ 0 & -1 \end{bmatrix}$	$\begin{bmatrix} 1 \\ 0 \end{bmatrix}, \begin{bmatrix} 0 \\ 1 \end{bmatrix}$	线偏振光(0°, 90°)

续表

琼斯基矩阵	特征向量	本征偏振态
$\boldsymbol{\sigma}_2=\begin{bmatrix}0 & 1\\ 1 & 0\end{bmatrix}$	$\frac{1}{\sqrt{2}}\begin{bmatrix}1\\ 1\end{bmatrix}$，$\frac{1}{\sqrt{2}}\begin{bmatrix}-1\\ 1\end{bmatrix}$	线偏振光(45°，135°)
$\boldsymbol{\sigma}_3=\begin{bmatrix}0 & -\mathrm{i}\\ \mathrm{i} & 0\end{bmatrix}$	$\frac{1}{\sqrt{2}}\begin{bmatrix}1\\ \mathrm{i}\end{bmatrix}$，$\frac{1}{\sqrt{2}}\begin{bmatrix}1\\ -\mathrm{i}\end{bmatrix}$	圆偏振光(右旋，左旋)

$\boldsymbol{\sigma}_0$的特征向量是任意 2×1 向量，对应的本征偏振态是任意偏振态，对任意入射偏振态均有相同的振幅和相位改变，因此a_0表示标量像差系数。当考虑整个光瞳分布时，a_0的振幅表示变迹，相位表示波像差。a_1、a_2、a_3表示本征偏振态分别为 0°/90°线偏振态、45°/135°线偏振态和右旋/左旋圆偏振态的偏振像差系数，其振幅表示偏振衰减，相位表示偏振相位延迟。不过这种表示方式是用三对偏振衰减和偏振相位延迟值来描述偏振像差的物理意义，与琼斯矩阵极分解中偏振衰减和偏振相位延迟的表示方式不同。在小像差条件下通常采用a_1、a_2、a_3的实部、虚部而非振幅和相位来表示偏振衰减和偏振相位延迟。

完整的泡利光瞳和完整的琼斯光瞳均由八个实数分布构成。与琼斯光瞳相比，除了物理意义较为清晰外，泡利光瞳八个分量的分布是连续的，如图 8-7 所示，而琼斯光瞳副对角线元素的相位会存在不连续的现象(如从$-\pi$ 变化到 π)，不利于偏振像差对成像影响的分析。

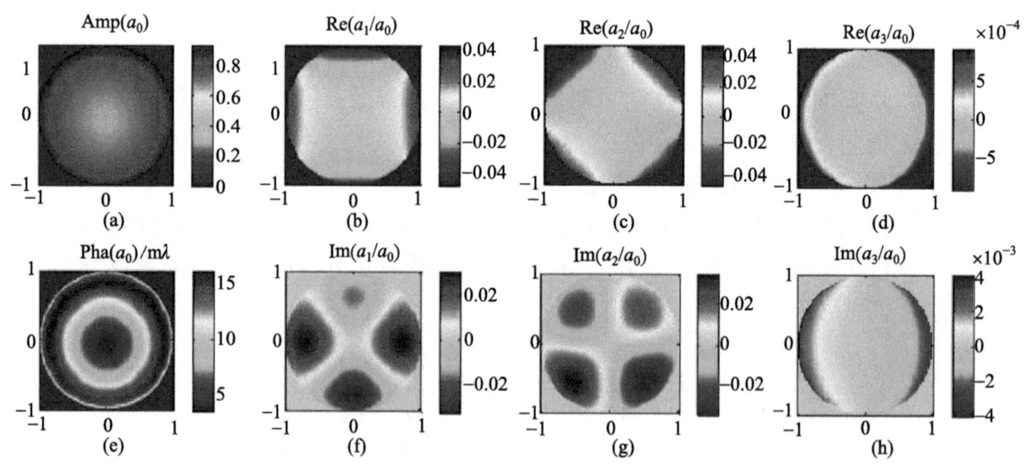

图 8-7　琼斯光瞳的泡利光瞳分布示例[10]

8.2.3.2　泡利-泽尼克系数

泡利光瞳的八个分量均是归一化频域光瞳面(单位圆)上的实系数分布，可进一步通过波像差表示方法中采用的泽尼克多项式(Zernike polynomials)进行分解。泽尼克多项式有多种定义方式，在像差表示中一般采用前 37 阶泽尼克圆多项式表示。八个实系数分布的泽尼克分解表达式为

$$\begin{cases} \mathrm{Amp}(a_0)=1-\sum_{j=1}^{37}pz_jR_j(f,g), & \mathrm{Pha}(a_0)=-\dfrac{2\pi}{\lambda}\sum_{j=1}^{37}pz_jR_j(f,g) \\ \mathrm{Re}(a_1)=\sum_{j=1}^{37}pz_jR_j(f,g), & \mathrm{Im}(a_1)=-\dfrac{\pi}{\lambda}\sum_{j=1}^{37}pz_jR_j(f,g) \\ \mathrm{Re}(a_2)=\sum_{j=1}^{37}pz_jR_j(f,g), & \mathrm{Im}(a_2)=-\dfrac{\pi}{\lambda}\sum_{j=1}^{37}pz_jR_j(f,g) \\ \mathrm{Re}(a_3)=\sum_{j=1}^{37}pz_jR_j(f,g), & \mathrm{Im}(a_3)=-\dfrac{\pi}{\lambda}\sum_{j=1}^{37}pz_jR_j(f,g) \end{cases} \tag{8.33}$$

式中，$\mathrm{Amp}(a_0)$和 $\mathrm{Pha}(a_0)$分别表示 a_0 的振幅和相位；$\mathrm{Re}(a_1)$和 $\mathrm{Im}(a_1)$分别表示 a_1 的实部和虚部；$\mathrm{Re}(a_2)$和 $\mathrm{Im}(a_2)$分别表示 a_2 的实部和虚部；$\mathrm{Re}(a_3)$和 $\mathrm{Im}(a_3)$分别表示 a_3 的实部和虚部；λ 是光源的波长；j 表示泽尼克多项式的序号(范围是 1～37)；pz_j 表示每个泡利系数分解所得的泡利-泽尼克系数；R_j 是对应的泽尼克多项式函数；f 和 g 表示频域光瞳的归一化空间频率。f 和 g 的单位为 1。pz_j 和 λ 采用同一单位，一般为 nm。泡利系数相位或虚部的泽尼克系数按 $2\pi/\lambda$ 或 π/λ 进行归一化。将泡利光瞳分解为泡利-泽尼克系数简化了琼斯光瞳的表示，由于泽尼克多项式的正交性这种表示方法有利于单独分析奇/偶像差或低阶/高阶像差对光刻成像质量的影响，从而为设计相应的偏振像差原位检测方法奠定了理论基础。

8.2.3.3　物理光瞳

不同于基于琼斯矩阵和分解的泡利光瞳，物理光瞳是基于琼斯矩阵极分解的偏振像差表示方法。由 8.2.1 节可知，任意琼斯矩阵可分解为一个只表示偏振衰减的琼斯矩阵 $\boldsymbol{H}$ 和一个只表示偏振相位延迟的琼斯矩阵 $\boldsymbol{U}$ 的乘积，且 $\boldsymbol{H}$ 和 $\boldsymbol{U}$ 可分别由两者的特征值和特征向量描述，其表达式为

$$\boldsymbol{J}=\boldsymbol{H}\boldsymbol{U}=\left(\boldsymbol{V}_H\begin{bmatrix} t_{\max} & 0 \\ 0 & t_{\min} \end{bmatrix}\boldsymbol{V}_H^*\right)\left(\boldsymbol{V}_U\begin{bmatrix} \mathrm{e}^{\mathrm{i}\varphi_{\max}} & 0 \\ 0 & \mathrm{e}^{\mathrm{i}\varphi_{\min}} \end{bmatrix}\boldsymbol{V}_U^*\right) \tag{8.34}$$

式中，$\boldsymbol{V}_H$ 和 $\boldsymbol{V}_U$ 分别是 $\boldsymbol{H}$ 和 $\boldsymbol{U}$ 的特征向量，分别表示 $\boldsymbol{H}$ 代表的偏振衰减元件和 $\boldsymbol{U}$ 代表的偏振相位延迟元件的本征偏振态；$t_{\max}$ 和 $t_{\min}$ 是 $\boldsymbol{H}$ 的两个特征值，分别表示两本征偏振态出射和入射电场的振幅比；$\varphi_{\max}$ 和 $\varphi_{\min}$ 是 $\boldsymbol{U}$ 的两个特征值，分别表示两本征偏振态出射和入射电场的相位变化量。两对特征值可根据式(8.13)、式(8.14)或式(8.15)、式(8.16)转换为标量像差和偏振像差系数。偏振像差是矩阵像差，除特征值外还需要用特征向量 $\boldsymbol{V}_\mathrm{H}$ 和 $\boldsymbol{V}_\mathrm{U}$ 来描述。$\boldsymbol{V}_\mathrm{H}$ 和 $\boldsymbol{V}_\mathrm{U}$ 均为椭圆偏振态，可用偏振角 θ 和椭圆度 δ 两个参数来表述，其表达式为

$$\boldsymbol{V}=\begin{bmatrix} \cos\theta & -\sin\theta\mathrm{e}^{-\mathrm{i}\delta} \\ \sin\theta\mathrm{e}^{\mathrm{i}\delta} & \cos\theta \end{bmatrix} \tag{8.35}$$

从物理意义角度描述一个琼斯光瞳需要八个相互独立的参数分布，而式(8.34)和式 (8.35)给出了其中一种参数定义形式，分别是表示标量像差的变迹和波像差，以及表

示偏振像差偏振衰减和偏振相位延迟的幅度、本征偏振态的偏振角和椭圆度。在这八个参数分布中，标量像差占两个参数而偏振像差占六个参数。这种基于琼斯矩阵极分解的像差表示方法可用图 8-8 所示的光瞳图表示，其中偏振衰减和偏振相位延迟的光瞳图同时包含幅度和偏振角信息(偏振角方向 180°旋转对称)。

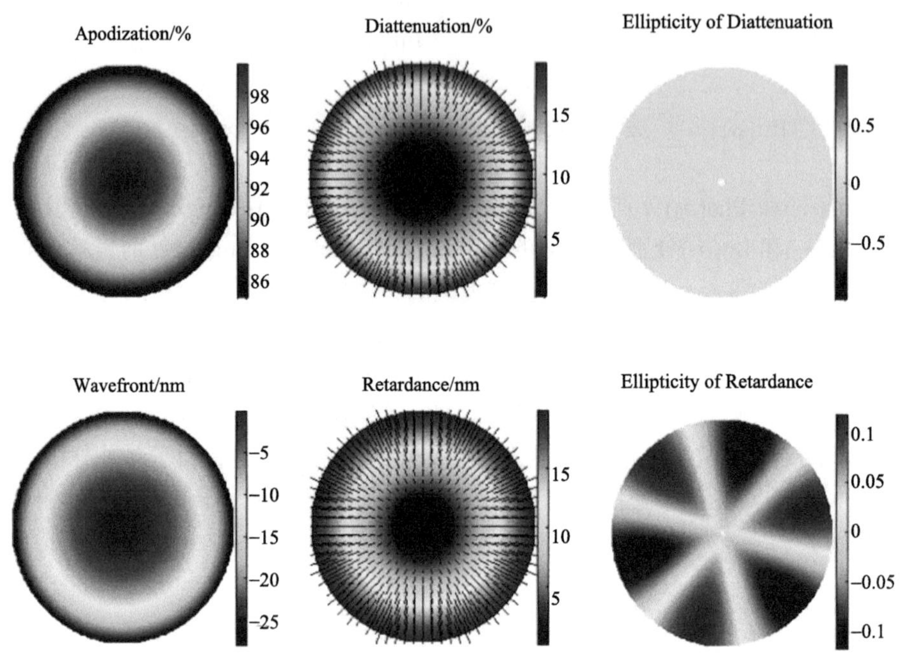

图 8-8 琼斯光瞳的极分解光瞳分布示例[11]

这种基于琼斯矩阵极分解的像差表示方法虽然具有清晰的物理意义，但由于 $\boldsymbol{H}$ 代表的偏振衰减元件和 $\boldsymbol{U}$ 代表的偏振相位延迟元件的本征偏振态均为任意椭圆偏振态，两者无法直接对应本征偏振态为线偏振态的偏振片和波片。为得到与实际光学元件组合等效的像差表示方法，需要将 $\boldsymbol{H}$ 和 $\boldsymbol{U}$ 进一步分解。

将 $\boldsymbol{V}_H$ 中表示椭圆度的相位因子 $\mathrm{e}^{\mathrm{i}\delta}$ 提取出来，则 $\boldsymbol{H}$ 所代表的偏振衰减元件可分解为实际光学元件的组合，其表达式为

$$\boldsymbol{H}=t\,\boldsymbol{J}_{\mathrm{ret}}\left(\delta/2\right)\boldsymbol{J}_{\mathrm{pol}}\left(d,\theta\right)\boldsymbol{J}_{\mathrm{ret}}\left(-\delta/2\right) \tag{8.36}$$

式中，t 表示电场透射率为 t 的衰减元件；$\boldsymbol{J}_{\mathrm{ret}}(\delta/2)$表示快轴方向为 x 轴且相位延迟为 $\delta/2$ 的波片；$\boldsymbol{J}_{\mathrm{pol}}(d,\theta)$表示透光轴与 x 轴成 θ 角且衰减量为 d 的偏振片；$\boldsymbol{J}_{\mathrm{ret}}(-\delta/2)$表示快轴方向为 x 轴且相位延迟为$-\delta/2$ 的波片。$\boldsymbol{J}_{\mathrm{pol}}(d,\theta)$的表达式为

$$\boldsymbol{J}_{\mathrm{pol}}\left(d,\theta\right)=\boldsymbol{J}_{\mathrm{rot}}\left(-\theta\right)\begin{bmatrix}1+d & 0\\ 0 & 1-d\end{bmatrix}\boldsymbol{J}_{\mathrm{rot}}\left(\theta\right) \tag{8.37}$$

根据庞加莱分解(Poincaré decomposition)，可将 $\boldsymbol{V}$ 代表的偏振相位延迟元件分解为实际旋光元件和波片的组合，其表达式为

$$V = e^{i\Phi} \boldsymbol{J}_{rot}(\alpha) \boldsymbol{J}_{ret}(\phi, \beta) \tag{8.38}$$

式中，$e^{i\Phi}$表示延迟量为 Φ 的相位延迟元件；$\boldsymbol{J}_{rot}(\alpha)$表示将入射偏振态的偏振角逆时针旋转 α 的旋光元件，或表示本征偏振态为右旋/左旋圆偏振态且相位延迟量为 α 的波片，其表达式为

$$\boldsymbol{J}_{rot}(\alpha) = \begin{bmatrix} \cos\alpha & \sin\alpha \\ -\sin\alpha & \cos\alpha \end{bmatrix} \tag{8.39}$$

$\boldsymbol{J}_{ret}(\phi,\beta)$表示快轴与 x 轴成 β 角且相位延迟量为 ϕ 的波片，其表达式为

$$\boldsymbol{J}_{ret}(\phi, \beta) = \boldsymbol{J}_{rot}(-\beta) \begin{bmatrix} e^{-i\phi} & 0 \\ 0 & e^{i\phi} \end{bmatrix} \boldsymbol{J}_{rot}(\beta) \tag{8.40}$$

通过上述分解，任意琼斯矩阵可分解为七个代表实际光学元件的标量系数或琼斯矩阵的乘积，用偏振元件表示的琼斯矩阵极分解如图 8-9 所示，其表达式为

$$\boldsymbol{J} = te^{i\Phi} \boldsymbol{J}_{ret}(\delta/2) \boldsymbol{J}_{pol}(d, \theta) \boldsymbol{J}_{ret}(-\delta/2) \boldsymbol{J}_{rot}(\alpha) \boldsymbol{J}_{ret}(\phi, \beta) \tag{8.41}$$

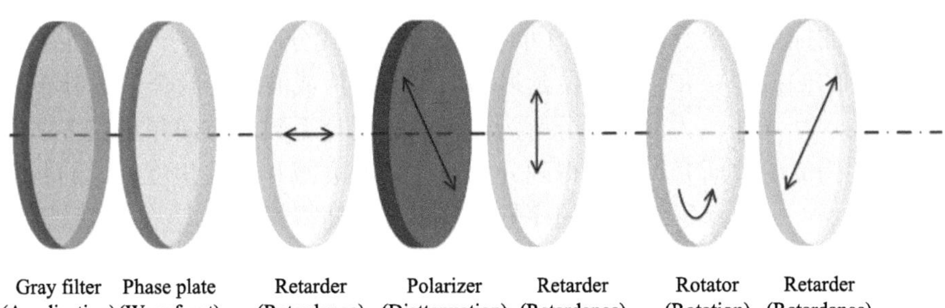

图 8-9　严格物理光瞳分解示意图

对于整个琼斯光瞳，按式(8.41)分解可得八个相互独立的参数分布。由于这组参数分别对应实际光学元件的参数，且分解是严格的，将这八个参数的光瞳分布称为严格物理光瞳。严格物理光瞳与图 8-8 所示的极分解光瞳的自由度均为 8，只是分解过程和部分参数的定义方式不同。

严格物理光瞳虽然适用于任意琼斯光瞳的表示，但七元件八自由度的表示方法仍过于复杂。对于光刻成像系统，一般可忽略偏振衰减的椭圆度δ，得到五元件七自由度的琼斯矩阵近似分解方法，其表达式为

$$\boldsymbol{J} \approx t\, e^{i\Phi} \boldsymbol{J}_{pol}(d, \theta) \boldsymbol{J}_{rot}(\alpha) \boldsymbol{J}_{ret}(\phi, \beta) \tag{8.42}$$

式中，t 表示标量电场透射率；Φ 表示标量相位延迟量；d 表示偏振片的衰减幅度；θ 表示偏振片透光轴与 x 轴的夹角；α 表示旋光片对入射偏振态旋转的角度；ϕ 表示波片的相位延迟量；β 表示波片快轴与 x 轴的夹角。对于整个琼斯光瞳，按式(8.42)分解可得七个

相互独立的参数分布，将其称为近似物理光瞳或物理光瞳。近似物理光瞳包含的五个光学量(标量或矩阵)分别为表示标量像差的变迹和波像差，以及表示偏振像差的偏振衰减、偏振角旋转和偏振相位延迟，如图 8-10 所示。对于光刻成像系统，可进一步忽略偏振角旋转，最终标量像差有 2 个自由度(t 和 Φ)，偏振像差分偏振衰减和偏振相位延迟，共有 4 个自由度(d 和 θ、ϕ 和 β)。

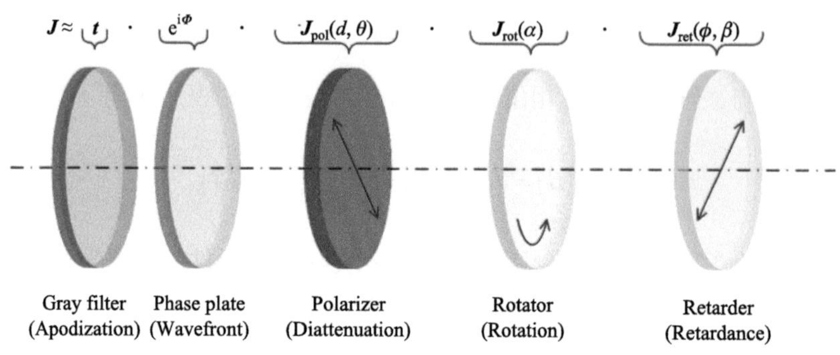

图 8-10　近似物理光瞳分解示意图

8.2.3.4　方向泽尼克系数

物理光瞳的标量像差部分(t 和 Φ)可用泽尼克多项式分解并得到两组泽尼克系数，而偏振像差部分的偏振衰减和偏振相位延迟均为由偏振片或波片的两个参数分布(d 和 θ 或 ϕ 和 β)构成的琼斯光瞳，无法直接分解为传统的泽尼克系数。方向泽尼克多项式可分解偏振片或波片构成的琼斯光瞳，并得到分别对应偏振衰减和偏振相位延迟的两组方向泽尼克系数。但是，方向泽尼克系数的序号区分正负，使得每组方向泽尼克系数的个数是标量泽尼克系数的两倍。

方向泽尼克多项式的定义基于旋转子(orientators)，旋转子可表示偏振片或波片的透光轴或快轴方向。这种偏振元件的光轴方向是 180°旋转对称，不同于矢量的 360°旋转对称性，但可以用一个辐角为 2ψ 的矢量函数 $\boldsymbol{V}_{\rm O}(\psi)$来表示

$$\boldsymbol{V}_{\rm O}(\psi)=\begin{bmatrix}\cos(2\psi)\\ \sin(2\psi)\end{bmatrix} \tag{8.43}$$

式中，ψ 为光轴与 x 轴的夹角，简称为轴角。根据偏振元件的性质，$\boldsymbol{V}_{\rm O}(\psi)$与轴角相差 45°的旋转子 $\boldsymbol{V}_{\rm O}(\psi\pm\pi/4)$相互正交，不同于矢量的 90°正交性。定义矩阵形式的旋转子 $\boldsymbol{O}(\psi)$为两个相互正交的旋转子列矢量的合并，即

$$\boldsymbol{O}(\psi)=\begin{bmatrix}\cos(2\psi) & \sin(2\psi)\\ \sin(2\psi) & -\cos(2\psi)\end{bmatrix}=\left[\boldsymbol{V}_{\rm O}(\psi),\boldsymbol{V}_{\rm O}\left(\psi-\frac{\pi}{4}\right)\right] \tag{8.44}$$

则轴角为 ψ，衰减量为 d 的偏振片的琼斯矩阵可表示为

$$\boldsymbol{J}_{\rm pol}(d,\psi)=\boldsymbol{I}+d\boldsymbol{O}(\psi) \tag{8.45}$$

式中，$\boldsymbol{I}$ 为单位矩阵；轴角为 ψ。相位延迟量为 ϕ 的波片的琼斯矩阵可表示为

$$\boldsymbol{J}_{\text{ret}}(\phi,\psi)=\cos(\phi)\boldsymbol{I}-\mathrm{i}\sin(\phi)\boldsymbol{O}(\psi)\approx\boldsymbol{I}-\mathrm{i}\sin(\phi)\boldsymbol{O}(\psi) \tag{8.46}$$

以上推导说明，任意轴角的偏振片和波片的琼斯矩阵与单位矩阵的差均可表示为某幅度参数与矩阵形式旋转子的乘积。

考虑采用极坐标(r,φ)的光瞳分布，则幅度参数分布 $a(r,\varphi)$与矢量形式的旋转子函数分布 $\boldsymbol{V}_{\mathrm{O}}(r,\varphi)$的乘积仍为矢量函数，因此可用矢量泽尼克多项式(vector Zernike polynomials，VZP)对这一乘积分布进行分解，其表达式为

$$a(r,\varphi)\boldsymbol{V}_{\mathrm{O}}\left[\psi(r,\varphi)\right]=a(r,\varphi)\begin{bmatrix}\cos\left[2\psi(r,\varphi)\right]\\\sin\left[2\psi(r,\varphi)\right]\end{bmatrix}=\sum_{n=1}^{\infty}\sum_{m=-n}^{n}\sum_{\epsilon=0}^{1}c_{n,\varepsilon}^{m}R_{n}^{m}(r)\boldsymbol{\Phi}_{\varepsilon}^{m}(\varphi) \tag{8.47}$$

式中，c 为矢量泽尼克系数；n、m 和 ε 均为 c 的下标。其中 n 和 m 决定了多项式 $R(r)$的阶数，多项式的表达式为

$$R_{n}^{m}(r)=\sum_{s=0}^{(n-|m|)/2}\frac{(-1)^{s}(n-s)!}{s!\left(\dfrac{n+m}{2}-s\right)!\left(\dfrac{n-m}{2}-s\right)!}r^{n-2s} \tag{8.48}$$

m 决定了 φ 的角频率；ε 为 0 或 1，用于区分相互共轭的矢量基 $\boldsymbol{\Phi}_0(\varphi)$和 $\boldsymbol{\Phi}_1(\varphi)$，两者的定义为

$$\boldsymbol{\Phi}_{0}^{m}(\varphi)=\begin{bmatrix}\cos(m\varphi)\\\sin(m\varphi)\end{bmatrix},\quad \boldsymbol{\Phi}_{1}^{m}(\varphi)=\begin{bmatrix}-\sin(m\varphi)\\\cos(m\varphi)\end{bmatrix} \tag{8.49}$$

这一对矢量基可写为一对相互共轭的旋转子基 $\boldsymbol{O}_0(\varphi)$和 $\boldsymbol{O}_1(\varphi)$，即

$$\boldsymbol{\Phi}_{0}^{m}(\varphi)=\boldsymbol{O}_{0}^{m}(\varphi)=\boldsymbol{V}_{\mathrm{O}}\left(\frac{m\varphi}{2}\right),\quad \boldsymbol{\Phi}_{1}^{m}(\varphi)=\boldsymbol{O}_{1}^{m}(\varphi)=\boldsymbol{V}_{\mathrm{O}}\left(\frac{m\varphi}{2}+\frac{\pi}{4}\right) \tag{8.50}$$

将上式中的旋转子基代入式(8.47)中，所得的多项式展开称为方向泽尼克多项式(OZP)展开。对于含幅度的任意旋转子分布 $a(r,\varphi)\boldsymbol{V}_{\mathrm{O}}(r,\varphi)$，从数学表达式的角度看，其 OZP 分解是借助 VZP 分解来实现，但从物理意义的角度看，其 OZP 分解是基于旋转子基而非矢量基。旋转子基矢量表达式的辐角为 $m\varphi/2$ 而非矢量基表达式中的 $m\varphi$，即 OZP 的物理意义(表示旋转子分布而非矢量分布)和旋转对称性均不同于 VZP。各项 VZP 与 OZP 的光瞳图对比如图 8-11 所示。假设某 VZP 或 OZP 项为 M 重旋转对称(旋转 360°/M 后保持不变)，则两者的旋转对称性参数 M 的表达式分别为

$$\begin{cases}M_{\mathrm{VZP}}=|m-1|\\M_{\mathrm{OZP}}=|m-2|\end{cases} \tag{8.51}$$

为表示矩阵形式的旋转子函数分布，定义矩阵形式 OZP 的旋转子基矩阵 $\boldsymbol{O}_0(\varphi)$和 $\boldsymbol{O}_1(\varphi)$分别为

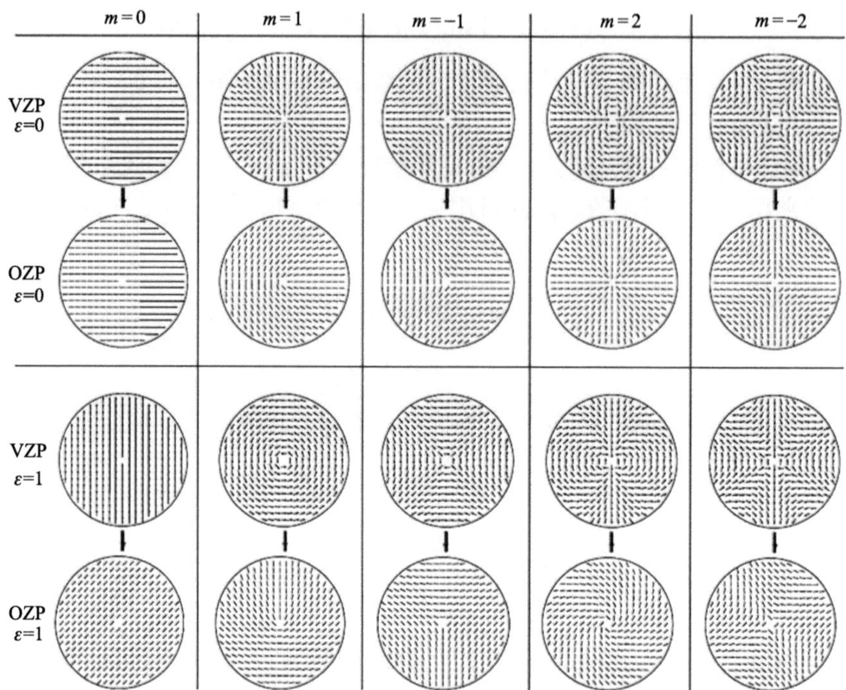

图 8-11　矢量和方向泽尼克多项式光瞳分布

$$\boldsymbol{O}_0^m(\varphi)=\begin{bmatrix}\cos(m\varphi) & \sin(m\varphi)\\ \sin(m\varphi) & -\cos(m\varphi)\end{bmatrix},\quad \boldsymbol{O}_1^m(\varphi)=\begin{bmatrix}\sin(m\varphi) & -\cos(m\varphi)\\ -\cos(m\varphi) & -\sin(m\varphi)\end{bmatrix} \tag{8.52}$$

将 n,m 和 ε 按 Fringe labeling 转换为单一的下标 j，定义矩阵形式的 OZP 为

$$\boldsymbol{OZ}_j=\boldsymbol{OZ}_{n,\varepsilon}^m(r,\varphi)=R_n^m(r)\boldsymbol{O}_\varepsilon^m(\varphi) \tag{8.53}$$

$\boldsymbol{OZ}_{\pm5}$ 和 $\boldsymbol{OZ}_{\pm6}$ 对应的旋转子分布及其琼斯光瞳四个实分量的分布如图 8-12 所示。实际上，$\boldsymbol{OZ}_{\pm j}$ 的四个实分量均可写为标量泽尼克多项式$\pm Z_j$或$\pm Z_{j+1}$。在实际计算中，通过奇偶标量泽尼克多项式的组合可直接构建 $\boldsymbol{OZ}_{\pm j}$ 的表达式。

使用矩阵形式的 OZP 可将表示偏振衰减和偏振相位延迟的琼斯光瞳分解：

$$\boldsymbol{J}_{\text{pol}}=\boldsymbol{I}+\sum_j c_j\boldsymbol{OZ}_j \tag{8.54}$$

$$\boldsymbol{J}_{\text{ret}}\approx\boldsymbol{I}-\mathrm{i}\sum_j c_j\boldsymbol{OZ}_j \tag{8.55}$$

式中，c_j 是第 j 项 OZP 系数；$\boldsymbol{OZ}_j$ 是相应的矩阵形式的 OZP 项。前±9 项 OZP 的光瞳分布如图 8-13 所示，M 表示 M 重旋转对称。

两组方向泽尼克系数可完整描述琼斯光瞳中的偏振像差，结合两组标量泽尼克系数描述的标量像差，可得到全泽尼克系数表示的物理光瞳。无论是方向泽尼克系数还是泡利-泽尼克系数，均可简化琼斯光瞳的表示，并且有利于单独分析奇/偶像差或低阶/高阶像差对光刻成像质量的影响。方向泽尼克系数基于物理光瞳，相比于泡利光瞳，能清晰地反映偏振像差等效于哪些偏振元件的组合。但是，物理光瞳基于琼斯矩阵的极分解，使得来自不同像差项的标量和方向泽尼克系数在成像时彼此相乘并发生耦合，不利于分析不同类像差系数的共同影响，也不利于设计相应的偏振像差原位检测方法。

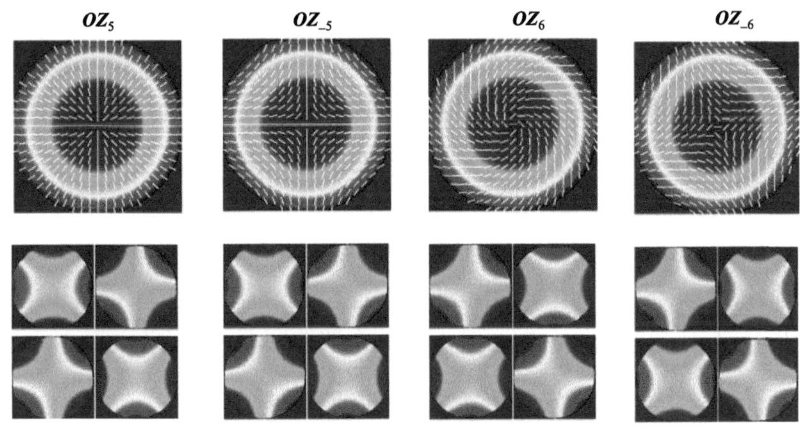

图 8-12　矩阵形式方向泽尼克多项式的光瞳分布

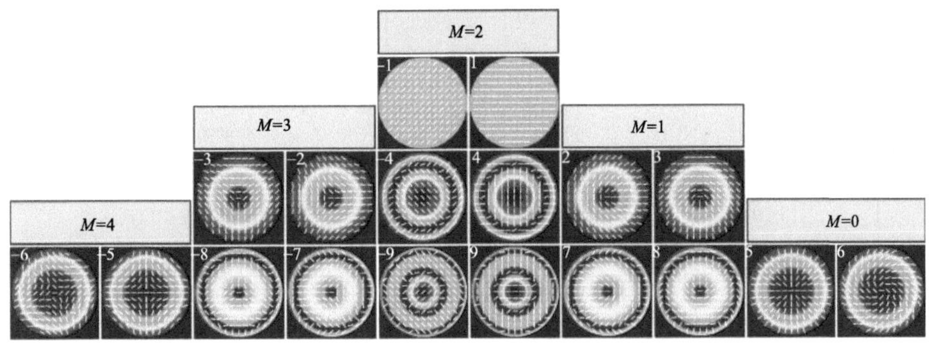

图 8-13　前±9 项方向泽尼克多项式的光瞳分布

8.2.3.5　JPN 光瞳

JPN(Jones polarization N-matix)光瞳是基于李代数的琼斯光瞳表示方法。琼斯矩阵是 2×2 的复数矩阵，属于复数集上的一般线性群 $GL(2, C)$。和泡利光瞳或物理光瞳类似，JPN 光瞳同样是采用若干基矩阵的组合来表示偏振像差，但其区别是被分解的物理量不是琼斯矩阵本身而是琼斯矩阵的生成元(generators)。这里采用的生成元属于复数集上的李环 $gl(2,C)$。对于一个 $gl(2,C)$中的生成元 $\boldsymbol{X}$，当其接近单位矩阵时，可通过指数映射到李群 $GL(2,C)$中矩阵 $\boldsymbol{U}$，其表达式为

$$\begin{cases} \exp:\boldsymbol{X}\in gl(2,C) & \mapsto \quad \boldsymbol{U}=\exp(\boldsymbol{X})\in GL(2,C) \\ \log:\boldsymbol{U}\in GL(2,C) & \mapsto \quad \boldsymbol{X}=\log(\boldsymbol{U})\in gl(2,C), \quad \|\boldsymbol{X}-\boldsymbol{I}\|<1 \end{cases} \tag{8.56}$$

光刻投影物镜的像差很小，李群 $GL(2,C)$中的 JPM(Jones polarization M-matix)可对数映射到李环 $gl(2,C)$中的 JPN 矩阵。JPN 矩阵可表示为八个 JPN 基矩阵($\boldsymbol{X}_0$ 到 $\boldsymbol{X}_7$)与相应八

个实参数(t_0到t_7)的乘积之和，其表达式为

$$j=\log(\boldsymbol{J})\approx\boldsymbol{I}+t_0\boldsymbol{X}_0+t_1\boldsymbol{X}_1+t_2\boldsymbol{X}_2+t_3\boldsymbol{X}_3+t_4\boldsymbol{X}_4+t_5\boldsymbol{X}_5+t_6\boldsymbol{X}_6+t_7\boldsymbol{X}_7 \tag{8.57}$$

各JPN基矩阵的表达式及其物理意义、对应的JPM基矩阵的表达式及其物理意义如表8-4所示。八个JPN基矩阵分别为单位矩阵和泡利基矩阵$\boldsymbol{\sigma}_0$～$\boldsymbol{\sigma}_3$以及i倍的$\boldsymbol{\sigma}_0$～$\boldsymbol{\sigma}_3$，因此JPN光瞳与泡利光瞳的物理意义相同。$\boldsymbol{X}_0$和$\boldsymbol{X}_4$分别表示标量像差中的波像差和变迹。$\boldsymbol{X}_1$～$\boldsymbol{X}_3$表示偏振相位延迟，对应的本征偏振态$\pm\boldsymbol{S}_1$、$\pm\boldsymbol{S}_2$、$\pm\boldsymbol{S}_3$分别为0°/90°线偏振态、45°/135°线偏振态以及右旋/左旋圆偏振态，即

$$\boldsymbol{S}_1=\begin{bmatrix}1\\0\end{bmatrix},\ -\boldsymbol{S}_1=\begin{bmatrix}0\\1\end{bmatrix},\ \pm\boldsymbol{S}_2=\frac{1}{\sqrt{2}}\begin{bmatrix}1\\\pm1\end{bmatrix},\ \pm\boldsymbol{S}_3=\frac{1}{\sqrt{2}}\begin{bmatrix}1\\\pm\mathrm{i}\end{bmatrix} \tag{8.58}$$

$\boldsymbol{X}_5$～$\boldsymbol{X}_7$表示偏振衰减，同样对应上述本征偏振态。实际上，t_0～t_7相当于对JPN光瞳而非原始的JPM光瞳按泡利光瞳分解，并取泡利系数的实部和虚部。

表 8-4　JPN基矩阵和JPM基矩阵

序号	JPN基矩阵 $\boldsymbol{X}=\log(\boldsymbol{U})$	对应的JPM基矩阵 $\boldsymbol{U}=\boldsymbol{GL}(2,C)$	物理意义
0	$\mathrm{i}\sigma_0,\begin{bmatrix}\mathrm{i}&0\\0&\mathrm{i}\end{bmatrix}$	$\begin{bmatrix}\mathrm{e}^{\mathrm{i}t}&0\\0&\mathrm{e}^{\mathrm{i}t}\end{bmatrix}$	标量相位延迟，与偏振态无关
1	$\mathrm{i}\sigma_1,\begin{bmatrix}\mathrm{i}&0\\0&-\mathrm{i}\end{bmatrix}$	$\begin{bmatrix}\mathrm{e}^{\mathrm{i}t}&0\\0&\mathrm{e}^{-\mathrm{i}t}\end{bmatrix}$	S_1和$-S_1$之间的相位延迟差异，即本征偏振态为S_1的偏振相位延迟器
2	$\mathrm{i}\sigma_2,\begin{bmatrix}0&\mathrm{i}\\\mathrm{i}&0\end{bmatrix}$	$\begin{bmatrix}\cos t&\mathrm{i}\sin t\\\mathrm{i}\sin t&\cos t\end{bmatrix}$	S_2和$-S_2$之间的相位延迟差异，即本征偏振态为S_2的偏振相位延迟器
3	$\mathrm{i}\sigma_3,\begin{bmatrix}0&1\\-1&0\end{bmatrix}$	$\begin{bmatrix}\cos t&\mathrm{i}\sin t\\-\mathrm{i}\sin t&\cos t\end{bmatrix}$	S_3和$-S_3$之间的相位延迟差异，即本征偏振态为S_3的偏振相位延迟器
4	$\sigma_0,\begin{bmatrix}1&0\\0&1\end{bmatrix}$	$\begin{bmatrix}\mathrm{e}^{t}&0\\0&\mathrm{e}^{t}\end{bmatrix}$	标量衰减，与偏振态无关
5	$\sigma_1,\begin{bmatrix}1&0\\0&-1\end{bmatrix}$	$\begin{bmatrix}\mathrm{e}^{t}&0\\0&\mathrm{e}^{-t}\end{bmatrix}$	S_1和$-S_1$之间的衰减差异，即本征偏振态为S_1的偏振衰减器
6	$\sigma_2,\begin{bmatrix}0&1\\1&0\end{bmatrix}$	$\begin{bmatrix}\frac{\mathrm{e}^{t}+\mathrm{e}^{-t}}{2}&\frac{\mathrm{e}^{t}-\mathrm{e}^{-t}}{2}\\\frac{\mathrm{e}^{t}-\mathrm{e}^{-t}}{2}&\frac{\mathrm{e}^{t}+\mathrm{e}^{-t}}{2}\end{bmatrix}$	S_2和$-S_2$之间的衰减差异，即本征偏振态为S_2的偏振衰减器
7	$\sigma_3,\begin{bmatrix}0&-\mathrm{i}\\\mathrm{i}&0\end{bmatrix}$	$\begin{bmatrix}\frac{\mathrm{e}^{t}+\mathrm{e}^{-t}}{2}&-\mathrm{i}\frac{\mathrm{e}^{t}-\mathrm{e}^{-t}}{2}\\\mathrm{i}\frac{\mathrm{e}^{t}-\mathrm{e}^{-t}}{2}&\frac{\mathrm{e}^{t}+\mathrm{e}^{-t}}{2}\end{bmatrix}$	S_3和$-S_3$之间的衰减差异，即本征偏振态为S_3的偏振衰减器

图8-14所示为琼斯光瞳对应的JPN光瞳。JPN表示方法可将基于JPM表示方法的非线性检测方程转换为线性方程。

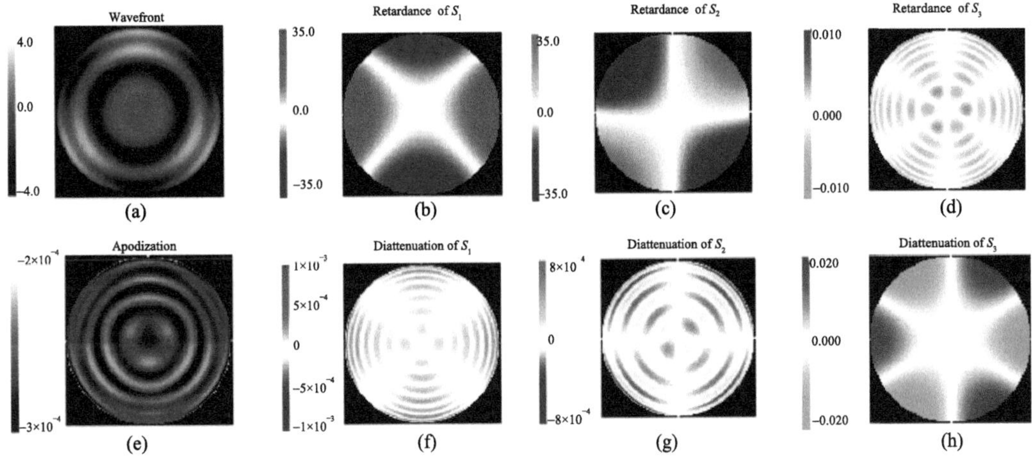

图 8-14　琼斯光瞳的 JPN 光瞳分布示例

8.2.4　三阶琼斯矩阵表征法[9]

基于琼斯矩阵的偏振像差表征方法以 2×2 的琼斯矩阵为基础。根据琼斯矩阵的定义，利用大数值孔径投影物镜成像时，需要为每个主光线的琼斯矩阵定义相应的局部坐标。为解决该问题，本小节在琼斯矩阵的基础上，探讨基于 3×3 的三阶矩阵的投影物镜偏振像差表征方法，并对该三阶矩阵进行分解，分析该偏振像差表征方法的物理意义。

投影物镜的像差表征方法与光刻成像模型密切相关。在标量光刻成像模型中，用 Zernike 多项式表示的标量波像差可以很好地描述数值孔径较小的投影物镜对光刻成像过程的影响，被广泛采用。随着投影物镜数值孔径不断增大，空间像的形成受光的矢量特性的影响越来越明显，因此，需要采用矢量光刻成像模型分析光刻成像过程，并用琼斯光瞳等表征投影物镜的偏振像差。

在大数值孔径投影物镜与偏振光照明条件下，现有的矢量光刻成像模型仍存在不足。浸没式投影物镜的最大数值孔径高达 1.35，物方的最大孔径角达到 20°，而在 Azpiroz 等提出的基于严格矢量场衍射理论的光刻成像模型中讨论的数值孔径仅为 0.85，物方的衍射过程也采用了近轴近似[12]。此外，还有其他研究建立了从投影物镜入瞳到成像面的全矢量光刻成像模型，但在物方通常也都作了近轴近似。随着光刻特征尺寸的不断缩小，光刻技术对成像模型计算精度的要求进一步提高，需要采用更严格的矢量场衍射理论来建模，尤其需要包括严格的物方远场衍射，进行全矢量建模。

图 8-15 所示为全矢量光刻成像系统简图。图中使用两组坐标系，分别为全局坐标 (x,y,z) 以及局部坐标 (e_{TM},e_{TE})。一平面波沿 $\boldsymbol{s}_o=[s_{xo}\ s_{yo}\ s_{zo}]$ 方向传播，$\boldsymbol{s}_o$ 和 z 轴组成入射面，TM 偏振光(p 波)在入射面内，TE 偏振光(s 波)垂直入射面。

全矢量光刻成像模型中，入瞳不能再被看作平面，而应该是一个球面。因此，需要计算入瞳球面上的场分布。任意偏振电磁场在均匀介质中的矢量平面波谱(vector plane wave spectrum，VPWS)公式由 TM 和 TE 模式的平面波谱组成[13,14]，并且可用两个相互正交偏振态 $\boldsymbol{e}_{TMo}$ 和 $\boldsymbol{e}_{TEo}$ 的线性组合表示入瞳球面上的场分布。根据 VPWS 公式，入瞳球

面上点 $\boldsymbol{s}_\mathrm{o}$ 处的电场 $\boldsymbol{E}_\mathrm{o}(\boldsymbol{s}_\mathrm{o})$ 为

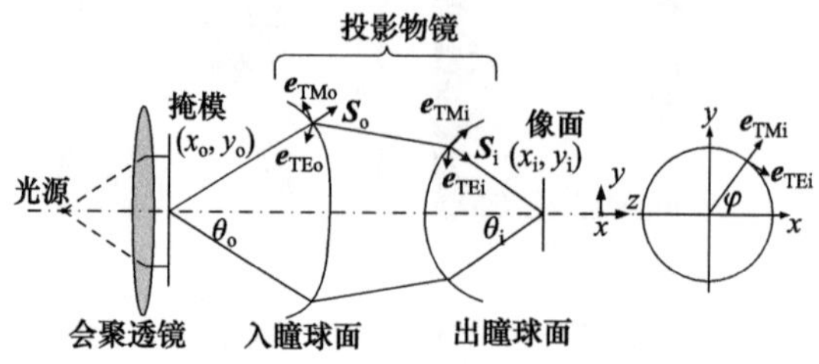

图 8-15　全矢量光刻成像系统简图

$$
\left\{
\begin{aligned}
&\boldsymbol{E}_\mathrm{o}(\boldsymbol{s}_\mathrm{o}) \propto \iint\limits_{\infty} [E_{\mathrm{TM\_VPWS}}(\boldsymbol{s}_\mathrm{o})\boldsymbol{e}_\mathrm{TMo} + E_{\mathrm{TE\_VPWS}}(\boldsymbol{s}_\mathrm{o})\boldsymbol{e}_\mathrm{TEo}] \\
&\qquad\qquad \exp[-\mathrm{j}2\pi(s_{x\mathrm{o}}x+s_{y\mathrm{o}}y+s_{z\mathrm{o}}z)/\lambda]\mathrm{d}s_{x\mathrm{o}}\mathrm{d}s_{y\mathrm{o}} \\
&E_{\mathrm{TM\_VPWS}}(\boldsymbol{s}_\mathrm{o}) = \iint\limits_{\infty} s_{z\mathrm{o}}^{-1}(s_{x\mathrm{o}}^2 + s_{y\mathrm{o}}^2)^{-\frac{1}{2}}(s_{x\mathrm{o}}E_{x\mathrm{o}} + s_{y\mathrm{o}}E_{y\mathrm{o}}) \\
&\qquad\qquad \exp[\mathrm{j}2\pi(s_{x\mathrm{o}}x+s_{y\mathrm{o}}y+s_{z\mathrm{o}}z)/\lambda]\mathrm{d}x_\mathrm{o}\mathrm{d}y_\mathrm{o} \\
&E_{\mathrm{TE\_VPWS}}(\boldsymbol{s}_\mathrm{o}) = \iint\limits_{\infty} (s_{x\mathrm{o}}^2 + s_{y\mathrm{o}}^2)^{-\frac{1}{2}}(s_{y\mathrm{o}}E_{x\mathrm{o}} - s_{x\mathrm{o}}E_{y\mathrm{o}}) \\
&\qquad\qquad \exp[\mathrm{j}2\pi(s_{x\mathrm{o}}x+s_{y\mathrm{o}}y+s_{z\mathrm{o}}z)/\lambda]\mathrm{d}x_\mathrm{o}\mathrm{d}y_\mathrm{o}
\end{aligned}
\right.
\tag{8.59}
$$

其中，$E_{x\mathrm{o}}$ 和 $E_{y\mathrm{o}}$ 为掩模近场衍射的场分量；$E_{\mathrm{TM\_VPWS}}(\boldsymbol{s}_\mathrm{o})$ 和 $E_{\mathrm{TE\_vpws}}(\boldsymbol{s}_\mathrm{o})$ 为点 s_o 处的 TM 和 TE 分量；λ 为曝光波长。根据 VPWS 公式计算入瞳球面上的场分布，结合入瞳与出瞳球面的关系以及从出瞳球面到成像面的 Debye 衍射积分公式[15]，可以建立全矢量光刻成像模型，计算空间像光强分布。

利用式(8.59)得到入瞳球面上的 TM 和 TE 分量，全矢量光刻成像模型中可以通过下式描述投影物镜的偏振特性，即

$$
\begin{bmatrix} E_\mathrm{pi} \\ E_\mathrm{si} \end{bmatrix} = \boldsymbol{J}_\mathrm{ps} \begin{bmatrix} E_\mathrm{po} \\ E_\mathrm{so} \end{bmatrix} = \begin{bmatrix} J_\mathrm{pp} & J_\mathrm{ps} \\ J_\mathrm{sp} & J_\mathrm{ss} \end{bmatrix} \begin{bmatrix} E_\mathrm{po} \\ E_\mathrm{so} \end{bmatrix}
\tag{8.60}
$$

式中，p 和 s 分别对应 TM 和 TE 分量；$\boldsymbol{J}_\mathrm{ps}$ 是 2×2 的琼斯矩阵，它表明瞳面上每点处的入射光$[E_\mathrm{po}\ E_\mathrm{so}]^\mathrm{T}$ 和出射光$[E_\mathrm{pi}\ E_\mathrm{si}]^\mathrm{T}$ 之间的振幅和相位变化。沿 $\boldsymbol{s}_\mathrm{o}$ 方向传播的光经过投影物镜后传播方向为 $\boldsymbol{s}_\mathrm{i}$，利用坐标变换矩阵将式(8.60)中的场分量转换为全局坐标表示的形式，其中入瞳球面和出瞳球面上的坐标变换矩阵分别为 $\boldsymbol{J}_\mathrm{tra}^\mathrm{o}$ 和 $\boldsymbol{J}_\mathrm{tra}^\mathrm{i}$，它们与场分量之间的关系如下：

$$
\begin{bmatrix} E_\mathrm{po} \\ E_\mathrm{so} \end{bmatrix} = \boldsymbol{J}_\mathrm{tra}^\mathrm{o} \begin{bmatrix} E_{x\mathrm{o\_entra}} \\ E_{y\mathrm{o\_entra}} \\ E_{z\mathrm{o\_entra}} \end{bmatrix}, \quad \begin{bmatrix} E_{x\mathrm{i\_exit}} \\ E_{y\mathrm{i\_exit}} \\ E_{z\mathrm{i\_exit}} \end{bmatrix} = \boldsymbol{J}_\mathrm{tra}^\mathrm{i} \begin{bmatrix} E_\mathrm{pi} \\ E_\mathrm{si} \end{bmatrix}
\tag{8.61}
$$

式中，$[E_{xo_entra}\ E_{yo_entra}\ E_{zo_entra}]^{T}$和$[E_{xi_exit}\ E_{yi_exit}\ E_{zi_exit}]^{T}$分别为入瞳球面和出瞳球面上的全局坐标场矢量。对于图 8-15 的成像系统，$\boldsymbol{J}_{tra}^{o}$和$\boldsymbol{J}_{tra}^{i}$分别为

$$\begin{cases} \boldsymbol{J}_{tra}^{o} = \begin{bmatrix} \cos\theta_o \cos\varphi & \cos\theta_o \sin\varphi & -\sin\theta_o \\ \sin\varphi & -\cos\varphi & 0 \end{bmatrix} \\ \boldsymbol{J}_{tra}^{i} = \begin{bmatrix} \cos\theta_i \cos\varphi & \sin\varphi \\ \cos\theta_i \sin\varphi & -\cos\varphi \\ -\sin\theta_i & 0 \end{bmatrix} \end{cases} \tag{8.62}$$

其中，φ为方位角且物空间与像空间具有相同的方位角；θ_o和θ_i分别为物空间和像空间的孔径角。对于 4×的缩小投影光刻，两者之间具有如下关系：

$$|4n_o \sin\theta_o| = |n_i \sin\theta_i| \tag{8.63}$$

其中，n_o和n_i分别为物空间和像空间介质的折射率。通常物方为空气，则$n_o=1$。对于干式光刻，$n_i=1$，而采用水的浸没式光刻中$n_i=1.44$。根据式(8.60)～式(8.62)，可用如下 3×3 矩阵来描述场矢量经过投影物镜的偏振态变化：

$$\boldsymbol{J}_{ex} = \boldsymbol{J}_{tra}^{i} \boldsymbol{J}_{ps} \boldsymbol{J}_{tra}^{o} = \begin{bmatrix} J_{xx} & J_{xy} & J_{xz} \\ J_{yx} & J_{yy} & J_{yz} \\ J_{zx} & J_{zy} & J_{zz} \end{bmatrix} \tag{8.64}$$

上式用一个 3×3 的矩阵表征投影物镜的偏振像差，它类似于琼斯矩阵，因此称之为三阶琼斯矩阵$\boldsymbol{J}_{ex}$。

理想的偏振像差表征方法不仅能描述投影物镜的偏振特性，具有明确的物理意义，还能与典型的光刻成像误差(如 CD 误差，成像位置偏移、最佳焦面偏移等)建立直观的联系。为了在由三阶矩阵$\boldsymbol{J}_{ex}$定义的偏振像差与典型的光刻成像误差之间建立联系，需要对$\boldsymbol{J}_{ex}$进行进一步的分解处理。

由线性代数可知，用N^2个正交的埃尔米特矩阵的线性叠加可以表示任意的$N \times N$矩阵。对于 3×3 的矩阵，可以选用盖尔曼矩阵(Gell-Mann matrices)与单位矩阵对其进行分解，这些矩阵的具体表示为

$$\begin{cases} \lambda_0 = \begin{bmatrix} 1 & 0 & 0 \\ 0 & 1 & 0 \\ 0 & 0 & 1 \end{bmatrix}, \quad \lambda_1 = \begin{bmatrix} 0 & 1 & 0 \\ 1 & 0 & 0 \\ 0 & 0 & 0 \end{bmatrix}, \quad \lambda_2 = \begin{bmatrix} 0 & -\mathrm{j} & 0 \\ \mathrm{j} & 0 & 0 \\ 0 & 0 & 0 \end{bmatrix} \\ \lambda_3 = \begin{bmatrix} 1 & 0 & 0 \\ 0 & -1 & 0 \\ 0 & 0 & 0 \end{bmatrix}, \quad \lambda_4 = \begin{bmatrix} 0 & 0 & 1 \\ 0 & 0 & 0 \\ 1 & 0 & 0 \end{bmatrix}, \quad \lambda_5 = \begin{bmatrix} 0 & 0 & -\mathrm{j} \\ 0 & 0 & 0 \\ \mathrm{j} & 0 & 0 \end{bmatrix} \\ \lambda_6 = \begin{bmatrix} 0 & 0 & 0 \\ 0 & 0 & 1 \\ 0 & 1 & 0 \end{bmatrix}, \quad \lambda_7 = \begin{bmatrix} 0 & 0 & 0 \\ 0 & 0 & -\mathrm{j} \\ 0 & \mathrm{j} & 0 \end{bmatrix}, \quad \lambda_8 = \dfrac{1}{\sqrt{3}} \begin{bmatrix} 1 & 0 & 0 \\ 0 & 1 & 0 \\ 0 & 0 & -2 \end{bmatrix} \end{cases} \tag{8.65}$$

利用式(8.65)中的盖尔曼矩阵分解表征投影物镜偏振像差的三阶矩阵 $\boldsymbol{J}_{\text{ex}}$，并将 $\boldsymbol{J}_{\text{ex}}$ 表示为盖尔曼矩阵和单位矩阵的线性叠加，具体表示如下：

$$\boldsymbol{J}_{\text{ex}}=\sum_{k=0}^{8}a_k\lambda_k=\begin{pmatrix} a_0+a_3+a_8/\sqrt{3} & a_1-\text{j}a_2 & a_4-\text{j}a_5 \\ a_1+\text{j}a_2 & a_0-a_3+a_8/\sqrt{3} & a_6-\text{j}a_7 \\ a_4+\text{j}a_5 & a_6+\text{j}a_7 & a_0-2a_8/\sqrt{3} \end{pmatrix} \tag{8.66}$$

其中，$a_k(k=0, 1, 2, \cdots, 8)$是盖尔曼矩阵的复数分解系数，它与 $\boldsymbol{J}_{\text{ex}}$ 矩阵元素之间的关系为

$$\begin{cases} a_0=\dfrac{1}{3}(J_{xx}+J_{yy}+J_{zz}), & a_1=\dfrac{1}{2}(J_{xy}+J_{yx}), & a_2=\dfrac{\text{j}}{2}(J_{xy}-J_{yx}) \\ a_3=\dfrac{1}{2}(J_{xx}-J_{yy}), & a_4=\dfrac{1}{2}(J_{xz}+J_{zx}), & a_5=\dfrac{\text{j}}{2}(J_{xz}-J_{zx}) \\ a_6=\dfrac{1}{2}(J_{yz}+J_{zy}), & a_7=\dfrac{j}{2}(J_{yz}-J_{zy}), & a_8=\dfrac{1}{2\sqrt{3}}(J_{xx}+J_{yy}-2J_{zz}) \end{cases} \tag{8.67}$$

基于上述矩阵分解原理可知，表征投影物镜偏振像差的 $\boldsymbol{J}_{\text{ex}}$ 可用式(8.67)中的一组盖尔曼矩阵分解系数表示。

表 8-5 所示为盖尔曼矩阵的本征偏振态与本征向量。基于其本征偏振态，复数分解系数 a_0～a_8 可作如下解释：复数系数 a_0 的振幅与相位分别表示标量透过率与标量波像差；复数系数 a_1～a_7 的实部和虚部分别表示本征偏振态之间的偏振衰减与相位延迟；复数系数 a_8 定义在 xyz 空间，它表示相对于 z 方向上的 x、y 方向上的偏振态变化。

表 8-5　盖尔曼矩阵的本征偏振态与本征向量

盖尔曼矩阵	本征偏振态	本征向量
λ_0	非偏振	
λ_1	xy 平面：45°/135° 线偏振	$\frac{1}{\sqrt{2}}\begin{bmatrix}-1\\1\\0\end{bmatrix}, \frac{1}{\sqrt{2}}\begin{bmatrix}1\\1\\0\end{bmatrix}$
λ_2	xy 平面：圆偏振	$\frac{1}{\sqrt{2}}\begin{bmatrix}-\text{j}\\1\\0\end{bmatrix}, \frac{1}{\sqrt{2}}\begin{bmatrix}\text{j}\\1\\0\end{bmatrix}$
λ_3	xy 平面：x/y 线偏振	$\begin{bmatrix}1\\0\\0\end{bmatrix}, \begin{bmatrix}0\\1\\0\end{bmatrix}$
λ_4	xz 平面：45°/135°线偏振	$\frac{1}{\sqrt{2}}\begin{bmatrix}1\\0\\-1\end{bmatrix}, \frac{1}{\sqrt{2}}\begin{bmatrix}1\\0\\1\end{bmatrix}$
λ_5	xz 平面：圆偏振	$\frac{1}{\sqrt{2}}\begin{bmatrix}-\text{j}\\0\\1\end{bmatrix}, \frac{1}{\sqrt{2}}\begin{bmatrix}\text{j}\\0\\1\end{bmatrix}$

续表

盖尔曼矩阵	本征偏振态	本征向量
λ_6	yz 平面：45°/135°线偏振	$\frac{1}{\sqrt{2}}\begin{bmatrix}0\\-1\\1\end{bmatrix},\frac{1}{\sqrt{2}}\begin{bmatrix}0\\1\\1\end{bmatrix}$
λ_7	yz 平面：圆偏振	$\frac{1}{\sqrt{2}}\begin{bmatrix}0\\-\mathrm{j}\\1\end{bmatrix},\frac{1}{\sqrt{2}}\begin{bmatrix}0\\\mathrm{j}\\1\end{bmatrix}$
λ_8	xyz 空间：$x/y/z$ 线偏振	$\begin{bmatrix}1\\0\\0\end{bmatrix},\begin{bmatrix}0\\1\\0\end{bmatrix},\begin{bmatrix}0\\0\\1\end{bmatrix}$

盖尔曼矩阵是正交的埃尔米特矩阵，因此基于盖尔曼矩阵的矩阵分解方法得到的复数系数 $a_0\sim a_8$ 是相互独立的，即这些系数能单独变化而不影响其他系数，这有利于偏振像差分析。光瞳上每个点的扩展琼斯矩阵分解后都得到各自的系数 $a_0\sim a_8$，由这些系数组成盖尔曼光瞳。类似基于泡利矩阵的琼斯矩阵分解方法，同样可以利用 Zernike 多项式分解盖尔曼光瞳，即

$$G=\sum_{m=1}^{37}gz_m\cdot R_m \tag{8.68}$$

其中，盖尔曼光瞳分布 G 包括 a_0 的振幅、相位以及 $a_1\sim a_8$ 的实部和虚部；gz_m 为盖尔曼-泽尼克系数；R_m 为 Zernike 多项式。因此，用该琼斯矩阵表征的偏振像差可用一系列的盖尔曼-泽尼克系数表示。

8.3　基于光刻胶曝光的检测技术

基于光刻胶曝光的偏振像差检测技术通过分析标记光刻胶像的位置偏移量等信息获取偏振像差，主要有 SPIN-BLP 技术和基于相移掩模的检测技术。相比于振幅误差，相位误差对光刻成像质量的影响更为明显，这两种检测技术主要用于检测偏振像差的相位延迟分量，即光瞳面上的相位延迟量分布和快轴方位角分布。

8.3.1　SPIN-BLP 技术

2006 年，Canon 公司将 SPIN 技术拓展到偏振像差的检测，提出了 SPIN-BLP 双折射测量技术[16,17]。这一技术基于 BLP(birefringence measurement by linear polarization of light)测量原理，且除 SPIN 技术外这一测量原理可与其他波像差检测技术相结合。光瞳上任意一点的相位误差是该点相位延迟和快轴方向的函数，BLP 通过测量对应不同照明偏振角的相位误差获得表示投影物镜双折射性质的相位延迟和快轴方向。对于偏振角为

θ 的线偏振态照明，通过传统的波像差检测技术(如 SPIN 技术)测量此时投影物镜某一频域光瞳点的相位误差 P。多次测量后将 P 与 θ 的关系绘制成曲线，并从曲线的峰值和谷值求解相位延迟量 R，从峰值和谷值对应的偏振角求解快轴方位角 φ，如图 8-16 所示。相位误差 P 与偏振角 θ 以及双折射参数 R 和 φ 的关系可表示为

$$P = R\cos(2\theta - \varphi) \tag{8.69}$$

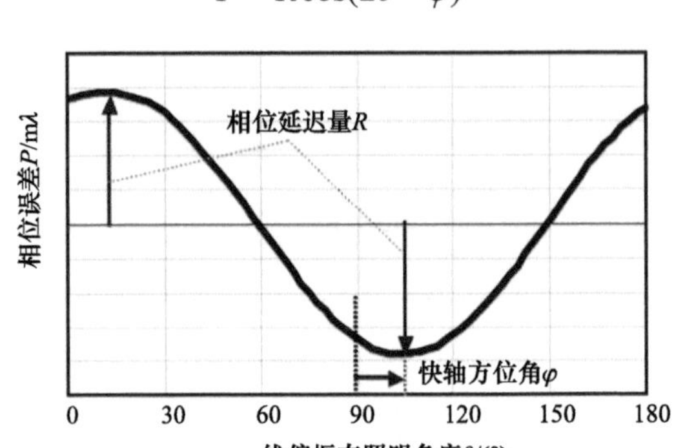

图 8-16　双折射参数与相位误差的关系曲线

SPIN-BLP 双折射测量技术的原理如图 8-17 所示。从 0°到 180°旋转线偏振态照明的偏振角，对于某一角度的线偏振态照明，入射光首先经过扩散板形成沿各方向发散且各方向不相干的散射光，并通过由两层铬层和基板组成的 SPIN 掩模。SPIN 掩模上层的小孔选择某一视场点发出的光束，而下层不同位置的 YAMATO 图形产生不同角度的衍射光。

YAMATO 图形通过特殊的光栅设计使得衍射光的所有高频成分被抑制，而与入射光方向一致的 0 级衍射光被保留。这些方向随位置变化的出射光束通过投影物镜不同的频域光瞳位置，并发生相应的相位改变。被相位调制的出射光束最终在光刻胶中成像。在

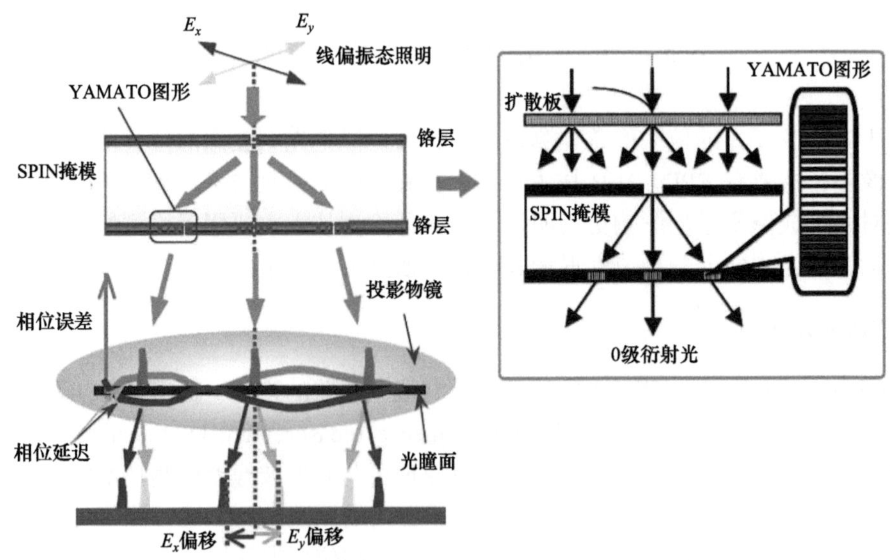

图 8-17　SPIN-BLP 双折射测量技术原理图[17]

曝光和显影后，通过光刻胶像不同位置的图形偏移可以恢复频域光瞳面上的相位变化分布，最终通过分析多次旋转照明偏振角后得到的多个相位变化分布来得到整个频域光瞳面上的双折射参数分布，即偏振像差的相位延迟部分。SPIN 技术检测波像差的精度达到 0.8mλ，而 BLP 原理至少需要 5 次测量，即偏振角至少以 45°为间隔进行步进旋转。

由上述分析可以看出，除 SPIN 技术外，BLP 测量原理理论上可与所有原位波像差检测技术结合使用，如基于第 4 章介绍的光刻胶曝光的双光束干涉技术和相位轮技术，第 5 章和第 6 章介绍的基于空间像测量原理的 TAMIS 技术、Z37 AIS 技术以及 AMAI-PCA 技术，第 7 章介绍的 ILIAS 技术、PARIS 技术、P-PMI 技术以及 iPMI 技术等。

这一测量原理虽然简单且通用，却并不适用于超高 NA 投影物镜的偏振像差检测，原因是该原理基于两点假设：①假设只考虑线偏振光经过投影物镜后产生的 x 和 y 分量而忽略其 z 分量；②假设线偏振入射光经投影物镜后只发生相位变化而偏振态保持不变，或认为所产生的与原偏振态正交的线偏振态幅度很小，从而可以忽略。而对于超高 *NA* 光刻投影物镜，尤其是在其频域光瞳边缘处成像光的 z 分量不可忽略，且在这种情况下偏振像差较大，所产生的与入射偏振态正交的偏振态同样不可忽略。此外，为得到精确的双折射参数分布，需要减小线偏振态照明偏振角的采样间隔，并进行多次曝光显影和位置偏移测量，从而使测量的时间和成本显著增加[2]。

8.3.2　基于相移掩模的检测技术

2006 年，加利福尼亚大学伯克利分校的 Gregory R. McIntyre 等提出了一种基于相移掩模干涉测量的双折射测量技术[18]，其测量原理如图 8-18 所示。该测量系统在测试掩模中和硅片前分别加入两个偏振片和一个四分之一波片，其中测试掩模正面的某一视场点位置嵌有四分之一波片；测试掩模背面相对该视场点的某一位置嵌有小孔及小孔内的第一偏振片，其方位角为 45°；硅片前加入第二偏振片，其方位角为−45°。为缩小尺寸并便于集成到掩模上，两个偏振片均为线栅偏振片，而四分之一波片是通过亚分辨周期的无铬光栅来实现的，其栅线高度为 500nm，在波长为 193nm 时引起的 TE 和 TM 波之间的相位差约为 90°。

第一偏振片与四分之一波片(亚分辨光栅)的相对位置决定了入射光束的倾斜方向。这一倾斜方向对应投影物镜的某一频域光瞳位置，而亚分辨光栅的位置对应某一视场点，通过硅片面对应视场位置的光斑强度可求出相应频域光瞳位置上的双折射参数大小。为测得投影物镜整个频域光瞳面上的双折射参数分布，可在测试掩模正面嵌入多个亚分辨光栅，并在掩模背面按所需倾斜角设置一个或多个偏振片。以下关于测量原理的介绍，只讨论单个频域光瞳点测量的情况。

入射光束从测试掩模背面入射后变为 45° 线偏振光，而从测试掩模出射后分为两束光：一束从亚分辨光栅周围绕射后仍保持为以入射倾斜角为中心的 45° 线偏振光，作为信号光；另一束经过亚分辨光栅衍射后变为垂直光轴方向的椭圆偏振光，作为参考光。最终的光斑分布为信号光光斑包围参考光光斑，且为两者的干涉。信号光光斑的强度反映了投影物镜双折射的相位延迟量，而参考光光斑的作用是放大相位延迟量的影响，从而增加双折射参数测量的灵敏度。

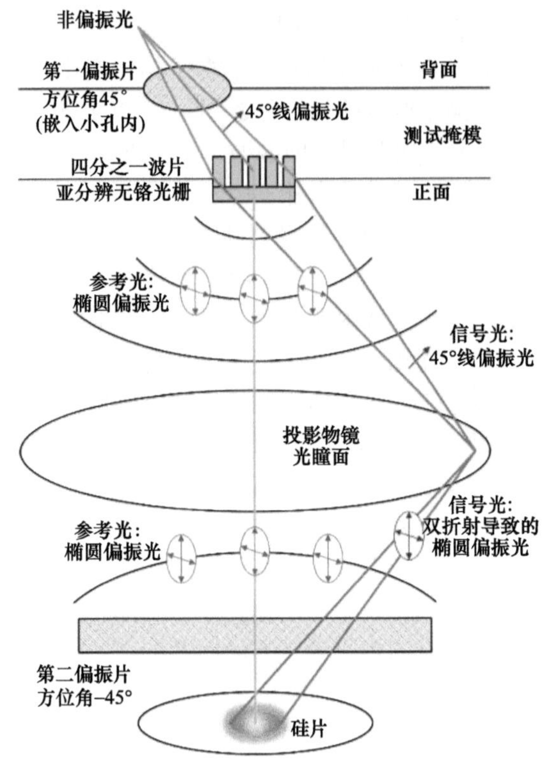

图 8-18　基于相移掩模干涉测量的双折射测量技术原理图[18]

假设投影物镜双折射的快轴分布均沿 TE 方向，实际上这种测量技术只关注双折射的相位延迟量大小而不考虑其快轴方向。第一和第二偏振片构成了不完全椭偏仪：当相位延迟量为零时，由于两偏振片方位角垂直，信号光经过第二偏振片后发生完全消偏，光斑强度为零；而相位延迟量非零时，信号光从投影物镜出射后为椭圆偏振光，经过第二偏振片后形成的光斑强度与相位延迟量近似为二次关系。不过在没有参考光斑的作用时，光斑的强度随相位延迟量变化不大。例如，对于 10nm 的相位延迟，光斑强度相对零延迟的情况只增加 2.5%，而在引入椭圆偏振参考光斑的干涉后，二次关系变为灵敏度系数更高的近似线性关系。此时 10nm 的相位延迟可引起 11% 的强度增加，在此范围内相位延迟每增加 1nm 光强约增加 1.3%。据此线性关系可通过测量干涉光斑的强度来恢复相位延迟的大小。为精确测量光强的变化，除用 CCD 测量空间像强度外，一般采用基于光刻胶曝光的测量方法，即将光斑阵列投影在光刻胶上进行曝光和显影，再通过完全消除光刻胶柱所需的显影液剂量来计算光斑强度的相对大小。

与 SPIN-BLP 技术相比，该技术无需多次旋转照明偏振态的偏振角，且通过引入参考光进行干涉以提高双折射相位延迟量测量的灵敏度。但这一技术无法测量投影物镜双折射的快轴分布，且测得的相位延迟量是实际相位延迟量与快轴分布共同作用的结果。此外，该技术所需的含亚分辨光栅阵列的测试掩模的制造工艺较为复杂，且四分之一波片的偏振特性容易受亚分辨光栅尺寸误差的影响[2]。

8.4　基于椭偏测量的检测技术

基于椭偏测量的偏振像差检测技术，通过测量入射光和出射光的偏振态实现偏振像差的检测，检测精度高。穆勒光瞳检测技术和琼斯光瞳检测技术是两种基于椭偏测量的偏振像差检测技术。穆勒光瞳检测技术可以检测以穆勒光瞳表征的偏振像差，具有较高的检测精度。与波面测量技术组合使用，该技术也可检测附带波像差信息的琼斯光瞳，但需要借助额外测量的相位信息，且检测精度相对较低。琼斯光瞳检测技术直接检测投影物镜的琼斯光瞳，减小了误差源的干扰，具有较高的检测精度。

8.4.1　穆勒光瞳检测技术

基于穆勒矩阵椭偏测量原理的偏振像差检测技术可测量光刻投影物镜某一视场点包含全部偏振像差信息的穆勒光瞳，结合波面测量装置也可测量附带波像差信息的琼斯光瞳。对于某一频域光瞳点处的穆勒矩阵，穆勒矩阵椭偏测量技术原理如图 8-19 所示，对应的测量装置称为穆勒矩阵椭偏仪。在样品即被测穆勒矩阵 M 两侧设置起偏端和检偏端。以最常用的双旋波片测量方案为例：起偏端包含光源 S、固定的偏振片 P_1 和旋转的四分之一波片 Q_1，用于产生多种入射偏振态；检偏端包含与 Q_1 按一定角度比共同旋转的四分之一波片 Q_2、固定的偏振片 P_2 以及光强探测器 D，用于检测相应的出射偏振态。对于含 16 个元素的穆勒矩阵 M，构造 16 个相互无关的线性方程，即至少进行 16 次测量就可求解 M。而在实际测量过程中，一般多次旋转 Q_1 和 Q_2 并求解超定方程，以减小误差。

为求解投影物镜的整个穆勒光瞳或琼斯光瞳，需采用穆勒矩阵成像椭偏仪。首先将光强探测器替换为图像传感器，并将样品替换为包含聚焦和准直镜的投影物镜，其中聚焦和准直镜起傅里叶变换的作用，将投影物镜光瞳的频域坐标映射到图像传感器的像素坐标上，使得根据图像传感器某一像素接收的光强变化求得的穆勒矩阵为对应频域光瞳点上的穆勒矩阵。

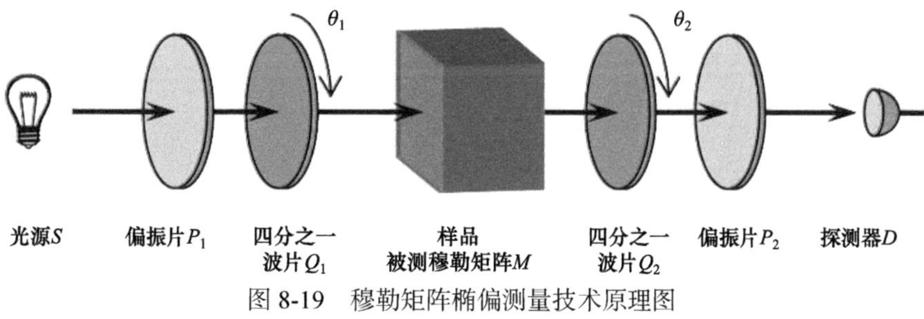

图 8-19　穆勒矩阵椭偏测量技术原理图

此类偏振像差检测方法均基于入射和出射偏振态的测量，测量精度较高。但由于起偏和检偏光路包含多个偏振元件和体积较大的角度旋转台，穆勒矩阵成像椭偏仪无法直接集成到光刻机的掩模台和工件台中进行偏振像差的原位检测,尤其是掩模台只能以掩模板的方式承载测试系统的元件。无需起偏和检偏装置的基于空间像的检测方法是一种解决方式，但这种像差恢复方法并非直接测量偏振态，其测量精度有限[2]。

本小节介绍两种基于穆勒矩阵椭偏测量原理的偏振像差检测技术，分别是东芝公司提出的基于偏振掩模的检测技术和 Nikon 公司开发的基于波前和偏振态测量的检测技术。两种技术的测量系统均在传统穆勒矩阵成像椭偏仪的基础上进行系统简化和体积压缩，从而适用于偏振像差的原位检测[2]。

8.4.1.1　基于偏振掩模的检测技术

2009 年，东芝公司的 Hiroshi Nomura 等提出了一种基于偏振掩模的偏振像差检测技术[19,20]，其测量原理如图 8-20 所示。该技术基于穆勒矩阵椭偏测量原理，可以测量投影

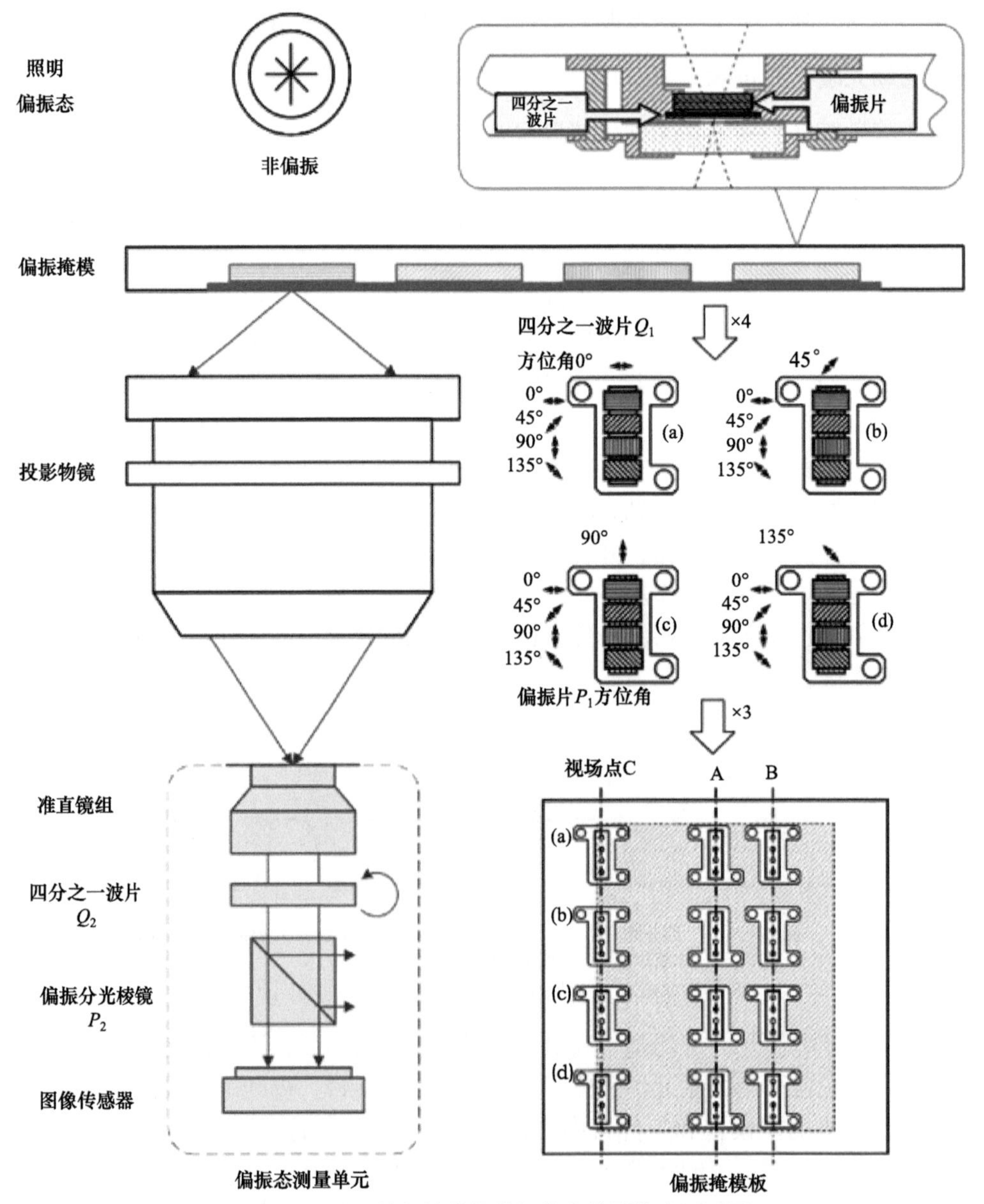

图 8-20　基于偏振掩模的偏振像差检测技术原理图

物镜穆勒光瞳形式的偏振像差。该技术的特点是将起偏端的四分之一波片和偏振片集成到专用的偏振掩模中，并采用 Nikon 公司开发的 iPot(integrated Projecting optics tester)技术[21]原位检测出射光的偏振态。iPot 投影物镜检测仪包含测量波像差的波前传感器[22]和测量出射光斯托克斯矢量的偏振态测量单元[23]两部分，这里只用到 iPot 的偏振测量单元来作为检偏端。

这种基于偏振掩模的技术没有使用传统的双旋波片测量方案，而是将不同快轴方位角的四分之一波片和不同透光轴方位角的偏振片以阵列的形式集成到掩模基底上。如图 8.20 右侧的偏振掩模板结构图所示，这一阵列包含 A、B、C 三列偏振元件，对应 0mm、25mm、50mm 三种不同的物方视场高度。将掩模旋转 180°后可以测量−12.5mm、−6.25mm、0mm、6.25mm、12.5mm 五种不同的像方视场高度。每一列包含 0°、45°、90°、135°四个不同快轴方位角的四分之一波片 Q_1，每一波片上集成了 0°、45°、90°、135°四个不同透光轴方位角的薄片偏振片 P_1，这种 4×4 的元件组合方式使每一列偏振元件包含 16 个窗口。在照明系统设置为非偏振光的情况下，通过掩模台的扫描可遍历 16 种不同的入射偏振态，所以无需旋转偏振元件。此外，起偏端没有使用平行照明光入射偏振元件再通过聚焦镜耦合入投影物镜的方式，而是令大角度照明光直接通过偏振元件后进入投影物镜，因此，起偏端的波片和偏振片均需采用宽视场角元件。

检偏端的偏振态测量单元包含硅片面上的小孔、准直镜组、四分之一波片 Q_2、起到偏振片作用的偏振分光棱镜 P_2 以及 CCD 图像传感器。通过旋转 Q_2 实现不同偏振态的检测，其方位角的范围是 0°～180°(间隔为 4°)，而 P_2 的方位角固定。因此，对于每一视场高度需进行 4×4×46×1 次测量，通过 CCD 捕获的 736 个光瞳像来求解 16 自由度的穆勒光瞳。求解这一超定方程组的方法是将每一像素点测得的 736 个光强值构成的曲线分解为傅里叶级数，并对傅里叶级数的系数组进行线性变换得到对应频域光瞳点的穆勒矩阵。通过冗余测量求解超定方程可以减小误差源带来的干扰，从而提高穆勒光瞳的测量精度。

这一偏振像差检测技术基于穆勒矩阵椭偏测量原理，从而具有较高的检测精度。不过该技术所需的特殊的起偏和检偏装置会引入一些制造和应用问题。一方面，作为起偏端的偏振掩模需要采用小尺寸宽视场角的偏振片和波片，设计制造困难且成本较高，例如在深紫外波段，传统 MgF_2 材料的四分之一波片在 ±20°入射角范围内其相位延迟的变化就超过 360°。另一方面，作为检偏端的偏振测量单元体积较大，对光刻机工件台的容纳空间要求较高。而这种技术所需的 iPot 检测仪只能用于尼康公司的光刻机，其原因是尼康公司光刻机的第二工件台不进行曝光而是专门用于检测[2]。

8.4.1.2　基于波前和偏振态测量的检测技术

2008 年，Nikon 公司的 Toru Fujii 等提出了一种基于波前和偏振态测量的偏振像差检测技术[24-26]，其原理如图 8-21 所示。与基于偏振掩模的检测技术相比，该技术同样基于椭偏测量原理，但在实现方式上进行了简化，并通过额外测量的相位信息来获得同时包含波像差和偏振像差信息的琼斯光瞳。

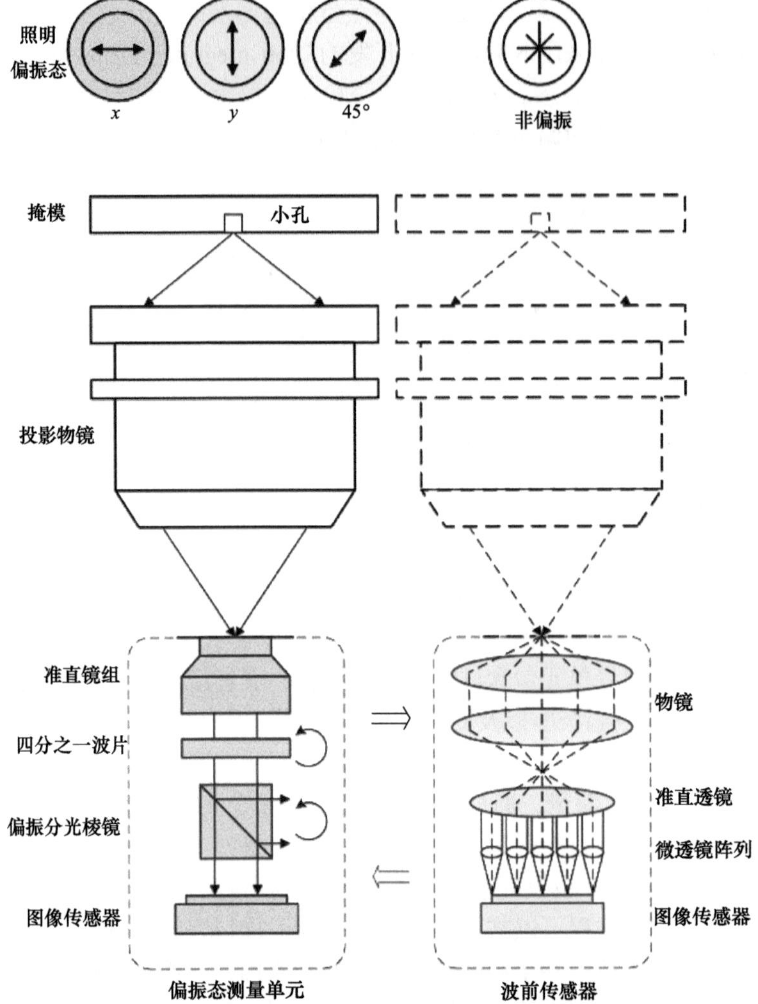

图 8-21　基于波前和偏振态测量的偏振像差检测技术原理图

这一偏振像差检测技术同样使用尼康公司的 iPot 检测装置，并且依次使用 iPot 的波前传感器和偏振态测量单元分别测量投影物镜的波像差和出射光的偏振态。iPot 的波前传感器采用 Shack-Hartmann 测量原理，由小孔、物镜、准直透镜、微透镜阵列和图像传感器组成。微透镜阵列将准直波面划分为不同子区域，每一区域的波面经微透镜聚焦后在图像传感器对应位置形成光斑。当投影物镜存在波像差时，每一子区域的子波面发生不同程度的倾斜，使得成像光斑不同程度地偏离参考位置，根据这一信息可求解投影物镜的波像差。

琼斯矩阵是 2×2 的复数矩阵，对应的偏振态采用琼斯矢量表示。若已知两对线性无关的入射和出射偏振光的琼斯矢量，则理论上可以求解对应的琼斯矩阵，即

$$\boldsymbol{E}_{\text{out}} = \boldsymbol{J}\boldsymbol{E}_{\text{in}} \tag{8.70}$$

其中

$$\begin{cases} \boldsymbol{E}_{\text{in}} = \left[\boldsymbol{E}_{\text{in}}^{(1)} \quad \boldsymbol{E}_{\text{in}}^{(2)} \right] \\ \boldsymbol{E}_{\text{out}} = \left[\boldsymbol{E}_{\text{out}}^{(1)} \quad \boldsymbol{E}_{\text{out}}^{(2)} \right] \end{cases} \tag{8.71}$$

分别表示两个入射和出射琼斯矢量构成的矩阵。

但是，琼斯矢量包含 x 和 y 分量的绝对相位信息，因此无法直接测量。若将 $\boldsymbol{E}_{\text{in}}$ 和 $\boldsymbol{E}_{\text{out}}$ 中两个琼斯矢量 x 分量的相位提取出来，变为 $\boldsymbol{V}_{\text{in}}$ 和 $\boldsymbol{V}_{\text{out}}$，则对应的琼斯矩阵可表示为

$$\boldsymbol{J} = \mathrm{e}^{\mathrm{i}\phi} V_{\text{out}} \begin{bmatrix} 0 & 0 \\ 0 & \mathrm{e}^{\mathrm{i}\delta} \end{bmatrix} \int V_{\text{in}}^{-1} \tag{8.72}$$

式中，ϕ 表示在非偏振条件下出射光与入射光的相位差，即标量波像差；δ 表示偏振态 1 的出射光与入射光的相位差与偏振态 2 的相位差之差，无法直接测量；$\boldsymbol{V}_{\text{in}}$ 和 $\boldsymbol{V}_{\text{out}}$ 不包含绝对相位信息，可由入射光和出射光的斯托克斯矢量转换而来。$\boldsymbol{J}$ 和 δ 共有 9 个未知数，因此，若已知分别包含三个线性无关偏振态的 $\boldsymbol{V}_{\text{in}}$ 和 $\boldsymbol{V}_{\text{out}}$ 及标量波像差 ϕ，则可求解琼斯矩阵 $\boldsymbol{J}$。

如图 8-21 所示，标量波像差 ϕ 可在非偏振光照明条件下通过波前传感器测量；$\boldsymbol{V}_{\text{in}}$ 的三个入射偏振态可通过光刻照明系统产生，分别为 0°、90°和 45°线偏振光；相应 $\boldsymbol{V}_{\text{out}}$ 的三个出射偏振态可通过偏振态测量单元测得。因此，在不同偏振态照明条件下将 iPot 两个子系统测得的结果代入式(8.72)，可求解某一频域光瞳点对应的琼斯矩阵，并合成投影物镜的琼斯光瞳。

但是，式(8.72)对应的方程组是非线性的，在实际求解过程中，为简化运算，采用 JPN 基矩阵分解来表示琼斯矩阵。JPN 矩阵表示基于李代数，将 $GL(2,C)$李群表示的基矩阵通过对数运算映射到 $gl(2,C)$李环表示的基矩阵。忽略标量波像差，对式(8.72)取对数并将右式分为 $\boldsymbol{a}$ 和 $\boldsymbol{b}$ 两部分，得

$$\boldsymbol{j} = \boldsymbol{a} + \boldsymbol{b} = \log\left\{ \boldsymbol{V}_{\text{out}} \boldsymbol{V}_{\text{in}}^{-1} \right\} + \log\left\{ \boldsymbol{V}_{\text{in}} \begin{bmatrix} 0 & 0 \\ 0 & \mathrm{e}^{\mathrm{i}\delta} \end{bmatrix} \boldsymbol{V}_{\text{in}}^{-1} \right\} \tag{8.73}$$

用 8 个 JPN 基矩阵将上式分解(δ所在的矩阵恰好对应第四个基矩阵 $\boldsymbol{X}_4$ 的形式)，得到包含δ和八个 JPN 系数组 $j_0 \sim j_7$ 的线性方程

$$\begin{bmatrix} 1 & & & & & & & & -b_0/2 \\ & 1 & & & & & & & -b_1/2 \\ & & 1 & & & & & & -b_2/2 \\ & & & 1 & & & & & -b_3/2 \\ & & & & 1 & & & & -(b_4+1)/2 \\ & & & & & 1 & & & -b_5/2 \\ & & & & & & 1 & & -b_6/2 \\ & & & & & & & 1 & -b_7/2 \end{bmatrix} \begin{bmatrix} j_0 \\ j_1 \\ j_2 \\ j_3 \\ j_4 \\ j_5 \\ j_6 \\ j_7 \\ \delta \end{bmatrix} = \begin{bmatrix} a_0 \\ a_1 \\ a_2 \\ a_3 \\ a_4 \\ a_5 \\ a_6 \\ a_7 \end{bmatrix} \tag{8.74}$$

对每一频域光瞳点解此方程可得到八个 JPN 系数在频域光瞳面上的分布，即 JPN 光瞳形

式的偏振像差，并可转换为琼斯光瞳的形式。

与东芝公司提出的基于偏振掩模的检测技术相比，这一偏振像差检测技术可测量包含波像差和偏振像差信息的完整的琼斯光瞳，但其缺点是偏振像差的测量精度较低。该技术虽然基于椭偏测量原理，但仅通过设置三种照明偏振态来实现不同的起偏条件，没有冗余的多种起偏/检偏组合，以减小误差。同时，为检测任意出射偏振态，起到偏振片作用的偏振分光棱镜也需要旋转，而立方棱镜沿某一轴线的旋转难以精确控制，使得偏振像差的测量误差进一步增大[2]。

8.4.1.3 穆勒光瞳检测技术的测量误差分析[2,27]

基于椭偏测量的偏振像差检测方法通过多次旋转起偏和检偏端的偏振元件并测量投影物镜的一组光瞳像来计算穆勒光瞳形式的偏振像差，具有较高的检测精度。采用双旋波片方案的穆勒矩阵成像椭偏仪是这类方法的典型测量装置。在实际测量过程中，非理想的偏振片和波片、偏振元件的方位角误差以及图像传感器的噪声，均会影响穆勒光瞳和等效琼斯光瞳的测量精度。光刻成像系统对像差的检测和控制有极为严苛的要求。为尽可能地减小测量误差，首先需要建立椭偏仪各类误差源对测量结果影响的理论模型，且该模型应具有简单清晰的形式，据此可直观分析测量系统对各类误差的敏感程度，并对主要误差进行标定或补偿。本小节首先建立穆勒矩阵椭偏仪各类误差源的简化误差传递模型，并在此基础上分析各类误差对穆勒矩阵和等效琼斯矩阵测量的影响。

1. 椭偏仪误差源的简化分析方法

用于偏振像差检测的穆勒矩阵成像椭偏仪的结构如图 8-22 所示，其起偏端由光源 S、偏振片 P_1 和四分之一波片 Q_1 构成；检偏端由四分之一波片 Q_2、偏振片 P_2 和图像传感器 CCD 构成；样品部分由聚焦投透镜 L_1、投影物镜 PO 和准直透镜 L_2 构成。其中 L_1 和 L_2 的焦点分别位于投影物镜的物面和像面，其作用是对 PO 的频域光瞳进行傅里叶变换，从而使 CCD 的单个像素点对应 PO 的单个光瞳点。在测量时，Q_1 和 Q_2 按一定的角度比旋转，以产生不同的入射偏振态并检测相应的出射偏振态，通过求解所得的线性方程计算相应光瞳点的穆勒矩阵。

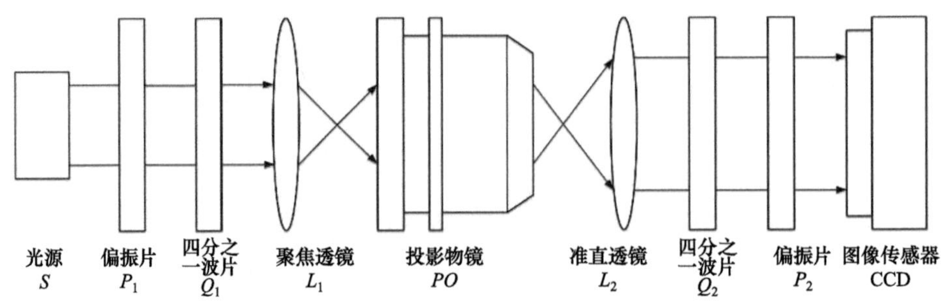

图 8-22 穆勒矩阵成像椭偏仪示意图

对于图像传感器的某一像素，测得的光强 I 与 $\boldsymbol{Q}_1$ 方位角 θ 的关系为

$$I(\theta)=\begin{bmatrix}1 & 0 & 0 & 0\end{bmatrix}\boldsymbol{P}_2\boldsymbol{Q}_2(k\theta)\boldsymbol{M}\boldsymbol{Q}_1(\theta)\boldsymbol{P}_1\boldsymbol{S}_0 \tag{8.75}$$

式中，$\boldsymbol{M}$ 为被测穆勒矩阵；$\boldsymbol{S}_0$ 为光源出射光的斯托克斯矢量，一般可视为非偏振光，即 $\boldsymbol{S}_0 = [1\ 0\ 0\ 0]^{\mathrm{T}}$；$\boldsymbol{P}_1$、$\boldsymbol{Q}_1$、$\boldsymbol{Q}_2$、$\boldsymbol{P}_2$ 依次为相应偏振元件的穆勒矩阵；k 为 $\boldsymbol{Q}_2$ 和 $\boldsymbol{Q}_1$ 旋转角的比，一般取 5。通过多个 I 值求解 $\boldsymbol{M}$ 有两种方式，恰好分别适用于系统误差源和随机误差源的分析。

第一种方法采用傅里叶级数拟合多个光强点分布，如图 8-23 所示。I 与 θ 的关系可表示为

$$I(\theta)=a_0+\sum_{i=1}^{12}a_{2i-1}\cos\left[T_i(k)\theta\right]+a_{2i}\sin\left[T_i(k)\theta\right] \tag{8.76}$$

式中，$T_i(k)$是第 i 个正弦项或余弦项对应的角度倍数，与 k 的取值有关，i 的取值范围为 1 到 12；a_0～a_{24} 表示常数项以及各正弦和余弦项的系数，即傅里叶级数的系数(简称为傅里叶系数)。这 24 个傅里叶系数均为穆勒矩阵 $\boldsymbol{M}$ 各元素的线性组合，写成方程组的形式在无误差时共有 16 个线性无关的方程，从而可求解 $\boldsymbol{M}$ 的 16 个元素。

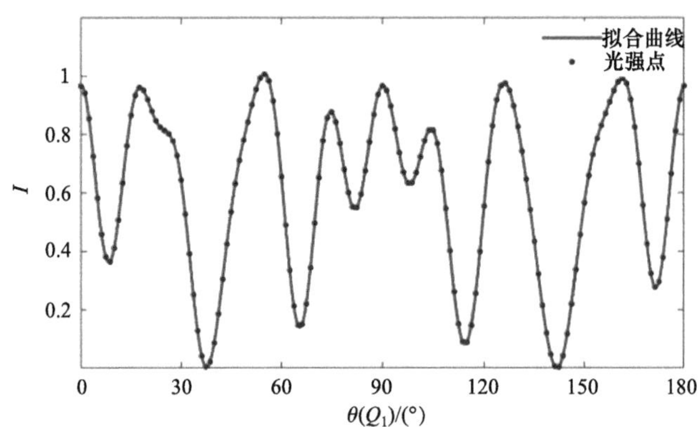

图 8-23　双旋波片椭偏仪测得的光强曲线

第二种方法是采用最小二乘法求多个光强值与穆勒矩阵各元素构成的超定方程组，即

$$\boldsymbol{I}=\boldsymbol{C}\,\mathrm{vec}(\boldsymbol{M})=\begin{bmatrix}\boldsymbol{K}(\theta_1)\\ \boldsymbol{K}(\theta_2)\\ \vdots\\ \boldsymbol{K}(\theta_n)\end{bmatrix}\begin{bmatrix}m_{11}\\ m_{21}\\ \vdots\\ m_{44}\end{bmatrix} \tag{8.77}$$

式中，$\boldsymbol{I}$ 是 n 次测量所得的光强值构成的列向量；$\boldsymbol{C}$ 是灵敏度系数矩阵，由 n 个系数行向量 $\boldsymbol{K}(\theta_1)$～$\boldsymbol{K}(\theta_n)$构成，每个 $\boldsymbol{K}$ 向量可由式(8.75)计算；θ_1～θ_n 是 n 次测量 $\boldsymbol{Q}_1$ 的方位角，一般为等间隔角；vec 是向量化运算符，表示对 $\boldsymbol{M}$ 各元素 m_{ij} 按列堆叠。通过最小二乘法求解 $\boldsymbol{M}$，即

$$\mathrm{vec}(\boldsymbol{M})=\boldsymbol{S}\boldsymbol{I},\quad \boldsymbol{S}=\left(\boldsymbol{C}^{\mathrm{T}}\boldsymbol{C}\right)^{-1}\boldsymbol{C}^{\mathrm{T}} \tag{8.78}$$

式中，$\boldsymbol{S}$ 是灵敏度系数矩阵 $\boldsymbol{C}$ 的最小二乘逆矩阵。

所有光瞳点上的穆勒矩阵均采用相同的求解方法，暂不考虑各元件误差空间分布的不均匀性以及非理想 L_1 和 L_2 的影响，因此后续的理论分析均基于单个穆勒矩阵的测量，且不对椭偏仪和成像椭偏仪加以区分。

1) 误差源的理论模型

表 8-6 给出了穆勒矩阵椭偏仪的主要误差源，包括六种系统误差源和两种随机误差源。在实际测量过程中，非理想的偏振元件、偏振元件的方位角误差以及图像传感器的噪声均会影响穆勒光瞳的测量精度。

表 8-6 穆勒矩阵椭偏仪的误差源

误差类型	元件	误差参数	典型值
系统误差	四分之一波片 Q_1, Q_2	相位延迟误差	$\delta=0.001\pi$
		偏振衰减误差	$\varepsilon=0.01$
		方位角误差	$\Delta\theta=0.1^\circ$
	偏振片 P_1, P_2	偏振衰减误差	$\varepsilon=0.01$
		相位延迟误差	$\delta=0.001\pi$
		方位角误差	$\Delta\theta=0.1^\circ$
随机误差(正态分布)	图像传感器 CCD	噪声	$\sigma(\Delta I)=0.003$
	Q_1, Q_2	方位角误差	$\sigma(\Delta\theta_R)=0.1^\circ$

系统误差主要来自非理想非对准的偏振片 P_1、P_2 和四分之一波片 Q_1、Q_2。对于这两种元件需考虑其偏振衰减误差δ、相位延迟误差 ε 和方位角误差 $\Delta\theta$，其含误差穆勒矩阵分别为

$$\boldsymbol{P}(\theta,\varepsilon,\delta,\Delta\theta)=\boldsymbol{R}(-\theta-\Delta\theta)\begin{bmatrix}\dfrac{1+\varepsilon^2}{2} & \dfrac{1-\varepsilon^2}{2} & 0 & 0\\ \dfrac{1-\varepsilon^2}{2} & \dfrac{1+\varepsilon^2}{2} & 0 & 0\\ 0 & 0 & \varepsilon\cos\delta & -\varepsilon\sin\delta\\ 0 & 0 & \varepsilon\sin\delta & \varepsilon\cos\delta\end{bmatrix}\boldsymbol{R}(\theta+\Delta\theta) \tag{8.79}$$

$$\boldsymbol{Q}(\theta,\varepsilon,\delta,\Delta\theta)=\boldsymbol{R}(-\theta-\Delta\theta)\begin{bmatrix}1-\dfrac{2\varepsilon-\varepsilon^2}{2} & -\dfrac{2\varepsilon-\varepsilon^2}{2} & 0 & 0\\ -\dfrac{2\varepsilon-\varepsilon^2}{2} & 1-\dfrac{2\varepsilon-\varepsilon^2}{2} & 0 & 0\\ 0 & 0 & (\varepsilon-1)\sin\delta & (\varepsilon-1)\cos\delta\\ 0 & 0 & (1-\varepsilon)\cos\delta & (\varepsilon-1)\sin\delta\end{bmatrix}\boldsymbol{R}(\theta+\Delta\theta) \tag{8.80}$$

其中，$\boldsymbol{R}(\theta)$表示坐标轴旋转的穆勒矩阵，表达式为

$$\boldsymbol{R}(\theta)=\begin{bmatrix}1 & 0 & 0 & 0\\ 0 & \cos(2\theta) & \sin(2\theta) & 0\\ 0 & -\sin(2\theta) & \cos(2\theta) & 0\\ 0 & 0 & 0 & 1\end{bmatrix} \tag{8.81}$$

式(8.79)和式(8.80)所表示的含误差元件模型将作为后续误差分析公式推导的基础。表 8-6 给出了δ、ε 和 $\Delta\theta$ 三种误差的典型值。为简化并方便比较不同元件同类误差的影响，假设起偏和检偏元件的误差参数相等或只是正负号不同，偏振片和四分之一波片的误差参数相等。

随机误差主要来自图像传感器的噪声。图像传感器的噪声主要来源于散粒噪声，捕获的光子数量符合参数为 λ 的泊松分布。但是，由于图像传感器的单像素势阱深在 100ke 数量级(对应 λ 较大)，散粒噪声引起的光强误差 ΔI 可近似看作正态分布。此外，四分之一波片 Q_1 和 Q_2 在测量过程中多次旋转，其方位角误差除了系统误差 $\Delta\theta$ 外还应考虑随机误差 $\Delta\theta_R$。虽然 ΔI 和 $\Delta\theta_R$ 的期望均为 0，但两者的方差到各个穆勒矩阵元素方差的传递系数并不相同，因此仍有对其进行理论分析和建模的必要。

2) 系统误差源分析方法

A. 波片的相位延迟误差分析

位于起偏和检偏端的四分之一波片 Q_1 和 Q_2 通常采用相同元件。为从数量级上分析这类误差的影响并与其他误差相比较，假设 Q_1 和 Q_2 的相位延迟误差δ大小相等且符号相同。在相位延迟误差的干扰下，实测光强曲线函数 $I'(\theta)$可表示为

$$I'(\theta)=\begin{bmatrix}a_0(\boldsymbol{M},\delta)\\ a_1(\boldsymbol{M},\delta)\\ a_2(\boldsymbol{M},\delta)\\ \vdots\\ a_{23}(\boldsymbol{M},\delta)\\ a_{24}(\boldsymbol{M},\delta)\end{bmatrix}^{\mathrm{T}}\begin{bmatrix}1\\ \cos[T_1(k)\theta]\\ \sin[T_1(k)\theta]\\ \vdots\\ \cos[T_{12}(k)\theta]\\ \sin[T_{12}(k)\theta]\end{bmatrix} \tag{8.82}$$

式中，$\boldsymbol{M}$ 代表原始的被测的穆勒矩阵，即每一个傅里叶系数均为 $\boldsymbol{M}$ 各元素的线性组合，且在误差源的干扰下这些线性组合的系数与δ有关。式(8.82)表示δ误差到傅里叶系数 $a_0\sim a_{24}$ 再到实测光强分布 I'的正向传递过程。穆勒矩阵的逆向求解过程与之对称，即先将 I'分解为各傅里叶系数再在理想无误差的条件下求解测得的穆勒矩阵 $\boldsymbol{M}'$，该过程可表示为

$$I'(\theta)=\begin{bmatrix}a_0(\boldsymbol{M}')\\ a_1(\boldsymbol{M}')\\ a_2(\boldsymbol{M}')\\ \vdots\\ a_{23}(\boldsymbol{M}')\\ a_{24}(\boldsymbol{M}')\end{bmatrix}^{\mathrm{T}}\begin{bmatrix}1\\ \cos[T_1(k)\theta]\\ \sin[T_1(k)\theta]\\ \vdots\\ \cos[T_{12}(k)\theta]\\ \sin[T_{12}(k)\theta]\end{bmatrix} \tag{8.83}$$

在实际测量过程中，$\boldsymbol{M}$ 和δ的正向传递与 $\boldsymbol{M}'$的逆向求解基于相等的实测光强点 I'_1, $I'_2, \cdots, I'_n$。考虑一个更充分的条件 $a_0(\boldsymbol{M}, \delta)=a_0(\boldsymbol{M}'), a_1(\boldsymbol{M}, \delta)=a_1(\boldsymbol{M}'), \cdots, a_{24}(\boldsymbol{M}, \delta)=a_{24}(\boldsymbol{M}')$，即正向逆向过程对应的傅里叶系数一一相等。在这种条件下可以消去傅里叶系数变量，联立并求解 25 个方程，从而直接建立 $\boldsymbol{M}'$与 $\boldsymbol{M}$ 和δ的关系。不过这一设想存在两个问题：

(1) 在一般情况下所得方程为超定方程组，无严格解。本小节讨论的偏振衰减误差 ε 方程组恰好有唯一解，但对于上面讨论的相位延迟误差δ和方位角误差 $\Delta\theta$ 原始方程组均无解；

(2) 即使方程组有唯一解，但 $\boldsymbol{M}'$的表达式复杂，也无法直观看出误差的传递规律。

为解决以上问题，采用一种非严格一阶近似的傅里叶系数匹配方法，以得到形式简单且较为准确的误差模型。对于傅里叶系数一一匹配得到的原始方程组，一方面，舍弃理想傅里叶系数为零的方程或合并两两矛盾的方程，从而使方程组有唯一解；另一方面，对误差源只考虑相应参数的一次项，以简化误差模型的公式表达。

令 $s_1=\sin(\delta)$、$c_1=\cos(\delta)$，则 $a_0(\boldsymbol{M}, \delta)\sim a_{24}(\boldsymbol{M}, \delta)$的表达式如表 8-7 所示。将表 8-7 第三列中 s_1 的二次项置零，同时令 c_1 置一，得到第四列的简化表达式。

表 8-7　含波片相位延迟误差的光强傅里叶系数

序号	条件	傅里叶系数	近似系数
0	1	$m_{11}/4+(1-s_1)(m_{12}+m_{21})/8+(1-s_1)^2 m_{22}/16$	$m_{11}/4+(1-s_1)(m_{12}+m_{21})/8+(1-2s_1)m_{22}/16$
1	$\cos(2\theta)$	0	0
2	$\sin(2\theta)$	$-c_1 m_{14}/4-c_1(1-s_1)m_{24}/8$	$-m_{14}/4-(1-s_1)m_{24}/8$
3	$\cos(2k\theta)$	0	0
4	$\sin(2k\theta)$	$c_1 m_{41}/4+c_1(1-s_1)m_{42}/8$	$m_{41}/4+(1-s_1)m_{42}/8$
5	$\cos[2(1+k)\theta]$	$c_1^2 m_{44}/8$	$m_{44}/8$
6	$\sin[2(1+k)\theta]$	0	0
7	$\cos[2(1-k)\theta]$	$-c_1^2 m_{44}/8$	$-m_{44}/8$
8	$\sin[2(1-k)\theta]$	0	0
9	$\cos(4\theta)$	$(1-s_1^2)m_{22}/16+(1+s_1)m_{12}/8$	$m_{22}/16+(1+s_1)m_{12}/8$
10	$\sin(4\theta)$	$(1-s_1^2)m_{23}/16+(1+s_1)m_{13}/8$	$m_{23}/16+(1+s_1)m_{13}/8$
11	$\cos(4k\theta)$	$(1-s_1^2)m_{22}/16+(1+s_1)m_{21}/8$	$m_{22}/16+(1+s_1)m_{21}/8$
12	$\sin(4k\theta)$	$(1-s_1^2)m_{32}/16+(1+s_1)m_{31}/8$	$m_{32}/16+(1+s_1)m_{31}/8$
13	$\cos[4(1+k)\theta]$	$(1+s_1)^2(m_{22}-m_{33})/32$	$(1+s_1)(m_{22}-m_{33})/32$
14	$\sin[4(1+k)\theta]$	$(1+s_1)^2(m_{23}+m_{32})/32$	$(1+2s_1)(m_{23}+m_{32})/32$
15	$\cos[4(1-k)\theta]$	$(1+s_1)^2(m_{22}+m_{33})/32$	$(1+2s_1)(m_{22}+m_{33})/32$
16	$\sin[4(1-k)\theta]$	$(1+s_1)^2(m_{23}-m_{32})/32$	$(1+2s_1)(m_{23}-m_{32})/32$
17	$\cos[2(1+2k)\theta]$	$c_1(1+s_1)m_{34}/16$	$(1+s_1)m_{34}/16$
18	$\sin[2(1+2k)\theta]$	$-c_1(1+s_1)m_{24}/16$	$-(1+s_1)m_{24}/16$
19	$\cos[2(1-2k)\theta]$	$-c_1(1+s_1)m_{34}/16$	$-(1+s_1)m_{34}/16$
20	$\sin[2(1-2k)\theta]$	$-c_1(1+s_1)m_{24}/16$	$-(1+s_1)m_{24}/16$
21	$\cos[2(2+k)\theta]$	$-c_1(1+s_1)m_{43}/16$	$-(1+s_1)m_{43}/16$

续表

序号	条件	傅里叶系数	近似系数
22	$\sin[2(2+k)\theta]$	$c_1(1+s_1)m_{42}/16$	$(1+s_1)m_{42}/16$
23	$\cos[2(2-k)\theta]$	$c_1(1+s_1)m_{43}/16$	$(1+s_1)m_{43}/16$
24	$\sin[2(2-k)\theta]$	$-c_1(1+s_1)m_{42}/16$	$-(1+s_1)m_{42}/16$

在一阶近似的条件下，表 8-7 中的绿色高亮部分表示不受误差δ影响的系数。可以看出只有穆勒矩阵的 m_{44} 元素对应的系数不受此类误差影响，而其他系数在δ的影响下一般变为自身或自身一部分项的$(1+s_1)$倍。需要注意的是，穆勒矩阵各元素的大小往往有较大差异。对于本书研究的小像差系统，如光刻投影物镜系统，所有光瞳点的穆勒矩阵接近单位矩阵，即只有主对角线元素 m_{11}、m_{22}、m_{33}、m_{44} 接近 1，而其他元素至少要小一个数量级。在这种情况下，若某一傅里叶系数包含 s_1 与主对角线元素的乘积(表 8-7 中的黄色和蓝色高亮部分)，则该系数受δ影响较大。对于黄色高亮部分所在的 a_1，其作用是与 a_9 和 a_{10} 联立求解 m_{12} 和 m_{21}。两者本身的值均远小于 m_{22}，但相应的误差却包含 m_{22} 与 s_1 的乘积，因此 s_1 误差在传递到 m_{12} 和 m_{21} 误差的过程中被明显放大。而对于蓝色高亮部分所在的 a_{13} 和 a_{15}，其作用仍是求主对角线元素 m_{22} 和 m_{33}，因此相对误差并不明显。

将表 8-7 第四列中 $\boldsymbol{M}$ 各元素和 s_1 分别替换为 $\boldsymbol{M}'$各元素和 0，通过傅里叶系数一一匹配列出并求解方程组。由于误差δ只引起傅里叶系数的相对变化，方程组恰好有唯一解。最终得到波片相位延迟误差影响下的穆勒矩阵误差 $\Delta\boldsymbol{M}_{\text{q-ret}}$ 的表达式为

$$\Delta\boldsymbol{M}_{\text{q-ret}}=\begin{bmatrix}-m_{12}-m_{21} & m_{12}-m_{22} & m_{13}-m_{23} & -m_{24}\\ m_{21}-m_{22} & 2m_{22} & 2m_{23} & m_{24}\\ m_{31}-m_{32} & 2m_{32} & 2m_{33} & m_{34}\\ -m_{42} & m_{42} & m_{43} & 0\end{bmatrix}s_1 \tag{8.84}$$

所得穆勒矩阵误差 $\Delta\boldsymbol{M}$ 的表达式为形式简单的 $\boldsymbol{M}$ 各元素的线性组合与 s_1 的乘积。从式(8.84)可直观地看出，系统误差源引入的穆勒矩阵误差与原始穆勒矩阵紧密相关。穆勒矩阵元素误差 Δm_{12} 和 Δm_{21} 的系数包含主对角线元素 m_{22}，说明误差δ会使 m_{12} 和 m_{21} 受较大的影响，对其余元素只引起不明显的相对变化。

B. 波片的偏振衰减误差和方位角误差分析

对于四分之一波片 Q_1 和 Q_2 的偏振衰减误差 ε 和方位角误差 $\Delta\theta$，同样采用简化分析方法推导误差传递公式。首先，令 $s_2=\varepsilon$，$s_3=\sin(2\Delta\theta)$，采用一阶近似分别得到δ和 $\Delta\theta$ 对应的傅里叶系数，如表 8-8 的第三列和第四列所示。

从表 8-8 中可看出，误差 ε 会使所有傅里叶系数发生改变，且引起各傅里叶系数相对于自身的变化。而误差 $\Delta\theta$ 不会改变 a_0、a_2、a_4、a_5、a_7、a_{15}、a_{16}，但会使其他傅里叶系数发生与对偶系数成比例的变化而非相对于自身的变化，如 $a_9'=a_9+2s_3a_{10}$，$a_{10}'=a_{10}-2s_3a_9$。

与误差δ不同，无论是对于误差 ε 还是误差 $\Delta\theta$，严格匹配傅里叶系数所得的方程组均无解。分析其原因：一方面，原本为零的 a_1、a_3、a_6、a_8 系数在误差源影响下变为非

零表达式，从而使方程组多出四个(误差 ε)或三个(误差 $\Delta\theta$)约束条件；另一方面，原本只差正负号的四对系数 a_{17} 和 a_{19}、a_{18} 和 a_{20}、a_{21} 和 a_{23} 以及 a_{22} 和 a_{24} 在误差源影响下均加上同一个量(误差 ε)或加减不同的量(误差 $\Delta\theta$)，从而使含误差的四对系数等式两两相矛盾。表 8-8 中的红色字体标出了使方程组从唯一解变为无解的部分。

表 8-8　含波片偏振衰减误差和方位角误差的光强傅里叶系数

序号	条件	傅里叶系数	近似系数
0	1	$(1-2s_2)\,[m_{11}/4+(m_{12}+m_{21})/8+m_{22}/16]$	$m_{11}/4+(m_{12}+m_{21})/8+m_{22}/16$
1	$\cos(2\theta)$	$s_2\,(m_{11}/4+m_{12}/4+m_{21}/8+m_{22}/8)$	$-s_3\,(m_{14}/4+m_{24}/8)$
2	$\sin(2\theta)$	$-(m_{14}/4+m_{24}/8)+s_2\,(m_{14}/2+m_{24}/4+m_{13}/4+m_{23}/8)$	$-(m_{14}/4+m_{24}/8)$
3	$\cos(2k\theta)$	$s_2\,(m_{11}/4+m_{21}/4+m_{12}/8+m_{22}/8)$	$s_3\,(m_{41}/4+m_{42}/8)$
4	$\sin(2k\theta)$	$(m_{41}/4+m_{42}/8)-s_2\,(m_{41}/2+m_{42}/4-m_{31}/4-m_{32}/8)$	$(m_{41}/4+m_{42}/8)$
5	$\cos[2(1+k)\theta]$	$m_{44}/8-s_2\,(m_{44}/4-m_{34}/8+m_{43}/8)$	$m_{44}/8$
6	$\sin[2(1+k)\theta]$	$-s_2\,(m_{14}/8+m_{24}/8-m_{41}/8-m_{42}/8)$	$-s_3m_{44}/4$
7	$\cos[2(1-k)\theta]$	$-m_{44}/8+s_2\,(m_{44}/4-m_{34}/8+m_{43}/8)$	$-m_{44}/8$
8	$\sin[2(1-k)\theta]$	$-s_2\,(m_{14}/8+m_{24}/8+m_{41}/8+m_{42}/8)$	0
9	$\cos(4\theta)$	$(1-2s_2)\,(m_{12}/8+m_{22}/16)$	$(m_{12}/8+m_{22}/16)+s_3\,(m_{13}/4+m_{23}/8)$
10	$\sin(4\theta)$	$(1-2s_2)\,(m_{13}/8+m_{23}/16)$	$(m_{13}/8+m_{23}/16)-s_3\,(m_{12}/4+m_{22}/8)$
11	$\cos(4k\theta)$	$(1-2s_2)\,(m_{21}/8+m_{22}/16)$	$(m_{21}/8+m_{22}/16)+s_3\,(m_{31}/4+m_{32}/8)$
12	$\sin(4k\theta)$	$(1-2s_2)\,(m_{31}/8+m_{32}/16)$	$(m_{31}/8+m_{32}/16)-s_3\,(m_{21}/4+m_{22}/8)$
13	$\cos[4(1+k)\theta]$	$(1-2s_2)\,(m_{22}-m_{33})/32$	$(m_{22}-m_{33})/32+s_3\,(m_{23}+m_{32})/8$
14	$\sin[4(1+k)\theta]$	$(1-2s_2)\,(m_{23}+m_{32})/32$	$(m_{23}+m_{32})/32-s_3\,(m_{22}-m_{33})/8$
15	$\cos[4(1-k)\theta]$	$(1-2s_2)\,(m_{22}+m_{33})/32$	$(m_{22}+m_{33})/32$
16	$\sin[4(1-k)\theta]$	$(1-2s_2)\,(m_{23}-m_{32})/32$	$(m_{23}-m_{32})/32$
17	$\cos[2(1+2k)\theta]$	$m_{34}/16-s_2\,(m_{34}/8+m_{33}/16-m_{21}/16-m_{22}/16)$	$m_{34}/16-3s_3m_{24}/16$
18	$\sin[2(1+2k)\theta]$	$-m_{24}/16+s_2\,(m_{24}/8+m_{23}/16+m_{31}/16+m_{32}/16)$	$-m_{24}/16-3s_3m_{34}/16$
19	$\cos[2(1-2k)\theta]$	$-m_{34}/16+s_2\,(m_{34}/8+m_{33}/16+m_{21}/16+m_{22}/16)$	$-m_{34}/16+s_3m_{24}/16$
20	$\sin[2(1-2k)\theta]$	$-m_{24}/16+s_2\,(m_{24}/8+m_{23}/16-m_{31}/16-m_{32}/16)$	$-m_{24}/16-s_3m_{34}/16$
21	$\cos[2(2+k)\theta]$	$-m_{43}/16+s_2\,(m_{43}/8-m_{33}/16+m_{12}/16+m_{22}/16)$	$-m_{43}/16+3s_3m_{42}/16$
22	$\sin[2(2+k)\theta]$	$m_{42}/16-s_2\,(m_{42}/8-m_{32}/16-m_{13}/16-m_{23}/16)$	$m_{42}/16+3s_3m_{43}/16$
23	$\cos[2(2-k)\theta]$	$m_{43}/16-s_2\,(m_{43}/8-m_{33}/16-m_{12}/16-m_{22}/16)$	$m_{43}/16-s_3m_{42}/16$
24	$\sin[2(2-k)\theta]$	$-m_{42}/16+s_2\,(m_{42}/8-m_{32}/16+m_{13}/16+m_{23}/16)$	$-m_{42}/16-s_3m_{43}/16$

在这两种情况下需使用非严格的匹配方法，首先舍弃新增的 a_1、a_3、a_6、a_8 误差表达式对应的方程；其次对于误差 ε 引入的改变，将四对系数 a_{17} 和 a_{19}、a_{18} 和 a_{20}、a_{21} 和 a_{23} 以及 a_{22} 和 a_{24} 的表达式中含 s_2 且两两互为正负的部分保留，含 s_2 且两两相等的部分舍弃。另外，对于误差 $\Delta\theta$ 引入的改变，将四对系数的表达式中的含 $-3s_3$ 和 s_3 项分别平均化为 $-2s_3$ 和 $-2s_3$ 项，含 $3s_3$ 和 $-s_3$ 项分别平均化为 $2s_3$ 和 $2s_3$ 项。求解近似匹配后得到的方程组，所得波片偏振衰减和方位角误差影响下的穆勒矩阵误差 $\Delta\boldsymbol{M}_{q\text{-dia}}$ 和 $\Delta\boldsymbol{M}_{q\text{-}\theta}$ 的表达

式分别为

$$\Delta \boldsymbol{M}_{q\text{-dia}} = -\begin{bmatrix} 2m_{11} & 2m_{12} & 2m_{13} & m_{13}+2m_{14} \\ 2m_{21} & 2m_{22} & 2m_{23} & m_{23}+2m_{24} \\ 2m_{31} & 2m_{32} & 2m_{33} & m_{33}+2m_{34} \\ -m_{31}+2m_{41} & -m_{32}+2m_{42} & -m_{33}+2m_{43} & -m_{34}+m_{43}+2m_{44} \end{bmatrix} s_2 \tag{8.85}$$

以及

$$\Delta \boldsymbol{M}_{q\text{-}\theta} = \begin{bmatrix} -m_{13}-m_{31} & 2m_{13}-m_{32} & -2m_{12}-m_{33} & -m_{34} \\ -m_{23}+2m_{31} & 2m_{23}+2m_{32} & -2m_{22}+2m_{33} & 2m_{34} \\ -2m_{21}-m_{33} & -2m_{22}+2m_{33} & -2m_{23}-2m_{32} & -2m_{24} \\ -m_{43} & 2m_{43} & -2m_{42} & 0 \end{bmatrix} s_3 \tag{8.86}$$

表 8-8 中反映偏振衰减误差 ε 的第三列系数共有 11 项，包含 s_2 与主对角线元素的乘积，不过其中蓝色高亮的 7 项均只引起主对角线元素的相对变化，只有黄色高亮的 4 项(两两互为正负，实际只有两项有效)会使穆勒矩阵非主对角线元素误差 Δm_{34} 和 Δm_{43} 的系数包含主对角线元素 m_{33}，即 s_2 误差在传递到 m_{34} 和 m_{43} 误差的过程中会被明显放大。从式(8.85)也可以看出这两个元素受 s_2 较大的影响，而且由于 ε 误差一般只引起傅里叶系数的相对变化，$\Delta \boldsymbol{M}_{q\text{-dia}}$ 表达式的左上 3×3 子块均是 $2s_2$ 与对应元素乘积的规则形式。此外，误差 ε 一般使 $\boldsymbol{M}$ 各元素减小，而误差 δ 一般使 $\boldsymbol{M}$ 各元素增大，两者共同作用会相互抵消。

表 8-8 中反映方位角误差 $\Delta\theta$ 的第四列系数只有 3 项包含 s_3 与主对角线元素的乘积，其中蓝色高亮的是主对角线元素之差 $m_{22}-m_{33}$，对 a_{14} 或 m_{23} 和 m_{32} 影响不大，而黄色高亮的 2 项会使 Δm_{13} 和 Δm_{31} 的系数包含主对角线元素 m_{33}，从而明显放大 s_3 的影响。从式 (8.86)也可以看出 m_{13} 和 m_{31} 受 s_3 影响较大，而且由于误差 $\Delta\theta$ 引起傅里叶系数的变化与对偶系数而非自身系数相关，$\Delta \boldsymbol{M}_{q\text{-}\theta}$ 中某一元素的系数均不包含 $\boldsymbol{M}$ 中相同位置对应的元素。如 $\Delta m_{12} = (2m_{13}-m_{32})\, s_3$，而不像误差 ε 引起的 $\Delta m_{12} = -2m_{12}\, s_2$。此外，$m_{44}$ 且仅有 m_{44}，不受 $\Delta\theta$ 误差影响，这与误差 δ 的情况一致。

对于四分之一波片，三种误差源造成的穆勒矩阵误差均与原始穆勒矩阵相关，且误差在同一数量级。在这三种情况下原始穆勒矩阵分别有两个非主对角线元素(m_{12} 和 m_{21}、m_{34} 和 m_{43} 以及 m_{13} 和 m_{31})受误差源影响较大，其原因是误差传递系数包含接近 1 的主对角线元素。

C. 偏振片的三种系统误差分析

对于偏振片 P_1 和 P_2 的三种系统误差，同样采用简化分析方法推导误差传递公式。对于偏振片方位角误差 $\Delta\theta$、偏振衰减误差 ε 和相位延迟误差 δ 引起的穆勒矩阵误差 $\Delta \boldsymbol{M}_{p\text{-}\theta}$、$\Delta \boldsymbol{M}_{p\text{-dia}}$ 和 $\Delta \boldsymbol{M}_{p\text{-ret}}$，其表达式分别为

$$\Delta \boldsymbol{M}_{p\text{-}\theta} = \begin{bmatrix} m_{13}+m_{31} & -m_{13}+m_{32} & m_{12}+m_{33} & m_{34} \\ m_{23}-m_{31} & -m_{23}-m_{32} & m_{22}-m_{33} & -m_{34} \\ m_{21}+m_{33} & m_{22}-m_{33} & m_{23}+m_{32} & m_{24} \\ m_{43} & -m_{43} & m_{42} & 0 \end{bmatrix} s_3 \tag{8.87}$$

$$\Delta \boldsymbol{M}_{p\text{-dia}} = -\begin{bmatrix} -m_{11} & 0 & 0 & 0 \\ 0 & m_{22} & m_{23} & m_{24} \\ 0 & m_{32} & m_{33} & m_{34} \\ 0 & m_{42} & m_{43} & m_{44} \end{bmatrix} 2s_2^2 \tag{8.88}$$

$$\Delta \boldsymbol{M}_{p\text{-ret}} = \begin{bmatrix} 0 & 0 & 0 & 0 \\ 0 & 0 & 0 & 0 \\ 0 & 0 & 0 & 0 \\ 0 & 0 & 0 & 0 \end{bmatrix} s_1 \tag{8.89}$$

采用三种误差倒序的原因是三者的数量级依次递减：$\Delta\boldsymbol{M}_{p\text{-}\theta}$与 s_3 成正比，$\Delta\boldsymbol{M}_{p\text{-dia}}$只包含 s_3 的二次项，而 $\Delta\boldsymbol{M}_{p\text{-ret}}$恒为零。

对于误差 $\Delta\theta$，$\Delta\boldsymbol{M}_{p\text{-}\theta}$表达式的形式与 $\Delta\boldsymbol{M}_{q\text{-}\theta}$类似，且 $\Delta\boldsymbol{M}_{q\text{-}\theta}$右下的 3×3 子块恰好为 $\Delta\boldsymbol{M}_{p\text{-}\theta}$右下子块的–2 倍,即两者共同作用下 $\boldsymbol{M}$ 右下 3×3 子块的元素误差会以 1 : 2 的比例相互抵消。对于误差 ε，由于偏振片的起偏过程是从非偏振光中按两个正交偏振基 $1:\varepsilon^2$ 的强度比产生线偏振光，故所得线偏振光的斯托克斯参量不包含 ε 的一次项。同理，偏振片的检偏过程最终得到的 $\Delta\boldsymbol{M}_{p\text{-dia}}$只包含 s_3 的二次项。对于误差δ，由于非偏振光可分解为两个相位无关或相位随机的正交偏振基，故起偏偏振片的相位延迟误差不会起任何作用。同理，偏振片的检偏过程最终得到的 $\Delta\boldsymbol{M}_{p\text{-ret}}$恒为零。因此，一般只需考虑偏振片方位角误差 $\Delta\theta$ 的影响，且该影响整体小于四分之一波片方位角误差 $\Delta\theta$ 的影响。

3) 随机误差源分析方法

A. 图像传感器噪声的分析

除了傅里叶系数分析方法，通过式(8.77)的光强方程组可看出，随机误差源分为影响光强向量 $\boldsymbol{I}$ 或影响灵敏度系数矩阵 $\boldsymbol{C}$ 两类。对于随机光强形式的误差源 $\Delta\boldsymbol{I}$，根据式(8.78)，$\Delta\boldsymbol{I}$ 传递到 $\Delta\boldsymbol{M}$ 的表达式为

$$\operatorname{vec}(\Delta\boldsymbol{M}) = \boldsymbol{S}\Delta\boldsymbol{I} \tag{8.90}$$

即 $\Delta\boldsymbol{M}$ 与 $\Delta\boldsymbol{I}$ 具有简单的线性传递关系，且传递系数矩阵 $\boldsymbol{S}$ 与原始穆勒矩阵 $\boldsymbol{M}$ 无关。随机误差的期望可认为是 0，一般用方差或标准差表示误差源参数。若$\langle\cdots\rangle$表示统计平均，则式(8.90)可表示为误差协方差传递的形式

$$\left\langle \operatorname{vec}(\Delta\boldsymbol{M})_i \operatorname{vec}(\Delta\boldsymbol{M})_j \right\rangle = \sum_{p,q} \boldsymbol{S}_{i,p}\boldsymbol{S}_{j,q} \left\langle \Delta\boldsymbol{I}_p \Delta\boldsymbol{I}_q \right\rangle \tag{8.91}$$

式中，p 和 q 是光强误差向量 $\Delta\boldsymbol{I}$ 的下标，范围是 1 到测量次数 n；i 和 j 是穆勒矩阵误差向量 vec($\Delta\boldsymbol{M}$)的下标，范围是 1～16。式(8.91)表示不同次测量对应的 $\Delta\boldsymbol{I}$ 各分量之间的协方差传递至 $\Delta\boldsymbol{M}$ 各元素之间协方差的过程。

若 $\Delta\boldsymbol{I}$ 来源于图像传感器的噪声，可认为图像传感器某像素的不同次光强测量相互独立，且每一次测量误差的方差均等于传感器整体噪声的方差，即 $\left\langle \Delta I_p^2 \right\rangle = \sigma^2(\Delta I)$ 且 $\left\langle \Delta I_p \Delta I_q \right\rangle_{p\neq q} = 0$。

令 $r_1=\sigma(\Delta I)$，则在图像传感器噪声的影响下穆勒矩阵误差 $\Delta \boldsymbol{M}_{\mathrm{I}}$ 的标准差的表达式为

$$\sigma\left[\operatorname{vec}\left(\Delta \boldsymbol{M}_{\mathrm{I}}\right)\right]=\sqrt{\operatorname{diag}\left(\boldsymbol{S}^{\mathrm{T}} \boldsymbol{S}\right)} r_1 \tag{8.92}$$

其中，diag 运算表示对矩阵只保留主对角线上的元素。上式表明，$\boldsymbol{M}$ 每一个元素误差的标准差均只与误差源参数 r_1 线性相关，而线性系数的分布只与测量方案有关。假如 Q_1 和 Q_2 的角度比为 1:6，测量次数 n=144，则各元素对应的线性系数为

$$\begin{bmatrix} 0.50 & 0.82 & 0.82 & 0.41 \\ 0.82 & 1.33 & 1.33 & 0.67 \\ 0.82 & 1.33 & 1.33 & 0.67 \\ 0.41 & 0.67 & 0.67 & 0.33 \end{bmatrix} \tag{8.93}$$

可以看出，随机噪声误差的标准差传递系数整体分布较为均匀，不会像三种系统误差源那样出现某两个位置误差源参数被明显放大的情况。此外，系数矩阵中间 2×2 子块的值整体最大，四角元素的值整体最小，四边元素的值居中，这是双旋波片测量方案的一般规律。

B. 波片的随机方位角误差分析

对于系统误差，除了对正向过程和逆向过程对应的傅里叶系数表达式进行分析外，还可直接对比正向和逆向过程对应的光强方程组，即将式(8.77)写为

$$(\boldsymbol{C}+\Delta \boldsymbol{C}) \operatorname{vec}(\boldsymbol{M})=\boldsymbol{I}'=\boldsymbol{C} \operatorname{vec}(\boldsymbol{M}+\Delta \boldsymbol{M}) \tag{8.94}$$

式中，系统误差源首先传递到灵敏度系数矩阵误差 $\Delta\boldsymbol{C}$ 中，再引起穆勒矩阵误差 $\Delta\boldsymbol{M}$。$\Delta\boldsymbol{C}$ 到 $\Delta\boldsymbol{M}$ 的传递关系为

$$\operatorname{vec}(\Delta \boldsymbol{M})=(\boldsymbol{S} \Delta \boldsymbol{C}) \operatorname{vec}(\boldsymbol{M}) \tag{8.95}$$

与基于傅里叶系数匹配法所得的公式相比，$\boldsymbol{S}\Delta\boldsymbol{C}$ 包含了误差源的参数和对 $\boldsymbol{M}$ 的线性变换。虽然傅里叶系数匹配法在分析影响 $\boldsymbol{C}$ 的系统误差源时非常直观，但该方法无法分析影响 $\boldsymbol{C}$ 的随机误差源。这是因为随机误差源产生的影响无法以解析形式代入傅里叶级数表示的光强曲线中。如果采用传递矩阵法，$\boldsymbol{S}\Delta\boldsymbol{C}$ 与影响 $\boldsymbol{C}$ 的误差(如方位角误差)的关系式又极为复杂。不过对于随机方位角误差等特殊误差，可将这种影响 $\boldsymbol{C}$ 的随机误差源等效转化为影响 $\boldsymbol{I}$ 的误差源并得到近似的统计模型。

对式(8.95)改变变量的结合顺序，可写为

$$\operatorname{vec}(\Delta \boldsymbol{M})=\boldsymbol{S}[\Delta \boldsymbol{C} \operatorname{vec}(\boldsymbol{M})]=\boldsymbol{S} \Delta \boldsymbol{I}_{\mathrm{eq}} \tag{8.96}$$

即 $\Delta\boldsymbol{C}$ 与 vec($\boldsymbol{M}$)的乘积 $\Delta\boldsymbol{I}_{\mathrm{eq}}$ 如果期望为 0 且方差为不随 $\boldsymbol{M}$ 变化的固定值，则 $\Delta\boldsymbol{I}_{\mathrm{eq}}$ 可等效成传感器噪声。为证明随机方位角误差近似满足上述条件，令 $s_{31}=\sin(2\Delta\theta_{\mathrm{R}})$ 和 $s_{32}=\sin(2\Delta\theta_{\mathrm{R}})$ 分别代表两个四分之一波片 Q_1 和 Q_2 方位角的误差参数。将表 8-8 第四列傅里叶系数的表达式中的 s_3 替换为 s_{31} 和 s_{32} 的形式，对于矩阵 $\Delta\boldsymbol{C}$ 中以 θ 为变量的任意

一行向量 $\Delta\boldsymbol{K}$，$\Delta\boldsymbol{K}$ 与 vec($\boldsymbol{M}$)的乘积可以表示为

$$\begin{aligned}\Delta\boldsymbol{K}\,\mathrm{vec}(\Delta\boldsymbol{M})=&-\frac{T_1s_{31}}{8}(2m_{14}+m_{24})+\frac{T_3s_{32}}{8}(2m_{41}+m_{42})-\frac{T_6(s_{31}+s_{32})}{8}m_{44}+\frac{T_9(s_{31}-s_{32})}{8}m_{44}\\&+\frac{T_{10}s_{31}}{8}(2m_{13}+m_{23})-\frac{T_{11}s_{31}}{8}(2m_{12}+m_{22})+\frac{T_{12}s_{32}}{8}(2m_{31}+m_{32})-\frac{T_{13}s_{32}}{8}(2m_{21}+m_{22})\\&+T_{14}\left(\frac{s_{31}}{16}(m_{23}+m_{32})+\frac{s_{32}}{16}(m_{23}+m_{32})\right)+T_{15}\left(-\frac{s_{31}}{16}(m_{22}-m_{33})-\frac{s_{32}}{16}(m_{22}-m_{33})\right)\\&+T_{16}\left(\frac{s_{31}}{16}(m_{23}-m_{32})-\frac{s_{32}}{16}(m_{23}-m_{32})\right)+T_{17}\left(-\frac{s_{31}}{16}(m_{22}+m_{33})+\frac{s_{32}}{16}(m_{22}+m_{33})\right)\\&+T_{18}\left(-\frac{s_{31}m_{24}}{16}-\frac{s_{32}m_{24}}{8}\right)+T_{19}\left(-\frac{s_{31}m_{34}}{16}-\frac{s_{32}m_{34}}{8}\right)+T_{20}\left(-\frac{s_{31}m_{24}}{16}+\frac{s_{32}m_{24}}{8}\right)\\&+T_{21}\left(\frac{s_{31}m_{34}}{16}-\frac{s_{32}m_{34}}{8}\right)+T_{22}\left(\frac{s_{31}m_{42}}{8}+\frac{s_{32}m_{42}}{16}\right)+T_{23}\left(\frac{s_{31}m_{43}}{8}+\frac{s_{32}m_{43}}{16}\right)+T_{24}\left(-\frac{s_{31}m_{42}}{8}+\frac{s_{32}m_{42}}{16}\right)\end{aligned} \tag{8.97}$$

式中，T_1～T_{24}为表 8-8 中 1～24 项三角函数基，其自变量为 θ 并含参数 k。由于 $\Delta\boldsymbol{C}$ 由含不同角度 θ 的 $\Delta\boldsymbol{K}$ 的表达式组成，可将 $\boldsymbol{K}$ 与 vec($\boldsymbol{M}$)的乘积视作随机变量。在求这一乘积的方差时，将 T_1～T_{24}看作协方差为 0 且方差均为 1/2 的随机变量，对各项系数中的穆勒矩阵元素取平方。此时各穆勒矩阵元素的交叉项可忽略，且在无消偏下所有元素的平方和为 $4m_{11}^2$。

令 $r_2=\sin[\sigma(\Delta\theta_{\mathrm{R}})]\approx s_{31}/2=s_{32}/2$，则

$$\sigma[\Delta\boldsymbol{K}\,\mathrm{vec}(\boldsymbol{M})]\approx m_{11}r_2 \tag{8.98}$$

式(8.98)说明，$\Delta\boldsymbol{C}$ 与 vec($\boldsymbol{M}$)的乘积 $\Delta\boldsymbol{I}_{\mathrm{eq}}$ 可以等效成期望为 0，标准差为 $m_{11}r_2$ 的光强噪声。结合式(8.92)，在波片随机方位角误差 θ_{R} 的影响下穆勒矩阵误差 $\Delta\boldsymbol{M}_{q\text{-}\theta\mathrm{R}}$ 的标准差近似为

$$\sigma\left[\mathrm{vec}\left(\Delta\boldsymbol{M}_{q-\theta_{\mathrm{R}}}\right)\right]\approx\sqrt{\mathrm{diag}\left(\boldsymbol{S}^{\mathrm{T}}\boldsymbol{S}\right)}m_{11}r_2 \tag{8.99}$$

4) 仿真验证

A. 仿真条件

为验证式(8.86)～式(8.89)表示的简化系统误差模型以及式(8.92)和式(8.99)表示的简化随机误差模型的正确性，设定一个原始的被测穆勒光瞳，按表 8-6 分别设置各类误差源的参数，并按表 8-9 设置各偏振元件的方位角。首先，进行误差正向传递过程的仿真，并将所得的受误差源影响的一组光强值在理想元件的情况下求解测得的穆勒光瞳。

表 8-9　偏振元件的角度旋转方案

旋转方案	P_1 角度 θ_1/(°)	Q_1 角度 ϕ_1/(°)	Q_2 角度 ϕ_2/(°)	P_2 角度 θ_2/(°)
1×144×1	0	0, 1.25, 2.5, ⋯, 178.75	6 * ϕ_1	0

被测穆勒光瞳由一个琼斯光瞳转换而来，该琼斯光瞳提取自一个 1.35NA 的光刻投影物镜设计的中心视场点，其偏振衰减(D)和相位延迟(R)的分布如图 8-24 所示。图中 D 的

幅度的均方根(RMS)为 0.025，R 幅度的 RMS 为 0.05π[28]。

采用这种光轴旋转对称的穆勒光瞳在径向可以对 D 和 R 幅度范围内的所有值进行验证，在切向可以对 D 和 R 的所有光轴方向进行验证。另外，根据 D 和 R 幅度的 RMS 值，该穆勒光瞳属于小像差光瞳，在所有光瞳点上穆勒矩阵主对角线的元素均接近 1 且远大于其他元素。

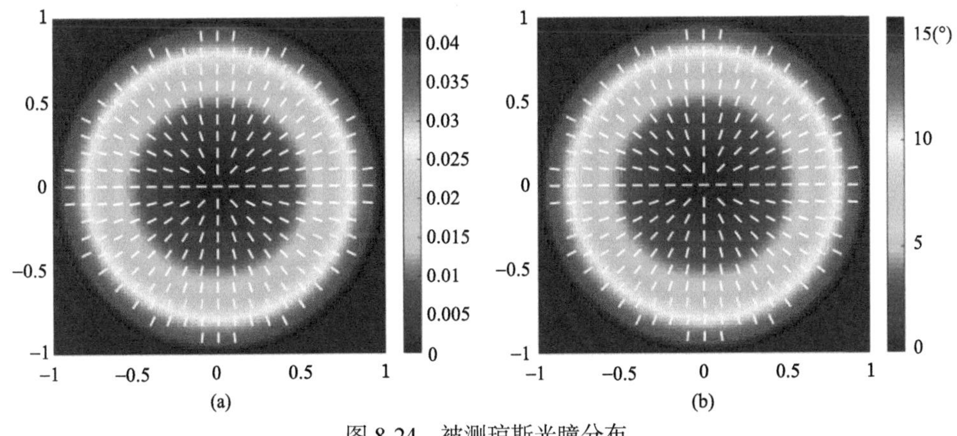

图 8-24　被测琼斯光瞳分布

(a) 偏振衰减；(b) 相位延迟

B．系统误差简化模型的仿真验证

将测得的穆勒光瞳与原始光瞳相减得到穆勒光瞳误差的仿真值，并按式(8.86)～式(8.89)计算相应光瞳点穆勒矩阵误差的预测值。将两者相减得到预测误差，对于任意穆勒矩阵元素的预测误差 Δm_{ij}，在整个光瞳上统计其均值与方差。各类系统误差源的统计结果如图 8-25～图 8-28 所示。

由于在推导波片相位延迟误差的影响时各项傅里叶系数均可严格匹配，仅使用了一阶近似条件，故简化模型预测误差的平均值和标准差均在 10^{-6} 量级。在 16 项穆勒矩阵元素的预测误差中，行数或列数含 4 的元素 m_{24}、m_{34}、m_{44}、m_{42}、m_{43} 误差的标准差较大。这是因为这些元素出现在高频傅里叶项的系数表达式 a_{17}～a_{24} 中，144 次测量得到的一组

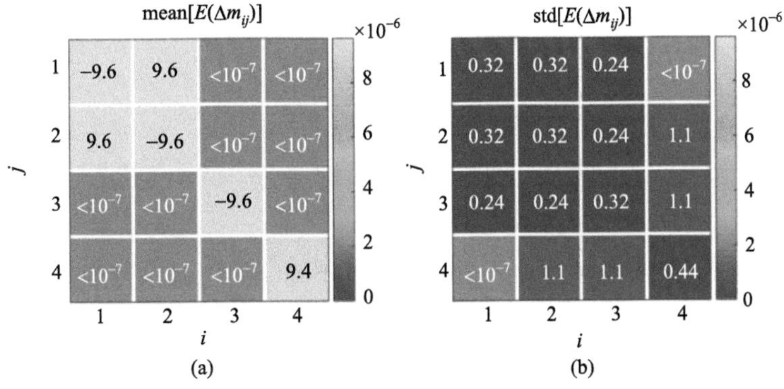

图 8-25　波片相位延迟误差模型的预测误差的统计值分布

(a) 平均值；(b) 标准差

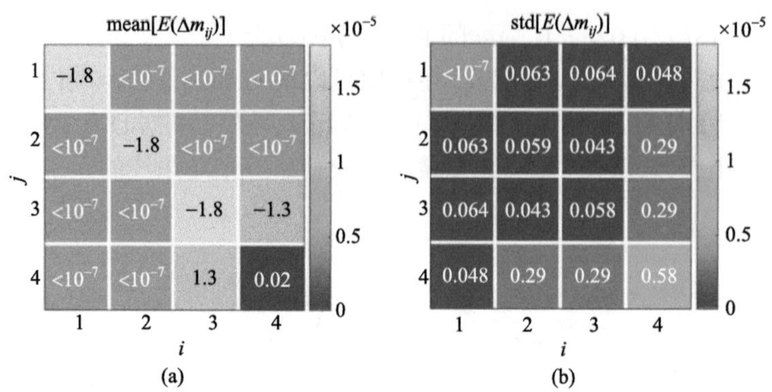

图 8-26　波片偏振衰减误差模型的预测误差的统计值分布

(a) 平均值；(b) 标准差

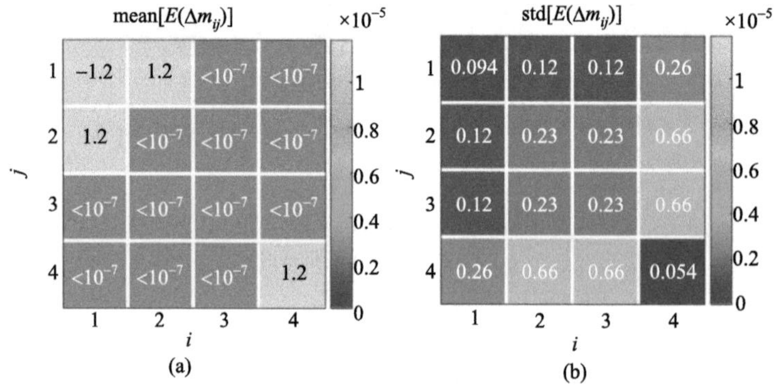

图 8-27　波片方位角误差模型的预测误差的统计值分布

(a) 平均值；(b) 标准差

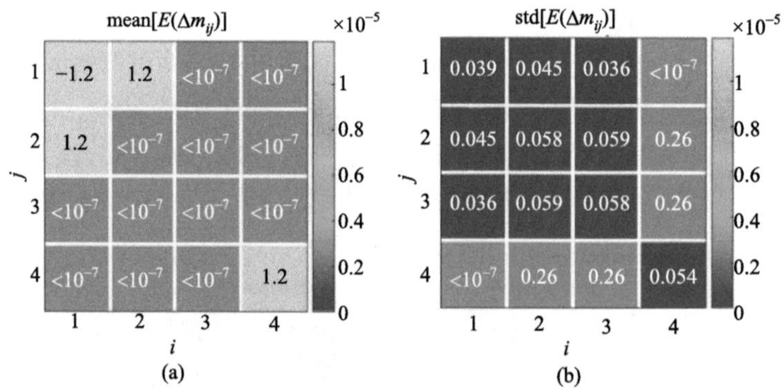

图 8-28　偏振片方位角误差模型的预测误差的统计值分布

(a) 平均值；(b) 标准差

光强在求解这些对应光强高频变化的系数时精度不高。对于其余三类系统误差，各项傅里叶系数无法严格匹配，故简化模型预测误差的平均值在 10^{-5} 量级，标准差在 10^{-6} 数量级，并且仍是行数或列数含 4 的元素预测误差的标准差较大。从四类不可忽略的系统误差源对应的预测误差的数量级和分布可看出，简化模型的精度较高，从而满足误差分析的需求。

C. 随机误差简化模型的仿真验证

对于两种随机误差源，图 8-29 给出了两者分别引起的穆勒矩阵误差标准差在整个光瞳上的统计值，这里采用标准差来表示误差分布的不均匀性。可以看出，图像传感器的噪声引起的穆勒矩阵误差与原始穆勒矩阵无关，而波片随机方位角误差引起的穆勒矩阵误差在整个光瞳范围内的不均匀性(标准差)在 10^{-5} 数量级，说明这一误差与原始穆勒矩阵关系不大。

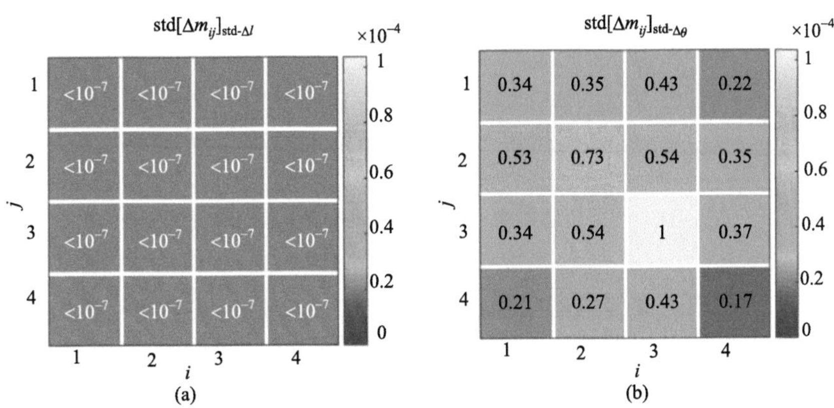

图 8-29　两种随机误差源引起的穆勒矩阵误差在整个光瞳上统计值分布

(a) 图像传感器噪声；(b) 随机方位角误差

式(8.98)将波片随机方位角误差造成的影响近似等效为光强形式的噪声，并给出了噪声方差的表达式。为验证这一表达式对一定范围内的方位角误差 $\Delta\theta$ 均成立，图 8-30 给出了原始和预测的光强误差的标准差随 $\Delta\theta$ 的变化关系，这里所用的穆勒矩阵取单位矩阵。原始的光强误差的标准差来自于 144 次光强仿真的统计值，因此这一标准差上下波动。不过在 0°～0.5°的范围内，波动的中心位置与式(8.98)预测的相一致，从而验证了该式的正确性。

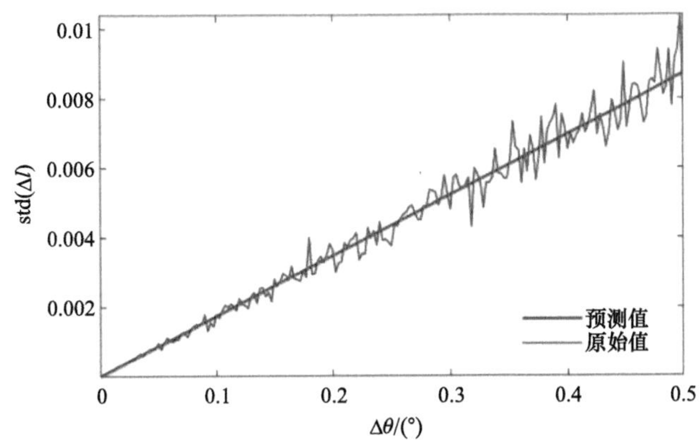

图 8-30　原始和预测光强误差与波片随机方位角误差的关系曲线

将两种随机误差源引起的穆勒矩阵误差(标准差)在整个光瞳范围取平均，对比仿真值与式(8.92)和式(8.99)计算的预测值，结果分别如图 8-31 和图 8-32 所示。

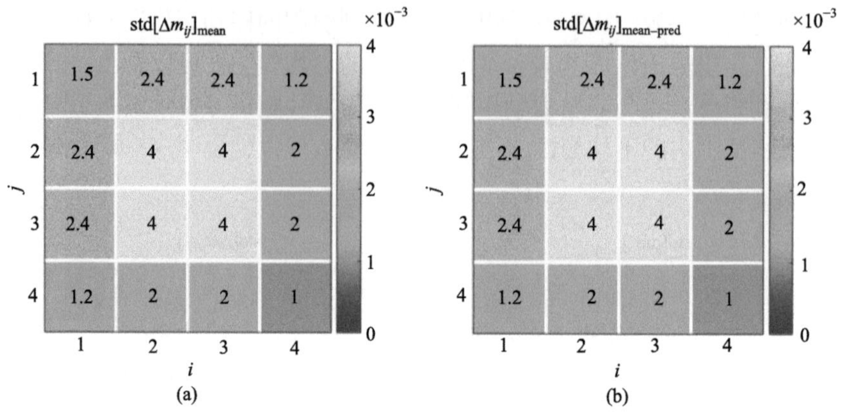

图 8-31　图像传感器噪声引起的穆勒光瞳误差的统计值分布
(a) 仿真值；(b) 预测值

可以看出，对于图像传感器噪声的影响，由于式(8.92)基于严格的方差传递公式推导，其预测值与仿真值保持一致；对于波片随机方位角误差的影响，式(8.99)对非四角元素误差的预测较为准确(误差在 10^{-4} 数量级)，但对位于矩阵四个角的元素有不可忽略的误差。

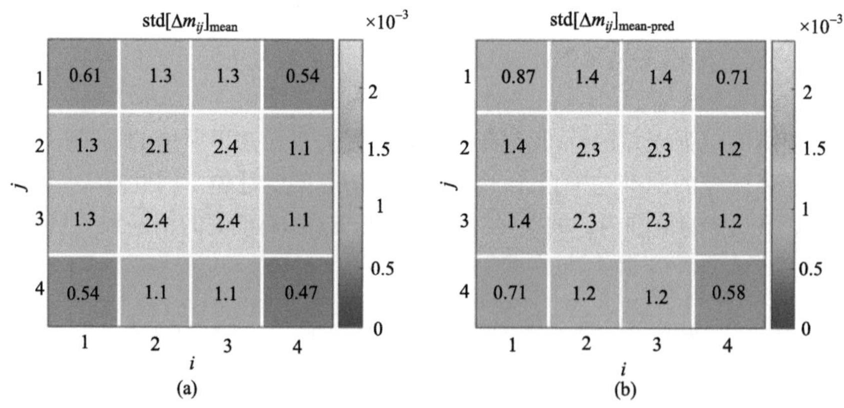

图 8-32　随机方位角误差引起的穆勒光瞳误差的统计值分布
(a) 仿真值；(b) 预测值

2. 等效琼斯光瞳测量的误差分析

琼斯矩阵 $\boldsymbol{J}$ 与穆勒矩阵 $\boldsymbol{M}$ 均可表示偏振态的变换作用。在光刻成像仿真和投影物镜偏振特性的评价中需使用琼斯光瞳形式的偏振像差，当采用琼斯光瞳来表征光刻投影物镜的偏振像差时，为分析穆勒矩阵椭偏仪误差源产生的影响，需要将穆勒光瞳转换为对应的等效琼斯光瞳，转换公式为式(8.11)。

从琼斯矩阵 $\boldsymbol{J}$ 到穆勒矩阵 $\boldsymbol{M}$ 的转换公式(8.8)可更清晰地看出等效琼斯矩阵的构造过

程。如式(8.8)所示：J_1～J_4 的幅值可从 $\boldsymbol{M}$ 左上 2×2 子块的值计算出；绝对相位即 J_1 的相位设为 0；J_2～J_4 的相位因子则可分别由 $\boldsymbol{M}$ 右下、右上和左下 2×2 子块的值计算出。即通过构造模为 1 的相位因子的实部和虚部来获得 J_2～J_4 的相位因子。

8.4.1.3 节分析了穆勒矩阵椭偏仪的系统误差源和随机误差源对测得穆勒矩阵的影响。由于采用了简化误差模型，可直观清晰地看出不同种类的误差源对穆勒矩阵不同分量的影响。在此基础上结合式(8.8)和式(8.11)，可进一步分析不同种类的误差源对琼斯矩阵不同分量幅度或相位的影响。

除了理论分析外，8.4.1.3 节以一个典型的光刻投影物镜的穆勒光瞳为被测对象，仿真了各类误差源产生的穆勒矩阵测量误差的光瞳分布，并按各穆勒矩阵元素进行了统计。这里采用相同方法，仍以该穆勒光瞳为仿真例，首先进行穆勒矩阵椭偏测量仿真，将所得结果按式(8.8)转换为等效琼斯光瞳，并统计转换所得的等效琼斯光瞳与被测穆勒光瞳对应的等效琼斯光瞳之间的误差，以验证理论分析结论的正确性。

1) 系统误差分析

在椭偏仪的系统误差源中，有四种系统误差源产生的影响不可被忽略，分别是式 (8.84)～式(8.87)所示的波片的相位延迟误差(q-ret)、偏振衰减误差(q-dia)和方位角误差(q-θ)以及偏振片的方位角误差(p-θ)。

根据系统误差源的简化模型，穆勒矩阵的测量误差均可表示为原始穆勒矩阵与误差源参数的乘积。对于波片的相位延迟误差，根据式(8.84)，只有 m_{12}、m_{21}、m_{22}、m_{33} 误差的传递系数包含主对角线元素，其中 m_{12}、m_{21}、m_{22} 均在 $\boldsymbol{M}$ 的 2×2 子块中，因此波片的相位延迟误差主要会引起 J_1～J_4 的幅度误差而非 J_2～J_4 的相位误差。对于幅度误差，从式 (8.8)可知，由于 J_1～J_4 模的平方 E_1～E_4 是通过 $\boldsymbol{M}$ 左上 2×2 子块四个元素进行加减求得，因此 E_1 的误差近似为 0，E_3 和 E_4 的误差传递系数约为$-m_{22}$，而 E_2 的误差传递系数约为 $2m_{22}$。表 8-10 给出了原始琼斯光瞳各分量振幅和相位的均方根(RMS)，由于小像差系统条件，J_3 和 J_4 的幅度的 RMS 仅为 0.144，但其幅度平方的误差传递系数为 1，且相位延迟误差参数 s_1 在 10^{-3} 量级，因此穆勒-琼斯转换方法所得的 J_3 和 J_4 幅度的相对误差较大，且易受相位延迟误差的影响。而对于 J_2 的幅度，即使其误差传递系数最大，绝对误差是 J_3 和 J_4 的 $\sqrt{2}$ 倍，但因 J_2 幅度的 RMS 接近 1，其相对误差较小。

表 8-10　原始琼斯光瞳分量的统计值

$A_{\mathrm{rms}}(J_1)$	$A_{\mathrm{rms}}(J_2)$	$A_{\mathrm{rms}}(J_3)$	$A_{\mathrm{rms}}(J_4)$	$P_{\mathrm{rms}}(J_2)$ / (π rad)	$P_{\mathrm{rms}}(J_3)$ / (π rad)	$P_{\mathrm{rms}}(J_4)$ / (π rad)
0.994	0.994	0.144	0.144	0.071	0.497	0.497

同理,可分析其他三类系统误差产生的影响。对于波片的偏振衰减误差，根据式 (8.85)，m_{11}、m_{22}、m_{33}、m_{44}、m_{34}、m_{43} 误差的传递系数均包含主对角线元素，其中 m_{11}、m_{22} 在 $\boldsymbol{M}$ 左上 2×2 子块，而其余四个元素均在 $\boldsymbol{M}$ 右下 2×2 子块。因此，波片的偏振衰减误差会同时引起琼斯矩阵元素的幅度和相位误差。从式(8.11)可知，在这种情况下 J_3 和 J_4 的幅度误差较小而 J_1 和 J_2 的幅度误差较大，且 J_2 存在一定的相位误差。不过与波片的相位延迟误差不同，波片的偏振衰减误差不会使某琼斯矩阵元素产生较大的相对误差。

对于波片的方位角误差，根据式(8.86)，m_{13}、m_{23}、m_{31}、m_{32}误差的传递系数均包含主对角线元素，但 m_{23} 和 m_{32} 误差的传递系数包含两个符号相反的主对角线元素，所以只需考虑位于 $\boldsymbol{M}$ 右上 2×2 子块的 m_{13} 和 $\boldsymbol{M}$ 左下 2×2 子块的 m_{31}，因此，波片的偏振衰减方位角误差主要使 J_3 和 J_4 产生较大的相位误差，对 J_1～J_4 幅度的影响不大。不过如表 8-10 所示 J_3 和 J_4 相位的 RMS 接近 0.5 πrad，因此两者的相对相位误差总体而言不大，但在原始相位接近 0 的光瞳区域较为明显。

对于偏振片的方位角误差，根据式(8.87)，同样是 m_{13}、m_{23}、m_{31}、m_{32} 误差的传递系数包含主对角线元素，且情况与波片的方位角误差类似，因此误差传递的规律也相同。

表 8-11 给出了各类误差源引起的被测琼斯光瞳各分量幅度和相位测量误差的 RMS 值，为进行不同类误差源影响的比较，将表 8-6 中偏振衰减误差的典型值设为 10^{-3}，这样相位延迟误差、偏振衰减误差和方位角误差的参数 s_1、s_2、s_3 均为 10^{-3}。表 8-11 中各项误差的分布规律与上述理论分析的预测相同，验证了通过简化系统误差源模型分析等效琼斯光瞳系统测量误差的有效性。

表 8-11　系统误差源引起的琼斯光瞳分量的误差

误差项	$E_{\text{A-rms}}(J_1)$	$E_{\text{A-rms}}(J_2)$	$E_{\text{A-rms}}(J_3)$	$E_{\text{A-rms}}(J_4)$	$E_{\text{P-rms}}(J_2)$ / (π rad)	$E_{\text{P-rms}}(J_3)$ / (π rad)	$E_{\text{P-rms}}(J_4)$ / (π rad)
q-ret	0.000	0.078	0.055	0.055	0.000	0.000	0.000
q-dia	0.077	0.077	0.011	0.011	0.001	0.000	0.000
q-θ	0.012	0.021	0.014	0.014	0.001	0.048	0.048
p-θ	0.002	0.017	0.012	0.012	0.000	0.048	0.048

图 8-33～图 8-35 分别给出了波片的三种误差源引起的琼斯光瞳副对角线元素 J_3 和 J_4 幅度和相位的误差分布。从图中可以看出，相位延迟误差对两者幅度的影响明显，方位角误差对两者相位的影响明显。

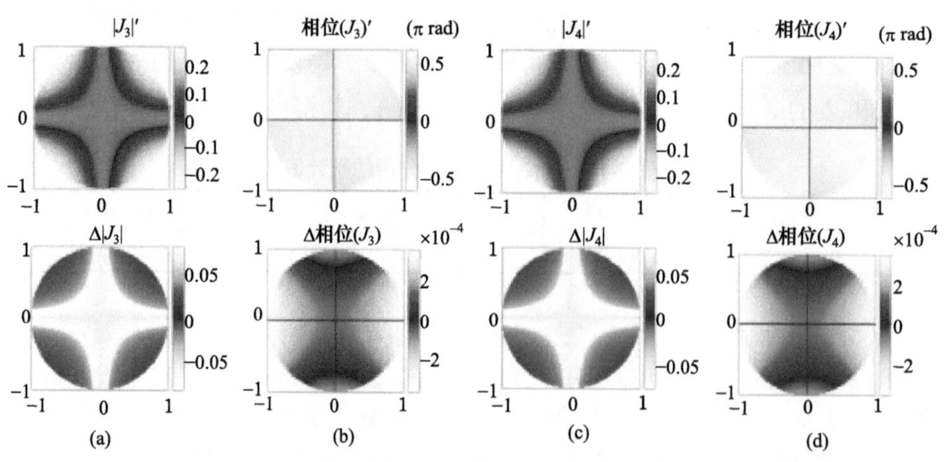

图 8-33　波片相位延迟误差引起的琼斯光瞳分量的误差分布

(a) J_3 振幅；(b) J_3 相位；(c) J_4 振幅；(d) J_4 相位

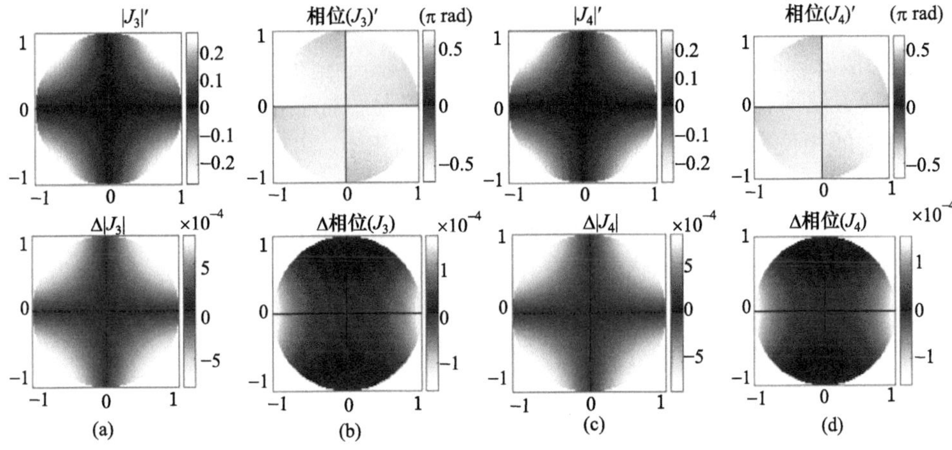

图 8-34　波片偏振衰减误差引起的琼斯光瞳分量的误差分布

(a) J_3 振幅；(b) J_3 相位；(c) J_4 振幅；(d) J_4 相位

2) 随机误差分析

椭偏仪的两种随机误差源，即图像传感器噪声(I)和波片的随机方位角误差(q-θ_R)均可等效为光强噪声，并可通过方差传递方法分析误差源的方差引起的穆勒矩阵各元素的方差。穆勒矩阵测量误差的标准差均可表示为一个与椭偏测量方案相关的系数矩阵与随机误差源参数的乘积，如式(8.92)和式(8.99)。

根据随机误差源的简化模型，由于波片的随机方位角误差可视为光强噪声，两种随机误差源产生的影响相似。和系统误差源不同，随机误差源对各个穆勒矩阵元素产生的影响没有显著区别，且系数矩阵只与椭偏测量方案相关，而与原始穆勒矩阵无关。在将穆勒矩阵转换为等效琼斯矩阵后，各琼斯矩阵元素与多个穆勒矩阵元素相关，因此要得到某琼斯矩阵分量的方差，不仅需要各穆勒矩阵元素的方差还需要其协方差。通过将式 (8.92)和式(8.99)扩展成协方差的形式并结合式(8.8)分析 J_1～J_4 幅度误差以及 J_2～J_4 相位误差的规律。以下分析均基于双旋波片测量方案。对于幅度误差，两种随机误差源会

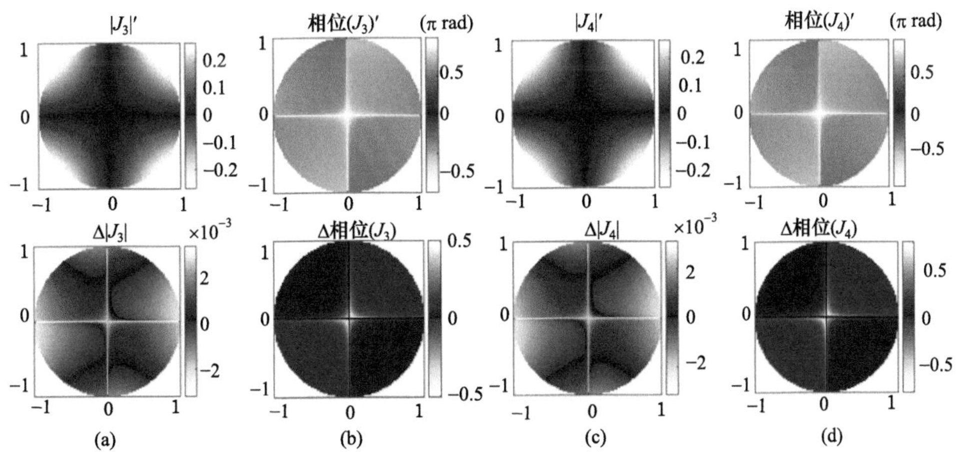

图 8-35　波片方位角误差引起的琼斯光瞳分量的误差分布

(a) J_3 振幅；(b) J_3 相位；(c) J_4 振幅；(d) J_4 相位

使 J_1～J_4 的幅度均存在误差，其中 J_1 的误差最小，J_2 的最大，而 J_3 和 J_4 则介于两者之间。这一规律类似波片的相位延迟误差造成的影响。因此，在两类随机误差源的影响下，穆勒-琼斯转换方法所得的 J_3 和 J_4 幅度的相对误差较大。对于相位误差，两种随机误差源会使 J_3 和 J_4 的相位存在误差，但由于协方差系数的相消，J_2 的相位几乎不受影响，对相同相位产生一定影响。

表 8-12 给出了两种随机误差源引起的被测琼斯光瞳各分量幅度和相位测量误差标准差的 RMS 值，其中图像传感器噪声和波片随机方位角误差的参数 r_1、r_2 均为 10^{-3}。表 8-12 中各项误差的分布规律与理论分析的预测相同，验证了采用简化随机误差源模型分析等效琼斯光瞳随机误差的有效性。

表 8-12 随机误差源引起的琼斯光瞳分量的误差

误差项	$E_{\text{A-rms}}(J_1)$	$E_{\text{A-rms}}(J_2)$	$E_{\text{A-rms}}(J_3)$	$E_{\text{A-rms}}(J_4)$	$E_{\text{P-rms}}(J_2)$ / (π rad)	$E_{\text{P-rms}}(J_3)$ / (π rad)	$E_{\text{P-rms}}(J_4)$ / (π rad)
I	0.027	0.069	0.044	0.044	0.000	0.045	0.045
q-θ_R	0.027	0.063	0.044	0.044	0.000	0.045	0.045

图 8-36 和图 8-37 分别为两种随机误差源引起的琼斯光瞳副对角线元素 J_3 和 J_4 幅度和相位的误差分布。从中可以看出，两种随机误差源对 J_3 和 J_4 幅度和相位均有明显的影响。不过由于误差源作用方式的不同，图像传感器噪声引起的变化在多次测试中均保持稳定的光瞳分布，而随机方位角误差引起的光瞳误差分布则在多次测试中不断变化。

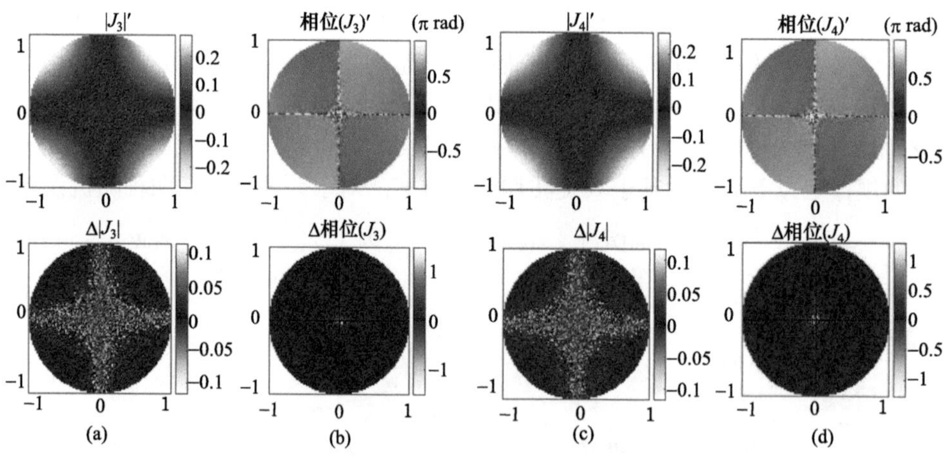

图 8-36 图像传感器噪声引起的琼斯光瞳分量的误差分布

(a) J_3 振幅；(b) J_3 相位；(c) J_4 振幅；(d) J_4 相位

8.4.2 琼斯光瞳检测技术[2,28]

8.4.1 节介绍了两种采用椭偏仪的偏振像差检测方法，其中基于偏振掩模的检测方法在起偏端将不同旋转角度组合的偏振片和四分之一波片以阵列形式集成到掩模上，从而避免了引入角度旋转装置。该方法虽然可实现偏振像差的原位检测，但测量结果为穆勒

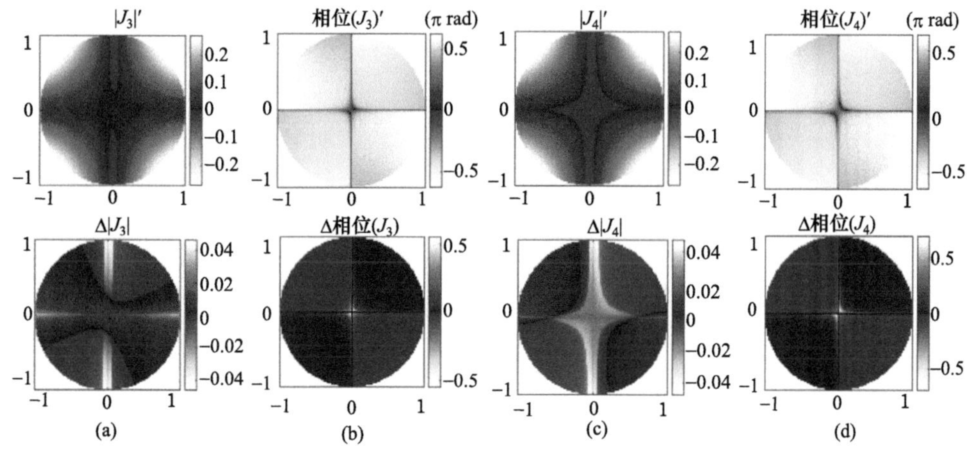

图 8-37　波片随机方位角误差引起的琼斯光瞳分量的误差分布

(a) J_3 振幅；(b) J_3 相位；(c) J_4 振幅；(d) J_4 相位

光瞳。穆勒光瞳虽然易于测量，但其分量多达 16 个且包含了冗余的退偏特性，故不利于偏振像差的分析和成像仿真。相对而言，琼斯光瞳只有 4 个复数分量，且反映了投影物镜的纯偏振特性。因此，在矢量光刻成像仿真和投影物镜偏振特性的评价中必须使用琼斯光瞳形式的偏振像差。虽然椭偏仪测得的穆勒光瞳可在一定条件下转换为等效琼斯光瞳，但由 8.4.1.3 节的误差分析可知，在误差源的影响下转换所得的琼斯光瞳误差较大。基于波前和偏振态测量的检测方法虽然可测量琼斯光瞳，但测量过程比较复杂，且测量精度较低。

本小节介绍一种直接测量琼斯光瞳的偏振像差椭偏检测方法。该方法根据任意起偏/检偏条件下图像传感器单像素点光强与对应投影物镜光瞳点琼斯矩阵克氏积的线性方程，从旋转起偏/检偏元件所得的一组光瞳像直接求解投影物镜等效琼斯光瞳。通过引入偏振片旋转和最小化条件数对各偏振元件的角度旋转方案进行优化，可得出最优旋转方案。

8.4.2.1　检测原理

检测光路如图 8-38 所示，光源 S 发出的光依次经过偏振片 P_1，四分之一波片 Q_1，聚焦透镜 L_1，投影物镜 PO，准直透镜 L_2，四分之一波片 Q_2，偏振片 P_2 后被图像传感器 CCD 所接收。L_1 和 L_2 的焦点分别位于投影物镜的物面和像面，其作用是使 CCD 测得的是 PO 的频域光瞳像，即 CCD 的单个像素点对应 PO 的单个光瞳点。偏振元件的透光轴或快轴均与 x 轴成一定角度，其中 P_1、Q_1 构成起偏端，用于产生特定的偏振态，Q_2、P_2 构成检偏端，用于检测特定的偏振态。通过旋转四个偏振元件，得到不同的起偏和检偏组合，从而得到多个光瞳像来求解投影物镜的偏振像差。

设单次测量时 P_1、Q_1、Q_2、P_2 的方位角依次为 θ_1、ϕ_1、ϕ_2、θ_2，则 CCD 单个像素点的电场矢量为

$$\boldsymbol{E}=\boldsymbol{P}_2(\theta_2)\boldsymbol{Q}_2(\phi_2)\boldsymbol{J}\boldsymbol{Q}_1(\phi_1)\boldsymbol{P}_1(\theta_1)\boldsymbol{E}_0 \tag{8.100}$$

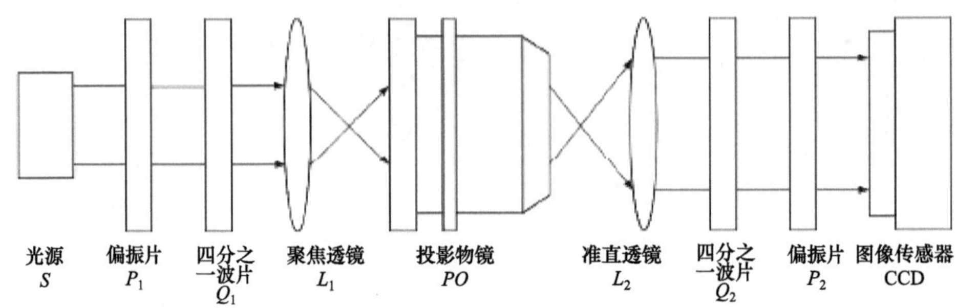

图 8-38　琼斯光瞳测量装置示意图

其中，$\boldsymbol{E}_0$ 是光源出射的琼斯矢量；$\boldsymbol{P}_1$、$\boldsymbol{Q}_1$、$\boldsymbol{Q}_2$、$\boldsymbol{P}_2$ 依次是 P_1、Q_1、Q_2、P_2 的琼斯矩阵；$\boldsymbol{J}$ 是对应光瞳点的琼斯矩阵。CCD 单个像素点对应的光强为

$$I(\theta_1,\theta_2,\phi_1,\phi_2)=\boldsymbol{E}_0^*\boldsymbol{P}_1(\theta_1)^*\boldsymbol{Q}_1(\phi_1)^*\boldsymbol{J}^*\boldsymbol{Q}_2(\phi_2)^*\boldsymbol{P}_2(\theta_2)^*\boldsymbol{P}_2(\theta_2)\boldsymbol{Q}_2(\phi_2)\boldsymbol{J}\boldsymbol{Q}_1(\phi_1)\boldsymbol{P}_1(\theta_1)\boldsymbol{E}_0 \tag{8.101}$$

其中，*为共轭转置运算符。令

$$\boldsymbol{M}(\theta_2,\phi_2)=\boldsymbol{Q}_2(\phi_2)^*\boldsymbol{P}_2(\theta_2)^*\boldsymbol{P}_2(\theta_2)\boldsymbol{Q}_2(\phi_2) \tag{8.102}$$

$$\boldsymbol{U}(\theta_1,\phi_1)=\boldsymbol{Q}_1(\phi_1)\boldsymbol{P}_1(\theta_1)\boldsymbol{E}_0 \tag{8.103}$$

则光强的表达式为

$$I(\theta_1,\theta_2,\phi_1,\phi_2)=\boldsymbol{U}(\theta_1,\phi_1)^*\boldsymbol{J}^*\boldsymbol{M}(\theta_2,\phi_2)\boldsymbol{J}\boldsymbol{U}(\theta_1,\phi_1) \tag{8.104}$$

为了将表达式中的 $\boldsymbol{J}^*$ 和 $\boldsymbol{J}$ 提取出来，令

$$\boldsymbol{X}=\mathrm{vec}\left(\boldsymbol{J}^*\otimes\boldsymbol{J}\right)=\mathrm{vec}\left(\begin{bmatrix} J_{xx}\overline{J_{xx}} & J_{xy}\overline{J_{xx}} & J_{xx}\overline{J_{yx}} & J_{xy}\overline{J_{yx}} \\ J_{yx}\overline{J_{xx}} & J_{yy}\overline{J_{xx}} & J_{yx}\overline{J_{yx}} & J_{yy}\overline{J_{yx}} \\ J_{xx}\overline{J_{xy}} & J_{xy}\overline{J_{xy}} & J_{xx}\overline{J_{yy}} & J_{xy}\overline{J_{yy}} \\ J_{yx}\overline{J_{xy}} & J_{yy}\overline{J_{xy}} & J_{yx}\overline{J_{yy}} & J_{yy}\overline{J_{yy}} \end{bmatrix}\right) \tag{8.105}$$

$$\boldsymbol{K}(\theta_1,\theta_2,\phi,\phi_2)=\boldsymbol{U}(\theta_1,\phi_1)^*\otimes\boldsymbol{M}(\theta_2,\phi_2)\otimes\boldsymbol{U}(\theta_1,\phi_1) \tag{8.106}$$

其中，⊗为克罗内克积运算符。设 $\boldsymbol{A}$ 为 $m\times n$ 的矩阵，其定义为

$$\boldsymbol{A}\otimes\boldsymbol{B}=\begin{bmatrix} a_{11}\boldsymbol{B} & \cdots & a_{1n}\boldsymbol{B} \\ \vdots & & \vdots \\ a_{m1}\boldsymbol{B} & \cdots & a_{mn}\boldsymbol{B} \end{bmatrix} \tag{8.107}$$

则光强可重新表示为

$$I(\theta_1,\theta_2,\phi_1,\phi_2)=\mathrm{vec}\left(\boldsymbol{K}(\theta_1,\theta_2,\phi_1,\phi_2)^{\mathrm{T}}\right)^{\mathrm{T}}\boldsymbol{X} \tag{8.108}$$

其中，vec 为向量化运算符，即把矩阵的所有列依次堆成一个列向量。

式(8.108)表明，单次测量的光强可以表示为一个表示系数的行向量 $\boldsymbol{K}$ 和一个包含琼斯矩阵克氏积的列向量 $\boldsymbol{X}$ 的乘积。如果旋转四个偏振元件，则会得到多个系数行向量 $\boldsymbol{K}$

和多个光强组成的列向量 $\boldsymbol{I}$，定义灵敏度系数矩阵

$$\boldsymbol{C}=\begin{bmatrix}\operatorname{vec}\left(\boldsymbol{K}\left(\theta_{11},\theta_{12},\phi_{1},\phi_{12}\right)^{\mathrm{T}}\right)^{\mathrm{T}}\\ \operatorname{vec}\left(\boldsymbol{K}\left(\theta_{21},\theta_{22},\phi_{21},\phi_{22}\right)^{\mathrm{T}}\right)^{\mathrm{T}}\\ \vdots\\ \operatorname{vec}\left(\boldsymbol{K}\left(\theta_{n1},\theta_{n2},\phi_{n1},\phi_{n2}\right)^{\mathrm{T}}\right)^{\mathrm{T}}\end{bmatrix}\tag{8.109}$$

则

$$\boldsymbol{I}=\boldsymbol{C}\boldsymbol{X}\tag{8.110}$$

可以看出，光强向量与复数形式的琼斯矩阵克氏积存在线性关系。

通过多次测得的光强 $\boldsymbol{I}$ 以及灵敏度系数矩阵 $\boldsymbol{C}$ 可以得到 $\boldsymbol{J}^{*}$和 $\boldsymbol{J}$ 的克氏积 $\boldsymbol{X}$。由于 $\boldsymbol{X}$ 有 16 个分量，而其中有 12 个分量相互共轭，则最少 10 次测量即可求出 $\boldsymbol{X}$。一般情况下，为了降低误差的影响，需要进行更多次的测量，并使用最小二乘法求解 $\boldsymbol{X}$，即

$$\boldsymbol{X}=\left(\boldsymbol{C}^{*}\boldsymbol{C}\right)^{-1}\boldsymbol{C}^{*}\boldsymbol{I}\tag{8.111}$$

$\boldsymbol{X}$ 是复数矩阵，包含 $\boldsymbol{J}$ 的四个分量的模的平方与四个分量之间的相互关系。在求解琼斯矩阵时，可以将 J_{xx} 或 J_{yy} 分量作为基准，令其相位为 0，先用该分量的模的平方求出其幅值，再用基准分量与其他三个分量共轭的乘积求出其他三个分量的幅值与相位。若以 J_{xx} 分量为基准，则琼斯矩阵各分量的表达式为

$$\begin{cases}J_{xx}=\sqrt{X_{1}}\\ J_{xy}=\overline{X_{3}}/J_{xx}\\ J_{yx}=\overline{X_{9}}/J_{xx}\\ J_{yy}=\overline{X_{12}}/J_{xx}\end{cases}\tag{8.112}$$

若以 J_{yy} 分量为基准，则琼斯矩阵各分量的表达式为

$$\begin{cases}J_{xx}=\overline{X_{6}}/J_{yy}\\ J_{xy}=\overline{X_{8}}/J_{yy}\\ J_{yx}=\overline{X_{14}}/J_{yy}\\ J_{yy}=\sqrt{X_{16}}\end{cases}\tag{8.113}$$

在实际的求解过程中，有的光瞳点 J_{xx} 较大而 J_{yy} 较小，有的光瞳点 J_{yy} 的较大而 J_{yy} 较小。为了进一步减小误差，可以将 J_{xx} 和 J_{yy} 中较大者作为基准分量来求解该光瞳点的琼斯矩阵。这样求得的琼斯矩阵与实际的琼斯矩阵各分量的振幅相等，均相差实际基准分量的相位。在表征偏振像差时，这种方法得到的琼斯矩阵与实际的琼斯矩阵是等价的。

由于图像传感器测得的是频域光瞳像，其单个像素点对应投影物镜的单个光瞳点，将所有的像素点求出的琼斯矩阵组合起来就可得到整个投影物镜的琼斯光瞳。将起傅里叶变换作用的聚焦准直镜 L_1 和 L_2 看成是理想的，而实际的 L_1 和 L_2 也存在波像差和偏振

像差。只不过非理想 L_1 和 L_2 的影响可以通过实际测量前的误差标定包含到式(8.110)的灵敏度系数矩阵 $\boldsymbol{C}$ 中，从而与被测琼斯矩阵 $\boldsymbol{J}$ 相区分。在推导椭偏测量原理并讨论其测量方案的优化时，多次旋转的偏振元件的琼斯矩阵作用占主导，而角度固定的 L_1 和 L_2 只是令式(8.110)所示的检测方程中 $\boldsymbol{C}$ 的实际表达式发生改变，且这一改变随光瞳点的变换而变化。因此，在非理想聚焦和准直镜的作用下，式(8.110)所示的检测原理仍然成立。

式(8.110)建立的是光强向量与复数形式的琼斯矩阵克氏积之间的线性关系，灵敏度系数矩阵 $\boldsymbol{C}$ 为复数矩阵，而传统穆勒矩阵椭偏测量原理建立的是光强向量与实数形式的穆勒矩阵的线性关系，且灵敏度系数矩阵为实数矩阵。传统测量原理测得的穆勒矩阵可在一定条件下转换为琼斯矩阵，且求解实数方程要比求解复数方程更为简单。不过在随后的仿真结果中可以看出，在考虑典型元件误差的情况下，直接求解琼斯矩阵克氏积的方法可得到更为准确的琼斯光瞳，这一精度区别可从穆勒矩阵到琼斯矩阵的等价转换角度进行分析。

穆勒矩阵 $\boldsymbol{M}$ 与其转换所得的穆勒-琼斯矩阵 $\boldsymbol{J}$ 等价的一个必要条件是 $\boldsymbol{M}$ 不包含退偏特性，这一条件可表示为

$$\operatorname{trace}\left(\boldsymbol{M}^{\mathrm{T}}\boldsymbol{M}\right)=4M_{11}^{2} \tag{8.114}$$

其中，trace 表示取矩阵的主对角线元素之和；M_{11} 为 M 的第一行第一列元素。对于投影物镜的原始穆勒光瞳，这一条件容易满足。退偏效应一般反映出射光偏振态按时间平均后的统计结果，即在入射光是部分偏振光的情况下，出射光的一部分其瞬时偏振态随时间变化，从而在统计上可认为是随机变化的非偏振光。而光刻机照明系统产生的入射光偏振度极高，经过投影物镜后出射光的瞬时偏振态基本保持不变，从而可忽略退偏效应。

不过除了这一必要条件外，穆勒矩阵到琼斯矩阵等价转换的充要条件的表达式复杂且较为严苛。Simon[29]和 Anderson[30]分别给出了两种不同形式的等价转换的充要条件。如果穆勒矩阵 $\boldsymbol{M}$ 满足这些条件，对应等效琼斯矩阵 $\boldsymbol{J}$ 各分量的表达式为[31]

$$\begin{cases}J_{xx}=\dfrac{1}{\sqrt{2}}\sqrt{M_{11}+M_{12}+M_{21}+M_{22}}\\ J_{xy}=\dfrac{1}{\sqrt{2}}\sqrt{\dfrac{M_{11}-M_{12}+M_{21}-M_{22}}{\left(M_{13}+M_{23}\right)^{2}+\left(M_{14}+M_{24}\right)^{2}}}\left[\left(M_{13}+M_{23}\right)-\mathrm{i}\left(M_{14}+M_{24}\right)\right]\\ J_{yx}=\dfrac{1}{\sqrt{2}}\sqrt{\dfrac{M_{11}+M_{12}-M_{21}-M_{22}}{\left(M_{31}+M_{32}\right)^{2}+\left(M_{41}+M_{22}\right)^{2}}}\left[\left(M_{31}+M_{32}\right)+\mathrm{i}\left(M_{41}+M_{42}\right)\right]\\ J_{yy}=\dfrac{1}{\sqrt{2}}\sqrt{\dfrac{M_{11}-M_{12}-M_{21}+M_{22}}{\left(M_{33}+M_{44}\right)^{2}+\left(M_{43}-M_{34}\right)^{2}}}\left[\left(M_{33}+M_{44}\right)+\mathrm{i}\left(M_{43}-M_{34}\right)\right]\end{cases} \tag{8.115}$$

在理想情况下，光刻投影物镜的穆勒光瞳可以等价转换为琼斯光瞳。不过实际测得的穆勒光瞳是在实测条件下求解每一频域光瞳点对应的线性方程所得。对于某一频域光瞳点，在测量系统各类误差源的干扰下，一方面测得的穆勒矩阵本身存在误差，另一方面测得的穆勒矩阵无法等价转换为琼斯矩阵，使式(8.115)的转换过程引入额外的误差。与琼斯矩阵不同，不是所有的穆勒矩阵都是物理自洽或物理上可实现的。在误差源的干扰下，

穆勒矩阵到琼斯矩阵等价转换的必要条件即式(8.114)一般不再成立。因此，在穆勒矩阵测量误差和不等价转换引入的额外误差的双重作用下，采用传统穆勒矩阵测量原理测得并转换得到的琼斯光瞳会存在较大误差，这一结论将在仿真结果部分得以证明。相比之下，本小节所介绍的方法可以直接求解无绝对相位信息的琼斯光瞳，不需要易受误差源干扰的穆勒到琼斯矩阵的转换，所求解的琼斯光瞳更为准确。

8.4.2.2　仿真验证

为了验证该方法测量原理的有效性，设定一个典型的超大数值孔径(*NA*)光刻投影物镜的琼斯光瞳(*NA*=1.35)作为被测光瞳。该光刻投影物镜的光学设计[32]如图 8-39(a)所示，其中每一个透射面均镀有三层抗反射膜(材料为 MgF_2/LaF_3)[33]。在图 8-39(b)所示的 26×5.5mm 像方视场中的 F_1 视场点处提取投影物镜的琼斯光瞳，其偏振衰减(D)和偏振相位延迟(R)的光瞳分布分别如图 8-39(c)和(d)所示，其中 D 和 R 幅度分布的均方根(RMS)分别为 0.065 和 0.012λ(波长 λ = 193nm)。

实际的投影物镜会使用更为复杂的膜系结构，使得 D 的幅度明显降低，但不可避免地引入更多的双折射，从而使 R 的幅度增大。为了使被测琼斯光瞳的偏振像差范围与实际投影物镜的范围相符，令被测琼斯光瞳的 D 和 R 的 RMS 值分别为 0.025 和 0.025λ (0.15 rad)。

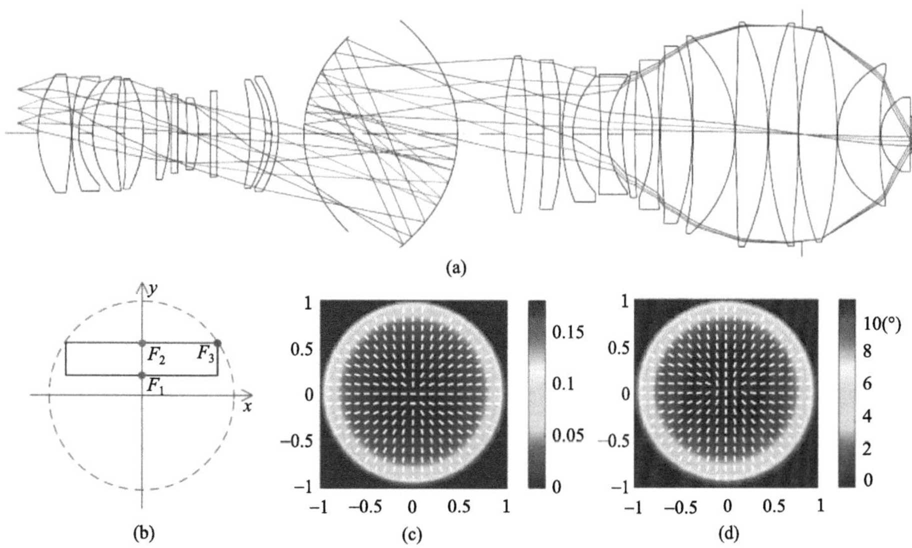

图 8-39　折反式光刻投影物镜琼斯光瞳分布示例

(a) 物镜的光学设计图；(b) 26mm×5.5mm 像方视场中选择的三个视场点；(c) 中心视场点 F_1 的偏振衰减分布；(d) 视场点 F_1 的偏振相位延迟分布

以这两个幅值的 RMS 值为参考，通过设置 D 和 R 每一项方向泽尼克系数的权重生成被测的原始琼斯光瞳，其偏振衰减(D)和偏振相位延迟(R)的光瞳分布分别如图 8-40(a)和(b)所示，图中的颜色表示增强或衰减的幅度 d(d 是无量纲量)和超前或延迟的相位 ϕ，轴线分别表示亮轴和快轴的方向。偏振衰减和偏振相位延迟分解得到的各项方向泽尼克系数分布分别如图 8-41(a)和(b)所示，其中$\pm j$ 表示方向泽尼克系数的第$\pm j$ 项。

与图 8-39 的(c)和(d)相比，代表被测琼斯光瞳的图 8-40(a)和(b)除了 D 和 R 的 RMS 值不同外，其旋转对称性和 OZP 系数的分布也与之不同。这是因为图 8-39 中规则的光瞳分布是基于中心视场点、理想透镜以及无透镜或膜系双折射这三个假定，在这种情况

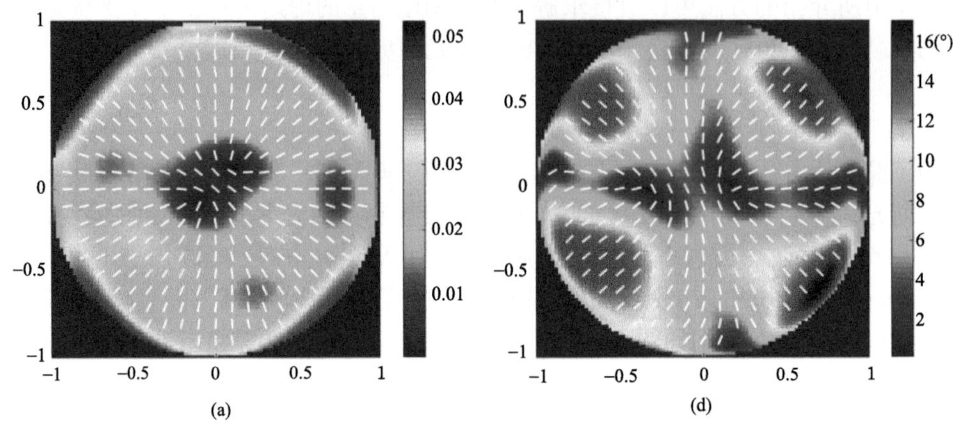

图 8-40　被测琼斯光瞳分布

(a) 偏振衰减；(b) 偏振相位延迟

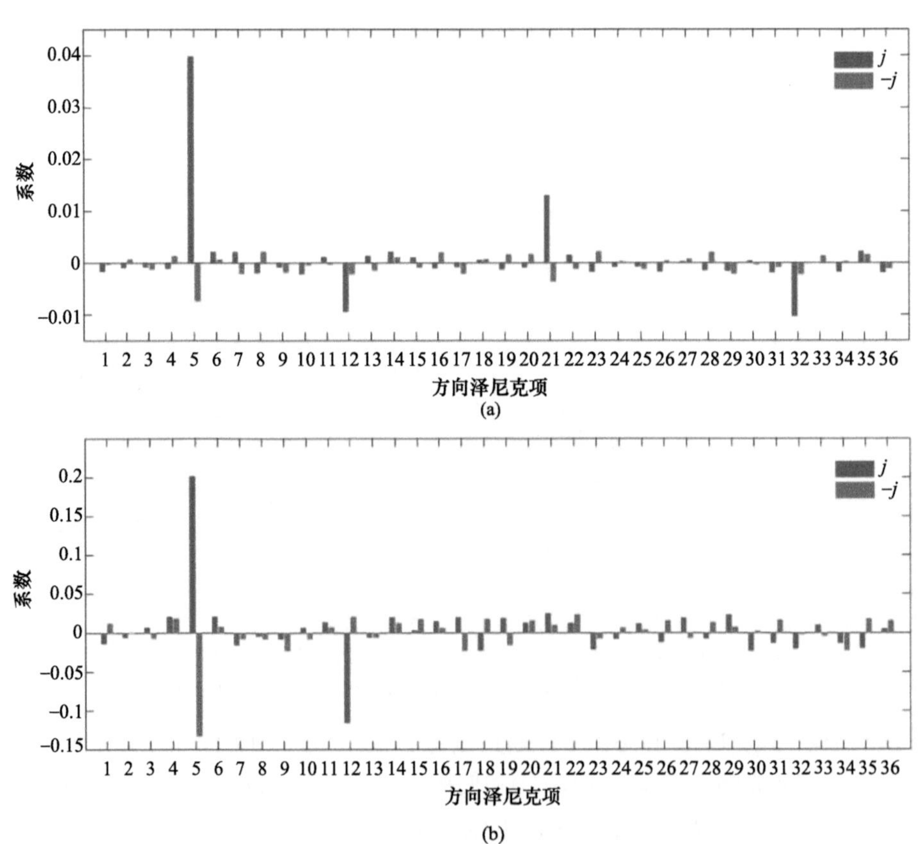

图 8-41　被测琼斯光瞳的方向泽尼克系数分布

(a) 偏振衰减；(b) 偏振相位延迟

下 D 和 R 均为完美的径向对称分布，只包含 OZ_{+5} 分量。而图 8-40 代表更符合实际情况的光瞳分布，除了径向对称，在 R 中引入四重旋转对称(对应⟨100⟩晶向的 CaF_2)以代表某种双折射产生的相位延迟分布。因此，在设计被测光瞳时，令 D 和 R 的 $OZ_{\pm5}$、$OZ_{\pm12}$、$OZ_{\pm21}$ 和 $OZ_{\pm32}$ 项的权重占主导，令其他项的权重为随机小量，以模拟非中心视场点和非理想透镜的情况。

在实际的偏振像差测量装置中，偏振片 P 和四分之一波片 Q 都存在偏振衰减误差 η 和偏振相位延迟误差 δ，每次旋转后其旋转角度存在误差 $\Delta\theta$。另外，图像传感器存在光强形式的噪声 ΔI。含误差的偏振片和波片的琼斯矩阵如式(8.116)和式(8.117)所示，式中旋转矩阵 $\boldsymbol{R}$ 的定义如下所示。

$$\boldsymbol{P}=\boldsymbol{R}(-\theta-\Delta\theta)\begin{bmatrix}\mathrm{e}^{-\mathrm{i}(\delta/2)} & 0\\ 0 & \varepsilon\mathrm{e}^{\mathrm{i}(\delta/2)}\end{bmatrix}\boldsymbol{R}(\theta+\Delta\theta) \tag{8.116}$$

$$\boldsymbol{Q}=\boldsymbol{R}(-\theta-\Delta\theta)\begin{bmatrix}\mathrm{e}^{-\mathrm{i}(\pi/4+\delta/2)} & 0\\ 0 & (1-\varepsilon)\mathrm{e}^{\mathrm{i}(\pi/4+\delta/2)}\end{bmatrix}\boldsymbol{R}(\theta+\Delta\theta) \tag{8.117}$$

$$\boldsymbol{R}(\theta)=\begin{bmatrix}\cos(\theta) & \sin(\theta)\\ -\sin(\theta) & \cos(\theta)\end{bmatrix} \tag{8.118}$$

在仿真中，需要代入含误差的 P 和 Q 的琼斯矩阵，并在光强中加入噪声。主要误差源以及仿真中设定的误差幅度如表 8-13 所示。这里假设 $\Delta\theta$ 和 ΔI 呈正态分布且系统误差为 0，ε 和 δ 不随偏振元件的旋转而变化。偏振片和四分之一波片的 ε、δ 和 $\Delta\theta$ 误差采用相等的幅度。除了这几种主要误差源的外，聚焦和准直镜 L_1 和 L_2 包含的误差只在实际的灵敏度系数矩阵标定过程中和与偏振元件无关的误差源合并考虑。

表 8-13　琼斯光瞳测量装置的误差源

误差类型	误差源	值
随机误差 (正态分布)	图像传感器噪声	$\sigma(\Delta I)=0.003$
	方向角误差	$\sigma(\Delta\theta)=0.1^\circ$
系统误差	偏振衰减误差	$\eta=0.01$
	相位延迟误差	$\delta=0.001\pi$

传统椭偏仪测量的是穆勒光瞳，为了验证该方法测量原理的有效性并与传统方法对比，需要选择同一种测量方案，并将传统方法得到的穆勒光瞳直接转换为琼斯光瞳。这里选择传统的双旋波片测量方案配置各偏振元件的旋转角度：两个波片按步进角之比 1:6(1.25°和 7.5°)步进旋转 144 次；两个偏振片的方位角固定为 0°。在输入被测琼斯光瞳、各元件的旋转角度组合并按表 8-13 设置误差源后，首先运行正向仿真程序计算含偏振元件误差和噪声的一组光强，再将该组光强输入到琼斯光瞳检测算法，按无误差的偏振元件模型逆向求解琼斯光瞳。该方法测得的偏振衰减和偏振相位延迟如图 8-42 所示。

从图 8-42 可以看出，在典型的误差条件下，该方法测得的琼斯光瞳和原始的光瞳十分接近，其中偏振相位延迟的分布比偏振衰减要更为平滑，说明图像传感器噪声对偏振衰减测量的干扰更为明显。由于测得光瞳和原始光瞳都是矢量光瞳而无法直观比较，为了显示两者的差异，可以采用两种标量形式的误差表示方法。第一种是忽略亮轴和快轴方向，计算偏振衰减和偏振相位延迟的幅度的误差，如图 8-43 所示；第二种是用方向泽尼克系数表示琼斯光瞳，计算偏振衰减和偏振相位延迟的方向泽尼克系数的误差，如图 8-44 所示。

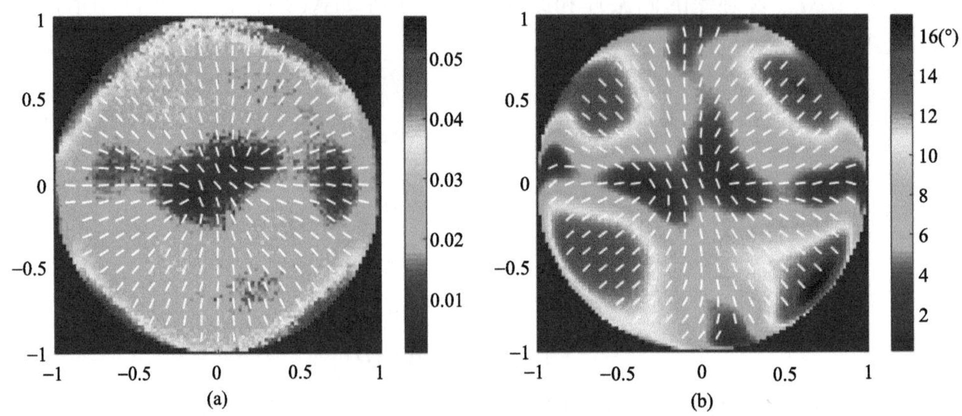

图 8-42　采用该方法测得的琼斯光瞳分布

(a) 偏振衰减；(b) 偏振相位延迟

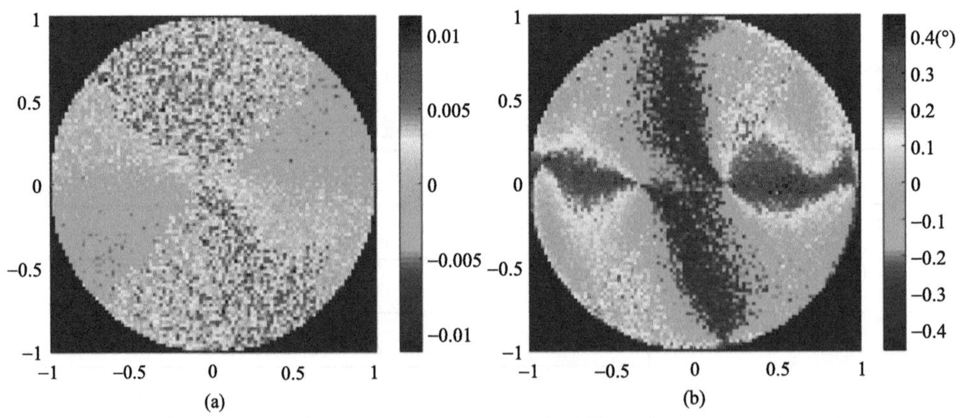

图 8-43　琼斯光瞳幅度的测量误差分布

(a) 偏振衰减；(b) 偏振相位延迟

在两种误差表示方法中，琼斯光瞳幅度形式的误差较为直观，从图 8-43 可以看出偏振衰减幅度的误差在 10^{-3} 数量级，而偏振相位延迟的误差在 0.1°数量级，均远小于原始琼斯光瞳的幅度。而方向泽尼克系数形式的误差可以同时反映出幅度的变化和主轴的偏离，从图 8-44 可以看出偏振衰减和偏振相位延迟的方向泽尼克系数误差均在 10^{-4}～10^{-3} 数量级，同样远小于原始光瞳的方向泽尼克系数(10^{-2}～10^{-1})。从两种形式的误差分布图可以看出该方法的理论测量误差较小。

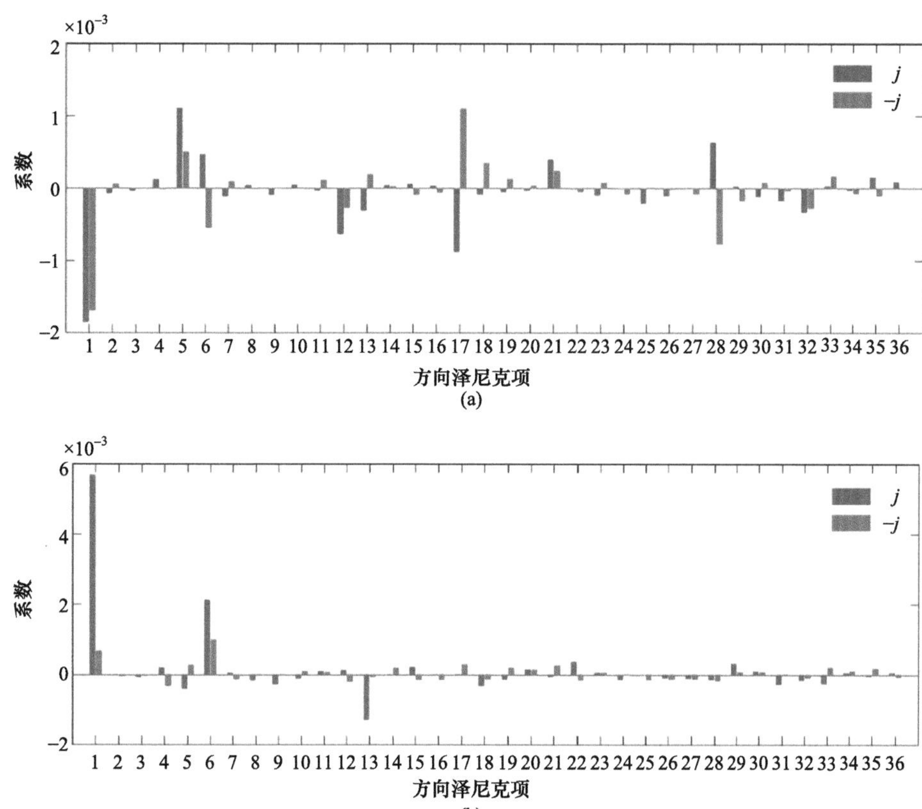

图 8-44　琼斯光瞳方向泽尼克系数的测量误差分布

(a) 偏振衰减；(b) 偏振相位延迟

为了用数值形式的指标来综合评价测量误差，一方面可以计算琼斯光瞳幅度误差的均方根 $RMSE_D$ 和 $RMSE_R$，另一方面可以计算方向泽尼克系数误差的和方根 $RSSE_{OZP\text{-}D}$ 及 $RSSE_{OZP\text{-}R}$。$RMSE_D$ 和 $RMSE_R$ 的定义如式(8.119)和式(8.120)，其中 d_j' 和 d_j 分别是测得和原始的偏振衰减幅度，ϕ_i' 和 ϕ_i 分别是测得和原始的相位延迟量，i 和 N 分别表示光瞳坐标和总光瞳点数。$RSSE_{OZP\text{-}D}$ 和 $RSSE_{OZP\text{-}R}$ 具有相同形式的定义，如式(8.121)所示，其中 c_j' 和 c_j 分别是测得和原始的第 j 项方向泽尼克系数，A_j 是归一化系数。

$$\mathrm{RMSE_D}=\sqrt{\frac{1}{N}\sum_{i=1}^{N}\left(d_i'-d_i\right)^2} \tag{8.119}$$

$$\mathrm{RMSE_R}=\sqrt{\frac{1}{N}\sum_{i=1}^{N}\left(\phi_i'-\phi_i\right)^2} \tag{8.120}$$

$$\mathrm{RSSE_{OZP}}=\sqrt{\sum_j\left(\frac{c_j'-c_j}{A_j}\right)^2},\quad A_j=\sqrt{n+1} \tag{8.121}$$

采用上述定义可以计算该方法的测量误差。为了进行对比，将同样角度配置的传统椭偏测量方法测得的穆勒光瞳直接转换为琼斯光瞳，并计算 RMSE 和 $RSSE_{OZP}$ 形式的误差。该方法和传统穆勒光瞳转换法的测量误差对比如表 8-14 所示。为了避免误差源设置中随机误差引起的不确定性，表中数值均为 1000 次仿真后取平均的结果。

从表 8-14 可以看出，该方法测得琼斯光瞳的偏振衰减 D 和偏振相位延迟 R 的 RMSE 误差分别为 2.74×10^{-3}rad 和 2.75×10^{-3}rad，远小于原始光瞳 D 和 R 的 RMS 值(0.025 rad 和 0.15rad)，相比传统方法分别下降了 63%和 74%；该方法 D 和 R 的 $RSSE_{OZP}$ 误差分别为 2.08×10^{-3} 和 5.14×10^{-3}，相比传统方法分别下降了 56%和 44%。

表 8-14　该方法与传统方法的测量误差对比

方法	$RMSE_D$ ($\times10^{-3}$ rad)	$RMSE_R$ ($\times10^{-3}$ rad)	$RSSE_{OZP\text{-}D}$ ($\times10^{-3}$)	$RSSE_{OZP\text{-}R}$ ($\times10^{-3}$)
传统方法	6.73	10.47	4.74	9.22
该方法	2.47	2.75	2.08	5.14

与传统椭偏测量方法相比，该方法测得琼斯光瞳的 D 和 R 误差均明显减小。下面证明在相同的测量方案和误差源参数的条件下，传统穆勒矩阵椭偏法测量并转换得到的琼斯光瞳更容易受到偏振元件误差和图像传感器噪声的干扰。由于元件误差的存在，穆勒光瞳不能等价地转换为琼斯光瞳。两种检测方法的误差对比证明这种非等价转换产生的额外误差的影响要远大于原始穆勒光瞳测量误差的影响。相比之下，该方法直接求解琼斯光瞳，没有额外的转换误差，可实现更高的检测精度。对于一般精度的偏振检测应用场景，传统穆勒矩阵椭偏法测量琼斯光瞳时的误差敏感特性并不明显，然而光刻投影物镜需要使用琼斯光瞳形式的偏振像差且对像差检测和控制的要求极为严格，因此该方法更适用于投影物镜偏振像差的检测。

8.4.2.3　偏振元件旋转方案优化

1. 理论基础

在椭偏测量法中，通过旋转偏振元件得到一组变化的光强值。将这一过程所有偏振元件的旋转角配置方式称为椭偏测量方案，简称为测量方案，根据四个偏振元件的旋转角变化关系可为如表 8-15 所示的四种。第一种是传统穆勒矩阵椭偏仪采用的双旋波片方案，两个偏振片的方位角固定而两个四分之一波片按角度比 k 同时步进旋转。这种测量方案起偏端的偏振态和检偏端的偏振态相互关联，可以将其视为“联动”类测量方案。第二种是东芝公司提出的在线偏振像差检测装置采用的方案，两个四分之一波片分别旋转，并遍历所有可能的方位角组合，因此这种测量方案属于“非联动”类。这种方案适合进行原位测量，因为多种方位角的偏振片 P_1 和四分之一波片 Q_1 可以两两组合并集成到测试掩模板上以产生多种偏振态，从而代替起偏元件的旋转。由于非联动测量方案的起偏端与检偏端分别旋转，并遍历两者所有可能的偏振态组合，这类测量方案的优化可以通过分别优化起偏端和检偏端来实现，这一分离优化原理将在下文中详细介绍。

表 8-15　不同类型的偏振元件角度旋转方案

θ_1, P_1 的角度	ϕ_1, Q_1 的角度	ϕ_2, Q_2 的角度	θ_2, P_2 的角度	方案
固定	$\Delta\phi_1$ 步进增大	$k\phi_1$	固定	联动
$\Delta\theta_1$ 步进增大	$\Delta\phi_1$ 步进增大	$\Delta\phi_2$ 步进增大	固定	非联动
$\Delta\theta_1$ 步进增大	$\Delta\phi_1$ 步进增大	$k\Delta\phi_1$	$\Delta\theta_2$ 步进增大	联动
$\Delta\theta_1$ 步进增大	$\Delta\phi_1$ 步进增大	$\Delta\phi_2$ 步进增大	$\Delta\theta_2$ 步进增大	非联动

为进一步增加优化的自由度，在现有两种测量方案的基础上加入两个偏振片的独立步进旋转，得到两种新的测量方案，如表 8-15 第三行和第四行所示。第三种属于联动测量方案，而第四种属于非联动方案。讨论不同种测量方案的意义在于，如果测量系统存在误差源的干扰，采用不同方案对应的测量精度各不相同。尽管琼斯光瞳测量系数中有各类误差源，但只能作用于式(8.110)中的光强向量 $\boldsymbol{I}$ 或灵敏度系数矩阵 $\boldsymbol{C}$。定义从 $\boldsymbol{I}$ 求解 $\boldsymbol{X}$ 的检测矩阵 $\boldsymbol{S}$ 为

$$\boldsymbol{S}=\left(\boldsymbol{C}^{*}\boldsymbol{C}\right)^{-1}\boldsymbol{C}^{*} \tag{8.122}$$

则 $\boldsymbol{X}=\boldsymbol{SI}$。如果琼斯矩阵的克氏积向量 $\boldsymbol{X}$ 的误差 $\Delta\boldsymbol{X}$ 是由光强向量形式的误差 $\Delta\boldsymbol{I}$ 引起，令下标“true”表示某物理量的理想值或真值，则误差传递过程可以表示为

$$\Delta\boldsymbol{X}=\boldsymbol{S}_{\text{true}}\Delta\boldsymbol{I}\quad \text{或}\quad \Delta X_a=\sum_i\left(S_{\text{true}}\right)_{a,i}\Delta I_i \tag{8.123}$$

式中，下标 i 的范围是 1 到测量次数 n；下标 a 的范围是 1～16。对于随机误差，假设光强误差向量各分量间的协方差为 $\left\langle\Delta I_i\Delta I_j\right\rangle$，则 $\boldsymbol{X}$ 的不确定性即各分量间的协方差可表示为

$$\left\langle\Delta X_a\Delta X_b\right\rangle=\sum_{i,j}\left(S_{\text{true}}\right)_{a,i}\left(S_{\text{true}}\right)_{b,j}\left\langle\Delta I_i\Delta I_j\right\rangle \tag{8.124}$$

式中，$\langle\cdots\rangle$ 表示随机变量的统计平均。在最简单的情况下，假设光强误差由图像传感器方差为 σ^2 的噪声引起，则可认为 $\Delta\boldsymbol{I}$ 不同分量之间的协方差 $\left\langle\Delta I_i\Delta I_j\right\rangle_{i\neq j}=0$，同一分量的方差 $\left\langle\Delta I_i^2\right\rangle=\sigma_i^2$。在这种情况下 $\boldsymbol{X}$ 各分量的方差可表示为

$$\left\langle\Delta X_a^2\right\rangle=\sum_i\left(S_{\text{true}}\right)_{a,i}^2\sigma_i^2 \tag{8.125}$$

可以看出 $\boldsymbol{S}_{\text{true}}$ 包含了 $\Delta\boldsymbol{I}$ 各分量到 $\Delta\boldsymbol{X}$ 各分量的所有误差传递系数，而从式(8.109)可以看出，决定误差传递灵敏度的 $\boldsymbol{C}$ 及 $\boldsymbol{S}$ 由测量方案决定。

同理，如果琼斯矩阵的克氏积向量 $\boldsymbol{X}$ 的误差 $\Delta\boldsymbol{X}$ 是由灵敏度系数矩阵的误差 $\Delta\boldsymbol{C}$ 或检测矩阵的误差 $\Delta\boldsymbol{S}$ (比如非理想的波片和偏振片引起的误差)引起的，则误差传递过程可表示为

$$\Delta\boldsymbol{X}=\Delta\boldsymbol{S}\boldsymbol{I}_{\text{true}}\quad \text{或}\quad \Delta X_a=\sum_i\Delta S_{a,i}\left(I_{\text{true}}\right)_i \tag{8.126}$$

式中，$\Delta\boldsymbol{S}$ 的表达式为

$$\Delta \boldsymbol{S} = \left(\boldsymbol{C}_{\text{true}}^{*}\boldsymbol{C}_{\text{true}}\right)^{-1}\left[\Delta \boldsymbol{C}^{*} - \left(\Delta \boldsymbol{C}^{*}\boldsymbol{C}_{\text{true}} + \boldsymbol{C}_{\text{true}}^{*}\Delta \boldsymbol{C}\right)\left(\boldsymbol{C}_{\text{true}}^{*}\boldsymbol{C}_{\text{true}}\right)^{-1}\boldsymbol{C}_{\text{true}}^{*}\right] \tag{8.127}$$

式中，只考虑 $\Delta \boldsymbol{C}$ 的一阶项。对于随机误差，假设检测矩阵 $\boldsymbol{S}$ 各元素之间的协方差为 $\left\langle \Delta S_{a,i}\Delta S_{b,j}\right\rangle$，则 $\boldsymbol{X}$ 的不确定性即各分量间的协方差可表示为

$$\left\langle \Delta X_{a}\Delta X_{b}\right\rangle = \sum_{i,j}\left\langle \Delta S_{a,i}\Delta S_{b,j}\right\rangle\left(I_{\text{true}}\right)_{i}\left(I_{\text{true}}\right)_{j} \tag{8.128}$$

可以看出，$\boldsymbol{I}_{\text{true}}$包含了 $\Delta\boldsymbol{S}$ 各分量到 $\Delta\boldsymbol{X}$ 各分量的所有误差传递系数，而对于一个确定的 $\boldsymbol{X}$，这些系数或 $\boldsymbol{I}_{\text{true}}$ 的曲线分布由误差传递灵敏度的 $\boldsymbol{C}$ 决定，同样这种情况下的误差传递灵敏度仍取决于测量方案。

线性系统系数矩阵的条件数可以综合反映系统的误差传递灵敏度。对于矩阵 $\boldsymbol{A}$，其基于 L_2 模的条件数的定义为

$$\|\boldsymbol{A}\| = \sup_{x\neq 0}\frac{\|\boldsymbol{A}\boldsymbol{x}\|}{\|\boldsymbol{x}\|} \tag{8.129}$$

式中，$\|\boldsymbol{x}\|$是向量 $\boldsymbol{x}$ 的 L_2 模；sup 是上确界即最小上界。这里采用 L_2 模，是为了与式(8.111)求解 $\boldsymbol{X}$ 时采用的最小二乘估计保持一致。根据这一定义，对方程(8.123)和方程(8.110)两边取 L_2 模，分别有

$$\begin{cases}\|\Delta \boldsymbol{X}\| \leqslant \|\boldsymbol{S}_{\text{true}}\|\|\Delta \boldsymbol{I}\| \\ \|\boldsymbol{I}_{\text{true}}\| \leqslant \|\boldsymbol{C}_{\text{true}}\|\|\boldsymbol{X}_{\text{true}}\|\end{cases} \tag{8.130}$$

对于一个非方阵 $\boldsymbol{A}$，其基于 L_2 模的条件数的定义为

$$\kappa(\boldsymbol{A}) = \|\boldsymbol{A}\|\|\boldsymbol{A}^{+}\| \tag{8.131}$$

式中，$\boldsymbol{A}^{+}$为 $\boldsymbol{A}$ 的摩尔-彭若斯广义逆。$\boldsymbol{A}$ 的最小二乘逆矩阵是 $\boldsymbol{A}^{+}$的一种显式表达式，则 $\boldsymbol{S}$ 是 $\boldsymbol{C}$ 的摩尔-彭若斯广义逆。基于 $\boldsymbol{C}_{\text{true}}$ 的条件数，由光强向量误差 $\Delta\boldsymbol{I}$ 和灵敏度系数矩阵误差 $\Delta\boldsymbol{S}$ 分别引起的 $\Delta\boldsymbol{X}$ 误差满足

$$\begin{cases}\dfrac{\|\Delta \boldsymbol{X}_{I}\|}{\|\boldsymbol{X}_{\text{true}}\|} \leqslant \kappa\left(\boldsymbol{C}_{\text{true}}\right)\dfrac{\|\Delta \boldsymbol{I}\|}{\|\boldsymbol{I}_{\text{true}}\|} \\ \dfrac{\|\Delta \boldsymbol{X}_{S}\|}{\|\boldsymbol{X}_{\text{true}}\|} \leqslant \kappa\left(\boldsymbol{C}_{\text{true}}\right)\dfrac{\|\Delta \boldsymbol{S}\|}{\|\boldsymbol{S}_{\text{true}}\|}\end{cases} \tag{8.132}$$

从以上不等式可以看出，灵敏度系数矩阵 $\boldsymbol{C}$ 的条件数表示 $\boldsymbol{I}$ 或 $\boldsymbol{S}$ 的相对误差(用误差向量与真值向量的 L_2 模之比表示)到 $\boldsymbol{X}$ 相对误差的最大传递系数，因此该数值可综合评价在最坏情况下测量系统的测量结果受误差源影响的灵敏程度，即条件数越小，系统对误差源干扰的鲁棒性就越强，因此，可通过最小化灵敏度系数矩阵 $\boldsymbol{C}$ 的条件数来优化椭偏测量方案。下面讨论非联动和联动两类测量方案的最小条件数，并证明引入两个偏振片的旋转后，每一类测量方案的条件数均可达到最小值。

2. 非联动旋转方案的优化

非联动方案的起偏元件和检偏元件分别独立转动，并遍历所有可能的元件角度组合。假设从光源发出的光为非偏振光，经过偏振片 P_1 后的偏振态为 $\boldsymbol{P}_{v1}$，再经过四分之一波片 Q_1 后的偏振态为 $\boldsymbol{G}$，则定义起偏矢量 $\boldsymbol{G}$ 为

$$\boldsymbol{G}_v(\theta_1,\phi_1)=\boldsymbol{Q}_1(\phi_1)\boldsymbol{P}_{v1}(\theta_1)=\boldsymbol{Q}_1(\phi_1)\begin{bmatrix}\cos(\theta_1)\\ \sin(\theta_1)\end{bmatrix} \tag{8.133}$$

按照相似的形式定义检偏矢量 $\boldsymbol{A}$ 为

$$\boldsymbol{A}_v(\theta_2,\phi_2)=\boldsymbol{Q}_2^*(\phi_2)\boldsymbol{P}_{v2}(\theta_2)=\boldsymbol{Q}_2^*(\phi_2)\begin{bmatrix}\cos(\theta_2)\\ \sin(\theta_2)\end{bmatrix} \tag{8.134}$$

可证明

$$\boldsymbol{K}(\theta_1,\theta_2,\phi_1,\phi_2)=\boldsymbol{G}_v^*(\theta_1,\phi_1)\otimes\boldsymbol{A}_v(\theta_2,\phi_2)\boldsymbol{A}_v^*(\theta_2,\phi_2)\otimes\boldsymbol{G}_v(\theta_1,\phi_1) \tag{8.135}$$

即光强表达式中的系数矩阵 $\boldsymbol{K}$ 可以写成 $\boldsymbol{G}$ 和 $\boldsymbol{A}$ 的表达式。将表达式中的 $\boldsymbol{G}$ 和 $\boldsymbol{A}$ 分开，可得

$$\boldsymbol{K}(\theta_1,\theta_2,\phi_1,\phi_2)=\left(\boldsymbol{A}_v(\theta_2,\phi_2)\boldsymbol{A}_v^*(\theta_2,\phi_2)\otimes\boldsymbol{G}_v(\theta_1,\phi_1)\boldsymbol{G}_v^*(\theta_1,\phi_1)\right)\boldsymbol{P}_{23} \tag{8.136}$$

其中，$\boldsymbol{P}_{23}$ 为 2、3 列的置换矩阵。

定义起偏矩阵 $\boldsymbol{G}$ 为

$$\boldsymbol{G}=\begin{bmatrix}\mathrm{vec}\left\{\left(\boldsymbol{G}_v(\theta_{11},\phi_{11})\boldsymbol{G}_v^*(\theta_{11},\phi_{11})\right)^{\mathrm{T}}\right\}^{\mathrm{T}}\\ \mathrm{vec}\left\{\left(\boldsymbol{G}_v(\theta_{12},\phi_{12})\boldsymbol{G}_v^*(\theta_{12},\phi_{12})\right)^{\mathrm{T}}\right\}^{\mathrm{T}}\\ \vdots\\ \mathrm{vec}\left\{\left(\boldsymbol{G}_v(\theta_{1m},\phi_{1m})\boldsymbol{G}_v^*(\theta_{1m},\phi_{1m})\right)^{\mathrm{T}}\right\}^{\mathrm{T}}\end{bmatrix} \tag{8.137}$$

检偏矩阵 $\boldsymbol{A}$ 为

$$\boldsymbol{A}=\begin{bmatrix}\mathrm{vec}\left\{\left(\boldsymbol{A}_v(\theta_{11},\phi_{11})\boldsymbol{A}_v^*(\theta_{11},\phi_{11})\right)^{\mathrm{T}}\right\}^{\mathrm{T}}\\ \mathrm{vec}\left\{\left(\boldsymbol{A}_v(\theta_{12},\phi_{12})\boldsymbol{A}_v^*(\theta_{12},\phi_{12})\right)^{\mathrm{T}}\right\}^{\mathrm{T}}\\ \vdots\\ \mathrm{vec}\left\{\left(\boldsymbol{A}_v(\theta_{1m},\phi_{1m})\boldsymbol{A}_v^*(\theta_{1m},\phi_{1m})\right)^{\mathrm{T}}\right\}^{\mathrm{T}}\end{bmatrix} \tag{8.138}$$

一方面，$\boldsymbol{G}$ 的 m 行对应 m 种起偏元件的角度组合，$\boldsymbol{A}$ 的 n 行对应 n 种检偏元件的角度组合，而灵敏度系数矩阵 $\boldsymbol{C}$ 有 $m\times n$ 行，对应 $\boldsymbol{G}$ 和 $\boldsymbol{A}$ 的所有行的组合，即所有可能的起偏/检偏元件角度的组合；另一方面，$\boldsymbol{C}$ 的列是 $\boldsymbol{G}$ 和 $\boldsymbol{A}$ 的列的克氏积的列置换，对应 $\boldsymbol{G}$ 和 $\boldsymbol{A}$ 的所有列的组合，即所有可能的起偏/检偏矢量分量的组合。因此，$\boldsymbol{C}$ 的条件数可以分解为 $\boldsymbol{G}$ 和 $\boldsymbol{A}$ 的条件数之积，即

$$\kappa(\boldsymbol{C})=\kappa(\boldsymbol{A})*\kappa(\boldsymbol{G}) \tag{8.139}$$

因此，对于非联动方案，减小 $\boldsymbol{C}$ 的条件数也就是分别减小 $\boldsymbol{G}$ 和 $\boldsymbol{A}$ 的条件数。由于 $\boldsymbol{G}$ 和

A 具有相似的形式，求 ***G*** 或 ***A*** 的最小条件数，取平方后可得 ***C*** 的最小条件数。

非联动方案灵敏度系数矩阵的条件数可分解为起偏矩阵与检偏矩阵条件数之积，这类似于将传统穆勒矩阵椭偏仪分解为起偏端和检偏端的斯托克斯椭偏仪并分别优化。而对于斯托克斯椭偏仪的优化，Azzam 等提出邦加球，可以提供直观的几何解释[34]。对于四次测量的斯托克斯椭偏仪，当邦加球上的四个点构成正四面体时，其体积最大，而对应的条件数达到最小。这种邦加球分析方法同样可以用于该方法的条件数分析。以起偏端为例，当各偏振态在邦加球上形成正多面体或正多面体的组合时，起偏矩阵 ***G*** 的条件数达到理论最小值 $\sqrt{3}$。设起偏端的偏振态个数为 N，如图 8-45 所示，偏振态组合在邦加球上构成的典型正多面体有正四面体(N=4)、正八面体(N=6)和正方体(N=8)，对应的 ***G*** 的条件数均为 $\sqrt{3}$，而正八面体和正方体的组合(N=14)的条件数也为 $\sqrt{3}$。若检偏矩阵 ***A*** 的条件数也取 $\sqrt{3}$，则灵敏度系数矩阵 ***C*** 的条件数为理论最小值 3。

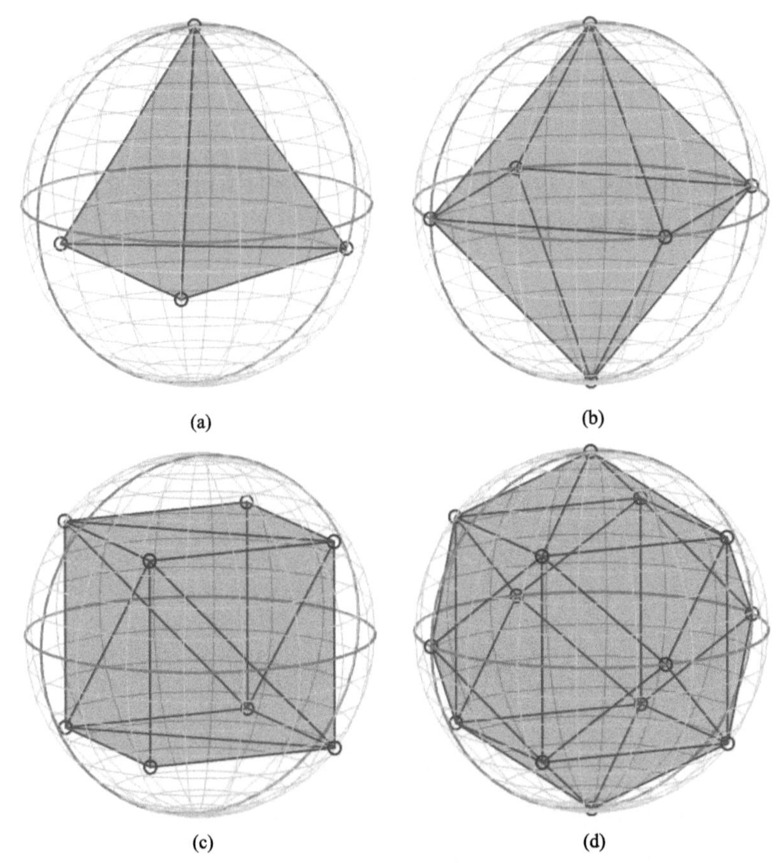

图 8-45　典型的外接于邦加球的正多面体

(a) 正四面体；(b) 正八面体；(c) 正方体；(d) 正八面体和正方体的组合

不过在实际的旋转偏振片和四分之一波片的测量方案中，灵敏度系数矩阵的条件数一般很难取到理论最小值。一方面，因为每个对应正多面体顶点的偏振态都需要特定的偏振片 P 和四分之一波片 Q 的旋转角度，而这些特定角度一般不是常见的 360°的整数等分。如图 8-46 所示，当 P 的旋转角 θ 固定，Q 的旋转角 ϕ 连续旋转时，偏振态在邦加球上的轨迹为“8”字形，P 的旋转角 θ 决定了轨迹的中心位置，Q 的相位延迟决定了“8”字形轨迹的宽度，而对于四分之一波片，当 θ 分别取 0°、45°、90°、135°时，“8”字形轨迹无法经过以上任一典型正多面体的所有点。另外，实际的测量方案会遍历 P 和 Q 所有可能的角度组合，而非单独针对每个偏振态设置不同的 θ 和 ϕ，因此对应的偏振态组合很难在邦加球上构成正多面体。

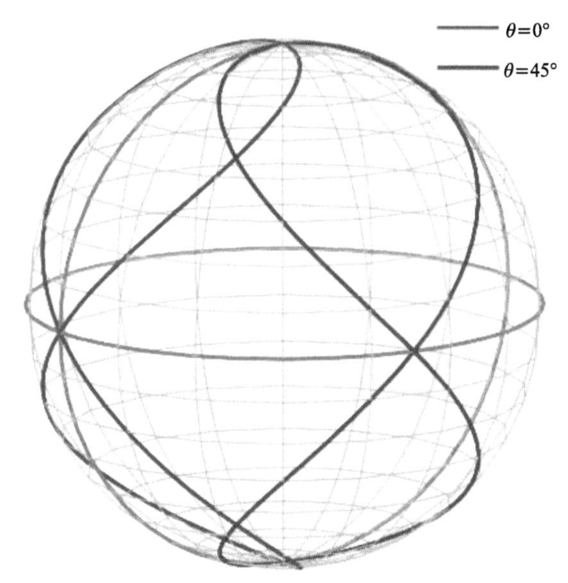

图 8-46　四分之一波片连续旋转时偏振态在邦加球上的轨迹曲线
偏振片旋转角 θ 分别为 0°和 45°

为了得到实际非联动方案的最小条件数，假设 P 和 Q 均有 6 个间隔分别为 $\Delta\theta$ 和 $\Delta\phi$ 的旋转角，分别以 $\Delta\phi$ 和 $\Delta\theta$ 为横纵坐标，计算起偏矩阵 $\boldsymbol{G}$ 的条件数分布，如图 8-47 所示(深红色表示最小条件数)。由图可以看出，当 $\Delta\theta$ 在 0°～90°之间且为 180°/6 的整数倍，$\Delta\phi$ 在 0°～90°之间且为 90°/6 的整数倍时，起偏矩阵 $\boldsymbol{G}$ 的条件数达到最小值 2。因此，对于实际的非联动方案，灵敏度系数矩阵 $\boldsymbol{C}$ 的最小条件数为 4，而非理论最小值 3。

这一规律不只适用于 6×6 的情况，为了探究 P 和 Q 最小的旋转角个数，假设 P 和 Q 分别有 m 和 n 个旋转角。从图 8-47 中可以看出，$\Delta\theta$ 的周期是 $\Delta\phi$ 的 2 倍，且条件数的极小值不出现在 90°，因此 m 和 n 要满足 $180° / m < 90°$ 且 $90 / n < 90°$，即 P 的旋转角最少为 3 个而 Q 的旋转角最少为 2 个。图 8-48 给出了典型的 3×3 和 4×4 个旋转角的偏振态组合，其中 4×4 的组合和图 8-45(d)的正八面体和正方体的组合相似，但由于 Q 是四分之一波片，实际上是正八面体和长方体的组合。

对于一般的非联动方案，假设偏振片 P 有 m 个间隔为 $\Delta\theta$ 的旋转角，四分之一波片 Q 有 n 个间隔分别为 $\Delta\phi$ 的旋转角，当起偏端和检偏端的 P 和 Q 的步进角 $\Delta\theta$ 和 $\Delta\phi$ 满足式(8.140)时，$\boldsymbol{C}$ 的条件数达到最小值 4。

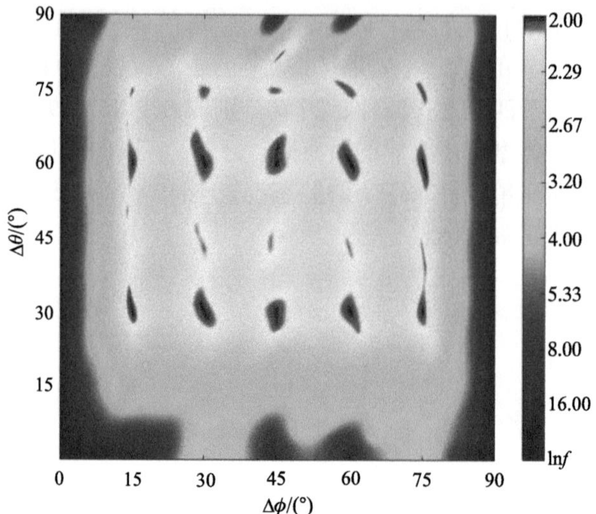

图 8-47　起偏矩阵的条件数分布

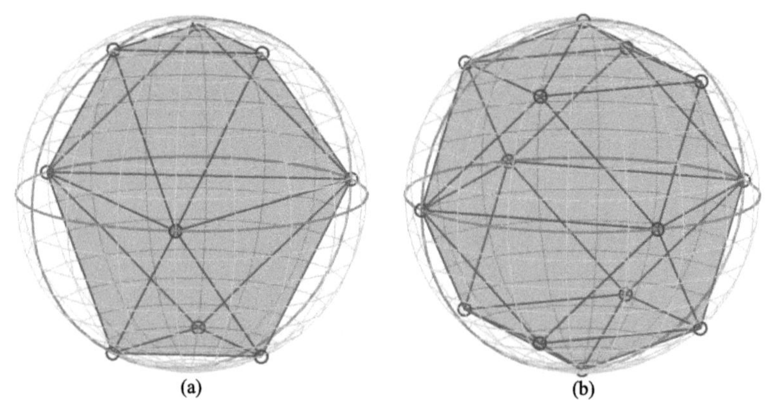

图 8-48　典型的 $m\times n$ 个旋转角对应的偏振态分布

(a) 3×3；(b) 4×4

$$\begin{cases} \Delta\theta = k*180°/m, & m>2, k=1,2,3,\cdots,\left[(m-1)/2\right] \\ \Delta\phi = l*90°/n, & n>1, l=1,2,3,\cdots,n-1 \end{cases} \tag{8.140}$$

表 8-16 对比了两种非联动测量方案的条件数，第一种方案是东芝公司提出的在线偏振像差检测装置所采用的，P_2 不旋转但 Q_2 的旋转次数较多；第二种是该方法采用的方案，起偏端和检偏端均采用 4×4 的角度组合。两种方案的测量次数均为 256 次，第二种方案 $\boldsymbol{C}$ 的条件数可以达到最小值 4，而第一种方案 $\boldsymbol{C}$ 的条件数为 7.24，对误差的放大作用更为明显。

表 8-16　两种非联动方案的条件数对比

方案	P_1 的角度 θ_1 / (°)	Q_1 的角度 ϕ_1 / (°)	Q_2 的角度 ϕ_2 / (°)	P_2 的角度 θ_2 / (°)	$\boldsymbol{C}$ 的条件数
4×4×16×1	0, 45, 90, 135	0, 45, 90, 135	0, 12, 24,···, 180	0	7.24
4×4×4×4	0, 45, 90, 135	0, 45, 90, 135	0, 45, 90, 135	0, 45, 90, 135	4

总之，非联动方案的灵敏度系数矩阵 $\boldsymbol{C}$ 的条件数理论最小值为 3，当起偏端和检偏端的偏振态在邦加球上均形成正多面体或正多面体的组合时，$\boldsymbol{C}$ 的条件数达到最小，但这一最小值很难实现。实际的测量方案 $\boldsymbol{C}$ 的条件数的最小值为 4，当起偏端和检偏端的 P 和 Q 的步进角均满足式(8.140)时，$\boldsymbol{C}$ 的条件数达到最小。

3. 联动旋转方案的优化

联动方案在每次旋转 Q_1 的同时按一定角度比旋转 Q_2，起偏端和检偏端的波片旋转有关联，因此其灵敏度系数矩阵 $\boldsymbol{C}$ 的条件数不能像非联动方案那样分解为起偏矩阵和检偏矩阵的条件数之积。传统的穆勒矩阵椭偏仪一般采用双旋波片的测量方案，即 P_1 和 P_2 不旋转，Q_1 和 Q_2 按一定的角度比同时旋转。为了得到这种情况下的最小条件数，假设 Q_1 和 Q_2 均有 32 个间隔分别为 $\Delta\phi_1$ 和 $\Delta\phi_2$ 的旋转角，分别以 $\Delta\phi_1$ 和 $\Delta\phi_2$ 为横纵坐标，计算灵敏度系数矩阵 $\boldsymbol{C}$ 的条件数分布，结果如图 8-49 所示(深红色表示最小条件数)。

从图 8-49 中可以看出，当 $\Delta\phi_1$ 和 $\Delta\phi_2$ 成 k 倍($k = 1, 1.5, 2, 3, 4$)关系时，条件数为无穷大。条件数为无穷大对应的多条直线划分了整个区域，而条件数的极小值分布在各个子区域中。其中面积最大的区域是 $\Delta\phi_2$ 在 30°附近且为 $\Delta\phi_1$ 的 k 倍($k > 4$)，一个典型取值为 $\Delta\phi_1 = 6°$和 $\Delta\phi_2 = 30°$，此时条件数等于 13.2，接近图 8-49 中的最小值 12.56。

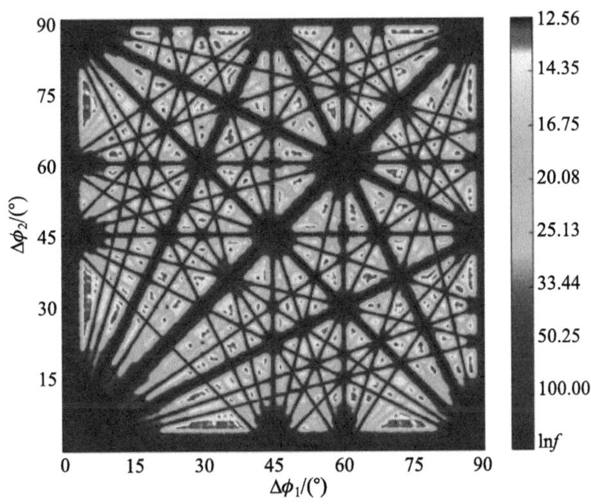

图 8-49　传统测量方案的灵敏度系数矩阵的条件数分布

由上述结果可知，传统椭偏仪采用的测量方案的灵敏度系数矩阵的最小条件数仍大于 12。根据线性代数理论，较大的条件数会明显放大误差源带来的影响。这种双旋波片测量方案可用于一般的偏振态测量，然而光刻机投影物镜需要极高的测量精度，因此要尽可能地减小灵敏度系数矩阵的条件数。为了减小条件数，可以在联动旋转四分之一波片 Q_1 和 Q_2 的基础上加入偏振片 P_1 和 P_2 的旋转。但这里 P_1 和 P_2 不是像 Q_1 和 Q_2 那样小间隔角联动旋转，而是各自设置几个离散角度并遍历两者所有可能的角度组合。为了得到这种改进方案的灵敏度系数矩阵的最小条件数，假设 P_1 和 P_2 各有 3 个间隔为 60°的旋转角，P_1和P_2分别旋转并遍历所有可能的角度组合，设Q_1和Q_2均有 8 个间隔分别为$\Delta\phi_1$和$\Delta\phi_2$的旋转角，每次旋转Q_1的同时旋转Q_2，这样共有 72 种角度组合。分别以$\Delta\phi_1$和$\Delta\phi_2$为横纵坐标，计算灵敏度系数矩阵$\boldsymbol{C}$的条件数分布，结果如图 8-50(b)所示(深红色表示最小条件数)。为了便于对比，将传统双旋波片测量方案的Q_1和Q_2设为 72 个步进角，同样计算$\boldsymbol{C}$的条件数分布，结果如图 8-50(a)所示。

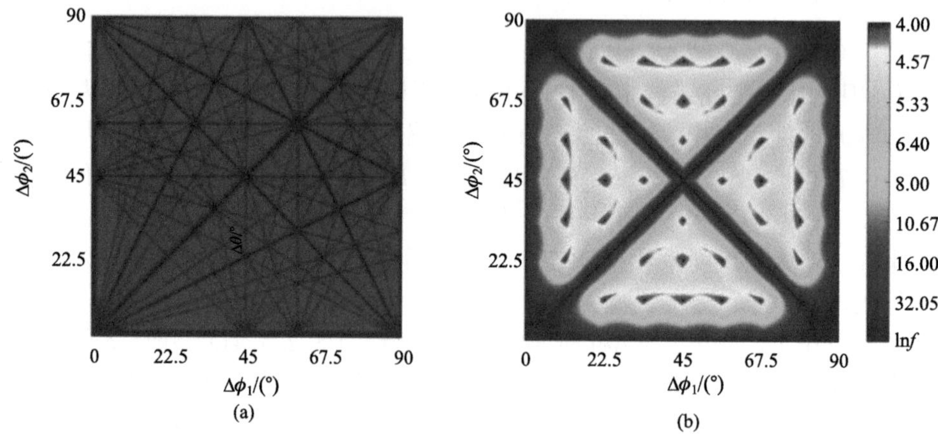

图 8-50　两种联动方案的条件数分布对比

(a) 传统方案；(b) 改进方案

从图 8-50 中可以看出，在相同的测量次数下，改进方案的灵敏度系数矩阵$\boldsymbol{C}$的最小条件数可以达到 4，且只有两条直线关系对应无穷大的条件数，而传统的双旋波片测量方案的条件数始终大于 12，且有多条直线关系对应无穷大的条件数。对于改进方案，假设P_1有m个间隔为$\Delta\theta_1$的旋转角，P_2有n个间隔为$\Delta\theta_2$的旋转角，Q_1和Q_2均有p个间隔分别为$\Delta\phi_1$和$\Delta\phi_2$的旋转角，当式(8.141)成立时，$\boldsymbol{C}$的条件数达到最小值 4。

$$\begin{cases}\Delta\theta_1 = k*180^\circ/m, & m>2, k=1,2,3,\cdots,\left[(m-1)/2\right] \\ \Delta\theta_2 = l*180^\circ/n, & n>2, l=1,2,3,\cdots,\left[(n-1)/2\right] \\ \Delta\phi_1 = r*90^\circ/p, & p>3, r=1,2,3,\cdots,p-1 \\ \Delta\phi_2 = s*90^\circ/p, & p>3, s=1,2,3,\cdots,p-1 \\ r\neq s \wedge r+s\neq p \end{cases} \tag{8.141}$$

上面讨论了两类测量方案的最小条件数。这里通过式(8.140)和式(8.141)分别设计最优的测量方案，并与现有的两类方案进行比较。为了比较不同测量方案的理论测量精度，将测量次数均设定为 144 次。表 8-17 给出了各测量方案的偏振元件方位角配置和相应的灵敏度系数矩阵$\boldsymbol{C}$的条件数。其中前两种是现有方案，后两种是加入偏振片旋转并进行条件数优化后的方案；第一种和第三种是非联动方案，而第二种和第四种是联动方案。可以看出，两种优化后的方案其$\boldsymbol{C}$的条件数均达到了最小值 4，相比两种未优化的方案，误差传递系数明显降低，理论测量精度进一步提高，这将会在仿真部分得以证明。

表 8-17　不同角度旋转方案的偏振元件旋转角

方案	P_1 的角度 θ_1 / (°)	Q_1 的角度 ϕ_1 / (°)	Q_2 的角度 ϕ_2 / (°)	P_2 的角度 θ_2 / (°)	C 的条件数
4×4×9×1	0, 45, 90, 135	0, 45, 90, 135	0, 20, ···, 160	0	7.22
1×144×1	0	0, 1.25, 2.5, ···, 178.75	$6 * \phi_1$	0	13.05
3×4×4×3	0, 60, 120	0, 45, 90, 135	0, 45, 90, 135	0, 60, 120	4
3×16×3	0, 60, 120	0, 12, 24, ···, 180	$3 * \phi_1$	0, 60, 120	4

4. 仿真验证

各方案偏振衰减和偏振相位延迟误差的仿真结果如表 8-18 所示。同样为了降低随机性，表中数值均为 1000 次仿真后取平均的结果。可以看出，对于两种优化后的测量方案其测量误差均明显小于优化前的方案，并且可看出测量误差与测量方案的 $\boldsymbol{C}$ 的条件数之间存在显著的正相关性。传统的双旋波片“1×144×1”测量方案具有最大的条件数和最高的测量误差，而加入偏振片旋转并采用条件数优化后的两种测量方案，其条件数和测量误差均达到最小。其中“3×16×3”方案的 D 和 R 的 RMSE 误差分别为 1.34×10^{-3} 和 0.76×10^{-3}，相比优化前分别下降了 46%和 73%；D 和 R 的 RSSE_{OZP} 误差分别为 1.48×10^{-3} 和 0.68×10^{-3}，相比优化前分别下降了 29%和 87%。说明加入 P_1、P_2 旋转并优化条件数后，测量精度有明显的提升，而且偏振相位延迟的测量精度提升更为显著。这里 P_1、P_2 并不需要像 Q_1、Q_2 那样连续旋转，只需设置几个不同的角度就可以明显降低条件数，从而减小测量误差。因此，这种方案适用于对精度要求较高的光刻投影物镜偏振像差检测。对比第一种和第三种非联动方案的误差也可得出相同结论。“4×4×9×1”方案具有中等大小的条件数和中等的测量精度，而与之相比，优化后的“3×4×4×3”方案的 D 和 R 的 RMSE 误差分别下降了 26%和 44%，D 和 R 的 RSSE_{OZP} 误差分别下降了 24%和 65%。

表 8-18　现有的和优化后的角度旋转方案的测量误差

方案	C 的条件数	RMSE_D ($\times10^{-3}$ rad)	RMSE_R ($\times10^{-3}$ rad)	$\text{RSSE}_{\text{OZP-D}}$ ($\times10^{-3}$)	$\text{RSSE}_{\text{OZP-R}}$ ($\times10^{-3}$)
4×4×9×1	7.22	1.63	1.56	1.44	2.60
1×144×1	13.05	2.47	2.75	2.08	5.14
3×4×4×3	4	1.21	0.88	1.09	0.90
3×16×3	4	1.34	0.76	1.48	0.68

同样可以看出，影响测量误差的主要因素是条件数优化与否和测量方案的类型。第三种非联动方案的误差与第四种联动方案接近，而前两种方案的误差在同一个数量级，说明只要在相同的测量次数条件下，无论 Q_1、Q_2 各自分别旋转还是按一定的角度比旋转，对最终测量精度的影响不大。只不过对于优化后的方案，采用非联动方案测得的偏振衰

减误差更小，而采用联动方案测得的偏振相位延迟更为准确。如果测量次数较多，按一定角度比连续旋转两个四分之一波片的联动方案更容易实现。

总而言之，在引入偏振片的旋转并进行条件数优化后，两类测量方案的灵敏度系数矩阵的条件数均可达到最小值 4，采用这两种最优测量方案均可使该方法测量琼斯光瞳的精度得到进一步的提升。对于两个偏振片，只需各引入少数几个旋转角度并两两组合就可使测量方案实现最小条件数，从而在不显著增加现有装置复杂度的情况下显著提高了投影物镜琼斯光瞳的检测精度。仿真结果验证了方案优化的有效性。

8.5　基于空间像测量的检测技术

基于空间像测量的偏振像差检测技术通过空间像信息获取光刻投影物镜某一视场点的多项偏振像差系数，并合成出部分或整个琼斯光瞳。相比基于椭偏测量的检测技术，此类技术无需专用的偏振态测量装置，测量系统结构简单，易于集成到光刻机中进行原位检测。本节介绍基于空间像位置偏移量和差分空间像主成分分析的偏振像差检测技术。

8.5.1　基于空间像位置偏移量的检测

该技术的原理与第 5 章介绍的 TAMIS 技术相似，首先建立成像位置偏移量与偏振像差的解析线性关系，然后在多种照明设置下测量空间像位置偏移量，通过成像位置偏移量结合最小二乘法反演出表征偏振像差的泡利-泽尼克系数。本小节首先分析作为检测标记的交替相移掩模的空间像光强分布，建立空间像位置偏移量与偏振像差的线性解析模型，并分析照明偏振角对灵敏度系数的影响，然后介绍检测原理，并给出仿真实验结果。

8.5.1.1　交替相移掩模的空间像光强分布

为了方便分析，采用如图 8-51(a)所示的线空比为 1:1 的一维交替相移掩模(alternating phase-shift mask, Alt-PSM)，白色、黑色和粉色部分分别对应透光、不透光和相移区。白色和粉色区域的相移分别是 0° 和 180°。w 和 p 分别是掩模图形的线宽和周期，通过 $\hat{w}=w/(\lambda/NA)$ 和 $\hat{p}=p/(\lambda/NA)$ 归一化。其相应的剖面图如图 8-51(b)所示。

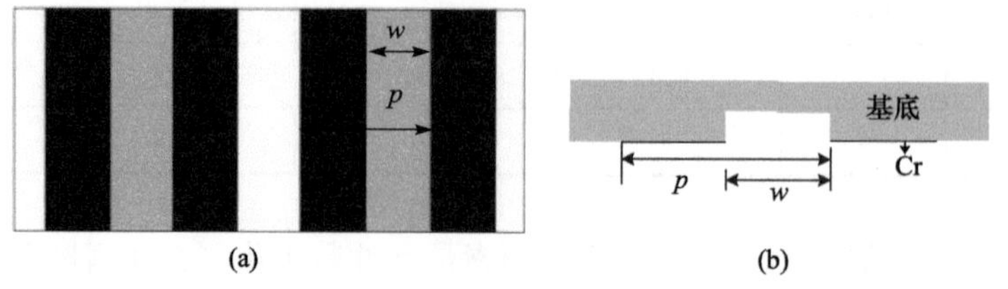

图 8-51　交替相移掩模(a)及其剖面图(b)

光刻成像性能依赖于掩模、投影物镜和光刻胶三者之间的相互作用。由于这三个要素之间的相互作用非常复杂，定位光刻流程中的误差源非常困难。本小节集中研究独立的投影物镜偏振像差引起的空间像偏移。为了保持问题的可控性，需要屏蔽掩模的形貌效应。因此，采用掩模的基尔霍夫近似模型计算 Alt-PSM 衍射谱，其表达式为

$$O(\hat{f})=\mathrm{i}(\hat{w}/\hat{p})\cdot\sum_{n=-\infty}^{+\infty}\delta(\hat{f}-n/2\hat{p})\cdot\mathrm{sinc}(\hat{w}\hat{f})\cdot\sin(\pi\hat{p}\hat{f}),\quad n\in\mathbf{Z} \tag{8.142}$$

其中，n 是衍射级。当 $\hat{p}$ 满足 $1/[2(1+\sigma)]<\hat{p}<3/[2(1+\sigma)]$ 时，只有 ±1 级衍射光进入光瞳，掩模衍射谱表示为

$$O(\hat{f})=\mathrm{i}(\hat{w}/\hat{p})\cdot\mathrm{sinc}(\hat{w}\hat{f})\cdot[\delta(\hat{f}+\hat{f}_0)+\delta(\hat{f}-\hat{f}_0)] \tag{8.143}$$

其中，$\hat{f}_0=1/(2\hat{p})$。将式(8.143)代入矢量成像公式[3]，可获得 Alt-PSM 的空间像光强分布：

$$I(\hat{x}_i,\Delta z)=I_1+I_2+I_3(\hat{x}_i,\Delta z)+I_4(\hat{x}_i,\Delta z) \tag{8.144}$$

其中

$$\begin{aligned}I_2=C_0\iint_{-\infty}^{+\infty}&J(\hat{f},\hat{g})\cdot[\boldsymbol{M}_0(\hat{f}+\hat{f}_0,\hat{g})\boldsymbol{J}_{\mathrm{Jones}}(\hat{f}+\hat{f}_0,\hat{g})\boldsymbol{E}_0(\hat{f},\hat{g})]\\&\times[\boldsymbol{M}_0(\hat{f}+\hat{f}_0,\hat{g})\boldsymbol{J}_{\mathrm{Jones}}(\hat{f}+\hat{f}_0,\hat{g})\boldsymbol{E}_0(\hat{f},\hat{g})]^*\mathrm{d}\hat{f}\mathrm{d}\hat{g}\end{aligned} \tag{8.145}$$

$$\begin{aligned}I_2=C_0\iint_{-\infty}^{+\infty}&J(\hat{f},\hat{g})\cdot[\boldsymbol{M}_0(\hat{f}-\hat{f}_0,\hat{g})\boldsymbol{J}_{\mathrm{Jones}}(\hat{f}-\hat{f}_0,\hat{g})\boldsymbol{E}_0(\hat{f},\hat{g})]\\&\times[\boldsymbol{M}_0(\hat{f}-\hat{f}_0,\hat{g})\boldsymbol{J}_{\mathrm{Jones}}(\hat{f}-\hat{f}_0,\hat{g})\boldsymbol{E}_0(\hat{f},\hat{g})]^*\mathrm{d}\hat{f}\mathrm{d}\hat{g}\end{aligned} \tag{8.146}$$

$$\begin{aligned}I_3(\hat{x}_i,\Delta z)=C_0\iint_{-\infty}^{+\infty}&J(\hat{f},\hat{g})\cdot\exp[\mathrm{i}4\pi\hat{f}_0(\hat{x}_i+\Delta z\hat{f})]\\&\times[\boldsymbol{M}_0(\hat{f}-\hat{f}_0,\hat{g})\boldsymbol{J}_{\mathrm{Jones}}(\hat{f}-\hat{f}_0,\hat{g})\boldsymbol{E}_0(\hat{f},\hat{g})]\\&\times[\boldsymbol{M}_0(\hat{f}+\hat{f}_0,\hat{g})\boldsymbol{J}_{\mathrm{Jones}}(\hat{f}+\hat{f}_0,\hat{g})\boldsymbol{E}_0(\hat{f},\hat{g})]^*\mathrm{d}\hat{f}\mathrm{d}\hat{g}\end{aligned} \tag{8.147}$$

$$\begin{aligned}I_4(\hat{x}_i,\Delta z)=C_0\iint_{-\infty}^{+\infty}&J(\hat{f},\hat{g})\cdot\exp[-\mathrm{i}4\pi\hat{f}_0(\hat{x}_i+\Delta z\hat{f})]\\&\times[\boldsymbol{M}_0(\hat{f}+\hat{f}_0,\hat{g})\boldsymbol{J}_{\mathrm{Jones}}(\hat{f}+\hat{f}_0,\hat{g})\boldsymbol{E}_0(\hat{f},\hat{g})]\\&\times[\boldsymbol{M}_0(\hat{f}-\hat{f}_0,\hat{g})\boldsymbol{J}_{\mathrm{Jones}}(\hat{f}-\hat{f}_0,\hat{g})\boldsymbol{E}_0(\hat{f},\hat{g})]^*\mathrm{d}\hat{f}\mathrm{d}\hat{g}\end{aligned} \tag{8.148}$$

$$C_0=[(\hat{w}/\hat{p})\cdot\sin c(\hat{w}\hat{f}_0)]^2 \tag{8.149}$$

式(8.144)～(8.149)表明，Alt-PSM 空间像的光强分布由 I_1、I_2、I_3 和 I_4 四部分组成，其中 I_1 和 I_2 分别表示−1 和+1 级衍射光强度，I_3 和 I_4 是这两个衍射级的相干项。因为式(8.145)和式(8.146)的右边不包含变量 $\hat{x}_i$ 和 Δz，其对 $\hat{f}$ 和 $\hat{g}$ 积分后得到的 I_1 和 I_2 是常数，所以它们会减小空间像对比度。另外，照明光偏振态也会影响空间像对比度。已经证明 TE 偏振是最佳的照明偏振态，其他非最佳偏振态会导致空间像对比度下降。所以，在实际

应用中需要选择合适的照明偏振态和掩模参数来减小对比度下降[3]。

8.5.1.2　空间像位置偏移量与偏振像差的线性解析模型

偏振像差的泡利-泽尼克表示方法形式简单，具有明确的物理意义，而且易于进行理论分析。本小节基于霍普金斯(Hopkins)部分相干成像理论，分析了泡利-泽尼克偏振像差引起的成像恶化，讨论了其与标量像差间的区别与联系，给出与泡利系数 a_0 和 a_1 相关的光瞳分量，并进一步深入研究了线性偏振照明条件下偏振像差对光刻成像的影响，推导了全部 8 个泡利光瞳(与所有泡利系数 a_0、a_1、a_2 和 a_3 相关)引起的空间像偏移量，比较了 X、Y 和 XY 线性偏振照明条件下的解析结果，获得了偏振像差对光刻成像影响不同的原因。在此基础上，建立空间像偏移量与泡利-泽尼克系数之间的两光瞳和四光瞳线性关系模型，并通过光刻仿真实验验证所得解析结果的正确性和有效性。

1. 两光瞳线性模型[3,35]

1) 偏振像差的泡利-泽尼克表征

投影物镜偏振像差用泡利光瞳表示时，由于其分布的连续性，每个泡利光瞳 $P_i(\hat{f},\hat{g})$ 可以用 Zernike 多项式进一步分解为

$$P_i(\hat{f},\hat{g}) = \sum_{m=1}^{37} Z_m^{P_i} \cdot R_m(\hat{f},\hat{g}) \tag{8.150}$$

其中，R_m 表示 Zernike 多项式；$Z_m^{P_i}$ 为泡利-泽尼克系数，是泡利光瞳 P_i 中的第 m 项 Zernike 系数。例如 $Z_7^{a1\_\mathrm{Re}}$ 表示泡利光瞳 P_{a1_Re} 中的第 7 项 Zernike 系数 Z_7，其他泡利-泽尼克系数具有类似的解释，从而使得偏振像差可以用一系列的泡利-泽尼克系数 $Z_m^{P_i}$ 表示。结合式(8.150)，空间像式(8.144)中偏振像差的各个泡利光瞳可以表示为

$$\begin{cases} P_{a0\_\mathrm{Am}}(\hat{f},\hat{g}) = 1 - \sum\limits_{m=1}^{37} Z_m^{a0\_\mathrm{Am}} \cdot R_m(\hat{f},\hat{g}), \quad P_{a0\_\mathrm{Ph}} = \exp\left[-\mathrm{i}(2\pi/\lambda)\sum\limits_{m=1}^{37} Z_m^{a0\_\mathrm{Ph}} \cdot R_m(\hat{f},\hat{g})\right] \\ P_{a1\_\mathrm{Re}}(\hat{f},\hat{g}) = \sum\limits_{m=1}^{37} Z_m^{a1\_\mathrm{Re}} \cdot R_m(\hat{f},\hat{g}), \qquad P_{a1\_\mathrm{Im}} = -\mathrm{i}(\pi/\lambda)\sum\limits_{m=1}^{37} Z_m^{a1\_\mathrm{Im}} \cdot R_m(\hat{f},\hat{g}) \\ P_{a2\_\mathrm{Re}}(\hat{f},\hat{g}) = \sum\limits_{m=1}^{37} Z_m^{a2\_\mathrm{Re}} \cdot R_m(\hat{f},\hat{g}), \qquad P_{a2\_\mathrm{Im}} = -\mathrm{i}(\pi/\lambda)\sum\limits_{m=1}^{37} Z_m^{a2\_\mathrm{Im}} \cdot R_m(\hat{f},\hat{g}) \\ P_{a3\_\mathrm{Re}}(\hat{f},\hat{g}) = \sum\limits_{m=1}^{37} Z_m^{a3\_\mathrm{Re}} \cdot R_m(\hat{f},\hat{g}), \qquad P_{a3\_\mathrm{Im}} = -\mathrm{i}(\pi/\lambda)\sum\limits_{m=1}^{37} Z_m^{a3\_\mathrm{Im}} \cdot R_m(\hat{f},\hat{g}) \end{cases} \tag{8.151}$$

2) 偏振像差引起的 IPE 和 BFS

基于 8.5.1.1 节所述 Alt-PSM 掩模空间像的光强分布公式(8.144)～(8.149)，偏振像差引起的 IPE 和 BFS 可以分别通过求解如下方程获得：

$$\partial I(\hat{x}_i, \Delta z = 0)/\partial \hat{x}_i = 0, \quad \partial I(\hat{x}_i = 0, \Delta z)/\partial \Delta z = 0 \tag{8.152}$$

这表明光强分布公式(8.144)中只有组成部分 I_3 和 I_4 会引起空间像的 IPE 和 BFS，而 I_1 和

I_2 不会引起空间像偏移。当照明为轴向线性偏振光即 $\boldsymbol{E}_0=[1,0]^{\mathrm{T}}$ 或 $\boldsymbol{E}_0=[0,1]^{\mathrm{T}}$ 时，将其与式(8.151)表示的泡利-泽尼克偏振像差代入式(8.144)，并忽略泡利-泽尼克系数二次项的影响。根据公式(8.152)可以获得空间像的 IPE 和 BFS，其表达式为

$$\mathrm{IPE}_{\mathrm{T}}=\sum_{m-\mathrm{odd}} S_m^{\mathrm{IPE}-P_i}\cdot Z_m^{P_i},\quad BFS_{\mathrm{T}}=\sum_{m-\mathrm{even}} S_m^{\mathrm{BFS}-P_i}\cdot Z_m^{P_i} \tag{8.153}$$

其中，$\sum\limits_{m-\mathrm{odd}}$ 和 $\sum\limits_{m-\mathrm{even}}$ 分别表示对泡利-泽尼克偏振像差的奇像差项和偶像差项求和；$S_m^{\mathrm{IPE}-P_i}$ 和 $S_m^{\mathrm{BFS}-P_i}$ 是偏振像差灵敏度；$S_m^{\mathrm{IPE}-P_i}$ 表示 IPE 对泡利-泽尼克系数 $Z_m^{P_i}$ 的灵敏度；$S_m^{\mathrm{BFS}-P_i}$ 表示 BFS 对 $Z_m^{P_i}$ 的灵敏度。各个光瞳中 $S_m^{\mathrm{IPE}-P_i}$ 和 $S_m^{\mathrm{BFS}-P_i}$ 的表达式分别为

$$S_m^{\mathrm{IPE}-a0\mathrm{Am}}=S_m^{\mathrm{IPE}-a1\mathrm{Re}}=S_m^{\mathrm{IPE}-a2\mathrm{Re}}=S_m^{\mathrm{IPE}-a2\mathrm{Im}}=S_m^{\mathrm{IPE}-a3\mathrm{Re}}=S_m^{\mathrm{IPE}-a3\mathrm{Im}}=0 \tag{8.154}$$

$$S_m^{\mathrm{BFS}-a0\mathrm{Am}}=S_m^{\mathrm{BFS}-a1\mathrm{Re}}=S_m^{\mathrm{BFS}-a2\mathrm{Re}}=S_m^{\mathrm{BFS}-a2\mathrm{Im}}=S_m^{\mathrm{BFS}-a3\mathrm{Re}}=S_m^{\mathrm{BFS}-a3\mathrm{Im}}=0 \tag{8.155}$$

$$S_m^{\mathrm{IPE}-a0\mathrm{Ph}}=\frac{-2\iint_{-\infty}^{+\infty} J(\hat{f},\hat{g})\cdot A_i\cdot\varphi_m\,\mathrm{d}\hat{f}\mathrm{d}\hat{g}}{\iint_{-\infty}^{+\infty} J(\hat{f},\hat{g})\cdot A_i\cdot\varphi_0\,\mathrm{d}\hat{f}\mathrm{d}\hat{g}} \tag{8.156}$$

$$S_m^{\mathrm{BFS}-a0\mathrm{Ph}}=\frac{-2\iint_{-\infty}^{+\infty} J(\hat{f},\hat{g})\cdot\hat{f}\cdot A_i\cdot\varphi_m\,\mathrm{d}\hat{f}\mathrm{d}\hat{g}}{\iint_{-\infty}^{+\infty} J(\hat{f},\hat{g})\cdot\hat{f}^2\cdot A_i\cdot\varphi_0\,\mathrm{d}\hat{f}\mathrm{d}\hat{g}} \tag{8.157}$$

$$S_m^{\mathrm{IPE}-a1\mathrm{Im}}=c_i\cdot S_m^{\mathrm{IPE}-a0\mathrm{Ph}} \tag{8.158}$$

$$S_m^{\mathrm{BFS}-a1\mathrm{Im}}=c_i\cdot S_m^{\mathrm{BFS}-a0\mathrm{Ph}} \tag{8.159}$$

其中

$$\varphi_0=4\pi\hat{f}_0 \tag{8.160}$$

$$\varphi_m=\pi/\lambda[R_m(\hat{f}-\hat{f}_0,\hat{g})-R_m(\hat{f}+\hat{f}_0,\hat{g})] \tag{8.161}$$

$$A_i=\begin{cases}A_1=\left\{\boldsymbol{M}_0(\hat{f}-\hat{f}_0,\hat{g})[1,0]^{\mathrm{T}}\right\}\cdot\left\{\boldsymbol{M}_0(\hat{f}+\hat{f}_0,\hat{g})[1,0]^{\mathrm{T}}\right\}^*, & \boldsymbol{E}_0=[1,0]^{\mathrm{T}}\\ A_2=\left\{\boldsymbol{M}_0(\hat{f}-\hat{f}_0,\hat{g})[0,1]^{\mathrm{T}}\right\}\cdot\left\{\boldsymbol{M}_0(\hat{f}+\hat{f}_0,\hat{g})[0,1]^{\mathrm{T}}\right\}^*, & \boldsymbol{E}_0=[0,1]^{\mathrm{T}}\end{cases} \tag{8.162}$$

$$c_i=\begin{cases}1/2, & \boldsymbol{E}_0=[1,0]^{\mathrm{T}}\\ -1/2, & \boldsymbol{E}_0=[0,1]^{\mathrm{T}}\end{cases} \tag{8.163}$$

式(8.153)～式(8.163)表明，IPE 与泡利-泽尼克系数奇像差项之间以及 BFS 与泡利-泽尼克系数偶像差项之间是线性关系。当照明光矢量只具有 X 或 Y 方向分量时，只有泡利光瞳 P_{a0_Ph} 和 P_{a1_Im} 引起 Alt-PSM 空间像的 IPE 和 BFS。而且偏振像差灵敏度 $S_m^{\mathrm{IPE}-a1\mathrm{Im}}$ 和 $S_m^{\mathrm{BFS}-a1\mathrm{Im}}$ 分别是 $S_m^{\mathrm{IPE}-a0\mathrm{Ph}}$ 和 $S_m^{\mathrm{BFS}-a0\mathrm{Ph}}$ 的 c_i 倍，即除了常数比例系数外，对应相同泡利-泽尼克系数的泡利光瞳 P_{a0_Ph} 与 P_{a1_Im} 对空间像的影响相同。 因此，在上述照明和掩模参数条件下，可以根

据式(8.153)建立空间像偏移量与泡利光瞳 P_{a0_Ph} 和 P_{a1_Im} 的线性模型。

2. 四光瞳线性模型[3,36]

采用类似 8.5.1.2 中的分析过程，当照明为 XY 向线性偏振光即 $\boldsymbol{E}_0=[1,1]^{\mathrm{T}}$ 时，根据式(8.144)、式(8.151)和式(8.152)，可以获得泡利-泽尼克偏振像差引起的空间像 IPE 和 BFS 为

$$IPE_{\mathrm{F}}=\sum_{m-\mathrm{odd}}S_m^{\mathrm{IPE}-P_i}\cdot Z_m^{P_i},\quad BFS_{\mathrm{F}}=\sum_{m-\mathrm{even}}S_m^{\mathrm{BFS}-P_i}\cdot Z_m^{P_i} \tag{8.164}$$

其中，各个泡利光瞳中的偏振像差灵敏度表达式分别为

$$S_m^{\mathrm{IPE}-a0\mathrm{Am}}=S_m^{\mathrm{IPE}-a1\mathrm{Re}}=S_m^{\mathrm{IPE}-a2\mathrm{Re}}=S_m^{\mathrm{IPE}-a3\mathrm{Im}}=0 \tag{8.165}$$

$$S_m^{\mathrm{BFS}-a0\mathrm{Am}}=S_m^{\mathrm{BFS}-a1\mathrm{Re}}=S_m^{\mathrm{BFS}-a2\mathrm{Re}}=S_m^{\mathrm{BFS}-a3\mathrm{Im}}=0 \tag{8.166}$$

$$S_m^{\mathrm{IPE}-a0\mathrm{Ph}}=\frac{-2\iint_{-\infty}^{+\infty}J(\hat{f},\hat{g})\cdot(A_1+A_2)\cdot\varphi_m\,\mathrm{d}\hat{f}\mathrm{d}\hat{g}}{\iint_{-\infty}^{+\infty}J(\hat{f},\hat{g})\cdot(A_1+A_2)\cdot\varphi_0\,\mathrm{d}\hat{f}\mathrm{d}\hat{g}} \tag{8.167}$$

$$S_m^{\mathrm{BFS}-a0\mathrm{Ph}}=\frac{-2\iint_{-\infty}^{+\infty}J(\hat{f},\hat{g})\cdot\hat{f}\cdot(A_1+A_2)\cdot\varphi_m\,\mathrm{d}\hat{f}\mathrm{d}\hat{g}}{\iint_{-\infty}^{+\infty}J(\hat{f},\hat{g})\cdot\hat{f}^2\cdot(A_1+A_2)\cdot\varphi_0\,\mathrm{d}\hat{f}\mathrm{d}\hat{g}} \tag{8.168}$$

$$S_m^{\mathrm{IPE}-a1\mathrm{Im}}=\frac{-\iint_{-\infty}^{+\infty}J(\hat{f},\hat{g})\cdot(A_1-A_2)\cdot\varphi_m\,\mathrm{d}\hat{f}\mathrm{d}\hat{g}}{\iint_{-\infty}^{+\infty}J(\hat{f},\hat{g})\cdot(A_1+A_2)\cdot\varphi_0\,\mathrm{d}\hat{f}\mathrm{d}\hat{g}} \tag{8.169}$$

$$S_m^{\mathrm{BFS}-a1\mathrm{Im}}=\frac{-\iint_{-\infty}^{+\infty}J(\hat{f},\hat{g})\cdot\hat{f}\cdot(A_1-A_2)\cdot\varphi_m\,\mathrm{d}\hat{f}\mathrm{d}\hat{g}}{\iint_{-\infty}^{+\infty}J(\hat{f},\hat{g})\cdot\hat{f}^2\cdot(A_1+A_2)\cdot\varphi_0\,\mathrm{d}\hat{f}\mathrm{d}\hat{g}} \tag{8.170}$$

$$S_m^{\mathrm{IPE}-a2\mathrm{Im}}=\frac{1}{2}\cdot S_m^{\mathrm{IPE}-a0\mathrm{Ph}} \tag{8.171}$$

$$S_m^{\mathrm{BFS}-a2\mathrm{Im}}=\frac{1}{2}\cdot S_m^{\mathrm{BFS}-a0\mathrm{Ph}} \tag{8.172}$$

$$S_m^{\mathrm{IPE}-a3\mathrm{Re}}=-\frac{1}{\pi}\cdot S_m^{\mathrm{IPE}-a1\mathrm{Im}} \tag{8.173}$$

$$S_m^{\mathrm{BFS}-a3\mathrm{Re}}=-\frac{1}{\pi}\cdot S_m^{\mathrm{BFS}-a1\mathrm{Im}} \tag{8.174}$$

式(8.164)～式(8.174)表明，IPE 与泡利-泽尼克系数的奇像差项之间以及 BFS 与泡利-泽尼

克系数偶像差项之间是线性关系。当照明光矢量同时具有大小相同的 X 和 Y 方向分量时，泡利光瞳 P_{a0_Ph}、P_{a0_Im}、P_{a2_Im} 和 $P_{a_{3}\_\mathrm{Re}}$ 会引起 Alt-PSM 空间像的 IPE 和 BFS。另外，偏振像差灵敏度 $S_m^{\mathrm{IPE}-a0\mathrm{Ph}}$ 和 $S_m^{\mathrm{BFS}-a0\mathrm{Ph}}$ 分别是 $S_m^{\mathrm{IPE}-a2\mathrm{Im}}$ 和 $S_m^{\mathrm{BFS}-a2\mathrm{Im}}$ 的 2 倍，而 $S_m^{\mathrm{IPE}-a1\mathrm{Im}}$ 和 $S_m^{\mathrm{BFS}-a1\mathrm{Im}}$ 分别是 $S_m^{\mathrm{IPE}-a3\mathrm{Re}}$ 和 $S_m^{\mathrm{BFS}-a3\mathrm{Re}}$ 的 $-\pi$ 倍。即除了常数比例系数外，对应相同泡利-泽尼克系数的泡利光瞳 P_{a0_Ph} 与 P_{a2_Im} 以及 P_{a1_Im} 与 P_{a3_Re} 对空间像的影响分别相同。因此，在上述照明和掩模参数条件下，可以根据式(8.164)建立空间像偏移量与泡利光瞳 P_{a0_Ph}、P_{a1_Im}、P_{a2_Im} 和 $\mathrm{P}_{a3\_\mathrm{Re}}$ 的线性模型。

上述不同的线性模型中，虽然对应各泡利光瞳的偏振像差灵敏度表达式不同，但是它们存在内在的联系。对于光瞳 P_{a0_Ph} 和 P_{a1_Im}，如果式(8.167)～式(8.170)只考虑 A_1 或者 A_2 (对应照明光琼斯矢量一个方向分量的作用)，即可得到式(8.156)～式(8.159)。另外，只有照明光的琼斯矢量同时具有两个方向分量时，光瞳 P_{a2_Im} 和 P_{a3_Re} 才会对成像产生影响，如式(8.171)～式(8.174)。

需要说明的是，上述建立线性解析模型的方法也适用于其他掩模和照明条件，可以得到类似的结果。另外，在实际应用中，当掩模图形的线宽比较小时，需要考虑掩模的形貌效应。通过校正，本小节所述分析方法有望应用于研究包含掩模形貌效应和偏振像差的整体组合与光刻空间像偏移量的关系。

3. 仿真实验

采用光刻仿真软件 PROLITH 进行仿真实验对上述所得解析结果进行验证。首先采用矢量成像模型生成对应不同泡利-泽尼克系数取值的 Alt-PSM 空间像，然后用数值计算软件 MATLAB 对生成的空间像进行分析，得到各个泡利-泽尼克系数引起的空间像 IPE 和 BFS。最后，采用标准的线性模型 $y_i=a_ix_i+b_i+\varepsilon_i$(其中，$a_i$ 和 b_i 是线性模型的系数，ε_i 是误差项)对上述仿真结果进行线性拟合，并用线性相关系数 γ 对各拟合直线进行评估，γ 的表达式如下：

$$\gamma=\frac{\sum_{i=1}^{n}(x_i-\overline{x})(y_i-\overline{y})}{\sqrt{\sum_{i=1}^{n}(x_i-\overline{x})^2\cdot\sum_{i=1}^{n}(y_i-\overline{y})^2}}，\quad \overline{x}=\frac{1}{n}\sum_{i=1}^{n}x_i，\quad \overline{y}=\frac{1}{n}\sum_{i=1}^{n}y_i \tag{8.175}$$

仿真过程中所设置的参数如下：采用传统照明方式，其有效光源强度分布的表达式为

$$J(\hat{f},\hat{g})=(1/\pi\sigma^2)\cdot\mathrm{circ}\left(\sqrt{\hat{f}^2+\hat{g}^2}/\sigma\right) \tag{8.176}$$

光源的部分相干因子 $\sigma=0.3$；照明光波长 $\lambda=193\mathrm{nm}$；投影物镜的数值孔径 NA=1.35；浸没液体的折射率是 1.44。横向放大因子 M=0.25；Alt-PSM 的线宽 w=55nm，周期 p=110nm。泡利光瞳 P_{a0_Am}、P_{a1_Re}、P_{a2_Re} 和 P_{a3_Re} 中，输入泡利-泽尼克系数的取值范围为[−0.15,0.15][1,37]，取值间隔为 0.05。泡利光瞳 P_{a0_Ph}、P_{a1_Im}、P_{a2_Im} 和 P_{a3_Im} 中，输入泡利-泽尼克系数的取值范围为 $[-50\mathrm{m}\lambda,50\mathrm{m}\lambda]$，取值间隔为 $5\mathrm{m}\lambda$。

在上述仿真条件下，不同的照明光矢量情况下得到的空间像光强如图 8-52 所示。红色、蓝色和绿色曲线分别表示对应 Y、X 和 XY 方向照明光矢量的空间像光强分布。这三种光强分布的对比度分别为 0.98、0.17 和 0.58。因为 Y 方向照明光矢量对应 TE 偏振，是最佳照明偏振态，所以其空间像对比度最大；而 X 方向照明矢量对应 TM 偏振，所以其空间像对比度最小。

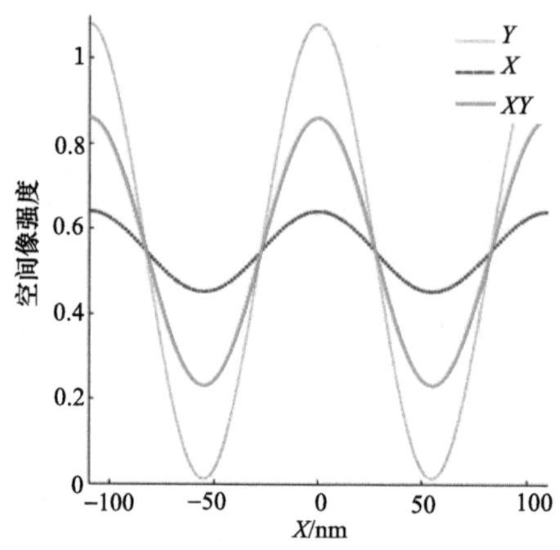

图 8-52　Alt-PSM 的空间像光强分布图

1) 两光瞳线性模型

当线性偏振照明 $\boldsymbol{E}=[1,0]^{\mathrm{T}}$ 或 $\boldsymbol{E}=[0,1]^{\mathrm{T}}$ 时，各个泡利光瞳中的泡利-泽尼克系数 $Z_2^{P_i}$、$Z_7^{P_i}$、$Z_{14}^{P_i}$ 引起的 IPE 和 $Z_4^{P_i}$、$Z_9^{P_i}$、$Z_{16}^{P_i}$ 引起的 BFS 以及其相应的拟合直线如图 8-53 和图 8-54 所示。在 IPE-$Z_m^{P_i}$ 图中，红色圆点、蓝色三角形和绿色四方形标记分别表示 $Z_2^{P_i}$、$Z_7^{P_i}$ 和 $Z_{14}^{P_i}$ 引起的 IPE，红色、蓝色和绿色直线分别表示相应颜色标记的线性拟合结果。在 BFS-$Z_m^{P_i}$ 图中，红色圆点、蓝色三角形和绿色四方形标记分别表示 $Z_4^{P_i}$、$Z_9^{P_i}$ 和 $Z_{16}^{P_i}$ 引起的 BFS，红色、蓝色和绿色直线分别表示相应颜色标记的线性拟合结果。图中只给出引起 IPE 和 BFS 的光瞳，对成像没影响的光瞳在此不展示。其他泡利-泽尼克像差的奇

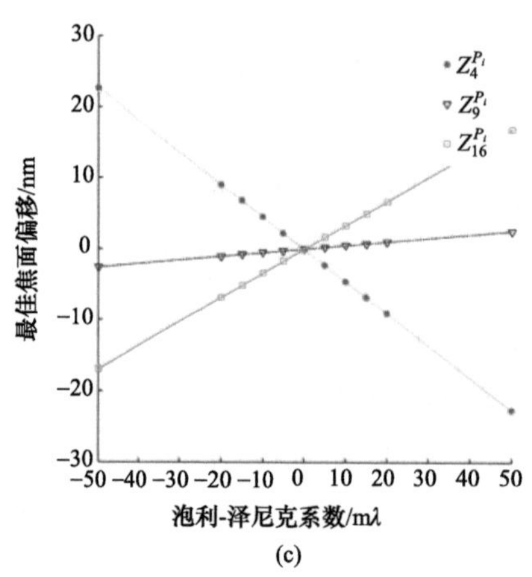

(c)

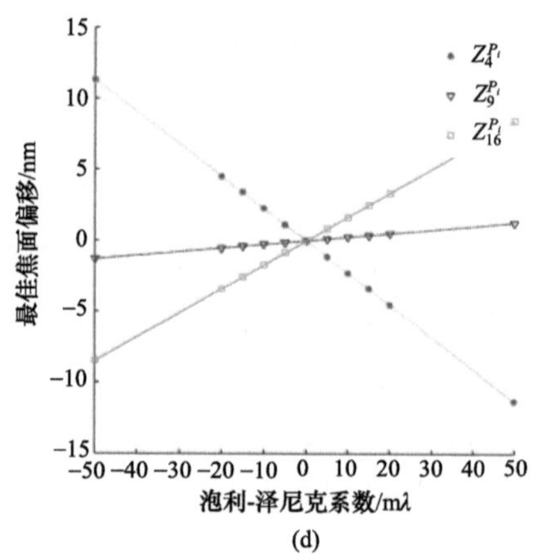

(d)

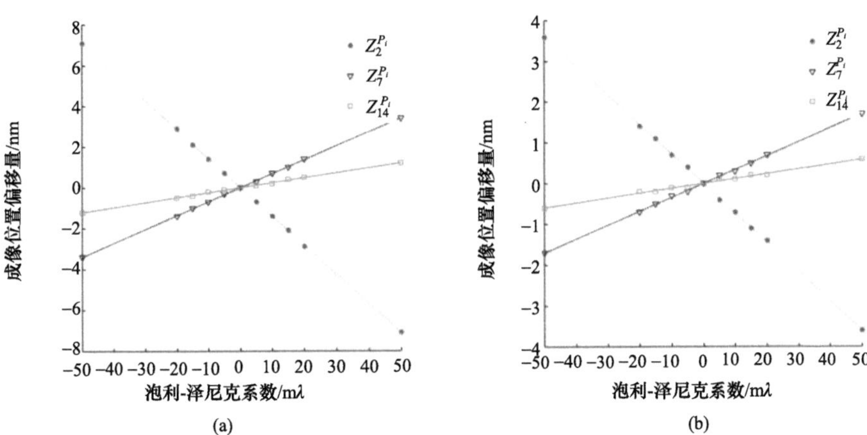

图 8-53　X 方向线性偏振照明时，Alt-PSM 的空间像偏移量 IPE/BFS 与泡利-泽尼克系数 $Z_{2/7/14}^{a_0\_Ph}$ (a), $Z_{2/7/14}^{a1\_Im}$ (b)，$Z_{4/9/16}^{a0\_Ph}$ (c)和 $Z_{4/9/16}^{a1\_Im}$ (d)的线性关系

像差项和偶像差项在同一光瞳中具有类似的影响。

图 8-53 和图 8-54 显示，当照明光的琼斯矢量只含有一个方向分量时，在泡利光瞳

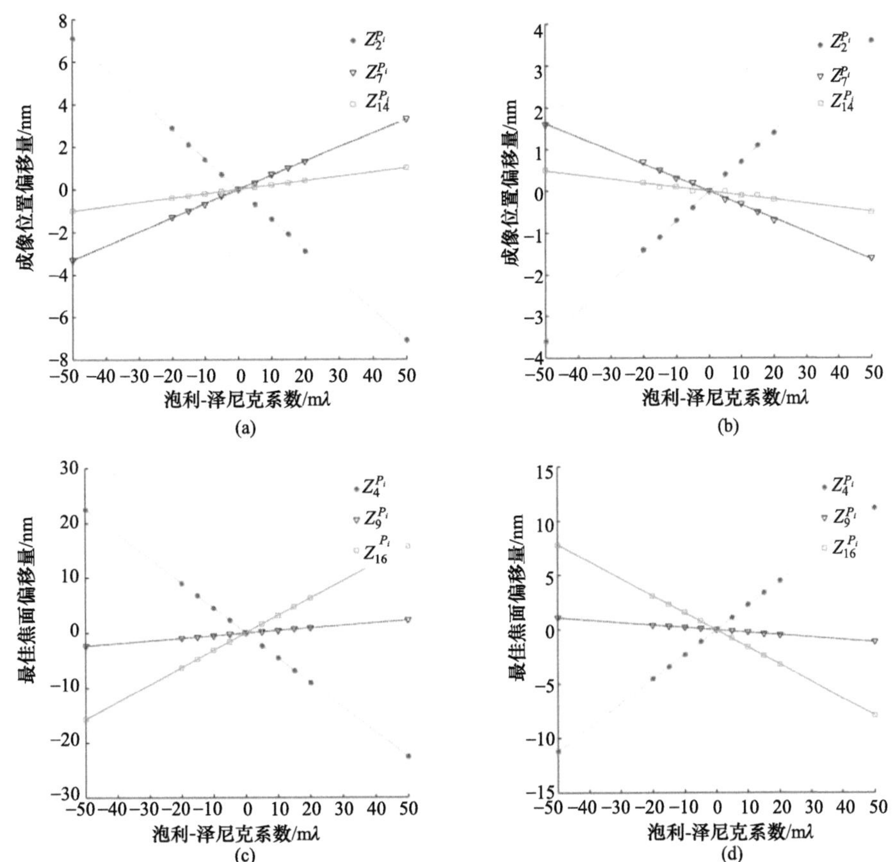

图 8-54　Y 方向线性偏振照明时，Alt-PSM 的空间像偏移量 IPE/BFS 与泡利-泽尼克系数 $Z_{2/7/14}^{a0\_Ph}$ (a), $Z_{2/7/14}^{a1\_Im}$ (b)，$Z_{4/9/16}^{a0\_Ph}$ (c)和 $Z_{4/9/16}^{a1\_Im}$ (d)的线性关系

P_{a0_Ph} 和 P_{a1_Im} 中，泡利-泽尼克系数 $Z_2^{P_i}$ 、$Z_7^{P_i}$ 、$Z_{14}^{P_i}$ 与 IPE 之间是线性关系，同样，泡利 -泽尼克系数 $Z_4^{P_i}$ 、$Z_9^{P_i}$ 、$Z_{16}^{P_i}$ 与 BFS 之间也是线性关系。相应的像差项在其他 6 个光瞳 P_{a0_Am}、P_{a1_Re}、P_{a2_Re}、P_{a2_Im}、P_{a3_Re} 和 P_{a3_Im} 中不会引起 IPE 和 BFS。为了对上述各拟合直线进行评价，根据式(8.175)计算获得其线性相关系数 γ 。$|\gamma|$ 的分布范围是[0.992, 1]，表明所得线性关系具有很高精确度。另外，当照明光的琼斯矢量 $\boldsymbol{E}_0=[1,0]^{\mathrm{T}}$ 时，从图 8-53 和图 8-54 所示模拟结果得到的 $S_m^{a0\mathrm{Ph}}/S_m^{a1\mathrm{Im}}$ 比值的分布范围是[1.953, 2.039]，偏离式(8.158)和式(8.159)理论比值 2 的最大误差的绝对值是 0.047；而当照明光琼斯矢量 $\boldsymbol{E}=[0,1]^{\mathrm{T}}$ 时，从图 8-53 和图 8-54 所示模拟结果得到的 $S_m^{a0\mathrm{Ph}}/S_m^{a1\mathrm{Im}}$ 比值分布在 [–2.077, –1.979] 范围内，偏离式(8.158)和式(8.159)理论比值–2 的最大误差的绝对值是 0.077。灵敏度比值误差的幅值都在 10^{-2} 数量级内，进一步验证了 8.5.1.2 节中所建立的两光瞳线性模型的正确性。

2) 四光瞳线性模型

当线性偏振照明 $\boldsymbol{E}_0=[1,1]^{\mathrm{T}}$ 时，各个泡利光瞳中的泡利-泽尼克系数 $Z_2^{P_i}$ 、$Z_7^{P_i}$ 、$Z_{14}^{P_i}$ 引起的 IPE 和 $Z_4^{P_i}$ 、$Z_9^{P_i}$ 、$Z_{16}^{P_i}$ 引起的 BFS 以及其相应的拟合直线如图 8-55 所示。图 8-55 中的 IPE、BFS 以及相应拟合直线的符号意义与图 8-53 和图 8-54 相同。其他泡利-泽尼克像差的奇像差项和偶像差项在同一光瞳中具有类似的影响。

图 8-55 表明，当照明光矢量同时含有大小相等的两个方向分量时，在泡利光瞳 $P_{a_0\_Ph}$ 、P_{a1_Im}、P_{a2_Im} 和 P_{a3_Re} 中，泡利-泽尼克系数 $Z_2^{P_i}$ 、$Z_7^{P_i}$ 、$Z_{14}^{P_i}$ 与 IPE 之间，以及 $Z_4^{P_i}$ 、$Z_9^{P_i}$ 、$Z_{16}^{P_i}$ 与 BFS 之间都是线性关系；而相应的像差在其他 4 个光瞳 P_{a0_Am}、P_{a1_Re}、P_{a2_Re} 和 P_{a3_Im} 中不会引起 IPE 和 BFS。同样通过计算线性相关系数 γ 对各拟合直线进行评价，所得 $|\gamma|$ 的分布范围是[0.987, 1]，表明图中各线性关系具有很高的精确度。另外，从图 8-55 所示模拟结果计算得到的 $S_m^{a0\mathrm{Ph}}/S_m^{a2\mathrm{Im}}$ 比值的分布范围是[1.923, 2.047]，偏离式(8.171)和式 (8.172)中理论比值 2 的最大误差的绝对值是 0.047。$S_m^{a1\mathrm{Im}}/S_m^{a3\mathrm{Re}}$ 比值的分布范围是[–3.176, –3.073]，

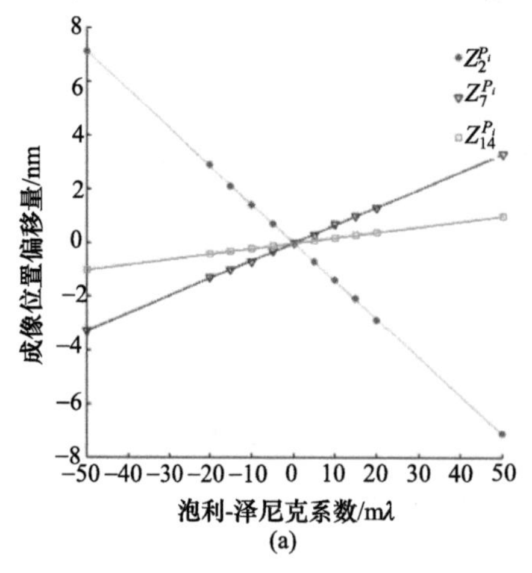

(a)

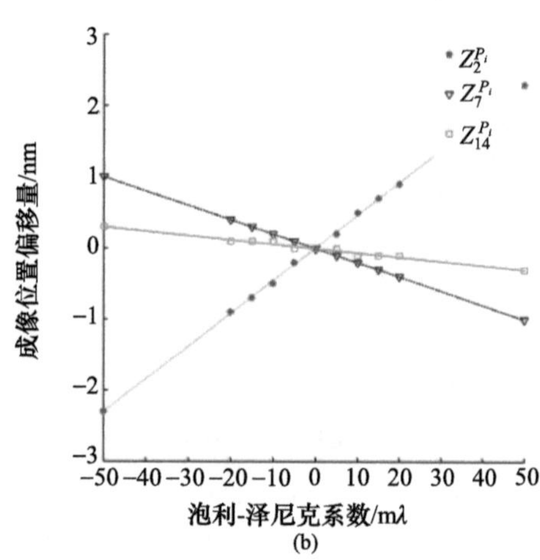

(b)

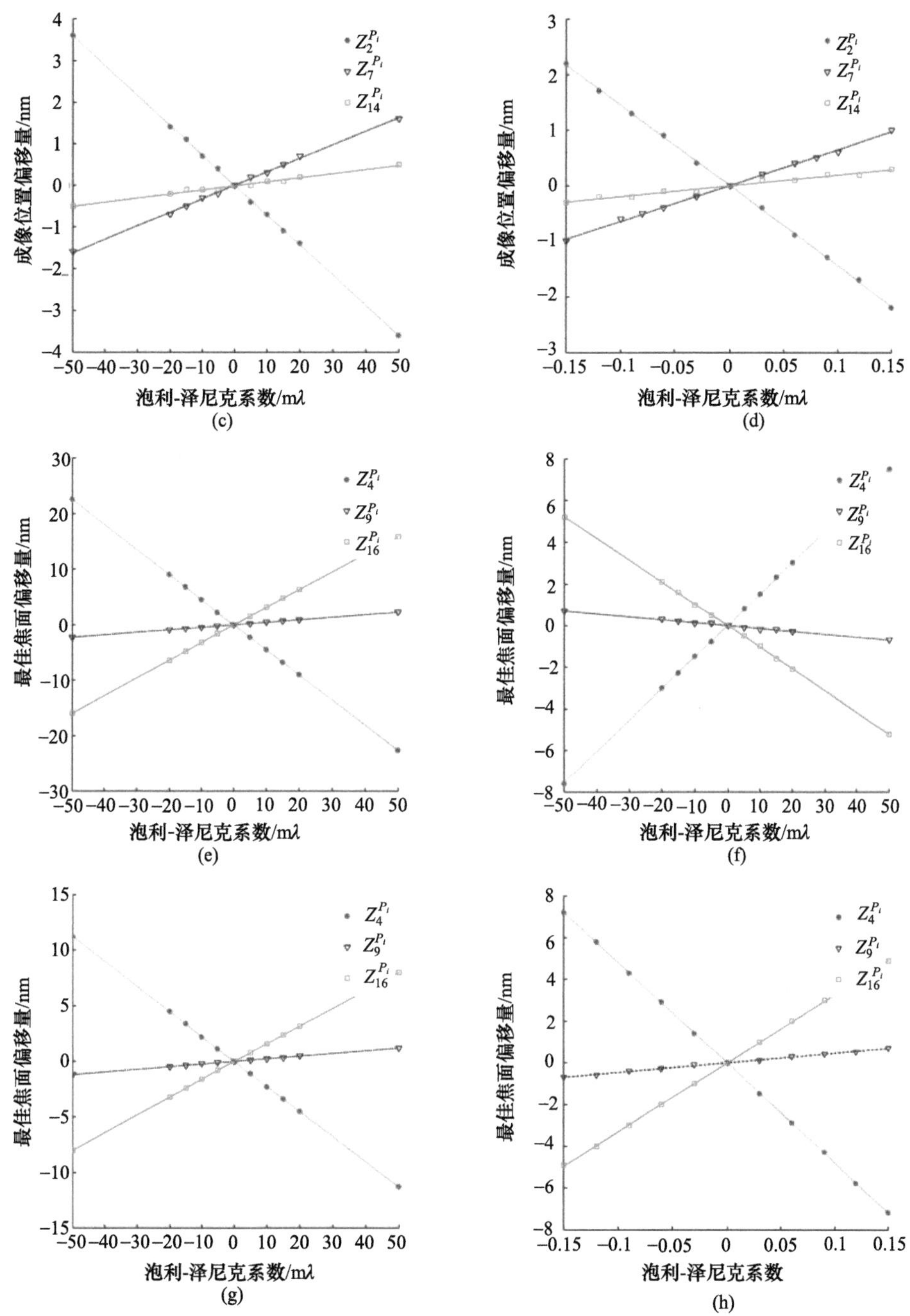

图 8-55　*XY* 方向线性偏振照明时，Alt-PSM 的空间像偏移量 IPE/BFS 与泡利-泽尼克系数 $Z_{2/7/14}^{a0\_\mathrm{ph}}$(a)，$Z_{2/7/14}^{a1\_\mathrm{Im}}$(b)，$Z_{2/7/14}^{a2\_\mathrm{Im}}$(c)，$Z_{2/7/14}^{a3\_\mathrm{Re}}$(d)，$Z_{4/9/16}^{a0\_\mathrm{Ph}}$(e)，$Z_{4/9/16}^{a1\_\mathrm{Im}}$(f)，$Z_{4/9/16}^{a2\_\mathrm{Im}}$(g)和 $Z_{4/9/16}^{a3\_\mathrm{Re}}$(h)的线性关系

偏离式(8.173)和式(8.174)中理论比值$-\pi$ 的最大误差的绝对值是 0.069。灵敏度比值误差的幅值都在 10^{-2} 数量级内，进一步验证了 8.5.1.2 中所建立的四光瞳线性模型的正确性。

综上所述，仿真实验结果与通过解析分析获得的线性模型表达式(8.153)～(8.174)相符，证明了用该解析方法建立的两光瞳和四光瞳线性解析模型的正确性和有效性。

8.5.1.3 照明偏振角对灵敏度系数的影响[3,38]

为了利用最佳的照明条件实现偏振像差的精确测量，需要研究照明偏振态对偏振像差灵敏度的影响。本小节在考虑照明偏振态变量的情况下，研究偏振像差灵敏度(polarization aberration sensitivities, PAS)与照明偏振角之间的关系，进而获得 PAS 的零值点和极值点条件表达式。在上述理论分析基础上，研究照明偏振角对 PAS 的影响，并利用光刻仿真实验验证所得解析结果的正确性和有效性。

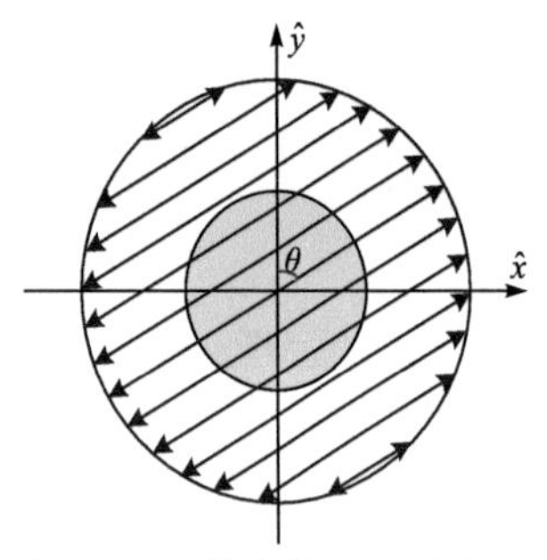

图 8-56　线性偏振照明光源示意图

1. 照明偏振角与偏振像差灵敏度的关系

此处分析过程中仍采用图 8-51 中的 Alt-PSM，采用如图 8-56 所示线性偏振照明光源，黑色箭头表示照明光矢量的振动方向，θ 是光线振动方向与 Y 轴间的夹角，即偏振角。由于此处考虑了照明光矢量的偏振角，式(8.144)～式(8.149)中的 $\boldsymbol{E}_0=(\sin\theta,\cos\theta)^{\mathrm{T}}$，即其包含了表示照明偏振态的变量 θ。将 $\boldsymbol{E}_0$ 和用泡利-泽尼克系数表示的偏振像差 $\boldsymbol{J}_{\text{Jones}}(\hat{f},\hat{g})$ 代入式(8.144)，并忽略泡利-泽尼克系数的二次项，通过求解方程 $\partial I(\hat{x}_i,\Delta z=0)/\partial\hat{x}_i=0$ 和 $\partial I(\hat{x}_i=0,\Delta z)/\partial\Delta z=0$，分别获得偏振像差引起的 IPE 和 BFS，其表达式为

$$\mathrm{IPE}=\sum_{m-\mathrm{odd}}S_m^{\mathrm{IPE}-P_i}\cdot Z_m^{P_i},\quad \mathrm{BFS}=\sum_{m-\mathrm{even}}S_m^{\mathrm{BFS}-P_i}\cdot Z_m^{P_i}\tag{8.177}$$

各个泡利光瞳中，IPE 和 BFS 对泡利-泽尼克系数 $Z_m^{P_i}$ 的灵敏度 $S_m^{\mathrm{IPE}-P_i}$ 和 $S_m^{\mathrm{BFS}-P_i}$ 的表达式分别为

$$\begin{aligned}S_m^{\mathrm{IPE}-a0\mathrm{Am}}&=S_m^{\mathrm{IPE}-a1\mathrm{Re}}=S_m^{\mathrm{IPE}-a2\mathrm{Re}}=S_m^{\mathrm{IPE}-a3\mathrm{Im}}=S_m^{\mathrm{BFS}-a0\mathrm{Am}}\\&=S_m^{\mathrm{BFS}-a1\mathrm{Re}}=S_m^{\mathrm{BFS}-a2\mathrm{Re}}=S_m^{\mathrm{BFS}-a3\mathrm{Im}}\equiv0\end{aligned}\tag{8.178}$$

$$\begin{aligned}S_m^{\mathrm{IPE}-a0\mathrm{Ph}}=&\left\{-2\cdot\iint_{-\infty}^{+\infty}J(\hat{f},\hat{g})\cdot\left[(\sin\theta)^2A_1+(\cos\theta)^2A_2\right]\cdot\varphi_m\,\mathrm{d}\hat{f}\mathrm{d}\hat{g}\right\}\\&\Big/\left\{\iint_{-\infty}^{+\infty}J(\hat{f},\hat{g})\cdot\left[(\sin\theta)^2A_1+(\cos\theta)^2A_2\right]\cdot\varphi_0\,\mathrm{d}\hat{f}\mathrm{d}\hat{g}\right\}\end{aligned}\tag{8.179}$$

$$\begin{aligned}S_m^{\mathrm{BFS}-a0\mathrm{Ph}}=&\left\{-2\cdot\iint_{-\infty}^{+\infty}J(\hat{f},\hat{g})\cdot\hat{f}\cdot\left[(\sin\theta)^2A_1+(\cos\theta)^2A_2\right]\cdot\varphi_m\,\mathrm{d}\hat{f}\mathrm{d}\hat{g}\right\}\\&\Big/\left\{\iint_{-\infty}^{+\infty}J(\hat{f},\hat{g})\cdot\hat{f}^2\cdot\left[(\sin\theta)^2A_1+(\cos\theta)^2A_2\right]\cdot\varphi_0\,\mathrm{d}\hat{f}\mathrm{d}\hat{g}\right\}\end{aligned}\tag{8.180}$$

$$\begin{aligned}S_m^{\mathrm{IPE}-a1\mathrm{Im}}=&\left\{-\iint_{-\infty}^{+\infty}J(\hat{f},\hat{g})\cdot\left[(\sin\theta)^2A_1-(\cos\theta)^2A_2\right]\cdot\varphi_m\,\mathrm{d}\hat{f}\mathrm{d}\hat{g}\right\}\\&\Big/\left\{\iint_{-\infty}^{+\infty}J(\hat{f},\hat{g})\cdot\left[(\sin\theta)^2A_1+(\cos\theta)^2A_2\right]\cdot\varphi_0\,\mathrm{d}\hat{f}\mathrm{d}\hat{g}\right\}\end{aligned}\tag{8.181}$$

$$S_m^{\text{BFS}-a1\,\text{Im}}=\left\{-\iint_{-\infty}^{+\infty}J(\hat{f},\hat{g})\cdot\hat{f}\cdot\left[(\sin\theta)^2A_1-(\cos\theta)^2A_2\right]\cdot\varphi_m\,\mathrm{d}\hat{f}\mathrm{d}\hat{g}\right\}\bigg/\left\{\iint_{-\infty}^{+\infty}J(\hat{f},\hat{g})\cdot\hat{f}^2\cdot\left[(\sin\theta)^2A_1+(\cos\theta)^2A_2\right]\cdot\varphi_0\,\mathrm{d}\hat{f}\mathrm{d}\hat{g}\right\}\tag{8.182}$$

$$S_m^{\text{IPE}-a2\,\text{Im}}=\left\{-(\sin\theta\cos\theta)\iint_{-\infty}^{+\infty}J(\hat{f},\hat{g})\cdot(A_1+A_2)\cdot\varphi_m\,\mathrm{d}\hat{f}\mathrm{d}\hat{g}\right\}\bigg/\left\{\iint_{-\infty}^{+\infty}J(\hat{f},\hat{g})\cdot\left[(\sin\theta)^2A_1+(\cos\theta)^2A_2\right]\cdot\varphi_0\,\mathrm{d}\hat{f}\mathrm{d}\hat{g}\right\}\tag{8.183}$$

$$S_m^{\text{BFS}-a2\,\text{Im}}=\left\{-(\sin\theta\cos\theta)\iint_{-\infty}^{+\infty}J(\hat{f},\hat{g})\cdot\hat{f}\cdot(A_1+A_2)\cdot\varphi_m\,\mathrm{d}\hat{f}\mathrm{d}\hat{g}\right\}\bigg/\left\{\iint_{-\infty}^{+\infty}J(\hat{f},\hat{g})\cdot\hat{f}^2\cdot\left[(\sin\theta)^2A_1+(\cos\theta)^2A_2\right]\cdot\varphi_0\,\mathrm{d}\hat{f}\mathrm{d}\hat{g}\right\}\tag{8.184}$$

$$S_m^{\text{IPE}-a3\,\text{Re}}=\left\{(\sin\theta\cos\theta)\iint_{-\infty}^{+\infty}J(\hat{f},\hat{g})\cdot(A_1-A_2)\cdot\varphi_m\,\mathrm{d}\hat{f}\mathrm{d}\hat{g}\right\}\bigg/\left\{\iint_{-\infty}^{+\infty}\frac{\pi}{\lambda}\cdot J(\hat{f},\hat{g})\cdot\left[(\sin\theta)^2\cdot A_1+(\cos\theta)^2\cdot A_2\right]\cdot\varphi_0\,\mathrm{d}\hat{f}\mathrm{d}\hat{g}\right\}\tag{8.185}$$

$$S_m^{\text{BFS}-a3\,\text{Re}}=\left\{(\sin\theta\cos\theta)\iint_{-\infty}^{+\infty}J(\hat{f},\hat{g})\cdot\hat{f}\cdot(A_1-A_2)\cdot\varphi_m\,\mathrm{d}\hat{f}\mathrm{d}\hat{g}\right\}\bigg/\left\{\iint_{-\infty}^{+\infty}\frac{\pi}{\lambda}\cdot J(\hat{f},\hat{g})\cdot\hat{f}^2\cdot\left[(\sin\theta)^2\cdot A_1+(\cos\theta)^2\cdot A_2\right]\cdot\varphi_0\,\mathrm{d}\hat{f}\mathrm{d}\hat{g}\right\}\tag{8.186}$$

式(8.177)～式(8.186)表明，IPE 和 BFS 分别与奇像差项和偶像差项的泡利-泽尼克系数之间是线性关系。PAS 在泡利光瞳 P_{a0_Ph}、P_{a1_Im}、P_{a2_Im} 和 P_{a3_Re} 中随照明偏振角的改变而变化，而在泡利光瞳 P_{a0_Am}、P_{a1_Re}、P_{a2_Re} 和 P_{a3_Im} 中恒等于 0。

2. 偏振像差灵敏度的零值点与极值点

1) 零值点

通过求解方程 $S_m^{\text{IPE}-P_i}=0$ 和 $S_m^{\text{BFS}-P_i}=0$，分别获得 PAS 的零值点条件，其表达式如下所述：

$$(\tan\theta_{\text{ze}-m}^{\text{IPE}-a0\,\text{Ph}})^2=\left\{\iint_{-\infty}^{+\infty}J(\hat{f},\hat{g})-A_2\varphi_m\mathrm{d}\hat{f}\mathrm{d}\hat{g}\right\}\bigg/\left\{\iint_{-\infty}^{+\infty}J(\hat{f},\hat{g})A_1\varphi_m\,\mathrm{d}\hat{f}\mathrm{d}\hat{g}\right\}\tag{8.187}$$

$$(\tan\theta_{\text{ze}-m}^{\text{BFS}-a0\,\text{Ph}})^2=\left\{-\iint_{-\infty}^{+\infty}J(\hat{f},\hat{g})A_2\hat{f}\varphi_m\,\mathrm{d}\hat{f}\mathrm{d}\hat{g}\right\}\bigg/\left\{\iint_{-\infty}^{+\infty}J(\hat{f},\hat{g})A_1\hat{f}\varphi_m\,\mathrm{d}\hat{f}\mathrm{d}\hat{g}\right\}\tag{8.188}$$

$$(\tan\theta_{\text{ze}-m}^{\text{IPE}-a1\text{Im}})^2=\left\{\iint_{-\infty}^{+\infty}J(\hat{f},\hat{g})A_2\varphi_m\,\text{d}\hat{f}\text{d}\hat{g}\right\}\Big/\left\{\iint_{-\infty}^{+\infty}J(\hat{f},\hat{g})A_1\varphi_m\,\text{d}\hat{f}\text{d}\hat{g}\right\} \tag{8.189}$$

$$(\tan\theta_{\text{ze}-m}^{\text{BFS}-a1\text{Im}})^2=\left\{\iint_{-\infty}^{+\infty}J(\hat{f},\hat{g})A_2\hat{f}\varphi_m\,\text{d}\hat{f}\text{d}\hat{g}\right\}\Big/\left\{\iint_{-\infty}^{+\infty}J(\hat{f},\hat{g})A_1\hat{f}\varphi_m\,\text{d}\hat{f}\text{d}\hat{g}\right\} \tag{8.190}$$

$$\sin 2\theta_{\text{ze}-m}^{\text{IPE}-a2\text{Im}}=0\ \text{或}\ \iint_{-\infty}^{+\infty}J(\hat{f},\hat{g})(A_1+A_2)\varphi_m\,\text{d}\hat{f}\text{d}\hat{g}=0 \tag{8.191}$$

$$\sin 2\theta_{\text{ze}-m}^{\text{BFS}-a2\text{Im}}=0\ \text{或}\ \iint_{-\infty}^{+\infty}J(\hat{f},\hat{g})(A_1+A_2)\hat{f}\varphi_m\,\text{d}\hat{f}\text{d}\hat{g}=0 \tag{8.192}$$

$$\sin 2\theta_{\text{ze}-m}^{\text{IPE}-a3\text{Re}}=0\ \text{或}\ \iint_{-\infty}^{+\infty}J(\hat{f},\hat{g})(A_1-A_2)\varphi_m\,\text{d}\hat{f}\text{d}\hat{g}=0 \tag{8.193}$$

$$\sin 2\theta_{\text{ze}-m}^{\text{BFS}-a2\text{Re}}=0\ \text{或}\ \iint_{-\infty}^{+\infty}J(\hat{f},\hat{g})(A_1-A_2)\hat{f}\varphi_m\,\text{d}\hat{f}\text{d}\hat{g}=0 \tag{8.194}$$

式中，$\theta_{\text{ze}-m}^{\text{IPE}-P_i}$ 和 $\theta_{\text{ze}-m}^{\text{BFS}-P_i}$ 分别表示 $S_m^{\text{IPE}-P_i}$ 和 $S_m^{\text{BFS}-P_i}$ 的零值点。式(8.187)～式(8.194)表明，PAS 的零值点在泡利光瞳 P_{a0_Ph} 和 P_{a1_Im} 中与有效光源强度 $J(\hat{f},\hat{g})$、传递矩阵 $\boldsymbol{M}_0(\hat{f},\hat{g})$ 和 Alt-PSM 图形的周期 p 相关，而其在泡利光瞳 P_{a2_Im} 和 P_{a3_Re} 中是固定值 0°、90°和 180°，而且式(8.191)～式(8.194)中后面的等式一旦成立，PAS 在其对应的泡利光瞳中即恒等于 0。

2) 极值点

通过求方程 $\text{d}S_m^{\text{IPE}-P_i}/\text{d}\theta=0$ 和 $\text{d}S_m^{\text{BFS}-P_i}/\text{d}\theta=0$，分别获得 PAS 的极值点条件，其表达式如下所述：

$$\sin 2\theta_{\text{ex}-m}^{\text{IPE}-a0\text{Ph}}=0\ \text{或}\left[\iint_{-\infty}^{+\infty}J(\hat{f},\hat{g})A_2\varphi_m\,\text{d}\hat{f}\text{d}\hat{g}\right]\cdot\left[\iint_{-\infty}^{+\infty}J(\hat{f},\hat{g})A_1\varphi_0\text{d}\hat{f}\text{d}\hat{g}\right]=\left[\iint_{-\infty}^{+\infty}J(\hat{f},\hat{g})A_1\varphi_m\,\text{d}\hat{f}\text{d}\hat{g}\right]\cdot\left[\iint_{-\infty}^{+\infty}J(\hat{f},\hat{g})A_2\varphi_0\text{d}\hat{f}\text{d}\hat{g}\right] \tag{8.195}$$

$$\sin 2\theta_{\text{ex}-m}^{\text{BFS}-a0\text{Ph}}=0\ \text{或}\left[\iint_{-\infty}^{+\infty}J(\hat{f},\hat{g})A_2\hat{f}\varphi_m\,\text{d}\hat{f}\text{d}\hat{g}\right]\cdot\left[\iint_{-\infty}^{+\infty}J(\hat{f},\hat{g})A_1\hat{f}^2\varphi_0\text{d}\hat{f}\text{d}\hat{g}\right]=\left[\iint_{-\infty}^{+\infty}J(\hat{f},\hat{g})A_1\hat{f}\varphi_m\,\text{d}\hat{f}\text{d}\hat{g}\right]\cdot\left[\iint_{-\infty}^{+\infty}J(\hat{f},\hat{g})A_2\hat{f}^2\varphi_0\text{d}\hat{f}\text{d}\hat{g}\right] \tag{8.196}$$

$$\sin 2\theta_{\text{ex}-m}^{\text{IPE}-a1\text{Im}}=0\ \text{或}\left[\iint_{-\infty}^{+\infty}J(\hat{f},\hat{g})A_2\varphi_m\,\text{d}\hat{f}\text{d}\hat{g}\right]\cdot\left[\iint_{-\infty}^{+\infty}J(\hat{f},\hat{g})A_1\varphi_0\text{d}\hat{f}\text{d}\hat{g}\right]=-\left[\iint_{-\infty}^{+\infty}J(\hat{f},\hat{g})A_1\varphi_m\,\text{d}\hat{f}\text{d}\hat{g}\right]\cdot\left[\iint_{-\infty}^{+\infty}J(\hat{f},\hat{g})A_2\varphi_0\text{d}\hat{f}\text{d}\hat{g}\right] \tag{8.197}$$

$$\sin 2\theta_{\text{ex}-m}^{\text{BFS}-a1\text{Im}}=0 \text{或} \left[\iint_{-\infty}^{+\infty} J(\hat{f},\hat{g}) A_2 \hat{f} \varphi_m \mathrm{d}\hat{f} \mathrm{d}\hat{g}\right] \cdot\left[\iint_{-\infty}^{+\infty} J(\hat{f},\hat{g}) A_1 \hat{f}^2 \varphi_0 \mathrm{d}\hat{f} \mathrm{d}\hat{g}\right]$$
$$=-\left[\iint_{-\infty}^{+\infty} J(\hat{f},\hat{g}) A_1 \hat{f} \varphi_m \mathrm{d}\hat{f} \mathrm{d}\hat{g}\right] \cdot\left[\iint_{-\infty}^{+\infty} J(\hat{f},\hat{g}) A_2 \hat{f}^2 \varphi_0 \mathrm{d}\hat{f} \mathrm{d}\hat{g}\right] \tag{8.198}$$

$$\left(\tan \theta_{\text{ex}-m}^{\text{IPE}-a2\text{Im}}\right)^2=\left\{\iint_{-\infty}^{+\infty} J(\hat{f},\hat{g}) A_2 \varphi_0 \mathrm{d}\hat{f} \mathrm{d}\hat{g}\right\} \Big/ \left\{\iint_{-\infty}^{+\infty} J(\hat{f},\hat{g}) A_1 \varphi_0 \mathrm{d}\hat{f} \mathrm{d}\hat{g}\right\}$$
$$\text{或} \iint_{-\infty}^{+\infty} J(\hat{f},\hat{g})\left(A_1+A_2\right) \varphi_m \mathrm{d}\hat{f} \mathrm{d}\hat{g}=0 \tag{8.199}$$

$$\left(\tan \theta_{\text{ex}-m}^{\text{BFS}-a2\text{Im}}\right)^2=\left\{\iint_{-\infty}^{+\infty} J(\hat{f},\hat{g}) A_2 \hat{f}^2 \varphi_0 \mathrm{d}\hat{f} \mathrm{d}\hat{g}\right\} \Big/ \left\{\iint_{-\infty}^{+\infty} J(\hat{f},\hat{g}) A_1 \hat{f}^2 \varphi_0 \mathrm{d}\hat{f} \mathrm{d}\hat{g}\right\}$$
$$\text{或} \iint_{-\infty}^{+\infty} J(\hat{f},\hat{g})\left(A_1+A_2\right) \hat{f} \varphi_m \mathrm{d}\hat{f} \mathrm{d}\hat{g}=0 \tag{8.200}$$

$$\left(\tan \theta_{\text{ex}-m}^{\text{IPE}-a3\text{Re}}\right)^2=\left\{\iint_{-\infty}^{+\infty} J(\hat{f},\hat{g}) A_2 \varphi_0 \mathrm{d}\hat{f} \mathrm{d}\hat{g}\right\} \Big/ \left\{\iint_{-\infty}^{+\infty} J(\hat{f},\hat{g}) A_1 \varphi_0 \mathrm{d}\hat{f} \mathrm{d}\hat{g}\right\}$$
$$\text{或} \iint_{-\infty}^{+\infty} J(\hat{f},\hat{g})\left(A_1-A_2\right) \varphi_m \mathrm{d}\hat{f} \mathrm{d}\hat{g}=0 \tag{8.201}$$

$$\left(\tan \theta_{\text{ex}-m}^{\text{BFS}-a3\text{Re}}\right)^2=\left\{\iint_{-\infty}^{+\infty} J(\hat{f},\hat{g}) A_2 \hat{f}^2 \varphi_0 \mathrm{d}\hat{f} \mathrm{d}\hat{g}\right\} \Big/ \left\{\iint_{-\infty}^{+\infty} J(\hat{f},\hat{g}) A_1 \hat{f}^2 \varphi_0 \mathrm{d}\hat{f} \mathrm{d}\hat{g}\right\}$$
$$\text{或} \iint_{-\infty}^{+\infty} J(\hat{f},\hat{g})\left(A_1-A_2\right) \hat{f} \varphi_m \mathrm{d}\hat{f} \mathrm{d}\hat{g}=0 \tag{8.202}$$

式中，$\theta_{\text{ex}-m}^{\text{IPE}-P_i}$ 和 $\theta_{\text{ex}-m}^{\text{BFS}-P_i}$ 分别表示 $S_m^{\text{IPE}-P_i}$ 和 $S_m^{\text{BFS}-P_i}$ 的极值点。式(8.195)～式(8.202)表明，PAS 的极值点在泡利光瞳 P_{a0_Ph} 和 P_{a1_Im} 中是固定值 0°、90°和 180°，而在泡利光瞳 P_{a2_Im} 和 P_{a3_Re} 中与有效光源强度 $J(\hat{f},\hat{g})$、传递矩阵 $\boldsymbol{M}_0(\hat{f},\hat{g})$ 和 Alt-PSM 图形的周期 p 相关，而且各式中后面的等式一旦成立， PAS 在其对应光瞳中即为常数。

需要说明的是，为了单独研究投影物镜的偏振像差，计算掩模衍射谱时屏蔽了掩模的形貌效应。实际应用中，在小线宽图形时应该考虑掩模的形貌效应。另外，由于掩模形貌效应与投影物镜标量像差类似，可以推论其对所得结果的唯一影响是使空间像偏移量与泡利-泽尼克系数的线性关系产生简单常量偏移。另外，当研究光刻胶像时，还需要考虑光刻胶的偏振效应。

3. 仿真实验

为了验证上述所得解析结果，通过光刻仿真软件 PROLITH 进行光刻仿真实验。首先，通过获得图像偏移量与泡利-泽尼克系数拟合直线的斜率验证 PAS 表达式。在任一固定照明偏振角条件下，采用矢量模型生成对应不同泡利-泽尼克系数取值的 Alt-PSM 空间像。用数值计算软件 MATLAB 对生成的空间像进行分析，得到各个泡利-泽尼克系数引起的 IPE 和 BFS。采用标准线性模型 $y_i = a_i x_i + b_i + \varepsilon_i$ (a_i 和 b_i 是系数，ε_i 是误差项)对 IPE 和 BFS 进行线性拟合，用线性相关系数 γ 评估拟合直线。比较各拟合直线斜率与由所得解析表达式计算得到的 PAS，评估两种结果的匹配度。然后，仿真获得照明偏振角变化时各个泡利-泽尼克偏振像差的 PAS 变化曲线，研究照明偏振角对 PAS 的影响，分析验证所得 PAS、零值点和极值点条件表达式。

仿真过程中所设置的参数如下：采用传统照明方式，光源的部分相干因子 $\sigma = 0.3$，照明光波长 $\lambda = 193\text{nm}$，投影物镜的数值孔径 NA=1.35，浸液折射率是 1.44，横向放大因子 M=0.25，Alt-PSM 图形的线宽 w=55nm，周期 p=110nm。输入的泡利-泽尼克系数 $Z_m^{P_i}$ 在泡利光瞳 P_{a0_Am}、P_{a1_Re}、P_{a2_Re} 和 P_{a3_Re} 中的取值范围为[−0.15,0.15]，取值间隔为 0.05，而其在泡利光瞳 P_{a0_Ph}、P_{a1_Im}、P_{a2_Im} 和 P_{a3_Im} 中的取值范围设为[−50mλ,50mλ]，取值间隔为 5mλ。采用线性偏振照明，其偏振角的取值范围为[0°,180°]，取值间隔为 5°[1,37]。

当照明偏振角 θ 为 30°时，各单项泡利-泽尼克偏振像差引起的 IPE、BFS 及其与泡利-泽尼克系数间的拟合直线如图 8-57 所示。在 IPE- $Z_m^{P_i}$ 图中，红色圆点、蓝色三角形和绿色正方形标记分别表示 $Z_2^{P_i}$、$Z_7^{P_i}$ 和 $Z_{14}^{P_i}$ 引起的 IPE，红色、蓝色和绿色直线分别表示相应颜色标记的线性拟合结果。在 BFS- $Z_m^{P_i}$ 图中，标记和直线具有相似的意义，分别对应 $Z_4^{P_i}$、$Z_9^{P_i}$ 和 $Z_{16}^{P_i}$ 引起的 BFS 及其相应颜色标记的线性拟合结果。

由图 8-57 可知，在固定照明偏振角条件下，在泡利光瞳 P_{a0_Ph}、P_{a1_Im}、P_{a2_Im} 和 P_{a3_Re} 中，IPE 与奇像差项泡利-泽尼克系数 $Z_2^{P_i}$、$Z_7^{P_i}$ 和 $Z_{14}^{P_i}$，以及 BFS 与偶像差项泡利-泽尼克系数 $Z_4^{P_i}$、$Z_9^{P_i}$ 和 $Z_{16}^{P_i}$ 之间是线性关系。而在泡利光瞳 P_{a0_Am}、P_{a1_Re}、P_{a2_Re} 和 P_{a3_Im} 中，偏振像差不引起 IPE 和 BFS，所以在图中不展示。根据式(8.175)计算得到各拟合直线的线性相关系数 γ，其绝对值 $|\gamma|$ 最小为 0.968，这显示了这些线性关系的高精确度。

以泡利光瞳 $P_{a_0\_\text{Ph}}$ 为例说明各 PAS 解析和仿真值的一致性。由图 8-57(a)和(e)中各拟

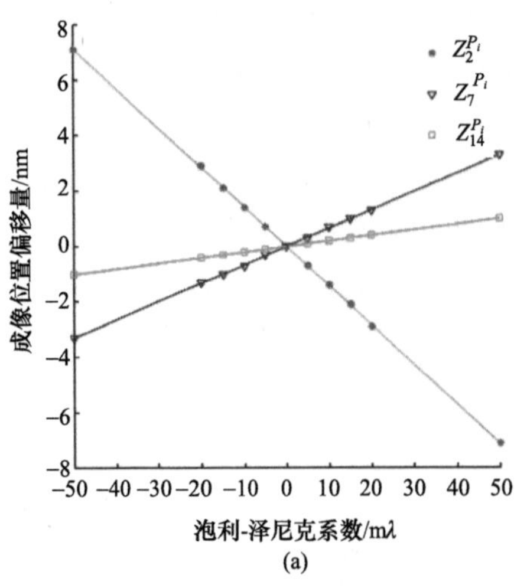

(a)

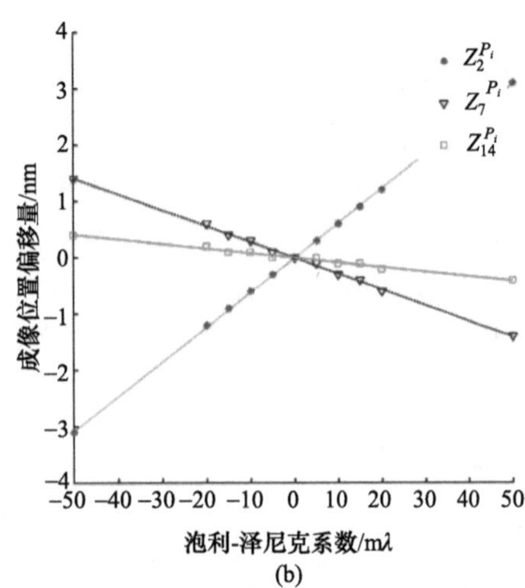

(b)

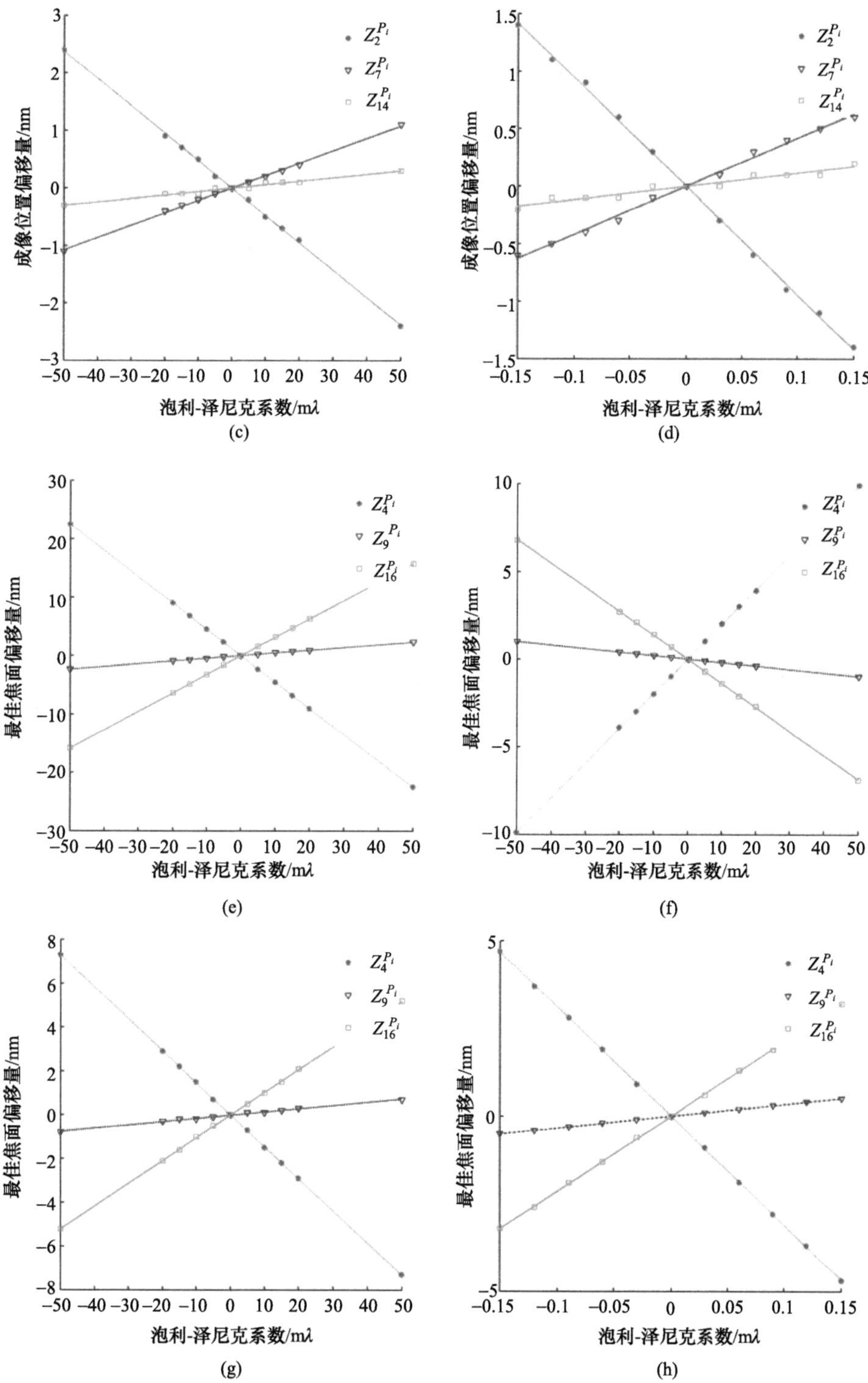

图 8-57　照明偏振角 θ 为 30°时，Alt-PSM 的空间像偏移量 IPE/BFS 与泡利-泽尼克系数 $Z_{2/7/14}^{a0\mathrm{Ph}}$ (a)，$Z_{2/7/14}^{a1\mathrm{Im}}$ (b)，$Z_{2/7/14}^{a2\mathrm{Im}}$ (c)，$Z_{2/7/14}^{a3\mathrm{Re}}$ (d)，$Z_{4/9/16}^{a0\mathrm{Ph}}$ (e)，$Z_{4/9/16}^{a1\mathrm{Im}}$ (f)，$Z_{4/9/16}^{a2\mathrm{Im}}$ (g)和 $Z_{4/9/16}^{a3\mathrm{Re}}$ (h)的线性关系

合直线获得其斜率，即分别对应泡利-泽尼克系数 $Z_2^{a0\text{Ph}}$、$Z_7^{a0\text{Ph}}$、$Z_{14}^{a0\text{Ph}}$、$Z_4^{a0\text{Ph}}$、$Z_9^{a0\text{Ph}}$ 和 $Z_{16}^{a0\text{Ph}}$ 的 PAS 值。另外，根据式(8.179)和式(8.180)，计算获得 θ 为 30°条件下，对应上述泡利-泽尼克系数的 PAS 值。这两种来源的 PAS 值如表 8-19 所示，其差值的绝对值最大是 $2.07\times10^{-2}\,\text{nm/nm}$。同理，根据图 8-57 和式(8.181)～式(8.186)，可以获得泡利光瞳 P_{a1_Im}、P_{a2_Im} 和 P_{a3_Re} 中对应 PAS 的仿真和解析结果，如表 8-20～表 8-22 所示，其差值的绝对值最大分别是 $1.15\times10^{-2}\,\text{nm/nm}$、$8.97\times10^{-3}\,\text{nm/nm}$、$4.00\times10^{-3}\,\text{nm/\%}$。这些 PAS 差值的绝对值都在 10^{-2} 数量级，说明仿真和解析结果相符，即说明式(8.179)～式(8.186)正确。

表 8-19　泡利-泽尼克系数 $Z_m^{a0\text{Ph}}$ 的仿真和解析结果

像差项	$Z_2^{a0\text{Ph}}$	$Z_7^{a0\text{Ph}}$	$Z_{14}^{a0\text{Ph}}$	$Z_4^{a0\text{Ph}}$	$Z_9^{a0\text{Ph}}$	$Z_{16}^{a0\text{Ph}}$
仿真值	–0.73655	0.341969	0.103627	–2.3332	0.238342	1.637704
解析值	–0.74093	0.352332	0.103627	–2.33161	0.259067	1.658031
差值	0.00438	–0.01036	-1.7×10^{16}	–0.00159	–0.02073	–0.02033

表 8-20　泡利-泽尼克系数 $Z_m^{a1\text{Im}}$ 的仿真和解析结果

像差项	$Z_2^{a1\text{Im}}$	$Z_7^{a1\text{Im}}$	$Z_{14}^{a1\text{Im}}$	$Z_4^{a1\text{Im}}$	$Z_9^{a1\text{Im}}$	$Z_{16}^{a1\text{Im}}$
仿真值	0.318852	–0.14587	–0.04225	1.02511	–0.10363	–0.71024
解析值	0.318246	–0.14814	–0.04145	1.020078	–0.10961	–0.72173
差值	0.000606	0.002265	–0.0008	0.005032	0.005978	0.011488

表 8-21　泡利-泽尼克系数 $Z_m^{a2\text{Im}}$ 的仿真和解析结果

像差项	$Z_2^{a2\text{Im}}$	$Z_7^{a2\text{Im}}$	$Z_{14}^{a2\text{Im}}$	$Z_4^{a2\text{Im}}$	$Z_9^{a2\text{Im}}$	$Z_{16}^{a2\text{Im}}$
仿真值	–0.24631	0.111598	0.031088	–0.75648	0.077322	0.538462
解析值	–0.24404	0.11789	0.035897	–0.75721	0.086292	0.540573
差值	–0.00228	–0.00629	–0.00481	0.000735	–0.00897	–0.00211

表 8-22　泡利-泽尼克系数 $Z_m^{a3\text{Re}}$ 的仿真和解析结果

像差项	$Z_2^{a3\text{Re}}$	$Z_7^{a3\text{Re}}$	$Z_{14}^{a3\text{Re}}$	$Z_4^{a3\text{Re}}$	$Z_9^{a3\text{Re}}$	$Z_{16}^{a3\text{Re}}$
仿真值	–0.09455	0.041818	0.011515	–0.31152	0.033333	0.213939
解析值	–0.09436	0.042603	0.011027	–0.31012	0.031807	0.217937
差值	–0.00019	–0.00078	0.000489	–0.00139	0.001526	–0.004

需要说明的是，在相同泡利光瞳中，其他奇/偶泡利-泽尼克偏振像差具有相似的影响。在其他任意照明偏振角条件下，同样能够建立泡利-泽尼克系数与空间像偏移量间的线性关系，只是随着偏振角的改变，PAS 值按照式(8.178)～式(8.186)变化。

8.5.1.4　检测原理[3,39]

本小节介绍基于交替相移掩模(Alt-PSM)空间像的投影物镜偏振像差原位检测方法。该方法基于 Alt-PSM 空间像偏移量与泡利-泽尼克系数之间的两光瞳线性模型，针对奇像差和偶像差项，分别在不同数值孔径和部分相干因子条件下标定泡利-泽尼克偏振像差灵敏度矩阵，利用空间像的 IPE 和 BFS 计算获得泡利-泽尼克系数，并利用光刻仿真软件模拟验证该方法的正确性，评估其检测精度。

偏振像差检测过程中，采用如图 8-58 所示的 Alt-PSM 检测标记和偏振照明设置，掩模结构参数同图 8-51，光源中黑色带箭头直线表示照明光的偏振方向。图中的 X 和 Y 方向掩模和偏振照明组合分别应用于检测 Y 和 X 方向的泡利-泽尼克偏振像差项。

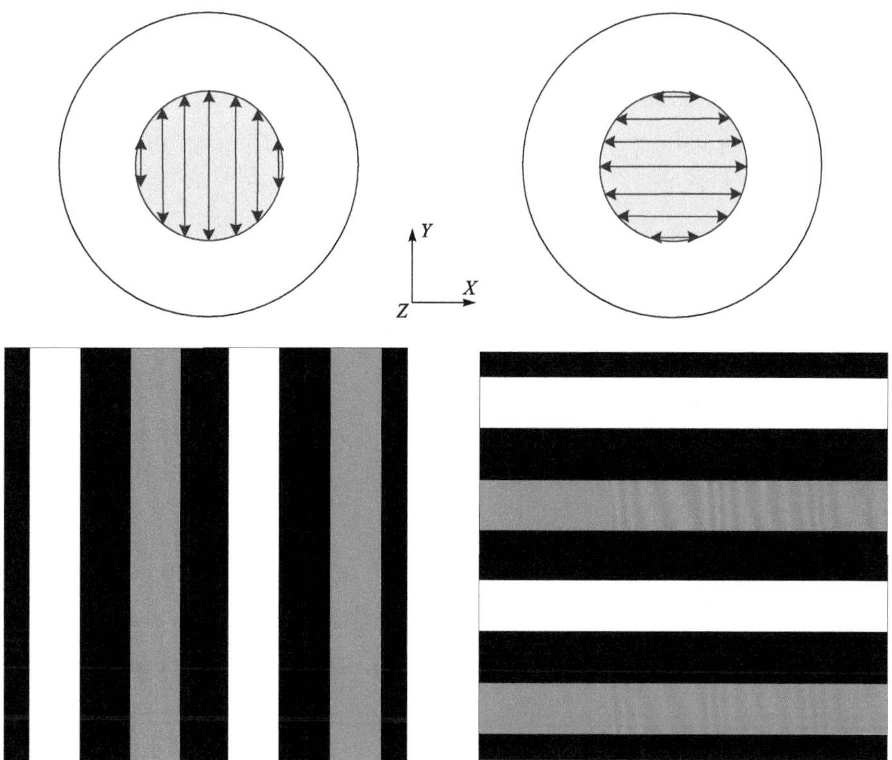

图 8-58　Alt-PSM 光栅图形检测标记及偏振照明组合示意图

1. 偏振像差灵敏度矩阵的标定

该方法需要首先标定各级泡利-泽尼克偏振像差项的灵敏度系数。对应各阶泡利-泽尼克偏振像差的灵敏度系数可以分别用公式表示为

$$S_{m-X}^{\text{IPE-}P_i}(NA,\sigma)=\frac{\partial \Delta X(NA,\sigma)}{Z_m^{P_i}} \tag{8.203}$$

$$S_{m-Y}^{\text{IPE-}P_i}(NA,\sigma)=\frac{\partial \Delta Y(NA,\sigma)}{Z_m^{P_i}} \tag{8.204}$$

$$S_{m-Z}^{\text{BFS-}P_i}(NA,\sigma)=\frac{\partial \Delta Z(NA,\sigma)}{Z_m^{P_i}} \tag{8.205}$$

其中，$S_{m-X}^{\text{IPE-}P_i}(NA,\sigma)$、$S_{m-Y}^{\text{IPE-}P_i}(NA,\sigma)$ 和 $S_{m-Z}^{\text{BFS-}P_i}(NA,\sigma)$ 分别表示对应 X 方向奇像差、Y 方向奇像差和偶像差的灵敏度系数。以 $Z_7^{a0\text{Ph}}$ 为例说明偏振像差灵敏度系数的标定方法。在每种照明条件下，设定单项泡利-泽尼克系数 $Z_7^{a0\text{Ph}}$ 的大小为 0.02λ(λ 为照明光源的波长)，并且设定其他的泡利-泽尼克系数均为零。利用光刻仿真软件计算得到相应照明条件和像差系数下 X 方向 Alt-PSM 光栅图形检测标记空间像在 X 方向上的成像位置偏移量 ΔX，再根据式(8.203)计算对应 $Z_7^{a0\text{Ph}}$ 的灵敏度系数 $S_{7-X}^{\text{IPE-}a0\text{Ph}}(NA,\sigma)$。同理，可以根据式(8.203)计算获得对应其他各项 X 方向奇像差的灵敏度系数 $S_{m-X}^{\text{IPE-}a0\text{Ph}}(NA,\sigma)$。

按照上述标定方法，计算获得 n 组照明条件下的灵敏度系数，组成对应 X 方向奇像差的灵敏度矩阵 $\boldsymbol{S}_X$：

$$\boldsymbol{S}_X=\begin{bmatrix} S_7^{\text{IPE-}a0\text{Ph}}(NA_1,\sigma_1) & \cdots & S_{14}^{\text{IPE-}a0\text{Ph}}(NA_1,\sigma_1) & S_7^{\text{IPE-}a1\text{Im}}(NA_1,\sigma_1) & \cdots & S_{14}^{\text{IPE-}a1\text{Im}}(NA_1,\sigma_1) \\ S_7^{\text{IPE-}a0\text{Ph}}(NA_2,\sigma_2) & \cdots & S_{14}^{\text{IPE-}a0\text{Ph}}(NA_2,\sigma_2) & S_7^{\text{IPE-}a1\text{Im}}(NA_2,\sigma_2) & \cdots & S_{14}^{\text{IPE-}a1\text{Im}}(NA_2,\sigma_2) \\ S_7^{\text{IPE-}a0\text{Ph}}(NA_3,\sigma_3) & \cdots & S_{14}^{\text{IPE-}a0\text{Ph}}(NA_3,\sigma_3) & S_7^{\text{IPE-}a1\text{Im}}(NA_3,\sigma_3) & \cdots & S_{14}^{\text{IPE-}a1\text{Im}}(NA_3,\sigma_3) \\ \vdots & & \vdots & \vdots & & \vdots \\ S_7^{\text{IPE-}a0\text{Ph}}(NA_n,\sigma_n) & \cdots & S_{14}^{\text{IPE-}a0\text{Ph}}(NA_n,\sigma_n) & S_7^{\text{IPE-}a1\text{Im}}(NA_n,\sigma_n) & \cdots & S_{14}^{\text{IPE-}a1\text{Im}}(NA_n,\sigma_n) \end{bmatrix} \tag{8.206}$$

同理，在 n 组照明条件下，利用传感器测量 Y 方向成像位置偏移量 ΔY 和最佳焦面偏移量 ΔZ，分别根据式(8.204)和式(8.205)标定对应 Y 方向奇像差和偶像差的灵敏度矩阵 $\boldsymbol{S}_Y$ 和 $\boldsymbol{S}_Z$。

$$\boldsymbol{S}_Y=\begin{bmatrix} S_8^{\text{IPE-}a0\text{Ph}}(NA_1,\sigma_1) & \cdots & S_{15}^{\text{IPE-}a0\text{Ph}}(NA_1,\sigma_1) & S_8^{\text{IPE-}a1\text{Im}}(NA_1,\sigma_1) & \cdots & S_{15}^{\text{IPE-}a1\text{Im}}(NA_1,\sigma_1) \\ S_8^{\text{IPE-}a0\text{Ph}}(NA_2,\sigma_2) & \cdots & S_{15}^{\text{IPE-}a0\text{Ph}}(NA_2,\sigma_2) & S_8^{\text{IPE-}a1\text{Im}}(NA_2,\sigma_2) & \cdots & S_{15}^{\text{IPE-}a1\text{Im}}(NA_2,\sigma_2) \\ S_8^{\text{IPE-}a0\text{Ph}}(NA_3,\sigma_3) & \cdots & S_{15}^{\text{IPE-}a0\text{Ph}}(NA_3,\sigma_3) & S_8^{\text{IPE-}a1\text{Im}}(NA_3,\sigma_3) & \cdots & S_{15}^{\text{IPE-}a1\text{Im}}(NA_3,\sigma_3) \\ \vdots & & \vdots & \vdots & & \vdots \\ S_8^{\text{IPE-}a0\text{Ph}}(NA_n,\sigma_n) & \cdots & S_{15}^{\text{IPE-}a0\text{Ph}}(NA_n,\sigma_n) & S_8^{\text{IPE-}a1\text{Im}}(NA_n,\sigma_n) & \cdots & S_{15}^{\text{IPE-}a1\text{Im}}(NA_n,\sigma_n) \end{bmatrix} \tag{8.207}$$

$$\boldsymbol{S}_Z=\begin{bmatrix} S_5^{\text{BFS-}a0\text{Ph}}(NA_1,\sigma_1) & \cdots & S_{16}^{\text{BFS-}a0\text{Ph}}(NA_1,\sigma_1) & S_5^{\text{BFS-}a1\text{Im}}(NA_1,\sigma_1) & \cdots & S_{16}^{\text{BFS-}a1\text{Im}}(NA_1,\sigma_1) \\ S_5^{\text{BFS-}a0\text{Ph}}(NA_2,\sigma_2) & \cdots & S_{16}^{\text{BFS-}a0\text{Ph}}(NA_2,\sigma_2) & S_5^{\text{BFS-}a1\text{Im}}(NA_2,\sigma_2) & \cdots & S_{16}^{\text{BFS-}a1\text{Im}}(NA_2,\sigma_2) \\ S_5^{\text{BFS-}a0\text{Ph}}(NA_3,\sigma_3) & \cdots & S_{16}^{\text{BFS-}a0\text{Ph}}(NA_3,\sigma_3) & S_5^{\text{BFS-}a1\text{Im}}(NA_3,\sigma_3) & \cdots & S_{16}^{\text{BFS-}a1\text{Im}}(NA_3,\sigma_3) \\ \vdots & & \vdots & \vdots & & \vdots \\ S_5^{\text{BFS-}a0\text{Ph}}(NA_n,\sigma_n) & \cdots & S_{16}^{\text{BFS-}a0\text{Ph}}(NA_n,\sigma_n) & S_5^{\text{BFS-}a1\text{Im}}(NA_n,\sigma_n) & \cdots & S_{16}^{\text{BFS-}a1\text{Im}}(NA_n,\sigma_n) \end{bmatrix} \tag{8.208}$$

2. 灵敏度系数相关性消除方法

根据式(8.158)和式(8.159)，当采用 X 和 Y 方向线性偏振光照明时，在泡利光瞳 P_{a0_Im} 和 P_{a1_Im} 中，灵敏度系数 $S_m^{\text{IPE}-a1\text{Im}}$ 和 $S_m^{\text{BFS}-a1\text{Im}}$ 分别是 $S_m^{\text{IPE}-a0\text{Ph}}$ 和 $S_m^{\text{BFS}-a0\text{Ph}}$ 的 c_i 倍。这直接导致式(8.206)～式(8.208)表示的各个灵敏度矩阵的列向量间具有线性相关性。然而，在利用多照明设置条件下的图像偏移量 IPE 和 BFS 求解泡利-泽尼克偏振像差时，要求灵敏度矩阵的列向量间是线性无关的。所以，在建立偏振像差检测模型过程中，需要消除上述照明条件下获得的灵敏度系数间的相关性。

以 X 方向奇像差的灵敏度矩阵 $\boldsymbol{S}_X$ 为例说明其列向量线性相关性的消除方法。根据式 (8.158)和式(8.206)，可得采用 X 和 Y 方向线性偏振照明时 X 方向奇像差的灵敏度矩阵为

$$\boldsymbol{S}_X^{X\text{-Pol}}=\begin{bmatrix} S_7^{\text{IPE-}a0\text{Ph}}(NA_1,\sigma_1) & \cdots & S_{14}^{\text{IPE-}a0\text{Ph}}(NA_1,\sigma_1) & \frac{1}{2}S_7^{\text{IPE-}a0\text{Ph}}(NA_1,\sigma_1) & \cdots & \frac{1}{2}S_{14}^{\text{IPE-}a0\text{Ph}}(NA_1,\sigma_1) \\ S_7^{\text{IPE-}a0\text{Ph}}(NA_2,\sigma_2) & \cdots & S_{14}^{\text{IPE-}a0\text{Ph}}(NA_2,\sigma_2) & \frac{1}{2}S_7^{\text{IPE-}a0\text{Ph}}(NA_2,\sigma_2) & \cdots & \frac{1}{2}S_{14}^{\text{IPE-}a0\text{Ph}}(NA_2,\sigma_2) \\ S_7^{\text{IPE-}a0\text{Ph}}(NA_3,\sigma_3) & \cdots & S_{14}^{\text{IPE-}a0\text{Ph}}(NA_3,\sigma_3) & \frac{1}{2}S_7^{\text{IPE-}a0\text{Ph}}(NA_3,\sigma_3) & \cdots & \frac{1}{2}S_{14}^{\text{IPE-}a0\text{Ph}}(NA_3,\sigma_3) \\ \vdots & & \vdots & \vdots & & \vdots \\ S_7^{\text{IPE-}a0\text{Ph}}(NA_n,\sigma_n) & \cdots & S_{14}^{\text{IPE-}a0\text{Ph}}(NA_n,\sigma_n) & \frac{1}{2}S_7^{\text{IPE-}a0\text{Ph}}(NA_n,\sigma_n) & \cdots & \frac{1}{2}S_{14}^{\text{IPE-}a0\text{Ph}}(NA_n,\sigma_n) \end{bmatrix} \tag{8.209}$$

$$\boldsymbol{S}_X^{Y\text{-Pol}}=\begin{bmatrix} S_7^{\text{IPE-}a0\text{Ph}}(NA_1,\sigma_1) & \cdots & S_{14}^{\text{IPE-}a0\text{Ph}}(NA_1,\sigma_1) & -\frac{1}{2}S_7^{\text{IPE-}a0\text{Ph}}(NA_1,\sigma_1) & \cdots & -\frac{1}{2}S_{14}^{\text{IPE-}a0\text{Ph}}(NA_1,\sigma_1) \\ S_7^{\text{IPE-}a0\text{Ph}}(NA_2,\sigma_2) & \cdots & S_{14}^{\text{IPE-}a0\text{Ph}}(NA_2,\sigma_2) & -\frac{1}{2}S_7^{\text{IPE-}a0\text{Ph}}(NA_2,\sigma_2) & \cdots & -\frac{1}{2}S_{14}^{\text{IPE-}a0\text{Ph}}(NA_2,\sigma_2) \\ S_7^{\text{IPE-}a0\text{Ph}}(NA_3,\sigma_3) & \cdots & S_{14}^{\text{IPE-}a0\text{Ph}}(NA_3,\sigma_3) & -\frac{1}{2}S_7^{\text{IPE-}a0\text{Ph}}(NA_3,\sigma_3) & \cdots & -\frac{1}{2}S_{14}^{\text{IPE-}a0\text{Ph}}(NA_3,\sigma_3) \\ \vdots & & \vdots & \vdots & & \vdots \\ S_7^{\text{IPE-}a0\text{Ph}}(NA_n,\sigma_n) & \cdots & S_{14}^{\text{IPE-}a0\text{Ph}}(NA_n,\sigma_n) & -\frac{1}{2}S_7^{\text{IPE-}a0\text{Ph}}(NA_n,\sigma_n) & \cdots & -\frac{1}{2}S_{14}^{\text{IPE-}a0\text{Ph}}(NA_n,\sigma_n) \end{bmatrix} \tag{8.210}$$

其中，上标 X-Pol 和 Y-Pol 分别表示对应 X 和 Y 方向线性偏振照明条件。式(8.209)和式(8.210)中，包含相同泽尼克项灵敏度系数的列向量成比例，例如 $\boldsymbol{S}_X^{X\text{-Pol}}$ 中的第 1 列 $\boldsymbol{S}_7^{\text{IPE-}a0\text{Ph}}(NA_i,\sigma_i)$ 和第 4 列 $1/2\boldsymbol{S}_7^{\text{IPE-}a0\text{Ph}}(NA_i,\sigma_i)$ 的比值是 2。这说明单独采用 X 或 Y 方向线性偏振照明时，偏振像差灵敏度矩阵 $\boldsymbol{S}_X$ 的列向量线性相关。为了消除其列向量间的线性相关性，同时利用 X 和 Y 两个方向的线性偏振照明条件，在 n 组照明条件下，将标定获得的 $\boldsymbol{S}_X^{X\text{-Pol}}$ 和 $\boldsymbol{S}_X^{Y\text{-Pol}}$ 组合成总的 X 方向奇像差的灵敏度矩阵 $\boldsymbol{S}_{X\text{-com}}$：

$$
\boldsymbol{S}_{X\text{-com}}=\begin{bmatrix} S_X^{X\text{-Pol}} \\ S_X^{Y\text{-Pol}} \end{bmatrix}
$$

$$
=\begin{bmatrix}
S_7^{\text{IPE-}a\text{0Ph}}(NA_1,\sigma_1) & \cdots & S_{14}^{\text{IPE-}a\text{0Ph}}(NA_1,\sigma_1) & \frac{1}{2}S_7^{\text{IPE-}a\text{0Ph}}(NA_1,\sigma_1) & \cdots & \frac{1}{2}S_{14}^{\text{IPE-}a\text{0Ph}}(NA_1,\sigma_1) \\
S_7^{\text{IPE-}a\text{0Ph}}(NA_2,\sigma_2) & \cdots & S_{14}^{\text{IPE-}a\text{0Ph}}(NA_2,\sigma_2) & \frac{1}{2}S_7^{\text{IPE-}a\text{0Ph}}(NA_2,\sigma_2) & \cdots & \frac{1}{2}S_{14}^{\text{IPE-}a\text{0Ph}}(NA_2,\sigma_2) \\
S_7^{\text{IPE-}a\text{0Ph}}(NA_3,\sigma_3) & \cdots & S_{14}^{\text{IPE-}a\text{0Ph}}(NA_3,\sigma_3) & \frac{1}{2}S_7^{\text{IPE-}a\text{0Ph}}(NA_3,\sigma_3) & \cdots & \frac{1}{2}S_{14}^{\text{IPE-}a\text{0Ph}}(NA_3,\sigma_3) \\
\vdots & & \vdots & \vdots & & \vdots \\
S_7^{\text{IPE-}a\text{0Ph}}(NA_n,\sigma_n) & \cdots & S_{14}^{\text{IPE-}a\text{0Ph}}(NA_n,\sigma_n) & \frac{1}{2}S_7^{\text{IPE-}a\text{0Ph}}(NA_n,\sigma_n) & \cdots & \frac{1}{2}S_{14}^{\text{IPE-}a\text{0Ph}}(NA_n,\sigma_n) \\
S_7^{\text{IPE-}a\text{0Ph}}(NA_1,\sigma_1) & \cdots & S_{14}^{\text{IPE-}a\text{0Ph}}(NA_1,\sigma_1) & -\frac{1}{2}S_7^{\text{IPE-}a\text{0Ph}}(NA_1,\sigma_1) & \cdots & -\frac{1}{2}S_{14}^{\text{IPE-}a\text{0Ph}}(NA_1,\sigma_1) \\
S_7^{\text{IPE-}a\text{0Ph}}(NA_2,\sigma_2) & \cdots & S_{14}^{\text{IPE-}a\text{0Ph}}(NA_2,\sigma_2) & -\frac{1}{2}S_7^{\text{IPE-}a\text{0Ph}}(NA_2,\sigma_2) & \cdots & -\frac{1}{2}S_{14}^{\text{IPE-}a\text{0Ph}}(NA_2,\sigma_2) \\
S_7^{\text{IPE-}a\text{0Ph}}(NA_3,\sigma_3) & \cdots & S_{14}^{\text{IPE-}a\text{0Ph}}(NA_3,\sigma_3) & -\frac{1}{2}S_7^{\text{IPE-}a\text{0Ph}}(NA_3,\sigma_3) & \cdots & -\frac{1}{2}S_{14}^{\text{IPE-}a\text{0Ph}}(NA_3,\sigma_3) \\
\vdots & & \vdots & \vdots & & \vdots \\
S_7^{\text{IPE-}a\text{0Ph}}(NA_n,\sigma_n) & \cdots & S_{14}^{\text{IPE-}a\text{0Ph}}(NA_n,\sigma_n) & -\frac{1}{2}S_7^{\text{IPE-}a\text{0Ph}}(NA_n,\sigma_n) & \cdots & -\frac{1}{2}S_{14}^{\text{IPE-}a\text{0Ph}}(NA_n,\sigma_n)
\end{bmatrix} \tag{8.211}
$$

此时，$\boldsymbol{S}_{X\text{-com}}$ 的各列向量间是线性独立的。

3. 偏振像差检测模型

在 8.5.1.2 节中建立的 Alt-PSM 空间像偏移量与偏振像差的两光瞳线性模型中，各级偏振像差灵敏度 $S_m^{P_i}$ 受入射光偏振态影响，当采用 X 或 Y 方向线性偏振光照明时，只有对应泡利光瞳 P_{a0_Ph} 和 P_{a1_Im} 的灵敏度 $S_m^{a\text{0Ph}}$ 和 $S_m^{a\text{1Im}}$ 不为 0，即只有泡利光瞳 P_{a0_Ph} 和 P_{a1_Im} 引起 Alt-PSM 空间像的 IPE 和 BFS。根据式(8.153)，在给定的数值孔径 NA 和部分相干因子 σ 条件下，忽略高阶泡利-泽尼克系数的影响，偏振像差引起的空间像成像位置在各方向上的偏移量可以表示为

$$
\begin{aligned}
\Delta X(NA,\sigma)=&S_7^{\text{IPE-}a\text{0Ph}}Z_7^{a\text{0Ph}}+S_{10}^{\text{IPE-}a\text{0Ph}}Z_{10}^{a\text{0Ph}}+S_{14}^{\text{IPE-}a\text{0Ph}}Z_{14}^{a\text{0Ph}} \\
&+S_7^{\text{IPE-}a\text{1Im}}Z_7^{a\text{1Im}}+S_{10}^{\text{IPE-}a\text{1Im}}Z_{10}^{a\text{1Im}}+S_{14}^{\text{IPE-}a\text{1Im}}Z_{14}^{a\text{1Im}}
\end{aligned} \tag{8.212}
$$

$$
\begin{aligned}
\Delta Y(NA,\sigma)=&S_8^{\text{IPE-}a\text{0Ph}}Z_8^{a\text{0Ph}}+S_{11}^{\text{IPE-}a\text{0Ph}}Z_{11}^{a\text{0Ph}}+S_{15}^{\text{IPE-}a\text{0Ph}}Z_{15}^{a\text{0Ph}} \\
&+S_8^{\text{IPE-}a\text{1Im}}Z_8^{a\text{1Im}}+S_{11}^{\text{IPE-}a\text{1Im}}Z_{11}^{a\text{1Im}}+S_{15}^{\text{IPE-}a\text{1Im}}Z_{15}^{a\text{1Im}}
\end{aligned} \tag{8.213}
$$

$$
\begin{aligned}
\Delta Z(NA,\sigma)=&S_5^{\text{BFS-}a\text{0Ph}}Z_5^{a\text{0Ph}}+S_9^{\text{BFS-}a\text{0Ph}}Z_9^{a\text{0Ph}}+S_{12}^{\text{BFS-}a\text{0Ph}}Z_{12}^{a\text{0Ph}}+S_{16}^{\text{BFS-}a\text{0Ph}}Z_{16}^{a\text{0Ph}} \\
&+S_5^{\text{BFS-}a\text{1Im}}Z_5^{a\text{1Im}}+S_9^{\text{BFS-}a\text{1Im}}Z_9^{a\text{1Im}}+S_{12}^{\text{BFS-}a\text{1Im}}Z_{12}^{a\text{1Im}}+S_{16}^{\text{BFS-}a\text{1Im}}Z_{16}^{a\text{1Im}}
\end{aligned} \tag{8.214}
$$

其中，$\Delta X(NA,\sigma)$ 和 $\Delta Y(NA,\sigma)$ 分别是在给定的参数(NA 和 σ)设置下透射像传感器检测到的 X 和 Y 方向成像位置偏移量；$\Delta Z(NA,\sigma)$ 是传感器检测到的最佳焦面偏移量。各阶泡利-泽尼克偏振像差灵敏度系数 $S_m^{P_l}$ 分别通过式(8.203)和式(8.205)标定获得。

以 X 方向奇像差的检测为例说明偏振像差检测模型。在 n 组不同数值孔径和部分相干因子条件下，利用传感器测量掩模空间像成像位置在 X 方向上的偏移量 $\Delta X(NA_i,\sigma_i)$，根据式(8.212)可得矩阵方程组

$$\boldsymbol{\Delta X} = \boldsymbol{S}_X \times \boldsymbol{Z}_X \tag{8.215}$$

其中，$\boldsymbol{\Delta X}$ 是掩模空间像成像位置在 X 方向上的偏移量向量，可表示为

$$\boldsymbol{\Delta X} = [\Delta X(NA_1,\sigma_1),\ \Delta X(NA_2,\sigma_2),\ \Delta X(NA_3,\sigma_3), \cdots, \Delta X(NA_n,\sigma_n)]^{\mathrm{T}} \tag{8.216}$$

上标 T 表示转置。$\boldsymbol{Z}_X$ 是各阶泡利-泽尼克偏振像差 X 方向奇像差项向量，可表示为

$$\boldsymbol{Z}_X = [Z_7^{a0\mathrm{Ph}}, Z_{10}^{a0\mathrm{Ph}}, Z_{14}^{a0\mathrm{Ph}}, Z_7^{a1\mathrm{Im}}, Z_{10}^{a1\mathrm{Im}}, Z_{14}^{a1\mathrm{Im}}]^{\mathrm{T}} \tag{8.217}$$

$\boldsymbol{S}_X$ 是偏振像差引起掩模空间像成像位置 X 方向偏移的灵敏度矩阵。注意，对应不同的照明偏振态，组成 $\boldsymbol{S}_X$ 的各个矩阵元素值不同。例如，式(8.209)和式(8.210)，$\boldsymbol{S}_X^{X\text{-Pol}}$ 和 $\boldsymbol{S}_X^{Y\text{-Pol}}$ 分别对应采用 X 和 Y 方向线性偏振照明时 $\boldsymbol{S}_X$ 的表达式，其各个矩阵元素值并不相同，而且列向量间的比例关系也发生了改变。

当采用 X 或 Y 方向线性偏振光照明时，灵敏度矩阵 $\boldsymbol{S}_X^{X\text{-Pol}}$ 或 $\boldsymbol{S}_X^{Y\text{-Pol}}$ 列向量间的线性相关性导致矩阵的秩 rank ($\boldsymbol{S}_X^{X\text{-Pol}}$) 或 rank($\boldsymbol{S}_X^{Y\text{-Pol}}$) 都小于矩阵维度 6。由此可知，单独采用 X 或 Y 方向线性偏振照明时，不能通过式(8.215)求解偏振像差的 X 方向奇像差项向量 $\boldsymbol{Z}_X$。针对这一问题，采用 8.5.1.4 节所述方法消除灵敏度矩阵列向量间的线性相关性。在 m 组不同的参数(NA 和 σ)条件下，分别将 X 和 Y 方向线性偏振照明时测得的矩阵方程组

$$\Delta \boldsymbol{X}^{X\text{-Pol}} = \boldsymbol{S}_X^{X\text{-Pol}} \cdot \boldsymbol{Z}_X \tag{8.218}$$

$$\Delta \boldsymbol{X}^{Y\text{-Pol}} = \boldsymbol{S}_X^{Y\text{-Pol}} \cdot \boldsymbol{Z}_X \tag{8.219}$$

组合成总的矩阵方程组

$$\Delta \boldsymbol{X}_{\mathrm{com}} = \boldsymbol{S}_{X\text{-com}} \cdot \boldsymbol{Z}_X \tag{8.220}$$

其中

$$\Delta \boldsymbol{X}_{\mathrm{com}} = \left[\Delta \boldsymbol{X}^{X\text{-Pol}}, \Delta \boldsymbol{X}^{Y\text{-Pol}}\right]^{\mathrm{T}} \tag{8.221}$$

$$\boldsymbol{S}_{X\text{-com}} = \left[\boldsymbol{S}_X^{X\text{-Pol}}, \boldsymbol{S}_X^{Y\text{-Pol}}\right]^{\mathrm{T}} \tag{8.222}$$

此时，总的灵敏度矩阵 $\boldsymbol{S}_{X\text{-com}}$ 列向量间线性无关，根据式(8.220)的超定方程组，可以采用最小二乘法求解未知的 X 方向奇像差项向量：

$$\boldsymbol{Z}_X = \boldsymbol{S}_{X\text{-com}}^{-1} \cdot \Delta \boldsymbol{X}_{\mathrm{com}} \tag{8.223}$$

同理，在 X 和 Y 线性偏振照明时，利用传感器分别测量 m 组不同参数(NA 和 σ)条件下的 Y 方向成像位置偏移量 $\Delta Y(NA_i,\sigma_i)$ 和最佳焦面偏移量 $\Delta Z(NA_i,\sigma_i)$，可以分别求解泡利-泽尼克偏振像差 Y 方向奇像差和偶像差项向量：

$$\boldsymbol{Z}_Y = \boldsymbol{S}_{Y\text{-com}}^{-1} \cdot \Delta \boldsymbol{Y}_{\text{com}} \tag{8.224}$$

$$\boldsymbol{Z}_Z = \boldsymbol{S}_{Z\text{-com}}^{-1} \cdot \Delta \boldsymbol{Z}_{\text{com}} \tag{8.225}$$

其中

$$\boldsymbol{\Delta Y}_{\text{com}} = \left[\boldsymbol{\Delta Y}^{X\text{-Pol}}, \boldsymbol{\Delta Y}^{Y\text{-Pol}} \right]^{\text{T}} \tag{8.226}$$

$$\boldsymbol{S}_{Y\text{-com}} = \left[\boldsymbol{S}_Y^{X\text{-Pol}}, \boldsymbol{S}_Y^{Y\text{-Pol}} \right]^{\text{T}} \tag{8.227}$$

$$\boldsymbol{\Delta Z}_{\text{com}} = \left[\boldsymbol{\Delta Z}^{X\text{-Pol}}, \boldsymbol{\Delta Z}^{Y\text{-Pol}} \right]^{\text{T}} \tag{8.228}$$

$$\boldsymbol{S}_{Z\text{-com}} = \left[\boldsymbol{S}_Z^{X\text{-Pol}}, \boldsymbol{S}_Z^{Y\text{-Pol}} \right]^{\text{T}} \tag{8.229}$$

$$\boldsymbol{Z}_Y = \left[Z_8^{a0\text{Ph}}, Z_{11}^{a0\text{Ph}}, Z_{15}^{a0\text{Ph}}, Z_8^{a1\text{Im}}, Z_{11}^{a1\text{Im}}, Z_{15}^{a1\text{Im}} \right]^{\text{T}} \tag{8.230}$$

$$\boldsymbol{Z}_Z = \left[Z_5^{a0\text{Ph}}, Z_9^{a0\text{Ph}}, Z_{12}^{a0\text{Ph}}, Z_{16}^{a0\text{Ph}}, Z_5^{a1\text{Im}}, Z_9^{a1\text{Im}}, Z_{12}^{a1\text{Im}}, Z_{16}^{a1\text{Im}} \right]^{\text{T}} \tag{8.231}$$

8.5.1.5　仿真验证

为了验证上述偏振像差检测方法，通过光刻仿真软件 PROLITH 进行光刻仿真实验。首先，在偏振像差取值范围内随机生成 20 组泡利-泽尼克系数，分别将各组泡利-泽尼克系数对应的偏振像差代入光刻仿真软件 PROLITH，采用 X 和 Y 线性偏振照明，在不同的参数(NA 和σ)条件下，生成 Alt-PSM 光栅图形检测标记的空间像；然后，用数值计算软件 MATLAB 对生成的空间像进行分析，得到不同照明条件下偏振像差引起的图像位置在各个方向上的偏移量$\Delta X(NA_i,\sigma_i)$、$\Delta Y(NA_i,\sigma_i)$和$\Delta Z(NA_i,\sigma_i)$；最后，采用该偏振像差检测方法，标定偏振像差灵敏度矩阵，根据式(8.223)～式(8.225)求解获得泡利光瞳 P_{a0_Ph} 和 P_{a1_Im} 的泡利-泽尼克像差向量 $\boldsymbol{Z}_X$、$\boldsymbol{Z}_Y$ 和 $\boldsymbol{Z}_Z$。

仿真过程中所设置的参数如下：采用传统照明方式，其有效光源强度分布的表达式为$J(\hat{f},\hat{g}) = 1/(\pi\sigma^2)\cdot \text{circ}(\sqrt{\hat{f}^2+\hat{g}^2}/\sigma)$，光源的部分相干因子$\sigma$的取值范围为[0.3,0.8]，步长为 0.05；照明光波长 $\lambda = 193\text{nm}$；投影物镜的数值孔径 NA 的取值范围为[0.80,1.35]，步长为 0.05；横向放大因子 M=0.25；Alt-PSM 的线宽 w=55nm，周期 p=110nm。光瞳 P_{a0_Ph} 和 P_{a1_Im} 中泡利-泽尼克系数 $Z_5^{P_i}$ ～ $Z_{16}^{P_i}$ 的取值范围均为[0,20mλ]。

仿真过程中，采用 Y 向线性偏振照明时，在仿真实验所设置的参数(NA 和σ)取值范围内标定的泡利-泽尼克偏振像差的灵敏度系数如图 8-59 所示。图 8-59 (a)～(c)分别对应泡利光瞳 P_{a0_Ph} 的偏振像差灵敏度系数 $S_5^{\text{BFS}-a0\text{Ph}}$、$S_7^{\text{IPE}-a0\text{Ph}}$ 和 $S_9^{\text{BFS}-a0\text{Ph}}$，其变化范围分别为[−270,−200]、[10,100]和[−145,200]。图 8-59 (d)～(f)分别对应泡利光瞳 P_{a1_Im} 的偏振像差灵敏度系数 $S_5^{\text{BFS}-a1\text{Im}}$、$S_7^{\text{IPE}-a1\text{Im}}$ 和 $S_9^{\text{BFS}-a1\text{Im}}$，其变化范围分别为[100,115]、[−50,−5]和[−125,70]。由此可知，泡利光瞳 P_{a0_Ph} 中各阶泡利-泽尼克偏振像差项的灵敏度系数变化范围大于 P_{a1_Im}。从像差的种类来看，两光瞳球差项的灵敏度变化范围最大，彗差项居中，像散项最小。

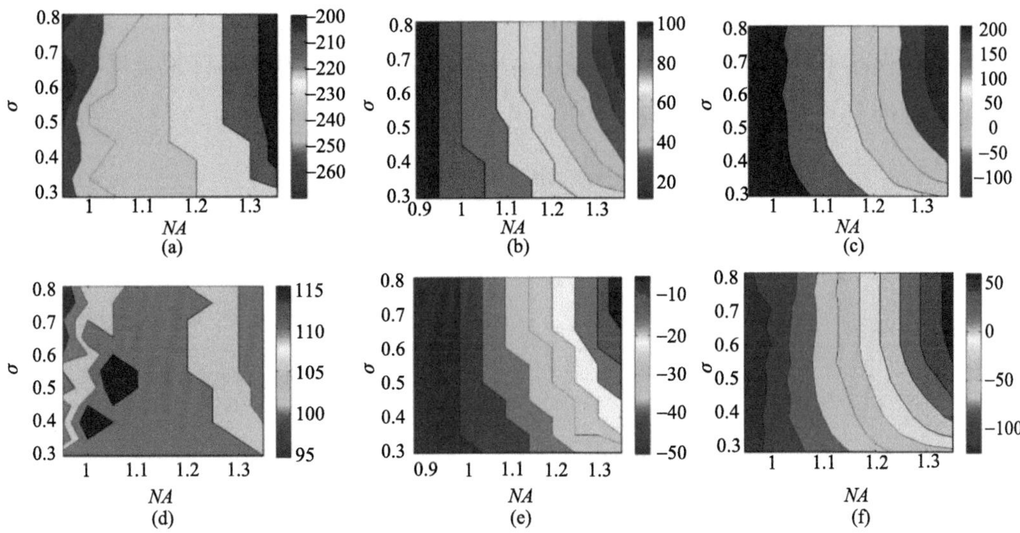

图 8-59　偏振像差灵敏度系数(a) $S_5^{\mathrm{BFS}-a0\mathrm{Ph}}$, (b) $S_7^{\mathrm{IPE}-a0\mathrm{Ph}}$, (c) $S_9^{\mathrm{BFS}-a0\mathrm{Ph}}$, (d) $S_5^{\mathrm{BFS}-a1\mathrm{Im}}$, (e) $S_7^{\mathrm{IPE}-a1\mathrm{Im}}$, (f) $S_9^{\mathrm{BFS}-a1\mathrm{Im}}$ 随 NA 和σ的变化情况

针对各组输入偏振像差，分别利用传感器测量不同照明条件下检测标记空间像的偏移量，根据该方法计算获得泡利光瞳 P_{a0_Ph} 和 P_{a1_Im} 中低阶像差项的泡利-泽尼克系数。其中一组求解结果如图 8-60 所示，图 8-60 (a)是泡利光瞳 P_{a0_Ph} 的输入和测量的泡利-泽尼克系数对比图，图 8-60 (b)是泡利光瞳 P_{a1_Im} 的输入和测量的泡利-泽尼克系数对比图。

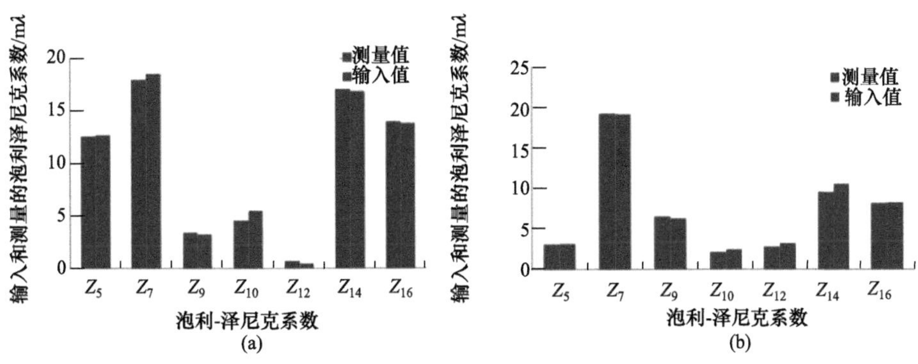

图 8-60　输入和测量的泡利-泽尼克系数(a) $Z_m^{a0\mathrm{Ph}}$ 和(b) $Z_m^{a1\mathrm{Im}}$ 的对比图

由图 8-60 可知，在表示标量像差的泡利光瞳 P_{a0_Ph} 中，测量获得的各阶泡利-泽尼克系数与输入泡利-泽尼克系数相比，其最大差异为−0.92mλ，而在表示 X/Y 坐标轴方向相位延迟的泡利光瞳 P_{a1_Im} 中，其最大差异为 1.07mλ。此结果表明，该偏振像差检测方法可以很好地测量标量像差和 X/Y 坐标轴方向相位延迟。Y 方向奇像差的求解原理和过程与上述 X 方向奇像差的相同，这里不再赘述。

为了进一步评估该方法的有效性，分别计算 20 组偏振像差测量结果的误差平均值(mean)和标准差(std)，并采用 mean+|std| 表示像差的检测精度，计算获得的泡利-泽尼克

偏振像差的误差平均值和标准差如图 8-61 所示。图 8-61(a)是泡利光瞳 P_{a0_Ph} 的泡利-泽尼克系数的误差平均值和标准差，图 8-61(b)是泡利光瞳 P_{a1_Im} 的泡利-泽尼克系数的误差平均值和标准差。

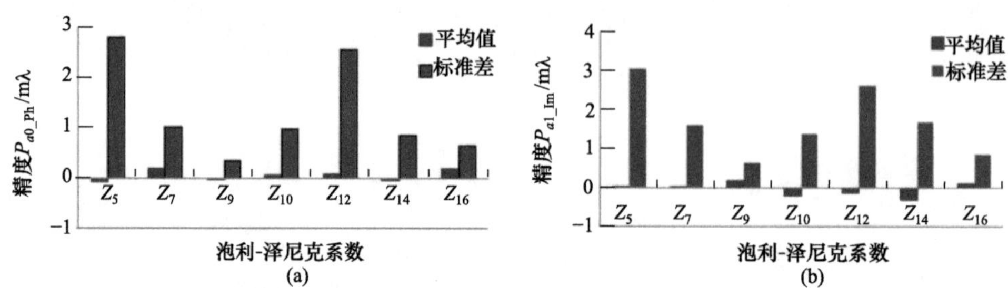

图 8-61　泡利-泽尼克系数(a) $Z_m^{a0\mathrm{Ph}}$ 和(b) $Z_m^{a1\mathrm{Im}}$ 测量结果的误差平均值和标准差

由图 8-61 可知，在泡利光瞳 P_{a0_Ph} 中，各阶泡利-泽尼克系数测量结果的误差平均值最大为 0.19mλ，误差的标准差最大为 2.81mλ，而在泡利光瞳 P_{a1_Im} 中，误差平均值最大为−0.31mλ，误差标准差最大为 3.07mλ。此结果表明，标量像差的测量精度优于 X/Y 坐标轴方向相位延迟的测量精度。从像差的种类来看，两光瞳的奇像差的检测精度相差不多，最大值为 1.60mλ；球差的检测精度最高，最大值只有 0.97mλ；而像散的检测精度相对最低，最大值为 3.07mλ。这是因为在所设置的参数(NA 和σ)取值范围内，像散的灵敏度变化范围最小，而球差的灵敏度变化范围最大。上述仿真结果验证了该检测方法可以快速、精确地获得泡利光瞳 P_{a0_Ph} 和 P_{a1_Im} 中的各阶泡利-泽尼克系数，具有检测系统结构简单、容易操作、精度高的优势。

8.5.2　基于差分空间像主成分分析的检测[2,40]

在光刻机原位像差检测方法中，空间像测量法通过分析测试掩模的成像质量参数变化获取物镜的波像差或偏振像差，具有装置简单、实时性强的特点。偏振像差是矩阵形式的像差，需要采用方向泽尼克系数、泡利-泽尼克系数或琼斯伪泽尼克系数等多组系数来描述。与只需测量一组泽尼克系数的波像差检测相比，空间像法测量偏振像差面临的主要问题是各矩阵分量或各组泽尼克系数在成像过程中的相互耦合。本小节介绍基于差分空间像主成分分析的偏振像差检测方法，为去除空间像 z 向分量、波像差以及各泡利项残余耦合的干扰，在像传感器前分别加入 x 和 y 方向线栅偏振片，并采用考虑波像差的建模方法和残余耦合误差补偿算法，降低了各泡利项间耦合的影响。

8.5.2.1　标量成像模型的矢量扩展

在矢量成像模型中，必须考虑光的矢量性质，即电场的复振幅是矢量不是标量。矢量成像模型仍基于标量模型中的部分相干成像原理，但需对掩模的衍射谱、投影物镜的光瞳函数进行矢量扩展。本小节首先在完全偏振光照明的条件下给出矢量衍射谱和矩阵光瞳函数的表达式，进而给出矢量成像阿贝(Abbe)公式和霍普金斯公式，最后给出部分偏振光照明条件下的空间像计算方法。

1. 标量部分相干成像模型

假设光源为中心点光源，如图 8-62 所示。由于光刻机采用科勒照明(Kohler illumination)，中心点光源发出的球面波经过照明系统后变成正入射的平面波均匀照射到掩模面上。假设掩模图形的电场透射率分布为$O(\hat{x}_o,\hat{y}_o)$，其衍射谱即$O(\hat{x}_o,\hat{y}_o)$的傅里叶变换为$O(\hat{f},\hat{g})$，则像平面的电场幅度分布$E(\hat{x}_i,\hat{y}_i)$的表达式为

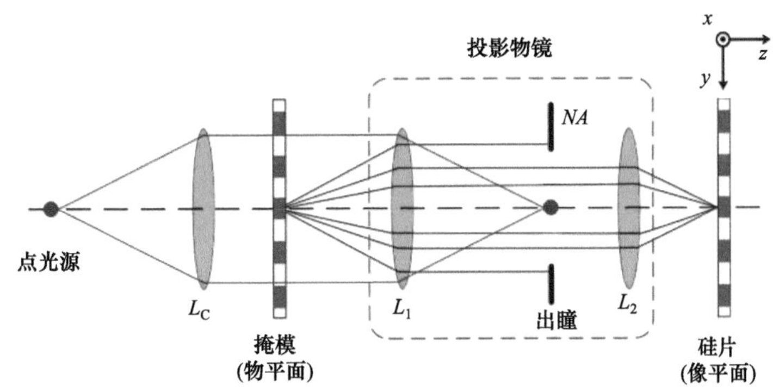

图 8-62　轴上点光源照明下的相干成像原理图

$$E(\hat{x}_i,\hat{y}_i)=\iint_{-\infty}^{\infty}H(\hat{f},\hat{g})O(\hat{f},\hat{g})\exp\left[-i2\pi\left(\hat{f}\hat{x}_i+\hat{g}\hat{y}_i\right)\right]d\hat{f}\,d\hat{g} \tag{8.232}$$

式中的坐标均采用归一化的空间坐标和空间频率坐标，即

$$\begin{cases}\hat{x}_o=-\dfrac{Mx_o}{\lambda/NA}, & \hat{y}_o=-\dfrac{Mx_o}{\lambda/NA}\\ \hat{x}_i=\dfrac{x_i}{\lambda/NA}, & \hat{y}_i=\dfrac{x_i}{\lambda/NA}\\ \hat{f}=\dfrac{f}{NA/\lambda}, & \hat{g}=\dfrac{g}{NA/\lambda}\end{cases} \tag{8.233}$$

式中，M是投影物镜的缩放倍率；λ是光源的波长；NA是投影物镜的数值孔径。投影物镜可以看作分别进行傅里叶正变换和逆变换的透镜(L_1和L_2)，L_1将物平面上周期图形的空域透射率分布变为出瞳面上的频域离散衍射谱分布。该掩模衍射谱被频域光瞳函数$H(\hat{f},\hat{g})$截取，$H(\hat{f},\hat{g})$的表达式为

$$H(\hat{f},\hat{g})=\begin{cases}R(\hat{f},\hat{g})t(\hat{f},\hat{g})\exp\left[-i\dfrac{2\pi}{\lambda}\Phi(\hat{f},\hat{g})\right], & \sqrt{\hat{f}^2+\hat{g}^2}\leqslant 1\\ 0, & \text{其他}\end{cases} \tag{8.234}$$

可以看出光瞳函数的主要作用是一个低通空间频率滤波器，使归一化空间频率模值大于 1 的衍射谱无法成像，而可以成像的低频衍射谱的振幅和相位分别被光瞳的频域透射率函数$t(\hat{f},\hat{g})$和相位延迟函数$\Phi(\hat{f},\hat{g})$调制，两者分别对应变迹和波像差。此外，入射和

出射倾斜光束需满足能量守恒条件，使得在光瞳函数中需引入倾斜因子 $R\left(\hat{f},\hat{g}\right)$，其表达式为

$$R\left(\hat{f},\hat{g}\right)=\sqrt[4]{\frac{1-M^2NA^2\left(\hat{f}^2+\hat{g}^2\right)/n_{\rm o}^2}{1-NA^2\left(\hat{f}^2+\hat{g}^2\right)/n_{\rm i}^2}} \tag{8.235}$$

被光瞳函数调制的低频衍射谱最终被傅里叶逆变换透镜 L_2 变换到像平面上形成空间像电场的复振幅分布 $E\left(\hat{x}_{\rm o},\hat{y}_{\rm o}\right)$，对应空间像光强分布 $I\left(\hat{x}_{\rm o},\hat{y}_{\rm o}\right)$ 的表达式为

$$I\left(\hat{x}_{\rm i},\hat{y}_{\rm i}\right)=\left|E\left(\hat{x}_{\rm i},\hat{y}_{\rm i}\right)\right|^2=\left|\iint_{-\infty}^{\infty}H\left(\hat{f},\hat{g}\right)O\left(\hat{f},\hat{g}\right)\exp\left[-{\rm i}2\pi\left(\hat{f}\hat{x}_{\rm i}+\hat{g}\hat{y}_{\rm i}\right)\right]{\rm d}\hat{f}{\rm d}\hat{g}\right|^2 \tag{8.236}$$

利用傅里叶光学的分析方法可推导离轴点照明下空间像光强的表达式。当点光源不在中心位置时，经过照明系统变为倾斜的平面波，使得掩模的电场透射率分布乘上一个相位因子。根据傅里叶变换的性质，掩模衍射谱在频域发生平移。如图 8-63 所示，科勒照明使得点光源经过两次傅里叶变换成像到出瞳面上，设其对应的归一化空间频率坐标为 $\left(\hat{f},\hat{g}\right)$，掩模衍射谱的空间频率坐标为 $\left(\hat{f}_{\rm o},\hat{g}_{\rm o}\right)$，则平移后的掩模衍射谱 $O'\left(\hat{f}_{\rm o},\hat{g}_{\rm o},\hat{f},\hat{g}\right)$ 的表达式为

$$O'\left(\hat{f}_{\rm o},\hat{g}_{\rm o},\hat{f},\hat{g}\right)=O\left(\hat{f}_{\rm o}-\hat{f},\hat{g}_{\rm o}-\hat{g}\right) \tag{8.237}$$

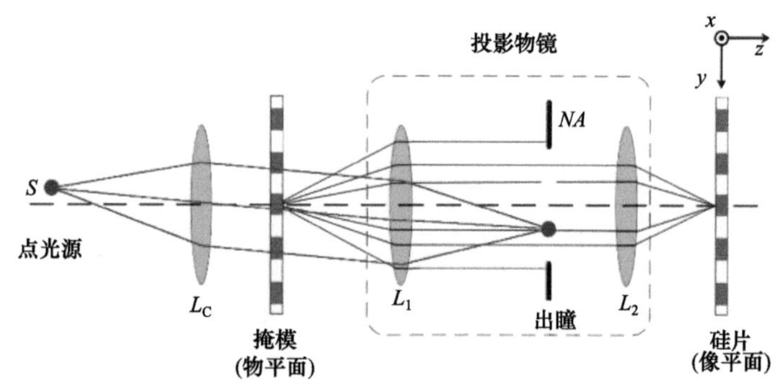

图 8-63　离轴点光源照明下的相干成像原理图

将式(8.237)代入式(8.232)中进行坐标变换，令

$$\hat{f}'=\hat{f}_{\rm o}-\hat{f},\quad \hat{g}'=\hat{g}_{\rm o}-\hat{g} \tag{8.238}$$

则在离轴点光源照明下空间像光强分布 $I\left(\hat{x}_{\rm i},\hat{y}_{\rm i}\right)_{\rm obq}$ 的表达式为

$$I\left(\hat{x}_{\rm i},\hat{y}_{\rm i}\right)_{\rm obq}=\left|\iint_{-\infty}^{\infty}H\left(\hat{f}+\hat{f}',\hat{g}+\hat{g}'\right)O\left(\hat{f}',\hat{g}'\right)\exp\left[-{\rm i}2\pi\left(\hat{f}'\hat{x}_{\rm i}+\hat{g}'\hat{y}_{\rm i}\right)\right]{\rm d}\hat{f}'{\rm d}\hat{g}'\right|^2 \tag{8.239}$$

实际的光刻成像过程采用扩展光源，可以看作无数个不同位置的不同强度的点光源的集合，所对应的成像过程为部分相干成像。每一点光源发出的光在时间上是相干的，其成像过程是完全相干成像，是基于电场量的变换和叠加；而扩展光源不同空间位置的

点光源发出的光是彼此不相干的，最终扩展光源照明所得的像是所有点光源相干成像所得光强分布的叠加。

采用科勒照明的光学成像系统共有两对相互共轭的物像平面，分别为光源面、出瞳面和物平面、像平面，其中物面上掩模图形的复透射率分布经投影物镜 L_1 和 L_2 两次傅里叶变换后分别为出瞳面上的频域衍射谱分布和像面上的空域电场复振幅分布；而光源面上的光强分布的变换过程与之共轭，经过 L_C 的傅里叶变换后为物平面上的照明场分布，再经过 L_1 的傅里叶逆变换后为出瞳面上的光强分布，将这一光源像称为有效光源。对于传统的圆形照明模式，定义有效光源的半径与物镜光瞳半径之比为部分相干因子σ。采用归一化空间频率坐标$\left(\hat{f},\hat{g}\right)$并设有效光源的总光强为 1，则有效光源强度分布$S\left(\hat{f},\hat{g}\right)$的表达式为

$$S\left(\hat{f},\hat{g}\right)=\frac{1}{\pi\sigma^2}\mathrm{circ}\left(\frac{\sqrt{\hat{f}^2+\hat{g}^2}}{\sigma}\right)=\begin{cases}\dfrac{1}{\pi\sigma^2}, & \sqrt{\hat{f}^2+\hat{g}^2}\leqslant\sigma\\ 0, & \text{其他}\end{cases} \tag{8.240}$$

式中，$S\left(\hat{f},\hat{g}\right)$与部分相干因子$\sigma$的关系如图 8-64 所示。

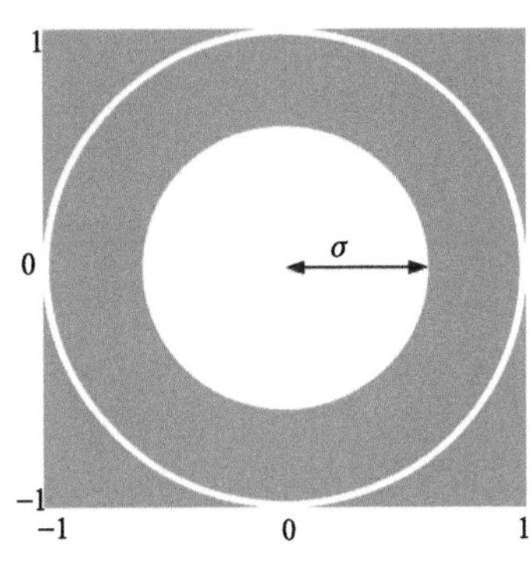

图 8-64　传统照明的部分相干因子定义

根据部分相干成像原理并结合有效光源的定义，在扩展光源照明下空间像光强分布$I(\hat{x}_\mathrm{i},\hat{y}_\mathrm{i})$的表达式为

$$\begin{aligned}I(\hat{x}_\mathrm{i},\hat{y}_\mathrm{i})=&\iint_{-\infty}^{\infty}S\left(\hat{f},\hat{g}\right)\\&\left|\iint_{-\infty}^{\infty}H\left(\hat{f}+\hat{f}',\hat{g}+\hat{g}'\right)O\left(\hat{f}',\hat{g}'\right)\exp\left[-\mathrm{i}2\pi\left(\hat{f}'\hat{x}_\mathrm{i}+\hat{g}'\hat{y}_\mathrm{i}\right)\right]\mathrm{d}\hat{f}'\mathrm{d}\hat{g}'\right|^2\mathrm{d}\hat{f}\mathrm{d}\hat{g}\end{aligned} \tag{8.241}$$

这种先求解点光源空间像强度，再将不同点光源空间像进行叠加的空间像求解方法称为阿贝方法，式(8.241)称为阿贝公式。

阿贝公式的积分顺序依次为投影物镜的光瞳函数、掩模衍射谱和有效光源的强度分布。对于实际的光刻成像和成像仿真，研究者更关注同一光刻系统对不同掩模图形成像的结果。改变式(8.241)的积分顺序，并定义一个只取决于光刻机曝光系统的交叉传递系数$TCC\left(\hat{f}',\hat{g}',\hat{f}'',\hat{g}''\right)$，其表达式为

$$TCC\left(\hat{f}',\hat{g}',\hat{f}'',\hat{g}''\right)=\iint_{-\infty}^{\infty}J\left(\hat{f},\hat{g}\right)H\left(\hat{f}+\hat{f}',\hat{g}+\hat{g}'\right)H^*\left(\hat{f}+\hat{f}'',\hat{g}+\hat{g}''\right)\mathrm{d}\hat{f}\mathrm{d}\hat{g} \tag{8.242}$$

采用交叉传递系数后，$I(\hat{x}_\mathrm{o},\hat{y}_\mathrm{o})$的表达式为

$$\begin{aligned}I(\hat{x}_\mathrm{i},\hat{y}_\mathrm{i})=&\iiiint_{-\infty}^{\infty}TCC\left(\hat{f}',\hat{g}',\hat{f}'',\hat{g}''\right)\\&\times O\left(\hat{f}',\hat{g}'\right)O^*\left(\hat{f}'',\hat{g}''\right)\exp\left\{-\mathrm{i}2\pi\left[\left(\hat{f}'-\hat{f}''\right)\hat{x}_\mathrm{i}+\left(\hat{g}'-\hat{g}''\right)\hat{y}_\mathrm{i}\right]\right\}\mathrm{d}\hat{f}'\mathrm{d}\hat{g}'\mathrm{d}\hat{f}''\mathrm{d}\hat{g}''\end{aligned} \tag{8.243}$$

将这种先求解交叉传递系数，再与掩模衍射谱积分并进行傅里叶逆变换的空间像求解方

法称为霍普金斯方法，式(8.243)称为霍普金斯公式。

交叉传递系数是一个四变量函数，其物理意义可以通过图 8-65 解释。

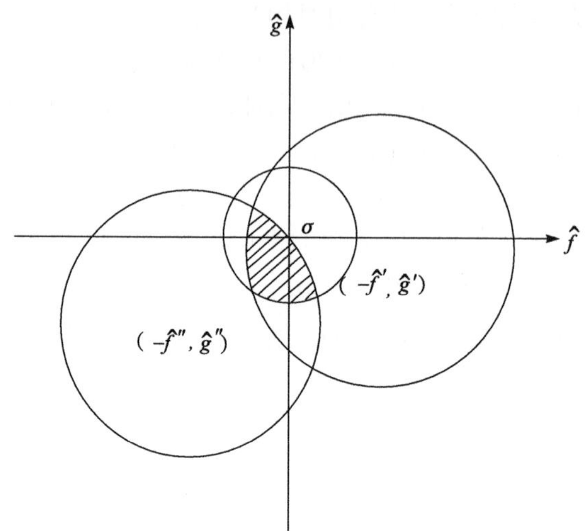

图 8-65　交叉传递系数的物理意义

交叉传递系数作用于掩模衍射谱，表示衍射谱不同级次之间的复共轭乘积在整个空间像频谱中的权重系数。对于空间频率坐标分别为$\left(\hat{f}',\hat{g}'\right)$和$\left(\hat{f}'',\hat{g}''\right)$的衍射级次，这一权重系数等于在有效光源部分相干因子σ限定的范围内对光瞳函数及其复共轭分别平移$\left(-\hat{f}',-\hat{g}'\right)$和$\left(-\hat{f}'',-\hat{g}''\right)$并对重叠部分积分。

2. 掩模衍射谱的矢量扩展

在矢量成像中，必须考虑照明光和掩模衍射谱的偏振态，并采用矢量而非标量对其进行表征。照明光的偏振特性可以用琼斯矢量 $\boldsymbol{E}_0$ 表示。当掩模图形的周期和尺寸比较小时，必须考虑掩模厚度的影响，即厚掩模效应。

在厚掩模条件下，首先，霍普金斯近似不再成立，即空间频率坐标为$\left(\hat{f},\hat{g}\right)$的倾斜平面波照射下的掩模衍射谱不能再被视为原衍射谱的频移，因此衍射谱某空间频率坐标$\left(\hat{f}_0,\hat{g}_0\right)$处的矢量谱值随光源空间频率坐标$\left(\hat{f},\hat{g}\right)$不同而不同；其次，必须考虑掩模对照明光偏振态的改变，这一改变包括改变幅度的极化效应和改变相位的双折射效应。偏振方向与线条方向一致的分量会在掩模的金属线条中产生感应电流并以热量的形式损耗一部分，而与线条方向垂直的分量则损耗很小，从而引起不同偏振态的衰减差异。掩模中存在的应力，如吸收层随温度变化会发生热胀冷缩或保护膜的贴附产生的应力，会产生双折射并引起不同偏振态的相位延迟差异，因此掩模衍射谱的偏振态可以表示为一个琼斯矩阵与照明光琼斯矢量的乘积。此外，严格来讲，在矢量成像中掩模衍射谱的轴向分量无法被忽略，衍射谱应采用三维偏振态描述而不是二维偏振态，同时也不能使用 2×2 的琼斯矩阵来表示偏振态变换效应。

结合矢量成像条件和厚掩模效应，一般形式的掩模衍射谱是三维矢量，且包含$\left(\hat{f},\hat{g}\right)$、$\left(\hat{f}_0,\hat{g}_0\right)$和 $\boldsymbol{E}_0$ 三组自变量，其表达式为

$$\boldsymbol{O}\left(\hat{f},\hat{g},\hat{f}',\hat{g}',\boldsymbol{E}_0\left(\hat{f},\hat{g}\right)\right)=\begin{bmatrix} O_x\left(\hat{f},\hat{g},\hat{f}',\hat{g}',\boldsymbol{E}_0\left(\hat{f},\hat{g}\right)\right) \\ O_y\left(\hat{f},\hat{g},\hat{f}',\hat{g}',\boldsymbol{E}_0\left(\hat{f},\hat{g}\right)\right) \\ O_z\left(\hat{f},\hat{g},\hat{f}',\hat{g}',\boldsymbol{E}_0\left(\hat{f},\hat{g}\right)\right) \end{bmatrix} \tag{8.244}$$

其中，$\boldsymbol{E}_0$ 的自变量为$(\hat{f},\hat{g})$，其表达式为

$$\boldsymbol{E}_0\left(\hat{f},\hat{g}\right)=\begin{bmatrix} E_{0x}\left(\hat{f},\hat{g}\right) \\ E_{0y}\left(\hat{f},\hat{g}\right) \end{bmatrix} \tag{8.245}$$

需注意式(8.244)中衍射谱的空间频率自变量频移形式为 $\hat{f}'=\hat{f}_0-\hat{f}$，$\hat{g}'=\hat{g}_0-\hat{g}$。

虽然严格表示方法可准确描述衍射谱的幅度和偏振态分布，但在理论分析和实际的仿真运算中常采用以下两种近似形式的矢量衍射谱表示，即

$$\boldsymbol{O}\left(\hat{f},\hat{g},\hat{f}',\hat{g}',\boldsymbol{E}_0\right)=\boldsymbol{J}_{\mathrm{o}}\left(\hat{f},\hat{g},\hat{f}',\hat{g}'\right)\boldsymbol{E}_0 \tag{8.246}$$

$$\boldsymbol{O}\left(\hat{f},\hat{g},\hat{f}',\hat{g}',\boldsymbol{E}_0\right)=\boldsymbol{O}\left(\hat{f}',\hat{g}'\right)\boldsymbol{E}_0 \tag{8.247}$$

其中式(8.246)保留了厚掩模效应带来的影响，而式(8.247)则是薄掩模衍射谱的矢量扩展。

3. 投影物镜光瞳函数的矢量扩展

除掩模衍射谱外，投影物镜的光瞳函数应采用矩阵函数而非标量函数的形式来表示。为简化坐标表达，定义归一化光瞳空间频率坐标 (f, g)，其表达式为

$$f=\hat{f}+\hat{f}',\quad g=\hat{g}+\hat{g}' \tag{8.248}$$

则标量光瞳函数 $H(f, g)$经矢量扩展后的表达式 $\boldsymbol{H}(f, g)$为

$$\boldsymbol{H}(f,g)=\boldsymbol{T}(f,g)\boldsymbol{J}(f,g)\boldsymbol{T}_{2\times2}^{-1}(f,g)H(f,g) \tag{8.249}$$

式(8.249)反映了矢量成像中光瞳函数除空间频率选择外还需考虑的两个因素，即由偏振态转移矩阵 $\boldsymbol{T}$ 描述的偏振效应和琼斯矩阵 $\boldsymbol{J}$ 描述的偏振像差。

式(8.249)中的 $\boldsymbol{T}$ 和 $\boldsymbol{T}_{2\times2}^{-1}$ 反映偏振效应，分别对应出瞳和入瞳过程中发生的偏振态变换，对应图 8-66 中的 $\boldsymbol{k}_1$ 变换到 $\boldsymbol{k}_2$ 和 $\boldsymbol{k}_2$ 变换到 $\boldsymbol{k}_3$。虽然光是横电磁波，并不存在沿传播方向振动的分量，但在矢量成像中不同倾斜角的像面光束需按 xyz 偏振分量进行叠加，而其中大角度成像光束的波矢方向不是 z 方向，因此衍射谱从光瞳面(对应波矢 $\boldsymbol{k}_2$)的 sp 偏振分量变换到像面(对应波矢 $\boldsymbol{k}_3$)的 xyz 偏振分量需要一个 3×2 的变换矩阵 $\boldsymbol{T}$。同理，对于入瞳过程，衍射谱从物面(对应波矢 $\boldsymbol{k}_1$)的 sp 分量变换到光瞳面(对应波矢 $\boldsymbol{k}_2$)的 sp 分量需要一个 2×2 的矩阵$\boldsymbol{T}_{2\times2}^{-1}$。该矩阵是由 $\boldsymbol{T}$ 前两行构成的子矩阵的逆矩阵，表示与出瞳相

反的偏振态变换过程。

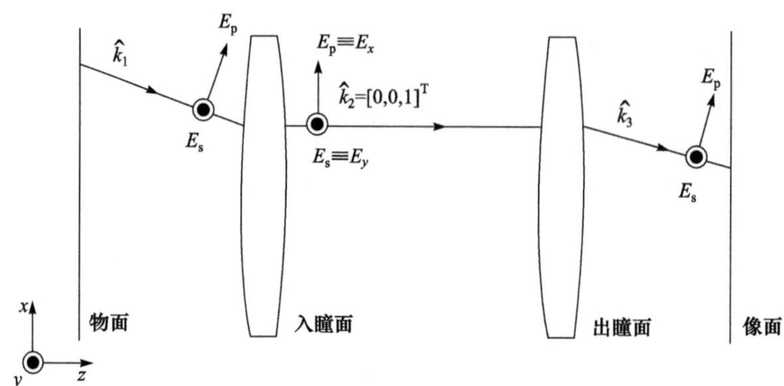

图 8-66　矢量成像原理图

若在出瞳面上采用方向余弦坐标(α, β, γ)，则 $\boldsymbol{T}$ 的表达式为

$$\boldsymbol{T}(f,g)=\boldsymbol{T}(\alpha,\beta,\gamma)=\begin{bmatrix} 1-\alpha^2/(1+\gamma) & -\alpha\beta/(1+\gamma) \\ -\alpha\beta/(1+\gamma) & 1-\beta^2/(1+\gamma) \\ -\alpha & -\beta \end{bmatrix} \tag{8.250}$$

式中，坐标(α, β, γ)与原始的归一化光瞳空间频率坐标(f, g)的转换关系为

$$\begin{cases} \alpha = f\sin(\theta_i) \\ \beta = g\sin(\theta_i) \\ \gamma = \sqrt{1-\alpha^2-\beta^2} \end{cases} \tag{8.251}$$

式中，θ_i是投影物镜数值孔径 NA 决定的像方孔径角。当像方介质折射率为 n_i时，NA 和 θ_i的关系为 $NA = n_i \sin\theta_i$。

而偏振像差可由琼斯矩阵函数(琼斯光瞳)或 8.2.1 节介绍的基于琼斯光瞳分解的参数组进行表征。由于部分相干成像理论是相干成像的非相干叠加，因此只能使用基于电场的琼斯矩阵而非基于光强的穆勒矩阵来表示偏振态变换过程。

4. 矢量成像的阿贝公式和霍普金斯公式

根据阿贝方法，部分相干照明下像面的光强分布可表示为扩展光源中每个点光源照明下相干空间像的叠加。将标量空间像阿贝公式(8.241)中的掩模衍射谱 O 和投影物镜光瞳函数 H 分别替换为式(8.247)和式(8.249)的矢量形式，并将标量模平方运算替换为矢量模平方运算，得到矢量成像的阿贝公式

$$\begin{aligned} I(\hat{x}_i,\hat{y}_i)= & \iint_{-\infty}^{\infty} S(\hat{f},\hat{g}) \left| \iint_{-\infty}^{\infty} \boldsymbol{T}(\hat{f}+\hat{f}',\hat{g}+\hat{g}')\boldsymbol{J}(\hat{f}+\hat{f}',\hat{g}+\hat{g}')\boldsymbol{T}_{2\times2}^{-1}(\hat{f}+\hat{f}',\hat{g}+\hat{g}') \right. \\ & \left. \times H(\hat{f}+\hat{f}',\hat{g}+\hat{g}')O(\hat{f}',\hat{g}')\boldsymbol{E}_0\exp\left[-\mathrm{i}2\pi(\hat{f}'\hat{x}_i+\hat{g}'\hat{y}_i)\right]\mathrm{d}\hat{f}'\mathrm{d}\hat{g}' \right|^2 \mathrm{d}\hat{f}\mathrm{d}\hat{g} \end{aligned} \tag{8.252}$$

式中，S 是有效光源的强度分布；$\boldsymbol{T}$ 和 $\boldsymbol{T}_{2\times2}^{-1}$ 是反映出瞳和入瞳偏振态变换的矩阵；照明光偏振态的琼斯矢量 $\boldsymbol{E}_0$ 和标量衍射谱 O 的乘积可近似看作掩模的矢量衍射谱；H 是投影物镜的光瞳函数；$\boldsymbol{J}$ 是投影物镜的琼斯光瞳，同时包含标量像差和偏振像差。

阿贝矢量成像公式中的矢量衍射谱可以是式(8.247)的薄掩模近似形式，也可以是式 (8.246)的厚掩模近似形式或者式(8.244)的严格形式。当霍普金斯近似成立时，可采用霍普金斯公式的形式，对应的矢量交叉传递系数 $\boldsymbol{TCC}$ 的表达式为

$$\begin{aligned}\boldsymbol{TCC}\left(\hat{f}',\hat{g}',\hat{f}'',\hat{g}''\right)=&\iint_{-\infty}^{\infty}S\left(\hat{f},\hat{g}\right)H\left(\hat{f}+\hat{f}',\hat{g}+\hat{g}'\right)H\left(\hat{f}+\hat{f}'',\hat{g}+\hat{g}''\right)\\&\left[\boldsymbol{T}\left(\hat{f}+\hat{f}'',\hat{g}+\hat{g}''\right)\boldsymbol{J}\left(\hat{f}+\hat{f}'',\hat{g}+\hat{g}''\right)\boldsymbol{T}_{2\times2}^{-1}\left(\hat{f}+\hat{f}'',\hat{g}+\hat{g}''\right)\boldsymbol{E}_0\right]^*\\&\left[\boldsymbol{T}\left(\hat{f}+\hat{f}',\hat{g}+\hat{g}'\right)\boldsymbol{J}\left(\hat{f}+\hat{f}',\hat{g}+\hat{g}'\right)\boldsymbol{T}_{2\times2}^{-1}\left(\hat{f}+\hat{f}',\hat{g}+\hat{g}'\right)\boldsymbol{E}_0\right]\mathrm{d}\hat{f}\,\mathrm{d}\hat{g}\end{aligned}\tag{8.253}$$

霍普金斯矢量成像公式的表达式为

$$\begin{aligned}I\left(\hat{x}_{\mathrm{i}},\hat{y}_{\mathrm{i}}\right)=&\iiiint_{-\infty}^{\infty}\boldsymbol{TCC}\left(\hat{f}',\hat{g}',\hat{f}'',\hat{g}''\right)\\&O\left(\hat{f}',\hat{g}'\right)O^*\left(\hat{f}'',\hat{g}''\right)\exp\left\{-\mathrm{i}2\pi\left[\left(\hat{f}'-\hat{f}''\right)\hat{x}_{\mathrm{i}}+\left(\hat{g}'-\hat{g}''\right)\hat{y}_{\mathrm{i}}\right]\right\}\mathrm{d}\hat{f}'\mathrm{d}\hat{g}'\mathrm{d}\hat{f}''\mathrm{d}\hat{g}''\end{aligned}\tag{8.254}$$

对于非偏振光或部分偏振光照明的情况，定义偏振度 p 为

$$p=\frac{I_{\mathrm{pol}}}{I_{\mathrm{pol}}+I_{\mathrm{unpol}}}\tag{8.255}$$

式中，I_{pol} 和 I_{unpol} 分别表示完全偏振光和非偏振光的光强。部分偏振光的光强可表示为两个正交偏振态的光强按偏振度 p 加权求和，其表达式为[11]

$$I=\frac{1+p}{2}|\boldsymbol{E}|^2+\frac{1-p}{2}|\widetilde{\boldsymbol{E}}|^2\tag{8.256}$$

因此，对于部分偏振光照明的情况，首先分别计算采用两个正交偏振态照明时的空间像强度，再以偏振度为权重进行叠加，所得空间像的表达式为

$$I\left(\hat{x}_{\mathrm{i}},\hat{y}_{\mathrm{i}}\right)=\frac{1+p}{2}I\left(\hat{x}_{\mathrm{i}},\hat{y}_{\mathrm{i}}\right)\Big|_{E_0}+\frac{1-p}{2}I\left(\hat{x}_{\mathrm{i}},\hat{y}_{\mathrm{i}}\right)\Big|_{\widetilde{E}_0}\tag{8.257}$$

8.5.2.2　检测原理

1. 基于孔径变换泡利系数的偏振像差表示方法

8.5.2.1 节介绍了矢量光刻成像模型，其中琼斯矩阵 $\boldsymbol{J}$ 和偏振态变换矩阵 $\boldsymbol{T}$ 共同决定了某出瞳点处入射光的偏振态经过光瞳后的变化。虽然两者分别基于偏振像差和偏振效应，但都起到变换入射光偏振态的作用，因此要清楚分析这一作用对矢量成像的影响，就需要定义一种可以综合 $\boldsymbol{J}$ 与 $\boldsymbol{T}$ 的偏振像差表示方法。对于某一出瞳点，$\boldsymbol{T}$ 由出瞳空间频率坐标和像方孔径角决定，而 $\boldsymbol{J}$ 理论上可以是任意值，因此这种新的偏振像差表示方

法实际上是对琼斯矩阵 $\boldsymbol{J}$ 按光瞳坐标和孔径参数进行一定的变换。在下文的叙述中将这种变换称为“孔径变换”，以下的公式推导均基于某一出瞳坐标。

偏振态变换矩阵 $\boldsymbol{T}$ 对应的物理过程是出瞳时由于波矢方向的变化，偏振态垂直于出射面的 s 分量方向保持不变而平行于出射面的 p 分量发生旋转。这一偏振态变换过程可理解为先将偏振态从 xy 坐标系转换到 sp 坐标系，然后 s 分量按原方向，p 分量按旋转后的方向重新转换到 xyz 坐标系并合成。设某出瞳点方向余弦坐标(α, β, γ)对应的出射面与 xz 面的夹角为 φ，出射波矢与 z 轴的夹角为 θ，则 $\boldsymbol{T}$ 可重新表示为

$$\boldsymbol{T}=\boldsymbol{T}_{\text{sp}}\boldsymbol{R}_{\text{sp}}=\begin{bmatrix}\cos\theta\cos\varphi & -\sin\varphi\\ \cos\theta\sin\varphi & \cos\varphi\\ -\sin\theta & 0\end{bmatrix}\begin{bmatrix}\cos\varphi & \sin\varphi\\ -\sin\varphi & \cos\varphi\end{bmatrix} \tag{8.258}$$

式中，方向余弦坐标(α, β, γ)与出射波矢角坐标(θ, φ)的转换关系为

$$\begin{cases}\alpha=\sin\theta\cos\varphi\\ \beta=\sin\theta\sin\varphi\\ \gamma=\cos\theta\end{cases} \tag{8.259}$$

令 $\boldsymbol{K}=\boldsymbol{T}\boldsymbol{J}\boldsymbol{T}_{2\times2}^{-1}$，$\boldsymbol{K}$ 矩阵描述了 $\boldsymbol{J}$ 和 $\boldsymbol{T}$ 对入射偏振态的综合变换过程。尽管琼斯矩阵 $\boldsymbol{J}$ 可以展开成规则的泡利系数之和的形式，但最终决定入射到出射偏振态变换的不单是琼斯矩阵 $\boldsymbol{J}$ 而是矩阵 $\boldsymbol{K}$。不过这一 3×2 矩阵无法直接写成原有的泡利系数展开形式，其每一个分量包含所有的泡利系数，因此偏振态转移矩阵 $\boldsymbol{T}$ 虽然不属于可变的偏振像差，但会使原有的泡利系数发生复杂的耦合。为解决这一问题，可以定义一个可逆变换后的琼斯矩阵 $\boldsymbol{J}'$来抵消 $\boldsymbol{T}$ 带来的影响。对琼斯矩阵 $\boldsymbol{J}$，定义其孔径变换矩阵 $\boldsymbol{L}$ 为

$$\boldsymbol{L}=\boldsymbol{R}_{\text{sp}}^{-1}\begin{bmatrix}\dfrac{1}{\cos\theta} & 0\\ 0 & 1\end{bmatrix}\boldsymbol{R}_{\text{sp}}=\boldsymbol{E}+\left(\frac{1}{\cos\theta}-1\right)\begin{bmatrix}\cos^2\varphi & \sin\varphi\cos\varphi\\ \sin\varphi\cos\varphi & \sin^2\varphi\end{bmatrix} \tag{8.260}$$

式中，$\boldsymbol{E}$ 是单位矩阵。使用 $\boldsymbol{L}$ 对 $\boldsymbol{J}$ 进行可逆变换后得到琼斯矩阵 $\boldsymbol{J}'$，并用与式(8.32)相同的泡利系数叠加的形式展开，其表达式为

$$\boldsymbol{J}'=\boldsymbol{L}^{-1}\boldsymbol{J}\boldsymbol{L}=\begin{bmatrix}b_0+b_1 & b_2-\mathrm{i}b_3\\ b_2+\mathrm{i}b_3 & b_0-b_1\end{bmatrix} \tag{8.261}$$

式中，b_0、b_1、b_2、b_3 称为孔径变换泡利系数。在对 $\boldsymbol{J}$ 进行孔径变换后，$\boldsymbol{K}$ 可以重新表示为

$$\boldsymbol{K}=\begin{bmatrix}b_0+b_1 & b_2-\mathrm{i}b_3\\ b_2+\mathrm{i}b_3 & b_0-b_1\\ K_{zx} & K_{zy}\end{bmatrix} \tag{8.262}$$

式中，$\boldsymbol{K}$ 的 z 行分量 K_{zx} 和 K_{zy} 的表达式为

$$\begin{cases}K_{zx}=-\left[(b_0+b_1)\cos\varphi+(b_2+\mathrm{i}b_3)\sin\varphi\right]\tan\theta\\ K_{zy}=-\left[(b_0-b_1)\sin\varphi+(b_2-\mathrm{i}b_3)\cos\varphi\right]\tan\theta\end{cases} \tag{8.263}$$

从 $\boldsymbol{K}$ 的表达式可以看出，在采用孔径变换泡利系数后，其 x 和 y 行分量的表达式与琼斯矩阵按泡利矩阵展开的式(8.32)形式相同，这一简单形式有助于分析偏振像差对成像影响，进而可设计相应的检测原理。尽管其 z 行分量仍是四个泡利-泽尼克系数的耦合，但其形式较为规律，只影响空间像的高频分量(式中含 $\tan\theta$ 因子)，而且可通过空间像分别经过 x 和 y 偏振片后相减来去除其 z 分量。

根据式(8.261)，原始琼斯矩阵 $\boldsymbol{J}$ 分解所得的泡利系数组与孔径变换泡利系数组的关系为

$$\begin{bmatrix} a_0 \\ a_1 \\ a_2 \\ a_3 \end{bmatrix} = \begin{bmatrix} 1 & 0 & 0 & 0 \\ 0 & \frac{t_1}{2}\sin^2(2\varphi)+1 & -\frac{t_1}{2}\sin(2\varphi)\cos(2\varphi) & -\frac{\mathrm{i}t_2}{2}\sin(2\varphi) \\ 0 & -\frac{t_1}{2}\sin(2\varphi)\cos(2\varphi) & \frac{t_1}{2}\cos^2(2\varphi)+1 & \frac{\mathrm{i}t_2}{2}\cos(2\varphi) \\ 0 & \frac{\mathrm{i}t_2}{2}\sin(2\varphi) & -\frac{\mathrm{i}t_2}{2}\cos(2\varphi) & \frac{t_1}{2}+1 \end{bmatrix} \begin{bmatrix} b_0 \\ b_1 \\ b_2 \\ b_3 \end{bmatrix} \tag{8.264}$$

式中，系数因子 t_1 和 t_2 的定义为

$$t_1 = \cos\theta + \frac{1}{\cos\theta} - 2, \quad t_2 = \cos\theta - \frac{1}{\cos\theta} \tag{8.265}$$

可以看出，代表标量像差的 a_0 在孔径变换前后相等，而代表偏振像差的 a_1、a_2、a_3 和 b_1、b_2、b_3 存在交叉耦合关系，且各耦合系数取决于当前出瞳点的角坐标 θ 和 φ。其中只由 θ 构成的 t_1 和 t_2 因子决定了耦合系数的幅度，而 θ 代表当前出瞳点对应的出射波矢与 z 轴的夹角，其最大值为投影物镜的像方孔径角 θ_{i}。当 θ 接近 0 时，t_1 和 t_2 因子约为 0，a_1、a_2、a_3 和 b_1、b_2、b_3 相等从而无交叉耦合，原始泡利系数与孔径变换泡利系数的定义相同；而当 θ 接近 θ_{i} 且 θ_{i} 或 NA 较大时，a_1、a_2、a_3 和 b_1、b_2、b_3 存在不可忽略的交叉耦合。因此，孔径变换的程度或原始泡利系数组经过 $\boldsymbol{T}$ 矩阵变换后的交叉耦合幅度整体取决于投影物镜的像方孔径角或数值孔径，而对于某一出瞳坐标而言，取决于对应出射波矢相对光轴的倾斜程度。

上述分析均基于某一出瞳坐标，而实际各泡利系数均是整个出瞳面上的分布函数。通过泽尼克多项式分解，各泡利系数分布函数的振幅/相位或实部/虚部可用泽尼克系数的形式表示。定义孔径变换泡利系数 b_0、b_1 的泽尼克多项式展开表达式为

$$\begin{cases} \mathrm{Amp}(b_0) = 1 - \sum_{j=1}^{37} pz_j R_j(f,g) \\ \mathrm{Pha}(b_0) = -\frac{2\pi}{\lambda}\sum_{j=1}^{37} pz_j R_j(f,g) \\ \mathrm{Re}(b_1) = \sum_{j=1}^{37} pz_j R_j(f,g) \\ \mathrm{Im}(b_1) = -\frac{\pi}{\lambda}\sum_{j=1}^{37} pz_j R_j(f,g) \end{cases} \tag{8.266}$$

式中，Amp 和 Pha 分别表示对复数取模(振幅)与辐角(相位)；Re 和 Im 分别表示对复数取实部和虚部；R_j 和 pz_j 分别表示第 j 项泽尼克多项式以及对应的孔径变换泽尼克系数；b_0 的相位和 b_1 的虚部采用波长的倍数单位；λ 为照明光源的波长。此外，b_2、b_3 的泽尼克多项式展开表达式与 b_1 形式相同。

2. 偏振像差与空间像的差分互相关模型

在采用孔径变换泡利系数后，式(8.262)所示的 $\boldsymbol{K}$ 矩阵(只考虑 x 行与 y 行)的泡利矩阵分解表达式与琼斯矩阵 $\boldsymbol{J}$ 的泡利矩阵分解表达式具有相同的形式。而由表 8-3 可知，对于泡利矩阵分解，表示偏振像差的每一个泡利系数分别对应一对正交的本征偏振态。例如，对于孔径变换泡利系数 b_1，其本征偏振态为$(1,0)^{\mathrm{T}}$和$(0,1)^{\mathrm{T}}$，即 x 和 y 线偏振。假设对于同一掩模图形和投影物镜琼斯光瞳，分别采用 x 和 y 线偏振光照明，定义按式(8.252)所计算的两幅空间像分布的差值为 x 和 y 线偏振光照明下的差分空间像。为直观表现出偏振像差与差分空间像之间的关系，以下的公式推导首先从中心点光源相干照明 $S(f_s, g_s) = \delta(f_s, g_s)$、掩模衍射谱 $O(f, g)$和光瞳函数 $H(f+f_s, g+g_s)$均为常数 1 这一特殊条件出发(其中 δ 为狄拉克 δ 函数)，推导 x 和 y 线偏振光照明下的差分空间像表达式，并最终给出采用扩展照明、任意掩模衍射谱和光瞳函数时三对正交偏振态照明下的差分空间像的表达式。

在上述特殊条件下，矢量成像公式(8.252)和(8.262)可合并并简化为

$$I(x,y)=\left|\iint_{-\infty}^{\infty}\boldsymbol{K}(f,g)\boldsymbol{E}\mathrm{e}^{-\mathrm{i}2\pi(fx+gy)}\mathrm{d}f\,\mathrm{d}g\right|^2 \tag{8.267}$$

式中，$\boldsymbol{E}$ 是相干照明的偏振态。式(8.267)表明在相干照明下，空间像分布是掩模远场衍射谱傅里叶逆变换的模的平方。对于一个二元矢量函数 $\boldsymbol{F}(f, g)$，定义其自相关函数为

$$\mathrm{K}\{\boldsymbol{F}(f,g)\}=\boldsymbol{F}(f,g)\star\boldsymbol{F}(f,g)=\iint_{-\infty}^{\infty}\boldsymbol{F}^*(f,g)\boldsymbol{F}(f+\tau,g+\upsilon)\mathrm{d}\tau\mathrm{d}\upsilon \tag{8.268}$$

式中，$\star$为互相关运算符。根据帕斯瓦尔定律，空间像分布的傅里叶变换即为远场衍射谱的自相关函数，这一关系可表示为

$$F\{I(x,y)\}=K\{\boldsymbol{K}(f,g)\boldsymbol{E}\} \tag{8.269}$$

若只考虑空间像和衍射谱的 x 和 y 分量，当 $\boldsymbol{E}$ 分别表示 x 和 y 线偏振态时，将式(8.269)按孔径变换泡利系数展开并写成二次型的形式，其表达式分别为

$$F\left\{I_{xy}(x,y)\big|_{x\text{-pol}}\right\}=\iint_{-\infty}^{\infty}\begin{bmatrix}b_0(f,g)\\b_1(f,g)\\b_2(f,g)\\b_3(f,g)\end{bmatrix}^*\begin{bmatrix}1&1&0&0\\1&1&0&0\\0&0&1&\mathrm{i}\\0&0&-\mathrm{i}&1\end{bmatrix}\begin{bmatrix}b_0(f+\tau,g+\upsilon)\\b_1(f+\tau,g+\upsilon)\\b_2(f+\tau,g+\upsilon)\\b_3(f+\tau,g+\upsilon)\end{bmatrix}\mathrm{d}\tau\mathrm{d}\upsilon \tag{8.270}$$

$$F\left\{I_{xy}(x,y)\Big|_{y\text{-pol}}\right\}=\iint_{-\infty}^{\infty}\begin{bmatrix}b_0(f,g)\\b_1(f,g)\\b_2(f,g)\\b_3(f,g)\end{bmatrix}^*\begin{bmatrix}1&-1&0&0\\-1&1&0&0\\0&0&1&-\mathrm{i}\\0&0&\mathrm{i}&1\end{bmatrix}\begin{bmatrix}b_0(f+\tau,g+\upsilon)\\b_1(f+\tau,g+\upsilon)\\b_2(f+\tau,g+\upsilon)\\b_3(f+\tau,g+\upsilon)\end{bmatrix}\mathrm{d}\tau\mathrm{d}\upsilon \tag{8.271}$$

式中，*表示共轭转置；下标 xy 表示只考虑空间像波矢的 x 和 y 分量；下标 x-pol 和 y-pol 分别表示 x 和 y 线偏振态照明。采用二次型的形式可直观看出空间像频谱与各泡利系数的关系。

将以上两式相减可以得到差分空间像频谱的表达式。从两式的二次型系数可以看出，在相减过程中每个表达式各有 4 个非零系数相互抵消。而包含剩余 4 个非零系数的差分表达式可以通过类似奇函数/偶函数的定义形式进行进一步的简化，对于标量二元函数 $U(f,g)$和 $V(f,g)$，定义两者互相关函数的 R 部和 I 部分别为

$$\begin{cases}\mathrm{R}\{U(f,g)V(f,g)\}=\left[U(f,g)\star V(f,g)+V(f,g)\star U(f,g)\right]/2\\\mathrm{I}\{U(f,g)V(f,g)\}=\left[U(f,g)\star V(f,g)-V(f,g)\star U(f,g)\right]/2\end{cases} \tag{8.272}$$

采用这两种表示方法后，式(8.270)与式(8.271)之差可简化为

$$F\left\{\Delta I_{xy}(x,y)\Big|_{x/y}\right\}=4\left(\mathrm{R}\{b_0(f,g)b_1(f,g)\}+\mathrm{I}\{b_2(f,g)b_3(f,g)\}\right) \tag{8.273}$$

式中，$\Delta I_{xy}(x,y)\,|_{x/y}$ 表示 x 和 y 线偏振态照明下的差分空间像的 x 和 y 分量之和。采用同样的推导方式，可以得出 45°和 135°线偏振光照明下的差分空间像表达式：

$$F\left\{\Delta I_{xy}(x,y)\Big|_{45^\circ/135^\circ}\right\}=4\left(\mathrm{R}\{b_0(f,g)b_2(f,g)\}+\mathrm{I}\{b_3(f,g)b_1(f,g)\}\right) \tag{8.274}$$

以及右旋/左旋圆偏振光照明下的差分空间像表达式：

$$\mathrm{F}\left\{\Delta I_{xy}(x,y)\Big|_{\text{right/left}}\right\}=4\left(\mathrm{R}\{b_0(f,g)b_3(f,g)\}+\mathrm{I}\{b_1(f,g)b_2(f,g)\}\right) \tag{8.275}$$

式(8.273)、式(8.274)和式(8.275)具有形式相同且 b_1、b_2 和 b_3 位置轮换的表达式。在无像差的情况下 $b_0=1$，$b_1=b_2=b_3=0$，说明一对正交偏振态照明下的差分空间像的频谱主要由标量像差 b_0 和对应的孔径变换泡利系数 b_1、b_2 或 b_3 的互相关函数的 R 部决定，其次受另外两个孔径变换泡利系数的互相关函数的 I 部影响。结合式(8.270)和式(8.271)也可以看出，无论是单一偏振态照明下的空间像还是一对正交偏振态照明下的差分空间像，表示偏振像差的孔径变换泡利系数不能单独决定空间像分布，只能先与标量像差系数或其他偏振像差系数相结合(互相关运算)后再决定。根据这一规律，假如在三对正交偏振态照明下可有效测量出所有空间像的 x 和 y 分量之和，并解决 b_0(主要是波像差)与 b_1、b_2 或 b_3 的耦合问题以及其余两项泡利系数的干扰问题，就可从空间像信息中恢复出表示偏振像差的孔径泡利系数 b_1、b_2 和 b_3。

3. 基于主成分分析的偏振像差系数求解方法

式(8.273)～式(8.275)表明，假如在三对正交偏振态照明下可以测量出各空间像的 x

和 y 分量之和(去除 z 分量)，并解决残余的泡利系数耦合问题，就能在各泡利项都不为零的情况下实现偏振像差所有泡利项的测量。为了进一步求解出各泡利项的实部和虚部的泽尼克系数，可以采用对多方向光栅检测标记的空间像进行主成分分析(PCA)的检测方法，而为了去除空间像 z 分量的影响，可以采用在像传感器前分别加入 x 和 y 方向线栅偏振片的检测方案。本小节首先介绍包含六偏振态照明、六方向光栅检测标记和双方向线栅偏振片的偏振像差原位检测系统，以及空间像主成分分析方法求解各项泽尼克系数的原理。8.5.2.2 节则给出解决标量像差与对应偏振像差泡利项的耦合问题及其余两泡利项干扰问题的方法。

基于差分空间像的偏振像差原位检测方法所采用的检测系统如图 8-67 所示。式(8.273)～式(8.275)给出了各孔径泡利系数的检测原理，不过在实际测量中无法提取只包含 x 和 y 分量的空间像分布并两两做差，因此可采用一种使用线栅偏振片的等效方案来得到另一种形式的差分空间像。

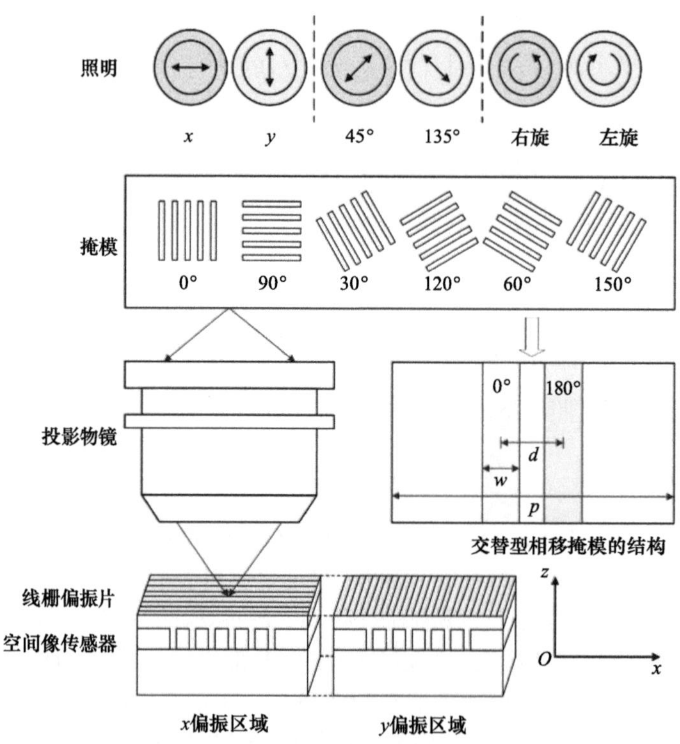

图 8-67　基于差分空间像的偏振像差原位检测技术原理图

这种等效方案首先使用分别覆盖有 x 和 y 方向线栅偏振片的像传感器分别测量正交偏振态照明下的空间像。空间像经过 x 方向线栅偏振片(设其消光比为 η)后剩余全部的 x 分量、z 分量，以及 $1/\eta$ 倍的 y 分量；经过 y 方向线栅偏振片后剩余全部的 y 分量、z 分量，以及 $1/\eta$ 倍的 x 分量。将两次测得的像相减可得$(1-1/\eta)$倍的 x 分量和 y 分量之差，从而抵消了 z 分量的影响。由于对同一偏振态照明下的空间像已经进行了 x 和 y 分量间的差分运算，而对于一对正交偏振态照明下的两幅空间像，只需将两者的 x 和 y 分量之差求和或求差即可得到另一种形式的去除 z 分量干扰的差分空间像。光刻投影物镜的像方孔径角很大，且原位检测要求偏振元件尺寸较小。另外，通过以上分析可看出，得到这种等效差分空间像不需要偏振片有极高的消光比 η。而线栅偏振片的大接收角、可直接集成到像传感器以及适中的消光比，这三个特点恰好同时满足上述需求。

在这种差分空间像定义下，式(8.273)～式(8.275)变为

$$F\left\{\Delta I_{xy}(x,y)\Big|_{x/y\text{-sum}}\right\}=4\left(\mathrm{R}\left\{b_0(f,g)b_1(f,g)\right\}-\mathrm{I}\left\{b_2(f,g)b_3(f,g)\right\}\right) \tag{8.276}$$

$$F\left\{\Delta I_{xy}(x,y)\Big|_{45^\circ/135^\circ\text{-diff}}\right\}=4\left(-\mathrm{I}\left\{b_0(f,g)b_3(f,g)\right\}+\left\{b_1(f,g)b_2(f,g)\right\}\right) \tag{8.277}$$

$$F\left\{\Delta I_{xy}(x,y)\Big|_{\text{right/left-diff}}\right\}=4\left(+\mathrm{I}\left\{b_0(f,g)b_2(f,g)\right\}+\left\{b_1(f,g)b_3(f,g)\right\}\right) \tag{8.278}$$

式中，下标的-sum 表示对 x 和 y 分量之差求和；-diff 表示对 x 和 y 分量之差求差。与式(8.273)相比，式(8.276)只是 I 部符号发生变化；与式(8.274)相比，式(8.277)中主要决定差分空间像的是 b_0 和 b_3 互相关函数的 I 部而不是 b_0 和 b_2 互相关函数的 R 部；与式(8.275)相比，式(8.278)中主要决定差分空间像的是 b_0 和 b_2 互相关函数的 I 部而不是 b_0 和 b_3 互相关函数的 R 部。尽管存在 R 部和 I 部互换以及 b_2 和 b_3 位置互换的情况，但这种通过引入双方向线栅偏振片获得的差分空间像仍可有效求解出 b_1、b_2 和 b_3。图 8-67 所示的检测系统首先测量六偏振态照明下多旋转角交替相移线掩模(Alt-PSM)在双方向线栅偏振片覆盖的空间像传感器上所成的空间像(水平加离焦)，再两两求和或求差得到三组正交偏振态照明下的等效差分空间像。

所有基于空间像的偏振像差原位检测方法均需要在掩模台上装载测试掩模，同时在硅片台上安装空间像传感器。此类方法的测量精度主要由空间像的测量精度决定。现有的几种基于扫描狭缝的空间像传感器均可测量亚微米分辨率的一维空间像分布。同时为了获得离焦空间像从而恢复偏振像差的相位信息，硅片台需要在垂轴方向进行亚微米精度的步进扫描，而现有的高端光刻机均可满足这一精度要求。下文仿真验证部分的周期、线宽、水平和垂轴方向步长的参数设置均符合掩模制造精度和空间像测量精度的要求。

由于傅里叶变换是线性变换，将等效差分空间像的频谱做傅里叶逆变换就可得到空域上的等效差分空间像。当采用扩展照明时，根据阿贝成像公式，最终的差分空间像只是将各点光源对应的差分空间像相加，但式(8.276)～式(8.278)所示的差分空间像与 b_1、b_2 和 b_3 的关系仍然不变。同理，在采用任意掩模衍射谱和实际光瞳函数时，式(8.276)～式 (8.278)表示的差分空间像只是强度分布被掩模衍射谱和实际光瞳函数所调制，与 b_1、b_2 和 b_3 的关系仍旧不变。需要注意的是，考虑上述因素后，差分空间像表达式的形式会变得较为复杂，并且对于偏振像差检测而言，不可能通过解析式直接求解 b_1、b_2 或 b_3。因此，本小节将第 6 章所述的 AMAI-PCA 波像差检测技术拓展到偏振像差的检测，即采用主成分分析方法直接建立差分空间像主成分系数与各项孔径变换泡利-泽尼克系数间的多元线性回归模型，并据此模型通过被测投影物镜所成的空间像恢复出相应的偏振像差系数。

从三组等效差分空间像恢复被测投影物镜偏振像差的算法流程如图 8-68 所示，该算

法包括建模和像差恢复两个阶段。在建模阶段，首先分别对 b_1、b_2 和 b_3 对应的 2×37 维孔径变换泡利-泽尼克系数空间进行有效采样。

这里采用 Box-Behnken 实验设计方法，即每次采样使两项不同的泽尼克系数为非零值。在得到三组偏振像差系数后，通过矢量成像模型分别计算多旋转角 Alt-PSM 掩模在相应照明偏振态下的差分空间像，并对其进行主成分分析得到三组主成分和对应的主成

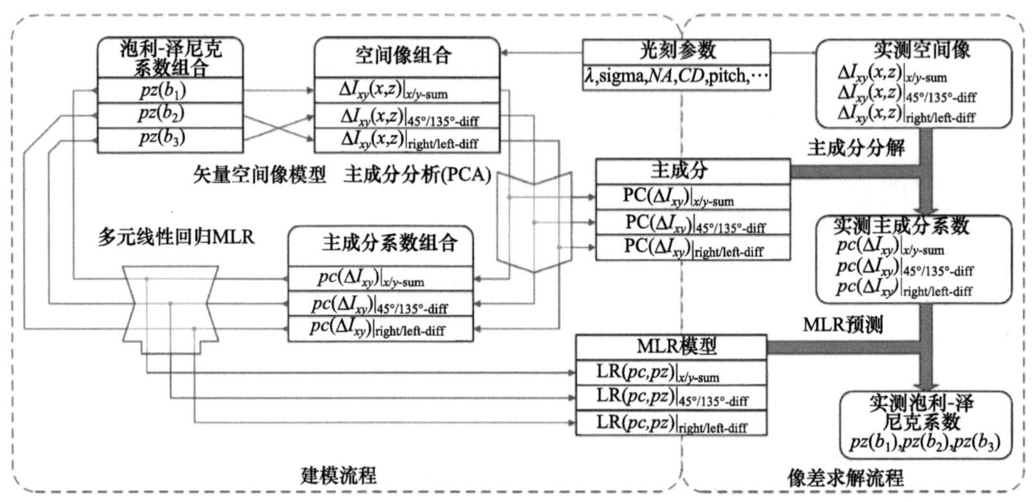

图 8-68 基于差分空间像主成分分析的偏振像差恢复算法流程图

分系数。分别建立每组主成分系数与相应的泡利-泽尼克系数组之间的多元线性回归(MLR)模型。在像差恢复阶段，首先测量六偏振态照明下多旋转角 Alt-PSM 掩模经被测投影物镜所成的三组差分空间像，并分别按建模所得的三组主成分分解后得到相应的主成分系数，最终通过建模所得的多元线性回归模型求解出所有 6×37 阶孔径变换泡利-泽尼克系数。

4. 偏振像差系数残余耦合的去除方法

式(8.276)～式(8.278)所示的检测原理降低了现有方法存在的各泡利项间的耦合问题。不过式(8.276)～式(8.278)中仍包含两种耦合效应：一是当前所测的表示偏振像差系数的 b_1、b_2 或 b_3 与标量像差系数 b_0 通过互相关运算产生的耦合；二是其余两项泡利系数的互相关函数引入的残余耦合。

标量像差 b_0 主要由波像差决定，可以假定在偏振像差测量之前波像差已通过干涉测量法或空间像法测得，且在偏振像差测量过程中保持不变。考虑到该方法采用空间像主成分分析方法进行偏振像差系数求解，即先建立孔径变换泡利-泽尼克系数到空间像主成分系数的多元线性回归模型，再使用该模型从测得空间像的主成分系数预测出对应的像差系数。这种先建模再预测的方法，可以根据已测得的波像差通过矢量成像模型得到含固定波像差的空间像主成分，并建立相应的多元线性回归模型。在这一模型中，波像差为固定参数而偏振像差为训练和预测的变量，因此通过此模型求解出的各孔径变换泡利-泽尼克系数已不再包含偏振像差与波像差的耦合效应，即这一耦合效应可以通过含波像

差建模的方法有效去除。

在像差恢复过程中，对测得的三组差分空间像主成分系数通过 MLR 模型计算对应的三组泡利-泽尼克系数。在计算每组泡利项中，由于忽略了其余两项泡利系数的残余耦合，预测的泡利-泽尼克系数会偏离真实值。不过在光刻投影物镜这种小像差成像系统中，b_0 接近 1，而 b_1、b_2 和 b_3 接近 0，因此在检测与 b_0 耦合的 b_1、b_2 或 b_3 时，其余两项泡利系数取互相关运算后产生的残余耦合项对差分空间像的影响很小。

为了实现尽可能高的理论测量精度，可采用图 8-69 所示的负反馈去耦算法得到去除残余耦合项后的泡利-泽尼克系数。首先，通过矢量成像模型计算初始预测的泡利-泽尼克系数对应的差分空间像，并按建模所得的主成分分解得到预测的主成分系数。将这组系数与初始的主成分系数组相减，将所得差值代入 MLR 模型中计算泡利-泽尼克系数的差值，最终从预测的泡利-泽尼克系数中减去这一差值得到补偿后的泡利-泽尼克系数。这一过程可进行多次迭代，从而使预测的泡利-泽尼克系数经矢量成像模型得到的差分空间像与原始测得的差分空间像一致，补偿了残余耦合项引入的误差。不过由于该残余耦合项的影响很小，从下文所述的仿真结果可知，这一补偿流程只需迭代一次即可满足偏振像差原位检测的精度需求。

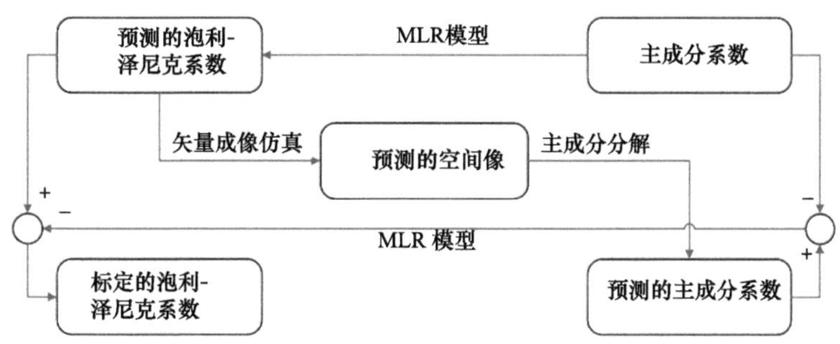

图 8-69　泡利-泽尼克系数负反馈去耦算法流程图

8.5.2.3　仿真验证

使用矢量光刻成像仿真工具对上述偏振像差原位检测方法进行验证，采用典型的深紫外光刻仿真参数设置，如表 8-23 所示，其中照明偏振态采用 0°/90°线偏振，45°/135°线偏振以及右旋/左旋圆偏振六种两两正交的偏振态，而掩模图形采用 180°相移线掩模，线条方向共有 0°、90°、30°、120°、60°、150°六个角度。

表 8-23　偏振像差原位检测的仿真条件

	参数	值	参数	值
照明	照明模式	环形	波长 λ	193nm
	内部分相干因子	0.3	外部分相干因子	0.6
	偏振类型	常数	偏振态	0°/90°, 45°/135°, 左/右
掩模	掩模类型	交替相移掩模，线图形	周期 p	3000nm
	线宽 w	400nm	线距 d	500nm

续表

	参数	值	参数	值
掩模	相移量	180°	方向	0°, 90°, 30°, 120°, 60°, 150°
投影物镜	类型	折反式、浸没式	数值孔径	1.35
	液体折射率	1.44	缩放比	4
	偏振像差	泡利-泽尼克多项式	Re/Im 幅度范围	±0.02
	波像差	泽尼克多项式	相位幅度范围	±0.02 λ
空间像	类型	矢量空间像	偏振角	0°, 90°
	X(水平方向) 范围	−1000～1000nm	X 方向间隔	50nm
	Z(离焦方向) 范围	−1200～1200nm	Z 方向间隔	100nm

在进行偏振像差检测仿真前加入固定的波像差泽尼克系数，各项系数的幅度为±0.02λ。而偏振像差采用孔径变换泡利-泽尼克系数表示，其实部、虚部的范围均为±0.02。在此范围内首先通过泽尼克系数组采样得到一系列含偏振像差影响的 xz 空间像(水平加离焦)，进而建立空间像主成分系数到泡利-泽尼克系数的多元线性回归模型作为检测模型。最后随机生成 1000 组偏振像差泡利-泽尼克系数以及对应的空间像，并使用上述检测模型对 b_1、b_2、b_3 实部和虚部的泽尼克系数进行求解。统计测得的各孔径变换泡利项的泽尼克系数组与设定系数组误差的平均值(mean)与标准差(std)，如表 8-24 所示。

表 8-24　去耦合前后各泡利项泽尼克系数测量误差的统计值

统计项	去耦合前			去耦合后		
	b_1 误差	b_2 误差	b_3 误差	b_1 误差	b_2 误差	b_3 误差
平均值	2.81×10^{-5}	3.24×10^{-5}	2.43×10^{-5}	2.08×10^{-6}	3.14×10^{-6}	3.16×10^{-6}
标准差	1.01×10^{-3}	1.00×10^{-3}	1.01×10^{-3}	1.05×10^{-4}	1.10×10^{-4}	1.09×10^{-4}

可以看出，对于不去除残余耦合项的原始测量结果：各泡利项 b_1、b_2、b_3 的泽尼克系数的系统误差在 10^{-5} 数量级，与设定的 ±0.02 的范围相比比较小；而随机误差的标准差在 10^{-3} 数量级，与所设范围相比不可忽略。不过在使用负反馈去耦算法后，仅通过一次迭代 b_1、b_2、b_3 的泽尼克系数的系统误差就下降到 10^{-6} 数量级，并且随机误差的标准差下降到 10^{-4} 数量级，此时两者与所设范围相比均可忽略，从而证明了该方法的检测原理和去耦合方法的有效性。在各泡利项泽尼克系数误差的统计值中，反映系统误差的平均值非常接近 0，从而可以忽略，而对于不可忽略的反映随机误差的标准差，各泡利项实部和虚部的各项泽尼克系数误差标准差的分布如图 8-70 所示。均匀的误差分布表明，在该方法的基本检测原理基础上，采用差分空间像主成分分析方法建立的空间像系数到像差泽尼克系数的偏振像差检测模型可准确测量表示偏振像差的三组泡利项的实部和虚部共 6×37 阶泡利-泽尼克系数。

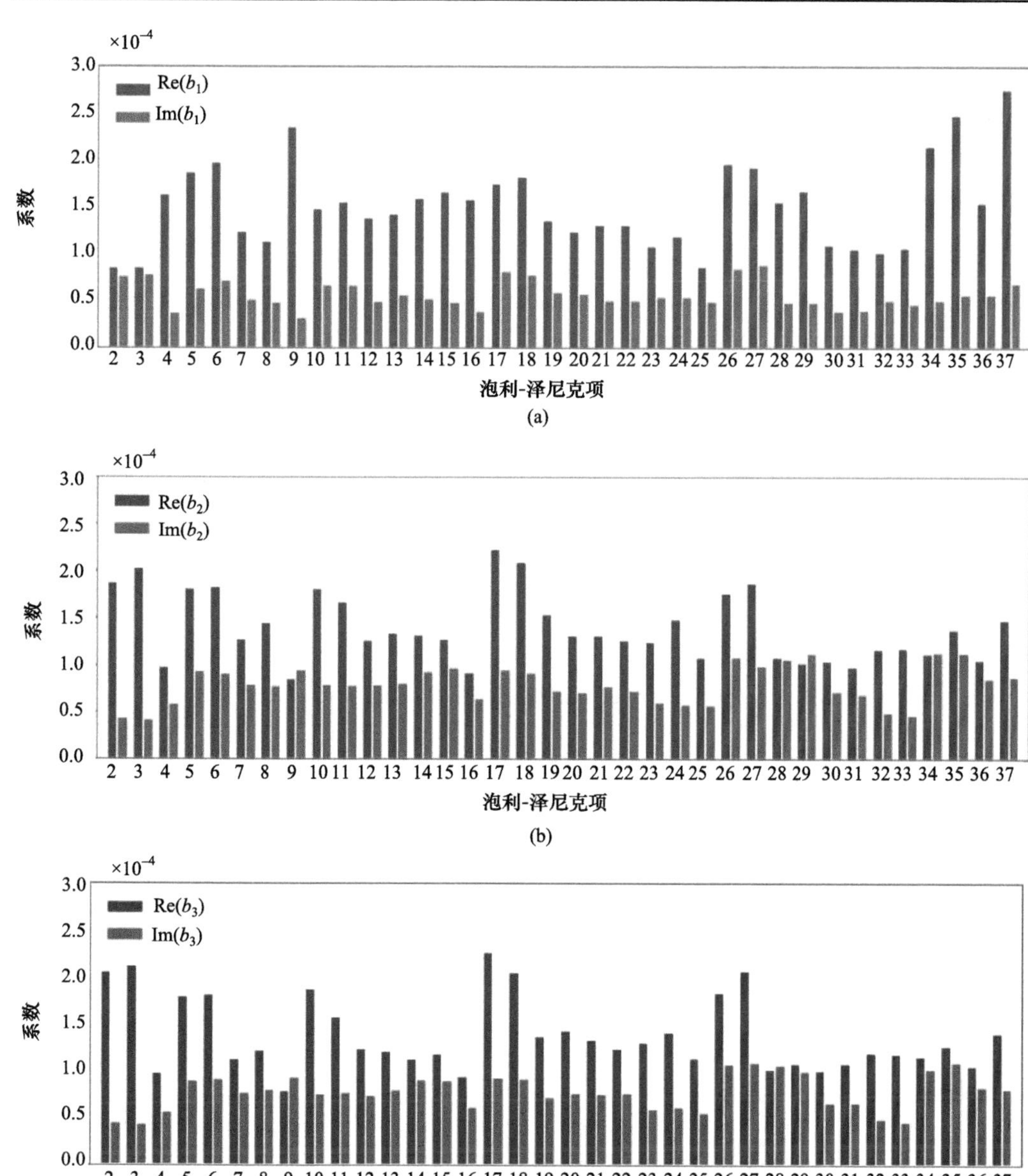

图 8-70 去耦合后各项泡利-泽尼克系数的测量误差分布(标准差)

(a) b_1 的实部和虚部；(b) b_2 的实部和虚部；(c) b_3 的实部和虚部

参 考 文 献

[1] Yamamoto N, Kye J, Levinson H J. Polarization aberration analysis using Pauli-Zernike representation. Proc. SPIE, 2007, 6520: 65200Y.

[2] 孟泽江. 浸没式光刻机投影物镜偏振像差检测技术研究. 中国科学院上海光学精密机械研究所博士学位论文, 2019.

[3] 沈丽娜. 高 NA 光刻机投影物镜偏振像差检测技术研究. 中国科学院上海光学精密机械研究所博士

学位论文, 2016.

[4] Totzeck M, Graupner P, Heil T, et al. How to describe polarization influence on imaging. Proc. SPIE, 2005, 5754: 23-37.

[5] Kye J, McIntyre G, Norihiro Y, et al. Polarization aberration analysis in optical lithography systems. Proc. SPIE, 2006, 6154: 61540E.

[6] Ruoff J, Totzeck M. Orientation Zernike polynomials: A useful way to describe the polarization effects of optical imaging systems. J. Micro/Nanolith. MEMS MOEMS, 2009, 8(3): 031404.

[7] Heil T, Ruoff J, Neumann J T, et al. Orientation Zernike polynomials – A systematic description of polarized imaging using high NA lithography lenses. Proc. SPIE, 2008, 7140: 714018.

[8] Geh B, Ruoff J, Zimmermann J, et al. The impact of projection lens polarization properties on lithographic process at hyper-NA. Proc. SPIE, 2007, 6520: 65200F.

[9] 涂远莹. 光刻投影物镜偏振像差检测与补偿技术研究. 中国科学院上海光学精密机械研究所博士学位论文, 2013.

[10] Xu S, Li G, Tao B, et al. Polarization aberration measurement of lithographic tools. Proceedings of SPIE, 2018, 10819: 1081909.

[11] Totzeck M, Graupner P, Heil T, et al. How to describe polarization influence on imaging. Proceedings of SPIE, 2004, 5754: 23-37.

[12] Azpiroz J T. Analysis and modeling of photomask near-fields in sub-wavelength deep ultraviolet lithography with optical proximity corrections. Ph.D. dissertation, University of California, Los Angeles, Chap. 3-4, 2004.

[13] Guo H, Chen J, Zhuang S, et al.Vector plane wave spectrum of an arbitrary polarized electromagnetic wave. Opt. Express, 2006, 14(6): 2095-2100.

[14] Guo H, Chen J, Zhuang S, et al. Resolution of aplanatic systems with various semiapertures, viewed from the two sides of the diffracting aperture. J. Opt. Soc. Am. A, 2006, 23(11): 2756-2763.

[15] Haver S V, Braat J J M, Janssen A J E M, et al. Vectorial aerial-image computations of three-dimensional objects based on the extended Nijboer-Zernike theory. J. Opt. Soc. Am. A, 2009, 26(5): 1221-1234.

[16] Kanda T, Shiode Y, Shinoda K I. 0.85 NA ArF Exposure system and performance. Proc. SPIE, 2003, 5040: 789-800.

[17] Shiode Y, Ebiahara T. Study of polarization aberration measurement using SPIN method. Proc. SPIE, 2006, 6154: 615431.

[18] McIntyre G R. Characterizing polarized illumination in high numerical aperture optical lithography with phase shifting masks. Ph.D. dissertation, University of California at Berkeley, 2006.

[19] Nomura H, Higashikawa I. In-situ Mueller matrix polarimetry of projection lenses for 193-nm lithography. Proc. SPIE, 2010, 7640: 76400Q.

[20] Nomura H, Higashikawa I. Mueller matrix polarimetry for immersion lithography tools with a polarization monitoring system at the wafer plane. Proc. SPIE, 2009, 7520: 752012.

[21] Fujii T, Suzuki K, Mizuno Y, et al. Integrated projecting optics tester for inspection of immersion ArF scanner. Proceedings of SPIE, 2006, 6152: 615237.

[22] Fujii T, Kougo J, Mizuno Y, et al. Portable phase measuring interferometer using Shack-Hartmann method. Proceedings of SPIE, 2003, 5038: 726-732.

[23] Fujii T, Kita N, Mizuno Y. On board polarization measuring instrument for high NA excimer scanner. Proceedings of SPIE, 2005, 5752: 846-852.

[24] Fujii T, Kogo J, Suzuki K, et al. Polarization characteristics of state-of-art lithography optics reconstructed from on-body measurement. Proceedings of SPIE, 2008, 6924: 69240Z.

[25] Fujii T, Muramatsu K I, Matsuo N, et al. True polarization characteristics of hyper-NA optics excluding impact of measurement system. Proceedings of SPIE, 2009, 7274: 72743K.

[26] Fujii T, Suzuki K, Kogo J, et al. Experimental result of polarization characteristics separation method. Proceedings of SPIE, 2010, 7640: 76400R.

[27] 孟泽江, 李思坤, 王向朝, 等. 穆勒矩阵成像椭偏仪误差源的简化分析方法. 光学学报, 2019, 39(09): 148-159.

[28] Meng Z J, Li S K, Wang X Z, et al. Jones pupil metrology of lithographic projection lens and its optimal configuration in the presence of error sources. Opt. Express, 2019, 27, 4629-4647.

[29] Simon R. The connection between mueller and jones matrices of polarization optics. Optics Communications, 1982, 42(5): 293-297.

[30] Anderson D G M, Barakat R. Necessary and sufficient conditions for a Mueller matrix to be derivable from a Jones matrix. Journal of the Optical Society of America A, 1994, 11(8): 2305-2319.

[31] Savenkov S N, Marienko V V. The method of extraction of the Mueller-Jones part out of experimental Mueller matrix. Proceedings of SPIE, 1997, 2982: 226-231.

[32] Juergens D. Projection exposure method, system and objective: US9036129. 2015-05-19.

[33] Liu M, Lee C, Liao B, et al. Fluoride antireflection coatings deposited at 193 nm. Applied Optics, 2008, 47(13): C214-C218.

[34] Azzam R M A, Elminyawi I M, Elsaba A M. General-analysis and optimization of the 4-detector photopolarimeter. Journal of the Optical Society of America A, 1988, 5(5): 681-689.

[35] Tu Y Y, Wang X Z, Li S K, et al. Analytical approach to the impact of polarization aberration on lithographic imaging. Opt. Lett., 2012,37(11): 2061-2063.

[36] Shen L N, Li S K, Wang X Z, et al. Analytical analysis of the impact of polarization aberration of projection lens on lithographic imaging. J. Micro/Nanolith. MEMS MOEMS, 2015, 14(4): 043504.

[37] Li Y Q, Guo X J, Liu X L, et al. A technique for extracting and analyzing the polarization aberration of hyper-numerical aperture image optics. Proc. SPIE, 2013, 9042: 904204.

[38] Shen L N, Wang X Z, Li S K, et al. General analytical expressions for impact of polarization aberration on lithographic imaging under linearly polarized illumination. JOSA A, 2016, 33(6): 1112-1119.

[39] 沈丽娜, 王向朝, 李思坤, 等. 基于交替相移掩模矢量空间像的偏振像差检测方法. 光学学报, 2016, 36(08): 103-109.

[40] 孟泽江, 李思坤, 王向朝, 等. 基于差分空间像主成分分析的偏振像差检测方法. 光学学报, 2019, 39(7), 0712006.

第 9 章　极紫外光刻投影物镜波像差检测

超高精度的投影物镜波像差检测技术是极紫外光刻领域的核心技术之一，检测精度需要达到深亚纳米。与深紫外光刻波像差检测技术相似，极紫外光刻波像差检测技术也包括基于干涉测量的检测技术、基于 Hartmann 波前传感器的检测技术、基于空间像测量的检测技术、基于 Ptychography 的检测技术和基于光刻胶曝光的检测技术等，其中基于干涉测量的检测技术主要包括点衍射干涉、剪切干涉和 Fizeau 干涉检测等。此外，基于 Ptychography 的检测技术作为一种新型的波前检测技术，在极紫外光刻波像差检测领域也得到了研究人员的关注。

9.1　基于干涉测量的检测技术

9.1.1　点衍射干涉检测

点衍射干涉检测技术是通过衍射过程产生参考球面波的干涉测量技术。根据产生参考球面波方式的不同，可以分为针孔点衍射和光纤点衍射干涉检测技术两类。针孔点衍射干涉检测技术通过亚微米直径的针孔使照明光发生衍射产生参考球面波，而光纤点衍射干涉检测技术采用细径单模光纤，通过单模光纤出射端口对光的衍射效应获得参考球面波。两种技术各有优缺点，对于针孔点衍射技术，聚焦光束必须调整到衍射针孔的中心，否则透射波前将产生非对称畸变，导致测量误差，因此这种技术对针孔对准精度要求非常高；光纤点衍射技术不存在对准问题，但其可测数值孔径(NA)受限于光纤 NA，光纤 NA 通常小于 0.1，因此这种技术只能用于检测小 NA 投影物镜的波像差。光纤点衍射干涉检测技术目前尚不能实现极紫外光刻工作波长下的测量。

9.1.1.1　针孔点衍射干涉检测

针孔点衍射干涉检测技术可以在工作波长下进行测量，而且理论上具有很高的测量精度，在极紫外光刻投影物镜波像差检测技术研发早期便得到研究人员的重视。根据物光和参考光分光方式的不同，针孔点衍射技术可以分为部分透射式、反射式和光栅衍射分光式三类。部分透射式针孔点衍射技术通过一个带针孔的部分透射薄膜元件获取测量光和参考光。将直接通过的光作为测量光，其携带待测光学系统波像差信息。将通过针孔发生衍射的光作为参考光[1]。反射式针孔点衍射技术中，直接由针孔反射镜上的针孔衍射产生的光为参考光，携带面形或像差信息的光经针孔反射镜反射后形成测量光[2-9]。光栅分光式针孔点衍射技术通过光栅衍射将光分为多个衍射级次，并通过一个含针孔和窗口的掩模选择两个衍射级次，分别作为参考光和测量光[10,11]。

1. 部分透射分光式

部分透射式针孔点衍射干涉检测技术首先由 Linnik 提出[12]，Smartt 对这种技术进行了进一步的研究[13]，因此这种技术也称作 Linnik 或 Smartt 干涉仪。其原理如图 9-1 所示，在待测光学系统焦面放置一个带有针孔的半透明薄膜，直接通过薄膜的光携带了待测光学系统的波像差信息，可作为测量光，通过针孔发生衍射的光形成参考球面波，可作为参考光。参考光和测量光发生干涉，形成干涉图，并通过 CCD 记录[1]。

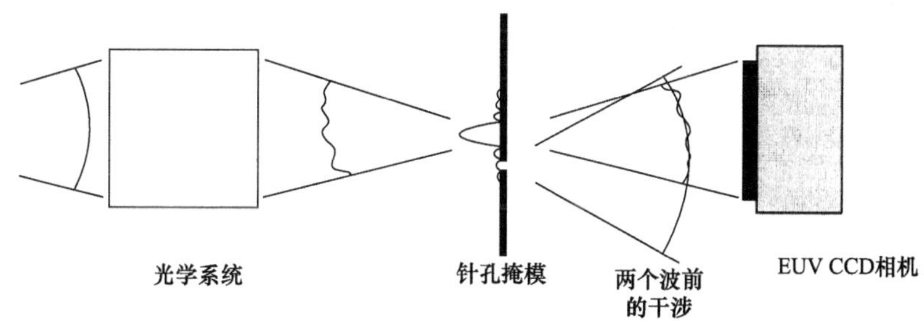

图 9-1　部分透射式针孔点衍射干涉光路结构示意图[1]

针孔尺寸要求小于待测光学系统衍射极限的焦斑尺寸。另外，针孔的尺寸与可测 *NA* 有关，针孔尺寸越小，可测 *NA* 越大。待测光学系统的 *NA* 也对针孔尺寸有一个限定，例如要在 13.5nm 波段测量一个 *NA* 为 0.1 的光学系统，最大的针孔直径不能超过 160nm。为了得到较高的干涉条纹对比度，需要参考光和测量光的强度相近，参考光的强度主要受针孔尺寸的影响，而测量光的强度可以通过针孔掩模吸收层的厚度进行调节，吸收层厚度越大，被吸收掉的光能越大，透过掩模的参考光的光强越低。因此，通过考察不同的针孔尺寸和吸收层厚度的组合，可以得到最佳的数值孔径和干涉条纹对比度。这种点衍射干涉检测技术首先由 Sommargren 引入 EUV 波像差测量领域[1]，在其测量方案中，针孔掩模包含一个 7×7 的针孔阵列，针孔尺寸在一个方向上变化，而吸收层厚度在垂直的另一个方向上变化。以这种方式可以选择出最佳数值孔径和条纹对比度的针孔吸收层厚度组合。

该技术中的参考光是通过抽样待测波前的一个小的区域并通过针孔衍射产生的，所以难以在参考光和测量光之间引入相移，因此只能采用空域的干涉图分析方法，因此要求引入载频。引入载频的方法是使参考针孔离开待测光学系统焦点较大的距离，结果是入射到针孔的光强很低，经过尺寸较小的针孔衍射后，光强进一步发生较大的衰减，因此必须增大掩模吸收层厚度，降低测量光强度，从而使参考光和测量光强度匹配，以获得较高的干涉条纹可见度。这样造成的直接结果是大部分光强被掩模吸收，因此这种技术的光能利用率非常低，对于极紫外(EUV)波段的应用而言，这个缺点尤为突出。

2. 反射分光式

反射式针孔点衍射干涉主要有单针孔反射式和双针孔反射式两类。在单针孔反射式中，照明光经过针孔反射镜上的针孔反射后产生准理想的球面波，该球面波的一半作为参考光波，另一半作为测量光波[2-4]。测量光波经过待测光学元件表面或光学系统后经反射，再次会聚到针孔反射镜，经针孔反射镜反射后与参考光波发生干涉。而在双针孔反射式中，参考光和测量光分别通过两个针孔产生，而且参考光和测量光可以分别单独控制[5-9]。

1) 单针孔反射式

A. 基本原理

单针孔反射式点衍射干涉检测技术的原理如图 9-2 所示，照明光束聚焦到针孔，通过针孔衍射形成一个准理想球面波。这个球面波的一半作为参考光，另一半照明待测反射式光学元件表面，并被反射到针孔基板上，再通过基板反射，携带了待测元件的面形信息，形成测量光，最后与参考光发生干涉，由 CCD 记录干涉条纹。待测光学元件可以通过 PZT 移动，从而在测量光和参考光之间引入相移[2,3]。

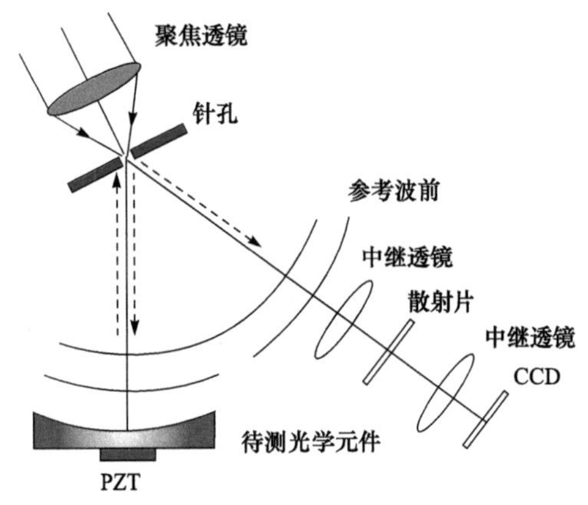

图 9-2　单针孔反射式点衍射干涉测量原理示意图[3]

B. 误差分析与标定

a. 误差分析

影响测量精度的因素有光学误差、机械振动和电子噪声等。而光学误差主要有两类，一类是针孔衍射产生的参考球面波误差，另一类是针孔板基底反射测量光波产生的误差。对于第一类误差，针孔作为一个低通滤波器，如果尺寸足够小，可以将聚焦物镜的像差滤除，获得准理想的参考球面波。然而，如果针孔尺寸过小，透过针孔的光强就会很低，从而降低信噪比，影响测量精度。研究表明，如果这种测量系统具有对称结构，即待测光学系统和信号探测光学系统相对于聚焦物镜的光轴对称放置，则针孔透射波前的对称畸变可以消除。一般而言，聚焦物镜的球差、像散等对称波前误差不降低系统测量精度，而彗差等非对称波前误差会降低测量精度。如果聚焦物镜存在彗差，通过针孔衍射获得的波面在远场会出现彗差和倾斜误差。如果聚焦光束与针孔未对准，则针孔衍射波前也会出现彗差等非对称像差。由于对准误差导致的衍射波前像差主要是三阶彗差，而这类误差随着待测光学系统 *NA* 的增大而增大，因此随着待测光学系统 *NA* 的增大，测量难度也随之增大。对于第二类误差，测量光经过待测光学元件表面反射，然后再经过针孔板的基底反射，如果针孔板基底具有一定的表面粗糙度，则针孔板基底的反射会使得测量光发生畸变，因此对针孔板基底上针孔附近的表面面形精度要求很高。

如果入射光是线偏振的，由于矢量衍射效应，针孔透射的波前类似于一个包含像散像差的球面波。如果测量系统是对称结构，这种对称的波前像差不影响测量精度。而对于针孔板基底上测量光的反射，反射光的相位依赖于入射角，这将导致测量光波发生畸变。如果波前是圆偏振的，这个误差就会非常小。

b. 系统误差标定方法

系统误差可以通过旋转测量和剪切测量的混合方法进行标定。假设测量数据是系统误差和真实的面形信息之和，且系统误差和面形信息在测量过程中保持不变。当待测反射镜旋转或平移时，面形数据也发生旋转或平移，因此测量数据中发生旋转或者平移的数据就是真实的面形信息，而余下的分量就是系统误差。测量过程中可进行四次旋转测量和一次平移测量。将待测反射镜的面形信息分为旋转对称分量和非旋转对称分量两部分，非旋转对称分量通过四次旋转测量得到，旋转对称分量通过平移测量结合已经求得的非旋转对称分量得到。平移测量就是剪切测量的原理，因为系统误差在平移前后保持不变，所以平移前后测量数据之差即为待测反射镜面形信息在平移方向上的差分。该差分包含旋转对称分量和非旋转对称分量两部分，非旋转对称分量已经通过旋转测量得到，从差分中减去非旋转对称分量的贡献，即可得到旋转对称分量的差分。通过典型的剪切波前重建算法，即可从差分数据中重建出待测面形的旋转对称分量。四次旋转测量的角度间隔为 90°，一次平移测量的平移距离为反射镜直径的 24%。从理论上讲，旋转角度的间隔越小，测量精度越高，但是采用小的旋转角度，需要耗费更多的时间。分析表明，采用 90°间隔的四次旋转测量，测量误差可以忽略。

c. 检测装置与实验结果

日本超先进电子技术协会(Association of Super-advanced Electronics Technologies，ASET)基于这种检测原理搭建了实验装置，如图 9-3 所示，进行 EUV 反射镜面形的检测。

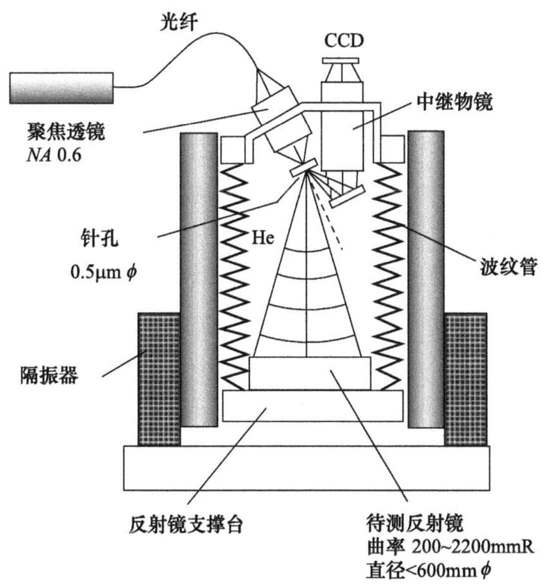

图 9-3　单针孔反射式点衍射干涉测量装置结构示意图[3]

采用的光源是稳频 He-Ne 激光器，波长为 633nm。He-Ne 激光通过 *NA* 为 0.6 的聚焦物镜会聚到针孔，聚焦光束的光斑大小为 0.6μm，针孔直径为 0.5μm。待测光学元件的 *NA* 为 0.3，放置在一个三维位移台上，位移台通过 PZT 带动实现相移。整个装置置于主动隔振器内，以抑制机械振动。因为该测量装置光程较长，所以干涉图容易受空气扰动影响，从而降低了测量的重复性。因此，为抑制空气扰动影响，在腔体内填充折射率比空气小很多的氦气以代替空气。基于这套装置和前述的系统误差标定方法，对于 *NA* 为 0.147 的球面反射镜，ASET 实现了 0.03～0.04nm RMS 的测量重复性以及 0.16nm RMS 的测量精度。对于 *NA* 为 0.149 的非球面反射镜，实现了 0.06nm RMS 的测量重复性以及 1.18nm RMS 的测量精度。如果把测量的 *NA* 限制在 0.08 以内，并使用 36 项 Zernike 多项式拟合，测量精度可以达到 0.34nm RMS[2,3]。

中国科学院长春光学精密机械与物理研究所基于该反射式针孔点衍射干涉原理也搭建了一套检测装置，采用 633nm 波长的 He-Ne 激光。对于 *NA* 为 0.3 的反射镜，实现了 0.057nm RMS 的测量重复性以及 0.28nm 的测量精度。测量结果与 Zygo 的 MST+进行了交叉对比，比较结果与基于旋转和平移混合的系统误差标定方法得到的测量精度相一致，同时证明了两种方法的有效性。在待测物镜底部放置一个反射镜用于反射测量光束，这种原理也被用于 EUV 投影物镜的校准和波像差测量，如图 9-4 所示[4]。

图 9-4　基于单针孔反射式点衍射干涉测量原理的 EUV 投影物镜波像差测量装置[4]

单针孔反射式点衍射干涉检测技术的明显缺点是可测 *NA* 受限，而且测量光和参考光的相对光强不可调，从而使得干涉条纹对比度不可调。另外，这种方法也只能通过移动待测反射镜引入相移。

2) 双针孔反射式

美国劳伦斯利弗莫尔国家实验室(Lawrence Livermore National Laboratory，LLNL)与日本 Canon 公司合作，面向极紫外光刻投影物镜装调应用开发了一种双针孔反射式可见光点衍射干涉检测技术。该技术使用两个针孔掩模，测量光和参考光分别由两个单针孔掩模上的针孔衍射产生[5-8]。

A. 基本原理

该方法的基本原理如图 9-5 所示，两个标定衍射波前误差的波前参考源(wavefront reference source，WRS)分别放置于投影物镜的某物方视场点及其对应的共轭像点，上方和下方的 WRS 分别产生一个准理想的球面波，分别作为参考光和测量光，下方的 WRS 产生的准理想球面波通过待测光学系统后携带像差信息，并经上方 WRS 的针孔反射镜底部针孔附近反射，与上方 WRS 产生的准理想球面波发生干涉，干涉条纹被 CCD 相机记录。为了使测量光波在针孔表面反射到 CCD 上，上方的 WRS 相对待测物镜的光轴有一个倾斜角度。

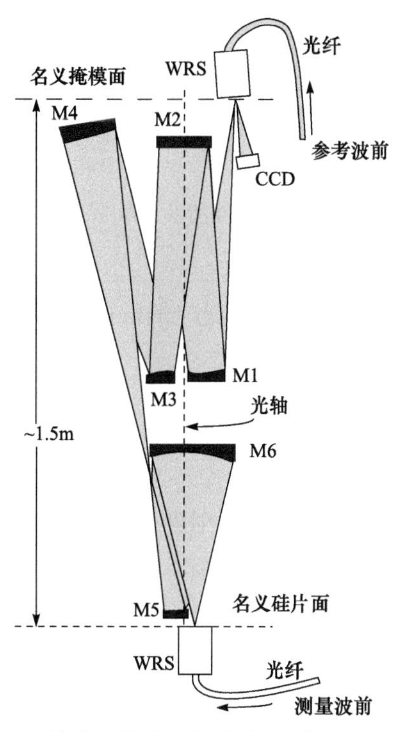

图 9-5　双针孔反射式点衍射干涉测量原理示意图[6]

检测使用的光源为波长为 532nm 的二极管泵浦 Nd：YVO_4 激光器，整个干涉仪置于真空腔中。图 9-6 所示为前端光学和波前参考源的结构。前端光学有四个主要功能，分别是：①相移，使用一个相移器，在参考光和测量光之间引入相移，获取相移干涉图；②在两个 WRS 之间的相对强度调整，使参考光和测量光在 CCD 上的光强一致，从而达到最大的干涉条纹对比度；③偏振控制，前端光学系统输出的两束光分别通过单模光纤导入真空腔中的 WRS 中，通过控制光纤的压力和弯曲度控制输出偏振态，从而使得到达 WRS 的光的偏振态可控；④通过光学延迟线匹配两束光的光程，所用激光的相干程度为 20mm，两束光从激光器到 CCD 的光程必须匹配，通过光学延迟线匹配使两者光程之差小于相干长度。

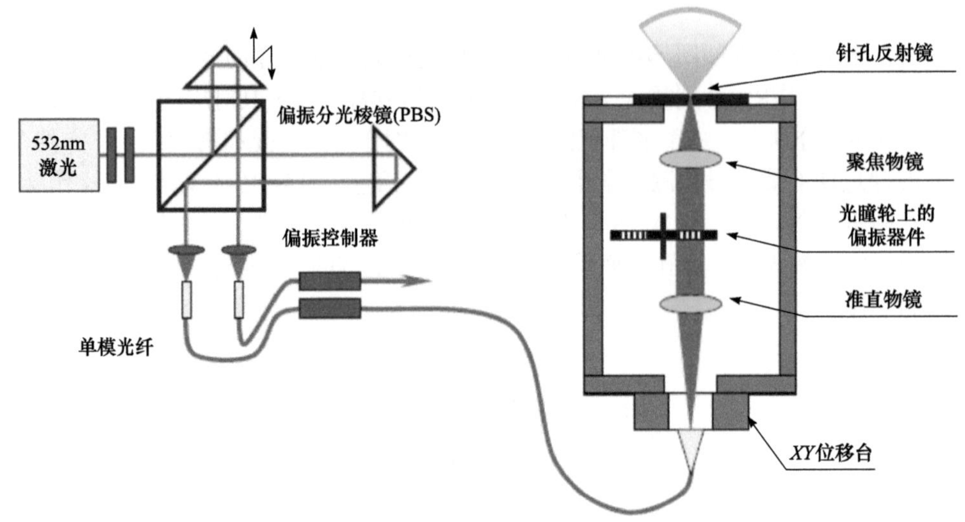

图 9-6　前端光学系统和波前参考源(WRS)结构示意图[7]

B. 误差分析与标定

该测量系统的主要测量误差因素是测量光的偏振态、上方 WRS 的针孔反射镜对测量光波的反射以及 WRS 的点衍射波前误差。

a. 测量光的偏振态

关于入射至针孔的光的偏振态选取问题，仿真和实验结果表明，如果是线偏振光，则衍射波前中将产生像散，成为一种系统误差源。因此，测量过程中选取圆偏振光，入射到上方 WRS 的光调整为圆偏振态，而入射到下方的 WRS 的光的偏振态调整依据是使干涉条纹对比度最优；而且在针孔衍射波前的标定中，也只能在圆偏振光下进行，因为标定方法包含针孔波前的旋转。如果使用线偏振光，则从下方 WRS 衍射的线偏振光的偏振方向将发生旋转，这将降低干涉条纹对比度。

b. 上方 WRS 针孔反射镜的反射

当干涉仪调整到零条纹时，携带像差信息的参考光必然在上方 WRS 的针孔中心反射，反射位置处针孔的存在会在反射的测量光束中引入额外的像差。为了避免测量光在针孔位置反射，在测量每个视场点时，上方针孔都要移动到多个位置。移动的目的是使测量光在针孔周围反射，而不在针孔位置反射。由于测量光和参考光之间在像面的位置偏离，将产生倾斜的干涉条纹，因此将引入像散和彗差像差。由于像散和彗差是对称误差，因此可以通过与在相反方向倾斜得到的波前进行平均消除。相反方向的倾斜干涉图可通过移动针孔，使得反射发生在相对于针孔的对称位置处获得。对于一个测量场点，在四个位置以及四个对称位置获得干涉条纹，并对它们进行平均。移动上方的反射镜，使其出现在不同的对称位置，对针孔表面粗糙度引起的误差也有平均效应。

c. 针孔衍射波前的标定

该测量方法的主要特色在于其波前参考源 WRS 模块，该模块具有标定针孔衍射波前误差的功能，其结构如图 9-6 右半部分所示。针孔形状相对理想圆形的偏离将导致衍射波前相对理想球面波产生偏离，在 WRS 完成针孔衍射波前标定后，标定值可以用于基于该 WRS 的 EUVL 物镜的波前检测，即从测量结果中去除该误差项。

为了从相对较大的待测光学系统的像差中分离出较小的针孔衍射波前误差，WRS 进行绕光轴的旋转以及在倾斜方向旋转测量。图 9-7 所示为 WRS 的针孔衍射波前误差标定流程。从(a)到(b)的旋转测量用于计算针孔衍射波前的非旋转对称系统误差，然后从(c)到(d)绕着倾斜轴旋转，使得待测波前和待测光学系统的波前之间产生一个剪切，从而使得旋转对称误差可以从待测光学系统的像差中分离出来。通过这种方式可以标定出针孔衍射波前相对理想球面波的偏离。

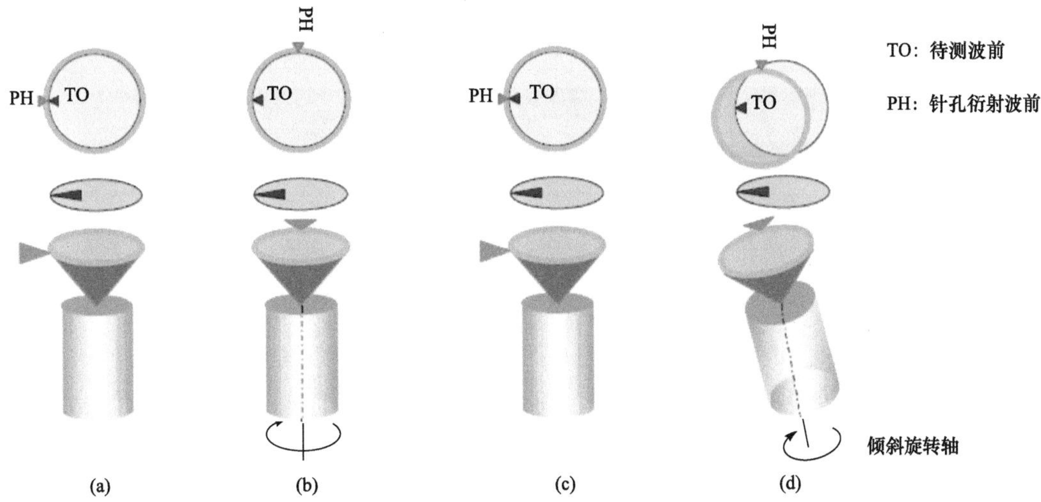

图 9-7　WRS 针孔衍射波前误差标定流程示意图[7]

实验结果表明，通过这种标定方法，标定的针孔波前相对理想球面波的偏离约为 0.2nm RMS，而标定的重复性优于 0.1nm[7]。

d. 数值传播算法

为了尽可能地减少误差源，在探测干涉图时未使用成像透镜，而是通过数值计算的方法将 CCD 面探测的干涉图逆向传输到待测光学系统的光瞳面。使用的数值计算方法是基于标量波动方程的傍轴传播和 ABCD 光线矩阵光学的标准方法。

图 9-8 所示是一个干涉图逆向传播计算的一个例子，由图 9-8(a)可知，由于待测光学

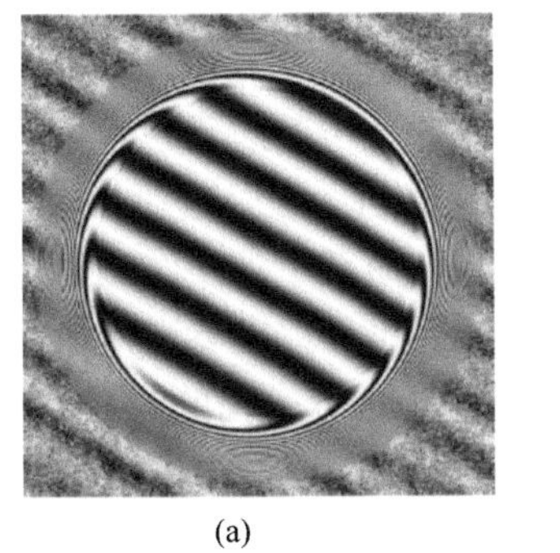

(a)

(b)

图 9-8　(a)CCD 探测到的干涉图；(b)由逆向传播算法计算得到的光瞳面的干涉图[7]

系统光瞳的衍射导致干涉图边界存在衍射条纹，因此，如果不使用逆向传播过程，就不能在全 *NA* 范围内测量待测光学系统的像差。

C. 检测装置与实验结果

LLNL 与日本 Canon 公司合作开发了一套基于单针孔掩模的双针孔反射式点衍射干涉测量装置，如图 9-9 所示，用于 Canon 公司 EUVL SFET(small field exposure tool)投影物镜的装调和检测。待测 SFET 的数值孔径为 0.3，电磁场仿真计算表明，为填充 0.3 的数值孔径，并且从中心到边缘的光强变化小于 2 : 1，则需要针孔直径为 800nm 或更小，而且针孔边界与标准的圆形相比的差别必须小于 4nm RMS。该检测装置中针孔直径设定为 800nm，波前参考源模块 WRS 的总体高度为 20cm，重约 4kg，材料为不锈钢。

图 9-9 LLNL 与 Canon 公司合作研发的 PSDI 系统[8]

基于该装置对折射式待测物镜进行测量，取得了测量重复性为 0.1nm RMS 的实验结果。该检测系统只需要两个标定的 WRS 和一个 CCD 相机，因此系统结构简单紧凑，而且成本不高。

上述方法使用两个单针孔掩模分别产生参考光和测量光，还有一种使用一个含有两个针孔的掩模的双针孔反射式点衍射干涉检测技术，该技术的测量光和参考光分别由掩模上的两个针孔衍射产生，其原理如图 9-10 所示[9]。参考光和测量光分别由不同的针孔衍射产生，测量光通过待测反射镜反射，再次通过双针孔板基底反射，然后与参考光发生干涉。通过这种方法可以明显提升可测 *NA*，最大可测 *NA* 可以达到 0.55。由于参考光和测量光是分离的，因此两束光的光强可以独立控制，使得干涉条纹对比度可调，从而可以适用于不同反射率反射镜面形的测量。同时，相移也可以在参考光中引入，从而可以提高测量的动态范围和精度。实验结果表明，该技术在 0.33*NA* 内的测量重复性为 0.3nm RMS[9]。

两种双针孔反射式点衍射干涉检测技术的参考光和测量光都可以单独产生，相比于单针孔反射式具有明显优点，如干涉条纹对比度可调、可测 *NA* 增大等。

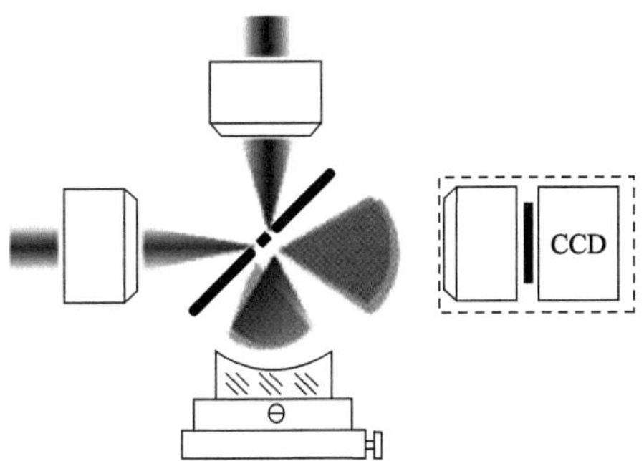

图 9-10　基于双针孔掩模的反射式点衍射干涉测量原理示意图[9]

3. 光栅衍射分光式

针对部分透射式针孔点衍射干涉存在的光能利用率低和难以实现相移干涉测量的问题，美国劳伦斯伯克利国家实验室的 H. Medecki 等提出了光栅衍射分光式针孔点衍射干涉检测技术[10]。这种技术具有可相移、精度高、光能利用率高等优点，因此在极紫外光刻投影物镜波像差检测技术领域得到了广泛的研究。

1) 基本原理

该技术的基本思想是通过光栅衍射将测量光衍射为多个衍射级次，这些衍射级次分别在待测物镜的焦面上形成各自的焦点，通过位于焦面的针孔窗口掩模，分别选择其中的两个焦点作为参考光和测量光，其他的焦点则由于掩模不透明部分的阻挡而被滤除。掩模上的针孔一般为直径小于 100nm 的亚分辨率针孔，所谓亚分辨率针孔是指针孔直径小于待测光学系统的衍射极限分辨率。会聚于针孔的衍射级次通过针孔发生衍射形成参考球面波，会聚于窗口的光携带待测物镜的波像差信息全部通过窗口形成测量光，参考光与测量光发生干涉，由 CCD 相机记录干涉图，通过分析干涉图可以获取待测物镜的波像差[10]。

相对于部分透射式针孔点衍射干涉检测技术，该技术主要有三方面的优点：①光能利用率得到了很大的提高；②可以实现相移；③参考针孔的照明更均匀。光能利用率得以提高主要有三方面的原因：①参考针孔放置于其中一个衍射光束的焦点位置，因此衍射参考光的强度增加了几个数量级；②随着参考光强度的增加，不再需要刻意衰减测量光的强度，以使二者强度匹配；③像面掩模上较大的窗口使得几乎全部的测量光强度都可以直接透过。相移是通过在垂直于光栅线条方向上移动光栅实现的，由于零级光的相位不受光栅位置的影响，而 1 级光的相位随光栅的位置发生周期的变化，因此通过移动光栅就可以在测量光和参考光之间引入相移。对于相移，光栅单次移动量一般为光栅周期的几分之一。由于使用的是粗光栅，即光栅周期较大，因此移动精度不难实现。最后，在部分透射式针孔点衍射干涉中，针孔不在焦斑中心，而在这种光栅分光式针孔点衍射干涉中，针孔位于某衍射级次焦斑的中心，因此参考针孔的照明更均匀。另外，这种结构也具有适用光谱范围宽的优点，从可见光到 X 射线都可以使用。

该结构对测量光和参考光在像面的间距有一定要求，既不能太大也不能太小。若太大则使得干涉条纹密度过高，造成干涉图的相位信息难以获取，若太小则参考光和测量光易受杂散光和待测光学系统像差的影响。测量系统要求参考光和测量光在像面有足够的间距，又要求参考光和测量光在 CCD 面上有足够的重叠，实现的方法是采用粗光栅(即周期较大的光栅)，使测量光和参考光之间的夹角较小，而使光栅离物面或者像面的距离足够大。

这种技术的测量空间分辨率受限于两个因素，一个是探测器的分辨率，另一个是像面针孔窗口掩模上的窗口的宽度。因为测量光由窗口穿过，而且仅允许测量光束焦点附近的光穿过，因此窗口实际上发挥了一个低通滤波器的作用。窗口的宽度一般和针孔和窗口之间的距离相当，一般为 20～40 倍衍射极限分辨率。窗口的形状和尺寸实际上决定了待测波前的能够穿过的空间频率，也就决定了可测空间频率。在测量光和参考光的像面间距以及待测光学系统确定的条件下，测量光和参考光将在掩模面发生一定程度的重叠，而窗口的最大尺寸受两束光重叠程度的限制。然而，在垂直于光束分离方向上，这个限制比较小，因此可以在这个方向上放大窗口，以增加高空间频率分量的响应。从原理上讲，可以在相互垂直的两个方向上各进行一次测量，从而可以实现高频像差的测量。改变测量方向可以通过调整光栅方向实现。

这种点衍射干涉检测技术的一个缺点是，测量范围较小，仅适用于小像差光学系统的测量。因为如果待测光学系统像差较大，则会使像面针孔衍射产生的参考球面波误差较大，而且会有更多的参考光中的高频分量通过像面窗口，分别与测量光和参考光形成额外的干涉，影响测量精度。一般要求进行测量之前待测光学系统的波像差在纳米量级，这是系统误差和待测光学系统质量的上限。

2) 针孔衍射波面仿真

点衍射干涉的参考光通过待测光学系统某个焦点附近的一个亚分辨率的针孔衍射产生，因此点衍射干涉的测量精度依赖于一定 NA 内衍射参考球面波的质量，也就是相对理想球面波的偏差量。通过对针孔衍射进行仿真分析，可以计算出衍射球面波质量。通过电磁场仿真计算研究衍射球面波质量随针孔参数、材质的变化关系，是针孔优化设计的重要手段。

A. 仿真模型与计算方法

对于针孔衍射的仿真，可以采用基于标量衍射理论的二维模型[14,15]，即将衍射针孔视为一个平面屏上圆孔的衍射，通过标量衍射积分可以利用圆孔上的光场分布计算出远场的衍射光场分布。但实际上，由于针孔基底材料必须具有一定的厚度，以尽可能地阻止针孔附近的 EUV 光透过，这个厚度一般在 100nm 以上，与针孔直径相当，甚至可能比针孔直径大。因此，针孔的结构实际上是一个发挥波导作用的圆柱孔。在这种情况下，光在针孔中的传播以及针孔后的光场分布需要通过麦克斯韦方程组求解[16-18]。

针孔仿真模型如图 9-11 所示，会聚球面波入射至针孔表面，光斑入射中心与针孔表面中心重合。由于针孔的尺寸与波长相当，光斑经过针孔传输时发生衍射，在针孔的出射端面的远场产生球面波。

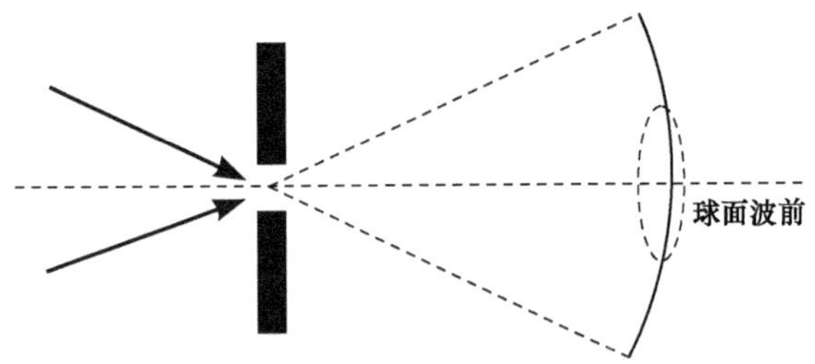

图 9-11　针孔点衍射示意图

对于这种高度吸收介质上的三维针孔衍射问题，无法得到解析解，一般的处理方法是在一定的初始条件和边界条件下，通过数值方法求解针孔衍射的近场分布。麦克斯韦方程组的数值求解方法有严格耦合波分析法(rigorous coupled wave method, RCW)、有限元法(finite elements method, FEM)以及时域有限差分法(finite difference time domain method, FDTD)。RCW 是一种傅里叶域分析方法，其将电场和磁场展开为有限维度的 Fourier 级数。该方法不对空间进行取样，因此可以确定空间每一点的场值，但精度受截断误差影响。该方法常用于分析光栅的衍射问题。FEM 是将所分析区域离散化为一系列子区域，然后求解每个子区域内的电磁场分布。FDTD 是应用极其广泛的电磁场数值分析方法，其计算域的空间节点采用 Yee 元胞的方法，同时电场和磁场在空间和时间域内都采用交错抽样，用前一时刻的电磁场值计算当前时刻的电磁场值，并在每一时刻将此过程算遍整个空间，于是可以得到整个空间随时间变化的电磁场值。一般采用 FDTD 仿真三维针孔的矢量衍射过程。

求解出针孔衍射的近场分布后，可通过标量衍射积分由近场分布的平行于入射光偏振方向的电场分量计算出远场的光场分布。从远场光场分布的相位中移除离焦和倾斜分量，即可得到针孔的远场衍射波前。

用于极紫外光刻投影物镜波像差检测的点衍射干涉技术通常使用两种波长，分别是工作波长，即 EUV 光和 532nm 的可见光。针孔衍射的波面质量与照明光的波长有关，下面分别介绍 EUV 光和 532nm 可见光下的针孔衍射仿真。

B. EUV 波长仿真

美国 LBNL 面向 *NA* 为 0.1 的 EUV 光学系统的检测，在 13.55nm 的 EUV 波长下对针孔点衍射进行了严格的仿真分析。仿真的针孔直径为 50～200nm，针孔的基底为对 EUV 光高度吸收的 90nm 厚的钴膜。针孔附近的三维电磁场分布通过一个时域的矢量电磁场仿真计算软件 TEMPEST 3D 计算。针孔照明光为正入射的均匀平面波，且沿着 x 方向线偏振。计算钴膜后 2.7nm($\lambda/5$)处电场 x 方向偏振的分量，然后将其作为初始光场，在 0.1*NA* 内通过菲涅耳-基尔霍夫远场衍射积分公式计算出针孔后 10cm 处的球面上的电磁场分布，距离 10cm 相当于点衍射干涉中针孔窗口掩模与 CCD 之间的距离[16]。

图 9-12 给出了仿真分析的几种针孔几何结构，分别为圆柱孔、两种方向的圆锥孔和椭圆柱孔。图 9-13 给出了三种针孔形状在不同的针孔直径下经过仿真计算得到的波前误差的 *PV* 值。从图中可以看出，波前误差的 *PV* 值随针孔直径增加而增加，较大针孔的波前像差主要为旋转对称分量，而在每个衍射波前中都会出现一个小于 0.02λ *PV* 的像散分

量。圆形针孔衍射波前的非对称分量主要来源于入射场的偏振。关于椭圆形针孔的仿真结果同样表明衍射波前误差 *PV* 值随着针孔尺寸的增加而变大，且在针孔长轴方向上出现了较大的误差，成为偏振效应以外引起较大非旋转对称像差的原因。

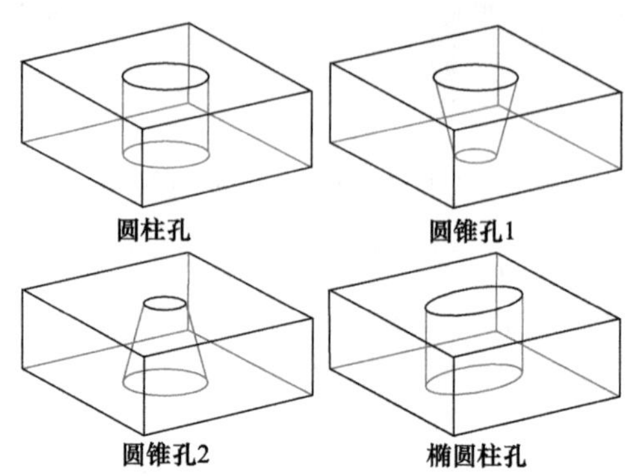

图 9-12　仿真分析的几种针孔的几何结构[16]

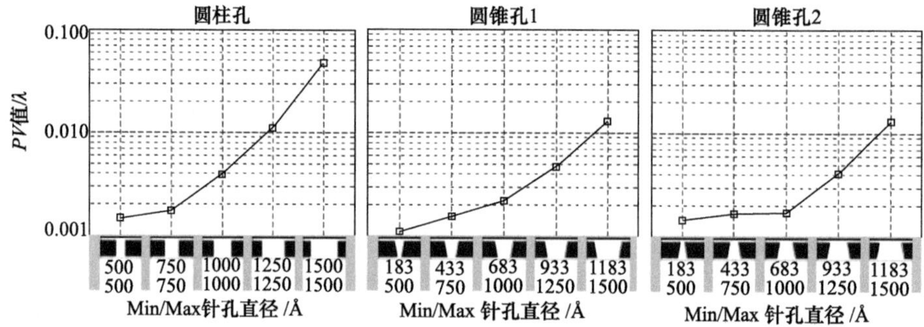

图 9-13　0.1*NA* 内三种针孔形状下衍射波前误差的 *PV* 值随针孔直径的变化关系[16]

日本的 EUVA(extreme ultraviolet lithography system development association)面向更高 *NA*(*NA*=0.2)的 EUV 光学系统的测量需求，在 13.5nm 波长下，对针孔衍射波前质量进行了仿真分析。对于 EUV 光学系统的点衍射测量，一般而言针孔直径应该小于 $0.5\lambda/NA$。在 0.2*NA* 与 13.5nm 照明波长条件下，针孔直径应小于 34nm。工艺上高精度制作如此小的针孔的难度很大，而且测量时通过针孔透射的光会非常弱。因此，为了避免采用如此小的针孔，EUVA 进行了针孔点衍射仿真，通过改变针孔基底厚度、直径等参数，并在仿真中考虑入射光的像差和对准误差，研究在真实的测量情况下是否可以使用更大直径的针孔[17]。

针孔仿真的入射光为会聚光，*x* 方向偏振。针孔基底选择 Ta 和具有更大衰减系数的 Ni 两种材料进行对比，基底厚度设置为 100～250nm。采用与 LBNL 同样的仿真分析方法，首先通过 TEMPEST 软件计算近场分布，然后将近场分布通过标量衍射积分公式传播到远场，经过进一步计算获得远场衍射波前，并计算 *PV* 值，作为针孔衍射波前误差。

仿真结果表明，在入射光不含像差时，当 Ta 膜的厚度小于 150nm 时，波前误差 *PV* 值较大，且随着针孔直径的增加而增加。随着厚度的增加，衍射波前误差在厚度为 175～225nm 和直径为 45～55nm 时达到最小值。对于较厚的膜，更小直径的针孔反而会导致更大的误差。如果需要更小直径的针孔，Ni 比 Ta 具有更好的性能。对于 0.2 *NA* EUV 光学系统的测量，直径为 50nm、厚度为 200nm 的 Ta 膜基底针孔可以作为一个更大直径的针孔的选择。

在考虑入射光像差的条件下，仿真结果表明，对于 x 方向线偏振光照明，在 y 方向伸长的椭圆针孔优于圆形针孔。入射波前离焦量−100～200nm 时，直径为 50nm 针孔的波前误差 *PV* 值在 3mλ 以下。焦点和针孔中心的 x 方向位置偏差为 10nm 时，直径为 50nm 的针孔波前误差 *PV* 值增加 2mλ。由于入射光的高阶像差会被针孔滤除，仅低阶像差对波前衍射误差有影响。由于针孔不能充分滤除像散，为了使用更大直径的针孔，应该事先使用其他方法测量待测光学系统像散。

C. 可见光波长仿真

对于可见光入射条件下亚微米量级的针孔的衍射问题，同样采用 FDTD 方法计算针孔衍射近场分布以及通过标量衍射积分传播到远场的方法。仿真模型中主要系统参数如下：照明入射光波长为 532nm、*NA* 为 0.3 的会聚球面波，为线偏振光；针孔材料为 Cr(铬)或者 Si_3N_4(200nm)+Mo/Si；远场球面波 *NA* 为 0.3，距针孔出射端面 1mm。通过仿真计算，对不同直径和厚度的针孔进行衍射波前和强度的仿真，得到最优的针孔结构参数(衍射波前 RMS 优于 0.03nm、衍射光强的均匀性优于 60%)。

研究针孔直径范围为 300～700nm，以 40nm 为间隔，厚度为 300nm、400nm 和 500nm 的情况。考察针孔衍射波前上的相位与理想球面波相位之间的偏差，以及衍射波面上的光强均匀性。

由表 9-1 可见，在所研究的 *NA* 范围内，衍射波面始终保持着很好的光强均匀性。随着孔径的增大，均匀性先增大后减小，存在着微小的变化，在 D=500～540nm 时，即与波长相当时，衍射光的光强均匀性最好。

表 9-1　不同结构参数下针孔衍射波前的光强均匀性

针孔直径/nm	针孔厚度 300nm	针孔厚度 400nm	针孔厚度 500nm
300	0.9868	0.9869	0.9869
340	0.9890	0.9891	0.9891
380	0.9915	0.9916	0.9916
420	0.9940	0.9941	0.9941
460	0.9964	0.9965	0.9965
500	0.9989	0.9989	0.9989
540	0.9981	0.9983	0.9983
580	0.9942	0.9949	0.9951
620	0.9887	0.9899	0.9905
660	0.9797	0.9799	0.9805
700	0.9686	0.9695	0.9713

图 9-14 为 *NA*=0.3 时衍射波前相位的 *PV* 值和 RMS 值随针孔结构参数的变化情况，根据仿真结果可见，随着针孔在 300～700nm 范围内增大，衍射波前误差并不是单调增

大，而是先减小然后增大，在 500nm 附近取得局部极小值。在 700nm 处，波前误差降到最小，因为此时误差主要表现为离焦。针孔掩模板的厚度对衍射波前误差影响较小，随着针孔掩模版厚度增大，波前误差变化很小，有误差减小的趋势。

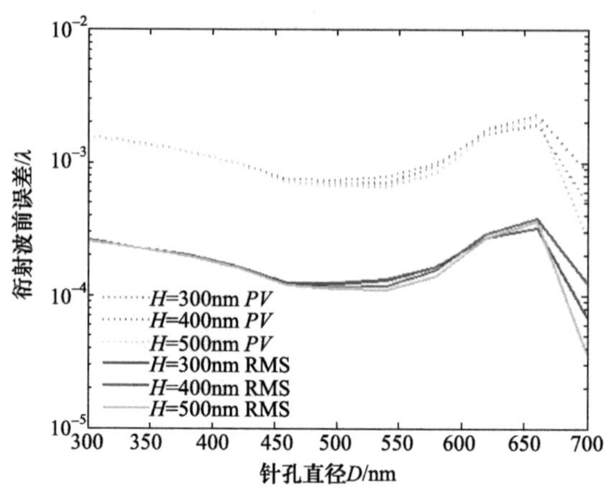

图 9-14　不同针孔结构参数的针孔衍射波前误差(NA=0.3)

根据上述针孔衍射仿真结果，若针孔材料为 Cr 膜，选取针孔厚度为 500nm，针孔直径为 700nm，当 NA 为 0.3 的会聚光束入射时，在针孔出射端，NA 为 0.3 的区域内，即可满足衍射波前 RMS 值优于 0.03nm、衍射光强的均匀性优于 60%。

当针孔材料为 SiN(200nm)与 Mo/Si 组合时，仿真结果如图 9-15 所示。针孔直径从 300nm 逐渐增大到 800nm 时，衍射波前误差先在 500nm 左右达到局部最小值，然后再依次先减小后增大，分别在 720nm(Mo/Si 为 60 对)和 760nm(Mo/Si 为 80 对)时，衍射波前误差达到最小值。当针孔厚度为 620nm，针孔直径为 715nm 时，衍射波前误差达到 0.016nm RMS，光强均匀性达到 96.39%；当针孔厚度为 760nm 时，针孔直径为 755nm，衍射波前误差为 0.022nm RMS，光强均匀性达到 95.64%。

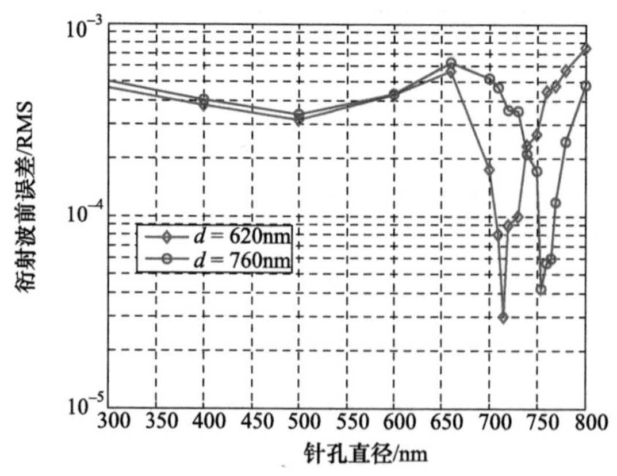

图 9-15　SiN 与 Mo/Si 多层膜针孔结构参数的针孔衍射波前误差(NA=0.3)

并且，针孔衍射波前误差对针孔直径的变化很敏感。对于厚度为 620nm 的针孔，当针孔直径增大或减小 5nm 时，衍射波前误差将增大至 0.042nm RMS 和 0.047nm RMS。

对于厚度为 760nm 的针孔，根据仿真数据，当针孔直径减小 5nm 时，衍射波前误差会迅速增大至 0.092nm RMS，当针孔直径增大 5nm 时，衍射波前误差增大至 0.0306nm RMS；当针孔直径增大 10nm 时，衍射波前误差还在 0.0319nm RMS。因此，针孔直径加工误差不应超过±5nm，且厚度为 760nm 的针孔最佳直径为 760nm。

3) 测量光路结构类型

依据光栅衍射分光的基本原理，可以设计多种不同的测量光路结构，主要有两种设计思路，第一种是通过将衍射光栅置于光路中不同的位置获得不同的测量光路结构；第二种是通过选择零级光或 1 级光作为参考光，获得不同的测量光路结构。

依据衍射光栅在光路中位置的不同，有三种光路结构，如图 9-16 所示。从原理上讲，光栅可以置于光路中像面前的任意位置，图 9-16 中(a)和(b)两种光路结构的区别在于光栅位置一个在待测物镜和物面针孔掩模之间，另一个在待测物镜和像面针孔窗口掩模之间。两者的光能利用效率和工作方式都很相似，没有实质的区别。而对于这两种结构，光栅线位置误差可能在测量光波中引入测量误差，降低测量精度[19]。

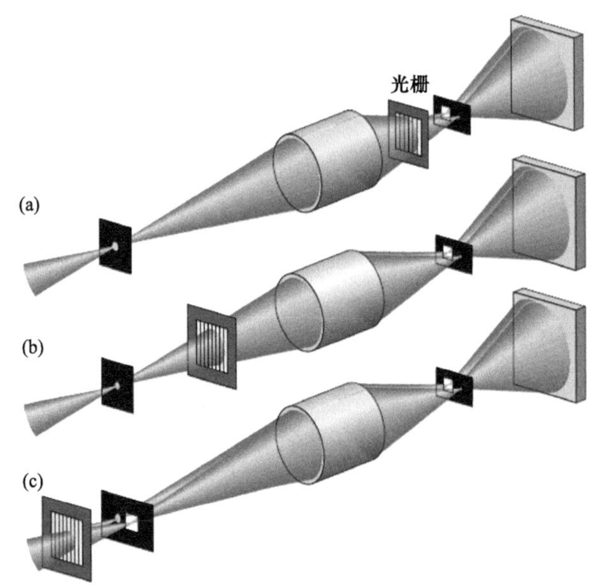

图 9-16　光栅分光式针孔点衍射干涉检测技术的三种测量光路结构[19]

如果将光栅分束器置于物面之前，即图 9-16(c)所示的结构，则光栅线位置误差对测量精度没有影响。这种结构中，在物面也使用了一个针孔窗口掩模，测量光通过物面亚分辨率针孔滤波产生准理想球面波，消除了光栅线位置误差的影响，穿过待测物镜携带其像差后通过像面窗口。而参考光穿过物面掩模上的窗口后，通过光学系统后在像面被掩模上的针孔滤波，产生准理想球面波，与测量光产生干涉。而且在这种结构中参考光仅被滤波一次，而非两次，因此这种结构相对(a)和(b)两种结构具有更高的效率。但是这种结构要求入射于物面针孔的照明光具有近衍射极限的光束质量，使其各个衍射级次的焦点能够在待测物镜的物面分离，而使其难以在极紫外光刻波像差检测领域得到应用，因为照明系统通常达不到衍射极限性能。

在实际的使用中，一般使用图 9-16 中的(b)结构。对于此种结构，实际上还有两种结构，两者的区别在于使用零级光作为参考光还是使用 1 级衍射光作为参考光。如果使用 1 级光作为参考光，零级光作为测量光，则光栅线位置误差不会对测量结果造成影响，因为零级光不受光栅线位置误差的影响，这种结构称为 1 级参考结构(first-order-reference)；反之，即以零级光作为参考光，1 级光作为测量光，则作为测量光的 1 级光会受光栅线位置误差的影响，从而会在测量结果中引入系统误差，影响测量精度，这种结构称为零级参考结构(zero-order-reference)。对于零级参考结构，因为零级光的能量本身就高于 1 级光，而且零级光无衰减地通过窗口，1 级光则在像面经过针孔衍射发生进一步的光能衰减，使得这种结构能够实现的最高的参考光和测量光的光强比为 1：1。如果要获取更高的测量精度，则需要采用更小尺寸的针孔，这时像面针孔滤波造成的光能损失将使得参考光和测量光之间出现较大的光强失配，进而使得干涉条纹对比度很低，从而容易受到光子噪声和探测器量化噪声的影响[20]。

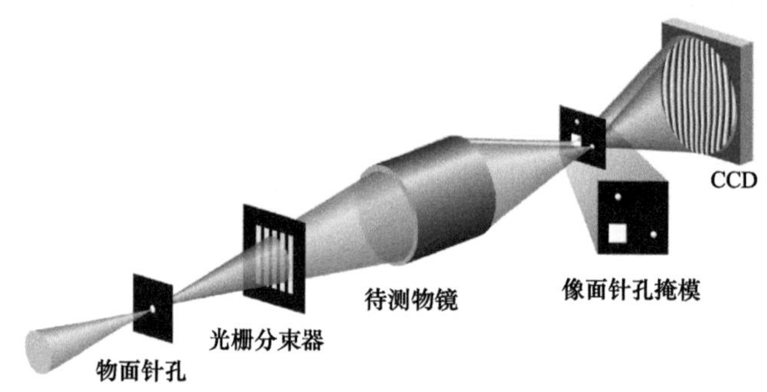

图 9-17　光栅衍射式针孔点衍射干涉检测技术光路结构[20]

因此，选择 1 级参考结构还是零级参考结构，需要考虑的因素是干涉条纹对比度和光栅线位置误差引入的测量误差，需要在两者之间权衡利弊。实际上，由于光栅线位置误差很小，因此通常采用零级光作为参考光，采用 1 级光作为测量光。这样做可以使参考光和测量光的能量匹配，从而获得较高的干涉条纹对比度，同时也可以保证光栅线位置误差导致的测量误差较小。而且，假设光栅线位置误差是不相关的，也可以通过平均过程来改善测量精度。显然，相比 1 级参考结构，零级参考结构可以使用更小的针孔尺寸，从而可以达到更高的测量精度。

另外，考虑到实际的照明光源都有一定的带宽，因此在分析干涉仪结构时，需要考虑光源带宽问题。对于给定位置和周期的衍射光栅，像面零级光和 1 级光焦点之间的间距正比于波长。探测器面的干涉条纹密度则正比于零级光和 1 级光的间距，但是反比于波长。如果测量的是一个理想的消色差光学系统，这两个效应会彼此平衡，因此对照明光源的每个波长分量都产生相同的干涉条纹图。

在照明光源存在一定带宽的条件下，零级参考结构和 1 级参考结构的干涉条纹对比度不同。如前所述，波长决定像面测量光束和参考光束之间的间距。零级光焦点的位置对每个波长分量是相同的，而 1 级光的焦点位置随着波长的变化发生移动。如果照明光源有一定的带宽，则 1 级光的聚焦位置会存在一个范围，而不是一个点，如图 9-18 所示。如果使用 1 级参考结构，则参考针孔将发挥单色仪的功能，参考光中多数波长分量被滤除，只有少数波长分量能够透过针孔发生衍射，而作为测量光的零级光的一定范围内的波长分量都可穿过窗口。在这种情况下，测量光和参考光将含有不同的波长分量，因此将降低干涉条纹对比度。如果使用零级参考结构，采用 1 级光作为测量光，所有的波长分量都可以穿过窗口，零级光也未丢失波长分量，因此参考光和测量光具有相同的波长分量，干涉条纹对比度不会因为光源存在一定带宽而降低[19]。

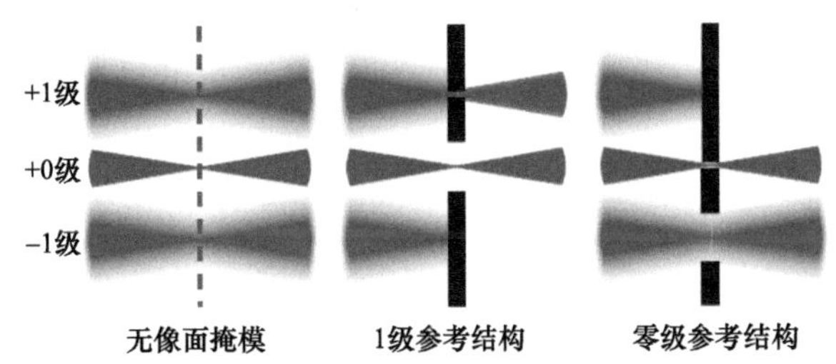

图 9-18　零级和 1 级参考结构在多波长照明条件下的滤波特性[19]

4) 误差分析与标定

光栅衍射分光式针孔点衍射干涉检测技术的主要误差源是系统结构产生的几何像差以及像面针孔产生的参考球面波误差。系统结构产生的几何像差主要有两类，一类是由待测系统像面和 CCD 之间未使用成像透镜，且参考光和测量光在像面分离而存在一定的间距引起的彗差；另一类是探测器倾斜引入的像散。除这两类几何像差外，还有平面光栅对会聚球面波衍射造成的衍射误差、平面探测器探测球面波造成的径向畸变等几何误差，这几类几何像差与前两类几何像差相比都较小。除径向畸变外，这些几何误差都可以通过精确的测量系统的结构参数结合理论分析进行补偿。针孔产生的参考球面波误差主要是由于参考针孔对待测光学系统像差不完全滤波引起的，不仅与针孔本身的质量和位置有关，而且与待测光学系统的像差幅值有关，因此难以通过干涉仪的误差标定移除。不过，这部分误差中随参考针孔位置随机变化的部分可以通过对多次测量值取平均的方法进行抑制[19,21,22]。

A. 系统几何误差

a. 几何彗差

测量光束和参考光束的焦点在像面分离，存在一定的间距 s，使得两干涉光束之间存在一定倾斜，也就是干涉图中含有一定量的载频，如果待测光学系统和参考球面波都是理想的，则干涉图为一组平行直条纹。实际上就是测量光和参考光之间存在独立于待测光学系统波像差的额外光程差，这个光程差在测量结果中表现为彗差误差，称为几何彗差。在像方数值空间 NA 小于 0.1 时，此彗差为系统几何结构产生的最大几何像差。这个像差的幅度可以通过解析分析相距为 s 的两个点源到相距一定距离 z 的探测面上的某点之间的光程差得到，如图 9-19 所示。

通过对该光程差进行二阶二项式展开，并将其表示为 Zernike 多项式的形式，可得彗差系数 C 的大小随间距 s 和 NA 的三次方线性变化，具体表达式为

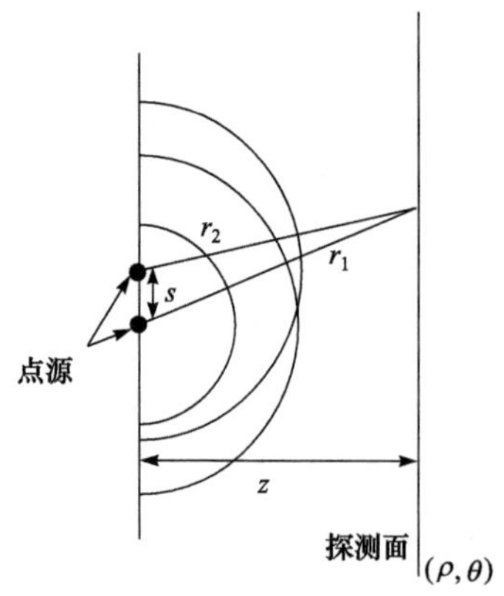

图 9-19　测量光和参考光像面分离引入的额外光程差[21]

$$C \approx -\frac{1}{6} s\, NA^3 \tag{9.1}$$

几何彗差的解析分析采用了二阶展开，从理论上讲，使用高阶展开可以得到更高的彗差补偿精度，也可以补偿更高阶的彗差测量误差。但是要根据实际的精度需求和系统参数来判定需要展开的阶数。例如，如果使用三阶展开，彗差系数的表达式中会出现与 NA 的五次方成正比的项，对于较小 NA(小于 0.1)光学系统的测量，相应的彗差系数非常小，几乎是可以忽略的，因此没有必要进行三阶展开，二阶展开就可以满足测量精度需求。对于 4.5μm 的像面间距(s=4.5μm)和 0.08 的测量 NA，几何彗差误差约为 0.03λ。

除彗差项外，几何光程差中还有倾斜项，而倾斜项的系数 T 和彗差项的系数 C 之间有一个固定的比例关系。比例系数为 NA 的函数，几何彗差和倾斜项的方向都与像面间距的方向相同，如果像面间距为 x 方向，则彗差和倾斜都为 x 方向。

关于几何彗差的补偿，在已知 NA 的情况下，根据测得的倾斜系数可以得到几何彗差系数，从测量结果的彗差系数中减去这个几何彗差系数，即可得到待测光学系统真实的彗差系数。实际上进行数据分析时，这个 NA 并不严格是光学系统的像方 NA。一般而言，实际采用的数据是测量数据的一个子区域，选定数据区域的 NA 由选定的子区域及相应的光锥所定义。这个 NA 实际上是难以精确确定的，这种情况下不能通过单一一次测量获得几何彗差系数，需要两次或多次测量。由于彗差系数和倾斜系数都正比于参考光和测量光在像面的间距 s，而且彗差、倾斜的方向与间距的方向一致，因此通过组合不同的像面间距大小或者方向条件下的测量，可以将真实波前和几何彗差区分开。

b. 探测器倾斜误差

在实际测量中要求校准探测器，使探测器平面垂直于测量光学系统的中心光线，如果这个校准存在误差，即平面探测器存在倾斜，则会在测量光和参考光中引入额外的光程差，在测量结果中引入像散。这个像散误差的大小同样可以通过对测量光和参考光之间的光程差进行解析分析得到。

图 9-20 为探测器倾斜的光路示意图，假设探测器面 x 方向和 y 方向的倾斜角分别为 γ_x、γ_y，像面参考光和测量光焦点的间距 s 沿 x 轴。分析表明，探测器倾斜会在测量结果中引入像散误差，在垂直于像面间距方向和平行于像面间距方向，倾斜造成的影响不同，在平行于像面间距方向除引入像散外，还会引入额外的离焦误差。通过对探测器倾斜引入的光程差进行分解，并表达为 Zernike 多项式的形式，可以得到探测器倾斜导致的像散的 Zernike 系数为

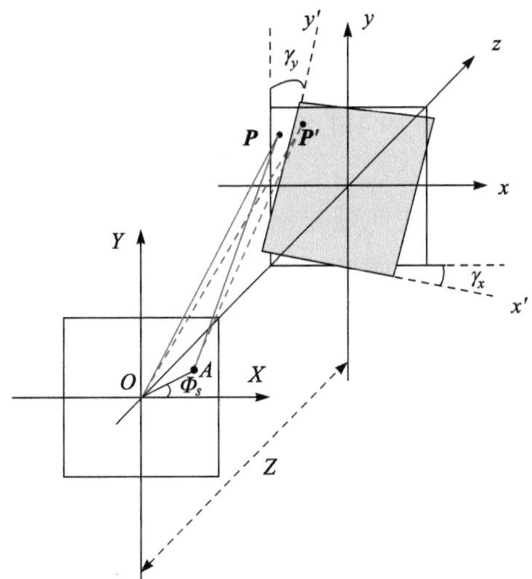

图 9-20 探测器倾斜光路示意图

$$e_{\mathrm{a}} \approx \frac{1}{2} sNA^2 \left(\gamma_x^2 + \gamma_y^2\right)^{1/2} \tag{9.2}$$

倾斜导致的离焦误差的 Zernike 系数为

$$e_{\mathrm{d}} \approx \frac{1}{4} s\gamma_x NA^2 \tag{9.3}$$

在分解几何光程差以获得像散和离焦系数时采用了小角近似。在像面间距 s=4.5μm，NA=0.08 的条件下，探测器倾斜导致的像散的幅值约为 0.25nm/度。

c. 光栅衍射误差

使用平面光栅分束器衍射球面发散或会聚光束也会产生系统误差。因为入射角在光栅照明区域内发生变化，根据光栅方程，衍射角将发生变化，而且是非线性变化，因此在衍射光中将引入一个小的相位误差。从几何观点来看，在垂直于光栅线的方向上，离轴光线对应的光栅周期好像是减小了，使一个光锥内光束的衍射角发生变化。这种光栅衍射误差主要表现为彗差，称为光栅彗差。

因为光栅衍射彗差仅影响衍射光，而不影响零级光，因此如果采用 1 级参考结构，则光栅衍射误差被针孔衍射滤除，因此对测量结果没有影响。但是如 9.1.1.1 节所述，1 级参考结构存在条纹对比度低的问题。

与几何彗差和探测器倾斜误差一样，可以通过理论推导的方式分析衍射波前，结合三角函数的泰勒级数展开公式可以将衍射波前分解为三个分量，即球面波分量、倾斜分量和高阶像差分量，并将其表达为 Zernike 多项式的组合，将级数展开保留到前五阶，衍射波前 Φ 最后的表达式为

$$\Phi = kR + kz\alpha\left(1+\frac{2}{9}\alpha^2+\frac{1}{15}\alpha^4\right)Z_1 + kz\alpha^3\left(\frac{1}{9}+\frac{4}{75}\alpha^2\right)Z_6 + \frac{2}{75}kz\alpha^5 Z_{13} \tag{9.4}$$

其中，k 为波数，$k=2\pi/\lambda$；R 为入射球面波的曲率半径；z 为像面到探测器的距离；α 为最外侧光线与中心光线的夹角。显然，如果 α 为 0°，则式(9.4)中除第一项外，其他项都

为零，即入射光为平面波时，光栅衍射不会引入误差，与待测系统的像方 *NA* 无关。由式(9.4)可知，第一项为球面波项，第二项为倾斜项，第三项和第四项分别为三阶彗差和五阶误差项，均为 x 方向彗差。式(9.4)的结果为光栅线沿 y 方向时得到的，如果光栅沿 x 方向，可以得到另外一组相似的公式。

光栅彗差的移除与移除系统几何彗差相似，由于倾斜项和彗差项系数有固定的比例关系，对于比例系数为 α 的函数，如果 α 已知，则彗差系数可以直接计算出来，并从测量结果的彗差系数中移除；如果 α 难以精确测量，则可以通过组合两次正交方向的测量进行移除。

d. 径向畸变

由于待测光学系统像面和探测器之间未使用成像透镜，会聚的球面参考光和测量光直接由平面探测器接收，由此会引入一个小的几何畸变。这个畸变与上述描述的由测量光和参考光之间额外的光程差引入的系统误差不同，这个效应是测量区域内系统性的径向畸变，因为相对于测量光束的球面坐标，平面探测器系统变为一个完全依赖于径向位置的非线性坐标系统。

在进行测量时，波前在径向方向是线性抽样的，测量完成后，为了将波前还原为原来的球面坐标系统，需要对波前分析中使用的径向参数进行非线性调整。调整量可以通过投射球面坐标系统到探测器平面进行数学分析得到，调整量 $\varDelta$ 的表达式为

$$\varDelta(\rho)=\frac{1}{\alpha}\arctan\left(\tan\alpha\rho\right)-\rho \tag{9.5}$$

$\varDelta$ 是定义在归一化的坐标系统中的量，表明真实的归一化的极角与探测器上径向位置的差异。对于探测器归一化坐标系统中的 ρ，$\varDelta$ 表示要移除的径向偏移量。α 为表征数值孔径的角度($\sin\alpha=NA$)，通过式(9.5)进行计算，结果表明 *NA* 越大，径向偏移量越大，对于 0.08 *NA* 的待测光学系统，峰值畸变为 8.22×10^{-4}，小于 0.1%。如果测量数据区域的直径为 800 像素，则峰值径向畸变为 0.33 像素。在测量较大数值孔径的成像系统时，必须对径向畸变进行校正。

B. 参考波前误差

参考针孔导致的测量误差不能像上述几何像差一样进行解析分析，因为这些误差不仅与针孔的质量和位置有关，也与待测光学系统的质量相关。对于针孔衍射波前误差，待测光学系统的质量发挥着重要的角色，因为参考针孔的目的就是对待测光学系统的点扩散函数进行空间滤波，从而产生参考球面波。待测光学系统的像差幅度越大，这个空间滤波过程的重要性就越突出。因此，待测光学系统的质量越好，测量精度越高。

将掩模的不完全滤波分解为两部分：第一部分是像面掩模吸收层的残余透射引起的，这部分误差称为透射误差，这个误差独立于掩模位置，不能通过多次测量取平均的方法降低；第二部分是针孔直径有一定的尺寸，允许有限空间频率的带宽透过引起的，这部分误差称为空间滤波误差。可以合理地假设空间滤波误差与针孔相对待测光学系统点扩散函数的位置无关，因此该项误差可以通过多次测量取平均的方法降低，在多次平均测量过程中，连续两次测量会稍微改变针孔位置，改变位置的大小为光学系统点扩散函数宽度的一小部分。针孔缺陷也是导致参考针孔衍射波前误差的因素之一，这项误差可以

通过多个相同尺寸的针孔进行多次测量并取平均的方法降低[23]。

另外，针孔的校准误差也会导致参考波前的畸变，带来较大的测量误差。如图 9-21 所示，如果针孔存在较大的校准误差，则零级光的焦点和针孔位置将出现较大的位置偏离，结果是参考光的强度变小，而通过针孔掩模吸收层的含待测光学系统像差的透射波(即上述空间滤波误差的第一部分)强度变大，从而导致参考波前质量降低，影响测量精度。因此测量过程中必须对针孔位置进行精确的校准。对于这种类型的点衍射干涉检测技术，物面和像面的针孔位置校准是最具挑战性的工作[24]。

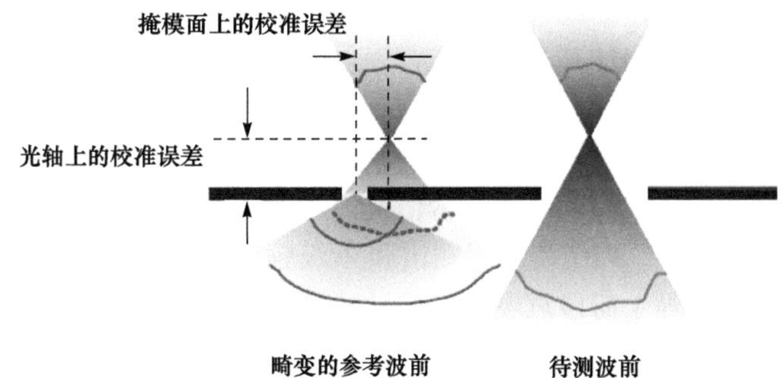

图 9-21　针孔与聚焦光束校准误差导致的衍射波前畸变[23]

C. 杂散光和泄露光

在理想情况下，干涉图应该是仅由针孔衍射产生的参考光和透过窗口的测量光干涉形成的，而实际测量时掩模后方的光不仅有参考光和测量光，还存在杂散光和泄漏光。图 9-22 为采用零级参考结构时针孔窗口掩模附近的光场分布情况，包括参考光、测量光、杂散光与泄漏光。对于零级参考结构，针孔和窗口分别选择衍射光栅衍射的零级光和 1 级光，分别作为参考光和测量光。零级光中的待测光学系统的杂散光分量通过窗口，分别与通过窗口的测量光和通过针孔衍射的参考光形成额外的干涉项，影响测量精度。另外，待测光学系统像差较大时，待测光学系统的 PSF 拓宽，零级光中的待测波前的高阶分量也会穿过窗口，其对测量结果的影响与杂散光没有实质性的区别。与杂散光类似，通过掩模的泄漏光也会与其他光束形成额外的干涉，影响测量精度[25,26]。

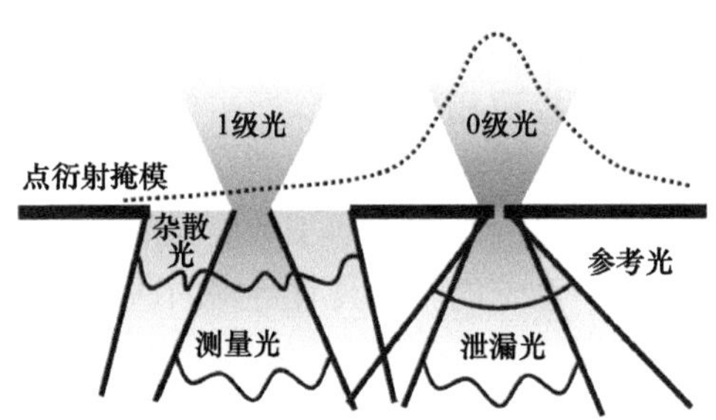

图 9-22　针孔窗口掩模附近的光场分布[25]

通过对掩模进行进一步的处理，设法阻止光直接透过掩模是降低其影响的唯一方式。而对于降低杂散光的影响，基本思路是增大针孔和窗口之间的距离，但是增大这个间距会使干涉条纹变密，因此干涉条纹密度(或者说探测器的分辨率)限制了针孔窗口的最大间距。

另一种降低杂散光影响的方法是双域滤波方法。在杂散光影响的情况下，干涉信号可以分为三类信号，第一类是通过窗口的测量光与通过针孔衍射的参考光的干涉项，是需要从杂散光噪声中分离出的测量信号项；第二类是杂散光和测量光的干涉项，这一项的空间频谱受限于窗口的自相关宽度，中心在零频处，因此是基带信号，是需要滤除的噪声项；第三类是散射光和参考光的干涉项，这一项的空间频谱和需要隔离的真实信号占据相同的空间频率区域，因此可以称为通带信号，也是需要滤除的噪声项。

干涉图的相位提取有两种基本的方法：一种是傅里叶变换法，另一种是相移法。傅里叶变换法通过在空频域滤波获取干涉图的一级频谱，从一级频谱中可以恢复出待测相位。因此，通过对相移点衍射干涉获取的多幅相移干涉图的每一幅进行空频域滤波，可以滤除每幅干涉图的中心在零频处的基带信号。对硬件的额外要求是窗口和针孔之间的距离为窗口宽度的 1.5 倍，以使得零级频谱和 1 级频谱能够分开，而通用的针孔窗口掩模设计是针孔窗口距离等于窗口宽度。在这种情况下，零级频谱和 1 级频谱是混叠在一起的，不能进行有效的分离。由于增大针孔窗口间距会使得干涉条纹密度变大，所以需要使用更高分辨率的探测器。增大窗口间距的另一个办法是降低窗口宽度，使得针孔窗口的距离为窗口宽度的 1.5 倍，这种处理方式由于窗口宽度降低而使得可测的待测波前的空间频率分量降低，但是在实际的测量中，这种空间分辨率的降低通常是可以接受的。因此，通过合适的掩模设计和数字滤波器设计，傅里叶变换法能够消除基带信号，使得干涉图数据中仅存在测量信号和通带信号。

相移法相位提取技术从本质上讲是一个时域滤波过程，对相移法进行频域分析表明，其 1 级频谱中包含相移调制的时变信号，这个时变信号包含测量信号和基带信号，而零级谱中包含未受调制的静态分量，这个静态分量就是带通信号。实际的相移法相位恢复过程是使用时域的 1 级频谱计算每个像素的相位，而作为时频域零级谱的带通信号对时域分析方法的相位提取没有影响。因此，相移法可以消除通带信号，使得干涉图数据中仅存在测量信号和基带信号。

因此，将傅里叶变换法和相移法结合，可以完全消除杂散光的影响。首先对每幅相移干涉图进行空频域的滤波处理，消除基带信号的影响；然后再对空频率滤波处理后的所有相移干涉图进行时域分析，提取相位，消除通带信号的影响。这种双域分析方法可以完全滤除杂散光的影响，而且可以利用相移法的高精度相位提取的优势。另外，由于光学系统的像差的高频分量对测量的影响类似于杂散光的影响，因此这种双域滤波方法也可以使这种技术对大像差光学系统的测量具有更好的适应性[27,28]。

D. 系统误差标定方法

由于待测光学系统不理想，会聚于像面的两束光都是含像差的。因为产生参考光的空间滤波过程的限制，参考光也含有一定的像差，尤其是测量系统的几何光程差可能远大于待测光学系统的波像差。为了测量这些系统误差和标定干涉仪，需要进行实验测量，主要有四种系统误差标定方法，分别是旋转物镜法[23,29]、旋转光栅法[30,31]、双针孔掩模零位测量法[21,22]和双窗口掩模测量法[23,29,32]。

a. 旋转物镜法

旋转物镜法的基本思想是利用旋转测量来分离待测光学系统的波像差和系统误差。测量过程中，旋转待测物镜，则待测物镜的波像差随之旋转，而测量系统的误差则保持不变，利用这个特性实现波像差和系统误差的分离。图 9-23 所示为旋转待测物镜法系统误差标定原理，首先将待测光学系统在常规方向进行测量，测得波前包含待测光学系统的波像差和测量系统的系统误差；然后旋转待测光学系统进行第二次测量，将测得的波前通过数值方式旋转回到与第一次测量相同的方向，得到的波前包含待测光学系统的波像差和经过旋转的测量系统的系统误差。将旋转前后得到的波前相减，则待测光学系统的波像差被消除了，得到的数据是系统误差与其旋转之后的差，通过这个差可以重建出系统误差[29]。

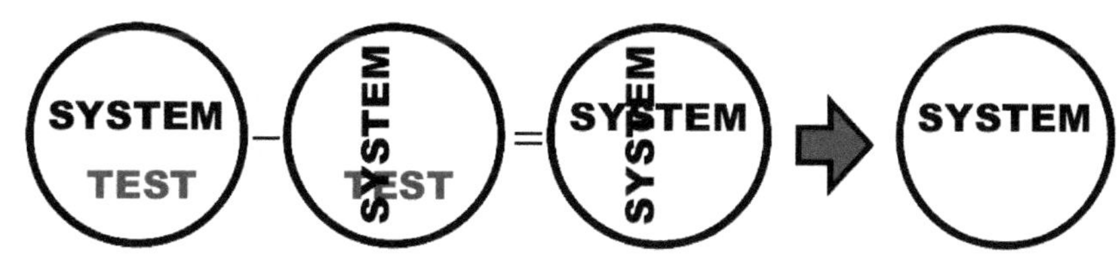

图 9-23　旋转待测物镜法系统误差标定原理[29]

由上述原理可知，在对第二次测量得到的波前通过数值方式旋转回与第一次相同的方向时，系统误差中的旋转对称分量和 $n\theta$ 分量在旋转前后未发生任何变化($n=2\pi/\alpha$，α 是旋转角度)，因此在两次测量数据相减时也随待测光学系统波像差一起被消除，使得不能得到旋转对称分量和 $n\theta$ 分量。由上可知，如果进行 90°旋转测量，则不能得到旋转对称分量和系统误差的 4θ 分量。如果再进行一次 120°旋转测量，可以得到 4θ 分量，此时不能得到 3θ 分量。因此，可以结合 90°旋转和 120°旋转来测量系统误差的非旋转对称分量。

b. 旋转光栅法

旋转光栅法的基本思想是，由于光栅衍射分光式针孔点衍射干涉检测技术的主要系统误差都与测量光与参考光的像面分离间距的大小和方向有关，如果改变像面间距方向，则系统误差的方向也随之旋转，而待测光学系统的波像差则保持不变，因此可利用这种特性通过两次测量分离待测波像差和主要的系统误差。由于改变像面光束间距的方向是通过旋转衍射光栅实现的，因此称为旋转光栅法。

图 9-24 所示为旋转光栅法系统误差标定技术的一种光路结构，分别在相互正交的两个方向上进行测量，即相当于一次测量完成后，将光栅旋转 90°(像面掩模也随之旋转)进行另外一次测量。两次测量中与像面间距方向相关的系统误差都随光栅方向旋转，其在两次测得的波前中不同，而与光栅旋转无关的其他系统误差和待测光学系统的波像差则在光栅旋转前后的两次中保持不变。因此，光栅旋转前后两次测量得到的波前相减，得到的数据为与光栅旋转相关的系统误差与其旋转后的数据之差，待测光学系统的波像差和其他系统误差被消除。通过光栅旋转相关系统误差的旋转前后之差可以重建出这部分系统误差，而这部分系统误差也是这种测量技术最重要的一类系统误差。这种方法相

对旋转物镜法的优点是不需要旋转物镜，极紫外光刻投影物镜的设计通常采用离轴的多个非球面反射镜组合，旋转难度很大[31]。

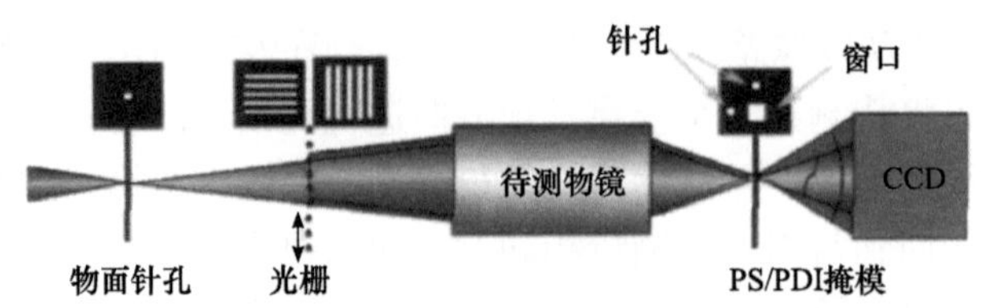

图 9-24　旋转光栅法光路结构[31]

c. 双针孔掩模零位测量法

双针孔掩模零位测量法通过在像面使用一个双针孔掩模代替针孔窗口掩模进行系统误差测量，测量系统是一个类似于杨氏双缝干涉实验的装置，如图 9-25 所示。针孔直径通常在 80～150nm 范围内，小于待测光学系统的衍射极限分辨率。通过使用双针孔掩模，测量光和参考光都被空间滤波，产生两个近理想球面波，两个球面波在掩模远场产生干涉。如果待测光学系统是理想的并且针孔足够小，则干涉图中提取的像差就仅是干涉仪系统几何效应产生的光程差。然而，实际上由于针孔和待测光学系统都不理想，双针孔零位测量得到的像差还包含其他像差。通过从测量结果中去除可以通过理论分析几何系统参数计算出来的理论几何光程差，如参考光和测量光的像面分离导致的几何彗差等，就可以得到干涉仪受系统误差和随机误差限制的精度，通过多次双针孔零位测量平均消除随机误差，可以得到受系统误差限制的干涉仪的精度，这也是这种点衍射干涉仪的绝对精度[19]。

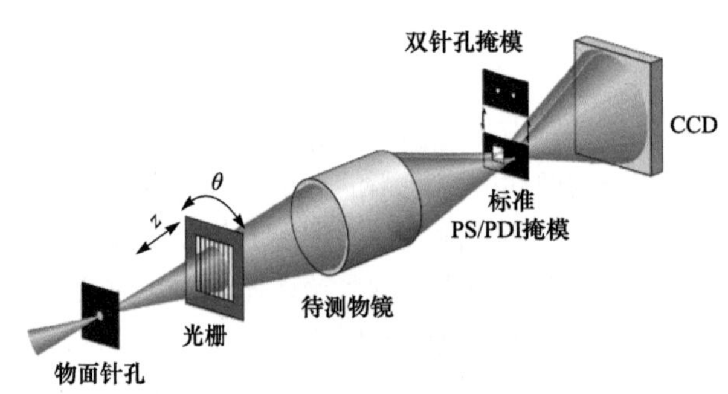

图 9-25　双针孔掩模零位测量法光路结构[19]

实际上，双针孔掩模零位测量法测量的仅是像面或像面之后的误差，在像面之前也可能有产生误差的几何效应，如球面波照明平面均匀周期光栅等，这些误差与像面后的几何误差相比非常小，可以忽略。

d. 双窗口掩模测量法

与双针孔掩模零位测量法不同，双窗口掩模测量法需要进行两次测量，第一次测量是正常的，即在像面使用针孔窗口掩模，而第二次测量在像面使用双窗口掩模，如图 9-26

所示。第二次测量和第一次测量采用相同的光栅衍射级次，可以认为第二次测量相对第一次测量采用了一个含像差的参考光。两次测量结果相减，得到结果就是待测波像差和参考球面波的光程差[23]。

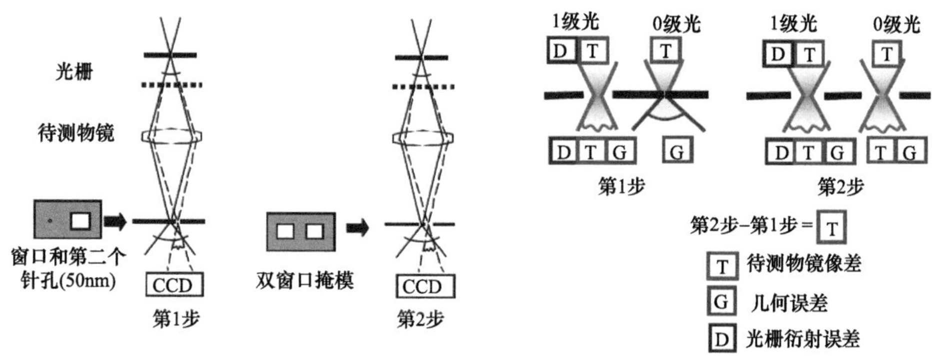

图 9-26　双窗口掩模测量法光路结构与测量原理[23]

第一次基于针孔窗口测量得到的结果 T_1 可以表示为

$$T_1=\left(W_{T1}+W_{R1}\right)+W_{SYS1}-W_{R0} \tag{9.6}$$

其中，W_{T1} 表示待测光学系统真实波像差，为相对于第一个针孔产生的参考球面波 W_{R1} 的差；W_{R0} 是像面针孔衍射参考球面波；$W_{R1}-W_{R0}$ 表示两个理想球面波由于像面的分离导致的额外的几何光程差，如前所述，这个光程差表现为倾斜和彗差；W_{SYS1} 表示光栅一级衍射误差、探测器位置误差等导致的系统误差；$W_{R1}-W_{R0}$ 可以基于系统结构参数和理论计算移除；为提高测量精度，必须移除系统误差 W_{SYS1}。

进行第二次测量时，使用双窗口掩模，测量结果可以表示为

$$T_2=\left(W_{T1}+W_{R1}\right)+W_{SYS1}-\left(W_{T0}+W_{R0}\right) \tag{9.7}$$

其中，W_{T0} 也表示待测光学系统真实波像差。式(9.6)和式(9.7)表示两次测量通过第一个窗口的光是相同，系统误差也是相同的，不同的是第一次测量时通过针孔衍射产生的球面波，在第二次测量时是通过窗口的待测波像差和通过第一个针孔衍射产生的球面波。式(9.6)和式(9.7)相减，所得结果即为待测光学系统的波像差，即

$$W_3=T_1-T_2=W_{T0} \tag{9.8}$$

因此，使用 W_3 作为最终的测量结果比使用 T_1 作为最终的测量结果，绝对精度更高，因为系统误差 W_{SYS1} 被移除了。

如果通过数值方式将 W_3 移动一个相当于零级和 1 级光束的像面间距，则可以得到

$$W_{3\to\Delta}=W_{T_{0\to1}}=W_{T1} \tag{9.9}$$

式(9.6)和式(9.9)相减可得

$$W_4=T_1-W_{3\to\Delta}=W_{SYS1}+\left(W_{R1}-W_{R0}\right) \tag{9.10}$$

W_4 表示总的系统误差，包括出现在 1 级光中的光栅衍射彗差、几何彗差以及探测器倾斜误差。这个标定方法的前提条件是假设物面和像面两个针孔产生的球面波都是理想的，

因此不能标定物面和像面两个针孔衍射产生的参考球面波误差。

5) 测量装置与实验结果

光栅衍射分光式针孔点衍射干涉检测技术具有结构紧凑、测量精度高等优点，在极紫外光刻技术研发早期便得到了广泛的研究，并发挥了重要作用。美国的 LBNL、日本的 ASET 等组织都建立了基于这种技术的测量装置，对多种实验用的极紫外光刻投影物镜进行了工作波长和可见光波长的检测，达到了很高的检测精度。

本小节以美国 LBNL 研发的光栅衍射分光式针孔点衍射干涉检测技术为例，介绍测量装置和实验结果。美国 LBNL 基于其 ALS 同步辐射光源，建立了工作波长点衍射干涉装置，用于多种实验用 EUV 物镜的检测，包括多套 10 倍施瓦茨物镜[33-38]、用于 ETS 装置(EUV lithography engineering test stand)的两套 4 反射镜全视场物镜(ETS Set-1 和 ETS Set-2)[39-44]，以及 0.3*NA* 的 MET(micro exposure tool)投影物镜。MET 是基于点衍射和剪切干涉两种技术的组合进行测量，将在后文进行介绍。

A. 10 倍施瓦茨物镜的检测

美国虚拟国家实验室(virtual national laboratory，VNL，由 3 个国家实验室组成，分别为 LBNL、LLNL 和 SNL)自 20 世纪 90 年代初开始研究极紫外光刻技术，于 1993～1998 年先后研发了 4 套实验用的 10 倍缩小的施瓦茨光学系统，这些光学系统的元件表面都镀制了钼硅多层膜，设计的峰值反射率波长为 13.4nm。在这期间，LBNL 对这些物镜主要进行了工作波长点衍射干涉的检测，而 LLNL 则进行了可见光点衍射干涉的检测。

a. 系统结构和参数

待测施瓦茨物镜是 10 倍缩小的实验用 EUV 光刻投影物镜，该物镜包含两个近同心的球面反射镜。两个反射镜都镀制了钼硅多层膜，峰值反射率波长为 13.4nm。形状为环形的第二个凹面镜镀膜厚度是均匀的，而第一个凸面镜镀膜的厚度不是均匀的，用于补偿其表面入射角的变化。孔径光阑为离轴，可以在环形光瞳内选择一个圆形区域进行曝光实验。3 个可旋转光阑对应 3 个分离的子孔径，3 个子孔径具有不同的数值孔径，分别为 0.06、0.07 和 0.08。因此，3 个子孔径允许系统工作在 3 个不同的 *NA* 模式。

10 倍施瓦茨物镜的点衍射干涉测量系统光路结构如图 9-27 所示。物面针孔直径为 0.5μm，小于待测物镜物方衍射极限分辨率，由激光打孔方法制作，用于滤波照明光束，产生空间相干照明。物面针孔置于由计算机控制的三轴位移台上，三轴位移台使得针孔和入射光束对准。在物面针孔和待测施瓦茨物镜之间放置一个粗光栅作为低角度光束分束器，将待测波前分为多个衍射级次，光栅周期为 18μm。像面掩模上的窗口尺寸为 4.5μm×4.5μm，远大于聚焦光斑尺寸。针孔直径在 50～150nm 之间，使用电子束光刻和聚焦离子束刻蚀法在一个薄膜上制作而成。针孔窗口之间的距离为 4.5μm，等于窗口的宽度。在正交方向分别有 1 个参考针孔，使得可以在两个相互垂直的光栅方向上进行两次测量。

b. 测量重复性

在 13.4nm 波长下，测量了 10 倍施瓦茨物镜环形光瞳的三个不同的区域。使用前述旋转光栅法消除几何彗差，并移除倾斜和离焦后，对于 0.08*NA*、0.07*NA* 和 0.06*NA* 三个子孔径，测量的波前误差分别是 0.26λ RMS、0.09λ RMS 和 0.043λ RMS。在 0.07*NA* 的子

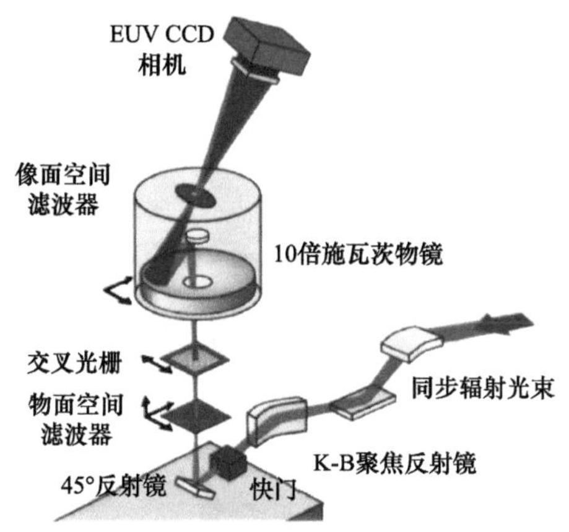

图 9-27　10 倍施瓦茨物镜的点衍射干涉测量系统光路结构[33]

孔径内进行多次测量，通过重复精度考察干涉测量系统的性能。在多种测量条件下，如不同直径的物面针孔、不同直径的像面针孔，在连续几周的时间进行 23 次分立的测量，获得波前误差为 0.09λ±0.008λ(1.21nm±0.11nm) RMS 和 0.531λ±0.046λ(7.11nm±0.61nm) PV，最主要的像差是像散，表明待测系统达到了衍射极限性能。23 次测量的标准偏差，即测量的重复精度为 0.008λ(0.11nm)RMS 和 0.046λ(0.62nm)PV。

c. 绝对测量精度

评价干涉测量的绝对精度的方法有两种，一种是曝光实验法，另一种是 9.1.1.1 节所述的系统误差标定方法。对于第一种方法，其基本思想是将干涉仪测量得到的像差数据输入光刻仿真软件，在一定的曝光参数下，针对某种图形的掩模计算曝光得到的图形，将该图形与相同条件下得到的实际曝光图形进行对比，两个结果的一致性表明了干涉仪测量的绝对精度。对一掩模图形在待测施瓦茨物镜的 0.07NA 的子孔径内在不同的离焦量下进行曝光实验，结果如图 9-28(b)所示，(a)为在与曝光相同设置条件下通过光刻仿真软件计算得到的结果。从图中可以看出，(a)和(b)具有非常好的一致性。

上述曝光实验法只能定性地评价干涉仪的测量精度，为了对干涉仪的绝对测量精度进行定量的评估，LBNL 进行了前述的基于双针孔掩模零位测量法的系统误差标定实验。通过双针孔零位测量实验得到的几何彗差量为 0.03λ，而通过理论计算得到的结果为 0.031λ，两者具有很好的一致性。从测量的系统误差中移除几何彗差后，残余波前误差为 0.006λ RMS，这个误差包括除几何彗差外的系统误差和随机误差。通过平均多次双针孔零位掩模测量，可以消除随机误差，得到干涉仪的绝对精度为 0.004λ RMS。

另外，LBNL 也通过双针孔掩模零位测试方法评价了检测精度随针孔直径的变化关系，在 80nm、100nm、120nm 和 140nm 四种针孔尺寸条件下进行了双针孔掩模零位检测实验，移除几何彗差、倾斜和离焦，并进行平均消除随机误差，得到的绝对精度分别为(0.0028±0.0001)λ(0.038nm 或 λ/357) RMS，(0.0041±0.0003)λ (0.055nm 或 λ/244)RMS，(0.010±0.001)λ(0.14nm 或 λ/100) RMS，(0.012±0.001)λ (0.16nm 或 λ/83)RMS。结果表明，测量的绝对精度随着针孔尺寸的减小而提高。实验结果表明，参考波前的质量主要受限于针孔对待测光学系统像差的不完全滤波，而不是来源于针孔物理尺寸的限制。因此，可以预测，随着待测光学系统的质量的改善，测量精度会随之提高。

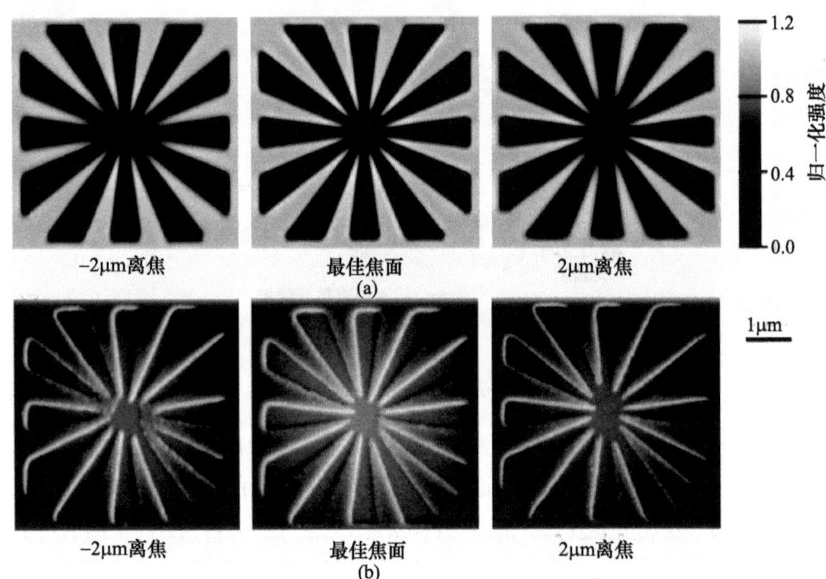

图 9-28　(a)通过光刻仿真软件计算得到的不同离焦位置的图形；(b)对与(a)相同的掩模图形进行曝光实验得到的图形[33]

d. 色差测量

工作波长测量的优点是测量结果既反映了反射镜表面面形误差，也反映了多层膜导致的波前误差，而可见光主要与多层膜的上表面发生相互作用，因此可见光干涉测量技术的测量结果只反映待测光学系统的表面面形误差和投影物镜系统的装配误差。如果改变测量波长，则由多层膜导致的波前误差将发生变化，而由表面面形导致的波前误差不发生变化，因此可以利用这个效应直接在一个波长范围内测量波像差分离出多层膜导致的色差。在 0.07*NA* 的子孔径内，在 13.0nm、13.2nm、13.4nm 和 13.6nm 等波长下，测量了波前相位误差。结果表明，在镀膜的通带内，四种波长下测量的波前相差很小，因为波长改变只导致常数相位的偏离，而干涉仪是不能测出常数相位偏离的。而在通带边界，相位误差变大，因为在边缘镀膜特性的非均匀性加重。

e. 可见光与工作波长测量的比较

可见光干涉术在光学车间中测量单个未镀膜的光学元件时有明显的优点，然而，EUV 波前不仅与反射镜表面的几何图形有关，而且也与多层膜特性有关。为此，工作波长检测是必要的。虽然可见光的反射仅与表面面形有关，EUV 反射的响应灵敏度依赖于波长、入射角和局部膜层厚度，但是从原理上讲，可见光和 EUV 波前只有千分之几个 EUV 波长的差别。为了研究多层膜光学系统的特性，LBNL 和 LLNL 合作，进行了 10 倍施瓦茨光学系统的可见光检测和 EUV 波长检测对比实验研究。参与这个比较的干涉仪有两种：一种是在 EUV 波长光栅衍射分光式针孔点衍射干涉检测装置上进行简单的改造，实现可见光检测的功能；另一种是与 LLNL 研发的双光纤点衍射干涉检测进行比较。

对于第一种，在研发工作波长点衍射干涉术的同时，LBNL 也在该检测系统上实现了可见光的测量。对光栅衍射点衍射干涉检测系统进行很小的改动即可实现可见光测量。如图 9-29 所示，通过一根通过其尖端提供空间相干照明光的光纤将 5mW 的波长为 632.8nm 的 HeNe 激光引入真空腔。光纤在物面针孔支撑架的位置从水平方向进入系统，从光纤尖端衍射的光通过一个 45°的平面反射镜向上反射，用于反射光束的区域非常小，但是要具有非常高的平面度，以避免反射镜在照明光束中引入额外像差。由于衍射角及参考光和测量光在像面的分离间距随着波长线性变化，为了确保参考光束能够进入待测光学系统的入瞳，相对于工作波长测量，可见光测量需要周期更大的光栅。在可见光和 EUV 下的实验结果表明，在 EUV 波长下会出现的很多小的缺陷，但在可见光下却看不到[37]。

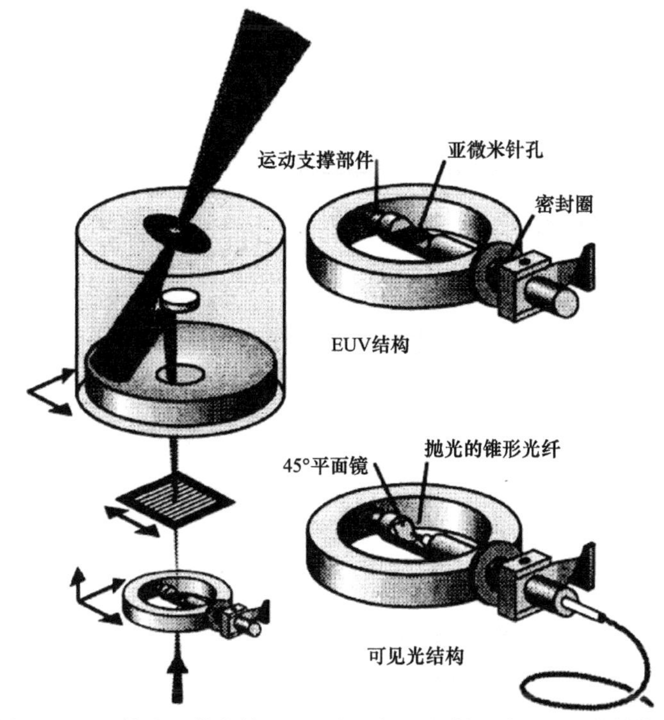

图 9-29　10 倍施瓦茨物镜的可见光光栅点衍射干涉测量系统结构[37]

对于第二种，LBNL 和 LLNL 合作进行了 10 倍施瓦茨物镜的可见光测量和 EUV 光测量的直接比较。EUV 光测量是基于 LBNL 的光栅衍射分光式针孔点衍射干涉仪，可见光测量是基于 LLNL 研发的波长为 532nm 的双光纤点衍射干涉仪，这种干涉仪将在本章后文介绍。因为波像差随着视场点位置的不同而不同，因此在进行比较时，精确地确定测量场点是非常重要的。在可见光和 EUV 波前测量中，存在一个与两个干涉仪中的共轭点位置相关的系统不确定性。两个系统都有一定的视场点测量范围，在物面上这个范围是横向和纵向几毫米，而 10 倍施瓦茨物镜的设计视场是像面 400μm 直径以及物面 4mm 直径。比较结果表明，可见光和 EUV 光是两个不一样的测量装置，测量结果相差非常小，在亚纳米量级，与两个干涉仪共轭点不确定性导致的误差在同一数量级[38]。

B. 四镜全视场物镜的检测

自 1999 年起，美国虚拟国家实验室(VNL)关于 EUV 波像差测量的研究重点转向四镜全视场 EUV 光学系统。这个系统由 3 个非球面反射镜和 1 个球面反射镜组成，是 4 倍缩小的成像系统，工作波长为 13.4nm，数值孔径 *NA* 为 0.1，像方视场为宽 26mm 的环形视场，作为其研发的 ETS(EUV- lithography engineering test stand)装置的投影物镜。VNL 先后制造了两套四镜全视场物镜，都是先在 LLNL 的可见光点衍射干涉仪的指导下进行装调，然后运往 LBNL 进行工作波长相移点衍射干涉法波像差检测。四镜全视场物镜的工作波长光栅点衍射干涉测量装置如图 9-30 所示[39]。

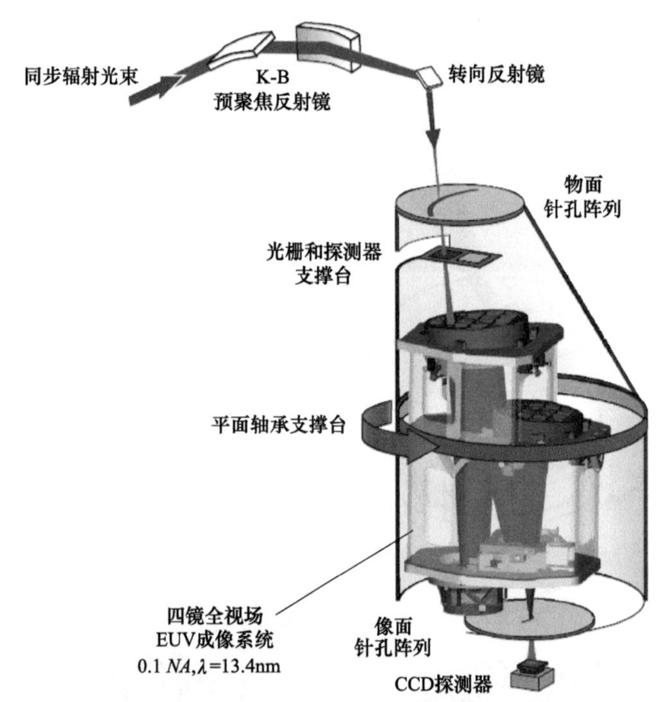

图 9-30　四镜全视场物镜工作波长光栅点衍射干涉测量装置结构[39]

与 10 倍施瓦茨物镜检测不同的是，四镜全视场物镜视场较大，为 26mm 宽的环形视场，波前测量需要在整个视场内进行。在测量视场内设置了 45 个测量视场点，分布形式为 5 行 9 列。为了测量每个视场点的波前，在物面和像面两个共轭面分别使用 1 个针孔阵列。对应每个视场点，物方针孔阵列都包含 21 个针孔和 4 个对准标记，是一个 5×5 的方形阵列，针孔之间的间距为 90μm。这个阵列中的针孔直径不同，分布在一定的范围之内，使得可以在测量时选择最佳的针孔直径。像面掩模包含参考针孔和透射窗口，对应于每个场点，有 6×8 个针孔窗口可供使用，针孔直径也在一个范围内分布。每个窗口对应两个针孔，一个窗口与相邻窗口的距离为 50μm，窗口之间的一对针孔用于进行双针孔掩模零位测量，标定干涉仪的系统误差。由于机械限制和掩模制造问题，Set-1 的测量场点数只能到 35 个[39-42]，而 Set-2 的测量场点数可以达到 45 个[43,44]。数据分析方法与 10 倍施瓦茨光学系统的测量相同，干涉图分析完成后，进行 37 项 Zernike 多项式拟合，并移除倾斜、离焦项及几何彗差后得到最终的测量结果。

图 9-31 所示为 ETS Set-2 在 45 个不同场点测得的波前，图中每个波前图形下方的数字表示波前误差的 RMS 值，单位为 nm，是基于 37 项 Zernike 多项式拟合得出的。测量结果显示 Set-2 相对 Set-1 在最佳场点的波前质量得到了明显改善。在中心视场点，在 13.35nm 波长附近的一个波长范围内进行测量，波长范围选择为大于 Set-2 光学系统的光谱通带的半高全宽。测量结果表明，在光谱宽度超过 0.37nm 的半高全宽时，波前变化小于 $\lambda_{EUV}/500$，表明该系统的色差几乎可以忽略。

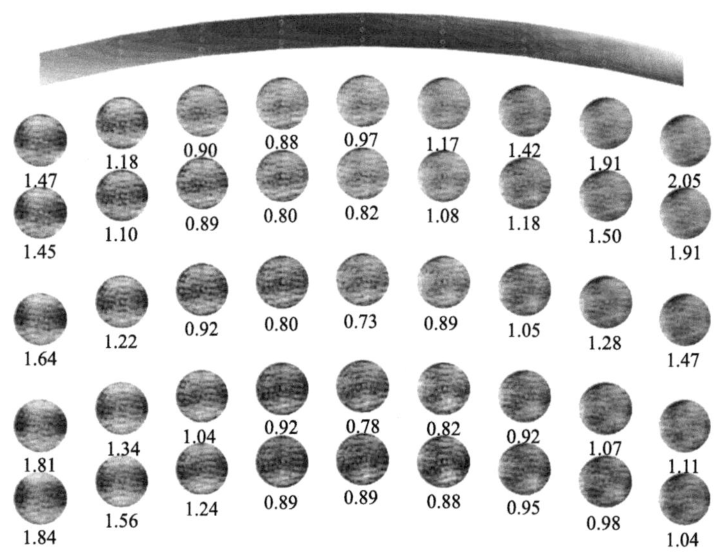

图 9-31　基于工作波长点衍射干涉的 ETS Set-2 的 45 个不同场点的波前测量结果[43]

VNL 基于 ETS Set-2 的测量详细比较了可见光点衍射与工作波长点衍射的测量结果。图 9-32 所示为 ETS Set-2 的 45 个场点的可见光和工作波长点衍射干涉的波前测量结果的 RMS 及其差的 RMS 值。比较结果表明，两者一致性在 0.3～0.4nm RMS，除像散外，两者的一致性在(0.15±0.03)nm，对于 ETS Set-2 像散是最大的像差分量，也是两种干涉测量技术测量结果相差最大一项[44]。

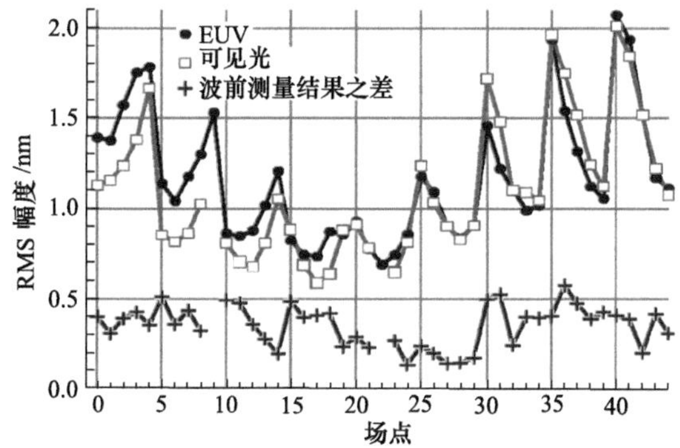

图 9-32　ETS Set-2 的 45 个场点的可见光和工作波长点衍射干涉的波前测量结果一致性[44]

6) 线衍射干涉检测

在光栅衍射分光式针孔点衍射干涉检测技术的基础上，研究人员提出一种线衍射干涉检测技术。线衍射干涉检测技术的光路结构如图 9-33 所示。与点衍射干涉检测技术不同的是，线衍射干涉检测技术使用狭缝代替针孔，增加了可探测的光子数。而在物面可以使用针孔掩模也可以使用狭缝掩模，视光源功率而定[45]。

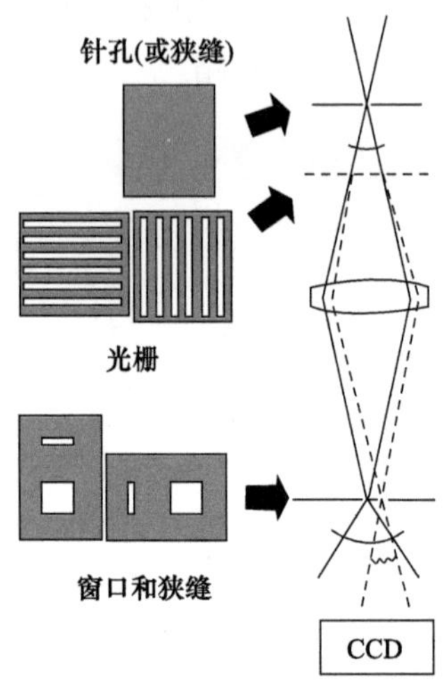

图 9-33　线衍射干涉检测技术的光路结构[45]

由于线衍射干涉检测技术一次只能测量一个方向的一维波前，因此需要在相互垂直的方向上进行两次测量才能恢复出二维的待测波前。线衍射干涉检测技术是补偿点衍射干涉检测技术在测量大数值孔径光学系统时干涉信噪比降低的一种解决方案。日本的 EUVA 对这种技术进行了实验研究，测量结果将在后文介绍。

9.1.1.2　光纤点衍射干涉检测

针孔点衍射干涉在实际应用中对针孔形状的不规则度、针孔基底材料的厚度和电导率都有一定的限制。光在针孔基底材料的部分透射会降低参考波前质量，而且由于针孔直径较小，参考光的光强很弱。相比于针孔点衍射干涉检测技术，光纤点衍射干涉具有滤波特性好、输出光强高等优点。美国的 LLNL[46-48]、俄罗斯科学院微结构物理研究所[49,50]、日本大阪大学[51,52]以及中国科学院上海光学精密机械研究所[53-55]等单位都面向极紫外光刻投影物镜波像差或光学元件面形检测，对光纤点衍射干涉检测技术开展了深入研究。光纤点衍射干涉检测技术可以分为单光纤点衍射和双光纤点衍射两类。单光纤点衍射干涉检测技术中，参考光和测量光都由同一根光纤端面衍射产生，而双光纤点衍射干涉检测技术中参考光和测量光由两根不同的光纤衍射产生。

1. 单光纤点衍射干涉检测

单光纤点衍射干涉检测技术主要面向反射式光学元件面形检测，主要有两种结构，分别为美国 LLNL 和俄罗斯科学院微结构物理研究所研发，光路结构分别如图 9-34 和

图 9-35 所示。

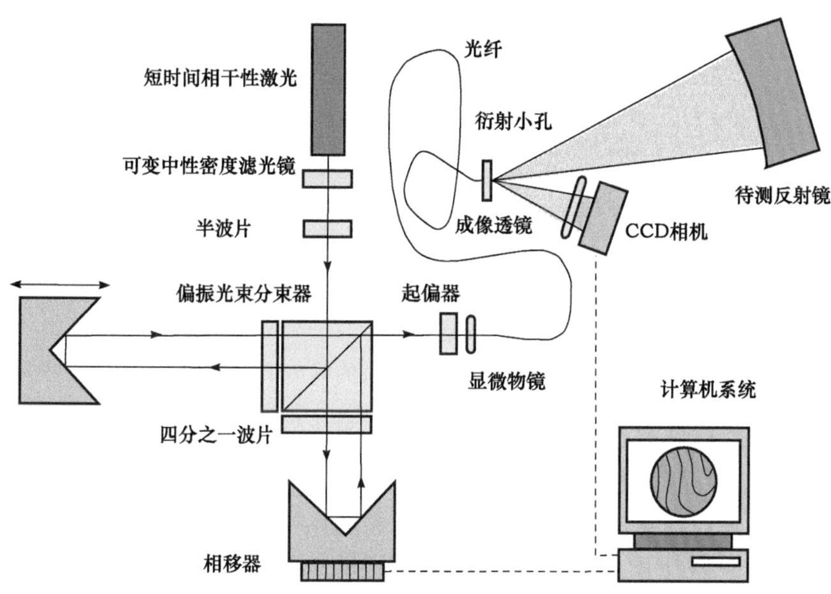

图 9-34　美国 LLNL 研发的单光纤点衍射干涉仪光路结构[48]

对于图 9-34 所示光路结构，光源为短相干长度的 532nm 激光，激光器输出光束通过一个偏振分束器一分为二，一束光由安装于 PZT 相移器上的反射器反射，另一束光由安装于可变延迟线的反射器反射，在两束光之间引入一个光程差，光程差的大小等于光纤端面和待测光学元件之间的距离。两个光束通过分束器重新组合在一起，并耦合进单模光纤。光从单模光纤端面衍射，在一定的数值孔径内产生球面波。这个球面波的一部分入射到待测光学元件表面，并被反射回光纤端面的方向。这个携带待测光学元件表面面形信息的波前从光纤端面的半透明金属膜上再次反射，然后与光纤衍射球面波的另一部分干涉，形成干涉图。这种结构在测量光和参考光之间没有其他的降低测量精度的光学元件，唯一的要求是光纤端面的平面度要达到目标测量精度，但是仅对光纤纤芯附近很小的区域有这个要求。

这种结构最大的误差源是 CCD 之前的成像物镜，该物镜的设计、加工误差、表面粗糙度、镀膜、灰尘颗粒、对准以及双折射等因素引入的光程差虽然很小，但是也在 0.1nm RMS 水平，对于高精度的 EUV 光学元件测量而言不可忽略，而且也存在成像畸变问题，导致从待测反射镜到 CCD 对应的坐标误差，最终导致面形测量误差。畸变校正依赖于将 CCD 置于真实的像面，但在实验上很难实现。因此，移除成像物镜可以剔除这种结构最大的误差源。可以通过使用基于衍射的数值计算算法代替成像透镜的功能，也就是通过数值计算的方法实现光波的传播。通过建模仿真和真实的测量实验，这种无成像物镜的测量结构的面形误差为 89pm[48]。

对于图 9-35 所示的结构，产生球面参考波的单模光纤端面安装于一个高精度的三轴位移台上，离平面镜的距离为几微米。参考球面波从待测表面反射携带了其面形信息，聚焦于平面反射镜，然后再次反射到 CCD，与直接传播到 CCD 上的一部分参考光干涉。

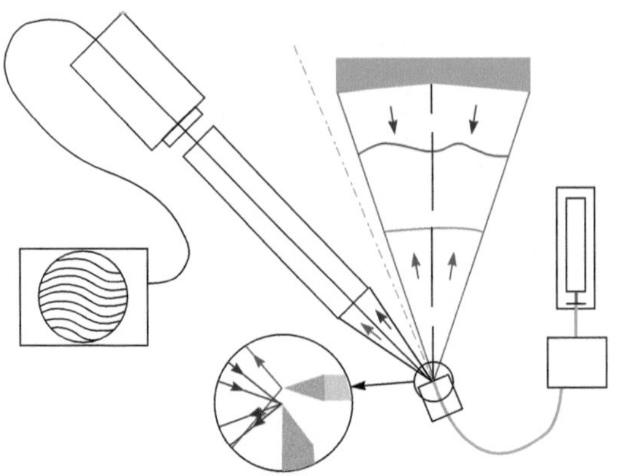

图 9-35　俄罗斯科学院微结构物理研究所研发的单光纤点衍射干涉仪光路结构[48]

如前所述，光纤点衍射干涉的主要缺点是可测数值孔径很小，对于纤芯直径为 5μm 的光纤，其可测 *NA* 约为 0.1。由于可测 *NA* 由光纤的纤芯直径决定，因此可以通过对光纤进行拉锥使其端面直径变细的方法增加可测数值孔径。俄罗斯科学院微结构物理研究所研发的单光纤点衍射干涉仪就是采用了这种拉锥单模光纤，衍射端面的直径降低到约 0.25μm，其光纤端面如图 9-36 所示。

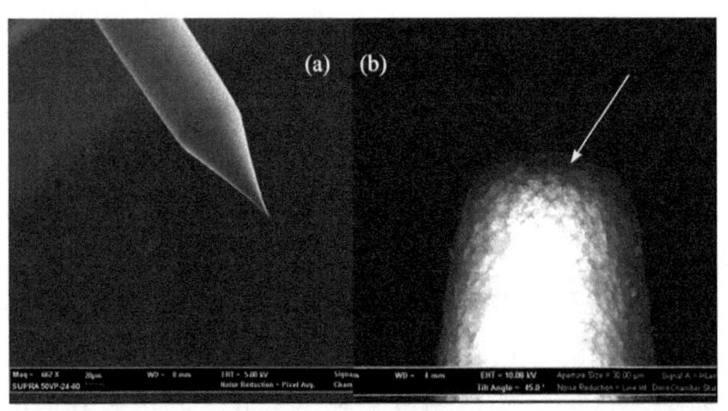

图 9-36　拉锥光纤端面的扫描电子显微镜(SEM)图像[49]

(a) 拉锥光纤视图；(b) 拉锥光纤端面的放大视图

利用类似上文所述的双针孔零位测量法，将两个拉锥光纤产生的参考球面波直接干涉，可以评估参考波前质量。移除几何彗差、探测器倾斜误差等系统误差后，测量的波前误差在 0.2*NA* 内小于 0.3nm。这个误差值反映了两个参考波前的误差，单个参考波前误差还要降低 1.4 倍，而且实际的测量系统中有一些光学元件也会引入额外的误差[49]

2. 双光纤点衍射干涉检测

对上述单光纤点衍射干涉结构，将光纤衍射波前一半作为参考光，另一半作为测量光，可测 *NA* 受限，而双光纤点衍射干涉检测技术采用两个光纤产生两个球面波，分别用作参考光和测量光，可增大可测 *NA*。双光纤点衍射干涉主要有两种结构，一种是分光路结构，另一种是中国科学院上海光学精密机械研究所提出的准共光路结构。本小节介绍分光路结构的双光纤点衍射干涉检测技术，准共光路结构的双光纤点衍射干涉检测技术将在 9.1.1.3 节介绍。

所谓分光路结构是指参考光和测量光分别经过不同的光路，美国 LLNL 研发的双光纤点衍射干涉就是基于这种分光路结构的测量技术，用于极紫外光刻投影物镜波像差的测量。日本大阪大学也研发了一种分光路结构的双光纤点衍射干涉检测技术，用于大口径的反射式光学元件表面面形的检测。

美国 LLNL 开发了一种波长为 532nm 的双光纤点衍射干涉仪，用于极紫外光刻投影物镜的波像差测量，上文所述的可见光测量即基于此种技术，其光路结构如图 9-37 所示。两束光分别耦合进两根等长度的光纤，两束光之间的光束延迟等于两根光纤端面之间的距离。第一根光纤衍射的相移波前穿过待测光学系统携带其像差形成测量波前，会聚到第二个光纤端面，经端面反射后与第二根光纤端面衍射产生的、相对测量波前具有一定延迟的球面波在 CCD 上产生干涉。因为光纤发挥空间滤波器的作用，所以进入光纤之前的照明光束质量对参考波前质量的影响不大。因为测量光在第二根光纤的端面反射，所以要求反射处有足够高的平面度，但是仅在纤芯附近很小的区域内有这个要求[46,48]。

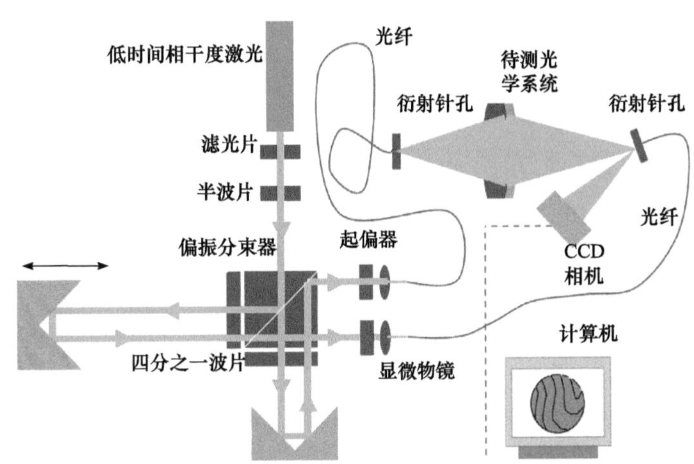

图 9-37　美国 LLNL 开发的双光纤点衍射干涉仪光路结构[46]

图 9-38 为 LLNL 开发的用于极紫外光刻投影物镜波像差检测的双光纤点衍射干涉测量装置，最大可测量 NA 为 0.1，测试重复性达到 0.1nm(RMS)，测试精度优于 0.5nm(RMS)。

日本大阪大学建立的用于极紫外光刻投影物镜反射镜面形检测的分光路双光纤点衍射干涉测量装置的光路结构如图 9-39 所示[52]。光源为 632.8nm 的 He-Ne 激光，单模光纤纤芯直径为 4μm，测量光和参考光独立产生，两束光的相对强度可调，使得干涉条纹对比度可调，通过改变测量光的光程可以实现相移。通过一个零位测量，即两个光纤点衍射波前进行干涉评价该系统测量精度，结果表明，对于反射镜的测量，其精度可以达到 0.07nm RMS 和 0.7nm PV。实验结果表明，该系统测量重复性达到 0.12nm RMS 和 0.5nm PV[52]。

俄罗斯科学院微结构物理研究所、中国科学院长春光学精密机械与物理研究所、北京理工大学等单位都基于这种分光路结构的双光纤点衍射干涉检测技术进行了相关研究[56-58]。

图 9-38　美国 LLNL 开发的双光纤点衍射干涉仪测量装置[47]

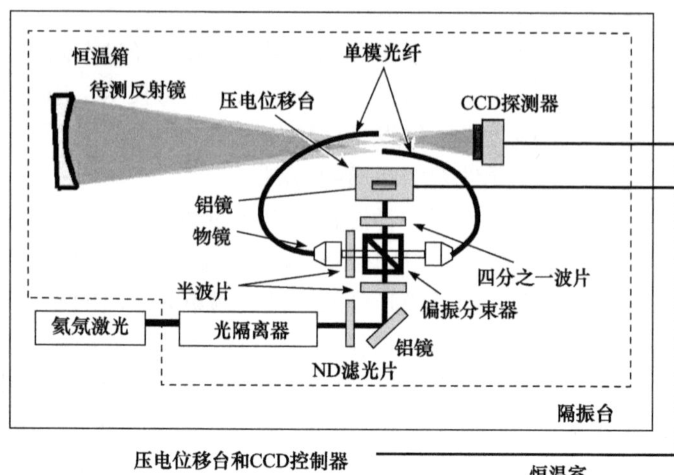

图 9-39　日本大阪大学建立的双光纤点衍射干涉测量装置的光路结构[52]

9.1.1.3　准共光路双光纤点衍射干涉检测

分光路结构的双光纤点衍射干涉检测技术对外部扰动敏感，而且由于其结构限制，难以实现极紫外光刻曝光系统原位波像差检测。中国科学院上海光学精密机械研究所提出的准共光路双光纤点衍射干涉仪结构[53-55]，提高了系统稳定性，可实现波像差原位检测。

1. 检测原理

图 9-40 为双光纤点衍射波像差检测干涉仪 EUV 光刻投影物镜波像差检测系统的原理框图。采用细径单模光纤产生两个理想球面波，将光纤输出端置于被测投影物镜的物方视场内，光纤输出端经被测投影物镜成像后，两个波面分别携带了各自所在视场点的波像差信息；移动像面测试掩模，使两个像点分别位于针孔和光窗位置；针孔的尺度小于被测投影物镜的像方分辨率，能够重新产生一个理想球面波；光窗使得光束无改变地继续传输，该光束与理想球面波干涉，干涉图相位即被测视场点波像差与系统误差的和，然后使另一个像点位于滤波针孔位置，并使两个像点都通过光窗进行干涉，获得干涉仪系统误差信息。

该干涉仪采用全光纤光路，干涉仪中参与干涉的两束光的光功率和偏振态任意可调，能够产生任意干涉可见度；相移器位于被测成像系统成像光路以外，测试系统结构简单，灵活；干涉光路在自由空间为准共光路结构，易实现较高的干涉条纹稳定性；由于采用全单模光纤光路，且由于单模光纤的滤波作用，光路传输中不产生波前畸变，系统误差源少，容易实现高精度检测。细径光纤可以采用拉锥等工艺实现 250nm 的输出孔径，实现 $\lambda/3000$ RMS 以上的波前质量，实现 0.1nm RMS 以上的检测精度。

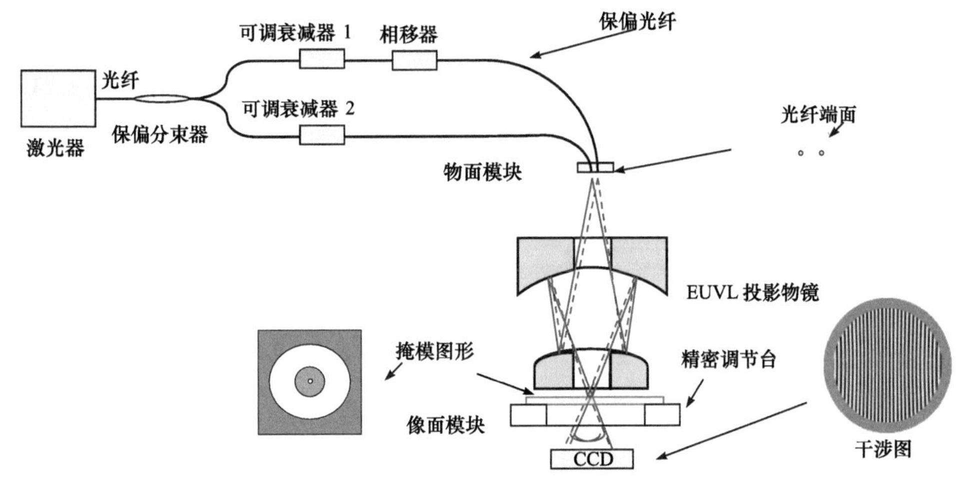

图 9-40　双光纤点衍射波像差检测干涉仪结构示意图

与 LLNL 和 Nikon 公司的技术方案不同，将双光纤点衍射干涉仪的物面模块和像面模块分别置于 EUV 光刻系统的掩模台和硅片台，不需要改变曝光系统的总体结构，即可实现光刻投影物镜原位波像差检测，因此，该种干涉仪方案同时适用于离线与原位波像差检测系统。此外，该系统能够方便地标定系统误差，旋转对称系统误差和旋转非对称系统误差均可在一次标定流程中获得，总体上综合了美国 LLNL 和 LBNL 点衍射干涉仪的技术特点，如图 9-41 所示。

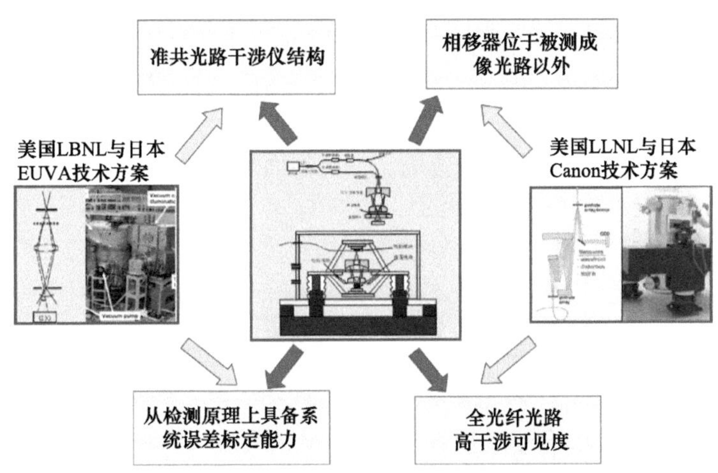

图 9-41　双光纤点衍射干涉仪的技术特点

2. 系统误差分析及消除方法

双光纤点衍射干涉仪以光纤出射波前和针孔衍射波前为基准，携带投影物镜波像差的光波与针孔衍射波前干涉。如图 9-42 所示，在像面通过光窗的一路光其波前误差为 W_t+W_F，其中 W_t 为被测投影物镜波像差，W_F 为光纤出射波前误差；在像面通过针孔一路光的波前误差为 W_P；两路光在探测器光敏面发生干涉时会经过不同的光程，几何光程

误差 $W_{opd}=k(L_1-L_2)$，其中 k 为波数。因此测得的结果为

$$W=W_t+W_F-W_P+W_{opd} \tag{9.11}$$

测量结果中包含 3 项系统误差，即光纤出射波前误差 W_F、针孔衍射波前误差 W_P、几何光程误差 W_{opd}。

当光纤芯径和针孔直径与被测物镜的数值孔径匹配时，其波前误差接近 0，因此测试系统的误差主要为几何光程误差 W_{opd}。

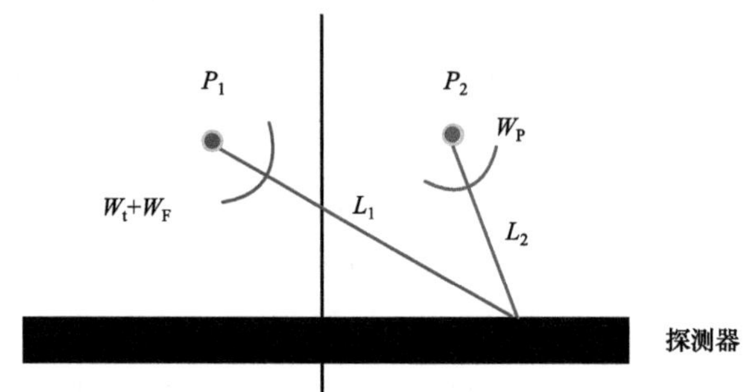

图 9-42 双光纤点衍射干涉仪系统误差组成

1) 空间几何光程差及其消除方法

图 9-43 为双光纤点衍射干涉仪空间几何光程误差坐标系示意图。理想情况下几何光程误差为

$$\Delta=r_2-r_1=D\sqrt{1+\frac{\left(x+\frac{d}{2}\right)^2+y^2}{D^2}}-D\sqrt{1+\frac{\left(x-\frac{d}{2}\right)^2+y^2}{D^2}} \tag{9.12}$$

其中，d 为两像点之间的距离，D 为像面至探测器面之间的距离。

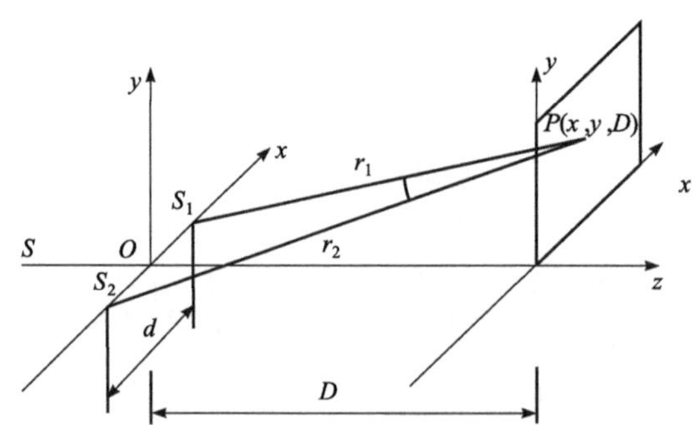

图 9-43 双光纤点衍射干涉仪空间几何光程误差坐标系示意图

在理想情况下，几何光程误差仅存在 X 方向倾斜和彗差，倾斜与两点间距离和波前数值孔径成正比，彗差与数值孔径的平方及高次项成正比。

当存在探测器倾斜和旋转时，几何光程误差将存在 Z_2～Z_9 的全部低阶像差及更高次像差；几何光程误差与光纤所成像点间间距、波前数值孔径、探测器倾斜及旋转，以及坐标系的偏移有关。因此，很难精确地测量每个参数，从而高精度地计算空间几何光程

误差，并去除该误差。采用双窗零位测量的方法能够对空间几何光程误差进行标定，从而去除该误差。

设有两根光纤 A，B，光纤 A 所在视场点的波像差为 W_A，光纤 B 所在视场点的波像差为 W_B，对式(9.12)进行改写，当光纤 B 的成像点位于针孔上，光纤 A 的成像点位于光窗内时，干涉场相位为

$$W_1 = W_A + W_{\mathrm{F}} - W_{\mathrm{P}} + W_{\mathrm{opd}} \tag{9.13}$$

当光纤 A、B 的成像点均位于光窗内时，干涉场相位为

$$W_2 = W_A + W_{\mathrm{F}} - W_B - W_{\mathrm{F}} + W_{\mathrm{opd}} \tag{9.14}$$

则

$$W_1 - W_2 = W_B + W_{\mathrm{F}} - W_{\mathrm{P}} \tag{9.15}$$

即计算结果中仅包含光纤 B 所在视场点的波像差 W_B 及光纤与针孔衍射波前误差 W_{F} 和 W_{P}。对于点衍射干涉仪，认为光纤与针孔衍射波前为理想球面波，因此，计算结果中仅包含光纤 B 所在视场点的波像差，从理论上消除了空间几何光程误差的影响。

当像面与探测器之间并非自由空间，存在光学系统时，上述方法也可以消除光波在光学系统内部的非共光路系统误差。

2) 光纤出射波前误差仿真

光纤与针孔衍射波前是双光纤点衍射干涉仪的精度基准，其出射波前误差成为系统检测精度的限制性因素。

韩国科学技术院(Korea Advanced Institute of Science and Technology，KAIST)[59-61]、日本大阪大学[52]、北京理工大学[62,63]等均对光纤出射波前质量进行了仿真分析。

光纤点衍射的模型如图 9-44 所示，采用球面坐标系，以光纤端面中心作为坐标原点，以原点为圆心，以半径为 R 的半球面作为观察面。对单模光纤衍射而言，光纤端面相当于衍射屏，纤芯相当于针孔。由于光纤的导光特性，在纤芯外，场分布近似为零，因此，可以用瑞利-索末菲标量衍射描述光纤出射波前：

$$U(x,y,z) = \frac{1}{2\pi}\iint_{\Sigma} U_0 \frac{\exp(\mathrm{i}kr)}{r}\left(\mathrm{i}k - \frac{1}{r}\right)\cos(\boldsymbol{n},\boldsymbol{r})\mathrm{d}S \tag{9.16}$$

在球面坐标系下，上式可以表示为

$$U(R,\theta,\phi) = \frac{1}{2\pi}\iint_{\Sigma} U(x,y,0)\frac{\exp(\mathrm{i}kr)}{r}\left(\mathrm{i}k - \frac{1}{r}\right)\cos(\boldsymbol{n},\boldsymbol{r})\mathrm{d}S \tag{9.17}$$

其中，r 为观察点到衍射源的距离；$\cos(\boldsymbol{n},\boldsymbol{r})$为倾斜因子。

在弱导条件下光纤中的光线几乎平行于轴线方向，电磁波接近于平面波，单模光纤中 LP_{01} 模衍射光束的远场分布为贝塞尔函数形式，即

$$U(x,y,0) = J_0\left(\frac{2.4048}{a}\right) \tag{9.18}$$

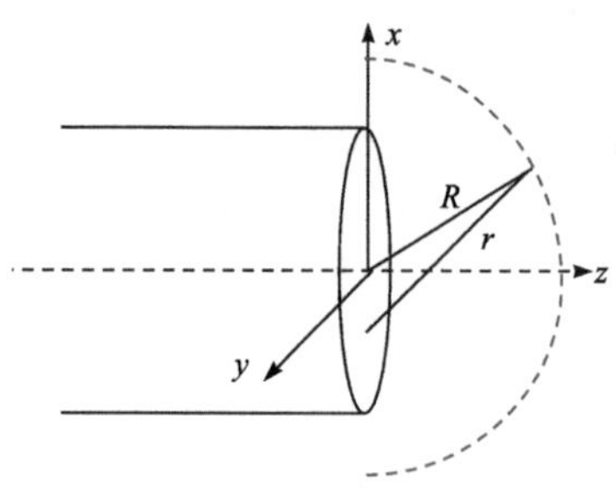

图 9-44　光纤出射波前示意图

其中，a 为单模光纤的模场半径，模场半径一般略大于纤芯半径。

通过数值积分的方法，可以获得远场观察面上的光场分布，即光场复振幅 E，对 E 取辐角即可得到相位分布，将相位转换为波面并与标准球面进行比较，便可获得光纤远场衍射波面的球面偏差。光纤的远场衍射波面质量与光纤的纤芯半径、数值孔径范围、观察距离 R、纤芯圆度等都有一定的关系。在理想情况下，光纤的纤芯呈圆柱形，横截面相应地为标准的圆形，但实际的光纤在制作和应用过程中会发生变形，最常见的是纤芯变为椭圆形的情况。当光纤纤芯为圆形时，其衍射波前的横截面呈圆对称，若纤芯变为椭圆形，其衍射波前横截面的对称性也会随之发生改变。

图 9-45 给出了 a 分别为 2μm、2.5μm、3μm、3.5μm 时，数值孔径 0.12 内最大的球面偏差随观察距离的变化关系。为了便于比较，图中纵坐标取以 10 为底的对数，例如纵坐标 −5 表示球面偏差为 $10^{-5}\lambda$。由图可知，对于固定的纤芯半径 a，随着观察距离 R 的增加，球面偏差减小，即波面越接近于球面；若纤芯半径为 2μm，欲使球面偏差在 $10^{-5}\lambda$ 以内，观察距离必须大于 52mm，随着芯径的增大，观察距离也随之增大。

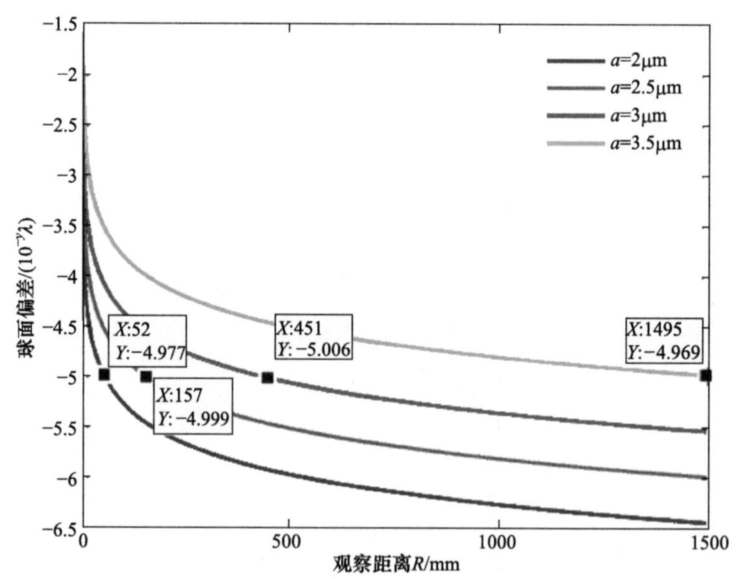

图 9-45　光纤出射波前质量随观察距离和光纤芯径的变化关系

基于仿真，可以得到下述结论：

(1) 光纤芯径 a 越小，远场衍射的波面球面度越高；波前误差可控制在 $10^{-5}\lambda$ RMS 以内，满足波像差检测系统的基准需求；

(2) 数值孔径 NA 越小，远场衍射的波面球面度越高；对于 NA 为 0.3 的 EUV 光刻投影物镜系统，物方 NA 为 0.06，光纤出射波前 NA 满足需求。

3. 干涉图相位提取算法

1) 相移法

相移干涉是通过有序地改变相干光波间的光程差，使干涉条纹发生移动，实现高精度相位提取的准外差干涉测量技术，有 PZT 推动参考镜、移动光栅、旋转波片、旋转检偏器、拉伸光纤、波长扫描等多种相移方法。双光纤点衍射干涉仪通过压电陶瓷改变测量光路与参考光路光纤光路的长度实现相移。如下为干涉场的表达式：

$$I(x,y)=I_{\text{bias}}(x,y)\left\{1+\gamma\cos\left[\varphi(x,y)+\delta_i\right]\right\},\quad i=1,\ 2,\cdots,N \tag{9.19}$$

其中，I_{bias} 为干涉直流量；γ 为干涉可见度；φ 为干涉可见度；δ 为相移量。当相移量 δ 已知时，式(9.19)中有 I_{bias}，γ，φ 三个未知数，因此，利用三幅干涉图即可求解被测相位。不同的相移算法在对相移量误差敏感性、探测器非线性响应、抗震性能、随机噪声敏感性等方面具有不同的性能。已有最小二乘法，同步探测法(N-bucket 算法)，平均、扩展平均法，窗函数法等不同的方法产生了多种性能良好的相位提取算法，其采用反正切运算，在商用干涉仪上得到了应用，例如均可以应用于双光纤点衍射干涉仪。表 9-2 列举了几种典型的相移干涉相位提取算法相位角正切值计算公式。

表 9-2　典型的相移干涉相位提取算法相位角正切值计算公式

4 步	$\dfrac{I_4-I_2}{I_1-I_3}$，相移角 π/2
5 步	$\dfrac{2(I_2-I_4)}{2I_3-I_1-I_5}\sqrt{1-\left[\dfrac{I_1-I_5}{2(I_2-I_4)}\right]^2}$，任意等步长相移
7 步	$\dfrac{-(I_1-I_7)+7(I_3-I_5)}{-4(I_2+I_6)+8I_4}$，相移角 π/2
11 步	$\dfrac{(I_1-I_{11})-8(I_3-I_9)+15(I_5-I_7)}{4(I_2+I_{10})-12(I_4+I_8)+16I_6}$，相移角 π/2
13 步	$\dfrac{-4(I_2+I_{12})-12(I_3+I_{11}+I_4+I_{10})+16(I_6+I_8)+24I_7}{3(I_1-I_{13})+4(I_2-I_{12})-12(I_4-I_{10})-21(I_5-I_9)-16(I_6-I_8)}$，相移角 π/4
15 步	$\dfrac{-(I_1-I_{15})+9(I_3-I_{13})-21(I_5-I_{11})+29(I_7-I_9)}{-4(I_2+I_{14})+15(I_4+I_{12})-26(I_6+I_{10})+30I_8}$，相移角 π/2

影响相位提取算法中相位提取精度的因素主要有环境因素，如振动、空气扰动；数据采集过程中的影响因素有相移误差、探测器非线性、光源的强度与频率稳定性、量化误差等。表 9-2 中 13 步 π/4 相移算法由 Zygo 公司提出[64]，并应用于其商用干涉仪，具有良好的综合性能。

基于迭代运算的任意相移角相位提取算法也获得了广泛研究，近些年在商用干涉仪中得到了应用[65-67]，也可以应用于双光纤点衍射干涉仪，降低系统对隔振指标的要求，提高检测重复性。相移干涉法是目前最高精度的干涉相位提取算法。

2) 傅里叶变换法[68]

双光纤点衍射干涉仪物面的两根光纤成像在像面两个位置，两个成像点出射光在探测器表面形成干涉，存在空间几何光程差。空间几何光程差在干涉条纹中引入空间载波，因此，双光纤点衍射干涉仪可以采用空间载波法进行干涉相位提取。空间载波相位提取方法可分为傅里叶变换法与空间载波相移两种方法。空间载波相移对条纹密度有较为严格的要求，傅里叶变换法是较为适合的双光纤点衍射干涉仪单幅干涉图相位提取算法。

傅里叶变换法相位提取技术是由 Takeda 等于 1982 年提出的[69]。1986 年 Bone 等在此基础上发展并推广到二维傅里叶变换(FFT)法相位提取技术[70]。此后，国内外学者围绕 FFT 法相位提取技术在窗函数选择、滤波器设计、干涉图延拓、载波频率确定等方面做了大量的研究工作。

引入空间载波 f_c 的干涉图像光强分布可表示为

$$\begin{aligned} i(x,y)=a(x,y)+c(x,y)\exp\left(\mathrm{j}2\pi f_x x+\mathrm{j}2\pi f_y y\right) \\ +c^*(x,y)\exp\left(-\mathrm{j}2\pi f_x x-\mathrm{j}2\pi f_y y\right) \end{aligned} \tag{9.20}$$

其中

$$c(x,y)=\frac{1}{2}b(x,y)\exp\left[\mathrm{j}\phi(x,y)\right] \tag{9.21}$$

$a(x, y)$为干涉图背景光强；$b(x, y)$为干涉交流项；f_x 和 f_y 分别为 f_c 在 x 方向和 y 方向上的分量；$\phi(x, y)$为含有待测波面相位信息的相位分布函数； *表示复共轭。

对式(9.20)中的空间变量 x、y 作二维 FFT 变换，可得到干涉图的频谱：

$$I(f_1,f_2)=A(f_1,f_2)+C\left(f_1-f_x,f_2-f_y\right)+C^*\left(f_1+f_x,f_2+f_y\right) \tag{9.22}$$

采用一个中心频率为(f_x, f_y)的滤波器将正一级频谱 $C(f_1-f_x, f_2-f_y)$分离出来并平移至原点，得到 $C(f_1, f_2)$，对其进行二维傅里叶逆变换，即可得到 $c(x, y)$，可得

$$\phi(x,y)=\arctan\frac{\mathrm{Im}\left[c(x,y)\right]}{\mathrm{Re}\left[c(x,y)\right]} \tag{9.23}$$

式中，$\mathrm{Re}\left[c(x,y)\right]$、$\mathrm{Im}\left[c(x,y)\right]$分别为 $c(x,y)$ 的实部和虚部。

从原理上讲，傅里叶变换对无限大的区域进行变换才不会引起误差，但实际的干涉图都有着有限的大小和清晰的边界，干涉条纹在孔径边界突然消失，这相当于用一个与孔径形状相同的窗去截断在空间无限延伸分布的干涉条纹图，经傅里叶变换后造成频域内频谱扩散，这样在恢复所得波面孔径边缘处将产生很大的误差，即边缘误差。

采用直接二维 FFT 法相位提取对边缘误差进行分析[68]，频域滤波器采用以正一级频谱中心为中心频率的二阶巴特沃斯低通滤波器，滤波宽度为 $0.4f_c$。图 9-46 为不同载波条纹数下以孔径边缘为起点，沿径向方向向里每 $0.05R$ 径向长度所对应的环形区域为观察区域的相位误差。最外边缘 $0.05R$ 径向长度对应的环形区域相位误差较大，且等于全局误差，PV 值约为 0.08λ 数量级，而再沿径向方向向里的环形区域误差较小且变化不大，PV 值约为 0.03λ 数量级。可见傅里叶变换法的相位提取误差主要集中于边缘区域。

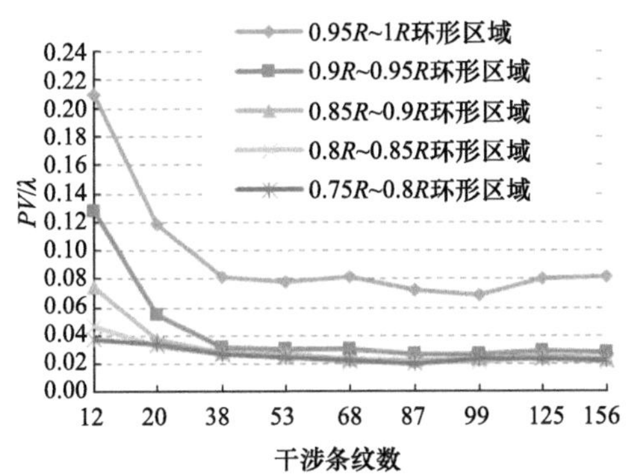

图 9-46　直接二维 FFT 法相位提取边缘区域误差

优化滤波器设计、增加空域窗函数、进行干涉图延拓等是抑制边缘提取误差的主要方法。

ZYGO 公司的 FlashPhase 单幅干涉图算法采用组合滤波器技术抑制边缘误差。所采用的组合滤波器包括一个以正一级频谱中心为中心频率、以 $0.4f_c$ 为滤波半径的二阶巴特沃斯低通滤波器，对正一级频谱起到带通作用，以及两个分别以零级频谱和正二级频谱中心为中心频率、均以 $0.7f_c$ 为滤波半径的六阶巴特沃斯带阻滤波器，如图 9-47 所示。将其滤波效果与二阶巴特沃斯低通滤波器、圆柱形镶余弦边滤波器进行比较，使用圆柱形镶余弦边滤波器或组合滤波器滤波可使边缘误差 PV 值减小约 0.02λ，如图 9-48 所示，可见优化滤波器设计对边缘误差有一定改善作用。

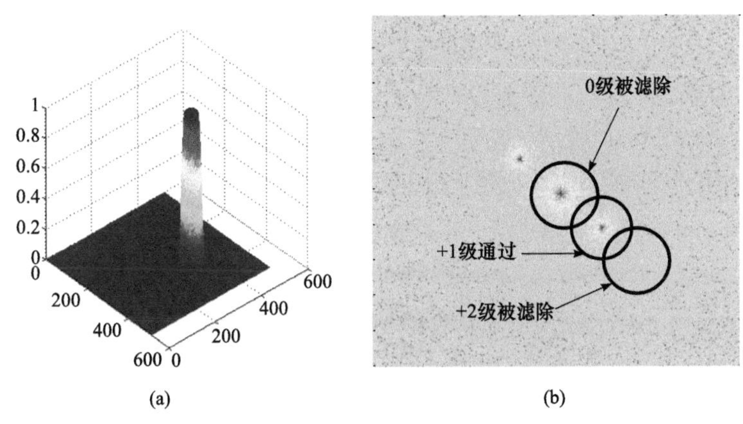

图 9-47　频域滤波器

(a) 圆柱形镶余弦边滤波器；(b) 组合滤波器

Bone 等针对边缘误差提出了边界对称反转外延的方法，以改善干涉图在边界的幅度突变[70]。Roddier 等提出了一种基于 2DFFT 变换的 Gerchberg 迭代延拓方法[71]。采用基于 2D FFT 变换的 Gerchberg 迭代延拓方法进行干涉图的延拓，并对延拓后的干涉图进行相位提取和误差分析。如图 9-49 所示，干涉图经迭代延拓后边缘误差得到了良好的改善，PV 值由无干涉图延拓时的 0.08λ 数量级下降至 0.04λ 数量级。全局误差 PV 值由无干涉图延拓时的 0.08λ 数量级下降至 0.05λ 数量级，且全局误差不再完全由边缘误差决定，可见干涉图延拓能有效减小边缘误差。

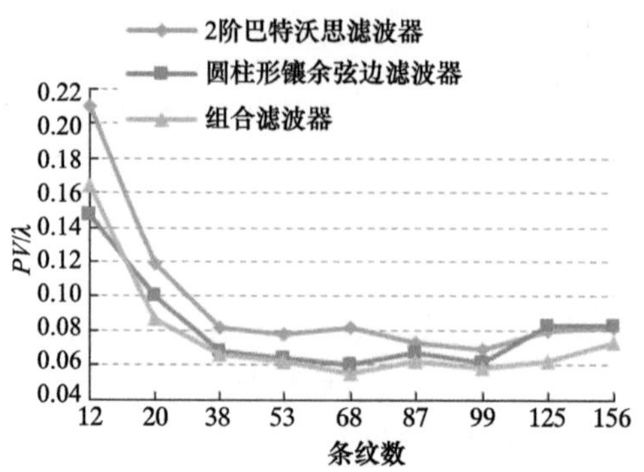

图 9-48 滤波器设计对边缘相位提取误差的影响

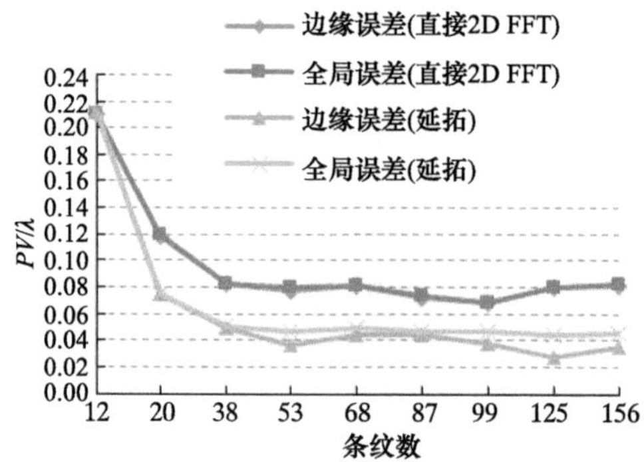

图 9-49 干涉图延拓对相位提取误差的影响

综合考虑窗函数、优化滤波器设计及干涉图延拓等方法组合使用时对 FFT 法相位提取误差的影响，如图 9-50 所示，表明干涉图延拓后再加窗函数或使用组合滤波器滤波对减小 2D FFT 相位提取误差没有更进一步的改善。

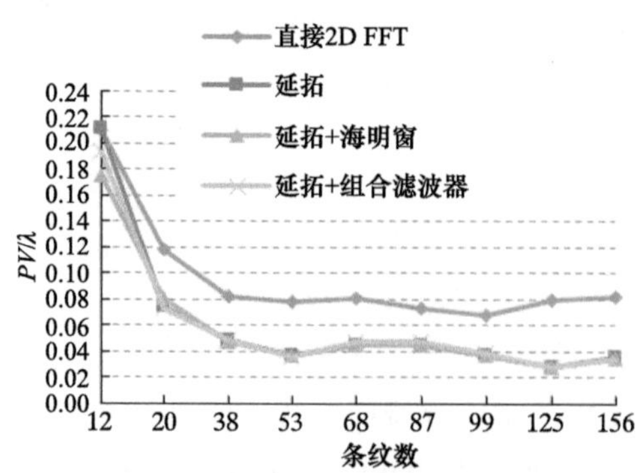

图 9-50 多种方法组合对边缘相位提取误差的影响

此外，载波条纹数也是影响 FFT 法相位提取精度的重要因素。载波条纹数与载频大小成正比，载波条纹数越少，引入的载频越小，从而导致频域内一级频谱和零级频谱以及二级频谱等离得很近，产生频谱混叠。当所加载波条纹数合适时，频域内各级频谱就能分离开来，有效地消除了频谱混叠现象，减小了测量误差。图 9-50 中采用干涉图延拓的 2D FFT 法进行相位提取，条纹数在 12 和 20 时误差较大，而条纹数在 38～156 之间时，均能得到比较准确的测量结果，相位提取全局误差较小，*PV* 值约为 0.05λ 数量级。

图 9-51 和图 9-52 分别给出了载波条纹数 38 和 156 时 FFT 与相移相位提取结果的比较。由图可见，载波条纹数为 38 时，误差波面的 *PV* 值和 RMS 值分别为 0.050λ 和 0.005λ；载波条纹数为 156 时，误差波面的 *PV* 值和 RMS 值分别为 0.046λ 和 0.003λ。可见，虽然两种载波频率下 FFT 法相位提取误差处于同一量级，但是当载波频率小时，获得的相位提取结果更加平滑；当载波频率大时，平滑效应减弱，细节部分与相移法结果更加一致。因此，采用较大载波频率时，细节分辨能力更强。

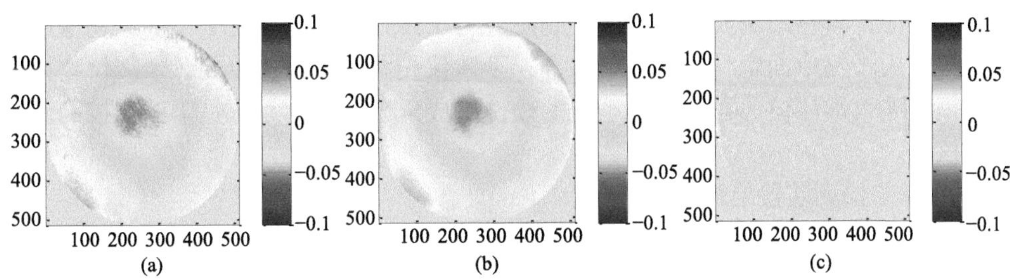

图 9-51　条纹数 38 时的相位提取结果

(a) 相移法结果；(b) 2D FFT 结果；(c) 2D FFT 与相移法结果的差

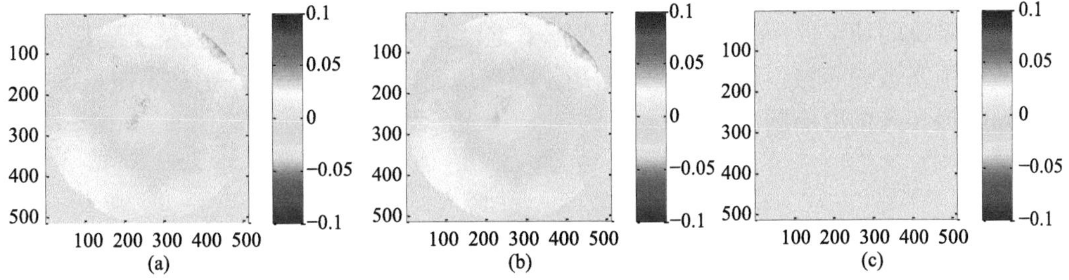

图 9-52　条纹数 156 时的相位提取结果

(a) 相移法结果；(b) 2D FFT 结果；(c) 2D FFT 与相移法结果的差

3) 时域与空域组合相位提取算法

与美国 LBNL 的点衍射干涉仪[27]、日本 EUVA 的剪切干涉仪[72]相位提取算法类似，点衍射光路的杂散光也会进入光窗光路，因此双光纤点衍射干涉仪的高频相位检测能力受到限制，需要采用时域与空域组合的相位提取技术抑制高频相干噪声。图 9-53 比较了仅采用时域相移相位提取算法和采用时空双域相位提取算法的结果，可见采用时空双域相位提取算法有效抑制了高频噪声。

4. 检测系统设计

采用双光纤点衍射干涉仪技术方案，建立极紫外光刻投影物镜波像差检测装置。检测装置包含系统框架、真空系统及与真空温度控制系统、物像面精密位移台系统、干涉仪光源与光传输单元、干涉仪物面及像面模块、软件系统等分系统。系统框架是检测装

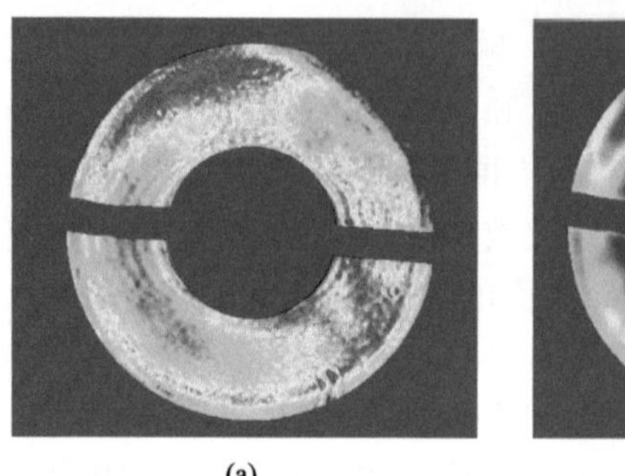

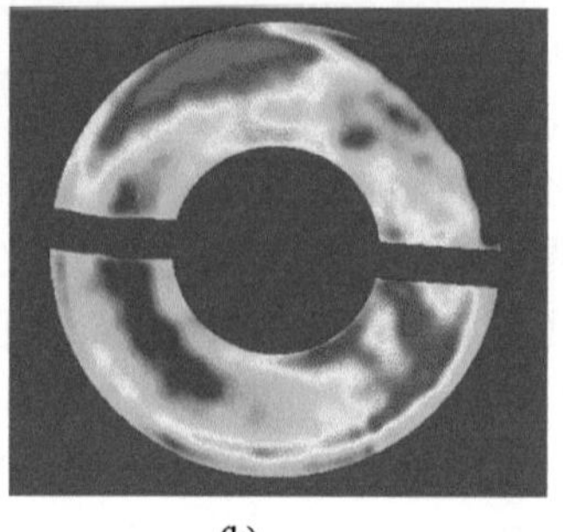

(a)　(b)

图 9-53　时域相移相位提取(a)与时空双域相位提取(b)结果比较

置的机械载体；真空系统及真空温度控制系统为干涉仪提供稳定的干涉腔；物像面精密位移台系统用于物像面定位及点衍射对准；干涉仪光源与光传输单元、干涉仪物面及像面模块是干涉仪即原位波像差检测系统的硬件组成部分；软件系统是干涉仪控制及数据处理的核心。

1) 波像差检测装置结构

波像差检测装置结构如图 9-54 所示，系统框架包括上塔架、下塔架、主基板、隔振器等。上塔架、下塔架、主基板、投影物镜，以及干涉仪物面模块与像面模块，组成波像差检测系统的内部世界；隔振系统使内部世界处于“悬浮”状态，有效地降低了外部振动的传递和影响。内部世界的重心位置基本与主动隔振支撑平面在一个水平面上，增强了隔振系统的稳定性。在主被动隔振支撑下方设立高刚度、大阻尼的混凝土隔振基座，形成独立地基被动隔振系统。被动隔振用于隔离地面的振动和冲击，主动隔振系统实现超低频隔振和高精度隔振。

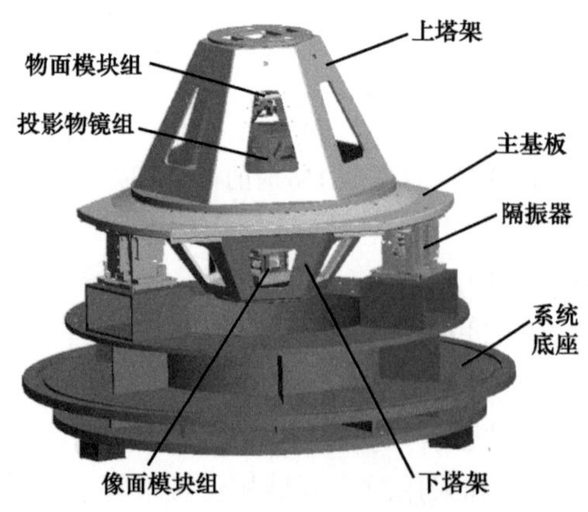

图 9-54　波像差检测装置结构图

波像差检测系统内部世界框架的要求为高刚性，高稳定性，具有可加工性；高刚性要求内部世界框架设计过程中必须考虑框架的模态。图 9-55 为三种波像差检测装置内部世界框架设计，(a)为支架式设计，系统质量小，易加工集成，系统成本低，但系统谐振频率为 103Hz，系统易受外部振动等因素影响；(b)为一体式圆锥式设计，系统谐振频率达到 269Hz，结构稳定，但加工困难，成本高；(c)为焊接式多面体结构，谐振频率与(b)

设计接近，同时满足可加工性和系统稳定性要求。

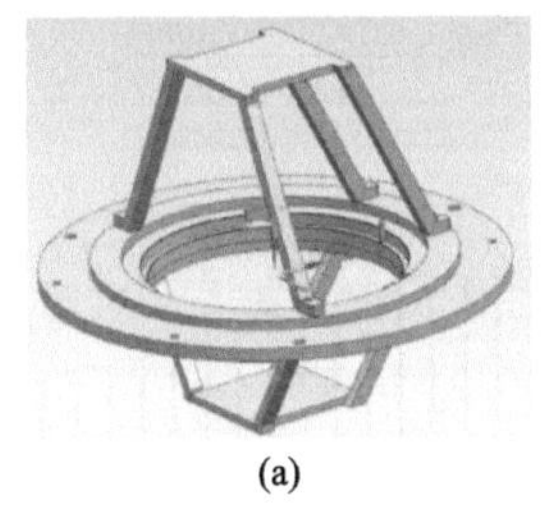
(a)

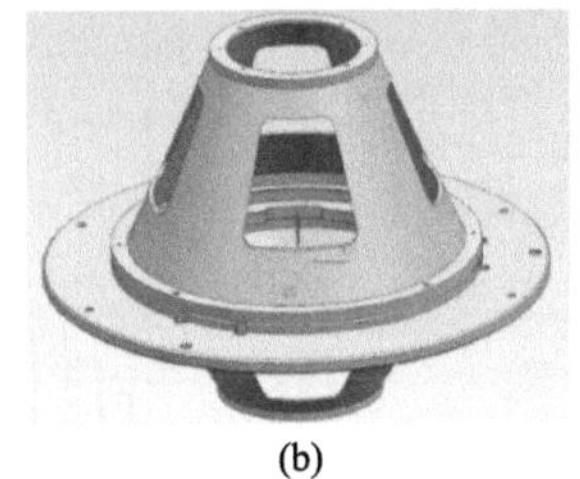
(b)

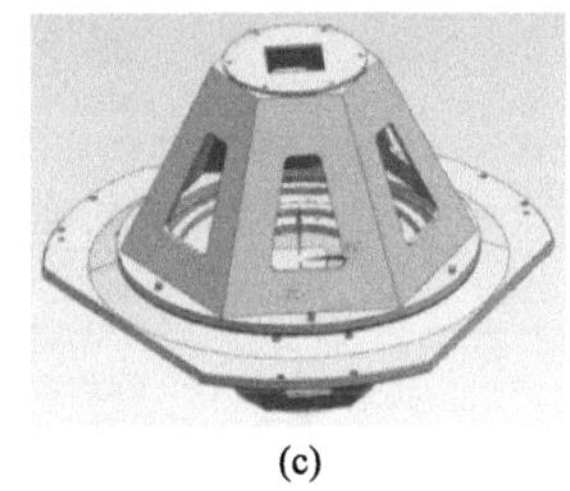
(c)

图 9-55　三种波像差检测装置内部世界框架设计

内部设计框架的高度为 880mm，最大外圆直径为 1300mm，考虑系统温度稳定性，内部世界框架采用低膨胀合金(殷钢)材料，热膨胀系数达到 10^{-6}℃$^{-1}$，能够在环境温度变化时保证物面和像面位置的稳定性。

内部世界框架的模态(图 9-56)采用多参考点锤击法，利用高精度加速度传感器进行测试，测试时框架应处于被动隔振状态，实现自由模态的准确测量。

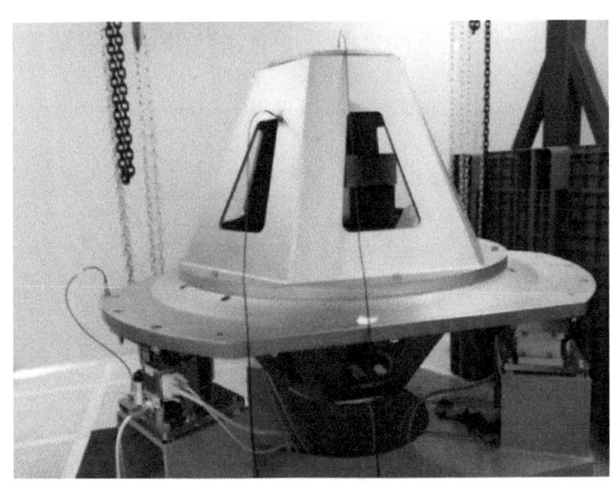

图 9-56　内部世界框架模态测试

由于波像差检测装置工作于真空环境，其隔振系统在真空腔内工作，因此无法采用空气弹簧等一般的隔振系统。采用机械弹簧主动隔振系统可以实现良好的低频隔振性能。图 9-57 为主动隔振系统的图片及其隔振性能测试，内部世界框架 *XYZ* 三个方向的振动状态均优于 VC-F 标准。

2) 真空系统及真空温度控制系统

干涉腔的空气折射率波动、空气扰动会引起干涉光程变化，导致测量误差。这是由于空气的折射率与真空中不同，为 1.000292，并与压力、温度等参数相关。压力、温度、湿度的变化会引起空气折射率变化。一般在高精密干涉测量仪器中，通过抽真空或填充氦气两种方式消除空气扰动的影响，其本质均是使光路介质折射率接近 1。波像差检测装置采用抽真空的方式消除空气折射率波动、空气扰动的影响。

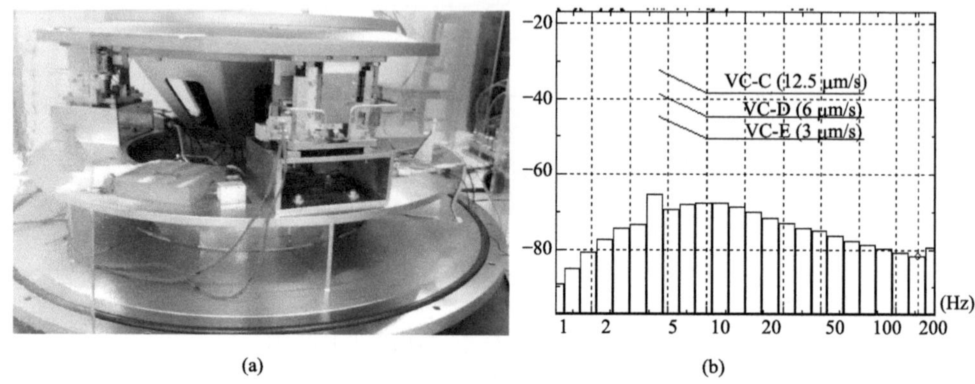

图 9-57　主动隔振系统(a)及其隔振性能测试(b)

波像差检测装置的内部世界框架为回转体外形,因此真空腔设计为圆筒形,如图 9-58 所示。罐体分上筒、下筒两节，以及下底座与上顶盖，内部世界框架及主动隔振器安装在罐体底座；上下筒壁沿圆周面设置 250mm、200mm、150mm 三种共 20 个法兰接口，用于安装抽真空管道接口、观察窗，电气、光纤、冷却水管路接口等。罐体内壁直径为 1500mm，总净高为 1450mm，上下筒之间及所有法兰开口采用氟橡胶圈密封。

图 9-58　波像差检测装置真空系统设计

腔体真空度要求为 10^{-5}Pa，主泵采用涡轮分子泵，极限真空度为 10^{-6}Pa；按照涡轮分子泵的工作要求配置前级泵，初级真空度高于 100Pa，由于罐体要求洁净无污染，前级泵选择干式罗茨真空泵。分子泵安装在真空腔体上筒和下筒；考虑前级泵工作噪声影响，前级泵安排独立的后动力设备间，与波像差检测装置安置于不同的房间，通过真空管道与真空腔体和分子泵连接，如图 9-59 所示。

图 9-60 为波像差检测装置真空系统的实测抽速，1 小时左右，真空系统可达到 10^{-3}Pa

真空，之后抽速减慢，在 20 小时左右进入 10^{-4}Pa 真空，72 小时内进入 10^{-5}Pa 真空。

在真空腔体及罐体底座上安装恒温水管路，将真空腔内部的热量通过恒温水传导至温度控制器；温度控制器将恒温水的温度稳定在(22±0.01)°C，实现整个波像差检测装置的恒温控制。

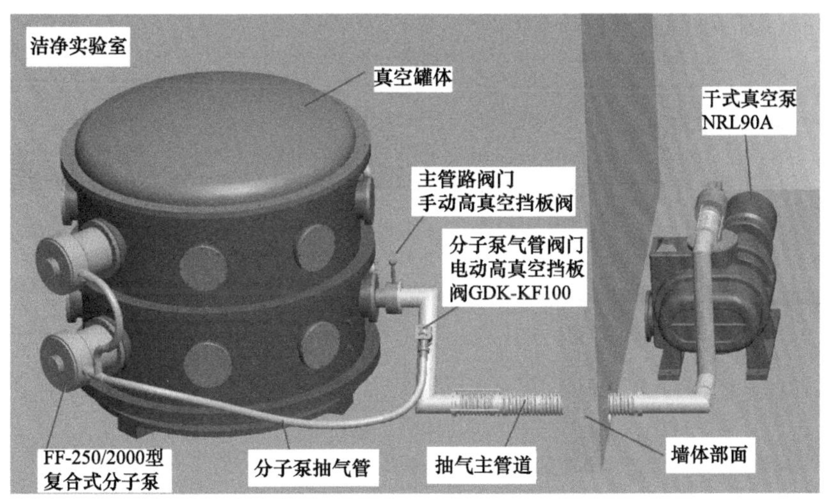

图 9-59　波像差检测装置真空泵及真空管道布局

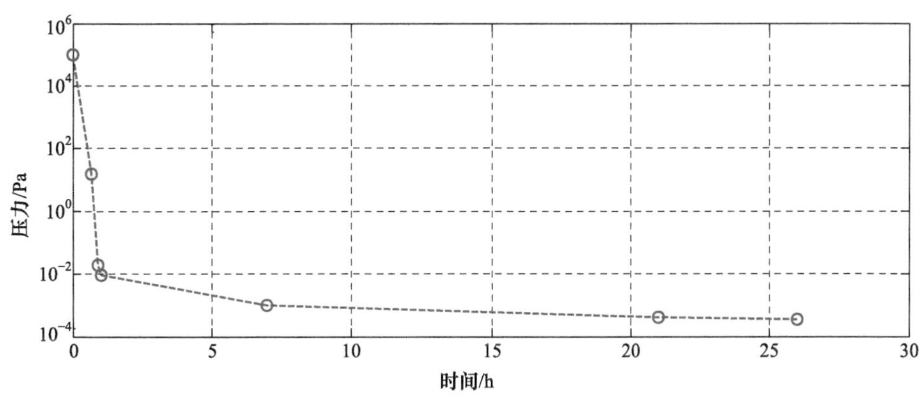

图 9-60　波像差检测装置真空抽速

3) 物面、像面精密位移台系统

波像差检测系统物面、像面精密位移台的主要作用有：

(1)将物面模块定位至被测投影物镜需测量的物方视场点，因此需要物面进行 *XYZ* 三个方向的精密定位，定位重复性为 1μm。

(2)将波像差检测像面模块调节至被测投影物镜像面，并进行点衍射自动对准；要求位移分辨率达到 nm 级，定位后无漂移或伺服抖动。因此，像方位移台也需要 *XYZ* 三个方向的自由度。

考虑实验调整的便利性，物面与像面调整范围均应在 10mm 量级，并且位移台在真空中工作，位移台需要无异常放气，电机在非工作状态需要无热量释放，因此采用压电陶瓷电机。而商用的压电陶瓷位移台行程多为几百微米，无法满足调节范围要求。大行程压电位移台的自锁力一般为 10N 左右，也不能满足定位稳定性的要求。因此，采用掉电自锁的压电陶瓷电机设计加工了 mm 级行程纳米位移台系统，行程>10mm，定位分辨率<30nm，50 小时长期定位稳定性<35nm，如图 9-61 所示。小于 30nm 的微动调节通过调节行程 μm 级的商用纳米位移台实现。

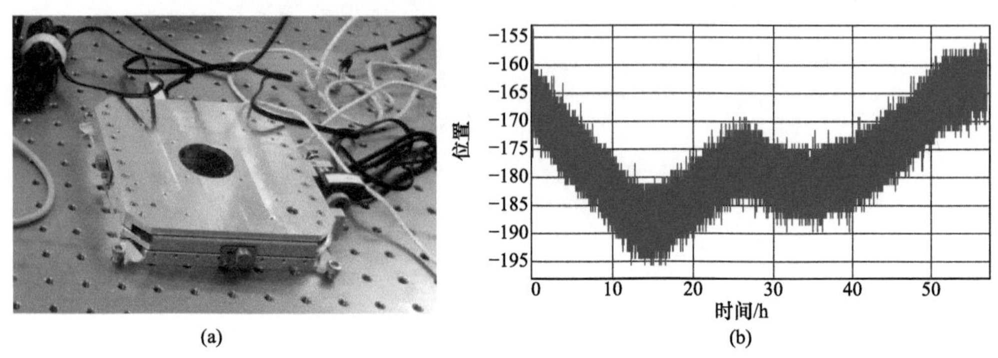

图 9-61　大行程纳米位移台及其定位稳定性测试

(a) 大行程纳米位移台；(b) 纳米位移台定位长期稳定性测试

4) 光源与光传输单元

光源与光传输单元的作用是实现测量光路与参考光路光功率控制，并实现相移。图 9-62 是光传输模块的组成框图。光源出射光通过光纤分束器分为参考光路和测量光路，每个光路中加入光可调衰减器，实现通过针孔和光窗的光束光功率分别可控，提高干涉对比度；在参考光路中加入相移器，实现高精度相移控制。光传输模块集成入同一机械结构，放置入真空腔内，如图 9-63 所示。

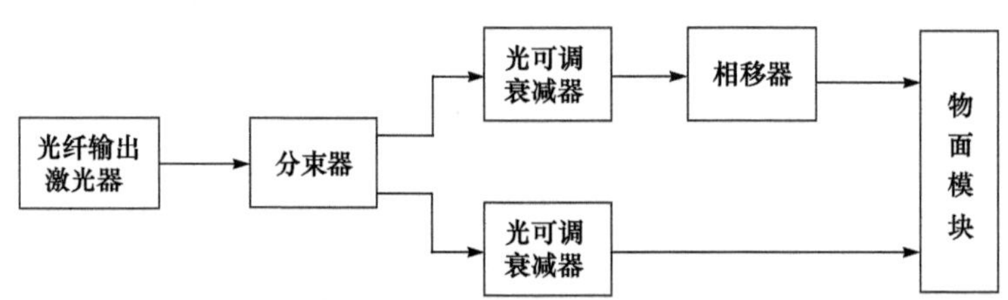

图 9-62　光传输模块组成框图

可调衰减器通过对光路的可控遮挡实现。采用小功率步进电机驱动微加工减速箱机构，带动偏心轮转动，在转动过程中挡光片从远离光路到完全遮光变化，通过标定及软件查找表技术，实现衰减比的精确可控。可调光衰减器的结构如图 9-64 所示。

相移器模块采用压电陶瓷精密位移台带动光纤改变参考光路光程实现；同时，由于光源采用低相干光源以降低光路相干噪声，在相移器中增加宏动位移台对参考光路与测量光路的光程差进行调节，使两光路的光程接近，使得采用低相干光源时也可获得良好的干涉对比度。相移器结构如图 9-65 所示。

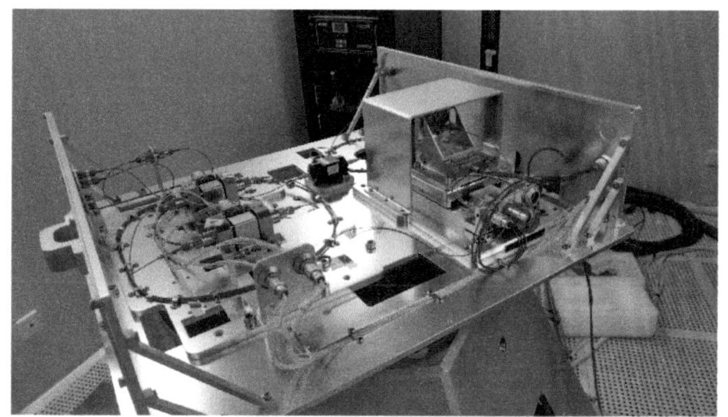

图 9-63　光传输模块

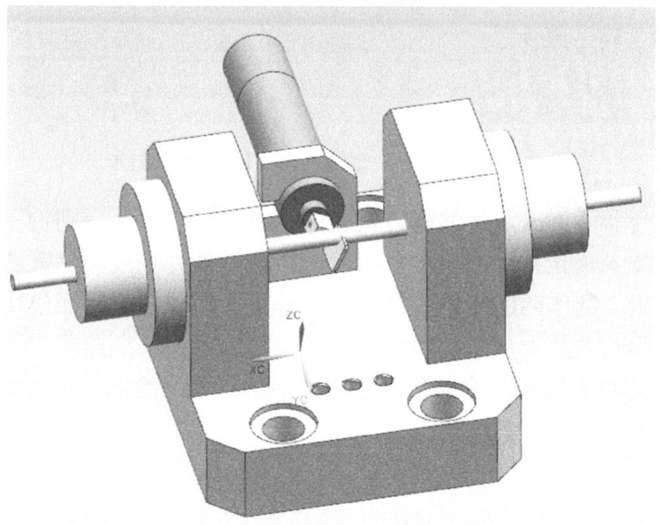

图 9-64　可调光衰减器结构示意图

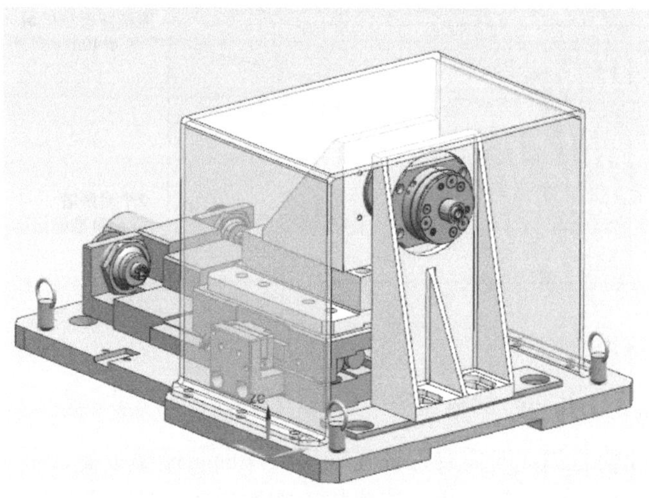

图 9-65　相移器结构示意图

5) 波像差检测物面模块与测量塔

物面模块采用多光纤结构，在一次测量过程中，有两个光纤位于被测投影物镜物方视场内，成像在像面，实现点衍射干涉。物面光纤元件采用一维光纤阵列器件实现，如图 9-66 所示。光纤通过石英基底的 V 型槽定位，使得光纤间距相等，光纤纤芯基本对齐，光纤出射偏振态相同。

图 9-66　光纤 V 型槽阵列器件端面示意图

一维光纤阵列器件集成入光刻掩模版器件，如图 9-67 所示，则物面模块可以作为掩模版器件直接安装入曝光系统掩模台，用以进行极紫外光刻投影物镜波像差曝光系统原位检测。在掩模版上制作两组测量塔视觉对准标记，用以建立物面模块坐标系与被测投影物镜坐标系之间的关系，从而实现特定视场点的波像差长期监测与不同测试方法的比对测量。图 9-68 为物面模块与物面位移台集成后的结构示意图，物面模块作为标准光刻掩模版进行固定夹持。

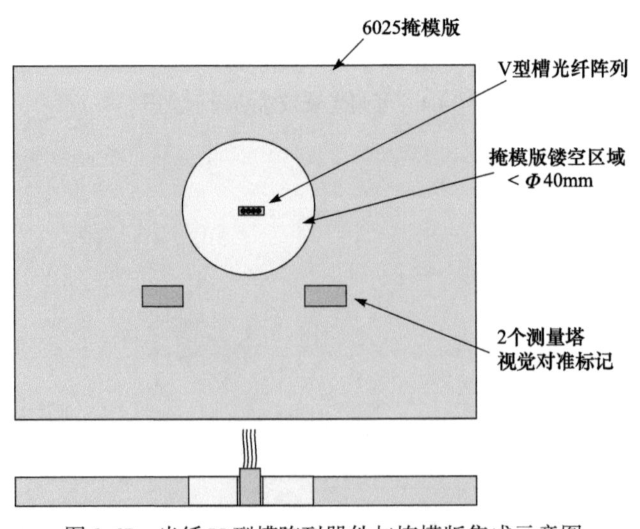

图 9-67　光纤 V 型槽阵列器件与掩模版集成示意图

物面模块与掩模版集成时需要保证光纤出射端面与掩模版金属面平行，而光纤出射光中心线与被测投影物镜光轴平行，这依赖于物面模块机械调整机构与物面模块装调系

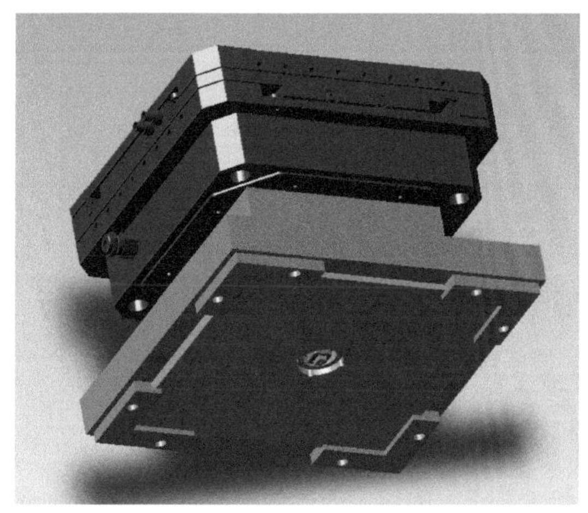

图 9-68　物面模块与物面位移台集成结构示意图

统。图 9-69 为物面模块调整机构的示意图，通过差分螺母实现光纤器件与掩模版器件垂直掩模版方向的位置调整，通过 O 型圈与细牙螺钉实现光纤光线出射方向的微调与锁定。光纤位置通过安装在 *XYZ* 三轴精密位移台上的显微镜进行扫描检测实现，如图 9-70 所示。物面模块光线出射方向的检测通过特制的物面模块装调自准直系统实现，如图 9-71 所示。

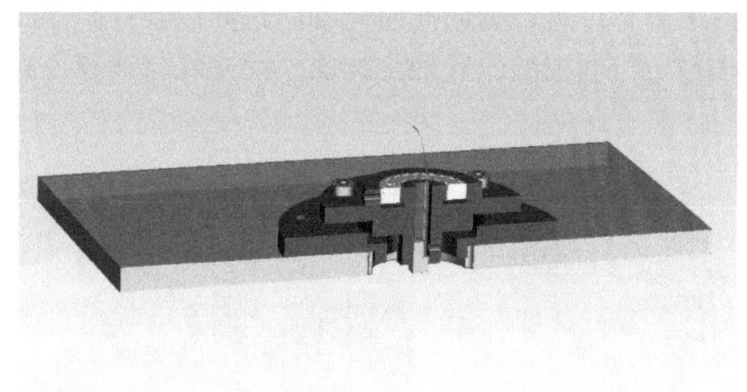

图 9-69　物面模块调整机构示意图

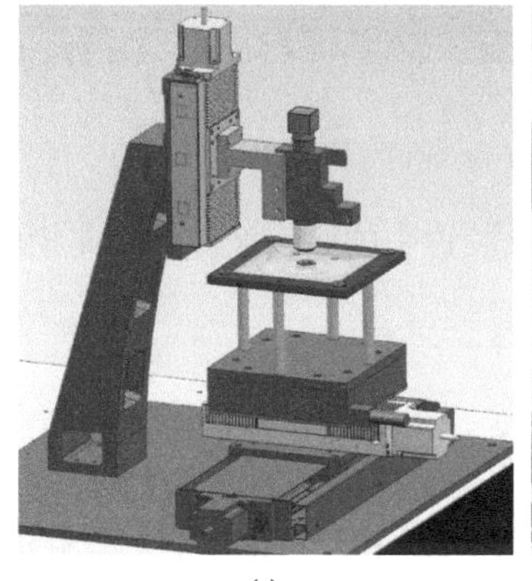

(a)

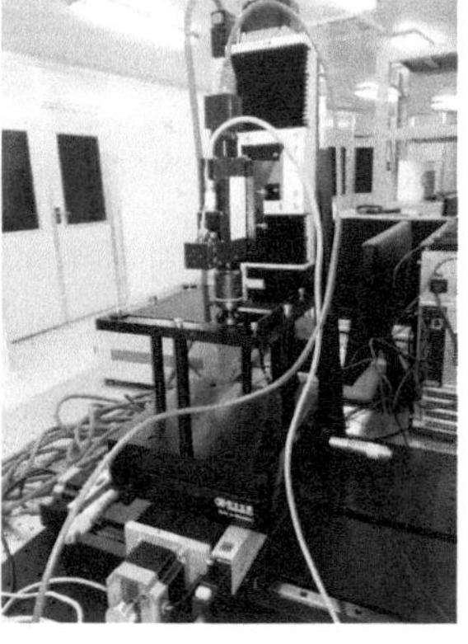

(b)

图 9-70　物面模块光纤位置检测系统

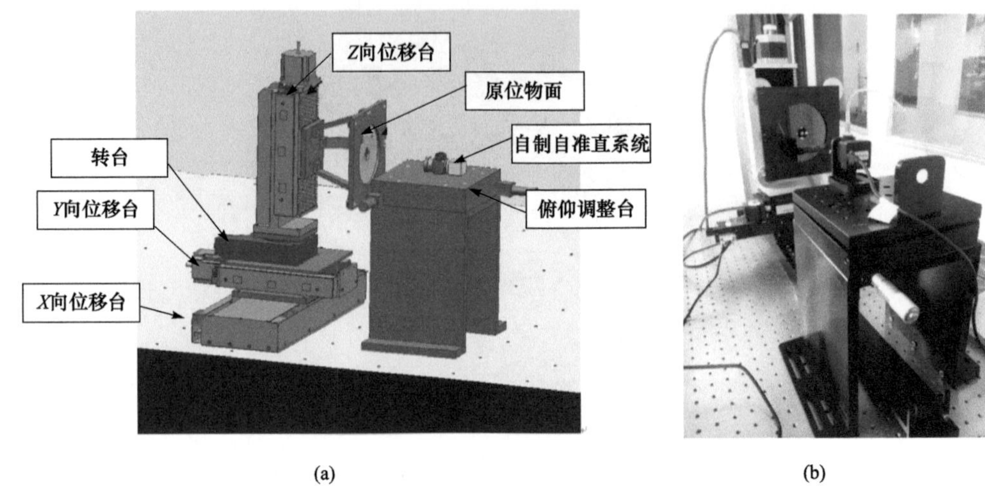

(a)　(b)

图 9-71　物面模块装调自准直系统

用以统一物面模块坐标系与投影物镜坐标系的测量塔由 3 个电容传感器和 2 个成像系统组成，如图 9-72 所示。测量塔安装在被测投影物镜上，测量塔与被测投影物镜的坐标关系通过三坐标测量仪进行 μm 级精度标定。测量塔中 3 个电容传感器检测测量塔与掩模版金属层之间的距离，以进行物面掩模光轴向距离控制；2 个成像系统检测掩模版上两组定位标记，根据定位标记的位置确定物面模块光纤与被测投影物镜物方视场的横向位置关系。

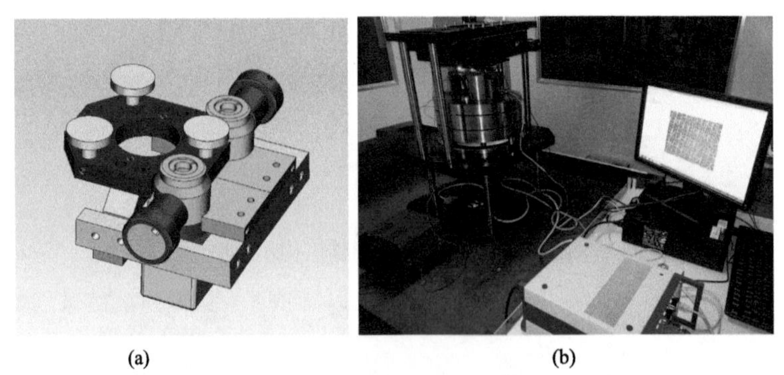

(a)　(b)

图 9-72　测量塔结构示意图(a)及实验调试照片(b)

图 9-73 为安装在极紫外光刻曝光实验装置中的原位波像差检测物面模块的照片，采用与曝光掩模完全一致的接口。

6) 波像差检测像面模块

像面模块的作用为采集点衍射干涉图，由针孔光窗掩模、针孔光窗 nm 调节台、成像镜组、CCD 或 CMOS 相机及其调整机构等组成，如图 9-74 所示。针孔光窗掩模采用自支撑 SiN 薄膜器件，溅射金属遮光层作为针孔和光窗的基底。针孔的直径小于被测投影物镜的像方分辨率，光窗的尺度在几十 μm 量级，图 9-75 为所加工的针孔光窗器件的 SEM 图像。针孔光窗 nm 调节台带动针孔光窗进行 *XYZ* 三自由度 nm 分辨率调节，实现

图 9-73　实验系统中的波像差检测物面模块

点衍射干涉自动对准及双窗零位检测。成像镜组将被测投影物镜光瞳成像在 CCD 或 CMOS 光敏面上。CCD 或 CMOS 相机接收干涉图，具有低功耗、高信噪比特性，满足高真空连续工作要求。相机具有散热及调节结构，使得在装调过程中相机光敏面与成像镜组的光轴垂直、光敏面与成像镜组间的距离精确可控。

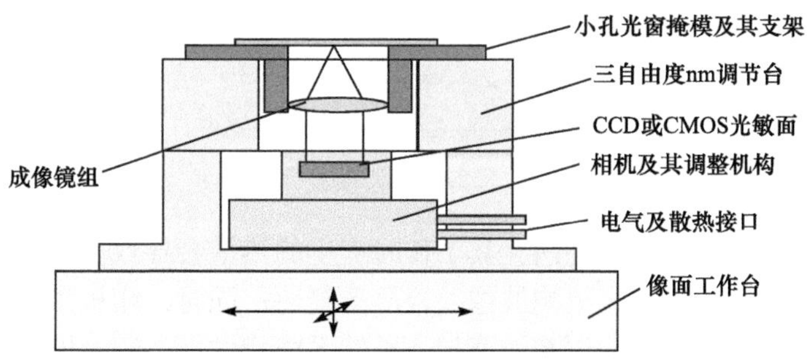

图 9-74　像面模块组成示意图

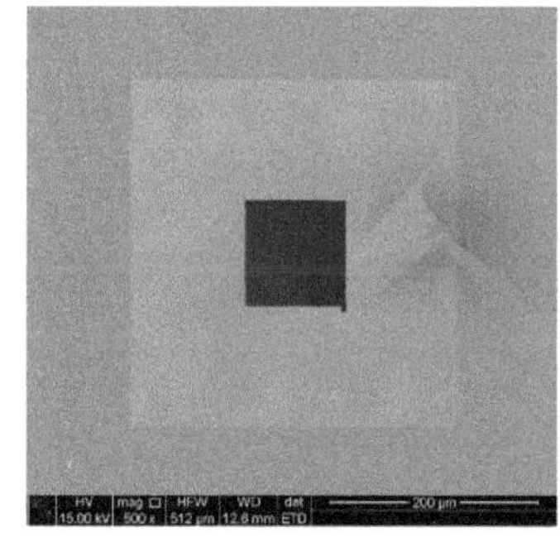

图 9-75　针孔光窗器件 SEM 图像

图 9-76 为实际像面模块设计剖视图。针孔光窗掩模版用环氧树脂胶粘接到板座上，构成针孔板组件，装入垂直调节座内。垂直调节座在三个压簧作用下实现针孔光窗掩模版水平倾斜角调节，及针孔光窗掩模版高度微调。CCD 或 CMOS 相机采用板级结构，安装于铝合金电路板座。电路板座上的其中三个角位置上分别安装锥面定位柱、V 型槽定位柱、平台面定位柱；对应的电路板架位置安装了三个球头微调螺纹副。电路板座与

电路板架之间在三个压簧的作用下，三个螺纹副球头分别与三个定位柱的锥面、V 型槽面、平台面紧紧贴合，从而完成了电路板座与电路板架之间的定位与夹角调整，使相机光敏面与针孔光窗掩模平行。电路板架固定在电动升降台上，与整体框架相连接，电动升降台调整光敏面的高度。

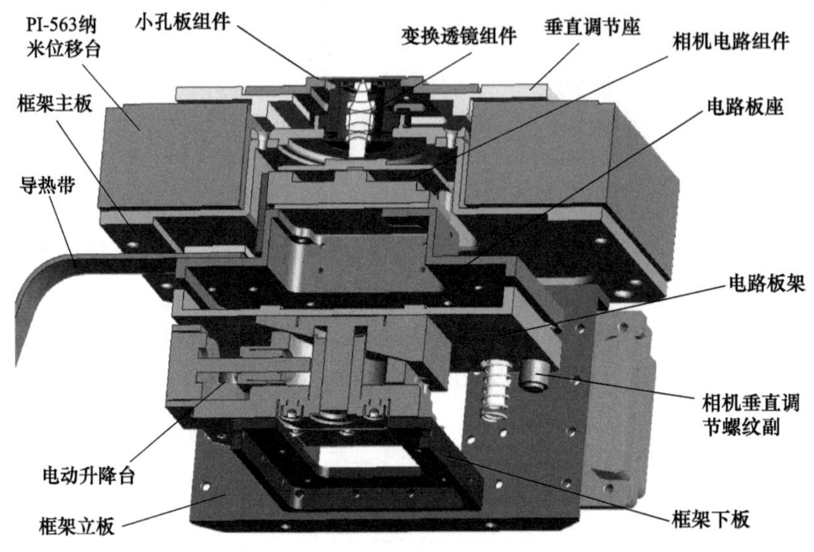

图 9-76 实际像面模块设计剖视图

像面模块相机工作于真空腔内，其工作时产生的热量会导致像面模块温度升高，使针孔光窗掩模位置发生漂移，影响波像差检测重复性；同时，相机热量也会通过像面工作台传导至曝光系统框架或检测系统框架，影响系统物像面位置。因此，控制像面模块相机功耗是波像差检测系统的关键技术之一。采用分体式相机结构，如图 9-77 和图 9-78 所示，将相机光敏电路部分和信号处理电路分离，光敏部分与信号处理部分通过高速差分信号连接，线缆长度达到 2m 以上，从而可以将信号处理部分置于真空腔外，有效控制了相机功耗，并保证了光电转换信噪比。实测光敏部分功耗 0.6W，信噪比达到 50dB 以上。

像面模块需要保证成像镜组光轴与针孔光窗基底、CCD 光敏面垂直，且针孔位于成像镜组的前焦面，CCD 光敏面位于成像镜组的后焦面，这些装配参数需要通过专用的像

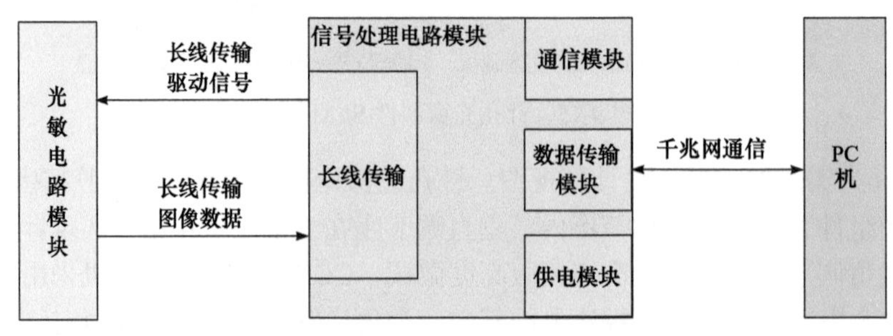

图 9-77 分体式低功耗相机组成框图

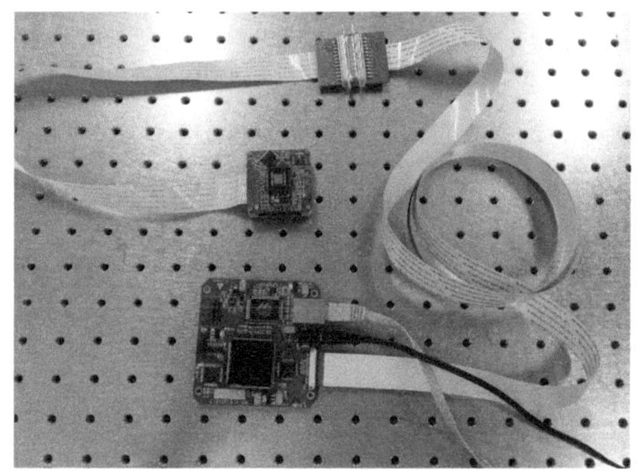

图 9-78　分体式低功耗相机

面模块装调系统实现。图 9-79 为像面模块装调系统的结构，采用具有自准直模式的装调显微镜确定成像镜组的光轴及前后焦面位置，并检测针孔光窗基底与 CCD 光敏面的平行性。

图 9-80 为安装在曝光实验系统中的波像差检测像面模块。

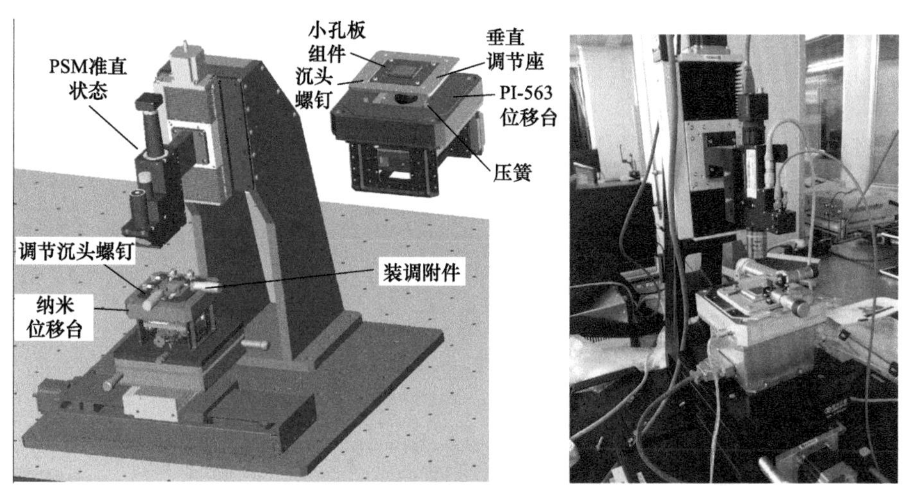

图 9-79　像面模块装调系统

图 9-80　波像差检测像面模块

7) 软件系统

软件系统是波像差检测装置的控制和数据处理核心。波像差检测系统各部分的工作由软件系统控制，采集到的干涉图由软件系统进行分析计算得到波前相位数据。此外，对波前像差的分析也由软件系统完成。为了实现软件系统的可维护性和可拓展性，软件系统采用了模块化架构，实现了软件系统的高内聚、低耦合。将软件系统分为用户接口界面类、相移控制类、相位数据类、泽尼克像差类等 11 个主要模块，如图 9-81 所示，实现了数据访问层、业务逻辑层和表示层的分离，有利于软件代码的升级、维护。

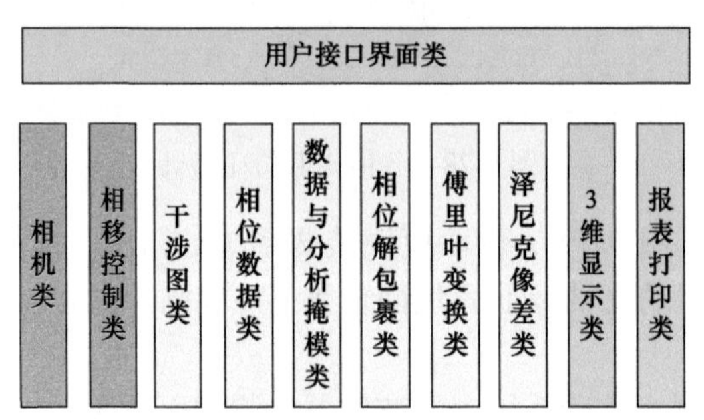

图 9-81 波像差检测软件系统架构

软件代码采用 C#与 C++语言联合编程开发，具备干涉图获取、相移控制、相位提取、Zernike 像差分析，三维显示、干涉可见度直方图分析、Mask 绘制、相移器标定、点衍射干涉自动对准、数据存储、测量重复性评估、系统误差消除等较为全面的功能。图 9-82 为波像差检测软件系统的操作界面。

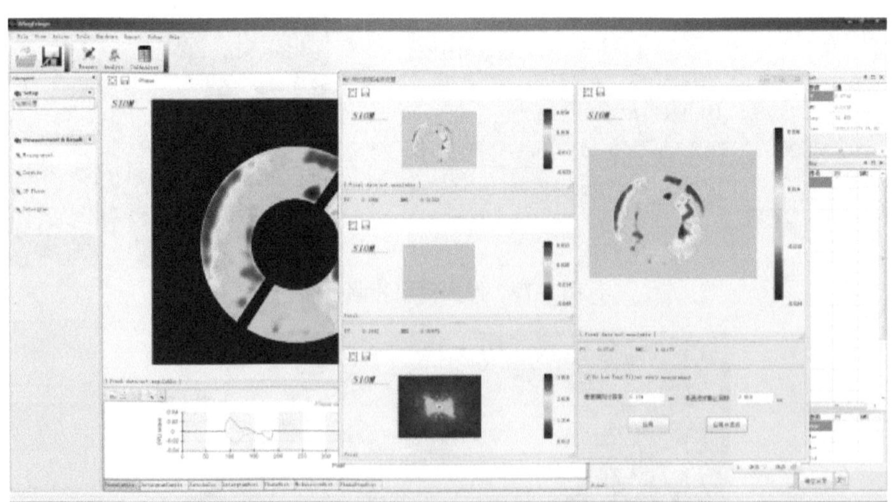

图 9-82 波像差检测软件系统的操作界面

5. 两镜系统波像差检测实验

1) 检测系统集成

基于双光纤点衍射干涉仪技术原理所建立的极紫外光刻小视场投影物镜波像差检测

装置如图 9-83 所示。检测装置由检测系统机械框架、电控箱和计算机组成，被测投影物镜安装在检测系统六角形内部世界框架内，如图 9-83 所示。检测系统机械框架外部具有围栏结构，以维持局部环境的稳定性；电控箱包含物像面工作台、像面模块纳米位移台、相移器、光衰减器等分系统的驱动电路以及图像采集电路、温度测量电路的数据采集部分；计算机运行检测装置软件系统，实现测量功能及数据存储。

被测两镜系统像方数值孔径(NA)为 0.3，放大倍数为−1/5，共轭距为 473.67mm，设计波像差小于 1nm RMS。图 9-84 为投影物镜未镀膜前在系统中测试的照片。检测系统光源波长为 532nm。

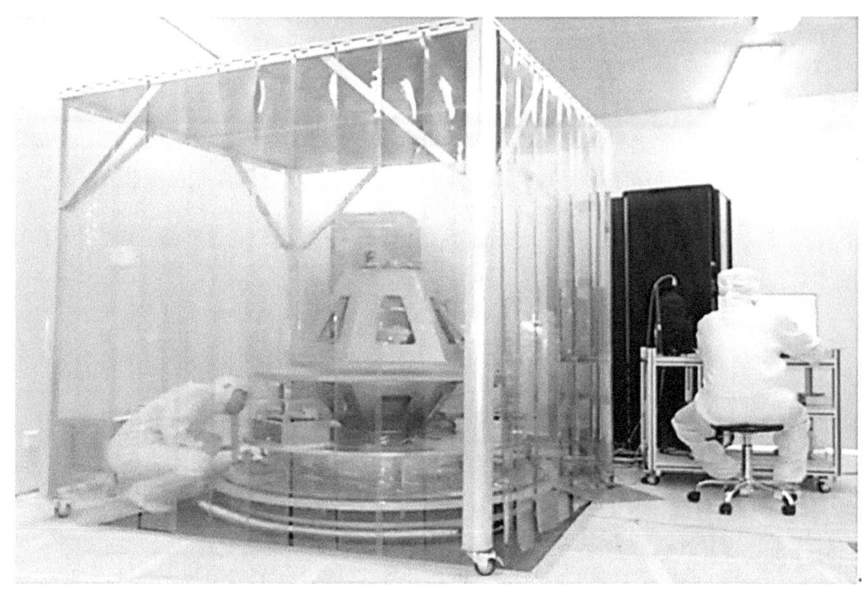

图 9-83 在空气中进行实验的双光纤点衍射干涉仪系统

像方数值孔径	0.3
放大倍数	−1/5
像方视场/mm	0.4×0.5
共轭距/mm	473.67

图 9-84 实验中的两镜 EUV 光刻投影物镜及其基本参数

图 9-85 为双光纤点衍射干涉仪与真空系统集成后的照片。机械泵位于单独的设备间，分子泵安装于真空腔下腔体。图 9-86 为波像差检测系统在 10^{-5}Pa 真空条件下的残余气体测试结果，主要放气成分为氮气和水，无污染性成分释放。因此，检测系统满足极紫外光刻洁净真空的环境控制要求，可以安装在极紫外光刻曝光装置内。图 9-87 为双光纤点衍射干涉仪作为原位波像差检测分系统集成入极紫外光刻曝光实验系统进行原位波像差检测实验的现场照片。

图 9-85　与真空系统集成后的极紫外光刻投影物镜波像差检测装置

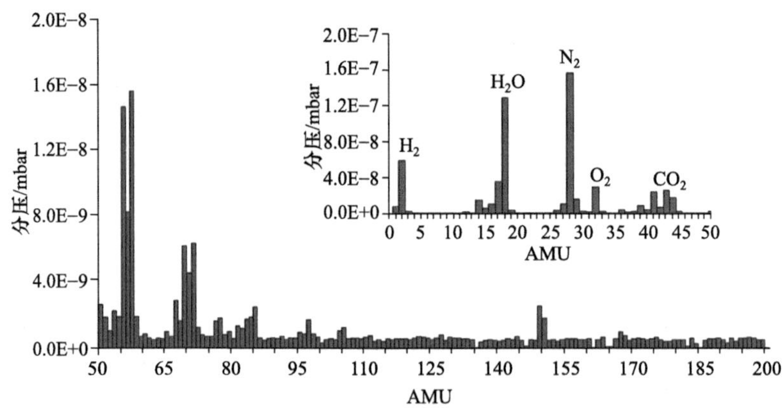

图 9-86　波像差检测系统真空放气测试结果

图 9-87　原位波像差检测系统在极紫外光刻曝光实验系统中的检测波像差

2) 像面定位

双光纤点衍射干涉仪在像面有两个成像点，像面衍射针孔与一个像点对准衍射产生理想球面波，因此，当针孔与像点对准时，针孔位置即是像点位置，针孔光窗面即是像面。在系统误差标定测量模式，两束光不受干扰地发生干涉，干涉相位的 Z_4(离焦)项反映了两个像点在光轴方向的位置差别信息。在点衍射测量模式，当针孔与像点在光轴方向完全对准时，测得的 Z_4 项与系统误差标定模式相等。由于干涉仪对 Z_4 项具有 pm 量级的测量分辨率，因此可以以波像差检测过程中的 Z_4 项作为判别标准，实现像面的准确定位。图 9-88 为点衍射干涉针孔在光轴向位置与离焦系数偏差的实测关系曲线，可见离焦系数偏差与像面位置偏差具有良好的线性关系，当离焦系数测量分辨率达到 10pm 时，像面测量分辨率达到 0.6nm，满足极紫外光刻像面定位需求。

采用该方法，也可进一步实现被测投影物镜场曲的测量。

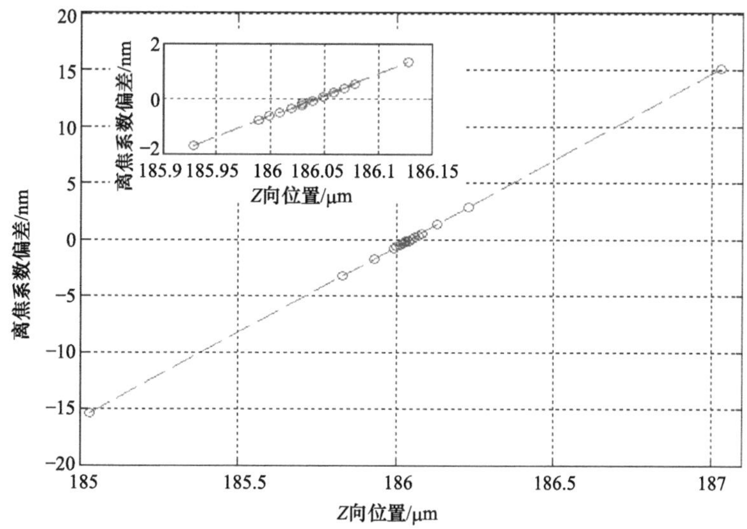

图 9-88　点衍射干涉离焦系数偏差与像面偏离量间的关系

3) 实验结果

图 9-89 为双光纤点衍射干涉仪检测极紫外光刻投影物镜的实验图像，其中(a)为针孔点衍射光强分布图，针孔衍射光产生了覆盖被测投影物镜全数值孔径的均匀光场；(b)为双光纤点衍射干涉图，由于被测物镜孔径光阑的影响，干涉图为具有中心遮拦的环形干

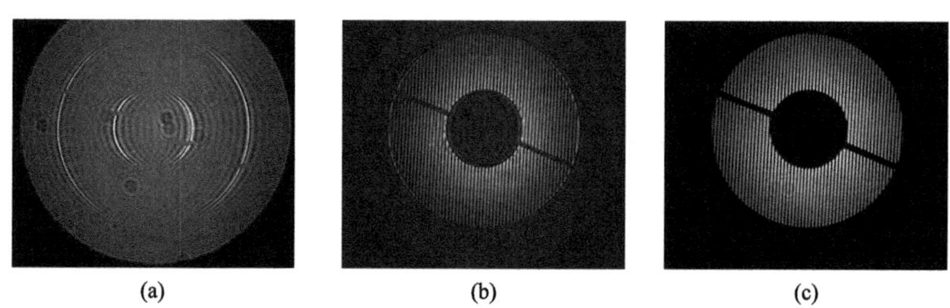

图 9-89　双光纤点衍射实验图像

(a) 针孔点衍射光强分布图；(b) 双光纤点衍射干涉图；(c) 系统误差标定干涉图

涉图；(c)为系统误差标定模式时的干涉图。由于双光纤点衍射干涉仪可以分别调整测量光路和参考光路的光功率，因此，点衍射干涉图和系统误差标定干涉图均可以得到 80%以上的干涉可见度。

图 9-90 为极紫外光刻投影物镜某视场点波像差检测实验结果，在点衍射干涉测试模式，测试结果为 4.8nm RMS，在系统误差标定模式，测试结果为 5.4nm RMS，最终测试结果为 1.4nm RMS。从实验结果可见，点衍射直接测试结果与系统误差标定结果，无论是面形分布还是面形的均方根值均非常接近，而且系统误差大于被测投影物镜的波像差。因此，点衍射干涉仪对系统误差进行精确标定是高精度测量的前提条件。

由图 9-91 所示波像差的成分分析结果可见，波像差中的主要像差为 1.9nm 的像散和 2.5nm 的彗差。

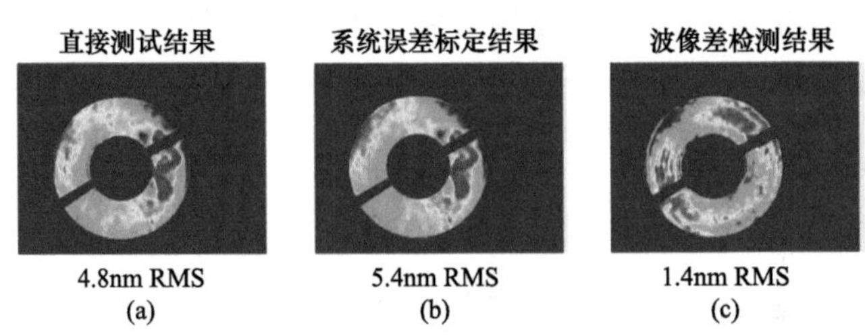

图 9-90　极紫外光刻投影物镜波像差检测实验结果

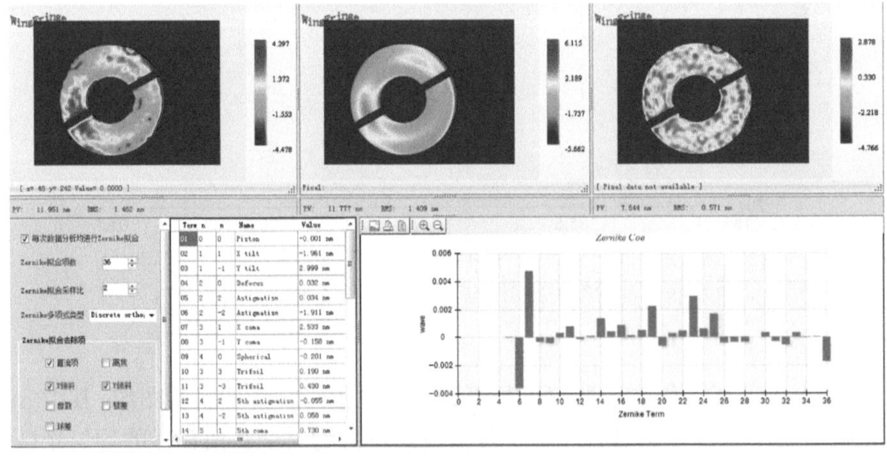

图 9-91　投影物镜波像差成分分析

上述实验结果中，像面模块采用了成像镜组，因此具有较小的系统误差，采用无透镜成像方式，替代透射式物镜进行测量，可以消除更大的几何光程系统误差。如图 9-92 所示，在该测试中，系统误差是被测波像差的 10 倍左右，反映出双光纤点衍射干涉仪具备测量远小于系统误差的微小波像差的能力。

4) 性能测试

A. RMS 短期测量重复性

RMS 短期测量重复性(RMS repeatability)的定义为连续进行 36 次重复测量，所测得

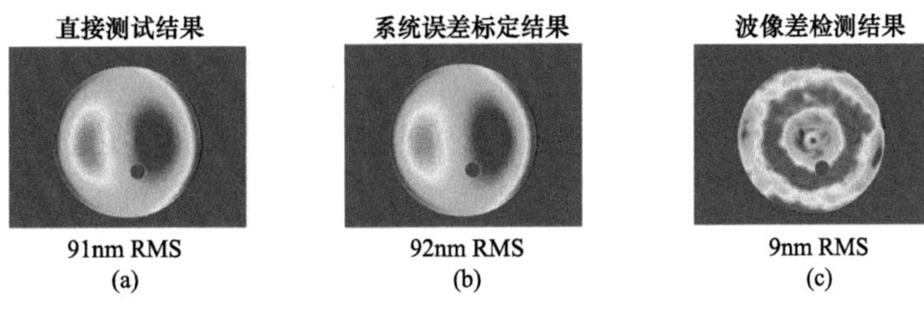

图 9-92　无透镜成像波像差检测系统误差消除

的 RMS 值的标准差的 2 倍。该参数是评价系统短期稳定性的主要参数。

36 次波像差检测结果如图 9-93 所示，测量结果 RMS 值标准差为 1pm，因此系统 RMS 短期测量重复性为 2pm。

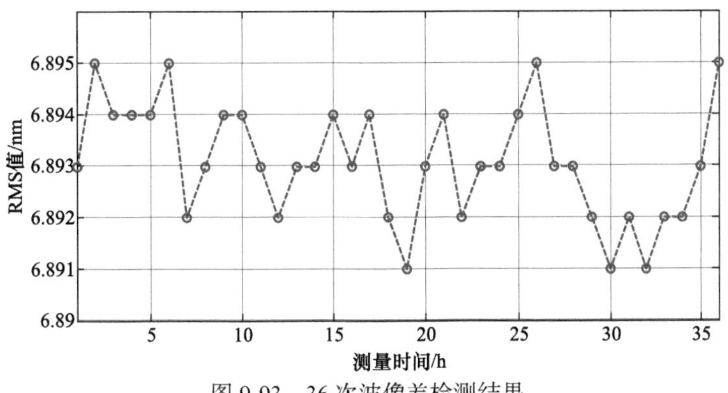

图 9-93　36 次波像差检测结果

B. RMS 波前短期测量重复性

RMS 波前短期测量重复性(RMS wavefront repeatability)的定义为：进行 36 次连续重复测量，求所有奇数次测量波前结果的平均波前作为参考波前，每次偶数次波前测量值与参考波前求差分波前，求差分波前的 RMS 值，18 个差分波前 RMS 值的平均值加上 18 个 RMS 值的标准差的 2 倍。图 9-94 为波像差检测装置软件系统对干涉仪 RMS 波前

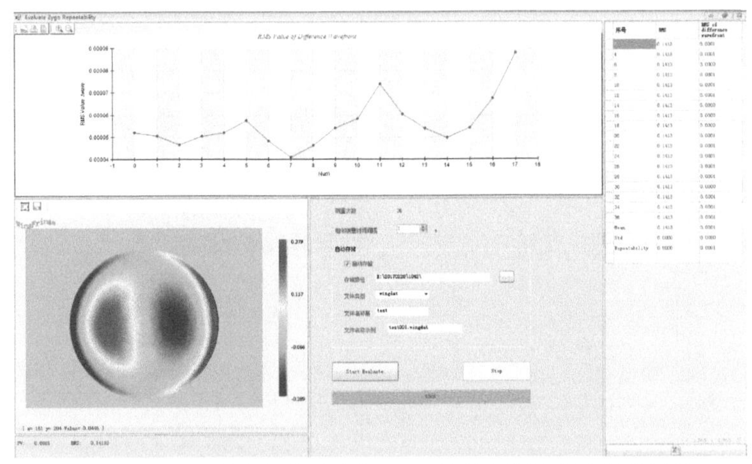

图 9-94　双光纤点衍射干涉仪 RMS 波前短期测量重复性评估

短期测量重复性的评估结果，RMS 波前短期测量重复性达到 0.0001λ(λ=532nm)，即 0.05nm。

RMS 波前短期测量重复性反映了检测系统对波前二维分布测量的稳定性，相对 RMS 短期测量重复性更全面地体现了检测系统的性能，是系统测量不确定度评定的重要组成部分。

C. Zernike 系数测量重复性

Zernike 系数是投影物镜计算机辅助装调的依据，Zernike 系数的测量重复性从另一方面反映出检测系统对波前二维分布测量的稳定性。Zernike 系数测量重复性的定义为进行 36 次连续重复测量，每次测量结果计算 5～36 项 Zernike 系数，每项 Zernike 系数 36 组测量结果是标准差的 3 倍。图 9-95 为检测系统 5～36 项 Zernike 系数的测量重复性评估结果，大部分像差项的测试重复性优于 0.02nm，最差值为 0.03nm。

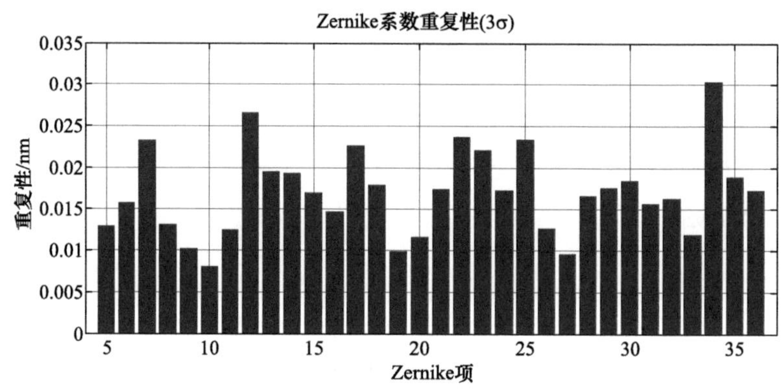

图 9-95　双光纤点衍射干涉仪 Zernike 系数测量重复性评估

D. 测量重复性 SD map 评估

测量重复性 SD(standard deviation) map 是一组多次重复测量数据中每个像素点的测量值的标准差，反映了检测过程在空间不同位置的测量稳定性情况；其与 RMS 波前短期测量重复性指标等效，从 SD map 能够推算出测量系统能够达到的波前测量重复性。如图 9-96 所示，在测量重复性 SD map 评估过程中，波前中心位置附近的测量值标准差

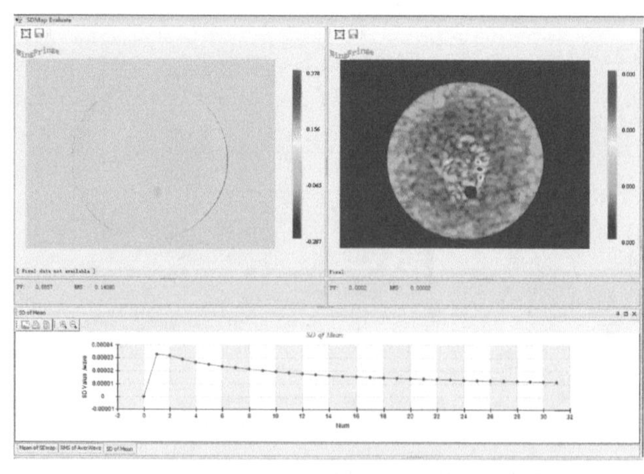

图 9-96　双光纤点衍射干涉仪测量重复性 SD map 评估

最差，达到 3λ/10000，其他区域的测量值标准差基本为 λ/10000；根据 SD map 随平均次数的变化情况，可推测测量结果取 10 次平均，RMS 波前短期测量重复性可达到 λ/50000 RMS，约 0.01nm RMS。

E. 54 小时波前测试重复性

图 9-97 为间隔 54 小时的两次波像差检测结果，第一次波像差检测结果为 1.48nm RMS，54 小时后波像差检测结果为 1.46nm RMS，两次波前的差的均方根值为 0.1nm，如图 9-98 所示。因此，48 小时均方根值测量重复性为 0.02nm RMS，波前测量重复性为 0.1nm RMS。像差变化量主要为像散和彗差。

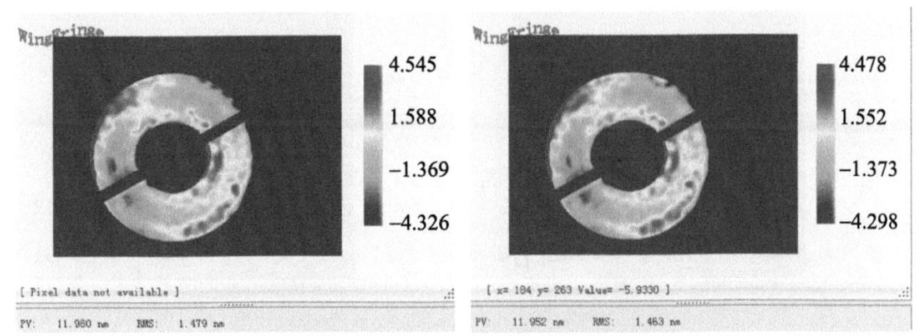

图 9-97　间隔 54 小时的两次波像差检测结果

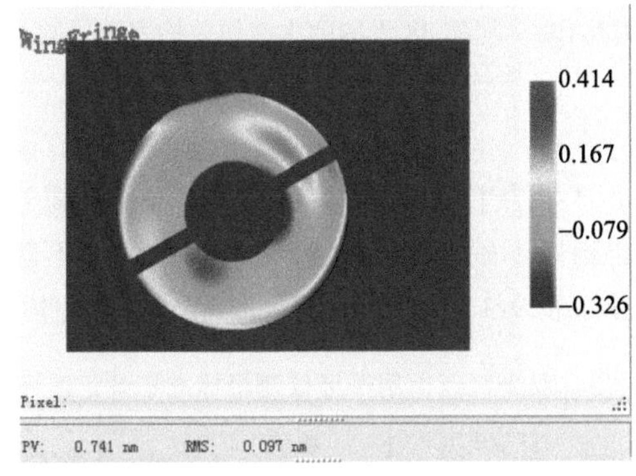

图 9-98　间隔 54 小时的两次波像差检测结果的差

F. 38 天波前测试重复性

在 EUV 光刻曝光实验过程中，对间隔 38 天的被测投影物镜同一视场点的两组波像差检测结果进行比较，如图 9-99 与图 9-100 所示。38 天前后的波像差检测结果为 1.79nm RMS 和 1.70nm RMS，RMS 测量重复性为 0.09nm RMS。对两组波前直接相减，波前差值的均方根值为 0.38nm RMS，从中去除视场点偏移可能导致的像散分量，差别为 0.27nm RMS。

38 天长期测试重复性是被测投影物镜波像差稳定性、环境稳定性、视场点定位重复性、波像差检测系统测量稳定性的一个综合表现。

5) 不确定度评定

双光纤点衍射干涉仪测量误差主要由下面七个方面组成：①光纤出射波前误差 w_{fiber}；②针孔点衍射的波前误差 w_{hole}；③点衍射测量重复性；④系统误差标定重复性；⑤ CCD

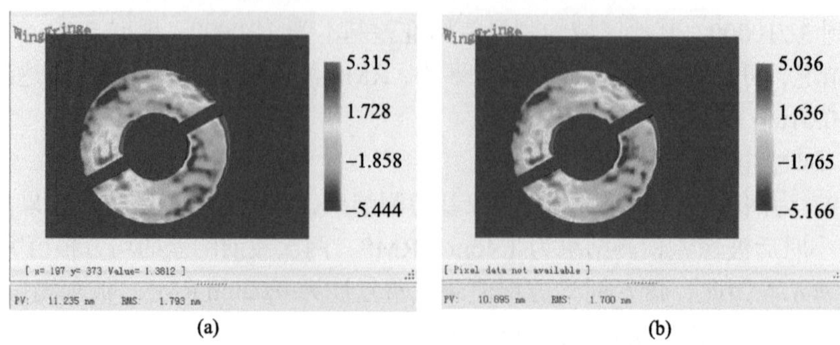

(a)　(b)

图 9-99　间隔 38 天的两次波像差检测结果

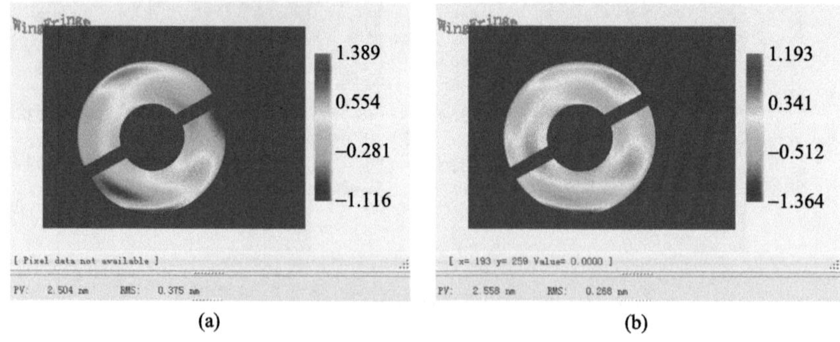

(a)　(b)

图 9-100　间隔 38 天的两次波像差检测结果的差

(a)波前差；(b)去除像散分量

相机的像素位置的非均匀分布产生坐标畸变，导致波像差计算误差；⑥激光器输出波长漂移引起的波像差计算误差；⑦干涉腔折射率波动引起的波像差计算误差。上述因素独立不相关，系统合成标准测量不确定度为上述因素导致测量不确定度的方和根。系统合成测量标准不确定度分析如表 9-3 所示，系统合成测量不确定度为 0.13nm。

表 9-3　双光纤点衍射干涉仪测量标准不确定度评定

编号	不确定度分量	评估类型	概率分布类型	标准不确定度/nm
1	$u(w_{\text{measured}})$	A	Normal	0.05
2	$u(w_{\text{fiber}})$	B	Normal	0.07
3	$u(w_{\text{hole}})$	B	Normal	0.07
4	$u(w_{\text{systematic}})$	A	Normal	0.05
5	$u(w_{\text{distortion}})$	A	Normal	0.04
6	$u(w_{\text{wavelength}})$	B	Rectangular	$5.43\times10^{-4}L_1$
7	$u(w(n))$	B	Rectangular	$1.34\times10^{-8}L_2$
合成不确定度 $u(w)$				0.13

注：L_1为被测物镜波像差，L_2主要为干涉仪空间几何光程误差；坐标畸变引起的测量误差与被测投影物镜波像差有关。

9.1.2　剪切干涉检测

点衍射干涉检测技术具有非常高的测量精度，但是其测量范围很小，对高 *NA* 光学系统的测量适应性较差，而且对光源空间相干性要求较高，只能在同步辐射光源条件下进行工作波长测量。横向剪切干涉检测技术是一种自参考波前测量技术，通过将待测波前与其自身横向错位后的波前进行干涉，不需要额外的参考光。由于是一种共路干涉技术，所以对光源的空间相干性要求显著降低，而且可以通过改变错位量(即剪切量)调整测量的灵敏度，具有较大的测量范围。因此，横向剪切干涉作为一种与点衍射干涉检测技术互补的波前测量技术，在极紫外光刻投影物镜的波像差测量中得到了广泛的研究与应用。

应用于极紫外光刻投影物镜波像差检测的主要是光栅衍射分光型横向剪切干涉检测技术，由于光栅衍射会产生很多衍射级次，因而存在多光束干涉问题。根据对多光束干涉处理方式的不同，在极紫外光刻投影物镜波像差检测中得到研究与应用的光栅横向剪切干涉检测技术可以分为三类：①光栅置于像面附近，忽略高级次衍射光影响的 Ronchi 剪切干涉检测技术；②光栅置于 Talbot 面，通过对干涉图进行傅里叶域滤波滤除高级次衍射光影响的数字 Talbot 剪切干涉检测技术；③光栅置于待测物镜和像面之间的离焦面(或物面和物镜之间)，通过像面放置的窗口掩模阻挡高级次衍射光的窗口滤波型剪切干涉检测技术。另外，还有一种光栅置于离焦面，通过光栅设计使其在一个方向上仅有两个衍射级次的随机编码混合光栅(randomly encoded hybrid grating, REHG)剪切干涉检测技术，在极紫外光刻投影物镜波像差检测中也有潜在的应用价值。下面首先介绍上述四类光栅剪切干涉检测技术，然后介绍光栅剪切干涉测量极紫外光刻投影物镜波像差的几项关键技术，包括干涉图相位提取技术、遮拦光瞳的波前重建技术和系统误差消除技术，最后介绍剪切干涉与点衍射干涉的组合检测技术。

9.1.2.1　Ronchi 剪切干涉检测

早在 1995 年，美国 AT&T 贝尔实验室和桑迪亚国家实验室(SNL)分别基于布鲁克海文国家实验室和威斯康星州的同步辐射光源搭建了工作波长的 Ronchi 剪切干涉测量装置，用于 EUV 施瓦茨物镜的测量[73-76]。两套测量装置都是在待测物镜的物面使用一个滤波针孔产生空间相干的球面波，照明待测物镜，通过像面的衍射光栅将穿过物镜的球面波衍射为多个衍射级次，不使用成像系统，直接在远场探测这些衍射级次形成的干涉条纹。由于物面针孔会显著降低穿过光学系统的光能，所以为进行工作波长测量，这种方法只能在高亮度的同步辐射光源下使用。为了使该技术能够在等离子体 EUV 光源下应用，美国 SNL 和荷兰飞利浦实验室分别研发了扩展光源 Ronchi 剪切干涉检测技术，分别在物面使用狭缝和光栅代替针孔，不仅能够满足必要的空间相干性要求，而且将进入测量系统的光通量(光子数/秒)增加了几个数量级[77-83]。下面对物面针孔型、物面狭缝型和物面光栅型 Ronchi 剪切干涉分别进行介绍。

1. 物面针孔型

图 9-101 为 Ronchi 剪切干涉测量 EUV 施瓦茨光学系统的光路结构示意图，图中的

刀口和 Ronchi 光栅分别对应刀口测试和 Ronchi 测量两种测量方式[76]。Ronchi 光栅在像面将测量光束衍射为多个衍射级次，表示光瞳的横向剪切图像，不同衍射级次的重叠将产生干涉条纹。通过在垂直于光栅栅线方向上在一个光栅周期内移动光栅可以在不同的衍射级次间引入相移，实现相移干涉。Ronchi 剪切干涉具有大的测量动态范围，这对于 EUV 物镜的原位工作波长校准是非常重要的。其测量动态范围可以通过使用不同周期的 Ronchi 光栅来调整。随着校准的逐步改善，使用更高频率的光栅以提供更高的测量灵敏度。

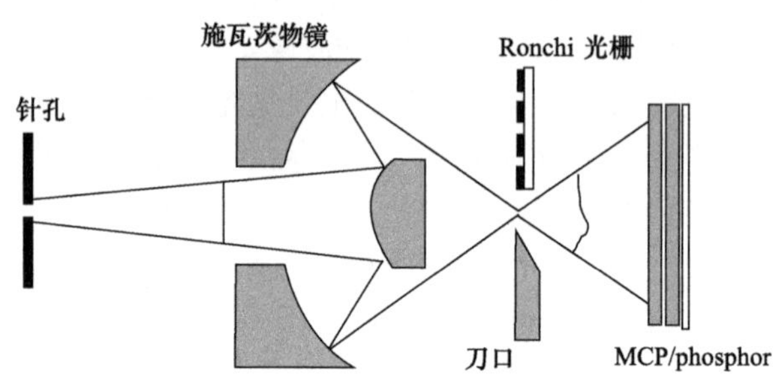

图 9-101　Ronchi 剪切干涉检测技术光路结构示意图[75]

为了最大化光通量，采用小剪切率是更好的选择，一般为 1%～5%，也就要求使用相对粗的光栅。而对于给定的剪切率 s，物面针孔的直径为 $1/s$ 乘以待测光学系统的衍射极限分辨率时，仍然可以提供足够的空间相干性以获得高对比度的干涉条纹。在小剪切率条件下，干涉条纹反映的是待测波像差的一阶微分信息。为了完整地重建待测波前，需要在相互正交的方向上分别进行一次测量，获得待测波前在两个方向上的一阶微分信息[75]。

图 9-102 为美国 SNL 基于 Ronchi 剪切干涉检测技术对一施瓦茨物镜在不同剪切率

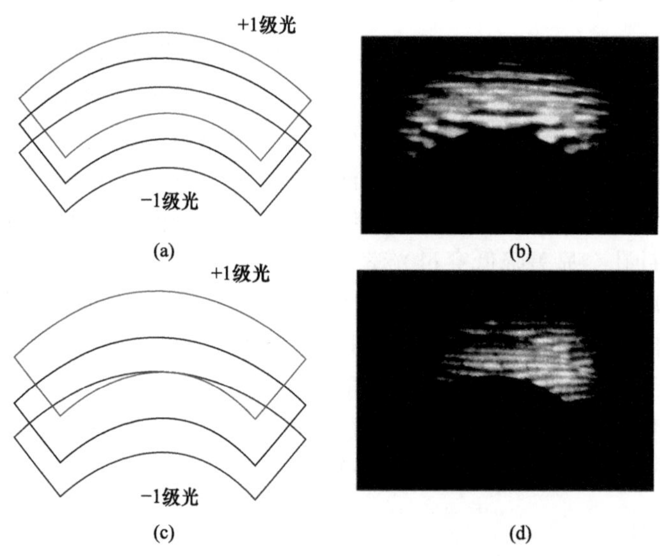

图 9-102　波长 16.3nm 时，不同剪切率下的施瓦茨物镜子孔径的 Ronchi 剪切干涉图

(a)和(c)：光栅周期分别为 0.8μm 和 0.4μm 的干涉模式；(b)和(d)：分别与(a)和(c)对应的干涉图[76]

下的测量结果，待测施瓦茨物镜的数值孔径为 0.2，峰值反射率波长为 16.3nm。物面针孔直径范围在 3～8μm，测量环境的真空度为 2×10^{-9} Torr。由于不同的衍射级次间都会产生干涉，(a)和(b)分别为光栅周期为 0.8μm 时的施瓦茨物镜一个子孔径的干涉模式和干涉图。这种情况下干涉比较复杂，干涉图表现为多光束干涉。随着光栅周期降低，高级次衍射光的横向距离增大，彼此之间的重叠范围变小，因此可以使干涉图的复杂度降低。(c)和(d)分别为光栅周期为 0.4μm 时的施瓦茨物镜一个子孔径的干涉模式和干涉图。在这个光栅周期下，0 级光分别与−1 级光和+1 级光形成干涉，而且两者之间没有重叠[76]。

美国 AT&T 贝尔实验室在 13nm 波长下对 Ronchi 剪切干涉的测量精度进行了评估，结果表明该干涉仪的灵敏度可以达到 0.021λ RMS 或更高，这个精度足以评价待测 EUV 光学系统是否达到了衍射极限性能[73]。在 13.5nm 波长下对一个 10 倍施瓦茨物镜进行测量，在 0.08NA 子孔径内，移除常数项、倾斜项和离焦项后测量精度达到 0.096λ RMS[74]。

2. 物面狭缝型

由于同步辐射光源建造成本昂贵，大多数实验室均不具备，所以上述基于同步辐射光源的 Ronchi 剪切干涉仪的可推广性受到限制。激光或放电等离子体光源是目前另一种相对廉价的 EUV 光源，而极紫外光刻设备也均采用等离子体光源。极紫外光刻机原位波像差检测必须采用这类光源，因此采用价格较低的等离子体光源的 EUVL 投影物镜波像差检测方法具有更广泛的应用前景。

目前，等离子体光源与同步辐射光源相比，其亮度要低 4 个数量级左右，而且空间相干性差。对光源空间相干性具有很高要求的点衍射干涉检测方案将不再适用。剪切干涉对光源的空间相干性要求较低，但物面采用针孔掩模的方案也降低了光通量，使光电探测时间增长，外部干扰影响检测结果的可能性增大。为此，美国 SNL 研发了基于扩展光源的 Ronchi 剪切干涉检测技术，用于极紫外光刻投影物镜的波像差检测。将 Ronchi 剪切干涉的物面针孔替换为一维狭缝，仍然能够满足测量所需的空间相干性，同时相干光通量可以增加几个数量级，从而可以使用亮度较低但是结构紧凑且廉价的等离子体光源[77]。

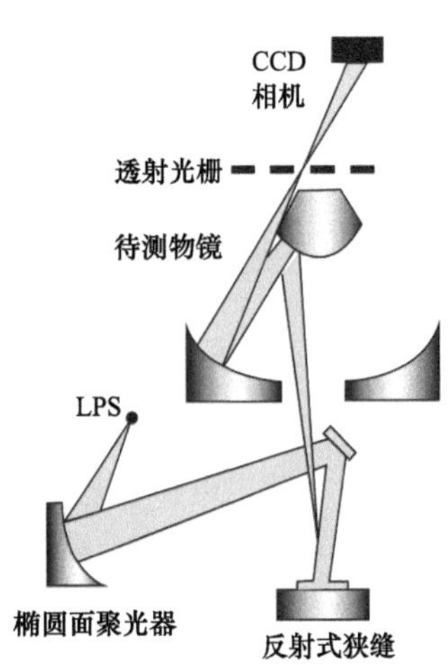

图 9-103　SNL 的物面狭缝型 Ronchi 剪切干涉检测技术原理示意图[77]

对于针孔光源，光瞳面波前在任何横向方向上的两点都满足相干性要求，但随着两点横向距离的增加，空间相干性降低，干涉对比度下降。而对于狭缝光源，仅在一个横向方向上满足空间相干性要求，为得到二维波前信息，需要在两个相互垂直的狭缝光源条件下分别进行一次测量。

图 9-103 为美国 SNL 提出的物面狭缝型 Ronchi 剪切干涉检测技术的光路结构，等离子体光源出射的 EUV 光照射椭球面反射镜经旋转反射镜会聚到反射式狭缝形成狭缝光源(slit source)。经狭缝反射的检测光进入被测光学系统，出射光携带待测光学系统波像差信息在光学系

统后焦面会聚。在后焦面放置透过型剪切光栅，衍射光的不同级次发生交叠形成干涉条纹[78,79]。

SNL 基于此狭缝型 Ronchi 剪切干涉检测技术，利用波长为 13.4nm 的激光等离子体 EUV 光源，对一个 10 倍施瓦茨 EUV 物镜进行了测量实验。实验中仅照明待测物镜的一个子孔径，测试区域相当于像面 0.08 的数值孔径。剪切距离设置为 100μm，此剪切距离限制狭缝光源的最大宽度为 13.4μm。实验中使用 10μm 宽度的狭缝，长度为 1.5mm，此长度受限于待测物镜视场的畸变校正情况。像面剪切光栅周期为 12μm，EUV 相机置于像面剪切光栅后 10cm。图 9-104 为测量结果，其中(a)为移除离焦和倾斜后的重建波前，(b)为该波前拟合到前 37 项 Zernike 多项式后的结果。由图 9-104(b)可知，最大的像差项为彗差(−0.24λ)和五阶像散(0.25λ)。波前误差的 RMS 值为 0.18λ(0.24nm)，而此物镜的可见光干涉术测量的波前误差为 0.15λ(2.0nm)[78]。

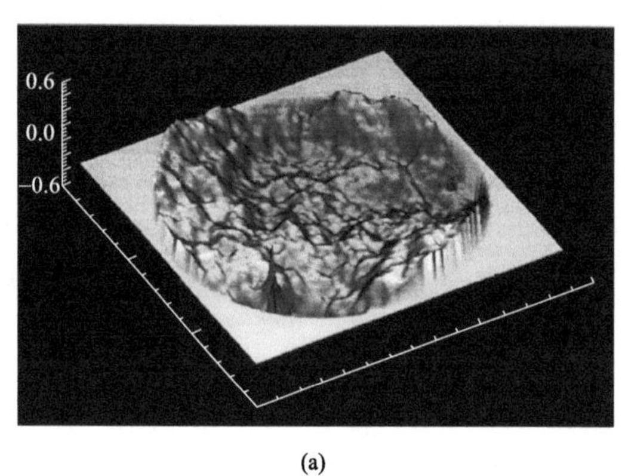

(a)

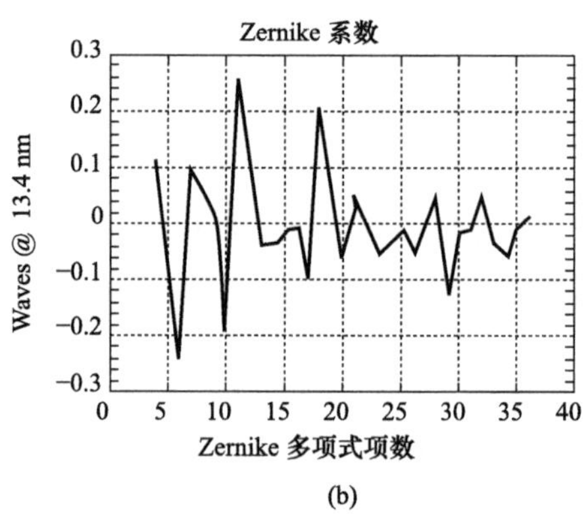

(b)

图 9-104　物面狭缝型 Ronchi 剪切干涉对施瓦茨物镜子孔径的波像差测量结果

(a)移除离焦和倾斜后的重建波前；(b)移除离焦和倾斜后重建波前的前 37 项 Zernike 系数拟合结果[78]

3. 物面光栅型

Ronchi 剪切干涉实际上是多光束干涉检测技术，上述物面针孔型和物面狭缝型 Ronchi 剪切干涉检测技术都是将多光束干涉视作双光束干涉，在处理干涉条纹信息时只考虑了±1 级衍射光，因此检测精度将受到高级次衍射光干涉的影响。为此，荷兰飞利浦实验室发展了基于等离子体光源的 Ronchi 剪切干涉检测技术，通过将 Ronchi 剪切干涉的物面针孔替换为光栅，相比于狭缝光源，可以获得更高的光通量。另外，将物面光栅和像面光栅进行组合设计，可以抑制高级次衍射光的干涉，从而可以在剪切率小于 0.5 的条件下获得近似理想的双光束干涉条纹。

在 Ronchi 剪切干涉中，剪切率定义为 $s=\lambda/(2NA\ P)$，P 为光栅周期，NA 为待测光学系统的数值孔径。如果剪切率 $s\geqslant 0.5$，−1 级和 0 级的干涉与+1 级和 0 级的干涉将完全分开，且高级次衍射光被分开得足够远，如图 9-105 中的 R 光栅所示，从而可以得到双光束干涉，并从中精确地重建出待测波前。当剪切率大于 0.5 时，光栅周期非常小(对于波长为 13nm 波长，NA 为 0.07，光栅周期小于 186nm)，如此小周期的光栅是很难制作的，而且在这种情况下检测设备会对振动非常敏感。

荷兰飞利浦实验室设计了两种特殊的物面像面光栅组合，可以在小剪切率条件下抑制高级次衍射光的干涉。两组光栅分别对应剪切率 0.05 和 0.1，两种光栅在可见光条件下测得的干涉图如图 9-105 中的 P 光栅和 T 光栅所示。对于两组光栅，都通过选择 50%的占空比抑制了偶数级衍射级次。对于光栅 P，其周期为 P_P= $10\lambda/NA$(=1.857μm，s=0.05，λ=13nm)，通过将像面光栅从中间分为两部分，并两部分相互错位 $P/6$，0 级和±3 的干涉可以得到有效抑制。通过将物面光栅以相同的方式移动 $P/10$ 可以抑制 0 级衍射光和±5 级衍射光的干涉。这种处理方式的缺点是 0 级和±1 级衍射光的干涉对比度下降。更高级次衍射光的干涉，即 0 级与±7、±11 直到±19 级的干涉仍然会出现，但是非常小，可以忽略。因此，对于 P 光栅，干涉图由 0 级与−1 级和 0 级与+1 级衍射光干涉的叠加，两者之间有一个错位。对于 T 光栅，像面光栅的周期是物面光栅周期的 2 倍，分别为 $5\lambda/NA$(0.929μm)和 $10\lambda/NA$(1.857μm)。这个组合会使得(−1,1)，(−1,−3)，(1,3)等衍射级次发生干涉，但是 0 级和±1 级不发生干涉，所形成的干涉图为+1 级和−1 级衍射光的干涉，而干扰项是(−3，−1)，(1,3)，(−5，−3)，(3,5)等衍射级次的干涉。在这种情况下，不能通过像光栅 P 那样使用相移抑制高级次衍射光的干涉。

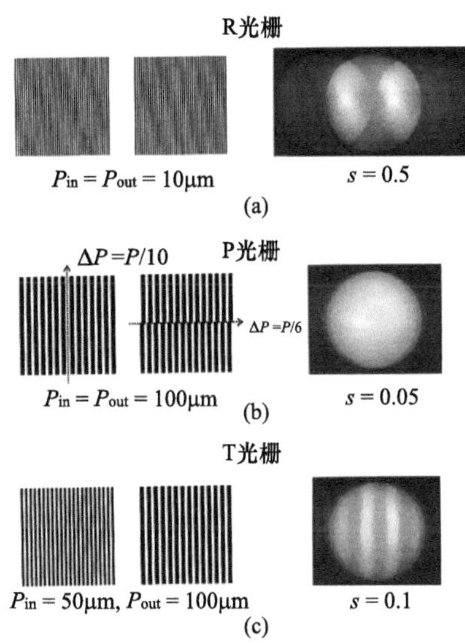

图 9-105　三种物面像面光栅组合以及在可见光条件下测量的 Ronchi 剪切干涉图[81]

飞利浦实验室在可见光条件下对所设计的光栅组合进行了实验测试，并且与泰曼-格林干涉仪的测量结果进行了比较，相对于泰曼-格林干涉仪，三组光栅的测量误差都小于 10mλ RMS[82,83]。

ASML、Zeiss 对物面光栅型 Ronchi 剪切干涉检测技术进行了更加深入的研究，ASML 的原位波像差检测传感器 ILIAS™系统即基于该原理(见第 7 章)，用于深紫外和极紫外光刻机原位像质检测，结构如图 9-106 所示。与 ILIAS™系统不同的是，极紫外光刻系统为反射式系统，物面模块和像面模块器件进行了适应性改造。

图 9-107 是 ASML 提出的反射式物面模块的结构，是一种集成了散射体功能的光栅器件。图 9-107 中白色微粒为反光物质，深灰色部分为透光或吸光部分，随机分布的反射颗粒充满光栅的一部分周期。反射颗粒的直径需要小于被测投影物镜的物方分辨率，使衍射光充满整个被测投影物镜的物方数值孔径，并且反射颗粒具有不同的高度，形成相位调制，以消除反射光中心亮斑[82,83]。但是，这种掩模会引起散斑，为了消除散斑，可以在光电探测器一个积分周期内沿光栅条纹方向移动物面光栅[84]。像面光栅采用透射光栅的形式，因此必须采用 EUV 透射材料，在 ASML 专利资料中采用厚度为 100nm 的 Si 或 SiN 材料。

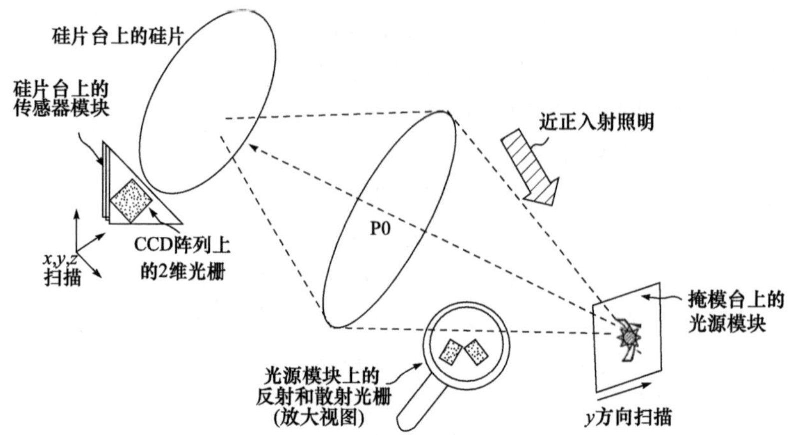

图 9-106　ASML 的 EUVL 投影物镜波像差原位检测方案[83]

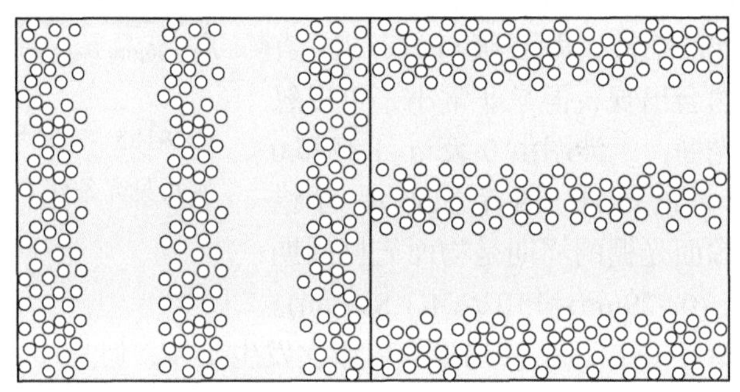

图 9-107　ASML 的极紫外光刻波像差检测干涉仪物面光栅图形[82]

9.1.2.2　窗口滤波型剪切干涉检测

与 Ronchi 剪切干涉检测技术不同，窗口滤波型剪切干涉检测技术将剪切光栅置于待测光学系统与物面或像面之间，而在像面放置窗口掩模，滤除零级光和高级次衍射光，从而消除其影响。根据光栅类型的不同，窗口滤波型剪切干涉检测技术可以分为一维光栅剪切干涉和正交光栅剪切干涉检测技术(cross grating lateral shearing interferometer, CGLSI)。

一维光栅剪切干涉使用一维光栅作为剪切光栅，由于需要在相互垂直的方向上分别进行测量，所以在测量过程中需要更换光栅。该技术主要包括单光栅剪切干涉与双光栅剪切干涉(double-grating lateral shearing interferometer，DLSI)两类。

单光栅剪切干涉检测技术仅使用一块剪切光栅，将待测波前衍射为多个衍射级次，通过置于像面的双窗口掩模滤除 0 级衍射光和高级次衍射光，仅+1 级和−1 级衍射光通过窗口，从而实现双光束干涉。根据物面掩模的不同，单光栅剪切干涉检测技术又可以分为两类，分别是物面针孔型(lateral shearing interferometry，LSI)和物面狭缝型(slit-type lateral shearing interferometry, SLSI)，两种技术在待测光学系统物面分别采用针孔和狭缝作为滤波器件。

1. LSI 技术

如图 9-108 所示，(a)为 LSI 的光路的结构，(b)为 LSI 的物面针孔掩模和像面双窗口掩模。EUV 照明光通过物面针孔滤波后变为无像差的理想的球面波，穿过待测光学系统后，由剪切光栅衍射为多个衍射级次，经过像面的双窗口掩模后，0 级光和高级衍射光被阻挡，仅有 +1 级和 –1 级衍射光穿过窗口。通过使用双窗口掩模作为空间滤波器，降低了高级衍射光的影响，提高了测量精度。+1 级衍射光和 –1 级衍射光携带待测光学系统的像差信息，二者发生干涉，由 CCD 记录干涉图。通过在与光栅栅线和光轴垂直的方向上移动光栅，在 +1 级和 –1 级光之间引入相移，可以实现高灵敏度的相移测量[85]。

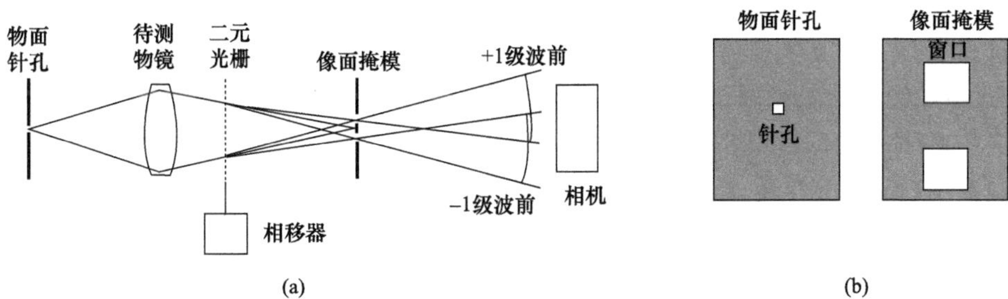

图 9-108 (a)物面针孔型一维单光栅剪切干涉光路结构与(b)物面和像面掩模[85]

LSI 技术与 9.1.1.1 节介绍的光栅衍射分光式针孔点衍射干涉检测技术(point diffraction interferometry, PDI)结构相似，区别在于二者在像面使用的掩模不同。PDI 在像面使用针孔窗口掩模，而 LSI 在像面使用双窗口掩模。相对 PDI，LSI 在像面未使用针孔，因此具有更高的光能利用效率。另外，相对 PDI，LSI 对光源的空间相干性要求降低了，同时也具有较大的测量范围。

2. SLSI 技术

为了进一步增加光能利用效率，可将 LSI 中的物面针孔替换为狭缝，替换后的剪切干涉检测技术类型即为物面狭缝型(SLSI)剪切干涉。如图 9-109 所示，(a)为 SLSI 的光路结构，(b)为物面狭缝掩模和像面双窗口掩模。由于物面为一维狭缝，因此 SLSI 一次测量只能得到待测波前的一维信息，为了得到二维数据，需要在两个相互垂直的狭缝方向上分别进行一组测量[85]。

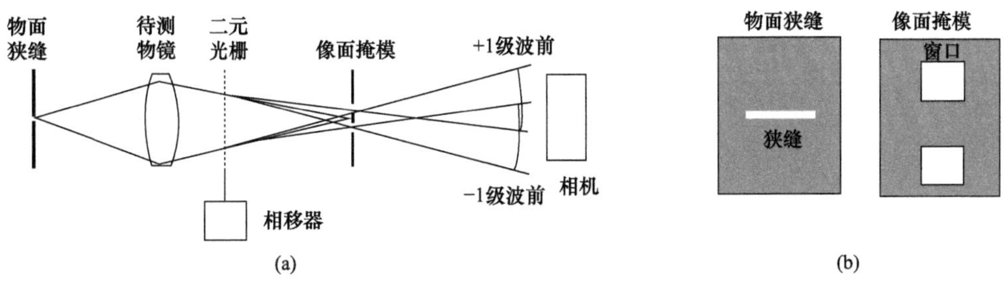

图 9-109 物面狭缝型一维单光栅剪切干涉光路结构与(a)物面和像面掩模(b)[85]

3. DLSI 技术

对于上述单光栅剪切干涉，虽然在像面不需要像点衍射干涉那样采用针孔衍射产生参考球面波，但是也需要在物面使用针孔滤除照明系统的波像差。双光栅剪切干涉检测技术在物面不使用针孔，因此可以进一步提高光能利用效率[85-89]。

1) 基本原理

图 9-110 为双光栅剪切干涉(double-grating lateral shearing interferometer，DLSI)的光路结构与物面双窗口掩模和像面单窗口掩模。DLSI 与单光栅剪切干涉的主要区别在于使用两个光栅。照明的 EUV 光通过第一个光栅被衍射为 0 级、±1 级和高级衍射光。物面掩模是一个双窗口空间滤波器，仅通过 0 级和+1 级衍射光。这两束光彼此有一个横向错位，通过待测光学系统后由第二个光栅衍射。两个光栅处于共轭位置，使得第一个光栅+1 级衍射光经过第二光栅衍射产生的 0 级光，与第一个光栅 0 级衍射光经过第二个光栅衍射产生的−1 级光完全重叠。像面单窗口掩模滤除其他级次的衍射光，仅通过上述完全重叠的两束衍射光，二者发生干涉，由 CCD 探测干涉条纹。通过在垂直于光栅栅线和光轴方向移动第一个光栅，可以实现相移干涉[85]。

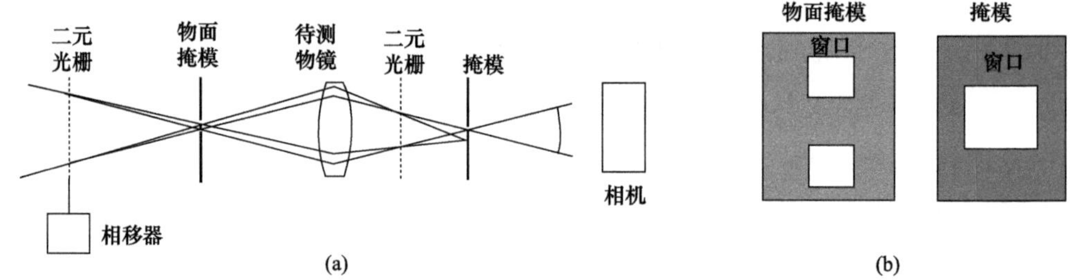

图 9-110　双光栅剪切干涉光路结构(a)与物面和像面掩模(b)[85]

如图 9-111 所示，由于光源波前被第一个光栅和第二个光栅分别剪切一次，在 CCD 相机上，两束光的光源波前直接叠加，因此其像差被消除。而待测波前仅被剪切一次，因此 CCD 相机记录了待测波前的剪切干涉图[88]。

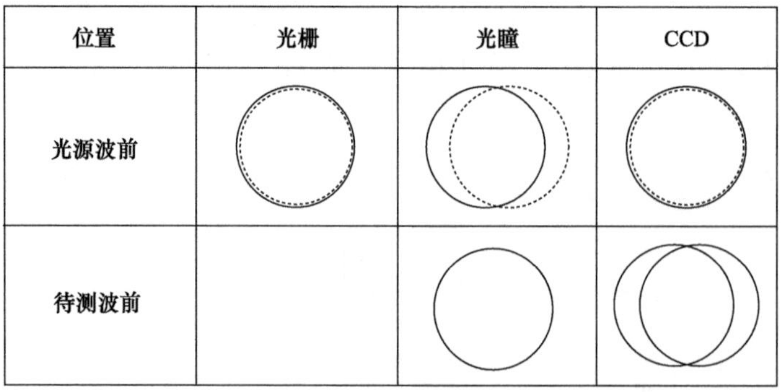

位置	光栅	光瞳	CCD
光源波前			
待测波前			

图 9-111　双光栅剪切干涉中照明系统波前和待测波前的剪切情况[88]

相比于其他的剪切干涉检测技术，在双光栅剪切干涉检测技术中两个波前完全重叠，没有横向错位，如果待测光学系统无像差，将观察不到干涉条纹，因此该技术对振动和

CCD 像素尺寸效应不敏感。由于双光栅剪切干涉未使用针孔，因此光能利用效率高，其必需的光功率仅为点衍射干涉检测技术的 1%，因此 DLSI 可以在光源功率较小的情况下应用。但是在 DLSI 中，光源波前误差不能完全消除，因此测量精度较低。

2) 光栅衍射误差标定方法

在双光栅剪切干涉中，主要的测量误差由光栅衍射误差和光栅倾斜误差引起。日本 EUVA 提出了一种光栅衍射和倾斜误差的标定方法，图 9-112 所示为该方法的原理[29, 89]。这个标定方法使用两次测量，一次是使用 0 级和+1 级衍射光束进行剪切测量，另一次是使用 0 级和−1 级衍射光进行干涉。两次测量移动一个剪切量。移动第二次测量之后，将两次测量得到的差分波前相减，得到它们之间的差。待测光学系统的波前被消除，从而可以从这个差中得到衍射像差。该标定方法不仅能应用于双光栅剪切干涉检测技术中，也适用于其他类型的光栅横向剪切干涉检测技术。

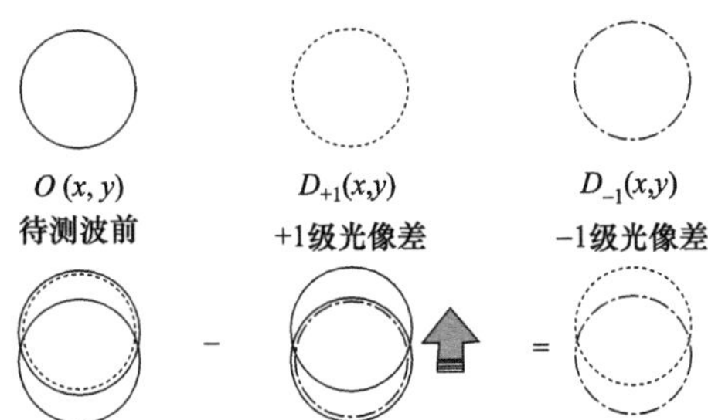

图 9-112　光栅衍射误差标定方法[29]

3) 像散测量方法

剪切干涉需要测量待测波前在相互垂直的两个方向上的差分波前，对于一维光栅剪切，无论是单光栅剪切还是双光栅剪切，为获得 x 方向和 y 方向的差分波前，都需要进行两次测量。测量方向由光栅栅线方向决定，因此两次测量需要采用栅线方向相互垂直的两块光栅。由于两次测量过程中需要更换一次光栅，因此光栅的轴向位置会出现偏差，如图 9-113 所示。这个轴向位置偏差 Δz 会导致两个干涉光束在像面的会聚点发生变化，从而使得两次测量的干涉图具有不同的载频，即差分波前中的倾斜分量不同，这个倾斜误差在波前重建后就表现为测量波前的像散误差。为了将像散测量误差降低到 0.1nm 以下，光栅的轴向定位精度要在 0.2 NA 内达到 24nm，而且对光栅周期的要求也非常严格，要求 $\Delta P=\left|P_x/P_y-1\right|$ 小于 0.0001(P_x 和 P_y 分别为 x 和 y 方向的光栅周期)[90]。

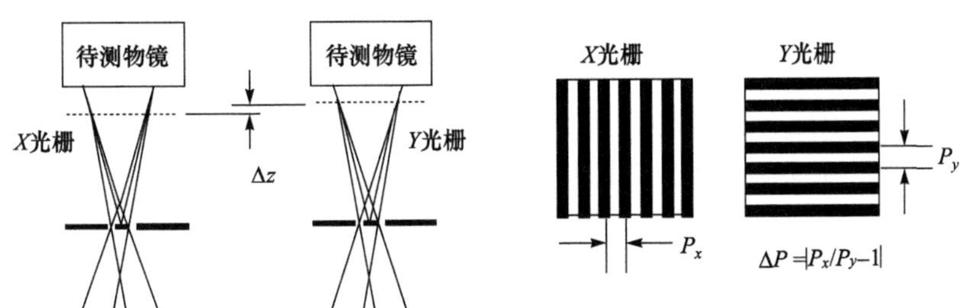

图 9-113　一维光栅剪切干涉中两次测量光栅位置误差导致的像散测量误差[90]

为了通过剪切干涉高精度的测量像散，必须移除两次测量之间光栅轴向位置偏差的影响，实际上光栅位置偏差仅影响剪切方向上波前差分的倾斜分量。从垂直于剪切方向的倾斜分量中可以测量一部分像散，而不受光栅位置偏差的影响。为了完整地测量像散分量，可以增加一次 45°方向的测量。对于这种方法，剪切方向是重要参量，如果剪切方向未知，则像散不能得到正确的测量。剪切方向由光栅栅线方向决定，因此可高精度地测量光栅方向。然而，光栅方向的测量比光栅轴向位置的测量要容易[91]。

除这种增加一次 45°方向测量的方法外，使用正交光栅代替一维光栅，同时获取 x 方向和 y 方向的差分波前是更常用的解决像散测量误差问题的方法。

4. CGLSI 技术

将 LSI 中的剪切光栅替换为正交光栅，并将像面双窗口掩模替换为四窗口掩模，即得到正交光栅剪切干涉检测技术(cross grating lateral shearing interferometer, CGLSI)。图 9-114 为正交光栅剪切干涉检测技术的光路结构。EUV 照明光经物面针孔衍射，产生理想球面波，该球面波经过待测光学系统后，经正交光栅衍射，产生 0 级衍射光和 x 方向与 y 方向的±1 级衍射光以及高级衍射光。像面掩模有四个窗口，作为空间滤波器。仅通过 x 方向和 y 方向的±1 级衍射光、0 级光和高级衍射光被滤除。通过空间滤波，降低了高级衍射光的影响，改善了测量精度。±1 衍射光携带待测光学系统的像差信息，彼此发生干涉，通过 CCD 记录干涉图，通过傅里叶变换法从干涉图中提取相位。通过傅里叶域滤波，可以得到 x 方向和 y 方向的差分波前，然后进行波前重建可以得到待测波前。由于 x 方向和 y 方向的差分波前同时测量，测量过程中不需要更换光栅，因此消除了由于光栅轴向位置误差导致的像散测量误差[92]。

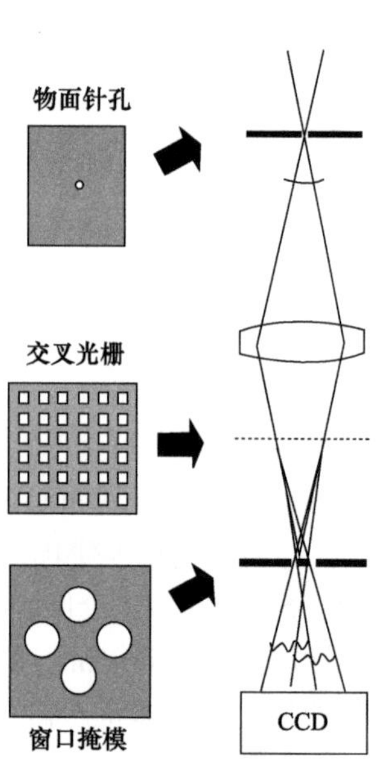

图 9-114　正交光栅剪切干涉检测技术光路结构[92]

在 CGLSI 技术中，使用傅里叶变换法从干涉图中提取 x 方向和 y 方向的差分波前，图 9-115 为基于傅里叶变换法的 CGLSI 的波前恢复流程。首先对 CGLSI 所得干涉图进行二维傅里叶变换，得到其空间频谱；然后，分别使用两个空间频域带通滤波器获取 x 方向和 y 方向的 1 级频谱，并进行逆傅里叶变换，分别得到 x 方向和 y 方向的差分波前；最后通过差分 Zernike 多项式拟合法从两个方向的差分波前中重建出待测波前[93]。由于待测波前为环形，因此波前拟合需采用在环域内正交的环形 Zernike 多项式。

相移法和傅里叶变化法相位提取技术各有优缺点，对于相移方法，主要受时域变化因素的影响，如光强变化和系统振动等；而对于傅里叶变换法，主要受空域变化因素的影响，如干涉图的光强分布、不同衍射级次之间的交叉耦合等。

虽然窗口滤波型剪切干涉检测技术通过像面的窗口滤波器选择 ±1 级衍射光，阻挡 0 级和高级次衍射光，然而，实际上仍然会有一部分 0 级光通过窗口泄漏，将引起波前测量误差，如图 9-116 所示。为解决这个问题，EUVA 提出了两种方法，一种是平均法，通过将光栅横向移动 1/2 光栅周期，平均移动前后的两次波面测量结果，可以消除 0 级杂散光的影响；另一种是相移法，EUVA 设计了一种 9 步相移算法，可以在不受 0 级光影响的条件下提取+1 级与−1 级衍射光的相位差，从而消除 0 级杂散光的影响[72,94]。

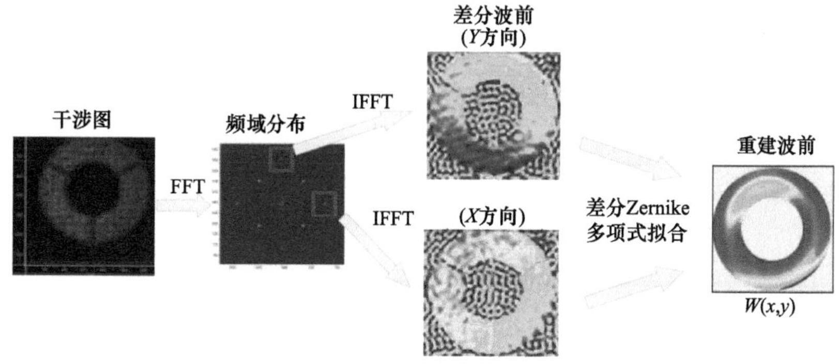

图 9-115 正交光栅剪切干涉检测技术的波前恢复流程[93]

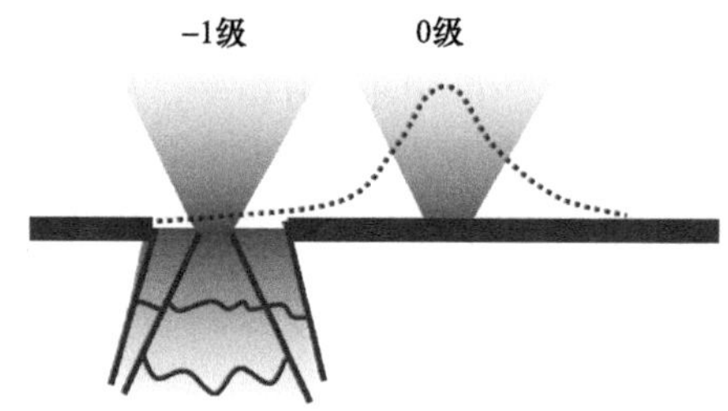

图 9-116 0 级衍射光的泄漏效应[72]

9.1.2.3 数字 Talbot 剪切干涉检测

数字 Talbot 剪切干涉检测技术(digital talbot interferometer,DTI)由 Takeda 于 1984 年提出[86]，美国 LBNL 将其应用于 EUV 的波前测量[87]。DTI 与 CGLSI 结构相似，都使用正交光栅作为剪切光栅，二者在结构上的区别是 DTI 在待测光学系统的像面不使用四窗口滤波掩模，而是通过对获取的图像在傅里叶域滤除高级衍射光。而 CGLSI 是在像面使用滤波窗口滤除高级衍射光，是一种物理滤波方法。CGLSI 对正交光栅的位置没有特殊要求，只要处于待测光学系统和像面或物面之间均可实现空间滤波，而 DTI 要求正交光栅和像面之间的距离必须为 Talbot 距离。

由于 EUV 光刻机采用激光等离子体光源，亮度比同步辐射光源低 10^6，而一般点衍射干涉仪或剪切干涉仪在物面采用一个针孔产生点光源，光功率利用率低，无法在光刻机实现原位检测；在工作波长检测干涉仪中使用同步辐射光源也限制了检测设备在光学车间的应用。日本 Nikon、Canon 公司与日本电气通信大学(The University of Electro-Communications)借鉴 Ronchi 剪切干涉仪空间相干性调制技术，在 DTI 物面引入了阵列针孔结构，有效地提高了光源光功率利用率，称为 MISTI (multi-incoherent source talbot interferometer)技术[96-98]。

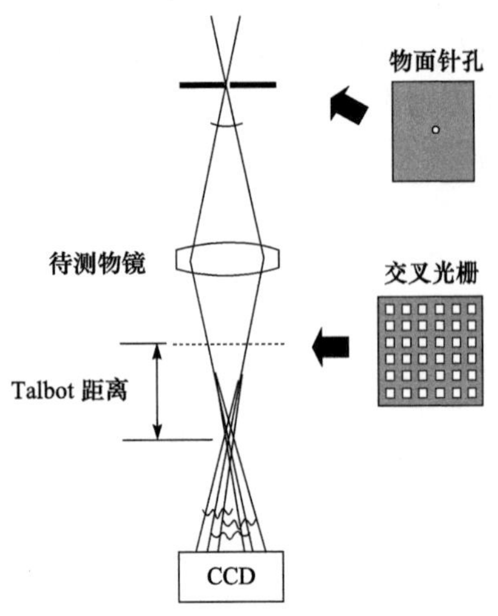

图 9-117　物面单针孔型 DTI 的光路结构[87]

1. DTI 技术

图 9-117 所示为物面单针孔型 DTI 的光路结构，物面针孔对 EUV 照明光进行空间滤波，产生一个无像差的球面波。该球面波穿过待测光学系统和正交光栅。正交光栅置于像面前约 200μm，以满足 Talbot 条件，Talbot 距离由公式 nd^2/λ(n 为整数，d 为光栅周期，λ 为波长)计算。CCD 获取的正交光栅图像可以视为携带待测光学系统像差信息的干涉图。使用傅里叶变换法分析 CCD 获取的正交光栅图像，通过傅里叶域的数字滤波器滤除 0 级光和高级次衍射光的影响[92]。相位提取和波前重建方法与上述 CGLSI 的方法相同。美国 LBNL 即采用了这种类型的剪切干涉检测技术用于极紫外光刻投影物镜的初装调[87]。

通过选择不同光栅周期，能够产生不同的剪切率，从而实现不同的检测灵敏度。但是，由于剪切干涉从梯度信息重建波面，为了实现某一波面检测精度，需要更高的梯度信息检测精度。因此，LBNL 将点衍射干涉仪作为精度基准，而将 LSI 作为大范围检测方法。LBNL 在测试 NA 为 0.3 投影物镜时，剪切光栅周期选用 1.5μm，剪切光栅放置在待测光学系统与后焦面之间，离焦量为 76.9μm，干涉条纹数约为 30，剪切率 1.5% [95]。

2. MISTI 技术

MISTI 技术在 DTI 技术的物面引入了阵列针孔结构，针孔的数量在 10^6 量级，有效地提高了光源光功率利用率。MISTI 干涉仪能够在 EUV 光刻机中实现原位波像差检测，也可以采用放电等离子体 EUV 光源建立工作波长干涉仪用于光学车间极紫外光刻投影物镜装调。MISTI 干涉仪用于 Nikon 公司 EUV1 极紫外光刻投影物镜的检测与装调。图 9-118 为 MISTI 剪切干涉仪提高光源光功率利用率的原理图[96-98]。

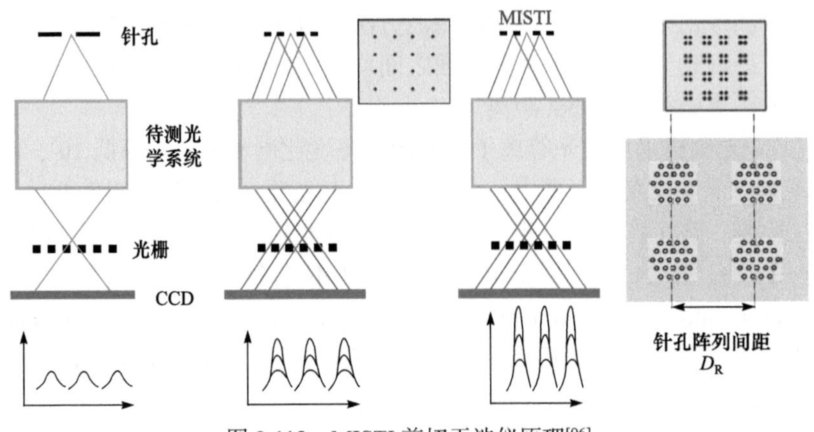

图 9-118　MISTI 剪切干涉仪原理[96]

图 9-119 所示为 MISTI 技术的掩模结构，实验中采用反射式的针孔掩模，掩模上有 500 个针孔组，针孔组的周期为 4.1μm，测量区域为 100μm。每个针孔组的直径为 2.51μm，每个针孔组中有 200 个反射式针孔，每个针孔直径为 120nm，针孔之间相距 180nm。测量区域的针孔总数为 10^5，因此相对于单个针孔，亮度提高了 10^5 倍。针孔结构基于严格的电磁场仿真计算得到。

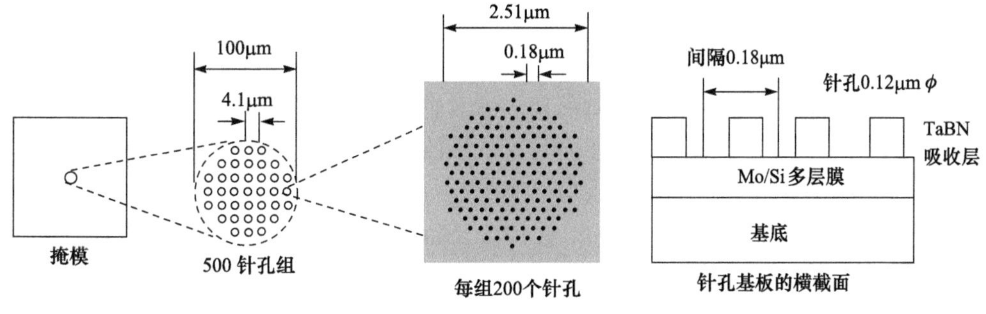

图 9-119　MISTI 掩模结构[98]

图 9-120 和图 9-121 为 MISTI 干涉仪标定系统误差的两种方法。在第一种方法中，剪切光栅被分别放置在像面前后对称位置，使剪切方向相反，从而消除系统误差；在第二种方法中，在像面放置阵列针孔掩模，产生理想波前，从而标定系统误差。

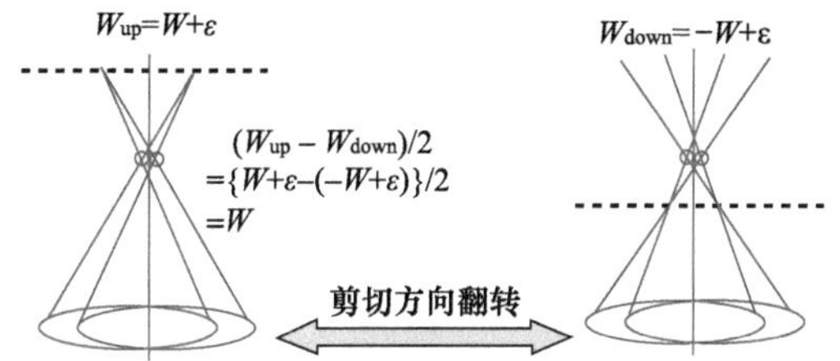

图 9-120　MISTI 剪切干涉仪系统误差标定方法一[96]

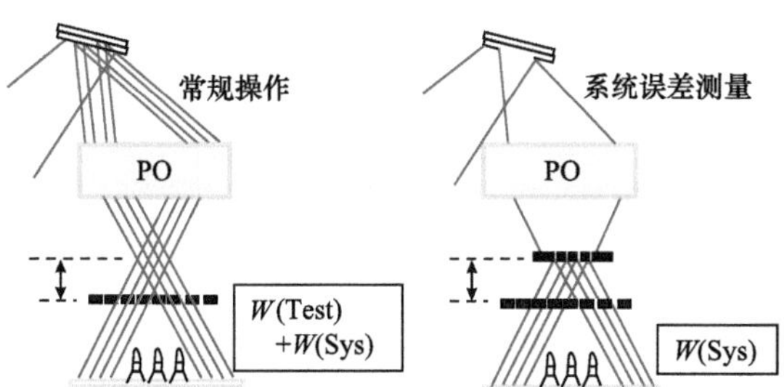

图 9-121　MISTI 剪切干涉仪系统误差标定方法二[96]

MISTI 剪切干涉仪测试重复性达到 0.02nm RMS，采用两种不同的系统误差标定方式标定系统误差作为检测精度的评定方式，检测精度评估值为 0.25nm RMS。

9.1.2.4　REHG 剪切干涉检测[99,107]

数字 Talbot 干涉仪结构简单，数据处理速度快，但存在两方面的不足：①剪切光栅或探测器只能放置在特定位置，不利于剪切干涉仪条纹数量控制，以及在通用测量场合如波前传感等方面的应用；②剪切光栅存在多级衍射，其他衍射级次干涉数据形成相干噪声，影响干涉仪检测精度，对光栅加工精度提出了较高要求。通过改变剪切光栅的结构，能够抑制光栅的部分衍射级次，从而实现多波横向剪切干涉检测技术，可部分克服上述不足。

1993 年，Primot 提出了一种利用棱镜进行分光剪切的三波横向剪切干涉装置。三束复制光以互成 120°角的方式剪切叠加，并在同一幅干涉图中产生三个方向的相位梯度，进而通过投影的方法得到两个方向上的波前梯度值，最终求解待求波前[100]。1995 年，Primot 和 Sogno 在之前的三波横向剪切干涉装置基础上重新设计了波前分光方案，采用双向六角形刻蚀结构光栅来实现波前分光。该改进实现了分光波前波矢方向的精确性，使光栅结构作为多波面分光元件成为可能[101]。

2000 年，Primot 和 Guérineau 在传统 Hartmann 方法的基础上提出了一种改进的 Hartmann 掩模(MHM)，通过增加一块相位光栅，改进了 Hartmann 掩模的衍射特性，使能量集中分布在四个参与干涉的衍射级次上[102]。2004 年，Velghe、Primot 和 Guérineau 将改进型的 Hartmann 掩模用于多光束剪切干涉检测技术，提出了四波横向剪切干涉概念[103]。四波横向剪切干涉检测技术具有装置紧凑、消色差、动态范围大、准确性高等优点，应用于自适应光学、光学系统及视光学波像差检测领域。

二维 MHM 结构由周期为 T 的振幅光栅和周期为 $2T$ 的棋盘相位光栅组成，其中振幅光栅的占空比为 2/3，相位光栅的占空比为 50%。如图 9-122 所示，当相位光栅的相位梯度 φ 等于 π 时，MHM 的偶数级次衍射光、3 级及其倍数的衍射光振幅都为 0，并且±1 级衍射光的衍射效率是其他级次衍射光的 5 倍以上。因此，采用 MHM 作为剪切元件时，可以认为只有 x 方向和 y 方向的±1 级衍射光共 4 束光参与干涉，解决了 Talbot 干涉仪仅可在有限位置观察到清晰干涉条纹的问题。

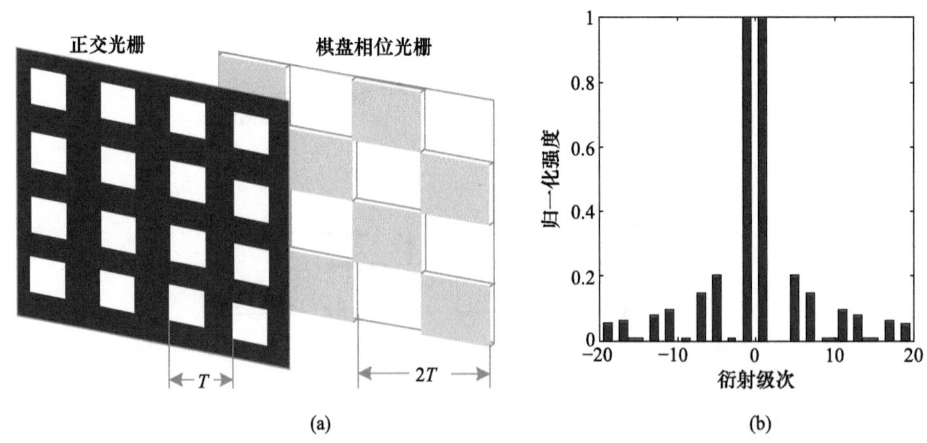

图 9-122　改进的 Hartmann 掩模(MHM)的结构(a)及其衍射级次(b)

1. 基本原理

MHM 的衍射光场中偶数级次光和 ±3 倍级衍射光能够很好地被消除，但是 ±5、±7、±11 等高级次衍射光仍然存在，部分高阶衍射级次间干涉条纹的载频与±1 级衍射光之间的干涉相同，在数据处理中无法滤除，影响检测精度。而基于随机编码混合光栅(randomly encoded hybrid grating, REHG)的四波剪切干涉结构，如图 9-123 所示，实现了仅有四个衍射级次的四波剪切干涉[104-107]。

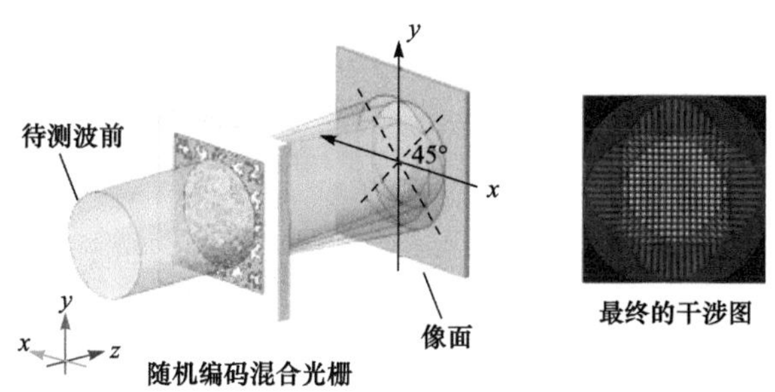

图 9-123　REHG 四波剪切干涉原理示意图[105]

夫琅禾费衍射的实质是观察平面上的场分布正比于孔径平面上透射光场分布的傅里叶变换，因此可采用逆推法对期望得到的光栅衍射频谱进行傅里叶逆变换，进而得到光栅透过率函数。在四波横向剪切干涉系统中，期望剪切光栅元件只在 xy 方向存在 ±1 级共四个衍射级次，即期望得到的光栅衍射频谱分布为

$$
\begin{aligned}
T(u,\ v)=&\delta\left(u-\frac{1}{T},\ v-\frac{1}{T}\right)+\delta\left(u-\frac{1}{T},\ v+\frac{1}{T}\right)\\
&+\delta\left(u+\frac{1}{T},\ \mathrm{v}-\frac{1}{T}\right)+\delta\left(u+\frac{1}{T},\ v+\frac{1}{T}\right)
\end{aligned}
\tag{9.24}
$$

式中，(u, v)是空间坐标(x, y)的傅里叶共轭坐标；T 为光栅周期。按照夫琅禾费衍射原理，对上式进行傅里叶逆变换，得到衍射场中只有四个级次光栅的理想透过率分布：

$$
t_{\text{ideal}}(x,\ y)=\cos\left(\frac{2\pi x}{T}\right)\cos\left(\frac{2\pi y}{T}\right)
\tag{9.25}
$$

上式中透过率呈正弦分布，且透过率有负值。相位光栅中 π 相位等效于振幅透过率为−1，0 相位等效于振幅透过率为+1，因此可将理想光栅看成是一个振幅光栅和一个相位光栅的组合：

$$
\begin{cases}
t_{\text{a}}(x,\ y)=\left|\cos\left(\dfrac{2\pi x}{T}\right)\cos\left(\dfrac{2\pi y}{T}\right)\right| \\
\phi_{\text{phase}}(x,\ y)=\pi\left[\operatorname{rect}\left(\dfrac{2x}{T}\right)*\operatorname{comb}\left(\dfrac{x}{T}\right)\right]\cdot\left[\operatorname{rect}\left(\dfrac{2y}{T}\right)*\operatorname{comb}\left(\dfrac{y}{T}\right)\right]
\end{cases}
\tag{9.26}
$$

其中，$t_{\text{a}}(x, y)$为振幅光栅的透过率；$\phi_{\text{phase}}(x, y)$为相位光栅的相位分布。振幅光栅的透过率按正弦函数的绝对值变化，可以采用基于光通量约束的随机编码方法生成二值化振幅光栅实现[108]；而相位光栅为棋盘光栅，相位分别为 0 和 π。

二维 REHG 结构如图 9-124 所示，由周期为 T 的振幅光栅和周期为 $2T$ 的棋盘相位光栅组成，其中量化处理振幅光栅透过率，棋盘相位光栅的占空比为 1/2，可见 MHM 光栅实际上也是一种特殊的振幅编码光栅。图 9-125 给出了 REHG 的归一化衍射级次光强分布。理论上，REHG 的±1 级衍射光振幅不为 0，其他级次衍射光振幅都为 0。因此，在干涉场仅为双光束干涉，光栅或探测器位置不会影响干涉对比度，并且不存在 MHM 光栅高阶衍射级次干涉噪声影响的问题。

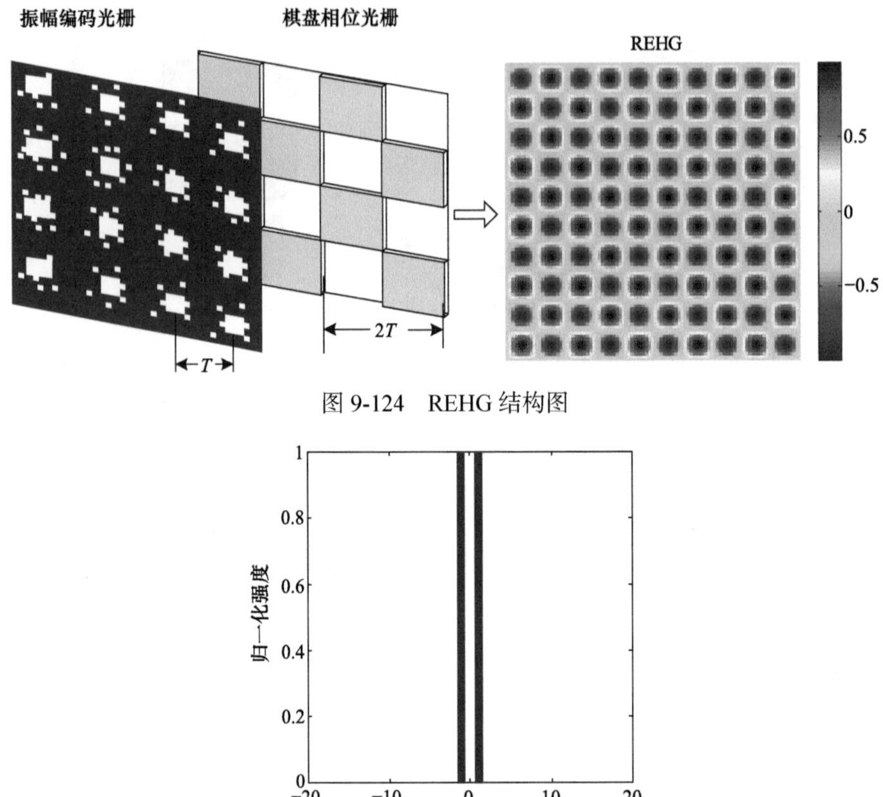

图 9-124　REHG 结构图

图 9-125　REHG 的归一化衍射级次光强分布

在实际应用中，光源波长与相位光栅的中心波长可能并不相等，由于加工误差，相位光栅的相位梯度也会不等于 π。当相位梯度分别为 1.23π 和 0.84π 时，MHM 和 REHG 的各衍射级次如图 9-126 所示。相位梯度不等于 π 时，MHM 和 REHG 中存在更多的衍

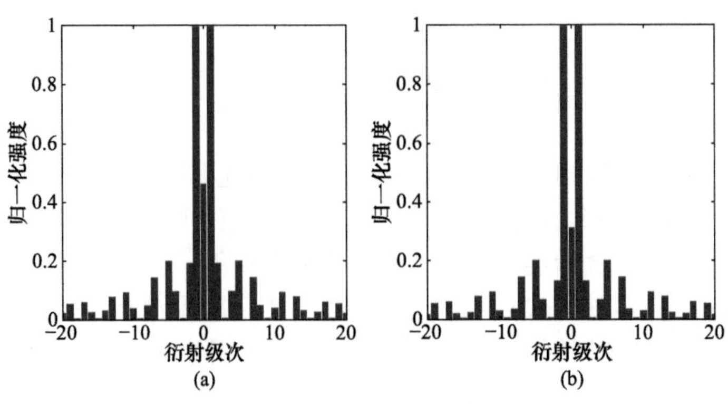

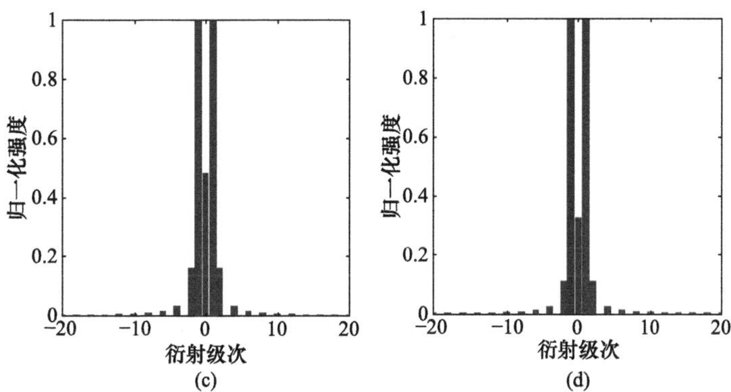

图 9-126　相位梯度分别为 1.23π 和 0.84π 时 MHM 光栅(a)、(b)和 REHG 光栅(c)、(d)的衍射级次

射级次，而且相位梯度与 π 的差值越大，除 ±1 级外其他衍射级次的振幅越大。MHM 中 3 级及其倍数的衍射光振幅都为 0，REHG 中除±1 级的奇数级次衍射光振幅都为 0，并不受相位梯度的影响。可见，在其他波长使用或相位光栅存在相位梯度加工误差的情况下，REHG 光栅对高衍射级次的抑制作用优于 MHM 光栅。

2. 光栅优化设计

在 REHG 中振幅光栅的量化透过率近似正弦函数的绝对值分布。进行量化设计时，首先将二维振幅光栅的每一个周期 T 进行 $N\times N$ 网格化处理，再将每个子网格细分为 M 像素 $\times M$ 像素。通光像素的值为 1，不通光像素的值为 0，子网格内所有像素的值之和表示子网格的光通量。当所有的像素的值都为 1 时，光通量最大，归一化处理后，每个像素的值表示光通量的 $1/M^2$。因此 REHG 的振幅透射系数可以表示为

$$t(x,y)=\frac{1}{M^2}\cdot\mathrm{round}\left\{M^2\cdot\sin\left[\frac{2\pi}{T}\cdot\mathrm{floor}\left(\frac{x}{T/N}\right)\cdot\frac{T}{N}\right]\cdot\sin\left[\frac{2\pi}{T}\cdot\mathrm{floor}\left(\frac{y}{T/N}\right)\cdot\frac{T}{N}\right]\right\}\tag{9.27}$$

其中，函数 round(x)表示四舍五入取整数运算；floor(x)表示取整数运算。可以得到每个子网格内通光的像素数目，通光像素的周期性分布会产生额外的衍射级次，因此在子网格内通光像素的位置随机分布。图 9-127 所示为振幅光栅透射率在一个周期内的量化结果，通光像素的位置随机分布。

量化处理后的振幅光栅透过率与正弦函数的绝对值存在区别，被称为量化误差，将导致 REHG 光栅中存在高阶衍射级次，影响测量精度。虽然在理论上使用较大的 M 和 N 细分振幅光栅透过率可以减小量化误差，但是却增加了像素单元的加工难度。在图 9-128 中给出了理想 REHG 的透过率以及量化参数 M 和 N 变化时的量化误差，其中相位光栅周期为 240μm，振幅光栅周期为 120μm。较大的 M 和 N 有助于降低量化误差，并且相比增加像素个数 M，增加子网格数量 N 更能有效地降低量化误差，如图 9-128 (c)所示。

图 9-127　当 $N = 20$、$M = 3$ 时振幅光栅透射率在一个周期内的量化结果

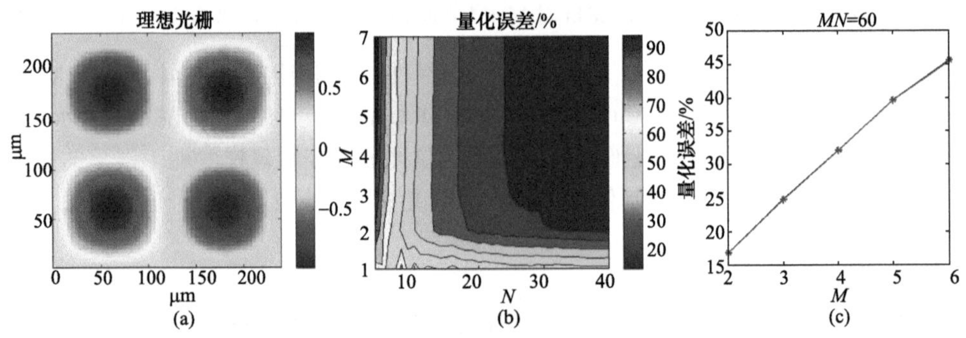

图 9-128　REHG 光栅量化误差分析

(a) REHG 的理想透过率；(b)量化误差分别随 N(4～40)和 M(1～7)变化的关系；(c) MN 等于 60 时量化误差随 M 变化的关系

使用不同的 M、N 量化振幅透过率，量化结果及其衍射级次如图 9-129 所示。图 9-129(a)～(c)是 REHG 的透射率分布示意图，小图表示振幅光栅单个周期的透射率分布，REHG 的周期为 240μm，MN 等于 30，则每个像素尺寸为 8μm。图 9-129 (a)～(c)的量化误差分别为 34%、45%和 73%，相应的衍射级次如图 9-129 (d)～(f)所示，量化结果的衍射光除了±1 级外，还存在其他高阶级次衍射光，相比 1 级衍射光，高阶级次衍射光的效率分别为 10%，10%和 20%，来自于高阶级次衍射光的重建误差分别为 0%、1%和 2%。数值计算结果表明，量化误差越大，其他衍射级次的效率越高，较小的量化误差有助于提高 REHG 光栅剪切干涉仪测量精度。

将每个子网格细分为 2 像素×2 像素，其他级次衍射光的级次差值不等于 2，如图 9-129(d)所示，在干涉图的频谱域滤波处理时，会滤除这些高阶级次衍射光干涉产生的差分信息。而图 9-129(e)和(f)中的高阶级次衍射光的级次差值等于 2，与载波条纹一致，将影响差分数据的测量精度。因此，在量化过程中应该将 M 设为 2，有助于降低光栅加工难度，而且 N 不小于 5 时可以有效抑制高阶级次衍射光的强度。

图 9-130 给出了 N 和 M 分别为 5 和 2 的量化结果及其衍射级次。虽然 4 级衍射光的归一化强度为 33%，但是并不会影响从载波条纹中得到准确的差分数据，一方面降低了小周期光栅的加工难度，另一方面当光栅放置位置在 $z = 0$ 到 z_T 之间变化时，载波条纹对比度不低于 0.7，也满足高精度相位提取的干涉对比度要求。

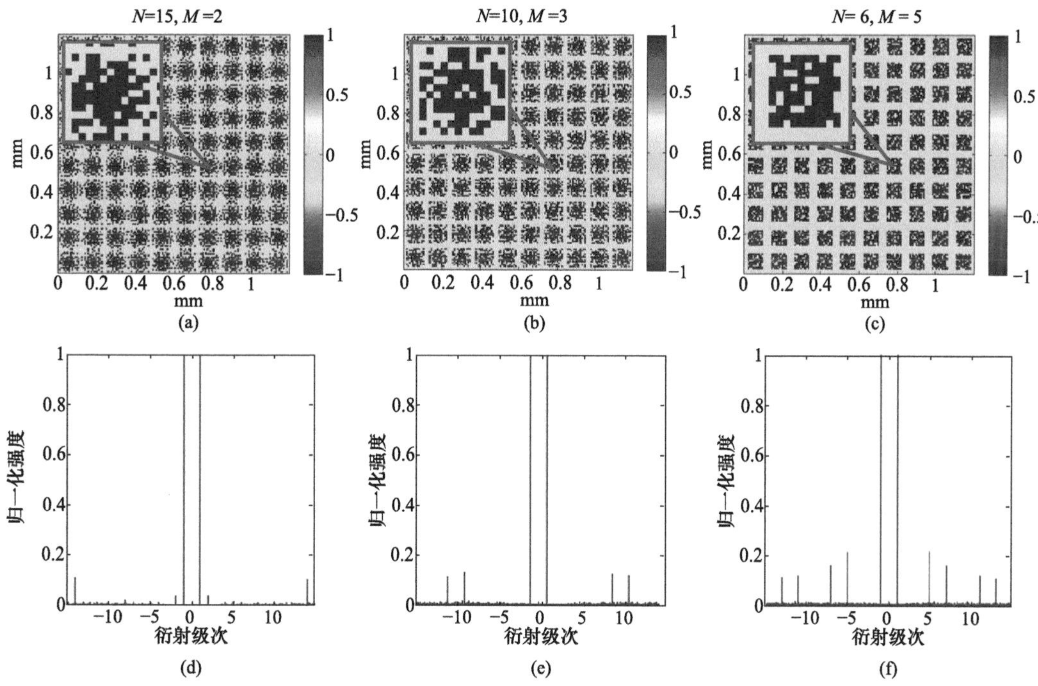

图 9-129　不同量化方案时 REHG 光栅衍射级次分布

振幅透过率分别使用(a) $N=15, M=2$，(b) $N=10, M=3$，(c) $N=6, M=5$ 进行量化；(d)～(f)分别为(a)～(c)的衍射级次

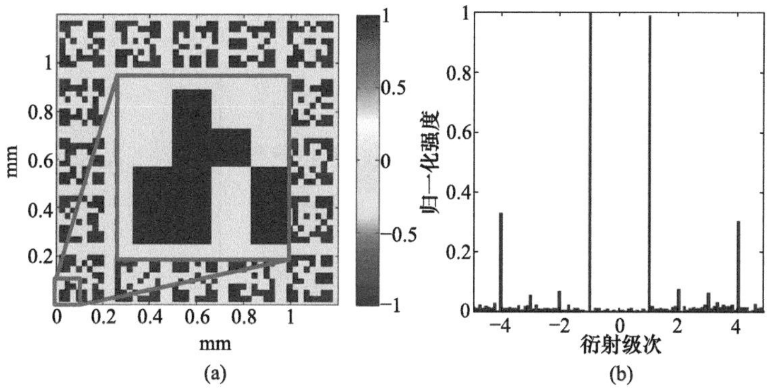

图 9-130　$N=5, M=2$ 量化振幅透过率及其衍射级次分布

3. 数据处理方法

四波剪切干涉检测技术实际上是一种空域载波技术，其差分相位提取采用空域滤波技术实现，在同一幅干涉图中包含了 X、Y 两个正交方向的差分相位信息，因此通过一幅干涉图即可获得波前检测结果。其数据处理步骤为：对采集到的四波剪切干涉图进行傅里叶变换(FFT)，并滤波提取正交方向上的两个一级频谱；将滤波频谱向原点平移去倾斜，再进行逆傅里叶变换(iFFT)，得到 X、Y 方向上的差分波前；采用模式法或区域法波前重建算法进行波前重建，得到被测波前波像差信息，如图 9-131 所示。

9.1.2.5　剪切干涉检测关键技术

1. 遮拦光瞳的波前重建技术[99,111,112]

极紫外光刻投影物镜两镜系统由于光学机械设计的约束，在光瞳中心会存在遮拦[111]，使得 EUV 光刻投影物镜的波前并不是一个完整连通的区域，而是被中心遮拦分割的 2～4 个孤立区域，如图 9-132 所示。由于高精度剪切干涉仪一般采用 1%～5%的小剪切率，因此不同孤立区域间不会产生差分干涉，差分波前在每个孤立区域内部各自独立产生[112]。

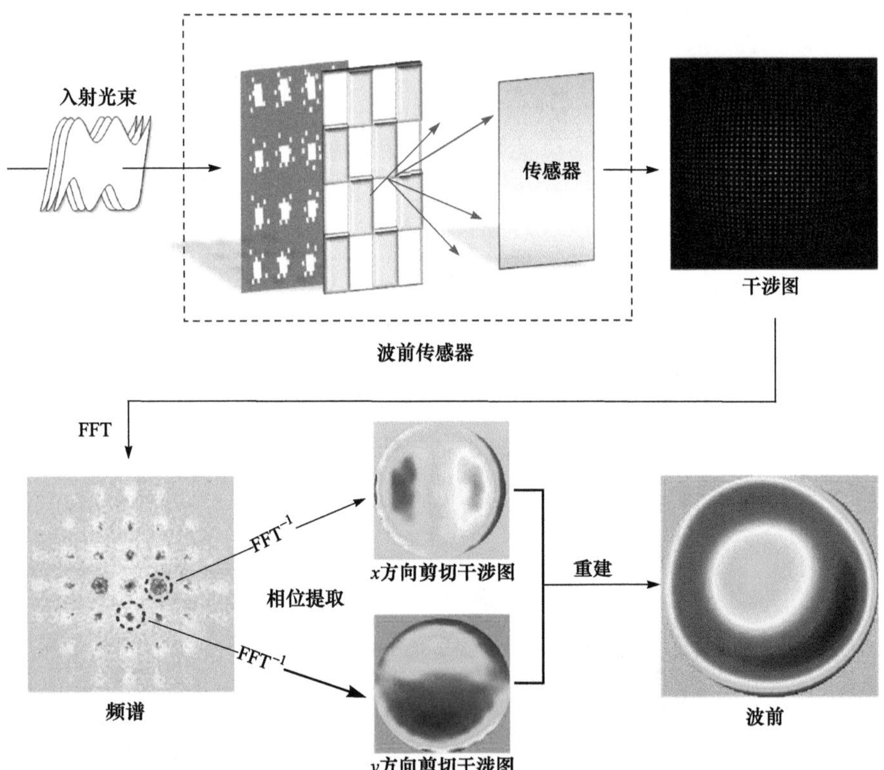

图 9-131　随机编码混合光栅剪切干涉检测技术数据处理流程

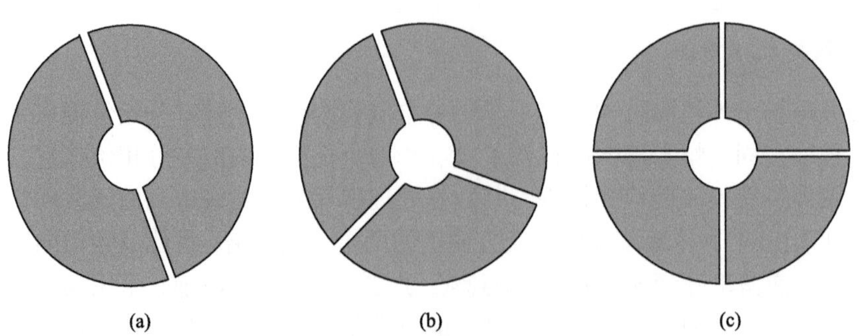

图 9-132　具有孤立区域的 EUV 光刻投影物镜两镜光瞳形状

1) 重建方法

采用模式法进行波前重建时，假设被测波前由一组基函数的线性组合表示，在重建过程中，会自动对不同孤立区域的直流量进行调整，使得波面整体满足多项式连续性要求。采用模式法重建时，被测波前是否具有孤立区域不会对重建方法造成影响。但模式法一般仅能重建被测波前的低频信息，空间分辨率受到重建所采用多项式项数的影响。

对于区域法波前重建，在理论上空间分辨率仅受到剪切量的影响。但是，剪切干涉在原理上不能重建被测波前的直流项，因此，基于区域法进行波前重建时，每个孤立区域在原理上无法得到相互间有物理关系的直流量，即独立使用区域法波前重建，无法确定具有孤立区域波前不同孤立区域间的直流偏差量。

有三种方式可以校准各区域的直流误差，提高波前重建精度。方法 1：使用数据延拓算法连接差分波前孤立区域，具有孤立区域的波前重建转化为连续区域的区域法重建；方法 2：使用模式法波前重建，选择其重建数据作为区域法重建时各区域的初始值，从而降低各区域的直流误差；方法 3：各区域特定数据点采用 0 或者其他值作为初始值进行区域法重建，重建后采用迭代算法优化直流量取值，降低了各区域的直流误差。

在这三种方法中，方法 1 需要较完美的数据延拓操作，缺乏数据延拓质量的定量评价，实现难度较大；方法 2 和方法 3 需要对重建波前的各区域直流误差进行评价，采用伪直流误差可以评价孤立区域波前的重建精度，并经过迭代优化算法校准各区域直流误差。

设采用方法 2 或方法 3 从差分波前恢复了各区域的待测波前，实现各区域内待测波前的高精度重建。使用前 J 项环形 Zernike 多项式拟合区域法重建的波前 $W_{\mathrm{r}}(x, y)$可以表示为

$$\boldsymbol{a}_{\mathrm{r}}=\left(\boldsymbol{Z}^{\mathrm{T}}\boldsymbol{Z}\right)^{-1}\boldsymbol{Z}^{\mathrm{T}}=\boldsymbol{W}_{\mathrm{r}} \tag{9.28}$$

其中，$\boldsymbol{Z}$ 是条纹 Zernike 环多项式的矩阵形式；$\boldsymbol{Z}^{\mathrm{T}}$ 是 $\boldsymbol{Z}$ 的转置矩阵；$\boldsymbol{W}_{\mathrm{r}}$ 是重建波前 $W_{\mathrm{r}}(x, y)$ 的矩阵形式。拟合波前可以使用 Zernike 系数及相应的多项式表示为

$$\boldsymbol{W}_{\mathrm{f}}=\boldsymbol{Z}\boldsymbol{a}_{\mathrm{r}} \tag{9.29}$$

其中，拟合波前 $\boldsymbol{W}_{\mathrm{f}}$ 的数据区域连续，不存在孤立区域。在重建波前 $W_{\mathrm{r}}(x, y)$中，各区域的直流量可以表示为

$$P_{\mathrm{r},k}=\frac{1}{N_k}\sum W_{\mathrm{r}}\left(x_k, y_k\right) \tag{9.30}$$

其中，k 为孤立区域的编号；$W_{\mathrm{r}}(x_k, y_k)$表示区域 k 内的数值；N_k 为区域 k 内数据的总个数。相应区域的拟合波前 $W_{\mathrm{f}}(x, y)$直流量可以表示为

$$P_{\mathrm{f},k}=\frac{1}{N_k}\sum W_{\mathrm{f}}\left(x_k, y_k\right) \tag{9.31}$$

计算拟合波前和重建波前在对应区域的直流量差值：

$$\Delta P_k=P_{\mathrm{f},k}-P_{\mathrm{r},k} \tag{9.32}$$

将数据量最大的区域作为基准，比较基准区域的直流量差值与其他区域的直流量差值，

得到各区域的伪直流误差，再根据伪直流误差调整其他区域的直流量，从而使各区域的直流误差相等。将区域 1 作为基准时，其他区域与区域 1 的伪直流误差可以表示为

$$\Delta p_k = \Delta P_k - \Delta P_1 \tag{9.33}$$

根据波前测量精度的要求，设置阈值 ΔP_t，当 Δp_k 小于 ΔP_t 时，可以认为各区域的直流误差相等，不影响波前重建精度，否则需要使用迭代算法调整各区域的直流量。重建波前各区域直流量的调整表示为

$$W_{\mathrm{r},k} = W_{\mathrm{r},k} + H_k \Delta p_k \tag{9.34}$$

其中，H_k 是调整系数，用于控制迭代收敛速度，此处设为 $\log 2|r_k|$，r_k 是伪直流误差与阈值的比值，可以表示为

$$r_k = \frac{\Delta p_k}{\Delta P_\mathrm{t}} \tag{9.35}$$

整个算法实现流程如图 9-133 所示。

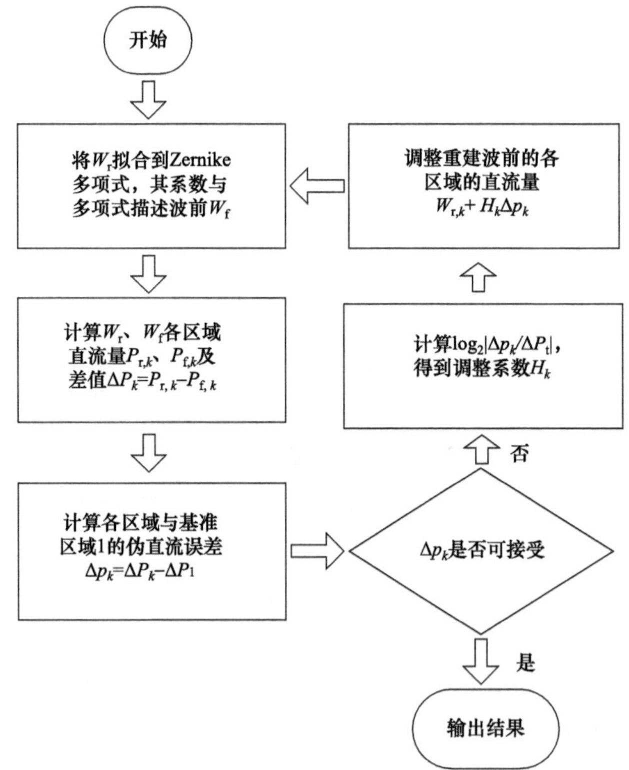

图 9-133　具有孤立区域的区域法波前重建直流量校准迭代算法流程

2) 实验验证

建立可见光波长(λ = 532 nm)光栅剪切干涉仪实验系统，进行 Schwarzschild 物镜波像差检测实验，如图 9-134(a)所示。被测物镜数值孔径为 0.28，中心遮拦比为 0.578，分割遮拦比为 0.11，正交光栅的周期为 36μm，光栅与焦平面之间的距离为 2.45mm，满足 Talbot

自成像条件，剪切率为 0.051。将剪切干涉图进行二维傅里叶变换得到频谱图，在 x、y 方向上分别使用滤波器滤出 1 级频谱，将 1 级频谱进行平移、逆傅里叶变换得到差分波前，如图 9-134 (c)和(d)所示，单位为 λ。分别使用差分多项式拟合法及区域法重建波前。

分别采用 Zernike 环多项式、Zernike 圆多项式以及 Taylor 单项式作为基函数重建被测波前。前 33 项 Zernike 环多项式重建结果如图 9-135(a)所示，图 9-135(b)、(c)分别为基于 Zernike 圆多项式及 Taylor 单项式的重建结果与 Zernike 环多项式重建结果的差值。可见 3 种基函数的重建结果基本相同。采用重建差分波前误差评价重建质量，如表 9-4 示，也可以得到相同的结论。因此，模式法可以用来重建具有孤立区域波前的低频部分。

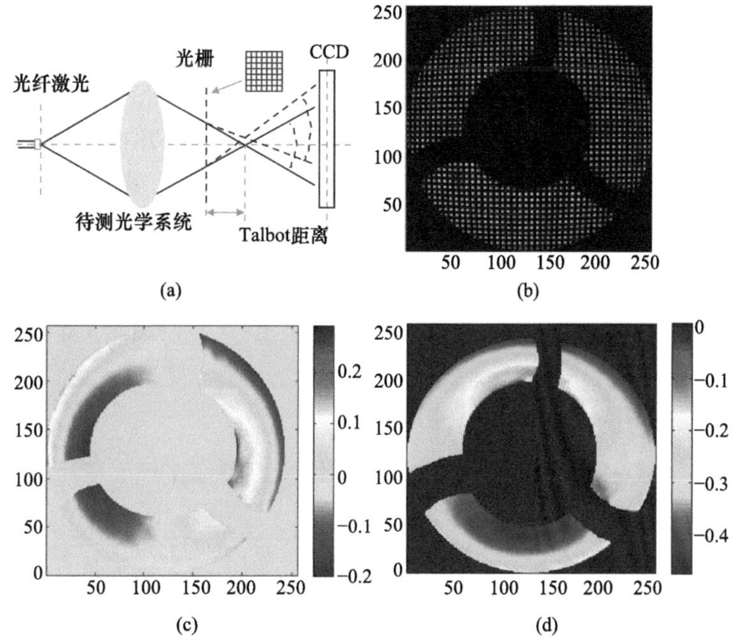

图 9-134　光栅剪切干涉 Schwarzschild 物镜波像差检测实验

(a) 光栅剪切干涉仪装置示意图；(b) 干涉图；(c) x 方向的差分波前；(d) y 方向的差分波前

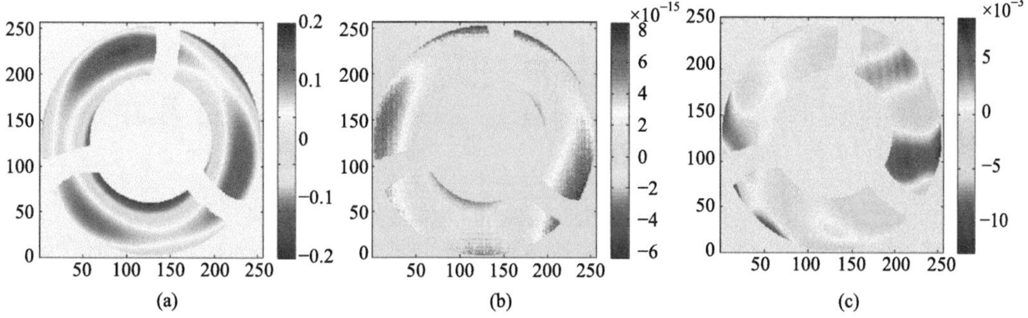

图 9-135　模式法 Schwarzschild 物镜波像差重建结果

(a) 差分 Zernike 环多项式拟合法的重建结果；(b) Zernike 圆多项式与 Zernike 环多项式的重建差值；(c) Taylor 单项式与 Zernike 环多项式的重建差值

表 9-4　重建差分波前误差 RMS 值　(单位：mλ)

剪切方向	25 项			33 项		
	Zernike 圆	Zernike 环	Taylor	Zernike 圆	Zernike 环	Taylor
x 方向	9	9	8.8	8.5	8.5	8.4
y 方向	10.6	10.6	10.5	13.1	13.1	13

使用所述的方法 2 和方法 3 重建波前，重建结果如图 9-136 所示。采用 0 作为初始值进行重建时，由于各孤立区域无逻辑联系，因此重建波前存在明显直流量错误，如图 9-136(a)所示，迭代运算实现了直流量的优化；图 9-136(a)、(b)的伪直流误差分别为 0.055、2.9×10^{-4}。采用模式法重建数据作为初始值时，初始重建结果没有明显的直流量偏差，如图 9-136(c)所示，经迭代优化过程，仍可提高直流量计算精度，图 9-136(c)、(d)的伪直流误差分别为 1.1×10^{-4}、9.6×10^{-5}。图 9-137 为两种初值条件下，伪直流误差随迭代次数的变化曲线，可见，准确的初值能够加速收敛过程，最终达到的精度取决于所设定的迭代退出阈值。

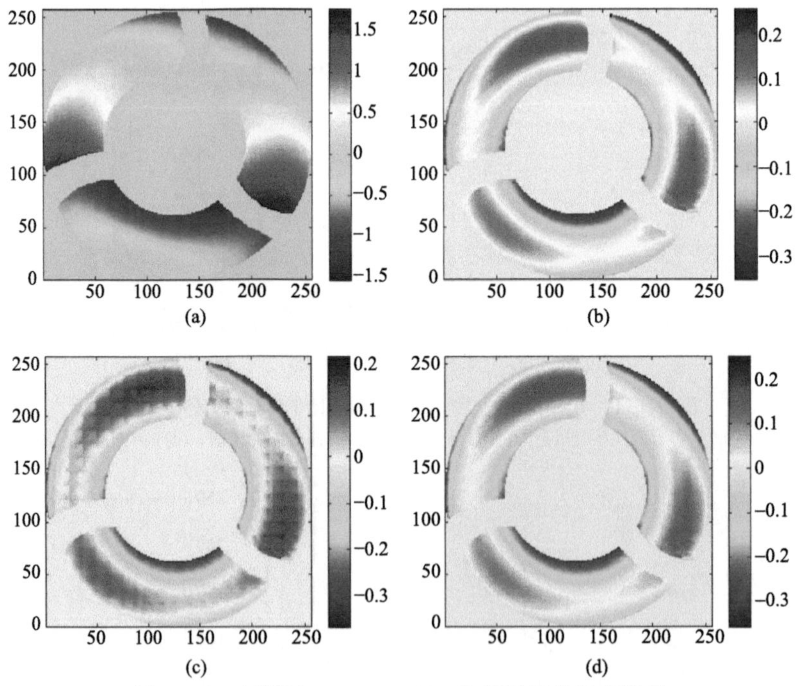

图 9-136　区域法 Schwarzschild 物镜波像差重建结果

采用 0 作为初始值的初始重建结果(a)及校准直流量后结果(b)，采用模式法重建数据作为初始值的初始重建结果(c)及校准直流量后结果(d)

实验结果表明，采用伪直流误差作为精度评价参数进行迭代运算，能够校准具有孤立区域波前区域法波前重建直流量误差，提高孤立区域波前的重建精度。

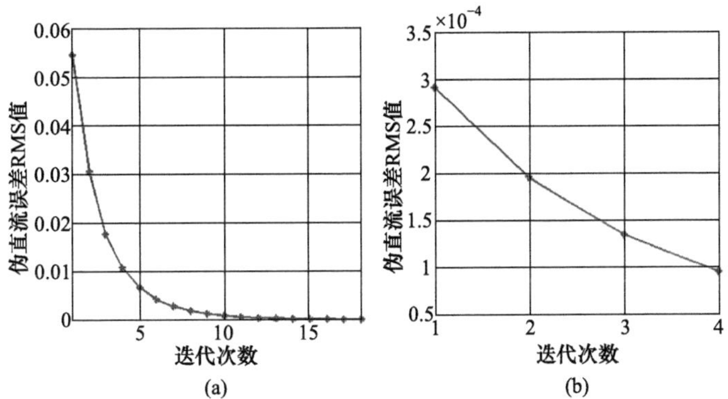

图 9-137　不同初始值时伪直流误差随迭代次数的变化曲线

(a) 采用 0 作为初始值；(b) 采用模式法重建数据作为初始值

2. 系统误差分析与消除[99,120,121]

光栅剪切干涉仪使用光栅作为分光元件进行波像差检测时，焦平面上不同级次衍射光束之间存在横向距离，在探测平面上产生载波干涉条纹，并引入几何光程误差，对于差分波前，主要包括彗差、探测器倾斜导致的像散等误差。待测波前的数值孔径较小时，经过光栅衍射后，同一级次衍射光束的角度呈变化近似相等；数值孔径增大时，同一级次衍射光束的衍射角变化量随入射角度非线性变化，产生光栅衍射像散误差。对于极紫外光刻投影物镜波像差检测系统，这些系统误差远大于待测波像差，实现光栅剪切干涉仪系统误差标定及消除是其实现高精度测量的前提。

Goldberg 等使用 Zernike 多项式近似描述了光栅作为分光元件的点衍射干涉仪中的几何光程误差和探测器倾斜误差，并且提出多种方法消除上述系统误差[113]。不考虑光栅衍射误差时，光栅剪切干涉仪与点衍射干涉仪中的几何光程误差以及探测器倾斜误差并没有区别。Miyakawa 等分析了不同数值孔径下光栅衍射误差的变化情况[114-118]，使用坐标变换法和光栅不同倾斜角度的多次测量数据得到相关倾斜参数，从而消除光栅倾斜和探测器倾斜引入的系统误差。日本 EUVA 的 Liu 等分析了采用一维光栅进行两次正交方向剪切测量时，光栅在光轴方向的位置变化所引起的像散测量误差[91]；Otaki 等在与焦面对称的 Talbot 位置处进行两次测量，利用剪切方向反向而系统误差数值不变消除系统误差，或者采用标准针孔阵列标定剪切干涉仪系统误差[119]。

1) 系统误差分析

A. 光栅衍射误差

光栅同一级次衍射光对不同入射角的衍射角变化量随入射角度不同而改变，导致剪切量改变及光程变化，称为光栅衍射误差。一种光栅剪切干涉仪的典型结构图如图 9-138 所示；入射角度为 θ_i 的 0 级衍射光产生衍射角度为 θ_f 的+1 级衍射光，在探测器平面上得到该+1 级衍射光与入射角度为 θ_0 的 0 级衍射光的干涉条纹。

入射角度为 θ_0 的 0 级衍射光在探测器平面上的相位可以表示为

$$\varphi_0 = kz_2/\cos\theta_0 \tag{9.36}$$

其中，$k = 2\pi/\lambda$；$\theta_0 = \arctan[x/(z_2 - z_1)]$；$x$ 为探测器平面坐标。衍射角度为 θ_f 的+1 级衍射

光在探测器平面上的相位可以表示为

$$\varphi_1 = 2\pi x/T + k\left[z_1/\cos\theta_i + (z_2 - z_1)/\cos\theta_f\right] \tag{9.37}$$

其中，$2\pi x/T$ 表示入射角度为 θ_i 的 0 级衍射光与衍射角度为 θ_f 的+1 级衍射光之间的相位差，则 φ_1 与 φ_0 间的相位差即为光栅衍射误差。$z_2, z_1, \theta_f, \theta_i, \theta_0$ 等参数满足如下关系：

$$\begin{cases} z_2\tan\theta_0 = z_1\tan\theta_i + (z_2 - z_1)\tan\theta_f \\ \sin\theta_f = \sin\theta_i + \lambda/T \end{cases} \tag{9.38}$$

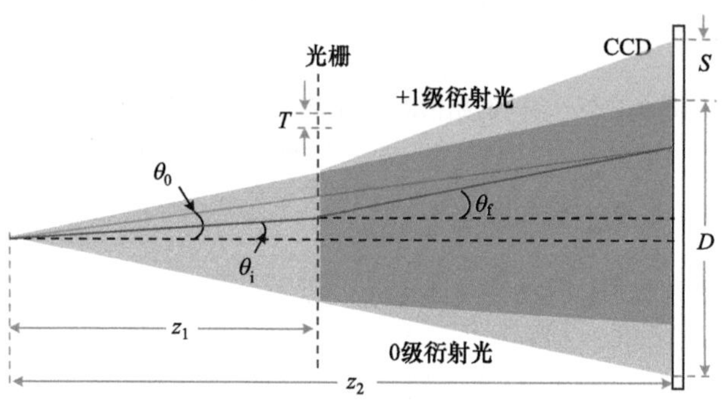

图 9-138　光栅剪切干涉仪的典型结构图

使用数值计算可以得到光栅衍射误差。设波长 λ 为 13.5nm，剪切率 s 为 5%，探测器的有效直径为 25.4mm，干涉条纹数量为 50，待测系统数值孔径 NA 变化时，x 方向的光栅衍射误差如表 9-5 所示，其中 mλ 表示 0.001λ，在计算过程中相位差表示为光程差。数值孔径小于 0.5 时，光栅衍射误差主要包括倾斜、离焦、像散等低阶像差项，其他高阶像差项的数值较小，几乎可以忽略；数值孔径大于 0.5 时，除了低阶像差项外，还需要考虑光栅衍射误差的彗差、球差等高阶像差项。

表 9-5　光栅衍射误差数值仿真　(单位：mλ)

NA	Z_2 倾斜	Z_4 离焦	Z_5 像散	Z_7 彗差	Z_9 球差
0.05	0.62	−1.17	−2.34	0	0
0.25	17.77	−31.69	−63.38	0.57	−0.13
0.5	114.81	−168.65	−337.29	16.51	−3.47
0.75	1000.6	−871.06	−1741.6	417.69	−91.05

当剪切光栅位于焦面另一侧时，如图 9-139 所示，同理可得到该种情况下的光栅衍射误差，如表 9-6 所示，与表 9-5 中数据相比较，光栅衍射误差中主要的像差项数值近似相等，符号相反，因此可以通过在焦面两侧对称位置进行两次测量，消除光栅衍射系统误差的影响。随着待测光学系统的数值孔径的增大，光栅衍射误差愈加显著。对于高 NA 极紫外光刻投影物镜检测，必须考虑光栅衍射误差。

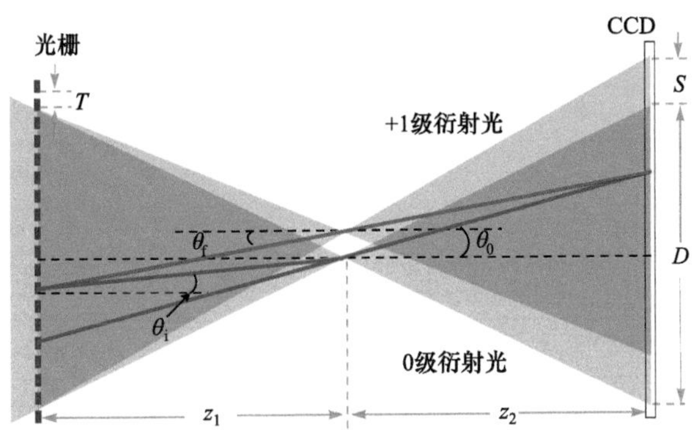

图 9-139　剪切光栅位于焦面另一侧时的剪切干涉结构图

表 9-6　剪切光栅位于焦面另一侧时的光栅衍射误差数值仿真　(单位：mλ)

NA	Z_2 倾斜	Z_4 离焦	Z_5 像散	Z_7 彗差	Z_9 球差
0.05	−0.63	1.17	2.35	0	0
0.25	−17.84	31.72	63.45	−0.58	0.13
0.5	−115.03	168.73	337.47	−16.55	3.47
0.75	−1001.8	871.56	1742.6	−418.3	91.2

B. 探测器倾斜误差

光栅剪切干涉仪中，假设探测器在 x 和 y 方向上的倾斜角度分别为 β_x、β_y，如图 9-140 所示，其中(x, y)表示垂直光轴的平面坐标系，而(x_p, y_p)表示探测器平面内的坐标，则(x, y)和(x_p, y_p)的变换关系可以表示为

$$x = x_p \cos\beta_x, \quad y = y_p \cos\beta_y \tag{9.39}$$

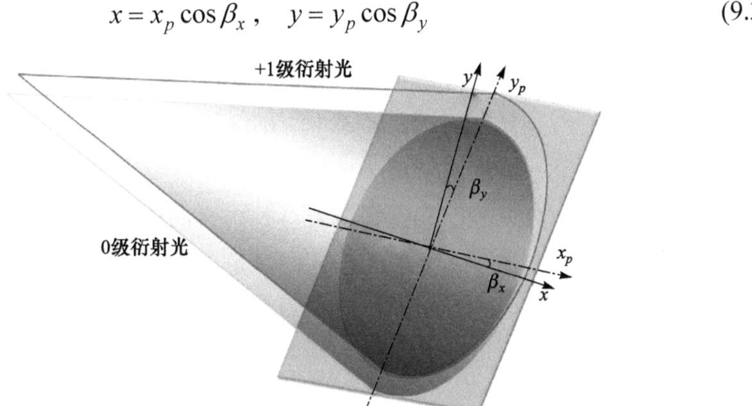

图 9-140　光栅剪切干涉仪探测器倾斜示意图

利用式(9.36)～式(9.39)同样可以进行探测器倾斜情况下光栅衍射误差的数值仿真。设探测器倾斜角度 β_x 为 5.1mrad，β_y 为 0。在与上文相同条件下进行倾斜至系统误差仿真，如表 9-7 所示，探测器倾斜误差主要包括倾斜、离焦、像散、彗差等像差项，并随着 NA 的增大而增大。同样，当光栅位于焦面两侧时，倾斜导致的光栅衍射误差数值相等，符

号相反。

表 9-7　探测器倾斜导致的光栅衍射误差数值仿真　(单位：mλ)

NA	Z_2 倾斜	Z_4 离焦	Z_5 像散	Z_7 彗差	Z_9 球差
0.05	0	0	0	0	0
0.25	0.17	0	0.02	0.09	0
0.5	2.12	−0.18	−0.36	1.12	−0.05
0.75	25.55	−7.11	−14.17	16.66	−3.22

C. 波前重建后的系统误差

光栅剪切干涉检测技术测量的是待测波前的差分数据，将测量数据进行重建才能得到待测波前。光栅衍射误差和探测器倾斜误差的像差项主要包括倾斜项、离焦、像散、彗差等。倾斜项、离焦在重建后导致像散；像散在重建后导致彗差；彗差在重建后导致球差。重建过程还将导致其他高阶像差项。波前重建对差分波前中误差项有增益效应。增益效应与剪切量相关，剪切量越小，相同系统误差将导致更大的重建误差。一般地，高精度波像差检测系统需对全波面进行检测，因此采用小剪切率，导致剪切干涉仪对系统误差更加敏感。

2) 系统误差消除

光栅剪切干涉仪的其他系统参数相同时，剪切光栅位于焦面两侧对称位置进行两次测量时，光栅衍射误差和探测器倾斜误差的数值大小相等，符号相反。将光栅位于焦面一侧时 x 和 y 方向的系统误差分别设为 $W_{xe}(x, y)$、$W_{ye}(x, y)$，则光栅位于另一侧时时，x 和 y 方向的系统误差为$-W_{xe}(x, y)$、$-W_{ye}(x, y)$。两种情况下，剪切量相同，以 x 方向为例，两次剪切干涉得到的差分波前数据为

$$\begin{cases} W_{x1}(x,y)=W(x,y)-W(x-s,y)+W_{ex}(x,y) \\ W_{x2}(x,y)=W(x,y)-W(x-s,y)-W_{ex}(x,y) \end{cases} \tag{9.40}$$

因此，两次测量结果求平均即可得到没有系统误差的差分波前测量结果。

剪切光栅放置在焦平面两侧对称位置分别进行两次测量，要求被测投影物镜有较大的工作距，对光刻投影物镜，一般无法同时满足条纹密度要求。使剪切光栅位于焦面同侧不同位置进行两次测量，根据系统误差与光栅剪切干涉仪参数的关系，在已知两次测量剪切光栅的相对位置的情况下可以得到剪切量及系统误差变化的倍数，从而通过求和运算消除系统误差。

9.1.2.6　剪切与点衍射干涉组合检测

一般而言，测量精度和测量范围是相互矛盾的。例如，点衍射干涉有很高的测量精度，但是像差测量范围很小，而横向剪切干涉比点衍射干涉测量误差大，但是具备较大的测量范围。因此，有必要针对待测物镜不同的校准水平采用相应的波像差测量方法。将点衍射和剪切干涉测量模块集成到同一系统框架，实现点衍射与剪切干涉的组合测量，

可兼顾测量动态范围与测量精度。美国 LBNL 测量 0.3*NA* 的 MET 光学系统和日本的 EUVA 测量 0.25*NA* 的 6 反射镜极紫外光刻物镜时采用的都是点衍射与剪切干涉的组合测量技术。

1999 年，美国 SNL 研发了第三代极紫外光刻投影物镜 MET(micro exposure tool)，相对第一代的 10 倍 2 镜施瓦茨物镜和第二代 4 倍四反射镜全视场 ETS，数值孔径更大(*NA*=0.3)。MET 由两个反射镜组成，包括一个主凹面镜和一个较大的副凸面镜，如图 9-141 所示。在进行静态曝光成像实验之前，SNL 对该投影物镜在同步辐射光源下进行了基于工作波长 PDI 和 LSI(DTI 结构)的波像差测量和校准[30,122-126]。

待测 2 反射镜 5 倍 MET 物镜的反射镜由 Carl Zeiss 公司制造，由 LLNL 与 LBNL 合作完成钼硅多层膜镀制，并且在 LLNL 进行了基于工作波长点衍射干涉仪的校准和波前质量优化。在对 MET 最终的可见光点衍射干涉测量波前进行 37 项环形 Zernike 多项式拟合后，得到的波前误差为 0.56 nm RMS(λ_{EUV}/24)[127]。

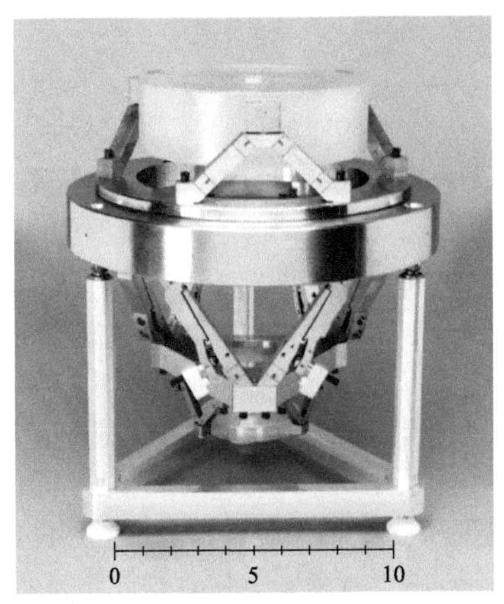

图 9-141　0.3 *NA* MET 光学系统结构[127]

LBNL 与 LLNL 对可见光 PDI、EUV PDI 和 EUV LSI 3 种干涉仪同一投影物镜同一视场点时的波像差测量数据进行了交叉比对[124]。表 9-8 与表 9-9 为测量 0.3 *NA* 极紫外投影物镜时，某视场点的交叉比对数据，可见 EUV 工作波长点衍射干涉仪与剪切干涉仪的波像差检测结果的差别为 0.5nm RMS 左右，而可见光点衍射干涉仪与 EUV 剪切干涉仪波像差检测结果的差别为 1nm RMS 左右。

表 9-8　可见光 PSDI 与 EUV LSI 比对　　(单位：nm)

	全波像差			去除球差		
	PSDI	EUV LSI	差	PSDI	EUV LSI	差
σ_{37}	0.55	1.19	1.13	0.55	0.87	0.79

表 9-9 EUV PS/PDI 与 EUV LSI 比对 (单位：nm)

	全波像差			去除球差		
	PS/PDI	EUV LSI	差	PS/PDI	EUV LSI	差
σ_{37}	0.65	0.63	0.57	0.53	0.63	0.46

图 9-142 为波像差结果的直观比较，当去除对准相关的像散、球差和彗差后，σ_{37} 值分别为 0.39nm、0.31nm、0.44nm，数值较为接近，但是波前的二维分布仍有差别。LBNL 与 LLNL 通过交叉比对的方法进一步验证了干涉仪的检测精度[30]。

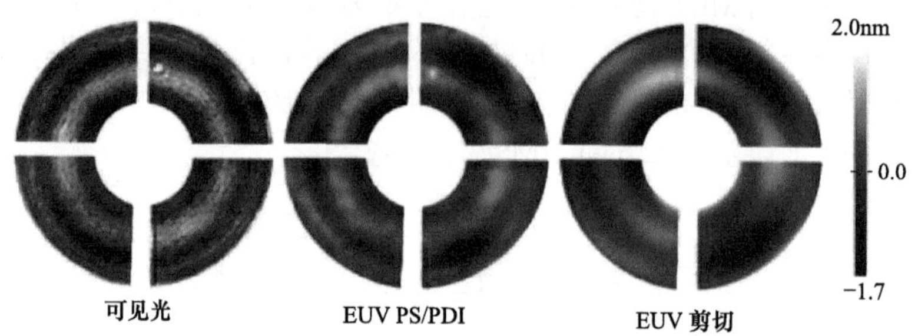

图 9-142 可见光 PSDI、EUV PS/PDI、EUV LSI 波像差检测结果比对
去除对准相关的像散、球差和彗差后，σ_{37} 值分别为 0.39nm、0.31nm、0.44nm[30]

为了研发 6 反射镜极紫外光刻物镜波像差测量系统(EUV wavefront metrology system，EWMS)，日本 EUVA 首先在 NewSUBARU 搭建了实验 EUV 干涉仪(experimental EUV interferometer，EEI)。在 EEI 上可以实现衍射型和剪切型共 7 种类型的干涉仪，通过在 EEI 上对这 7 种干涉测量技术进行测量，为 EWMS 系统选取最合适的测量方法[23,26,29,32,45,85,90,110,128,129]。

图 9-143 是 EEI 系统的结构框图[85]。EEI 在沿光轴不同位置有 5 个纳米位移台，放置针孔、光栅等器件。通过变换 5 个纳米位移台上放置器件的类型，可以改变干涉仪的类型，实现不同干涉仪的比较。由于残余碳氢化合物气体与 EUV 光的光化学反应会产生碳污染，为了阻止这种碳污染堵塞针孔，在第一个掩模台和第二个掩模台附近安装了氧气供应设备。在光路中放置了光电二极管用于监测 EUV 光的强度。图 9-144 为安装于 NewSUBARU 的 EEI 系统照片[110]。

在 EEI 上可实现的 7 种干涉仪类型包括两种衍射型干涉仪，即点衍射干涉 (point diffraction interferometry, PDI)和线衍射干仪 (line diffraction interferometry，LDI)，5 种剪切型干涉仪，包括针孔型横向剪切干涉仪 (lateral shearing interferometry，LSI)、狭缝型横向剪切干涉仪 (slit-type lateral shearing interferometry，SLSI)、双光栅剪切干涉仪 (double grating lateral shearing interferometry，DLSI)、数字 Talbot 剪切干涉仪 (digital talbot shearing interferometry，DTI)和正交光栅剪切干涉仪 (cross-grating lateral shearing interferometry, CGLSI)，这 7 种干涉测量技术的原理都已在上文介绍。表 9-10 对 PDI 等 7 种技术方案的特点进行了比较。如前所述，LSI 较难实现高精度像散测量是由于需要进行至少两个正交方向的剪切干涉测量才能获得被测系统二维波像差信息，在进行两次剪切干涉时，光栅在光轴方向位置变化产生像散测量误差。

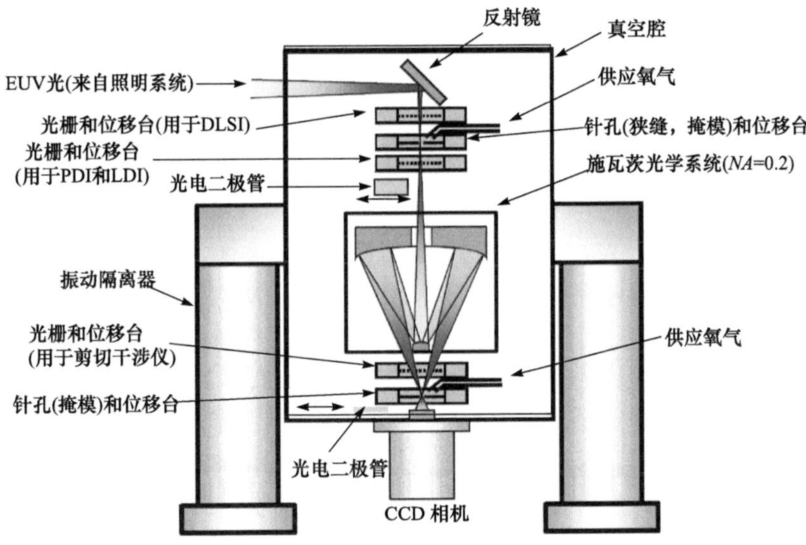

图 9-143　EEI 测量系统结构框图[85]

图 9-144　安装于 NewSUBARU 的 EEI 系统照片[110]

表 9-10　PDI 等 7 种测量方案的特点

测量方法	特点
PDI	高精度，测量动态范围较小，针孔对准困难，针孔易污染
LDI	比 PDI 有更高的干涉对比度和光强，但需进行 *XY* 两次测量
LSI	测量动态范围大，易操作，但需进行 *XY* 两次测量，较难实现高精度像散测量
SLSI	相对 LSI 光强较高，但无明显优势
DLSI	光功率利用率最高

续表

测量方法	特点
CGLSI	测量动态范围大，易操作，能够实现像散测量，中等精度
DTI	测量动态范围大，易操作，能够实现像散测量

由于 EEI 是为测量为 *NA* 为 0.25 的 6 反射镜物镜的波像差检测进行选取合适的检测技术，因此对待测物镜有较高的要求，要求相对较大的 *NA*(达到 0.25)，以及相对较低的波像差(小于 1nm RMS)。在高 *NA* 和低波像差之前进行权衡，EUVA 选择了由两个球面反射镜组成的施瓦茨物镜作为待测物镜，数值孔径为 0.2，1/20 倍率，峰值反射率波长为 13.5nm。虽然通过使用非球面，可以达到更高的 *NA*，然而需要进一步研发抛光、测量和相关的支撑技术，以得到足够小的波像差。该待测物镜由 633nm 的可见光点衍射测量，波像差为 1.06nm RMS，基本满足 EEI 对待测物镜的要求。2003 年 2 月，EEI 系统安装于姬路工业大学的 New Subaru 同步辐射线站，并对 7 种干涉测量技术进行了测试。

EUVA 基于 EEI 装置进行了关于上述 7 种方案的实验，并从测量精度(accuracy)、重复性(precision)和可实现性(practicality)等三个方面对 7 种方案进行了比较。图 9-145 为 7 种测量方法获得的干涉图。一般认为 CGLSI 的重复性优于 DTI。另外，由于干涉图的非均匀性，EUVA 没有成功实现 SLSI 技术方案。因此，EUVA 对其他 5 种测量方案进行了比较，以选择 EWMS 的最佳技术方案。

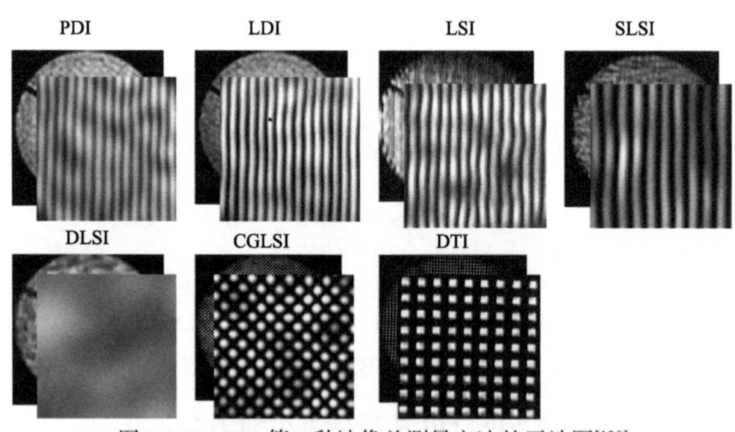

图 9-145　PDI 等 7 种波像差测量方法的干涉图[130]

表 9-11 为 PDI 等 5 种测量方法的比较结果。PDI 实现了最高的测量精度与测试重复性，但是 PDI 与 LDI 的对准过程需要较长的测试时间。CGLSI 需要的测试时间最短，也达到了较好的测量精度。DLSI 并没有完全消除光源的像差，测量精度稍差。基于上述比较结果，EUVA 选择 PDI、LDI、CGLSI 三种方案作为 EWMS 的技术方案。其中，PDI 作为测量标准，但是当被测系统波像差太大时，焦斑变大，通过针孔的光功率变小，可能无法实现测量；LDI 通过狭缝的光功率受被测投影物镜影响较小，因此也作为一种候选方案；CGLSI 由于其测量便捷，精度相对较高，作为光学系统校准时的粗测方案，主要应用于投影物镜初装调阶段。

表 9-11　PDI 等 5 种测量方法的比较结果

方法	PDI	LDI	PSLSI	CGLSI	DLSI
精度/(nm RMS)*	0.08	0.23	0.81	0.21	0.96
重复性/(nm RMS)	0.010	—	0.043	0.087	0.065
所需时间/min	42	44	24	17	20

*系统误差(不包括旋转对称系统误差)。

日本 EUVA 也开展了 EUV 工作波长点衍射干涉仪与剪切干涉仪波像差检测结果的比对工作，在未消除探测器倾斜误差前，点衍射干涉仪与剪切干涉仪检测结果的差别是 0.493nm RMS(Z_7～Z_{36} 项 Zernike 多项式拟合波前未比较 Z_5～Z_6 项，是由于检测干涉仪较难实现高精度像散测量)；去除探测器倾斜误差后，差别为 0.256nm RMS[131]，如图 9-146 所示，与美国 VNL 的实验结果接近。可见不同干涉仪检测结果完全匹配存在较大难度。

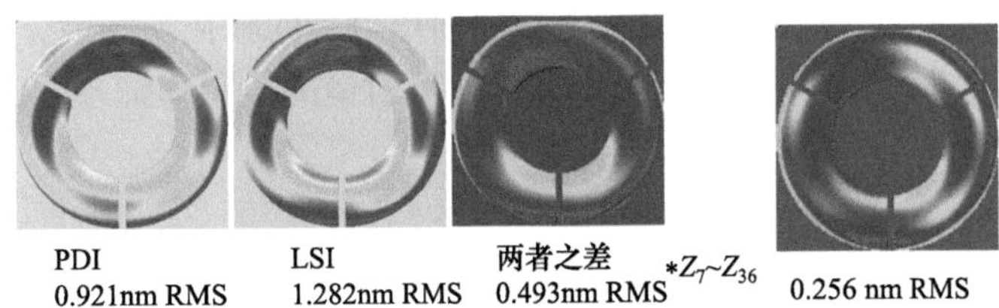

图 9-146　日本 EUVA 点衍射干涉仪与剪切干涉仪波像差检测结果交叉比对[131]

EUVA 在研制 EEI 系统的基础上研制了 EWMS 系统。EWMS 的目标是检测 *NA* 为 0.25 的 6 镜极紫外光刻投影物镜系统，检测精度达到 0.1nm。EWMS 选择 PDI、LDI 和 CGLSI 三种检测技术作为测量方案。EWMS 的系统结构如图 9-147 所示。EWMS 安装有主动隔振系统，整个系统处于两个真空室中。在真空室周围有恒温腔，腔内温度梯度小于 0.5°C，温度波动小于±0.1°C，真空中的温度变化更远小于恒温腔中。图 9-148 所示为安装于 NewSUBARU 的 EWMS 系统照片[132]。

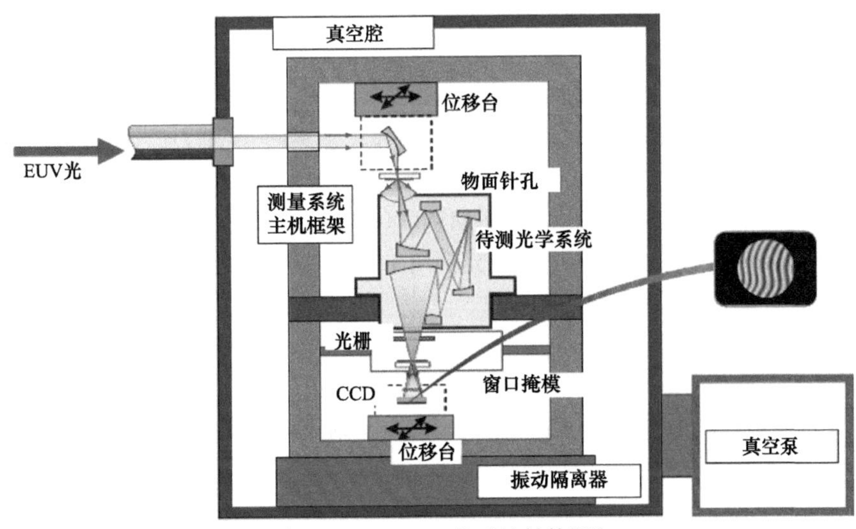

图 9-147　EWMS 的系统结构[132]

图 9-148 安装于 NewSUBARU 的 EWMS 系统照片[132]

如图 9-149 所示，EEI 的待测物镜为 2 球面反射镜的施瓦茨物镜，*NA* 为 0.2，系统较小而且简单，而 EWMS 系统的待测物镜为 6 反射镜的投影物镜系统，*NA* 为 0.25，系统较大而且复杂。

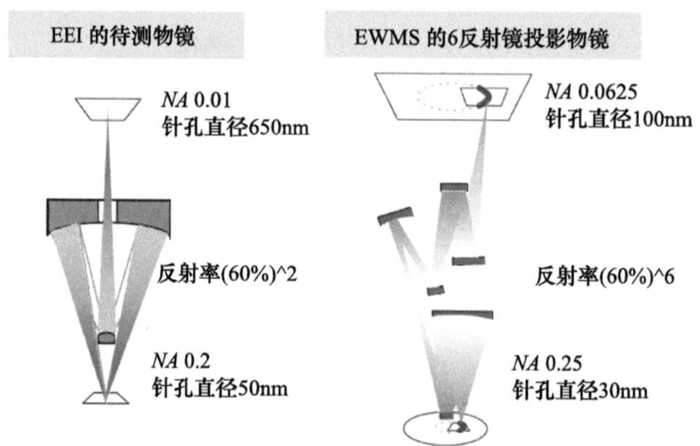

图 9-149　EEI 系统和 EWMS 系统的待测物镜结构示意图[133]

2007 年，EUVA 首次报道了 EWMS 对 6 镜 EUVL 投影物镜样品的波像差检测结果[132]。由于投影物镜样品的波像差为 9.58～22.75nm，远大于实际光刻投影物镜的波像差，所以实现 PDI 和 LDI 方案非常困难。因此，EUVA 实际采用了 DTI 与 CGLSI 方案。DTI 和 CGLSI 的测量重复性分别达到 0.07nm RMS 和 0.27nm RMS。在该实验中，DTI 的测试重复性优于 CGLSI，这是由于采用相同光栅时 DTI 的剪切率是 CGLSI 的 1/2。在该实验中，二者的剪切率分别为 0.026 和 0.052。

9.1.3　Fizeau 干涉检测

随着 EUV 光刻投影物镜数值孔径的增大，点衍射干涉与剪切干涉检测技术都会遇到较大的问题。对于点衍射干涉，高 *NA* 光学系统的检测要求使用更小尺寸的针孔，针孔加工难度增大，而且更小的针孔也使得光能利用率更低，干涉条纹对比度变差。光栅横向剪切干涉检测技术对光栅位置和光栅倾斜的容限很低，在测量大数值孔径光学系统时，要求更为严格。

2011 年，美国 Zygo 公司与 LLNL、LBNL 等单位合作，研发了 0.5 *NA* 的极紫外光刻物镜 MET5，用于支撑 11nm 及以下节点的光刻胶、掩模等的研发，其光机结构如图 9-150 所示[134,135]。Zygo 公司在制造 *NA* 为 0.5 极紫外光刻投影物镜的过程中采用 633nm Fizeau 干涉仪(Verifire™ MST)建立波像差检测系统[134]，进行投影物镜波像差检测及其装调，测量系统的光路结构和检测装置的机械结构如图 9-151 所示。

该干涉仪从物方以 0.1*NA* 的光束照明 MET 5 系统，穿过待测光学系统的波前由一个高精度的 0.5*NA* 的标准球面镜反射回干涉仪。由于测量光束在待测光学系统中穿过两次，因此对 MET5 的波像差和校准误差灵敏度很高。由于待测物镜的 *NA* 较高，13nm 的像面偏移将导致 0.5nm RMS 的波前离焦误差，几乎达到了整个波前误差的量级，这个灵敏度是 0.3 *NA* MET 的 2.8 倍。为了确定达到波前最优需要调整的参数，干涉仪必须能够在中心视场点和离轴视场点进行测量。因此，待测光学系统安装于一个可移动的工件台上，实现不同场点的测量。

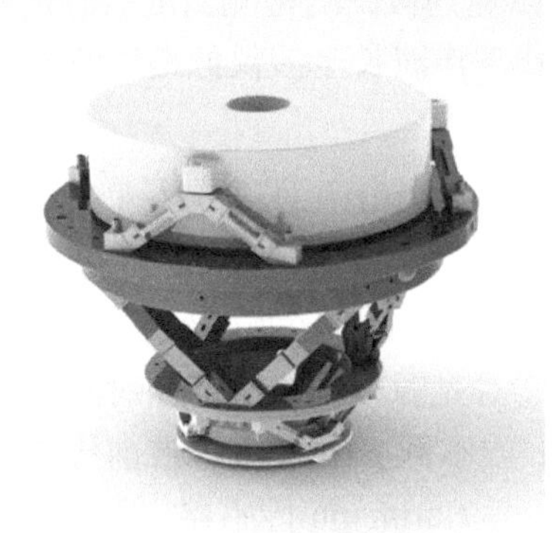

图 9-150　MET 5 的光机结构设计[134]

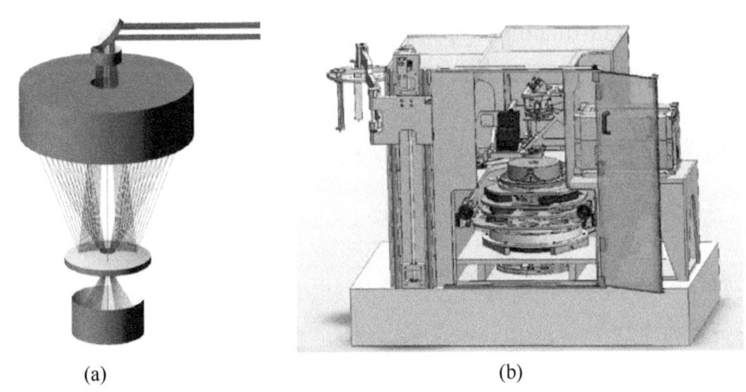

(a)　(b)

图 9-151　基于 Fizeau 干涉检测技术的 MET 5 的测量系统光路结构(a)和检测装置机械结构(b)[134]

MET5 的设计、加工和装调要求在中心视场点的波像差控制在 0.5nm RMS 以下，这相当于 $\lambda_{EUV}/30$ 或 $\lambda_{He\text{-}Ne}/1300$。尽管测量精度高于 $\lambda/1000$ 非常富有挑战性，但是 Zygo 公司的测量结果表明其可见光干涉术能够满足这个精度要求。基于这套测量系统，MET5的波像差检测精度达到 0.2nm RMS，重复性达到 0.01nm RMS。图 9-152 为 Zygo 公司装配的 3 套 MET5 的波像差检测结果[135]。

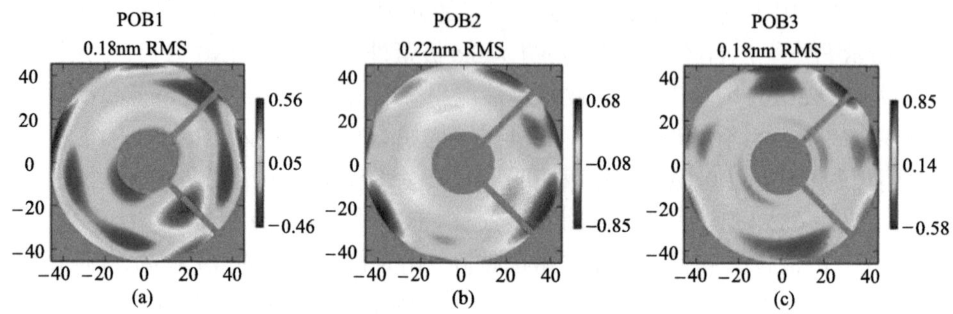

图 9-152　Zygo 公司装配的 3 套 MET5 波像差检测结果[135]

采用 Fizeau 干涉仪检测方案，依赖于高精度的球面标准镜与反射镜加工及绝对检验技术。Zygo 公司的工作表明，在光学车间现场检测，目前的光学加工与检测技术能力使得经典的 Fizeau 干涉仪也可以达到极高的检测精度。但该种技术方案无法用于曝光系统波像差原位检测，也不能替代工作波长干涉仪的最终波像差测试。

9.2　基于 Hartmann 波前传感器的检测技术

与干涉测量技术相比，基于 Hartmann 波前传感器的检测技术有如下优点：①可同时获得强度信息和相位信息；②对光源空间相干性和时间相干性要求不高；③测量范围也比较大；④结构简单、紧凑，成本低。Hartmann 波前传感技术是深紫外光刻机进行像质原位检测的重要技术手段之一。Hartmann 传感器一般由微透镜阵列和探测器阵列组成。在 EUV 波段，光学材料有强吸收性，因此不能采用微透镜阵列器件，只能采用类似针孔阵列器件代替。法国第十一大学和美国 LBNL 合作，基于美国 LBNL 的同步辐射装置首次开展了极紫外波长的 Hartmann 波前测量技术的实验研究，测量装置如图 9-153 所示。在 13.4nm 波长下，获得了 λ_{EUV}/120(0.11nm)的测量精度[136,137]。

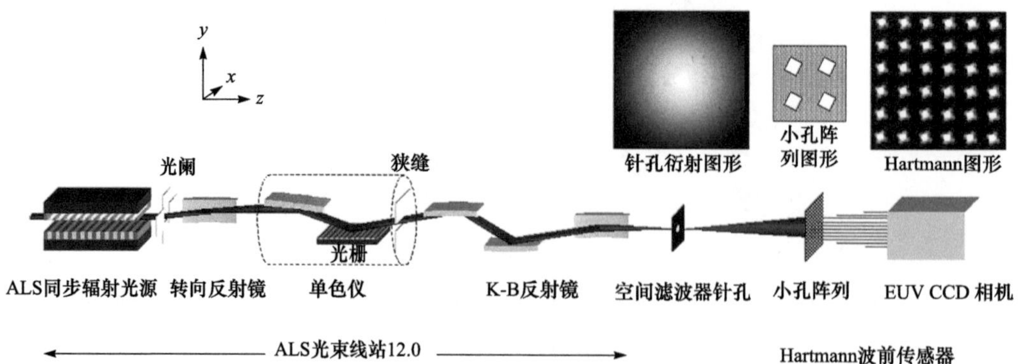

图 9-153　基于 ALS 同步辐射光源的 Hartmann 测量装置[136]

荷兰代尔夫特(Delft)理工大学的研究人员将自由空间角谱传输理论引入Hartmann图形分析算法，改进了采用针孔阵列器件时Hartmann传感器的光斑重心定位算法，使EUV波长Hartmann传感器的检测精度提高10倍，达到0.15nm RMS，并在可见光波段进行了实验验证[138,139]。

Hartmann测量技术的主要问题是空间分辨率较低，最高可测空间频率受限于抽样点数。与剪切干涉方法不同，在不增加小孔阵列和CCD之间距离的前提下，Hartmann技术的测量灵敏度不可调。虽然增加小孔阵列和CCD之间的距离可以增加对小角度偏离的测量灵敏度，但是对于高 *NA* 光学系统的测量，这个距离受限于 CCD 的尺寸，因此Hartmann方法难以应用于高 *NA* 极紫外光刻物镜波像差的检测。

9.3　基于空间像测量的检测技术

为了检测大数值孔径极紫外光刻投影物镜的波像差，美国LBNL研发了基于空间像测量的波像差检测技术，包括基于空间像匹配的检测技术和基于波前局部曲率测量的检测技术。

9.3.1　基于空间像匹配的检测技术

空间像匹配技术是一种基于空间像的检测技术。所谓空间像匹配技术是指将测量空间像与基于计算机模型计算的空间像进行匹配，匹配度最好的计算空间像对应的像差即为待测光学系统的像差。该方法的基本流程如图9-154所示，通过CCD记录多个离焦面的测试标记的图像，然后在不同的猜测的像差组合下通过ROCS(reduced optical coherent sum)算法计算标记的离焦空间像，通过将测量的空间像与计算的空间像进行对比，再经过多次迭代运算，找出与测量的空间像最匹配的计算空间像，该计算空间像的猜测的像差组合即为待测光学系统的像差[140,141]。

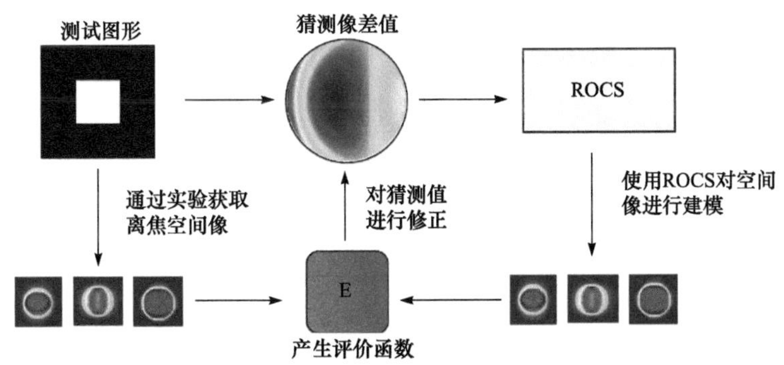

图 9-154　空间像匹配技术的像差测量流程[141]

一般而言，测量中使用的测试标记的线宽要接近于待测光学系统的极限分辨率，以使得它们的衍射图形能够对整个光瞳进行抽样，如图 9-155(a)所示。然而，因为空间像探测器的像素尺寸最小只能做到20nm，所以小线宽的测试标记不能在探测器上被足够抽样。由于空间像探测器的限制，测试标记的线宽必须大于待测光学系统的分辨率，以使得测试标记能够被足够抽样以提取像差信息。但是大的线宽只能探测待测物镜光瞳的一部分，因此对分布在较大光瞳范围内的光瞳的像差不敏感，如图 9-155(b)所示。为了解决这个问题，可以使用大 σ 因子的照明，以使得衍射光能够照明整个光瞳，如图 9-155(c)所示[141]。

LBNL 对该方法进行了仿真，结果表明在大的照明部分相干因子条件下，即使使用线宽为待测光学系统分辨率 4 倍的测量标记，也有较高的像差灵敏度。在环形照明条件下像差灵敏度很高，单项 Zernike 像差测量精度优于 $8\mathrm{m}\lambda(\lambda/125)$[141]。因为结构简单，而且可应用于大数值孔径光学系统的测量，因此该方法是高 *NA* EUV 光刻物镜原位波像差测量的一种重要的候选技术。

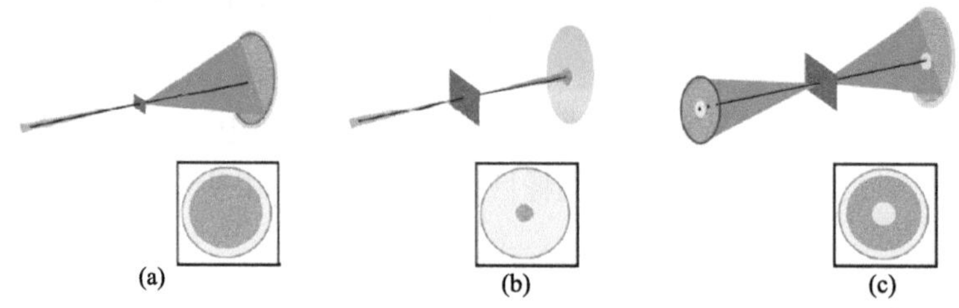

图 9-155 (a)标记线宽等于待测系统极限分辨率；(b)更大的线宽标记仅探测光瞳的一小部分；(c)使用大 σ 照明使得大线宽标记的衍射光能够对整个光瞳抽样[141]

9.3.2 基于波前局部曲率测量的检测技术

该技术通过测量光瞳内各测量点的局部曲率实现波像差的测量。光学系统的像差导致局部曲率相对理想光学系统有偏差，这个偏差表现为光瞳内不同位置处有一个小的最佳焦面偏移，通过每个光瞳探测位置的最佳焦面偏移可以获得相应位置处的波前曲率，通过最小二乘法可以从波前曲率中重建待测波前[142-144]。

图 9-156 所示为波前局部曲率检测技术的光路结构，从扩展的不相干光源发出的光

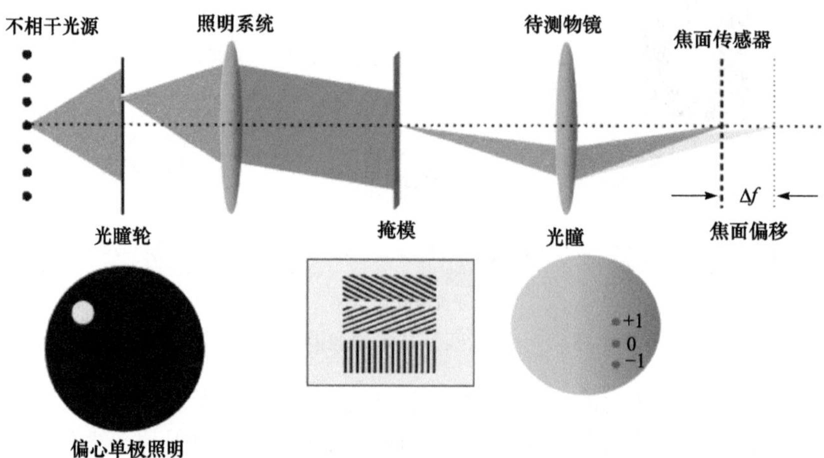

图 9-156 波前局部曲率检测技术的光路结构[143]

入射于一个光瞳轮上，光瞳轮包含几个可交换的掩模，用于控制进入待测系统的空间频率范围[143]。每个照明设置使用一个 0.15σ的偏心单极照明，以使掩模衍射光到达待测光学系统光瞳的特定部位。这些光携带了待测光学系统像差导致的波前曲率信息，表现为像面的小的焦面偏移。掩模上有 3 个 1∶1 线空比的光栅，光栅方向分别为 0°、60°和 120°。这些光栅的周期决定了衍射级次的分离，并且控制光瞳面上探测范围的大小。选择光栅周期，使得 ±1 级衍射光的角度差为待测光学系统数值孔径的 0.1～0.2 倍。图 9-157 说明了如何通过控制照明和光栅方向控制光瞳探测位置。

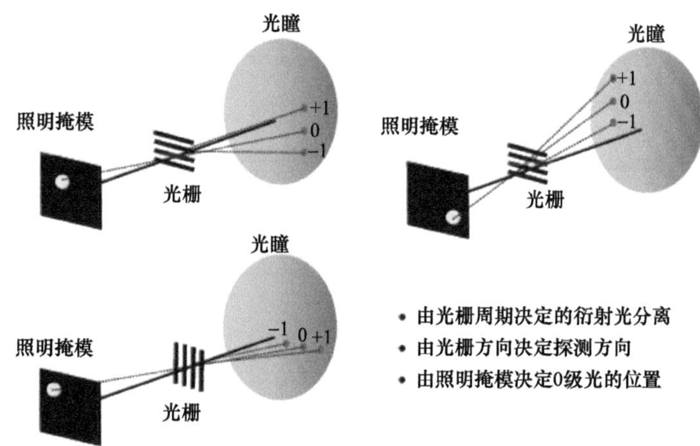

图 9-157　通过照明和光栅方向控制光瞳探测位置的图示[143]

在像面使用一个焦面传感器测量每个光栅方向在每个光瞳位置的最佳焦面。从测量的焦面偏移中可以计算出局部的波前曲率，从波前曲率中可以计算出待测光学系统的波像差。该方法的测量精度与实验的测量数据量和模型中使用的 Zernike 项数有关。为了重建 15 项 Zernike 多项式，需要 16 个探测位置，3 个光栅方向，11 个离焦位置以及 50 个光栅扫描步骤。LBNL 搭建了基于该方法的测量装置，对于 Z_4～Z_{10}，测量精度优于 $\lambda/30$，重复性优于 $\lambda/150$[144]。

9.4　基于 Ptychography 的检测技术[145,146]

基于 Ptychography 的波像差检测技术通过对标记面与观测面之间光场传播过程的迭代优化找寻标记面光场的最优解，进而得到瞳面的波像差数据。该检测技术的检测系统结构相对简单，对系统误差相对不敏感，是一种具有潜在应用前景的波像差检测技术[146,147]。

9.4.1　基本原理

Ptychography(也被称作扫描相干衍射成像技术)技术最早由 Hoppe 提出[149]，是由相干衍射成像(coherent diffraction interferometry，CDI)技术发展而来的相位恢复技术，它既继承了传统 CDI 无透镜成像和高检测分辨率的技术优势，又克服了传统 CDI 计算收敛速度较慢或收敛停滞的缺点。它的原理如图 9-158 所示，Ptychography 输入面上的光场由两部分构成，其一是照射到输入面上的照明光波，其二是置于输入面上的检测标记。检测标记在输入面内作步进扫描，每一步扫描均与上一步有部分重叠，输出面上的 CCD 记录检测标记在每步扫描时形成的衍射图样。将检测标记所在的输入面称为标记面，将 CCD 所在的输出面称为观测面。Ptychography 通过标记面和观测面之间光场传播过程的反复迭代运算，得到照明光波或检测标记的相位信息。

建立在 Ptychography 技术上的相位恢复算法称为 PIE(ptychographic iterative engine)算法。由于 PIE 算法在分别恢复每步扫描时的结果也要同时满足其他扫描结果的约束，最后的恢复结果将是所有扫描结果的共同解，这也是 PIE 算法的恢复精度比传统 CDI 的相位恢复算法(如 GS 算法、HIO 算法)高的原因。

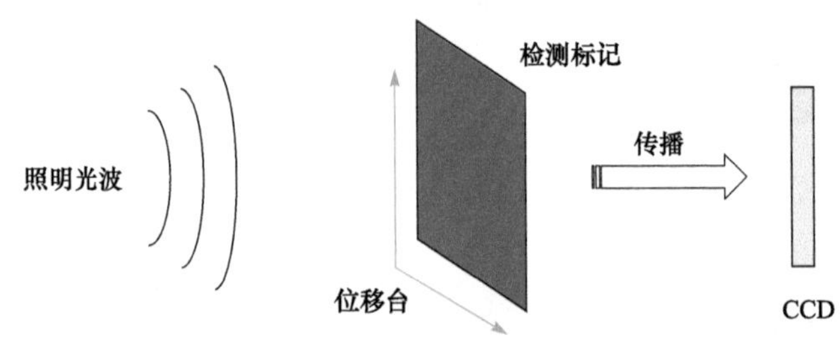

图 9-158　Ptychography 原理示意图

Ptychography 技术最初应用于在已知照明光波的情况下恢复检测标记，通过已知检测标记恢复照明光波也是可行的，故该方法可以应用到投影物镜波像差检测领域中。图 9-159 给出了利用 Ptychography 检测投影物镜波像差的两种实验架构。位于投影物镜物面的相干点光源照明投影物镜，检测标记位于投影物镜像点附近(前或后均可)的标记面上，CCD 位于投影物镜像点之后的观测面上。设标记面与投影物镜像点的距离为δ_1，观测面与投影物镜像点的距离为δ_2。自投影物镜出瞳面出射的球面波传播至标记面上形成的光场将作为 Ptychography 的照明光波，其表达式可写为

$$P(x,y)=t(x,y)\exp\left[\mathrm{j}kW(x,y)\right]\cdot L(x,y) \tag{9.41}$$

其中，$t(x,y)\exp[\mathrm{j}kW(x,y)]$为光瞳函数传播至标记面处的函数形式；$t(x,y)$为光瞳在标记面处的振幅透过率；$W(x,y)$为光瞳在标记面处携带的波像差；$L(x,y)$为标记面处球面波相位因子，其傍轴近似下的效果相当于焦距为δ_1的薄透镜进行相位变换，表达式为

$$L(x,y)=\exp\left(\mp\mathrm{j}k\frac{x^2+y^2}{2\delta_1}\right) \tag{9.42}$$

其中，“–”代表会聚球面波；“+”代表发散球面波。

照明光波对满足一定要求的检测标记进行扫描，每次扫描下的出射波将作为 Ptychography 的出射光场。出射光场传播至观测面得到衍射光场，该光场受到观测面上 CCD 采集衍射图样的振幅约束。约束后的衍射光场逆传播至标记面得到更新的出射光场，由更新的出射光场更新照明光波并改变检测标记的位置，进行下一次迭代。整个迭代过程以约束前后衍射光场之间的误差平方和 SSE(sum squared error)达到充分小时终止，

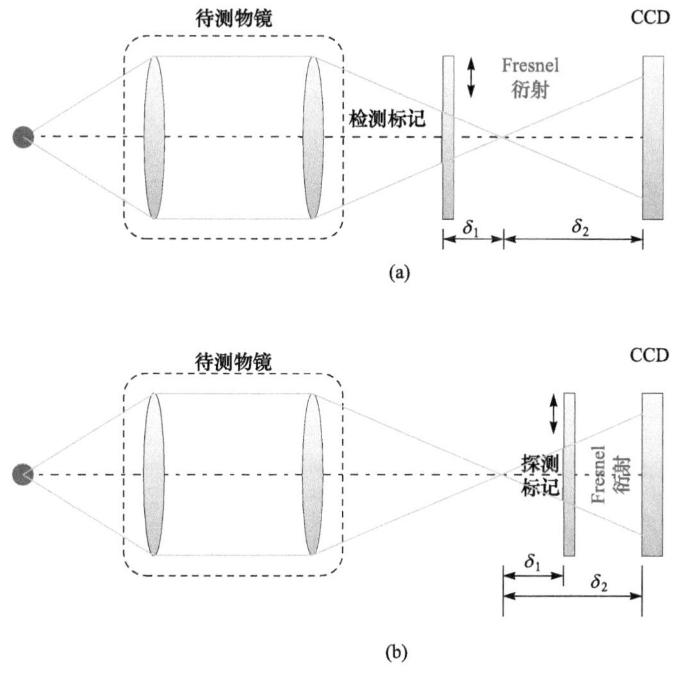

图 9-159　基于 Ptychography 的波像差检测技术的实验架构

(a) 检测标记位于焦点之前，(b) 检测标记位于焦点之后

如图 9-160 所示。迭代算法恢复出的照明光波经光场逆传播至投影物镜光瞳面并去掉球面波相位因子可得到投影物镜的光瞳函数，提取光瞳函数的相位，即可得到投影物镜的波像差。

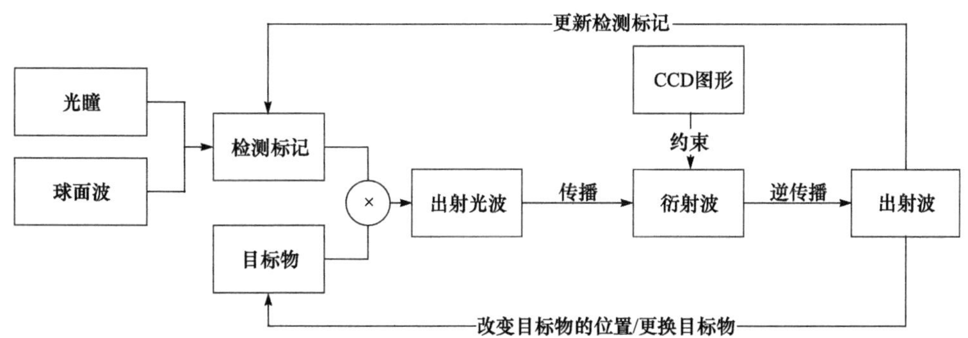

图 9-160　基于 Ptychography 的波像差检测迭代算法流程图

基于 Ptychography 技术的 PIE 相位恢复算法、应用 Ptychography 技术检测不同数值孔径投影物镜波像差所需采用的光场传播公式、离散化条件及相应实验架构的设计是 Ptychography 波像差检测的核心技术。

9.4.2　相位恢复算法

建立在 Ptychography 技术上的相位恢复算法称为 PIE 算法[150]，相关的衍生算法还有 pPIE(parallel PIE)算法[151,152]和 ePIE(extended PIE)[153]算法。

9.4.2.1 PIE 算法

将照明光波的光场分布看作照明函数，将检测标记的光场分布看作标记函数，PIE 算法可以在已知照明函数的情况下恢复检测标记的光场分布，也可以在已知标记函数的情况下恢复照明光波的光场分布。两种情况下的算法流程如图 9-161 所示。

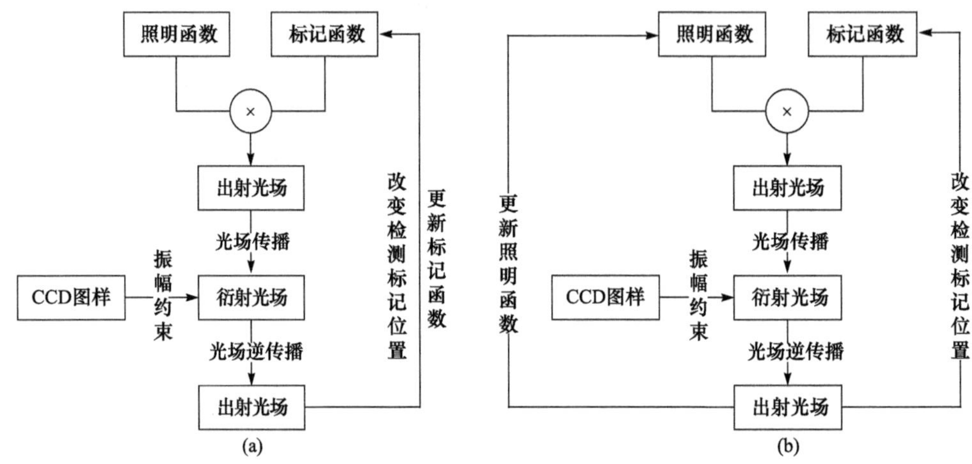

图 9-161 PIE 算法流程图

(a)已知检测标记恢复照明光波；(b)已知照明光波恢复检测标记

已知照明光波恢复检测标记的 PIE 算法在第 k 步扫描下的迭代过程为：

(1) 由已知的照明函数 $P(x, y)$与猜测的标记函数 $O(x, y)$之乘积得到标记面上猜测的出射光场：

$$\varphi_k(x,y) = P(x,y)O_k(x+X_k, y+Y_k) \tag{9.43}$$

其中，(X_k, Y_k)为第 k 次迭代时检测标记的位移量。

(2) 标记面上猜测的出射光场传播至观测面得到猜测的衍射光场：

$$\psi_k(u,v) = \Im\{\varphi_k(x,y)\} \tag{9.44}$$

(3) 由观测面上 CCD 采集到的衍射光斑 $I_k(u, v)$对猜测的衍射光场 $\psi_k(u, v)$进行振幅约束得到更新的衍射光场：

$$\psi'_k(u,v) = \sqrt{I_k(u,v)}\frac{\psi_k(u,v)}{|\psi_k(u,v)|} \tag{9.45}$$

(4) 更新的衍射光场 $\psi'_k(u,v)$ 逆传播至标记面得到更新的出射光场：

$$\varphi'_k(x,y) = \Im^{-1}\{\psi'_k(u,v)\} \tag{9.46}$$

(5) 更新标记函数：

$$\begin{aligned} O_{k+1}(x+X_k, y+Y_k) &= O_k(x+X_k, y+Y_k) \\ &+ \alpha\frac{|P(x,y)|}{\max|P(x,y)|}\frac{P^*(x,y)}{\left(|P(x,y)|^2+\varepsilon\right)}\left[\varphi'_k(x,y) - \varphi_k(x,y)\right] \end{aligned} \tag{9.47}$$

其中，ε 是一个保证分母不为零的极小量；α 为步长调节因子，一般取 0.5～1.5；而$|P(x, y)|/\max|P(x, y)|$表示迭代步长，正比于标记函数的振幅透过率。这样做是因为出射函数在标记函数振幅透过率高的区域携带照明函数的信息量比较多，正比于标记函数振幅透过率的步长使照明函数在该区域收敛得比较快；反之，出射函数在标记函数振幅透过率低的区域携带照明函数的信息量比较少，因而该区域的信噪比较低，正比于标记函数振幅透过率的步长可以抑制噪声对恢复结果的影响。

(6) 将更新的标记函数替代第一步中猜测的标记函数，改变检测标记的位置，进行 PIE 算法下一次扫描的迭代计算。整个迭代过程以更新的衍射光场与猜测的衍射光场之间的误差平方和 SSE 达到充分小时终止。SSE 表达式如下：

$$\mathrm{SSE}=\frac{\sum\limits_{u,v}\left(\left|\psi'(u,v)\right|-\left|\psi(u,v)\right|\right)^2}{MN} \tag{9.48}$$

其中，MN 为衍射光场矩阵中总的采样点数。

已知检测标记恢复照明光波的 PIE 算法的迭代步骤与上述迭代过程类似，只需将上述迭代过程中出射光场的表达式修改为

$$\varphi_k(x,y)=P_k(x,y)O(x+X_k,y+Y_k) \tag{9.49}$$

将标记函数的更新迭代式修改为照明函数的更新迭代式

$$\begin{aligned}P_{k+1}(x,y)&=P_k(x,y)\\&\quad+\beta\frac{\left|O(x+X_k,y+Y_k)\right|}{\max\left|O(x+X_k,y+Y_k)\right|}\frac{O^*(x+X_k,y+Y_k)}{\left[\left|O(x+X_k,y+Y_k)\right|^2+\varepsilon\right]}\left[\varphi_k'(x,y)-\varphi_k(x,y)\right]\end{aligned} \tag{9.50}$$

其中，β 与 α 一样，也为步长调节因子。一般来说，$\beta\leqslant\alpha$，因为照明函数 $P(x,y)$的更新频次比标记函数 $O(x,y)$快得多。

由于 PIE 算法的每步扫描都与下一步扫描有部分重叠，因而算法在分别恢复每步扫描的结果时也要满足其他扫描结果的约束，最后的恢复结果将是所有扫描结果的共同解，这也是 PIE 算法的恢复精度比传统 CDI 的相位恢复算法高的原因。

图 9-162 给出了已知照明光波恢复检测标记的 PIE 恢复结果。仿真参数如下：目标物的强度和相位分别由(a)和(b)两幅(200×200)像素的图片给出；检测标记的强度和相位分别由(c)和(d)两幅(100×100)像素的图片给出，并设定其有效区域为圆；照明光波对检测标记进行 3×3 次扫描，每次扫描的交叠率为 50%(交叠率一般设置在 50%～90%之间，以使算法在收敛速度和扫描次数之间做出均衡)；采用相干光照明；光场传播过程为夫琅禾费衍射。算法在迭代 75 次后，SSE 能达到 10^{-6} 量级，检测标记强度和相位的恢复结果由(e)和(f)给出。从恢复结果来看，检测标记在照明光波扫描范围内的光场分与原始定义检测标记的光场分布能很好地吻合。

在以上仿真参数不变的情况下，图 9-163 给出了已知检测标记恢复照明光波的 PIE 恢复结果。由于在一次迭代中照明光波的更新频次比检测标记快得多，所以算法经 10 次迭代后 SSE 就能达到 10^{-6} 量级，相位恢复精度达到 10^{-4} 量级。

图 9-162　已知照明光波恢复检测标记的 PIE 恢复结果

图 9-163　已知检测标记恢复照明光波的 PIE 恢复结果

9.4.2.2　pPIE 算法

用 PIE 算法恢复检测标记(或照明光波)的一个弊端是，必须知晓照明光波(或检测标记)的准确分布，否则，收敛速度和恢复精度就会大大降低。在实际测量时，要准确地知道照明光波(或检测标记)的光场分布是十分困难的，为此，需要一种能同时恢复检测标记和照明光波的算法。Pierre Thibault 等把 Difference Map 的思想引入扫描 Ptychography 中，提出了 pPIE 算法[151,152]。

各种相位恢复算法中更新值与猜测值之间的迭代关系可以看作是一种映射，该映射由待求值到约束空间的投影耦合而成。pPIE 算法按下式给出迭代映射

$$M = I + \pi_2(2\pi_1 - I) - \pi_1 \tag{9.51}$$

在 PIE 算法中，出射光场 $\varphi(x, y)$要满足两大约束，其一是标记面交叠约束(overlap constraint)，记该约束空间为O，则

$$O=\left\{\varphi(x,y)\middle\|\varphi(x,y)\right|=P(x,y)O(x+X,y+Y)\}\tag{9.52}$$

其二是观测面振幅约束(modulus constraint)，记该约束空间为 M，则

$$M=\left\{\varphi(x,y)\middle\| \Im\{\varphi(x,y)\}\right|=\sqrt{I(u,v)}\}\tag{9.53}$$

π_1 和 π_2 可分别由任一出射光场到约束空间 O 的投影 π_O 和到约束空间 M 的投影 π_M 来表示。于是出射光场在第 n 次迭代第 k 步扫描下的迭代关系式可表示为

$$\varphi_k^{(n+1)}=\varphi_k^{(n)}+\pi_{\mathbf{M}}\left[2P(x,y)O(x+X_k,y+Y_k)-\varphi_k^{(n)}\right]P(x,y)O(x+X_k,y+Y_k)\tag{9.54}$$

由于 pPIE 算法是对出射光场进行更新，所以迭代的目标函数将修改为

$$\text{SSE}=K^{-1}\sum_k\sum_{x,y}{}^2\left[\left|\varphi_k^{(n+1)}(x,y)\right|-\left|\varphi_k^{(n)}(x,y)\right|\right]\tag{9.55}$$

其中，K 为总扫描次数。

将目标函数分别对 $P(x, y)$和 $O(x, y)$求导，并使其为零，得到更新的标记函数和照明函数：

$$O(x,y)=\frac{\sum_k P^*(x-X_k,y-Y_k)\varphi_k(x,y)}{\sum_k\left|P(x-X_k,y-Y_k)\right|^2}\tag{9.56}$$

$$P(x,y)=\frac{\sum_k O^*(x+X_k,y+Y_k)\varphi_k(x,y)}{\sum_k\left|O(x+X_k,y+Y_k)\right|^2}\tag{9.57}$$

由以上分析可知，pPIE 算法并没有像 PIE 算法那样直接对检测标记和照明光波进行迭代更新，而是对出射函数进行更新，而且该算法不是每步扫描都更新标记函数和照明函数，而是在一个迭代周期内对所有扫描下的出射函数都更新完毕后才更新两者。正是由于这个原因，Maiden 和 Rodenburg 把这种算法称作 parallel PIE[153]。

pPIE 算法的迭代流程由图 9-164 给出。

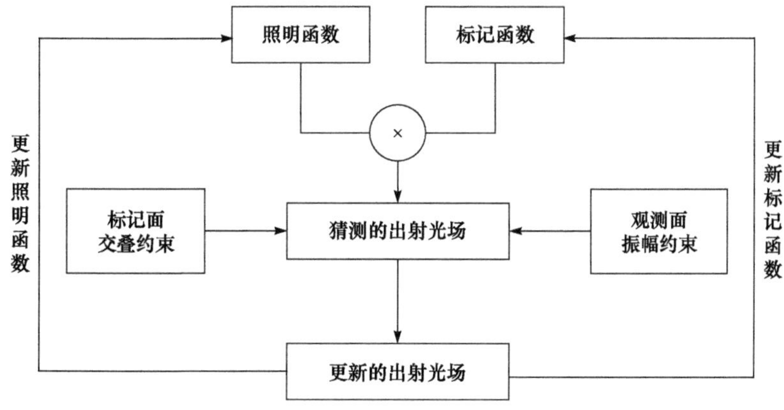

图 9-164 pPIE 算法的迭代流程

pPIE 可以在检测标记和照明光波完全未知的情况下同时恢复两者。采用与 PIE 算法仿真相同的仿真参数对 pPIE 算法进行仿真，给定初始猜测的标记函数和照明函数均为振幅为 1，相位为 0 的均匀光场，图 9-165(e)～(h)分别给出了 pPIE 算法恢复的检测标记的强度和相位、照明光波的强度和相位。从恢复结果来看，pPIE 算法在进行 100 次迭代后 SSE 能达到 10^{-6} 量级，恢复的检测标记会有一些周期性噪声，而恢复的照明光波基本上与定义的照明光波相同。

图 9-165　检测标记和照明光波都未知情况下同时恢复两者的 pPIE 恢复结果

9.4.2.3　ePIE 算法

针对 PIE 算法需要知晓检测标记或照明光波准确分布的问题，Maiden 和 Rodenburg 于 2009 年提出了 ePIE 算法[153]，该算法与 pPIE 算法一样能同时恢复检测标记和照明光波。ePIE 算法的迭代流程如图 9-166 所示。

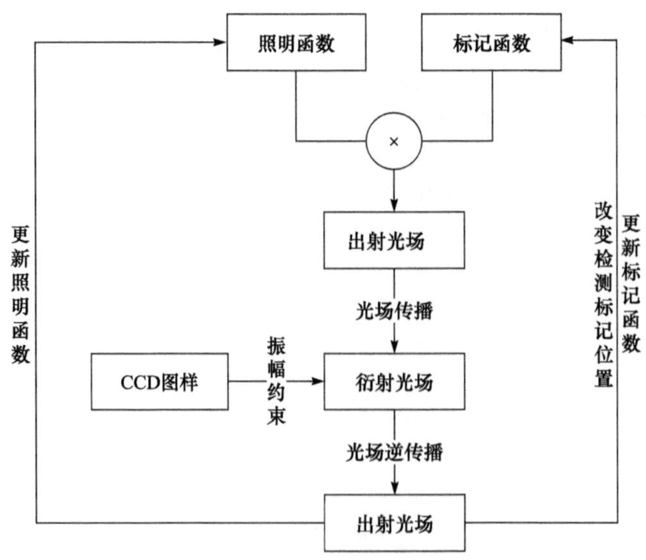

图 9-166　ePIE 算法的迭代流程

ePIE 算法的总体思想与 PIE 算法是类似的，只是在迭代开始时需要同时给定猜测的标记函数和照明光波，迭代式里也需要同时更新两者。将 PIE 算法的迭代过程中出射光场的表达式修改为

$$\varphi_k(x,y)=P_k(x,y)O_k(x+X_k,y+Y_k) \tag{9.58}$$

将迭代关系式修改为

$$\begin{cases}O_{k+1}(x+X_k,y+Y_k)=O_k(x+X_k,y+Y_k)\\ \qquad\qquad +\alpha\dfrac{\left|P_k(x,y)\right|}{\max\left|P_k(x,y)\right|}\dfrac{P_k^*(x,y)}{\left[\left|P_k(x,y)\right|^2+\varepsilon\right]}\left[\varphi_k'(x,y)-\varphi_k(x,y)\right]\\ P_{k+1}(x,y)=P_k(x,y)\\ \qquad\qquad +\beta\dfrac{\left|O_k(x+X_k,y+Y_k)\right|}{\max\left|O_k(x+X_k,y+Y_k)\right|}\dfrac{O_k^*(x+X_k,y+Y_k)}{\left[\left|O_k(x+X_k,y+Y_k)\right|^2+\varepsilon\right]}\left[\varphi_k'(x,y)-\varphi_k(x,y)\right]\end{cases} \tag{9.59}$$

即得到 ePIE 算法的迭代过程。

ePIE 算法与 pPIE 算法的不同点在于：ePIE 算法直接对检测标记和照明光波进行迭代更新，而且该算法在每步扫描下都会更新标记函数和照明函数。采用与 pPIE 算法相同的仿真参数对 ePIE 算法进行仿真，仿真给定的初始猜测的标记函数和照明函数也是振幅为 1、相位为 0 的均匀光场，图 9-167(e)～(h)分别给出了 ePIE 算法恢复的检测标记的强度和相位、照明光波的强度和相位。从恢复结果来看，ePIE 算法在进行 100 次迭代后 SSE 也能达到 10^{-6} 数量级。ePIE 算法所恢复的检测标记不存在周期性噪声。由于照明光波的更新频次比检测标记快得多，因而照明光波的恢复结果优于对检测标记的恢复结果。

(a) 目标物强度

(b) 目标物相位

(c) 检测标记强度

(d) 检测标记相位

(e) 恢复的目标物强度
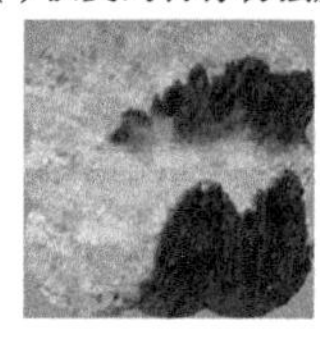
(f) 恢复的目标物相位
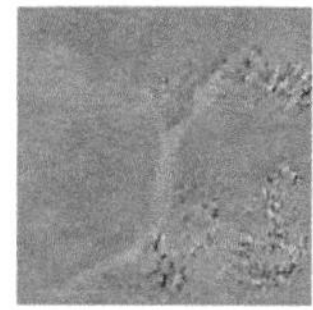
(g) 恢复的检测标记强度

(h) 恢复的检测标记相位

图 9-167　检测标记和照明光波都未知情况下同时恢复两者的 ePIE 恢复结果

Ptychography 技术通过在标记面引入在垂直于光轴平面内的扫描过程增加对出射光场的约束已达到提高算法的收敛速度和恢复精度的目的。扫描过程可以是等间距的步进扫描，可以是旋转扫描，可以是随机步长的扫描。照明光波可以是平面波，也可以是球面波。光场传播过程可以是夫琅禾费衍射，也可以是菲涅耳衍射。在应用 Ptychography 技术进行相位恢复时，不同的实现方式会使算法有不同的表现性能。

9.4.3 光场传播公式

通过 PIE 算法恢复照明光波进行波像差检测，需要选取合适的光场传播公式，并对其进行合理的离散化，以准确描述算法中标记面至观测面的光场传播过程。在投影物镜波像差领域中，该过程为菲涅耳衍射。有很多公式可以描述菲涅耳衍射，这取决于照明光波的光束发散角，或者取决于投影物镜像方数值孔径 NA 。当 NA 较小时，可以用傍轴近似下的菲涅耳衍射公式描述菲涅耳衍射过程；但当 NA 较大时，傍轴近似不再适用，这时可以选取其他满足或近似满足亥姆霍兹方程的衍射公式来描述菲涅耳衍射过程。下面分别讨论这两种情形。

1. 小数值孔径情况

1) 菲涅耳衍射的单步傅里叶变换计算公式

以检测标记置于焦面前的实验架构讨论 PIE 算法中的光场传播过程。检测标记置于投影物镜像点前 δ_1 距离处，CCD 置于投影物镜像点后 δ_2 距离处，衍射距离 $d=\delta_1+\delta_2$。无检测标记时标记面上的出射光场 $\varphi(x, y)=P(x, y)$。

当投影物镜像方数值孔径 $NA<0.15$ 时，标记面至观测面的光场传播过程可认为满足傍轴近似条件。在一维形式下，该过程可表达为

$$\psi(u)=\frac{\exp(\mathrm{j}kd)}{\sqrt{\mathrm{j}\lambda d}}\exp\left(\frac{\mathrm{j}k}{2d}u^2\right)\mathrm{FT}\left[x,\frac{u}{\lambda d}\right]\left\{\varphi(x)\exp\left(\frac{\mathrm{j}k}{2d}x^2\right)\right\} \tag{9.60}$$

其中，$\varphi(x)$为一维形式下的出射光场；$\psi(u)$为一维形式下的衍射光场；FT[x, u]{}代表坐标 x 到坐标 u 的傅里叶变换。

对上式进行离散化，并将快速傅里叶变换(FFT)引入数值计算中，有

$$\begin{cases}\psi(p\delta u)=\dfrac{\exp(\mathrm{j}kd)}{\sqrt{\mathrm{j}\lambda d}}\exp\left(\dfrac{\mathrm{j}k}{2d}(p\delta u)^2\right)\cdot\mathrm{FFT}\left[n\delta x,\dfrac{p\delta u}{\lambda d}\right]\left\{\varphi(n\delta x)\exp\left(\dfrac{\mathrm{j}k}{2d}(n\delta x)^2\right)\right\}\\ p,n=-\dfrac{N}{2},\cdots,\dfrac{N}{2}-1\end{cases} \tag{9.61}$$

式中，N 为取样数；δx 和 δu 分别为标记面和观测面的取样间隔，它们的关系由离散傅里叶变换的数学关系得到，即

$$\delta u=\frac{\lambda d}{N\delta x} \tag{9.62}$$

式(9.62)描述傍轴近似下标记面至观测面的光场传播过程，离散化参数 δx 、δu 和 N 需满足一定的离散化条件。首先，光场传播公式中标记面和观测面的取样范围要包含照明光波沿几何光学传播至它们所在位置的几何光斑，即

$$N\delta x>2\cdot NA\cdot\delta_1 \tag{9.63}$$

$$N\delta x>2\cdot NA\cdot\delta_2 \tag{9.64}$$

其次，公式中傅里叶变换核的取样过程需满足奈奎斯特定理。将一维形式的式(9.61)代入式(9.62)中，得到

$$\psi(u)=\frac{\exp(\mathrm{j}kd)}{\sqrt{\mathrm{j}\lambda d}}\exp\left(\frac{\mathrm{j}k}{2d}u^2\right)\mathrm{FT}\left[x,\frac{u}{\lambda d}\right]\left\{t(x)\exp\left(\mathrm{j}kW(x)+\frac{\mathrm{j}k}{2}\left(\frac{1}{d}-\frac{1}{\delta_1}\right)x^2\right)\right\} \quad (9.65)$$

式(9.65)的变换核里包含了标记面透过率函数、波像差因子和二次相位因子，前两者对后者而言空间变化率不大，如果二次相位因子相邻两个取样点间的最大变化值不超过π，就可近似认为取样满足奈奎斯特定理[154]，即

$$\max\left\{\left|\frac{\partial}{\partial n}\left(\frac{k}{2}\left(\frac{1}{d}-\frac{1}{\delta_1}\right)(n\delta x)^2\right)\right|\right\}\leqslant \pi \quad (9.66)$$

上式左边在 $n=N/2$ 时取得最大值，由此可确定标记面取样间隔 δx 需满足

$$(\delta x)^2\leqslant\frac{\lambda d}{N}\frac{\delta_1}{\delta_2} \quad (9.67)$$

假设 $\delta_2=m\delta_1$，上式可进一步化为

$$\delta x\leqslant\frac{\delta u}{m} \quad (9.68)$$

2) 菲涅耳衍射的双步傅里叶变换计算公式

利用式(9.62)计算菲涅耳衍射的一个弊端是物像取样间隔需满足式(9.63)这个恒定的关系。实际测量时，标记面或观测面的分辨率常常是给定的，为此需要自由选取物像取样间隔的菲涅耳衍射公式。下面给出两种双步传播的菲涅耳衍射计算公式：

$$\begin{aligned}\psi(u)=&-\mathrm{j}\sqrt{\frac{\delta u}{\delta x}}\exp(\mathrm{j}kd)\exp\left(\frac{\mathrm{j}k}{2d}\frac{\delta x+\delta u}{\delta u}u^2\right)\\&\cdot\mathrm{FT}[\nu_2,u]\left\{\exp\left(\mathrm{j}\pi\lambda d\frac{\delta x}{\delta u}\nu_1^2\right)\mathrm{FT}[x,\nu_1]\left[\varphi(x)\exp\left(\frac{\mathrm{j}k}{2d}\frac{\delta x+\delta u}{\delta x}x^2\right)\right]\right\}\end{aligned} \quad (9.69)$$

$$\begin{aligned}\psi(u)=&\sqrt{\frac{\delta u}{\delta x}}\exp(\mathrm{j}kd)\exp\left(-\frac{\mathrm{j}k}{2d}\frac{\delta x-\delta u}{\delta u}u^2\right)\\&\cdot\mathrm{IFT}[\nu_2,u]\left\{\exp\left(-\mathrm{j}\pi\lambda d\frac{\delta x}{\delta u}\nu_1^2\right)\mathrm{FT}[x,\nu_1]\left[\varphi(x)\exp\left(\frac{\mathrm{j}k}{2d}\frac{\delta x-\delta u}{\delta x}x^2\right)\right]\right\}\end{aligned} \quad (9.70)$$

以上两式中，$\nu_2=(d_1/d_2)\nu_1$，也就是说第一步傅里叶变换得到的结果要进行 d_1/d_2 的坐标缩放才能用到下一步的傅里叶变换中。坐标缩放并不影响 $\psi(u)$的相对分布，实际计算时，可以先不进行坐标缩放，只需在最后的结果中乘以相应的常数项比例因子即可。

再次讨论在投影物镜像方数值孔径既定的情况下，如何合理地选取式(9.69)或式(9.70)的离散化参数，以使它们的数值计算公式能够较为准确地反映它们的衍射积分式。由于物像取样间隔可自由选取，根据几何关系，将观测面和标记面取样间隔之比设置为与观测面和标记面到投影物镜像点距离之比相等是合理的，即

$$\frac{\delta u}{\delta x}=\frac{\delta_2}{\delta_1}=m \quad (9.71)$$

将一维形式的式(9.61)代入式(9.69)中，提取该式两步傅里叶变换的变换核中的二次相位因子，选择标记面取样间隔使它们的相邻两个取样点间的最大变化值不超过π。第一步傅里叶变换的变换核中的二次相位因子为

$$\frac{\mathrm{j}k}{2}\left(\frac{1+m}{d}-\frac{1}{\delta_1}\right)x^2 \tag{9.72}$$

在式(9.71)满足的情况下，上式的结果为零，也就是说第一步傅里叶变换不再存在二次相位因子。第二步傅里叶变换的变换核中的二次相位因子是

$$\mathrm{j}\pi\lambda\frac{d}{m}\nu_1^2 \tag{9.73}$$

使其满足取样定理，有

$$\max\left\{\left|\frac{\partial}{\partial n}\left(\mathrm{j}\pi\lambda\frac{d}{m}(n\delta\nu_1)^2\right)\right|\right\}\leqslant\pi \tag{9.74}$$

即

$$(\delta\nu_1)^2\leqslant\frac{m}{N\lambda d} \tag{9.75}$$

由于$\delta\nu_1=\dfrac{1}{N\delta x}$，上式可进一步改写为

$$(\delta x)^2\geqslant\frac{\lambda d}{N}\cdot\frac{1}{m} \tag{9.76}$$

$$N\delta x\delta u\geqslant\lambda d \tag{9.77}$$

因此，采用式(9.70)计算菲涅耳衍射，其离散化条件与式(9.61)所需满足的离散化条件一样。

3) 两种计算公式的离散化条件总结

表 9-12 总结了单步傅里叶变换公式和双步傅里叶变换公式计算菲涅耳衍射的离散化条件。两公式的离散化条件决定了它们有不同的适用范围。

表 9-12　光场传输公式的离散化条件

	单步傅里叶变换公式	双步傅里叶变换公式
离散化条件	$N\delta x\delta u=\lambda d$ $N\delta x>2\cdot NA\cdot\delta_1$ $\dfrac{\delta u}{\delta x}\geqslant m$	$N\delta x\delta u\geqslant\lambda d$ $N\delta x>2\cdot NA\cdot\delta_1$ $\dfrac{\delta u}{\delta x}=m$ (setting)

表 9-13 给出了三种在投影物镜 NA=0.1，照明波长 $\lambda=532\text{nm}$，CCD 分辨率 $\delta u=7.4\text{um}$ 的情形下，应用各公式计算菲涅耳衍射时离散化参数和实验架构参数的设计。

表 9-13 应用各公式计算菲涅耳衍射时离散化参数设计

公式 \ 参数	N	δu / μm	δx / μm	m	δ_1/mm	δ_2/mm
单步傅里叶变换公式	512	7.4	1.26	5	1.50	7.50
单/双步傅里叶变换公式	512	7.4	1.48	5	1.76	8.78
双步傅里叶变换公式	512	7.4	1.48	5	1.50	7.50

表 9-13 中第二种设计方案是在 $N\delta x\delta u = \lambda d$ 和 $\delta u/\delta x=m$ 同时满足的情形下离散化参数和实验架构参数的设计方案，在该临界情形下，应用单、双步傅里叶变换公式计算菲涅耳衍射都能在观测面得到较为准确的衍射光场振幅分布。仿真表明，在该临界情形下，应用两种公式计算菲涅耳衍射的结果是完全一样的。

2. 大数值孔径情况

当投影物镜 NA>0.15 时，标记面至观测面的光场传播过程用傍轴近似条件下的菲涅耳衍射公式计算会存在较大误差，这时需要选取其他衍射公式来描述光场传播过程。角谱公式严格满足亥姆霍兹方程，但应用于波像差检测系统时，由离散化条件决定的系统参数需至少满足以下条件：

$$\delta_1 \geqslant \delta_2 \tag{9.78}$$

$$\delta u < \frac{\lambda}{2 \cdot NA} \tag{9.79}$$

现今，无论是针对 193nm 的高数值孔径的深紫外(DUV)光刻投影物镜，还是 13.5nm 的低数值孔径的EUV光刻投影物镜，由于投影物镜工作距和CCD分辨率的限制，式(9.78)和式(9.79)所示条件都难以满足。

注意到式(9.78)和式(9.79)的限定主要是由角谱公式中物像取样间隔必须相等这一条件造成的，为打破这一限定，在瑞利-索末菲公式的基础上进行近似，可模拟大 NA 情形下菲涅耳衍射过程的 HNAA 公式[148]：

$$\psi(u',v') = \frac{1-(\lambda u')^2-(\lambda v')^2}{\mathrm{j}\lambda d}\exp\left(\frac{\mathrm{j}kd}{\sqrt{1-(\lambda u')^2-(\lambda v')^2}}\right)\mathrm{FT}\{\varphi(x,y)\} \tag{9.80}$$

其中，坐标 u',v' 与观测面坐标 u,v 的关系是

$$u' = \frac{u}{\lambda\sqrt{u^2+v^2+d^2}}, \quad v' = \frac{v}{\lambda\sqrt{u^2+v^2+d^2}} \tag{9.81}$$

此时物像取样间隔的关系是

$$\delta x = \frac{\lambda\sqrt{\left(\frac{N\delta u}{2}\right)^2+\left(\frac{N\delta v}{2}\right)^2+d^2}}{N\delta u}, \quad \delta y = \frac{\lambda\sqrt{\left(\frac{N\delta u}{2}\right)^2+\left(\frac{N\delta v}{2}\right)^2+d^2}}{N\delta v} \tag{9.82}$$

由式(9.81)可知，u', v'与 u, v 并非线性关系，由 CCD 采集到的衍射光斑要经过一定的插值处理才能与式(9.80)中的 $\psi(u', v')$实现坐标匹配，进而完成 PIE 算法中的振幅约束。由式(9.82)可知 HNAA 公式没有角谱衍射公式中标记面取样间隔与观测面取样间隔必须相等这一限制条件，但前提是标记面的取样范围远远小于观测面的取样范围，对应至图 9-159 的实验架构，即$\delta_1 \gg \delta_2$。仿真表明，采用该公式描述大 NA 情形下 PIE 算法中的光场传播过程也是有效的。

9.4.4　仿真与实验

1. 仿真

1) NA 对测量结果的影响

针对图 9-159(a)的实验架构，设定小 NA 情形下投影物镜像方数值孔径 NA=0.1，其他仿真参数如下：照明波长 λ=532nm，检测标记置于投影物镜像点前的距离 δ_1=1.5mm，CCD 置于投影物镜像点后的距离 δ_2=7.5mm，标记面取样间隔 δx=1.48μm，观测面取样间隔 δu=7.4μm，取样数 N=438。照明光波的振幅透过率是半径为 $NA\cdot\delta_1$ 的均匀圆孔，照明光波的波像差由系数为 c_5=0.1，c_6=0.02，c_7=0.04，c_8=0.06，c_9=0.08 的 Zernike 多项式构成。检测标记如图 9-168 所示，大小为 812μm×812μm。照明光波扫描检测标记 4×4 次，扫描距离为 74μm。

图 9-168　基于 Ptychography 的波像差检测仿真所采用的检测标记

用 ePIE 算法恢复照明光波检测波像差，以式(9.61)或式(9.69)计算标记面至观测面的光场传播过程，初始猜测的照明函数为 $P_0(x, y)=t(x, y)\cdot L(x, y)$，初始猜测的检测标记为透过率为 0.5 的均匀物(即检测标记完全未知)。仿真结果如图 9-169 所示，(a)为在不同迭代次数下恢复的检测标记和波像差，(b)为 300 次迭代 SSE 曲线，(c)为定义的和恢复的 Zernike 系数。

相同实验架构条件下，设定大 NA 情形下投影物镜像方数值孔径 NA=0.3，检测标记置于投影物镜像点前的距离 δ_1=0.5mm，CCD 位置及其他参数不变。用 ePIE 算法恢复照明光波检测波像差，以 HNAA 公式计算标记面至观测面的光场传播过程。仿真结果如图 9-170 所示。

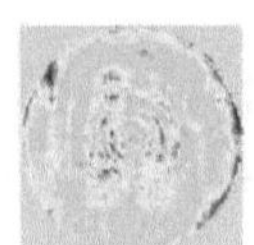 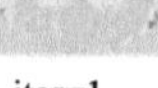 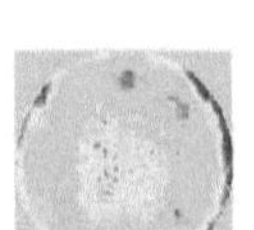 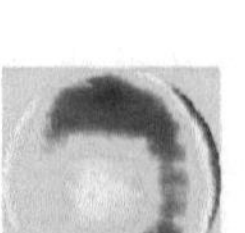 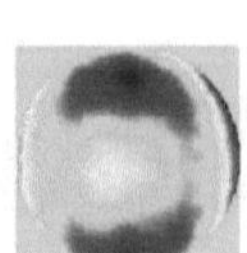 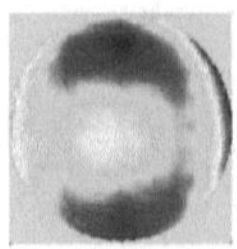 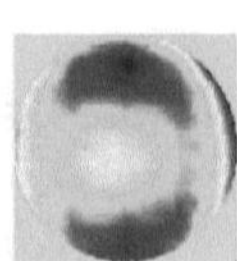 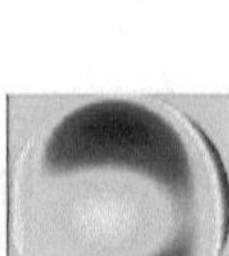

(a)

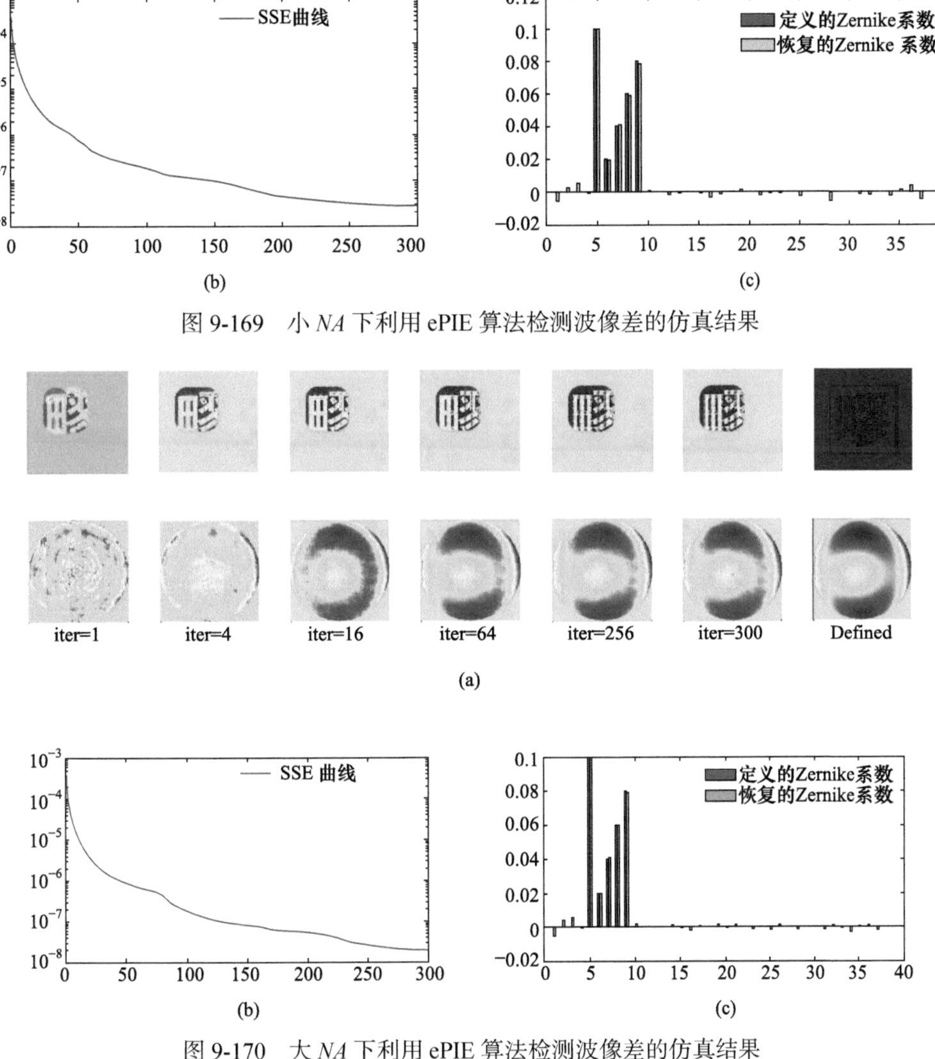

图 9-169 小 *NA* 下利用 ePIE 算法检测波像差的仿真结果

图 9-170 大 *NA* 下利用 ePIE 算法检测波像差的仿真结果

两次仿真中，SSE 达到 10^{-8} 数量级，Zernike 系数误差在 0.005 以内，恢复波像差与定义波像差之间的均方根误差为 0.008λ 左右。需要说明的是，仿真所采用的 ePIE 算法假定检测标记完全未知，实际测量时，检测标记的分布信息是已知的，给定检测标记的信息越多，算法收敛越快，恢复结果越准确。

2) 检测标记对结果的影响

选取合适的检测标记可以使迭代算法有更快的收敛速度和更高的恢复精度。虽然采用具有连续强度分布的检测标记会使 PIE 算法收敛更快，但这种检测标记不仅制作困难，而且其振幅分布很难准确确定，所以在实际测量时，检测标记一般是二值标记。这些二值标记的分布函数要满足两个先决条件：(Ⅰ)检测标记不具有任何周期性；(Ⅱ)检测标记在每次扫描下形成的标记函数的逻辑和为 1。条件(Ⅰ)是为了防止算法收敛于多个结果而引发不确定性，条件(Ⅱ)是为了照明光波的每个区域都能被算法恢复到。

当二值检测标记满足上述先决条件后，检测标记的通光率和复杂性也会影响算法的恢复结果。首先讨论检测标记的通光率对恢复结果的影响，为简化讨论，所设计的检测标记在每步扫描下的标记块的通光率都相同。采用小 *NA* 情形下的仿真参数应用 PIE 算法(即检测标记完全已知)进行仿真。图 9-171 给出了通光率从 1/16～15/16 共 15 种检测标记。应用 PIE 算法时，照明光波扫描检测标记 4×4 次，每次扫描距离为 1/4 个检测标记的宽度。图 9-172 分别给出了相应检测标记下恢复的波像差(最后一幅小插图 *p* 为定义的波像差)和恢复波像差与定义波像差之间的均方根误差曲线。

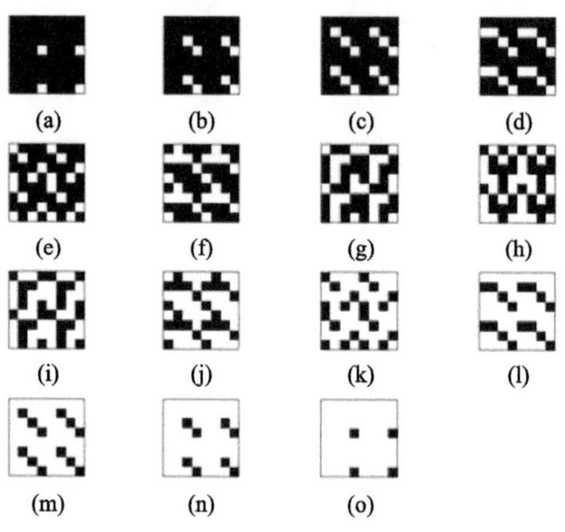

图 9-171　通光率从 1/16～15/16 的 15 种检测标记

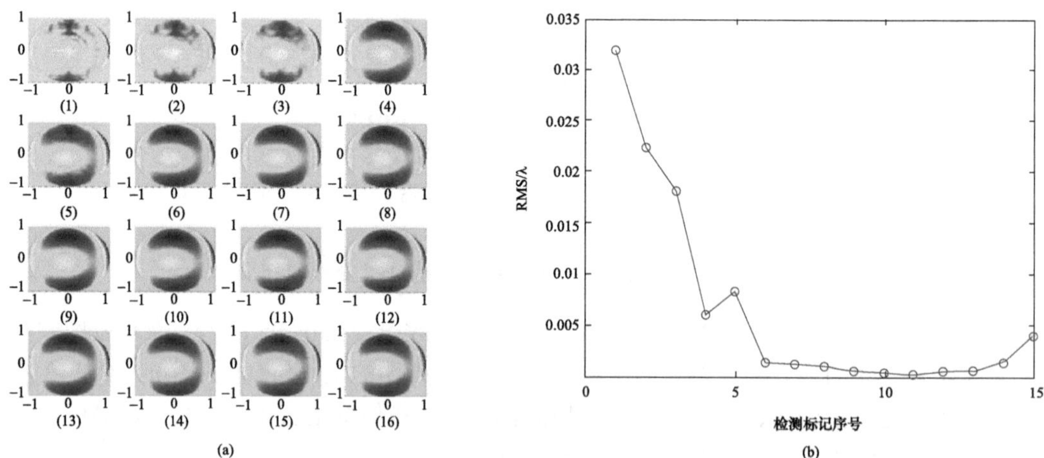

图 9-172　不同检测标记的波像差恢复结果

(a) 相应检测标记下恢复的波像差；(b) 恢复波像差与定义波像差之间的均方根误差曲线

由图 9-172 的仿真结果可知，检测标记的通光率在 9/16～13/16 之间时，应用 PIE 算法的恢复结果较好，恢复的波像差与定义的波像差之间的均方根误差在 $10^{-3}\lambda$ 以内。实际测量时，也尽量把检测标记在每步扫描下形成的标记函数的通光率设计在 55%～80% 之间。

讨论检测标记的复杂性对恢复结果的影响，图 9-173 给出了 4 种通光率均为 62.5%，但复杂度不同的检测标记、相应检测标记下恢复的波像差和恢复波像差与定义波像差之间的均方根误差曲线，其中检测标记(a)的最小特征尺寸是 100μm，检测标记(b)～(d)的最小特征尺寸是 25μm。检测标记(a)恢复波像差与定义波像差之间的均方根误差只达到 $3.5\times10^{-3}\lambda$，检测标记(b)和(c)能达到 $4\times10^{-5}\lambda$，而检测标记(d)能达到 $9\times10^{-8}\lambda$。在检测标记通光率相同的情况下，检测标记越复杂(检测标记复杂度可以用标记图形的最小特征尺寸及特征数目来衡量)，应用 PIE 算法的恢复结果越好。

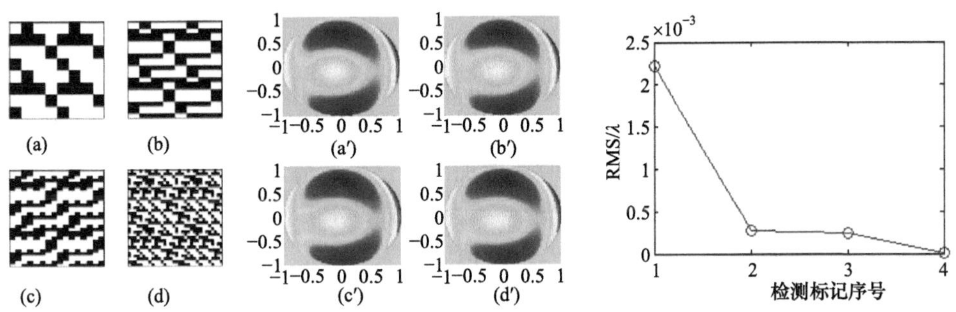

图 9-173　不同复杂度的检测标记波像差检测仿真

不同复杂度的检测标记(左)、相应检测标记下恢复的波像差(中)和恢复波像差与定义波像差之间的均方根误差曲线(右)

3) 配准对检测结果的影响

检测标记与照明光波的配准精度也影响着迭代算法的恢复精度，在迭代算法里添加配准算法，可以进一步改善恢复结果。有两种配准思路，其一是正向配准，其二是逆向配准。正向配准首先假定照明光波定位至检测标记的大概位置，然后在该位置附近逐像素检索，直至出射光场传播至观测面上的衍射光场能与 CCD 采集到的衍射光斑实现最佳匹配。实现最佳匹配的方式是优化如下目标函数：

$$\min_{X,Y}\frac{\sum_{u,v}\left|\mathrm{FST}\{P(x,y)O(x+X,y+Y)\}-\sqrt{I(u,v)}\right|^2}{\sum_{u,v}I(u,v)} \tag{9.83}$$

如果配准至像素级，可采用坐标轮换法、模式搜索法或者模拟退火法来求取最优的配准位置 X, Y。正向配准思路直观，结果准确，但计算效率低。

逆向配准的思路是由 CCD 采集到的衍射光斑附加初始猜测的相位得到衍射光场，将其逆传播至标记面得到出射光场，从出射光场中去除照明光波得到待定位的标记函数 $O'(x+X,y+Y)$，找寻该标记函数在检测标记上的位置，即优化如下目标函数

$$\min_{X,Y}\frac{\sum_{x,y}\left|O'(x+X,y+Y)-O(x,y)\right|^2}{\sum_{x,y}\left|O'(x+X,y+Y)\right|^2} \tag{9.84}$$

上述目标函数的极小化可以转化为 $O'(x, y)$和 $O(x, y)$相关函数的极大化，所以上式又可以

写为

$$\max_{X,Y}\sum_{x,y}O'(x,y)O^*(x-X,y-Y) \tag{9.85}$$

按以下步骤求取上述目标函数的最优解：①对 O' 和 O 分别进行傅里叶变换得到 $\tilde{O}'$ 和 $\tilde{O}$；②计算 $\tilde{O}'\cdot\tilde{O}$；③对 $\tilde{O}'\cdot\tilde{O}$ 进行逆傅里叶变换，得到 O' 和 O 的相关函数 $r(X,Y)$；④找出 $r(X,Y)$ 极大值下的坐标 X,Y。

逆向配准采用互相关法优化目标函数，其计算效率会比前向配准高很多，但由于需要猜测衍射光场的相位和照明光波，其配准的精度有时会不及前者。

无论是正向配准还是逆向配准，都需要猜测某些函数的分布，即预配准过程。在应用 PIE 算法(或 ePIE 算法)检测波像差时，增加配准这一步骤，即上一扫描的恢复结果用于下一扫描的配准过程中的猜测值。添加了配准过程的 PIE 算法(或 ePIE 算法)在应用到实际的波像差检测过程中，会使波像差检测精度大大提升。

仍采用小 NA 情形下的仿真参数应用 PIE 算法(即检测标记完全已知)进行仿真。图 9-174(a)给出了检测标记与照明光波完全对准的情况下采用 PIE 算法的恢复结果，其 SSE 能达到 10^{-17} 数量级，恢复的波像差与定义的波像差之间的均方根误差为 $5\times10^{-7}\lambda$。在图 9-174(a)的基础上对每步扫描下的标记函数添加相对于照明光波的随机定位误差，误差在 6 倍标记面间隔(即 $6\times1.48=8.88\mu m$)以内，图 9-174(b)给出了检测标记相对照明光波有上述随机定位误差的情况下采用 PIE 算法的恢复结果，其 SSE 只收敛于 10^{-4} 量级，恢复的波像差与定义的波像差之间的均方根误差达到 0.043λ。采用逆向配准方式对检测标记和照明光波进行预配准后的恢复结果如图 9-174(c)所示，SSE 收敛精度提升至 10^{-5} 数量级，恢复的波像差与定义的波像差之间的均方根误差提升至 0.0094λ。进一步在 PIE 算法中添加配准过程，恢复结果如图 9-174(d)所示，其 SSE 能收敛至 10^{-6} 数量级，恢复的波像差与定义的波像差之间的均方根误差能达到 0.0015λ。

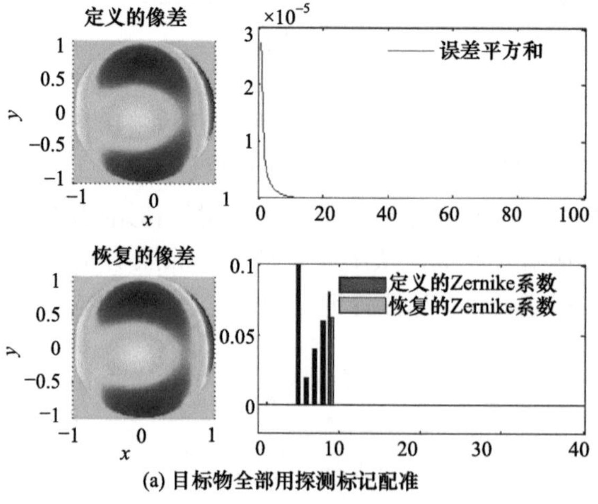

(a) 目标物全部用探测标记配准

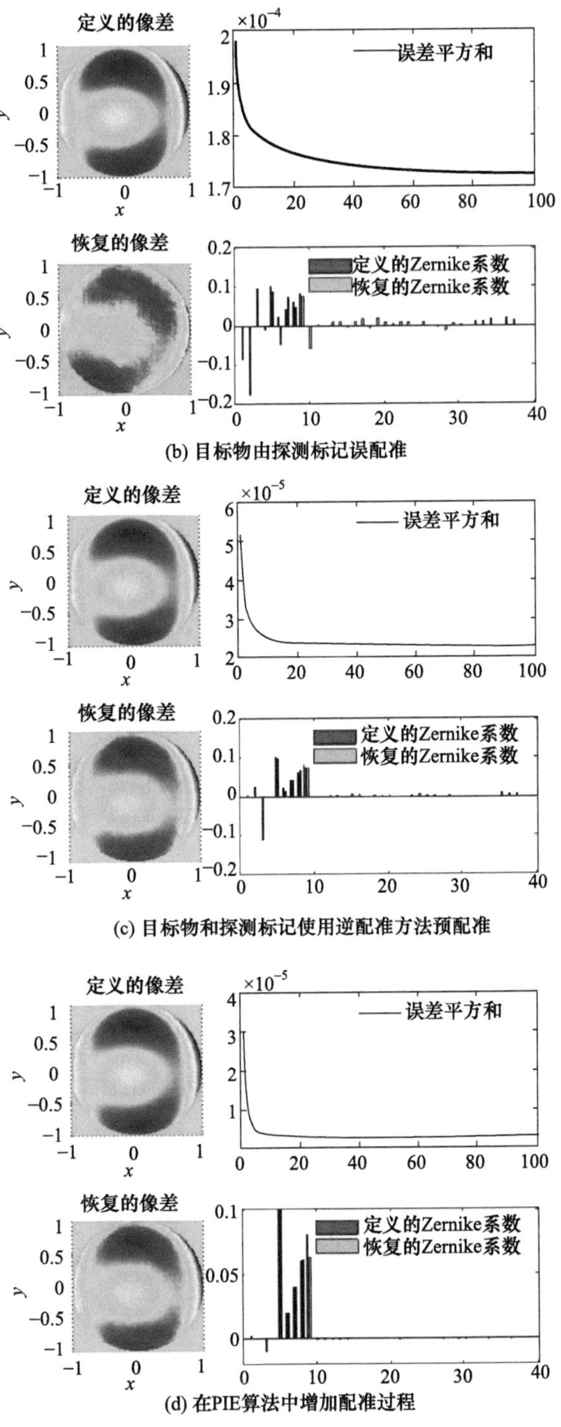

图 9-174　配准对 PIE 恢复结果的影响

2. 实验

为了验证 Ptychography 技术应用至投影物镜波像差检测领域中的可行性，搭建如

图 9-175 所示的实验平台进行实验验证。所选用的实验参数如下：照明波长 λ=532nm，投影物镜(以显微物镜代替)像方数值孔径 NA=0.1，CCD 像素数为 1208×1608，像素宽度为 7.4μm。采用添加了配准过程的 ePIE 算法恢复波像差，进行两组对比实验。第一组对比实验观察采用相同检测标记在不同实验架构下的恢复结果，其一将 CCD 置于投影物镜像点后的距离 δ_2=7.5μm 处，检测标记置于投影物镜像点前的距离 δ_1=1.5mm 处；其二将 δ_2 设置为 15mm，δ_1 设置为 1.5mm；两种实验架构均采用图 9-176 所示的第一种检测标记；图 9-177、图 9-178 给出该组对比实验的结果。

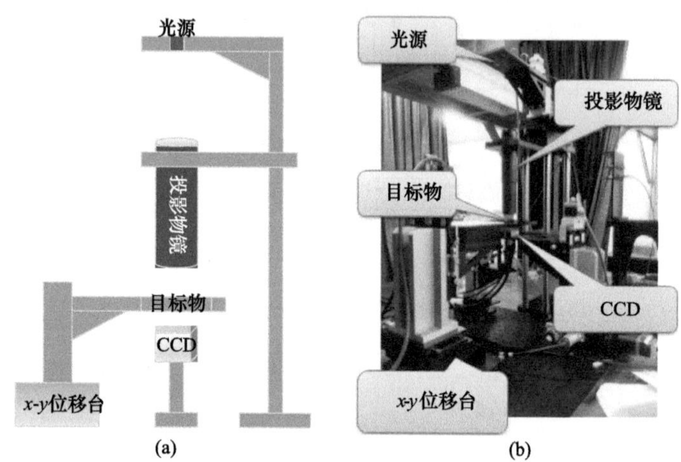

图 9-175　基于 Ptychography 的波像差检测实验平台

(a) 实验平台示意图；(b) 实验平台实物图

图 9-176　Ptychography 波像差检测实验中所用的三种检测标记

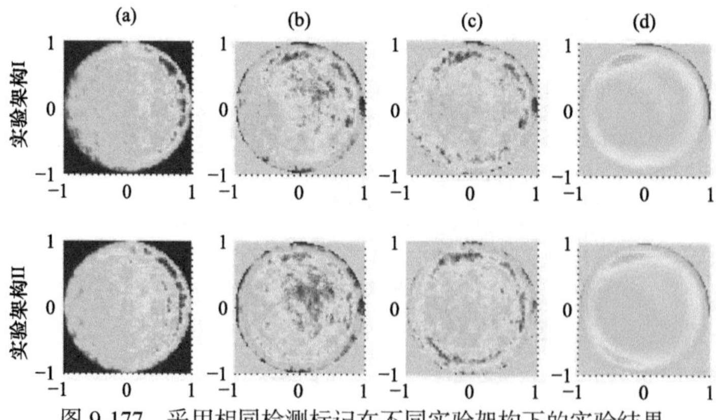

图 9-177　采用相同检测标记在不同实验架构下的实验结果

(a) 恢复照明光波的振幅；(b) 恢复的波像差；(c) 去掉前四项 Zernike 像差后的波像差；(d) 由恢复的 Zernike 系数拟合的波像差

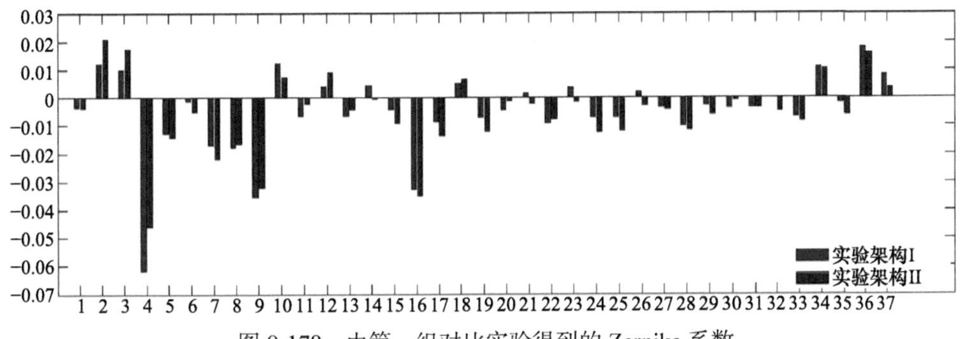

图 9-178　由第一组对比实验得到的 Zernike 系数

两次实验所恢复波像差的峰谷值(PV)在 0.3λ 以内，均方误差(RMS)在 0.04λ 以内，符合所测物镜的设计指标。两次实验在去除前四项 Zernike 像差后误差的 PV 值为 0.03λ，RMS 值为 0.005λ，表明实验有一定的复现性。

第二组对比实验是在相同实验架构下采用不同检测标记的恢复结果，实验架构为 δ_2=15mm，δ_1=1.5mm，采用图 9-176 所示的三种尺寸为 812μm×812μm 的检测标记，最终的实验结果如图 9-179～图 9-181 所示。

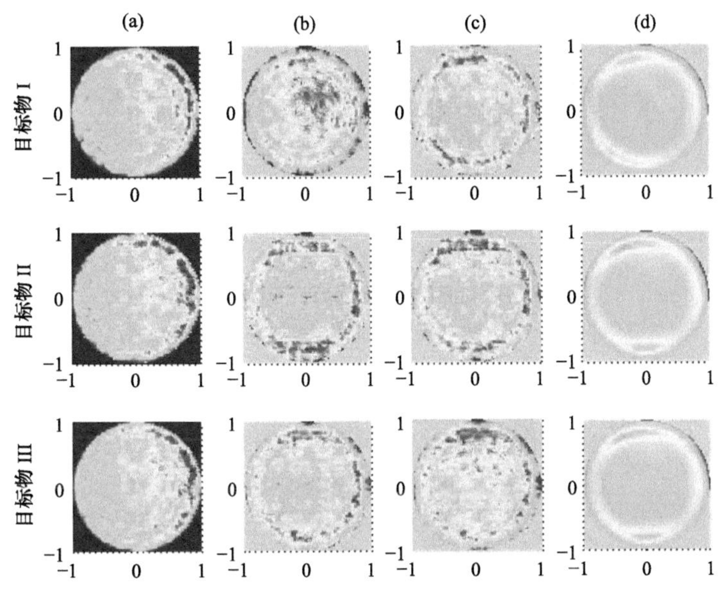

图 9-179　在相同实验架构下采用不同检测标记的实验结果

(a) 恢复照明光波的振幅；(b) 恢复的波像差；(c) 去掉前四项 Zernike 像差后的波像差；(d) 由恢复的 Zernike 系数拟合的波像差

图 9-179 表明添加了配准过程的 ePIE 算法能使 SSE 收敛至 10^{-4} 数量级，同时比较图 9-180 中(b)曲线和(c)曲线，发现(c)曲线比(b)曲线收敛得更快且收敛至更小值，证明了检测标记越复杂，对算法的恢复结果越有利。图 9-181 给出了三种检测标记下恢复波像差的 Zernike 系数，除前 4 项系数(依次对应常相位、x 向倾斜像差、y 向倾斜像差、离焦像差)由检测标记离焦和倾斜等机械误差造成很大差异外，其余各项系数一致性较好，反

映了实验结果的有效性。

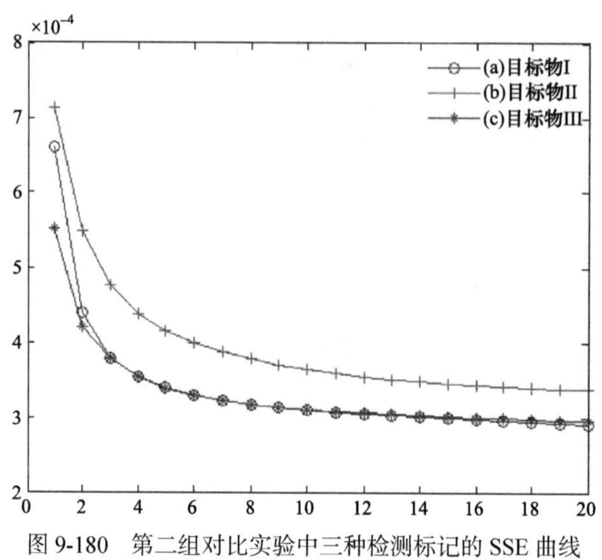

图 9-180　第二组对比实验中三种检测标记的 SSE 曲线

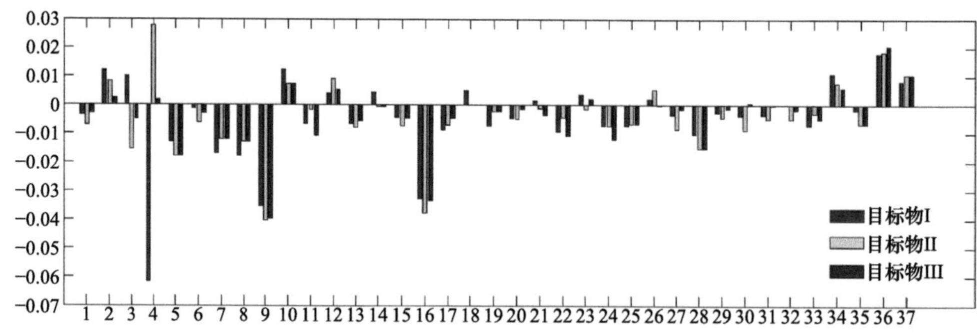

图 9-181　由第二组对比实验得到的 Zernike 系数

9.5　基于光刻胶曝光的检测技术

对于深紫外光刻机，有多种基于曝光的波像差检测方法(见第 4 章)，对极紫外光刻像质检测具有一定的借鉴意义。但是对于极紫外光刻，制作反射式相移掩模非常困难，光刻胶的成熟度也相对落后于深紫外光刻胶，因此一些深紫外曝光检测方法不能应用于极紫外光刻投影物镜像差检测。光学系统装调误差主要影响低阶像差，如像散、彗差和球差。为了对 *NA* 为 0.3 的 MET 的光学系统进行在线测量，LBNL 采用基于光刻胶曝光的 FEM(focus exposure matrix)方法对 MET 投影物镜的像散和球差进行了定量测量，对彗差进行了定性评估[155-159]。

像散代表不同方向线条经光学系统成像时焦点的不同。采用至少 0°、90°、45°、−45°等四个方向的线条进行曝光，定位最佳焦面，即可实现像散的定量测量。进行该测试不需要达到衍射极限的线条宽度，当然，线条越精细，焦面定位的灵敏度越高。最佳焦面定位可以通过对在不同焦面曝光得到的线条特征尺寸和线条边缘粗糙度进行最小二乘拟合得到，如图 9-182 所示。LBNL 采用 50nm 线条曝光，1σ 焦面定位重复性达到 8.8nm，对应像散测量重复性为 0.1nm RMS。对全视场进行上述测量，各个方向线条的平均焦面位置可以用来表示像面倾斜和场曲。

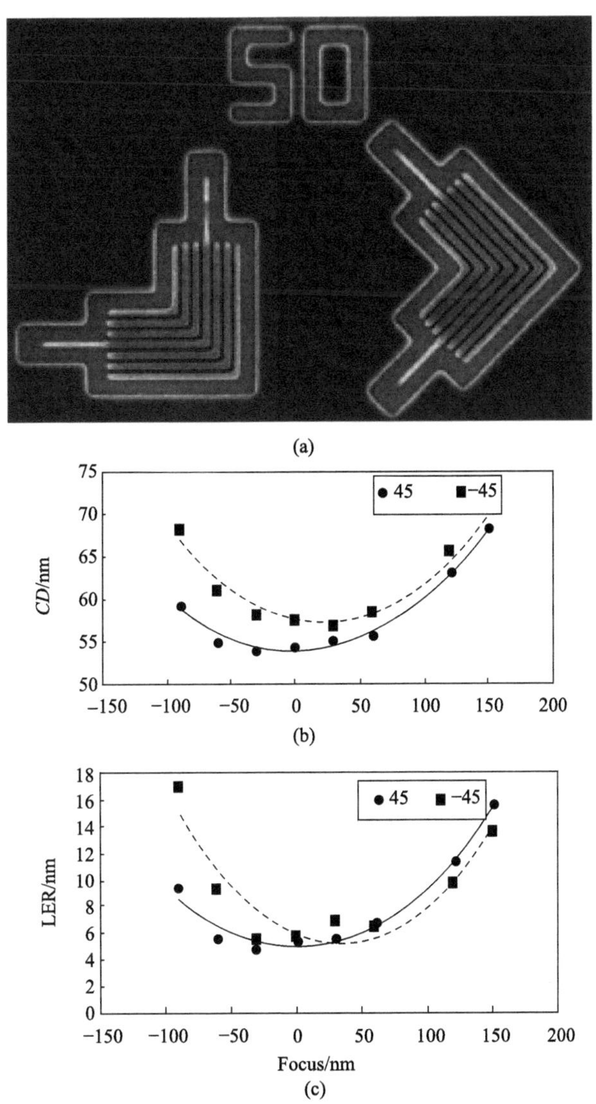

图 9-182　像散测量标记及最佳焦面定位方法[159]

球差可认为是光瞳不同径向偏移位置的焦点轴向位置的线性变化率。光瞳中心区域和边缘区域的焦点位置不同。当衍射图形曝光时，采用小部分相干因子照明进行曝光，则能够得到一部分径向区域的焦面位置。测量不同径向区域的焦面，进行直线拟合，则可得到投影物镜的球差。进行不同径向区域的光瞳采样有两种方法。第一种方法是采用不同周期的光栅进行曝光，该方法的缺点是 0 级衍射光会影响测试灵敏度(光学系统没有中心遮拦时)；采用相位光栅可以消除 0 级衍射解决该问题，EUV MET 有中心遮拦，0 级衍射光不能通过光瞳，也可解决该问题，但是没有 0 级光参与曝光时，曝光线条的密度会增加一倍，增加了光刻工艺难度。第二种方法是采用离轴照明系统曝光粗线条光栅，通过照明系统改变光瞳采样区域。这两种方法如图 9-183 和图 9-184 所示。将所测得的结果与 PROLITH 仿真的数据进行比较，进行最小二乘回归分析，可以得到球差值。

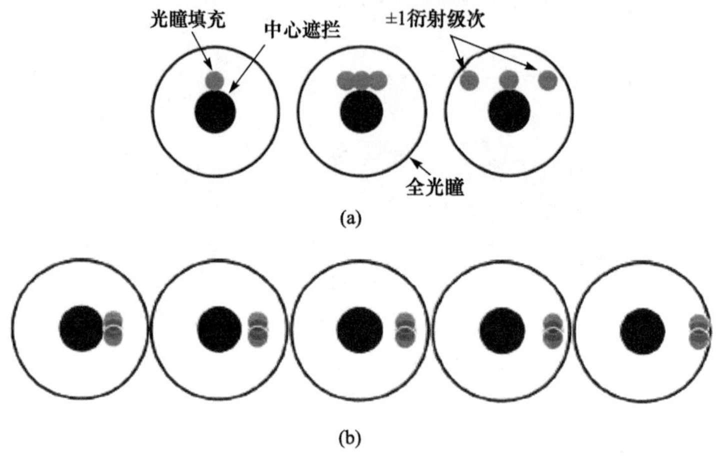

图 9-183　分别采用光栅与照明系统实现光瞳采样[157]

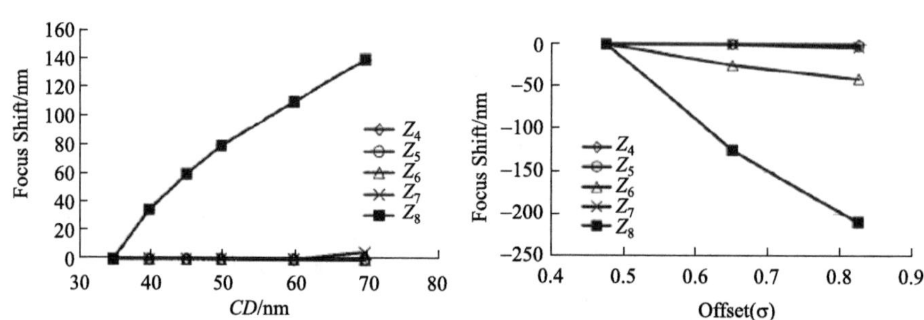

图 9-184　分别采用光栅与照明系统曝光实现球差测量[158]

在很难制作 EUVL 相移掩模和实现衍射极限线条曝光的情况下，测量彗差非常困难，可以利用工艺窗口随线条方向的变化对彗差进行定性评估。

参 考 文 献

[1] Goldberg K A, Beguiristain H R, Bokor J, et al. At-wavelength testing of optics for EUV. Proc. SPIE, 1995, 2437: 347-355.

[2] Otaki K, Yamamoto T, Fukuda Y, et al. Accuracy evaluation of the point diffraction interferometer for extreme ultraviolet lithography aspheric mirror. J. Vac. Sci. Technol. B, 2002, 20(1): 295-300.

[3] Otaki K, Ota K, Nishiyama I, et al. Development of the point diffraction interferometer for extreme ultraviolet lithography: Design, fabrication, and evaluation. J. Vac. Sci. Technol. B, 2002, 20(6): 2449-2458.

[4] Yu J, Zhang H, Jin C, et al. Ultra-high accuracy point diffraction interferometer: development, acccuracy evaluation and application. Proc. SPIE, 2016, 9684: 96840T.

[5] Phillion D W, Sommargren G E, Johnson M A, et al. Calibration of symmetric and non-symmetric errors for interferometry of ultra-precise imaging systems. Proc. SPIE, 2005, 5869: 58690R.

[6] Johnson M A, Phillion D W, Sommargren G E, et al. Construction and testing of wavefront reference sources for interferometry of ultra-precise imaging systems. Proc. SPIE, 2005, 5869: 58690P.

[7] Takeuchi S, Kakuchi O, Yamazoe K, et al. Visible light point-diffraction interferometer for testing of EUVL optics. Proc. SPIE, 2006, 6151: 61510E.

[8] Uzawa S, Kubo H, Miwa Y, et al. Path to the HVM in EUVL through the development and evaluation of the SFET. Proc. SPIE, 2007, 6517: 651708.

[9] Voznesenskiy N B, Ma D, Jin C, et al. Point diffraction interferometry based on the use of two pinholes. Proc. SPIE, 2015, 9525: 95251K.

[10] Medecki H, Tejnil E, Goldberg K A, et al. Phase-shifting point diffraction interferometer. Optics Letters, 1996, 21(19): 1526-1528.

[11] Tejnil E, Goldberg K A, Medecki H, et al. Phase-shifting point diffraction interferometry for at-wavelength testing of lithographic optics. OSA Trends in Optics and Photonics, 1996, 4: 118-123.

[12] Linnik W P. A simple interferometer for the investigation of optical systems. Proc. Academy of Sci. of the USSR, 1933, 1: 208.

[13] Smartt R N, Steel W H. Theory and application of point-diffraction interferometers (telescope testing). Jpn. J. Appl. Phys. , 1975, 14: 351.

[14] Gao F, Li B. Diffraction wavefront analysis of point diffraction interferometer for measurement of aspherical surface. International Society for Optics and Photonics, 2010, 7656: 76565Y.

[15] Otaki K, Zhu Y, Ishii M, et al. Rigorous wavefront analysis of the visible-light point diffraction interferometer for EUVL. International Society for Optics and Photonics, 2004, 5193: 182-191.

[16] Goldberg K A, Tejnil E, Bokor J. A 3-D numerical study of pinhole diffraction to predict the accuracy of EUV point diffraction interferometry (No. LBL-38157; CONF-960493-15). Lawrence Berkeley National Lab. , CA (United States), 1995.

[17] Sekine Y, Suzuki A, Hasegawa M, et al. Wavefront errors of reference spherical waves in high-numerical aperture point diffraction interferometers. J. Vac. Sci. Technol. B, 2004, 22: 104-108.

[18] Wang D, Wang F, Zou H, et al. Analysis of diffraction wavefront in visible-light point-diffraction interferometer. Appl. Opt. , 2013, 52: 7602-7608.

[19] Goldberg K A. Testing extreme ultraviolet optical systems at-wavelength with sub-angstrom accuracy. Trends in Optics and Photonics 24, 1999.

[20] Goldberg K A. EUV optical testing. EUV Lithography, 2009, 178: 205.

[21] Naulleau P P, Goldberg K A, Lee S H, et al. Characterization of the accuracy of EUV phase-shifting point diffraction interferometry. Proc. SPIE, 1998, 3331: 114-123.

[22] Naulleau P P, Goldberg K A, Lee S H, et al. Extreme-ultraviolet phase-shifting point-diffraction interferometer: a wave-front metrology tool with subangstrom reference-wave accuracy. Appl. Opt. , 1999, 38: 7252-7263.

[23] Ouchi C, Kato S, Hasegawa M, et al. EUV wavefront metrology at EUVA. Proc. of SPIE, 2006, 6152: 61522O.

[24] Goldberg K A, Naulleau P, Bokor J, et al. Fourier transform interferometer alignment method. Appl. Opt. , 2002, 41: 4477-4483.

[25] Sugisaki K, Zhu Y, Gomei Y, et al. ASET development of at-wavelength phase-shifting point diffraction interferometer. Proc. SPIE, 2002, 4688: 695-701.

[26] Kato S, Ouchi C, Hasegawa M, et al. Comparison of EUV interferometry methods in EUVA project. Proc.

SPIE, 2005, 5751: 110-117.

[27] Naulleau P P, Goldberg K A. Dual-domain point diffraction interferometer. Applied Optics, 1999, 38(16): 3523-3533.

[28] Naulleau P P, Goldberg K A. Dual-domain point diffraction interferometer. U. S. Patent No. 6100978. 8 Aug. 2000.

[29] Sugisaki K, Hasegawa M, Okada M, et al. EUVA's challenges toward 0. 1 nm accuracy in EUV at-wavelength interferometry. In Fringe 2005, Springer, Berlin, Heidelberg, 2006, 252-266.

[30] Goldberg K A, Naulleau P P, Denham P, et al. EUV interferometry of the 0. 3NA MET optic. International Society for Optics and Photonics, 2003, 5037: 69-75.

[31] 刘克, 李艳秋. 一种新的相移点衍射干涉仪系统误差标定方法. 光学学报, 2010, 10: 2923-2927.

[32] Zhu Y, Sugisaki K, Okada M, et al. Wavefront measurement interferometry at the operational wavelength of extreme-ultraviolet lithography. Applied Optics, 2007, 46(27): 6783-6792.

[33] Tejnil E, Goldberg K A, Lee S, et al. At-wavelength interferometry for extreme ultraviolet lithography. Journal of Vacuum Science & Technology B, 1997, 15(6): 2455-2461.

[34] Lee S H, Naulleau P, Goldberg K, et al. At-wavelength interferometry of extreme ultraviolet lithographic optics. In AIP Conference Proceedings 1998, 449(1): 553-557.

[35] Naulleau P P, Goldberg K A, Lee S H, et al. Recent advances in EUV phase-shifting point diffraction interferometry. International Society for Optics and Photonics, 1999, 3767: 154-164.

[36] Naulleau P, Goldberg K A, Lee S H, et al. The PS/PDI: a high accuracy development tool for diffraction limited short-wavelength optics. In AIP Conference Proceedings, 2000, 507(1): 595-600.

[37] Goldberg K A, Tejnil E, Lee S H, et al. Characterization of an EUV Schwarzschild objective using phase-shifting point diffraction interferometry. International Society for Optics and Photonics, 1997, 3048: 264-271.

[38] Goldberg K A, Naulleau P P, Lee S H, et al. Direct comparison of EUV and visible-light interferometries. International Society for Optics and Photonics, 1999, 3676: 635-643.

[39] Goldberg K A, Naulleau P, Batson P, et al. Extreme ultraviolet interferometry: measuring and aligning an EUV four-mirror ring-field optical system. this compendium.

[40] Goldberg K A, Naulleau P, Batson P, et al. Extreme ultraviolet alignment and testing of a four-mirror ring field extreme ultraviolet optical system. Journal of Vacuum Science & Technology B, 2000, 18(6): 2911-2915.

[41] Goldberg K A, Naulleau P P, Batson P J, et al. EUV interferometry of a four-mirror ring-field EUV optical system. International Society for Optics and Photonics, 2000, 3997: 867-874.

[42] Naulleau P P, Goldberg K A, Anderson E H, et al. Adding static printing capabilities to the EUV phase-shifting point diffraction interferometer. International Society for Optics and Photonics, 2001, 4343: 639-646.

pla] Naulleau P, Goldberg K A, Anderson E H, et al. At-wavelength characterization of the extreme ultraviolet Engineering Test Stand Set-2 optic. Journal of Vacuum Science & Technology B, 2001, 19(6): 2396-2400.

[44] Goldberg K A, Naulleau P, Bokor J, et al. Testing extreme ultraviolet optics with visible-light and extreme ultraviolet interferometry. Journal of Vacuum Science & Technology B, 2002, 20(6): 2834-2839.

[45] Sugisaki K, Okada M, Zhu Y, et al. Comparisons between EUV at-wavelength metrological methods. Proc. SPIE, 2005, 5921, 59210D.

[46] Sommargren G E. Phase shifting diffraction interferometry for measuring extreme ultraviolet optics. Lawrence Livermore National Lab. , CA (United States), 1996.

[47] Sommargren G E. Diffraction methods raise interferometer accuracy. Laser Focus World, 1996: 32:

61-71.

[48] Sommargren G E, Phillion D W, Johnson M A, et al. 100-picometer interferometry for EUVL. Proc. SPIE, 2002, 4688: 316-328.

[49] Chkhalo N I, Klimov A Y, Rogov V V, et al. A source of a reference spherical wave based on a single mode optical fiber with a narrowed exit aperture. Review of Scientific Instruments, 2008, 79(3): 033107.

[50] Chkhalo N I, Pestov A E, Salashchenko N N, et al. Manufacturing of diffraction-quality optical elements for high-resolution optical systems. International Society for Optics and Photonics, 2010, 7521: 752104.

[51] Matsuura T, Okagaki S, Nakamura T, et al. Measurement accuracy in phase-shifting point diffraction interferometer with two optical fibers. Optical Review, 2007, 14(6): 401-405.

[52] Yasushi O, Motohiro N, Haruyuki I. Phase-shifting point diffraction interferometer having two point light dources of single-mode optical fibers. Topics on Optical Fiber Technology, 2012, 356-422.

[53] 唐锋, 王向朝, 张国先, 等. 点衍射干涉波像差测量仪及检测方法. 发明专利, 专利号: ZL201310126148. 5.

[54] 王向朝, 唐锋, 张国先, 等. 点衍射干涉波像差测量仪及光学系统波像差的检测方法. 发明专利, 专利号: ZL201510982270. 1.

[55] 唐锋, 王向朝, 冯鹏, 等. 点衍射干涉波像差测量仪及光学系统波像差的检测方法. 发明专利, 专利号: ZL201510982725. X.

[56] 刘国淦, 张学军, 王权陡. 光纤点衍射干涉仪的技术研究. 光学精密工程, 2001, 9(2): 142-145.

[57] 吴朔, 沙定国, 林家明, 等. 光纤点衍射干涉仪测量凹球面面形. 中国仪器仪表学会第九届青年学术会议论文集, 2007.

[58] 代晓珂, 金春水, 于杰. 点衍射干涉仪波面参考源误差及公差分析. 中国光学, 2014, 7(5): 855-862.

[59] Kihm H, Kim S W. Nonparaxial free-space diffraction from oblique end faces of single-mode optical fibers. Opt. Lett. , 2004, 29: 2366-2368.

[60] Kihm H, Kim S W. Oblique fiber optic diffraction interferometer for testing spherical mirrors. Opt. Eng. , 2005, 44(12): 125601.

[61] Kihm H, Kim S W. Nonparaxial Fresnel diffraction from oblique end facets of optical fibers. Proc. SPIE, 2005, 5638: 517-525.

[62] Han J, Nie L, Yu X. Rigorous accuracy analysis of the fiber point diffraction interferometer. Proc. SPIE, 2008, 7155: 71552Z.

[63] 聂亮. 光纤点衍射移相干涉关键技术研究. 北京理工大学博士学位论文, 2006.

[64] Phase shifting interferometer and method for surface topography measurement, US patent 5473434, ZYGO CORP, Dec 5, 1995.

[65] Wizinowich P L. Phase shifting interferometry in the presence of vibration: a new algorithm and system. Appl. Opt. , 1990, 29: 3271-3279 .

[66] Leslie L. Deck, Model-based phase shifting interferometry. Appl. Opt. , 2014, 53: 4628-4636.

[67] Liu F W, Wu Y Q, Wu F. Correction of phase extraction error in phase-shifting interferometry based on Lissajous figure and ellipse fitting technology. Opt. Express, 2015, 23: 10794-10807.

[68] 张敏, 唐锋, 王向朝, 等. 二维快速傅里叶变换干涉图相位提取误差分析. 中国激光, 2013, 40(3): 0308002.

[69] Takeda M, Ina H, Kobayash S. Fourier-transform method of fringe-pattern analysis for computer-based topography and interferometry. Opt. Soc. Am, 1982, 72: 156-160 .

[70] Bone D J, Bachor H A, Sandeman R J. Fringe-pattern analysis using a 2-D Fourier transform. Appl. Opt, 1986, 25: 1653-1660.

[71] Roddier C, Roddier F. Interferogram analysis using Fourier transform techniques. Appl. Opt., 1987, 26:

1668-1673.

[72] Zhu Y, Sugisaki K, Murakami K, et al. Shearing interferometry for at wavelength wavefront measurement of extreme-ultraviolet lithography projection optics. Jpn. J. Appl. Phys, 2003, 42: 5844-5847.

[73] Bjorkholm J E, MacDowell A A, Wood II O R, et al. Phase-measuring interferometry using extreme ultraviolet radiation. J. Vac. Sci. Technol. B, 1995, 13(6): 2919-2922.

[74] MacDowell A A, Wood O R, Bjorkholm J E. Interferometric testing of EUV lithography cameras. International Society for Optics and Photonics, 1997, 3152: 202-211.

[75] Tan Z, MacDowell A A, La Fontaine B, et al. At-wavelength metrology of 13 nm lithography imaging optics. Rev. Sci. Instrum. 1995, 66 (2): 2241-2243.

[76] Ray-Chaudhuri A K, Ng W, Cerrina F, et al. Alignment of a multilayer-coated imaging system using extreme ultraviolet Foucault and Ronchi interferometric testing. Journal of Vacuum Science & Technology B, 1995, 13(6): 3089-3093.

[77] Ray-Chaudhuri A K, Nissen R P, Krenz K D, et al. Development of compact extreme ultraviolet interferometry for on-line testing of lithography cameras. Proc. SPIE, 1995, 2536: 99-104.

[78] Ray-Chaudhuri A K, Krenz K D. At-wavelength characterization of an extreme ultraviolet camera from low to mid-spatial frequencies with a compact laser plasma source. J. Vac. Sci. Technol. B, 1997, 15(6): 2462-2466.

[79] Ray-Chaudhuri A K, Krenz K D, Nissen R P, et al. Initial results from an extreme ultraviolet interferometer operating with a compact laser plasma source. J. Vac. Sci. Technol. B, 1996, 14(6): 3964-3968.

[80] Visser M, Dekker M K, Hegeman P, et al. Extended-source interferometry for at-wavelength testing of EUV optics. International Society for Optics and Photonics, 1999, 3676: 253-264.

[81] Hegeman P, Christmann X, Visser M, et al. Experimental study of a shearing interferometer concept for at-wavelength characterization of extreme-ultraviolet optics. Applied Optics, 2001, 40 (25): 4526-4533.

[82] Poultney S K. Transmission shear grating in checkerboard configuration for EUV wavefront sensor. US 7268891 B2, 11 Sep. 2007.

[83] Poultney S K. Tailored reflecting diffractor for euv lithographic system aberration measurement. US 6867846 B2, 15 Mar. 2005.

[84] Gontin R A, Vladmirsky Y. Speckle reduction method and system for EUV interferometry. US 7027164 B2, 11 Apr. 2006.

[85] Murakami K, Saito J, Ota K, et al. Development of an experimental EUV interferometer for benchmarking several EUV wavefront metrology schemes. Proc. SPIE, 2003, 5037: 257-264.

[86] Takeda M, Kobayashi S. Lateral aberration measurements with a digital Talbot interferometer. Appl. Opt. , 1984, 23 (11): 1760-1764.

[87] Naulleau P P, Goldberg K A, Bokor J. Extreme ultraviolet carrier-frequency shearing interferometry of a lithographic four-mirror optical system. J. Vac. Sci. Technol. B, 2000, 18(6): 2939-2943.

[88] Liu Z, Sugisaki K, Zhu Y, et al. Double-grating lateral shearing interferometer for extreme ultraviolet lithography. Japanese Journal of Applied Physics, 2004, 43(6B): 3718-3721.

[89] Liu Z, Okada M, Sugisaki K, et al, Double-grating lateral shearing interferometer for EUV optics at-wavelength measurement. International Society for Optics and Photonics, 2005, 5752: 663-673.

[90] Hasegawa M, Ouchi C, Hasegawa T, et al. Recent progress of EUV wavefront metrology in EUVA. International Society for Optics and Photonics, 2004, 5533: 27-37.

[91] Liu Z, Sugisaki K, Ishii M, et al. Astigmatism measurement by lateral shearing interferometer. Journal of Vacuum Science & Technology B, 2004, 22 (6): 2980-2983.

[92] Sugisaki K, Okada M, Otaki K, et al. EUV Wavefront Measurement of six-mirror optic using EWMS. Proc. SPIE, 2008, 6921: 69212U.

[93] Ouchi C, Kato S, Hasegawa M, et al. EUV wavefront metrology at EUVA. International Society for Optics and Photonics, 2006, 6152: 61522O.

[94] Zhu Y, Sugisaki K, Ouchi C, et al. Lateral shearing interferometer for EUVL: theoretical analysis and experiment. International Society for Optics and Photonics, 2004, 5374: 824-833.

[95] Goldberg K A, Naulleau P P, Denham P E, et al. At-wavelength alignment and testing of the 0. 3 NA MET optic. J. Vac. Sci. Technol. B, 2004, 22(6): 2956-2961.

[96] Ichikawa Y, Otaki K, Sugisaki K, et al. High-precision wavefront metrology using low brightness EUV source. 2010 International Symposium on Extreme Ultraviolet Lithography Presentation, 2010.

[97] Otaki K, Yahiro T, Matsumoto K, et al. Evaluation of aberration controllability of the full-field exposure system. 2011 EUVL Symposium Presentation, 2011.

[98] Otaki K, Kohara N, Sugisaki K, et al. Ultra High-Precision Wavefront Metrology Using EUV Low Brightness Source. Fringe 2013, Springer, Berlin, Heidelberg, 2014: 385-392.

[99] 李杰. 光栅剪切干涉波前测量技术研究. 中科院上海光学精密机械研究所博士学位论文, 2016.

[100] Primot J. Three-wave lateral shearing interferometer. Applied Optics, 1993, 32(31): 6242-6249.

[101] Primot J, Sogno L. Achromatic three-wave (or more) lateral shearing interferometer. JOSA A, 1995, 12(12): 2679-2685.

[102] Primot J, Guérineau N. Extended Hartmann test based on the pseudoguiding property of a Hartmann mask completed by a phase chessboard. Applied Optics, 2000, 39(31): 5715-5720.

[103] Velghe S, Primot J, Guérineau N, et al. Wave-front reconstruction from multidirectional phase derivatives generated by multilateral shearing interferometers. Optics Letters, 2005, 30(3): 245-247.

[104] Ling T, Yang Y, Liu D, et al. General measurement of optical system aberrations with a continuously variable lateral shear ratio by a randomly encoded hybrid grating. Applied Optics, 2015, 54(30): 8913-8920.

[105] Ling T, Liu D, Yue X, et al. Quadriwave lateral shearing interferometer based on a randomly encoded hybrid grating. Optics Letters, 2015, 40(10): 2245-2248.

[106] Ling T, Liu D, Yang Y, et al. Compact wavefront diagnosis system based on the randomly encoded hybrid grating. In Optifab 2015, International Society for Optics and Photonics, 2015, 9633: 963329.

[107] Li J, Tang F, Wang X Z, et al. Analysis of lateral shearing interferometry without self-imaging limitations. Applied Optics, 2015, 54(27): 8070-8079.

[108] 李平平, 张启灿. 产生正弦光栅的二值化面积编码新方法. 光学与光电技术, 2011, 9(1): 36-41.

[109] 张敏. 高精度平面面形干涉测量技术研究. 中国科学院上海光学精密机械研究所硕士学位论文, 2013.

[110] Hasegawa T, Ouchi C, Hasegawa M, et al. EUV Wavefront metrology system in EUVA. Proc. SPIE, 2004, 5374: 797-807.

[111] Dai F Z, Wang X Z, Osami S. Orthonormal polynomials for annular pupil including a cross-shaped obstruction. Appl. Opt. , 2015, 54(13): 2922-2928.

[112] Li J, Tang F, Wang X Z, et al. Piston error calibration of zonal reconstruction for a segmented wavefront in lateral shearing interferometry. Appl Opt. , 2015, 54(13): 4180-4187.

[113] Goldberg K A. Extreme Ultraviolet Interferometry. Ph. D. dissertation, University of California, Berkeley, Berkeley, Calif. , 1997.

[114] Miyakawa R, Naulleau P. Lateral shearing interferometry for high-solution EUV optical testing. SPIE, 2011, 7969: 796939.

[115] Miyakawa R. Wavefront Metrology for High Resolution Optical Systems. Ph. D. Thesis, University of

California, Berkeley, Calif, 2011.

[116] Miyakawa R, Naulleau P, Goldberg K. Analysis of systematic errors in lateral shearing interferometry for EUV optical testing. International Society for Optics and Photonics, 2009, 7272: 72721V.

[117] Miyakawa R, Naulleau P. Extending shearing interferometry to high-NA for EUV optical testing. Proc. SPIE, 2015, 9422: 94221J.

[118] Miyakawa R, Anderson C, Naulleau P. High-NA metrology and sensing on Berkeley MET5. Proc. SPIE, 2017, 10143: 101430N.

[119] Murakami K, Oshino T, Kondo H, et al. Development of EUV lithography tools at Nikon. SPIE, 2011, 7969: 79690P.

[120] 李杰，唐锋，王向朝，等．光栅横向剪切干涉仪及其系统误差分析．中国激光，2014, 41(5): 0508006.

[121] Li J, Tang F, Wang X Z, et al. Calibration of system errors in lateral shearing interferometer for EUV-wavefront metrology. Proc. SPIE, 2015, 9422: 94222O.

[122] Goldberg K A, Naulleau P P, Denham P E. At-wavelength alignment and testing of the 0.3 NA MET optic. J. Vac. Sci. Technol. B, 2004, 22(6): 2956-2961.

[123] Goldberg K A, Naulleau P, Rekawa S, et al. At-Wavelength Interferometry of High-NA Diffraction-Limited EUV Optics. AIP Conference Proceedings, 2004, 705: 855-860.

[124] Goldberg K A, Naulleau P, Denham P, et al. EUV interferometric testing and alignment of the 0.3NA MET optic. International Society for Optics and Photonics, 2004, 5374: 64-74.

[125] Naulleau P, Goldberg K A, Anderson E H, et al. Status of EUV micro-exposure capabilities at the ALS using the 0.3NA MET optic. International Society for Optics and Photonics, 2004, 5374: 881-892.

[126] Goldberg K A, Naulleau P P, Rekawa S B, et al. Ultra-high accuracy optical testing: creating diffraction-limited short-wavelength optical systems. International Society for Optics and Photonics, 2005, 5900: 59000G.

[127] Goldberg K A, Naulleau P P, Denham P E, et al. Preparations for extreme ultraviolet interferometry of the 0.3 numerical aperture Micro Exposure Tool optic. Journal of Vacuum Science & Technology B, 2003, 21(6): 2706-2710.

[128] Niibe M, Sugisaki K, Okada M, et al. Wavefront metrology for EUV projection optics by soft X - ray interferometry in the new SUBARU. AIP Conference Proceedings, 2007, 879(1): 1520-1523.

[129] Zhu Y, Sugisaki K, Okada M, et al. Experimental comparison of absolute PDI and lateral shearing interferometer. Proc. SPIE, 2005, 5752: 1192-1199.

[130] Murakami K, Sugisaki K, Okada M, et al. Development status of EUV wavefront metrology system (EWMS). EUVL Symposium, October 31, 2007.

[131] Otaki K. Accuracy evaluation of wavefront metrology for high N.A. 3rd International EUVL Symposium, Presention, 2004.

[132] Sugisaki K, Okada M, Otaki K, et al. EUV wavefront measurement of six-mirror optics using EWMS. Proc. SPIE, 2008, 6921: 69212U.

[133] Hasegawa T, Ouchi C, Hasegawa M, et al. EUV wavefront metrology system in EUVA. International Symposium on Extreme Ultraviolet Lithography, Presentation, 2005.

[134] Glatzel H, Ashworth D, Bremer M, et al. Projection optics for extreme ultraviolet lithography (EUVL) micro-field exposure tools (METs) with a numerical aperture of 0. 5. Proc. SPIE, 2013, 8679: 867917.

[135] Girard L, Marchetti L, Bremer M, et al. Fabrication of EUVL micro-field exposure tools with 0.5 NA. Proc. SPIE, 2015, 9633: 96330V.

[136] Mercère P, Zeitoun P, Idir M, et al. Hartmann wave-front measurement at 13.4nm with λ EUV/120

accuracy. Optics Letters, 2003, 28(17): 1534-1536.

[137] Mercère P, Idir M, Zeitoun P, et al. X Ray wavefront Hartmann sensor. AIP Conference Proceedings. AIP, 2004, 705(1): 819-822.

[138] Polo A, Bociort F, Pereira S. High resolution hartmann wavefront sensor for EUV lithography system. Imaging and Applied Optics. OSA Technical Digest (CD), Paper JWA30, 2011.

[139] Polo A, Bociort F, Pereira S F, et al. Wavefront measurement for EUV lithography system through Hartmann sensor. Proc. SPIE, 2011, 7971: 79712R.

[140] Miyakawa R, Naulleau P, Zakhor A. Iterative procedure for in-situ optical testing with an incoherent source. Proc. SPIE, 2010, 7636: 76361K.

[141] Miyakawa R, Naulleau P. Aerial image monitor for wavefront metrology of high-resolution EUV lithography tools. Proc. SPIE, 2012, 8322: 832218.

[142] Anderson C N, Naulleau P P. MOSAIC: A new wavefront metrology. Proc. SPIE, 2009, 7272: 72720B.

[143] Miyakawa R, Zhou X, Goldstein M, et al. In-situ optical testing of exposure tools via localized wavefront curvature sensing. Proc. SPIE, 2013, 8679: 86790Q.

[144] Miyakawa R, Zhou X, Goldstein M, et al. AIS wavefront sensor: a robust optical test of exposure tools using localized wavefront curvature. Proc. SPIE, 2014, 9048: 90483A.

[145] 方伟. 基于 Ptychography 的极紫外光刻投影物镜波像差检测技术. 中科院上海光学精密机械研究所硕士学位论文, 2016.

[146] 方伟, 唐锋, 王向朝, 等. 基于 Ptychography 的极紫外光刻投影物镜波像差检测技术. 光学学报, 2016, 36(10): 1012002.

[147] Wojdyla A, Miyakawa R, Naulleau P. Ptychographic wavefront sensor for high-NA EUV inspection and exposure tools. Proc. SPIE, 2014, 9048: 904839.

[148] Bao P, Situ G. Lensless phase microscopy using phase retrieval with multiple illumination wavelengths. Applied Optics, 2012, 51(22): 5486-5494.

[149] Nellist P D, McCallum B C, Rodenburg J M. Resolution beyond the information limit in transmission electron microscopy. Nature, 1995, 374(13): 630-632.

[150] Rodenburg J M, Faulkner H M L. A phase retrieval algorithm for shifting illumination. Applied Physics Letters, 2004, 85(20): 4795.

[151] Thibault P, Dierolf M, Menzel A, et al. High-resolution scanning x-ray diffraction microscopy. Science, 2008, 321(5887): 379-382.

[152] Thibault P, Dierolf M, Bunk O, et al. Probe retrieval in ptychographic coherent diffractive imaging. Ultramicroscopy, 2009, 109(4): 338-343.

[153] Maiden A M, Rodenburg J M. An improved ptychographical phase retrieval algorithm for diffractive imaging. Ultramicroscopy, 2009, 109(10): 1256-1262.

[154] Voelz D G, Roggemann M C. Digital simulation of scalar optical diffraction: revisiting chirp function sampling criteria and consequences. Applied Optics, 2009, 48(32): 6132-6142.

[155] Naulleau P, Waterman J, Dean K. Characterization of low-order aberrations in the SEMATECH Albany MET tool. Proc. SPIE, 2007, 6517: 65172Q.

[156] Naulleau P P, Anderson C N, Dean K, et al. Recent results from the Berkeley 0. 3NA EUV microfield exposure tool. Proc. SPIE, 2007, 6517: 65170V.

[157] Naulleau P, Cain J, Dean K, et al. Lithographic characterization of low-order aberrations in a 0.3-NA EUV microfield exposure tool. Proc. SPIE, 2006, 6151: 61512Z.

[158] Naulleau P P, Cain J P, Goldberg K A. Lithographic characterization of the spherical error in an extreme-ultraviolet optic by use of a programmable pupil-fill illuminator. Applied Optics, 2006, 45(9):

1957-1963.

[159] Naulleau P P, Cain J P, Goldberg K. Lithographic characterization of the field dependent astigmatism and alignment stability of a 0. 3 numerical aperture extreme ultraviolet microfield optic. J. Vac. Sci. Technol. B, 2005, 23(5): 2003-2006.

第 10 章　像质检测关键依托技术

前面章节系统论述了投影光刻机像质检测技术，包括初级像质参数检测、波像差检测、偏振像差检测以及极紫外光刻投影物镜波像差检测，涉及基于光刻胶曝光、空间像测量以及干涉测量的检测技术等。除部分极紫外光刻投影物镜波像差检测技术外，均为光刻机原位检测技术。原位像质检测技术是光刻机整机技术，像质检测技术方案的形成依赖于对光刻机整机及各分系统的深入理解，像质检测数据的获取依托于光刻机本身的软硬件系统，检测数据获取的准确度直接影响像质检测精度。如多种初级像质检测技术需要通过工件台位置测量系统、调焦调平传感器或对准系统来获取检测标记垂轴与轴向的成像位置偏移量，通过检测模型由成像位置偏移量得到像质参数，像质检测精度首先取决于成像位置偏移量的测量精度。多种基于光刻胶曝光和空间像测量的波像差检测技术的检测数据获取还需要在多种照明参数设置下进行，光刻机照明参数的优化、检测与控制技术也是实现高精度像质检测的重要支撑。除依托于光刻机本身的软硬件系统进行数据获取外，多种像质检测技术的方案设计与优化也依托于光刻成像仿真与参数优化技术，如多种基于光刻胶像或空间像测量的波像差检测技术依托于光源优化、掩模优化、光源掩模联合优化、光刻成像仿真等技术进行建模、检测标记的设计与优化、照明条件优化等。工件台位置测量、调焦调平传感、硅片对准等技术属于光刻机整机或分系统技术，但是从像质检测的角度而言，又是像质参数检测的关键依托技术。像质检测技术的方案设计、检测精度与速度的提升等均与相应的依托技术密切相关，因此这些依托技术的研究与发展是像质检测技术进步的重要支撑。

本章重点介绍工件台位置参数检测技术、调焦调平传感技术、硅片对准技术、照明参数检测与控制技术、光刻成像多参数优化技术以及 EUV 光刻掩模衍射成像仿真技术等几种光刻机像质检测的关键依托技术。

10.1　工件台位置参数检测技术

本节介绍几种工件台位置参数检测技术，主要包括工件台基座表面形貌测量技术、承片台不平度检测技术、承片台方镜表面不平度检测技术以及工件台水平坐标系校正参数检测技术等[1-10]。

10.1.1　工件台基座表面形貌测量技术[1,2]

步进扫描投影光刻机普遍使用大行程气浮式精密工件台系统，该系统主要由基座、气浮导轨、承片台以及相关的伺服控制与测量设备组成。天然花岗岩是广泛使用的基座材料，经抛光处理后能够达到数百纳米的平面度，且能保持长时间的面形精度。光刻过程中，承片台装载着硅片在基座表面高速运动，测量和伺服设备实时调节承片台的垂向位置，使硅片始终处于光刻机的焦深范围内并平行于光刻机的最佳焦平面。虽然气浮隔振阻尼结构隔离了来自基座的振动等外在环境影响因素，但来自基座表面的几百纳米形貌起伏仍被传递并影响了承片台的定位精度。为消除这种影响，通常将基座表面形貌测量结果用作前馈输入量进行预测控制。因此，必须对基座表面形貌进行精确测量。

在光刻机中关心的是工作过程中基座表面所表现出的实际形貌。基座的有效区域较大，离线的检测手段仅可以测量出基座的粗略形貌，这种技术精度低且无法考虑基座的安装精度与工作环境的影响，因此仅可作为基座加工质量的评估手段。受到光刻机机械结构的限制，难以使用外置的测量系统直接测量基座表面形貌，因此原位测量技术是不可或缺的。利用安装于承片台上的位置传感器在线测量硅片下表面与基座上表面的间距，可以计算出基座的表面形貌。由于位置传感器对硅片洁净度和承片台振动等环境因素较为敏感，这种方法具有一定的局限性且精度较低。

本小节介绍一种基于高阶多项式拟合的工件台基座表面形貌检测技术。该技术通过分析引入误差及其消除方法来规划承片台的运动路径，利用双频激光干涉仪测量承片台的倾斜，并利用差分法消除测量结果的系统误差。为提高基座表面形貌的检测精度，利用高阶多项式表示工件台基座表面固有倾斜、梯度变化倾斜和表面形貌，通过偏微分和差分法消除表示固有倾斜和梯度变化的倾斜项，再将测量数据代入处理后的多项式，利用最小二乘原理计算出基座的表面形貌。该方法利用光刻机的现有设备实现了基座表面形貌的动态测量，也避免了新系统误差的引入[2]。

10.1.1.1　测量原理

基座通常由天然花岗岩制造而成，现代加工技术通常将基座表面磨光到几百纳米的精度，其表面形貌表现为随机起伏的曲面。理论上表示这种曲面的一种有效方法是高阶多项式，表示为

$$Z(x,y)=\sum_{i=0}^{N}\sum_{j=0}^{N}C_{ij}x^i y^j \tag{10.1}$$

其中，Z 是在某个位置上的表面高度；C_{ij} 是多项式的系数。如果能够在足够多的位置上测出 Z 值，就可建立方程组解得系数 C_{ij}。对于扫描式光刻机，由于机械结构的限制，难以在确保机器稳定性的基础上建立直接测量基座表面形貌的测试系统。采用式(10.1)表示基座形貌，将式(10.1)写为

$$Z(x,y)=C_{00}+C_{01}y+C_{10}x+C_{11}xy+\sum_{i=2}^{N}\sum_{j=2}^{N}C_{ij}x^i y^j+\sum_{i=0}^{1}\sum_{j=2}^{N}C_{ij}x^i y^j+\sum_{i=2}^{N}\sum_{j=0}^{1}C_{ij}x^i y^j \tag{10.2}$$

其中，$C_{00},C_{01}y,C_{10}x$ 表示整个基座表面的稳定倾斜，可看成是基座放置在某处产生的固有位置误差，如图 10-1 所示。

在该方法中，为提高基座表面的测量精度，不考虑这些项。将基座表面形貌表示为

$$Z(x,y)=C_{11}xy+\sum_{i=2}^{N}\sum_{j=2}^{N}C_{ij}x^i y^j+\sum_{i=0}^{1}\sum_{j=2}^{N}C_{ij}x^i y^j+\sum_{i=2}^{N}\sum_{j=0}^{1}C_{ij}x^i y^j \tag{10.3}$$

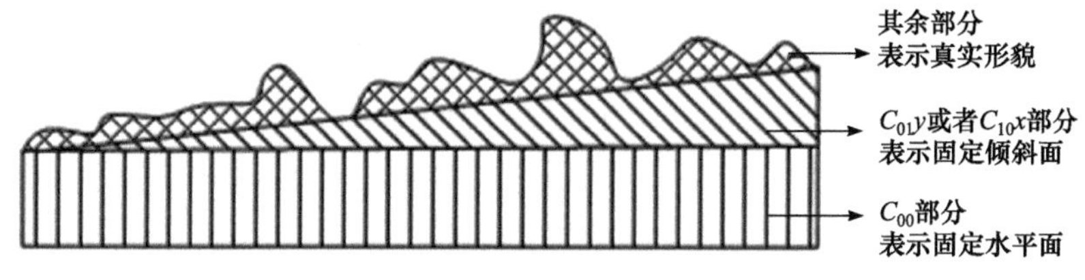

图 10-1　基座表面形貌的分解示意图

根据几何原理，已知一条直线上任意两个不重合点的坐标，就可以计算出这条直线的斜率。如果这条直线是空间刚体的一部分，这个斜率就是该物体围绕过原点并垂直于该直线的坐标轴的旋转量。根据这一原理，将式(10.3)进行偏微分，得到

$$\begin{cases} T_x(x,y)=\dfrac{\partial Z}{\partial y}=\sum\limits_{i=2}^{N}\sum\limits_{j=2}^{N}jC_{ij}x^iy^{j-1}+\sum\limits_{i=0}^{1}\sum\limits_{j=2}^{N}jC_{ij}x^iy^{j-1}+\sum\limits_{i=1}^{N}C_{i1}x^i \\ T_y(x,y)=\dfrac{\partial Z}{\partial x}=\sum\limits_{i=2}^{N}\sum\limits_{j=0}^{N}iC_{ij}x^{i-1}y^j+\sum\limits_{i=2}^{N}\sum\limits_{j=0}^{1}iC_{ij}x^{i-1}y^j+\sum\limits_{j=1}^{N}C_{1j}y^j \end{cases} \tag{10.4}$$

其中，T_x 和 T_y 表示在每一位置上基座围绕 X 轴和 Y 轴的旋转量。测量到每一位置上基座平台的旋转，就可根据式(10.4)解得系数 C_{ij}，得到基座的形貌。同时也将直接测量基座的垂向高度转换为测量基座的水平倾斜，避免引入新的垂向测量系统。

10.1.1.2　实验与分析

实验在百级洁净室进行，采用了扫描工件台的实验模型与双频干涉仪。基座表面的有效范围是 102mm×153mm，选定 51×51 个测量点，采用四阶多项式表达基座形貌。为提高测量精度，利用最小二乘法处理方程时，设定最大的迭代次数为 400，容限为 5×10^{-18}m。借助 MATLAB 的外部接口进行编程计算，图 10-2(a)给出了同一条件下根据 20 次测量平均结果拟合得到的基座表面形貌。图 10-2(b)给出了 20 次测量结果的标准偏差，其中最大的偏差为 8.263nm。结果表明该方法重复精度优于 8.263nm。

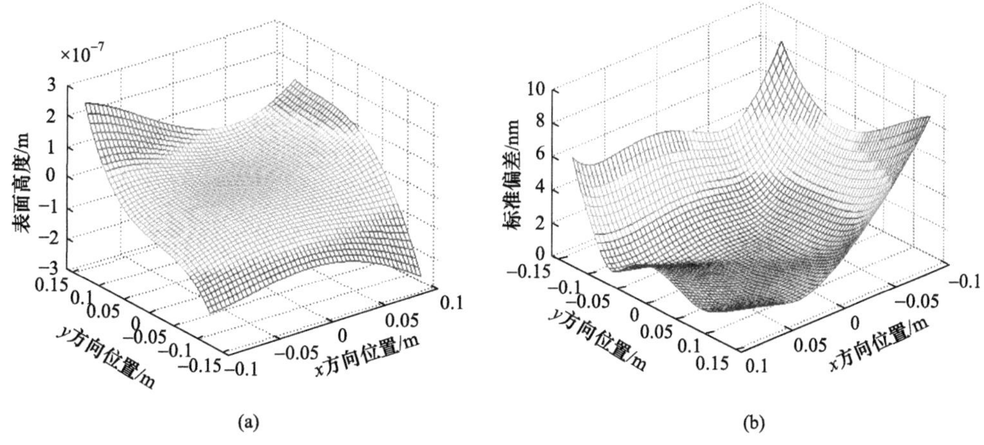

图 10-2　由 20 次测量平均值拟合的基座表面形貌及对应测量结果的标准偏差分布

(a) 由测量平均值拟合的基座表面形貌；(b) 测量结果的标准偏差分布

10.1.2 承片台不平度检测技术[1,3]

承片台一般采用真空负压吸附、静电吸附、机械夹紧的方式固定硅片。不论是真空吸附或真空吸附结合定位销的技术，还是静电吸附结合真空吸附的技术，均会导致承片台硅片支撑面不平度问题，简称承片台不平度问题。

承片台上表面分布有较密的凸出真空吸附孔或静电吸附桩，这些吸附结构的顶点形成支撑硅片的理论支撑面。当硅片放置到承片台上后，吸附机构产生较强的吸附力，将硅片固定于承片台上。不同的吸附结构形成的吸附力存在细微差别，加上吸附结构顶点高度的不均匀分布，使得形成的实际支撑面与理想支撑面存在差别，且无法使用离线手段精确测量出承片台形成的实际支撑面面形。由于吸附结构易受到结构老化、杂质污染的影响，因此实际形成的硅片支撑面会产生较大的形变。当形成的实际支撑面平面度较差时，就会对光刻性能产生明显的负面作用，影响光刻关键尺寸均匀性(CDU)、套刻精度(overlay)、成像质量和不同机器的套刻匹配性能。1μm 的承片台不平度会导致 30～35nm 的套刻畸变[6]。焦深的急剧降低要求光刻机具备更高精度的调焦调平系统，动态调焦调平的性能很大程度上取决于所需要补偿的硅片表面垂向高度变化梯度。除了利用更平整的硅片外，一种有效的方法是预先测量影响硅片表面有效面形的各个组成部分，其中重要的组成部分之一就是承片台支撑面不平度的检测。通过测量与承片台具有不同旋转角时超平硅片表面的有效高度，并假设超平硅片的面形为理想平面或使用外部工具精确测量硅片的高度分布，通过减法运算结合数据处理可以得到承片台的不平度。但该方法并不能真正消除硅片表面面形对承片台不平度检测的影响，同时旋转硅片会造成较大的定位误差。

本小节介绍基于最小二乘逼近的光刻机承片台不平度检测技术，该技术通过粗略求解和精确逼近两个阶段对承片台不平度进行分析求解，最终得到较为精确的承片台不平度。仿真与实验结果表明，该方法较好地消除了原位测量过程中硅片面形对承片台不平度检测结果的影响，较为真实地反映了承片台的不平度。同时，该方法也可以用于检测硅片的粗略面形[3]。

10.1.2.1 检测原理

在该方法中，求解承片台不平度时，将测量数据分成两阶段处理，先求出承片台不平度的粗略解，再以粗略解作为起始值，利用最小二乘原理逐步逼近得到精确的承片台不平度。

图 10-3 给出了工件台垂向伺服系统结构示意图。支架结构将工件台系统与外界环境隔离，以避免外界振动与环境的影响。调平传感器能够实时地测量硅片上表面的高度，并将该测量结果反馈给工件台垂向控制系统，使硅片始终处于光刻机的焦深范围内并平行于光刻机的最佳焦平面。与此同时，位于承片台下方的线性差分传感器(LVDT)能够实时地测出承片台的垂向位移量，该位移量包含了硅片厚度、承片台上下表面不平度以及工件台基座的形貌的影响。根据上一节所述方法，工件台基座的形貌能够被较高精度地测量出，并且作为前馈参数提供给工件台垂向控制系统，以提高调焦调平精度。因此，

采取适当的手段，能够消除 LVDT 测量的承片台垂向位移变化中工件台基座的影响。将承片台下底面不平度转移到上部的支撑面一起考虑，于是由 LVDT 测得的垂向高度可以表示为

$$Z(x,y)=C(x,y)+W(x+sx,y+sy) \tag{10.5}$$

其中，Z 表示测得的高度；C 表示承片台的不平度；W 表示硅片的面形；sx，sy 分别表示硅片与承片台在 X 和 Y 方向上的位置偏移。在硅片上选定规则分布的一系列测量点，并按照行列的分布进行编号，将式(10.5)改写为

$$Z(i,j)=C(i,j)+W(i+si,j+sj) \tag{10.6}$$

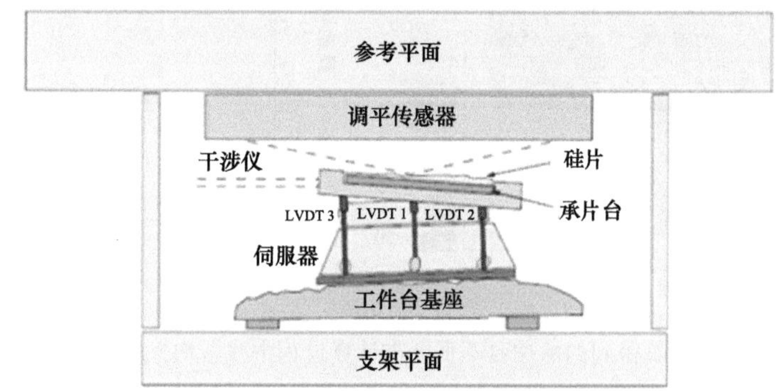

图 10-3 工件台垂向伺服系统结构示意图

可以看到，当硅片以不同的偏移量放置于承片台时，根据上式能够建立约定位置上承片台不平度与硅片厚度的不同叠加方程，在保证建立足够多方程的基础上，能够解出承片台的不平度，但该方法同样存在数据难以处理的问题。为了解决这一问题，这里将测量点分布为等边三角形的基本结构，如图 10-4 所示。

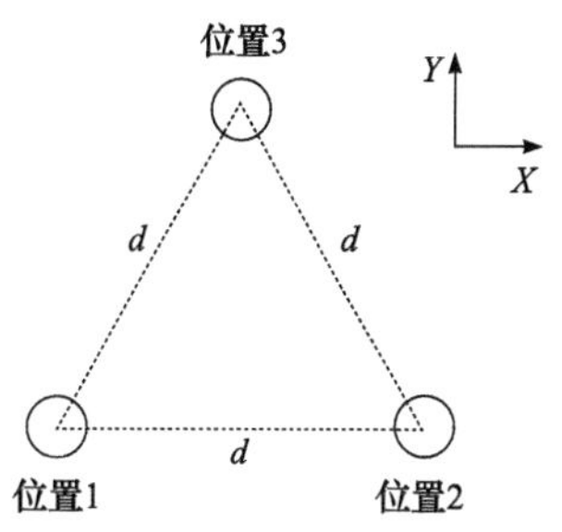

图 10-4 测量点分布的基本结构

该方法中，每一个测量点都被独立考虑并直接与相邻测量点进行耦合计算，该结果中包含了测量点测量基准、测量环境以及测量点位置对准带来的非一致性误差，因此测得的承片台不平度并不精确。为了提高承片台不平度的计算精度，该方法采用基于最小二乘逼近的方法来建立临近点之间的关系，以初始测量结果作为初始值，由相邻点的测量值来平滑测量数据之间的变化，以消除测量数据中的非一致性误差的影响。由于一次搜索的逼近值仍然受到邻近点不可靠性的影响，因此参照最小二乘原理，采用迭代寻优算法进行重复搜索，以每一次的计算结果作为下一次计算的起始值，直至计算结果满足收敛条件：残差均方值小于设定值。至此，可以计算得到精确的承片台不平度，同时也可得到硅片表面面形。

10.1.2.2 实验与分析

在专用的工件台实验平台上进行实验，硅片的直径为 200mm。采用逐点步进调平

并测量的策略进行数据采集，共选取了 79×91 个测量点；采用图 10-4 所示的偏移关系，其中 X 方向的偏移量设定为 2.82mm，Y 方向的偏移量设定为 2.44mm。设定残差小于 0.30nm 为收敛条件。图 10-5 给出了计算得到的承片台不平度与计算过程中残差均方值的变化趋势。

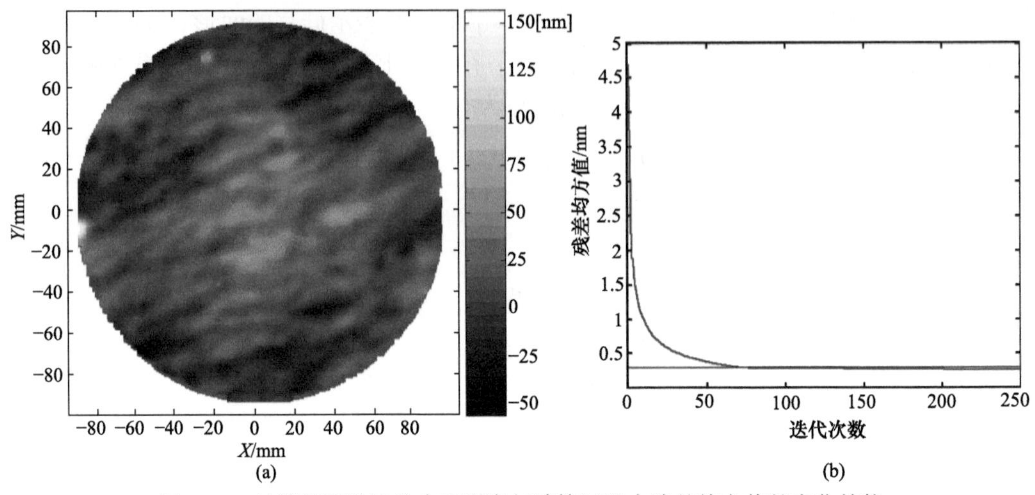

图 10-5　计算得到的承片台不平度与计算过程中残差均方值的变化趋势

从图 10-5 所示的实验结果可以看到，该方法有效地避免了硅片面形对测量的影响，较好地反映了承片台表面的不平度，计算结果逐步收敛，在较少的迭代次数下能够得到理想的测量结果，残差均方值小于 0.3nm。因此，该方法的重复精度优于 0.3nm。

该方法借助光刻机现有功能，使用 LVDT 测量硅片面高度，其优点在于 LVDT 测量的是相对位置变化，因此能够消除诸如系统中一些固有误差的影响。该方法的计算结果也取决于光刻机调焦调平系统的性能，由于调焦调平系统对硅片面的调整会在焦深范围内波动，因此会造成 LVDT 的测量误差。使用该方法同时计算得到了硅片的表面面形，由于硅片的面形是作为一种叠加量进行处理，因此得到的结果是硅片上下表面形貌叠加的结果，具有一定的局限性。

10.1.3　承片台方镜表面不平度检测技术[1,4]

方镜是平面镜干涉仪测量系统的重要光学元件，理想的方镜表面是绝对的平面。实际的方镜表面存在微小的形貌起伏，会使测量光束产生余弦误差，从而影响干涉仪位置测量的准确度。在步进扫描投影光刻机系统中，工件台掩模台均使用平面镜干涉仪进行水平位置测量。其中，掩模台只在扫描方向上安装方镜，工件台在非扫描和扫描方向上均装有方镜。步进扫描的工作方式要求工件台和掩模台必须高精度地同步运动。同步的含义是指在曝光过程中工件台与掩模台能够以一致的匀速直线运动轮廓进行扫描，而不简单地保持运动速率的一致关系。由于方镜不平度的存在，即使工件台掩模台运动控制系统能够保持极高的精度，也会由于平面镜干涉仪位置测量的不准确导致掩模台与工件台运动轨迹的偏离，使得硅片上实际曝光位置与期望位置产生不确定偏移，从而降低光刻机的套刻精度与良率。

为了解决这一问题，首先工件台方镜必须具有很高的加工精度，而加工精度受限于检测精度，因此工件台方镜的离线检测技术是保证工件台方镜平面度的关键技术。光刻机工件台方镜具有口径大，检测精度要求高的特点。在光刻机中，方镜一维横向尺寸大于 350mm，需要一维大口径检测。方镜小口径面形精度需优于 $\lambda/25$ 峰谷值(PV)，小口径检测精度需要优于 $\lambda/100$PV。对于以上检测需求，现有商用干涉仪方案尚不能满足其检测技术需求。子孔径拼接干涉测量技术利用小口径、高精度的干涉仪同时结合拼接算法实现大口径光学元件的面形误差检测，能够实现高空间分辨率、高子孔径测量精度以及大口径面形检测。该方法既保留了小口径干涉测量的高精度，又避免了大口径标准光学元件的加工制造，能够有效降低成本，因此得到了广泛的研究和应用[7~10]。

另一方面，由于方镜加工精度受限，因此光刻机也必须具备原位高精度测量工件台方镜表面不平度的功能，从而根据工件台掩模台运动控制系统的输入量要求将其转化为前馈控制量，实时应用于水平位置的控制，以消除方镜表面不平度的影响。在实际的工件台系统中，工件台垂向运动的范围约为 2mm，通常以 μm 量级进行行程控制，方镜表面不平度对其影响可以忽略。因此，对工件台方镜表面不平度的原位检测工作，通常只考虑激光干涉仪测量光束入射点所在高度的不平度。当使用激光干涉仪进行不平度检测时，测得的不平度实质上是光斑所能覆盖的方镜区域的平均不平度。由于干涉仪的测量光斑远大于方镜的垂向行程，因此可适用于任意工作状态下工件台水平定位的补偿。

本小节介绍基于多序列测量的工件台方镜表面不平度检测技术。针对步进扫描投影光刻机的 6 自由度位置控制，该技术将方镜的表面不平度划分为方镜平移补偿量与方镜旋转补偿量进行测量；利用工件台的双频激光干涉仪对工件台的倾斜和水平位置进行测量，通过多序列的测量方法，得到多组方镜表面不平度；借助三次样条插值与最小二乘法平滑连接各组测量值，进而消除单序列测量的系统误差，提高了方镜表面不平度的检测精度。

10.1.3.1　检测原理

在步进扫描投影光刻机中，使用如图 10-6 所示的工件台干涉仪测量系统。其中，X 干涉仪测量工件台的 X 坐标与绕 Z 轴的旋转量 R_{zx}，Y 干涉仪测量 Y 坐标与绕 Z 轴的旋转量 R_{zy}。理论上，由 X 干涉仪和 Y 干涉仪测得的旋转量相同。受到方镜不平度的影响，实测的 R_{zx} 与 R_{zy} 存在差值，通过该差值可确定方镜的不平度。

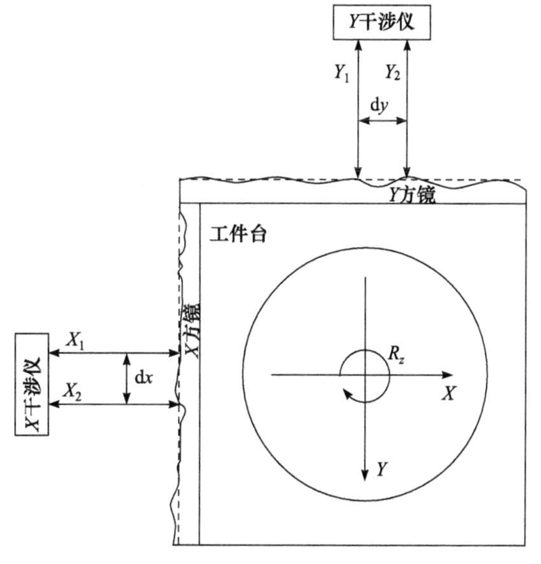

图 10-6　工件台干涉仪测量系统示意图

以 Y 干涉仪为例，图 10-7 给出了方镜不平度对干涉仪测量的影响。用 M 表示方镜不平度的影响，工件台的实际 y 坐标为

$$y_A(x)=\frac{\overline{y_1(x)}+\overline{y_2(x)}}{2}+\frac{M(x+\mathrm{d}y/2)+M(x-\mathrm{d}y/2)}{2}=\overline{y(x)}+My(x) \tag{10.7}$$

绕 Z 轴的实际旋转量为

$$R_{zyA}(x)=\frac{\overline{y_2(x)}-\overline{y_1(x)}}{d}+\frac{M(x-\mathrm{d}y/2)-M(x+\mathrm{d}y/2)}{d}=\overline{R_{zy}(x)}+MR_{zy}(x) \tag{10.8}$$

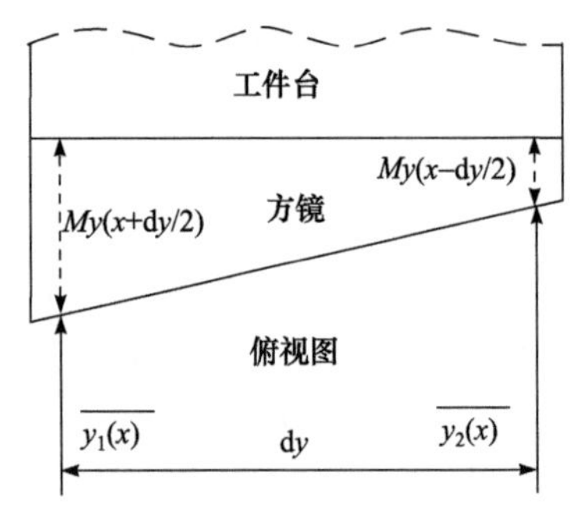

图 10-7　方镜不平度对测量结果的影响

其中，$\overline{y_1}$ 和 $\overline{y_2}$ 分别表示在一个测量位置上 Y 干涉仪两束测量光束各自的测量平均值；$\mathrm{d}y$ 表示 Y 干涉仪两个测量光束的间距；$\overline{y}$ 和 $\overline{R_{zy}}$ 分别表示在一个测量位置上测得的位置平均值和旋转量平均值；My 和 MR_{zy} 分别表示 Y 方镜的平移补偿量和旋转补偿量。

由于工件台是刚体，工件台实际的 R_{zxA} 与 R_{zyA} 始终相等。以工件台坐标零点为零位，设在该点上 $MR_{zx}(0)=0$，沿 X 方向测量，在测量过程中始终保持 R_{zx} 为 0，由式(10.8)得

$$MR_{zy}(x)=-\overline{R_{zy}(x)} \tag{10.9}$$

通过式(10.9)可测得 Y 方镜相对于 X 方镜零点的旋转补偿量。此外，根据 $R_{zx}=0$ 可得

$$\begin{aligned}&\overline{R_{zy}(x)}+\overline{R_{zy}(x+\mathrm{d}y)}\\&=\frac{2}{\mathrm{d}y}*\left(\frac{M(x+3\mathrm{d}y/2)+M(x+\mathrm{d}y/2)}{2}-\frac{M(x+\mathrm{d}y/2)+M(x-\mathrm{d}y/2)}{2}\right)\end{aligned} \tag{10.10}$$

再由式(10.8)得

$$My(x+\mathrm{d}y)=My(x)+\frac{\overline{R_{zy}(x+\mathrm{d}y)}+\overline{R_{zy}(x)}}{2}*\mathrm{d}y \tag{10.11}$$

式(10.11)是计算方镜平移补偿量的递推公式，根据初始值与测量的工件台旋转量，可计算出方镜的平移补偿量。

如图 10-8 所示，采用测量光束的间距 $\mathrm{d}y$ 作为步进距离完成对方镜不平度的一次测量过程，称为一个测量序列。每一个测量序列包括对方镜有效区域的 K 次往返测量，对往返测量的结果求几何平均以消除系统误差。考虑到干涉仪测量光束间距较大，在一个测量序列中的测量点($N=\mathrm{floor}\left[(x_{\mathrm{end}}-x_{\mathrm{start}})/\mathrm{d}y\right]+1$)较少，故采用多序列测量方案以增加测量点数量。如图 10-8 所示，测量序列起始点之间的偏移为 L，序列的数量由 $n=\mathrm{floor}(\mathrm{d}y/L)+1$ 确定。考虑到测量序列的起始位置存在固定位置偏移，因此所有测量序列可合并到一次测量中完成。整个测量过程描述为：①将工件台移至 $x=x_{\mathrm{start}}, y=0$ 位置，利用 X 干涉仪测量工件台的旋转量 R_{zx}，再利用测控闭环控制系统锁定工件台的旋转量 R_{zx} 为零；②利用测控闭环控制系统将测量光束 Y_1 所测点始终锁定于 X 轴，然后利用测量光束 Y_2 进行测量；③工件台沿 X 轴步进距离 S 到达下一个测量点，重复步骤②；④测完最后一个测量点后，将 Y_1 与 Y_2 的角色互换，将测量光束 Y_2 所测点始终锁定于 X 轴，再利用测量光束 Y_1 进行反方向测量；⑤按照以上步骤，进行 K 次迭代测量并求几何平均值，完成对测量数据的采集。

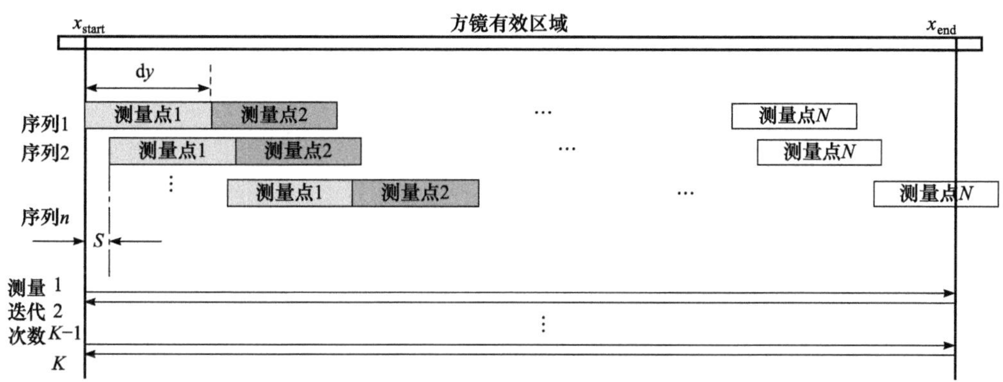

图 10-8　不同测量序列之间的位置偏移

根据上述测量方案，方镜上共有 $N \times n$ 个点被测量。每一个测量点的位置用下式表示

$$x(i,j) = x_{start} + i * d + j * S \tag{10.12}$$

式(10.12)满足：$0 \leqslant j * S < d, x_{start} < x(i,j) < x_{end}$。将测量数据分配到每一个测量序列，为每一个序列建立初值：

$$My(x(1,j)) = 0 \tag{10.13}$$

根据式(10.11)可计算出 Y 方镜的 n 组粗略平移补偿量。鉴于实际初始条件的差异，这 n 组平移补偿量之间存在不一致性，如图 10-9 所示。

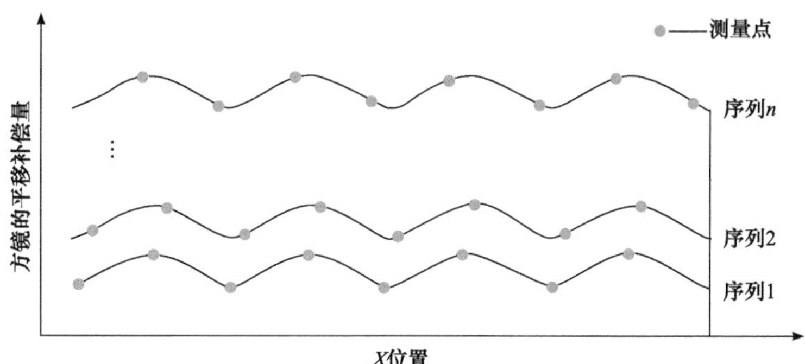

图 10-9　根据测量数据计算出的方镜平移补偿量

为得到精确的方镜平移补偿量，将所有序列平滑连接以消除初值差异。先定义插值数据

$$\begin{cases} My = A * My_j + B * My_{j+1} + C * S_i + D * S_{i+1} \\ A = \dfrac{x_{j+1} - x}{x_{j+1} - x_j},\ B = 1 - A \\ C = \dfrac{1}{6}(A^3 - A) * (x_{j+1} - x_j)^2 \\ D = \dfrac{1}{6}(B^3 - B) * (x_{j+1} - x_j)^2 \end{cases} \tag{10.14}$$

其中，S 为三次样条插值函数，满足 $My''=A*S_j+B*S_{j+1}$。利用式(10.14)得到统一测量点坐标后的各序列测量值。给每一个序列定义一个偏移量 O_i，以 $\overline{My(x_{kj})}$ 与 $\overline{My(x_{rj})}$ 表示在序列 k 和序列 r 中方镜在位置 j 上平移补偿量的三次样条插值，依据最小二乘原理定义

$$R=\sum_{j=1}^{n}\left\{\left[(My(x_{kj})-O_k\right]-\left[\overline{My(x_{rj})}-O_r\right]\right\}^2+\left\{\left[\overline{My(x_{kj})}-O_k\right]+\left[My(x_{rj})-O_r\right)\right]^2\right\} \quad (10.15)$$

将式(10.15)对 (O_k-O_r) 进行偏导，求得使 R 最小的结果：

$$O_k-O_r=\frac{1}{2n}\sum_{j=1}^{n}\left[My(x_{kj})-\overline{My(x_{rj})}\right]+\left[\overline{My(x_{kj})}-My(x_{rj})\right] \quad (10.16)$$

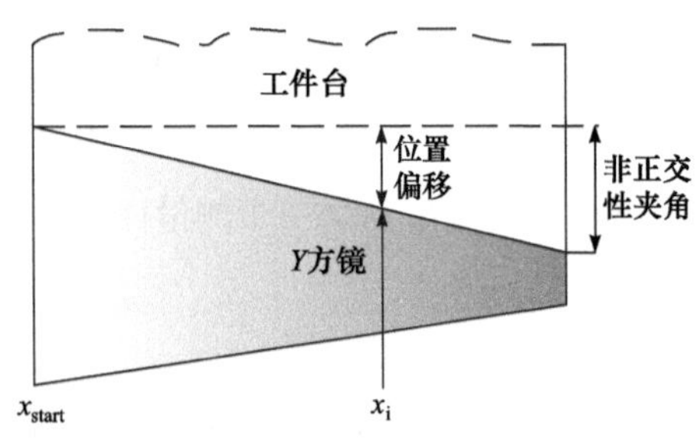

图 10-10　工件台相邻侧面非正交性的影响

设定初始值 $O_1=0$，由式(10.16)求出所有序列的偏移量。将这些偏移量叠加到对应的平移补偿量序列，再连接各个序列就得到精确的方镜平移补偿量。

考虑到如图 10-10 所示的工件台相邻侧面非正交性影响，对所有测量的 R_{zy} 求平均得到非正交性夹角，利用非正交性夹角与相对 x_{start} 位移的乘积求出每一测量点的位置偏移。将偏移结果加到计算结果上，得到精确的工件台 Y 方镜旋转偏移量和平移偏移量

$$\begin{cases} MR_{zy}(i)=-\overline{R_{zy}(i)}+R_{z0} \\ My(i+1)=My(i)+\dfrac{\overline{R_{zy}(i+1)}+\overline{R_{zy}(i)}}{2}*d+O_i+(x-x_{start})*R_{z0} \\ R_{z0}=\text{mean}(R_{zy}) \end{cases} \quad (10.17)$$

其中，函数 mean()表示求几何平均值。将式(10.17)的结果加到已计算的方镜不平度上，得到精确的工件台 Y 方镜旋转偏移量和平移偏移量。根据同样的原理，也可求得工件台 X 方镜和掩模台 Y 方镜的不平度。

10.1.3.2　实验与分析

在洁净室中采用工件台实验平台对该方法进行验证。X 方镜的有效长度为 250mm，Y 方镜的有效长度为 200mm。利用干涉仪校准程序得到干涉仪两测量光束 X_1 与 X_2 的间距 dx = 25.161367074mm，Y_1 和 Y_2 的间距 dy = 25.151661072mm。设置工件台步进的间距为 0.5mm，计算出 X 方向上有 51 个测量序列，每个序列有 10 个测量点；Y 方向上有 51 个测量序列，每个序列有 8 个测量点。设置每一个测量序列往返测量 10 次，首先计算每一点的测量平均值，考虑到浮点数舍入误差会造成测量点间隔不均匀，以及不同序列间测量点坐标不一致，先采用三次样条插值法对每一个序列的测量点进行插值归整，然后计算方镜的平移补偿量与旋转补偿量。

图 10-11 给出了根据该方法测出的工件台方镜平移补偿量和旋转补偿量，其中 X 方镜的最大平移补偿量跨度为 40.052nm，最大旋转补偿量跨度为 1.799μrad；Y 方镜的最大平移补偿量跨度为 14.203nm，最大旋转补偿量跨度为 0.678μrad。

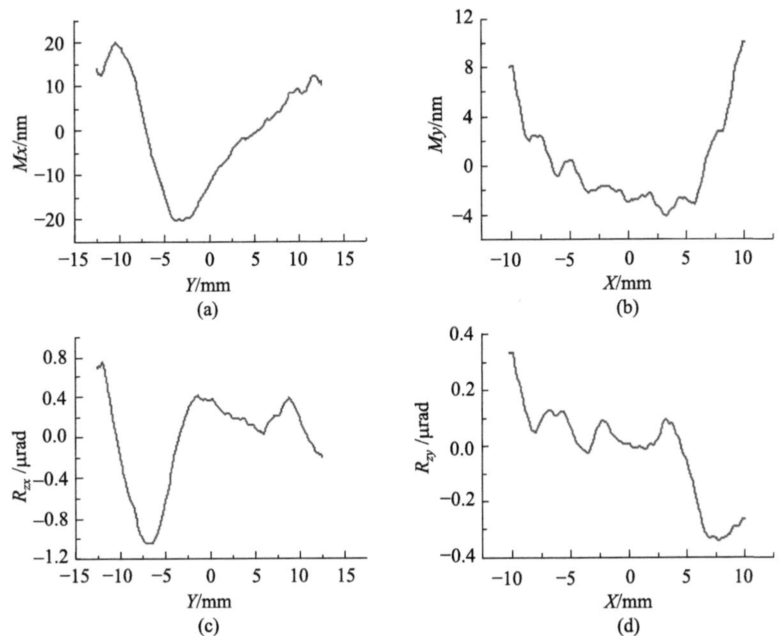

图 10-11 方镜不平度的测量结果，其中(a)、(c)分别为 X 方镜的平移补偿量和旋转补偿量，(b)、(d)分别为 Y 方镜的平移补偿量和旋转补偿量

在实际应用过程中，测量系统受到环境影响，会产生随机的漂移导致测量数据不准确。目前该方法中采用数据滤波来消除这种影响，滤波的基本原则是滤掉明显超过上一次测量值两倍或小于上一次测量值二分之一的原始数据，再使用过滤后的原始数据平均值进行计算。此外，还可以结合临近测量点加权平均的方法进一步消除环境的影响。

10.1.4 工件台水平坐标系校正参数检测技术[1,5]

在步进扫描投影光刻机的坐标体系中，激光干涉仪被用来建立工件台的水平测量坐标系。由于加工技术等限制，工件台相邻的两个侧面不会绝对正交并且存在面形不平度，同时干涉仪中用于测量工件台水平位置的各路测量光束也并非绝对平行，因此由干涉仪测出的工件台位置与实际位置之间存在偏差。当进行多层套刻时，位置偏差的叠加会形成曝光图形的畸变，从而降低光刻机的套刻精度。这种偏差可以使用工件台水平坐标系的校正参数来实时补偿，因此对校正参数的检测和标定对于提高工件台的定位精度具有显著意义。

理想的工件台位置测量系统需要干涉仪测量平面、方镜法线平面、工件台运动平面共面，并且各个平面中 X 和 Y 方向的单位矢量正交。在实际的工况中，可以通过数学方法有效地消除不共面问题带来的负面影响，如综合余弦误差、阿贝误差影响的工件台位置建模技术。但是，来自于工件台实际运动的非正交性影响无法消除，如工件台运动方向非正交性，X和Y轴单位尺度不一致性等。在工件台的位置控制策略中，伺服机构接受来自测量系统的测量值进行闭环控制，以高精度地快速达到测量系统所指定的位置。如果能够准确地检测出工件台运动的非正交性等无法消除的定位误差源，就可以通过标定工件台的水平测量坐标系，由测量系统给出工件台的准确位置，从而消除工件台运动的定位偏差。因此，对工件台水平坐标系中非正交性因子和坐标轴尺度偏差的检测，就是工件台水平坐标系校正参数检测的主要目标。

本小节介绍一种基于光学对准的步进扫描投影光刻机工件台水平坐标系校正参数检测技术。该技术将位置对准标记曝光在硅片表面，显影后用光刻机的离轴对准系统进行测量，得到硅片表面对准标记图样的理论位置与实际位置的偏差；通过数学分析并考虑硅片上片偏差和形变的影响，建立理论曝光位置与实际读出位置的线性关系；最后利用最小二乘法计算得到工件台水平坐标系的非正交性与坐标轴尺度偏差。该技术能精确地测量出工件台水平坐标系的非正交性和尺度比例，也能测量出硅片上片的位置偏差和硅片形变因子。

10.1.4.1　检测原理

该技术的测试过程包括标记曝光、硅片显影、对准读数与参数计算等四个过程，如图 10-12 所示。首先将图 10-13 所示的位置对准标记曝光于硅片表面，该标记分为四个部分，纵向分布的部分用于测量X方向的位置偏移，横向分布的部分用于测量Y方向的位置偏移；然后将硅片取出并进行后烘与显影，接着分别在旋转不同角度时送入同一光刻机利用离轴对准系统进行读数，对准系统通过扫描将参考光栅与硅片上的标记图样重叠，求出名义曝光位置与实际曝光位置的偏差；最后将测得的结果代入数学公式，由所建立的位置偏差与影响因子的关系方程计算得到最终结果。

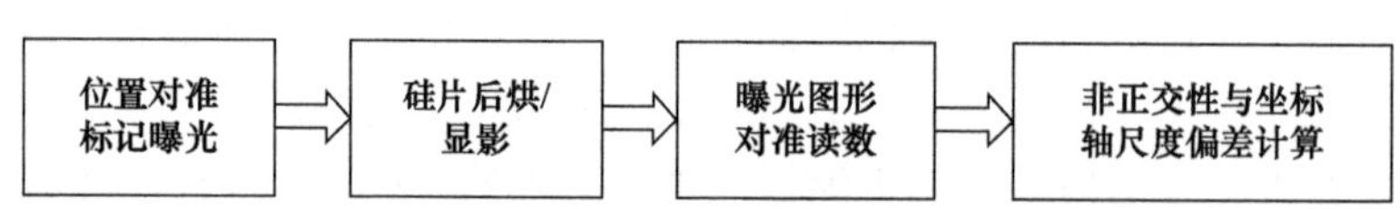

图 10-12　基于光学对准的工件台水平坐标系校正参数检测流程

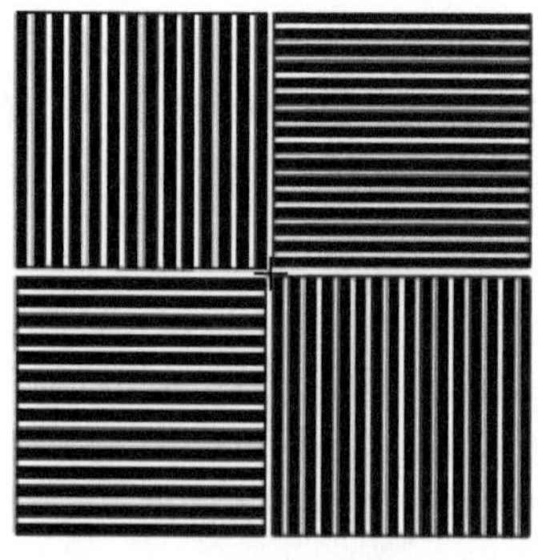

图 10-13　硅片上的位置对准标记

由于工件台水平坐标系非正交性和坐标轴尺度偏差的存在，理论上干涉仪测得的工件台位置与理论位置的偏差可表示为

$$\Delta P = P_{\text{actual}} - P_{\text{theory}} = \frac{\partial P}{\partial O} * O + \frac{\partial P}{\partial S} * S + e \tag{10.18}$$

其中，P_{theory} 与 P_{actual} 表示工件台的理论位置与实测位置；O 表示干涉仪测量系统的非正交因子；S 表示干涉仪测量系统的测量坐标轴尺度；e 表示其他误差。式(10.18)所表示的关系近似线性，若推导出该线性关系并证明非线性误差足够小而不影响计算结果，就可由推导的线性关系求解出工件台水平坐标系的非正交性因子与坐标轴尺度偏差。

在硅片上某处曝光一个图样，之后将硅片旋转一个角度再测量出图样的位置。在曝光与测量过程中共包含了 4 类数据：设置值、期望值、测量值和实际值。设置值表示图样曝光的理论位置，用下标 S 表示；期望值表示硅片旋转后图样的理想位置，用下标 E 表示；测量值表示测量的图样位置，用下标 M 表示；实际值表示曝光和测量时工件台移动到的实际位置，用下标 A 表示。此外，约定用上标 e 表示曝光过程，r 表示测量过程。于是，根据坐标系旋转原理可得期望值与设置值的关系

$$\begin{pmatrix} X \\ Y \end{pmatrix}_{\text{E}}^{\text{r}} = T * \begin{pmatrix} X \\ Y \end{pmatrix}_{\text{S}}^{\text{e}}, \quad T = \begin{pmatrix} \cos\alpha & -\sin\alpha \\ \sin\alpha & \cos\alpha \end{pmatrix} \tag{10.19}$$

其中，α 表示硅片旋转角。设 X 轴测量尺度与标准尺度的关系为

$$S_x = (1+N)S_0 \tag{10.20}$$

其中，S_0 为标准尺度；S_x 为 X 轴测量尺度；N 表示倍率缩放因子，为干涉仪标定的常数。考虑到工件台水平坐标系非正交性易受到工作环境的影响，故采用系统非正交性的增量 ΔO 和 ΔS_{yx} 作为研究对象，其中 $S_{yx}=S_y/S_x$ 表示 Y 轴测量尺度与 X 轴测量尺度的比例。以 X 轴测量尺度为基准，确定设置位置与实际曝光位置的关系为

$$\begin{pmatrix} X \\ Y \end{pmatrix}_{\text{S}}^{\text{e}} = \begin{pmatrix} X \\ Y \end{pmatrix}_{\text{A}}^{\text{e}} + \begin{pmatrix} 0 \\ Y \end{pmatrix}_{\text{S}}^{\text{e}} * \Delta S_{yx} - \begin{pmatrix} 0 \\ X \end{pmatrix}_{\text{S}}^{\text{e}} * \Delta O \tag{10.21}$$

$$\begin{pmatrix} X \\ Y \end{pmatrix}_{\text{M}}^{\text{r}} = \begin{pmatrix} X \\ Y \end{pmatrix}_{\text{A}}^{\text{r}} + \begin{pmatrix} 0 \\ Y \end{pmatrix}_{\text{M}}^{\text{r}} * \Delta S_{yx} - \begin{pmatrix} 0 \\ X \end{pmatrix}_{\text{M}}^{\text{r}} * \Delta O \tag{10.22}$$

由于 $Y_{\text{M}}^{\text{r}} * \Delta S$ 与 $X_{\text{M}}^{\text{r}} * \Delta O$ 都是高阶项，影响极小，为简化建模过程而近似为

$$Y_{\text{M}}^{\text{r}} = Y_{\text{A}}^{\text{r}} + Y_{\text{E}}^{\text{r}} * \Delta S - X_{\text{E}}^{\text{r}} * \Delta O \tag{10.23}$$

在理想情况下，工件台在标记曝光时的位置和对准测量时的位置应满足式(10.19)的关系。实际情况下，由于硅片上片时存在位置偏差和旋转角偏差，同时硅片自身也会受环境和化学反应影响产生形变，这些因素通过对准系统扫描硅片上标记图样的过程转移到工件台定位上，得到

$$\begin{pmatrix} X \\ Y \end{pmatrix}_{\text{A}}^{\text{r}} = (1+\Delta M) * \begin{pmatrix} 1 & -\Delta\mu \\ \Delta\mu & 1 \end{pmatrix} * \left(T * \begin{pmatrix} X \\ Y \end{pmatrix}_{\text{A}}^{\text{e}} \right) + \begin{pmatrix} \Delta X_{\alpha} \\ \Delta Y_{\alpha} \end{pmatrix} \tag{10.24}$$

其中，$1+\Delta M$ 表示硅片的膨胀系数；$\Delta\mu$ 表示硅片上片的旋转角偏差；$\Delta X_\alpha,\Delta Y_\alpha$ 表示硅片上片的位置偏差。将式(10.24)中影响极小的高阶项滤除，整理得到

$$\begin{pmatrix} X \\ Y \end{pmatrix}_{\mathrm{A}}^{\mathrm{r}} = T*\begin{pmatrix} X \\ Y \end{pmatrix}_{\mathrm{A}}^{\mathrm{e}} + \begin{pmatrix} \Delta M & -\Delta\mu \\ \Delta\mu & \Delta M \end{pmatrix}*\begin{pmatrix} X \\ Y \end{pmatrix}_{\mathrm{E}}^{\mathrm{r}} + \begin{pmatrix} \Delta X_\alpha \\ \Delta Y_\alpha \end{pmatrix} \tag{10.25}$$

由式(10.19)、式(10.22)和式(10.23)将对准测量的位置偏差写为

$$\begin{pmatrix} \delta X \\ \delta Y \end{pmatrix} = \begin{pmatrix} X \\ Y \end{pmatrix}_{\mathrm{M}}^{\mathrm{r}} - \begin{pmatrix} X \\ Y \end{pmatrix}_{\mathrm{E}}^{\mathrm{r}} = \left(\begin{pmatrix} X \\ Y \end{pmatrix}_{\mathrm{A}}^{\mathrm{r}} + \begin{pmatrix} 0 \\ Y \end{pmatrix}_{\mathrm{M}}^{\mathrm{r}} * \Delta S_{yx} - \begin{pmatrix} 0 \\ X \end{pmatrix}_{\mathrm{M}}^{\mathrm{r}} * \Delta O\right) - \left(T*\begin{pmatrix} X \\ Y \end{pmatrix}_{\mathrm{S}}^{\mathrm{e}}\right) \tag{10.26}$$

代入式(10.25)并滤除影响极小的高阶项，整理得到

$$\begin{aligned}\begin{pmatrix} \delta X \\ \delta Y \end{pmatrix} &= \begin{pmatrix} \Delta X_\alpha \\ \Delta Y_\alpha \end{pmatrix} - T*\left(\begin{pmatrix} X \\ Y \end{pmatrix}_{\mathrm{S}}^{\mathrm{e}} - \begin{pmatrix} X \\ Y \end{pmatrix}_{\mathrm{A}}^{\mathrm{e}}\right) + \begin{pmatrix} \Delta M & -\Delta\mu \\ \Delta\mu & \Delta M \end{pmatrix}*\begin{pmatrix} X \\ Y \end{pmatrix}_{\mathrm{E}}^{\mathrm{r}} \\ &\quad + \begin{pmatrix} 0 \\ Y \end{pmatrix}_{\mathrm{M}}^{\mathrm{r}} * \Delta S_{yx} - \begin{pmatrix} 0 \\ X \end{pmatrix}_{\mathrm{M}}^{\mathrm{r}} * \Delta O\end{aligned} \tag{10.27}$$

再将式(10.21)代入，整理得到

$$\begin{aligned}\begin{pmatrix} \delta X \\ \delta Y \end{pmatrix} &= \left(T*\begin{pmatrix} 0 \\ X \end{pmatrix}_{\mathrm{S}}^{\mathrm{e}} - \begin{pmatrix} 0 \\ X \end{pmatrix}_{\mathrm{E}}^{\mathrm{r}}\right)*\Delta O + \left(\begin{pmatrix} 0 \\ Y \end{pmatrix}_{\mathrm{E}}^{\mathrm{r}} - T*\begin{pmatrix} 0 \\ Y \end{pmatrix}_{\mathrm{S}}^{\mathrm{e}}\right)*\Delta S_{yx} \\ &\quad + \begin{pmatrix} 1 \\ 0 \end{pmatrix}*\Delta X_\alpha + \begin{pmatrix} 0 \\ 1 \end{pmatrix}*\Delta Y_\alpha + \begin{pmatrix} X \\ Y \end{pmatrix}_{\mathrm{E}}^{\mathrm{r}}*\Delta M + \begin{pmatrix} -Y \\ X \end{pmatrix}_{\mathrm{E}}^{\mathrm{r}}*\Delta\mu \\ &= C_\alpha*\begin{pmatrix} \Delta O & \Delta S_{yx} & \Delta X_\alpha & \Delta Y & \Delta M & \Delta\mu \end{pmatrix}^{\mathrm{T}}\end{aligned} \tag{10.28}$$

其中，C_α 表示与硅片旋转角 α 相关的测量数据矩阵。式(10.28)表明测量位置偏差与 6 个影响因子之间是线性关系。

假设曝光了 N 个标记，在确定的硅片转角下，根据式(10.22)就得到 $2N$ 个用于确定 6 个待定参数 $\Delta S,\Delta O,\Delta X,\Delta Y,\Delta M,\Delta\mu$ 的超定方程组。以 90°为例，可以得到

$$\begin{pmatrix} \begin{pmatrix} \delta X \\ \delta Y \end{pmatrix}_1 \\ \begin{pmatrix} \delta X \\ \delta Y \end{pmatrix}_2 \\ \vdots \\ \begin{pmatrix} \delta X \\ \delta Y \end{pmatrix}_N \end{pmatrix} = \begin{pmatrix} \begin{pmatrix} Y_{\mathrm{S}}^{\mathrm{e}} & -X_{\mathrm{S}}^{\mathrm{e}} & 1 & 0 & X_{\mathrm{E}}^{\mathrm{r}} & -Y_{\mathrm{E}}^{\mathrm{r}} \\ Y_{\mathrm{E}}^{\mathrm{r}} & -X_{\mathrm{E}}^{\mathrm{r}} & 0 & 1 & Y_{\mathrm{E}}^{\mathrm{r}} & X_{\mathrm{E}}^{\mathrm{r}} \end{pmatrix}_1 \\ \begin{pmatrix} Y_{\mathrm{S}}^{\mathrm{e}} & -X_{\mathrm{S}}^{\mathrm{e}} & 1 & 0 & X_{\mathrm{E}}^{\mathrm{r}} & -Y_{\mathrm{E}}^{\mathrm{r}} \\ Y_{\mathrm{E}}^{\mathrm{r}} & -X_{\mathrm{E}}^{\mathrm{r}} & 0 & 1 & Y_{\mathrm{E}}^{\mathrm{r}} & X_{\mathrm{E}}^{\mathrm{r}} \end{pmatrix}_2 \\ \vdots \\ \begin{pmatrix} Y_{\mathrm{S}}^{\mathrm{e}} & -X_{\mathrm{S}}^{\mathrm{e}} & 1 & 0 & X_{\mathrm{E}}^{\mathrm{r}} & -Y_{\mathrm{E}}^{\mathrm{r}} \\ Y_{\mathrm{E}}^{\mathrm{r}} & -X_{\mathrm{E}}^{\mathrm{r}} & 0 & 1 & Y_{\mathrm{E}}^{\mathrm{r}} & X_{\mathrm{E}}^{\mathrm{r}} \end{pmatrix}_N \end{pmatrix} * \begin{pmatrix} \Delta S_{yx} \\ \Delta O \\ \Delta X \\ \Delta Y \\ \Delta M \\ \Delta\mu \end{pmatrix} \tag{10.29}$$

采用最小二乘法求解该方程组，使下式取最小值

$$\sum_{\text{All Marks}} \left\| \left[\begin{pmatrix} X \\ Y \end{pmatrix}_{\text{M}}^{\text{r}} - \begin{pmatrix} X \\ Y \end{pmatrix}_{\text{E}}^{\text{r}} \right] \middle/ \sigma \right\|^2 \tag{10.30}$$

其中，σ 为测量值与期望值偏差的标准差。使用矩阵表示法将超定方程组写为

$$D = C * P \tag{10.31}$$

其中，D 表示 N 个标记的位置偏差矩阵；P 表示 6 个待定的参数，解得最后的结果为

$$P = (C^{\text{T}}C)^{-1} * C^{\text{T}} * D \tag{10.32}$$

其残差为

$$R^2 = \left\| [1 - C * (C^{\text{T}}C)^{-1} * C^{\text{T}}] * D \right\| / \sigma^2 \tag{10.33}$$

10.1.4.2　实验与分析

采用扫描式光刻样机为实验平台，设置干涉仪测量系统的非正交因子初始值为 0，坐标轴尺度比例初始值为 1，并作用于光刻机的双频干涉仪。利用工艺编辑软件编写位置对准标记的曝光文件，使用 200mm 硅片，选择曝光场为 6mm×6mm，标记距离 5mm，共 93 个标记。直接进行非零层曝光，曝光后将硅片显影，显影后送入同一光刻机进行对准，分别在硅片旋转 0°、90°、180°和 270°时对每一个标记图样进行测量。再从结果日志文件中提取出测量数据代入式(10.28)，在每一个转角下得到具有 186 个线性方程的超定方程组，根据式(10.32)利用 MATLAB 进行求解，计算结果见表 10-1 和表 10-2。

表 10-1　设置非正交性因子初值为 0 与坐标轴尺度偏差初值为 1 后首次实验的计算结果

	ΔO/μrad	ΔS/ppm	ΔM	$\Delta\mu$/μrad	ΔX/μm	ΔY/μm
0°	−7.212	3.111	0.008	−6.966	11.231	5.025
90°	−7.194	2.810	0.010	−6.932	10.180	4.828
180°	−7.213	3.714	0.009	−6.295	10.015	5.107
270°	−7.202	2.972	0.015	−7.027	11.467	5.083
平均值	−7.20525	3.1518	0.0105	−6.805	10.72325	5.01075
标准差	0.00900	0.39450	0.00311	0.34226	0.73205	0.12660

表 10-2　以表 10-1 中非正交性因子的平均值与坐标轴尺度偏差的平均值作为初值后再次实验的计算结果

	ΔO/μrad	ΔS/ppm	ΔM	$\Delta\mu$/μrad	ΔX/μm	ΔY/μm
0°	−0.061	1.048	0.008	−5.835	9.527	6.033
90°	−0.084	1.901	0.011	−7.012	10.130	5.241
180°	−0.067	2.337	0.013	−6.502	11.011	5.568
270°	−0.075	2.581	0.017	−6.883	10.628	6.001
平均值	−0.07175	1.9668	0.0105	−6.5580	10.3240	5.71075
标准差	0.00998	0.67400	0.00311	0.52840	0.64219	0.37821

由表 10-1 可以看到，由于设置了理想初值，首次实验中非正交因子、坐标轴尺度比例的偏差较大，这个结果反映了工件台水平坐标系当前的非正交性。由表 10-2 可以看到，以首次实验的计算值作为初始值后，再次实验的计算结果中非正交性因子变化明显变小，说明计算结果较为准确地趋向表 10-1 的计算结果。不同旋转角下的四次测量结果中非正交性因子的测量重复精度优于 0.01μrad，坐标轴尺度比例测量重复精度优于 0.7ppm。此外，由表 10-1 和表 10-2 也可以看到，上片误差与硅片膨胀因子受非正交性初始值的影响很小，因此该方法也可用来统计光刻机上片误差与硅片的膨胀系数。

10.2　调焦调平传感技术

减小曝光波长和增大数值孔径(NA)是提高光刻分辨率的有效手段，但是会降低焦深。为提高投影光刻机的产率，硅片尺寸越来越大，硅片的不平度随之增加。为保证曝光视场处于有效焦深之内，需要采用调焦调平传感器测量出硅片表面相对于投影物镜焦平面的轴向高度值和倾斜量，通过调焦机构实现硅片的调焦调平。本节介绍两类调焦调平传感技术[11]，即狭缝投影位置传感技术和光栅投影位置传感技术。

10.2.1　狭缝投影位置传感技术[11,12-14]

Nikon 公司的调焦调平传感器采用了狭缝投影位置传感技术。在该狭缝投影位置传感技术中，狭缝投影在硅片上，经过硅片反射后在探测狭缝上形成狭缝像，利用狭缝像透过探测狭缝的光强变化获得硅片相对于投影物镜焦平面的相对高度。由于光电探测器只接收透过探测狭缝的光强，当传感器光源的输出光强发生变化或者不同硅片的反射率存在差异时，都会改变传感器的探测光强进而影响离焦量的测量精度。因此，若要进一步提高其测量精度，需要对传感器光源的输出光强和不同硅片的反射率进行标定，以消除光源输出光强变化和硅片反射率差异引入的测量误差。

ASML 公司用于整场调焦调平的调焦传感器中，激光聚焦在硅片上产生测量光斑，测量光斑经过硅片的反射后由透镜成像在两个光电探测器上，利用两个探测信号形成差动测量则可以消除传感器光源输出光强的变化和不同硅片反射率差异的影响。但是两个光电探测器之间必然有一定的间隔，它降低了调焦传感器在其零位附近的灵敏度，故测量信号随硅片位置的变化只能近似作为线性处理，因此在后来用于逐场调焦调平的调焦调平传感器中它只能作为粗测部分使用。

本小节首先介绍狭缝成像位置传感技术和基于探测双缝的狭缝投影位置传感技术，然后在此基础上探讨基于空间滤波的狭缝投影位置传感技术。该技术利用探测双缝和双象限探测器形成差动测量，使得位置测量对传感器光源输出光强的变化和不同硅片反射率的差异不敏感。由于双象限探测器接收狭缝像透过探测双缝的光强，不但传感器零位附近的测量灵敏度不会降低，而且在狭缝投影过程中利用空间滤波可以提高传感器零位附近的测量精度。同时，该狭缝投影位置传感技术可以获得大的传感范围和较高的测量精度。

10.2.1.1　狭缝成像位置传感技术

1. 原理

狭缝成像位置传感技术的测量光路如图 10-14 所示。光源为半导体激光器，激光器出射的激光束经过准直透镜后垂直照明成像狭缝。成像狭缝位于透镜 L_1 的前焦面上，透镜 L_1 和透镜 L_2 组成 4f 系统，在透镜 L_2 的后焦面上放置探测双缝，成像狭缝经过 4f 系统 1∶1 成像在探测双缝上。探测双缝经过透镜 L_3 放大成像在双象限探测器上，狭缝像通过探测双缝的光强分别被探测器的两个象限所接收。当成像狭缝的位置在垂直于狭缝刻线方向上发生变化时，利用双象限探测器两个象限探测的光强可以获得成像狭缝的位置变化量。

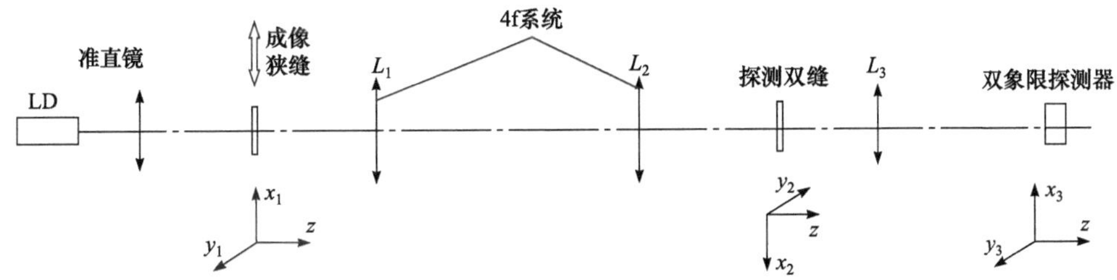

图 10-14　狭缝成像位置传感技术的测量光路

在图 10-14 中，半导体激光器被驱动电流直接调制，并采用方波调制。半导体激光器的直接调制易于实现且结构简单，方波调制使信号解调处理变得容易，因此采用直接方波调制的半导体激光器作为光源降低了传感器结构和信号处理的复杂性。经过调制的半导体激光照明成像狭缝，则位置测量信号被调制,它不仅消除了测量过程中杂散光的影响，还抑制了双象限探测器的频率噪声，从而提高了传感器的信噪比。半导体激光经过准直透镜后被准直成具有一定大小的平行光束，而矩形成像狭缝的尺寸很小(如 1mm×0.1mm)，准直激光照明成像狭缝的光斑远大于成像狭缝，因此利用激光束中心部分照明成像狭缝可实现成像狭缝的均匀照明。成像狭缝垂直于 4f 系统的光轴放置，且成像狭缝的刻线方向为水平方向。透镜 L_1 和透镜 L_2 组成的 4f 系统是全对称的成像系统，其横向像差自动消除。同时，成像狭缝的尺寸很小，即 4f 系统成像时视场很小，即使 4f 系统采用较大的数值孔径也可以校正像差使其光学传递函数接近衍射极限。探测双缝的结构如图 10-15(a)所示，它由两个左右分开、上下错位而大小相等的矩形狭缝组成。探测双缝中单个狭缝的缝宽方向和成像狭缝的缝宽方向垂直，并且探测双缝中单个狭缝的长度大于成像狭缝的缝宽。探测双缝的左右两个狭缝在刻线方向上的错位量为狭缝长度，使得左侧狭缝的下边缘和右侧狭缝的上边缘刚好在同一水平线上。探测双缝的旋转对称中心和 4f 系统的光轴重合。成像狭缝经过 4f 系统在探测双缝上所成的像如图 10-15(a)所示。透镜 L_3 具有比 4f 系统更大的数值孔径，通过探测双缝的光强全部被双象限探测器接收。双象限探测器是一种集成型的光电探测器，如图 10-15(b)所示，它由两个光电探测器(如光电二极管)组成，其光敏面中间由沟道隔开，两光电探测器有相同性能参数，双象限探测器光敏面中间的沟道方向和探测双缝的缝宽方向垂直，透镜 L_3 选择合适的放大倍率，透过探测双缝左、右两个狭缝的光强分别被双象限探测器右、左两个象限所接收，则在双象限探测器形成如图 10-15(b)所示的两个探测光斑。双象限探测器的使用不仅能提高信号探测的一致性，还使传感器结构更为紧凑。

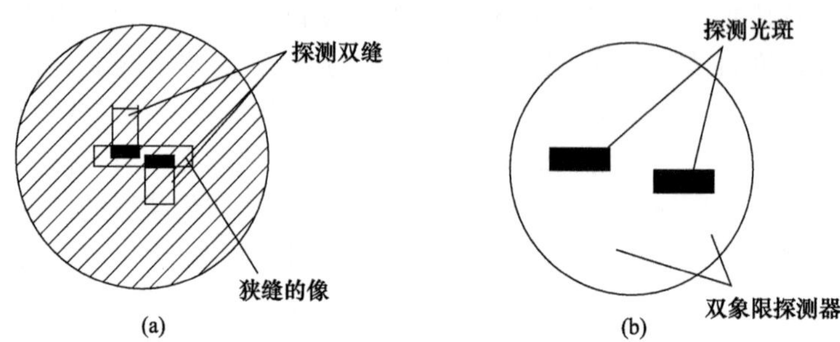

图 10-15　(a)探测双缝与狭缝像；(b)双象限探测器与探测光斑图

在图 10-14 中，4f 系统的光轴方向定义为坐标轴 z，在成像狭缝所处平面内将狭缝缝宽方向定义为坐标轴 x_1，狭缝刻线方向定义为轴 y_1。坐标轴 x_1 和坐标轴 z 的交点作为坐标轴 x_1 的坐标原点，被设置为位置传感器的零位。相应地，在探测双缝所处的平面内设置坐标轴 x_2、y_2，并使坐标轴 x_2、y_2 的方向分别和坐标轴 x_1、y_1 相反。不妨设成像狭缝在 x_1 方向上相对于传感器零位的位置变化量为 x，以下章节中位置变化量 x 均是相对于传感器零位而言。成像狭缝缝宽为 p，透过狭缝后的光强分布函数 $i(x_1)$可以写为

$$i(x_1) = I_0 \text{rect}\left(\frac{x_1 - x}{p}\right) \tag{10.34}$$

其中，I_0 为成像狭缝上的入射光强；rect( )表示矩形函数。理论上，从成像狭缝出射的激光束将产生衍射，通过透镜 L_1 进行傅里叶变换，即在 L_1 的后焦面形成连续的频谱分布。透镜 L_2 完成逆傅里叶变换，在透镜 L_2 的后焦面上得到成像狭缝的倒像。4f 系统具有较大的数值孔径，并且几何像差被校正使其光学传递函数接近衍射极限，成像狭缝经过 4f 系统的成像过程在一定测量精度要求下可以作为理想成像处理，即狭缝像在坐标轴 x_2 上的光强分布可以写为

$$i(x_2) = I_0 \cdot \text{rect}\left(\frac{x_2 - x}{p}\right) \tag{10.35}$$

当成像狭缝在 x_1 轴上的位移量满足

$$-p/2 < x < p/2 \tag{10.36}$$

时，这一段传感范围称为传感器的测量区间，则探测双缝的两个狭缝都有狭缝像的光强通过。狭缝像透过探测双缝右、左两个狭缝的总光强分别为

$$I_1 = \int_0^L i\ (x_2)\mathrm{d}x_2 = I_0(p/2 + x) \tag{10.37}$$

$$I_2 = \int_{-L}^0 i\ (x_2)\mathrm{d}x_2 = I_0(p/2 - x) \tag{10.38}$$

其中，L 为探测双缝中单个狭缝的长度。由于探测双缝中单个狭缝的宽度为亚毫米量级或更大，其衍射效应不明显，同时透镜 L_3 具有比透镜 L_2 更大的数值孔径，狭缝像透过探测双缝的光强几乎全部被双象限探测器所接收，因此探测器两个象限探测的光强分别为 I_1、I_2。如果成像狭缝上的入射光强恒定，只要探测出双象限探测器任意一个象限的光强，根据式(10.37)或式(10.38)即可以检测出位置变化量 x。实际中，半导体激光器很容易受温度变化影响致使输出功率改变，这将导致测量光强发生变化。为了消除激光器输出功率变化的影响，利用探测器两个象限探测到的光强 I_1、I_2 来计算位移量，即形成差动测量。由式(10.37)或式(10.38)可推导出位置变化量 x 的计算公式为

$$x = \frac{p}{2} \cdot \frac{I_1 - I_2}{I_1 + I_2} \tag{10.39}$$

由于成像狭缝上的入射光强 I_0 是探测光强 I_1、I_2 的公因子，即入射光强 I_0 的变化同时影响探测光强 I_1、I_2，则比值$(I_1-I_2)/(I_1+I_2)$不受入射光强 I_0 变化的影响，从而消除了激光器输出光强变化的影响。因此，将双象限探测器两个象限输出的信号按照公式(10.39)进行处理即可以精确求解出成像狭缝的位置变化量。

当被测距离 x 满足

$$x < -p/2 \text{ 或 } x > p/2 \tag{10.40}$$

时，这一段传感范围称为传感器的判向区间，狭缝像仅落在探测双缝的一个狭缝上，即双象限探测器只有一个象限能探测到光强信号。由式(10.37)或式(10.38)可知 I_1 或者 I_2 为零，传感器可以判断出成像狭缝偏离零位的正负方向，即在零位的上方或是下方。

当位置传感器应用于精密定位时，如需要将成像狭缝定位于位置传感器的零位，在传感器检测出成像狭缝处于判向区间后，利用调整机构按照一定的调整步骤将成像狭缝的位置调整到传感器的测量区间，传感器即可以测量出成像狭缝的位置变化量，此时调整机构就可以将精确的成像狭缝定位在位置传感器的零位处。因此，狭缝成像位置传感器利用特殊结构的探测双缝将传感范围分成测量区间和判向区间，在精密定位中测量区间实现位置的精确测量以满足精密定位的要求，而判向区间对位置做出定性的判断而扩大了定位范围。

2. 实验

为了验证狭缝成像位置传感技术的测量原理，构建如图 10-14 所示的实验光路。半导体激光器的波长为 808nm，采用占空比为 1∶1 的方波调制，其调制频率为 25kHz。成像狭缝的长度、宽度分别为 1mm、0.1mm，成像狭缝固定在手动微动平台上，其高度可以通过转动平台上的微动螺杆进行微调。透镜 L_1 和 L_2 的焦距、通光孔径分别为 120mm、20mm。探测双缝单个狭缝的缝宽、缝长分别为 0.3mm、0.5mm，探测双缝左右狭缝之间的距离为 0.1mm。透镜 L_3 为 4×显微物镜。双象限探测器的光敏面为 6mm。利用内调焦望远镜调整照明光路、成像狭缝和探测光路使它们同轴，成像狭缝和探测双缝物像共轭，狭缝像透过探测双缝的光强形成的两个探测光斑分别位于双象限探测器的左右两个象限。

在实验中，转动微动平台的微动螺杆使狭缝上升/下降，即利用微动平台的位移改变狭缝的高度，实验装置检测成像狭缝的高度变化量，被检测的高度变化量即为微动平台的位

移变化。检测过程中以狭缝中心和 4f 系统光轴重合时的狭缝位置作为成像狭缝高度的零位。首先调整微动平台使成像狭缝下降并偏离零位，然后反向转动微动螺杆使狭缝上升，在消除微动平台的空程后相继转动微动螺杆使成像狭缝以 5μm 的步长共上升 200μm，在 41 个测量点上根据公式(10.39)得到的高度测量数据如图 10-16 所示。在图 10-16 的测量曲线中间部分，高度测量数据和微动平台的位移成线性关系，而测量曲线两端的高度测量数据保持不变，从而很好地验证了测量原理。图 10-16 中，根据高度测量数据和微动平台位移量绘制的测量曲线有少量的线性偏差，这主要是由微动平台的手动误差引起的。图 10-16 所测量曲线中间部分的拟合直线斜率不为 1，即测量数据中存在系统误差，其原因是制作狭缝和探测双缝的刻蚀基板具有一定的透过率，产生了和测量信号同频率的背景光强信号。在图 10-16 中测量曲线中间部分对应的 21 个测量点上，其高度的重复测量精度如图 10-17 所示，高度测量的重复测量误差小于 45nm(1σ)，可见这种检测方法具有较高的测量精度。

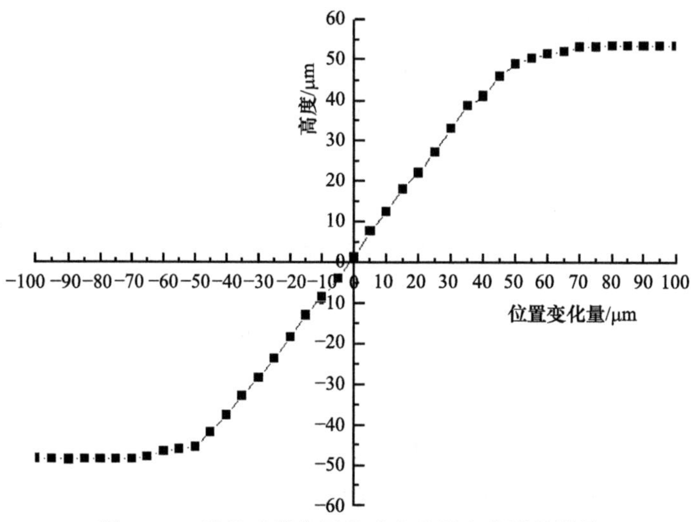

图 10-16　狭缝成像位置传感实验的高度测量结果

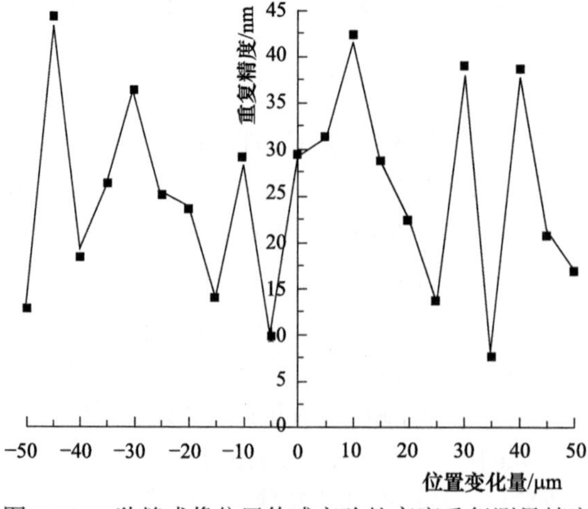

图 10-17　狭缝成像位置传感实验的高度重复测量精度

10.2.1.2　基于探测双缝的狭缝投影位置传感技术

狭缝成像位置传感技术要求被测物体能够通过某种方式产生一条狭缝或者被测物体和刻有狭缝的机械件刚性连接在一起，其应用范围受到一定限制。在狭缝成像位置传感技术基础上形成了一种狭缝投影位置传感技术。该技术对被测物体没有上述要求，并且当被测物体上方空间狭小时也可以应用，应用范围更广。

1. 原理

狭缝投影位置传感技术的测量光路如图 10-18 所示。半导体激光器发出的激光束经过准直透镜后垂直照明矩形的投影狭缝。投影狭缝位于透镜 L_1 的前焦面上，透镜 L_1 和透镜 L_2 形成 4f 系统 1，被测物体位于透镜 L_2 的后焦面附近，4f 系统 1 将投影狭缝投影在被测物体上。被测物体同时处于透镜 L_3 的前焦面附近，透镜 L_3 和透镜 L_4 形成 4f 系统 2，在透镜 L_4 的后焦面放置探测双缝，狭缝投影经过被测物体的反射由 4f 系统 2 在探测双缝上再次成像。探测双缝由透镜 L_5 成像在双象限探测器上，狭缝像透过探测双缝的光强分别被双象限探测器的两个象限探测。通过检测双象限探测器两个象限上的光强就可以获得被测物体位置变化量。

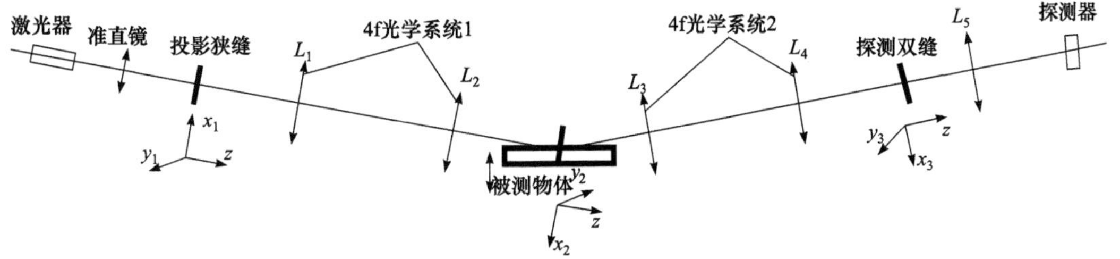

图 10-18　狭缝投影位置传感技术的测量光路

图 10-18 中光源的调制、狭缝的照明与图 10-14 中光源的调制、狭缝的照明完全相同，即半导体激光器采用方波调制，激光准直后照明小尺寸的投影狭缝获得均匀照明。投影狭缝经过 4f 系统 1 后 1∶1 成像，4f 系统 1 的光轴与被测物体表面形成的夹角很小，则投影狭缝以掠入射角度投影在被测物体上。被测物体位于透镜 L_2 后焦点所处的水平面附近，则被测物体表面处于投影狭缝像的中心附近。狭缝的刻线方向和被测表面平行，选择合适的入射角度和投影狭缝尺寸，在被测物体表面获得方形的投影光斑以平均被测物体局部的反射率差异。组成 4f 系统 1、4f 系统 2 的透镜 L_1～L_4 具有相同的光学参数，4f 系统 2 与 4f 系统 1 关于铅垂方向对称放置，并且透镜 L_2 后焦点和透镜 L_3 前焦点重合，因此在探测双缝上得到与投影狭缝大小相等的狭缝像。探测双缝及探测双缝后面的探测光路与图 10-14 对应的部分相同，即探测双缝的结构和狭缝像在探测双缝的位置如图 10-15(a)所示，透镜 L_5 将探测双缝的两个狭缝分别成像在双象限探测器的两个象限上，狭缝像透过探测双缝的光强在双象限探测器上形成两个如图 10-15(b)所示的探测光斑。在图 10-18 中，将光路前进的方向即 4f 系统 1 和 4f 系统 2 的光轴方向均定义为 z 轴。在投影狭缝平面上，投影狭缝的刻线方向定义为 y_1 轴，而垂直于狭缝刻线的缝宽方向定义

为 x_1 轴。类似地，在被测物体附近的狭缝像平面与探测双缝平面上定义 x_2 轴、y_2 轴与 x_3 轴、y_3 轴(图 10-18)。坐标轴 x_1、y_1、z 和坐标轴 x_2、y_2、z 均构成右手坐标系，而坐标轴 x_3、y_3、z 构成左手坐标系，则坐标轴 x_1、y_1 方向、坐标轴 x_2、y_2 方向与坐标轴 x_3、y_3 方向构成物像关系。x_1 轴和 z 轴的交点定义为 x_1 轴的原点，投影狭缝的中心和 x_1 轴的原点重合，投影狭缝的缝宽为 p，透过成像狭缝的光强分布函数可以写为

$$i(x_1) = I_0 \cdot \mathrm{rect}\left(\frac{x_1}{p}\right) \tag{10.41}$$

其中，I_0 为投影狭缝上的入射光强。4f 系统 1 为全对称光学系统，并采用较大的数值孔径，其几何像差被校正使光学传递函数接近衍射极限，小尺寸的狭缝经过 4f 系统 1 成像在测量精度要求下可以作为理想成像处理，则 x_2y_2 平面上狭缝像的光强分布为

$$i(x_2) = I_0 \cdot \mathrm{rect}\left(\frac{x_2}{p}\right) \tag{10.42}$$

x_2y_2 平面内的投影狭缝像经过被测物体的反射后将通过 4f 系统 2 在探测双缝上再次成像。4f 系统 1 和 4f 系统 2 光轴的交点即透镜 L_2 后焦点所处的水平面设置为传感器的零位，当被测物体的位置相对于传感器的零位产生偏离，探测双缝平面上的狭缝像将发生位移。设被测物体在铅垂方向上的位置变化量为 x，并将沿图 10-18 中被测物体表面法线向上的方向作为 x 的正向，4f 系统 1 和 4f 系统 2 光轴之间的夹角为 2θ，即投影狭缝在被测物体上的掠入射角度为θ，则狭缝像在探测双缝上的位移变化为

$$\Delta x_3 = 2x\sin\theta \tag{10.43}$$

若被测物体的反射率为 R，探测双缝上狭缝像的光强分布为

$$i(x_3) = I_0 R \cdot \mathrm{rect}\left(\frac{x_3 - 2x\sin\theta}{p}\right) \tag{10.44}$$

实际上，投影狭缝像除了在垂直于光轴的方向上发生位移Δx_3 以外，其轴向位置也会发生变化，由于采用了掠入射投影方式，轴向位置变化远小于垂轴方向的位置变化。同时，4f 系统 1 和 2 的放大倍率都为−1×，当投影狭缝像产生微量的轴向位置变化时光学系统放大倍率的变化很小，使得传感器对投影狭缝像的微量轴向位置变化不敏感。

当被测物体偏离传感器的零位时，若其位置变化量满足

$$-\frac{p}{4\sin\theta} \leqslant x \leqslant \frac{p}{4\sin\theta} \tag{10.45}$$

这一段测量区间称为传感器的测量区间，则探测双缝的两个狭缝都有狭缝像的光强通过。狭缝像透过探测双缝左右两个狭缝的总光强分别为

$$I_1 = \int_{-L}^{0} i(x_3)\mathrm{d}x_3 = I_0 R\left(\frac{p}{2} - 2x\sin\theta\right) \tag{10.46}$$

$$I_2 = \int_{0}^{L} i(x_3)\mathrm{d}x_3 = I_0 R\left(\frac{p}{2} + 2x\sin\theta\right) \tag{10.47}$$

透镜 L_5 采用比透镜 L_4 更大的数值孔径，使透过探测双缝的光强全部被双象限探测器所接收。因此，双象限探测器的左右两个象限接收到的总光强分别为 I_2、I_1。如果投影狭缝上的入射光强恒定并且不同被测物体具有相同的反射率，只要检测出双象限探测器任意一个象限的光强变化，利用式(10.46)或式(10.47)即可以获得被测物体的位置变化量。实际中，半导体激光器很容易受温度变化影响致使输出功率改变，导致测量光强产生波动，同时不同被测物体的反射率差异也会影响测量光强。为了消除这些因素的影响以提高测量精度，利用探测器两个象限探测到的光强信号 I_1、I_2 来计算位置变化量。由式(10.46)或式(10.47)可推导出位置变化量 x 的计算公式为

$$x = \frac{p}{4\sin\theta} \cdot \frac{I_2 - I_1}{I_2 + I_1} \tag{10.48}$$

入射光强 I_0 和反射率 R 是探测光强 I_1、I_2 的公因子，计算比值$(I_1-I_2)/(I_1+I_2)$时被消去，则位置变化量的测量与激光器输出光强变化、不同被测物体的反射率差异无关。因此，在测量区间利用双象限探测器两个象限上的探测光强按照公式(10.48)进行计算即可精确求解出被测物体的位置变化量。

若被测物体的位置变化范围为

$$-\frac{L}{2\sin\theta} - \frac{p}{4\sin\theta} < x < -\frac{p}{4\sin\theta} \tag{10.49}$$

或者

$$\frac{p}{4\sin\theta} < x < \frac{L}{2\sin\theta} + \frac{p}{4\sin\theta} \tag{10.50}$$

时，这一段测量区间称为判向区间，狭缝像仅落在探测双缝的一个狭缝上，双象限探测器只有一个象限能探测到光强信号，即双象限探测器的一个象限探测不到光强。因此，当双象限探测器的一个象限探测的光强为零而另一个象限探测的光强不为零时，说明被测物体的位置处于判向区间。同时，通过区分 I_1 还是 I_2 为零，就可以定性地判断被测物体处于公式(10.49)还是公式(10.50)所表示的范围，即判别被测物体的位置变化方向。与狭缝成像位置传感技术一样，狭缝投影位置传感技术的判向区间扩大了传感器的传感范围，其传感范围由探测双缝中单个狭缝的长度决定。

当需要将不同被测物体精确定位于某一固定位置时，如投影光刻机中将硅片定位于投影物镜焦平面上，其位置测量特别适合于采用狭缝投影位置传感器来进行。首先使狭缝投影位置传感器的零位与被测物体的目的位置重合，然后利用传感器测量被测物体的位置变化量。若被测物体处于传感器的测量区间，在计算出位置变化量后利用定位调整机构将被测物体调整到传感器的零位。当被测物体处于传感器的零位时，双象限探测器两个象限的探测光强相等，因此利用传感器可以监测被测物体是否被精确地定位于传感器的零位。若被测物体在判向区间中，传感器可以判断出被测物体是处于测量区间的上方还是下方，即确定了将被测物体调整到传感器零位的移动方向。定位调整机构利用固定的移动距离将被测物体向测量区间移动，同时利用传感器进行测量，若双象限探测器两个象限探测光强都不为零，则说明被测物体已经处于测量区间，否则被测物体仍然处

于判向区间，还需要将被测物体以固定的移动距离继续向测量区间移动，直到被测物体被调整到测量区间为止。在测量区间内，则可以定量地将被测物体定位于传感器的零位。从上述位置调整步骤可以看出，利用传感器的判向区间可以获得大的传感范围，进而扩大定位系统的定位范围。利用位置传感器的测量区间精密测量被测物体的位置，则可以实现被测物体的精确定位。

2. 实验

为了验证狭缝投影位置传感技术的传感原理，构建如图 10-18 所示的实验光路。半导体激光器、准直透镜、投影狭缝和 4f 系统 1 固定在同一个机械筒内构成发射光路，而 4f 系统 2、探测双缝、透镜 L_5 和双象限探测器固定在同一个机械筒内构成探测光路。采用置于手动微动平台上的小块硅片作为被测物体，硅片的高度可以通过转动平台上的微动螺杆进行微调。半导体激光器的波长为 808nm，采用占空比为 1∶1 的方波进行调制，其调制频率为 25kHz。

投影狭缝的缝宽、缝长分别为 0.1mm、1mm。透镜 L_1～L_4 的光学参数相同，其焦距、通光孔径分别为 120mm、20mm。探测双缝单个狭缝的缝宽、缝长分别为 0.3mm、0.5mm，探测双缝左右狭缝之间的距离为 0.1mm。透镜 L_5 为 4×显微物镜，双象限探测器的光敏面为 6mm。在实验装置的调整过程中，使用标准光楔作为参考，使发射光路、探测光路的光轴与被测物体表面的法线均成 84.5°角。利用内调焦望远镜进行监测，调整发射光路和探测光路的光轴方向使它们经过硅片反射以后同轴，并调整发射光路、探测光路和被测面的距离使投影狭缝和探测双缝经过硅片的反射以后物像共轭。

实验过程中，转动微动螺杆使微动平台产生位移以改变硅片的高度，利用实验装置检测硅片的高度变化。在测量过程中，将双象限探测器两个象限信号相等时的硅片位置作为其高度的零位。调整微动平台使硅片偏离其零位并逐渐下降，在硅片下降的过程中，双象限探测器一个象限的探测信号逐渐增大，而另一个象限探测的信号逐渐减小，当硅片下降到一定距离后双象限探测器一个象限的探测信号保持不变，而另一个象限的探测信号逐渐减小为零，说明硅片进入了传感器的判向区间；使硅片继续下降一段距离以后，反向转动微动螺杆使硅片上升一小段距离，以消除微动平台的空程；相继转动微动螺杆使微动平台逐步向上位移 100μm，位移量增加的步长为 2μm，在每一个测量点上记录双象限探测器两个象限的探测信号，并利用公式(10.48)计算硅片的位置变化量，其实验结果如图 10-19、图 10-20 所示。图 10-19 给出了随平台位移变化的硅片高度测量结果。

在传感器的测量区间(即变化曲线的中间段)，硅片的高度和平台的位移成线性关系。在传感器的判向区间(即变化曲线的两端)，测量值不发生改变，即双象限探测一个象限的探测信号为零，因此，位置传感原理被很好地验证。在图 10-19 中，根据高度测量结果和位移量变化绘制的测量曲线有线性偏差，这主要是由微动平台的手动误差所引起。图 10-19 中测量高度的极值不为 25.14μm(0.1mm 缝宽、84°入射角对应的传感器测量区间)，可见测量数据中存在系统误差，其原因是制作投影狭缝和探测双缝的刻蚀基板具有一定的透过率，使测量信号中包含一个同频率的背景光信号。图 10-20 给出了测量区间每一个测量点上的重复测量精度，可以看出位置检测的重复测量误差小于 32nm(1σ)，可见这种位置传感技术具有较高的测量精度。

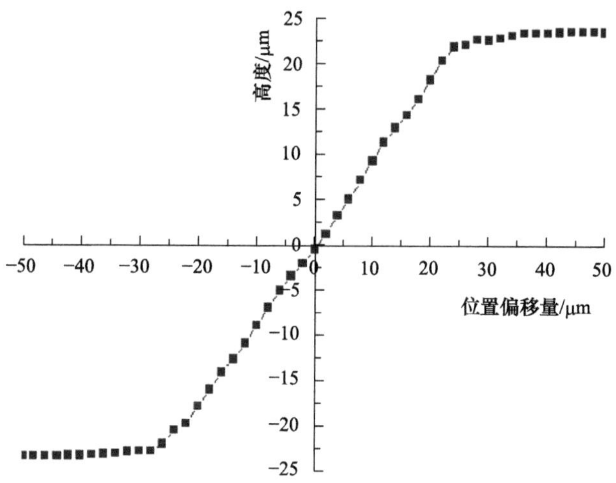

图 10-19　狭缝投影位置传感实验的高度测量结果

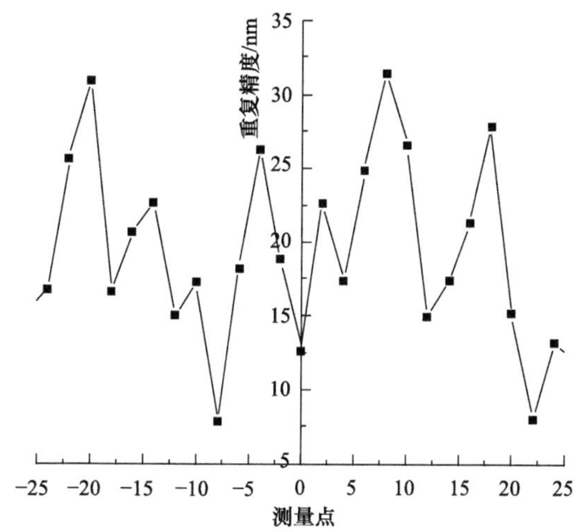

图 10-20　狭缝投影位置传感实验的高度重复测量精度

10.2.1.3　基于空间滤波的狭缝投影位置传感技术

基于探测双缝的狭缝投影位置传感器中，由于 4f 系统 1 和 2 有较大的数值孔径，狭缝的像可以作为理想像处理。在位置传感器的测量区间内双象限探测器两个象限的探测光强和被测物体的位置变化量成线性关系。在狭缝宽度一定的情况下采用空间滤波改变探测信号与被测物体位置变化量之间的线性关系可以提高狭缝投影位置传感器在零位附近的灵敏度，进而提高定位精度。

1. 原理

基于空间滤波的狭缝投影位置传感技术的测量光路如图 10-21 所示，除了在透镜 L_1 的后焦面上设置了一个光阑以外，图 10-21 的其他部分与图 10-18 完全相同。图 10-21 中投影狭缝平面、透镜 L_2 后焦面和探测双缝上的坐标系和图 10-18 中相同，在频谱面上建立坐标系 z，坐标轴分别平行于 x_1、y_1 轴。对于缝宽为 p 的投影狭缝，其透过率函数 $t(x_1)$为

$$t(x_1)=\mathrm{rect}\left(\frac{x_1}{p}\right) \tag{10.51}$$

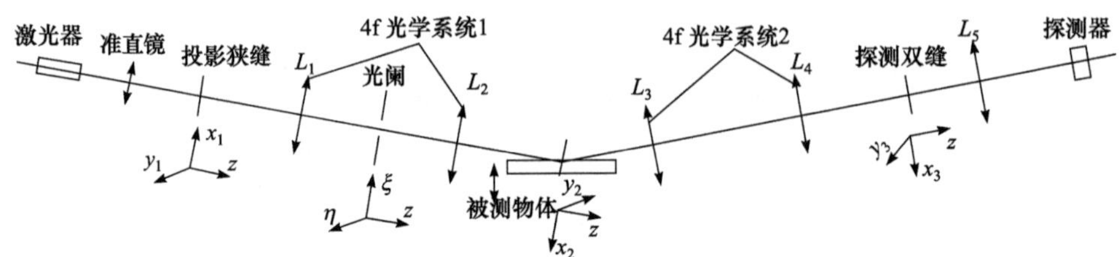

图 10-21　基于空间滤波的狭缝投影位置传感技术的测量光路

若投影狭缝上的入射光强为 I_0，则 x_1y_1 平面的振幅分布为

$$E(x_1)=\sqrt{I_0}\,t(x_1)=\sqrt{I_0}\,\mathrm{rect}\left(\frac{x}{p}\right) \tag{10.52}$$

投影狭缝位于透镜 L_1 的前焦面上，经过透镜 L_1 以后在其后焦面(即 4f 系统 1 的频谱面)得到 $E(x_1)$的傅里叶变换，其频谱函数为

$$\tilde{E}(u)=F[E(x_1)]=\sqrt{I_0}\,p\mathrm{sinc}(pu)\Big|_{u=\frac{\xi}{\lambda f}} \tag{10.53}$$

其中，$F[]$表示傅里叶变换；sinc()为 sinc 函数，λ为照明光束的波长；f 为透镜 L_1 的焦距。在后焦面上设置光阑，即采用滤波器

$$\tilde{t}(u)=\mathrm{rect}\left(\frac{u}{q}\right)_{u=\frac{\xi}{\lambda f}} \tag{10.54}$$

进行空间滤波，其中 $q/2$ 为滤波器的截止频率。经过透镜 L_2 以后再次完成傅里叶变换，则在 x_2y_2 平面得到像场的振幅分布为

$$E(x_2)=F[\tilde{E}(u)\cdot\tilde{t}(u)]_{x_2=\lambda fu}=\sqrt{I_0}\,\mathrm{rect}(x_2/p)*q\sin c(qx_2) \tag{10.55}$$

其中，$*$表示卷积，则 x_2y_2 平面上狭缝像的光强分布为

$$i(x_2)=I_0[\mathrm{rect}(x_2/p)*q\mathrm{sinc}(qx_2)]^2 \tag{10.56}$$

可见，经过空间滤波以后狭缝像的光强分布和理想成像条件下的光强分布(见公式(10.42))不同。当公式(10.56)中的 q 趋向无穷大时，sinc 函数的极限形式变为δ函数，公式(10.56)就可以写为公式(10.42)，即所有频率的光参与狭缝成像时才形成理想像。由公式(10.56)可以看出，狭缝像的光强分布由滤波光阑的大小决定。当 I_0 取为 1，p 为 0.1mm，q 分别为 $10\mathrm{mm}^{-1}$、$100\mathrm{mm}^{-1}$ 和 $1000\mathrm{mm}^{-1}$ 时，狭缝像在 x_2 轴上-0.1～0.1mm 范围内的光强分布如图 10-22 所示。由图 10-22 可以看出，利用空间滤波能得到不同于矩形分布的

狭缝像光强分布，且只有在截止频率很高的情况下可以作为理想成像处理。

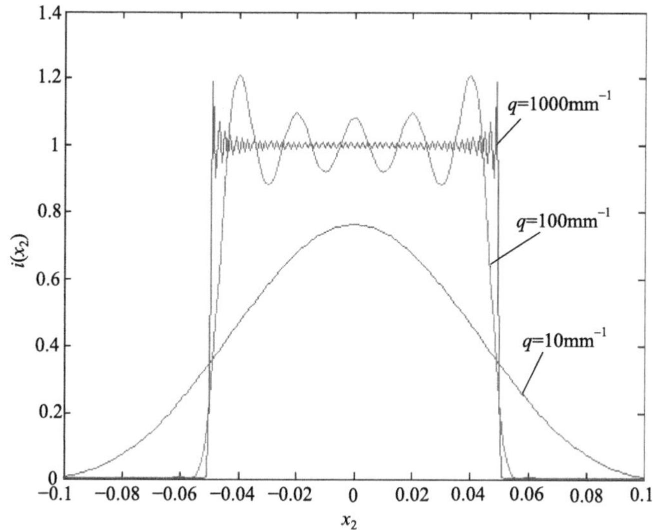

图 10-22　不同截止频率条件下狭缝像的光强分布

经过被测物体的反射和 4f 系统 2 的成像，在探测双缝平面上再次得到狭缝像。被测物体在铅垂方向上的位置变化量为 x，投影狭缝在被测物体上的掠入射角度为θ，被测物体的反射率为 R，狭缝像在探测双缝上的位置变化量和被测物体的位置变化量仍然满足公式(10.43)，则探测双缝上狭缝像的光强分布为

$$i(x_3)=I_0R\left[\text{rect}\left(\frac{x_3-2x\sin\theta}{p}\right)*q\text{sinc}(qx_3-2qx\sin\theta)\right]^2 \tag{10.57}$$

当被测物体的位置处于公式(10.45)确定的测量区间内时，投影狭缝像通过探测双缝左右两部分的光强分别为

$$I_1=I_0R\int_{-L}^{0}i(x_3)\text{d}x_3=I_0R\int_{-L-2x\sin\theta}^{-2x\sin\theta}\left[\text{rect}\left(\frac{x_3}{p}\right)*q\text{sinc}(qx_3)\right]^2\text{d}x_3 \tag{10.58}$$

$$I_2=I_0R\int_{0}^{L}i(x_3)\text{d}x_3=I_0R\int_{-2x\sin\theta}^{L-2x\sin\theta}\left[\text{rect}\left(\frac{x_3}{p}\right)*q\text{sinc}(qx_3)\right]^2\text{d}x_3 \tag{10.59}$$

在公式(10.58)、(10.59)中，被积函数$[\text{rect}(x_3/p)*q\text{sinc}(qx_3)]^2$表示的光强分布主要集中在区间$[-p/2, p/2]$内，并且探测双缝中单个狭缝的长度 L 远大于投影狭缝的缝宽 p，因此公式 (10.58)、(10.59)可以写为

$$I_1=I_0R\int_{-\infty}^{-2x\sin\theta}\left[\text{rect}\left(\frac{x_3}{p}\right)*q\text{sinc}(qx_3)\right]^2\text{d}x_3 \tag{10.60}$$

$$I_2=I_0R\int_{-2x\sin\theta}^{\infty}\left[\text{rect}\left(\frac{x_3}{p}\right)*q\text{sinc}(qx_3)\right]^2\text{d}x_3 \tag{10.61}$$

为了消除激光器输出光强变化、不同被测物体的反射率差异的影响，仍然利用$(I_2-I_1)/(I_2+I_1)$解算位置变化量。由于被积函数$[\mathrm{rect}(x_3/p)*q\mathrm{sinc}(qx_3)]^2$为偶函数，利用公式(10.60)、(10.51)可以得出

$$\frac{I_2-I_1}{I_2+I_1}=\frac{2I_0R\int_0^{2x\sin\theta}\left[\mathrm{rect}\left(\frac{x_3}{p}\right)*q\mathrm{sinc}(qx_3)\right]^2\mathrm{d}x_3}{2I_0R\int_0^{\infty}\left[\mathrm{rect}\left(\frac{x_3}{p}\right)*q\mathrm{sinc}(qx_3)\right]^2\mathrm{d}x_3} \tag{10.62}$$

当滤波器的截止频率 $q/2$ 改变时，探测双缝上狭缝像的光强分布不相同，即公式(10.58)～(10.61)中被积函数$[\mathrm{rect}(x_3/p)*q\mathrm{sinc}(qx_3)]^2$ 随坐标 x_3 变化的曲线不相同，则相同的位置变化量 x 对应于不同的比值$(I_2-I_1)/(I_2+I_1)$，因此比值$(I_2-I_1)/(I_2+I_1)$对 x 变化的灵敏度是取决于滤波器的截止频率 $q/2$。

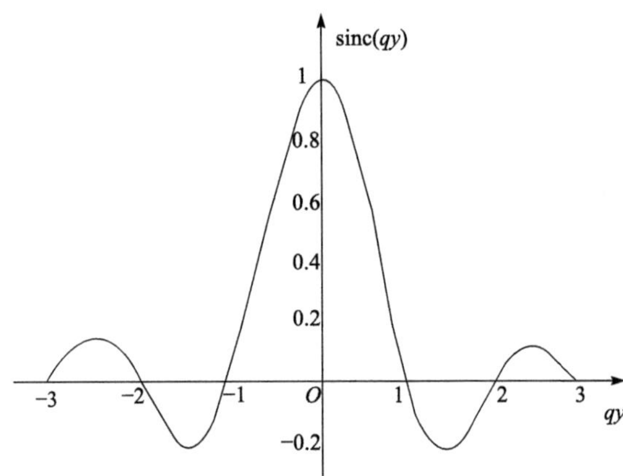

图 10-23　函数 sinc(qy)随 qy 改变的变化曲线图

不妨将公式(10.58)～(10.62)中的卷积部分记为 $\mathrm{con}(x_3)$，$\mathrm{con}^2(x_3)$表示公式(10.58)～(10.62)中的被积函数$[\mathrm{rect}(x_3/p)*q\mathrm{sinc}(qx_3)]^2$，即有

$$\mathrm{con}(x_3)=\mathrm{rect}\left(\frac{x_3}{p}\right)*q\mathrm{sinc}(qx_3) \tag{10.63}$$

$$\frac{I_2-I_1}{I_2+I_1}=\frac{2I_0R\int_0^{2x\sin\theta}\mathrm{con}^2(x_3)\mathrm{d}x_3}{2I_0R\int_0^{\infty}\mathrm{con}^2(x_3)\mathrm{d}x_3} \tag{10.64}$$

根据卷积的定义可以将公式(10.63)作如下变换

$$\mathrm{con}(x_3)=\int_{-\infty}^{\infty}\mathrm{rect}\left(\frac{y}{p}\right)q\mathrm{sinc}[q(x_3-y)]\mathrm{d}y=\int_{-pq/2}^{pq/2}\mathrm{sinc}[q(x_3-y)]\mathrm{d}(qy) \tag{10.65}$$

可见，函数 $\mathrm{con}(x_3)$是一个在区间$[-pq/2, pq/2]$内以变量 qy 对函数 $\mathrm{sinc}[q(x_3-y)]$进行积分的复杂函数。当 x_3 等于零时，公式(10.64)变为

$$\mathrm{con}(x_3)_{x_3=0}=\int_{-pq/2}^{pq/2}\mathrm{sinc}(qy)\mathrm{d}(qy) \tag{10.66}$$

偶函数 sinc(qy)为图 10-23 所示的振荡函数，当 qy 为零时取极值 1，当 qy 取其他整数时其值为零，在相邻零值之间有一个极值，相邻两极值的符号相反，后一个极值的绝对值总比前一个极值的绝对值小。从图 10-23 可以看出，仅当 qy 积分区间取为[−1，1]时，即

$$\frac{pq}{2}=1\Leftrightarrow\frac{q}{2}=\frac{1}{p} \tag{10.67}$$

积分式(10.66)取得最大值。当 p 取 0.1mm、q 值满足公式(10.67)为 20mm^{-1} 时，数值计算出 con$^2(x_3)$的变化曲线如图 10-24 所示。p 取 0.1mm、q 取为无穷大即狭缝理想成像情况下的矩形函数也在图 10-24 中画出。从图 10-24 可以看出，在区间[−0.02，0.02]内，con$^2(x_3)$的值均大于 1，在 x_3 为零时达到最大值，约 1.4。在图 10-24 中，当位置变化量 x_3 变大使 con$^2(x_3)$的值小于 1 时，与理想成像情况比较而言，公式(10.62)、(10.64)分子部分的值变小，相应地传感器的灵敏度降低了。因此，采用满足公式(10.67)的滤波器以后只是提高了传感器在零位附近的灵敏度，而降低了传感器测量区间边缘部分的灵敏度。

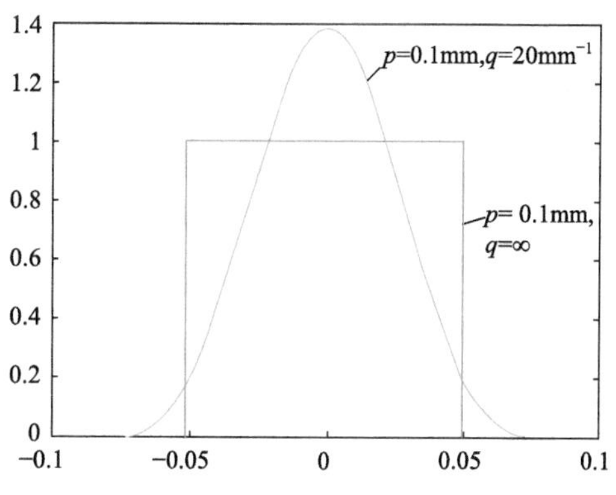

图 10-24　缝宽 0.1mm、截止频率 10mm^{-1} 条件下狭缝像光强分布

采用公式(10.67)确定的滤波器以后，由图 10-24 可以看出，当 x_3 为±0.05 时，con$^2(x_3)$并不为零，即测量区间比公式(10.58)、(10.59)确定的测量区间大，因此采用滤波器以后扩大了测量区间。但是在测量区间中，传感器的灵敏度是变化的，越是远离传感器的零位其灵敏度越低。由于公式(10.62)、(10.64)是一个复杂的积分函数，从公式(10.62)、(10.64)无法获得求解位置变化量的解析计算式。因此位置变化量的解算需要通过数值计算得到。

2. 实验

实验光路如图 10-21 所示，半导体激光器、准直透镜、投影狭缝和 4f 系统 1 固定在同一个机械筒内构成发射光路，而 4f 系统 2、探测双缝、透镜 L_5 和双象限探测器固定在同一个机械筒内构成探测光路。采用置于手动微动平台上的硅片作为被测物体，硅片的高度可以通过转动平台上的微动螺杆进行微调。半导体激光器的波长为 808nm，采用占空比为 1∶1 的方波进行调制，其调制频率为 25kHz。投影狭缝的缝宽、缝长分别为 0.1mm、1mm。透镜 L_1～L_4 的光学参数相同，它们的焦距和通光孔径分别为 120mm、20mm。4f 系统 1 频率面上的光阑大小为 2mm，对应的截止频率为 10.3mm^{-1}。探测双缝单个狭缝的缝宽、缝长分别为 0.3mm、0.5mm，探测双缝左右狭缝之间的距离为 0.1mm。透镜 L_5 为

4×显微物镜，双象限探测器的光敏面为 6mm。在实验装置的调整过程中，使用标准光楔作为参考，使发射光路、探测光路的光轴与被测物体表面的法线均成 84.5°角。利用内调焦望远镜进行监测，调整发射光路和探测光路的光轴方向，使它们经过硅片反射以后同轴，并调整发射光路、探测光路和被测面的距离，使投影狭缝和探测双缝经过硅片的反射以后物像共轭。实验过程和 10.2.1.2 节中的实验过程相同，转动微动螺杆使平台上升以改变硅片高度，利用实验装置检测硅片的高度变化量。在测量过程中，将双象限探测器两个象限信号相等时的硅片位置作为其高度的零位。调整微动平台使硅片偏离其零位并逐渐下降，在硅片下降的过程中，双象限探测器一个象限的探测信号逐渐增大，而另一个象限探测的信号逐渐减小，当硅片下降到一定距离后，双象限探测器中其中一个象限的探测信号保持不变，而另一个象限的探测信号逐渐减小为零，说明硅片进入了传感器的判向区间。使硅片继续下降一段距离以后，反向转动微动螺杆使硅片上升一小段距离以消除微动平台的空程。相继转动微动螺杆使硅片逐步向上位移 100μm，位移量增加的步长为 2μm，在每一个测量点上记录双象限探测器两个象限的探测信号。为了便于比较，仍然利用公式(10.48)计算硅片的位置变化量，其高度测量结果如图 10-25 中曲线 A 所示。同时，图 10-25 给出了 10.2.1.2 小节的实验结果，见曲线 B。在传感器的测量区间(即变化曲线的中间段)，测量高度和硅片的位移不再成线性关系，相对于没有空间滤波情况其测量区间的范围扩大。测量曲线在零位置附近可以近似为直线，但它的斜率比曲线 B 更大，说明采用空间滤波器以后传感器在零位附近具有更高的灵敏度。在传感器的判向区间(即变化曲线的两端)，测量值趋向不变，即双象限探测一个象限的探测信号为零。因此，基于空间滤波的狭缝投影位置传感原理被很好地验证。图 10-26 给出了测量区间中测量点的高度重复测量精度，可以看出其重复测量误差小于 30nm(1σ)，可见这种位置传感技术具有较高的测量精度。

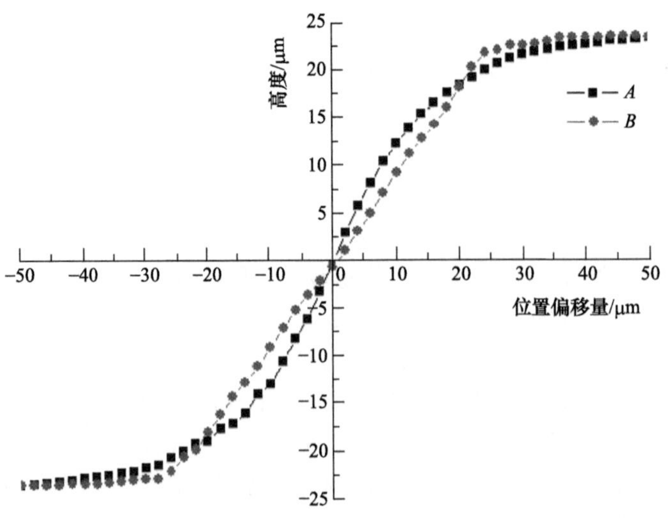

图 10-25　基于空间滤波狭缝投影位置传感实验的高度测量结果

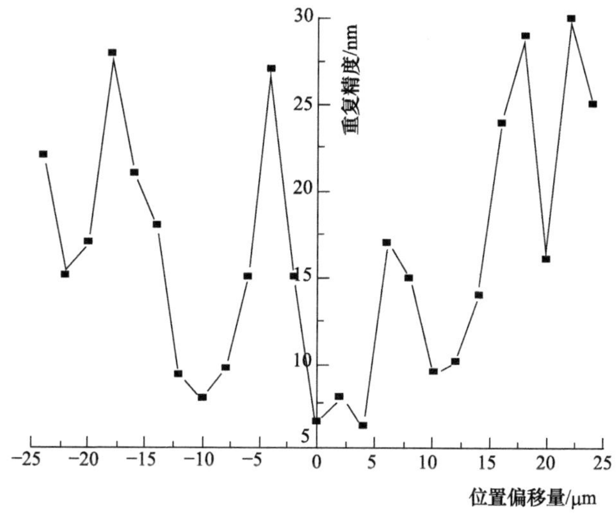

图 10-26　基于空间滤波狭缝投影位置传感实验的高度重复测量精度

10.2.2　光栅投影位置传感技术[11,15-17]

在 Nikon 公司采用狭缝投影进行位置测量的调焦调平传感器中，单个狭缝在被测物体上的投影面积很小，传感器只能测量曝光视场中硅片很小的局部区域，因此硅片面形起伏将会影响测量精度。为降低硅片面形起伏的影响，需要采用多个狭缝投影形成多点测量，利用测量平均值作为硅片的相对高度值。Canon 公司投影光刻机中用于逐场调焦调平的调焦调平传感器采用多个针孔投影，也是采用多点测量消除硅片面形起伏的影响。若将狭缝投影位置传感器用于投影光刻机调焦调平传感器中，硅片的面形起伏也会影响其测量精度，采用光栅投影的方法可以解决该问题。

ASML 公司用于逐场调平的调焦调平传感器采用光栅投影位置传感技术。由于基于莫尔效应的光栅计量具有平均效应，所以降低了硅片表面面形起伏的影响，在光栅投影位置传感技术中引入空间滤波和信号调制可以进一步提高其测量精度。

10.2.2.1　基于空间滤波的光栅投影位置传感技术

基于空间滤波的光栅投影位置传感技术通过使莫尔信号随被测物体位置正弦变化，提高了测量精度。当硅片涂覆光刻胶后，单色光入射会产生层间干涉。为消除层间干涉，可以采用白光照明或多波长照明方法。

1. 激光照明法

1) 原理

基于激光照明和空间滤波的光栅投影位置传感技术的测量光路如图 10-27 所示。激光器出射的激光束经过准直透镜后垂直照明投影光栅，投影光栅位于透镜 L_1 前焦面上，透镜 L_1 和 L_2 组成 4f 系统 1，4f 系统 1 的光轴和被测物体表面构成掠入射角度，投影光栅经过 4f 系统 1 投影在位于透镜 L_2 后焦点附近的被测物体表面上。被测物体同时处于

透镜 L_3 的前焦面附近，透镜 L_3 和透镜 L_4 形成 4f 系统 2，在透镜 L_4 的后焦面放置探测光栅，投影在被测物体上的光栅像被反射，经过 4f 系统 2 以后在探测光栅上再次形成光栅像，光栅像和探测光栅形成光闸莫尔条纹。当被测物体的位置变化时，莫尔信号也随之变化，则改变了通过探测光栅的光强。探测光栅经过一个透镜 L_5 成像在光电探测器的光敏面上，则随位置变化的光强信号被光电探测器所接收，利用光电探测器探测光强变化即可获得被测物体的位置变化量。

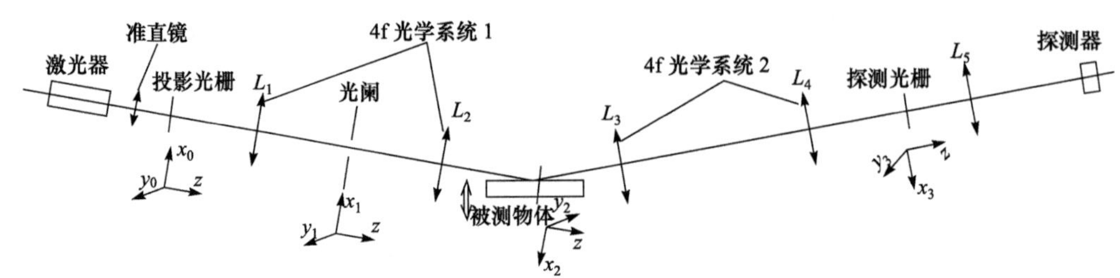

图 10-27　基于激光照明和空间滤波的光栅投影位置传感技术的测量光路

在图 10-27 中建立坐标系，将光束行进方向(即 4f 系统 1 和 4f 系统 2 的光轴方向)定义为 z 轴。在投影光栅平面上，投影光栅的刻线方向定义为 y_0 轴，而垂直于投影狭缝刻线的方向定义为 x_0 轴。类似地，可以在被测物体附近的光栅像平面与探测光栅平面上定义 x_2 轴、y_2 轴与 x_3 轴、y_3 轴。坐标轴 x_0、y_0、z 与坐标轴 x_2、y_2、z 构成右手坐标系，而坐标轴 x_3、y_3、z 构成左手手坐标系，则坐标轴 x_0、y_0 方向、坐标轴 x_2、y_2 方向与坐标轴 x_3、y_3 方向构成物像关系。透镜 L_1 的后焦面上设为 x_1y_1 平面，x_1、y_1 轴分别和 x_0、y_0 轴平行。x_0 轴和 z 轴的交点定义为 x_0 轴的原点，投影光栅中心和 x_0 轴的原点重合。对于栅距为 p、缝宽为 $p/2$ 的振幅型光栅，其透射率函数 $t(x_0)$ 可以写为

$$t(x_0)=\text{rect}\left(\frac{x_0}{p/2}\right)+\text{rect}\left(\frac{x_0-p}{p/2}\right)+\text{rect}\left(\frac{x_0+p}{p/2}\right)+\text{rect}\left(\frac{x_0-2p}{p/2}\right)+\cdots \tag{10.68}$$

光栅置于 4f 系统透镜 L_1 的前焦面上，设入射光强为 I_0，实际上光栅的栅线是有限的，设光栅的总宽度为 B，则 x_0y_0 面的振幅分布 $E(x_0)$ 为

$$E(x_0)=\sqrt{I_0}t(x_0)\text{rect}\left(\frac{x_0}{B}\right)=\sqrt{I_0}\text{rect}\left(\frac{x_0}{B}\right)\sum_{k=-\infty}^{\infty}\text{rect}\left(\frac{x_0-kp}{p/2}\right) \tag{10.69}$$

为了便于公式推导，将公式(10.69)用矩形函数 $\text{rect}[x_0/(p/2)]$ 和梳状函数 $\text{comb}(x_0/p)$ 的卷积来表示，其数学表达式为

$$E(x_0)=\frac{\sqrt{I_0}}{p}\text{rect}\left(\frac{x_0}{B}\right)\left[\text{rect}\left(\frac{x_0}{p/2}\right)*\text{comb}\left(\frac{x_0}{p}\right)\right] \tag{10.70}$$

经过透镜 L_1 以后得到 $E(x_0)$ 的光学傅里叶变换，在透镜 L_1 后焦面(即频谱面)上形成的频谱函数为

$$\tilde{E}(u)=F[E(x_0)]=\frac{\sqrt{I_0}\cdot B}{2}\operatorname{sinc}(Bu)\left[\operatorname{sinc}\left(\frac{pu}{2}\right)*\operatorname{comb}\left(\frac{u}{p}\right)\right]_{u=\frac{x_1}{\lambda f}} \tag{10.71}$$

其中，λ为激光波长；f为透镜 L_1 的焦距。将公式(10.71)写成级数形式为

$$\tilde{E}(u)=\frac{\sqrt{I_0}\cdot B}{2}\left\{\operatorname{sinc}(Bu)+\frac{2}{\pi}\operatorname{sinc}[B(u-1/p)]+\frac{2}{\pi}\operatorname{sinc}[B(u+1/p)]+\cdots\right\} \tag{10.72}$$

式中第一项为零级谱，第二、三项分别为 ± 1 级谱，后面依次为高级频谱，并且高级频谱中的偶数级次频谱是缺少的。典型的频谱分布如图 10-28 所示，其强度分布呈现为一系列亮点，其中心分别位于 $u=k/p(k=0,\pm1,\pm2,\cdots)$处。这是由于光栅总宽度 B 远大于光栅栅距 p，每一个 sinc 函数产生一个亮点，当光栅总宽度 B 趋向无穷大时，sinc 函数趋向于δ函数，即产生理想的亮点。

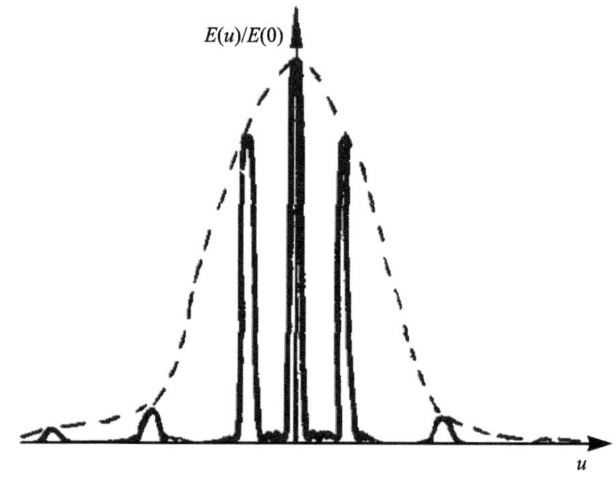

图 10-28　光栅傅里叶变换后的频谱分布

在透镜 L_1 的后焦面上设置光阑使零级、±1 级谱通过，即采用滤波函数

$$\tilde{t}(u)=\operatorname{rect}\left(\frac{u}{4/p}\right)_{u=\frac{x_1}{\lambda f}} \tag{10.73}$$

进行空间滤波，则通过光阑的频谱函数为

$$\tilde{E}'(u)=\frac{\sqrt{I_0}\cdot B}{2}\left\{\operatorname{sinc}(Bu)+\frac{2}{\pi}\operatorname{sinc}[B(u-1/p)]+\frac{2}{\pi}\operatorname{sinc}[B(u+1/p)]\right\} \tag{10.74}$$

滤波器的截止频率之所以选择为 $2/p$，是由于频谱函数中每一级次是由 sinc 函数形成的，实际上频谱在每一级次中心附近有一定宽度，投影光栅 1∶1 的线宽比使频谱中的±2 级谱是缺级的，将它作为滤波器的截止频率则可获得最佳滤波效果。通过透镜 L_2 后再次进行光学傅里叶变化，则在透镜 L_2 的后焦面(即投影光栅的像场)得到振幅分布

$$E(x_2)=F[\tilde{E}'(u)]_{x_2=\lambda fu}=\sqrt{I_0}\left[\frac{1}{2}+\frac{2}{\pi}\cos\left(\frac{2\pi}{p}x_2\right)\right]\operatorname{rect}\left(\frac{x_2}{B}\right) \tag{10.75}$$

则光栅像的光强分布为

$$i(x_2)=\left|E(x_2)\right|^2=I_0\left[\frac{1}{4}+\frac{2}{\pi^2}+\frac{2}{\pi}\cos\left(\frac{2\pi}{p}x_2\right)+\frac{2}{\pi^2}\cos\left(\frac{4\pi}{p}x_2\right)\right]\mathrm{rect}\left(\frac{x_2}{B}\right) \tag{10.76}$$

由上式可知，光栅像和投影光栅的周期、总宽度是相同的，只是光强分布有所不同。

使被测表面位于透镜 L_2 的后方焦点附近，4f 系统 1 和被测表面成掠入射状态，透镜 L_1 前焦面上的光栅经过 4f 系统 1 投影在被测物体表面上。4f 系统 2 与 4f 系统 1 关于铅垂方向对称放置，并且透镜 L_3 和透镜 L_2 的光学参数完全相同，并且透镜 L_3 的前焦点与透镜 L_2 的后焦点重合，投影光栅像经过被测表面的反射后将由 4f 系统 2 成像在探测光栅上。当透镜 L_3 和透镜 L_2 的公共焦点位于被测表面上时，被测表面所在的位置不妨定为传感器的零位，那么像光栅在透镜 L_4 的后焦面上的光强分布为

$$i(x_3)=I_0\left[\frac{1}{4}+\frac{2}{\pi^2}+\frac{2}{\pi}\cos\left(\frac{2\pi}{p}x_3\right)+\frac{2}{\pi^2}\cos\left(\frac{4\pi}{p}x_3\right)\right]\mathrm{rect}\left(\frac{x_3}{B}\right) \tag{10.77}$$

当被测物体的位置相对于传感器的零位产生偏离时，探测光栅平面上的光栅像将发生位移。设被测物体在铅垂方向上相对于传感器零位的位置变化量为 x，并将沿图 10-27 中被测物体表面向上的方向作为 x 的正向，4f 系统 1 和 4f 系统 2 光轴之间的夹角为 2θ，即投影光栅在被测物体上的掠入射角度为θ，则光栅像在探测光栅上的位置变化为

$$\Delta x_3=2\cdot x\cdot\sin\theta \tag{10.78}$$

若被测物体表面的反射率为 R，则被测物体位置变化后的光栅像在透镜 L_4 后焦面上的光强分布为

$$i(x_3)=\left\{\left(\frac{1}{4}+\frac{2}{\pi^2}\right)+\frac{2}{\pi}\cos\left[\frac{2\pi}{p}(x_3-\Delta x_3)\right]+\frac{2}{\pi^2}\cos\left[\frac{4\pi}{p}(x_3-\Delta x_3)\right]\right\}I_0R\,\mathrm{rect}\left(\frac{x_3}{B}\right) \tag{10.79}$$

实际上，光栅像除了在垂轴方向产生位移变化Δx_3以外，其轴向位置也会发生变化，由于采用了掠入射的投影方式，轴向位移变化远小于垂轴方向的位移变化，并且可以用透镜 L_3、L_4 焦深来消除其影响。探测光栅和投影光栅的栅距、缝宽相同，但探测光栅的线数比投影光栅多一些，以保证被测物体位置发生变化时光栅像全部落在探测光栅上。探测光栅的刻线方向和轴 x_3 垂直，则像光栅和探测光栅产生光闸莫尔条纹。不妨使探测光栅的中心位置和 4f 系统 2 的光轴在坐标轴 x_3 的方向上错位 $p/4$，即探测光栅的光强透过率 $t_1(x)$为

$$t_1(x)=\mathrm{rect}\left(\frac{x_3-p/4}{p/2}\right)+\mathrm{rect}\left(\frac{x_3-5p/4}{p/2}\right)+\mathrm{rect}\left(\frac{x_3+3p/4}{p/2}\right)+\cdots \tag{10.80}$$

那么像光栅通过检测光栅后的总光强，即莫尔信号为

$$I=\int_0^{p/2}i(x_3)\mathrm{d}x_3=I_0R\left[\frac{p}{8}+\frac{p}{\pi^2}+\frac{2p}{\pi^2}\sin\left(\frac{4\pi x\sin\theta}{p}\right)\right] \tag{10.81}$$

从上式可以看出，莫尔信号和被测物体的位置变化量成正弦关系。探测光栅通过一个透镜 L_5 成像在光电探测器上，则经过探测光栅的光强被探测器所接收。为了测量被测物

体的位置，不同的位置应该对应于不同大小的莫尔信号，则被测物体的位置变化限制在范围

$$-\frac{p}{8\sin\theta}\leqslant x\leqslant\frac{p}{8\sin\theta} \tag{10.82}$$

内，即位置传感器的传感范围为公式(10.82)。由于莫尔信号随位置正弦变化，在公式 (10.82)所表示区间的两端，莫尔信号对位置变化不灵敏，利用莫尔信号解算位置时随机误差对测量结果的影响大，实际中位置传感器的测量范围比公式(10.82)表示的区间小，如取公式(10.82)表示的区间的一半即使莫尔信号正弦变化曲线的近似线性段。

在以上公式推导过程中，没有考虑光通过探测光栅时的衍射效应。实际上，形成光栅像的光束通过探测光栅上也产生衍射，衍射光线经过透镜 L_5 后被光电探测器接收。探测光栅的线宽比为 1 : 1，衍射光束各个衍射级次的相对光强分布为

$$I_{m_{\mathrm{L}}}=\operatorname{sinc}\left(\frac{m_{\mathrm{L}}}{2}\right),\quad m_{\mathrm{L}}=0,\pm1,\pm3,\cdots \tag{10.83}$$

由 sinc 函数的特性可知 m_{L} 变大时，I_m 趋向零，如 m_{L} 取 21 时 I_m 仅为 0.03，因此衍射光束的能量主要集中在较低级次的几个衍射级中。若透镜 L_5 的数值孔径为 NA_{L}，形成光栅像的光线经过探测光栅衍射后能被光电探测器接收的最高衍射级次 m_{L} 满足

$$\frac{m_{\mathrm{L}}\lambda}{p}\leqslant NA_{\mathrm{L}} \tag{10.84}$$

在 m_{L} 较大的情况下，透镜 L_5 可以通过更多的衍射级次，经过探测光栅的光强可以认为全部被光电探测器接收，否则将产生原理误差。在 m_{L} 取定以后，p 主要由λ、NA_{L} 确定。例如，m_{L} 取为 21，λ为 0.785μm，NA_{L} 为 0.2 时，栅距为 82.4μm，可见投影光栅和探测光栅应采用粗光栅。由公式(10.82)可以看出，传感器要有大的量程则要求 p 值大，即采用粗光栅。当投影光栅采用粗光栅时，投影光栅±1 级衍射光束的衍射角度小，则投影光路可以采用大的入射角即掠入射角。因此，在以后章节的各种光栅投影位置传感器中，投影光栅和探测光栅均采用粗光栅。

2) 实验

实验装置的光路如图 10-27 所示。半导体激光的波长为 785nm。投影光栅和探测光栅的栅距和线宽分别为 100μm、50μm。透镜 L_1～L_4 的光学参数相同，其焦距、通光孔径分别为 120mm、20mm。4f 系统 1 的光阑直径为 3.5mm。采用置于手动微动平台上的硅片作为被测物体，硅片高度可以通过旋转微动平台上的微动螺杆进行微调。采用光电二极管接收光强，光电二极管输出的电信号经放大电路放大后由数据采集卡输入计算机，则获得了随硅片位置变化的莫尔信号所对应的信号电压。在实验装置的调整过程中，使用标准光楔作为参考，使 4f 系统 1、4f 系统 2 的光轴与硅片表面的法线均成 84.5°角。利用内调焦望远镜进行监测，调整光路使 4f 系统 1 与 4f 系统 2 对称于硅片表面的法线分布并且它们的光轴经过硅片反射以后同轴，同时使投影光栅成像在硅片上并且经过硅片的反射与探测光栅物像共轭。调整投影光栅和探测光栅使投影光栅的像与探测光栅完全重合，此时莫尔信号最大即光电二极管输出的电信号最强，以此处硅片位置作为位置传

感实验装置的零位，相应地公式(10.81)中的正弦函数应改写为余弦函数。

实验过程中，旋转微动平台的微动螺杆使硅片上升以改变硅片的高度，利用实验装置检测硅片的高度变化量，则被检测的高度变化即为微动平台的位移量。在实验装置的零位附近 ± 13μm 范围内微动螺杆相继转动 26 格，使微动平台以步长 1 μm 共移动 26μm，在 27 个测量点处计算机采集的信号电压数据如图 10-29 所示。图 10-29 中的 a、b 两条曲线是不同时间段内的测量结果，可以看出实验测量的信号电压数据和微动平台的位移成余弦关系并且具有良好的再现性，从而很好地验证了测量原理。对于 100μm 的光栅栅距和 84.5°的入射角，由公式(10.82)可以计算出余弦波形的半个周期应该为 25.116μm，而图 10-29 中的总位移量约为 26μm，其检测误差的存在主要是微动平台的手动误差所引起。

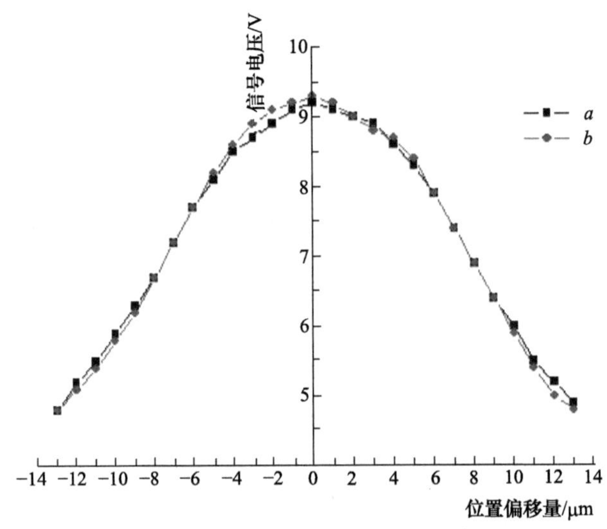

图 10-29　基于激光照明和空间滤波的光栅投影位置传感技术的实验结果

2. 白光照明法

1) 原理

基于白光照明和空间滤波的光栅投影位置传感技术的测量原理如图 10-30 所示。从白光点光源出射的光束经过准直镜后成为平行光照明投影光栅，投影光栅位于消色差透镜 L_1 的前焦面上，消色差透镜 L_1 和 L_2 组成消色差的 4f 系统 1，4f 系统 1 的光轴和被测物体表面构成掠入射角度，投影光栅经过 4f 系统 1 投影在位于透镜 L_2 后焦点附近的被测物体表面上。被测物体同时处于消色差透镜 L_3 的前焦面附近，消色差透镜 L_3 和 L_4 形成消色差的 4f 系统 2，在透镜 L_4 的后焦面放置探测光栅。投影在被测物体上的光栅像经过被测物体表面的反射，由 4f 系统 2 在探测光栅上再次形成投影光栅的像，光栅像和探测光栅形成光闸莫尔条纹。当被测物体的位置变化时，莫尔信号也随之变化，则改变了通过探测光栅的光强。探测光栅经过一个透镜 L_5 成像在光电探测器的光敏面上，则随位置变化的光强信号被光电探测器所接收，通过探测光强变化得到被测物体的位置变化量。

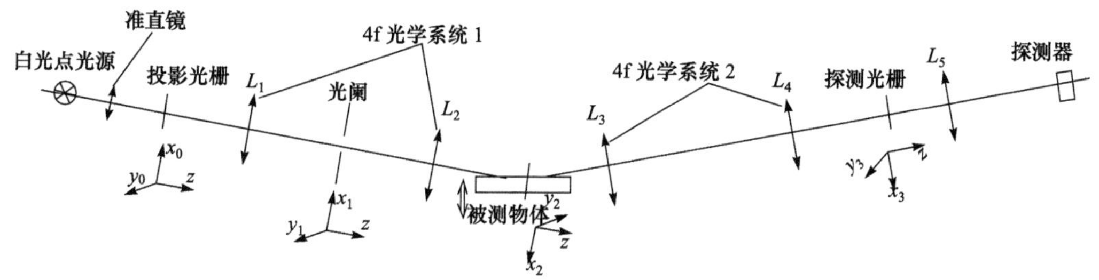

图 10-30　基于白光照明和空间滤波的光栅投影位置传感技术的测量光路

图 10-30 中测量光路的布置与图 10-27 完全相同，不同之处在于照明光源为白光点光源、透镜 L_1、L_2、L_3 和 L_4 为消色差透镜。点光源准直为平行光后照明投影光栅，平行光束经过投影光栅时产生衍射，各衍射级次的光束经过透镜 L_1 到达 4f 系统 1 的频谱面上。在频谱面上设置光阑仅使白光光谱范围内所有波长的零级、±1 级频谱通过，类似于激光照明情况也在透镜 L_2 的后焦面上形成投影光栅的像。对于白光光谱范围内的各个波长而言，通过投影光栅的振幅分布经过透镜 L_1 后在其后焦面上得到其傅里叶变换频谱，经过滤波后的零级、±1 级频谱经过透镜 L_2 后再次进行傅里叶变化，在透镜 L_2 的后焦面上得到该波长下光栅像，故其变换过程的数学表达仍为公式(10.68)～(10.77)，仅仅滤波函数(式(10.73))需要作一定的修改。设白光的波长范围为$\lambda_{\min}$～$\lambda_{\max}$，由公式(10.72)可知频谱面 x_1y_1 上波长$\lambda_{\min}$、$\lambda_{\max}$的 1 级频谱中心对应的位置 $x_{1\min}$、$x_{1\max}$ 分别为

$$x_{1\min} = \frac{\lambda_{\min} f}{p} \tag{10.85}$$

$$x_{1\max} = \frac{\lambda_{\max} f}{p} \tag{10.86}$$

其中，p 和 f 分别表示投影光栅的栅距和透镜 L_1 的焦距，可见有 $x_{1\max} > x_{1\min}$。在 4f 系统 1 的频谱面上设置光阑进行空间滤波时应该让$\lambda_{\min}$～$\lambda_{\max}$的零级、±1 级频谱通过，则在理想情况下要求光阑的半径大小 x_{1p} 满足

$$3x_{1\min} > x_{1\mathrm{p}} > x_{1\max} \tag{10.87}$$

由于光栅宽度 B 的限制，在 $x_{1\min}$、$x_{1\max}$ 处的频谱分布为 sinc 函数，为在滤波后得到公式 (10.74)表示的频谱分布函数，滤波时应该使频谱面上 1 级频谱对应的 $\mathrm{sinc}[B(u-1/p)]$函数中的绝大部分频谱通过，则要求光阑半径大小 $x_{1\mathrm{p}}$ 与波长$\lambda_{\min}$、$\lambda_{\max}$应该满足

$$3x_{1\min} - \frac{m_{\mathrm{u}}\lambda_{\min} f}{B} > x_{1\mathrm{p}} > x_{1\max} + \frac{m_{\mathrm{u}}\lambda_{\max} f}{B} \tag{10.88}$$

其中 m_{u} 为整数，表示 sinc 函数的第 m_{u} 个零点，m_{u} 应该尽量大，以获得好的滤波效果。同时，点光源的发光点不是理想的点，照明光束会有一个很小的发散角，照明光束的发散会引起频谱展宽，光阑的大小还需要考虑发散角的影响。设照明光束的发散角为θ_{i}，则光阑半径大小应该满足

$$3x_{1\min} - \frac{m\lambda_{\min} f}{B} - f\sin\theta_{\mathrm{i}} > x_{1\mathrm{p}} > x_{1\max} + \frac{m\lambda_{\max} f}{B} + f\sin\theta_{\mathrm{i}} \tag{10.89}$$

如果投影光栅的栅距 p、照明光束的光谱范围$\lambda_{\min}$～$\lambda_{\max}$、透镜 L_1 的焦距 f 确定好并能满

足公式(10.89)，最佳的光阑半径大小可以由下式来确定：

$$x_{1\min} = \frac{2f}{p} \cdot \frac{\lambda_{\min} + \lambda_{\max}}{2} \tag{10.90}$$

即中心波长的 2 级频谱对应的位置，此时滤波函数也可以用公式(10.73)表示。同时，在基于白光照明和空间滤波的光栅投影位置传感器中，需要综合考虑投影光栅的栅距和宽度、照明光束的发散角和光谱范围、4f 系统中透镜的焦距和光阑的大小。

对于白光光谱范围内各个波长而言，其零级、±1 级频谱在 x_2y_2 平面形成的光栅像的光强分布仍然满足公式(10.76)。由于 4f 系统 1 是一个消色差的系统，因此各个波长所形成的光栅像均处于在像平面 x_2y_2 上，即轴上位置是重合的。由公式(10.77)可以看出，在单一波长下光栅像的光强分布函数和此波长无关，因此不同波长照明下光栅像的光强分布函数是相同的，即垂轴方向上的光栅像位置是重合的。因此，像平面 x_2y_2 上光栅像的光强分布是各个波长照明下光强分布的叠加。不妨设投影光栅上照明光束的光谱强度分布函数为 $I_0(\lambda)$，则有

$$\int_{\lambda_{1\min}}^{\lambda_{1\max}} I_0(\lambda)\mathrm{d}\lambda = I_0 \tag{10.91}$$

I_0 为投影光栅上的白光入射光强。根据公式(10.76)可知特定的波长λ下光栅像光强分布为

$$i(\lambda, x_2) = I_0(\lambda)\left[\frac{1}{4} + \frac{2}{\pi^2} + \frac{2}{\pi}\cos\left(\frac{2\pi}{p}x_2\right) + \frac{2}{\pi^2}\cos\left(\frac{4\pi}{p}x_2\right)\right]\mathrm{rect}\left(\frac{x_2}{B}\right) \tag{10.92}$$

则白光照明下的光栅像光强分布为

$$\begin{aligned} i(x_2) &= \int_{\lambda_{1\min}}^{\lambda_{1\max}} i(\lambda, x_2)\mathrm{d}\lambda \\ &= \left[\frac{1}{4} + \frac{2}{\pi^2} + \frac{2}{\pi}\cos\left(\frac{2\pi}{p}x_2\right) + \frac{2}{\pi^2}\cos\left(\frac{4\pi}{p}x_2\right)\right] I_0\mathrm{rect}\left(\frac{x_2}{B}\right) \end{aligned} \tag{10.93}$$

公式(10.93)和公式(10.76)具有相同的表达式，但在公式(10.93)中 I_0 表示投影光栅上的白光入射光强。

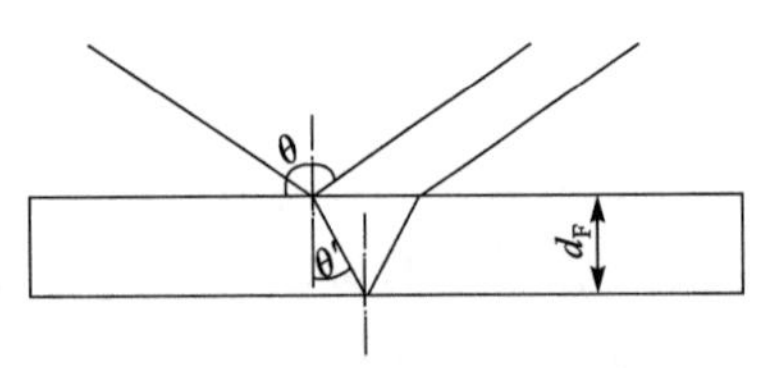

图 10-31　层间干涉原理

当被测物体表面上有光学膜层时，光学膜层上下表面反射的光线则会存在一定的光程差，如图 10-31 所示。设光学膜层的折射率为 n，光线以角度θ入射在膜层中的折射角为θ'，光学膜层的厚度为 d_F，则在膜层上下表面反射而产生的光程差为

$$\Delta_F = 2nd_F\cos(\theta') \tag{10.94}$$

例如，n 为 1.5，d_F 为 1μm，θ 为 84.5°，则Δ_F 为 2.2μm。激光的相干性很好，其相干长度在厘米量级甚至更长。当位置传感器采用激光照明时，由于激光的相干长度远大于光学膜层产生的光程差而产生干涉，即层间干涉。若光学膜层产生的光程差刚好为半个波长，即干涉相消，则传感器的探测器探测不到光强。因此，当被测物体上镀有光学膜层时，基于激光照明的光栅投影位置传感器由于层间干涉影响而产生很大的测量误差，甚至不能正常测量。

设白光的中心波长为λ，波长宽度为$\Delta\lambda$，白光的相干长度为

$$\Delta_{\mathrm{I}}=\frac{\lambda^2}{\Delta\lambda} \tag{10.95}$$

例如，λ为0.8 μm，$\Delta\lambda$为0.3 μm，则Δ_{I}为 2.1 μm。可见，白光的相干长度很短。当白光的相干长度小于光学膜层产生的光程差，即

$$\frac{\lambda^2}{\Delta\lambda}<2nd_{\mathrm{F}}\cos(\theta') \tag{10.96}$$

则不会发生层间干涉。因此，在基于白光照明的光栅投影位置传感器中使白光的光谱范围满足公式(10.96)，则消除了层间干涉的影响。经过被测物体表面的反射和消色差 4f 系统 2 的成像，在 x_3y_3 面上再次形成光栅像。设被测物体表面对白光光谱范围内不同波长的反射率分布函数为 $R(\lambda)$，则被测物体表面对白光的平均反射率为

$$R=\frac{\int_{\lambda_{\min}}^{\lambda_{\max}}R(\lambda)\mathrm{d}\lambda}{\int_{\lambda_{\min}}^{\lambda_{\max}}\mathrm{d}\lambda} \tag{10.97}$$

根据公式(10.79)可知，白光照明下在 x_3y_3 面上的光栅像光强分布为

$$i(x_2)=\left\{\left(\frac{1}{4}+\frac{2}{\pi^2}\right)+\frac{2}{\pi}\cos\left[\frac{2\pi}{p}(x_3+\Delta x_3)\right]+\frac{2}{\pi^2}\cos\left[\frac{4\pi}{p}(x_3+\Delta x_3)\right]\right\}I_0R\,\mathrm{rect}\left(\frac{x_3}{B}\right) \tag{10.98}$$

公式(10.98)表示与公式(10.79)相同的光强分布，只是公式(10.98)中的 I_0、R 分别表示白光的入射光强和被测物体表面对白光的平均反射率。

在 x_3y_3 面上，像光栅和探测光栅产生光闸莫尔条纹。探测光栅的中心位置和 4f 系统 2 的光轴在坐标轴 x_3 的方向上错位 $p/4$，根据公式(10.80)、(10.81)得到像光栅通过检测光栅的总光强即莫尔信号为

$$I=I_0R\left[\frac{p}{8}+\frac{p}{\pi^2}+\frac{2p}{\pi^2}\sin\left(\frac{2x\sin\theta\cdot2\pi}{p}\right)\right] \tag{10.99}$$

从上式可以看出，莫尔信号和被测物体的位置变化量成正弦关系，并且公式(10.99)中的莫尔信号随被测物体位置的变化形式与公式(10.81)相同。探测光栅通过透镜 L_5 成像在光电探测器上，则经过探测光栅的光强被探测器所接收。因此只要探测出莫尔信号的变化即可以检测出位置变化量。

2) 实验

实验光路如图 10-30 所示。在图 10-30 中，卤素灯被耦合进石英光纤形成点光源，其中插入滤光片获得波长为 720～920nm 的白光，点光源经过准直以后垂直照明栅距为 100μm、线宽为 50μm 的投影光栅。透镜 L_1～L_4 均为波长 720～920nm 范围内消色差透镜。4f 系统 1 的光阑直径为 3.5mm，透镜 L_1～L_4 的焦距、通光孔径分别为 120mm、20mm。采用置于手动微动平台上的硅片作为被测面，被测面高度可通过转动平台上的微动螺杆进行微调。采用光电二极管接收光强，光电二极管输出的电信号经放大电路放大后由数据采集卡输入计算机，则获得了随硅片位置变化的莫尔信号所对应的信号电压。在实验

装置的调整过程中，使用标准光楔作为参考，使 4f 系统 1、4f 系统 2 的光轴与硅片表面的法线均成 84.5°角。利用内调焦望远镜进行监测，调整光路使 4f 系统 1 与 4f 系统 2 对称于硅片表面的法线分布并且它们的光轴经过硅片反射以后同轴，同时使投影光栅成像在硅片上并且经过硅片的反射与探测光栅物像共轭。调整投影光栅和探测光栅使投影光栅的像与探测光栅完全重合，此时莫尔信号最大即光电二极管输出的电信号最强，以此处硅片位置作为位置传感实验装置的零位，相应地公式(10.81)中的正弦函数应改写为余弦函数。

与 10.2.2.1 节中的实验过程一样，旋转微动平台的微动螺杆使硅片上升以改变硅片的高度，利用实验装置检测硅片的高度变化量，则被检测的高度变化即为微动平台的位移量。在实验装置的零位附近 ± 13μm 范围内微动螺杆相继转动 26 格，使微动平台以步长 1 μm 共移动 26μm，在 27 个测量点处计算机采集的电压数据如图 10-32 所示。从图 10-32 可以看出信号电压测量数据和微动平台的位移成余弦关系而与测量公式 (10.99)吻合，从而很好地验证了测量原理。

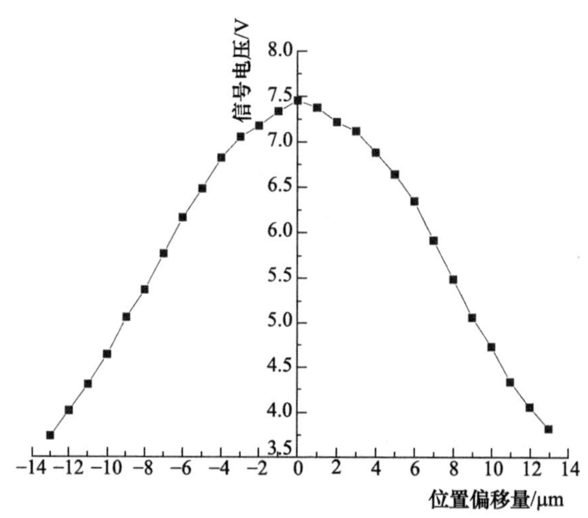

图 10-32　基于白光照明和空间滤波的光栅投影位置传感技术的实验结果

10.2.2.2　基于空间滤波和光弹调制的光栅投影位置传感技术

在 ASML 公司用于投影光刻机逐场调焦调平的调焦调平传感器中，其光栅投影位置传感器为消除光源输出光强变化和硅片反射率差异的影响，采用了电光调制器组合其他偏振元件形成的偏振调制器对莫尔信号进行调制。光弹调制器是一种基于光弹效应的相位调制器件，具有比电光调制器更为优越的性能。本小节介绍基于空间滤波和光弹调制的光栅投影位置传感技术，该技术利用光弹调制器形成的偏振调制器对莫尔信号进行调制，提高了位置测量精度[18-25]。

1. 原理

基于空间滤波和光弹调制器的光栅投影位置传感技术如图 10-33 所示，从白光点光源出射的光束经过准直后称为平行光照明投影光栅，投影光栅位于消色差透镜 L_1 的前焦面上，消色差的透镜 L_1 和 L_2 组成消色差的 4f 系统 1，4f 系统 1 的频率面上设置光阑进行空间滤波，4f 系统 1 的光轴和被测物体表面构成掠入射，投影光栅经过 4f 系统 1 投影在位于透镜 L_2 焦点附近的被测表面上。由于被测面的镜面反射，光栅像通过消色差的 4f 系统 2 再次成像在探测光栅上，形成光闸莫尔条纹。探测光栅经过一个透镜 L_5 和透镜 L_6 组成的双远心系统成像在光电探测器的光敏面上，则随被测物体位置变化的莫尔信号被光电探测器所接收。在探测光栅之前放置起偏器和 Savart 板，则在探测光栅上形成两个相互剪切的光栅像。在双远心系统的公共焦面上放置消色差 1/4 波片和光弹调制器组合成的偏振方向调制组件，检偏器放置在偏振方向调制组件后面。偏振方向调制组件和检偏器放置在透镜 L_5 和透镜 L_6 之间，则成像光束通过消色差 1/4 波片和光弹调制器是平行光束，避免了在双远心系统中的偏振器件引入球差。上述偏振器件形成了一种偏振调制器以实现对莫尔信号的高频调制，通过探测高频调制的莫尔信号精确地得到被测物体的位置。

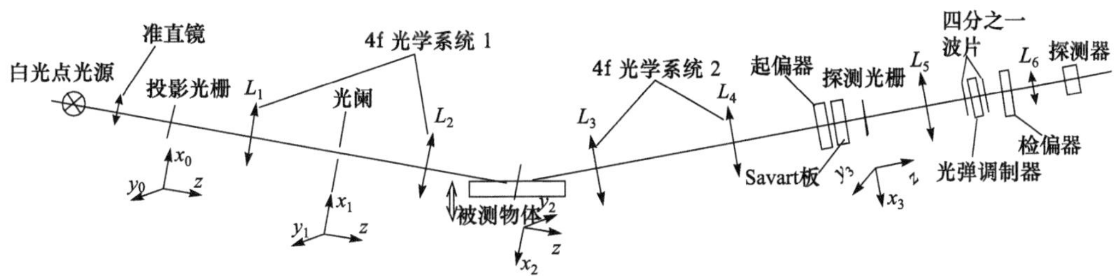

图 10-33　基于空间滤波和光弹调制器的光栅投影位置传感光路

各偏振器件的方位角如图 10-34 所示，起偏器的透光轴和探测光栅的光栅刻线方向成 45°角，而 Savart 板第一、二块晶体平板的剪切方向分别垂直和平行于光栅刻线方向，光弹调制器的振动轴平行于光栅刻线方向，光弹调制器前后两 1/4 波片的快轴分别垂直和平行于起偏器的透光轴，而检偏器的透光轴和起偏器的透光轴方向垂直。

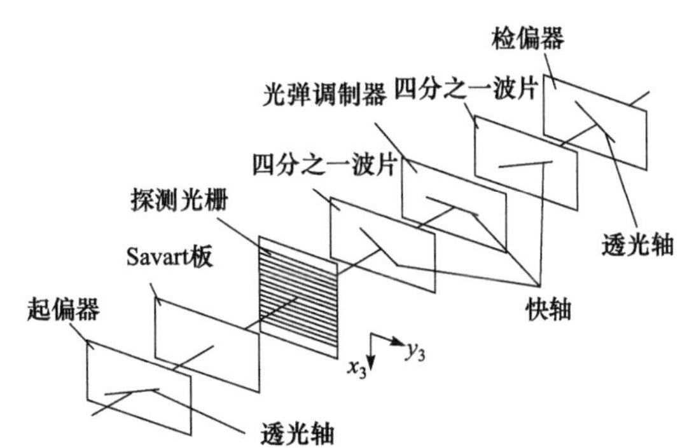

图 10-34　光栅投影位置传感光路中偏振器件的排列图

采用光弹调制器可以实现高频调制，能够有效地抑制光电探测器的 $1/f$ 噪声，进一步提高信噪比。因此，利用光弹调制器形成的偏振调制器对莫尔信号进行调制进一步提高了光栅投影位置传感技术的测量精度。

2. 实验

实验光路如图 10-33 所示，光源为卤素灯，卤素灯发出的光束经过聚光系统耦合进石英光纤形成点光源，在聚光系统中插入滤光片进行滤光。光纤头、准直透镜、投影光栅和 4f 系统 1 固定在同一个机械筒内构成发射光路，而 4f 系统 2、起偏器、Savart 板、探测光栅、透镜 L_5 固定在同一个机械筒内构成探测光路，两块 1/4 波片和光弹调制器组合一起固定在一个调整架上，检偏器、透镜 L_6 和光电二极管固定在一个调整架上。被测物体为硅片，硅片置于手动微动平台上，其高度可通过转动平台上的微动螺杆进行微调。白光的波长范围为 720～920nm，投影光栅和探测光栅的栅距、线宽分别为 100 μm、50 μm，透镜 L_1～L_6 均为波长 720～920nm 范围内消色差透镜。4f 系统 1 的光阑直径为 3.5mm，透镜 L_1～L_4 的焦距、通光孔径分别为 120mm、20mm。起偏器和检偏器均为消光比大于 10^5 的格兰-泰勒棱镜。Savert 板的材料为石英，单块晶体平板的剪切量为 50μm。1/4 波片为 700～1100nm 波段内的消色差 1/4 波片。光弹调制器为 Hinds 公司 PEM-90 系列的Ⅰ/FS50 型光弹调制器。探测器为光电二极管，光电二极管输出的探测信号经过前置放大电路后由信号调理器进行滤波，从信号调理器输出的直流分量经过数据采集卡输入计算机，而从信号调理器输出的交流部分经过锁相放大器得到基频分量后再由数据采集卡输入计算机。

在实验装置的调整过程中，使用标准光楔作为参考，使发射光路、探测光路与硅片表面的法线均成 84.5°角。利用内调焦望远镜进行监测，调整光路使 4f 系统 1 与 4f 系统 2 对称于硅片表面的法线分布并且它们的光轴经过硅片反射以后同轴，并且 4f 系统 2 的光轴与双远心系统的光轴同轴。同时使投影光栅成像在硅片上并且经过硅片的反射与探测光栅物像共轭。利用偏振消光法调整偏振器件的方位角。起偏器、检偏器的透光轴相互垂直并分别与探测光栅的刻线方向成 45°角。Savert 板第一块晶体平板的剪切方向垂直于探测光栅的刻线方向。两块 1/4 波片的快轴相互垂直，与光弹调制器振动轴的夹角分别为 45°。光弹调制器振动轴平行于光栅刻线方向。

实验过程中，旋转微动平台的微动螺杆使硅片上升以改变硅片的高度，利用实验装置检测硅片的高度变化量，获得随硅片高度变化的莫尔信号的基频分量与直流分量的比值。相继转动微动螺杆使微动平台以步长 2.5μm 共移动 50μm，在 21 个测量点处的 V_{AC}/V_{DC} 数据和重复测量精度分别如图 10-35、图 10-36 所示。图 10-35 中的 V_{AC}/V_{DC} 数据和硅片

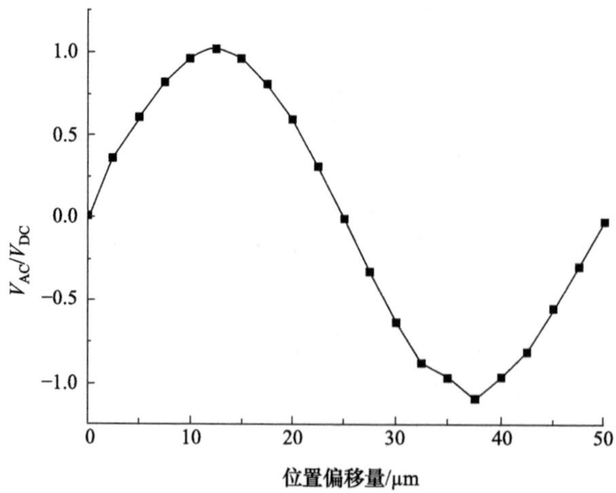

图 10-35　基于光弹调制器的光栅投影位置传感实验的高度测量结果

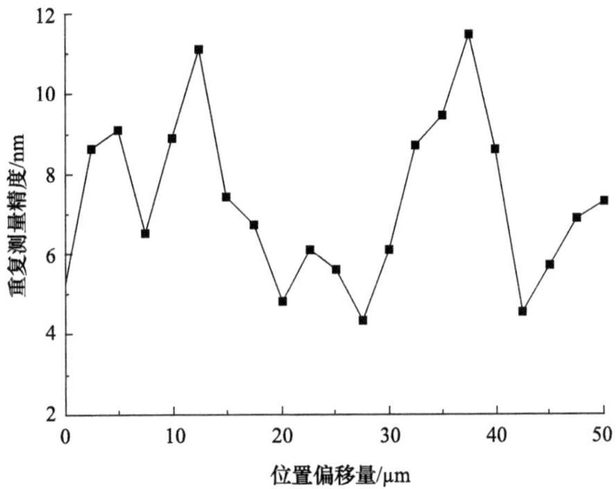

图 10-36　基于光弹调制器的光栅投影位置传感实验的高度重复测量精度

的位置变化量成正弦关系，很好地验证了位置测量原理和偏振调制原理。图 10-36 中的最大位置重复测量误差小于 12nm(1σ)，可见这种位置检测方法具有很高的测量精度。

10.3　硅片对准技术

套刻精度是光刻机的三大性能指标之一，掩模与硅片的对准精度是决定套刻精度的关键。掩模与硅片的对准通过掩模对准和硅片对准实现。相对于掩模对准，硅片对准的精度更容易受到光刻工艺的影响，是决定掩模与硅片对准精度的关键。如何提高工艺适应性一直是硅片对准技术面临的主要问题。本节首先介绍自相干莫尔条纹对准技术，然后介绍两种提升对准技术工艺适应性的方法，即基于标记结构优化的对准精度提升方法和基于多通道对准信号的对准误差补偿方法[26-34]。

10.3.1　自相干莫尔条纹对准技术[26-28]

目前，193nm 浸没式投影光刻机采用的硅片对准技术主要是基于场像的 FIA 技术[29]和基于位相衍射光栅的 SMASH 技术[30]。FIA 技术采用对准标记成像方式测量对准标记的位置信息，其优点是对准过程简单直观，利用对准标记像的边缘光强变化即可得到对准标记的位置，缺点是当对准标记经过光刻工艺后，其成像质量和对比度下降，使得对准精度受到影响。SMASH 技术利用对准标记的衍射光束在对准系统中的干涉信息得到对准标记的位置，其优点是可以利用对准标记的高衍射级次光束形成的对准信号提高对准精度，但是该技术采用扫描方式测量对准标记的位置，在运动扫描过程中存在多个影响对准精度的因素，包括工件台的运动变形、工件台位置与对准系统的光强信号采集同步误差、光学系统的噪声等。

本小节介绍自相干莫尔条纹的对准技术，该技术在 SMASH 技术基础上进行了改进，采用的对准标记为位相衍射光栅，利用对准系统的光学结构将对准标记同级次衍射光束进行分束和转像，在对准系统像面上形成两组不同周期的干涉条纹，这两组干涉条纹进一步干涉叠加形成自相干莫尔条纹，采用莫尔条纹图像处理方式得到对准标记的位置信息。当对准标记位置发生偏移时，组成自相干莫尔条纹的两组干涉条纹向相反方向偏移，利用莫尔条纹效应将对准标记的偏移量放大，从而提高对准标记的位置测量精度。在对准过程中不需要工件台运动扫描，可以有效消除运动扫描带来的对准误差。另外，该技术利用莫尔条纹将对准标记位置偏移量放大，可以提高对准标记位置探测的灵敏度。

10.3.1.1　对准原理

自相干莫尔条纹对准技术的光路结构如图 10-37 所示，主要包括：①对准标记(mark) 。对准标记为位相衍射光栅，其周期一般为 16μm。对准标记的槽深和占空比需要根据照明光源的波长进行优化，使其所需要的级次衍射效率最优。同时，对准标记也可以采用细分结构，以提高其高级次衍射效率。②4f 光学系统。由两组焦距相等的透镜(透镜组 1 和透镜组 3)组成，其作用是收集对准标记的衍射光束并干涉成像。4f 光学系统是光学信息处理和傅里叶变换常用的成像系统，其优点是组成 4f 光学系统的两组透镜组结构对称，有利于优化成像系统的像差和在频谱面即两组透镜中间位置进行对准标记的衍射光束处理和空间滤波，选择不同衍射级次的衍射光束形成对准信号。4f 光学系统的数值孔径需要考虑对对准标记的高级次衍射光束的收集能力，比如收集对准标记的 1～7 级衍射光束。③转像系统。由反射镜和透镜组 2 组成，其作用是将来自对准标记的正负级次衍射光束进行 180°旋转，即正负衍射级次光束在对准系统频谱面上位置互换。④分束和光束偏移组件。由偏振分光棱镜(PBS)、波片和双折射晶体(birefringent crystal)等组成，其作用是将对准标记的同级次衍射光束进行分束和偏移。⑤滤波器 (filter)。滤波器放置在对准系统的光谱面附近，其作用是滤掉来自对准标记的其他衍射级次光束，只保留对准需要的衍射级次。一般采用与对准标记衍射光束直径相当的小孔实现。⑥放大镜

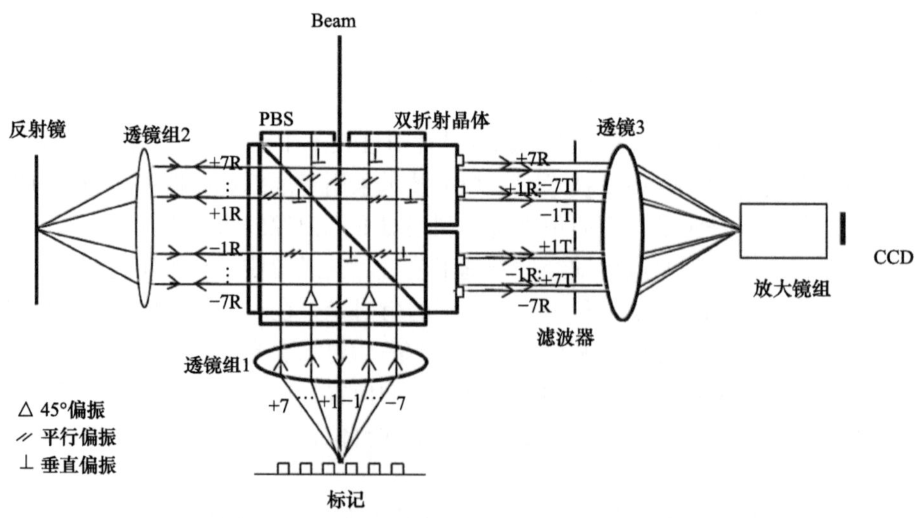

图 10-37　自相干莫尔条纹对准技术光路结构图

组(magnifying lens)和 CCD 组件。其作用是将对准系统像面的莫尔条纹进行放大，便于 CCD 采集。

其中分束和光束偏移组件的原理如图 10-38 所示，平行偏振态的照明光束通过 PBS 和 1/4 波片后转换为圆偏振态光束并照明对准标记，对准标记的正负级次衍射光束返回到对准系统并再次进入 PBS 组件，被 PBS 分束为透射光束(T，平行偏振态)和反射光束(R，垂直偏振态)。透射光束经过 PBS 组件上部的 1/4 波片和反射镜后返回 PBS，平行偏振态光束转换为垂直偏振态光束，并再次经 PBS 反射和经过 PBS 右边的双折射晶体和 1/2 波片后出射；反射光束经过 PBS 左侧的 1/4 波片后进入转像系统，转换为圆偏振态光束，经过转像系统后正负级次衍射光束互换位置返回到 PBS，通过 PBS 左侧的 1/4 波片后，光束偏振态由圆偏振转换平行偏振并透过 PBS 组件，经由 PBS 右侧的双折射晶体和 1/2 波片后出射。反射光束和透射光束经过 PBS 组件后偏振态相同，正负衍射级次光束在 4f 光学系统频谱面上位置相反，并且反射光束位置由于双折射晶体的作用发生了偏移。两组光束经过 4f 光学系统后形成两组周期不同干涉条纹，并进一步干涉形成莫尔条纹。两组干涉条纹周期的差异与反射光束在双折射晶体中的位置偏移量有关。

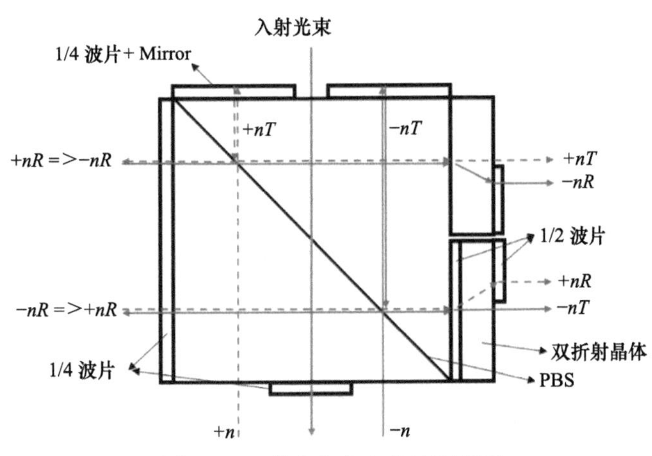

图 10-38　分束和光束偏移原理图

上面只列举了一个方向的对准标记衍射光束的情况，另一个方向排列的对准标记衍射光束原理与此相同，最终，两个方向的对准标记衍射光束在对准系统频谱面上的分布如图 10-39 所示。

对准系统像面上形成的莫尔条纹如图 10-40 所示。

在自相干莫尔条纹对准系统中，对准标记正负级次衍射光束被 PBS 组件分为四束光束($-nR, +nR, -nT, +nT$)，将这四束光束近似为平面波，振幅相等，振幅表示为 A，初始相位为都为 0，则四束衍射光束可分别表示为

$$E_1 = A\exp[-\mathrm{i}(\boldsymbol{k}_1\boldsymbol{r} - \omega t)] \tag{10.100}$$

$$E_2 = A\exp[-\mathrm{i}(\boldsymbol{k}_2\boldsymbol{r} - \omega t)] \tag{10.101}$$

$$E_3 = A\exp[-\mathrm{i}(\boldsymbol{k}_3\boldsymbol{r} - \omega t)] \tag{10.102}$$

$$E_4 = A\exp[-\mathrm{i}(\boldsymbol{k}_4\boldsymbol{r} - \omega t)] \tag{10.103}$$

在对准系统像面上，四束光束叠加为

$$E = E_1 + E_2 + E_3 + E_4 \tag{10.104}$$

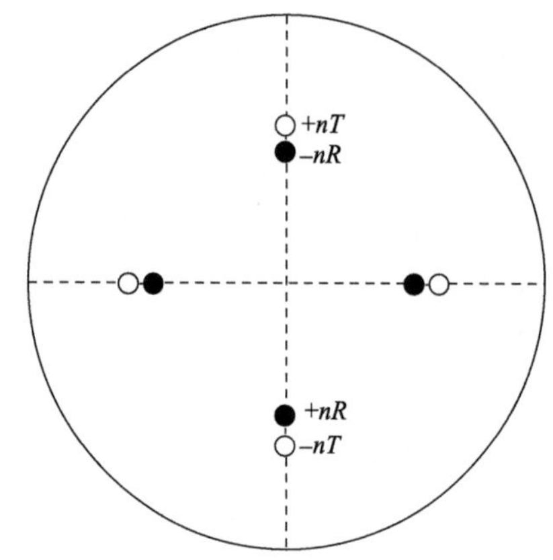

图 10-39 对准标记衍射光束在对准系统频谱面上的位置示意图

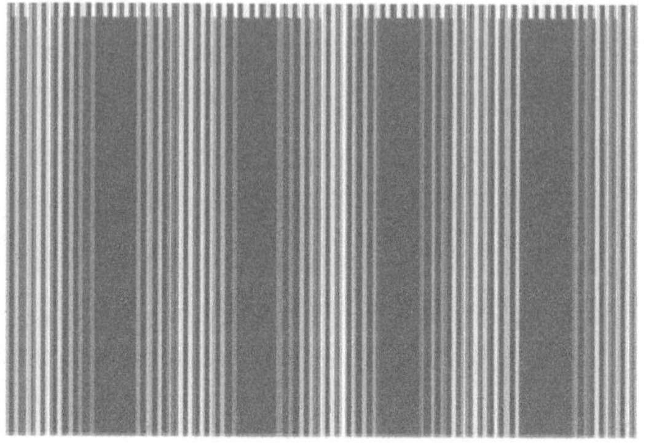

图 10-40 莫尔条纹示意图

由于这四束光束的偏振方向相同，其干涉后的光强分布可以表示为

$$\begin{aligned} I_0 = {} & E_1E_1^* + E_2E_2^* + E_3E_3^* + E_4E_4^* + \left\langle \mathrm{Re}\left\{2E_1E_2^*\right\}\right\rangle + \left\langle \mathrm{Re}\left\{2E_1E_3^*\right\}\right\rangle \\ & + \left\langle \mathrm{Re}\left\{2E_1E_4^*\right\}\right\rangle + \left\langle \mathrm{Re}\left\{2E_2E_3^*\right\}\right\rangle + \left\langle \mathrm{Re}\left\{2E_2E_4^*\right\}\right\rangle + \left\langle \mathrm{Re}\left\{2E_3E_4^*\right\}\right\rangle \end{aligned} \tag{10.105}$$

将式(10.100)～式(10.103)代入式(10.105)得到

$$\begin{aligned} I_0 = {} & 4I + 2I\cos[(\boldsymbol{k}_2 - \boldsymbol{k}_1)\boldsymbol{r}] + 2I\cos[(\boldsymbol{k}_3 - \boldsymbol{k}_1)\boldsymbol{r}] + 2I\cos[(\boldsymbol{k}_4 - \boldsymbol{k}_1)\boldsymbol{r}] \\ & + 2I\cos[(\boldsymbol{k}_3 - \boldsymbol{k}_2)\boldsymbol{r}] + 2I\cos[(\boldsymbol{k}_4 - \boldsymbol{k}_2)\boldsymbol{r}] + 2I\cos[(\boldsymbol{k}_4 - \boldsymbol{k}_3)\boldsymbol{r}] \end{aligned} \tag{10.106}$$

位相光栅衍射公式的表达式为

$$\sin\theta_n = \frac{n\lambda}{P} \tag{10.107}$$

式中，P 为光栅周期；θ_n 为光栅第 n 级衍射角；λ为照明光源波长。经过 PBS 后的反射光束和透射光束形成的干涉条纹周期分别为(对准系统是放大倍率为 1 的 4f 光学系统)

$$T_n = \frac{\lambda}{2\sin\theta_n} = \frac{P}{2n} \tag{10.108}$$

$$T_n' = \frac{\lambda}{2\sin\theta_n'} = \frac{P'}{2n} \tag{10.109}$$

式中，θ_n' 为反射光束经过双折射晶体偏移后第 n 级衍射光束与对准系统光轴的夹角；T_n' 和 T_n 为反射光束和透射光束在对准系统像面上形成的干涉条纹周期；P' 为反射光束形

成的干涉条纹等效对准标记周期。

将公式(10.108)、(10.109)代入公式(10.106)，并假定四束衍射光强度相等，表示为 I，则莫尔条纹光强 I_0 与对准标记位置 x 的关系可表示为

$$I_0 = 4I + 2I\cos\left(\frac{4n\pi x}{P}\right) + 2I\cos\left(\frac{4n\pi x}{P'}\right) + 4I\cos\left[4n\pi x\left(\frac{1}{P}-\frac{1}{P'}\right)\right] + 4I\cos\left[4n\pi x\left(\frac{1}{P}+\frac{1}{P'}\right)\right] \tag{10.110}$$

从式(10.110)中可以看出，自相干莫尔条纹光强信号中包括四种频率，其周期分别为 $P/2n$，$P'/2n$，$PP'/(2n|P-P'|)P/2n$，$P'/2nPP'/(2n|P-P'|)$，$PP'/(2nP+2nP')$，$PP'/(2nP+2nP')$ 光强分布和空间频率分布分别如图 10-41(a)和(b)所示。通过傅里叶变换和滤波、逆变换处理可以提取出周期为 $PP'/(2n|P-P'|)PP'/(2n|P-P'|)$ 的莫尔条纹信息 I'。

$$I' = 4I\cos\left[\frac{4n\pi x(P'-P)}{PP'}\right] \tag{10.111}$$

通过计算此周期信号的相位信息可得到对准标记的位置信息，即

$$x = \frac{PP'}{4n\pi(P-P')}\arccos\left(\frac{I'}{4I}\right) \tag{10.112}$$

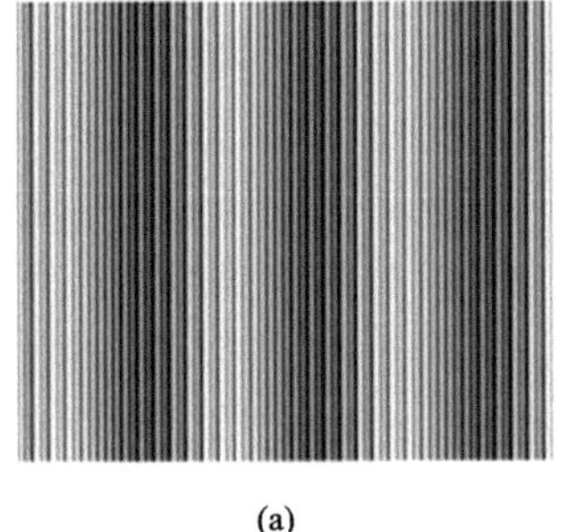

(a)

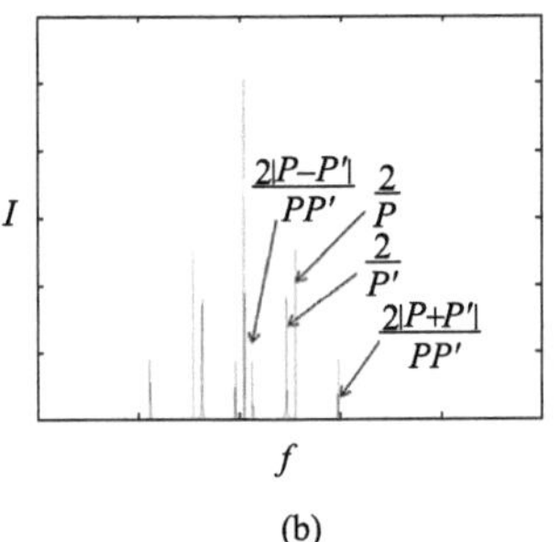

(b)

图 10-41 莫尔条纹及其傅里叶变换

(a) 莫尔条纹图像；(b) 莫尔条纹频谱

基于自相干莫尔条纹的对准技术，其对准过程为首先利用对准系统测量工件台上对准标记形成的莫尔条纹相位信息，然后测量硅片上对准标记形成的莫尔条纹相位信息，利用测量的两组莫尔条纹相位信息差异计算硅片位置与理想位置的偏差，最后将硅片移动到理想位置。

结合自相干莫尔条纹对准系统光学结构，由公式(10.111)可知，当对准标记位置相对对准系统移动一个周期 P 时，自相干莫尔条纹移动一个周期 $PP'/(2n|P-P'|)$，由于 P 和 P' 数值接近，因此莫尔条纹的周期远远大于对准标记的周期，利用莫尔条纹可以将对准标记移动量放大，提高了对准标记位置的测量灵敏度。对准标记位置测量精度 $\Delta x'\Delta x'$ 与莫尔条纹位置测量精度 Δx 之间的关系为

$$\Delta x' = \frac{2(P - P')\Delta x}{P'} \tag{10.113}$$

通过公式(10.113)可以看出，自相干莫尔条纹对准技术的对准精度取决于莫尔条纹相位测量精度和莫尔条纹的周期大小。

10.3.1.2　仿真分析

下面对自相干莫尔条纹对准技术的对准精度进行仿真计算，仿真输入条件为：①对准标记：周期为 16μm、占空比为 1∶1 的位相光栅，尺寸为 72μm×276μm。对准标记的±1、±3、±5 和±7 级衍射光束分别在对准系统像面上形成莫尔条纹。对准标记中心与对准系统光轴偏心 1μm(3σ)，旋转角度为 1°(3σ)，对准标记的偏心和旋转设置为高斯形式的随机分布。②对准系统：放大倍率为 1，对准标记同级次衍射光束中，正负级次反射光束在对准系统频谱面上的距离为透射光束的 1.1 倍，即对准标记同级次衍射光束中，反射光束和透射光束形成的干涉条纹周期相差 10%。放大透镜组的放大倍率为 8 倍。③外部环境变化：对准标记各级次衍射光束在对准系统外部介质中的传输距离为 4mm，正负级次衍射光束在对准系统外部介质中的平均温度差为 0.5(3σ)，平均压强差为 0.2Pa(3σ)，平均温度差和平均压强差符合高斯形式的随机分布。④CCD：光敏面尺寸大于对准标记尺寸，以便全部接收对准标记经过光学系统后形成的莫尔条纹。CCD 像素大小为 2μm，对不同光信号强度的响应灵敏度表现为线性。⑤对准信号噪声：光信号和电信号噪声之和为莫尔条纹信号强度峰值的 1%，为高斯分布的随机噪声。

将上述影响对准精度的因素叠加到莫尔条纹图像后，结果如图 10-42 所示，对图中的莫尔条纹图像进行傅里叶变换、滤波和傅里叶逆变换，提取出周期为 $PP'/(2n|P-P'|)$ 的莫尔条纹信号并进行曲线拟合，结果如图 10-43 所示。通过计算莫尔条纹相位信息，将此莫尔条纹相位与理想信号莫尔条纹相位进行对比，计算得到对准精度。

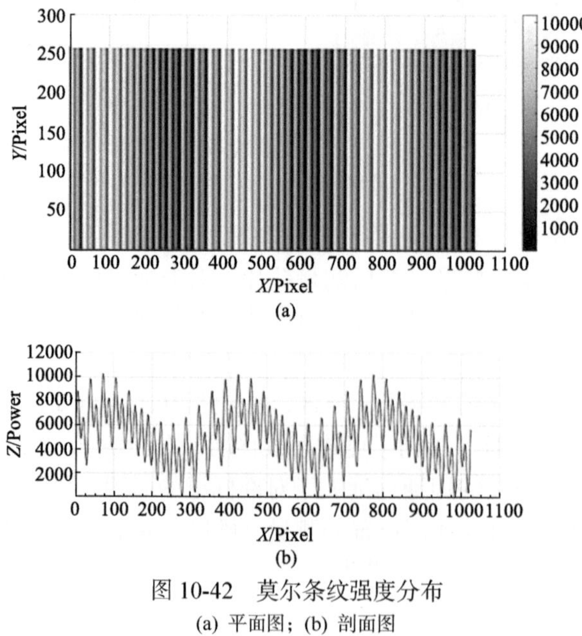

图 10-42　莫尔条纹强度分布

(a) 平面图；(b) 剖面图

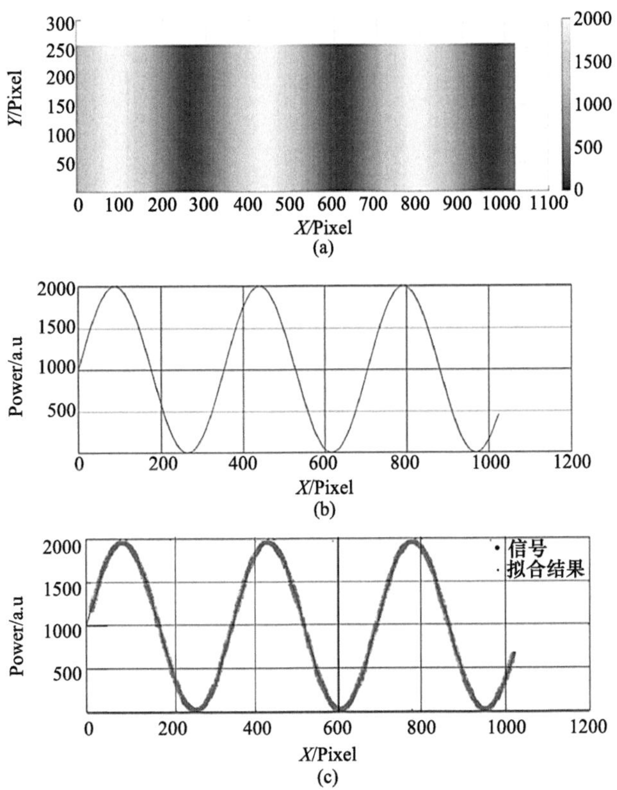

图 10-43　傅里叶变换、滤波和傅里叶逆变换后的莫尔条纹仿真图

(a) 平面图；(b) 截面图；(c) 曲线拟合图

经过 100 次仿真计算，对准标记 ±1 级和 ±7 级衍射光束形成的莫尔条纹对准误差分别如图 10-44 和图 10-45 所示，从图中可以看出对准标记 ±1 级衍射光束和±7 级衍射光束形成的莫尔条纹对准精度分别在 0.16nm 和 0.1nm 范围内。因此，利用对准标记高级次衍射光束形成的莫尔条纹进行对准可以获得更高的对准精度。

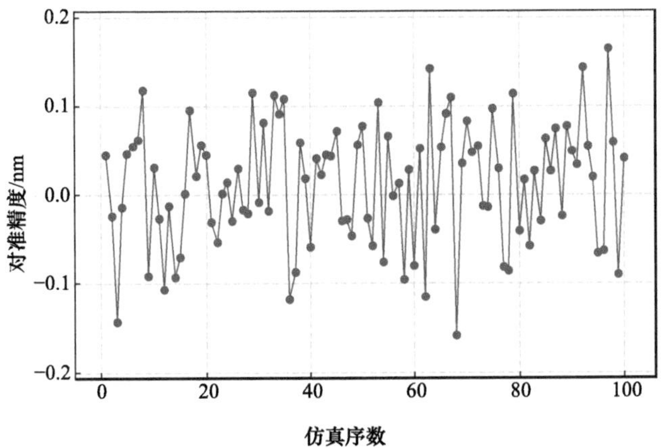

图 10-44　对准标记±1 级衍射光束形成的莫尔条纹对准精度仿真结果

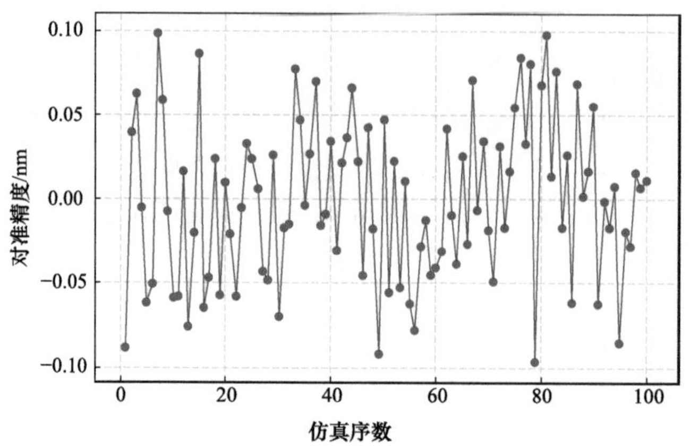

图 10-45　对准标记 ±7 级衍射光束形成的莫尔条纹对准精度仿真结果

自相干莫尔条纹对准方法的对准精度是在设定条件下仿真得到的，根据离散傅里叶变换性质，如果采用更大的图像放大倍率或更小的 CCD 分辨率，增加莫尔条纹单周期内的采样点数，或者采用更大尺寸的对准标记，增加莫尔条纹的周期数目，理论上可以进一步提高对准精度和对准重复精度。在仿真计算对准精度的过程中，并没有考虑工件台的复位精度、对准光学系统和放大透镜组的像差、CCD 的响应动态范围等因素的影响，如果在对准过程中考虑上述因素，仿真计算得到的对准精度将会有一定程度的降低。

10.3.2　基于标记结构优化的对准精度提升方法[26,31]

以位相衍射光栅作为对准标记的 SMASH 技术是目前高端投影光刻机中所采用的主流对准技术。其利用对准标记的衍射光束在对准系统中自相干形成对准信号，对准系统中不需要参考光栅，因此提高了对准标记设计的灵活性。此外，SMASH 技术采用四个波长、两种不同偏振态的照明光束照射对准标记，结合对准标记的四组奇数级次衍射光束，合计形成 32 个通道对准信号，进行对准标记的位置测量，极大地增强了对准的工艺适应性。影响 SMASH 技术对准精度的主要因素包括工件台的复位精度、对准信号信噪比、对准过程中工件台和硅片形变、工件台位置与对准信号采集的同步性等，其中对准信号信噪比是影响对准精度的一个重要因素。

改善对准信号信噪比的方法是提高对准信号强度和降低对准信号噪声。对准信号强度取决于对准标记的衍射效率。在 SMASH 对准技术中，通常用 WQ(wafer quality)来表征对准信号强度，其定义为实际对准标记形成的对准信号强度与理想对准标记形成的对准信号强度的比值。图 10-46 为 SMASH 技术中对准信号强度与对准精度关系的实际测试数据[32]，从图中可以看出对准精度随着对准信号强度的减小而降低，在 WQ 小于 1% 时对准精度的鲁棒性明显变差。因此，提高对准标记衍射效率，即 WQ 值，是提高对准精度的重要途径。

在集成电路制造过程中，作为对准标记的位相衍射光栅经过光刻工艺后，其结构参数会偏离设计值，并且对准标记表面通常存在薄膜沉积层，对准标记结构参数的改变和表面薄膜沉积层会导致其衍射效率下降，从而导致 WQ 值降低。

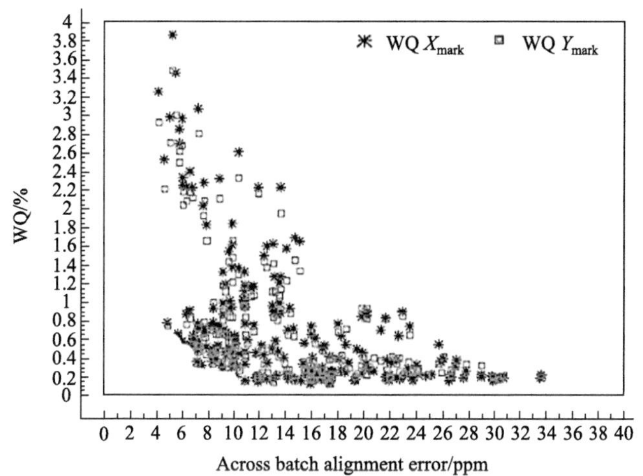

图 10-46　不同 WQ 对应的对准精度测试数据[32]

为了减小实际光刻工艺中对准标记槽深变化造成的衍射效率下降，对准标记照明光源通常采用不同波长和不同偏振态。为了提高对准标记的衍射效率，特别是高级次衍射效率，通常采用对准标记结构细分的方法，例如在 SMASH 技术中采用的 AH32、AH53 和 AH74 细分型对准标记，分别将标准对准标记的位相衍射光栅结构进行 3 等细分、5 等细分和 7 等细分，使得对准标记的 3、5、7 级衍射效率分别得到了提高。对准信号噪声主要来源于非标记区域的反射光、未作为对准信号的对准标记零级和偶数级次衍射光以及对准信号处理过程中引入的电子噪声等。

在 SMASH 对准技术中，通常采用缩小对准标记照明光束直径的方法减小非标记区域的反射光，通过在对准系统中增加滤波器减小对准信号中的杂散光和未作为对准信号的其他级次衍射光能量。

在对准过程中，通常采用对准标记奇数级次衍射光束作为对准信号，偶数级次衍射光束的部分能量会串扰到对准信号中形成对准信号噪声。将标准对准标记结构进行等细分，只是提高了对准标记某个奇数级次的衍射效率，并没有同时提高其他奇数级次的衍射效率，也没有充分降低影响对准信号信噪比的零级和偶数级次衍射效率。

针对现有等细分型对准标记存在的上述问题，可以通过优化细分型对准标记结构提高对准信号信噪比的方法。该方法基于夫琅禾费标量衍射理论，推导细分型对准标记衍射效率的表达式，并据此优化细分型对准标记的结构参数，从而提高其奇数级次的衍射效率，并同时降低零级和偶数级次的衍射效率，使对准信号信噪比得到提高，进而达到提高对准精度的目的。

10.3.2.1　对准标记结构优化

1. 优化方法

根据夫琅禾费衍射理论推导细分型位相衍射光栅对准标记的衍射强度表达式，对准标记照明光束设置为平面波。对于未进行结构细分的位相衍射光栅对准标记，其结构如

图 10-47 所示，其中光栅介质折射率为 n_g，外围介质折射率为 n_0，光栅槽深为 h，光栅栅线宽度为 a_{11}，光栅槽宽为 a_{12}，光栅周期为 T，$T=a_{11}+a_{12}$，照明光束垂直于对准标记面入射，对准标记衍射光束角度为 θ，其中材料折射率参数 n_g 和 n_0 影响光栅整体的衍射效率，但不影响相对衍射效率的计算，以下计算中假设总体反射率为 100%。

标准对准标记单个周期的衍射光束振幅 U_1 可表示为

$$U_1=\int_0^{a_{11}}\mathrm{e}^{\mathrm{i}kx\sin\theta}\mathrm{d}x+\int_{a_{11}}^{T}\mathrm{e}^{\mathrm{i}k(x\sin\theta+2h)}\mathrm{d}x=\frac{\mathrm{e}^{\mathrm{i}ka_{11}\sin\theta}-1}{\mathrm{i}k\sin\theta}+\mathrm{e}^{2\mathrm{i}kh}\frac{\mathrm{e}^{\mathrm{i}kT\sin\theta}-\mathrm{e}^{\mathrm{i}ka_{11}\sin\theta}}{\mathrm{i}k\sin\theta} \tag{10.114}$$

其中 $k=2\pi/\lambda$，λ 为对准标记照明光波长。标准对准标记的衍射光束能量 I_1 可表示为

$$I_1=U_1U_1^*\left[\frac{\sin(N\varDelta)}{\sin\varDelta}\right]^2=\left(\gamma_1^2+\gamma_2^2+2\gamma_{12}\right)\left[\frac{\sin(N\varDelta)}{\sin\varDelta}\right]^2 \tag{10.115}$$

式中，N 为对准标记中光栅周期数目；$\varDelta$ 为

$$\varDelta=kT\sin\theta/2=n\pi,\quad n=0,\pm1,\pm2,\cdots \tag{10.116}$$

三细分型对准标记结构如图 10-48 所示，其中 $T=a_{31}+a_{32}+a_{33}+a_{34}$。

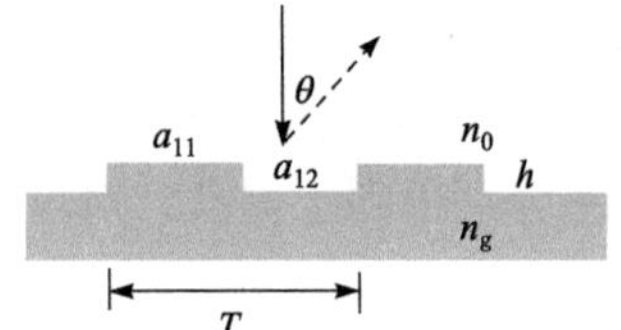

图 10-47　标准对准标记示意图

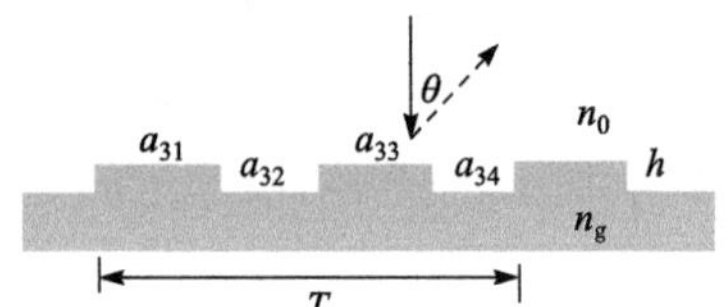

图 10-48　三细分型对准标记示意图

三细分型对准标记的衍射光束振幅 U_3 可表示为

$$\begin{aligned}U_3=&\int_0^{a_{31}}\mathrm{e}^{\mathrm{i}kx\sin\theta}\mathrm{d}x+\int_{a_{31}}^{a_{31}+a_{32}}\mathrm{e}^{\mathrm{i}k(x\sin\theta+2h)}\mathrm{d}x\\&+\int_{a_{31}+a_{32}}^{a_{31}+a_{32}+a_{33}}\mathrm{e}^{\mathrm{i}kx\sin\theta}\mathrm{d}x+\int_{T-a_{34}}^{T}\mathrm{e}^{\mathrm{i}k(x\sin\theta+2h)}\mathrm{d}x\end{aligned} \tag{10.117}$$

三细分型对准标记的衍射光束能量 I_3 可通过下式计算得到

$$I_3=U_3U_3^*\left[\frac{\sin(N\varDelta)}{\sin\varDelta}\right]^2 \tag{10.118}$$

五细分型对准标记结构如图 10-49 所示，其中 $T=a_{51}+a_{52}+a_{53}+a_{54}+a_{55}+a_{56}$。

五细分型对准标记的衍射光束振幅 U_5 可表示为

$$\begin{aligned}U_5=&\int_0^{a_{51}}\mathrm{e}^{\mathrm{i}kx\sin\theta}\mathrm{d}x+\int_{a_{51}}^{a_{51}+a_{52}}\mathrm{e}^{\mathrm{i}k(x\sin\theta+2h)}\mathrm{d}x\\&+\int_{a_{51}+a_{52}}^{a_{51}+a_{52}+a_{53}}\mathrm{e}^{\mathrm{i}kx\sin\theta}\mathrm{d}x+\int_{a_{51}+a_{52}+a_{53}}^{a_{51}+a_{52}+a_{53}+a_{54}}\mathrm{e}^{\mathrm{i}k(x\sin\theta+2h)}\mathrm{d}x\\&+\int_{a_{51}+a_{52}+a_{53}+a_{54}}^{a_{51}+a_{52}+a_{53}+a_{54}+a_{55}}\mathrm{e}^{\mathrm{i}kx\sin\theta}\mathrm{d}x+\int_{T-a_{56}}^{T}\mathrm{e}^{\mathrm{i}k(x\sin\theta+2h)}\mathrm{d}x\end{aligned} \tag{10.119}$$

五细分型对准标记衍射光束能量 I_5 可通过下式计算得到

$$I_5 = U_5 U_5^* \left[\frac{\sin(N\varDelta)}{\sin\varDelta} \right]^2 \tag{10.120}$$

七细分型对准标记结构如图 10-50 所示，其中，$T=a_{71}+a_{72}+a_{73}+a_{74}+a_{75}+a_{76}+a_{77}+a_{78}$。

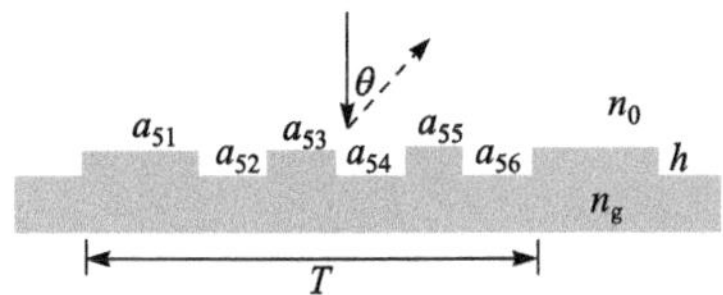

图 10-49　五细分型对准标记示意图

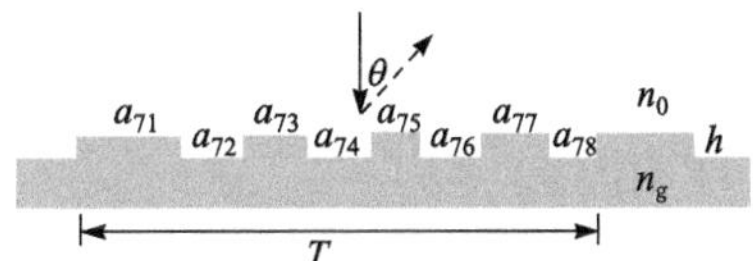

图 10-50　七细分型对准标记示意图

七细分型对准标记的衍射光束振幅 U_7 可表示为

$$\begin{aligned} U_7 = & \int_0^{a_{71}} \mathrm{e}^{\mathrm{i}kx\sin\theta} \mathrm{d}x + \int_{a_{71}}^{a_{71}+a_{72}} \mathrm{e}^{\mathrm{i}k(x\sin\theta+2h)} \mathrm{d}x \\ & + \int_{a_{71}+a_{72}}^{a_{71}+a_{72}+a_{73}} \mathrm{e}^{\mathrm{i}kx\sin\theta} \mathrm{d}x + \int_{a_{71}+a_{72}+a_{73}}^{a_{71}+a_{72}+a_{73}+a_{74}} \mathrm{e}^{\mathrm{i}k(x\sin\theta+2h)} \mathrm{d}x \\ & + \int_{a_{71}+a_{72}+a_{73}+a_{74}}^{a_{71}+a_{72}+a_{73}+a_{74}+a_{75}} \mathrm{e}^{\mathrm{i}kx\sin\theta} \mathrm{d}x + \int_{a_{71}+a_{72}+a_{73}+a_{74}+a_{75}}^{a_{71}+a_{72}+a_{73}+a_{74}+a_{75}+a_{76}} \mathrm{e}^{\mathrm{i}k(x\sin\theta+2h)} \mathrm{d}x \\ & + \int_{a_{71}+a_{72}+a_{73}+a_{74}+a_{75}+a_{76}}^{a_{71}+a_{72}+a_{73}+a_{74}+a_{75}+a_{76}+a_{77}} \mathrm{e}^{\mathrm{i}kx\sin\theta} \mathrm{d}x + \int_{T-a_{78}}^{T} \mathrm{e}^{\mathrm{i}k(x\sin\theta+2h)} \mathrm{d}x \end{aligned} \tag{10.121}$$

七细分型对准标记衍射光束能量 I_7 可通过下式计算得到

$$I_7 = U_7 U_7^* \left[\frac{\sin(N\varDelta)}{\sin\varDelta} \right]^2 \tag{10.122}$$

由式(10.117)、式(10.120)和式(10.122)的计算结果可知，细分型对准标记各级次的衍射效率与照明波长、光栅栅线宽度、光栅槽宽和槽深相关。在对准标记照明波长恒定的前提下，优化光栅栅线宽度、光栅槽宽和槽深等参数，可以使细分型对准标记的各级次衍射光强重新分配，存在提高奇数级次衍射效率并降低偶数级次衍射效率的可能。

为了优化细分型对准标记结构，可以建立细分对准型标记的结构参数与各级次衍射光强的非线性多元函数 f，

$$I_m = f(a_1, \cdots, a_n, h, m) \tag{10.123}$$

其中，m 为细分型对准标记衍射光束级次；I_m 为第 m 级衍射光强；n 为组成细分型对准标记的栅线和栅槽数目；a_i 为栅线或栅槽宽度。

此时，细分型对准标记第 m 级的衍射效率 η_m 可表示为

$$\eta_m = \frac{2I_m R}{I_0 + 2(I_1 + \cdots + I_M)} \tag{10.124}$$

其中，M 为细分型对准标记衍射级次总数；R 为组成细分型对准标记材料的表面反射率，其大小取决于材料的折射率。通过式(10.123)和式(10.124)并结合式(10.117)、式(10.120)和

式 (10.122)可以求解多元函数 f 的解，从而进行细分型对准标记结构优化，优化的目标是对准标记奇数级次衍射效率最大，偶数级次衍射效率最小。

根据位相光栅衍射理论，当光栅周期大于 10 倍照明波长时，标量衍射理论与矢量衍射理论得到的光栅衍射效率结果几乎相同。当光栅周期处于 2 倍与 10 倍照明波长之间时，通常认为标量衍射理论与矢量衍射理论得到的光栅衍射效率接近。当光栅周期小于 2 倍照明波长时，标量衍射理论与矢量衍射理论得到的光栅衍射效率有明显差异。因此，为了使计算结果更接近于矢量衍射理论值，优化过程中设置对准标记的栅线或栅槽的宽度大于照明波长。

SMASH 对准技术中，对准标记周期通常为 16μm 和 17.6μm，采用对准标记的奇数衍射级次光束形成的对准信号进行对准标记的位置测量，垂直于对准标记面入射的照明光源波长为 532～850nm。因此我们优化的目标可以设定为提高对准标记奇数衍射级次的衍射效率，同时降低偶数级次的衍射效率和零级的反射光能量。

2. 优化结果

下面以五细分型对准标记为例，进行对准标记的结构优化，衍射效率的目标设置为：5 级衍射效率与 AH53 对准标记接近，1 级和 3 级的衍射效率最大，偶数级次衍射效率最小。通过设定细分位相光栅各级次衍射效率目标值和位相光栅结构参数的限定值，采用逐步逼近和全局优化计算，可以得到接近于各级次衍射效率目标值的最优化位相光栅结构。

优化过程中设置：照明波长为 632.8nm，对准标记材料为硅，其折射率在 632.8nm 波长时对应为 3.88，对准标记外围介质为空气，其折射率为 1，对准标记周期为 16μm，对准标记栅线和栅槽宽度大于 1μm。AH53 对准标记结构参数为：T=16μm，h=632.8nm/4=158.2nm，a_{51}=8μm，a_{52}=a_{53}=a_{54}=a_{55}=a_{56}=8μm/5=1.6μm。对应优化后的五细分型对准标记记作 AH53_Opt，优化后的对准标记结构参数为：a_{51}=4.825μm，a_{52}=1.587μm，a_{53}=1.587μm，a_{54}=4.825μm，a_{55}=1.587μm，a_{56}=1.587μm，h=158.2nm。

在照明波长为 632.8nm 时，根据公式(10.120)计算得到的 AH53 对准标记和 AH53_Opt 对准标记的各级次衍射效率如图 10-51 所示，从图 10-51 中可以看出，相比于 AH53 对准标记，AH53_Opt 对准标记在保持 5 级衍射效率不变的情况下，偶数级次衍射效率降

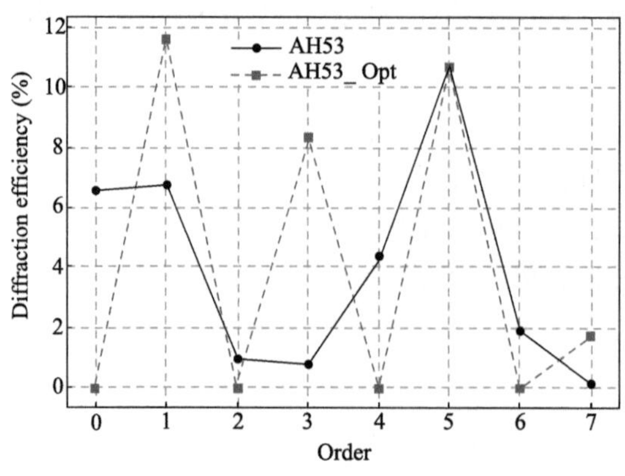

图 10-51　照明波长为 632.8nm 时，AH53 和 AH53_Opt 对准标记的各级次衍射效率计算值

为 0，同时其他奇数衍射级次(1 级、3 级和 7 级)衍射效率得到明显的提升，分别提高了约 60%、10 倍和 16 倍。

在照明波长为 532nm 时，根据公式(10.120)计算得到的 AH53 对准标记和 AH53_Opt 对准标记的各级次衍射效率如图 10-52 所示。从图 10-52 中可以看出，相比于 AH53 对准标记，AH53_Opt 对准标记在 5 级衍射效率略有下降的情况下，偶数级次衍射效率大幅下降，0 级、4 级、6 级衍射效率分别下降了约 75%、85%和 70%，同时其他奇数级次衍射效率得到大幅提升，1 级、3 级、7 级衍射效率分别提高了 2 倍、13 倍和 9 倍。

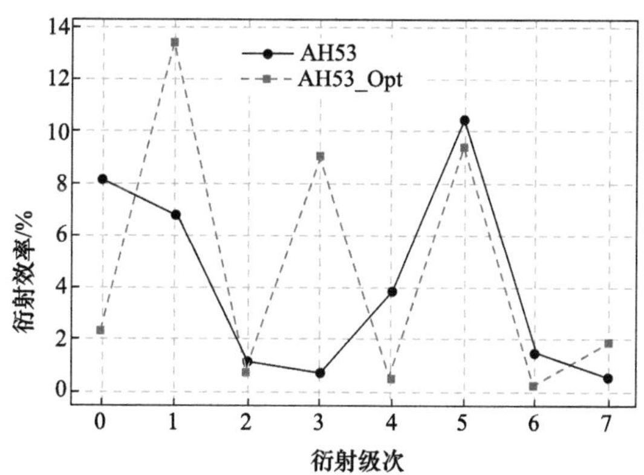

图 10-52　照明波长为 532nm 时，AH53 和 AH53_Opt 对准标记的各级次衍射效率计算值

另外，对于五细分型对准标记，也可以通过结构优化，将其 1～5 级衍射效率进行均匀化。优化后的对准标记记作 AH53_Bal，结构参数为：a_{51}=1.698μm，a_{52}=2.000μm，a_{53}=2.000μm，a_{54}=1.700μm，a_{55}=4.300μm，a_{56}=4.300μm，h=158.2nm。

AH53_Bal 对准标记的各级次衍射效率如图 10-53 所示，从图 10-53 中可以看出，经过 1～5 级衍射效率均匀化后，AH53_Bal 的 1～5 级衍射效率介于 4.8%和 6.5%之间，同时其他级次衍射效率小于 1.2%。

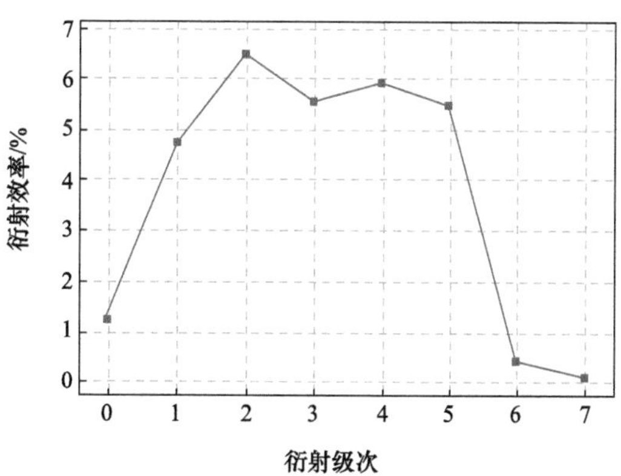

图 10-53　AH53_Bal 对准标记各级次衍射效率

对于三细分型和七细分型对准标记，可以根据各级次衍射效率的需要使用同样的方法进行结构优化，使衍射效率达到或接近设定目标值。

10.3.2.2　仿真分析

为了验证上述细分型对准标记结构优化后各级次衍射效率计算结果的正确性，采用 COMSOL 软件仿真计算细分型对准标记的衍射效率。COMSOL 软件基于有限元分析和耦合波理论，通过设置传输边界条件来求解麦克斯韦方程组，从而模拟光波的衍射和传输过程。该软件广泛应用于声学、电子、热传递、射频、光学等各个领域的科学研究和工程计算。

1. 衍射效率仿真

细分型对准标记仿真模型如图 10-54 所示，该标记周期为 16μm，照明光束垂直于对准标记面入射，波长分别为 532nm 和 632.8nm，偏振态分别为 TE 和 TM。其中 TE 偏振方向定义为平行于对准标记栅线，TM 偏振方向定义为垂直于对准标记栅线。对准标记的材料为硅，其折射率在波长为 532nm 和 632.8nm 时分别为 4.35 和 3.88。仿真模型为单个对准标记，模型左右两侧设置为周期性边界条件(periodic boundary conditions，PBC)，即对准标记按照模型中建立的结构沿左右两侧周期性排列。在对准标记底部设置完美匹配层(perfectly matched layer，PML)，用以完全吸收光栅底面的反射，消除光束在对准标记上下边界多次反射带来的仿真误差。为了提高仿真精度，仿真模型的细分最大单元为照明波长的 1/20。

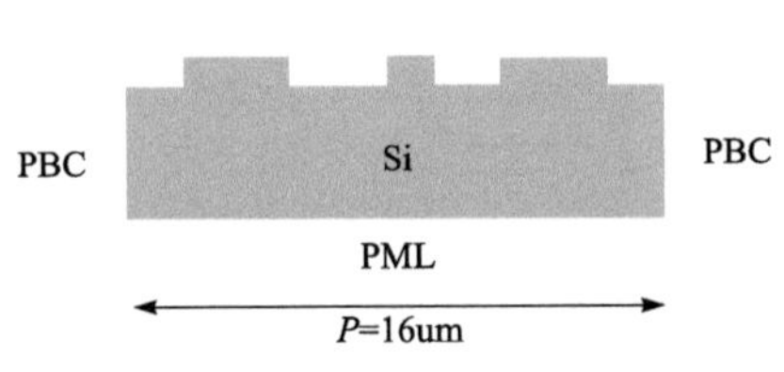

图 10-54　细分型对准标记仿真模型

按照细分型对准标记结构优化后的参数进行衍射效率仿真。照明波长为 532nm 时，AH53 和 AH53_Opt 对准标记各级次衍射效率仿真结果如图 10-55 所示，其中图 10-55 (a)为 TE 偏振态照明，图 10-55 (b)为 TM 偏振态照明。

从图 10-55 中可以看出，在照明波长为 532nm、TE 偏振态情况下，相对 AH53 对准标记，AH53_Opt 对准标记在 5 级衍射效率基本不变的前提下，零级衍射能量降低了约 75%，零级衍射能量不为零的原因是五细分型对准标记槽深在照明波长为 532nm 时不是最佳，1 级、3 级和 5 级衍射效率分别提高了约 60%、10 倍和 12 倍，同时 2 级、4 级、6 级不参与对准的衍射级次衍射效率接近于零。对准标记的衍射效率在两种偏振态照明时略有差异。

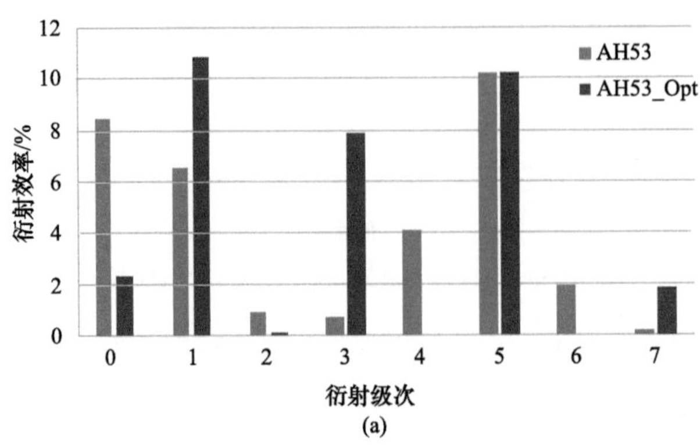

(a)

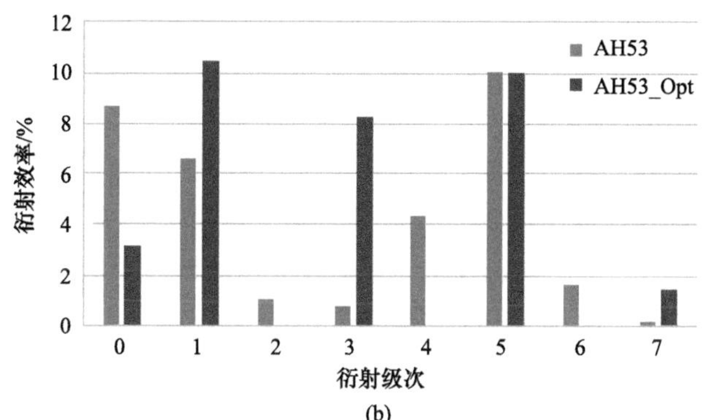

(b)

图 10-55 照明波长为 532nm 时，不同偏振态对应的 AH53 和 AH53_Opt 对准标记各级次衍射效率仿真结果

(a) TE 偏振；(b) TM 偏振

在照明波长为 532nm 时，AH53 和 AH53_Opt 对准标记各级次衍射效率计算结果与仿真结果对比分别如图 10-56(a)和图 10-56(b)所示。从图 10-56 中可以看出，除在照明偏

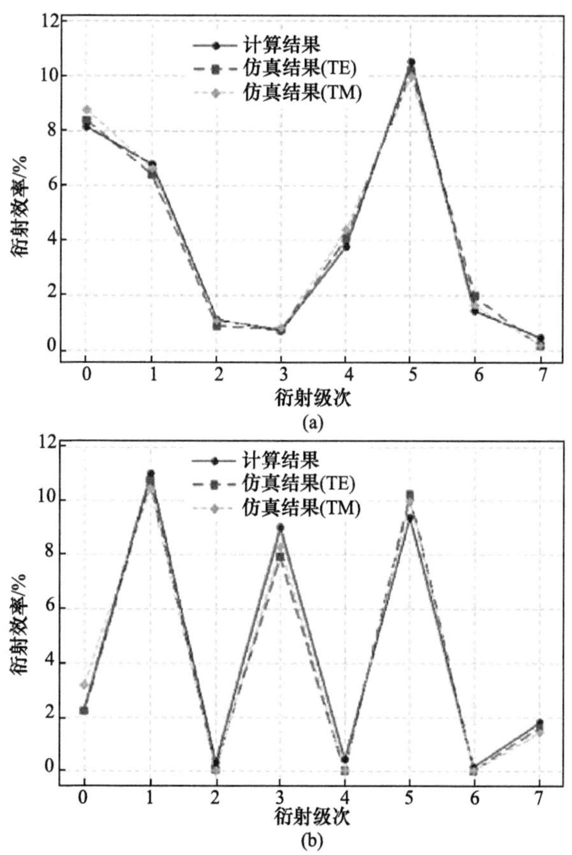

(b)

图 10-56 照明波长为 532nm，TE 偏振态和 TM 偏振态时，两种对准标记各级次衍射效率仿真结果与理论计算结果对比

(a) AH53；(b) AH53_Opt

振态为 TM 时的零级以外，对准标记各级次衍射效率的计算数据和仿真数据差异在 10%以内，产生此差异的原因在于计算数据是根据标量衍射理论得到的，而仿真数据是基于矢量衍射理论得到的。

照明波长为 632.8nm 时，AH53 和 AH53_Opt 对准标记各级次衍射效率仿真结果如图 10-57 所示，其中图 10-57(a)为 TE 偏振态照明，图 10-57(b)为 TM 偏振态照明。

从图 10-57 中可以看出，相对 AH53 对准标记，在照明波长为 632.8nm、TE 偏振态时，AH53_Opt 对准标记在 5 级衍射效率基本不变的前提下，1 级衍射效率增加了近一倍，3 级和 7 级衍射效率增加了约 10 倍，同时，不参与对准的对准标记 0 级和偶数级次衍射效率几乎降为 0。

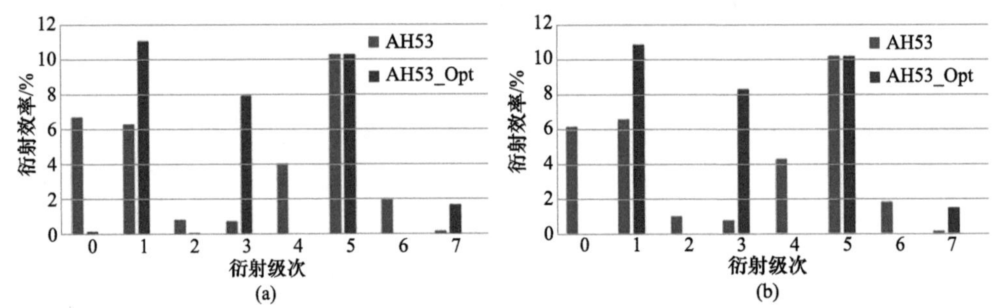

图 10-57　照明波长为 632.8nm 时，AH53 和 AH53_Opt 对准标记各级次衍射效率在不同偏振照明条件下的仿真结果

(a) TE 偏振；(b) TM 偏振

在照明波长为 632.8nm 时，AH53 和 AH53_Opt 对准标记各级次衍射效率计算结果与仿真结果对比分别如图 10-58(a)和图 10-58(b)所示。从图 10-58 中可以看出，对准标记各级次衍射效率的计算数据和仿真数据差异在 10%以内，产生此差异的原因在于计算数据是根据标量衍射理论得到的，仿真数据是基于矢量衍射理论得到的。

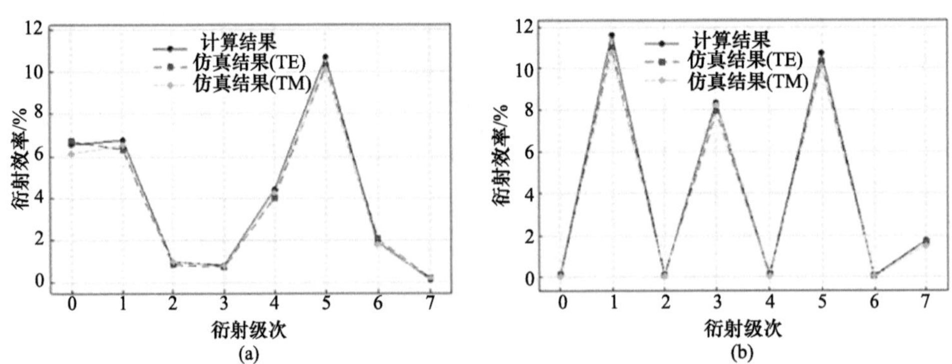

图 10-58　照明波长为 632.8nm，TE 偏振态和 TM 偏振态时，两种对准标记各级次衍射效率仿真结果与理论计算结果对比

(a) AH53；(b) AH53_Opt

在照明波长为 632.8nm 时，AH53_Bal 对准标记各级次衍射效率的仿真结果如图 10-59 所示，从图 10-59 中可以看出，经过对准标记结构优化后，AH53_Bal 对准标记

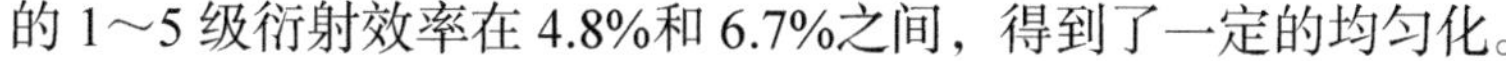

的 1～5 级衍射效率在 4.8%和 6.7%之间，得到了一定的均匀化。

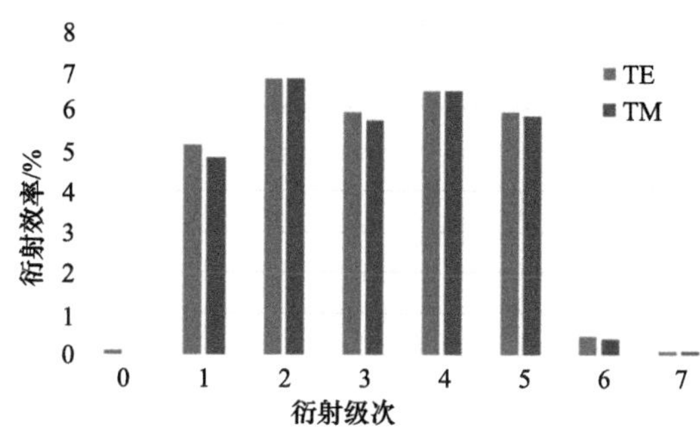

图 10-59　照明波长为 632.8nm 时，AH53_Bal 对准标记各级次衍射效率仿真结果

2. 对准精度分析

对准信号中的噪声来源包括对准标记表面和对准标记区域外非标记面反射的杂散光、对准标记各衍射级次在对准系统内的串扰，以及不同波长对准信号间的串扰、电信号噪声等。不同的对准信号噪声形式对对准精度的影响不同，按照噪声叠加到对准信号后对对准精度影响程度的不同，可以将对准信号噪声分为两类：第一类是周期性噪声，例如对准标记衍射级次之间的光信号串扰，由于对准信号为余弦形式，周期性噪声叠加到对准信号后会使对准信号的位相发生变化，从而导致对准精度降低；第二类是高斯形式分布的随机噪声，比如杂散光和电信号噪声，此噪声会引起对准信号对比度下降，从而影响对准精度。

叠加噪声后的对准信号 $y(x_i)$可以写为

$$y(x_i) = y_0(x_i) + N(x_i) \tag{10.125}$$

其中，$y_0(x_i)$为理想对准信号；$N(x_i)$为对准信号噪声；x_i 为对准扫描过程中对准标记的位置；i 为对准扫描过程中的对准信号采样点。

图 10-60(a)为加入对准信号噪声后的实际对准信号，图 10-60(b)为实际对准信号的组成部分。从图 10-60 中可以看出，引入对准信号噪声 $N(x_i)$后，利用对准信号来计算对准位置会产生偏差，即对准误差。

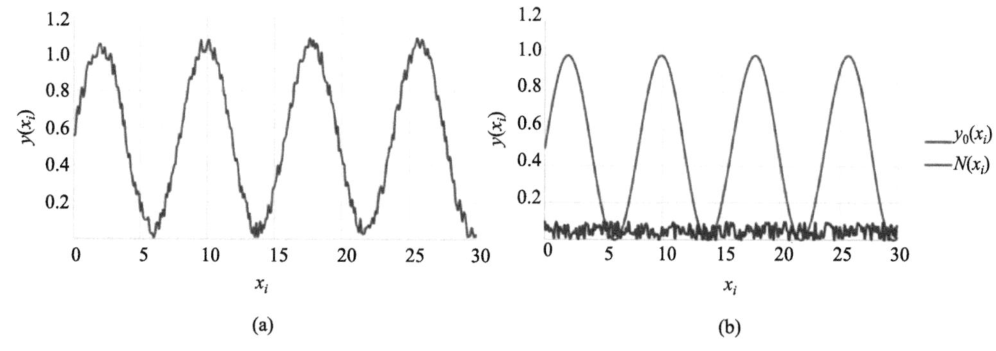

图 10-60　含噪声的对准信号及其构成

(a) 实际对准信号；(b) 实际对准信号的成分

由于理想对准信号可表示为余弦形式，引入对准信号噪声后，将对准信号进行曲线拟合可以得到对准标记的位置信息，拟合采用如下公式：

$$f(x)=A_0+A_1\cos\left[\frac{2\pi}{p}(x+\Delta x)\right]=b_0+b_1\cos\left(\frac{2\pi}{p}x\right)+b_2\sin\left(\frac{2\pi}{p}x\right) \tag{10.126}$$

其中，p 为对准信号周期，Δx 为对准误差。此时对准误差 Δx 可表示为

$$\Delta x=\frac{p}{2\pi}\arctan\left(-\frac{b_2}{b_1}\right) \tag{10.127}$$

由式(10.126)和式(10.127)可知，采用对准标记的高衍射级次，即较小的对准信号周期 p 可以提高对准精度，同时减小叠加在对准信号中的噪声也可以提高对准精度。周期性信号噪声叠加到理想对准信号后，导致的对准误差大小与噪声信号的比例、周期大小和噪声信号的初始位相，即噪声峰值与对准信号峰值位置偏差有关。

图 10-61 为对准信号周期为 8μm，噪声信号周期为 4μm，噪声比例分别为 0.1%、0.5%和 1%，在噪声信号与理想对准信号峰值不同位置偏差情况下导致的对准误差计算结果。从图 10-61 中可以看出，噪声信号峰值位置偏差 2μm(噪声信号周期的一半)时，噪声引入的对准误差达到最大，同时，对准误差与噪声的大小成正比，当噪声比例为 1%时，噪声导致的对准误差最大可以达到 0.85nm。由此可见，周期性信号噪声的引入会导致较大的对准误差，但对于 SMASH 对准系统，同一类型的对准标记产生的对准信号中，在周期性信号噪声的比例和峰值位置偏差为恒定值的情况下，其导致的对准误差可以作为系统误差进行补偿。

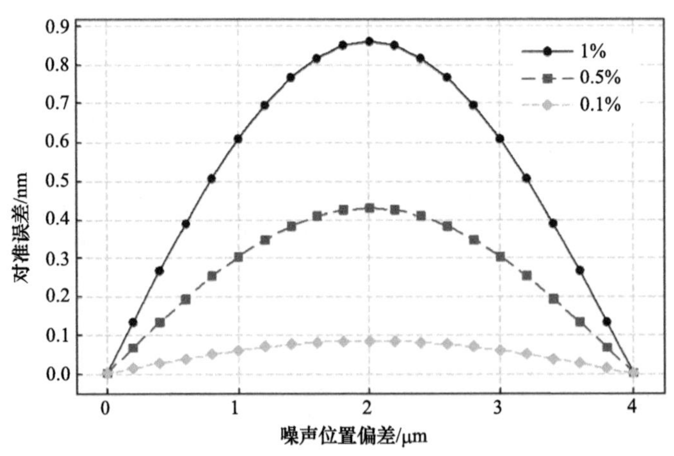

图 10-61　噪声信号与对准信号之间具有不同位置偏差时导致的对准误差

高斯形式随机分布的对准信号叠加到理想对准信号后，导致的对准误差与噪声的比例相关，采用对准标记 1 级衍射光束形成的对准信号时，不同的噪声比例情况下导致的对准误差计算结果图 10-62 所示。从图 10-62 中可以看出，当对准信号中随机噪声比例为 1%以下时，引入的对准误差小于 0.01nm，可以忽略不计，但当对准信号中随机噪声比例大于 1%时，其引入的对准误差迅速增加，在随机噪声比例为 5%时，导致

的对准误差接近 0.8nm。根据公式(3.19)，噪声引入的对准误差与对准信号周期成反比，即采用对准标记高级次衍射光束形成的对准信号时，其对准误差为 1 级的 $1/n$，n 为对准标记衍射级次。

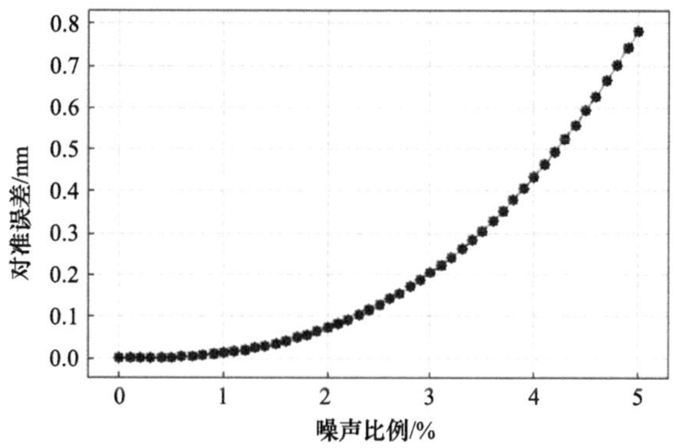

图 10-62　不同比例的随机噪声导致的对准误差

由于周期性噪声导致的对准误差在一定程度上可以作为系统误差进行补偿，为了便于分析，假定对准信号中所有噪声信号为高斯形式随机分布。设对准标记零级反射光噪声为 R_0，相邻衍射级次之间的信号串扰为 R_n，电信号噪声和非对准标记面反射光噪声之和为 R_e，其他噪声之和为 R_b，则对准标记 n 级衍射光束形成的对准信号的噪声比例 S_n 大小可表示为

$$S_n = \frac{R_0 + R_n + R_b + R_e}{\eta_n\left(1 - R_{absorb}\right)} \tag{10.128}$$

其中，η_n 为对准标记第 n 级衍射效率；R_{absorb} 为对准标记表面薄膜沉积层造成的照明光源能量损耗。

设照明光源能量为 1，对准标记零级反射光能量为零级衍射效率的 0.3%，即 $R_0=0.3\%\eta_0$，相邻衍射级次光信号串扰比例为 0.3%，$R_n=0.3\%(\eta_{n-1}+\eta_{n+1})$；对准标记区域外反射噪声 R_b 和电子信号噪声为对准标记衍射效率的 0.3%，即 $R_b=R_e=0.3\%\eta_n$，$R_{absorb}=80\%$，为固定值。将设定比例代入公式(10.128)，对准信号中的噪声比例为

$$S_n = \frac{0.015(\eta_0 + \eta_{n-1} + \eta_{n+1} + 2\eta_n)}{\eta_n} \tag{10.129}$$

利用公式(10.129)、对准标记 AH53 和 AH53_Opt 在不同照明波长和偏振态时各级次衍射效率仿真数据，分别计算两种对准标记奇数衍射级次光束形成的对准信号中噪声比例，计算结果如表 10-3 所示。从表 10-3 中可以看出，相比于 AH53 对准标记，AH53_Opt 对准标记衍射光束形成的对准信号中，噪声比例明显下降，其中 1 级和 5 级对准信号噪声比例下降了 2 个百分点，3 级和 7 级对准信号从噪声比例大到无法进行对准下降到 3%～5%。

表 10-3　对准标记 AH53 和 AH53_Opt 在不同波长和偏振态照明情况下，奇数衍射级次光束形成的对准信号的噪声比例　(单位：%)

对准标记	照明条件	1 级	3 级	5 级	7 级
AH53	532nm，TE	5.2	30.2	5.1	92.7
AH53_Opt		3.3	3.4	3.3	5.0
AH53	532nm，TM	5.2	30.4	5.2	86.7
AH53_Opt		3.4	3.6	3.5	6.4
AH53	632.8nm，TE	4.8	26.8	4.8	75.7
AH53_Opt		3.0	3.1	3.0	3.1
AH53	632.8nm，TM	4.6	25.1	4.8	71.6
AH53_Opt		3.0	3.0	3.0	3.0

根据图 10-62 中对准精度与对准信号噪声比例的关系和表 10-3 中的噪声比例计算数据，计算得到的对准标记各衍射级次光束形成的对准信号的对准精度如表 10-4 所示。从表 10-4 中可以看出，1 级和 5 级衍射光束形成的对准信号的对准精度提高了约 3 倍，3 级和 7 级衍射光束形成的对准信号从由于噪声比例过高而不能用于对准到对准精度优于 0.22nm。

表 10-4　对准标记 AH53 和 AH53_Opt 在不同波长和偏振态照明情况下，奇数衍射级次光束形成的对准信号由于噪声产生的对准误差　(单位：nm)

对准标记	照明条件	1 级	3 级	5 级	7 级
AH53	532nm，TE	0.87	X	0.17	X
AH53_Opt		0.26	0.09	0.05	0.11
AH53	532nm，TM	0.87	X	0.19	X
AH53_Opt		0.28	0.11	0.06	0.22
AH53	632.8nm，TE	0.71	X	0.14	X
AH53_Opt		0.20	0.07	0.04	0.03
AH53	632.8nm，TM	0.63	X	0.14	X
AH53_Opt		0.20	0.07	0.04	0.03

将细分型对准标记结构进行优化，提高奇数级次的衍射效率，同时降低零级和偶数级次衍射效率的方法，可以有效提高对准信号信噪比，从而提高对准标记位置的测量精度。上面仅对五细分型对准标记在 632.8nm 照明波长的情况下进行了结构优化，对于其他照明波长或者其他细分形式的对准标记，该方法同样适用。在对准信号噪声比例计算中，对于不同的噪声来源，噪声大小不同，对准信号的信噪比不同。上面仿真仅假设了几种噪声来源和各自的比例，对于其他噪声来源或者噪声比例的改变，该计算方法的结果只是数据不同，在相同对比条件下，并不影响对准标记结构优化对对准信号信噪比提升的结果。

同时，在计算对准信号中噪声产生的对准误差过程中，对于对准标记相邻衍射级次之间和不同波长之间的信号串扰带来的信号噪声，为了方便计算，将其假设为高斯形式的随机分布噪声。在实际对准中，对于特定的对准系统，这两种光串扰引入的对准信号噪声为周期性分布，且与对准信号之间的位相固定，因此在对准信号噪声比例恒定的前提下，其带来的对准误差可以作为系统误差在对准过程中进行补偿。

10.3.3　基于多通道对准信号的对准误差补偿技术[26,33]

在以位相衍射光栅作为对准标记的 SMASH 对准技术中，对准标记经过光刻工艺，特别是化学机械抛光(CMP)工艺后，标记栅线截面会产生非对称变形，这种非对称变形会引入对准误差，从而影响对准精度。目前，降低对准标记非对称变形导致的对准误差的主要方法是工艺验证，对已完成的包括两层集成电路图形的硅片，采用扫描电子显微镜(SEM)精确测量实际集成电路图形的套刻误差，在相同工艺中通过调整对准位置对其进行补偿，从而提高套刻精度。然而，即使在相同的批次甚至在同一硅片不同的曝光场之间，对准标记非对称变形的程度也会存在差别，这种差别导致工艺验证方法存在一定的工艺适应性问题。近年来，通过仿真模拟实际光刻工艺变化导致的对准误差，并将仿真结果用于指导实际工艺的误差补偿的方法逐渐被采用。尽管仿真不能完全代替工艺验证，但可以为工艺改进提供参考。

本小节介绍一种利用非对称变形对准标记在不同波长和偏振态照明情况下的对准位置差异，补偿非对称变形对准标记导致的对准误差的方法，并利用该方法提高对准精度，进而改善套刻精度。

10.3.3.1　补偿原理

在对准标记采用不同波长和偏振态照明的情况下，相同的栅线截面非对称变形量导致的对准误差存在差异，即对准标记位置测量数据存在差异，利用这种差异可以推断出对准标记栅线截面的非对称变形导致的对准误差大小，然后进行对准误差补偿，从而提高对准精度和对准的工艺适应性。将对准标记在不同波长和偏振态照明时，对准标记栅线截面非对称变形导致的对准误差表示为 $E_{\lambda_j,k}$，其中 λ_j 为对准标记照明波长，k 为对准标记照明偏振态。对准标记在某波长和偏振态照明情况下，标记栅线截面非对称变形导致的对准误差可以由以下公式计算得到

$$E_{\lambda_1,\mathrm{TE}} = \sum_{j,i,k,k',m} \delta_m \left(E_{\lambda_j,k} - E_{\lambda_i,k'} \right) \tag{10.130}$$

其中，对准标记照明波长为 4 个，$j=i=4$；对准标记照明偏振态为 TE、TM 两种，$k=k'=2$；照明波长和偏振态组合为 16 种，$m=16$；δ_m 为补偿比重系数。利用公式(10.130)的各个通道间对准信号的对准标记位置测量差异可以进行对准误差补偿，如果采用多种通道组合，可以提高对准误差补偿精度，但计算过程也会变得繁琐。为了用最简单的方式说明该对准误差补偿原理和补偿效果，可以选取对准信号中对准测量位置相对偏差较大的两个通道的测量数据作为参考，以对准误差与对准标记栅线截面非对称变形量相对不敏感的通道测量数据作为补偿对象进行对准误差补偿。

10.3.3.2　仿真分析

对准标记栅线截面非对称变形导致的对准误差与照明波长和偏振态具有相关性，利

用这种相关性可以对其造成的对准误差进行补偿，为了获得较高的对准误差补偿精度，可以选取对准误差差异较大的两个通道的测量数据对对准误差进行补偿。对于标准对准标记栅线截面产生圆角形状非对称变形的情况，照明波长设置为 632.8nm、TE 偏振态与照明波长为 850nm、TM 偏振态时的对准测量数据存在较大的差异，将这两种情况的对准误差分别表示为 R_a 和 R_b，(R_a-R_b)与 R_b 的关系如图 10-63(a)所示。同样，对于标准对准标记栅线截面楔角形状的非对称变形，将照明波长为 532nm、TE 偏振态时的对准误差表示为 W_a，照明波长为 850nm、TM 偏振态时的对准误差表示为 W_b，其差异(W_a-W_b)与 W_b 的关系如图 10-63(b)所示。

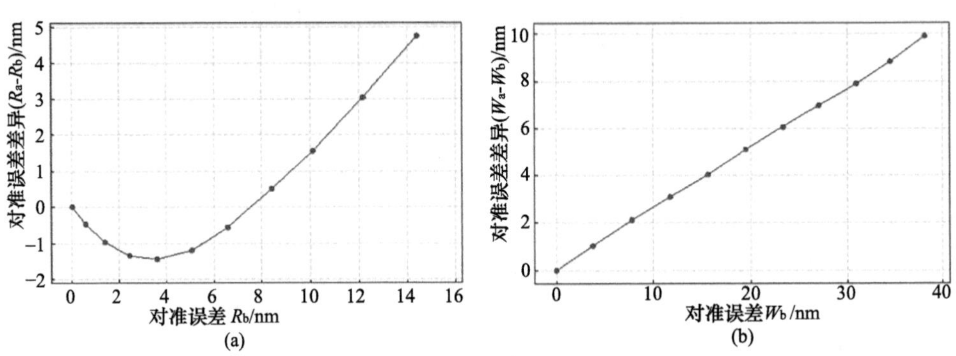

图 10-63 两种非对称变形导致的对准误差差异与对准误差的关系

(a) 圆角非对称变形，(b) 楔角非对称变形

根据图 10-63 中的数据关系，可以利用两个通道对准测量数据的差异来补偿对准标记栅线截面非对称变形导致的对准误差，从而提高对准的工艺适应性。考虑到实际光刻工艺中，对准标记的槽深和占空比会发生一定的变化，为了验证该对准误差补偿方法的工艺适应性，假定对准标记经过实际光刻工艺后，槽深(H)变动分别为±2nm 和±4nm，槽宽(width)变动分别为±40nm 和±80nm。在此情况下，对于不同的对准标记栅线截面非对称变形量，利用该方法补偿后的对准误差仿真结果如图 10-64 所示，其中图 10-64(a)是栅线截面为圆角形状的非对称变形，图 10-64(b)是栅线截面为楔角形状的非对称变形。

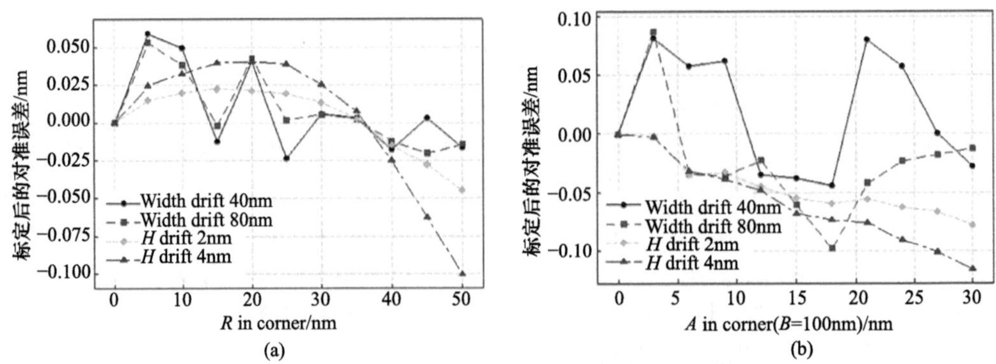

图 10-64 不同非对称变形的标准对准标记经过补偿后的对准误差

(a) 圆角非对称变形；(b) 楔角非对称变形

从图 10-64(a)中可以看出，当标准对准标记栅线截面产生圆角形状的非对称变形，

变形量 R 在 50nm 范围内时，在光刻工艺导致的对准标记槽宽变化 80nm 和槽深变化 4nm 以内的情况下，利用该方法补偿后的对准误差小于 0.1nm。同样，从图 10-64(b)中可以看出，在与圆角形状非对称变形相同的条件下，对准标记栅线截面为楔角形状非对称变形，变形量 B 为 100nm，A 在 50nm 范围内时，利用该方法补偿后的对准误差小于 0.13nm。

AH32 对准标记栅线截面为圆角形状的非对称变形时，照明波长设置为 632.8nm、TM 偏振态和照明波长为 850nm、TM 偏振态时的对准测量数据存在较大偏差，将这两种情况相应的对准误差分别表示为 R_a' 和 R_b'，($R_a'-R_b'$)与 R_b' 的关系如图 10-65(a)所示。AH32 对准标记栅线截面为楔角形状的非对称变形时，照明波长设置为 632.8nm、TE 偏振态与照明波长为 850nm、TM 偏振态时的对准测量数据存在较大的差异，将这两种情况的对准误差分别表示为 W_a' 和 W_b'，($W_a'-W_b'$)与 W_b' 的关系如图 10-65(b)所示。

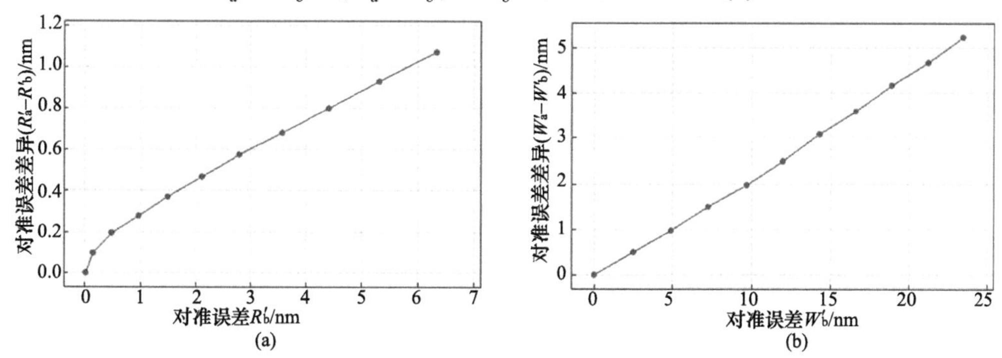

图 10-65　AH32 对准标记在两种非对称变形条件下的对准误差差异与对准误差的关系
(a) 圆角非对称变形；(b) 楔角非对称变形

根据图 10-65 中的数据关系，利用与标准对准标记相同的方法，AH32 对准标记对应补偿后的对准误差仿真结果如图 10-66 所示，其中图 10-66(a)是栅线截面为圆角形状的对准标记非对称变形时的情况，图 10-66(b)是线性截面为楔角形状的对准标记非对称变形时的情况。

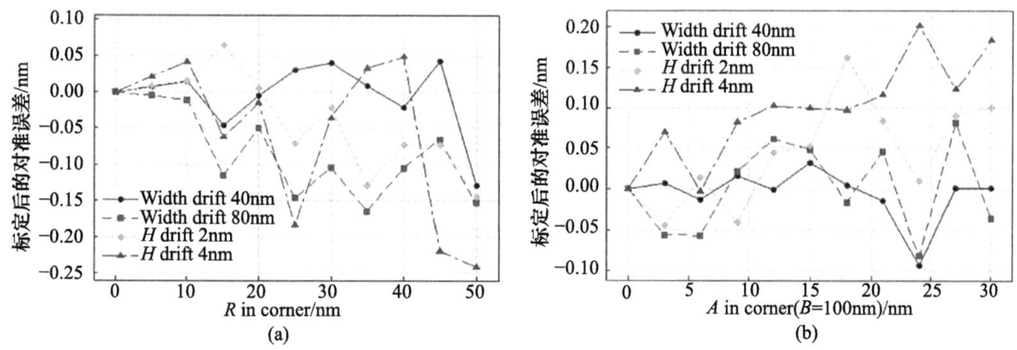

图 10-66　AH32 对准标记栅线截面在两种非对称变形下补偿后的对准误差
(a) 圆角非对称变形；(b) 楔角非对称变形

从图 10-66(a)中可以看出，当 AH32 对准标记栅线截面为圆角形状的非对称变形，变形量 R 在 50nm 范围内时，在光刻工艺导致的对准标记槽宽变化 80nm 和槽深变化 4nm

以内的情况下，利用该方法补偿后的对准误差小于 0.25nm。同样，从图 10-66(b)中可以看出，在与圆角形状非对称变形相同的条件下，对准标记栅线截面为楔角形状非对称变形，变形量 B 为 100nm，A 在 30nm 范围内时，利用该方法补偿后的对准误差小于 0.21nm。从标准对准标记和 AH32 对准标记的仿真计算结果中可以看出，当对准标记栅线截面产生非对称变形，圆角形状的变形量 R 小于 50nm，楔角形状的变形量 B 为 100nm，A 小于 30nm 的情况下，利用该方法补偿后的对准误差均小于 0.25nm，说明该对准误差补偿方法具体较好的工艺适应性。

上面以周期为 16μm 的位相衍射光栅作为对准标记，以对准标记 ±3 级衍射光束形成的对准信号为例，对所提出的对准标记非对称变形导致的对准误差的补偿方法进行了验证。在验证过程中，只利用了两个对准通道信号，并对标记栅线截面非对称变形进行了简化。如果在对准误差补偿中，采用更多的衍射级次光束形成的对准信号和更多波长、偏振态的对准信号，可以获得更高的对准误差补偿精度。在实际光刻工艺中，标记栅线截面形状变化比较复杂，对于这种复杂形状的标记栅线截面，该方法同样适用。可以采用扫描电子显微镜(SEM)等手段获得实际标记栅线的具体参数，然后将获得的参数代入该补偿方法的仿真模型中进行计算和补偿。

10.4 照明参数检测与控制技术

10.4.1 照明参数优化[35,36]

投影光刻机一般具有数值孔径可变、部分相干因子可调的能力。要实现高光刻分辨率，曝光前需针对特定图形优化光刻工艺参数。光刻仿真是预测光刻成像质量、优化工艺参数的有效手段，与实验相比，具有省时、成本低等优点。本小节在环形照明、四极照明模式与 100nm 密集线掩模图形条件下，利用光刻仿真技术优化照明系统 NA 与部分相干因子，并分析环形照明参数对焦深的影响。

10.4.1.1 参数设置

PROLITH 是一种非常有用的光刻仿真工具。使用 PROLITH8.0，针对 100nm 的密集线条，分别在环形照明与四极照明的条件下，在线宽变化 $\Delta CD = \pm 10\% CD$ 范围内，曝光剂量容限 EL(exposure latitude)=10%的条件下，计算不同照明设置下的焦深。在研究中，假设投影物镜是无像差的理想光学系统，系统中的杂光系数为 2%。此处仿真都是采用 LPM 与全标量衍射模型(full scalar diffraction model)。具体仿真参数见表 10-5。

表 10-5 PROLITH 仿真优化参数

CD	100nm
波长	193nm
掩模类型	二元

续表

光刻胶对比度	17
空间像扩散长度	20 nm
光刻胶有效吸收系数	0.2

10.4.1.2　优化结果

1. 密集线条成像

图 10-67 为环形照明与四极照明条件下光瞳上光强分布示意图。在没有像差的情况下，水平与垂直两个方向线条的光学成像质量没有什么不同，所以此处就选择一组水平方向线条进行仿真。对于 100nm 的密集线条，我们将在环形照明与四极照明条件下，计算不同的 NA/σ 参数配置下的焦深，根据计算结果可以给出最优的参数配置。为了分析环形照明的环带宽度、四极照明中照明极的半径宽度对焦深的影响，我们在多个环带宽度与照明极的大小条件下对焦深进行了计算。仿真中数值孔径与部分相干因子的变化步长取为 0.02。

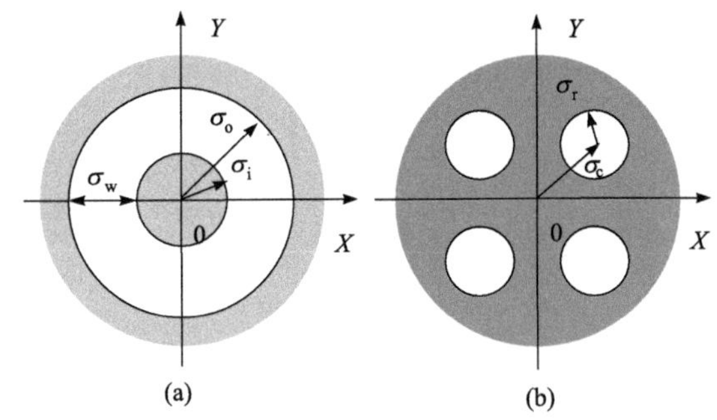

图 10-67　环形照明(a)与四极照明(b)条件下光瞳上光强分布示意图

1) 环形照明条件下的成像

在环形照明条件下，我们分别在环带宽度 σ_W 为 0.2、0.3、0.33、0.4 的情况下，对不同 NA/σ 配置下的焦深进行了仿真，仿真结果如图 10-68 所示。对于 100nm 密集线条，NA 在 0.75～0.85，σ 在 0.6～0.75 的范围内能够得到较大的 DOF。在一定的 NA、σ 设置下焦深最大，表 10-6 给出了不同环带宽度下 NA 与 σ 的最优设置，以及在最优设置下能够得到的最大焦深。由表 10-6 可以看出，焦深随环带宽度 σ_W 增大而减小，即 σ_W 从 0.2 增大到 0.4 时，焦深从 0.37μm 下降到 0.25μm。图 10-69 是在 $NA = 0.75$ 的环形照明条件下计算的环带宽度对焦深的影响。因此，在环形照明条件下，环带宽度越小对光刻成像质量越有利。

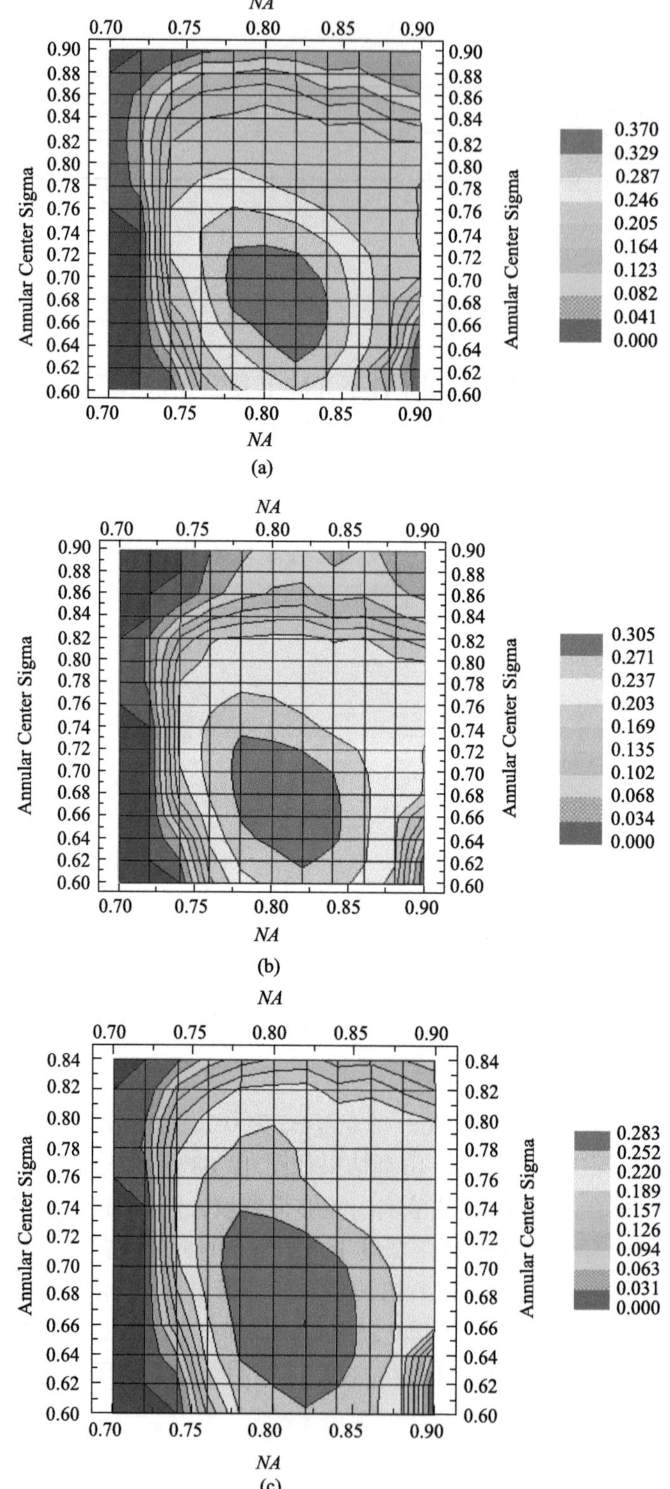
NA
0.70
0.75
0.80
0.85
0.90
Annular Center Sigma
0.90
0.88
0.86
0.84
0.82
0.80
0.78
0.76
0.74
0.72
0.70
0.68
0.66
0.64
0.62
0.60
0.370
0.329
0.287
0.246
0.205
0.164
0.123
0.082
0.041
0.000

(a)

NA
Annular Center Sigma
0.305
0.271
0.237
0.203
0.169
0.135
0.102
0.068
0.034
0.000

(b)

NA
Annular Center Sigma
0.84
0.82
0.80
0.78
0.76
0.74
0.72
0.70
0.68
0.66
0.64
0.62
0.60
0.283
0.252
0.220
0.189
0.157
0.126
0.094
0.063
0.031
0.000

(c)

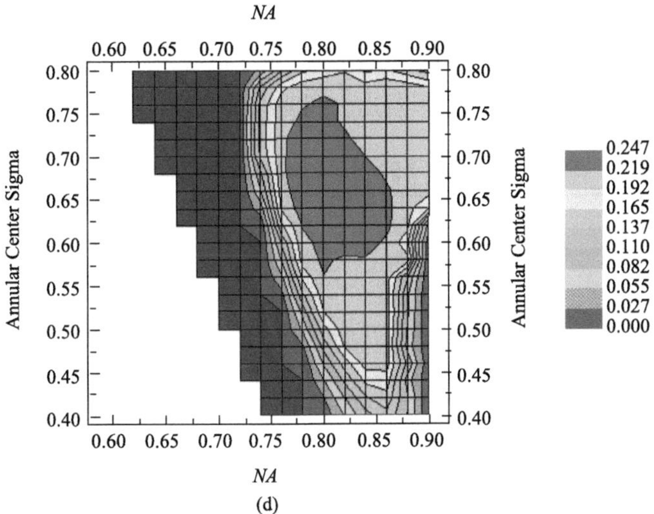

(d)

图 10-68　在环带宽度σ_w分别为=0.2(a)、0.3(b)、0.33(c)、0.4(d)的情况下，不同 NA/σ 配置下的焦深

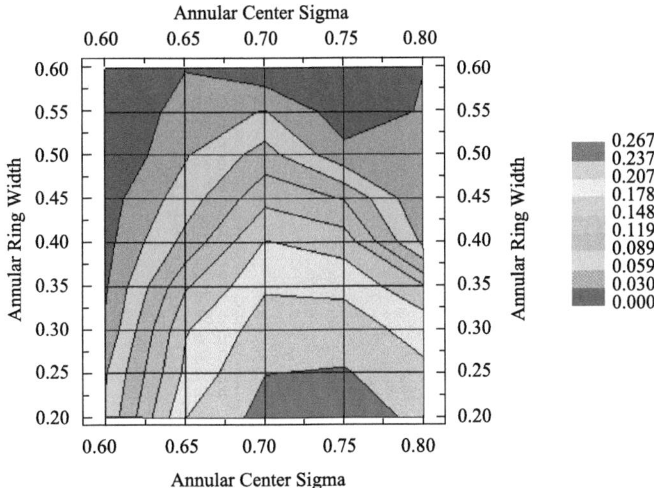

图 10-69　在 $NA = 0.75$ 的环形照明条件下，环带宽度对焦深的影响

表 10-6　在环形照明条件下的 *NA* 与 σ 的最优设置以及在最优设置下的焦深

σ_w	NA	σ_c	Max_DOF/μm
0.20	0.82	0.68	0.37
0.30	0.82	0.66	0.30
0.33	0.82	0.66	0.28
0.40	0.78	0.66	0.25

2) 四极照明条件下的成像

对四极照明，我们分别在照明极半径σ_r为 0.1、0.15、0.2、0.25 的情况下，计算得到了不同数值孔径与部分相干因子设置下的焦深，如图 10-70 所示。可以看出，对于 100nm

密集线条，*NA* 在 0.72～0.85，σ_c 在 0.75～0.9 的范围内能够得到较大的 DOF。在一定的 NA/σ 的设置下能够得到最大的焦深，表 10-7 列出了最优的 NA/σ 设置，以及在这些设置下得到的最大焦深。从表 10-7 中可以看出，照明极半径 σ_r 越小，能够得到的焦深越大。

表 10-7　在四极照明条件下的 NA/σ_c 最优设置以及最优设置下的焦深

σ_r	*NA*	σ_c	Max.DOF/μm
0.10	0.74	0.90	1.39
0.15	0.76	0.90	0.74
0.20	0.76	0.90	0.69
0.25	0.76	0.90	0.54

比较上述环形照明与四极照明的仿真结果可知：环形照明条件下，在较大的 *NA* 与较小的 σ 设置下，可以得到较大的 DOF，例如，σ_w=0.2，*NA*=0.82，σ_c=0.66，DOF=0.37μm；四极照明条件下，在较小的 *NA* 与较大的 σ_c 设置下，可以得到较大的 DOF，例如，σ_r=0.1，*NA* = 0.76，σ_c = 0.9，DOF=1.39μm。与环形照明相比，四极照明能够大幅度提高焦深。

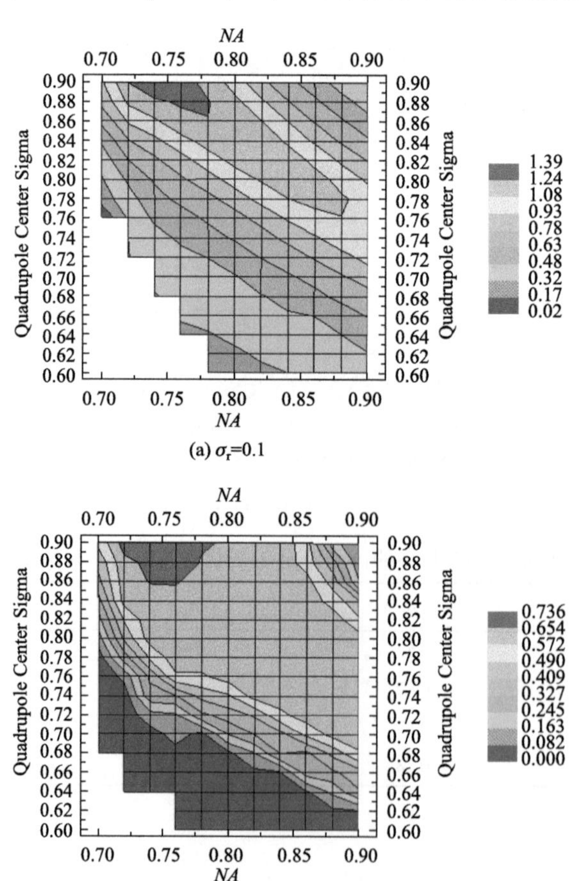

(a) σ_r=0.1

(b) σ_r=0.15

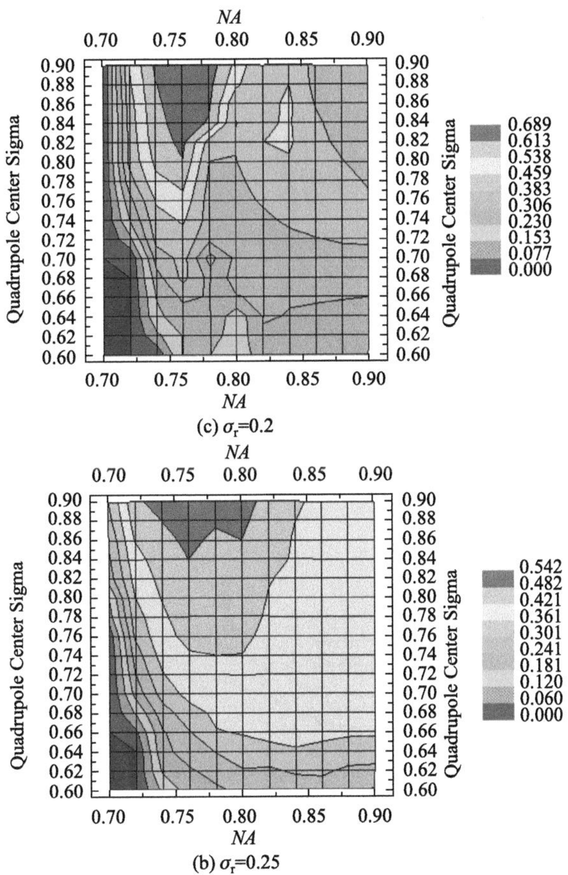

(c) σ_r=0.2

(b) σ_r=0.25

图 10-70 在四极照明情况下，焦深随数值孔径与部分相干因子的变化

2. 100nm 半密集、孤立线条成像

集成电路图形除了包括密集线条外，还包括半密集线条、孤立线条等。因此，还需要分析光学系统对其他图形的成像性能。在密集线条最优配置下(σ_w =0.3，*NA*=0.82，σ_c = 0.66 的环形照明与σ_r = 0.15，*NA*=0.76，σ_c = 0.9 的四极照明)，仿真分析半密集线条与孤立线条成像性能。图 10-71 是 DOF 随 Pitch 的变化曲线。可以看出，DOF 随着 Pitch 的增大而减小。与环形照明相比，四极照明的 DOF 随 Pitch 的增大而明显下降。图 10-72 是四极照明条件下，在不同离焦量下的 NILS(normalized image log-slope)相对于 Pitch 的变化情况。NILS 随着 Pitch 的增大而减小，对一定的线宽，孤立线条的 NILS 值比密集线条的 NILS 值要小。如果对 100nm 密集线条与孤立线条都满足 NILS 值大于 1 的条件，焦深必须限定在 0.4μm 的范围内。图 10-73 给出了特征线宽(resist feature width)随栅距 Pitch 的变化情况。对于 100nm 的线宽，孤立线条与密集线条的偏差(iso-dense bias)可达 30nm。对于半孤立线条(栅距 Pitch 为 200～400nm)，与四极照明相比，环形照明下的 iso-dense bias 更大。综上所述，如果使用环形照明与四极照明同时对一定线宽的密集线条与孤立线条成像，必须进行光学邻近效应校正。

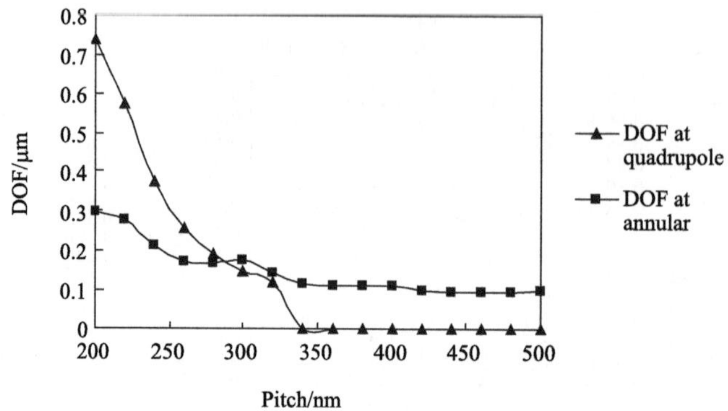

图 10-71　100nm 密集线条在环形照明(NA=0.82，σ_c=0.66，σ_w=0.3)与四极照明(NA=0.76，σ_c = 0.9，σ_r=0.15)条件下，DOF 随 Pitch 的变化曲线

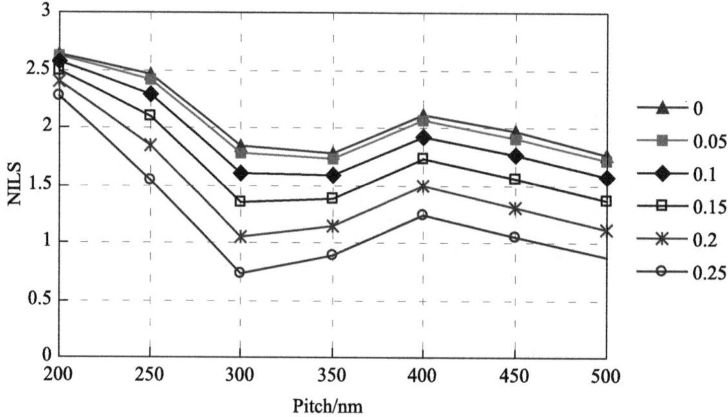

图 10-72　100nm 的线条在四极照明(NA=0.76，σ_c = 0.9，σ_r=0.15)条件下，NILS 随着 Pitch 变化曲线

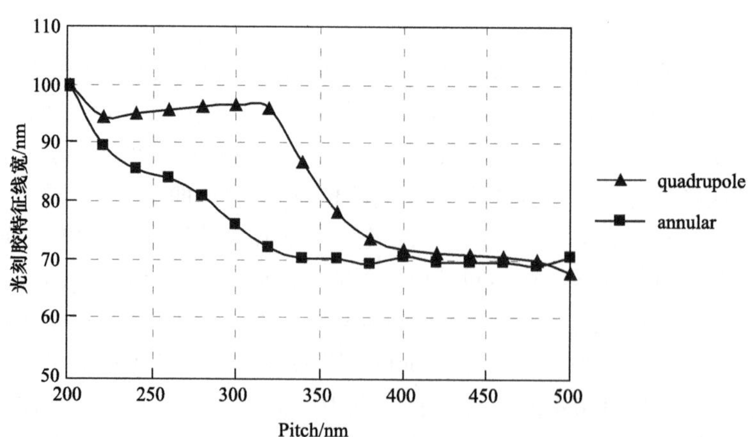

图 10-73　在环形照明(NA =0.82，σ_c=0.66，σ_w=0.3)与四极照明(NA=0.76，σ_c = 0.9，σ_r=0.15)条件下，100nm 特征线宽随栅距 Pitch 的变化

10.4.2 照明光瞳偏振参数检测技术

对于大数值孔径光刻机，照明光偏振特性对光刻成像质量的影响已不能忽略。精确控制偏振光照明可有效提高光刻成像质量[37]，高精度的照明光瞳偏振参数检测是高精度偏振光照明控制的前提与基础。本小节介绍旋转波片法和基于波片阵列的偏振检测技术[39-43]。

10.4.2.1　旋转波片法检测[38-40]

1. 原理

旋转波片法是光刻照明光瞳偏振参数检测领域的常用方法，ASML、Nikon 和 Canon 等光刻设备厂商均采用该方法检测照明光瞳的偏振参数。在旋转波片法中，通过旋转波片对待测光束进行调制，光束通过旋转的波片和固定的检偏器后，由光电探测器探测其透过光强，计算可得到该待测光束 Stokes 参量。1/4 波片的相位延迟量误差、初始快轴角度误差以及检偏器的透光轴角度误差是影响旋转波片法测量精度的主要因素；其中，波片相位延迟量误差与工作波长成反比，波长越小，相位延迟量误差越大。对于国际主流光刻机采用的深紫外波段光源，在该波段制造理想的 1/4 波片难度更高，波片相位延迟量误差更为突出，其对光束 Stokes 参量测量的影响也更为显著。

图 10-74 是旋转波片法偏振检测原理图。待测光束通过旋转的波片 C 与固定的检偏器 A 后，由光电探测器 D 探测其透过光强。旋转波片法误差源主要包括：波片相位延迟量误差 $\Delta\delta$、波片初始快轴角度误差 $\Delta\theta_0$、检偏器透光轴角度误差 $\Delta\alpha$。根据将进行实验中所采用的波片、偏振棱镜和精密转台的技术指标，各器件可满足以下要求：可见光波段，波片相位延迟量的制造误差小于 $\lambda/300$，即 $\Delta\delta<1.2°$；深紫外波段，波片相位延迟量的制造误差小于 $\lambda/200$，即 $\Delta\delta<1.8°$；通过消光法可确定检偏器的透光轴方向，则透光轴的定位误差 $\Delta\alpha$ 主要由转台的分辨率决定，$\Delta\alpha<1/60°$；放置波片于已标定透光轴方向的两正交起偏器和检偏器中间，再通过消光法可确定波片快轴方向，则波片初始快轴角度误差 $\Delta\theta_0$ 由精密转台的分辨率决定，$\Delta\theta_0<1/60°$。

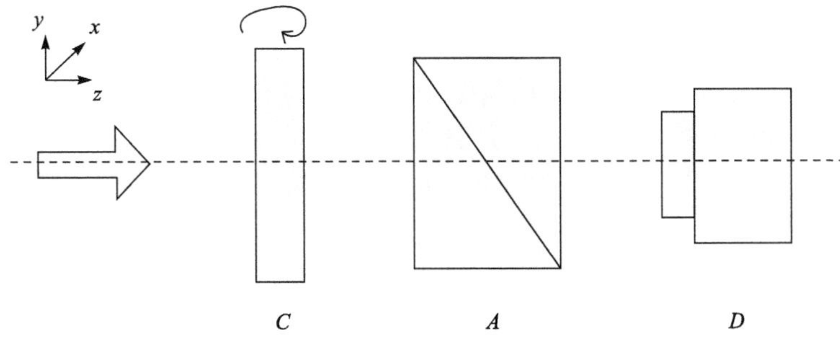

图 10-74　旋转波片法偏振检测原理图

相位延迟量误差 $\Delta\delta$ 是影响旋转波片法测量 Stokes 精度的主要误差，消除 $\Delta\delta$ 对偏振检测的影响是提高检测精度的有效手段。本小节介绍一种优化的旋转波片法，以提高偏振光 Stokes 参量测量精度。该方法首先测量得到待测光束的偏振方位角，然后调整检偏器透光轴方向与待测光束偏振方向成 90°后测量得到 S_{10}、S_{20}，调整检偏器透光轴方向与待测光束偏振方向成 45°后测量得到 S_{30}。当光束为线偏振光或只关注光束的线偏振成分时，即只关注 S_{10}、S_{20}，此时只需调整检偏器透光轴方向与待测光束偏振方向成 90°后测量即可。该方法可以有效减小相位延迟量误差 $\Delta\delta$ 对偏振光 Stokes 参量测量的影响，对线偏振光效果最为明显。对于目前国际主流光刻机采用的深紫外波段光源，在该波段波片相位延迟量制造误差更大，采用该优化方法效果更加显著。

2. 仿真

Stokes 参量测量误差与夹角 β 相关，即对于同一测量对象，检偏器透光轴方向不同将影响最终测量结果。在误差 $\Delta\delta$=1.2°，$\Delta\theta_0$=0.1°，$\Delta\alpha$=0.1°的情况下，线偏振光的归一化 Stokes 参量测量误差 ΔS_{10}、ΔS_{20}、ΔS_{30} 与夹角 β 的关系如图 10-75 所示，其中 x 轴为夹角 β，y 轴为光束的偏振方位角 φ，(a)～(c)中 z 轴分别为测量误差 ΔS_{10}、ΔS_{20} 和 ΔS_{30}。

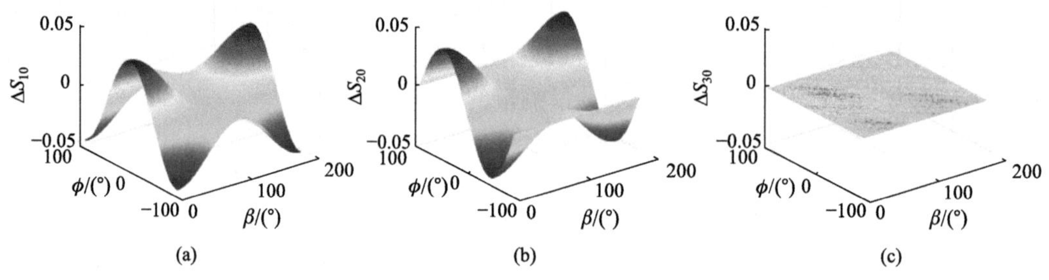

图 10-75　归一化 Stokes 参量测量误差与夹角 β 的关系

对于同一偏振方位角的光束，夹角 β 不同，测量误差 ΔS_{10}、ΔS_{20} 和 ΔS_{30} 也不同。以偏振方位角为 0°的光束为例，当 β=0°时，ΔS_{10}=4.26%，当 β=45°时，ΔS_{10}=0.36%，当 β=90°时，ΔS_{10} 则减小至几乎为 0。对于其他偏振方向的光束，结论相同。当夹角 β 接近 90°时，测量误差 ΔS_{10}、ΔS_{20} 近似为 0；且当 β=90°时，归一化 Stokes 参量误差仍小于 0.35%。这一模拟结果验证了优化旋转波片法的可行性。

为进行进一步说明，模拟比较了传统旋转波片法与优化旋转波片法的测量结果，其中传统旋转波片法采用检偏器透光轴角度 0°放置，优化旋转波片法调整检偏器透光轴方向使夹角 β 至 90°或 5°。在误差 $\Delta\delta$ 从 0°到 2°变化时，两种方法的测量结果如图 10-76 所示，其中传统方法代表传统旋转波片法的模拟结果，优化方法代表优化旋转波片法的模拟结果。

图 10-76 和图 10-77 中的(a)、(b)、(c)分别对应 ΔS_{10}、ΔS_{20}、ΔS_{30} 与 $\Delta\delta$ 的关系。两种方法中相位延迟量误差 $\Delta\delta$ 的增加均会引起测量误差的单调增加。对于完全线偏振光，优化旋转波片法大幅降低了相位延迟量误差对 Stokes 参量测量的影响(图 10-76)；对于部分线偏振光，采用优化方法可以大大减小测量误差(图 10-77)。以图 10-77(a)对应的 S_{10} 为例，$\Delta\delta$ 从 0°增加到 2°时，采用传统旋转波片法，其测量误差 ΔS_{10} 从 0 增加到 5.39%；采用优化旋转波片法，其测量误差 ΔS_{10} 从 0 只增加到 0.14%，其测量误差大大降低。在

波片的相位延迟量误差内，即 $\Delta\delta$=1.2°时，优化旋转波片法使 Stokes 参量测量误差从 3.59%减小到 0.11%。

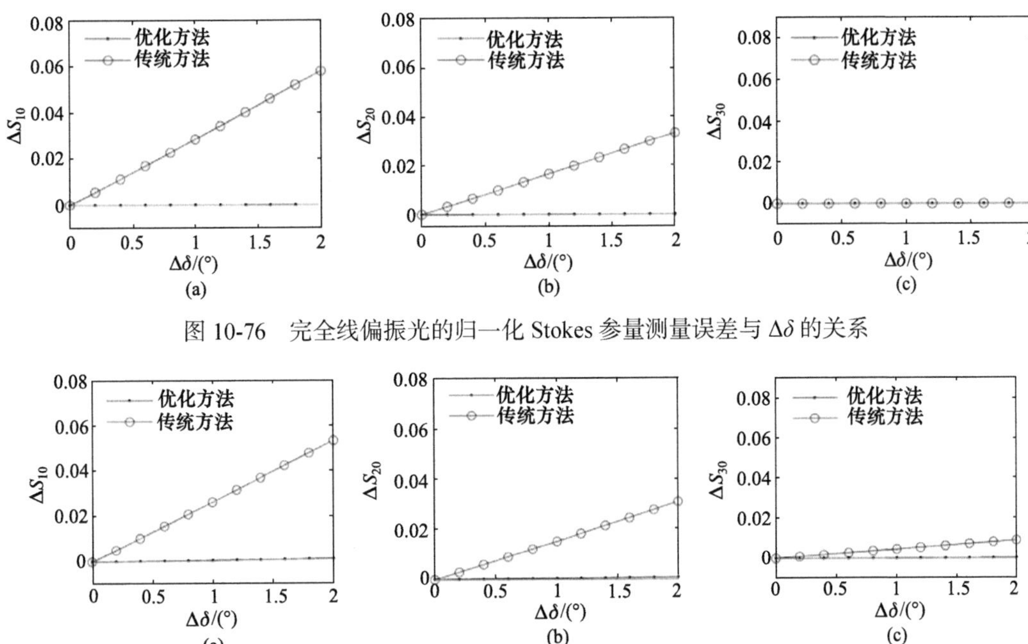

图 10-76　完全线偏振光的归一化 Stokes 参量测量误差与 $\Delta\delta$ 的关系

图 10-77　部分线偏振光的归一化 Stokes 参量测量误差与 $\Delta\delta$ 的关系

图 10-78 为由 Stokes 参量计算得到的光束偏振度测量误差，其中传统方法代表传统旋转波片法的模拟结果，优化方法代表优化旋转波片法的模拟结果。采用优化旋转波片法也可有效提高偏振度测量精度。在误差 $\Delta\delta$=1.2°，$\Delta\theta_0$=0.1°，$\Delta\alpha$=0.1°条件下，对于偏振方位角为−90°的部分线偏振光，检偏器透光轴方向与光束偏振方向的夹角为 90°，此时其误差最小，为 0.10%；对于偏振方位角为 0°的线偏振光，光束偏振方向与检偏器透光轴的夹角为 0°，通过调整其夹角为 90°后再测量，使得偏振度误差从 3.96%降低至 0.10%。

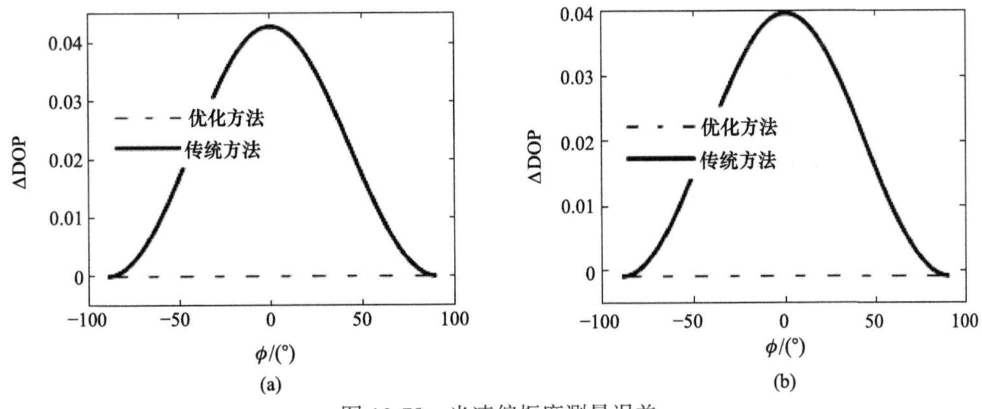

图 10-78　光速偏振度测量误差

(a)完全线偏振光；(b)部分线偏振光

3. 实验

为了验证优化旋转波片法的可行性，以可见光为测量对象，进行了基于单点测量的实验研究。实验测量系统示意图如图 10-79 所示，光源采用波长为 632.8nm 的 He-Ne 激光，起偏器 LP1、波片 HW 和波片 QW1 组成偏振态发生器 PSG(polarization state generator)，$\lambda/4$波片 QW2、检偏器 LP2 以及光电探测器组成 Stokes 参量偏振检测装置。其中 LP1 和 LP2 均为格兰-泰勒棱镜，其消光比优于 5×10^{-6}；波片 HW 和波片 QW1、QW2 均为真零级石英波片，其相位延迟量精度为$\lambda/300$；波片 QW1 与检偏器 LP2 分别固定在手动转台上，转台旋转精度为 1′；光电探测器为光电二极管，其输出电流信号经前置放大电路转换为电压信号，由数据采集卡采集并保存至计算机。数据采集卡为 NI 公司的 PCI-6134，为 8 通道 16 位；控制软件为 LabVIEW。

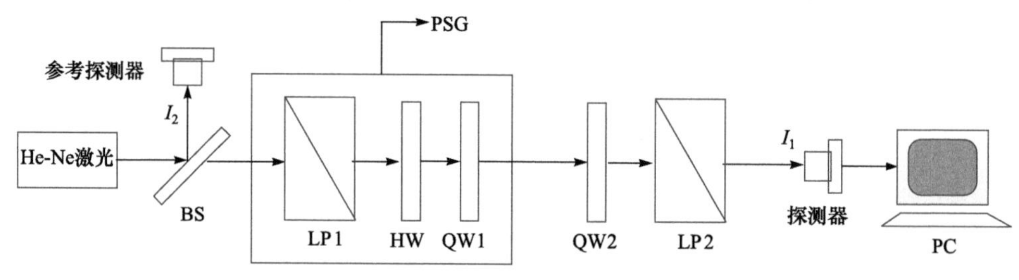

图 10-79　测量系统示意图

实验过程中，He-Ne 激光经 45°分光镜(BS)，反射光强度 I_2 由参考探测器(reference detector)探测，透过光通过偏振态发生器 PSG 后产生已知特定偏振态的偏振光，后通过波片 QW2 和检偏器 LP2 后，由信号探测器探测其透过光强 I_1。计算时采用信号探测光强与参考光强的比值 I_1/I_2 作为信号光强，以消除光源能量波动以及探测器光偏振敏感性的影响。实验时，将波片 QW2 旋转 360°，每隔 360°/n 测量一组光强。最后，对测量光强数据进行处理，计算得出光束 Stokes 参量与偏振度，并与所产生的已知偏振态进行比较。

实验中利用 PSG 产生已知偏振态的偏振光作为测量对象，包括水平线偏振光和−15°线偏振光，分别采用传统旋转波片法与优化旋转波片法对其进行测量，其测量结果比较如下。

1) 水平线偏振光

两种方法所得的测量数据如图 10-80 所示，由该数据计算得到的 Stokes 参量与偏振度见表 10-8，可见，对于水平线偏振光，偏振度误差为−3.70%，传统旋转波片法测量所得 Stokes 参量误差小于 3.70%，总均方根偏差为 3.95%；优化的旋转波片法测量所得偏振度误差为 0.29%，Stokes 参量误差小于 0.74%，总均方根偏差为 0.79%。相比传统旋转波片法，采用优化的旋转波片法使得 Stokes 参量测量误差从 3.70% 降低至 0.74%，测量精度得到了明显提高。

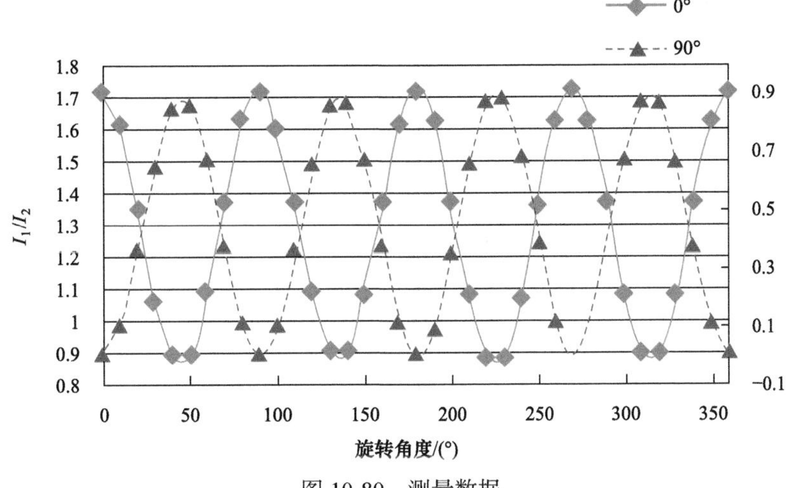

图 10-80　测量数据

表 10-8　Stokes 参量与偏振度的测量结果

	传统旋转波片法		优化的旋转波片法	
	测量值	偏差	测量值	偏差
P	0.9631	−3.70 %	0.9971	−0.29%
S_{10}	0.9630	−3.70%	0.9971	−0.29%
S_{20}	−0.0131	−1.31%	0.0074	0.74%
S_{30}	0.0045	0.45%	0.0003	0.03%
ΔS	—	3.95%	—	0.79%

2) −15°线偏振光

两种方法所得的测量数据如图 10-81 所示，由该数据计算得到的 Stokes 参量与偏振度如表 10-9 所示，可见，对于水平线偏振光，传统旋转波片法测量所得偏振度误差为

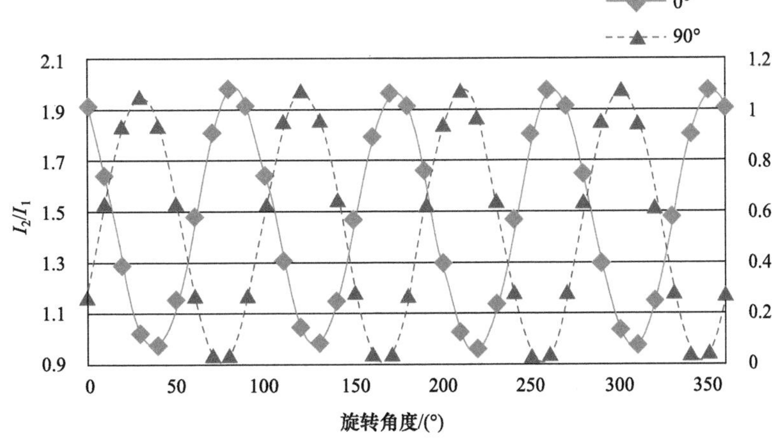

图 10-81　测量数据

–3.69%，Stokes 参量误差为–3.50%，总均方根偏差为 3.67%；优化的旋转波片法测量所得偏振度误差为–0.41%，Stokes 参量误差为 0.92%，总均方根偏差为 0.98%。相比传统旋转波片法，采用优化的旋转波片法使得 Stokes 参量测量误差从 3.50%降低至 0.92%，测量精度得到了明显提高。

表 10-9　Stokes 参量与偏振度的测量结果

	传统旋转波片法		优化的旋转波片法	
	测量值	偏差	测量值	偏差
P	0.9631	–3.69%	0.9959	–0.41%
S_{10}	0.8310	–3.50%	0.8665	0.05%
S_{20}	–0.4869	1.31%	–0.4908	0.92%
S_{30}	0.0031	0.31%	–0.003	–0.30%
ΔS	—	3.67%	—	0.98%

10.4.2.2　基于波片阵列的检测[41-43]

旋转波片法偏振检测系统由于需采用机械旋转单元，不利于实现实时检测。为满足照明光瞳偏振参数实时检测和原位检测要求，偏振检测系统需具有较高的数据获取速度。本小节介绍一种基于波片阵列的实时偏振检测技术。该技术采用消偏振分光棱镜组、波片阵列、检偏器和 CCD 探测器，通过对波片阵列和检偏器参数进行优化，实现光束 Stokes 参量的高精度实时测量。

1. 原理

基于波片阵列的实时偏振检测技术光路示意图如图 10-82 所示，其中消偏振分光棱镜(NPBS)组结构如图 10-83 所示，由多块消偏振分光棱镜组成，它可将入射光束分成 4 束孔径大小和光强相等的子出射光束，并且不改变其偏振态。波片阵列结构如图 10-84 所示，其由四个相同的 1/4 波片直角坐标系按四象限排列组成，并且每个波片的快轴方向设置为一特定角度，具体数值将在下文系统优化中介绍。

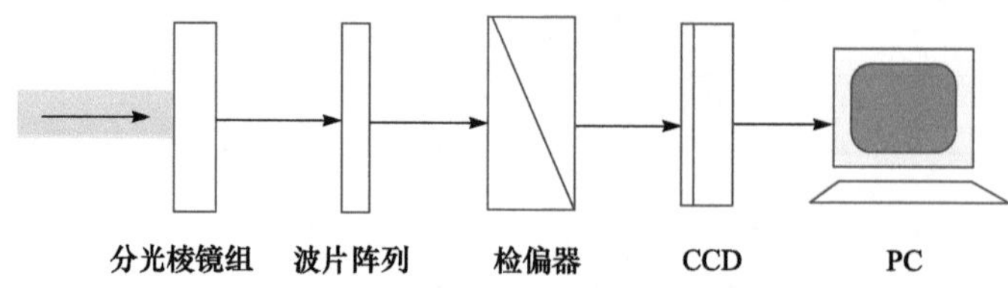

图 10-82　基于波片阵列的实时偏振检测技术光路示意图

待测光束垂直入射至消偏振分光棱镜组，出射光束分为四束完全相同的子光束，每一束子光束分别通过波片阵列中不同快轴方向的波片，再通过检偏器后由 CCD 探测其光强。通过对四束子光束进行同时测量，可实现待测光束偏振参数的实时检测。

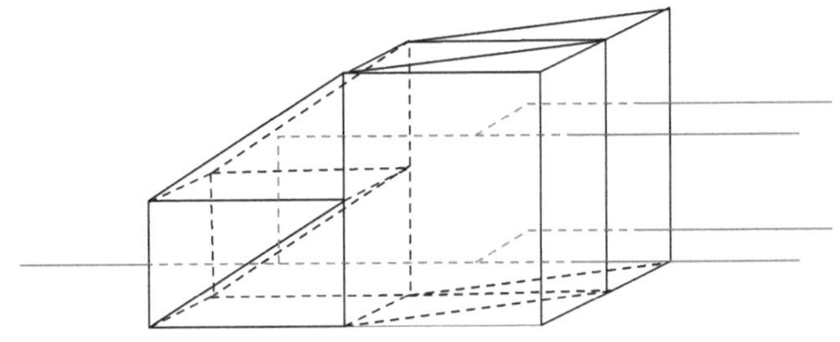

图 10-83　消偏振分光棱镜(NPBS)组

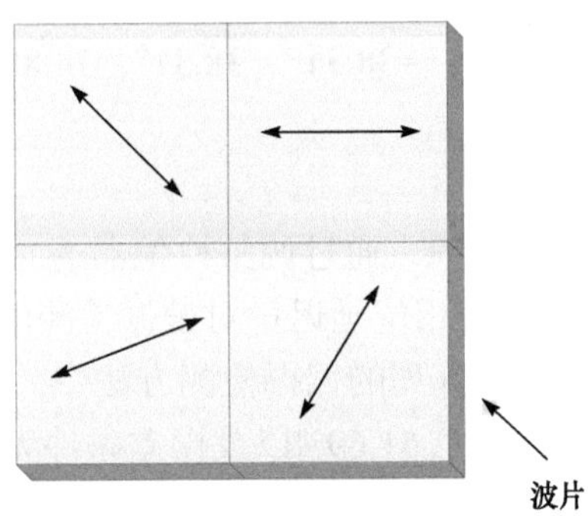

图 10-84　波片阵列结构

2. 系统优化

1) 波片参数

对于一个线性系统：$Y = \boldsymbol{M}X$，其中 $\boldsymbol{M}$ 为系统矩阵。系统的稳定性可以通过 $\boldsymbol{M}$ 的条件数 $\mathrm{cond}(\boldsymbol{M})_2$ 来度量，$\mathrm{cond}(\boldsymbol{M})_2$ 越小，系统越稳定。以系统矩阵条件数为目标，在检偏器透光轴角度固定的情况下，对波片阵列中四个波片的快轴角度和相位延迟量进行优化，优化结果如表 10-10 所示。

表 10-10　基于条件数的优化结果

	相位延迟量(°)	波片的快轴角度(°)	$\mathrm{cond}(\boldsymbol{M})_2$	行列式
1	132	−51.69，−15.12，15.12，51.69	1.7371	−3.0792
2	132	−74.88，−38.31，38.31，74.88	1.7371	3.0792

当相位延迟量为 132°，波片阵列的快轴角度组合为[−51.69°，−15.12°，15.12°，51.69°]或[−74.88°，−38.31°，38.31°，74.88°]时，系统矩阵具有最小的条件数和最大的行列式绝对值，系统最为稳定。

等权重方差(equally weighted variance，EWV)是评判线性系统抗噪声干扰能力的一项指标，EWV 越小，系统的抗噪声能力越强，定义为

$$\mathrm{EWV} = \sum_{j=0}^{R-1} \frac{1}{\mu_j^2} \tag{10.131}$$

其中，$\mu_j(j=0,1,\cdots,R-1)$为系统矩阵 $\boldsymbol{M}$ 的奇异值，R 为系统矩阵 $\boldsymbol{M}$ 的秩。以 EWV 为目标函

数，对波片阵列的四个波片快轴角度和相位延迟量进行优化，优化结果如表 10-11 所示。

表 10-11　基于等权重方差的优化结果

	相位延迟量(°)	波片的快轴角度(°)	EWV
1	132	−51.69，−15.12，15.12，51.69	2.5000
2	132	−74.88，−38.31，38.31，74.88	2.5000

从表 10-11 可以看出：当相位延迟量为 132°，波片阵列的快轴角度组合为[−51.69°，−15.12°，15.12°，51.69°]或[−74.88°，−38.31°，38.31°，74.88°]，其对应 EWV 有最小值，系统抗干扰能力最强。

2) 检偏器参数

在上文介绍的优化旋转波片法中，通过调整检偏器透光轴方向与待测光束的偏振方向成 90°后再进行测量，可有效减小相位延迟量对偏振检测的影响，从而提高偏振参数测量精度。将该方法应用于基于波片阵列的偏振检测方法中，在相位延迟量为 132°，快轴角度组合为[−51.69°, −15.12°, 15.12°, 51.69°]以及误差条件为 $\Delta\delta$=1.2°, $\Delta\theta$=0.1°, $\Delta\alpha$ =0.1°的情况下对 Stokes 参量测量进行了模拟计算，对 ΔS_{10}、ΔS_{20}、ΔS_{30}(归一化 Stokes 参量测量误差)与夹角 β(检偏器透光轴方向与光束偏振方向之间夹角)的关系进行研究分析。

完全线偏振光和部分线偏振光的模拟计算结果如图 10-85 和图 10-86 所示。当夹角 β=90°时，测量误差 ΔS_{10}、ΔS_{20} 和 ΔS_{30} 均为最小值。因此，在基于波片阵列的偏振检测方法中，通过调整检偏器透光轴方向与光束偏振方向成 90°后，测量误差降低至最小。

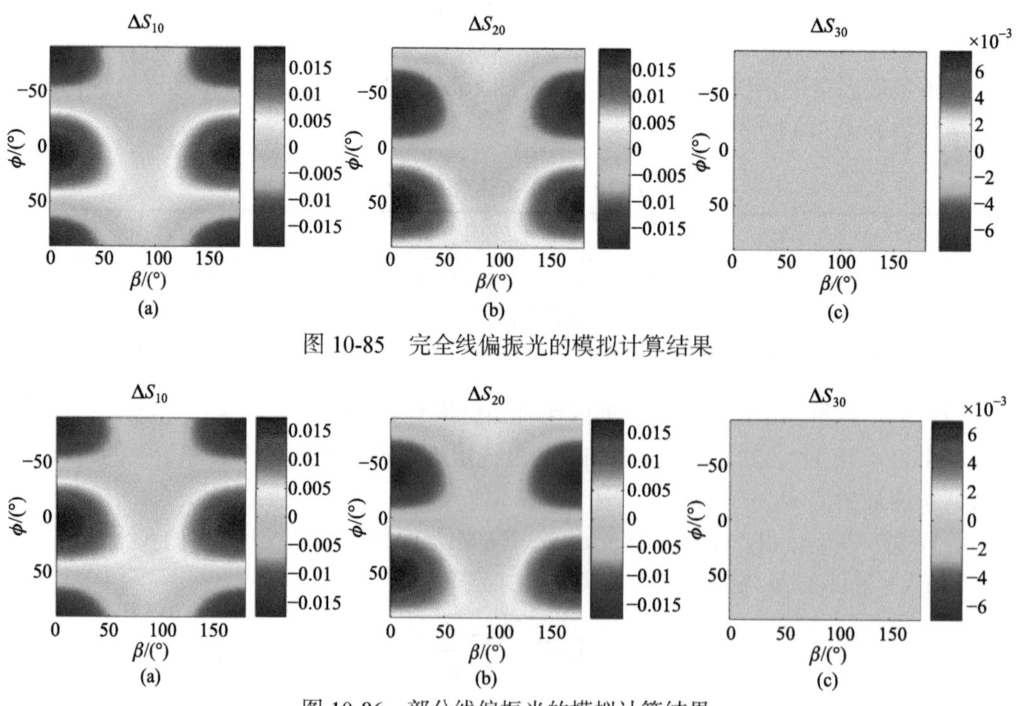

图 10-85　完全线偏振光的模拟计算结果

图 10-86　部分线偏振光的模拟计算结果

3) 测量次数

以 EWV 为指标，对基于波片阵列的同步测量法与旋转波片法进行了比较，EWV 随测量次数 n 的变化如图 10-87 所示，其中旋转波片法中 n 代表旋转及测量次数，同步测量法中 n 代表重复测量次数。数据 a 和 b 对应波片相位延迟量分别为 90°和 132°时的旋转波片法，数据 c 和 d 对应波片相位延迟量分别为 90°和 132°时的同步测量法。

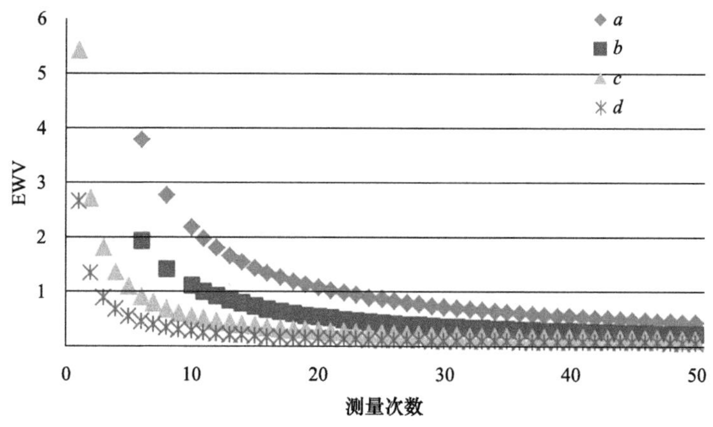

图 10-87　同步测量法与旋转波片法

a. 旋转波片法(δ=90°)；*b*. 旋转波片法(δ=132°)

c. 同步测量法(δ=90°)；*d*. 同步测量法(δ=132°)

由图可知，随着测量次数 n 的增加，四个模型中 EWV 均越来越小；在同一种方法中，相比 δ=90°，当 δ=132°时 EWV 更小，对应系统抗噪能力更强；在 δ 相同的情况下，与旋转波片法中旋转并测量 n 次相比，同步测量法通过重复测量 n 次同样具有较小的 EWV。因此，基于波片阵列的偏振检测方法中，通过重复测量可提高系统的抗干扰能力，从而提高 Stokes 参量测量精度。

10.4.3　照明均匀性控制技术[35,44]

随着光刻分辨率的不断提高，曝光系统对照明均匀性的要求越来越高。为提高照明均匀性，研究人员研发了蝇眼透镜、积分棒等多种光学匀光器。其中积分棒具有结构简单、成本低、易装调、透过率高等优点，在光刻机照明系统中得到了广泛应用。本小节介绍一种基于积分棒的照明系统匀光技术[35,44]。

10.4.3.1　匀光控制原理

积分棒的工作原理如图 10-88 所示。在步进扫描投影光刻机中积分棒是一个截面为矩形的玻璃棒。激光束通过聚焦透镜聚焦于积分棒的入射端面中心，经过积分棒内壁的多次全反射，最后在积分棒的出射端面叠加而形成均匀照明面。积分棒的出射端面通过照明镜组成像于被照明物体(掩模版)上，从而使物体得到均匀照明。由于积分棒的反射转折，入射光束被分割成若干小区域，对照明镜组而言，这些小区域等效于发光孔径不等，位于积分棒入射端面的若干虚点光源(如图 10-88 中的 S_0、S_1 等)，这样相应于各小区域在照明镜组的像方对应位置都有一个相应的像点(如图 10-88 中的 P_1、P_2 等)，每一个像点均代表入射光束的一个区域。对于来自积分棒入射端面任何一点的光束都会被积分棒分割成许多细光束，亦即在同一平面上形成许多虚点光源，每一虚点光源所代表的光束都均匀投射到掩模版上的相同区域，它们的叠加导致掩模版上的照明光强基本上处处相等。在实际应用中，为了进一步提高照明均匀性，通常在聚焦透镜前焦面放置一个衍射光学元件(DOE)。DOE 不仅提高了积分棒的匀光效果，还能避免光束在积分棒入射端面会聚于一点对入射端面的热损伤。

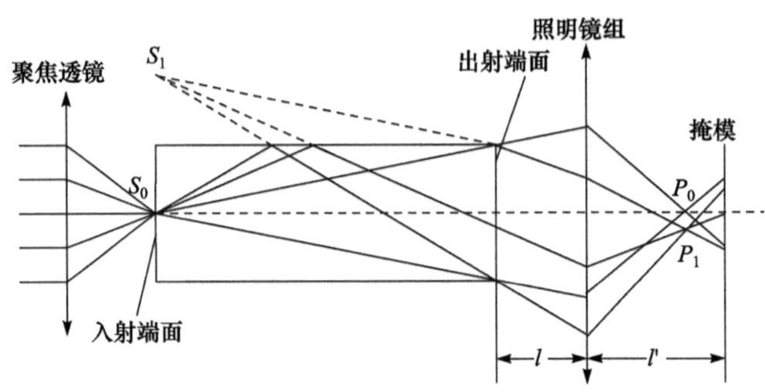

图 10-88　积分棒工作原理示意图

10.4.3.2　仿真分析

利用 Zemax 软件对积分棒的匀光效果进行模拟分析，见图 10-89，具体模拟条件见表 10-12。模拟分析中仅考虑相干照明情况，实际投影曝光中应用的部分相干光源是点光源的扩展，因此，所得到结论对部分相干光同样适用。

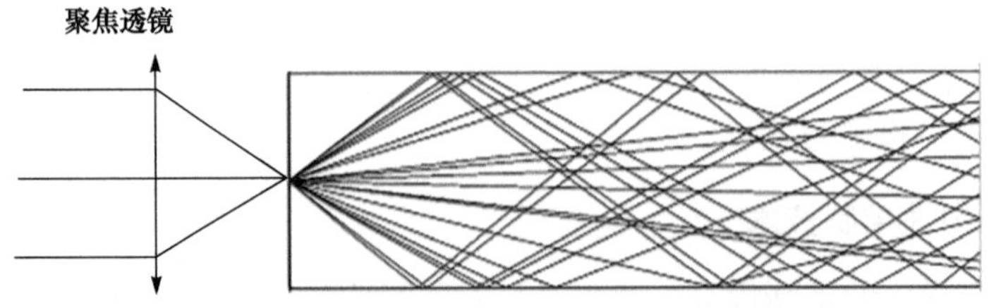

图 10-89　模拟光路图

表 10-12　Zemax 模拟计算的参数设置

波长/nm	193
积分棒的材料	熔石英
积分棒的横截面尺寸/(mm×mm)	25×5.5
入射光束的数值孔径	π/4
出射端面上计算选取的像素数	250×55
计算分析的光线数	1×10^7

图 10-90 给出了积分棒出射端面照明均匀性与其长度的关系。显然，在积分棒横截面一定的情况下，积分棒越长，积分棒的匀光效果就越好，这是因为虚点光源的个数与积

分棒长度成正比。在用 Zemax 模拟过程中，为了得到较为精确的计算结果，需要追迹大量的光线，上述的模拟计算所追迹的光线数为10^7。光线在积分棒内以全反射方式传播，反射损耗可以不计，积分棒内的能量损耗主要是由材料吸收引起的。积分棒越长，均匀效果越好，但光能损耗也就随之增加，因而，在追求高均匀性的同时也要兼顾透过率。

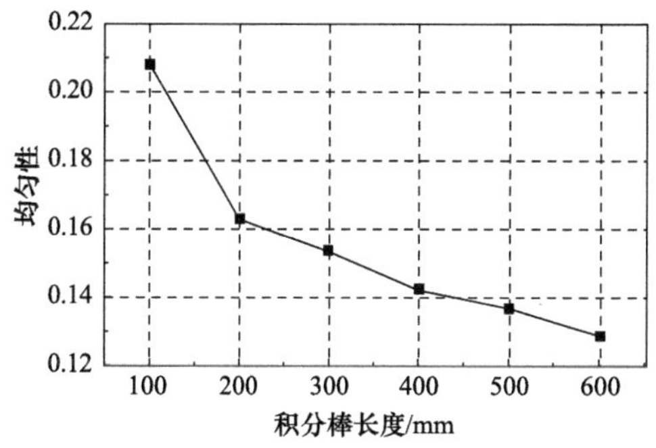

图 10-90　积分棒长度对均匀性的影响

设积分棒的尺寸为 25mm×5.5mm×500mm，积分棒出射端面与刀口狭缝的间距 defocus=1.89mm，在 NA_i 为 0.2、0.3、0.4、0.5、0.6、0.66 的情况下，模拟计算刀口狭缝面上的光强分布。X、Y 方向上的光强分布如图 10-91 所示。

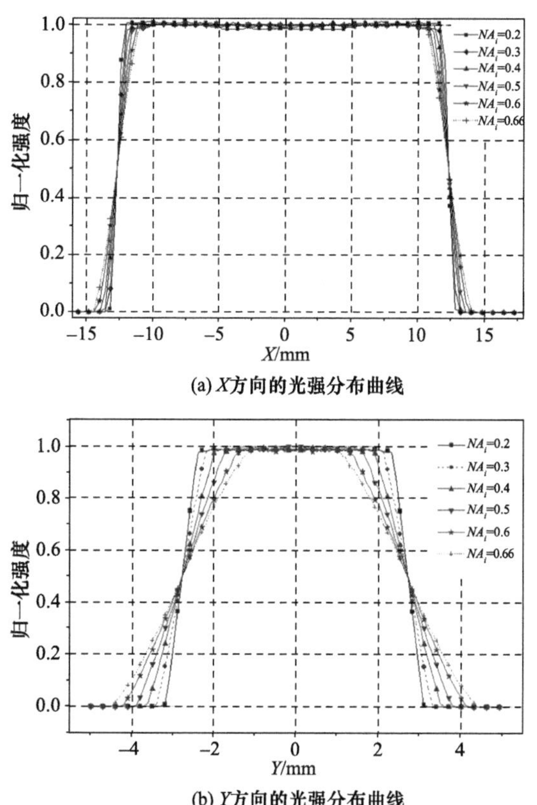

图 10-91　不同 NA 下狭缝表面光强的梯形分布

表 10-13 给出了 Y 轴上光强梯形分布的尺寸。模拟计算结果说明，随着积分棒入射光束数值孔径的增大，梯形光强分布的底边增大，顶边减小；但梯形的有效宽度不变，都等于积分棒截面的宽度。照明均匀性随着数值孔径的增大而提高，这是因为数值孔径越大，光线在积分棒内的反射次数越多。由表 10-13 给出的计算结果可知，均匀性的最大值为 1.22%，满足系统小于 2%的要求。由式(5.2)可知，积分棒的入射光束数值孔径是投影物镜的数值孔径与照明系统的部分相干因子的乘积，投影物镜数值孔径 NA 与部分相干因子变化会引起光强分布的变化。因此，在投影曝光系统中，积分棒的结构参数必须根据曝光系统的要求进行确定。这为步进扫描投影光刻机中积分棒的设计提供了依据。

表 10-13　Y 轴上光强梯形分布尺寸与照明均匀性

数值孔径	顶边宽度/mm	底边宽度/mm	有效宽度/mm	梯形顶部的均匀性/%
0.2	4.6	6.4	5.5	1.22
0.3	4.2	6.8	5.5	1.18
0.4	3.8	7.2	5.5	1.12
0.5	3.2	7.8	5.5	1.07
0.6	2.8	8.2	5.5	1.05
0.66	2.2	8.8	5.5	0.99

10.4.4　曝光剂量控制技术[35,45]

随着光刻分辨率的提高，对 CD 均匀性的要求越来越高。曝光剂量是影响 CD 均匀性的重要因素。曝光剂量控制是步进扫描投影光刻机实现高分辨率光刻不可缺少的重要环节。本小节介绍一种曝光剂量控制技术[35,45]。

10.4.4.1　剂量控制原理

步进扫描投影光刻机中的剂量控制比步进重复投影光刻机中的剂量控制更为复杂。在步进重复投影光刻机中，只要保证光强的空间分布是均匀的，就能保证曝光剂量的均匀性，因为硅片每处的曝光时间是完全相等的。但对于扫描曝光系统，情况则不一样。在步进扫描投影光刻机中，每点的曝光时间是狭缝有效宽度与硅片台扫描运动速度的比值。为了保证曝光剂量的均匀性，硅片台必须具有很高的扫描运动精度。因此，在步进扫描投影光刻机中，除了要控制激光脉冲能量外，还要对硅片台与掩模台的运动速度进行控制。

从硬件实现上考虑，为了对脉冲能量、硅片台与掩模台的扫描速度进行检测，并构成实时反馈的闭环控制系统，需要相应的测量装置：能量传感器(energy sensor)与激光干涉测量系统。在曝光剂量一定的情况下，增加每个曝光场中的脉冲个数(即减小到达硅片面上的单脉冲能量)可以减小脉冲起伏对曝光剂量的影响，提高剂量控制精度。一般的光刻系统都会给定一个最小脉冲数。为满足系统对最小脉冲数的要求，一般可以通过降低激光器输出的脉冲能量来实现。在曝光剂量很低的情况下，如果激光器的脉冲能量降到最低，曝光脉冲数还不能达到最小脉冲数，这时就需要可变透过率片来衰减脉冲能量。图 10-92 是步进扫描投影光刻机中曝光剂量控制的示意图。

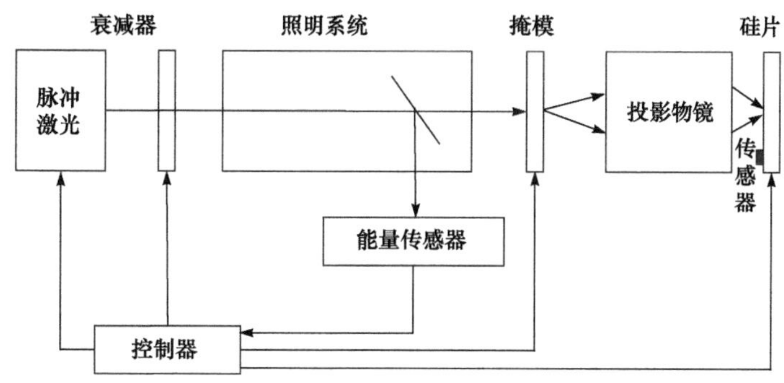

图 10-92　步进扫描投影光刻机中剂量控制示意图

10.4.4.2　逐脉冲剂量控制算法

根据平均单脉冲能量 E_0 与工艺所要求的曝光剂量，可以计算出每个曝光场所需的脉冲个数 N。所需的曝光剂量就分为 N 等份，每份所对应的单脉冲能量为 E_0，第一个脉冲能量的期望值就设为 E_0。实际的单脉冲能量经常与脉冲能量的期望值存在偏差，因此，在设定脉冲能量期望值时，要求用该脉冲能量来弥补此前脉冲能量的累计误差。平均脉冲能量加上累积误差即为此脉冲能量的期望值，最终的剂量控制误差完全由最后一个激光脉冲的随机噪声引起。这种方法需要知道放电电压与激光脉冲能量之间的传递函数，即放电电压与激光脉冲能量之间的函数关系(HV/Ep table)。由于激光器的运行时间、充气状况以及其他因素的影响，脉冲能量与放电电压之间的关系是不断变化的。因此为了更准确地对脉冲能量进行控制，激光器的脉冲能量与放电电压之间的函数关系需要在每个脉冲后进行更新，使曝光剂量控制完全地适应于激光器的运行状态。图 10-93 为逐脉冲剂量控制算法。其中 E_{demand} 为每个曝光场内所需的曝光能量；E_0 为平均单脉冲能量；E_{total} 为 n 个脉冲后曝光场中所接收的总能量；N 为所需的脉冲个数；n 为已发射的脉冲个数；ΔE 为 n 个脉冲过后曝光场内所积累的能量误差；Ep_{set} 为脉冲能量的设定值；Ep_{ES} 为能量传感器测得的单脉冲能量；E_{req} 为发射 n 个脉冲后曝光场中能量的期望值。上述物理量经过统一定标。

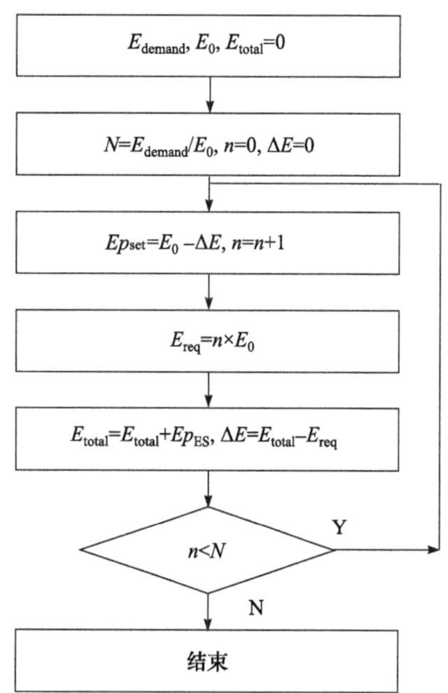

图 10-93　逐脉冲剂量控制算法流程图

10.4.4.3　实验结果与分析

表 10-14 给出了一个逐脉冲剂量控制算法实例。激光器的平均脉冲能量 E_0=10mJ，脉冲起伏范围为±20%，每个曝光场内所需要的曝光能量为 E_{demand}=320mJ。从表 10-14 可知，采用逐脉冲能量控制技术，在单脉冲能量最大起伏为±20%的情况下，剂量控制精度能达到 0.625%(注：表 10-14 中阴影区域为无需计算的单元)。

表 10-14　逐脉冲剂量控制算法实例　　(单位：mJ)

Pulse No.	Ep_{set}	Ep_{ES}	E_{total}	E_{req}	ΔE
1	10	12	12	10	+2
2	8	9	21	20	+1
3	9	10	31	30	+1
4	9	11	42	40	+2
5	…	…	…	…	…
6	…	…	…	…	…
⋮	…	…	…	…	…
31	9	11	311	310	+1
32	9	11	322	320	+2
总计	320		322	320	+2

应用上述曝光剂量控制技术与算法，在实验装置上对曝光剂量的控制精度与重复精度进行了测试。实验装置的原理图如图 10-92 所示。

在未放置掩模与硅片的情况下，曝光剂量由位于硅片台上的一个点能量传感器进行测量。点能量传感器在照明狭缝的 $X=0$ 处，沿着 Y 方向(硅片台的扫描方向)扫描狭缝，测得狭缝的积分能量。图 10-94 给出了硅片表面上的光斑及其光强分布。在曝光剂量的设定值分别为 5、10、20、30、40、50、100 和 150(mJ/cm^2)的情况下，进行曝光剂量测试。对每一个曝光剂量重复测量 100 次，图 10-95 给出了在上述条件下的曝光剂量测试结果。

由图 10-95 可以看出，曝光剂量的漂移是在所难免的，因为除脉冲能量起伏外，系统还存在许多造成剂量漂移的其他因素，例如工件台扫描速度误差、照明不均匀性、激光器波长漂移、能量传感器的校准、可变透过率片透过率的校准精度等。对实验数据进行分析，在每种曝光剂量下，分别计算了剂量控制精度与剂量重复精度，分析结果见表 10-15。由表 10-15 可以看出，剂量控制精度的最大值与最小值分别为 1.37%与 0.24%。

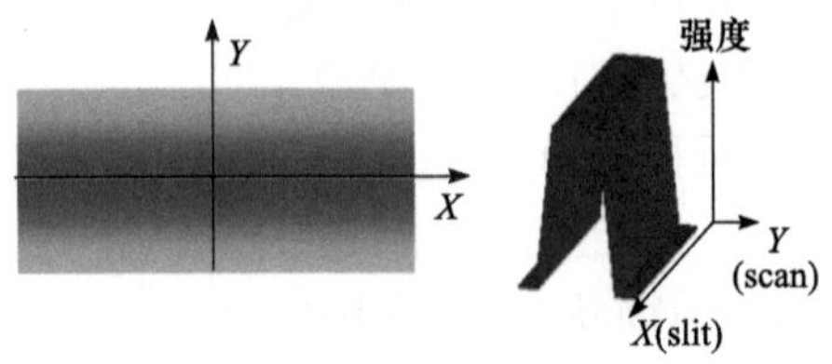

图 10-94　硅片表面上的光斑及其光强分布

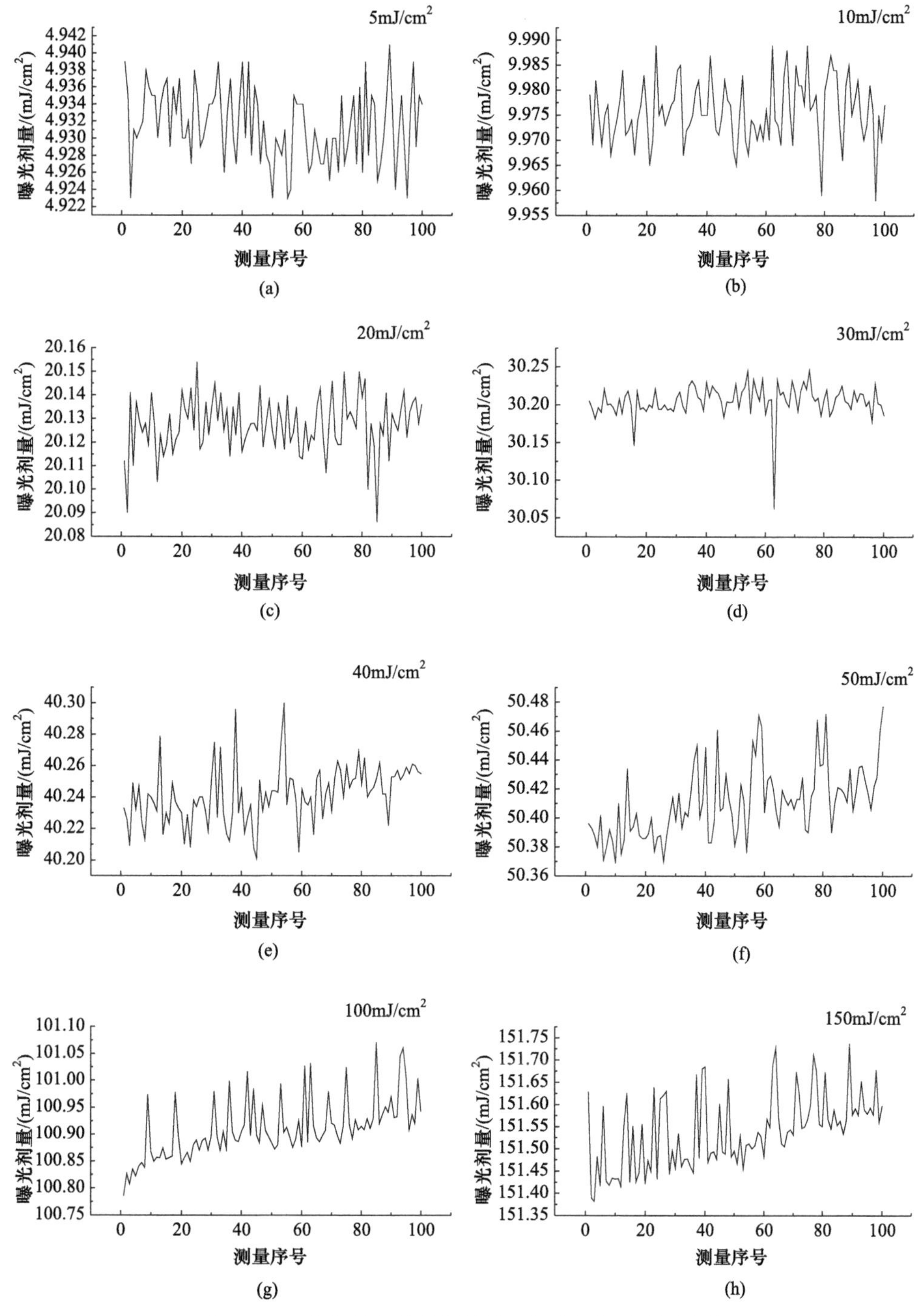

图 10-95　步进扫描投影光刻机中曝光剂量的测试结果

剂量重复精度的最大值与最小值分别为 0.31%与 0.11%。实验结果表明，此剂量控制技术满足亚半微米光刻图形的曝光剂量控制要求。

表 10-15 步进扫描投影光刻机中曝光剂量的实验分析

D_{req}/(mJ/cm²)	D_{mean}/(mJ/cm²)	D_{min}/(mJ/cm²)	D_{max}/(mJ/cm²)	Rep./%	Acc./%
5.00	4.93	4.92	4.94	0.18	1.37
10.00	9.98	9.96	9.99	0.16	0.24
20.00	20.13	20.09	20.15	0.17	0.64
30.00	30.21	30.06	30.25	0.31	0.68
40.00	40.24	40.20	40.30	0.12	0.60
50.00	50.41	50.37	50.48	0.11	0.82
100.00	100.91	100.79	101.07	0.14	0.91
150.00	151.54	151.38	151.74	0.12	1.03

10.5 光刻成像多参数优化技术

10.5.1 光源优化技术

光源优化(source optimization，SO)技术是常用的分辨率增强技术之一。该技术既可以单独使用，也可以与掩模优化(mask optimization，MO)联合，作为光源掩模优化(source mask optimization，SMO)的一部分使用。相较于 SMO，SO 不需要重新制造掩模，成本低、速度快、易于实现。本小节介绍基于粒子群算法和基于二次规划的两种光源优化方法。

10.5.1.1 基于粒子群算法的光源优化方法[46,47]

粒子群算法是一种模拟自然界群体智能的随机搜索算法，通过追随当前搜索到的最优解实现寻优，具有原理简单、易于实现、收敛速度快等优点。含有线性递减惯性权重的粒子群算法可以平衡算法的全局和局部搜索能力，带有压缩因子的粒子群算法可有效控制粒子的速度，将二者结合形成了含有压缩因子和惯性权重的粒子群算法，有效结合了两种算法的优点，下面对基于该算法的光源优化方法进行介绍。

1. 基本原理

光源与掩模均由像素表示，像素化的光源与掩模定义如下：

$$J(\hat{f},\hat{g}) \geqslant 0 \tag{10.132}$$

$$O(\hat{x}_i,\hat{y}_i) \in S \tag{10.133}$$

其中，$(\hat{f},\hat{g})$ 与 $(\hat{x}_i,\hat{y}_i)$ 为光源与掩模像素的位置坐标。O 为掩模透过率函数，S 为掩模透过率的取值范围。对于二元掩模 $S=\{0,1\}$，对于相移掩模 $S=\{-1,0,1\}$。为防止透镜损伤，光源光强受到一定限制

$$\max J(\hat{f},\hat{g}) \leqslant J_{\max} \tag{10.134}$$

对光源归一化后得到

$$\hat{J}(\hat{f},\hat{g})=\frac{J(\hat{f},\hat{g})}{J_{\max}} \tag{10.135}$$

为防止光源像素值超过 1，引入如下参数转换：

$$\hat{J}(\hat{f},\hat{g})=\frac{1+\cos\left[\theta(\hat{f},\hat{g})\right]}{2} \tag{10.136}$$

其中，θ 为优化变量。由上述转换可将约束优化问题转化为无约束优化问题。

为保证光源对称性，只对光源的部分像素进行粒子编码，其余部分对称获得。光源编码示意图如图 10-96 所示。

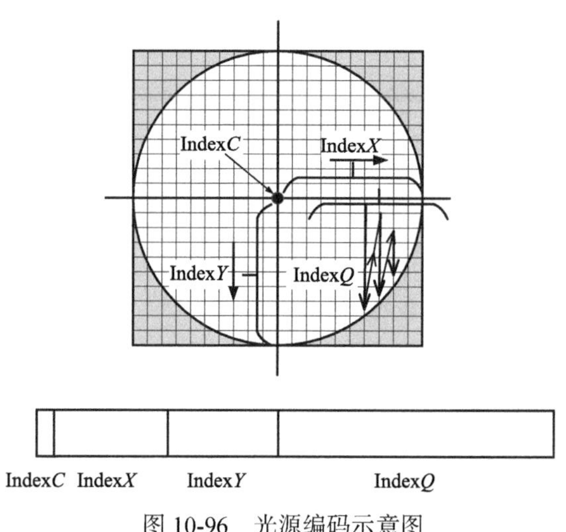

图 10-96　光源编码示意图

空间像照射到硅片表面的光刻胶上，光刻胶发生化学反应，经过显影、后烘等工艺后形成光刻胶像。为提高光刻胶像的计算速度，通常采用简化的光刻胶模型描述上述化学放大光刻胶的成像过程。常用的 sigmoid 函数模型表示为

$$I_{\rm r}\left(\hat{x}_i,\hat{y}_i,z\right)={\rm sig}\left[I_{\rm a}\left(\hat{x}_i,\hat{y}_i,z\right)\right]=\frac{1}{1+\exp\left\{-\alpha\left[I_{\rm a}\left(\hat{x}_i,\hat{y}_i,z\right)-t_{\rm r}\right]\right\}} \tag{10.137}$$

其中，$I_{\rm r}\left(\hat{x}_i,\hat{y}_i,z\right)$ 为光刻胶像；$I_{\rm a}\left(\hat{x}_i,\hat{y}_i,z\right)$ 为空间像；α 为光刻胶灵敏度；$t_{\rm r}$ 为光刻胶阈值。

以图形误差(pattern error，PE)为评价函数。PE 定义为光刻胶图形与目标图形每一点差异的平方和：

$$\mathrm{PE}=\left\|I_{\rm r}-I_{\rm t}\right\|_2^2 \tag{10.138}$$

其中，$I_{\rm r}$ 为光刻胶图形；$I_{\rm t}$ 为目标图形。PE 值越小，表示输出图形与理想图形的差异越小。

将目标图形作为初始掩模，将传统的四极照明作为初始光源，将图形误差作为评价函数。整个优化流程如图 10-97 所示。为提高粒子群算法寻求最优解的性能，采用两个停止判据对优化流程进行控制。结束条件 1 为此时的迭代次数 k 为最大内迭代次数 k_l 的

整数倍且小于最大总迭代次数 k_m，结束条件 2 为此时的迭代次数 k 大于或等于最大总迭代次数 k_m。当满足停止判据 1 时，将此时的 g_{best} 作为某粒子的位置信息并再次初始化种群，从而增强种群中粒子的多样性，提高粒子群算法的寻优能力。

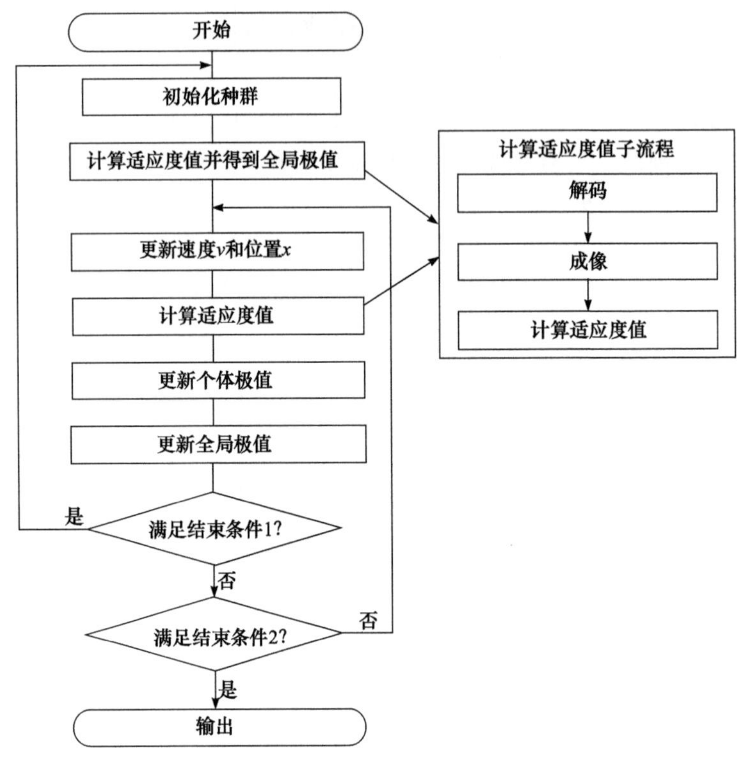

图 10-97　基于粒子群算法的光源优化技术流程图

2. 仿真实验与分析

为验证基于粒子群算法(PSO)的光源优化技术的有效性，采用接触孔阵列掩模图形进行仿真实验。掩模图形由 81×81 个像素组成，特征尺寸为 45nm。图形周期为 105nm，每个像素表示 2.625nm。初始光源照明模式为四极照明，部分相干因子 σ=0.2，由 21×21 个像素组成，如图 10-98(a)所示。光刻机工作波长 λ=193nm，数值孔径 NA=1.35，折射率 n=1.44，缩放倍率 R=4。光刻胶模型参数 a=25，阈值 t_r=0.25。粒子群算法的学习因子 $c_1 = c_2 = 2.05$，惯性权重 $\omega_{max} = 0.9$，$\omega_{min} = 0.4$，速度最大值 v_{max}=1。最大内迭代次数 $k_l = 25$。将初始光源编码为种群中某粒子的位置，随机初始化该粒子的速度。随机初始化种群中其他粒子的位置和速度。粒子群算法的种群规模为 100。最大总迭代次数 $k_m = 5000$。初始化光源和光刻胶像分别如图 10-98(a)和(b)所示。优化后的光源和光刻胶像分别如图 10-98(c)和(d)所示。对比图 10-98(b)和(d)可知，优化后光刻胶像的对比度和图形保真度均有所提高。

使用基于遗传算法(GA)的光源优化技术和基于梯度法(GD)的光源优化技术进行对比仿真实验。遗传算法的种群规模设为 100，与粒子群算法的种群数相同。遗传算法采

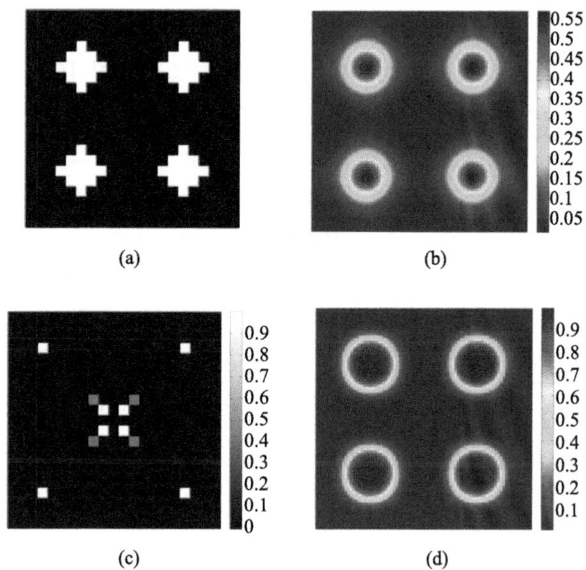

图 10-98　基于粒子群算法的光源优化结果

初始(a)光源和(b)光刻胶像；优化后(c)光源和(d)光刻胶像

用锦标赛选择机制，交叉率和变异率分别为 0.6 和 0.2，梯度法的步长为 0.2，其他参数设置不变。三种光源优化技术的收敛曲线如图 10-99 所示。

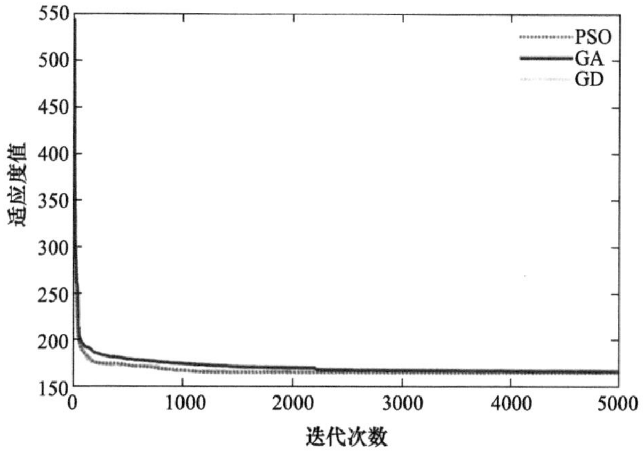

图 10-99　对接触孔阵列掩模图形进行光源优化的收敛曲线

三种光源优化技术的优化效果和时间如表 10-16 所示。

表 10-16　三种光源优化技术的性能(接触孔阵列掩模图形)

算法	PE	总时间/s	收敛所需迭代次数/总迭代次数	收敛所需时间/s
PSO	165.8	285	1300/5000	74
GA	166.4	714	2200/5000	314
GD	165.9	286	1000/5000	57

采用基于粒子群算法的光源优化技术、基于 GA 的光源优化技术和基于 GD 的光源优化技术进行优化后，图形误差分别降低到 165.8、166.4 和 165.9，图形误差分别降低了 69.6%、69.5%和 69.6%。三种优化技术获得了类似的优化效果。如图 10-99 和表 10-16 所示，基于粒子群算法的光源优化技术在 1300 次左右收敛，基于 GA 的光源优化技术在 2200 次左右收敛，基于 GD 的光源优化技术在 1000 次左右收敛。三种优化技术收敛需要的时间分别为 74s、314s 和 57s。基于 PSO 的光源优化技术的收敛时间略长于基于 GD 的光源优化技术，远短于基于 GA 的光源优化技术。采用环形照明光源和传统照明光源作为初始化光源分别进行基于粒子群算法的光源优化。环形照明光源的内相干因子 $\sigma_{\text{in}} = 0.3$，外相干因子 $\sigma_{\text{out}} = 0.8$。传统照明光源的相干因子 σ=0.4。以环形光源为初始光源时，优化前图形误差为 961.1，优化后图形误差为 165.8。以传统照明光源为初始光源时，优化前图形误差为 1136.0，优化后图形误差为 165.8，表明该技术在不同初始照明条件下均可有效提高光刻成像质量，且对初始照明光源形状具有较强的鲁棒性。

仿真结果表明，与基于遗传算法的光源优化技术相比，该技术具有更快的收敛速度，且具有原理简单、易于实现的优点。与基于梯度法的光源优化技术相比，该技术不需要计算梯度，对光刻成像模型和评价函数适应性好，且对初始照明光源形状具有较强的鲁棒性。

10.5.1.2 基于二次规划的光源优化方法[48,49]

基于二次规划的光源优化方法，利用掩模空间像光强与不同位置点光源的线性关系，将光源优化转换成二次规划问题，得到了全局最优解。与基于全局优化算法的光源优化方法，例如基于粒子群算法的光源优化方法、基于遗传算法的光源优化方法等方法相比，具有形式简单、容易实现等优点。本节介绍基于二次规划的光源优化方法[49]。

1. 基本原理

在笛卡儿坐标系中将光源离散化成一系列点光源的集合，如图 10-100 所示。图中每个格点代表一个点光源，点光源的位置根据空间频率坐标 f 和 g 得到。为了计算方便，将所有点光源按从左到右、从上到下的顺序编号。用 s_i 表示第 i 个光源位置的值，I_{s_i} 表示对应这个点光源的空间像强度。每个点光源 s_i 的取值范围为 0～1。I 表示归一化的空间像。

类似地，将离散化的掩模(空间像)按从左到右、从上到下顺序编号，如图 10-101 所示。

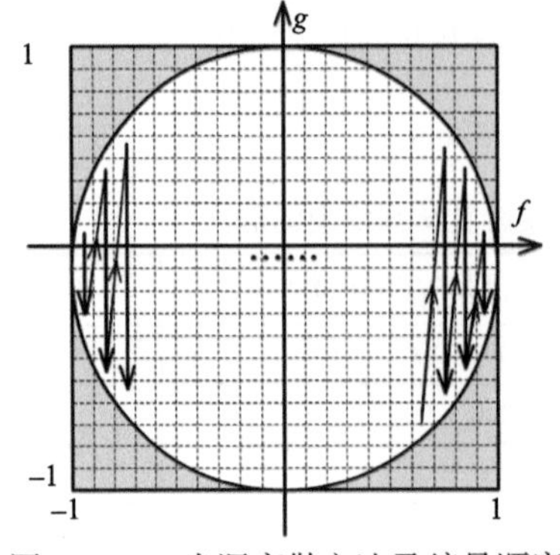

图 10-100 光源离散方法及编号顺序

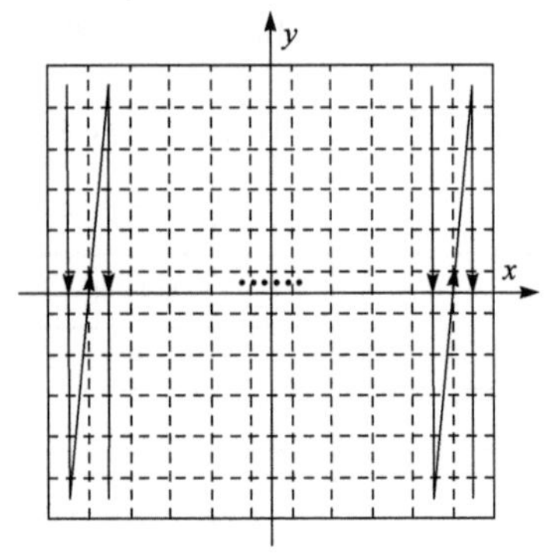

图 10-101 掩模/空间像离散方法及编号顺序

为了保持空间像与点光源的线性关系，引入限制条件：

$$\sum_{i=1}^{M} s_i = 1 \tag{10.139}$$

其中，M 表示点光源的总数。此时归一化的空间像强度为

$$I = \sum_{i=1}^{M} s_i I_{s_i} \tag{10.140}$$

空间像成像在光刻胶中，经曝光、显影、刻蚀等流程，最终在硅片面上得到需要的图形。该技术中采用阈值模型描述光刻胶像，表示为

$$I_{\mathrm{r}}\left(\hat{x}_i, \hat{y}_i\right) = \begin{cases} 1, & I\left(\hat{x}_i, \hat{y}_i\right) \geqslant t_{\mathrm{r}} \\ 0, & I\left(\hat{x}_i, \hat{y}_i\right) < t_{\mathrm{r}} \end{cases} \tag{10.141}$$

其中，t_{r} 表示光刻胶阈值。

以空间像的图形误差作为目标函数。其中，本小节的空间像的图形误差定义为空间像与目标像每一点的差异的平方和：

$$F = \left\| I - I_{\mathrm{t}} \right\|_2^2 = \sum_{n=1}^{N} \left(\sum_{i=1}^{M} s_i I_{s_i}^n - I_{\mathrm{t}}^n \right)^2 \tag{10.142}$$

其中，$\|\ \|_2$ 表示矩阵的 2 范数；I 表示空间像；I_{t} 表示目标像；$I_{s_i}^n$ 和 I_{t}^n 分别表示 I_{s_i} 和 I_{t} 中的第 n 个点；N 是空间像的总点数。引入如下矢量和矩阵：

$$\boldsymbol{s} = \left[s_1, s_2, \cdots, s_M\right]^{\mathrm{T}},\ \boldsymbol{I}^{V_1} = \left[I_{s_1}^1, I_{s_2}^1, \cdots, I_{s_M}^1\right]^{\mathrm{T}},\ \boldsymbol{I}_{\mathrm{t}} = \left[I_{\mathrm{t}}^1, I_{\mathrm{t}}^2, \cdots, I_{\mathrm{t}}^N\right]^{\mathrm{T}} \tag{10.143}$$

$$\mathbf{ISM} = \begin{bmatrix} I_{s_1}^1 & I_{s_1}^2 & \cdots & I_{s_1}^N \\ I_{s_2}^1 & I_{s_2}^2 & \cdots & I_{s_2}^N \\ \vdots & \vdots & & \vdots \\ I_{s_M}^1 & I_{s_M}^2 & \cdots & I_{s_M}^N \end{bmatrix} \tag{10.144}$$

其中，向量 $\boldsymbol{s}$ 就是待优化的光源变量。

为了降低计算量，将空间像和掩模对应的区域分成限制区域和比较区域两部分。以掩模为例，如图 10-102 所示。

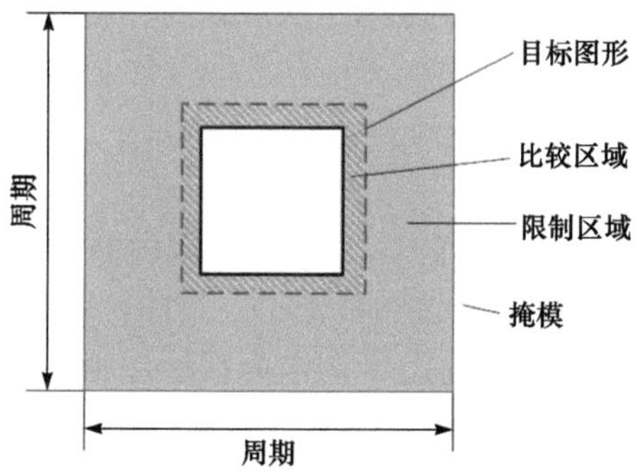

图 10-102　限制区域和比较区域示意图

为使优化后的光刻胶像与目标图形尽可能一致，抑制目标图形之外图形的产生，使限制区域内的空间像强度小于阈值。仅对比较区域应用目标函数，减少了比较的点数，提高了优化的速度。划分区域后，矩阵**ISM**也被分成对应比较区域的矩阵**ISM** in和对应限制区域的矩阵**ISM** out。结合式(10.142)～式(10.144)，比较区域对应的目标函数可化为

$$\begin{aligned}F&=\boldsymbol{s}^{\mathrm{T}}\left(\mathbf{ISM}_{\mathrm{in}}\cdot\left(\mathbf{ISM}_{\mathrm{in}}\right)^{\mathrm{T}}\right)\boldsymbol{s}-2\left(\mathbf{ISM}_{\mathrm{in}}\cdot\boldsymbol{I}_{\mathrm{t}}^{\mathrm{in}}\right)^{\mathrm{T}}\boldsymbol{s}+\left(\boldsymbol{I}_{\mathrm{t}}^{\mathrm{in}}\right)^{\mathrm{T}}\cdot\boldsymbol{I}_{\mathrm{t}}^{\mathrm{in}}\\&=\boldsymbol{s}^{\mathrm{T}}\boldsymbol{H}_{\mathrm{in}}\boldsymbol{s}-\left(\boldsymbol{P}_{\mathrm{in}}\right)^{\mathrm{T}}\boldsymbol{s}+\boldsymbol{Q}_{\mathrm{in}}\end{aligned}\tag{10.145}$$

式(10.145)所示的目标函数既适用于最佳焦面又适用于离焦面。为了增大工艺窗口，在不同焦面应用上述目标函数，然后用权重因子将不同焦面的目标函数组合得到一个总目标函数：

$$\begin{aligned}F&=\sum_{k=1}^{K}\omega_i F_i\\&=\boldsymbol{s}^{\mathrm{T}}\left(\sum_{k=1}^{K}\omega_k\boldsymbol{H}_{\mathrm{in}}^{k}\right)\boldsymbol{s}-\left(\sum_{k=1}^{K}\omega_k\left(\boldsymbol{P}_{\mathrm{in}}^{k}\right)^{\mathrm{T}}\right)\boldsymbol{s}+K\boldsymbol{Q}_{\mathrm{in}}\end{aligned}\tag{10.146}$$

其中，F_i为第i个焦面对应的目标函数；ω_i为对应的权重因子；K为焦面总数。为了保证收敛性，通常选最佳焦面(z=0)和两个离焦量相同，正负相反的离焦面进行优化。所有焦面都使用相同的限制区域和比较区域。

最终将光源优化转换成如下的二次规划问题：

$$\begin{cases}\min\ :\quad F=\boldsymbol{s}^{\mathrm{T}}\left(\sum_{k=1}^{K}\omega_k\boldsymbol{H}_{\mathrm{in}}^{k}\right)\boldsymbol{s}-\left(\sum_{k=1}^{K}\omega_k\left(\boldsymbol{P}_{\mathrm{in}}^{k}\right)^{\mathrm{T}}\right)\boldsymbol{s}\\ \text{s.t.}\ :\\ \qquad\sum_{i=1}^{M}s_i=1\\ \qquad\mathbf{ISM}_{\mathrm{out}}^{k}\boldsymbol{s}<t_{\mathrm{r}}\ ,\quad 1\leqslant k\leqslant K\\ \qquad 0\leqslant s_i\leqslant 1\ ,\quad 1\leqslant i\leqslant M\end{cases}\tag{10.147}$$

其中，上式目标函数中去掉了常数项$K\boldsymbol{Q}_{\mathrm{in}}$；s.t.表示约束条件。由于每个矩阵$\boldsymbol{H}_{\mathrm{in}}^{k}$都是正定的，每个权重因子$\omega_k$都是非负的，根据二次规划的性质可知，上述二次规划问题可以得到光源的全局最优解。

2. 仿真实验与分析

光刻机工作波长λ=193nm，NA=0.93。−1～1范围内的光源离散点数为21。掩模离散间隔为4nm。采用光刻仿真软件PROLITH或Dr.LiTHO得到每个点光源对应的空间像，从而得到矩阵**ISM**。将限制区域的边界设定为目标图形的边界，根据矩阵**ISM**得到$\mathbf{ISM}_{\mathrm{in}}$和$\mathbf{ISM}_{\mathrm{out}}$。采用典型的二维掩模图形进行光源优化。掩模图形在$x$和$y$方向的周期都是600nm，目标图形是一组大小为70nm×70nm的透射孔，光刻胶阈值设置为t_{r}=0.15。

优化前采用 σ_{out}=0.8，σ_{in}=0.5 的四极照明。优化前的光源和光刻胶像如图 10-103(a)和(b)所示，优化后的光源和光刻胶像如图 10-103(c)和(d)所示。光源优化后图形误差降低了 99.87%。结果表明，该光源优化方法有效提高了成像质量。

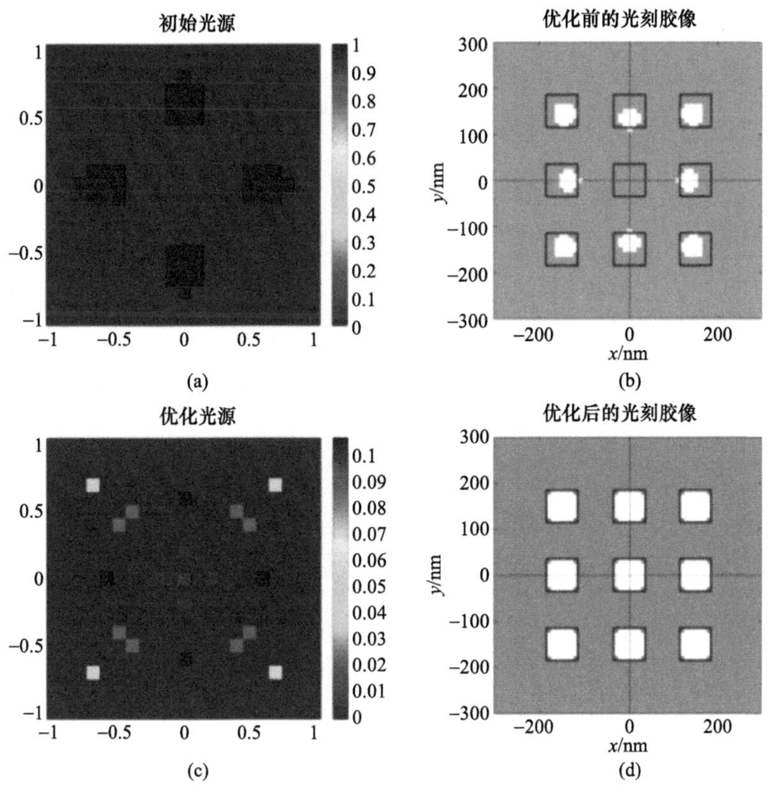

图 10-103　优化前后的光源和光刻胶像

焦面位置设置为 Z=(−100nm，0nm，100nm)，权重因子为 ω_1=0.5、ω_2=1、ω_3=0.5。优化后的光源和对应三个焦面的光刻胶像如图 10-104 所示。图 10-104 所示的结果与图 10-103(c)仅在焦面的优化结果不同，表明焦面和权重因子也需要根据实际工艺要求而调整。

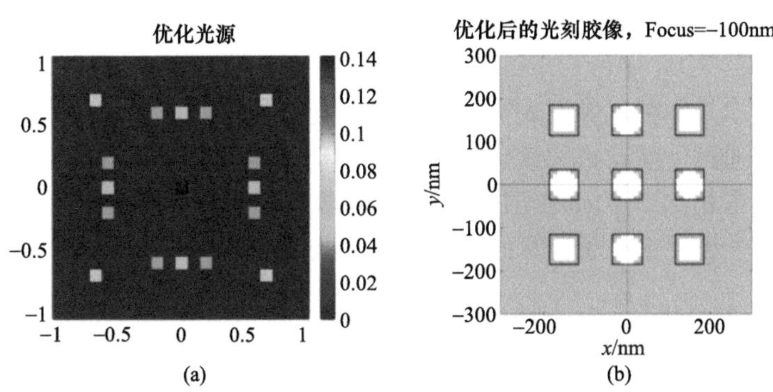

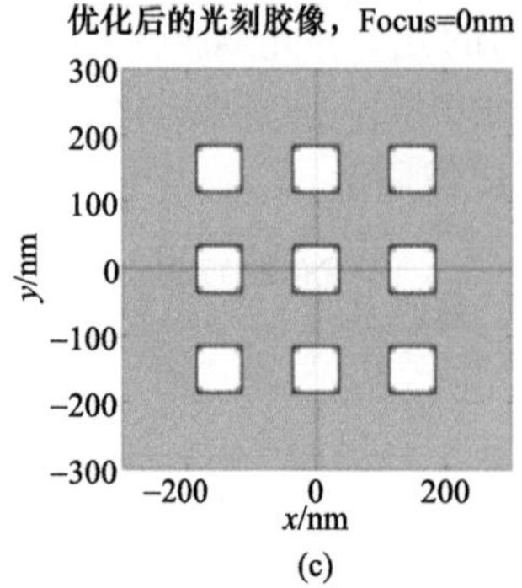

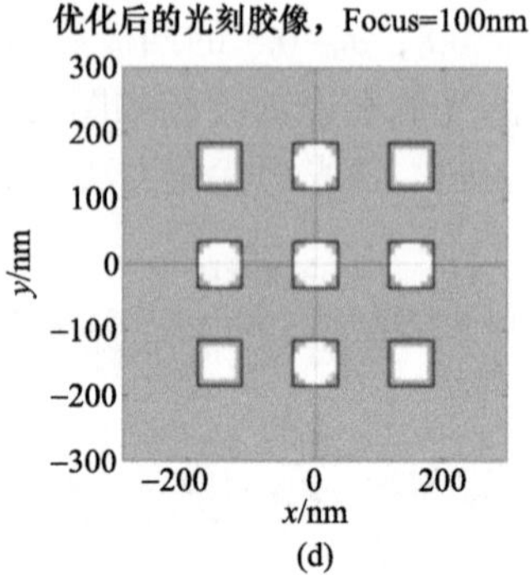

图 10-104　优化后的光源和光刻胶像

由于该方法是凸二次规划，其最终优化结果不受初始值的影响。收敛速度受点光源数目、掩模周期、掩模形状等因素的影响。该方法的收敛性曲线如图 10-105 所示。由图可知，目标函数值经过前几次很快的降低后下降速度变慢，当目标函数值的变化量小于 1×10^{-8} 时，迭代过程停止。迭代次数分别为 17，在主频为 2.4GHz，内存 4G 的电脑上的优化时间为 15.2s。上述结果证明了该方法具有较快的收敛速度。

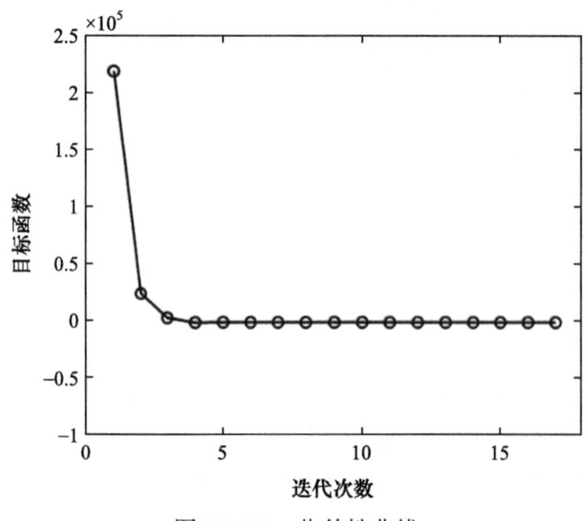

图 10-105　收敛性曲线

10.5.2　掩模优化技术[46,50]

逆向光刻技术是一种以像素表征掩模图形的掩模优化技术。该技术将掩模优化作为逆向数学问题，通过反向计算像素化掩模图形得到可输出最佳图形的掩模。与传统光学邻近效应修正技术相比，逆向光刻技术不受目标图形复杂度的限制，具有更高的优化自由度。本节介绍一种基于粒子群算法的逆向光刻技术[46,50]。

10.5.2.1　基本原理

掩模优化技术需要首先定义光刻成像系统的数学描述，即正向模型，然后通过正向模型计算不同掩模图形对应的光强，从而得到可输出最佳图形的掩模。然而，通常情况下该问题为病态求解问题，因为多个不同的掩模图形能够在硅片上产生相同的像。该情况可通过将逆向问题转化为优化问题，并采用含有压缩因子和惯性权重的粒子群优化算法解决。

光刻成像过程可由正向模型表示：

$$I_{\mathrm{r}}(\hat{x}_i,\hat{y}_i)=T\left\{O(\hat{x}_i,\hat{y}_i)\right\} \tag{10.148}$$

其中，$O(\hat{x}_i,\hat{y}_i)$ 为输入掩模；$T\{\cdot\}$ 为光刻成像系统；$I_{\mathrm{r}}(\hat{x}_i,\hat{y}_i)$ 表示输出图形。光刻成像系统具有低通滤波的特性，只有掩模的低频部分才能通过成像系统，输出图形与目标图形会有偏差。设目标图形为 $I_{\mathrm{t}}(\hat{x}_i,\hat{y}_i)$，则掩模优化的目标是通过优化掩模 $O(\hat{x}_i,\hat{y}_i)$ 使得输出图形与目标图形的偏差最小，其表达式为

$$\hat{O}(\hat{x}_i,\hat{y}_i)=\arg\min_{O(\hat{x}_i,\hat{y}_i)} d\left(T\left\{O(\hat{x}_i,\hat{y}_i)\right\},I_{\mathrm{t}}(\hat{x}_i,\hat{y}_i)\right) \tag{10.149}$$

其中，$\hat{O}(\hat{x}_i,\hat{y}_i)$ 为可获得最佳光刻成像质量的掩模。

掩模编码示意图如图 10-106 所示。对于具有对称性的掩模，仅对掩模的部分像素进行编码，其余部分对称获得。其中，$N_m\times N_m$ 为需编码的像素数，N_{DCT} 为离散余弦变换系数。光刻成像系统具有低通滤波的特性。光束经过掩模衍射后，仅有频率较低的衍射级次进入投影物镜并会聚到像面成像。由于离散余弦变换具有能量集中的特性，可通过离散余弦变换将掩模转换到频域，选取低频部分对掩模压缩后编码，从而降低优化变量的数目。如图 10-106 所示，可通过改变 N_{DCT} 的大小控制掩模的压缩程度。N_{DCT} 越大，压缩率越小，且当 N_{DCT} 大于 N_{m} 时，不对掩模进行压缩。基于像素表示的掩模 $O(\hat{x}_i,\hat{y}_i)$ 经过离散余弦变换得到掩模频谱 $D\left\{O(\hat{x}_i,\hat{y}_i)\right\}$，其中 D_{DCT} 表示 DCT。当 N_{DCT} 小于 N_{m} 时，仅选取掩模的低频部分 $D_L\left\{O(\hat{x}_i,\hat{y}_i)\right\}$ 编码，其中 D_L 表示离散余弦变换及去除掩模高频部分操作。图 10-106 中的灰色像素表示 $D_L\left\{O(\hat{x}_i,\hat{y}_i)\right\}$，对其按照箭头所示方向编码以作为粒子的位置信息。

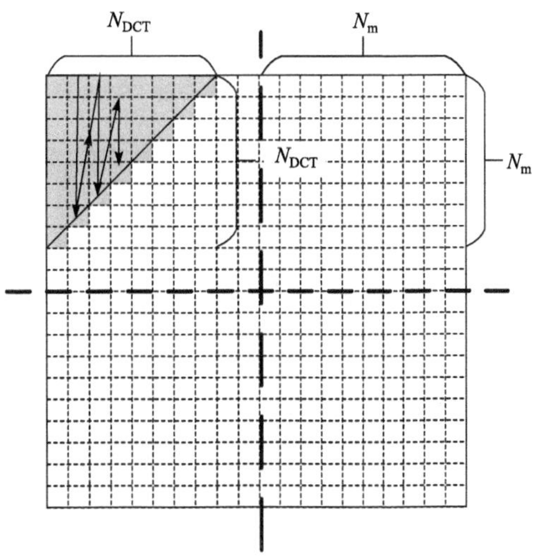

图 10-106　掩模编码示意图

以图形误差为评价函数，将目标图形作为初始掩模，利用离散余弦变换得到掩模频谱并将其编码为粒子的位置信息，通过粒子群算法迭代优化掩模图形。对于二值掩模，其透射率取值为 0 或 1。采用 0.6 的阈值对每次迭代优化后的掩模进行二值化处理。基于粒子群算法的掩模优化技术的流程如下：

(1) 初始化粒子群规模 N、惯性权重值 ω、学习因子 c_1 和 c_2、最大内迭代次数 k_l 和最大总迭代次数 k_{m}。随机初始化各粒子的速度。初始化掩模图形为目标图形，将其

按照上文方法编码后作为种群中某粒子的位置信息，对该粒子位置信息在频域增加随机扰动作为部分粒子的位置信息，并随机初始化其他粒子的位置信息。将各粒子的个体极值 p_{best} 初始化为其当前位置。初始化光刻胶阈值 t_r 和灵敏度 α 。

(2) 由评价函数计算各粒子的适应度值，并得到全局极值 g_{best} 。将解码后的粒子位置信息作为掩模，连同光源代入成像公式获得光刻胶像，将其代入评价函数计算适应度值。将 g_{best} 初始化为具有最优适应度值的粒子的位置。

(3) 由速度和位置更新公式计算粒子新的速度和位置。

(4) 由评价函数评价更新后每个粒子的适应度值。

(5) 对每个粒子，将当前的适应度值与 p_{best} 对应的适应度值比较，若当前适应度值优于 p_{best} 对应的适应度值，则更新 p_{best} 为当前位置。

(6) 对每个粒子，将当前的适应度值与 g_{best} 对应的适应度值比较，若当前适应度值优于 g_{best} 对应的适应度值，则更新 g_{best} 为当前位置。

(7) 若满足结束条件 1(迭代次数 k 为 k_l 的倍数，且小于 k_{m})，则转到步骤(1)，将此时的 g_{best} 代替目标图形作为某粒子的位置信息再次初始化种群并进行优化；若不满足结束条件 1，则继续执行。

若不满足结束条件 2(迭代次数 k 达到 k_{m})，则转到步骤(3)继续进行优化；若满足，则对此时的 g_{best} 进行离散余弦逆变换得到空域掩模，并将其二值化后作为优化后掩模输出。

10.5.2.2 仿真实验与分析

为验证基于粒子群算法的掩模优化技术的有效性，采用密集线掩模图形和含有交叉门的复杂掩模图形进行数值仿真实验。如图 10-107 (a)所示，光源为二极照明，其内相干因子为 0.6，外相干因子为 0.8，大小为 21×21 个像素点。密集线掩模图形如图 10-107(b)所示，大小为 81×81 个像素点，实际大小为 720nm×720nm，特征尺寸为 45nm。光刻机工作波长 λ=193nm，数值孔径 NA=1.35，折射率 n=1.44，缩放倍率 R=4。光刻胶模型采用 sigmoid 函数模型，参数为 α =85，t_r=0.25。优化前光刻胶像如图 10-107(c)所示。

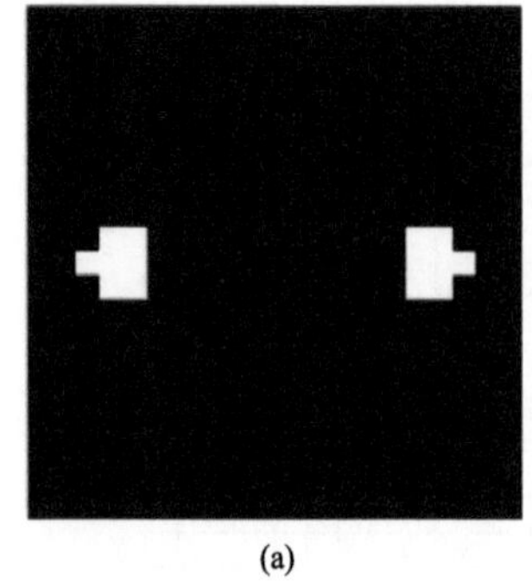
(a)

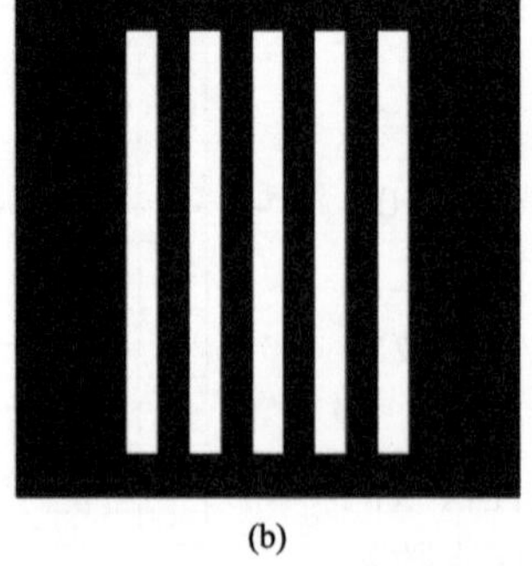
(b)

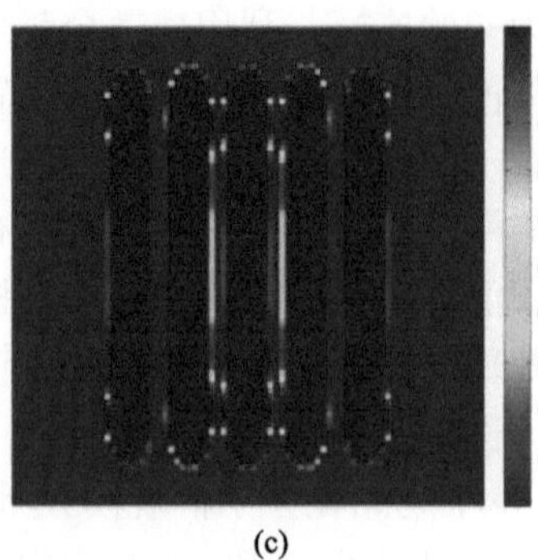

(c)

图 10-107 掩模优化初始条件

(a) 光源；(b) 密集线掩模图形；(c) 优化前光刻胶像

采用基于粒子群算法的掩模优化技术对掩模进行优化，粒子群种群规模 N=40，学习因子 $c_1 = c_2 = 2.05$。采用线性递减惯性权重 ω，其最大值为 0.9，最小值为 0.4。最大内迭代次数 k_l=25，最大总迭代次数 k_m=150。对于大小为 81×81 个像素点的对称性掩模，N_m=41。将离散余弦变换系数 N_DCT 设置为 41，不对掩模图形进行图像压缩。以目标图形及在其基础上增加随机扰动的图形作为部分初始化掩模，其他掩模随机产生。将掩模图形编码为粒子的位置信息，并对粒子的速度随机初始化，采用粒子群算法对掩模进行优化。图 10-108 (a)为优化后的掩模，图 10-108 (b)为对应的优化后光刻胶像。

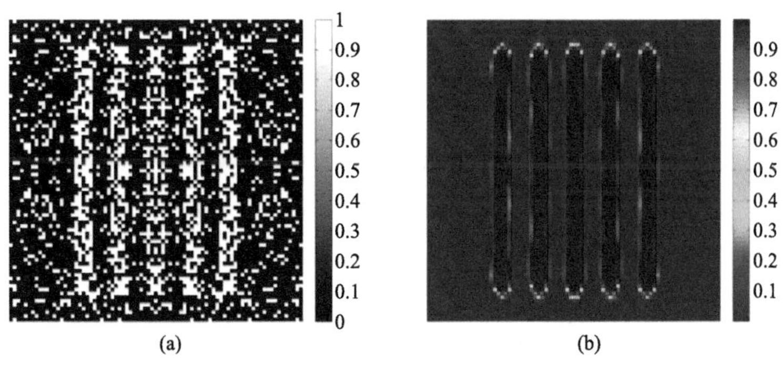

图 10-108　基于粒子群算法的掩模优化结果

(a) 优化后掩模；(b) 优化后光刻胶像

采用遗传算法进行对比实验，交叉率为 0.6，变异率为 0.02，使用锦标赛选择机制，其他参数设置不变，得到优化后掩模和对应的光刻胶像如图 10-109 所示。采用粒子群算法和遗传算法的掩模优化收敛曲线如图 10-110 所示。

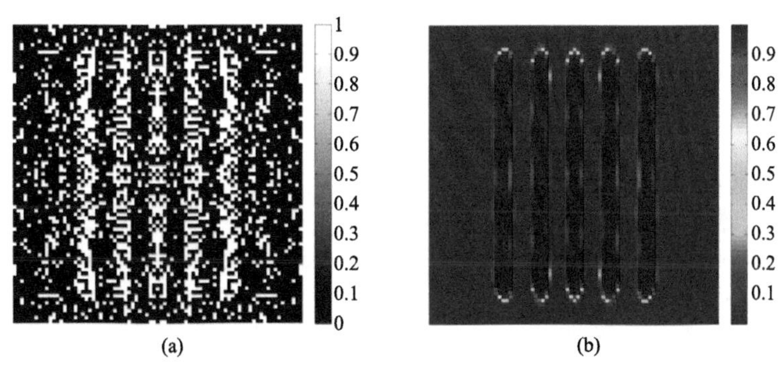

图 10-109　基于遗传算法的掩模优化结果

(a) 优化后掩模；(b) 优化后光刻胶像

对比图 10-107、图 10-108 和图 10-109 可知，优化后光刻胶像的图像保真度得到了较大的提升。由图 10-110 可知，采用基于粒子群算法的掩模优化技术对掩模进行优化后，PE 值从 730.8 下降到 37.7，下降了 94.8%；采用基于遗传算法的掩模优化技术对掩模进行优化后，PE 值从 730.8 下降到 60.1，下降了 91.8%。前者相较于后者具有较好的优化效果及较快的收敛速度。

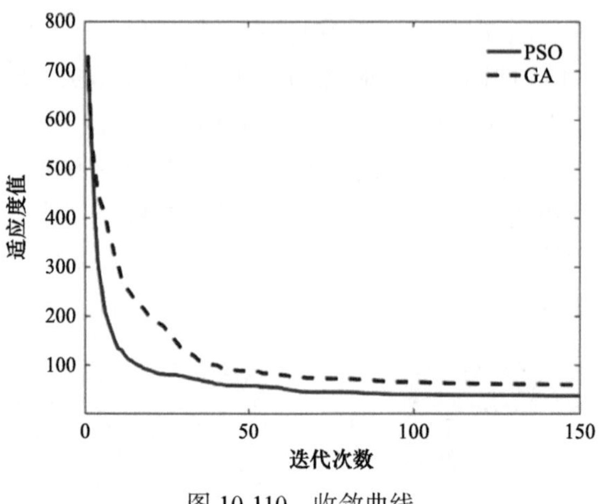

图 10-110　收敛曲线

为进一步验证该技术的有效性,使用含有交叉门的复杂掩模图形进行数值仿真实验。光源为二极照明，其内相干因子为 0.5，外相干因子为 0.7，大小为 21×21 个像素点。掩模大小为 81×81 个像素点，实际大小为 1200nm×1200nm，特征尺寸为 45nm。采用基于粒子群算法的掩模优化技术对掩模进行优化,PE 值从 796.3 下降到 106.2,下降了 86.7%。通过优化掩模避免了光刻胶像的失真，优化后的光刻胶像更接近于目标图形。在掩模优化技术中，基于像素表示的掩模具有较大的优化自由度，但同时将导致优化后掩模的复杂度提高，掩模的制造成本和难度增加。为增强掩模的可制造性，选取掩模图形的低频部分对掩模图形压缩后进行优化。设置 $N_{\mathrm{DCT}}=37$，其他参数设置不变，采用粒子群算法对掩模进行优化。优化后掩模和对应的光刻胶像如图 10-111 所示，PE 值从 796.3 下降到 150.0，下降了 81.2%。由图 10-111(a)可知，通过选取掩模图形的低频部分进行优化，减少了优化后掩模中离散像素点的数量，降低了优化后掩模的复杂度，增强了优化后掩模的可制造性。

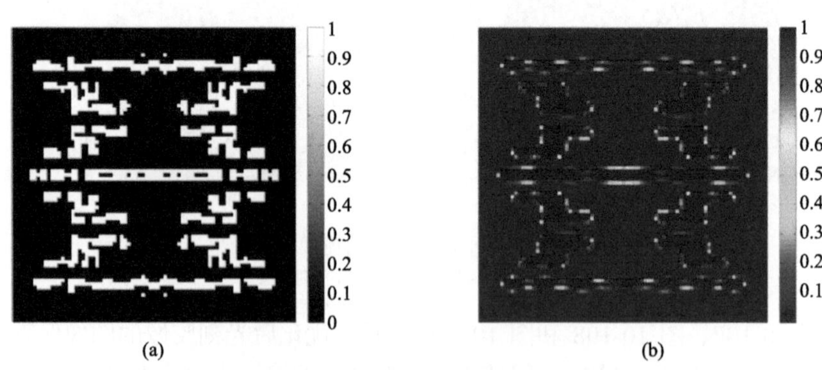

图 10-111　采用数据压缩时的掩模优化结果

(a) 优化后掩模；(b) 优化后光刻胶像

10.5.3　光源掩模联合优化技术

光源掩模联合优化(SMO)技术同时优化照明光源和掩模图形，与光源优化与掩模优化技术相比，具有更高的优化自由度，可获得更高的光刻成像质量和更大的工艺窗口。该技术是 28nm 及以下技术节点的关键分辨率增强技术之一。

10.5.3.1　基于像素表征的 SMO 方法[51]

1. 基本原理

采用傅里叶级数展开模型计算掩模空间像，

$$I_a(\hat{x}_i,\hat{y}_i,z)=\sum_m J_m\,|\,O(\hat{x}_i,\hat{y}_i)\otimes h(\hat{x}_i,\hat{y}_i,z)\,|^2 \tag{10.150}$$

其中，J_m 为有效光源；$\otimes$ 为卷积运算符；$h(\hat{x}_i,\hat{y}_i,z)$ 为综合考虑了像差、离焦、光强校正等因素的光学系统点扩散函数，表示为

$$h(\hat{x}_i,\hat{y}_i,z)=\mathrm{iFT}\left\{H_0R(\hat{f},\hat{g})\exp\left\{\mathrm{j}\left(2\pi W(\rho,\theta)+\pi\frac{zNA^2}{2\lambda}\left\{2\left[\left(\hat{f}\frac{\lambda}{NA}\right)^2+\left(\hat{g}\frac{\lambda}{NA}\right)^2\right]-1\right\}\right)\right\}\right\} \tag{10.151}$$

其中，iFT{}表示逆傅里叶变换；H_0 为光刻机投影物镜系统的理想传递函数；$W(\rho,\theta)$ 为极坐标表示的 Zernike 多项式；NA 表示投影物镜的数值孔径；λ是照明光的波长；$R(\hat{f},\hat{g})$ 表示光强校正系数；j 表示虚数单位。

采用如公式(10.137)所示的 sigmoid 函数模型计算光刻胶像。

光源与掩模联合优化技术的目标是通过数学建模和计算设计适当的掩模与照明光源以获得具有最佳工艺窗口的光源照明模式和掩模图形。评价函数决定光源与掩模联合优化技术的收敛方向。设计一个适当的目标函数并结合合适的优化算法，能够避免优化过程陷入局部极小值、收敛速度慢等问题。为了提高优化结果对焦面变化的鲁棒性，以图形误差关于离焦位置 z 的数学期望作为评价函数。优化问题变为

$$\begin{aligned}&\text{minimize}\quad E\left\{d\left(I_{\mathrm{r}}\left(\hat{x}_i,\hat{y}_i,z\right),I_{\mathrm{t}}\left(\hat{x}_i,\hat{y}_i,z\right)\right)\right\}\\&\text{subject to}\quad O\left(\hat{x}_i,\hat{y}_i\right)\in\{0,1\},\quad J_m\in\{0,1\}\end{aligned} \tag{10.152}$$

其中，$I_{\mathrm{t}}\left(\hat{x}_i,\hat{y}_i,z\right)$表示目标图形；$d(\cdot,\cdot)$表示计算图形误差操作；$E\{\cdot\}$表示数学期望，通过对 z 进行离散化，近似计算

$$E\left\{d\left(I_{\mathrm{a}}\left(\hat{x}_i,\hat{y}_i,z\right),I_{\mathrm{t}}\left(\hat{x}_i,\hat{y}_i,z\right)\right)\right\}\approx\sum_m p\left(z_m\right)\left\{d\left(I_{\mathrm{a}}\left(\hat{x}_i,\hat{y}_i,z_m\right),I_{\mathrm{t}}\left(\hat{x}_i,\hat{y}_i,z\right)\right)\right\} \tag{10.153}$$

其中，$p\left(z_m\right)$表示第 m 个 z 值的概率。

计算式(10.153)对于光源和掩模图形的梯度信息，表示为

$$\nabla E=\left(\nabla_J E,\ \nabla_M E\right) \tag{10.154}$$

光源和掩模上点对应 ∇E 的绝对值表示评价函数对该点的灵敏度大小。在优化过程中，优先更新光源或掩模上灵敏度大的点。该技术中假设光源和掩模为二值化的，它们的值

P_1	P_2	P_3
P_4	P	P_5
P_6	P_7	P_8

图 10-112 点 P 的 4 邻域点和 8 邻域点示意图

表示为 0 和 1。通过采用更多的值可以表征相移掩模。光源和掩模的更新通过翻转操作进行，即一个点的值可以从 0 变为 1，也可以从 1 变为 0。

基于像素表达的光源掩模联合优化方法优化自由度高，但是优化产生的光源和掩模复杂度高，实际应用中难以实现。为提高优化光源和掩模的可实现性，优化过程中采用拓扑约束，即对光源和掩模中的点作如下定义。如图 10-112 所示，P_2,P_4,P_5,P_7 是 P 点的 4 邻域点。$P_1,P_2,P_3,P_4,P_5,P_6,P_7,P_8$ 是点 P 的 8 邻域点。如果点 P 的 4 邻域点和 8 邻域点中至少有 1 个点和 P 的值不同，则称点 P 为边界点，其中如果点 P 的 4 邻域点中至少有 1 个点和 P 的值不同，则称点 P 为 4 邻域边界点。如果 P 点的值与其所有 4 邻域点的值都不同，则称点 P 为畸点。如果翻转一个 4 邻域边界点的值不会导致畸点的产生，则称该 4 邻域点为可变点。

通常，光源和掩模图形中的畸点在实际制造过程中实现的难度较大。在该光源与掩模联合优化方法中，光源和掩模图形中仅有可变点的值被翻转。这种拓扑约束有效减少了优化过程中畸点的产生，增强了优化后光源和掩模的可实现性。

该技术的优化步骤如下：

(1) 设定初始化掩模为目标图形，即 $O(\hat{x}_i,\hat{y}_i)=I_{\text{t}}(\hat{x}_i,\hat{y}_i,0)$，初始化光源为环形照明。

(2) 找到光源与掩模图形中所有可变点，并计算这些点的 ∇E 值。将这些可变点按照 ∇E 绝对值从大到小排序。

(3) 依次更新序列中的可变点的值。如果 $\nabla E_i>0$ 并且 $p_i=0$，或者 $\nabla E_i<0$ 并且 $p_i=1$，那么改变可变点的值。更新可变点的值之后，如果评价函数值增加，或者出现了畸点，那么将该点的值复原为原值，将该点 p_i 移出序列。

(4) 如果当前循环中没有可更新的点，程序结束。否则重复步骤(2)～(4)。

2. 仿真实验与分析

为了验证算法的有效性，利用含有交叉门的复杂掩模图形进行了数值仿真实验。初始光源为环形照明，如图 10-113(a)所示，其内相干因子 σ_{in}=0.4，外相干因子 σ_{out}=0.5，像素化光源的大小为 315nm×315nm。目标掩模图形如图 10-113(b)所示，大小为 80×80 个像素点，分辨率为 15nm×15nm，并将其作为初始掩模图形。掩模特征尺寸 CD=45nm，光刻机工作波长 λ=193nm，数值孔径 NA=1.25。光刻胶模型参数 α=25，阈值 t_{r}=0.25。设定 Zernike 系数 $c_5=0.1$，$c_7=0.1$，$c_8=0.1$，$c_9=0.1$。SMO 方法中采用理想焦面和 50nm 离焦面位置的图形输出计算评价函数。优化前的图形误差为 1104.8，其中 643.4 是理想焦面位置的图形误差，461.4 是离焦面位置的图形误差。优化后的光源和掩模图形分别如图 10-113(e)和(f)所示。评价函数值减小为 183.9，其中 102.4 是理想焦面位置的图形误差，81.5 是离焦面位置的图形误差。显然，优化后图形误差降低了 83.4%，明显提高了输出图形的保真度。该技术的收敛性曲线如图 10-114 所示。

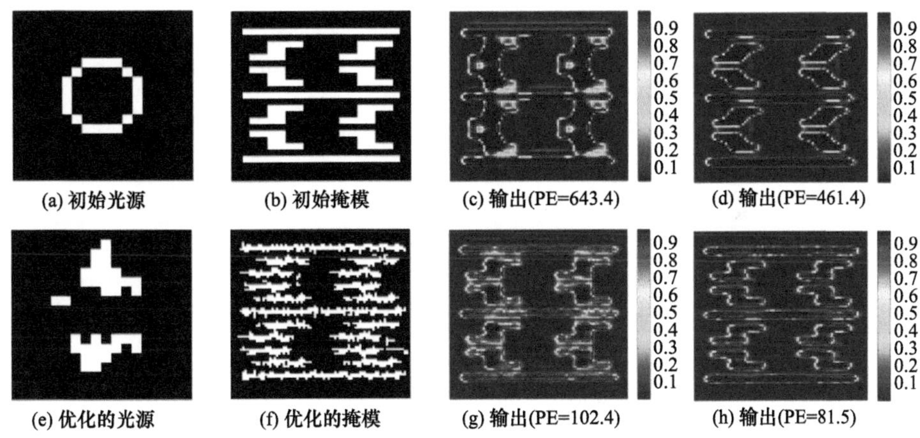

图 10-113　优化结果

(a) 初始光源；(b) 初始掩模；(c) 理想焦面位置的光刻胶像；(d) 离焦面位置的光刻胶像；(e) 优化后光源；(f) 优化后掩模；(g) 理想焦面位置的光刻胶像；(h) 离焦面位置的光刻胶像

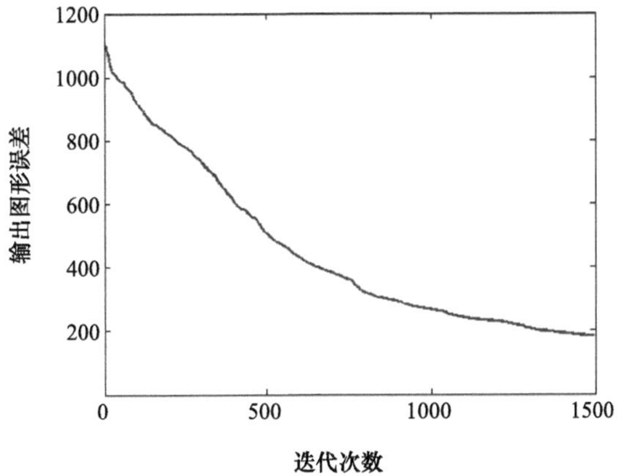

图 10-114　收敛性曲线

进一步仿真验证了不同离焦量对该技术的影响。本仿真中曝光剂量保持不变，设定离焦量在−60～60nm 范围内，每隔 15nm 取一个数值，与采用了相同算法的掩模优化技术进行比较。图 10-115(a)和(b)分别是光源掩模联合优化后的光源和掩模图形，可见优化后光源和掩模图形具有较高的可制造性。优化前的评价函数值是 2781.9。优化之后，图形误差降低至 1048.3。仅优化掩模时，图形误差降低至 1183.6。图 10-115(c)是对应不同

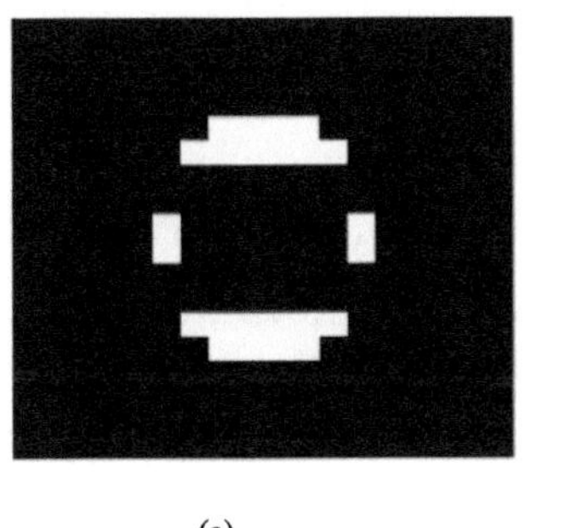

(a)

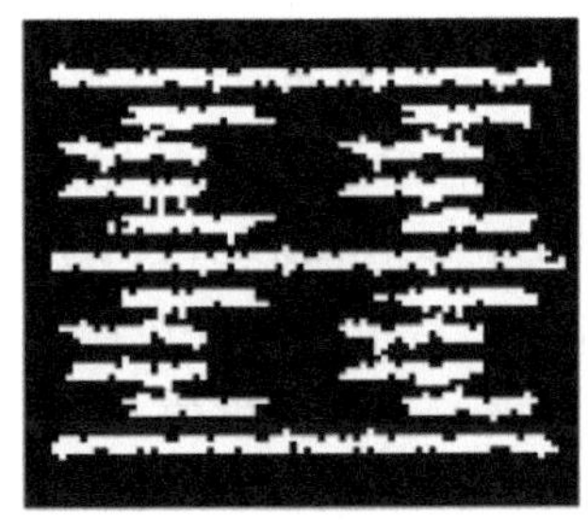

(b)

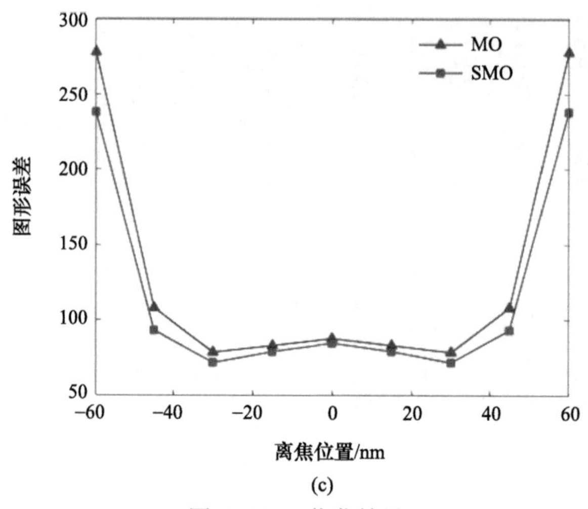

(c)

图 10-115 优化结果

(a) 优化光源；(b) 优化掩模；(c) 图形误差分布

离焦位置的图形误差分布。可见，由于联合优化光源与掩模，SMO 的优化自由度高，在所有离焦位置，SMO 优化后的图形误差值均小于仅仅进行掩模优化后的图形误差值。

10.5.3.2 基于随机并行梯度速降算法的 SMO 方法[52,53]

基于梯度算法的 SMO 方法复杂度低、计算速度快，得到了广泛研究。绝大多数基于梯度算法的 SMO 方法需要计算评价函数梯度的解析表达式，当光刻成像模型中包含如三维厚掩模模型、三维光刻胶物理模型等复杂模型时，评价函数梯度解析表达式难以求解。基于随机并行梯度速降算法的 SMO 方法，通过随机扰动进行梯度估计，避免了求解梯度解析表达式的步骤。本小节对这种 SMO 方法进行介绍[52,53]。

1. 基本原理

像素化光源的定义、约束条件和参数转换与 10.5.1.1 节适用的方法相同，如式 (10.132)～式(10.136)所示。像素化掩模的参数转换采用与光源相同的方法，转换后的变量参数为 $\varphi(\hat{f},\hat{g})$ 。采用 $O(\hat{x}_i,\hat{y}_i)$ 表示掩模透过率函数。采用傅里叶级数展开模型计算掩模空间像，光刻胶模型采用 sigmoid 函数模型，采用公式(10.138)定义的图形误差作为评价函数。

利用随机并行梯度速降算法进行光源掩模联合优化。首先将目标图形作为初始掩模图形，将传统的部分相干照明方式，例如环形照明、二极照明等作为初始光源。基于随机并行梯度速降算法的 SMO 具体的优化流程如下。

(1) 初始化所述的掩模图形 $O(\hat{x}_i,\hat{y}_i)$ 大小为 $N_x \times N_y$，并且设置掩模图形的透光部分的透过率值为 1，阻光部分的透过率值为 0；初始化光源照明模式 $J(\hat{f},\hat{g})$ 大小为 $S_x \times S_y$，并且光源照明模式发光部分的亮度值为 1，不发光部分的亮度值为 0；初始化理想图形 $I_{\mathrm{t}}(\hat{x}_i,\hat{y}_i)=O(\hat{x}_i,\hat{y}_i)$；初始化迭代步长 γ 及光刻胶模型中的阈值 t_{r}、倾斜度参数 α、迭代次数阈值 T。

(2) 初始化掩模图形 $O(\hat{x}_i,\hat{y}_i)$ 对应的控制变量矩阵为 $\varphi(\hat{f},\hat{g})$，初始化光源照明模式 J 对应的控制变量矩阵为 $\theta(\hat{f},\hat{g})$。$\varphi(\hat{f},\hat{g})$ 及 $\theta(\hat{f},\hat{g})$ 即为要优化的变量，其中对应 $O(\hat{x}_i,\hat{y}_i)$=1 点的值初始化设置为 $\varphi(\hat{f},\hat{g})=1/8\pi$，对应 $O(\hat{x}_i,\hat{y}_i)=0$ 点的值初始化设置为 $\varphi(\hat{f},\hat{g})=7/8\pi$；对应 $J(\hat{f},\hat{g})$=1 点的值初始化设置为 $\theta(\hat{f},\hat{g})=1/8\pi$，对应 $J(\hat{f},\hat{g})$=0 点的值初始化设置为 $\theta(\hat{f},\hat{g})=7/8\pi$。

(3) 计算评价函数值：在当前光源照明模式 $J(\hat{f},\hat{g})$ 照明下掩模图形 $O(\hat{x}_i,\hat{y}_i)$ 成像在光刻胶中，目标图形 $I_{\mathrm{t}}(\hat{x}_i,\hat{y}_i)$ 与掩模光刻胶像的欧氏距离的平方即为评价函数的值。

(4) 更新掩模图形：

① 第 k 次迭代时，产生随机扰动 $\Delta\varphi^{(k)}(\hat{f},\hat{g})$ 矩阵，各 $\varphi(\hat{f},\hat{g})$ 相互独立且满足伯努利分布，即分量幅值相等 $\left|\varphi(\hat{f},\hat{g})\right|=0.01$，且概率分布 $\Pr\left(\Delta\varphi(\hat{f},\hat{g})=\pm\delta\right)=0.05$；

② 计算 $\varphi^{(k-1)}+\Delta\varphi^{(k)}$，$\varphi^{(k-1)}-\Delta\varphi^{(k)}$，代入 $O(\hat{x}_i,\hat{y}_i)=\left\{1+\cos\left[\varphi(\hat{f},\hat{g})\right]\right\}/2$ 分别得到 O_+、O_-。将 O_+、O_-代入评价函数计算公式

$$F\left(\bar{J}(\hat{f},\hat{g}),O(\hat{x}_i,\hat{y}_i)\right)=\left\|I_{\mathrm{t}}(\hat{x}_i,\hat{y}_i,z)-\mathrm{sig}\left[\sum J(\hat{f},\hat{g})\,|\,O(\hat{x}_i,\hat{y}_i)\otimes h(x,y,z)\,|^2\right]\right\|_2^2$$

分别得到 F_+、F_-矩阵；

③ 利用随机并行梯度速降算法对控制变量矩阵 $\varphi(\hat{f},\hat{g})$ 的值进行更新得到

$$\varphi^{(k)}=\varphi^{(k-1)}-\gamma\delta F\Delta\varphi=\varphi^{(k-1)}+\gamma(F_+-F_-)\Delta\varphi$$

将 $\varphi(\hat{f},\hat{g})$ 的值代入

$$O(\hat{x}_i,\hat{y}_i)=\frac{1+\cos\left[\varphi(\hat{f},\hat{g})\right]}{2}$$

得到第 k 次迭代更新后的掩模图形

$$O^{(k)}(\hat{x}_i,\hat{y}_i)=\frac{1+\cos\left[\varphi^k(\hat{f},\hat{g})\right]}{2}$$

(5) 更新照明光源：

① 第 k 次迭代时，产生随机扰动 $\Delta\theta^{(k)}(\hat{f},\hat{g})$ 矩阵，各 $\theta(\hat{f},\hat{g})$ 相互独立且满足伯努利分布，即分量幅值相等 $\left|\theta(\hat{f},\hat{g})\right|=0.02$，且概率分布 $\Pr\left(\Delta\theta(\hat{f},\hat{g})=\pm\delta\right)=0.5$；

② 计算 $\theta^{(k-1)}+\Delta\theta^{(k)}$，$\theta^{(k-1)}-\Delta\theta^{(k)}$，代入 $J(\hat{x}_i,\hat{y}_i)=\dfrac{1+\cos\left[\theta(\hat{f},\hat{g})\right]}{2}$ 分别得到 J_+、J_-，将 J_+、J_-代入目标函数计算公式

$$F\left(\bar{J}(\hat{f},\hat{g}),O(\hat{x}_i,\hat{y}_i)\right)=\left\|I_t(\hat{x}_i,\hat{y}_i,z)-\mathrm{sig}\left[\sum J(\hat{f},\hat{g})\,|\,O(\hat{x}_i,\hat{y}_i)\otimes h(x,y,z)\,|^2\right]\right\|_2^2$$

分别得到 F_+、F_-矩阵；

③ 利用随机并行梯度速降算法对控制变量矩阵 $\theta(\hat{f},\hat{g})$ 的值进行更新得到

$$\theta^{(k)} = \theta^{(k-1)} - \gamma\delta F\Delta\theta = \theta^{(k-1)} + \gamma(F_+ - F_-)\Delta\theta$$

将$\theta(\hat{f},\hat{g})$的值代入

$$J(\hat{x}_i,\hat{y}_i) = \frac{1+\cos\left[\theta(\hat{f},\hat{g})\right]}{2}$$

得到第k次迭代更新后照明光源

$$J^{(k)}(\hat{x}_i,\hat{y}_i) = \frac{1+\cos\left[\theta^{(k)}(\hat{f},\hat{g})\right]}{2}$$

(6) 计算当前光源照明模式J和二值掩模图形O_b对应的评价函数F的值：根据$O_b = \begin{cases}1, O>t_m \\ 0, O<t_m\end{cases}$，一般$t_m$取 0.5，计算当前掩模图形$O$二值化后的掩模图形$O_b$，将光源照明模式$J$与二值掩模图形$O_b$代入

$$F\left(\overline{J}(\hat{f},\hat{g}),O(\hat{x}_i,\hat{y}_i)\right) = \left\| I_t(\hat{x}_i,\hat{y}_i,z) - \text{sig}\left[\sum J(\hat{f},\hat{g}) \,|\, O(\hat{x}_i,\hat{y}_i) \otimes h(x,y,z)|^2\right] \right\|_2^2$$

得到更新后对应的评价函数F的值，当更新控制变量矩阵$\theta(\hat{f},\hat{g})$和$\varphi(\hat{f},\hat{g})$的迭代次数达到预先设定的阈值T时或者当计算出来的F值小于评价函数预定阈值F_S时，将当前光源照明模式J和掩模图形O_b确定为经过优化后的光源照明模式和掩模图形，进入步骤(7)，否则返回步骤(4)。

(7) 优化结束，将最后一次得到的光源照明模式J和掩模图形O_b确定为经过优化后的光源照明模式和掩模图形。

2. 仿真实验与分析

为了验证算法的有效性，利用只读存储器中接触孔阵列掩模图形进行了数值仿真实验。如图 10-116(a)所示，初始光源为二极照明，其内相干因子σ_{in}=0.3，外相干因子σ_{out}=0.8，

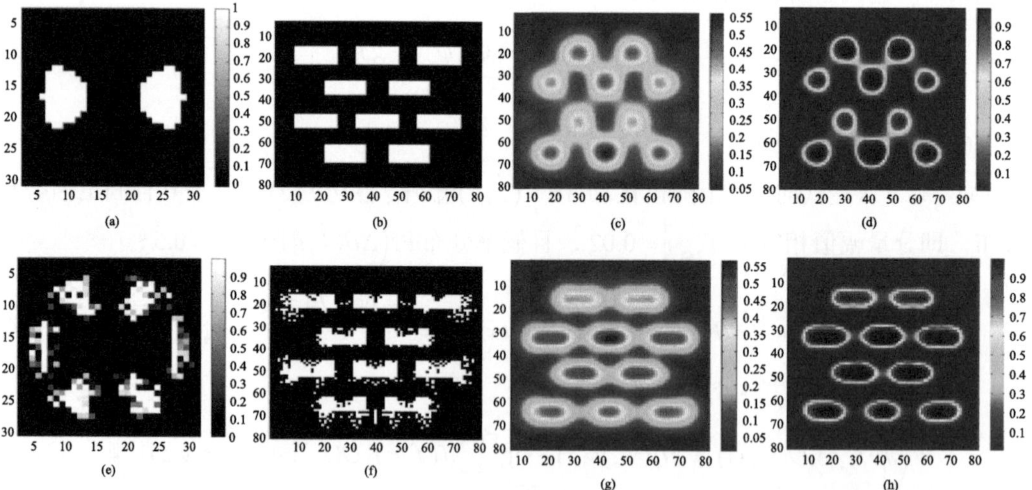

图 10-116 (a) 初始光源；(b) 初始接触孔阵列掩模；(c) 初始空间像；(d) 初始光刻胶像；(e) 优化后光源；(f) 优化后掩模图形；(g) 优化空间像；(h) 优化光刻胶像

像素化光源由 31×31 个点组成。理想接触孔阵列图形如图 10-116(b)所示，大小为 81×81 个像素点，分辨率为 6nm×6nm，并将其作为初始掩模图形。掩模图形特征尺寸 CD=45nm，光刻机工作波长 λ=193nm，数值孔径 NA=1.35。光刻胶模型参数α=30，阈值 t_r=0.3。图 10-116(c)为在初始光源照明下初始掩模图形所成的空间像，图 10-116 (d)为对应的光刻胶像，优化前的 PE 值为 603.5。

采用迭代步长 γ=0.1 和该方法进行光源掩模优化。图 10-116(e)和(f)分别为优化后的光源与掩模图形。图 10-116(g)和(h)为对应空间像及光刻胶像。优化后 PE 值下降到 150.6，降低了 75%。对比图 10-116(d)和(h)可知，优化后光刻胶像的图像保真度及对比度都有了很大的提升。

图 10-117 为基于随机并行梯度速降算法的 SMO 方法的收敛性曲线。由图可知，基于 SPGD 算法的 SMO 收敛性曲线局部有微小的抖动，主要有两种原因；首先收敛性与随机扰动值 δu 有很大关系，当 δu 过大会导致严重的振荡，使算法不收敛，而过小则会使收敛速度很慢，因此要选择合适的 δu，这里光源和掩模图形的 δu 分别是 0.025 和 0.01；其次在每一次的迭代过程中需要对更新后的掩模图形进行二值化，二值化后的掩模图形在重新代入评价函数计算时会出现评价函数增大的情况，使得整个优化过程出现小幅的振荡现象。但是整体上 PE 是下降的，并且是迅速收敛的。

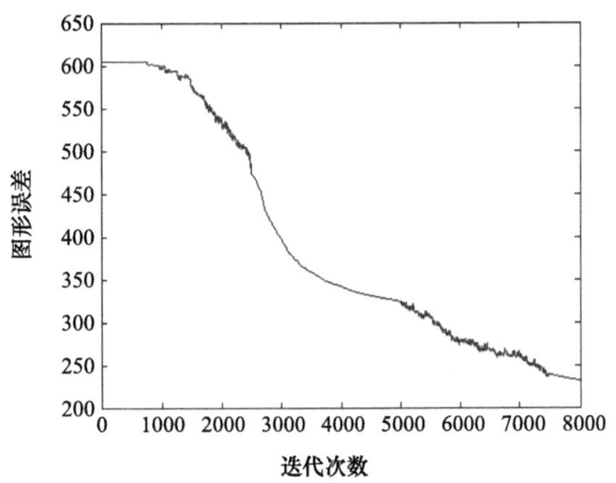

图 10-117　基于随机并行梯度速降算法的 SMO 方法的收敛性曲线

10.5.3.3　基于遗传算法的 SMO 方法

遗传算法是一种基于进化机制的启发式搜索算法，模仿生物种群进化的继承、选择、交叉和变异等原理进行优化搜索，具有全局寻优和并行计算能力，广泛应用于工程优化、机器学习等领域。基于遗传算法的光刻机光源掩模优化(source mask optimization based on genetic algorithm, GA-SMO)技术具有不需要掌握光刻成像模型等先验知识，可以使用复杂光刻成像模型和目标函数等优点，适用于波长为 193nm 光刻和 EUV 光刻。

1. 实数编码优化算法[54,55]

1) 基本原理

基于实数编码遗传算法的光源掩模优化技术使用实数字符串对光刻机的照明光源和

掩模图形进行编码。其中掩模图形和照明光源的描述方法如图 10-118 所示。掩模图形的轮廓由若干矩形区域重叠得到。每个矩形有四个描述参数，分别是矩形的高度 h 、宽度 w 和中心坐标 (x_c, y_c) ，或者是矩形的两个对角顶点的坐标 (x_1, y_1) 和 (x_2, y_2) 。与掩模图形描述方法类似，照明光源由一组圆形子光源描述。每个子光源有三个描述参数，分别是圆形的中心坐标 (r, θ) 和半径 r_σ 。

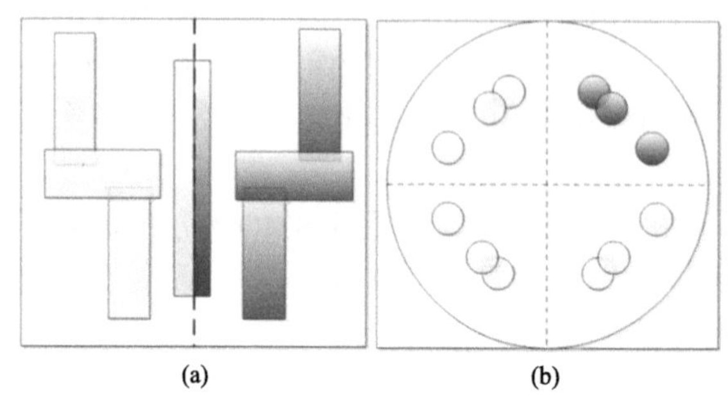

图 10-118　掩模图形(a)和照明光源(b)的描述方法

对于实数编码方式，照明光源和掩模图形的染色体为

$$\underbrace{\underbrace{r_1,\theta_1}_{\text{pole 1}} \ \cdots \ \underbrace{r_n,\theta_n}_{\text{pole } n}}_{\text{source}} \ , \ \underbrace{\underbrace{x_1,y_1,h_1,w_1}_{\text{rectangle 1}} \ \cdots \ \underbrace{x_m,y_m,h_m,w_m}_{\text{rectangle } m}}_{\text{mask}} \tag{10.155}$$

其中，(r, θ) 是圆形子光源的极坐标；圆形子光源半径 r_σ =0.05；(x, y) 是矩形的中心坐标；h 和 w 是矩形的高度和宽度。照明光源和掩模图形的实数编码染色体长度为 $2n+4m$ 。

实数编码遗传算法和二进制编码遗传算法都使用锦标赛选择算子。遗传算法的交叉过程是从两个或更多父代的染色体中生成子代染色体的过程。本书中，二进制编码遗传算法使用两点交叉算子。实数编码遗传算法使用中间交叉算子

$$\text{Child} = \text{Parent1} + \text{Scale} * (\text{Parent2} - \text{Parent1}) \tag{10.156}$$

其中，Scale 是均匀随机产生的比例因子；Child 是子代；Parent1 和 Parent2 是两个父代。

遗传算法的变异算子是通过随机改变染色体基因以保持遗传算法多样性的遗传算子。本书中使用的遗传算子分为两步。首先按照一定的变异率随机选择染色体中的部分基因位用于变异操作，然后将选中的基因位的参数替换为随机数(实数编码遗传算法)或在选中的基因位做取反运算(二进制编码遗传算法)得到新种群个体。

适应度函数(即评价函数)是影响遗传算法优化结果和收敛性能的重要因素。实数编码遗传算法和二进制编码遗传算法都使用基于光刻胶像(I)的适应度函数

$$y = \gamma_{\text{bg}} \frac{O_{\text{bg}}}{n_{\text{bg}}} + \gamma_{\text{fg}} \frac{O_{\text{fg}}}{n_{\text{fg}}} + \gamma_{\text{EIE}} \frac{\text{EIE}}{n_{\text{edge}}} + \gamma_{\text{ECP}} \frac{n_{\text{edge}}}{\text{ECP}} \tag{10.157}$$

其中

$$O_{\text{bg}} = \sum_{i}^{\text{bg}} \left[I(x_i, y_i) - tr_{\text{bg}} \right] \tag{10.158}$$

$$O_{\text{fg}} = \sum_{i}^{\text{fg}} \left[tr_{\text{fg}} - I(x_i, y_i) \right] \tag{10.159}$$

$$\text{EIE} = \left\| I(x,y) O_e(x,y) - a_{\text{thr}} \right\| = \sum_{e}^{\text{edge}} \left\| I(x_e, y_e) - a_{\text{thr}} \right\| \tag{10.160}$$

$$\text{ECP} \propto^{-1} \left\| \nabla I(x,y) O_e(x,y) \right\| = \sum_{e}^{\text{edge}} \left\| \frac{\partial I(x_e, y_e)}{\partial x}, \frac{\partial I(x_e, y_e)}{\partial y} \right\| \tag{10.161}$$

其中，γ 是适应度函数的权重；bg 表示光刻目标图形的背景区域；fg 表示目标图形的前景区域；n_{bg}、n_{fg} 和 n_{edge} 是光刻目标图形的背景、前景和边缘区域的采样点数量；tr_{bg} 和 tr_{fg} 是背景和前景区域的强度阈值，

$$O_e(x,y) = \sum_{e}^{\text{edge}} \delta(x - x_e, y - y_e) \tag{10.162}$$

是目标图形边缘采样函数；a_{thr} 是光刻胶像阈值。

2) 仿真实验与分析

仿真实验使用的照明光源波长为 193nm，投影物镜的数值孔径 NA 为 0.75，使用 sigmoid 简化光刻胶模型，其中 sigmoid 函数的阈值和斜度分别为 0.28 和 80。光刻目标图形是关键尺寸为 100nm 的交错接触孔图形。设定种群数量为 20，最大进化代数为 500，当连续 300 代进化中适应度值没有明显降低时停止优化。采用候选池规模为 4 的锦标赛选择算子。实数编码 GA-SMO 使用中间交叉算子，二进制编码 GA-SMO 使用两点交叉算子，交叉比例都为 0.6。选择基于两种编码方式的 GA-SMO 的最优变异率作为之后的性能对比实验的变异率。当目标图形为交错接触孔图形时，实数编码 GA-SMO 和二进制编码 GA-SMO 的最优变异率分别为 0.01 和 0.005。适应度函数 EIE、ECP、O_{bg} 和 O_{fg} 的权重分别为 10、0.01、10 和 10。

实数编码 GA-SMO 的最优光源、最优掩模，以及优化前后的空间像和光刻胶像如图 10-119 所示。其中优化前的照明光源为(σ_{in}, σ_{out})=(0.6, 0.8)的环形照明光源，优化前的掩模图形与优化目标图形相同(图 10-119)。图 10-119 中，空间像和光刻胶像的离焦距离分别为 0nm、250nm 和 500nm。经过实数编码 GA-SMO 优化之后，硅片面上空间像和光刻胶像的成像保真度都得到了提高，同时有效焦深也增加到 250nm 以上。

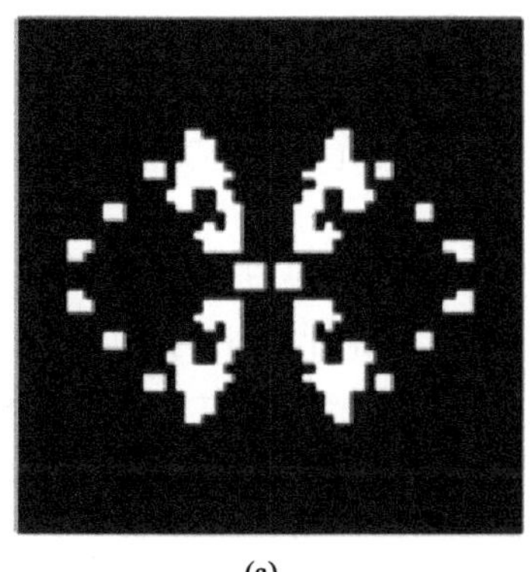
(a)

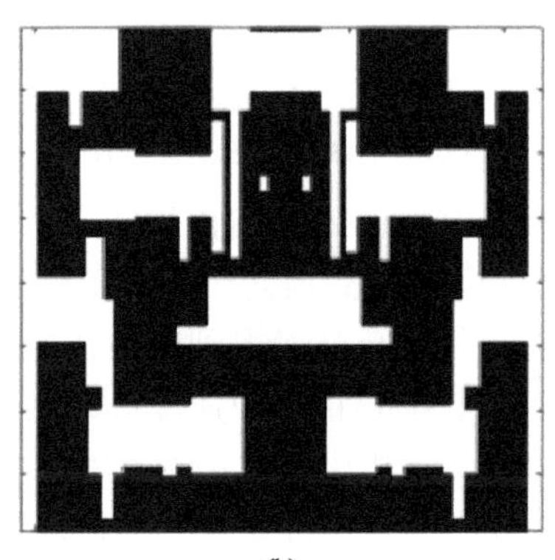
(b)

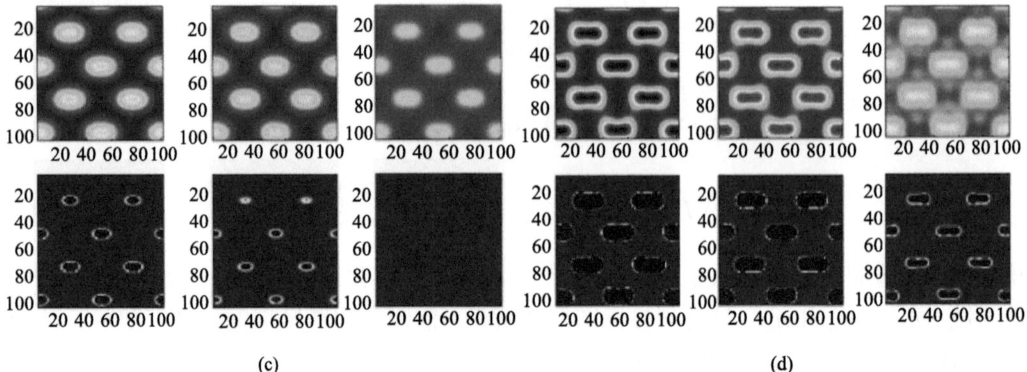

图 10-119　交错接触孔图形的 SMO 结果

(a) 最优光源；(b) 最优掩模；(c)、(d) 优化前和优化后不同离焦面的光刻成像(上：空间像；下：光刻胶像)

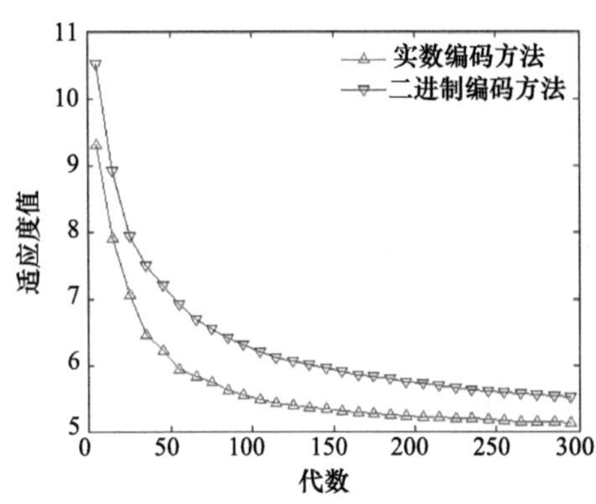

图 10-120　实数编码 GA-SMO 和二进制编码 GA-SMO 的平均收敛曲线

为了对比实数编码 GA-SMO 和二进制编码 GA-SMO 的优化性能，分别使用两种方法进行了 10 轮优化仿真实验。平均收敛曲线如图 10-120 所示。由图可知实数编码 GA-SMO 的收敛曲线比二进制编码 GA-SMO 更低更陡峭，这说明实数编码 GA-SMO 收敛速度更快，且能获得适应度更好的最优解。

2. 多极光源描述方法[54,56]

1) 基本原理

如图 10-121(a)所示，照明光源的几何形状由一系列圆形照明区域(子照明光源极)组成，子光源之间可以相互重叠。每个圆形子光源由圆形子光源中心的极坐标$\left(r_{\mathrm{c}},\theta_{\mathrm{c}}\right)$、半径$r_\sigma$和强度$g$描述。圆形子光源重叠区域的光强等于重叠子光源光强之和。当半径r_σ为固定值时，照明光源可以描述为

$$\underbrace{r_{\mathrm{c}1},\theta_{\mathrm{c}1},g_1}_{\text{Pole 1}}\ \cdots\ \underbrace{r_{\mathrm{c}i},\theta_{\mathrm{c}i},g_i}_{\text{Pole } i}\ \cdots\ \underbrace{r_{\mathrm{c}S},\theta_{\mathrm{c}S},g_S}_{\text{Pole } S} \tag{10.163}$$

其中，S是圆形子光源的数量，照明光源染色体的变量数为$3S$。当半径r_σ足够小时，多极照明光源描述方法可以描述自由形式照明光源。多极照明光源描述方法适合用于描述光瞳填充比(PFR)较小的自由形式照明光源。

照明光源的光瞳填充比例等于照明光源非零光强区域的面积与光瞳总面积的比值。采用光源掩模优化技术得到的最优照明光源通常是光瞳填充比较小的自由形式照明光源。通常 GA-SMO 的收敛速度与光源变量数、光瞳填充比和解空间大小密切相关。与像素光源描述方法相比，极光源描述方法所需的变量数小于像素光源描述方法，多极光源描述方法限制了优化过程中的最大光瞳填充比，多极光源描述方法可以通过调节子光源数量S限制 GA-SMO 问题的解空间大小。因此，基于多极光源描述方法的 GA-SMO 技

术的收敛速度比基于像素光源描述方法的 GA-SMO 技术快。

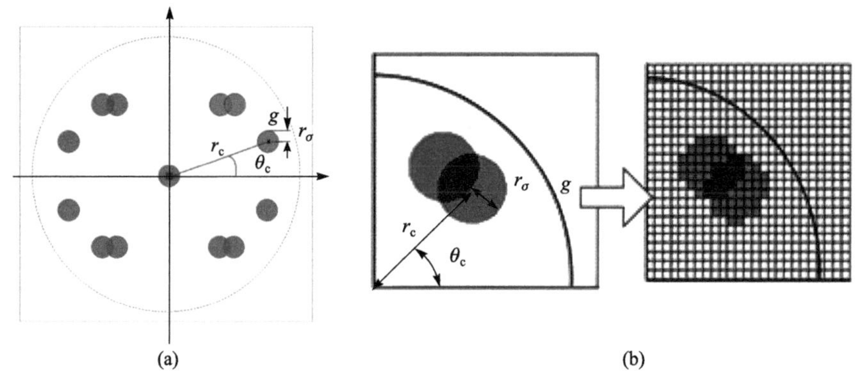

图 10-121　(a)多极光源描述方法；(b)多极光源的直角坐标分解

基于多极照明光源描述方法的光刻空间像仿真包括两个步骤。首先多极照明光源被离散化为直角坐标或极坐标上的一组离散点光源，如图 10-121(b)所示，然后使用 Abbe 成像模型计算这些点光源照明下的空间像。真实照明光源可以看做背景光强为零的多极光源与背景光强的和。背景光强很弱的情况下，最终的空间像可以近似看做两种照明光源的空间像的和。其中多极照明光源的空间像通过 Abbe 成像方程进行计算，背景光强的空间像可以通过 Hopkins 成像方程计算。对于给定的背景光强分布和光瞳函数，**TCC** 矩阵与它的特征值和特征矢量是不变的，可以在计算掩模空间像之前离线计算并存储在内存中。在线计算掩模空间像时，仅使用 **TCC** 矩阵的前几项特征值和特征函数即可。通过这样的方式，可以在不引入较大成像误差的前提下提高空间像仿真速度。

2) 仿真实验与分析

数值孔径为 0.75，光源波长为 193nm。光刻胶模型为 sigmoid 函数表示的简单阈值模型，其中 sigmoid 函数的阈值为 0.28，梯度为 80。优化目标图形分别为交错接触孔图形，关键尺寸为 100nm，掩模周期为 1000nm，像素大小为 10nm。掩模图形满足 x 对称，因此只有右侧区域的掩模图形需要描述。其中右边区域的交错接触孔图形分别由 30 和 20 个矩形描述。照明光源满足 xy 对称。第一象限的多极照明光源由 20 个半径为 0.05 的圆形子光源描述，因此照明光源的最大光瞳填充比为 20%。极坐标像素光源的网格尺寸为 0.04，由 479 个像素点光源组成。

使用实数编码遗传算法。遗传算法的最大优化代数为 500。300 代之后如果加权适应度函数的减小值小于 1.0×10^{-12}，遗传算法停止优化。遗传算法的种群规模为 20。采用候选池规模为 4 的锦标赛选择算子。交叉算子为 Kids= Parent1 + Scale*(Parent2−Parent1)，其中 Scale 是均匀随机比例因子。Parent 和 Kids 分别是交叉前后的染色体，交叉概率为 0.6。变异算子时基于随机基因位的数值变化，变异率为 0.01。遗传算法的适应度函数如 10.5.3.3 节所示，其中 EIE、ECP、O_{bg} 和 O_{fg} 的权重因子分别为 10、0.01、10 和 10，强度阈值 tr_{fg}、tr_{bg} 和 a_{thr} 分别为 1.0、1.0×10^{-6} 和 0.28。

仿真结果如图 10-122 所示。基于多极光源描述方法的 GA-SMO 和基于极坐标像素光源描述方法的 GA-SMO 都可以获得良好的空间像和光刻胶像。基于多极光源描述方法的 GA-SMO 得到的最优照明光源的结构比基于极坐标像素光源描述方法的 GA-SMO 的结构简单。

对基于多极光源描述方法的 GA-SMO 和基于极坐标像素光源描述方法的 GA-SMO 分别进行了 10 轮仿真优化，对比了它们的优化收敛性能和计算时间。10 轮优化的平均收敛曲线如图 10-123 所示。从图中可以看出，基于多极光源描述方法的 GA-SMO 的收敛曲线更低、更陡峭，这表明基于多极光源描述方法的 GA-SMO 的优化收敛性能更好。

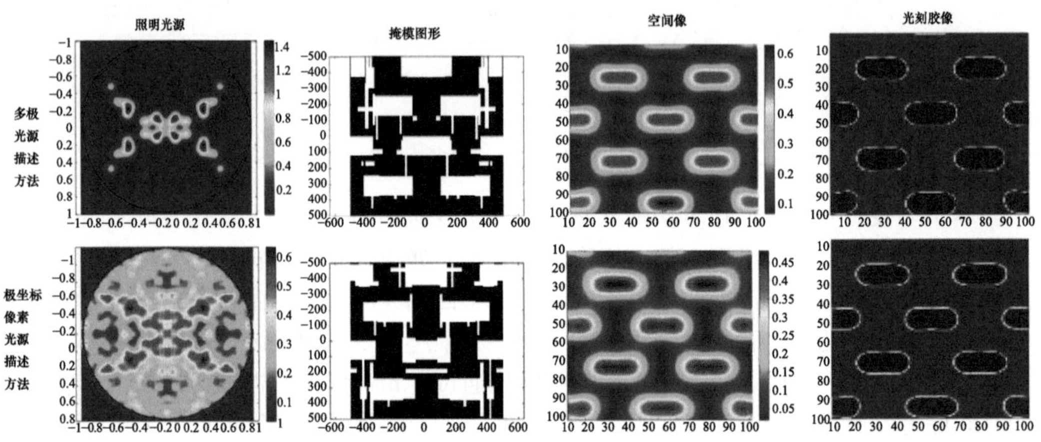

图 10-122　采用基于多极光源描述方法和基于极坐标像素光源描述方法的 GA-SMO 技术对交错接触孔图形进行优化得到的最优光源、最优掩模、最优空间像和光刻胶像

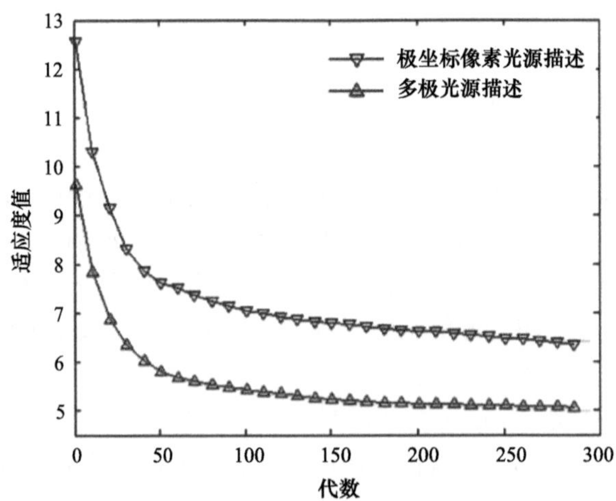

图 10-123　基于多极光源描述方法和基于极坐标像素光源描述方法的 GA-SMO 对交错接触孔图形进行优化的收敛曲线

3. 动态适应度函数[54,57]

1) 基本原理

动态适应度函数的基本形式为

$$F = F(c_v) \tag{10.164}$$

其中，$F(c_v)$是光刻工艺条件为c_v时的适应度函数；光刻工艺条件c_v包括离焦量、曝光剂量、像差、掩模误差等。

实际的光刻机中的光刻工艺条件通常按照一定的统计分布规律随机变化。在基于动态适应度函数的 GA-SMO 过程中，动态适应度函数的光刻工艺条件c_v按照实际生产中光刻工艺条件的变化规律随机变化。因此，优化得到的照明光源和掩模图形的光刻成像对工艺条件的变化不敏感，从而得到对工艺条件c_v鲁棒的最优光源和掩模图形。

以满足正态分布(μ,σ)的工艺条件c_v为例，在 GA-SMO 优化过程中，每次计算遗传个体的适应度时，首先随机生成满足正态分布(μ,σ)的模拟工艺条件c_v，然后计算该工艺条件下的适应度函数$F(c_v)$。在 GA-SMO 优化过程中，模拟工艺条件c_v将动态变化，适应度函数$F(c_v)$的值也相应地动态变化，从而得到对工艺条件c_v变化不敏感的最优光源和掩模图形。

动态适应度函数技术没有权重系数，不需要优化权重系数即可获得与加权适应度函数技术相近的优化性能。动态适应度函数技术比加权适应度函数技术更简单高效。

综上可知，权重系数会影响加权适应度函数技术的优化性能，因此有必要选取合适的权重系数以提高加权适应度函数技术的优化性能。此外，由于权重系数对加权适应度函数技术的影响比较复杂，难以直接根据经验得到，需要通过仿真实验优化得到。权重优化过程增加了加权适应度函数技术的应用难度和优化时间。另外，随着考虑的工艺条件误差种类增多(如像差、掩模制造误差等)，加权适应度函数的形式变得更加复杂。

2) 仿真验证与分析

光刻机工作波长为 193nm，投影物镜数值孔径为 0.75，光刻胶模型的阈值为 0.28、斜率为 80。掩模图形的特征尺寸为 100nm。使用 6%衰减相移掩模，如图 10-124 所示，掩模图形左右对称，其中右侧区域的掩模图形由 20 个矩形子掩模组成。照明光源满足 XY 对称，其中第一象限的照明光源形状由 20 个圆形子照明光源组成(圆形半径为 0.05)。遗传算法的种群规模为 50。优化初始种群由均匀分布随机数组成，即初始照明光源和掩

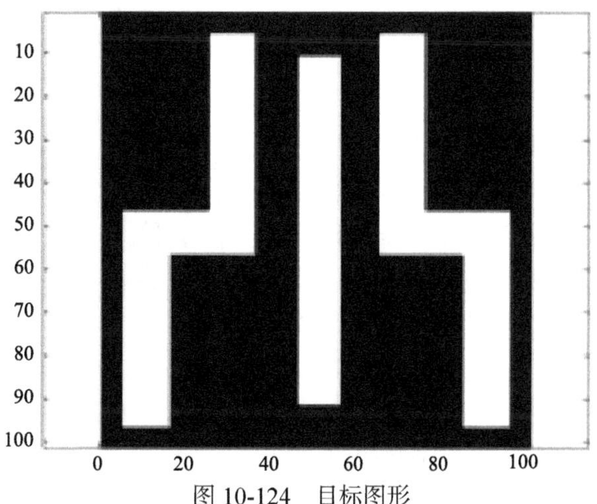

图 10-124　目标图形

模图形为随机生成的照明光源和掩模图形。优化的最小进化代数和最大进化代数分别为600代和1000代。当子代的加权适应度值减小量小于1.0^{-12}时，遗传算法停止优化。选择算子是候选池规模为4的锦标赛选择算子。交叉算子是

$$\text{Child} = \text{Parent1} + \text{rand} * \text{Ratio} * (\text{Parent2} - \text{Parent1}) \tag{10.165}$$

其中，Parent和Child是交叉操作前后的染色体，rand是均匀分布随机数，Ratio为1.2，交叉概率为0.6。变异算子是使用随机数代替染色体的随机基因位的数值，其中变异率为0.01。

假设光刻机中的离焦量f满足正态分布(μ_f=0，σ_f=150nm)，曝光剂量d满足正态分布(μ_d=0.28，$\sigma_d = \mu_d * (1+\tilde{\sigma}_d)$，$\tilde{\sigma}_d$=0.15)，离焦量和曝光剂量相互独立。仿真实验中，加权适应度函数技术采用的适应度函数为

$$y = \text{PE}(0,0) + w_1 * \text{PE}(150,0) + w_2 * \text{PE}(0,0.15) \tag{10.166}$$

其中$\text{PE}(f,\tilde{d})$是离焦量为f，曝光剂量误差为$\tilde{d}$时的光刻图形误差；权重系数

$$\begin{cases} w_1 = \tilde{p}(150,0) = p(150,0)/p(0,0) = p_f(150)/p_f(0) \\ w_2 = \tilde{p}(0,0.15) = p(0,0.15)/p(0,0) = p_{\tilde{d}}(0.15)/p_{\tilde{d}}(0) \end{cases} \tag{10.167}$$

其中，$p_f(f)$是离焦量为f的概率，$p_{\tilde{d}}(\tilde{d})$是曝光剂量误差为$\tilde{d}$的概率，曝光剂量$d = \mu_d * (1+\tilde{d})$。动态适应度函数技术采用的适应度函数为

$$y = \text{PE}(f_v, d_v) \tag{10.168}$$

其中，$\text{PE}(f_v,d_v)$是离焦量为f_v，曝光剂量误差为d_v时的光刻图形误差。在遗传算法优化过程中，离焦量f_v和曝光剂量误差d_v独立随机编码，其中离焦量f_v满足正态分布(μ_f=0，σ_f=150nm)，曝光剂量误差d_v满足正态分布(μ_d=0.28，$\sigma_d = \mu_d * (1+\tilde{\sigma}_d)$，$\tilde{\sigma}_d$=0.15)。

分别采用加权适应度函数技术和动态适应度函数技术进行光源掩模优化。图10-125(a)和图10-125(b)分别为两种技术的最优光源和最优掩模。图10-126(a)和(b)分别为两种技术优化后不同焦深的空间像、无曝光剂量误差的光刻胶像和存在曝光剂量误差的光刻胶像。对比图10-126(a)和(b)可知，当曝光剂量误差为15%时两种技术优化后的可用焦深都达到了200nm，具有相近的工艺宽容度。当曝光剂量误差为15%，离焦量为200nm时，动态适应度函数技术的优化成像略好于加权适应度函数技术的优化成像。对比图10-125(a)和图10-125(b)可知，两种技术优化得到相近的最优光源和最优掩模。综上可知，动态适应度函数技术可以获得与静态适应度函数技术相近的优化性能。

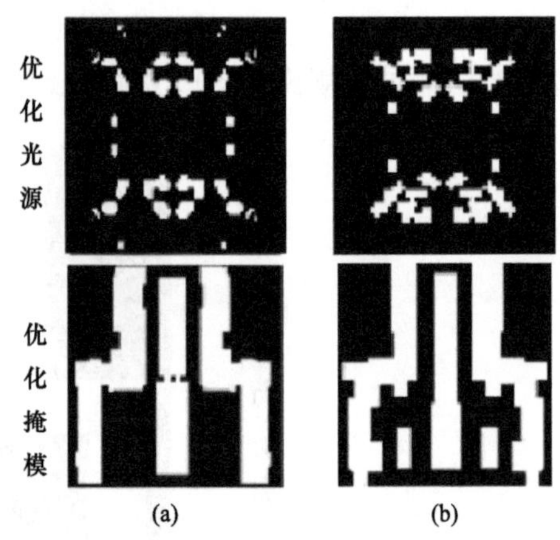

图10-125 采用基于加权适应度函数(a)与动态适应度函数(b)的GA-SMO技术优化后的最优光源和最优掩模

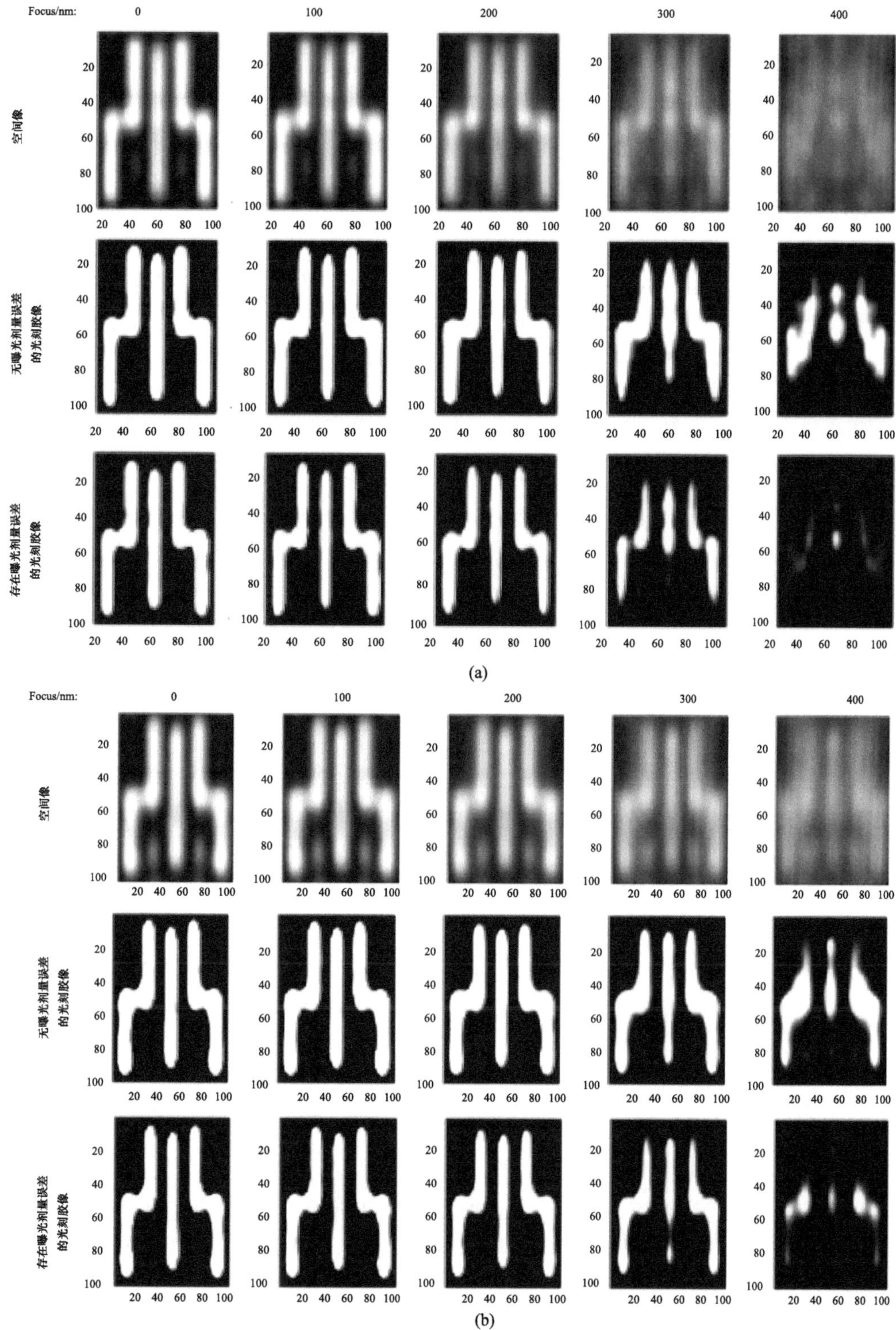

图 10-126　采用基于加权适应度函数(a)与动态适应度函数(b)的 GA-SMO 技术优化后的空间像、无曝光剂量误差的光刻胶像和存在曝光剂量误差的光刻胶像

另外，本书还在同时存在离焦量误差和彗差的仿真条件下进行了仿真实验。仿真结果表明，动态适应度技术可以用于降低 GA-SMO 的最优光源和最优掩模对其他工艺条件误差(如彗差)的敏感度。

4. 多染色体编码算法[54,58]

1) 基本原理

基于多染色体遗传算法的像素化光源掩模优化(source mask optimization based on multi chromosome genetic algorithm, MCGA SMO)技术的流程如图 10-127 所示。首先初始化种群，然后将这些光源和掩模分别编码为光源染色体 X_{src} 和掩模染色体 X_{msk} 作为迭代优化的起点。迭代优化过程中，首先解码遗传个体的染色体 X_{src} 和 X_{msk}，分别得到照明光源和掩模图形；然后利用光刻成像函数计算该照明光源和掩模图形组合的光刻成像，利用评价函数得到该遗传个体的适应度值。使用选择算子筛选出适应度较优的遗传个体，使用交叉算子和变异算子得到新的遗传个体的光源染色体 $X_{src\text{-}new}$ 和掩模染色体 $X_{msk\text{-}new}$。重复上述循环直到满足停止判据。常用的停止判据有优化停止代数和适应度阈值。

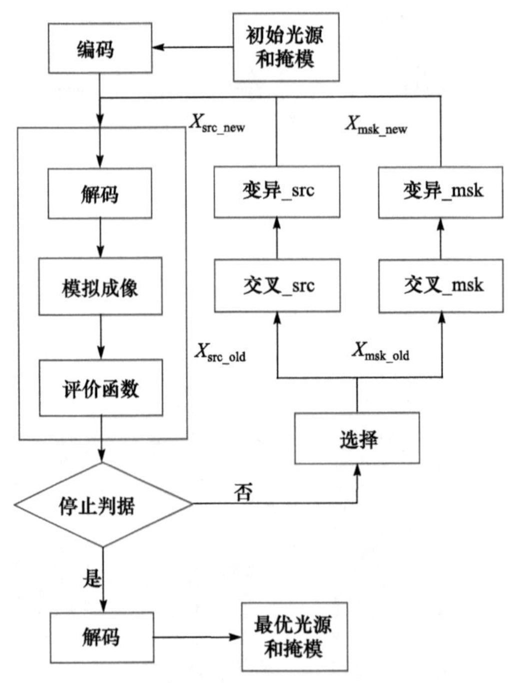

图 10-127 基于多染色体遗传算法的像素化光源掩模优化技术的流程图

像素化光源和像素化掩模的编码方式如图 10-128 所示。其中照明光源被离散化为极坐标网格上的一组点光源。由于照明光源满足 *XY* 对称，只对第一象限和原点的点光源进行编码，其余象限的光源通过对称操作获得。光源染色体 X_{src} 是一维实数向量。掩模图形由直角坐标网格上的像素表示，按照图中箭头所示顺序进行排列。掩模染色体 X_{msk} 的第 j 个元素表示为 m_j，对于交替相移掩模，$m_j=\{-1,0,1\}$；对于二元掩模或衰减相移掩模，$m_j=\{0,1\}$，掩模染色体 X_{msk} 为二进制向量。

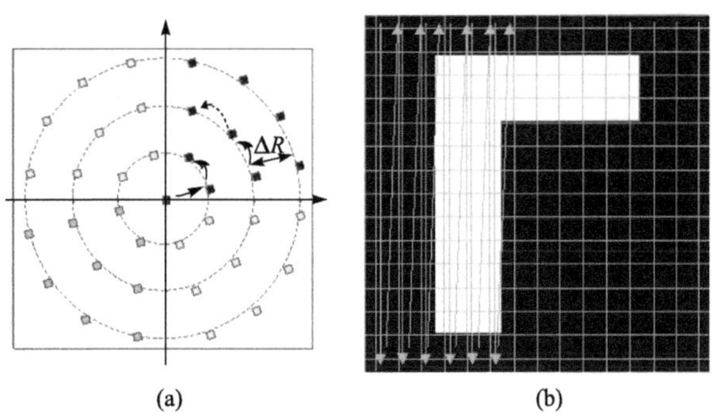

图 10-128　像素化光源(a)和像素化掩模(b)的编码方式

在多染色体遗传算法的优化迭代中分别使用实数编码和二进制编码的交叉与变异算子更新光源染色体 X_{src} 和掩模染色体 X_{msk}。二进制编码交叉算子为两点交叉，采用的实数编码交叉算子为

$$V_{\text{Child}}=V_{\text{Parent1}}+V_{\text{rand}}\times V_{\text{Ratio}}\times\left(V_{\text{Parent2}}-V_{\text{Parent1}}\right) \tag{10.169}$$

其中，V_{Parent} 和 V_{Child} 分别是交叉前后的实数编码染色体，V_{rand} 是随机数，V_{Ratio} 是比例常数。变异算子分为两步：首先根据变异率 $V_{\text{mutation\_rate}}$ 在染色体向量中随机选取一组基因位作为变异点，然后随机改变这些变异点的数值。对于实数编码染色体，使用随机数替代变异点的原始数值。对于二进制编码染色体，对变异点的二进制数做取反运算得到新数值。

2) 仿真验证与分析

仿真采用典型逻辑电路的掩模图形。光刻机工作波长 λ=193nm，数值孔径 NA=1.35，折射率为 1.44。光刻胶模型的梯度 α =80，阈值 t_{r}=0.28。目标图形的特征尺寸 CD=50nm。光刻掩模为 6% 衰减相移掩模。掩模图形左右对称，其中右侧区域的掩模图形由 M=51×101=5151 个像素组成。光源图形 XY 对称，其中组成光源第一象限和原点的离散点光源总数量 S =74。SCGA SMO 的光源编码方式和 MCGA SMO 相同。SCGA SMO 的掩模编码方式采用矩形掩模描述，其中掩模右侧区域的图形由 20 个矩形子掩模图形组成。

遗传算法的种群规模为 250。初始种群为均匀分布随机数，即初始光源和掩模为随机生成的照明光源和掩模图形。遗传算法的最小和最大进化代数分别为 300 代和 500 代。当子代的加权适应度减小量小于 1.0×10^{-12} 时，遗传算法停止优化。选择算子是候选池规模为 4 的锦标赛选择算子。交叉概率为 0.6，其中实数编码交叉算子如式(10.169)所示，其中比例因子 V_{Ratio} =0.1。二进制编码交叉算子为两点交叉。实数编码技术的变异率为 0.1，二进制编码技术的变异率为 0.01。SCGA SMO 采用实数编码染色体，其交叉算子和变异算子与 MCGA SMO 中照明光源染色体 X_{src} 使用的实数编码交叉算子和实数编码变异算子相同。

使用 MCGA SMO 与 SCGA SMO 分别进行了 4 轮仿真实验，优化的平均收敛曲线如图 10-129 所示。遗传算法进化 500 代之后，MCGA SMO 的最小适应度值为 4644.2，

SCGA SMO 的最小适应度值为 5029.4。MCGA SMO 技术得到的最优光源和掩模的适应度值比 SCGA SMO 技术小 7.6%，这说明 MCGA SMO 的最优光源和掩模的成像质量更好。仿真实验还表明，MCGA SMO 仅需 132 代进化即可得到适应度值为 5200 的解，而 SCGA SMO 技术需要进化 259 代。MCGA SMO 比 SCGA SMO 少优化 127 代，这说明 MCGA SMO 优化速度更快。以上优势主要是因为 MCGA SMO 采用了像素化的掩模，相比使用矩形掩模的 SCGA SMO 具有更高的优化自由度。此外，由于 MCGA SMO 使用实数编码光源染色体 X_{src} 和二进制编码掩模染色体 X_{msk} 分别对照明光源和掩模图形进行优化(图 10-127)，照明光源和掩模图形的更新过程(交叉和变异)是相对独立的，所以可以根据需要对 MCGA SMO 的光源优化模块和掩模优化模块分别进行最优化和控制。

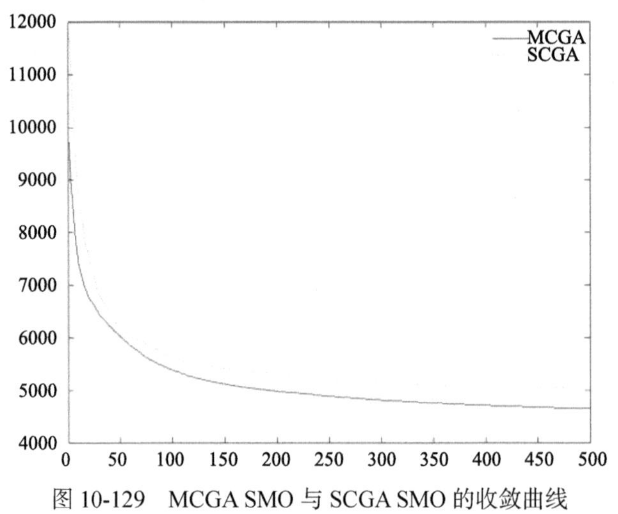

图 10-129 MCGA SMO 与 SCGA SMO 的收敛曲线

MCGA SMO 的最优光源和最优掩模如图 10-130(a)和(b)所示。其中最优光源的形状与二极照明光源相近。这是因为优化目标图形(图 10-124)在水平方向具有较强的周期性，根据光刻成像原理可知最优光源应当是类二极照明。最优掩模的基本形状与目标图形相近。最优光源和最优掩模的合焦面光刻胶像和离焦面光刻胶像(离焦量 z=150nm)如图 10-130(c)和(d)所示。

当种群规模为 50 时，MCGA SMO 无法得到满足目标图形的最优光源和掩模。当种群规模为 250 时 MCGA SMO 拥有更好的光刻成像质量和更快的优化收敛速度。但是这

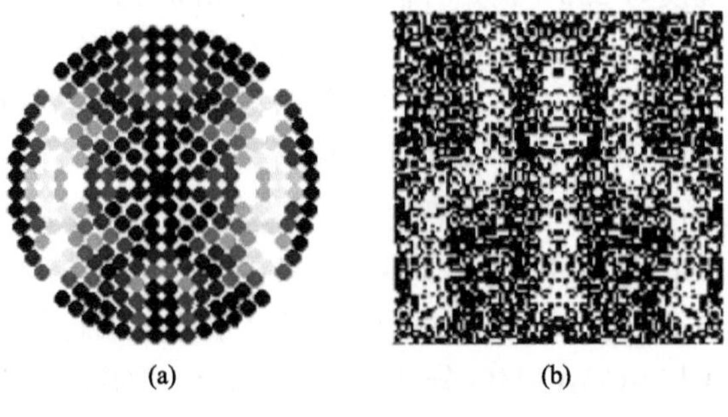

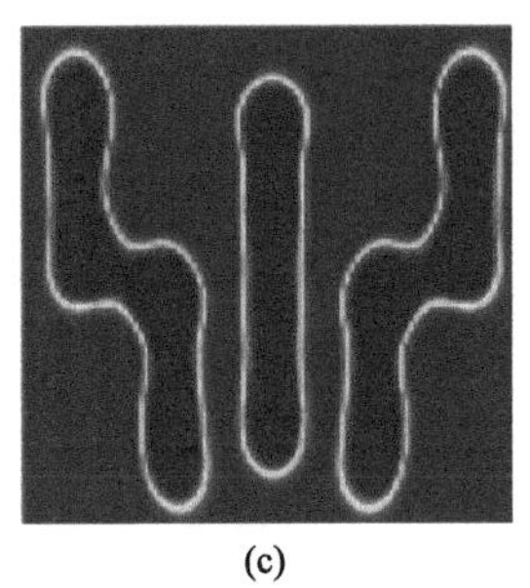
(c)

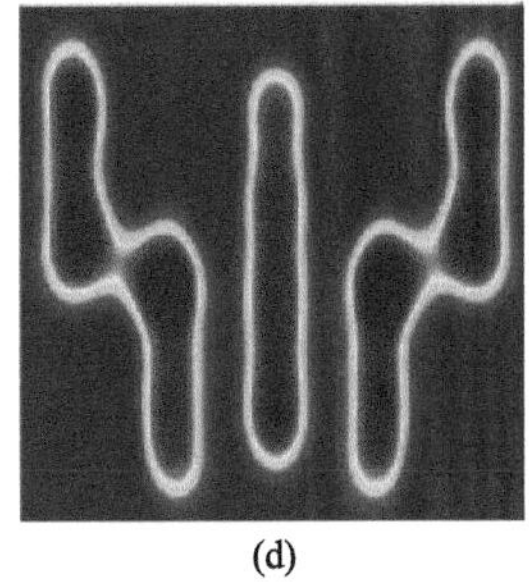
(d)

图 10-130　MCGA SMO 优化结果

(a) 最优光源；(b) 最优掩模；(c) 合焦面光刻胶像；(d) 离焦面光刻胶像

种改进并不明显。种群规模数量的增加会成倍地增加优化所需的时间。实际应用时需要权衡优化性能和优化时间的影响，设置合适的种群规模。

10.5.4　光源掩模投影物镜联合优化技术[46,59]

光刻成像质量受到照明光源、掩模图形和投影物镜像差等多种因素的影响。不同因素对光刻成像质量的影响并非相互独立，可以通过联合优化使影响降低。例如，厚掩模效应和投影物镜都会引起相位误差，可通过优化投影物镜光瞳降低厚掩模效应的影响。光源掩模投影物镜联合优化技术同时优化光源、掩模和投影物镜，可充分利用三者对成像质量影响的相互补偿作用，相比于光源掩模联合优化技术可进一步提高光刻分辨率。本小节介绍一种基于粒子群算法的光源掩模投影物镜联合优化技术[46,59]。

10.5.4.1　基本原理

光刻成像模型对光源掩模投影物镜优化的速度具有较大的影响。在光源优化时，采用 Abbe 成像模型，首先计算并存储 ICC，然后在优化过程中仅对点光源的权重进行优化，从而有效提高优化速度；在掩模优化时，采用 Hopkins 成像模型，首先计算并存储 TCC，然后在优化过程中仅对掩模进行优化，避免了在每次迭代中计算复杂的六重积分，从而有效提高优化速度；采用 Abbe 成像模型进行投影物镜优化。选取不同的成像模型对不同的参数进行优化，从而大大提高优化速度。

选取粒子群算法作为逆向优化方法，将光源、掩模及投影物镜编码为粒子，通过不断迭代优化粒子，实现光源掩模投影物镜的联合优化。粒子群算法受粒子编码方式的影响。根据具体的优化问题选取合适的编码方式，利于提高粒子群算法的优化性能。

光源及掩模的编码示意图如图 10-131 所示。如图 10-131(a)所示，为保证系统远心性，仅对光源的部分像素进行编码，其余部分由对称操作获得。为防止光源的像素值超过 1，采用公式(10.136)所示方法进行参数转换。掩模编码示意图如图 10-131(b)所示。

光刻成像系统具有低通滤波的特性。光束经过掩模衍射后，仅有频率较低的衍射级次进入投影物镜并会聚到像面成像。由于离散余弦变换具有能量集中的特性，可通过离散余弦变换将掩模转换到频域，去除掩模高频部分，选取低频部分，按照图 10-131(b)中箭头所示方向将低频部分编码为粒子的位置信息，采用粒子群算法实现掩模优化，提高掩模可制造性。如图 10-131(b)所示，$N_m \times N_m$ 为需要编码的像素数，N_{DCT} 为离散余弦变换系数。可通过改变 N_{DCT} 的大小控制掩模的数据压缩程度。

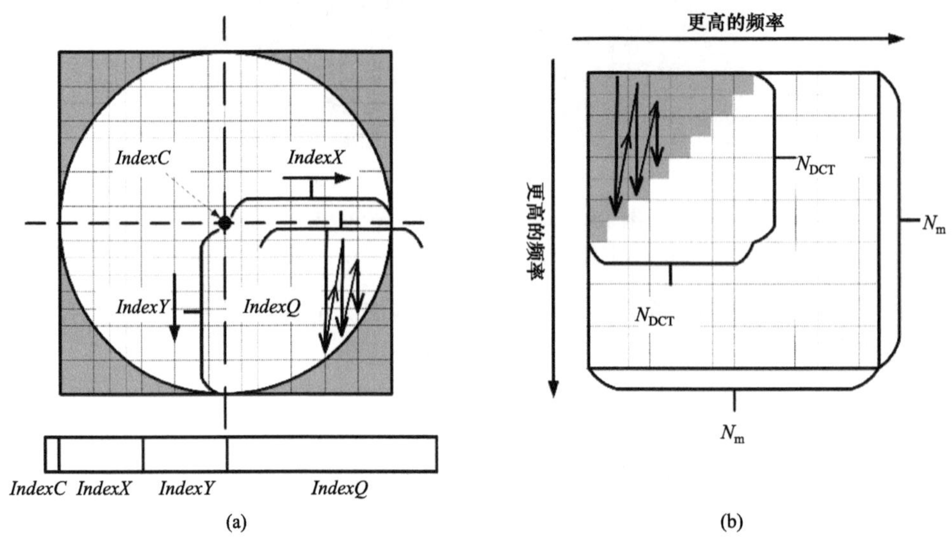

图 10-131　光源与掩模编码示意图

(a) 光源编码；(b) 掩模编码

采用部分 Zernike 多项式拟合投影物镜光瞳。选取离焦项(Z_4)和各级球差项(Z_9, Z_{16}, Z_{25}, Z_{36})表征投影物镜光瞳，将 $Z_4, Z_9, Z_{16}, Z_{25}, Z_{36}$ 依次编码为粒子的位置信息，通过优化各阶 Zernike 多项式的系数，实现投影物镜优化。

基于粒子群算法的光源掩模投影物镜优化技术的流程图如图 10-132 所示。如图 10-132(a)所示，整个优化流程主要包括初始化、光源优化、掩模优化、投影物镜优化和结束条件等部分。首先初始化光源、掩模及投影物镜，将其分别编码为种群中某粒子的位置信息，并随机初始化其速度。随机初始化其余各粒子的位置和速度。将各粒子的个体极值 p_{best} 初始化为其当前位置。根据评价函数计算各粒子的适应度值，并将具有最优适应度值的粒子的位置作为初始化的全局极值 g_{best}。采用粒子群算法依次进行光源优化、掩模优化、投影物镜优化，直到满足结束条件。

采用结束条件对整个优化流程进行控制。结束条件通常为迭代次数达到最大迭代次数。在图 10-132 的流程图中，采用不同的结束条件分别控制光源优化、掩模优化、投影物镜优化和总优化的流程。当满足结束条件 4 时，将此时 g_{best} 解码后的信息作为优化后的光源、掩模和投影物镜输出，并结束优化。

10.5.4.2　仿真实验与分析

采用含有交叉门的复杂掩模图形进行数值仿真实验。光刻机工作波长 λ=193nm，数值孔径 NA=1.35，折射率 n=1.44。光刻胶模型采用 sigmoid 函数模型，参数 α=85，阈值 t_r=0.25。粒子群种群规模 N=200，学习因子 $c_1 = c_2 = 2.05$，惯性权重 $\omega_{max} = 0.9$，$\omega_{min} = 0.4$。停止判据中光源优化、掩模优化、投影物镜优化、总优化的最大迭代次数分别为 60、15、15、720。

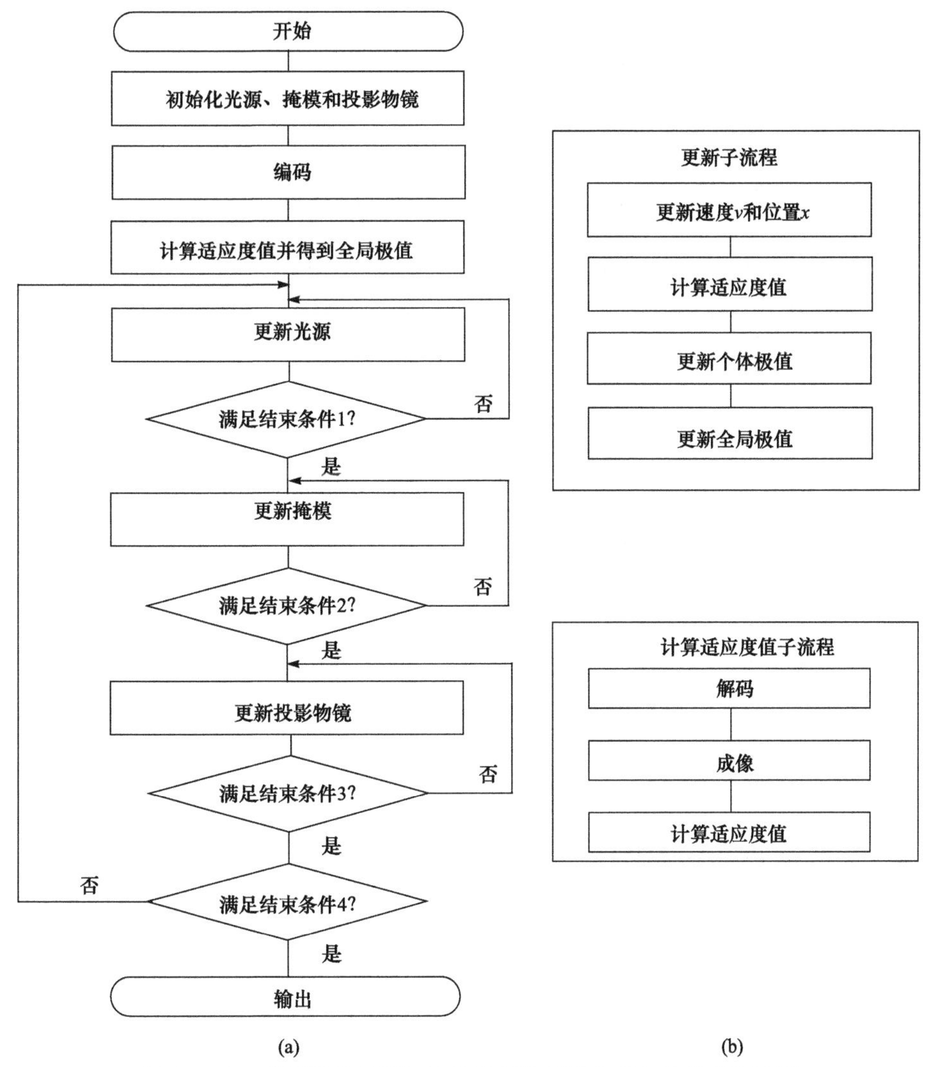

图 10-132　基于粒子群算法的光源掩模投影物镜优化技术流程图

(a) 总流程；(b) 子流程

首先，在未考虑工艺条件对成像质量影响的标称条件下进行数值仿真实验。如图 10-133(a)所示，初始光源的照明模式为四极照明，其部分相干因子σ=0.2。如图 10-133(b)所示，含有交叉门的复杂掩模由 81×81 个像素点组成，实际大小为 1200nm×1200nm，特征尺寸为 45nm，N_m=41。离散余弦变换系数 N_{DCT}=31。如图 10-133(c)所示，初始投影物镜光瞳不含任何像差。如图 10-133(d)所示，优化前的光刻胶像无法分辨邻近图形，光刻成像质量较差。优化前的评价函数值为 1002.4。

采用基于粒子群算法的光源掩模投影物镜优化技术进行优化，优化结果如图 10-134 所示。优化后的光源如图 10-134(a)所示。优化后的掩模如图 10-134(b)所示。如图 10-134(c)所示，优化后的投影物镜光瞳包含利于提高光刻成像质量的部分 Zernike 项。对比图 10-133(d)和图 10-134(d)可知，优化后的光刻胶像可以分辨邻近图形，光刻成像质量更佳。图 10-135 为光源掩模投影物镜优化技术在未考虑工艺条件时的收敛曲线。通过优化，

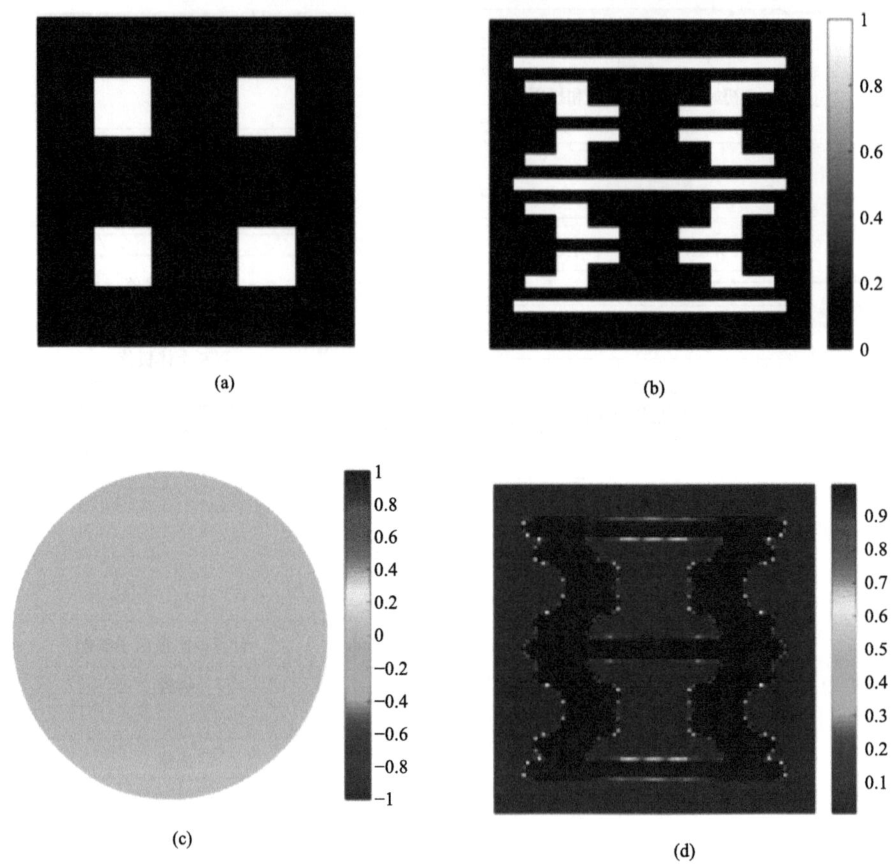

图 10-133 未考虑工艺条件时的光源掩模投影物镜优化初始条件
(a) 初始光源；(b) 初始掩模；(c) 初始投影物镜光瞳；(d)初始光刻胶像

评价函数值从 1002.4 下降到 58.0，下降了 94.2%。由图 10-135 可知，评价函数值在前面的迭代中下降速度很快，200 次迭代后评价函数值已经由 1002.4 下降到 99.1，而后下降速度逐渐趋于平缓，该技术具有较快的收敛速度。图 10-135 中的突起是由于对掩模进行离散余弦变换后去除高频成分造成的，该操作可有效降低优化后掩模的复杂度，增强掩模可制造性。值得说明的是，虽然在优化中去除掩模高频部分操作破坏了粒子此时搜索最优解的路径，但是随着迭代次数的增加，评价函数值仍然可以不断降低，证明该技术具有良好的收敛性。

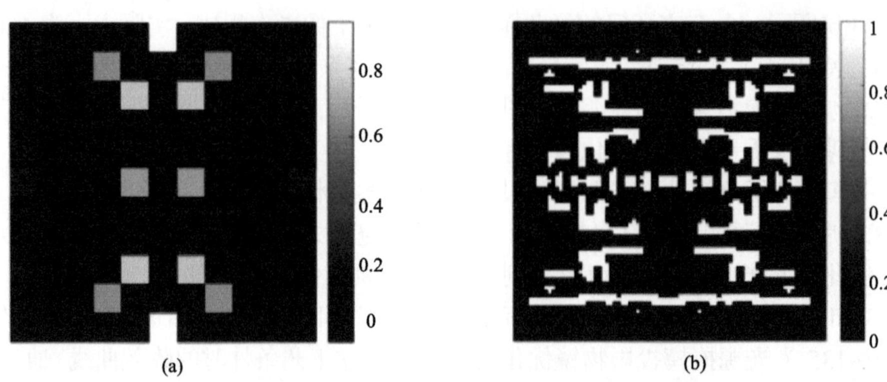

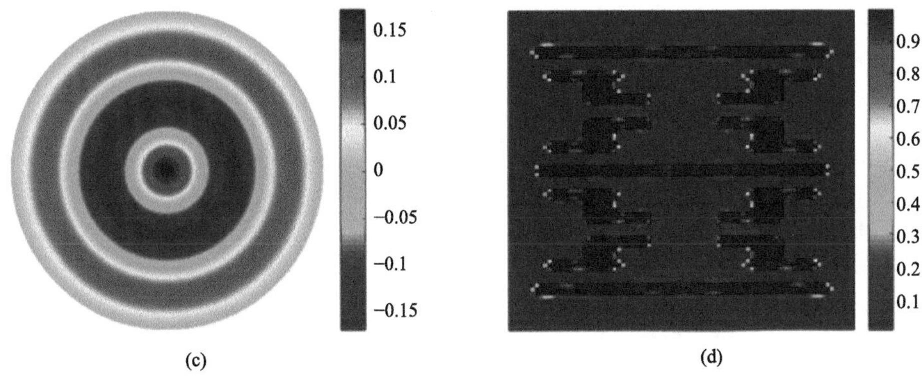

图 10-134　未考虑工艺条件时的光源掩模投影物镜优化结果
(a) 优化后光源；(b) 优化后掩模；(c) 优化后投影物镜光瞳；(d) 优化后光刻胶像

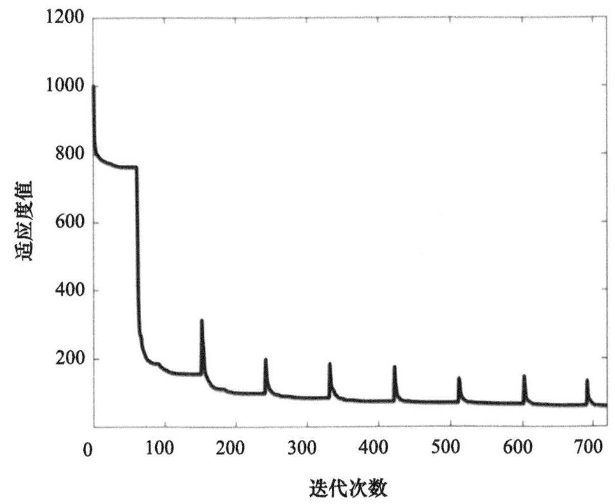

图 10-135　未考虑工艺条件时的收敛曲线

实际的光刻机存在离焦、像差等工艺条件误差，从而影响光刻成像质量[3]。选取像差中的离焦、像散、彗差和初级球差模拟工艺条件，对应的 Zernike 系数取值分别为 0.05λ 、0.1λ 、0.1λ 、0.1λ 。保持其他条件不变，在该工艺条件下优化前的投影物镜光瞳和光刻胶像分别如图 10-136(a)和(b)所示，此时的评价函数值为 1011.2。

在该工艺条件下进行光源掩模投影物镜优化，优化后的结果如图 10-137 所示。如图 10-137(a)所示，优化后的光源类似于二极照明模式，但复杂度较高。优化后的掩模和投影物镜光瞳分别如图 10-137(b)和(c)所示。通过优化投影物镜光瞳，降低了工艺条件对成像质量的影响，并增加了利于提高光刻成像质量的 Zernike 系数。对比图 10-137(d)和图 10-136(b)可知，优化后光刻胶像的图像保真度更佳。通过优化，评价函数值从 1011.2 下降到 62.5，下降了 93.8%。与未考虑工艺条件时类似，评价函数在前面的迭代时下降速度很快，而后下降速度逐渐趋于平缓，并最终收敛。结果表明，该技术不仅适用于标称条件，而且在工艺条件下同样适用。在相同的参数设置情况下，仅进行光源掩模优化，评价函数值从 1011.2 下降到 93.3，下降了 90.8%。结果表明，通过联合优化光源、掩模和投影物镜光瞳,提高了优化自由度,进一步提高了光刻成像质量。另外如图 10-137(b) 所示，该技术优化后的掩模不含有大量离散的像素点，具有较高的可制造性。

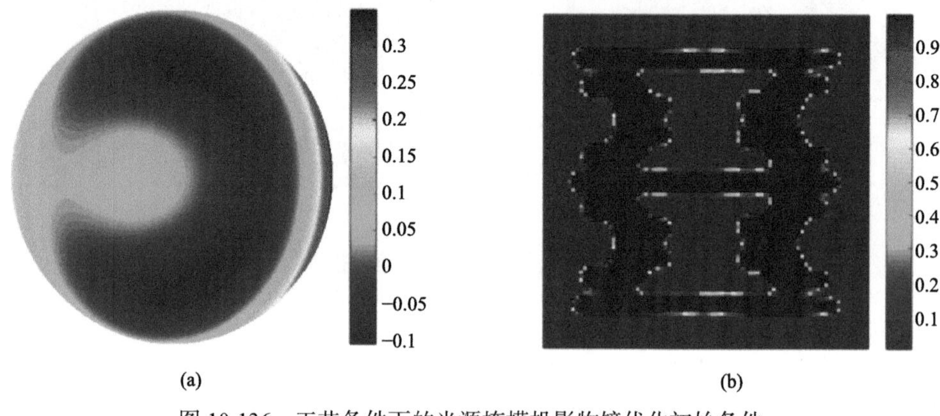

图 10-136　工艺条件下的光源掩模投影物镜优化初始条件

(a) 初始光瞳；(b) 初始光刻胶像

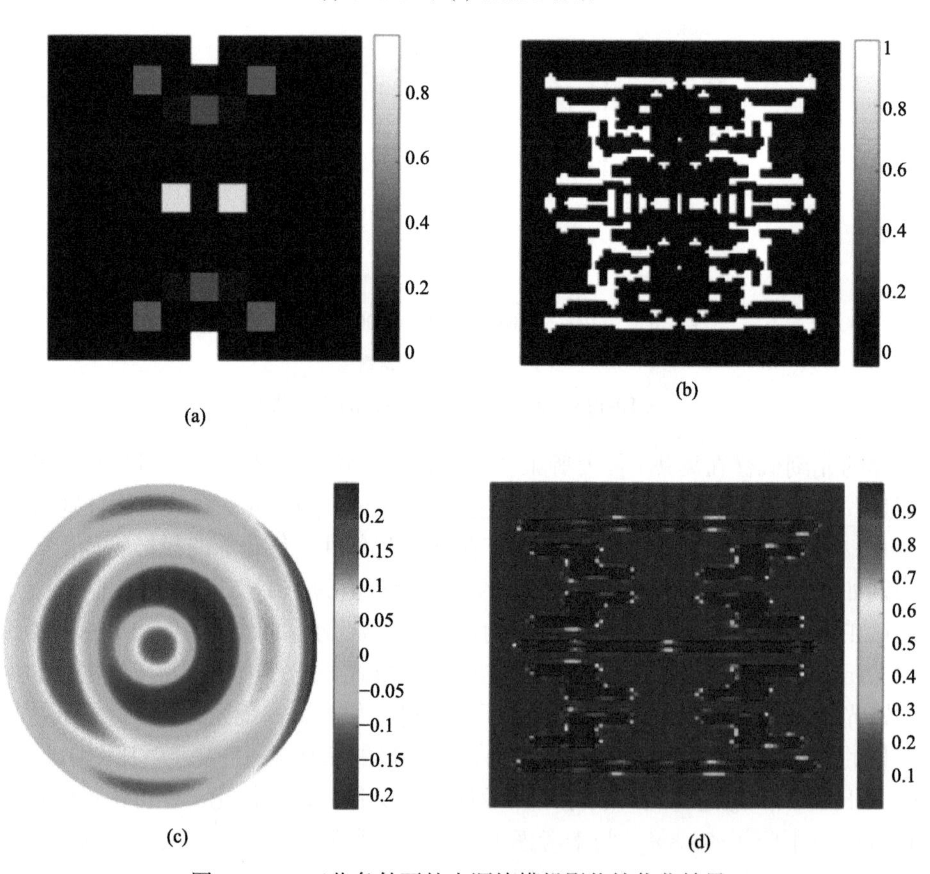

图 10-137　工艺条件下的光源掩模投影物镜优化结果

(a) 优化后光源；(b) 优化后掩模；(c) 优化后投影物镜光瞳；(d) 优化后光刻胶像

10.5.5 光刻机多参数联合优化技术[60,61]

本小节介绍一种光刻机多参数联合优化技术[60]。一方面在上文介绍的 SMPO 技术的基础上增加曝光剂量和离焦量的优化，提高优化自由度；另一方面，以多个深度位置的光刻胶图形误差为目标函数，实现对光刻胶三维形貌的优化，提高三维光刻胶形貌的质量。

10.5.5.1 基本原理

采用多个深度的光刻胶像图形误差的和作为评价函数

$$F=\sum_{z_i=1}^{N_{\text{Profile}}}E_{\text{Pattern}}\left(z_i\right)=\sum_{z_i=1}^{N_{\text{Profile}}}\left\|I_{\text{Profile}}\left(z_i\right)-I_{\text{Target}}\right\|_2^2 \tag{10.170}$$

其中，$I_{\text{Profile}}\left(z_i\right)$为光刻胶内深度为$z_i$的光刻胶像；$N_{\text{Profile}}$为采样的深度数量；$I_{\text{Target}}$为目标图形。

光刻机多参数联合优化问题可表示为

$$\left[p_{\text{Source}},p_{\text{Mask}},p_{\text{Pupil}},p_{\text{Focus}},p_{\text{Dose}}\right]=\text{Argmin}\left(F\right) \tag{10.171}$$

其中，$p_{\text{Source}},p_{\text{Mask}},p_{\text{Pupil}},p_{\text{Focus}},p_{\text{Dose}}$分别表示与光源、掩模、投影物镜光瞳、离焦量和剂量相关的光刻机可调参数。

光源与掩模均采用像素化方式进行编码。照明光源可近似离散化为直角坐标下的一组点光源集合，编码为光源向量，并采用最大值归一化。为了保证光源的对称性，仅对第一象限、f轴正半轴、g轴正半轴和原点的光源点进行编码，其他象限的光源通过对称操作生成。掩模编码与光源编码方法类似。

为了最大程度地提高优化效率，在迭代流程中，针对不同优化变量的特性采用不同的优化算法进行优化。对于光源掩模优化问题，多数变量在迭代初期即达到最大值或最小值，优化后期主要集中在少数变量最优值的搜索，因此采用自适应差分进化算法(JADE)对光源掩模进行优化。剂量和离焦量为单变量，并且在优化范围内局部极小解通常接近全局最优值，为了最大程度地减少成像模型的调用次数，采用线性搜索算法中的二分法进行优化。在投影物镜优化中，优化变量为拟合投影物镜波像差的泽尼克多项式系数。为了保证投影物镜光瞳的对称性，仅选取各阶球差作为优化变量。由于变量相对较少(一般少于 20 个)，且无快速算法，考虑到评价函数描述的是典型的非线性最小二乘问题，因此采用 Levenberg-Marquardt 算法对波像差进行优化，相比梯度算法和启发式算法，对成像仿真的调用次数更少，减少了成像仿真占用的计算开销，提高了优化速度。离焦量(初级球差 Z_4)虽然也是投影物镜波像差的一部分，但由于优化范围与其他项差异较大，对成像质量影响较大，因此单独作为调谐参数进行优化。多参数联合优化技术的流程如图 10-138 所示。

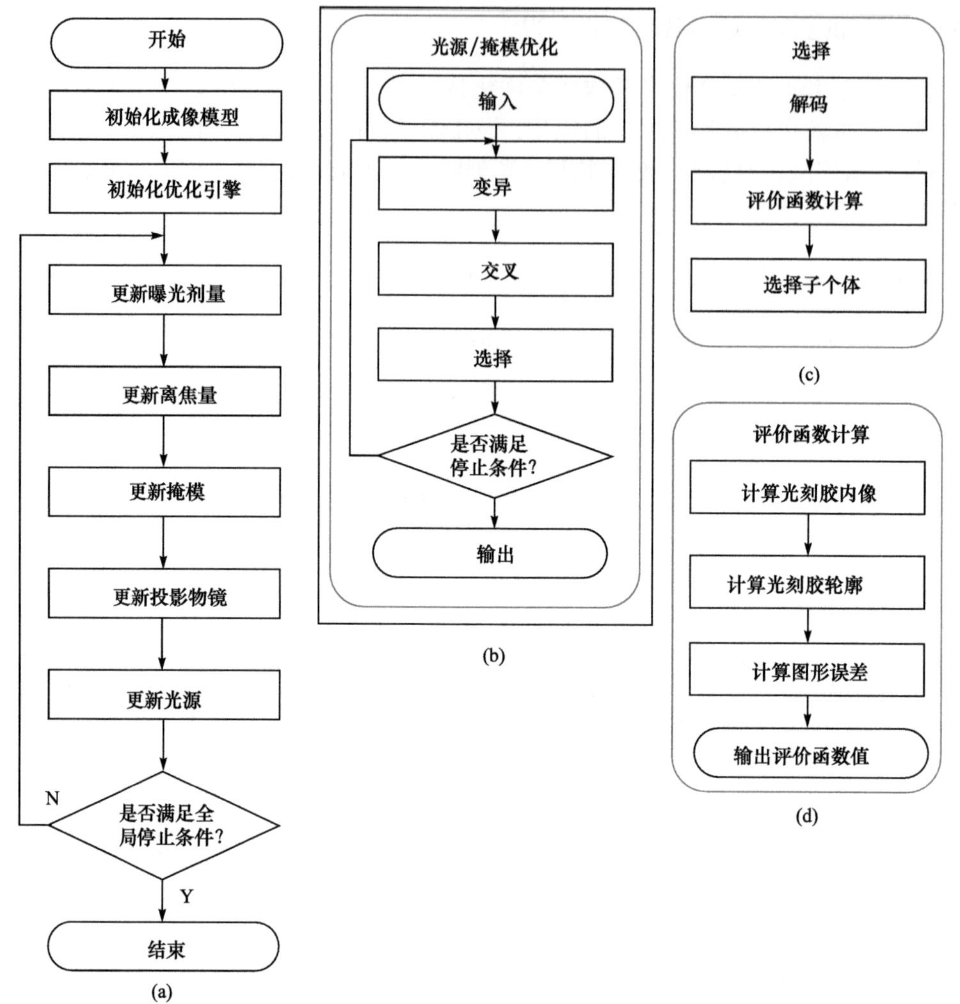

图 10-138　光刻机多参数联合优化技术流程图

(a) 总流程图；(b) 光源掩模优化流程图；(c) 选择操作流程图；(d) 评价函数计算流程图

10.5.5.2　仿真实验与分析

采用特征尺寸为 45nm 的线空掩模图形进行仿真验证。照明光源波长λ=193.368nm，投影物镜数值孔径为 1.35，浸液折射率设置为 1.44。光刻胶堆栈数据如表 10-17 所示，光刻胶为正胶，底部抗反射层厚度已经过优化使反射率最小。光刻胶模型灵敏度参数α=50。光刻胶阈值 t_r 由光刻胶特性和曝光剂量共同确定。

表 10-17　光刻胶参数

Layer	Medium	n	k	Thickness/nm
1	Resist	1.719	0.3643	94.5
2	SiARC	1.64	0.15	32.0
3	SOC	1.49	0.3	200
4	Substrate	0.883	2.778	inf

本小节通过优化 t_r 实现剂量优化。初始值设为 t_r=0.5。初始离焦量为−50nm。停止判据中光源、掩模、投影物镜、离焦、剂量优化的最大迭代次数依次为 100、100、10、10、10，共计迭代 5 轮，总迭代次数最大值为 1150。掩模图形如图 10-139(a)所示，特征尺寸为 45nm，图形实际大小为 720nm×720nm。掩模类型为 6%的衰减相移掩模，初始光源设为环形照明，内相干因子为 0.6，外相干因子为 0.8。光源偏振为切向偏振。投影物镜优化项为 Z_9、Z_{16}、Z_{25}。初始投影物镜光瞳如图 10-139(c)所示，不含任何波像差。目标函数采用光刻胶内高度为 10%、50%、90%三个位置处的光刻胶轮廓的图形误差的和。采用基于最佳焦面空间像(aerial image, AI)的优化方法进行对比，以下简称 SMPO-AI。

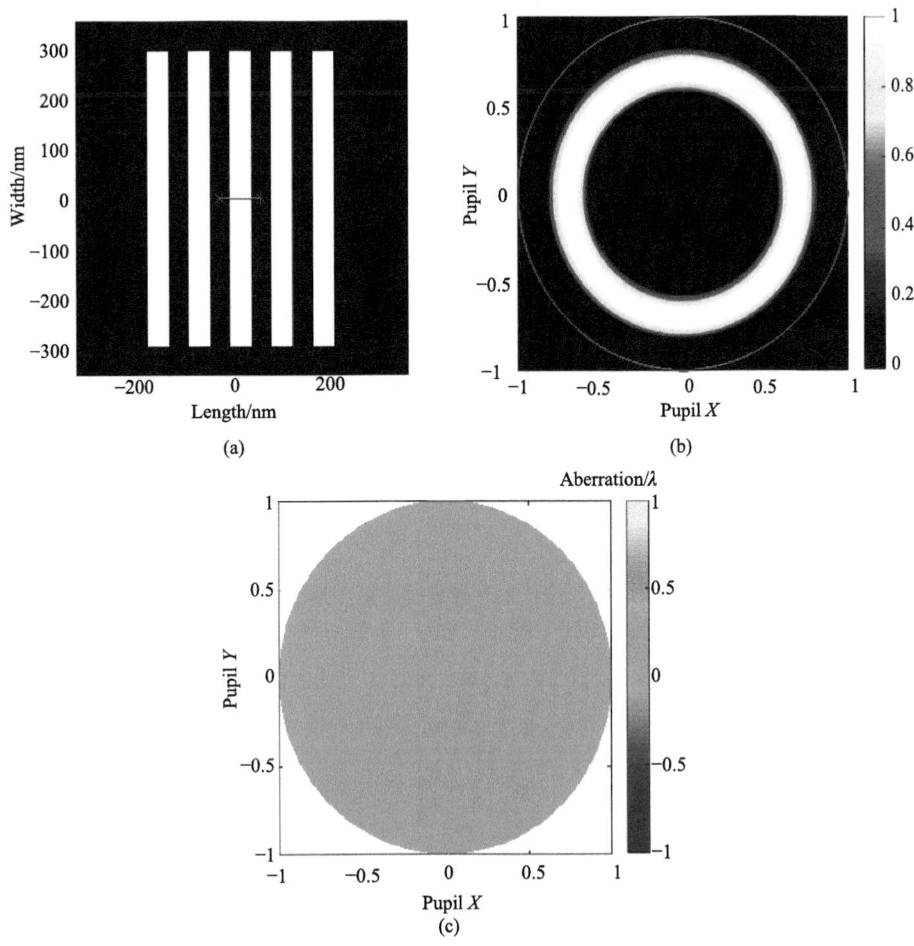

图 10-139　联合优化仿真初始条件

(a) 初始掩模；(b) 初始光源；(c) 初始投影物镜光瞳

优化后的掩模图形、照明光源和投影物镜光瞳如图 10-140 所示，优化后的光刻胶阈值为 0.3867，离焦量为−67.81nm。

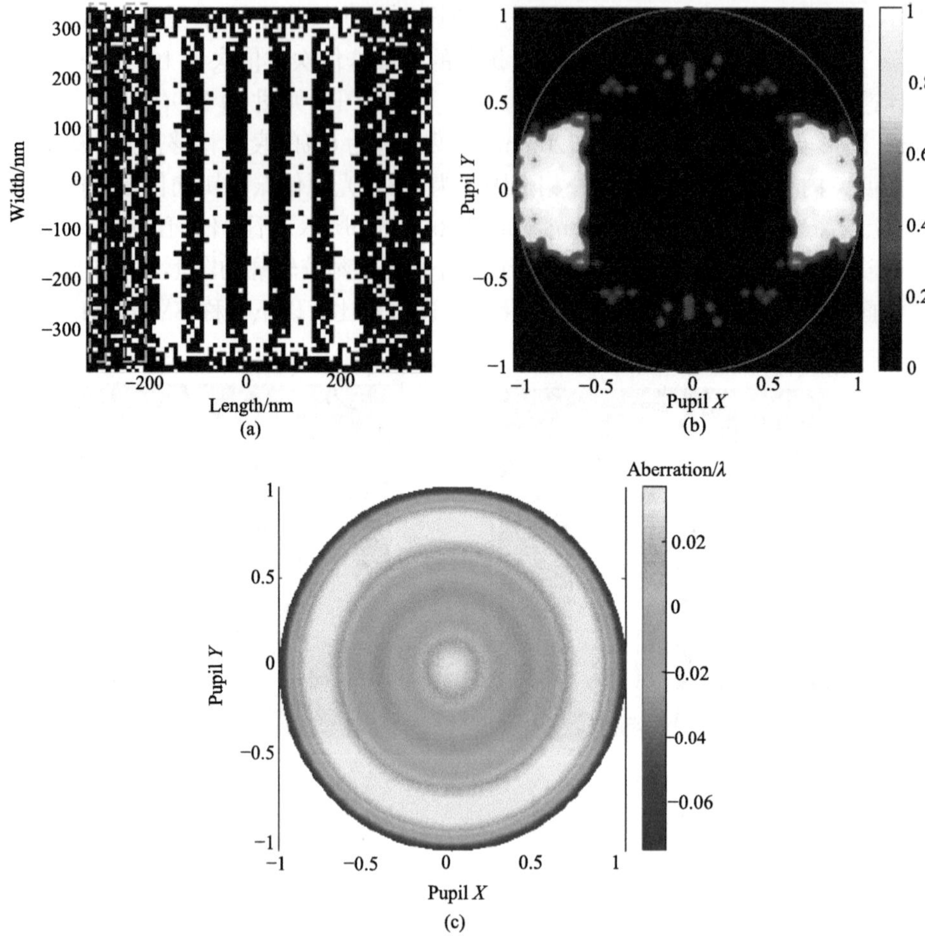

图 10-140 该技术对密集线掩模图形的优化结果

(a) 最优掩模；(b) 最优光源；(c) 最优投影物镜光瞳

图 10-141 和图 10-142 分别为两种技术优化前后的光刻胶最上层胶内像和光刻胶轮廓。可以看出，优化后光刻胶内像和光刻胶轮廓的质量均有明显提升。

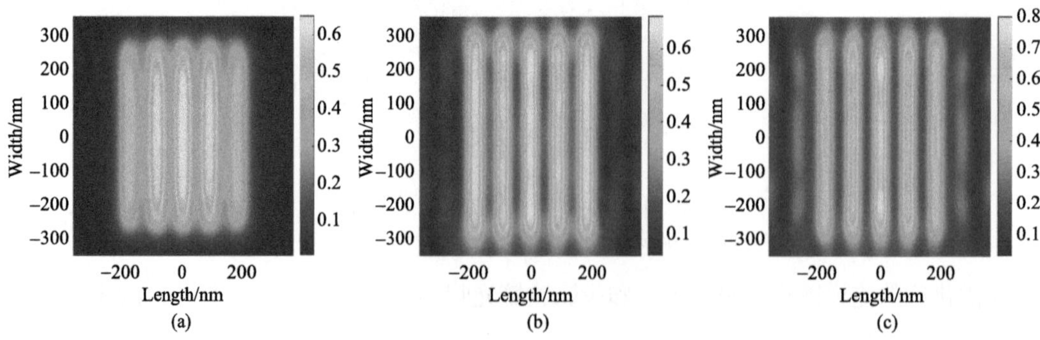

图 10-141 密集线掩模图形优化前后的光刻胶内像

(a) 优化前；(b) SMPO-AI 优化后；(c) 该技术优化后

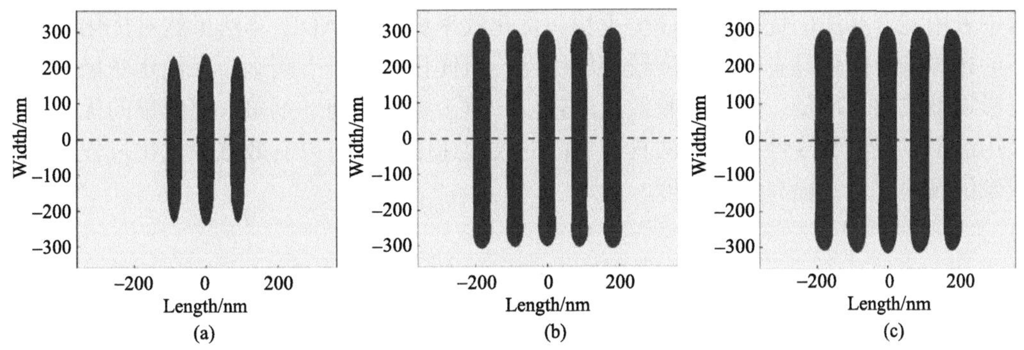

图 10-142　密集线掩模图形优化前后的光刻胶轮廓
(a) 优化前，(b) SMPO-AI 优化后，(c) 该技术优化后

图 10-143 为光刻胶截面的轮廓，图 10-144 为两种技术优化后的光刻胶三维形貌。可以看出优化后两种技术虽然在光刻胶表面轮廓非常相似，但是 SMPO-AI 技术由于未考虑光刻胶三维效应，随着深度的增大，特征尺寸迅速减小，光刻胶侧壁倾角很大。而采用该技术优化后，在光刻胶深度范围内，特征尺寸基本一致，侧壁角度较小，三维光刻胶形貌质量更高。

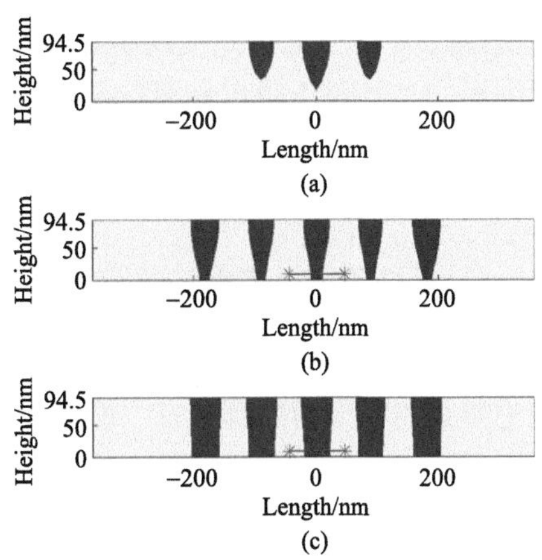

图 10-143　密集线掩模图形优化前后的截面光刻胶像
(a) 优化前；(b) SMPO-AI 优化后；(c) 该技术优化后

为了验证该技术具有较快的收敛速度，采用基于 JADE 的多参数联合优化技术进行对比。对比技术采用 JADE 算法优化全部可调参数。在其他参数设置不变的情况下，在优化时间 12000s 时，基于 JADE 的多参数联合优化技术的评价函数为 160.0，该技术的评价函数为 132.9。基于 JADE 的联合优化技术到达评价函数为 200 的解的时间为 7197s，而该技术仅需 2846s，说明该技

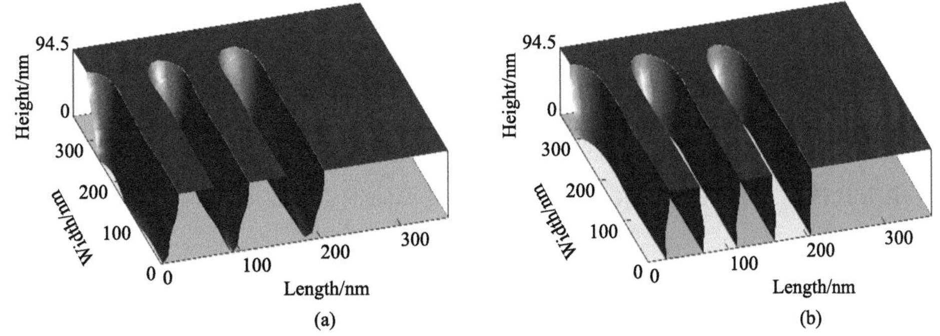

图 10-144　密集线掩模图形优化后的光刻胶三维形貌
(a) SMPO-AI 优化后；(b) 该技术优化后

术中采用混合算法的优化技术速度更快，优化效率更高。JADE 算法虽然对优化变量较多的光源掩模优化具有收敛速度较快的优点，但优化方向仍不明确，在优化变量较少的投影物镜波前、剂量、离焦时收敛速度较慢。对于物镜波前、剂量、离焦量的优化分别采用最小二乘法和线性搜索算法具有更高的收敛速度，并可以有效减少优化过程中进行成像仿真的次数，提高收敛速度。

10.6 EUV 光刻掩模衍射成像仿真技术

与深紫外光刻不同，极紫外(EUV)光刻采用全反射式光学成像系统，且掩模厚度远大于入射光波长，斜入射照明下将产生明显的阴影效应、离焦效应等三维厚掩模效应，引起图形位置偏移、图形尺寸偏差以及最佳焦面偏移等问题，降低光刻成像质量。除三维厚掩模效应外，EUV 掩模缺陷影响掩模空间像的光强分布，也是降低光刻成像质量的主要因素。尤其对于难以修复的掩模多层膜缺陷，即使缺陷尺寸为纳米级别，也将引起严重的图形失真[62]。为仿真分析 EUV 三维厚掩模效应、掩模缺陷等对光刻成像质量的影响，需要研究无缺陷以及含缺陷掩模衍射场仿真技术。

10.6.1 无缺陷掩模衍射场仿真技术

离轴照明条件下 EUV 掩模衍射效应严重影响光刻成像质量，此时传统的标量衍射理论如基尔霍夫衍射理论在 EUV 光刻仿真中已不再适用。虽然采用严格数值计算方法可以得到准确的掩模衍射场分布，但计算时间长、计算量大，且无法给出可与现有光刻成像公式兼容的衍射谱解析表达式。为此需要研究 EUV 掩模衍射场快速仿真方法，建立掩模衍射简化模型，对掩模衍射效应进行理论与仿真分析。本小节介绍几种简化模型建模技术，基于简化模型对掩模衍射效应进行分析，并介绍几种减小掩模衍射效应的方法。

10.6.1.1 基尔霍夫边界条件修正法[63,64]

传统的基尔霍夫近似模型忽略了掩模的厚度，将掩模视为一个无限薄的物体。当光场通过掩模时，由基尔霍夫边界条件可知，掩模透射光强度可描述为 0 或 1 的形式。但随着光刻特征尺寸的减小，掩模图形尺寸已接近入射光波长，即使对于 DUV 光刻掩模，基尔霍夫近似也已不再准确，需要在基尔霍夫近似模型的基础上对边界条件进行适当修正。

1. 基本原理

采用有效透过率函数对基尔霍夫近似模型进行修正，即

$$t(x)=t_a+(t_b-t_a)\mathrm{rect}\left(\frac{x}{w}\right) \tag{10.172}$$

其中，rect(•)为矩形函数

$$\operatorname{rect}\left(\frac{x}{w}\right)=\begin{cases}1, & -\dfrac{w}{2}<x<\dfrac{w}{2}\\ 0, & \left(-\dfrac{p}{2}<x<-\dfrac{w}{2}\right)\cup\left(\dfrac{w}{2}<x<\dfrac{p}{2}\right)\end{cases}\tag{10.173}$$

p 和 w 分别为掩模图形周期和特征尺寸，t_a、t_b 为相应区域的有效复透射系数，分别标记为 $a\mathrm{e}^{\mathrm{i}\theta_a}$ 、$b\mathrm{e}^{\mathrm{i}\theta_b}$ 。

对于 EUV 掩模，虽然掩模为反射式，但仍然可采用“透射函数”来描述。式(10.172)忽略了边界衍射效应的影响。根据严格衍射理论，物体的衍射场分为几何光波和边界衍射波两部分，几何光波直接穿过衍射屏，边界衍射波类似于沿边界线光源发出的柱面波(二维情况下对应为球面波)。衍射场的严格解或高频近似解一般针对的是特定的材料和结构，如 Sommerfeld 无限薄良导体半平面结构。而对于一定厚度和材料的 EUV 掩模结构，它在不连续边界处引起的衍射现象比较复杂，目前还没有严格解能够对此现象进行描述，只能采用等效近似的方法进行分析。采用边界点脉冲代表边界衍射效应，对掩模的几何波透射光场进行修正。修正后的掩模透射函数描述为

$$t'(x)=t(x)+A\mathrm{e}^{\mathrm{i}\phi}\delta\left(x-\frac{w}{2}\right)+A\mathrm{e}^{\mathrm{i}\phi}\delta\left(x+\frac{w}{2}\right)\tag{10.174}$$

其中，A、ϕ 为边界点脉冲的幅值和相位。掩模衍射谱可直接对式(10.174)求傅里叶变换得到

$$\begin{aligned}b_m&=\frac{1}{p}\int_{-\frac{p}{2}}^{\frac{p}{2}}t'(x)\mathrm{e}^{-\mathrm{i}2\pi m\frac{x}{p}}\mathrm{d}x\\&=(t_b-t_a)d\operatorname{sinc}(md)+t_a\operatorname{sinc}(m)+2A\mathrm{e}^{\mathrm{i}\phi}\cos(\pi md)\end{aligned}\tag{10.175}$$

其中，m 为衍射级次，d 为占空比，$d=w/p$。$d=1/2$ 时，边界脉冲主要修正了几何波衍射谱的偶级次项，幅值由零变成了 $2A$。

式(10.174)描述的掩模衍射简化模型主要对基尔霍夫近似模型做了如下修正：①几何波“透射”光场不再是 0 和 1 的形式，采用有效复透射系数 t_a、t_b 描述；②图形边界存在复杂的衍射效应，由边界点脉冲 $A\mathrm{e}^{\mathrm{i}\phi}$ 代表边界衍射效应的影响对几何波“透射”光场进行修正。模型参数 t_a、t_b 和 $A\mathrm{e}^{\mathrm{i}\phi}$ 通过与严格仿真得到的掩模衍射谱匹配来确定。衍射谱匹配即通过式(10.175)计算得到的掩模衍射谱应与严格仿真计算得到的衍射谱相同。匹配误差定义为在所关心的衍射角范围内各级衍射谱的均方根误差(RMS)。正入射情况下 $d=0.5$ 时，一次严格仿真计算得到的三个模型参数值分别为

$$t_a=b_0+b_2+\frac{\pi}{2}b_1\tag{10.176}$$

$$t_b=b_0+b_2-\frac{\pi}{2}b_1\tag{10.177}$$

$$A\mathrm{e}^{\mathrm{i}\phi}=-\frac{1}{2}b_2\tag{10.178}$$

其中，低阶衍射谱值 b_0、b_1、b_2 由严格仿真计算得到。虽然由式(10.176)～式(10.178)得到的模型参数只保证了 0、1、2 级衍射谱匹配，但由于衍射谱对称性及图形横向尺寸较大的原因，其他较低衍射级次的衍射谱幅值同样拟合得比较好。EUV 光刻数值孔径比较小(0.35 左右)，掩模衍射简化模型在小角度范围内满足衍射谱匹配即可。斜入射时，模型参数无需重新校正，掩模衍射谱可由式(10.175)的 Hopkins 频移得到。采用将衍射谱相位传播一段距离的方法减小掩模厚度会引起衍射谱相位匹配误差。

2. 仿真验证

从光源到掩模空间像的仿真主要分两部分，一是掩模衍射场的仿真计算，可采用商用光刻仿真软件 Dr.LiTHO 中的波导法(WG)或上述掩模衍射简化模型实现；二是掩模衍射场的成像，可采用 Dr.LiTHO 中的矢量场成像模块实现。为验证上述掩模衍射场简化模型的正确性，将掩模衍射场简化模型与波导法得到的衍射谱分别代入光刻仿真软件中仿真掩模空间像，对成像图形特征尺寸(*CD*)进行比较。投影物镜数值孔径(*NA*)设置为 0.35，缩小倍率为 4。*CD* 值由空间像阈值模型得到，图形尺寸默认为像方尺寸。

考虑简单的 EUV 掩模结构，如图 10-145 所示(无缓冲层和 capping 层)。入射光入射角 φ 和方位角 θ 分别为入射光方向与 z 轴的夹角和入射光方向在 xy 面上的投影与 x 轴的夹角。掩模入射光方向 φ 通常为恒定值，如 6°，方位角 θ 随入射光方向而变化，当 θ=0° 时，入射光方向垂直于掩模线条方向，相应的掩模图形称为垂直(vertical)线条；而当 θ=90° 时，入射光方向平行于掩模线条方向，相应的掩模图形称为水平(horizontal)线条。

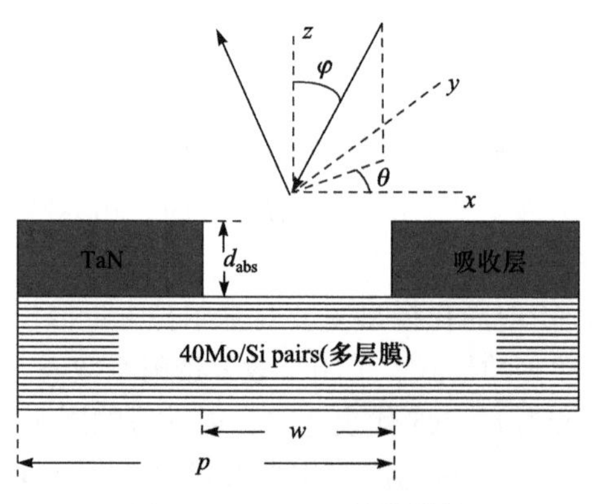

图 10-145　EUV 掩模结构

周期为 44nm、线宽为 22nm 的密集线条的空间像和 *CD* 仿真结果如图 10-146 所示。仿真中 TaN 吸收层厚度为 70nm，采用 y 偏振圆形光源照明，部分相干因子 σ 为 0.5。由图 10-146(a)可知，对于水平线条，基于掩模衍射简化模型的空间像计算结果与严格仿真结果相吻合，但对于垂直线条，两者间存在显著的差异。这与简化模型中斜入射衍射谱采用 Hopkins 频移有关。图 10-146(b)给出了 22nm 密集线条成像 *CD* 随入射光方向(θ=0°～90°)的变化。由于简化模型忽略了衍射谱随入射光方向的变化，其成像 *CD* 为一常数，这与严格仿真存在明显的差异。

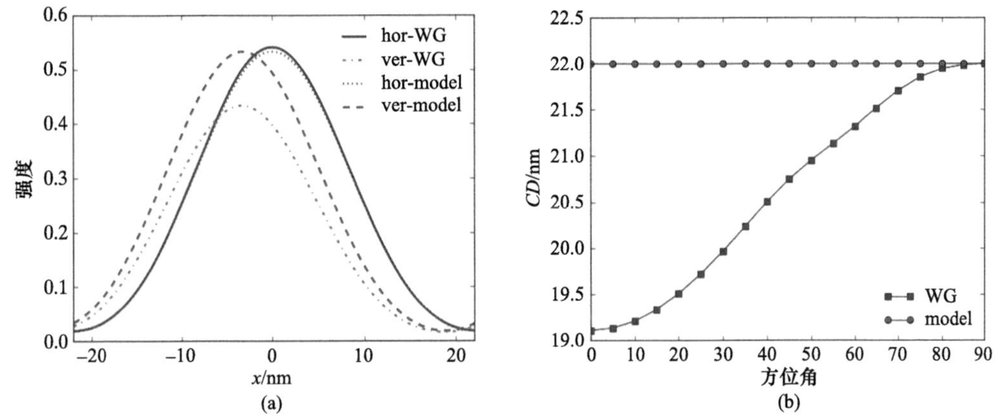

图 10-146　(a)22nm 水平和垂直线条的空间像截面图；(b)*CD* 随入射光方向的变化

10.6.1.2　掩模结构分解法[63,65,66]

EUV 掩模可分为吸收层和多层膜(ML)两部分。斜入射光经过吸收层衍射、多层膜反射，最后再次经过吸收层衍射得到整个 EUV 掩模的衍射场。其中吸收层和多层膜间往返的多次反射光比较小，可予以忽略。通过对吸收层和多层膜分别建模，再在频域内将两者相结合的方法可得到掩模衍射场分布。国际上这类已有方法大都属于数值计算方法，无法给出解析表达式与现有的光刻成像公式兼容。本小节介绍一种掩模结构分解法。该方法将无缺陷多层膜近似为平面反射镜，结合吸收层的薄掩模传播模型得到了掩模衍射谱的解析表达式。

1. 基本原理

吸收层的衍射场可采用薄掩模传播模型进行计算。将吸收层等效为位于特定平面上的薄层，薄层的透射函数包含两部分，一部分是基尔霍夫标量衍射理论中的几何光波透射函数，另一部分是代表边界衍射波修正的边界点脉冲函数。透射函数表达式类似于式 (10.174)，只是此时的几何波透射系数 t_a、t_b 以及边界点脉冲 $Ae^{i\phi}$ 都是针对吸收层透射场而言，不再是 10.6.1.1 节的掩模衍射场。另外，还需考虑吸收层厚度的影响，即存在某等效面位置 l，衍射谱 b_m 需由等效面位置继续传播一段距离到观察面(吸收层下表面)上，才能满足相位谱的匹配。l 参数值由在 20°衍射角范围内的衍射谱匹配均方根误差(RMS)最小来确定。相位再传播一段距离，相当于每一级次的衍射光需乘以一附加因子 $\exp(i\psi_m)$，

$$\psi_m = \frac{2\pi}{\lambda} l \cos\varphi_m \tag{10.179}$$

其中，φ_m 为 m 级衍射光的衍射角。衍射光方向余弦为(α_m, β_m)时

$$\cos\varphi_m = \sqrt{1-{\alpha_m}^2-{\beta_m}^2} \tag{10.180}$$

关于等效面位置 l，经过研究，其值近似为吸收层厚度的一半，即

$$l = \frac{d_{\text{abs}}}{2} \tag{10.181}$$

在斜入射情况下，上述吸收层薄掩模传播模型同样适用，只需将正入射时的衍射谱经 Hopkins 频移至相应的入射角度，再结合纵向相位传播即可得到斜入射时的衍射谱。吸收层模型参数与入射光偏振态、吸收层材料和厚度有关，与吸收层图形尺寸和周期无关。经过一次严格仿真衍射谱匹配获得的模型参数可用于其他尺寸的掩模结构仿真中。

无缺陷多层膜采用镜面反射进行近似，即认为 ML 是位于某等效面上的反射镜。镜面位置由入射光经过 ML 后相位的改变量决定，即光往返经过多层膜上表面和镜面位置时存在一个相位传播因子，对应于多层膜反射系数的相位部分。镜面近似后，ML 反射可描述为

$$R_{\text{ML}}(\varphi_m) = \begin{cases} r_{\text{ML}} \exp\left(-\mathrm{i}\dfrac{2\pi}{\lambda} 2d_{\text{ML}} \cos\varphi_m\right), & \varphi_m \in (-\varphi_{\text{ML}}, \varphi_{\text{ML}}) \\ 0, & \text{其他} \end{cases} \tag{10.182}$$

其中，r_{ML}、d_{ML} 和 φ_{ML} 分别为镜面反射系数、镜面位置和 ML 反射滤波范围。这些参数可通过与严格仿真的电磁场匹配得到。此外，除了将镜面反射系数近似为常数外，还可采用多项式拟合的方法得到更准确的镜面反射系数。

根据上述对吸收层和多层膜的近似方法，对入射平面波进行追迹。吸收层模型与 ML 模型在频域内相连接，可建立 EUV 掩模衍射简化模型实现对整个 EUV 掩模衍射场的计算。EUV 掩模衍射场可描述为

$$G(\alpha_n, \beta_n) = \int F_{\text{thick}}(\alpha_n, \beta_n; \alpha_m, \beta_m) R(\varphi_m) F_{\text{thick}}(\alpha_m, \beta_m; \alpha_{\text{in}}, \beta_{\text{in}}) \mathrm{d}\alpha_m \mathrm{d}\beta_m \tag{10.183}$$

其中，$(\alpha_{\text{in}}, \beta_{\text{in}})$和$(\alpha_n, \beta_n)$分别代表入射光和衍射光方向(方向余弦)；$F_{\text{thick}}$ 为吸收层衍射谱函数；R 为多层膜反射系数，其值与多层膜上方的入射角 φ_m 有关，$\cos\varphi_m = \sqrt{1-\alpha_m^2-\beta_m^2}$ 。上式可以理解为：方向为$(\alpha_{\text{in}}, \beta_{\text{in}})$的入射平面波经吸收层衍射，得到一系列 m 级次的衍射波，每个 m 级次的衍射波经多层膜反射后，再次经过吸收层衍射，得到一系列新的 n 级次衍射波，最终的掩模衍射场将是各 m 级次衍射波的叠加。由式(10.175)、式(10.179)～式(10.181)可知，吸收层薄掩模传播模型中，吸收层衍射谱函数描述为

$$F_{\text{thick}}(\alpha_m, \beta_m; \alpha_{\text{in}}, \beta_{\text{in}}) = \mathrm{e}^{-\mathrm{i}\frac{2\pi}{\lambda}\frac{d_{\text{abs}}}{2}\sqrt{1-\alpha_{\text{in}}^2-\beta_{\text{in}}^2}} F_{\text{thin}}(\alpha_m - \alpha_{\text{in}}, \beta_m - \beta_{\text{in}}) \mathrm{e}^{-\mathrm{i}\frac{2\pi}{\lambda}\frac{d_{\text{abs}}}{2}\sqrt{1-\alpha_m^2-\beta_m^2}} \tag{10.184}$$

其中薄层等效面位于吸收层的中间位置，公式中的两相位因子分别代表从吸收层上表面到薄层等效面和从薄层等效面到吸收层下表面的相位传播；F_{thin} 为薄层衍射谱函数，由薄层透射函数的傅里叶变换得到。在二维(线条图形)情况下，由光栅方程可知 $\beta_{\text{m}}=\beta_{\text{in}}$，$F_{\text{thin}}$ 对应于式(10.175)，m 级衍射光方向余弦为

$$\alpha_m = \frac{m}{p}\lambda \tag{10.185}$$

至此，等效后的 EUV 掩模衍射过程示意图见图 10-147。

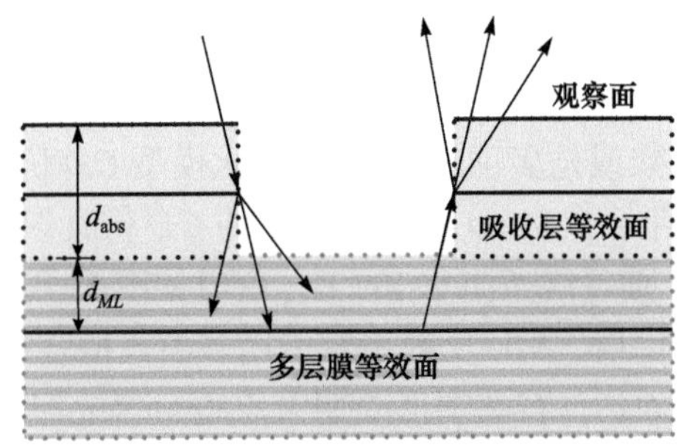

图 10-147　等效后的 EUV 掩模衍射过程示意图

2. 仿真验证

掩模线条图形和接触孔图形分别是光刻仿真中最为简单和复杂的图形。以线条图形和接触孔图形为例，验证以掩模结构分解法建立的掩模衍射简化模型的正确性。投影物镜 *NA* 设置为 0.35，缩小倍率为 4，入射光波长 λ 为 13.5nm，入射角 φ 为典型值 6°。掩模结构如图 10-145 所示，掩模成像 *CD* 值由空间像阈值模型得到，图形尺寸默认为像方尺寸(wafer scale)。

以 *y* 偏振光照明、TaN 吸收层厚度为 75nm 为例。22nm 密集线条(图形周期为 44nm)的空间像仿真结果如图 10-148 所示，圆形光源照明部分相干因子 σ 为 0.5。由图 10-148(a)可知，掩模衍射简化模型的空间像计算结果与严格仿真结果类似。水平和垂直线条间存在图形位置偏移和图形尺寸偏差现象。斜入射时简化模型的计算结果与严格仿真间吻合得比较好，图 10-148(b)中 *CD* 仿真误差随入射光方向的变化小于 0.2nm。

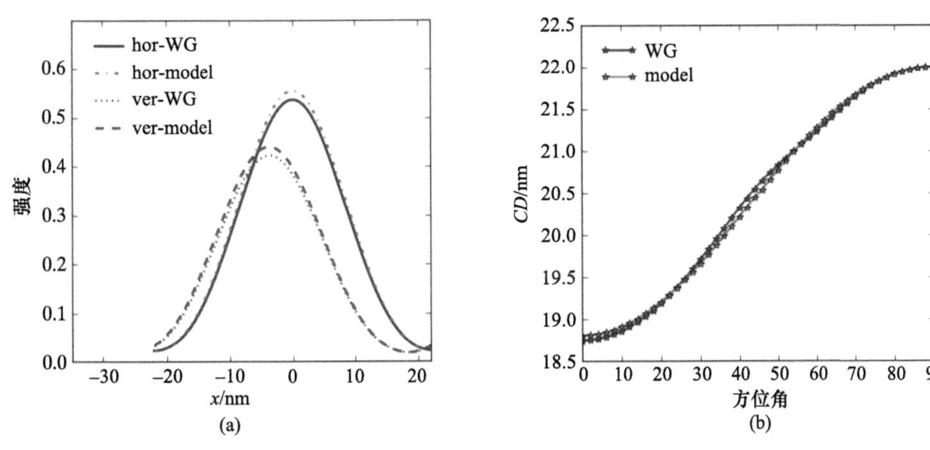

图 10-148　22nm 密集线条仿真结果

(a) 水平和垂直线条的空间像截面图；(b) 成像 *CD* 值随入射光方向的变化

注意到式(10.183)给出的掩模衍射谱解析表达式中，并未考虑吸收层上表面反射光的影响，而实际上该反射光是必然存在的。类似于吸收层透射光场的计算，吸收层上表面反射光场的计算也可采用薄掩模传播模型，只是此时的相位传播距离 l 为零。为此，仿真研究了吸收层上表面反射光、边界脉冲和多层膜反射系数拟合方法(常数或是多项式拟合)对简化模型 *CD* 仿真结果的影响。仿真得到了 16nm 垂直线条(lines 和 spaces)的光学邻近效应(OPE)曲线，即成像 CD 随掩模图形周期的变化曲线。图形周期从 32nm (密集线条)到 250nm(孤立线条)，递变大小为 2nm。结果表明吸收层上表面反射光、边界脉冲和 ML 反射系数拟合方法(常数或是多项式拟合)对简化模型 CD 仿真结果的影响很小。掩模图形尺寸大于 16nm、周期大于 44nm 时，本模型的 CD 仿真误差小于 0.5nm。

圆形照明($\sigma=0.5$)时，垂直线条(lines)的工艺窗口如图 10-149 所示，其中掩模衍射简化模型考虑吸收层上表面反射，ML 反射系数采用多项式拟合计算。图 10-149 中，左图图形周期为 44nm(semi-dense)，右图图形周期为 250nm(semi-isolated)，从上到下图形特征尺寸分别为 22nm、16nm 和 11nm。工艺窗口仿真结果表明，模型边界脉冲值主要引起了最佳焦面位置偏移和工艺窗口倾斜。基于掩模结构分解法建立的简化模型和严格仿真计算结果间的匹配误差随图形尺寸的减小而增大，这主要与掩模阴影效应和相邻图形边界的串扰有关。随着图形尺寸的减小，相邻图形边界的衍射波相互串扰，边界衍射波的影响仅仅通过简单的边界脉冲来代替已不能满足要求。

以 16nm 和 22nm 节点的方形接触孔为例进行三维掩模仿真。沿水平 x、y 方向的掩模图形周期分别为 p_x 和 p_y，掩模图形周期为 44nm(物方尺寸 $p_x=p_y=176$nm)，TaN 吸收层厚度为 70nm。该简化模型考虑吸收层上表面反射以及多层膜反射系数采用多项式拟合方式计算。图 10-150 给出了非偏振圆形光源照明($\sigma=0.6$)条件下，接触孔图形沿 x 方向的

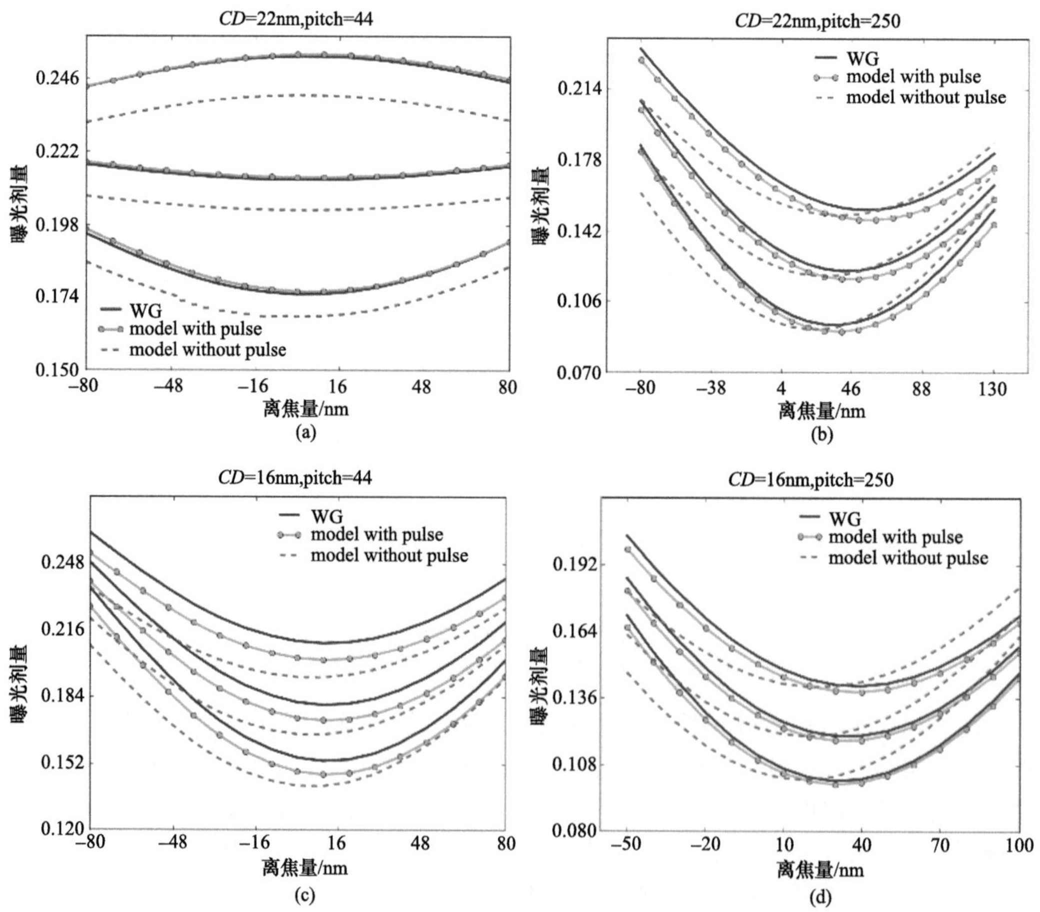

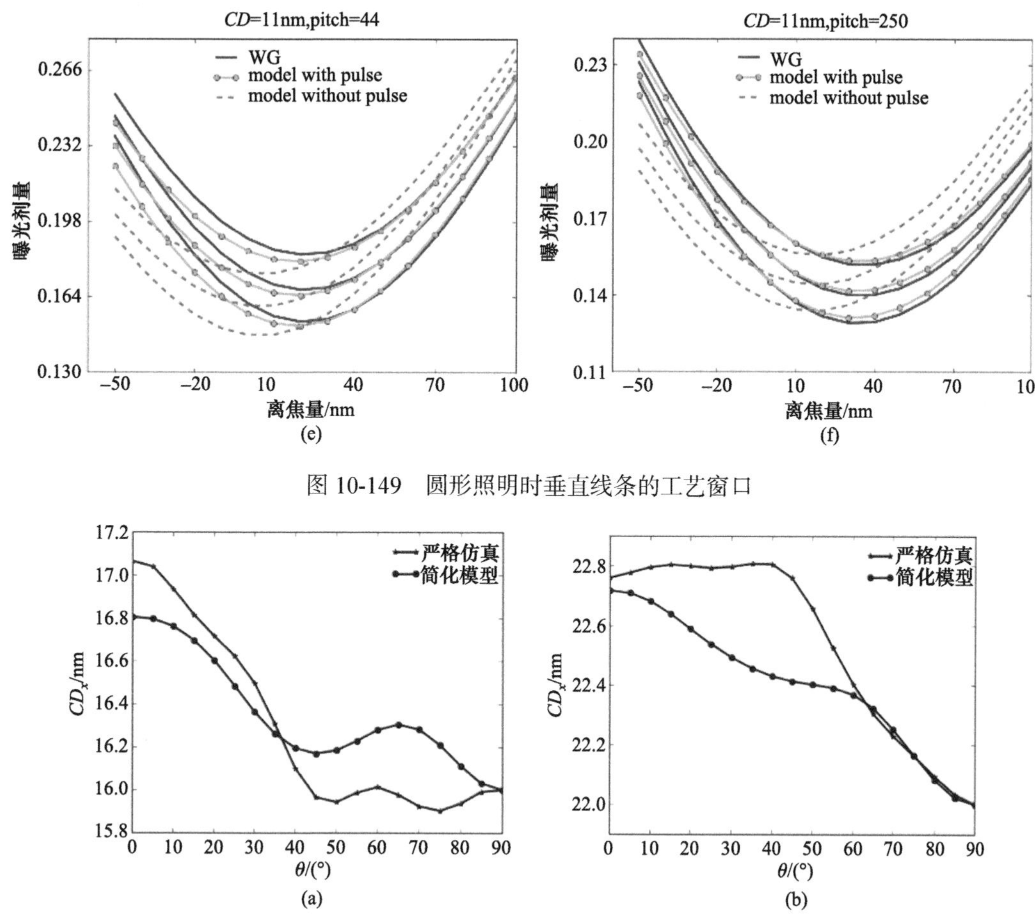

图 10-149　圆形照明时垂直线条的工艺窗口

图 10-150　接触孔图形沿 x 方向的成像 CD 随入射光方向的变化

(a) 16nm；(b) 22nm

成像 $CD(CD_x)$随入射光方向的变化。在 44nm 周期下，与严格仿真相比，简化模型得到的 16nm 和 22nm 图形 CD 误差均在 0.4nm 范围内(业界要求 CD 综合误差控制在 10%)，而计算速度提高了近 100 倍。

模型误差与掩模图形尺寸、周期有关。16nm 密集孔，周期为 32nm 时，简化模型的 CD 仿真误差达 1.5nm，故简化模型更适合于大周期的掩模仿真计算。在保证仿真精度(误差小于 0.4nm)的同时其计算量和计算时间上的优势也将更加明显，如 22nm 接触孔图形周期为 110nm 时，严格仿真采用单个计算机(2G 内存)已无法实现，但简化模型却可在 4 分钟内完成。

10.6.1.3　分离变量法[67,68]

基尔霍夫边界条件修正法和掩模结构分解法都需要以严格仿真方法作为基准进行参数标定。当仿真参数如掩模吸收层厚度、材料等变化时，需对参数重新标定，过程繁琐。本小节介绍一种分离变量掩模衍射场仿真方法，将三维矩形掩模分解为两个相互垂直的二维掩模，对二维掩模的衍射场采用严格方法仿真，并将两个二维掩模衍射场的仿真结果相乘，重构三维衍射谱。该方法适用于三维矩形掩模图形的仿真，具有速度快、精度高的优点。

1. 基本原理

一个二元函数在某种坐标系内若能写成两个一元函数的乘积，则称此函数在该坐标系内是可分离变量的。可分离变量函数的频谱函数也是可分离变量函数。分离变量原理应用于 EUV 掩模衍射场仿真技术中，将三维掩模衍射场等效为两二维掩模衍射场的乘积，提高仿真速度。基于分离变量法的快速仿真模型原理如图 10-151 所示，首先将矩形孔掩模沿图中过掩模中心的虚线分解为 xz 面和 yz 面上的两二维掩模。二维掩模沿 z 方向即纵向分布的吸收层，多层膜及基底的材料、厚度等均保持不变。

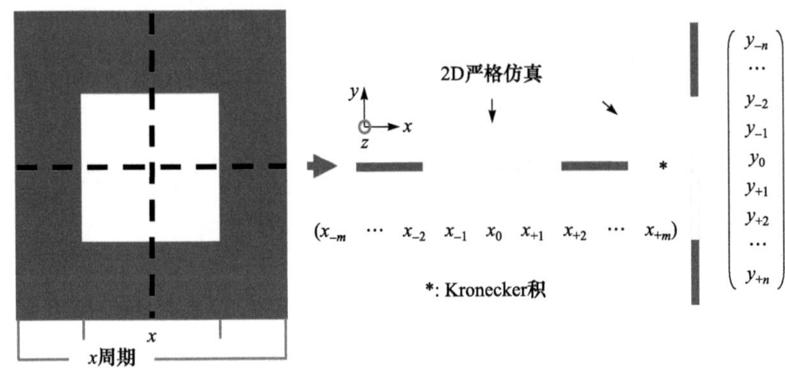

图 10-151　分离变量法仿真模型原理示意图

给定三维掩模入射光角度 φ 、θ ，则对应两二维掩模的入射光角度可由如下投影计算给出

$$\varphi_1=\frac{\pi}{2}-\arccos\left[\sin(\varphi)\cos(\theta)\right] \tag{10.186}$$

$$\varphi_2=\frac{\pi}{2}-\arccos\left[\sin(\varphi)\sin(\theta)\right] \tag{10.187}$$

其中 φ_1 ，φ_2 为对应两二维掩模的入射角。由于对二维掩模讨论方位角没有意义，故二者方位角皆取为 0。

代入对应照明条件式(10.186)和式(10.187)后，采用光刻仿真软件 Dr.LiTHO 中的波导法严格电磁场仿真方法对两二维掩模进行掩模衍射场仿真，得到两方向的二维衍射场 $(\mu_{\pm i}),(\nu_{\pm j})$ ，其中 $i=1,2,3,\cdots,m, j=1,2,3,\cdots,n, m, n$ 为衍射谱最高级次。最后，对两二维掩模衍射场进行 Kronecker 矩阵乘，得到三维掩模衍射场。由于两二维衍射场相乘时，值小于 1 的多层膜透射率相乘将导致结果偏小，因此，对上述掩模衍射场除以多层膜透射率后即为最终三维掩模衍射场结果。

2. 仿真验证

通过不同方法之间的对比，验证本小节所介绍方法的有效性。严格仿真采用商用光刻仿真软件 Dr.LiTHO 的波导法(wg)。快速方法分别为商用光刻仿真软件 Dr.LiTHO 中的域分解方法(quasi)、掩模结构分解法(cl)及本节所介绍的方法(vsdm)。采用相同的硬件及仿真参数，如表 10-18 所示。

表 10-18　仿真参数

掩模	吸收层	TaN 厚度: 70nm 折射率: 0.9260–0.043633j
	多层膜	40 对 Mo/Si 双层膜 Mo/Si 厚度: 4.17/2.78nm
	基底	SiO_2 厚度: 20nm
光学系统	照明系统	波长: 13.5nm 环形照明: $\sigma_{in}/\sigma_{out}=0.4/0.8$
	投影物镜系统	倍率: 1/ 4, NA=0.33

以 CD 为 22nm、周期为 44nm(像面尺寸)的三维接触孔掩模图形为例进行仿真。采取 45°线偏振、环形照明光，在 6°主入射角，0°方位角下，由不同仿真方法得到的掩模衍射场如图 10-152 所示。照明光源采样点为 3×3 点光源阵列，阵列中心点所对应的入射角为 6°，与 9 点光源对应的 9 个衍射场每个又可分为 TE、TM 两个分量。由于 TE、TM 分量结果在 45°线偏振光照明下相差很小，仅讨论 TE 分量。图中所示为三种快速方法与严格仿真相比，TE 分量衍射场各级次振幅与相位的均值误差。均值误差由快速方法与严格仿真衍射场对应级次相减，并取 9 个衍射场均值所得。其中，vsdm 方法与波导法(wg)严格仿真相比，相对均值误差为 2.96%，仿真速度提高 64.8 倍。vsdm 方法与域分解法(quasi)及掩模结构分解法(cl)相比，均值误差分别降低 126%和 117%，仿真速度分别为两对比方法的 2.38 倍和 2.10 倍。

为进一步验证 vsdm 方法对 CD 仿真的有效性，将入射光方位角设定为从 0°到 90°以 5°为间隔变化，其他仿真参数不变。对掩模 CD-周期分别为 22～44nm、40～80nm 的方

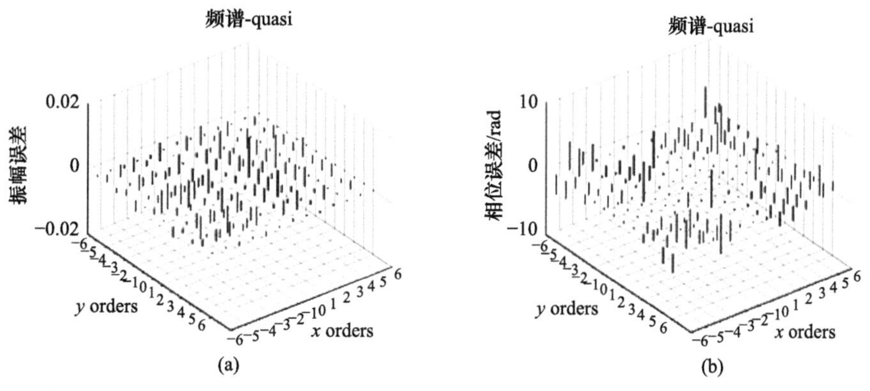

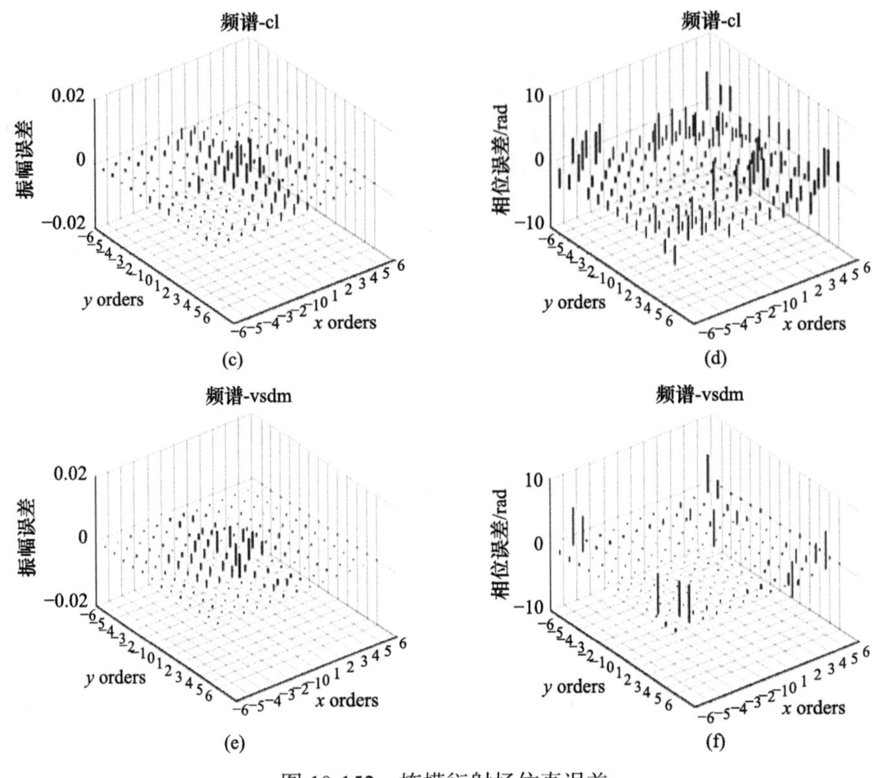

图 10-152　掩模衍射场仿真误差

(a)、(c)、(e)振幅误差；(b)、(d)、(f)相位误差

形接触孔图形的 *CD* 仿真结果表明，vsdm 方法在仿真精度、速度上皆优于对比方法。根据分离变量原理，将三维矩形开孔掩模分解为两垂直方向上的掩模进行仿真，维度的降解是速度得以大幅提升的原因。而对二维掩模采取严格仿真，既保证了仿真精度，同时不存在参数标定的问题。

10.6.1.4　阴影效应分析[63,69-71]

基于掩模结构分解方法，我们建立了一个计算掩模衍射场分布的掩模衍射简化模型(10.6.1.2 节)，给出了掩模衍射场解析表达式。EUV 光刻成像系统是以零级衍射光方向为光轴，而式(10.183)中衍射光方向(α_n, β_n)是以掩模法线位置为基准，为此，需对掩模衍射场进行频移使得零级衍射光方向余弦为(0, 0)。以线条图形为例，将式(10.182)和式(10.184)代入式(10.183)中，并令 $\delta=\alpha_m-\alpha_{\text{in}}-\alpha_n/2$，进行变量代换进一步简化。若积分域 $s=\sqrt{1-\beta_{\text{in}}^2-\cos^2\varphi_{\text{ML}}}$ 近似不变，由函数 $F_{\text{thin}}(\alpha_n/2+\delta)F_{\text{thin}}(\alpha_n/2-\delta)$ 关于 δ 的偶对称性可得

$$G(\alpha_n,0)\approx r_{\text{ML}}\mathrm{e}^{\mathrm{i}\frac{\pi}{\lambda}(d_{\text{abs}}+D)\alpha_n\alpha_{\text{in}}} \times\int_0^s 2F_{\text{thin}}\left(\frac{\alpha_n}{2}+\delta\right)F_{\text{thin}}\left(\frac{\alpha_n}{2}-\delta\right)\cos\left[\frac{2\pi}{\lambda}D\left(\frac{\alpha_n}{2}+\alpha_{\text{in}}\right)\delta\right]\mathrm{d}\delta \tag{10.188}$$

其中采用了泰勒近似$\sqrt{1+x}=1+x/2$，$D=2d_{ML}+d_{abs}$，相位常数和值比较小的二次相位因子 $\exp(i\pi D\delta^2/\lambda)$已忽略。式(10.188)给出了掩模衍射场近似解。衍射场幅度主要由积分项决定，而衍射场相位主要由其指数项决定。衍射场幅度和相位的分离，有利于对图形尺寸偏差和图形位置偏移现象进行分析。

1. 掩模图形尺寸校正

像面图形尺寸偏差现象主要与能量损失即掩模衍射场幅度随入射光方向的变化有关。为获得相同的成像 CD，需通过校正掩模图形尺寸对该能量损失进行补偿。零级衍射光的能量损失可用来估算校正量的大小。上一节所述掩模衍射简化模型中，吸收层等效薄层的透射函数近似为二元函数(透射系数为 0 或 1)。当 w 比较大 α_{in} 比较小时，若掩模图形尺寸校正量 Δw 引起的衍射场变化与入射光方向余弦为 α_s 时的情况相反，则 Δw 可补偿由入射光方向 α_s 引起的掩模衍射场变化，从而减小成像图形尺寸偏差。此时

$$\begin{aligned}\Delta w&=\int_{w}^{w+\Delta w}\mathrm{d}w=-\int_{0}^{\alpha_s}\frac{-2\mathrm{Si}(a_s)D}{\pi}\mathrm{d}\alpha_{in}\\&\approx\frac{2D^2\alpha_s^2 s}{\lambda}-\frac{2\pi^2D^4\alpha_s^4s^3}{9\lambda^3}\end{aligned}\tag{10.189}$$

其中，$a=2\pi D\alpha_{in}/\lambda$，$b=2\pi(w+D\alpha_{in})/\lambda$，$c=2\pi(w-D\alpha_{in})/\lambda$，Si 为正弦积分函数。

$$\mathrm{Si}(x)=\int_0^x\frac{\sin t}{t}\mathrm{d}t\approx\begin{cases}x-\dfrac{x^3}{18}, & x\ll 1\\ \dfrac{\pi}{2}, & x\gg 1\end{cases}\tag{10.190}$$

2. 物面位置确定

图形位置偏移对应掩模衍射场相位的变化。由傅里叶变换相移定理可知，空域的平移对应于频域的相位线性变化。为此，可将斜入射与正入射时的掩模衍射场相比较，通过分析衍射场相位的线性变化来实现对图形位置偏移量的分析。基于上述掩模衍射简化模型，衍射场的相位近似为式(10.188)中的指数函数项，图形位置偏移量对应于相位线性变化系数。若物面位置位于吸收层表面以下 f(nm)处，可得图形位置偏移量公式为

$$\Delta x'=(d_{abs}+d_{ML}-f)\alpha_{in}/M\tag{10.191}$$

其中，M 为成像系统的缩小倍率，一般为 4。若

$$f=d_{abs}+d_{ML}\tag{10.192}$$

即物面位置位于 ML 等效面上，图形位置偏移量为零。该位置与掩模图形尺寸、周期以及入射光方向均无关。

3. 仿真验证

采用 Dr.LiTHO 光刻仿真软件计算掩模的空间像。掩模结构如图 10-145 所示，吸收

层材料为 TaN，厚度为 60nm；多层膜(ML)由 40 对 Mo/Si 组成，厚度分别为 4.17nm 和 2.78nm。在此条件下，掩模衍射简化模型中多层膜的模型参数 r_{ML}≈0.855，d_{ML}≈53.5nm，φ_{ML}≈15°。投影物镜数值孔径 NA 设为 0.35，缩小倍率 M 为 4；采用圆形光源 TE 偏振照明，部分相干因子σ为 0.5；斜入射光方向 φ 为典型值 6°，方位角 θ 在 0°～90°范围内变化。不考虑光刻胶的影响，掩模成像 CD 值由空间像阈值得到，阈值的选取使得入射光方位角 $\theta=90°$时，CD 为目标尺寸。

为减小像面图形尺寸偏差，基于式(10.189)对掩模图形尺寸进行校正，由于实际的掩模吸收层透射系数为复数，并非二元函数中的“0”，式(10.189)需乘以一个倍率因子 k，由严格仿真进行校准。该因子与吸收层材料和厚度有关，在上述结构参数下，有 k≈0.835。以目标 CD 为 22nm 的线条图形为例，掩模图形尺寸校正前后其像面图形尺寸偏差随入射光方向的变化如图 10-153(a)所示。由图可知，基于式(10.189)对掩模图形尺寸进行校正，可以有效地补偿成像图形尺寸偏差(低于 0.3nm)。但随着目标 CD 的减小，该补偿结果将发生变化，如图 10-153(b)所示。图 10-153(b)给出了入射光方向 θ=0°时的像面图形尺寸偏差(HV-CD 偏差)随目标 CD 的变化。图中，基于式(10.189)对掩模图形尺寸进行校正后，目标 CD 较大时，HV-CD 偏差低于 0.2nm，随图形周期变化不大；但当目标 CD 接近 16nm 时 HV-CD 偏差显著增大。随着 CD 的减小，式(10.189)误差将增大，这与前面公式推导过程中掩模图形尺寸较大和积分域近似不变的假设有关。式(10.189)是根据零级衍射光能量补偿得到的，随着 CD 的减小仅仅考虑零级衍射光的能量补偿已不能满足要求，需对掩模斜入射时整个透镜光瞳内的能量损失进行补偿。

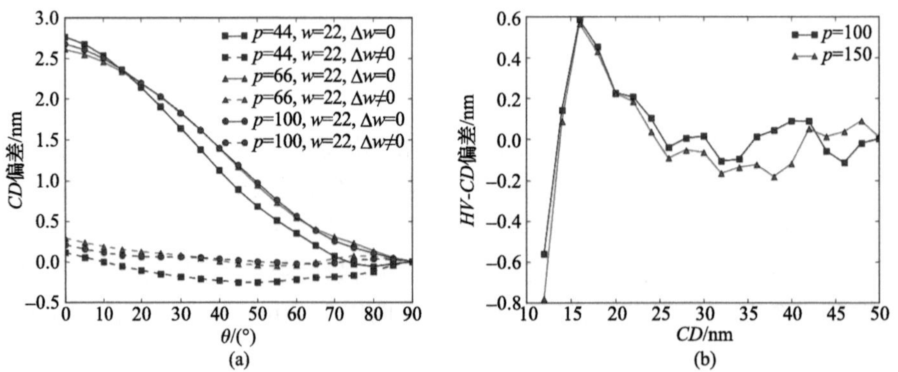

图 10-153 (a)像面图形尺寸偏差随入射光方向的变化图；(b)掩模图形尺寸校正后 HV-CD 偏差随目标 CD 的变化

光刻成像系统中，当物面位置分别位于吸收层上表面($f=0$)和 ML 等效面上($f=d_{abs}+d_{ML}$)时，图形位置偏移量随入射光方向的变化如图 10-154 所示。由图可知，图形位置偏移量与掩模图形尺寸、周期无关，是一种全局效应，主要由反射式 EUV 光刻成像系统中物方非远心所引起；当选择物面位置位于 ML 等效面上时，可对全局的图形位置偏移量进行补偿。

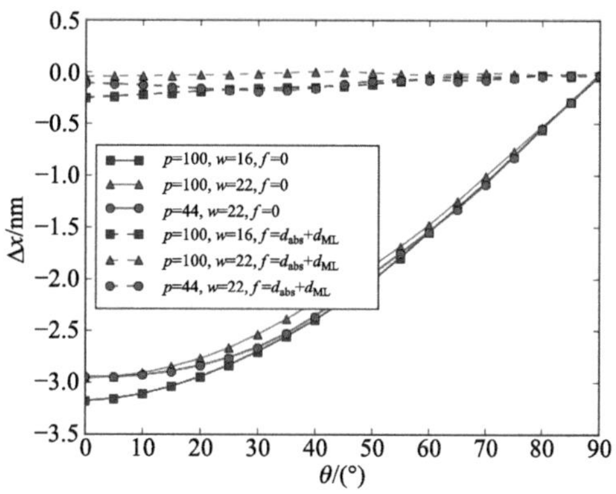

图 10-154　图形位置偏移量随入射光方向的变化

10.6.1.5　离焦效应分析[63,64]

1. 理论分析

为了得到空间像的简单表达式，考虑三光束成像且 ±1 级光全部进入光瞳的简单情况，此时掩模图形周期 p 需满足

$$\frac{\lambda}{NA(1-\sigma)} < p < \frac{2\lambda}{NA(1+\sigma)} \tag{10.193}$$

虽然式(10.193)只有σ<0.5 时才可能成立，但这种情况下的理论分析结果仍可为离焦效应的分析提供相关信息。

利用 Hopkins 成像公式计算空间像光强。通过计算空间像光强的极值点确定最佳焦面位置。令离焦量为 δ，当 δ 、NA 以及掩模图形占空比 d 较小时，可得最佳焦面位置为

$$\delta_{\text{best}} = \frac{p^2}{\pi\lambda}\frac{Q(x)}{2P(x,\sigma)} \tag{10.194}$$

其中

$$\begin{aligned} P(x,\sigma) = & -2\,\text{Re}(b_0 b_{-1}^*)\cos\left(\frac{2\pi x}{p}\right)\left[1+\left(\frac{\sigma NAp}{\lambda}\right)^2\right] \\ & -4\,|\,b_1\,|^2\cos\left(\frac{4\pi x}{p}\right)\left(\frac{\sigma NAp}{\lambda}\right)^2 \end{aligned} \tag{10.195}$$

$$Q(x) = -4\,\text{Im}(b_0 b_{-1}^*)\cos\left(\frac{2\pi x}{p}\right) \tag{10.196}$$

Re()表示取实部，Im()表示取虚部。

采用掩模衍射简化模型式(10.175)计算 b_m，对最佳焦面位置公式进行近似和化简，得到 spaces 图形的最佳焦面位置近似为

$$\delta_{\text{spaces}}=\frac{1}{a\pi\lambda}\left[-\frac{bp^2}{d}\sin(\theta_a-\theta_b)+\frac{2Abp}{ad^2}\sin(\theta_b-\phi)\right] \tag{10.197}$$

对于 lines 图形，最佳焦面位置近似为

$$\delta_{\text{line}}=\frac{1}{a\pi\lambda}\left[-\frac{bp^2}{1-d}\sin(\theta_a-\theta_b)-\frac{2Ap}{d(1-d)}\sin(\theta_a-\phi)\right] \tag{10.198}$$

由式(10.197)和式(10.198)可知，光刻成像最佳焦面位置与掩模图形周期和占空比有关，改变掩模吸收层材料和厚度时，公式中的模型参数发生变化，对最佳焦面位置也将产生影响。图 10-155 给出了 TaN 材料作为吸收层时，部分模型参数随吸收层厚度的变化。当吸收层反射系数 $b\approx 0$ 时，式(10.197)给出的 spaces 离焦效应最小。而式(10.198)中，$a\approx 0.83$，$\sin(\theta_a-\phi)\approx 1$，lines 离焦效应主要与边界脉冲幅值 A 和因子 $b\sin(\theta_a-\theta_b)$有关。即使吸收层反射系数 $b\approx 0$，由于边界脉冲幅值 A 的影响，lines 离焦效应仍然存在；$b\sin(\theta_a-\theta_b)$值随吸收层厚度振荡变化，如图 10-155(a)所示，通过选择吸收层厚度使得 $b\sin(\theta_a-\theta_b)$值极大，可以减小 lines 离焦效应。而当吸收层厚度足够大($b\approx 0$)时，边界脉冲幅值 A 变化很小，可以预测此时 lines 离焦效应的变化也将很小。

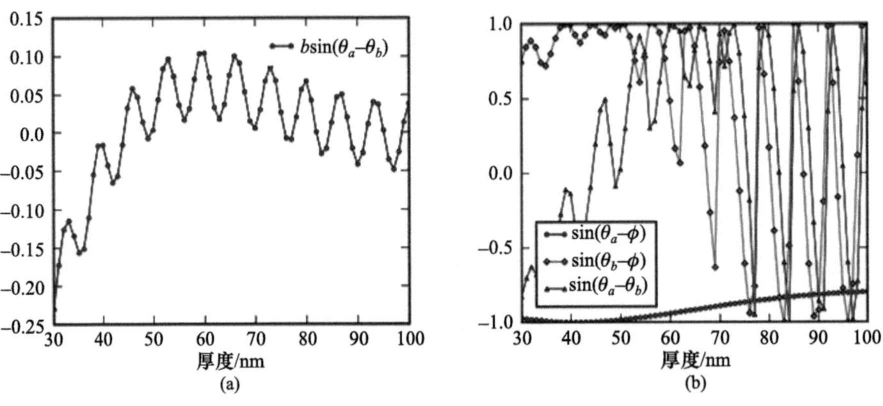

图 10-155 模型参数随 TaN 吸收层厚度的变化

(a) $b\sin(\theta_a-\theta_b)$；(b) 相位差正弦值

2. 仿真分析

相干照明时($\sigma=0$)，满足式(10.193)的掩模图形周期范围为 45～90nm。在此范围内，以 50nm、60nm 和 70nm TaN 吸收层厚度为例，对离焦效应曲线即最佳焦面位置随掩模图形周期的变化进行了仿真分析。

在相干照明($\sigma=0$)条件下，22nm lines 和 spaces 图形的离焦效应曲线如图 10-156 所示。采用式(10.194)计算得到的离焦效应曲线(图中虚线)与严格仿真结果一致。受边界脉冲幅值 A 的影响，lines 图形的离焦效应比较显著，如图 10-156(a)所示。由式(10.198)的分析可知，调整掩模吸收层厚度使得 $b\sin(\theta_a-\theta_b)$值发生变化，可以增强或减弱这种效应。60nm 厚度下 $b\sin(\theta_a-\theta_b)$值较大(图 10-155)，离焦效应减小；而 50nm 和 70nm 厚度下 $b\sin(\theta_a-\theta_b)\approx 0$，由于 70nm 厚度下的边界脉冲值 A 较大，其对应的离焦效应较强。spaces

图形的离焦效应变化趋势与掩模吸收层厚度密切相关，如图 10-156(b)所示。70nm 厚度下 $b\approx 0$，spaces 图形的离焦效应最小；而 50nm 和 60nm 厚度下，spaces 图形的离焦效应变化方向相反，这由式(10.197)的分析可知：50nm 时 $\sin(\theta_a-\theta_b)=0$，$\sin(\theta_b-\phi)=1$；60nm 时，$\sin(\theta_a-\theta_b)=1$，$\sin(\theta_b-\phi)\approx 0$；将此相反值代入式(10.197)，两种情况下计算得到的最佳焦面位置异号，离焦效应变化方向相反，这与严格仿真结果相一致。

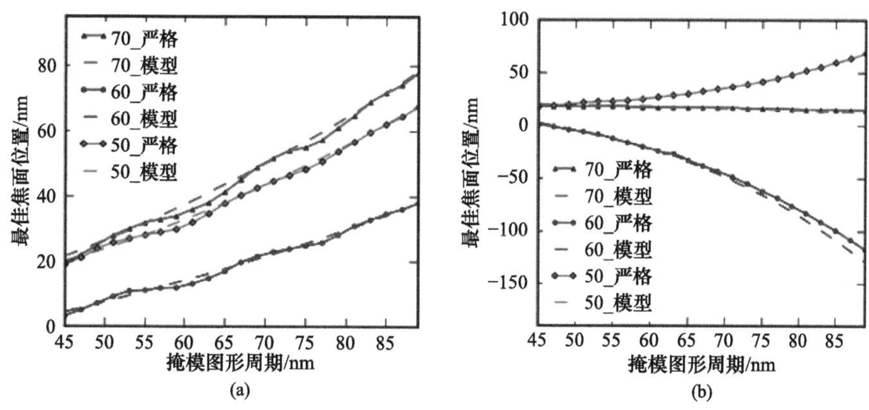

图 10-156　最佳焦面位置随掩模图形周期的变化，其中吸收层材料为 TaN，$\sigma=0$

(a) lines；(b) spaces

在部分相干照明($\sigma=0.3$)条件下，各级次衍射光在光瞳内相互重叠，22nm lines 和 spaces 图形的离焦效应曲线变得更为平滑。满足式(10.193)的掩模图形周期范围变小，但离焦效应变化趋势与前面相干照明情况下的类似。离焦效应随吸收层厚度变化，这也将影响不同周期掩模图形工艺窗口的重叠。若不考虑掩模图形尺寸校正，为减小 lines 离焦效应和提高不同周期图形工艺窗口的重叠量，掩模吸收层厚度的选取最好使得 $b\sin(\theta_a-\theta_b)$值最大。

为分析掩模吸收层材料对离焦效应的影响，我们比较了相同吸收层厚度如 70nm 情况下，Ge 和 TaN 材料对应的 lines 图形离焦效应曲线，如图 10-157 所示。无论是相干照明(图 10-157(a))还是部分相干照明(图 10-157(b))，与 TaN 材料相比，Ge 材料对应的离焦

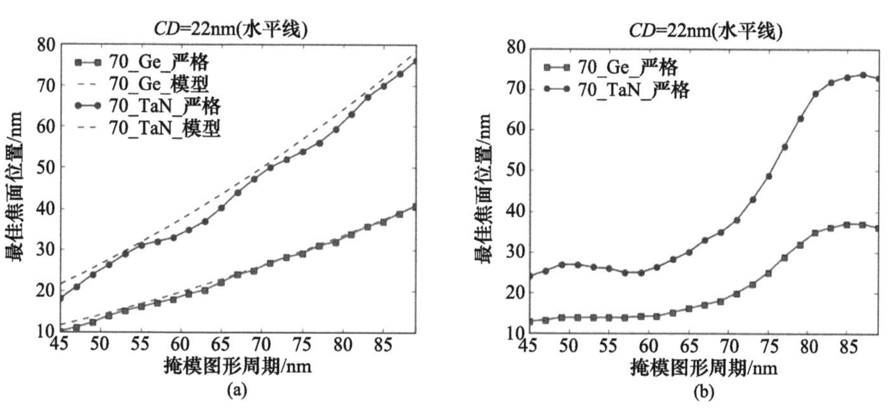

图 10-157　不同吸收层材料下 lines 离焦效应曲线

(a) $\sigma=0$；(b) $\sigma=0.3$

效应显著减小，这主要与边界脉冲幅值 A 的减小有关。虽然此时的 Ge 材料 $b\sin(\theta_a-\theta_b)$值较 TaN 的小(Ge 对应的 $b\sin(\theta_a-\theta_b)$值约为−0.04，TaN 约为 0)，但对离焦效应起主导作用的是边界脉冲幅值 A。工艺窗口仿真结果表明，在相同仿真条件下，Ge 材料的工艺窗口曝光裕度较大。

10.6.2　含缺陷掩模衍射场仿真技术

为提高含缺陷掩模衍射场的仿真速度，基于极紫外光刻掩模的结构特点，可将吸收层和多层膜分别建模并进行简化计算。由于多层膜缺陷位于多层膜内部，对吸收层的影响很小，因此在含缺陷掩模的建模中仅需考虑缺陷对多层膜衍射谱的影响。本小节介绍几种基于该原理的含缺陷掩模衍射场仿真技术。

10.6.2.1　单平面近似法[70,72,73]

10.6.1.2 节介绍了用于无缺陷掩模衍射场仿真的结构分解法。在该方法的基础上可通过在多层膜的镜面反射近似模型中加入相位缺陷，建立含缺陷掩模衍射场仿真模型。这种方法称为单平面近似法。

1. 基本原理

由于缺陷的影响是造成对多层膜反射系数的相位突变和振幅衰减，所以采用相位突变和反射系数振幅衰减表示缺陷对多层膜反射系数的影响。模型的基本结构如图 10-158 所示。含缺陷多层膜的衍射场可表示为

$$G(\alpha_m)=\mathrm{e}^{-\mathrm{j}\frac{2\pi}{\lambda}\cdot d_{\mathrm{ML}}\sqrt{1-\alpha_m^2-\beta_{\mathrm{in}}^2}}\int_{-1/2}^{1/2}\eta(x,\Delta)\mathrm{e}^{\mathrm{j}\Phi(x,\Delta)}\cdot r_{\mathrm{ML}}\mathrm{e}^{-\mathrm{j}\frac{2\pi}{\lambda}\cdot d_{\mathrm{ML}}\sqrt{1-\alpha_{\mathrm{in}}^2-\beta_{\mathrm{in}}^2}}\cdot\mathrm{e}^{-\mathrm{j}\frac{2\pi}{\lambda}\cdot\alpha_m x}\mathrm{d}x \tag{10.199}$$

其中，$\eta(x,\Delta)$为缺陷造成的反射系数振幅衰减系数；$\Phi(x,\Delta)$为缺陷等效相位突变；r_{ML} 为理想多层膜的等效平面镜反射系数；d_{ML} 为多层膜的平面镜等效面位置与多层膜上表面的距离；两相位项 $\mathrm{e}^{-\mathrm{j}\frac{2\pi}{\lambda}\cdot d_{\mathrm{ML}}\sqrt{1-\alpha_{\mathrm{in}}^2-\beta_{\mathrm{in}}^2}}$ 与 $\mathrm{e}^{-\mathrm{j}\frac{2\pi}{\lambda}\cdot d_{\mathrm{ML}}\sqrt{1-\alpha_m^2-\beta_{\mathrm{in}}^2}}$ 分别为光由多层膜表面传播到多层膜等效面和从多层膜等效面传播到多层膜表面的相位变化，α_m 为含缺陷多层膜衍射场的 m 级衍射光的方向余弦，m 为衍射级次。α_m 的范围由多层膜满足平面镜近似的最大入射角 φ_{ML} 决定，且 $|\alpha_m|\leqslant\sqrt{1-\beta_{\mathrm{in}}^2-\cos^2\varphi_{\mathrm{ML}}}$ 。反射系数振幅衰减系数 $\eta(x,\Delta)$和相位突变 $\Phi(x,\Delta)$表示为

$$\eta(x,\Delta)=\begin{cases}f_\eta(x,\Delta), & x\in\Gamma_\eta/p\\ 1, & x\in\text{其他}\end{cases} \tag{10.200}$$

$$\Phi(x,\Delta)=\begin{cases}\dfrac{2\pi}{\lambda}\cdot h_\Phi(x,\Delta)\left(\sqrt{1-\alpha_{\mathrm{in}}^2-\beta_{\mathrm{in}}^2}+\sqrt{1-\alpha_m^2-\beta_{\mathrm{in}}^2}\right), & x\in\Gamma_\Phi/p\\ 0, & x\in\text{其他}\end{cases} \tag{10.201}$$

其中，p 为多层膜的周期；Γ_η 和 Γ_Φ 分别为振幅衰减和相位突变的影响范围；$f_\eta(x,\Delta)$和 $h_\Phi(x,\Delta)$分别为在相应影响范围内的振幅衰减函数和相位突变等效传播距离。

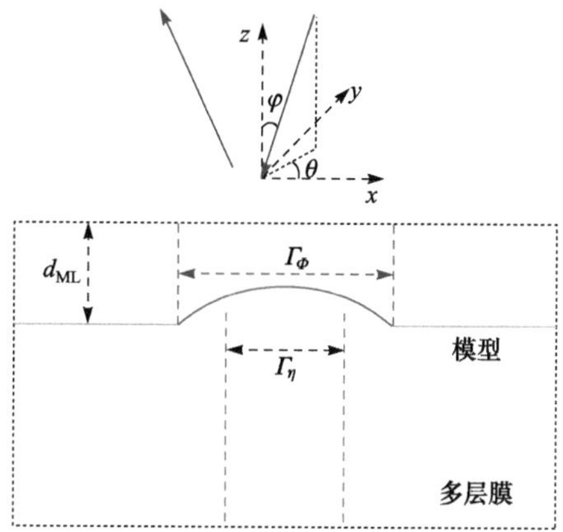

图 10-158 基于单平面近似的含缺陷多层膜仿真简化模型

相位突变 $\Phi(x,\Delta)$由缺陷的表面形态决定，可通过选取表面以下特定层的缺陷形态作为相位突变等效传播距离 $h_\Phi(x,\Delta)$。研究表明不同表面缺陷高度下相位突变参数的最佳匹配层为第 6 或 7 层。为方便计算，在后续的仿真中将选择第 6 层的缺陷形态作为相位突变等效传播距离参数。振幅衰减量主要由基底缺陷高度决定。为简化多层膜衍射场的表达式，振幅衰减系数 $f_\eta(x,\Delta)$可采用抛物线拟合。通过仿真不同基底缺陷高度得到振幅衰减系数的最小值，拟合得到

$$\eta_{\min} = -0.0047 h_{\text{bot}} + 0.5585 \tag{10.202}$$

以缺陷中心位置位于坐标原点为例，可得到振幅衰减系数 $f_\eta(x,\Delta)$，

$$f_\eta(x,\Delta) = \frac{1-\eta_{\min}}{(w_{\text{bot}}/p)^2}x^2 + \eta_{\min},\quad x \in (-w_{\text{bot}}/p, w_{\text{bot}}/p) \tag{10.203}$$

掩模衍射场的数学表达式与式(10.183)具有相同的形式，只是 R 不同，这里

$$\begin{aligned} R(\alpha_{m'};\alpha_m) = {} & \exp\left[-\mathrm{j}\frac{2\pi}{\lambda}\cdot d_{\text{ML}}\left(\sqrt{1-\alpha_{m'}^2-\beta_{\text{in}}^2}+\sqrt{1-\alpha_m^2-\beta_{\text{in}}^2}\right)\right] \\ & \times \int \tilde{r}_{\text{ML}}(x,\Delta)\exp\left[\mathrm{j}\frac{2\pi}{\lambda}\cdot(\alpha_m-\alpha_{m'})x\right]\mathrm{d}x \end{aligned} \tag{10.204}$$

其中，$\tilde{r}_{\text{ML}}(x,\Delta)$ 为含缺陷多层膜等效平面镜的不同位置的复反射系数，且

$$\tilde{r}_{\text{ML}}(x,y,\Delta) = \eta(x,\Delta)\cdot \mathrm{e}^{\mathrm{j}\Phi(x,\Delta)}\cdot r_{\text{ML}} \tag{10.205}$$

$\eta(x,\Delta)$ 和 $\Phi(x,\Delta)$ 分别为缺陷造成的反射系数振幅衰减和等效相位突变，r_{ML} 为理想多层膜的平面镜等效反射系数。

2. 仿真验证

采用 6°入射的波长为 13.5nm TE 偏振光圆形照明光源，部分相干因子为 0.5，入射光方位角为 0°；吸收层厚度为 70nm，多层膜为 40 层 Mo/Si 双层膜结构；投影物镜的数值孔径为 0.35，缩小倍率为 4。缺陷形态尺寸为掩模面尺寸(mask scale)，而掩模周期及图形的尺寸采用硅片面尺寸(wafer scale)。分别采用基于单平面近似法建立的简化模型

(model)、改进单平面近似模型(advanced SSA)和波导法(WG)仿真掩模图形的衍射场，并代入 Dr.LiTHO 中进行成像计算，得到的 *CD* 结果如图 10-159 所示。仿真的缺陷为高斯型缺陷，位于多层膜的中心，表面缺陷形态包括高度 h_{top} 和半峰全宽 w_{top}，基底缺陷形态包括高度 h_{bot} 和半峰全宽 w_{bot}。各个参数值为 h_{top}=3nm, w_{top}=90nm, h_{bot}=30nm, w_{bot}=30nm (掩模面尺寸)。掩模周期为 100nm，图形尺寸为 16～50nm，步长 2nm。采用空间像阈值模型计算 *CD*。空间像阈值为波导法严格仿真得到目标 *CD* 时的阈值。由图可知，与改进单平面近似法相比，单平面近似法的仿真精度得到了较大的提高，并且随着图形尺寸的变化，该方法的 *CD* 仿真误差变化不大。

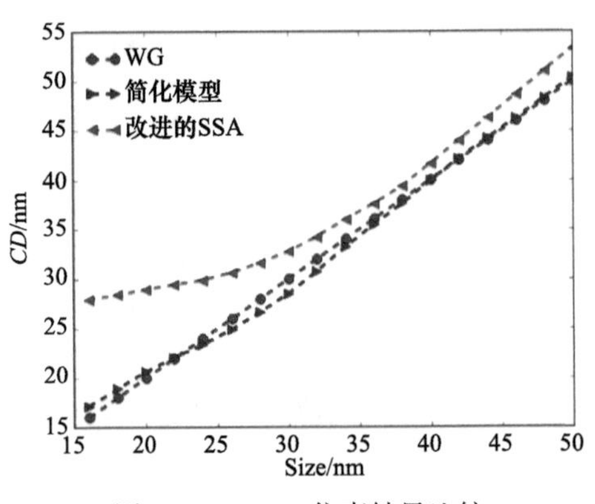

图 10-159　*CD* 仿真结果比较

不同基底缺陷尺寸情况下，对 22nm 图形的 *CD* 仿真结果表明，随着基底缺陷尺寸的增大，改进单平面近似模型的误差迅速增大，这主要是由于缺陷造成的多层膜变形严重影响了缺陷位置的反射系数振幅，仅通过相位突变已不能完全表示缺陷的影响，而本小节介绍的方法不仅考虑了相位突变，而且增加了缺陷对多层膜反射系数振幅的影响，从而在基本不影响仿真速度的情况下，进一步提高了含缺陷掩模的仿真精度。对该模型而言，仿真误差增大的主要原因是吸收层模型的误差增大，随着图形尺寸的减小，相邻图形边界的衍射波相互串扰，边界衍射波的影响更复杂，仅仅通过简单的边界脉冲修正已难以满足要求。

10.6.2.2　等效膜层法[74]

基于单平面近似法的简化模型将多层膜等效为特定面上的反射镜，是一种经验方法，缺乏实际物理意义。尤其对非高斯型缺陷，难以通过简单的表达式计算缺陷对多层膜反射系数振幅的影响。基于等效膜层法的极紫外光刻含缺陷多层膜快速仿真模型，具有明确的物理意义，可仿真含不同形态缺陷多层膜的衍射谱。将此多层膜模型与基于基尔霍夫薄掩模修正模型的吸收层模型相结合，可建立含缺陷掩模快速仿真模型，得到含缺陷掩模的衍射谱。

1. 基本原理

含缺陷多层膜中，缺陷主要影响多层膜的不同位置的复反射系数，并且缺陷的影响范围以缺陷中心位置为中心，两倍的表面缺陷半峰全宽范围内。为了得到含缺陷多层膜的不同位置的复反射系数，将含缺陷多层膜划分为无缺陷区域 S_1 和含缺陷区域 S_2 两部分，如图 10-160(a)所示。含缺陷区域为缺陷的影响范围，即两倍的表面缺陷半峰全宽，剩余部分为无缺陷区域。将含缺陷区域分割为 M 等份，并且设每小份多层膜的各层之间为平行分布，如图 10-160(b)所示。通过等效膜层法可得到含缺陷多层膜的各等份的复反射系数，即可得到含缺陷多层膜的衍射场。在计算复反射系数时，入射到每小份多层膜上的入射角根据多层膜表面形态作相应调整。入射角调整量由各小份多层膜的中心位置的斜率决定。

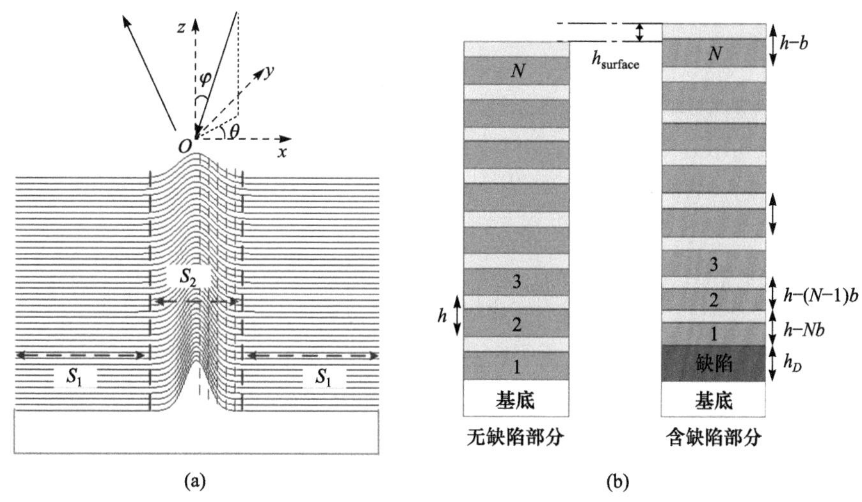

图 10-160　(a) 含缺陷多层膜的区域划分；(b) 无缺陷区域和含缺陷区域的膜厚分布

入射光方向采用方向余弦表示，即$(\alpha_{\text{in}}, \beta_{\text{in}})=(\sin\varphi\cos\theta, \sin\varphi\sin\theta)$，$\alpha_{\text{in}}$ 和 β_{in} 分别为入射光方向与 x 轴方向和 y 轴方向夹角的方向余弦，其中入射角 φ 和方位角 θ 分别为入射光方向与 z 轴的夹角和入射光方向投影于 xoy 平面与 x 轴的夹角。平面波入射时，含缺陷多层膜衍射场为

$$
\begin{aligned}
G(\alpha_n) &= \int_S \tilde{A}_0 \cdot P(x,\phi) \cdot \tilde{r}(x,\phi) \exp\left(-\mathrm{j}2\pi \frac{\alpha_n}{\lambda} x\right) \mathrm{d}x \\
&= \int_{S_1} \tilde{A}_0 \cdot \tilde{r}_0(\phi) \exp\left(-\mathrm{j}2\pi \frac{\alpha_n}{\lambda} x\right) \mathrm{d}x + \int_{S_2} \tilde{A}_0 \cdot P(x,\phi) \cdot \tilde{r}(x,\phi_x) \exp\left(-\mathrm{j}2\pi \frac{\alpha_n}{\lambda} x\right) \mathrm{d}x
\end{aligned} \tag{10.206}
$$

其中，$\tilde{A}_0$ 为入射光的复振幅；ϕ 为光入射到多层膜上的入射角，并且 $\cos\phi = \sqrt{1-\alpha_{\text{in}}^2 - \beta_{\text{in}}^2}$；$\phi_x$ 为含缺陷部分随多层膜表面形态变化的入射角；$\tilde{r}_0(\phi)$ 和 $\tilde{r}(x,\phi_x)$ 分别为多层膜的无缺陷区域 S_1 的复反射系数和含缺陷区域 S_2 内与位置 x 有关的复反射系数；α_n 为多层膜衍射场 n 级衍射光的方向余弦；$P(x,\phi)$ 为表面缺陷形态造成的入射光到达多层膜表面的往返相位差，且

$$
P(x,\phi) = \exp\left[\mathrm{j}\frac{2\pi}{\lambda} \cdot 2h_{\text{surface}}(x)\cos\phi\right] \tag{10.207}
$$

$h_{\text{surface}}(x)$ 为含缺陷多层膜表面缺陷不同位置的高度，且无缺陷区域的高度为 0，在单个等分间隔内 h_{surface} 为常数，如图 10-160(b)所示。因此，将含缺陷区域 S_2 分割为 M 份后，式(10.206)中 S_2 部分的积分可化简为

$$\int_{S_2} \tilde{A}_0 \cdot P(x,\phi)\cdot \tilde{r}(x,\phi_x)\exp\left(-\mathrm{j}2\pi\frac{\alpha_n}{\lambda}x\right)\mathrm{d}x=\sum_{i=1}^{M}\int_{S_{2i}} \tilde{A}_0 \cdot P(\phi)\cdot \tilde{r}_i(\phi_i)\exp\left(-\mathrm{j}2\pi\frac{\alpha_n}{\lambda}x\right)\mathrm{d}x \tag{10.208}$$

其中，ϕ_i 为入射到每小份多层膜上的等效入射角。

入射光经过吸收层衍射、多层膜反射并再次经过吸收层衍射得到掩模的衍射场。由此可得到整个掩模衍射场的表达式为

$$\begin{aligned}&G(\alpha_{m''},\beta_{n''})\\&=\iint F_{\text{thick}}(\alpha_{m''},\beta_{n''};\alpha_{m'},\beta_{n'})\cdot R(\alpha_{m'},\beta_{n'};\alpha_m,\beta_n)\cdot F_{\text{thick}}(\alpha_m,\beta_n;\alpha_{\text{in}},\beta_{\text{in}})\mathrm{d}\alpha_m d\beta_n\end{aligned} \tag{10.209}$$

且二维图形情况下，满足 $\beta_{n''}=\beta_{n'}=\beta_n=\beta_{\text{in}}$ 。吸收层采用薄掩模修正模型，衍射场函数可描述为

$$\begin{aligned}F_{\text{thick}}(\alpha_m,\beta_n;\alpha_{\text{in}},\beta_{\text{in}})=&\exp\left(-\mathrm{j}\frac{2\pi}{\lambda}\frac{d_{\text{abs}}}{2}\sqrt{1-\alpha_m^2-\beta_n^2}\right)\\&\times F_{\text{thin}}(\alpha_m-\alpha_{\text{in}},\beta_n-\beta_{\text{in}})\exp\left(-\mathrm{j}\frac{2\pi}{\lambda}\frac{d_{\text{abs}}}{2}\sqrt{1-\alpha_{\text{in}}^2-\beta_{\text{in}}^2}\right)\end{aligned} \tag{10.210}$$

含缺陷多层膜的衍射过程可表示为

$$\begin{aligned}R(\alpha_{m'};\alpha_m)=&\int_{S_1}\tilde{r}_0(\phi)\exp\left(-\mathrm{j}2\pi\frac{\alpha_m-\alpha_{m'}}{\lambda}x\right)\mathrm{d}x\\&+\sum_{i=1}^{M}\int_{S_{2i}}P(\phi)\cdot\tilde{r}_i(\phi_i)\exp\left(-\mathrm{j}2\pi\frac{\alpha_m-\alpha_{m'}}{\lambda}x\right)\mathrm{d}x\end{aligned} \tag{10.211}$$

其中，ϕ 为入射到多层膜上的吸收层衍射光的衍射角，并且 $\cos\phi=\sqrt{1-\alpha_m^2-\beta_m^2}$ ；ϕ_i 为含缺陷部分随多层膜表面形态变化的入射角，由衍射角与多层膜的表面形态决定。

2. 仿真验证

结合式(10.209)～式(10.211)可得到极紫外光刻含缺陷掩模的衍射场分布，称为基于等效膜层法的快速仿真模型(ELM model)。将该模型仿真得到的衍射场输入 Dr.LiTHO 光刻仿真软件计算空间像，并与波导法严格仿真得到的结果进行比较，验证模型的有效性。仿真采用 6°入射的波长为 13.5nm TE 偏振光圆形照明光源，部分相干因子为 0.5，入射光方位角为 0°；吸收层厚度为 70nm，多层膜为 40 层 Mo/Si 双层膜结构；光刻投影物镜的数值孔径为 0.35，缩小倍率为 4。缺陷形态尺寸为掩模面尺寸，而掩模周期及图形的尺寸采用硅片面尺寸。

在不同基底缺陷尺寸情况下，对 22nm 图形的 CD 仿真结果如图 10-161(a)所示，其中 $h_{\text{bot}}=w_{\text{bot}}$，其他缺陷参数与图 10-159 对应的仿真中采用的参数相同。图中比较了 ELM

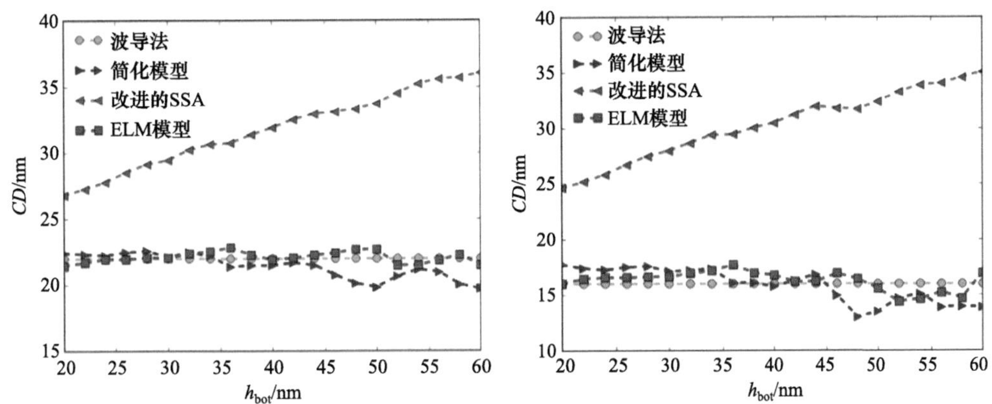

图 10-161　不同 h_{bot} 情况下的 *CD* 仿真结果比较，$h_{bot}=w_{bot}$，图形尺寸为(a) 22nm；(b) 16nm

模型、10.6.2.1 节介绍的基于单平面近似法的简化模型、改进单平面近似模型(SSA)和波导法严格仿真模型。如图所示，在基底缺陷尺寸小于 45nm 时，基于等效膜层法的快速仿真模型与基于单平面近似的简化模型的仿真精度相当，但随着基底缺陷尺寸的增大，简化模型的误差波动变大，而基于等效膜层法的快速仿真模型的精度基本不变。对 16nm 图形(图 10-161(b))的仿真结果也表明基于等效膜层法的快速仿真模型比基于单平面近似的简化模型的仿真精度高，仿真误差波动更小。

10.6.2.3　米散射法[75]

1908 年，德国科学家 G.Mie 将光看成是经典的电磁波，利用麦克斯韦方程组，在球坐标系下给出了均匀圆球对平面波散射的严格数学解[76]，得出了任意直径、任意成分的均匀粒子的散射规律，称为米散射理论。EUV 掩模缺陷颗粒的尺度大小与 EUV 光波长相当，满足米散射的条件，所以可基于米散射理论对其进行理论建模。本小节介绍基于米散射理论建立含振幅型缺陷掩模模型以及含相位型缺陷掩模模型的方法[75]。

1. 含振幅型缺陷掩模模型

基于掩模结构分解法，分别采用米散射理论、薄掩模近似法和单平面近似法建立含振幅型缺陷极紫外光刻掩模的缺陷颗粒、吸收层和多层膜理论模型，即可得到含振幅型缺陷掩模的理论模型。

1) 基本原理

EUV 含振幅型缺陷掩模结构示意图如图 10-162 所示，掩模基本结构与图 10-145 所示相同，只是振幅型缺陷等效为位于多层膜表面的球形散射颗粒。振幅型缺陷颗粒的尺度大小与 EUV 光波长相当，满足米散射的条件，所以可基于米散射理论，结合 Lentz 改进算法对其进行建模。

对于缺陷颗粒引起的衍射，以小球为原点，在多层膜上表面位置建立极坐标系来进行计算，如图 10-163 所示。根据米散射的计算公式表现出的散射光轴对称性，我们可以得知缺陷颗粒在多层膜上表面的衍射场分布仅仅与极坐标半径 R 有关。在 y 偏振光照明

条件下，透射函数表示为

$$t_d(R)=\begin{cases}1, & R>a \\ S_1\left(\arctan\dfrac{R}{a}\right)\cdot\exp\left(-\mathrm{i}k\sqrt{R^2+a^2}+\mathrm{i}ka\right)\Big/\left(\mathrm{i}k\sqrt{R^2+a^2}\right), & R\leqslant a\end{cases} \tag{10.212}$$

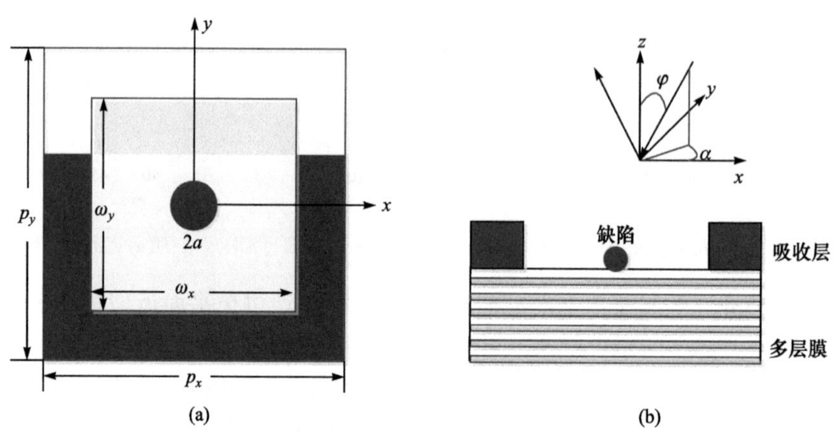

图 10-162　EUV 含振幅型缺陷掩模结构示意图：(a)俯视图；(b)侧面图

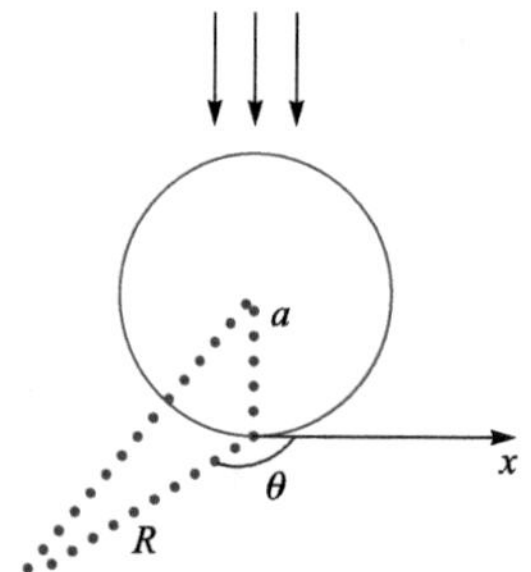

图 10-163　正入射情况下缺陷颗粒引起的衍射场

在此极坐标系下做二维傅里叶变换

$$F_d'(\rho,\varphi)=\iint t_d(\mathrm{R})\cdot\exp[-\mathrm{j}2\pi R\rho\cos(\theta-\varphi)]\mathrm{d}R\mathrm{d}\theta \tag{10.213}$$

事实上，圆对称函数的二维傅里叶变换结果恰为其零阶汉克尔(Hankel)变换结果的2π倍。同样考虑等效面位置引起的相位延迟，即可得到缺陷小球的衍射场

$$F_d(\alpha_m,\beta_m;\alpha_{\mathrm{in}},\beta_{\mathrm{in}})=\mathrm{e}^{-\mathrm{i}\frac{2\pi}{\lambda}\frac{d_{\mathrm{abs}}}{2}\sqrt{1-\alpha_{\mathrm{in}}^2-\beta_{\mathrm{in}}^2}}F_d'(\alpha_m,\beta_m)\mathrm{e}^{-\mathrm{i}\frac{2\pi}{\lambda}\frac{d_{\mathrm{abs}}}{2}\sqrt{1-\alpha_m^2-\beta_m^2}} \tag{10.214}$$

斜入射时只需将正入射时的衍射场经 Hopkins 频移至相应的入射角度，再结合纵向相位传播即可得到斜入射时的衍射场。由光栅方程可知

$$\sin\theta_m=\sin\theta_{\mathrm{inc-angle}}+m\frac{\lambda}{\Lambda} \tag{10.215}$$

式中，$\theta_{\mathrm{inc-angle}}$ 为入射角度。Hopkins 假设衍射光强度、相位和偏振态的变化随入射角的

变化很小，即斜入射时的衍射场可以通过正入射衍射场的简单频移来实现。对于 EUV 光刻，吸收层结构的各级衍射光衍射效率在 20°入射角范围内几乎是不变的，即该范围内衍射场强度满足 Hopkins 频移的近似条件。因此，斜入射时的衍射场只需将正入射时的衍射场 Hopkins 频移至相应的入射角度再结合纵向的相位传播距离即可得到斜入射时的衍射场。

斜入射时包含吸收层、缺陷颗粒、多层膜的 EUV 光刻掩模总衍射场为

$$\begin{aligned}G(\alpha_n,\beta_n)=&\int F_{\text{thick}}(\alpha_n-\alpha_m,\beta_n-\beta_m)R(\varphi_m)F_{\text{thick}}(\alpha_m-\alpha_{\text{in}},\beta_m-\beta_{\text{in}})\text{d}\alpha_m\text{d}\beta_m\\&+\int F_d(\alpha_n-\alpha_m,\beta_n-\beta_m)R(\varphi_m)F_d(\alpha_m-\alpha_{\text{in}},\beta_m-\beta_{\text{in}})\text{d}\alpha_m\text{d}\beta_m\end{aligned}\tag{10.216}$$

式中，$(\alpha_{\text{in}},\beta_{\text{in}})$ 和 (α_m,β_m) 分别表示入射光和衍射光的方向余弦，并有 $\cos\varphi_m=\sqrt{1-{\alpha_m}^2-{\beta_m}^2}$。

2) 仿真验证

投影物镜 NA 设置为 0.35，缩小倍率为 4，入射光波长 λ 为 13.5nm，入射角 φ 为典型值 6°，90°偏振光照明，振幅型缺陷半径为 1～6nm。三维接触孔图形是光刻仿真中最复杂的图形，为了验证本小节所介绍掩模理论模型的准确性，以含振幅型缺陷三维接触孔图形为例进行了仿真验证。TaN 吸收层厚度设为 75nm，特征尺寸设为 22nm，掩模图形周期设为 44nm(物方尺寸 p_x=p_y=176nm)，将掩模理论模型与波导法得到的衍射场分别代入光刻仿真软件 Dr.LiTHO 中进行空间像计算，得到该模型的仿真 CD 随缺陷颗粒半径 a 的关系如图 10-164 所示。相比 Dr.LiTHO 中的波导法，本模型计算速度提高了约 80 倍，CD 仿真误差小于 1nm。

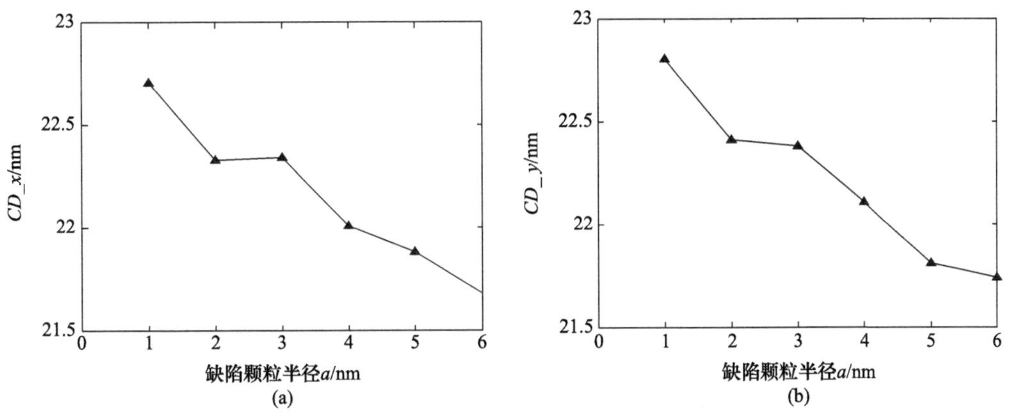

图 10-164　简化模型得到的含振幅型缺陷接触孔 CD 随缺陷颗粒半径变化

(a) CD_x；(b) CD_y

2. 含相位型缺陷掩模模型

相位型缺陷造成的多层膜内部形变增大了多层膜仿真的复杂度。特别是三维情况下，与无缺陷掩模相比，含相位型缺陷掩模衍射场严格仿真与快速仿真的速度均明显降低。把含相位型缺陷多层膜等效为一个回转椭球和无缺陷多层膜的组合，分别用米散射理论和等效膜层法计算回转椭球和无缺陷多层膜的衍射场，可提高仿真速度。

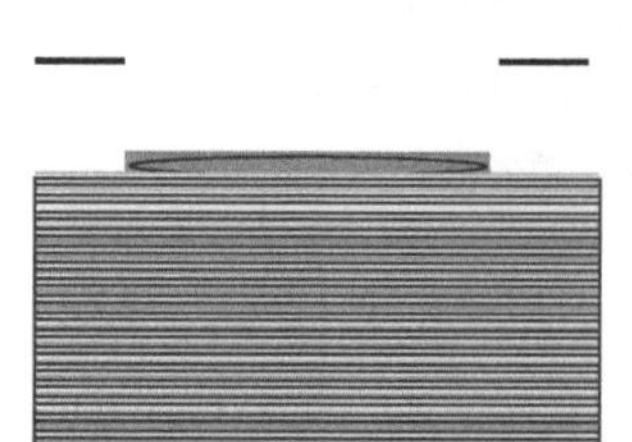

图 10-165 含相位型缺陷掩模简化模型

1) 基本原理

相位型缺陷主要影响反射谱的相位。对于含相位型缺陷宽度为 $2w$，表层高度为 h 的多层膜，可以近似认为是无缺陷多层膜覆盖了一个长轴为 $2w$、短轴为 $2h_\mathrm{d}$ 的双层回转椭球，如图 10-165 所示。基于米散射理论的分层粒子散射光的计算，由于等效椭球的高度较小，吸收层用薄掩模近似法建模时，不会影响到吸收层建模的精度。采用等效膜层法对多层膜建模。

先考虑正入射的情况。吸收层采用薄掩模近似法建模，其衍射场为

$$F_{\text{thick}}(\alpha_m,\beta_m;\alpha_{\text{in}},\beta_{\text{in}})=\mathrm{e}^{-\mathrm{i}\frac{2\pi}{\lambda}\frac{d_{\text{abs}}}{2}\sqrt{1-\alpha_{\text{in}}^2-\beta_{\text{in}}^2}}F_{\text{thin}}(\alpha_m,\beta_m)\mathrm{e}^{-\mathrm{i}\frac{2\pi}{\lambda}\frac{d_{\text{abs}}}{2}\sqrt{1-\alpha_m^2-\beta_m^2}} \tag{10.217}$$

对于双层回转椭球体，在多层膜上方的平面上建立以椭球中心为原点的极坐标系，椭球体的散射光同样具有圆对称性。当 y 偏振入射光正入射时，部分光会入射到椭球上，部分光会直接入射到多层膜上，透射函数可表示为

$$t_d(R)=\begin{cases}1, & R>w\\ S_1\left(\arctan\dfrac{R}{h_d}\right)\cdot\exp\left(-\mathrm{i}k\sqrt{R^2+h_d^2}+\mathrm{i}kh_d\right)\Big/\left(\mathrm{i}k\sqrt{R^2+h_d^2}\right), & R\leqslant w\end{cases} \tag{10.218}$$

在此极坐标系下做二维傅里叶变换，

$$F_d'(\rho,\varphi)=\iint t_d(\mathrm{R})\cdot\exp[-\mathrm{j}2\pi R\rho\cos(\theta-\varphi)]\mathrm{d}R\mathrm{d}\theta \tag{10.219}$$

由于椭球高度较小，可不考虑相位延迟，即可得到椭球的衍射场

$$F_d(\alpha_m,\beta_m;\alpha_{\text{in}},\beta_{\text{in}})=F_d'(\alpha_m,\beta_m) \tag{10.220}$$

在斜入射情况下，通过 Hopkins 频移得到含相位型缺陷 EUV 光刻掩模衍射场为

$$\begin{aligned}G(\alpha_n,\beta_n)=&\int F_{\text{thick}}(\alpha_n-\alpha_q,\beta_n-\beta_q)F_d(\alpha_q-\alpha_p,\beta_q-\beta_p)\tilde{r}(\varphi_p)F_d(\alpha_p-\alpha_m,\beta_p-\beta_m)\\&F_{\text{thick}}(\alpha_m-\alpha_{\text{in}},\beta_m-\beta_{\text{in}})\mathrm{d}\alpha_m\mathrm{d}\beta_m\end{aligned} \tag{10.221}$$

式中，$\tilde{r}(\varphi_p)$ 是多层膜反射系数；(α_p,β_p) 表示入射到多层膜上光的方向余弦，有

$$\cos\varphi_p=\sqrt{1-\alpha_p^2-\beta_p^2} \tag{10.222}$$

式(10.221)可以理解为，方向余弦为 $(\alpha_{\text{in}},\beta_{\text{in}})$ 的入射平面波经过吸收层的衍射，得到一系列 m 级次衍射波，这一系列 m 级次衍射波经过回转椭球体散射得到一系列 p 级次衍射波，这一系列 p 级次衍射波经过多层膜反射后再次经过椭球体散射得到一系列 q 级次衍射波，这一系列 q 级次衍射波最终经过吸收层衍射得到一系列新的 n 级次衍射波，最终的掩模衍射场将是各 m 级次衍射波的叠加。

2) 仿真验证

三维接触孔图形是光刻仿真中最为复杂的图形，为了验证本小节介绍的掩模理论模

型的准确性，以含相位型缺陷三维接触孔图形为例进行了仿真验证。投影物镜 *NA* 设置为 0.35，缩小倍率为 4，入射光波长 λ 为 13.5nm，入射角 φ 为典型值 6°，90° 偏振光照明，TaN 吸收层厚度为 75nm，特征尺寸为 22nm，掩模图形周期为 44nm(物方尺寸 p_x=p_y=176nm)。当高斯型相位型缺陷半峰全宽为 20～40nm，高度为 2nm 时，将掩模理论模型的衍射场代入光刻仿真软件 Dr.LiTHO 中进行空间像计算，得到该模型的仿真 *CD* 随相位型缺陷半峰全宽的关系如图 10-166 所示，同时与单平面近似法(SSA)的仿真结果进行了比较。与 Dr.LiTHO 波导法严格仿真相比，本模型的计算速度提高了约 100 倍，*CD* 仿真误差小于 1.5nm；与单平面近似法相比，在 *CD* 仿真精度基本一致的前提下，该模型的计算速度提高了约 3 倍。当高斯型相位型缺陷半峰全宽为 30nm，高度为 0.5～2.5nm 时，将该掩模理论模型的衍射场代入光刻仿真软件 Dr.LiTHO 中进行空间像计算，得到该模型的仿真 *CD* 随相位型缺陷高度的变化关系如图 10-167 所示，同时与单平面近似法的仿真结果进行了比较。与 Dr.LiTHO 波导法严格仿真相比，该模型的计算速度提高了约 100 倍，*CD* 仿真误差小于 2.2nm；与单平面近似法相比，在 *CD* 仿真精度基本一致的前提下，该模型的计算速度提高了约 3 倍。

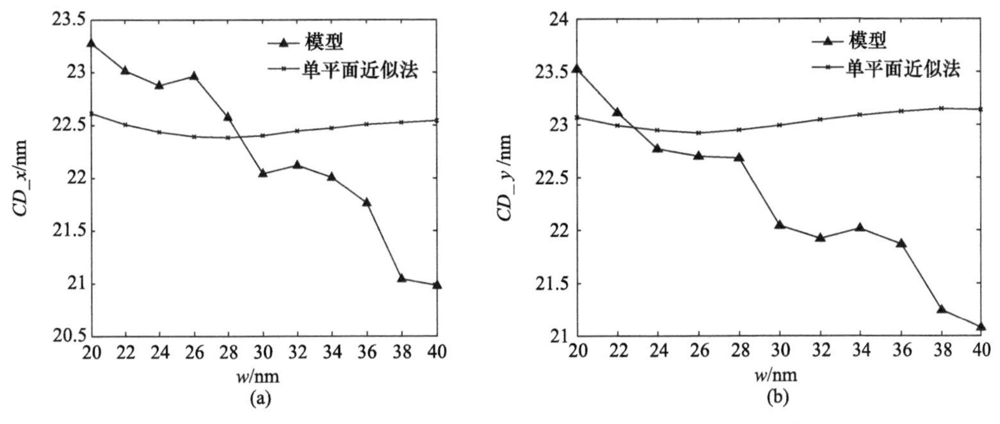

图 10-166　简化模型得到的接触孔 *CD* 随缺陷半峰全宽变化关系

(a) *CD_x*；(b) *CD_y*

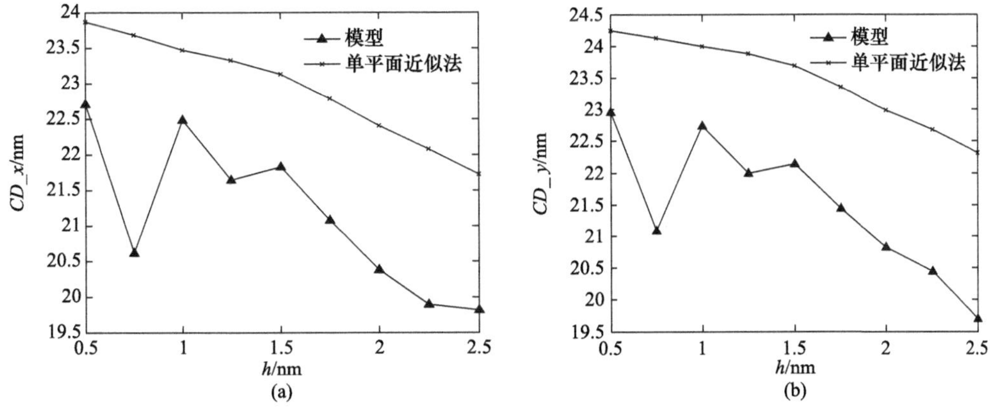

图 10-167　简化模型得到的接触孔 *CD* 随缺陷高度变化关系

(a) *CD_x*；(b) *CD_y*

10.6.2.4 掩模缺陷计算补偿技术

极紫外光刻采用 13.5nm 的曝光波长，即使很小的缺陷，也会造成硅片面上很大的 *CD* 变化，例如多层膜上高度为 3.5nm 的缺陷可造成硅片面上 10nm 的 *CD* 变化。多层膜缺陷位于多层膜内部，在不破坏多层膜的情况下难以修复，需要以一定的方法补偿缺陷对光刻成像质量的影响。常用补偿方法有图形偏移法、吸收层修正法等。

1. 图形偏移法[77]

图形偏移法的基本原理是通过移动整个掩模图形使得缺陷被吸收层覆盖或者移动至对成像没有影响的空白区域。图形偏移法中图形偏移存在多个自由度，包括水平与垂直方向偏移、小角度偏转(通常小于 1°，以及 90°、180°和 270°旋转)。图形偏移法虽然原理简单、计算代价低，但随着缺陷数目的增多和缺陷尺寸的增大，完全覆盖所有缺陷的可能性较小。这种方法的实施依赖于精确的缺陷位置及尺寸信息。考虑到缺陷检测设备的检测误差以及掩模图形的制造误差，需在图形偏移中增加一定的容差。这些都增加了图形偏移法的实施难度。当掩模上的缺陷不能被完全覆盖时可采取不同的图形偏移方法，例如尽可能覆盖更多缺陷的方法或者优先覆盖较大缺陷的方法。

1) 最小化缺陷影响法

图形偏移法通过移动掩模图形，将缺陷置于吸收层之下，从而消除缺陷的影响，因此缺陷影响可通过缺陷未被吸收层覆盖的部分求得。当缺陷影响 D 为零时，空白掩模上的所有缺陷都被吸收层覆盖。考虑到不同空白掩模上缺陷位置和尺寸的随机性，缺陷并不总是能被完全覆盖，剩余的缺陷影响需要采用其他方法消除。为了将图形偏移法与其他方法结合，需要确定图形偏移法的最佳图形偏移量。Clifford 等研究发现缺陷尺寸包括缺陷高度和半峰全宽(FWHM)是影响成像 *CD* 的主要因素。多层膜缺陷导致多层膜的不同位置的反射系数的振幅和相位变化。反射系数的相位变化由表面缺陷尺寸决定，并且与缺陷中心的横向距离越小，缺陷造成的反射系数的振幅和相位变化越大。因此，可将表面缺陷的高度作为表示缺陷影响的权重因子。图形偏移法中的最佳偏移量可由最小化缺陷影响 D 求得。由于空白掩模和掩模图形的尺寸都很大，缺陷影响的计算量很大。为减小计算量，在计算过程中，对每个缺陷仅需考虑缺陷影响范围内的区域。则偏移后的缺陷影响为

$$D(s)=\sum_{i=1}^{N}\iint_{\text{defect } i}A_{\text{defect}}(i,x,y)\cdot A_{\text{pattern}}(i,s,x,y)\mathrm{d}x\mathrm{d}y$$

$$\begin{cases}A_{\text{defect}}(i,x,y)=\begin{cases}|h_d(i,x,y)| & \sqrt{(x-x_i)^2+(y-y_i)^2}\leqslant \text{FWHM}_i\\ 0, & \text{其他}\end{cases}\\ A_{\text{pattern}}(i,s,x,y)=\begin{cases}1, & (x,y)\in \text{open region}\\ 0, & \text{其他}\end{cases}\end{cases}\tag{10.223}$$

其中，N 为空白掩模上的缺陷数目，s 为偏移量，$h_d(x, y)$为位置(x, y)的表面缺陷高度。

为了确定最佳图形偏移量，引入偏移容差(error tolerance)，如图 10-168 所示。偏移

容差由缺陷边缘与完全覆盖缺陷的吸收层边缘之间的最小距离决定，以 $T_e(s)$表示。

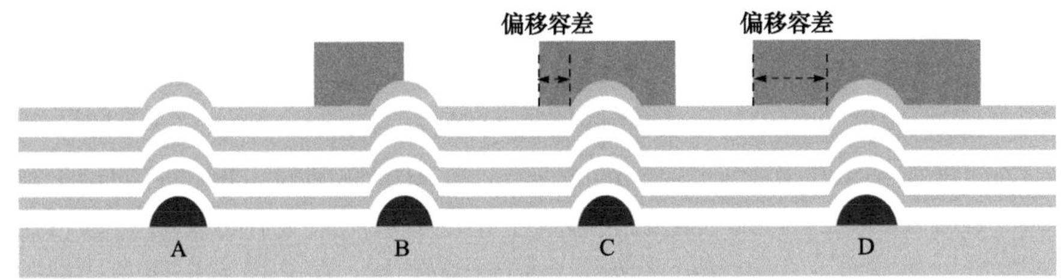

图 10-168　偏移容差的定义

在缺陷影响最小化的偏移量集合中，被完全覆盖的缺陷数越多越好，同时考虑偏移容差，因此最佳偏移量的评价函数可表示为

$$s\text{: Max } [T_e(s)] \text{ after Max } [N_d(s)], \text{ when Min } [D(s)] \tag{10.224}$$

其中，$N_d(s)$为被完全覆盖的缺陷数目。评价函数式(10.224)决定了图形偏移法的最佳偏移量。

包含 20 个缺陷的掩模的不同偏移量的缺陷影响，无偏移情况下的缺陷影响 D 为 1.067×10^5，偏移后的最小的缺陷影响为 6.032×10^3，仅为无偏移情况下的 5.7%，且相应的偏移量为(17, 294)nm 和(17, 694)nm。两个缺陷影响最小的偏移量存在相同的 $N_d(s)$，因此这两个偏移量都是最佳偏移量。在偏移量为(17, 294)nm 时的每个缺陷的缺陷影响如图 10-169 所示，图中缺陷的序号为缺陷随机产生时的顺序。经过图形偏移后，掩模中剩余的 8 个缺陷的影响需采用其他方法补偿。

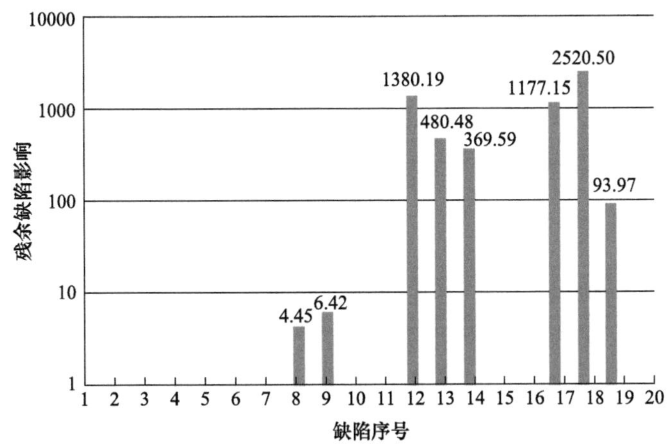

图 10-169　偏移量为(17, 294)nm 时每个缺陷的剩余缺陷影响

2) 最大化缺陷覆盖数目法

在上节中，最佳图形偏移量是通过缺陷影响的最小化求得的。最佳图形偏移量的作用是使图形偏移法与其他缺陷补偿方法更有效地结合。然而对于某些方法，特别是吸收层修正法，由于修正过程的高复杂性并且相位型缺陷会造成焦深减小，因此要求偏移后需要修正的缺陷越少越好，即图形偏移法完全覆盖的缺陷数目最大化。

以最大化完全覆盖的缺陷数目为目标，为了得到最佳偏移量，需要考虑缺陷影响和

偏移容差。最佳偏移量的评价函数可表示为

$$s\text{: Max }[T_e(s)]\text{ after Min }[D(s)]\text{, when Max }[N_d(s)] \tag{10.225}$$

当缺陷全部被覆盖时，式(10.225)的结果与式(10.224)一致。依据式(10.225)可得到最佳偏移量为(70, 317)nm 和(70,717)nm。最佳偏移量偏移后的缺陷影响为 2.061×10^4，为无偏移时的 19.3%，远大于最小化缺陷影响法的结果。采用最佳偏移量偏移后的每个缺陷的缺陷影响如图 10-170 所示。与最小化缺陷影响法相比，采用最大化缺陷覆盖数目法使得未覆盖缺陷数目显著减少，但偏移后的剩余缺陷影响较大。在未被完全覆盖的缺陷中，缺陷影响最大的为 1.875×10^4，单个缺陷的缺陷影响几乎三倍于最小化缺陷影响法得到的所有缺陷的剩余缺陷影响之和，此缺陷偏移后的掩模图形和缺陷的相对位置如图 10-170 所示，其中白色框表示接触孔，白色框外的部分被吸收层覆盖。此缺陷的缺陷高度为 9.01nm，半峰全宽为 97nm。偏移后，接触孔的边缘几乎位于缺陷峰值处，使得通过其他方法消除或补偿此缺陷的影响非常困难。忽略实现过程的复杂性，最小化缺陷影响法比最大化缺陷覆盖数目法更能有效降低缺陷的影响。

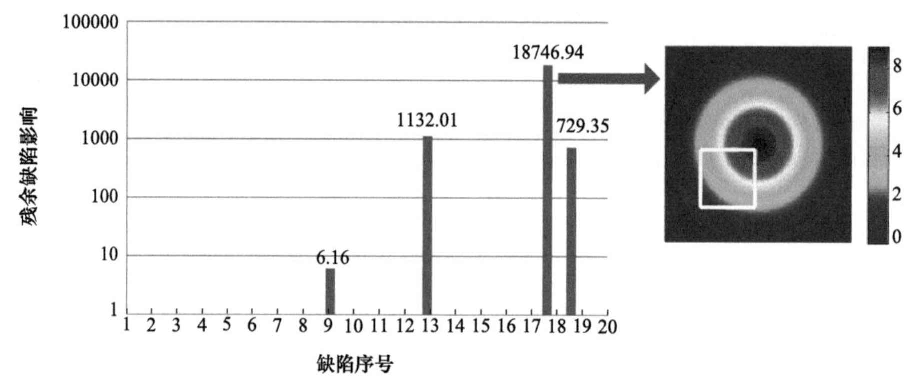

图 10-170　采用最大化缺陷覆盖数目法，偏移后每个缺陷的剩余缺陷影响

2. 吸收层修正法[78]

吸收层修正法主要采用类似光学邻近效应校正的方法修正吸收层图形，补偿空间像的光强损失，从而在特定焦面上得到与理想掩模相同的 *CD* 结果[78,67]。图 10-171 所示为吸收层修正法的基本原理，图中 w 为掩模图形尺寸，Δw 为图形尺寸修正量，其中纵向的三列分别为吸收层图形修正、空间像截面图和工艺窗口，并且图中给出了目标图形的理想掩模空间像截面图和工艺窗口作为参照(实线部分)，横向的第一行为未进行缺陷补偿的结果，第二行为缺陷补偿后的结果。由图可知，与未补偿时相比，经过补偿后，不仅在最佳焦面位置得到了目标 *CD*，而且增大了工艺窗口，但是补偿后的含缺陷掩模的工艺窗口小于理想掩模的工艺窗口，因此吸收层修正法可补偿缺陷在特定焦面上的光强损失，但会损失一定的工艺窗口。

采用 6°入射的波长为 13.5nm TE 偏振光圆形照明光源，部分相干因子为 0.5，入射光方位角为 0°；吸收层厚度为 70nm，多层膜为 40 层 Mo/Si 双层膜结构；光刻投影物镜的数值孔径为 0.35，缩小倍率为 4。缺陷形态为高斯型，仿真采用基于单平面近似的含

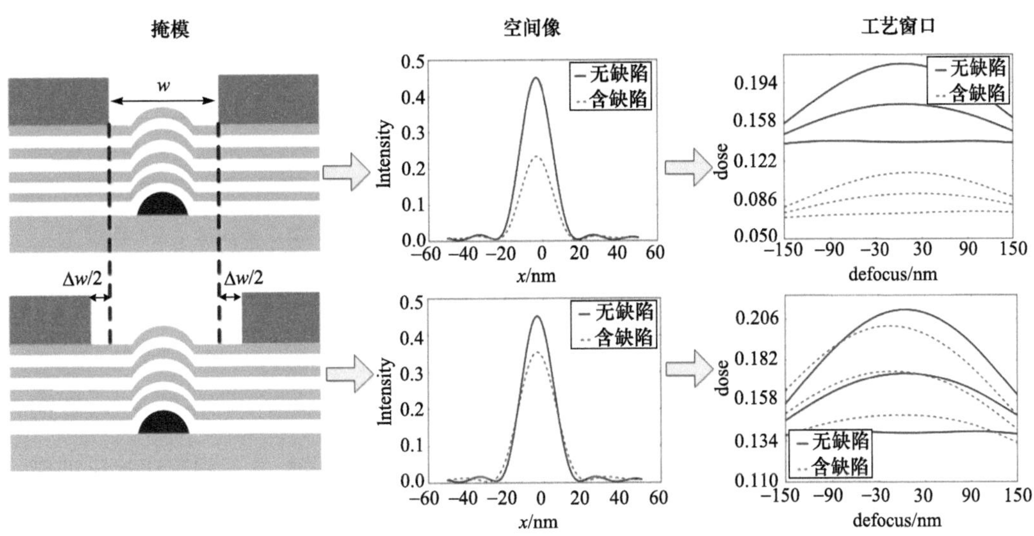

图 10-171　吸收层修正法的基本原理及补偿结果

缺陷掩模仿真简化模型和波导法严格计算最佳图形修正量，补偿缺陷造成的光强损失。以 22nm 接触孔图形为例，周期为 60nm 时，与采用严格仿真计算最佳图形修正量的方法相比，该方法得到了基本相同的最佳图形修正量，同时计算速度提高 10 倍以上。仿真结果表明，最佳图形修正量与缺陷尺寸和掩模图形有关，与图形周期无关。

缺陷补偿的仿真优化过程及优化结果受其所采用的优化算法的影响，本小节进行对比仿真研究[78,67]。基于较为精准的 ARCWA 严格仿真，通过缺陷补偿仿真实验，对比验证 CMA-ES 算法与常用进化算法如 GA、ES、DE 及 N-M 单纯形算法相比的收敛性能优势。由于 GA、DE、ES 与 CMA-ES 均属于同一类进化算法，本小节将针对掩模像面周期小于 44nm 的接触孔掩模进行仿真优化。不失一般性，选取 A、B、C 三种具有不同掩模及缺陷参数的接触孔掩模进行仿真，且对每一组掩模，不同算法将采用相同的与算法无关的光刻参数，对各算法随机数生成器采用相同的种子数 25.0。对不同掩模，环形照明光源的内外半径大小将有所不同，对具有较大周期的掩模 A，内外半径分别设为 0.4 和 0.8，而对周期较小的掩模 B、C，内外半径分别取为 0.5 和 0.9。分别对 A、B、C 三种不同的掩模在相同的光刻参数与修复图形初始化策略下采用不同算法进行优化将反映出不同算法的性能差异，即收敛效率、最优解搜索能力以及对参数变化的鲁棒性。采用两种额外的修复图形初始化策略。这两种策略皆通过在均分为网格的矩形区域中布置矩形修复图形实现。两种策略的区别在于，第一种策略(initial_1)中修复图形的矩形区域边界为整体掩模仿真区域边界，而第二种策略(initial_2)中该区域仅为尺寸较小的、中心与缺陷中心相重合的小矩形域。

出于客观性考虑，上述各算法代码由开源优化计算库 DEAP 的模板产生[79]。如表 10-19 所示，除对 GA 算法其参数通过进行多次仿真确定外，其他各算法均采用开源库模板所提供的较常用的进化算子和参数。对 ES 算法，其混合交叉系数 α_{bc} 和对数正态变异因子 f_{ec} 分别为 0.3 和 1.0。而对差分进化算法，其差分变异因子 f_{dv} 和指数交叉因子 f_{ec} 均为 0.8。除对 CMA-ES 选择算子参数 μ 为 4，其他算法选择算子参数均为 3。种群大小介于 8 到 10 之间。

表 10-19 不同优化算法参数设置

算法	算子及其参数		
	交叉因子	变异因子	选择因子
GA_para_2	$\alpha_{bc}=0.2$	σ_{gs}=30, p_{mutate}=0.2	$k_{ts}=3$
GA_para_5	$\alpha_{bc}=0.3$	σ_{gs}=10, p_{mutate}=0.1	$k_{ts}=3$
ES	$\alpha_{bc}=0.3$	$f_{ln}=1.0$, p_{mutate}=0.2	$k_{ts}=3$
DE	$f_{dv}=0.8$	$f_{ec}=0.8$	$k_{ts}=3$
CMA-ES	—	$\sigma=20$	$\mu=4$

图 10-172 所示为对掩模 A 和掩模 B 采用相同初始化策略 1 的不同算法优化结果。由图可知，与 GA、DE 算法相比，ES 算法在 100 代内可更快地获得具有更好适应度值的解。这可能归因于 ES 算法对变异所采取的在优化过程中动态学习更新的额外控制策略。进一步，CMA-ES 与 ES 相比又具有更好的收敛效率，其原因在于变异过程中基于协方差矩阵和搜索路径积累进行变量搜索具有更优学习和控制能力。

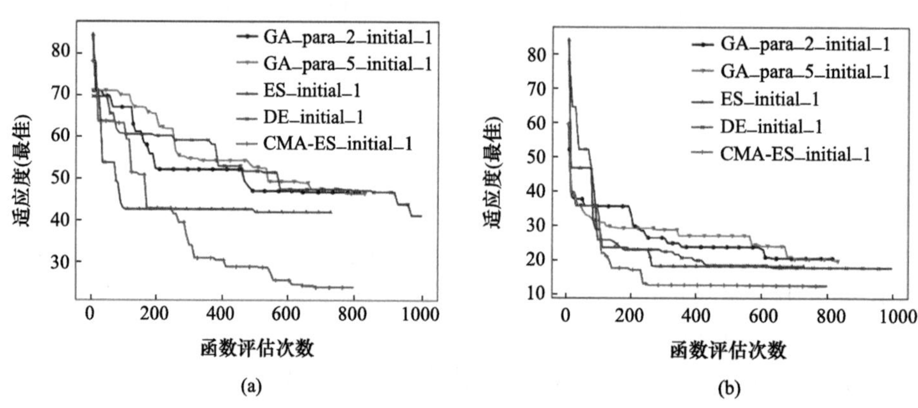

图 10-172 采用初始化策略 1 得到的优化收敛曲线

(a) 掩模 A；(b) 掩模 B

需要说明的是，由于初始修复图形存在一定随机性，其适应度值存在较小差异，而又由于对不同算法，初始种群数不尽相同，图中所示曲线的起点不同是由于它们代表的是对第一代初始种群评估后的最优适应度值。

图 10-173 进一步给出了对掩模 A，在初始掩模修复图形完全相同情况下不同算法的优化对比结果。结合图 10-172(a)和图 10-173 可知，在两种情况下，CMA-ES 与其他算法相比皆具有更好的收敛速率和优化结果，且在去掉修复图形初始化的随机性后，GA、DE 优化结果将急剧变差，因此对后续仿真将保留此随机性。总之无论是否包含随机性，如某一算法与其他算法相比，在较差或相等的适应度初始值基础上获得更好的适应度结果值，则可认为该算法优于其他算法。后续仿真研究中 CMA-ES 与 GA 的对比仿真均符合上述情况。

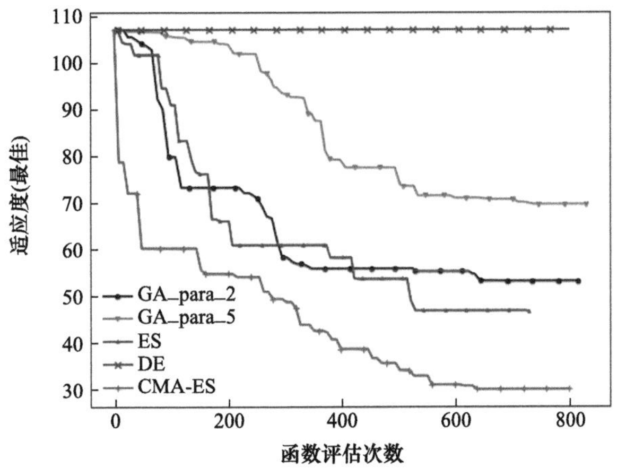

图 10-173　对掩模 A 采用相同初始化图形进行优化的收敛曲线

图 10-174 给出了对掩模 A、B 结合第二种初始化策略后的不同算法优化结果。从图中可知，对 GA、ES 和 DE 算法，两种策略的结合与仅采用第一种策略的仿真结果相比，在多数情况下更易获得较好的优化结果。这可能是由于结合后验策略(initial_2)提供了额外的多样性或信息，使得优化过程得以加速。

对此，后续对掩模 C 的对比仿真中，将采用二者结合的初始化策略，其仿真结果如图 10-175 所示。由于采用 CMA-ES 仅以单独个体进行初始化(1+λ CMA-ES)，因此仅可使用一种初始化策略。然而，即使未结合第二种策略，CMA-ES 仍展现出与其他算法相当、通常更好的收敛效率和最优解搜索能力。

对三组掩模采用 GA 和 CMA-ES 算法进行缺陷补偿优化，优化得到的掩模修复图形可由两种方式进行表征。以 CMA-ES 对掩模 A 优化结果为例，两种表征方式的示意图如图 10-176 所示。第一种是最终优化后，通过解码得到的存在重叠的矩形图形结果；第二种表征方式则在第一种表征方式的基础上，将重叠矩形进一步划分为互不重叠的矩形块，以提高图形的可制造性。此外，具有极小尺寸(如小于 4nm)的孤立图形块将在第二种表

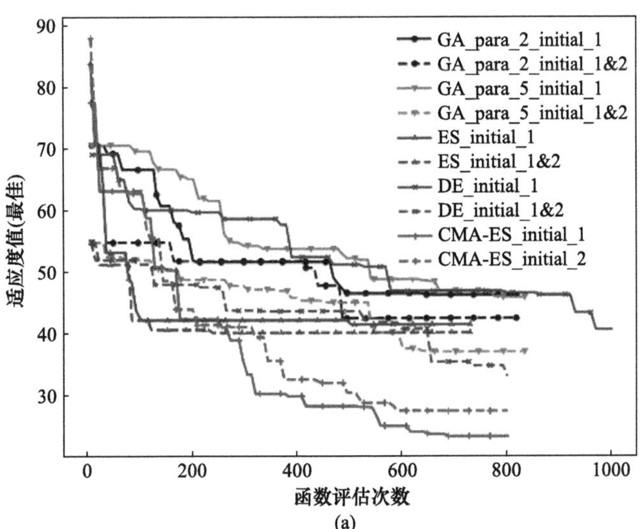

(a)

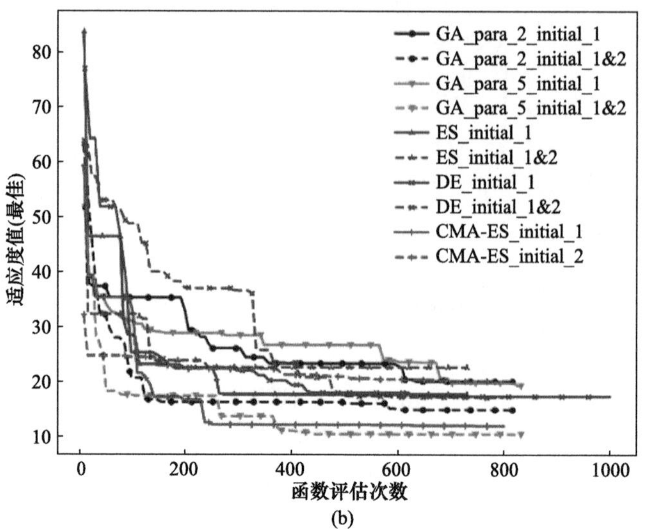

图 10-174　采用初始化策略 1&2 得到的优化收敛曲线

(a) 掩模 A；(b) 掩模 B

征的进一步划分中被滤去以增加可制造性，仿真表明该过滤操作对成像结果影响甚小，可忽略不计。最终修复图形数目可能小于 9，这是由于尺寸进化为负数的修复图形将被忽略并去除。

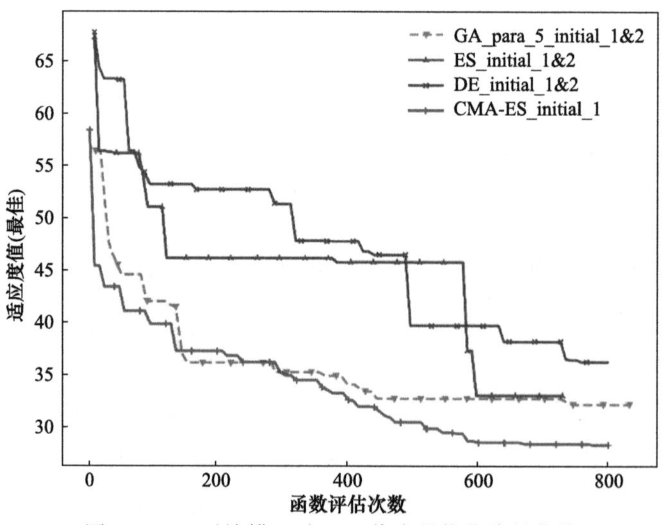

图 10-175　对掩模 C 在 100 代内的优化收敛曲线

最终经掩模图形分解后获得的掩模修复图形及其对应的空间像-光刻胶像的优化结果分别如图 10-177 和图 10-178 所示，图 10-178 中背景颜色由红到蓝对应于空间像强度由大到小的分布，而黑色轮廓线对应于阈值光刻胶像的边界。

由图 10-178 可知，掩模修正得到的修复图形对由缺陷引起的成像退化起到一定缓解作用。对掩模 A 和掩模 B，由于修复后掩模光刻胶像与无缺陷光刻胶像较为接近，可认为取得了可接受的较好结果，而对掩模 C，由图 10-178 可知其结果仍可进一步优化。

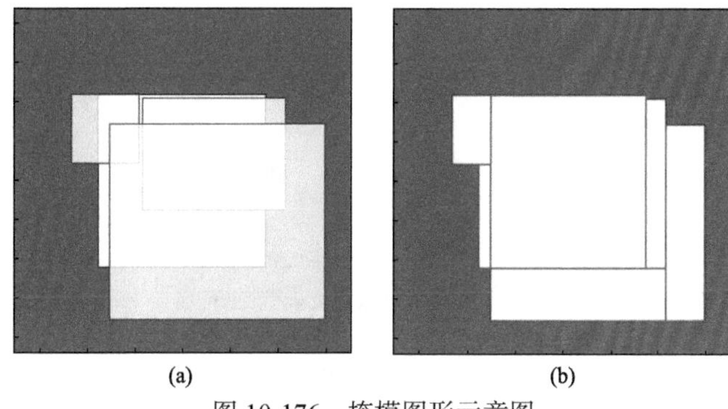

(a)　　(b)

图 10-176　掩模图形示意图

(a) 图形分解前；(b) 图形分解后

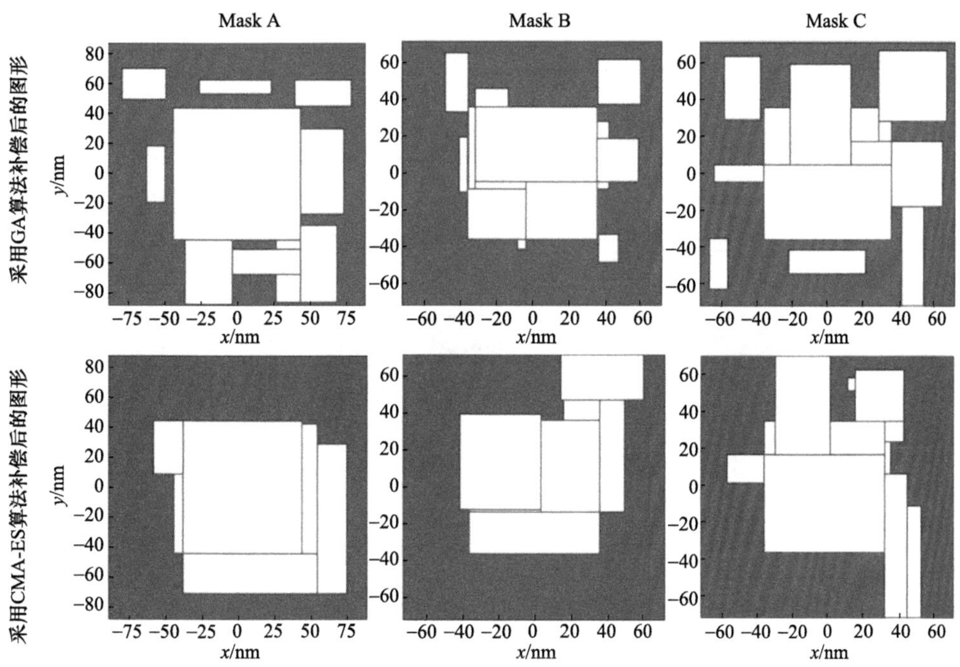

图 10-177　对不同掩模进行缺陷补偿优化后的掩模图形

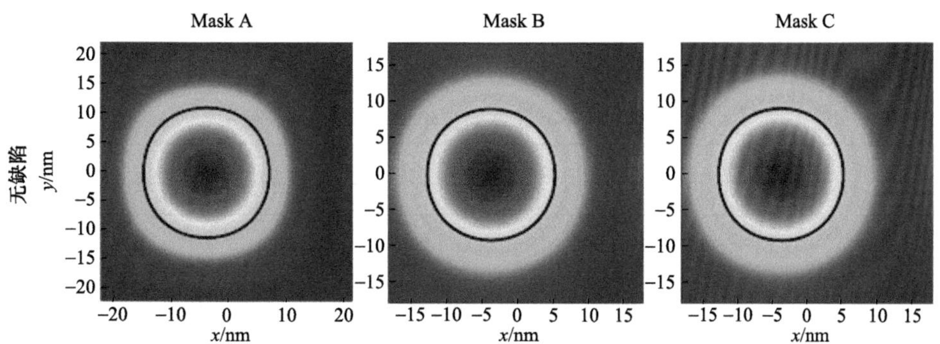

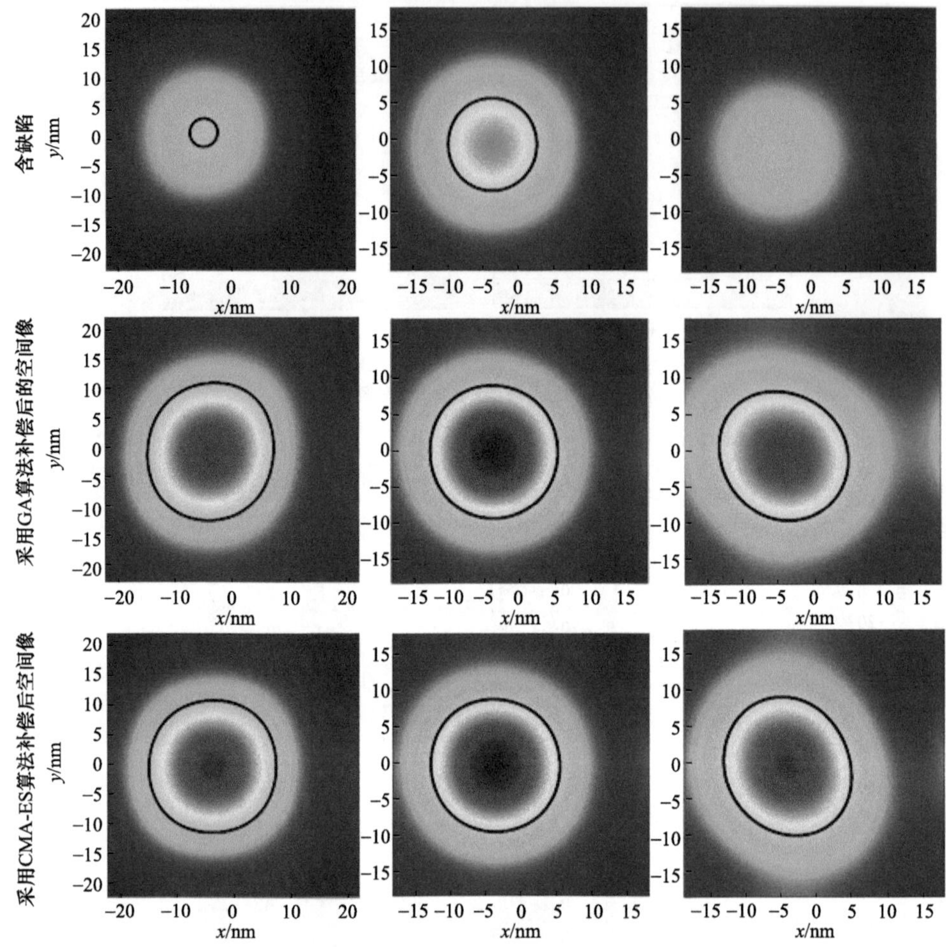

图 10-178　掩模 A, B, C 的空间像仿真结果

表 10-20 总结了不同算法对三种掩模在 700 次适应度函数评估内的最优适应度值以及补偿前后的接触孔图形在 x 和 y 方向上的 CD 值，同时该表给出了达到可接受适应度值时的适应度评估次数 f_{evals}。结合图 10-178 和表 10-20 可知，CMA-ES 算法与 ES、DE 和 GA 算法相比，获得了至少相当、多数情况下更优的优化结果，且具有更快的收敛速率。

表 10-20　不同算法对三组掩模的补偿结果

掩模	评价函数		算法			
			GA	ES	DE	CMA-ES
掩模 A	700 次适应度评估后的最佳适应度函数值		37.14	40.29	35.51	23.38
	适应度值达到 38 时适应度函数评估次数:		595	—	648	264
	x/y 方向的 CD 值/nm	补偿前	4.09/ 4.65	4.09/4.65	4.09/4.65	4.09/4.65
		补偿后	21.86/22.91	21.80/21.19	21.93/21.76	22.18/22.15
掩模 B	700 次适应度评估后的最佳适应度函数值		10.44	17.76	17.24	11.62
	适应度值达到 13 时适应度函数评估次数		261	—	—	232

续表

掩模	评价函数		算法			
			GA	ES	DE	CMA-ES
掩模 B	x/y 方向的 CD 值/nm	补偿前	12.46/12.65	12.46/12.65	12.46/12.65	12.46/12.65
		补偿后	18.08/18.10	17.99/17.74	17.63/18.65	18.17/18.17
掩模 C	700 次适应度评估后的最佳适应度函数值		32.69	32.98	38.14	28.30
	适应度值达到 32 时适应度函数评估次数		435	598	—	352
	x/y 方向的 CD 值/nm	补偿前	0/0	0/0	0/0	0/0
		补偿后	18.06/17.42	18.15/18.32	17.03/18.24	17.59/18.50

缺陷补偿的仿真优化过程及优化结果除了受优化算法的影响之外还受其所采用的掩模仿真模型的影响。严格仿真方法与快速模型都可以应用于缺陷补偿。严格仿真方法的仿真精度高，但速度慢。使用快速模型能够明显提高补偿技术的速度、灵活性和可扩展性。基于机器学习方法建立快速模型进行缺陷补偿可以明显提高补偿的速度。类似的方法还有基于快速 RCWA 方法的缺陷补偿仿真，通过减少 RCWA 的截断级次提高严格仿真的速度，进而提高缺陷补偿的速度。缺陷补偿技术通过修改掩模图形补偿缺陷引起的成像质量降低，其原理和方法都和光学邻近效应修正技术类似。在对掩模进行修改时可以综合考虑缺陷以及光学邻近效应对成像的影响，通过修正掩模图形同时降低光学邻近效应和缺陷对成像的不良影响[80]。

参考文献

[1] 何乐. 光刻机工件台定位参数检测技术与曝光规划的研究. 中国科学院上海光学精密机械研究所博士学位论文, 2006.

[2] He L, Wang X Z, Shi W J. In-situ surface topography measurement method of granite base in scanning wafer stage with laser interferometer. Optik, 2008, 119(1): 1-6.

[3] 何乐, 王向朝, 王帆, 等. 一种步进扫描投影光刻机承片台不平度检测新技术. 光学学报, 2007, 27(7): 1205-1210.

[4] 何乐, 王向朝, 马明英. 一种测量光刻机工件台方镜不平度的新方法. 中国激光, 2007, 34(4): 519-524.

[5] 何乐, 王向朝, 马明英, 等, 一种检测光刻机激光干涉仪测量系统非正交性的新方法. 中国激光, 2007, 34(8): 1130-1135.

[6] Moitreyee M R, Tan C H, Tan Y K. Exposure tool chuck flatness study and effects on lithography. Proc. SPIE, 2001, 4404: 14 - 24.

[7] 徐洋, 唐锋, 王向朝, 等. 平面面形绝对检验技术测量误差分析. 中国激光, 2011, 38 (10): 1008009.

[8] 李永, 唐锋, 卢云君, 等. 一种降低平面子孔径拼接累积误差的方法. 中国激光, 2015, (7): 229-236.

[9] 朱鹏辉, 唐锋, 卢云君, 等. 高精度平面子孔径拼接算法研究. 中国激光, 2016, 43 (11): 1104002.

[10] Lu Y J, Tang F, Wang X Z, et al. A high-accuracy subaperture stitching system for nonflatness measurement of wafer stage mirror. Proc. SPIE, 2014, 9276: 927617.

[11] 曾爱军. 高分辨率投影光刻机调焦调平传感技术的研究. 中国科学院上海光学精密机械研究所博士学位论文, 2005.

[12] 曾爱军, 王向朝, 徐德衍. 投影光刻机调焦调平传感技术的研究进展. 激光与光电子学进展, 2004,

41(7): 24-30.

[13] Zeng A J, Wang X Z, Bu Y, et al. Position sensor based on slit imaging. Chin. Opt. Lett., 2005, 2: 520-521.

[14] 曾爱军, 王向朝, 徐德衍, 等. 狭缝投影位置传感技术及其在精密定位中的应用. 中国激光, 2005, 32(9): 1178-1192.

[15] 曾爱军, 王向朝. 基于光栅成像投影的微位移检测方法. 中国激光, 2005, 32(3): 394-398.

[16] Hu J M, Wang X Z, Zeng A J. A position sensor based on grating projection with spatial filtering and polarization modulation. Chin. Opt. Lett., 2006, 4(1): 18-20.

[17] Zeng A J, Wang X Z, Li D L, et al. Displacement measurement based on Moire technique and polarization modulation. Proc. SPIE, 2005, 5634: 719-726.

[18] Zeng A J, Wang X Z, Li D L, et al. A novel polarization modulator for a Moire system with grating imaging. Chin. Opt. Lett., 2005, 3(7): 407-409.

[19] 胡建明, 曾爱军, 王向朝. 光栅成像位置传感器中的偏振调制技术. 中国激光, 2006, 33(10): 1397-1400.

[20] Zeng A J, Huang L H, Dong Z R, et al. Calibration method for a photoelastic modulator with a peak retardation of less than a half-wavelength. Applied Optics, 2007, 46(5): 699-703.

[21] 曾爱军, 王向朝, 李代林, 等. 精确标定光弹调制器的新方法. 光学学报, 2005, 25(6): 799-802.

[22] 曾爱军, 王向朝, 董作人, 等. 光弹调制器在偏振方向调制中的应用. 中国激光, 2005, 32(8): 1063-1067.

[23] 胡建明, 曾爱军, 王向朝. 精确测量 1/4 波片相位延迟量的新方法. 中国激光, 2006, 33(5): 659-66.

[24] 胡建明, 曾爱军, 王向朝. 相位延迟器复合旋光器技术及其应用. 中国激光, 2006, 33(7): 879-894.

[25] 胡建明, 曾爱军, 王向朝. 基于光弹调制技术的波片相位延迟量测量方法. 光学学报, 2006, 26(11): 1681-1686.

[26] 杜聚有. 基于位相衍射光栅的投影光刻机对准技术研究. 中国科学院上海光学精密机械研究所博士学位论文, 2019.

[27] 杜聚有, 戴凤钊, 步扬, 等. 基于自相干莫尔条纹的光刻对准技术研究. 中国激光, 2017, 44(12): 1204006.

[28] 杜聚有, 王向朝. 用于光刻设备的莫尔条纹的对准装置. 发明专利, 专利号: 2017105070201, 2017-12-05.

[29] Nagayama T, Nakajima S, Sugaya A, et al. New method to reduce alignment error caused by optical system. Proc. SPIE, 2003, Vol. 5038.

[30] Jeffrey A, Boef D, Hoogerland M, et al. Alignment System and Method, U. S. Patent, No. US7564534B2, 2007.

[31] Du J Y, Dai F Z, Wang X Z. Alignment mark optimization for improving signal-to-noise ratio of wafer alignment signal. Appl. Opt., 2019, 58: 9-14.

[32] Sato T. Alignment mark signal simulation system for the optimum mark feature selection. Journal of Micro/ Nanolithography, MEMS, and MOEMS, 2005, 4(2): 023002.

[33] 杜聚有, 戴凤钊, 王向朝. 标记非对称变形导致的对准误差修正方法及其在套刻测量中的应用. 中国激光, 2019, 46(7): 1-14.

[34] Du J Y, Dai F Z, Bu Y, et al. Calibration method of overlay measurement error caused by asymmetric mark. Appl. Opt., 2018, 57(33): 981409821.

[35] 郭立萍. DUV 步进扫描投影光刻机曝光系统关键技术研究. 中国科学院上海光学精密机械研究所博士学位论文, 2006.

[36] Guo L P, Wang X Z, Huang H J. Analysis of illumination pupil filling ellipticity for critical dimensions control in photolithography. Chin. Opt. Lett., 2006, 4(4): 237-239.

[37] Yuan Q Y, Wang X Z, Qiu Z C. Impact of polarized illumination on high NA imaging in ArF immersion lithography at 45nm node. Optik, 2009, 120(7): 325-329.

[38] 汤飞龙. 大数值孔径光刻照明光瞳偏振参数检测技术研究. 中国科学院上海光学精密机械研究所硕士学位论文, 2013.

[39] 汤飞龙, 李中梁, 步扬, 等. 一种提高偏振光斯托克斯参量测量精度的方法. 中国激光, 2013, 40(4): 0408006.

[40] 汤飞龙, 李中梁, 步扬, 等. 旋转波片法偏振检测装置器件参数校准. 光学学报, 2013, 33(9): 0912005.

[41] 曹绍谦. 光学材料及元器件米勒矩阵测量技术研究. 中国科学院上海光学精密机械研究所硕士学位论文, 2013.

[42] 曹绍谦, 步扬, 王向朝, 等. 基于单光弹调制器的米勒矩阵测量误差分析. 光学学报, 2013, 33(6): 0612010.

[43] 曹绍谦, 步扬, 王向朝, 等. 基于单光弹调制器的米勒矩阵测量技术. 光学学报, 2013, 33(1): 0112006.

[44] 郭立萍, 黄惠杰, 王向朝. 积分棒在步进扫描投影光刻系统中的应用. 光子学报, 2006, 35(7): 981-985.

[45] Guo L P, Huang H J, Wang X Z. Exposure dose control for step-and-scan lithography. Proc. SPIE, 2004, 5645: 217-223.

[46] 王磊. 基于粒子群算法的光刻机光源掩模投影物镜优化技术. 中国科学院上海光学精密机械研究所博士学位论文, 2017.

[47] Wang L, Li S K, Wang X Z, et al. Pixelated source optimization for optical lithography via particle swarm optimization. J. Micro/Nanolith. MEMS MOEMS, 2016, 15(1): 13506.

[48] 闫观勇. 光刻机光源掩模优化与波像差检测技术研究. 中国科学院上海光学精密机械研究所博士学位论文, 2015.

[49] 闫观勇, 李思坤, 王向朝. 基于二次规划的光刻机光源优化方法. 光学学报, 2014, 34(10): 1022004.

[50] Wang L, Li S K, Wang X Z, et al. Tang Feng, Pixel-based mask optimization via particle swarm optimization algorithm for inverse lithography. Proc. SPIE, 2016, 9780: 97801V.

[51] Li S K, Wang X Z, Bu Y. Robust pixel-based source and mask optimization for inverse lithography. Optics & Laser Technology, 2013, 45: 285-293.

[52] 李兆泽. 基于随机并行梯度速降算法的光刻机光源掩模优化技术. 中国科学院上海光学精密机械研究所硕士学位论文, 2014.

[53] 李兆泽, 李思坤, 王向朝. 基于随机并行梯度速降算法的光刻机光源与掩模联合优化方法. 光学学报, 2014, 34(09): 0911002.

[54] 杨朝兴. 基于遗传算法的光刻机光源掩模优化技术研究. 中国科学院上海光学精密机械研究所博士学位论文, 2016.

[55] Yang C X, Wang X Z, Li S K. Andreas Erdmann. Source mask optimization using real-coded genetic algorithms. Proc. SPIE, 2013, 8683: 86831T.

[56] Yang C X, Li S K, Wang X Z. Efficient source mask optimization using multipole source representation. J. Micro/Nanolith. MEMS MOEMS, 2014, 13(4): 043001.

[57] 杨朝兴, 李思坤, 王向朝. 基于动态适应度函数的光源掩模优化方法. 光学学报, 2016, 36(1): 0111006.

[58] 杨朝兴, 李思坤, 王向朝. 基于多染色体遗传算法的像素化光源掩模优化方法. 光学学报, 2016, 36(08): 0811001.

[59] 王磊, 李思坤, 王向朝, 等. 基于粒子群优化算法的光刻机光源掩模投影物镜联合优化方法. 光学学报, 2017, 37(10): 1022001.

[60] 茅言杰. 投影光刻机匹配关键技术研究. 中国科学院上海光学精密机械研究所博士学位论文, 2019.

[61] 茅言杰, 李思坤, 王向朝, 等. 基于光刻胶三维形貌的光刻多参数联合优化方法. 光学学报, 2020, 40(04): 0422002.

[62] Clifford C H. Simulation and Compensation Methods for EUV Lithography Masks with Buried Defects, PhD Thesis. University of California, Berkele, 2010.

[63] 曹宇婷. 极紫外投影光刻掩模衍射简化模型及其应用. 中国科学院上海光学精密机械研究所博士学位论文, 2012.

[64] Cao Y T, Wang X Z, Tu Y Y , et al. Impact of mask absorber thickness on the focus shift effect in extreme ultraviolet lithography. J. Vac. Sci. Technol. B, 2012, 30(3): 031602.

[65] 曹宇婷, 王向朝, 邱自成, 等. 极紫外投影光刻掩模衍射简化模型的研究. 光学学报, 2011, 31(4): 0405001.

[66] 曹宇婷, 王向朝, 步扬. 极紫外投影光刻接触孔掩模的快速仿真计算. 光学学报, 2012, 32(07): 0705001.

[67] 张恒. 三维极紫外光刻掩模建模及缺陷补偿技术研究. 中国科学院上海光学精密机械研究所博士学位论文, 2019.

[68] 张 恒, 李思坤, 王向朝. 基于变量分离分解法的极紫外光刻三维掩模快速仿真方法. 光学学报, 2017, 37(05): 0505001.

[69] 曹宇婷, 王向朝, 步扬, 等. 极紫外投影光刻掩模阴影效应分析. 光学学报, 2012, 32(08): 0805001.

[70] 刘晓雷. 极紫外光刻掩模建模与缺陷补偿方法研究. 中国科学院上海光学精密机械研究所博士学位论文, 2015.

[71] Liu X L , Wang X Z, Li S K, et al. Andreas Erdmann, Fast model for mask spectrum simulation and analysis of mask shadowing effects in extreme ultraviolet lithography. J. Micro/Nanolith. MEMS MOEMS, 2014, 13(3): 033007.

[72] 刘晓雷, 李思坤, 王向朝. 极紫外光刻含缺陷多层膜衍射谱仿真简化模型. 光学学报, 2014, 34(9); 0905002.

[73] 刘晓雷, 王向朝, 李思坤. 极紫外光刻含缺陷掩模仿真模型及缺陷的补偿. 光学学报, 2015, 35(8): 0822006.

[74] 刘晓雷, 李思坤, 王向朝. 基于等效膜层法的极紫外光刻含缺陷掩模多层膜仿真模型. 光学学报, 2015, 35(6): 0622005.

[75] 管文超. 极紫外光刻含缺陷掩模理论模型的建立与仿真验证. 中国科学院上海光学精密机械研究所硕士学位论文, 2015.

[76] Mie G. Beiträge zur optik trüber medien, speziell kolloidaler Metallösungen . Annalen der Physik, 1908, 25(3): 377-445.

[77] Liu X L , Li S K, Wang X Z, et al. Optimal shift of pattern shifting for mitigation of mask defects in extreme ultraviolet lithography. J. Vac. Sci. Technol. B, 2015, 33: 051603.

[78] Zhang H, Li S K, Wang X Z, et al. Optimization of defect compensation for extreme ultraviolet lithography mask by covariance-matrix-adaption evolution strategy. J. Micro/Nanolith. MEMS MOEMS, 2018, 17(4): 043505.

[79] Fortin A F, et al. DEAP: Evolutionary algorithms made easy. Journal of Machine Learning Research, 2012, 13: 2171-2175.

[80] Zhang H, Li S K, Wang X Z, et al. Fast optimization of defect compensation and optical proximity correctionfor extreme ultraviolet lithography mask. Optics Communications, 2019, 452: 169-180.

后　记

经过四年多的筹划、构思、撰写、修订等工作，本书即将完稿了。在此付梓之际，回顾近二十年在高端光刻机像质检测技术领域的研发工作，回顾本书的成稿过程，想起了很多人、很多事，心中充满了感激之情。

我国自上世纪六七十年代就已经开始研发光刻机技术，只是很遗憾，发展速度较慢，没有跟上国际主流光刻机技术的发展步伐。本世纪初，我国光刻机技术已经远落后于国际先进水平。当时国际上 90nm 芯片已经量产，最先进的光刻机是 ArF 步进扫描投影光刻机。而我国当时还没有自主研发的、能够用于芯片量产的步进投影光刻机。

2002 年，100 纳米分辨率步进扫描投影光刻机列入“十五”国家“863 计划”重大专项进行攻关，同时上海微电子装备有限公司(简称 SMEE)作为光刻机整机单位正式成立。当时，我国从事光刻机技术研究的人员很少，人才匮乏。由于本人一直从事光学精密检测技术研究，2002 年兼职加入 SMEE，成为公司最初的几位技术专家(被戏称为公司最初的“几杆枪”)之一。之后，进入了公司超快节奏的工作当中，参与 100 纳米分辨率步进扫描投影光刻机的总体设计，负责光刻机原位检测技术的研发工作，建立了公司的测试工程部。本人的 8 名博士生(段立峰、王帆、施伟杰、马明英、何乐、张冬青、胡建明、郭立萍)成为测试工程部的第一批成员。

测试工程部的核心任务是研发光刻机原位检测技术，光刻机整机集成完成后，利用其自身的硬件系统获取检测数据，实现光刻机整机与核心分系统关键参数的检测与标定。作为测试工程部的“资深”成员，这几名博士生承担了原位检测技术研发的核心任务——光刻机像质原位检测技术的研发工作。光刻机的核心功能是以成像的方式将掩模图形高精度地转移到硅片上，成像质量(像质)直接影响图形转移的精准度，因此像质原位检测的技术水平对于保证光刻机成像质量，从而确保光刻机性能指标极为重要。接过如此重要任务的最初阶段，大家有些惴惴不安。因为高精度的像质检测技术研发难度大，而且是原位检测，要求利用光刻机自身的硬件系统获取检测数据实现各类像质参数的检测，这要求大家对光刻机的整机与核心分系统要有深入的了解。感谢公司不断改善的研发平台，感谢紧张有序、积极向上的工作氛围，大家忘我地快节奏工作，积极地进行公司内部技术交流，团队内部互相鼓励、互相支持，本团队留在上海光机所的部分博士生(曾爱军、步扬等)也参与了光刻机关键技术的研发工作。努力终于换来了期待的结果，我们很好地完成了光刻机静态与动态、轴向与垂轴初级像质参数以及低阶波像差原位检测技术的研发任务，为确保光刻机成像质量提供了重要的检测手段。研发的这些技术是光刻机正常运行与周期性维修维护时要用到的像质检测技术。这些研究工作构成了本书第 3 章、第 4 章的主要内容以及第 5 章和第 10 章的部分内容。

2006 年本人全职回到上海光机所工作，与团队(课题组研究生与员工)一起继续从事高端光刻机像质检测技术的研究工作。从理论研究、关键技术攻关到前瞻性技术研究，对光刻机像质检测技术进行了系统的探索。与 SMEE 联合承担了上海市科委基础研究重点项目，进行光刻机像质原位检测的理论与实验研究。2008 年启动的国家科技重大专项“极大规模集成电路制造装备及成套工艺” (02 专项)实施过程中，本团队承担了 EUV 光刻机光学成像系统的像质检测技术以及浸液光刻机像质检测前瞻性技术的研究任务。并以承担 SMEE 委托项目的方式，协助公司进行像质原位检测的关键技术攻关。本团队的像质检测技术研究工作也得到了国家自然科学基金等项目的资助。

多年来，本团队一直认真学习国际上先进的光刻机像质检测及相关技术。面向干式、浸液光刻机的波像差、偏振像差等像质参数的原位检测需求，面向 EUV 光刻机光学系统的离线与原位像质检测需求，本团队提出了系列现有检测手段的改进性技术和以现有技术为背景技术的新原理检测技术。利用上海光机所像质检测技术研究平台，以及 SMEE 的研究平台，对上述技术进行了系统研究。相关的研究工作构成了本书第 5 章、第 7 章、第 8 章、第 9 章的主要内容。

通过对国际主流光刻机像质检测及相关技术深入研究，本团队在已有工作的基础上发展了全新的光刻机波像差原位检测技术，即 AMAI-PCA 技术。此技术初始阶段的研究是在 SMEE 的平台上完成的。经过本团队多位博士与硕士研究生近 10 年的努力，AMAI-PCA 技术从最初的标量模型拓展到矢量模型，检测范围从低阶波像差扩展到高阶波像差，应用对象从干式光刻机扩展到浸液光刻机，检测精度不断提升，具有很好的应用于 EUV 光刻机的前景。AMAI-PCA 技术的研究工作构成了本书第 6 章的主要内容。

2002 年至今，本团队员工与研究生一直专注于光刻机像质检测技术的研究，在这个研究领域先后毕业了 27 名博士研究生和 9 名硕士研究生。多年来，本团队员工持续努力，研究生接力研究，使团队研发的像质检测技术不断丰富，检测类型从初级像质参数拓展到波像差再到偏振像差，检测精度从纳米量级提升到亚纳米量级再到深亚纳米量级，检测方法从曝光法拓展到空间像测量法再到干涉测量法；涉及的光刻机也从干式发展到浸液式，从深紫外发展到极紫外，形成了一个光刻机像质检测技术体系。多年来，本团队在 *Optics Letters*, *Optics Express* 等国际光学领域主流学术期刊上发表 SCI 学术论文 60 篇，在光学学报、中国激光等国内光学领域主流期刊发表学术论文 69 篇，在 SPIE 等国际会议上发表学术论文 34 篇，申请并获授权国际国内发明专利 100 余项，这些论文和专利构成了本书的主要内容。本团队全体成员 18 年的研究工作奠定了本书的基础，在这里向为本书做出贡献的每一位团队成员以及已经毕业的每一位研究生表示诚挚的感谢！同时，向一直支持我们工作的上海光机所同仁表示诚挚的感谢！

多年来，本团队一直与 SMEE 有着密切的合作关系，多位博士研究生相继在公司进行课题研究。利用 SMEE 的研发平台以及与公司员工一起工作的环境，大家了解光刻机像质检测技术需求，熟悉光刻机整机与分系统，在消化、吸收国际同类技术的基础上，提出了多项像质检测新技术。技术研发过程中，SMEE 员工提供了很多帮助。在此向 SMEE 公司以及提供帮助与指导的公司同仁表示诚挚的感谢。感谢长春光机所的同仁一直以来对我们工作，特别是 EUV 光刻机光学成像系统像质检测技术研发工作的大力支持与帮助。另外，要感谢日本新潟大学 Osami Sasaki 教授和德国夫琅禾费集成系统与器件技术研究所 Andreas Erdmann 博士一直以来的指导与帮助。

本书的出版得到了国家科学技术学术著作出版基金的资助，感谢曹健林先生、王曦院士、02 专项叶甜春总师在本书申报出版基金时给予推荐。特别感谢曹健林先生百忙之中抽出宝贵时间为本书作序，对曹健林先生一直以来对我们工作的关心和支持再一次表示感谢!

非常感谢 02 专项总体专家组专家、华中科技大学李小平教授几年前数次建议本人总结课题组工作，撰写光刻机像质检测技术专著，正是小平教授的建议促成了本书的成稿。在本书即将付梓之际，再次向小平教授表示感谢。本书撰写过程中与 SMEE 公司系统工程部部门主管马明英博士多次交流和讨论，她的很多见解为本书质量的提升起到了重要作用，在此对马明英博士表示诚挚的谢意。

本书撰写过程中，课题组活跃在集成电路领域的多位毕业生以及国内外多位同行专家给作者提出了宝贵的意见与建议，在此一并表示诚挚的感谢。最后，非常感谢科学出版社编辑为这部 1000 多页著作的出版所做的大量审校编排工作。

2020 年是我国实施 02 重大专项的第 13 个年头，是 21 世纪 20 年代的第一年，在此继旧开新之际，谨以此书献给所有为我国光刻机事业努力奋斗的人们。

王向朝

2020 年 10 月 13 日于中国科学院上海光学精密机械研究所